JN113253

令和五年版 日本の防衛

防衛白書

防衛省

令和5年版防衛白書の刊行に寄せて

防衛大臣

浜田靖一

世界は歴史の分岐点を迎えています。国際社会は戦後最大の試練の時を迎え、新たな危機の時代に突入しつつあります。

ロシアのウクライナ侵略は、国連安保理の常任理事国が、国際法を無視して主権国家を侵略し、核兵器による威嚇ともとれる言動を繰り返すという前代未聞の事態です。また、中国は、核・ミサイル戦力を含め軍事力の質・量を急速に強化するとともに、東シナ海、南シナ海において、力による一方的な現状変更やその試みを継続・強化しています。そして、北朝鮮は、立て続けにミサイル発射を繰り返すなど、核・ミサイル開発を急速に進展させています。

こうした中、先の大戦を経験し、戦後一貫して平和国家としての歩みを進めてきたわが国として、まず優先されるべきは、外交努力であることは言うまでもありません。わが国は、法の支配を尊重し、いかなる紛争も、力の行使ではなく、平和的・外交的に解決すべきであるとの方針を変えることはありません。同時に、国民の命や暮らしを守り抜くうえでは、「自分の国は自分で守る」ための努力により、抑止力を高めていく、つまり、相手に対して「日本を攻めても目標を達成できない」と思わせることが不可欠です。

昨年12月に閣議決定された、新しい国家安全保障戦略、国家防衛戦略、防衛力整備計画では、このようなわが国の考え方や、そのための具体的な取組を明確にしました。防衛省としては、現有装備品を最大限活用するための、可動率の向上や弾薬の確保、主要な防衛施設の強靱化への投資の加速、また、反撃能力として活用し得るスタンド・オフ防衛能力や無人アセットなど将来の防衛力の中核となる分野の強化、といった点を重視しつつ、防衛生産・技術基盤の強化などにも、しっかり取り組んでいきます。

そして、どれだけ高度な装備品を揃えたところで、それを扱う「人」がいなければ防衛力は発揮できません。自衛隊員は防衛力の中核です。隊員の生活・勤務環境の改善をスピード感をもって進めていくとともに、処遇の向上を図ってまいります。

また、近年、防衛の分野においても、外交的な取組の重要性が増しています。私は着任以来、様々な機会を捉えて、わが国唯一の同盟国である米国のオースティン国防長官や、マールズ豪副首相兼国防大臣をはじめとした各国の国防大臣と協議を重ね、協力・連携の強化に努めてまいりました。こうしたやりとりを土台として、日英伊による次期戦闘機の共同開発など、様々な協力を進めてまいります。

見解が異なる相手であっても、対話を通じた意思疎通の維持・強化を粘り強く図り、信頼醸成と不測事態の回避を目指すことが重要です。こうした取組にも尽力してまいります。

令和5年版防衛白書は、こうした観点から、わが国を取り巻く安全保障環境や防衛省・自衛隊の活動・取組について記述しました。巻頭では、2013年（前国家安全保障戦略策定時）以前と2022年（現国家安全保障戦略策定時）までの「変化」に注目し、「激変する時代～10年の変化～」と題した特集記事に加え、「国家防衛戦略」の内容を写真や図表を用いて簡潔に分かりやすく解説し、御理解を深めていただけるよう努めました。

国の防衛の取組は、国民の御理解と御協力を得るとともに、国際社会に対する高い透明性をもって進めていくことがもっとも重要です。防衛白書は、こうした取組において極めて重要な役割を担ってきました。この白書が、一人でも多くの方々に読まれ、防衛省・自衛隊の活動や取組に対する御理解の一助となることを切に願っております。

令和5年版 防衛白書 日本の防衛 目次

COLUMN

巻末資料

■ 資料編
https://www.mod.go.jp/j/publication/wp/wp2023/pdf/R05shiryo.pdf

■ 防衛年表
https://www.mod.go.jp/j/publication/wp/wp2023/pdf/R05nenpyo.pdf

凡　例

●本書の文中において、次の用語について、それぞれ次の略称を用いたほか、適宜ほかの用語についても略称を用いているところがあります。
（一部説明の都合上、正式名称としている場合があります。）

1.防衛事務次官	→	事務次官
2.統合幕僚長	→	統幕長
3.陸上幕僚長	→	陸幕長
4.海上幕僚長	→	海幕長
5.航空幕僚長	→	空幕長
6.陸上自衛隊	→	陸自
7.海上自衛隊	→	海自
8.航空自衛隊	→	空自
9.統合幕僚監部	→	統幕
10.陸上幕僚監部	→	陸幕
11.海上幕僚監部	→	海幕
12.航空幕僚監部	→	空幕
13.日本国とアメリカ合衆国との間の相互協力及び安全保障条約	→	日米安保条約
14.国際連合	→	国連
15.国連安全保障理事会	→	国連安保理
16.国家安全保障戦略	→	安保戦略
17.国家防衛戦略	→	防衛戦略
18.防衛力整備計画	→	整備計画

●本書に掲載している地図は、デザイン、レイアウトに応じて省略などを施しており、必ずしもわが国の領土の全てを含んでいない場合があります。

本書の記述対象期間は、令和5（2023）年3月末までを原則としています。

国際社会は戦後最大の試練の時を迎え、新たな危機の時代に突入しつつあります。こうした中において、今年の防衛白書では、国民の命と暮らしを守り抜く防衛力の中核である自衛隊員が、表紙の題字をしたためました。しなやかで勢いと力強さのある筆の運びにより、全自衛隊員27万を代表し、防衛省・自衛隊の「新たな決意」を表現しています。

■ 題字

航空自衛隊第3航空団 整備補給群修理隊 2等空曹　**的野 誠**

（的野2曹は、「全自衛隊美術展」の書道の部において、
これまで連続して内閣総理大臣賞や防衛大臣賞などを受賞しています。）

◆ デザイン協力

〈会社概要〉
社会と心を動かす"イノベーション"の実現を目指し、
広報戦略の企画立案、各種メディア制作・運用を行う広告会社

URL：https://8105.jp/

防衛白書刊行の目的と本書の記述対象期間などについて

防衛白書は、1970年に初めて刊行し、1976年以降毎年刊行して参りました。防衛白書刊行の目的は、できる限り多くの皆さまに、できる限り平易な形で、わが国防衛の現状とその課題及びその取組について周知を図ることです。

本書は、2022年4月から2023年3月までの1年間のわが国を取り巻く安全保障環境や防衛省・自衛隊の取組を中心に記述しています。ただし、一部の重要な事象については、2023年5月下旬まで記述しています。

また、本書内に掲載している地図は、デザイン、レイアウトに応じて省略などを施している簡易なものであり、必ずしもわが国の領土のすべてを含んでいない場合や正確な縮尺などを反映していない場合があります。

なお、白書刊行後も最新の情報へのアクセスが容易となるよう、防衛省ホームページの関連ページへのリンクとしてQRコードを充実させています。また、本書をはじめ、防衛白書のバックナンバーも防衛省ホームページで閲覧できますので、ぜひご活用ください。

■ 防衛白書ページ
https://www.mod.go.jp/j/publication/wp/index.html

■ 防衛白書バックナンバー
http://www.clearing.mod.go.jp/hakusho_web/

特集1 激変する時代～10年の変化～

1 わが国周辺の安全保障環境の変化

わが国は、戦後、最も厳しく複雑な安全保障環境に直面しています。わが国周辺国などは、この10年で軍事的な能力の大幅な強化に加え、ミサイル発射や軍事的示威活動を急速に拡大・活発化させています。

2013年以降のわが国周辺国などの軍事動向など（初めて確認された事象を中心に）

北朝鮮

わが国の安全保障にとって従前よりも一層重大かつ差し迫った脅威

ロシア

わが国を含むインド太平洋地域において、中国との戦略的な連携とあいまって安全保障上の強い懸念

中国

対外的な姿勢や軍事動向などは、わが国と国際社会の深刻な懸念事項
これまでにない最大の戦略的な挑戦

核実験4回
（2013、16（2回）、17）
※2012年以前2回
（2006、09）
【AFP=時事】

北方領土問題
根室半島沖領空侵犯（2015）
知床岬領空侵犯（2020、2021）
根室半島沖領空侵犯（2022）

利尻島領空侵犯（2013）
領海内航行（2017）

中国・ロシアの軍事面での連携強化の動き
- 爆撃機の共同飛行（2019年7月、20年12月、21年11月、22年5・11月）
- わが国を周回する形又はわが国周辺での艦艇共同航行（2021年10月、22年9月）

中国艦艇とロシア艦艇の共同航行

2016年以降、中国は日本海に軍用機を飛行させ活動の範囲を拡大・活発化
- 中国軍機（Y-8早期警戒機、Y-9情報収集機）の日本海初確認（2016年1月）
- 爆撃機（H-6）の初確認（2016年8月）
- 戦闘機を含む編隊を初確認（2017年12月）

H-6爆撃機

竹島領空侵犯（2019）
沖ノ島領空侵犯（2013）
八丈島領空侵犯（2019）

緊急発進回数の累積数（10年比較）

（回）

	2003～2012	2013～2022（年度）
合計	2,988	9,151
その他	218	186
ロシア	1,956	3,096
中国	814	5,869

合計：約3.1倍（中：約7.2倍　露：約1.6倍）

2013年以降、中国は太平洋に軍用機を飛行させ活動の範囲を拡大・活発化
- 中国軍機（Y-8早期警戒機）の沖縄・宮古島間通過を初確認（2013年7月）
- 爆撃機（H-6）の初確認（2013年9月）
- 戦闘機を含む編隊の沖縄・宮古島間通過を初確認（2016年9月）
- 無人機による沖縄・宮古島間通過を初確認（2021年8月）

偵察／攻撃型無人機（TB-001）

領海内航行（2016、21、22年）
※2022年は初めて1年間で複数回確認（4・7・9・11・12月）

中国による東シナ海における力による一方的な現状変更の試み／活動の急速な拡大・活発化

中国による活発な太平洋への進出

魚釣島領空侵犯（2017）
南大東島領空侵犯（2019）

台湾をめぐる問題

南シナ海をめぐる問題

太平洋における中国空母の活動
- 「遼寧」（1隻目の空母）の太平洋進出初確認（2016年）
- 太平洋上で「遼寧」艦載戦闘機（推定を含む）が飛行（2018年4月、20年4月、21年4・12月、22年5・12月）
- 「遼寧」の活動期間中の艦載機発着艦回数過去最多（300回以上）（2022年）
- 「山東」（2隻目の空母）の太平洋進出初確認　600回以上の艦載機発着艦を確認（2023年）

太平洋上で初めて艦載戦闘機（推定）の発着艦を行った中国空母「遼寧」

南シナ海での力による一方的な現状変更及びその既成事実化を推進
- 2014年以降、南沙諸島7地形において大規模かつ急速な埋立を行い、インフラを整備

※2012年、スカーボロ礁を事実上支配

2014年8月
既成事実化が進むファイアリークロス礁
2020年3月
埋立後面積：約2.72km²（2015年埋立完了）
約3,750m
大型港湾
滑走路（約3,000m）

【出典：CSIS/AMTI/Maxar】

尖閣諸島周辺において中国艦艇などが恒常的に活動
- 中国海軍水上艦艇による接続水域への入域（2016年6月、18年1・6月、22年7月）
- 近年、領海内で中国海警船が日本漁船へ近づこうとする事案が多発（2020年8件→21年18件→22年11件）
- 砲のようなものを搭載した中国海警船などが領海に初侵入（2015年～）

領海に侵入した砲のようなものを搭載した中国海警船【海上保安庁提供】

台湾周辺における中国の活動が活発化
- 従来から、台湾について平和的統一の方針は堅持しつつも、武力行使の可能性は否定せず
- 弾道ミサイルがわが国EEZ内に5発着弾（2022年8月）
- 台湾空域への中国軍機の進入機数が大きく増加（2022年）

※2020年380機→21年972機→22年1733機

台湾周辺で確認された中国軍機【台湾国防部HP】

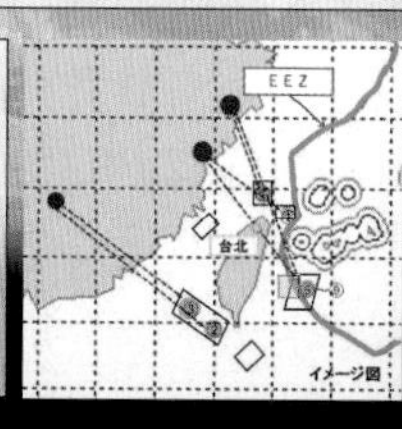

2022年8月の中国の弾道ミサイル発射のイメージ

2022年12月に国家安全保障戦略が新たに策定されました。
巻頭特集1では、安全保障環境や防衛力整備、同盟国や同志国などとの連携について、
2013年（前国家安全保障戦略策定時）以前と2022年（現国家安全保障戦略策定時）までの「変化」に注目しました。

国防費の高い水準での増加を背景に、海上・航空戦力や核・ミサイル戦力を中心に、軍事力を広範かつ急速に強化しています。

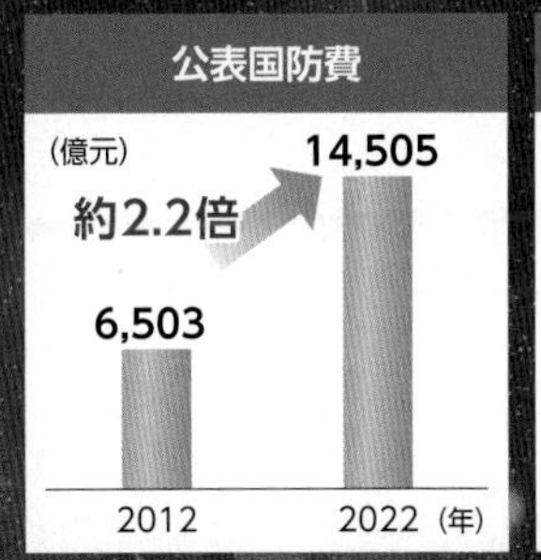

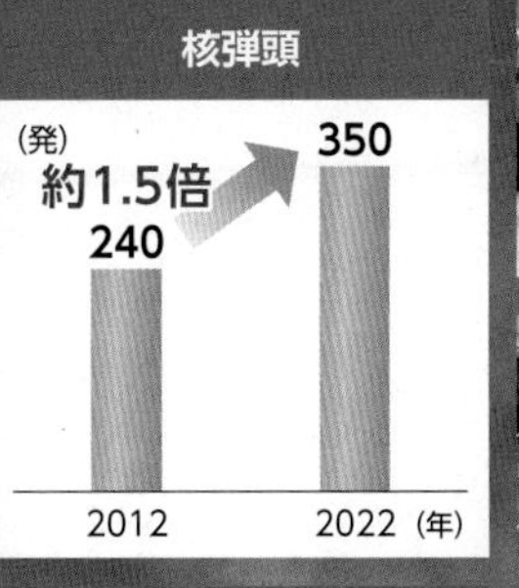

近年、開発や配備が指摘されるミサイル戦力

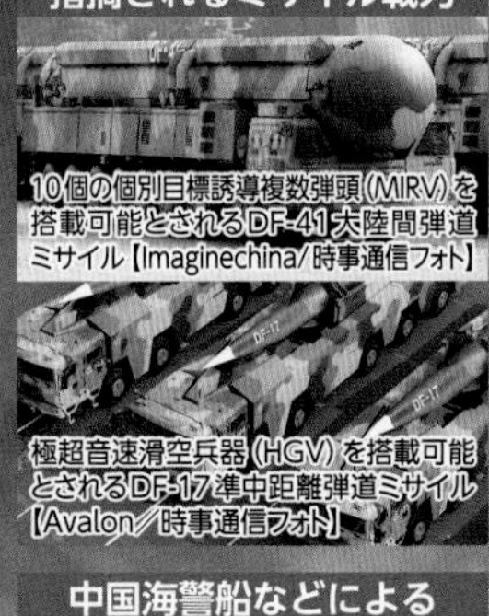
10個の個別目標誘導複数弾頭（MIRV）を搭載可能とされるDF-41大陸間弾道ミサイル【Imaginechina／時事通信フォト】

極超音速滑空兵器（HGV）を搭載可能とされるDF-17準中距離弾道ミサイル【Avalon／時事通信フォト】

尖閣諸島周辺における活動

尖閣諸島周辺において力による一方的な現状変更の試みを長年にわたり執拗に継続

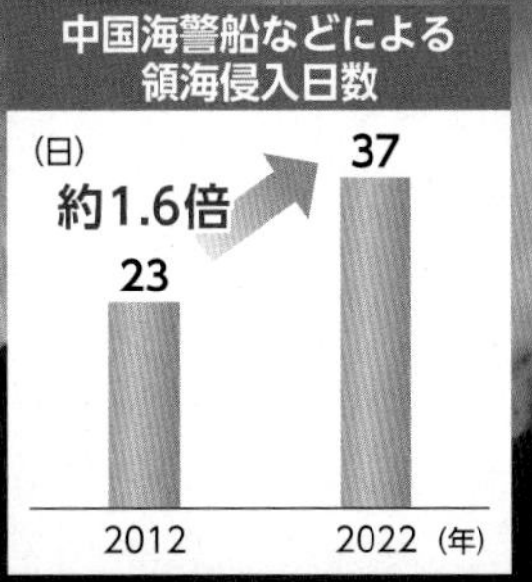

中国海警船などによる
領海侵入延べ確認隻数
(隻)
103
約1.4倍
73
2012
2022（年）

核・ミサイル開発が急速に進展。弾道ミサイルに核兵器を搭載してわが国を攻撃する能力も保有しているとみられます。

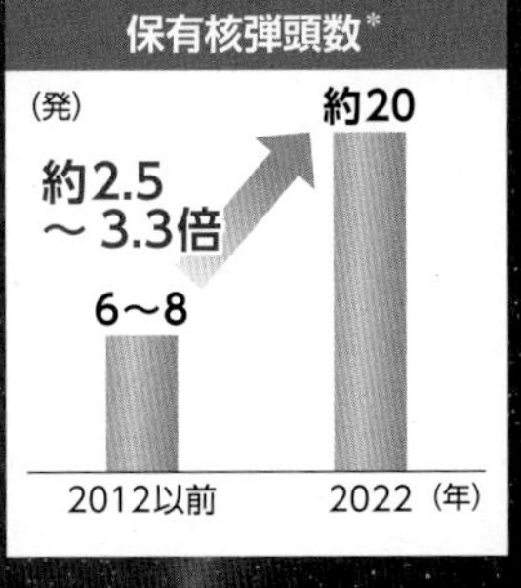

＊SIPRI Yearbook 2022による。
（全体としては45～55発分の核弾頭を生産するだけの核分裂性物質を貯蔵）

この10年でミサイル関連技術が飛躍的に向上

発射の秘匿性・即時性向上

【EPA＝時事】

- 様々なプラットフォームを開発
  ➡ 任意の地点からの発射・隠蔽が可能
- 固体燃料化を追求
  ➡ 液体に比べ、保管や取扱い等が容易

BMD突破能力の向上

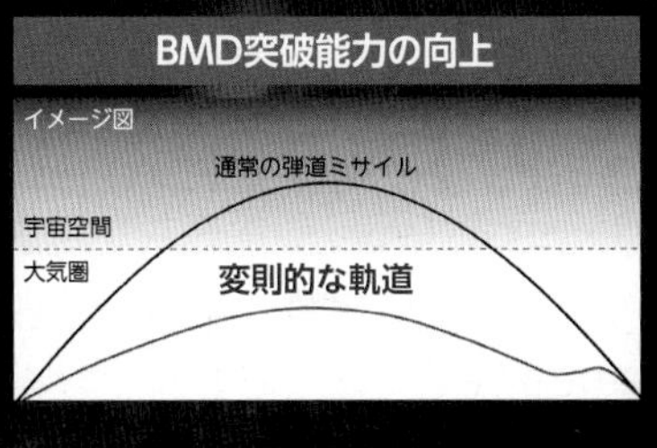

- 低空を変則的な軌道で飛翔可能な弾道ミサイルの開発
- 「極超音速滑空飛行弾頭」の開発
  ➡ 迎撃を困難にし、ミサイル防衛網突破を企図

核戦力を含む各種装備の近代化を推進し、北方領土及び千島列島に新型装備を配備するなど軍備を強化しています。また、中国との共同活動を活発化させるなど連携を深める動きがみられます。

今回のウクライナ侵略は、国際秩序の根幹を揺るがし、欧州方面においては安全保障上の最も重大かつ直接の脅威

ウクライナ領クリミア半島の行政・軍事拠点を占拠した覆面部隊（2014年12月）【AFP＝時事】

ロシアのミサイル攻撃で破壊されたウクライナの集合住宅（2023年1月）【ウクライナ緊急事態庁ドニプロペトロウスク州本部】

この10年間で北方領土を含む極東に新型装備を配置、ミサイル戦力を増強

地対艦ミサイル「バスチオン」
- 射程300km
- 2016年択捉島に配備

【ロシア国防省HP】

地対艦ミサイル「バル」
- 射程130km
- 2016年国後島に配備

【ロシア国防省HP】

Su-35S戦闘機
- 2018年以降択捉島に展開

【ロシア国防省HP】

2 わが国自身の防衛力の強化 ～2013年以降進めてきた防衛力整備など～

防衛力は、わが国の安全保障を確保するための最終的な担保であり、わが国を守り抜く意思と能力を表すものです。これはほかの手段では代替できません。その「最後の砦」として中核を担うのは自衛隊です。この防衛力については、わが国は戦後一貫して節度ある効率的な整備を行うものとしてきました。

2013（平成25年）

2013年12月
- 国家安全保障会議設置
- 特定秘密の保護に関する法律の成立、公布
- 国家安全保障戦略、25防衛大綱、26中期防の策定

2014年7月
- 国の存立を全うし、国民を守るための切れ目のない安全保障法制の整備について（閣議決定）

2014年12月
- 特定秘密の保護に関する法律施行

2015年5月
- 治安出動や海上警備行動などの発令手続を迅速化するための閣議決定

（「我が国の領海及び内水で国際法上の無害通航に該当しない航行を行う外国軍艦への対処について」「離島等に対する武装集団による不法上陸等事案に対する政府の対処について」「公海上で我が国の民間船舶に対し侵害行為を行う外国船舶を自衛隊の船舶等が認知した場合における当該侵害行為への対処について」）

2015年9月
- 平和安全法制の成立、公布

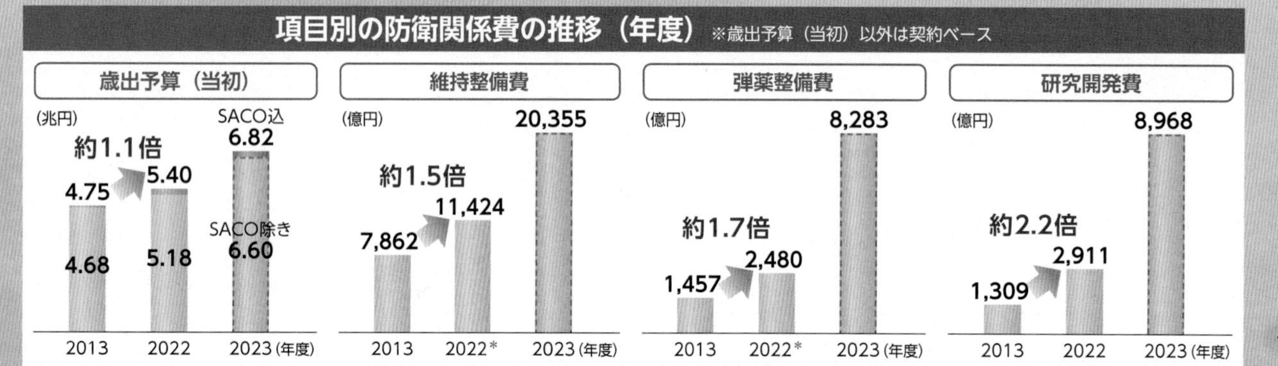

＊2022年度の数値には2021年度補正予算を含む。

南西地域の防衛体制強化

自衛隊配備の空白地帯となっている南西地域への部隊配備
- 陸自与那国沿岸監視隊の新編（2016年）
- 陸自警備部隊の新編（2019年：奄美大島、宮古島、2023年：石垣島）
- 陸自12式地対艦ミサイル（2012年～）・03式中距離地対空ミサイルの取得（2014年～）
- 陸自地対艦ミサイル部隊、地対空ミサイル部隊の配備（2019年：奄美大島、2020年：宮古島、2023年：石垣島）
- 空自移動式警戒管制レーダーの配備（2022年：与那国島）

本格的な水陸両用作戦能力の整備
- 海自輸送艦の改修
- 海自掃海隊群の機能強化（2016年～）
- 陸自水陸機動団の新編（2018年：相浦）

航空優勢の確保のための増強
- 早期警戒機部隊の新編（2014年：那覇）
- 戦闘機部隊を増強し第9航空団を新編（1➡2個飛行隊）（2016年：那覇）
- 南西航空方面隊の新編（2017年：那覇）

※資料中の装備品の保有数や部隊数については、2013年度末時点と2022年度末時点を比較。
例えば、「陸自V-22オスプレイの取得（0→13機）」は2013年度末時点で0機、2022年度末時点で13機を保有していることを示す。

特集1 激変する時代～10年の変化～

厳しさを増す安全保障環境を現実のものとして見据え、25防衛大綱及び30防衛大綱のもと、真に実効的な防衛力を構築することとし、防衛力を強化し、国民の平和な暮らし、そして、わが国の領土・領海・領空を断固として守り抜いてきました。

しかしながら、わが国周辺国などが軍事力を増強しつつ軍事活動を活発化させています。今後の防衛力については、いついかなるときも力による一方的な現状変更やその試みは決して許さないとの意思を明確にしていく必要があります。

2018（平成30年）

2018年12月
- 30防衛大綱、31中期防の策定

2022（令和4年）

2022年12月
- 国家安全保障戦略、国家防衛戦略、防衛力整備計画の策定

総合ミサイル防空能力の強化

- PAC-3MSE地対空誘導弾の配備（2020～2022年）
- イージス艦の増勢（6➡8隻）（2020年に完了）

指揮通信能力の強化 宇宙領域の活用

- Xバンド防衛通信衛星の打ち上げ（きらめき1・2号）（2017年、18年）
- 各通信システムの能力強化

【三菱重工／JAXA提供】

スタンド・オフ防衛能力の整備

- 攻撃されない安全な距離（脅威圏外）から相手部隊に対処するため、スタンド・オフ・ミサイル（JSM、JASSM）を整備（JSM：2018年～、JASSM：2023年～）
- 12式地対艦誘導弾能力向上型、島嶼防衛用高速滑空弾、極超音速誘導弾などの研究開発（2018年～）

無人機の活用

- 滞空型無人機（グローバルホーク）の取得（0➡2機）（2015年～）
- 偵察航空隊の新編（2022年：三沢）

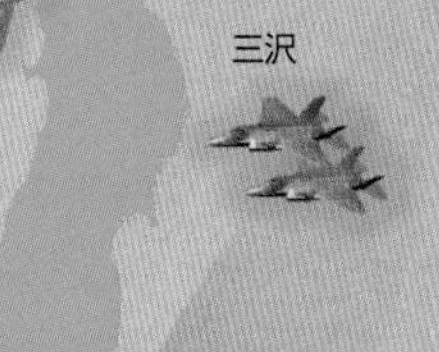

三沢

海空領域の能力強化

- F-35A／B戦闘機（0➡33機）、P-1哨戒機（5➡34機）の取得
- KC-46A空中給油・輸送機の取得（0➡2機）
- 潜水艦の増勢（16➡22隻）（2022年に完了）
- いずも型護衛艦の改修とF-35B発着艦検証（2021年）
- 新型護衛艦（FFM）の取得（0➡4隻）

朝霞
府中 市ヶ谷

統合運用体制の強化

- 陸自の全国的運用のため各方面隊を一体的に運用する統一司令部（陸上総隊）を新編（朝霞）（2018年）
- 統幕における宇宙・サイバー・電磁波領域にかかる態勢の強化（2020年～）

機動・展開能力の向上

- 陸自V-22オスプレイの取得（0➡13機）
- C-2輸送機の取得（1➡16機）
- 即応機動連隊の新編（0➡6個連隊）
- 16式機動戦闘車の取得（0➡160両）

宇宙・サイバー・電磁波領域の能力強化

- 空自宇宙作戦隊の新編（2020年：府中）、部隊を拡充し空自宇宙作戦群を新編（2022年：府中）
- 自衛隊指揮通信システム隊隷下にサイバー防衛隊を新編（2014年：市ヶ谷）、機能などを拡充して自衛隊指揮通信システム隊を廃止し自衛隊サイバー防衛隊を新編（2022年：市ヶ谷）
- 陸自電子作戦隊の新編（2020年）
- 陸自ネットワーク電子戦システム（NEWS）の取得（2017年～）
- 空自スタンド・オフ電子戦機の開発（2020年～）

3 同盟国・同志国などとの連携 ～協力・連携の深化～

2013（平成25年） 2018（平成30年）

日米同盟

2015 新ガイドライン策定 平和安全法制成立

日米同盟はかつてないほど強固となり、抑止力・対処力も向上。米軍の武器等防護も可能に

2017 新たな日米ACSA発効

平和安全法制の施行に伴い、物品、役務の提供の対象となる活動を拡大

2017 SM-3ブロックⅡA 共同生産・配備段階へ

日米同盟の強化

防衛協力・防衛交流

人・部隊による協力・交流

相手国との相互理解や信頼醸成を推進し、二国間・多国間の防衛関係を強化してきました。

■ 「2+2」、防衛相会談の実績

	2013年度	2022年度
「2＋2」	3回	5回
防衛相会談	20回	37回
「2＋2」の枠組みを有する国	4か国	9か国

注：防衛相会談は他国の防衛相との会談。

■ 多国間共同訓練への参加実績

	2013年度	2022年度
回数	19回	43回

注：平成26年版及び令和5年版防衛白書資料編参照。
2つ以上の自衛隊が参加した訓練は1回として計上。

日豪「2+2」（2022年12月）

日米豪防衛相会談（2022年10月）

インド太平洋方面派遣（IPD）
2017年～開始
派遣期間中にインド太平洋地域各国への寄港や各国軍隊との共同訓練などを通じ、地域の平和と安定に寄与

タリスマン・セイバー
2015年～参加
豪州における多国間実動訓練を通じ、各国軍隊との連携及び相互運用性を高め、わが国の抑止力・対処力を強化

特集1 激変する時代～10年の変化～

いまや、どの国も一国では自国の安全を守ることはできません。
わが国の安全保障の基軸である日米同盟を深化させつつ、諸外国との協力を強化してきました。

2023（令和5年）

2019 日米「2+2」

サイバー攻撃が日米安保条約第5条の武力攻撃にあたりうることを確認

2020 日米同盟60周年

今後も同盟を強化していく決意を表明

2023 日米「2+2」

宇宙における攻撃が日米安保条約第5条の発動につながることがありうることを確認

■ 主な日米共同訓練の実績

	2013年度	2022年度
回数	24回	108回

注：平成26年版及び令和5年版防衛白書資料編参照。
2つ以上の自衛隊が参加した訓練は1回として計上。

相互運用性及び日米共同対処能力の向上

能力構築支援

能力構築支援は、わが国が保有する能力を活用し、他国の能力の構築を支援することです。より実践的かつ多様な手段を組み合わせ、防衛協力・交流の一層の強化・深化を図ってきました。

着実に深化・拡大

■ 能力構築支援の対象国数・事業数（累計数）

	2013年度	2022年度
対象国数	5か国	16か国・1機関
事業数	9事業	51事業

モンゴルに対する能力構築支援（PKO（施設））

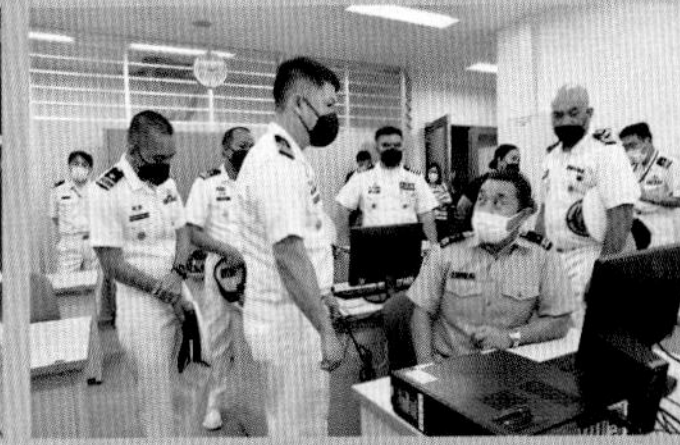

フィリピンに対する能力構築支援（艦船整備）

防衛装備・技術協力

わが国の安全保障、平和貢献・国際協力の推進及び技術基盤・産業基盤の維持・強化に資するよう、諸外国との防衛装備・技術協力を推進してきました。

着実に深化・拡大

■ 防衛装備品・技術移転協定の締結国数

	2013年度	2022年度
締結国数	2か国	13か国

フィリピンに対する警戒管制レーダーの移転（2020年～）

次期戦闘機の日英伊共同開発（2022年～）

特集2 国家防衛戦略

わが国は、戦後、最も厳しく複雑な安全保障環境に直面しています。国民の命と平和な暮らしを守り抜くためには、その厳しい現実に正面から向き合い、**相手の能力と新しい戦い方に着目した防衛力の抜本的強化**を行う必要があります。

防衛力の抜本的強化とともに国力を総合した国全体の防衛体制の強化を、戦略的発想を持って一体として実施することこそが、わが国の抑止力を高めることになります。

こうした認識のもと、政府は、1976年以降6回策定してきた「防衛計画の大綱」に代わって、わが国の防衛目標、防衛目標を達成するためのアプローチ及びその手段を包括的に示す「国家防衛戦略」を策定しました。**本戦略は、戦後の防衛政策の大きな転換点であり、中長期的な防衛力強化の方向性と内容を示すものです。**その意義について国民の皆様の理解が深まるよう政府として努力してまいります。

防衛上の課題

ロシアがウクライナを侵略するに至った軍事的な背景としては、ウクライナがロシアによる侵略を抑止するための十分な能力を保有していなかったことにあります。

高い軍事力を持つ国が、あるとき侵略という意思を持ったことにも注目すべきです。脅威は能力と意思の組み合わせで顕在化するところ、意思を外部から正確に把握することは困難であり、国家の意思決定過程が不透明であれば、脅威が顕在化する素地が常に存在します。

このような国から自国を守るためには、力による一方的な現状変更は困難であると認識させる抑止力が必要であり、相手の能力に着目した防衛力を構築する必要があります。

また、新しい戦い方が顕在化するなか、それに対応できるかどうかが今後の防衛力を構築するうえでの大きな課題です。わが国の今後の安全保障・防衛政策のあり方が地域と国際社会の平和と安定に直結します。

顕在化する新しい戦い方

弾道・巡航ミサイルによる大規模なミサイル攻撃

- 飛来するミサイルを迎撃し、わが国に着弾させないようにすることが必要
- 相手のミサイル発射を制約し、ミサイル攻撃を行い難くすることが必要
- 施設や滑走路などにミサイルが直撃しても、被害を最小限に抑えつつ、迅速に復旧するなどして粘り強く戦う必要

ロシアはウクライナ全土に対し、5,000発以上の弾道・巡航ミサイルを使用

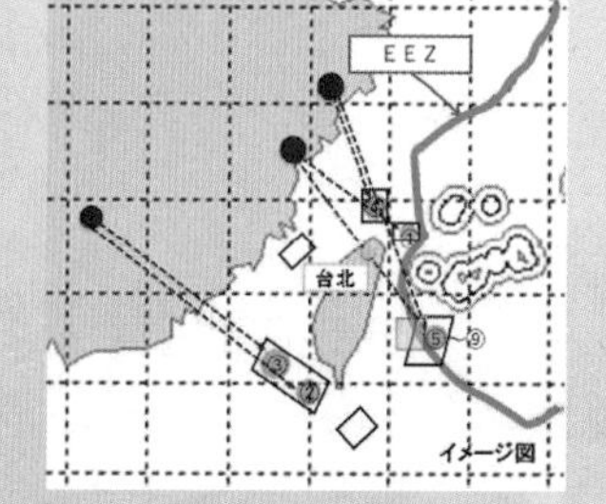

中国が台湾周辺に発射した弾道ミサイル9発のうち5発が我が国のEEZ内に着弾（2022年8月）

宇宙・サイバー・電磁波の領域や無人機などによる非対称的な攻撃等

- 宇宙・サイバー・電磁波の領域における探知や防護などの対処能力の強化は喫緊の課題
- 陸・海・空で運用できる多様な無人装備の導入や、相手側の無人機に対処する能力の整備が必要

沖縄・宮古島間を通過した中国軍の偵察型無人機（2023年1月）

宇宙空間の安定的利用に対する脅威

情報戦を含むハイブリッド戦

- 不審な兆候を速やかに察知し、その情報をできるだけリアルタイムに共有する必要
- 敵が攻めてくると予想される場所に、先回りして自衛隊の部隊を移動させる必要。また、危険な場所から国民をすぐに避難させる輸送力も必要
- 偽情報の拡散などによる情報戦などに対応し、混乱などが生じないようにする必要

ウクライナから出国したとの偽情報を打ち消すため、ゼレンスキー大統領が大統領府前で撮影して投稿した動画のキャプション（2022年2月）
【ゼレンスキー大統領Facebook】

巻頭特集2では、2022年12月に策定した国家防衛戦略を取り上げます。
特にわが国自身の防衛体制の強化の部分に着目し、
わが国を守るために行う防衛力の抜本的強化の内容について簡潔に解説します。

3つの防衛目標

①力による一方的な現状変更を許容しない安全保障環境を創出

②力による一方的な現状変更やその試みを、同盟国・同志国などと協力・連携して抑止・対処し、早期に事態を収拾

③万が一、わが国への侵攻が生起した場合、わが国が主たる責任をもって対処し、同盟国などの支援を受けつつ、これを阻止・排除

G7首脳会合に参加する岸田内閣総理大臣（2023年5月）【首相官邸HP】

米空軍機との日米共同訓練（2023年2月）

水陸両用作戦の訓練の様子（2023年2月）

防衛目標を達成するための3つのアプローチ

①わが国自身の防衛体制の強化
“防衛力の抜本的な強化”
“国全体の防衛体制の強化”

②日米同盟の抑止力と対処力の強化
“日米の意思と能力を顕示”

③同志国などとの連携の強化
“一ヵ国でも多くの国々との連携を強化”

次期戦闘機のイメージ

日米防衛相会談（2023年1月）

日英円滑化協定（RAA）に署名（2023年1月）【首相官邸HP】

JAXAとの連携により、宇宙状況監視システムを運用開始【JAXA提供】

護衛艦「いずも」への米海兵隊F-35B発着艦検証（2021年10月）

日米英蘭加新共同訓練（2021年10月）

防衛力の抜本的強化の７つの分野

わが国の防衛上、必要な機能・能力として、７つの柱を重視して、防衛力の抜本的強化に取り組んでいきます。特に、今後５年間の最優先課題は、現有装備品を最大限有効に活用するため、可動率向上や弾薬・燃料の確保、主要な防衛施設への投資の加速、スタンド・オフ防衛能力、無人アセット防衛能力などの将来の中核となる能力を強化します。

01 スタンド・オフ防衛能力

攻撃されない安全な距離から相手部隊に対処する能力を強化

12式地対艦誘導弾能力向上型の開発

トマホークの取得

02 統合防空ミサイル防衛能力

ミサイルなどの多様化・複雑化する空からの脅威に対応するための能力を強化

イージス・システム搭載艦（イメージ）の建造

03 無人アセット防衛能力

無人装備による情報収集や戦闘支援などの能力を強化

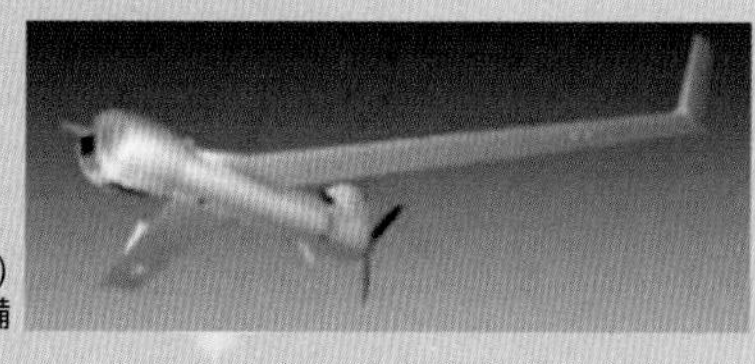

偵察用UAV（中域用）（イメージ）の整備

04 領域横断作戦能力

全ての能力を融合させて戦うために必要となる宇宙・サイバー・電磁波、陸・海・空の能力を強化

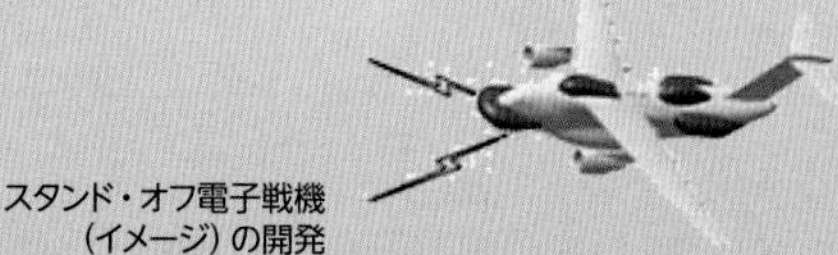

スタンド・オフ電子戦機（イメージ）の開発

05 指揮統制・情報関連機能

迅速かつ的確に意思決定を行うため、指揮統制・情報関連機能を強化

大量の画像をAIで判読

Includes material from ©(2022)Planet Labs PBC.

AI技術を活用した画像の活用（イメージ）

06 機動展開能力・国民保護

必要な部隊を迅速に機動・展開するため、海上・航空輸送力を強化。

これらの能力を活用し、国民保護を実施。

輸送船舶（イメージ）の取得

07 持続性・強靭性

必要十分な弾薬・誘導弾・燃料を早期に整備。また、装備品の部品取得や修理、施設の強靭化に係る経費を確保

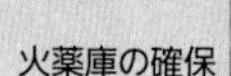

火薬庫の確保

「反撃能力」

わが国への侵攻を抑止するうえでの鍵

ミサイル防衛網により、飛来するミサイルを防ぎつつ、相手からのさらなる武力攻撃を防ぐため、有効な反撃を加える能力。これにより、相手に攻撃を思い止まらせ、武力攻撃そのものを抑止

防衛生産・技術基盤の強化

瞬く間に進展する科学技術が安全保障のあり方を根本的に変化させ、諸外国ではその囲い込みが進められている昨今。

装備品の安定的な調達を確保するため、**いわば防衛力そのものたる防衛生産・技術基盤**をわが国の国内において維持・強化していくことが必要不可欠です。

防衛生産基盤の強化

- 力強く持続可能な防衛産業の構築
- 様々なリスクへの対処
- 防衛装備移転の推進

インダストリーデーの様子

防衛技術基盤の強化

- 早期の防衛力抜本的強化につながる研究開発
- 民生の先端技術を積極的に活用

長期運用型UUV

人的基盤の強化・衛生機能の変革

防衛力を発揮するのは自衛隊員です。高度な装備品をどれだけ揃えようと、それを扱う人がいなければ防衛力は発揮できません。防衛力を「人」の面から強化する取組を進めていきます。

また、**戦う自衛隊員の生命を守る態勢を強化**していきます。

人的基盤の強化

- 採用の取組強化
- 予備自衛官などの活用
- 生活・勤務環境の改善・処遇の向上
- 人材の育成
- 再就職支援の強化
- 栄典の拡大

募集対象者に対するオンライン説明会

衛生機能の変革

- 第一線から後送先までの
シームレスな医療・後送態勢を確立
- 戦傷医療に関する教育研究の強化

患者搬送訓練の様子

分野		前回の計画（2019～2023年度）	今回の計画（2023～2027年度）
スタンド・オフ防衛能力		0.2兆円	5兆円
統合防空ミサイル防衛能力		1兆円	3兆円
無人アセット防衛能力		0.1兆円	1兆円
領域横断作戦能力（宇宙・サイバー・陸海空自衛隊の装備品）		3兆円	8兆円
指揮統制・情報関連機能		0.3兆円	1兆円
機動展開能力・国民保護		0.3兆円	2兆円
持続性・強靱性	弾薬・誘導弾	1兆円	2兆円（他分野も含め約5兆円）
	装備品の修理など	4兆円	9兆円（他分野も含め約10兆円）
	施設の強靱化	1兆円	4兆円
防衛生産基盤の強化		1兆円	0.4兆円（他分野も含め約1兆円）
研究開発			1兆円（他分野も含め約3.5兆円）
その他		4.4兆円	6.6兆円
		2019～2023年度の計画額 17.2兆円（契約額）	今後5年間で必要な経費 43.5兆円（契約額）

経費を確保する必要性

諸外国のミサイル・レーダーの性能が向上  攻撃されない安全な距離から相手部隊に対処する能力を強化

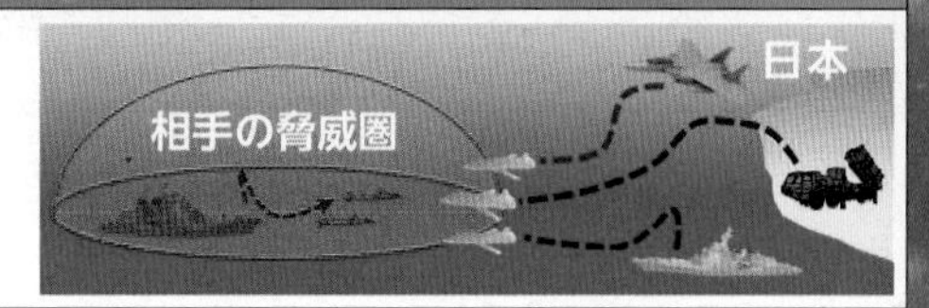

極めて高速（極超音速）で飛翔したり、低い高度や変則的な軌道で飛翔するミサイルなど、空からの脅威が多様化・複雑化  空からの脅威に対応できる迎撃能力などを強化

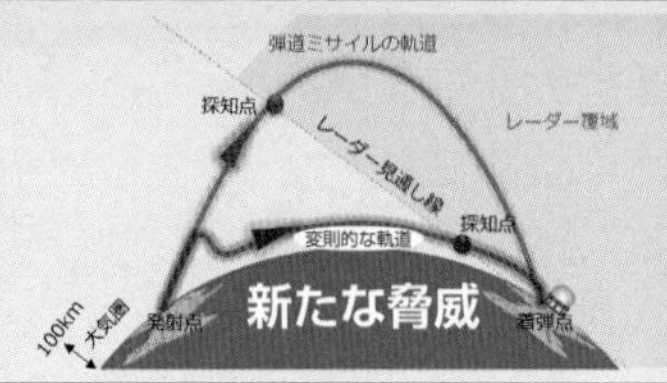

無人装備を駆使した新たな戦闘様相への対処

衛星の活用による、ミサイルなどの情報収集機能の強化が必要
高度化・巧妙化するサイバー攻撃に対応するための態勢の強化が必要
周辺国などの戦力の急速な増強に対応するため、各種装備品の能力向上・早期取得が必要

活発化する各国の軍事動向について隙のない常時継続的な情報収集が必要
ウクライナ侵略で見られたような情報戦に対応できる情報機能の強化が必要

島嶼部などへの部隊の迅速な展開のため、海上・航空の輸送能力の強化が必要  輸送船舶の取得等を推進

有事におけるわが国への侵攻を阻止するために、弾薬・誘導弾の不足を解消することが必要

部品不足などによって装備品を運用できない状況が発生  十分な修理費などを確保して、部品不足などによって装備品を運用できない状況を解消

全ての自衛隊施設のうち、防護性能がある施設は約20%、耐震性能がある施設は約60%

⬇

概ね10年後、防護性能・耐震性能ともに100%

老朽化した施設1942年建設（築81年）

防衛産業はいわば防衛力そのもの。相次ぐ事業撤退、海外からの原料供給の途絶、企業へのサイバー攻撃等の多様な課題に的確に対応することが必要

科学技術が急速に進展する中、将来の装備品の研究開発に遅れをとると、挽回は困難  将来の戦い方に必要な先端技術への投資などを強化

隊員の教育訓練、装備品の燃料などに必要な予算を確保

第Ⅰ部 わが国を取り巻く安全保障環境

概観

第1章 P.33

戦後最大の試練の時を迎える国際社会

普遍的価値やそれに基づく政治・経済体制を共有しない国家が勢力を拡大しており、ロシアによるウクライナ侵略をはじめとする力による一方的な現状変更やその試みは、既存の国際秩序に対する深刻な挑戦となっている。国際社会は戦後最大の試練の時を迎え、新たな危機の時代に突入しつつある。また、パワーバランスの変化により、政治・経済・軍事などにわたる国家間の競争が顕在化し、特に米中の国家間競争が激しさを増している。さらに、国際社会共通の課題への対応において、国際社会が団結しづらくなっている。

さらに、科学技術の急速な進展が安全保障のあり方を根本的に変化させ、各国はゲーム・チェンジャーとなりうる先端技術を開発し、従来の軍隊の構造や戦い方が根本的に変化しているほか、先端技術をめぐる主導権争いなど経済分野にまで安全保障分野が拡大している。

加えて、サイバー領域などにおけるリスクは深刻化し、偽情報の拡散を含む情報戦などが平素から行われ、軍事的な手段と非軍事的な手段を組み合わせるハイブリッド戦がさらに洗練された形で実施される可能性が高い。

2022年11月の米中首脳会談【AFP＝時事】

厳しさを増すインド太平洋地域の安全保障

わが国が位置するインド太平洋地域は、安全保障上の課題が多い地域である。特に、わが国周辺では、核・ミサイル戦力を含む軍備増強が急速に進展し、力による一方的な現状変更の圧力が高まっている。

2022年7月4日に尖閣諸島の接続水域に入域した中国海軍艦艇ジャンウェイⅡ級フリゲート

ロシアによる侵略とウクライナによる防衛

第2章 P.39

力による一方的な現状変更は、アジアを含む国際秩序の根幹を揺るがす行為

ロシアによるウクライナ侵略は、ウクライナの主権及び領土一体性を侵害し、武力の行使を禁ずる国際法と国連憲章の深刻な違反である。このような力による一方的な現状変更は、アジアを含む国際秩序全体の根幹を揺るがすものである。

国際の平和及び安全の維持に主要な責任を負うこととされている安保理常任理事国が、国際法や国際秩序と相容れない軍事行動を公然と行い、罪のない人命を奪うとともに核兵器による威嚇ともとれる言動を繰り返すという事態は前代未聞と言える。ウクライナの非戦闘員の犠牲者は、国連人権高等弁務官事務所によると2023年4月時点で少なくとも8千人を超えるとみられるが、戦闘が現在も継続しているため、正確な被害の実態は把握できておらず、実際の犠牲者はこれを大きく上回り、今もなお増え続けているとみられる。このようなロシアの侵略を容認すれば、アジアを含む他の地域においても力による一方的な現状変更が認められるとの誤った含意を与えかねず、わが国を含む国際社会として、決して許すべきではない。

露軍のミサイル攻撃により破壊されたザポリッジャ市の集合住宅
(2023年3月5日ウクライナ非常事態庁公表画像)

ロシアは、今般の侵略を通じ通常戦力を大きく損耗したものとみられ、今後ロシアの中長期的な国力の低下や、周辺諸国との軍事バランスの変化が生じる可能性がある。さらに、中国との連携の深化などを通じ、米中の戦略的競争の展開やアジアへの影響を含め、グローバルな国際情勢にも影響を与えうることから、関連動向について、強い関心を持って注視していく必要がある。

諸外国の防衛政策など

第3章 P.48

同盟・パートナーシップを重心とする米新戦略

P.48

米国は、2022年10月に発表した「国家安全保障戦略」や「国家防衛戦略」において、中国を「対応を絶えず迫ってくる挑戦」、ロシアを「差し迫った脅威」、北朝鮮を「持続的脅威」と位置づけている。また、「国家防衛戦略」と同時に発表された「核態勢の見直し」では、中国の核大国化により、2030年代には、史上初めて、露中2つの核大国に直面すると言及した。

日米首脳会談（2023年5月）【首相官邸HP】

このような情勢下、米国単独では複雑で相互に関連した課題に対処できないとし、互恵的な同盟及びパートナーシップが国家防衛戦略の重心であるとの認識を示した。特にインド太平洋地域における中国の威圧的な行動に対しては、同盟国とのパートナーシップ、クアッドやAUKUSなどの多国間枠組みへの取組を推進するとしている。また、南シナ海における「航行の自由作戦」や米艦艇による台湾海峡の通過を継続するなど、「自由で開かれたインド太平洋」へのコミットメントを示し続けている。

中国の力による一方的な現状変更の試みや活動の活発化

P.56

中国は、長期間にわたり国防費を急速なペースで増加させており、これを背景に、核・ミサイル戦力や海上・航空戦力を中心に、軍事力の質・量を広範かつ急速に強化している。

例えば、2035年までに1500発の核弾頭を保有する可能性があると指摘されているとともに、電磁式カタパルトの搭載も指摘される2隻目の国産空母の建造や、多種多様な無人航空機の自国開発も急速に進めている。

総書記として3期目に入った習近平氏【EPA=時事】

これらの強大な軍事力を背景とし、中国は、尖閣諸島周辺をはじめとする東シナ海、日本海、さらには伊豆・小笠原諸島周辺を含む西太平洋など、いわゆる第一列島線を越え、第二列島線に及ぶわが国周辺全体での活動を活発化させるとともに、台湾に対する軍事的圧力を高め、さらに、南シナ海での軍事拠点化などを推し進めている。

特に、台湾に関し、中国は、2022年8月4日にわが国の排他的経済水域（EEZ）内への5発の着弾を含む計9発の弾道ミサイルの発射を行った。このことは、地域住民に脅威と受け止められた。

このような中国の対外的な姿勢や軍事動向などは、わが国と国際社会の深刻な懸念事項であるとともに、これまでにない最大の戦略的挑戦となっており、わが国の総合的な国力と同盟国・同志国などとの協力・連携により対応していく必要がある。

2隻目となる国産空母「福建」【中国通信/時事通信フォト】

第I部 わが国を取り巻く安全保障環境

激化する米中の戦略的競争、緊張感が高まる台湾情勢

P.87

中国は、台湾統一を「中華民族の偉大な復興を実現する上での必然的要請」と位置づけており、台湾をめぐる問題への米国の関与を強く警戒している。

2022年には、ペロシ米下院議長（当時）をはじめとする議員が党派を超えて台湾を訪問、さらに、台湾との安全保障協力を強化するための「台湾抗たん性強化法」が成立するなど、米国は、政府・議会がともに、台湾への支援を一層強化する方針を示している。

これに対し、中国は、台湾周辺での軍事活動をさらに活発化させている。

ペロシ米下院議長訪台に伴う蔡英文総統との面会（2022年8月）【台湾総統府HP】

核・ミサイル開発を進展させる北朝鮮

P.98

北朝鮮は、近年、かつてない高い頻度で弾道ミサイルなどの発射を繰り返している。また、変則的な軌道で飛翔する弾道ミサイルや「極超音速ミサイル」と称するミサイルなどの発射を繰り返しているほか、戦術核兵器の搭載を念頭に長距離巡航ミサイルの実用化も追求するなど、核・ミサイル関連技術と運用能力の向上に注力している。2022年10月には弾道ミサイルをわが国上空を通過させる形で発射したほか、ICBM級弾道ミサイルの発射も繰り返している。こうした軍事動向は、わが国の安全保障にとって、従前よりも一層重大かつ差し迫った脅威となっており、地域と国際社会の平和と安全を著しく損なうものである。

北朝鮮が2022年11月に発射した新型ICBM級弾道ミサイル「火星17」型【朝鮮通信】

「強い国家」を掲げるロシアと中国との戦略的連携

P.123

「強い国家」を掲げるロシアは、各種の新型兵器の開発・配備を進めてきたが、ウクライナ侵略開始後は、兵員数の増加や部隊編制の拡大改編を指向する動きも見せている。2022年は、戦略指揮参謀部演習「ヴォストーク2022」を兵員5万人以上、中国やインドなど計14か国の参加を得て実施するなど、ウクライナ侵略を行う最中にあっても、極東において活発な軍事活動を継続している。中国との戦略的連携を強化する動きもあり、度重なる、ロシアと中国の爆撃機の共同飛行や艦艇の共同航行は、わが国に対する示威活動を明確に意図したものであり、わが国と地域の安全保障上の観点から、重大な懸念である。今後も、わが国を含むインド太平洋地域におけるロシア軍の動向について、強い懸念を持って注視していく必要がある。

2022年9月、「ヴォストーク2022」を視察するプーチン大統領（中央）【ロシア大統領府HP】

宇宙・サイバー・電磁波の領域や情報戦などをめぐる動向・国際社会の課題など

第4章 P.164

情報戦などにも広がりをみせる科学技術をめぐる動向

P.164

科学技術とイノベーションの創出は、わが国の経済的・社会的発展をもたらす源泉であり、技術力の適切な活用は、安全保障だけでなく、気候変動などの地球規模課題への対応にも不可欠である。各国は、人工知能（AI）、量子技術、次世代情報通信技術など、将来の戦闘様相を一変させる、いわゆるゲーム・チェンジャーとなり得る先端技術の研究開発や、軍事分野での活用に力を入れている。

また、サイバー空間、企業買収・投資を含む企業活動などを利用し、先端技術に関する情報を窃取したうえで、軍事目的に使用することが懸念されている。各国は、輸出管理や外国からの投資にかかる審査を強化するとともに、技術開発や生産の独立性を高めるなど、いわゆる「経済安全保障」の観点からの施策を講じている。

NATOサイバー演習「サイバー・コアリション2022」の様子【NATO HP】

宇宙・サイバー・電磁波の領域をめぐる動向

P.171

宇宙空間を利用した技術や情報通信ネットワークは、人々の生活や軍隊にとっての基幹インフラとなっている。一方、中国やロシアなどは、他国の宇宙利用を妨げる能力を強化し、国家や軍がサイバー攻撃に関与していると指摘されている。

各国は、宇宙・サイバー・電磁波領域における能力を、敵の戦力発揮を効果的に阻止する攻撃手段として認識し、能力向上を図っている。

米副大統領のDA-ASAT実験中止を含む宇宙政策の演説【DVIDS】

大量破壊兵器の移転・拡散

P.185

大量破壊兵器及びその運搬手段となりうるミサイルの移転・拡散は、冷戦後の大きな脅威の一つとして認識されてきた。近年、国家間の競争や対立が先鋭化し、国際的な安全保障環境が複雑で厳しいものとなる中で、軍備管理・軍縮・不拡散といった共通課題への対応において、国際社会の団結が困難になっていくことが懸念される。

気候変動が安全保障や軍に与える影響

P.188

各国軍は、気候変動に影響されずに活動を継続するための抗たん性確保に努めるとともに、気候変動に伴い発生する安全保障上の危機への対応に向けた取組を進めている。

救助活動を行うパキスタン兵【パキスタン陸軍HP】

第Ⅱ部 わが国の安全保障・防衛政策

わが国の安全保障と防衛の基本的考え方

第1章 P.193

国家の独立、平和と安全を守る防衛力

P.193

平和と安全は、国民が安心して生活し、国が繁栄を続けていくうえで不可欠のものであるが、願望するだけでは確保できない。

国民の命や暮らしを守り抜くうえで、まず優先されるべきは、積極的な外交の展開である。日米同盟を基軸とし、多国間協力を推進していくことが不可欠である。同時に、外交には裏付けとなる防衛力が必要である。戦略的なアプローチとして、「自由で開かれたインド太平洋」のビジョンの下での外交を展開するとともに、反撃能力の保有を含む防衛力の抜本的強化を進めていく。また、わが国に対する脅威の発生を予防する観点から、インド太平洋地域における協力などの分野で防衛力が果たす役割の重要性は増している。

観閲する岸田内閣総理大臣と浜田防衛大臣（国際観艦式）

わが国は、このような防衛力の役割を認識したうえで、外交や経済など様々な分野における努力を尽くすことにより、わが国の平和と安全を確保していく。

また、わが国は、憲法のもと、専守防衛に徹し、他国に脅威を与えるような軍事大国とならないとの基本理念に従い、日米安保体制を堅持するとともに、文民統制を確保し、非核三原則を守りつつ、実効性の高い統合的な防衛力を効率的に整備している。

国家安全保障戦略、国家防衛戦略、防衛力整備計画など

第2章 P.199 第3章 P.206 第4章 P.221

真に国民を守り抜ける体制を作り上げる

国際秩序が重大な挑戦に晒され、国際関係において対立と協力の様相が複雑に絡み合う時代となっている。そして、わが国は、戦後最も厳しく複雑な安全保障環境に直面しており、新たな危機の時代に突入していると言える。こうした厳しい安全保障環境に対応していくために、2022年12月に「国家安全保障戦略」、「国家防衛戦略」及び「防衛力整備計画」を策定した。必要な防衛力の抜本的強化を実現し、真に国民を守り抜ける体制を作り上げる、戦後の防衛政策の大きな転換点になったと考えている。

「国家安全保障戦略」は、国家安全保障に関する最上位の政策文書として位置付けられ、伝統的な外交・防衛分野のみならず、経済安全保障、技術、情報なども含む幅広い分野への政府としての横断的な対応に関する戦略が示されている。特にわが国自身の防衛体制を強化するため、2027年度において、防衛力の抜本的強化とそれを補完する取組と合わせ、そのための予算水準が2022年度の国内総生産（GDP）の2%（約11兆円）に達するよう、所要の措置を講ずる。

「国家防衛戦略」においては、わが国防衛の目標や、これを実現するためのアプローチと手段が示されている。戦後、最も厳しく複雑な安全保障環境の中で、国民の命と平和な暮らしを守り抜くためには、その厳しい現実に正面から向き合って、相手の能力と新しい戦い方（大規模なミサイル攻撃、情報戦を含むハイブリッド戦、宇宙・サイバー・電磁波の領域や無人機などによる非対称的な攻撃、核兵器による威嚇など）に着目した防衛力の抜本的強化を行う必要がある。そのため、反撃能力の保有を含め、防衛力の抜本的強化の方針を定めた。

防衛上の必要な機能・能力として、まず、わが国への侵攻そのものを抑止するために、遠距離から侵攻戦力を阻止・排除するために、「①スタンド・オフ防衛能力」「②統合防空ミサイル防衛能力」を強化する。万が一、抑止が破られた場合、①②の能力に加え、領域を横断して優越を獲得し、非対称的な優勢を確保するため、「③無人アセット防衛能力」「④領域横断作戦能力」「⑤指揮統制・情報関連機能」を強化する。さらに、迅速かつ粘り強く活動し続けて、相手方の侵攻意図を断念させるため、「⑥機動展開能力・国民保護」「⑦持続性・強靭性」を強化する。防衛力の抜本的強化は、いついかなる形で力による一方的な現状変更が生起するか予測困難であるため、5年後の2027年度までにわ

3つの防衛目標

①力による一方的な現状変更を許さない安全保障環境を創出

G7首脳会合に参加する岸田総理大臣（2023年5月）【首相官邸HP】

②力による一方的な現状変更やその試みを、同盟国・同志国等と協力・連携して抑止・対処

米空軍戦略爆撃機等との共同訓練（2023年3月）

③我が国への侵攻が生起する場合、我が国が主たる責任をもって対処し、同盟国等の支援を受けつつ、阻止・排除

水陸両用作戦等の訓練（2023年2月）

が国への侵攻が生起する場合に、わが国が主たる責任をもって対処し、同盟国などの支援を受けつつ、これを阻止・排除できるように防衛力を強化する。さらに、おおむね10年後までに、この防衛目標をより確実にするための更なる努力を行い、より早期かつ遠方で侵攻を阻止・排除できるように防衛力を強化する。

これに加え、いわば防衛力そのものとしての防衛生産・技術基盤、防衛力の中核である自衛隊員の能力を発揮するための基盤も強化する。

わが国として保有すべき防衛力の水準を示し、その水準を達成するための内容を含む「防衛力整備計画」においては、5年間で43兆円程度という、これまでとは全く異なる水準の予算規模により、防衛力の抜本的強化の実現に向けた様々な取組を記載した。特に、スタンド・オフ防衛能力や無人アセット防衛能力など、将来の防衛力の中核となる分野の抜本的強化や、現有装備品の最大限の活用のための可動率向上や弾薬確保、主要な防衛施設の強靱化への投資の加速、さらには防衛生産・技術基盤や人的基盤の強化にしっかりと取り組んでいく。

防衛力抜本的強化「元年」予算

令和5（2023）年度防衛関係費は、防衛力を5年以内に抜本的に強化するために必要な取組を積み上げて、新たな「整備計画」の初年度に相応しい内容及び予算規模を確保（防衛力抜本的強化「元年」予算）した。

歳出予算は、整備計画対象経費として6兆6,001億円（前年度比1兆4,213億円（27.4%）増）を計上し、米軍再編などを含めると6兆8,219億円となり、「防衛費の相当な増額」を確保した。また、新規後年度負担（新たな事業）は、整備計画対象経費として7兆676億円（前年度比2.9倍）を計上し、1年でも早く、必要な装備品を各部隊に届け、部隊で運用できるよう、初年度に可能な限り契約を実施する。具体的には、将来の防衛力の中核となる分野について、「スタンド・オフ防衛能力」、「無人アセット防衛能力」などについて大幅に予算を増やすとともに、現有装備品の最大限の活用のため、可動向上や弾薬確保、主要な防衛施設の強靱化への投資（重要な司令部の地下化や隊舎等の整備）を加速している。

予算配分に当たっては、防衛力整備事業について、これまでは主要装備品などの取得経費とその他の経費の2区分に分けて管理してきたが、各幕・各機関ごとに新たに15区分に分類して管理することとし、予算の積み上げをよりきめ細かく行い、弾薬、維持整備、施設、生活・勤務環境などへのしわ寄せを防いでいる。

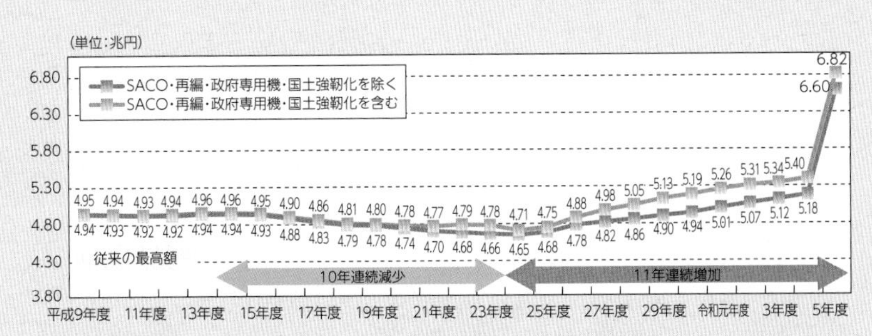

区分	分野	5年間の総事業費（契約ベース）	令和5年度事業費（契約ベース）	令和5年度事業費（歳出ベース）
スタンド・オフ防衛能力		約5兆円	約1.4兆円	約0.1兆円
統合防空ミサイル防衛能力		約3兆円	約1.0兆円	約0.2兆円
無人アセット防衛能力		約1兆円	約0.2兆円	約0.02兆円
領域横断作戦能力	宇宙	約1兆円	約0.2兆円	約0.1兆円
	サイバー	約1兆円	約0.2兆円	約0.1兆円
	車両・艦船・航空機等	約6兆円	約1.2兆円	約1.1兆円
指揮統制・情報関連機能		約1兆円	約0.3兆円	約0.2兆円
機動展開能力・国民保護		約2兆円	約0.2兆円	約0.1兆円
持続性・強靱性	弾薬・誘導弾	約2兆円（他分野も含め約5兆円）	約0.2兆円（他分野も含め約0.8兆円）	約0.1兆円（他分野も含め約0.3兆円）
	装備品等の維持整備費・可動確保	約9兆円（他分野も含め約10兆円）	約1.8兆円（他分野も含め約2.0兆円）	約0.8兆円（他分野も含め約1.3兆円）
	施設の強靱化	約4兆円	約0.5兆円	約0.2兆円
防衛生産基盤の強化		約0.4兆円（他分野も含め約1兆円）	約0.1兆円（他分野も含め約0.1兆円）	約0.1兆円（他分野も含め約0.1兆円）
研究開発		約1兆円（他分野も含め約3.5兆円）	約0.2兆円（他分野も含め約0.9兆円）	約0.1兆円（他分野も含め約0.2兆円）
基地対策		約2.6兆円	約0.5兆円	約0.5兆円
教育訓練費、燃料費等		約4兆円	約0.9兆円	約0.7兆円
合計		約43.5兆円	約9.0兆円	約4.4兆円

わが国の安全保障と防衛を担う組織

第5章 P.246

防衛省・自衛隊は、内閣に設置された国家安全保障会議で議論された基本的な方針のもとで、政策立案や任務の遂行を行っている。

また、防衛省・自衛隊は、陸・海・空自衛隊を一体的に運用する統合運用体制をとっている。統合運用の実効性強化に向け、平素から有事まであらゆる段階においてシームレスに領域横断作戦を実現するため、既存組織の見直しにより、陸海空自の一元的な指揮を行い得る常設の統合司令部の速やかな創設に向け、各種課題を検討している。

自衛隊の行動などに関する枠組み

第6章 P.254

2015年に成立した平和安全法制においては、いかなる事態においても切れ目のない対応を可能とすべく、「存立危機事態」や「重要影響事態」などの政府として対処すべき事態を新たに定義づけており、政府としては、引き続き、対応に万全を期していく。

第Ⅲ部 防衛目標を実現するための３つのアプローチ

わが国自身の防衛体制

第1章 P.265

わが国の防衛力の抜本的強化と国全体の防衛体制の強化

P265

わが国の防衛の根幹である防衛力は、わが国の安全保障を確保するための最終的な担保であり、わが国に脅威が及ぶことを抑止するとともに、脅威が及ぶ場合には、これを阻止・排除し、わが国を守り抜くという意思と能力を表すものである。

脅威は能力と意思の組み合わせで顕在化するところ、意思を外部から正確に把握することは困難であり、国家の意思決定過程が不透明であれば、脅威が顕在化する素地が常に存在する。このような国から自国を守るためには、力による一方的な現状変更は困難であると認識させる抑止力が必要であり、相手の能力に着目した防衛力を構築する必要がある。今後の防衛力については、新しい戦い方にも対応できるよう、防衛力を抜本的に強化することで、相手にわが国を侵略する意思を持たせないようにすることが必要である。

また、外交力、情報力、経済力、技術力を含めた国力を統合して、あらゆる政策手段を体系的に組み合わせて国全体の防衛体制を構築していく。

防衛目標を実現するための３つのアプローチ

①わが国自身の防衛体制の強化

次期戦闘機（イメージ）

②日米同盟の抑止力と対処力の強化

海自護衛艦「いずも」への
米海兵隊F－35Bの着陸（2021年10月3日）

③同志国などとの連携の強化

日米英蘭加新共同訓練
（2021年10月）

力による一方的な現状変更を許容しない安全保障環境の創出
力による一方的な現状変更やその試みへの対応

P.268

わが国の平和と安全にかかわる力による一方的な現状変更やその試みについては、わが国として、同盟国・同志国などと協力・連携して抑止していく必要がある。相手の行動に影響を与えるためには、柔軟に選択される抑止措置（FDO）としての訓練・演習などや、戦略的コミュニケーション（SC）を、政府一体となって、また同盟国・同志国などと共に充実・強化していく必要がある。防衛省・自衛隊は、平素から常続的な情報収集・警戒監視・偵察（ISR）及び分析を関係省庁と連携して実施し、事態の兆候を早期に把握するとともに、戦闘機などによる緊急発進（スクランブル）を実施している。

緊急発進（スクランブル）対応中の隊員

ミサイル攻撃を含むわが国に対する侵攻への対応

P.279

島嶼部を含むわが国に対する侵攻に対しては、遠距離から侵攻戦力を阻止・排除するとともに、領域を横断して優越を獲得し、陸海空の領域及び宇宙・サイバー・電磁波の領域における能力を有機的に融合した領域横断作戦を実施し、非対称な優越を確保し、侵攻戦力を阻止、排除する。そして、粘り強く活動し続けて、相手の侵攻意図を断念させる。

また、ミサイル攻撃を含むわが国に対する侵攻に対しては、ミサイル防衛により公海及びわが国の領域の上空でミサイルを迎撃し、攻撃を防ぐためにやむを得ない必要最小限度の自衛の措置として、相手の領域において有効な反撃を加える能力としてスタンド・オフ防衛能力などを活用し、ミサイル防衛とあいまってミサイル攻撃を抑止する。

イージス艦「まや」SM-3ブロックⅡA発射試験

さらに、大規模テロやそれに伴う原子力発電所をはじめとした重要インフラに対する攻撃なども、深刻な脅威である。防衛省・自衛隊においては、関係機関と緊密に連携して、それらの攻撃に際しては実効的な対処を行う。加えて、わが国への侵攻が予測される場合には、機動展開能力を活用し住民の避難誘導を含む国民保護のための取組を円滑に実施する。

国民保護訓練に参加する隊員

情報戦への対応を含む わが国に対する侵攻への対応

P.307

わが国周辺における軍事活動が活発化するなか、防衛省・自衛隊は、平素から各種の手段による情報の迅速・的確な収集に努めており、情報収集・分析など機能の強化を進めている。

国際社会においては、紛争が生起していない段階から、偽情報や戦略的な情報発信などを用いて他国の世論・意思決定に影響を及ぼすとともに、自らに有利な安全保障環境を企図する情報戦に重点が置かれている。こうした状況を踏まえ、防衛省・自衛隊は、わが国防衛の観点から、偽情報の見破りや分析、そして迅速かつ適切な情報発信などを肝とした認知領域を含む情報戦に確実に対処できる体制・態勢を構築していく。

継戦能力を確保するための 持続性・強靭性強化の取組

P.311

将来にわたりわが国を守り抜く上で、弾薬、燃料、装備品の可動数といった現在の自衛隊の継戦能力は、必ずしも十分ではない。こうした現実を直視し、有事において自衛隊が粘り強く活動でき、また、実効的な抑止力となるよう、十分な継戦能力の確保・維持を図る必要がある。そのため、必要十分な弾薬を早急に保有し、火薬庫及び燃料タンクを整備するとともに、装備品の可動状況を向上させる。また、主要司令部の地下化や構造強化を進め、施設の再配置なども進める。

火薬庫の確保

国民の生命・身体・財産の 保護に向けた取組

P.316

わが国への侵攻のみならず、大規模災害及び感染症危機などは深刻な脅威であり、国の総力を挙げて全力で対応する必要がある。防衛省・自衛隊は、大規模災害などに際し、関係機関と緊密に連携して、効果的に人命救助、応急復旧、生活支援などを行う。

人命救助にあたる隊員

平和安全法制施行後の自衛隊の活動状況など

P.320

2016年の平和安全法制施行後、この法制にかかる各種準備・訓練を実施してきた。2022年には、わが国政府が存立危機事態の認定を行ったという前提の実動訓練に初めて参加したほか、自衛隊法第95条の2に基づく米軍等の部隊の武器等の警護として、初めて日米豪３か国が連携した形で米豪軍に対する警護を実施した。

第Ⅲ部 防衛目標を実現するための3つのアプローチ

日米同盟

第2章 P.321

わが国の安全保障の基軸としての日米安保体制

P.321

日米安保条約に基づく日米安保体制は、わが国自身の防衛体制とあいまってわが国の安全保障の基軸である。わが国は、民主主義、人権の尊重、法の支配、資本主義経済といった基本的な価値観や世界の平和と安全の維持に関する利益を共有し、経済面においても関係が深く、かつ、強大な軍事力を有する米国との安全保障体制を基軸として、わが国の平和、安全及び独立を確保してきた。

防衛戦略では、わが国への侵攻を抑止する観点から、それぞれの役割・任務・能力に関する議論をより深化させ、日米共同の統合的な抑止力をより一層強化していくこととしている。具体的には、日米共同による宇宙・サイバー・電磁波を含む領域横断作戦を円滑に実施するための協力及び相互運用性を高めるための取組を一層深化させる。さらに、防空、対水上戦、対潜水艦戦、機雷戦、水陸両用作戦、空挺作戦、情報収集・警戒監視・偵察・ターゲティング（ISRT）、アセットや施設の防護、後方支援などにおける連携の強化を図る。また、わが国の防衛力の抜本的強化を踏まえた日米間の役割・任務分担を効果的に実現するため、日米共同計画にかかる作業などを通じ、運用面における緊密な連携を確保する。加えて、より高度かつ実践的な演習・訓練を通じて同盟の即応性や相互運用性をはじめとする対処力の向上を図っていく。核抑止力を中心とした米国の拡大抑止が信頼でき、強靱なものであり続けることを確保するため、日米間の協議を閣僚レベルのものも含めて一層活発化・深化させる。また、力による一方的な現状変更やその試み、さらには各種事態の生起を抑止するため、平素からの日米共同による取組として、共同FDO（柔軟に選択される抑止措置）や共同ISR（情報収集・警戒監視・偵察）などをさらに拡大・深化させる。

また、在日米軍のプレゼンスは、抑止力として機能している一方で、在日米軍の駐留に伴う地域住民の生活環境への影響を踏まえ、各地域の実情に合った負担軽減の努力が必要である。特に、在日米軍の再編は、米軍の抑止力を維持しつつ、沖縄をはじめとする地元の負担を軽減するための極めて重要な取組であることから、防衛省としては、在日米軍施設・区域を抱える地元の理解と協力を得る努力を続けつつ、米軍再編事業などを進めていく。

日米防衛相会談（2023年1月）

米海兵隊のF-35B戦闘機との共同訓練（2022年10月）

日米共同訓練（2023年2月）

同志国などとの連携

第3章 P.360

FOIP実現に向けた同志国などとの連携推進

P.360

防衛省・自衛隊は「自由で開かれたインド太平洋」(FOIP)というビジョンのもと、一か国でも多くの国々と連携を強化するべく、多角的・多層的な防衛協力・交流を積極的に推進している。

近年では、同盟国のみならず、アジア、アフリカ、欧州など、多様な国々との間で、ハイレベル交流、共同訓練、能力構築支援などといった防衛協力・交流を進めている。

また、同志国などとの間で、円滑化協定(RAA)、物品役務相互提供協定(ACSA)、防衛装備品・技術移転協定等の制度的枠組みの整備も拡大させている。

日豪防衛相会談(2022年12月)

海洋安全保障

P.397

海洋国家であるわが国にとって、海洋の秩序を強化し、航行・飛行の自由や安全を確保することは、極めて重要である。このため、ソマリア沖・アデン湾で実施中の海賊対処をはじめ、海洋状況監視などの海洋安全保障に関する多国間の協力を推進している。

国際平和協力活動

P.402

防衛省・自衛隊は、従前よりエジプトとイスラエルの停戦監視を任務とするMFOへの司令部要員として2名を派遣しているところ、今般、司令部要員2名を追加派遣する。また、南スーダンではUNMISS司令部要員として4名が活動している。このほか、国連事務局やPKO訓練センターなどへの職員派遣や、国連三角パートナーシップ・プログラムへの各種支援などに積極的に参画し、国際平和協力活動に貢献している。

また、2022年5月から6月までの間、ドバイにあるUNHCRの倉庫から人道救援物資をウクライナ周辺国に航空機による輸送を行った。

さらに、2023年2月から3月までの間、トルコ及びシリアにおいて発生した地震に際し、国際緊急援助隊法に基づき物資輸送を実施した。

自衛隊は、このような緊急の要請にも対応できる態勢を常時維持している。

トルコにおける地震災害に伴う国際緊急援助活動において
インジルリク空軍基地(トルコ)で物資を下すB-777特別輸送機

軍備管理・軍縮及び不拡散

P.408

防衛省・自衛隊は、大量破壊兵器及びその運搬手段となりうるミサイルや通常兵器及び軍事転用可能な貨物・機微技術の拡散などに対する国際的な態勢整備や訓練などに、関係省庁と連携しながら取り組んでいる。

PSI訓練における各国及び関係機関代表者とのディスカッション(2022年8月)

第IV部 共通基盤などの強化

いわば防衛力そのものとしての防衛生産・技術基盤の強化など

第1章 P.411

防衛生産・技術基盤の強化

P.411

科学技術が急速に進展し、各国は将来の戦闘様相を一変させる、いわゆるゲーム・チェンジャーとなり得る先端技術の開発を行っている。また、人工知能（AI）をはじめとする新たな技術の進展により、戦闘様相が陸・海・空領域のみならず、宇宙・サイバー・電磁波領域や人の認知領域にまで広がっている。こうした変化を捉え、各国は技術的優越を確保するため研究開発にも積極的に取り組んでいる。一方、わが国の防衛生産・技術基盤は、サプライチェーン・リスクや相次ぐ撤退など課題が山積みであり、厳しい状況に晒されている。こうした状況を踏まえ、防衛戦略において、防衛生産・技術基盤は、自国での装備品の研究開発・生産・調達を安定的に確保し、新しい戦い方に必要な先端技術を防衛装備品に取り込むために不可欠な基盤であることから、いわば防衛力そのものと位置付けられるものであり、その強化に取り組んでいくこととしている。

また、新しい戦い方に必要な装備品を取得するためには、わが国が有する技術をいかに活用していくかが極めて重要である。わが国の高い技術力を基盤とした、科学技術とイノベーションの創出は、経済的・社会的発展をもたらす源泉であり、わが国の安全保障にかかわる総合的な国力の主要な要素である。また、わが国の官民の技術力を、従来の考え方にとらわれず、安全保障分野に積極的に活用していくことは、わが国の防衛体制の強化に不可欠な活動である。わが国の官民における科学技術の研究開発の成果を、防衛装備品の研究開発などに積極的に活用していくことで、国家としての技術的優越の確保に戦略的に取り組んでいくことが重要である。そのため、わが国として重視すべき技術分野について国内における研究開発をさらに推進し、技術基盤を育成・強化する必要がある。

日英伊で共同開発する次期戦闘機のイメージ

12式地対艦誘導弾（能力向上型）
【三菱重工業（株）名古屋誘導推進システム製作所より提供】

長期運用型UUV

防衛装備移転の推進

P.424

防衛装備品の海外への移転は、特にインド太平洋地域における平和と安定のために、力による一方的な現状変更を抑止し、わが国にとって望ましい安全保障環境を創出するなど重要な政策的手段となる。安全保障上意義が高い防衛装備移転や国際共同開発を幅広い分野で円滑に行うため、防衛装備移転三原則や運用指針をはじめとする制度の見直しを検討する。また、防衛装備移転を円滑に進めるため、基金を造成し、必要に応じた企業支援を行うことなどにより、官民一体となり防衛装備移転を進めていくこととしている。

フィリピン空軍の要員に対する受託教育

防衛力の中核である自衛隊員の能力を発揮するための基盤の強化など

第2章 P.439

人的基盤の強化

P.439

防衛力の中核は自衛隊員である。全ての隊員が高い士気と誇りを持ち、個々の能力を発揮できるよう環境を整備すべく、人的基盤の強化を進めていく。

少子化による募集対象者人口の減少という厳しい採用環境の中にあっても、優秀な人材を安定的に確保すべく募集活動に取り組むほか、民間人材の活用を図るため中途採用も強化している。予備自衛官などに関しても、専門的な技能を持つ人材の活用などに取り組んでいる。

また、隊員の生活・勤務環境の改善、給与面の処遇の向上、再就職支援、栄典・礼遇に関する施策の推進、家族支援施策などにも取り組んでいく。

地方協力本部による募集活動（合同企業説明会）

ハラスメントへの対応

P.450

2022年9月、元陸上自衛官が現役時に、セクシュアル・ハラスメントの被害を受けていたことが調査の結果、確認された。被害を訴えたにもかかわらず適切に対応がなされなかった極めて深刻な事案である。

また、相談件数が増加の一途をたどっているなどの現状を踏まえ、防衛大臣は、全自衛隊を対象とした特別防衛監察の実施やハラスメント対策の抜本的見直しのための有識者会議の設置を指示した。

この有識者会議の検討結果を踏まえ新たな対策を確立し、ハラスメントを一切許容しない組織環境の構築に取り組んでいく。

防衛省ハラスメント防止対策有識者会議

ワークライフバランスと女性活躍

P.453

各種事態に持続的に対応できる態勢を確保するため、職員が心身ともに健全な状態で、かつ、高い士気を保って、その能力を十分に発揮できる環境を整える必要がある。

このため、長時間労働是正のための働き方改革や、テレワークなどを活用した、働く時間と場所の柔軟化を取り入れている。

また、女性自衛官の配置制限を解除するなど、意欲と能力のある女性職員の活躍推進に取り組んでいる。

幅広い職域で活躍する女性自衛官

第Ⅳ部 共通基盤などの強化

隊員の命を救う衛生組織

P.457

防衛戦略は、自衛隊衛生について、持続性・強靭性の観点から、隊員の生命・身体を救う組織に変革することとしている。

特に、負傷した隊員の救命率を向上させるため、第一線から後送先病院までのシームレスな医療・後送態勢を確立する必要がある。

さらに、防衛医科大学校での戦傷医療についての教育研究の強化を進めるとともに、医官及び看護官の臨床経験をより充実させるために必要な運営改善を進める。

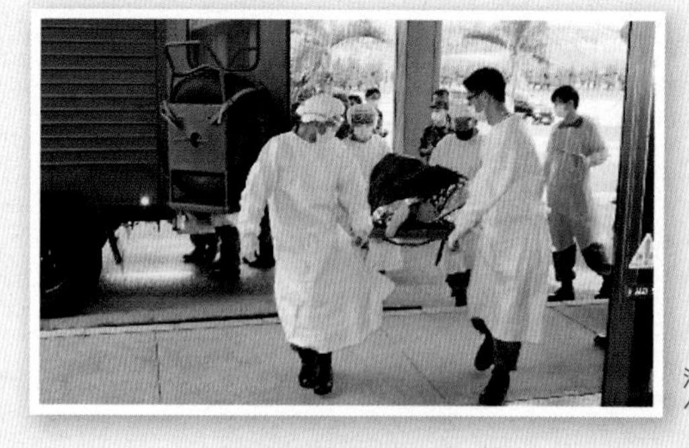

沖縄の医療拠点への患者搬送訓練

政策立案機能の強化

P.460

厳しい戦略環境に対応するためには、戦略的・機動的な防衛政策の企画立案が必要とされている。このため、関係省庁や民間の研究機関、防衛産業を中心とした、企業との連携強化に取り組んでいる。また、防衛研究所を中心として、研究体制を見直し・強化し、知的基盤の強化を推進している。

国内初の政策シミュレーション国際会議

訓練・演習に関する諸施策

第3章 P.462

自衛隊は、わが国を防衛するという厳しい任務を果たすため、平素から統合訓練や陸・海・空自衛隊による各種訓練などを実施している。その内容は従来の領域にとどまらず、宇宙・サイバー・電磁波を含む新領域にも及んでいる。これらの領域をうまく活用し、防衛力を高めるべく、領域横断作戦能力の向上を図っている。

また、日米同盟の抑止力・対処力を強化するため、各自衛隊は、各軍種間での共同訓練や日米共同統合演習を実施するとともに、その内容を年々深化させている。

さらに、「自由で開かれたインド太平洋」（FOIP）というビジョンに基づき、多角的・多層的な安全保障協力を戦略的に推進するため、広くインド太平洋地域における同盟国、同志国などとの共同訓練・演習に積極的に取り組んでいる。

海上から水陸両用車による上陸訓練（キーン・ソード23）

離島に展開する日米の長射程火器（オリエント・シールド22）

加えて、近年は、インド太平洋地域の沿岸国のみならず、域外の同志国などとの共同訓練・演習を積極的に推進し、各国との相互運用性の向上や他国との関係強化などを図っている。

厳しさを増す安全保障環境において、わが国の平和と独立を守り抜くためには、現状に満足することなく、自らがより精強になるとともに、同盟国・同志国などとの連携能力を向上させる必要がある。このため、自衛隊は訓練・演習を通じたさらなる抑止力・対処力の獲得に努めている。

豪海軍補給艦との洋上給油訓練（日米豪共同訓練）

日本上空でのドイツとの共同訓練（日独共同訓練）

地域社会や環境との共生に関する取組

第4章 P.472

地域社会との調和にかかる施策

P.472

防衛省・自衛隊の様々な活動は、国民一人一人、そして、地方公共団体などの理解と協力があってはじめて可能となる。こうした考えのもと、今後とも防衛省・自衛隊は、地域社会・国民と自衛隊相互の信頼をより一層深めていくために必要な各種施策を推進していく。

気候変動・環境問題への対応

P.479

気候変動の問題は、将来のエネルギーシフトへの対応を含め、今後、防衛省・自衛隊の運用や各種計画、施設、防衛装備品、さらにわが国を取り巻く安全保障環境により一層の影響をもたらすことは必須である。防衛省・自衛隊は、従前から環境関連法令を遵守し、環境保全の徹底や環境負荷の低減に努めてきたところ、2022年8月には、防衛省として気候変動に戦略的に取り組むべき施策を取りまとめた「防衛省気候変動対処戦略」を策定した。今後は本戦略に基づき気候変動の影響に対する具体的取組を進めていく。

情報発信や公文書管理・情報公開

P.483

国民や諸外国の信頼と協力を得るため、防衛省・自衛隊の活動について、分かりやすい広報活動を様々な方法で、より積極的に行っていく。

騒音防止工事の助成（北海道川上郡標茶町標茶中学校）

令和4年（2022）度国際観艦式と同時期に実施された「フリートウィーク」における艦艇一般公開

活躍する自衛隊員 世界編

陸上　海上　航空　事務官等

階級 氏名
❶ 勤務先
❷ 職種・職域

※階級、勤務先は2023年3月31日現在のもの

ロシア（モスクワ）

露軍演習視察

1等陸佐 吉田（よしだ） 賢輔（けんすけ）

❶ 在ロシア日本国大使館
❷ 情報科

在露日本大使館での天皇誕生日レセプション

情報戦の最前線で

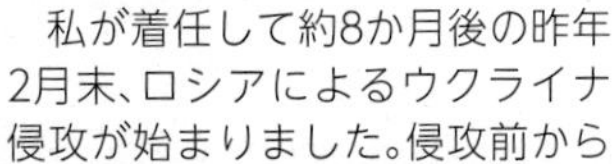

私が着任して約8か月後の昨年2月末、ロシアによるウクライナ侵攻が始まりました。侵攻前から現在に至るまで真偽不明の情報が多数飛び交い、まさに情報戦の最前線にいることを実感する毎日です。そんな中、これまで自衛隊で培ってきた軍事に関する専門知識を総動員させ、自分たちにしかできないことは何なのかという視点を常に持ち、日々業務にあたっています。特に当地の武官団には、世界各国から200名以上の武官が集まってきており、各国・各人が持つそれぞれの視点からの意見を聞けることは大変貴重だと感じています。わが国の情報活動に少しでも貢献できるよう、引き続き尽力したいと思います。

ウクライナ

C-2輸送機と著者

3等空佐 八木（やぎ） 洋徳（ひろのり）

❶ 第3輸送航空隊第403飛行隊（美保基地）
❷ 操縦

C-2輸送機への物資搭載の様子

C-2輸送機によるウクライナ支援のための物資提供にかかる空輸

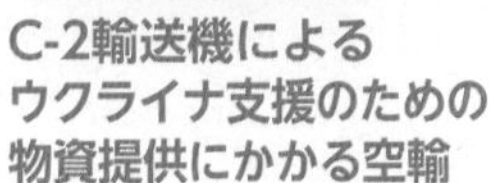

私は、空自の輸送機操縦者として勤務しています。2022年3月、ウクライナを支援するため、防弾チョッキなどの物資提供にかかる空輸に従事しました。様々な国を経由しましたが、各国との複雑な調整を経てポーランドで物資を引継ぎ、その際に頂いた大使館関係者の感謝の言葉に、我々の活動が危機に直面している人々の支えとなっていることを実感しました。日本人として、また自衛官として、誇りを感じました。

国際社会が不安定な中、自衛隊の活動の必要性が高まっています。いざという時に備えて訓練に励み、我々に与えられる任務を完遂したいと思います。

オーストラリア

航空機に乗り込む本人

1等空尉 桐生（きりゅう） 顕大（あきひろ）

❶ 第7航空団飛行群第3飛行隊（百里基地）
❷ 操縦

訓練オープニングセレモニーにて

ピッチ・ブラック22に参加して

私はF2戦闘機操縦者として、オーストラリアにて開催されたピッチ・ブラック22に参加しました。

訓練では、ドッグファイトと呼ばれる対戦闘機戦闘をはじめ、様々なミッションを豪空軍、米軍その他参加国の戦闘機部隊と共に行いました。会話は全て英語で行いましたが、一言に英語といっても国ごとに発音は異なり、うまく通じない場面においては、互いに身振り手振りによるボディランゲージを用いて、言語の壁を乗り越えました。

厳しい訓練を共に乗り越えて得た信頼関係は、今後の諸外国との円滑な連携への糧になると確信しております。

カナダ（オタワ）

一等書記官 木村 泰之（きむら やすゆき）

❶ 在カナダ日本国大使館
❷ 事務官

レセプションで加海軍日本担当と懇談

有識者との意見交換（左が筆者）

私は、防衛省から外務省に出向し、在カナダ日本国大使館の政務班で、安全保障・防衛や軍備管理・軍縮を担当しています。カナダ政府との交渉や協議に関する調整、情報収集、有識者との意見交換、日本からの要人対応の支援など、多岐に渡る業務を行っています。

カナダはG7の1国で大西洋・太平洋・北極海と3つの海洋に面し多様な人々から構成される自然豊かな広大な国ですが、昨年カナダのインド太平洋戦略がとりまとめられ、わが国とますます連携する機会が増えています。その最前線でカナダの同僚の人達と共により良い安全保障の確保を目指して邁進しています。

アメリカ（ニューヨーク州）

2等陸佐 荒木 順子（あらき じゅんこ）

❶ 国際連合本部
❷ 高射特科

国連本部ビル前にて

副軍事顧問オブライエン少将との出張（南スーダン）

国連本部で世界の平和と安全をサポート

私は2022年7月からニューヨークの国連本部で軍事計画官として勤務しており、UNMISS※主担当としてマンデート遂行に必要な軍の定員、編成、装備及び部隊運用にかかる業務に従事しています。他にも副軍事顧問のコソボ、スーダン及び南スーダンへの現場視察に随行し、国連PKOの現場の状況をつぶさに確認しました。

紛争形態の変化や様々な脅威の存在により、現在のPKOの任務は多機能にわたり、現場はより複雑かつ困難な環境に置かれています。また、限られた予算の中で国際の平和と安全を維持することは簡単なことではありませんが、世界の国連加盟国の同僚とともに、引き続き要員の安全性向上を含むPKOの質的向上に取り組んでまいります。

※UNMISS：United Nations Mission in South Sudan（国連南スーダン共和国ミッション）

シンガポール

2等海佐 椛澤 祐一（かばさわ ゆういち）

❶ 米海軍第73任務部隊（西太平洋兵站群）
❷ 経補

勤務場所で撮影する筆者

米海軍第73任務部隊での勤務

シンガポールはインド洋と太平洋とを結ぶマラッカ・シンガポール海峡とも面しており、地域の安定とわが国のシーレーンの安定のためにも重要な地域です。私は、シンガポールにおいて、ロジスティクスを所掌する米海軍第73任務部隊の連絡官として勤務しています。主な業務は、日米補給艦などの行動計画の確認及び提供であり、西太平洋における海自艦艇などと米軍との補給支援などの調整などを行っています。

現場調整などの実務を行うことで日米共同後方の深化に携わることができるのは貴重な機会であり、この経験を今後も活かしたいと思っています。

アメリカ（カリフォルニア州）

3等海佐 伊藤 優生（いとう ゆうき）

❶ 米海軍大学院大学（海上自衛隊幹部学校所属）
❷ 情報

授業において意見を述べる筆者

同期学生との集合写真（筆者右から3人目）

米海軍大学院大学（Naval Postgraduate School）情報戦課程の留学

私は、2022年6月から2年間、カリフォルニア州に所在するアメリカ海軍大学院大学において情報戦工学修士取得を目指して勉強しています。本校は「科学と兵術が合わさる場所」を標榜し、戦略から戦い方、装備技術などを学術的に研究し、また科学的知見に基づく判断力を持った士官などを養成している大学院です。私はここで米軍士官と共に情報戦に関する技術、理論及び運用手法を学際的に学んでいます。情報戦は安定した安全保障環境を維持するうえで必須の業務であり、帰国後はわが国の情報戦関連業務などに貢献したいと考えています。

活躍する自衛隊員 国内編

陸上　海上　航空　事務官等

階級　氏名
❶ 勤務先
❷ 職種・職域

※階級、勤務先は2023年3月31日現在のもの

長崎県（佐世保市）

魚雷投射ロケットの整備中

2等海曹　福田 真理（ふくだ まり）

❶ 佐世保弾薬整備補給所
❷ 魚雷員

弾薬整備で活躍する隊員

フォークリフトでの搬出入作業の様子

私は、佐世保弾薬整備補給所の整備第1部魚雷整備科にて勤務しており、護衛艦が搭載する魚雷投射ロケットの分解、試験、組立などの整備、これら弾薬の品質管理、整備で使用するチェックリストの改善などの業務を行っています。

弾薬は厳密な品質管理が必要ですので、甲種火薬類取扱保安責任者などの必要な資格を取ったうえで、不良品などの異状がないかを確認するなど、常に細心の注意を払い、万全の状態に整備することに責任の重さを感じていますが、護衛艦部隊などが不安なく活動ができるよう、日々誇りとやりがいをもって勤務に取り組んでいます。

宮崎県（新富町）

F-15戦闘機の前での1コマ

空士長　斉藤 杏奈（さいとう あんな）

❶ 第5航空団飛行群第305飛行隊（新田原基地）
❷ 航空機整備

フィリピン空軍との部隊間交流に参加して

フィリピン空軍戦闘機の前で両国の整備員との1コマ：前列左端が筆者

私は、幼い頃から憧れていた航空機整備員としてF-15戦闘機を整備しており、主に飛行訓練や対領空侵犯措置任務に係る整備支援を行っています。

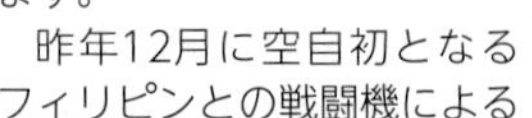

昨年12月に空自初となるフィリピンとの戦闘機による部隊間交流に参加しました。日本の戦闘機が初めてクラーク空軍基地に着陸し注目される中での着陸後の航空機の誘導はとても緊張しました。私自身初となる海外での活動であり、日本とフィリピンの部隊間交流に直接貢献することができ、非常にやりがいと誇りを感じました。

これからも自らの幅を広げ、自分らしく自衛官として任務に邁進していきます。

沖縄県（那覇市）

患者搭載準備

3等陸曹　澤田 海人（さわだ かいと）

❶ 第15旅団第15ヘリコプター隊第1飛行隊（那覇駐屯地）
❷ 航空科

離島からの緊急患者空輸

救急隊への引継ぎ

私は、航空機整備陸曹として陸自第15ヘリコプター隊第1飛行隊（那覇）で勤務しています。

第15ヘリコプター隊は、沖縄県及び鹿児島県の一部地域における離島からの緊急患者空輸に365日24時間態勢で待機しています。

私は、多用途ヘリコプターUH-60JAの整備担当者として、航空機を良好な状態に維持・管理しつつ、緊急患者空輸の搭乗員として患者さんの搬送支援などに従事しています。乗組員と連携して無事任務を遂行し、御家族の安堵した表情や感謝の言葉を受けると「次も安全に頑張ろう」と意欲が湧いてきます。

これからも国民の皆様へ少しでも多く貢献できるように日々精進し、任務に邁進していきます。

※地図などについてはイメージ

青森県（三沢市）

警備犬の手入れ

2等空曹　佐々木（ささき） 修平（しゅうへい）

❶ 第3航空団基地業務群管理隊（三沢基地）
❷ 警備

捜索訓練

警備犬と任務に臨む者「ハンドラー」として

私は基地の警備を担当する警備職として、警備犬を扱う任務に従事しています。任務内容は飼育管理をはじめ、基地の警備における爆発物探知や災害発生時における行方不明者捜索など、多岐に渡ります。警備犬にも様々な感情や性格があるため、各警備犬に合った訓練の実施は極めて難しいですが、とてもやりがいのある仕事です。年々警備犬の活躍の場が増えているため、国民の負託に応えられるように日々精進するとともに、任務に邁進していく所存です。

今後、一緒に基地の警備や災害派遣活動に従事してくれるハンドラーの仲間が増えることを楽しみにしています。

東京都（新宿区）

執務室にて

研究幹事　兵頭（ひょうどう） 慎治（しんじ）

❶ 防衛研究所（市ヶ谷）
❷ 防衛教官

講演（防衛セミナー）の様子

ロシアによるウクライナ侵攻で注目された防衛研究所

ロシアによるウクライナ侵攻により、議員説明などの要請が相次ぎ、ロシア研究者としての研究成果を、タイムリーに発信することが求められるようになりました。防研の役割として、政策に資する研究、幹部自衛官などへの教育、信頼醸成に寄与する国際交流に加えて、一般国民の皆さんへの情報発信があります。連日の戦争報道を受けて防衛問題に対する関心が高まるなか、一般の方々が抱く疑問に対し、これまでの研究成果を還元する形で可能な限り答えていくこととしています。防研の研究者一人一人が積み重ねてきた自己研鑽の内容が問われています。

京都府（京都市）

爆弾の安全化準備をする筆者

陸曹長　柴田（しばた） 博紀（ひろのり）

❶ 中部方面後方支援隊第103不発弾処理隊（桂駐屯地）
❷ 武器科

安全化した爆弾を車両に積載する筆者

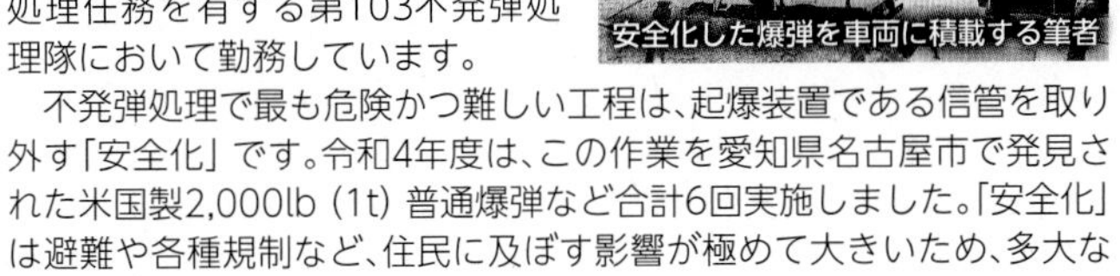

不発弾処理隊員の仕事

私は中部方面管内全域の不発弾処理任務を有する第103不発弾処理隊において勤務しています。

不発弾処理で最も危険かつ難しい工程は、起爆装置である信管を取り外す「安全化」です。令和4年度は、この作業を愛知県名古屋市で発見された米国製2,000lb（1t）普通爆弾など合計6回実施しました。「安全化」は避難や各種規制など、住民に及ぼす影響が極めて大きいため、多大な精神的重圧がかかる反面、直接、民生の安定に寄与していると実感できる、やりがいのある仕事です。

これからも更に「技」を極め、「安全・確実」をモットーに不発弾処理にあたっていきます。

東京都（千代田区）

会議を進行する筆者

2等海佐　東川（ひがしかわ） 哲也（てつや）

❶ 内閣府
❷ 水上艦艇

経済安全保障への貢献に向けて

内閣府政策統括官（経済安全保障担当）は、令和4年5月に成立したいわゆる「経済安全保障推進法」の施行にあたり、法律に基づく事務を担当する組織として設置されています。具体的には、同法の着実な執行のため、①重要物資の安定的な供給の確保、②基幹インフラ役務の安定的な提供の確保、③先端的な重要技術の開発支援、④特許出願の非公開、の4つの制度の事務を行っています。

ここでの業務は私にとって未知の世界であったため、毎日が新たな発見の連続で、来る日も来る日も四苦八苦していますが、政府の取組に少しでも貢献できるよう、これからも尽力していきます。

第 I 部 わが国を取り巻く安全保障環境

2032
2031
2030
2029
2028
2027
2026
2025
2024
2023
2022

第1章 概観

1 グローバルな安全保障環境

現在の安全保障環境の特徴として、第一に、情報化社会の進展や国際貿易の拡大などに伴い、国家間の経済や文化をめぐる関係が一層拡大・深化する一方、普遍的価値やそれに基づく政治・経済体制を共有しない国家が勢力を拡大している。また、力による一方的な現状変更やその試みは、法の支配に基づく自由で開かれた国際秩序に対する深刻な挑戦であり、ロシアによるウクライナ侵略は、最も苛烈な形でこれを顕在化させている。国際社会は戦後最大の試練の時を迎え、新たな危機の時代に突入しつつある。また、グローバルなパワーバランスが大きく変化し、政治・経済・軍事などにわたる国家間の競争が顕在化している。特に、中国と米国の国家間競争は、様々な分野で今後も激しさを増していくと思われる。

第二に、科学技術の急速な進展が安全保障のあり方を根本的に変化させ、各国は将来の戦闘様相を一変させる、いわゆるゲーム・チェンジャーとなりうる先端技術の開発を行っており、従来の軍隊の構造や戦い方に根本的な変化が生じている。また、一部の国家が、他国の民間企業や大学などが開発した先端技術に関する情報を不法に窃取したうえで、自国の軍事目的に活用している。

第三に、サイバー領域などにおけるリスクの深刻化、偽情報の拡散を含む情報戦の展開、気候変動などのグローバルな安全保障上の課題も存在する。

まず、サイバー空間、海洋、宇宙空間、電磁波領域などにおいて、自由なアクセスやその活用を妨げるリスクが深刻化している。特に、相対的に露見するリスクが低く、攻撃者側が優位にあるサイバー攻撃の脅威は急速に高まっている。サイバー攻撃による重要インフラの機能停止や破壊、他国の選挙への干渉、身代金の要求、機微情報の窃取などは、国家を背景とした形でも平素から行われている。そして、武力攻撃の前から偽情報の拡散などを通じた情報戦が展開されるなど、軍事目的遂行のために軍事的な手段と非軍事的な手段を組み合わせる**ハイブリッド戦**が、今後さらに洗練された形で実施される可能性が高い。

さらに、サプライチェーンの脆弱性、重要インフラへの脅威の増大、先端技術をめぐる主導権争いなど、従来必ずしも安全保障の対象と認識されていなかった課題への対応も、安全保障上の主要な課題となってきている。その結果、安全保障の対象が経済分野にまで拡大し、安全保障の確保のために経済的手段が一層必要とされている。

一方、国際社会におけるパワーバランスの変化や価値観の多様化により、国際社会全体の統治構造において強力な指導力が失われつつある。その結果、気候変動、自由貿易、軍備管理・軍縮・不拡散、テロ、感染症対策を含む国際保健、食料、エネルギーなどの国際社会共通の課題への対応において、国際社会が団結しづらくなっている。

KEY WORD

「グレーゾーン事態」と「ハイブリッド戦」とは

いわゆる「グレーゾーン事態」とは、純然たる平時でも有事でもない幅広い状況を端的に表現したものです。

例えば、国家間において、領土、主権、海洋を含む経済権益などについて主張の対立があり、少なくとも一方の当事者が、武力攻撃に当たらない範囲で、実力組織などを用いて、問題にかかわる地域において頻繁にプレゼンスを示すことなどにより、現状の変更を試み、自国の主張・要求の受入れを強要しようとする行為が行われる状況をいいます。

いわゆる「ハイブリッド戦」は、軍事と非軍事の境界を意図的に曖昧にした手法であり、このような手法は、相手方に軍事面にとどまらない複雑な対応を強いることになります。例えば、国籍を隠した不明部隊を用いた作戦、サイバー攻撃による通信・重要インフラの妨害、インターネットやメディアを通じた偽情報の流布などによる影響工作を複合的に用いた手法が、「ハイブリッド戦」に該当すると考えています。このような手法は、外形上、「武力の行使」と明確には認定しがたい手段をとることにより、軍の初動対応を遅らせるなど相手方の対応を困難なものにするとともに、自国の関与を否定するねらいがあるとの指摘もあります。

2 インド太平洋地域における安全保障環境

このようなグローバルな安全保障環境と課題は、わが国が位置するインド太平洋地域で特に際立っており、将来、さらに深刻さを増す可能性がある。インド太平洋地域は、世界人口の半数以上を擁する世界の活力の中核であり、太平洋とインド洋の交わりによるダイナミズムは世界経済の成長エンジンとなっている。この地域にあるわが国は、その恩恵を受けやすい位置にある。同時に、インド太平洋地域は安全保障上の課題が多い地域でもある。例えば、核兵器を含む大規模な軍事力を有し、普遍的価値やそれに基づく政治・経済体制を共有しない国家や地域が複数存在する。さらには、歴史的な経緯を背景とする外交関係などが複雑に絡み合っている。わが国について言えば、わが国固有の領土である北方領土や竹島の領土問題が依然として未解決のまま存在している。また、東シナ海、南シナ海などにおける、力による一方的な現状変更及びその試み、海賊、テロ、大量破壊兵器の拡散、自然災害などの様々な種類と烈度の脅威や課題が存在する。

わが国周辺では、核・ミサイル戦力を含む軍備増強が急速に進展し、力による一方的な現状変更の圧力が高まっている。そして、領域をめぐる**グレーゾーン事態**、民間の重要インフラなどへの国境を越えたサイバー攻撃、偽情報の拡散などを通じた情報戦などが恒常的に生起し、有事と平時の境目はますます曖昧になってきている。さらに、国家安全保障の対象は、経済、技術など、これまで非軍事的とされてきた分野にまで拡大し、軍事と非軍事の分野の境目も曖昧になっている。

資料：最近の国際軍事情勢
URL：https://www.mod.go.jp/j/surround/index.html

図表I-1-1 わが国周辺の安全保障環境など

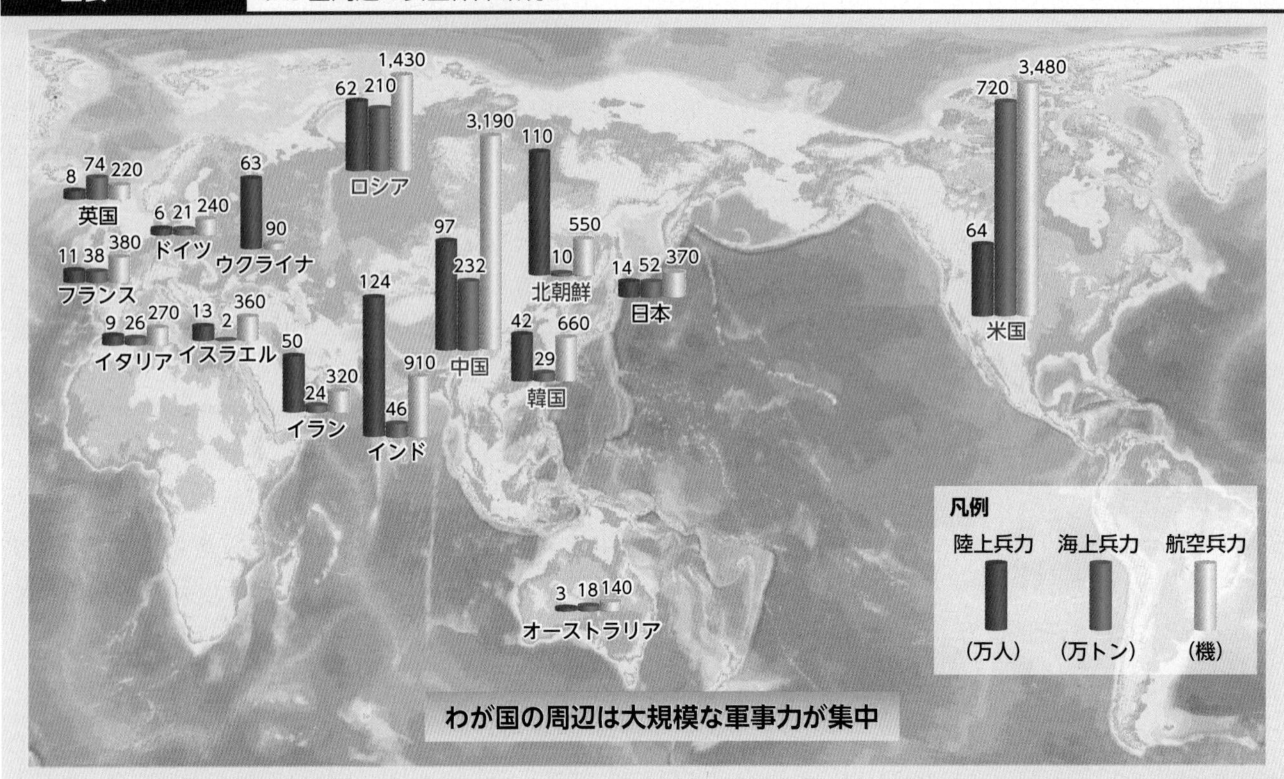

主要国・地域の兵力一覧(概数)

陸上兵力(万人)		
1	インド	124
2	北朝鮮	110
3	中 国	97
4	米 国	64
5	ウクライナ	63
6	ロシア	62
7	パキスタン	56
8	イラン	50
9	韓 国	42
10	ベトナム	41
ー	日 本	14

海上兵力(万トン(隻数))		
1	米 国	720 (970)
2	中 国	232 (720)
3	ロシア	210 (1,170)
4	英 国	74 (150)
5	インド	46 (330)
6	フランス	38 (320)
7	韓 国	29 (230)
8	イタリア	26 (170)
9	トルコ	24 (220)
10	イラン	24 (550)
ー	日 本	52 (138)

航空兵力(機数)		
1	米 国	3,480
2	中 国	3,190
3	ロシア	1,430
4	インド	910
5	韓 国	660
6	北朝鮮	550
7	エジプト	530
8	台 湾	510
9	サウジアラビア	470
10	パキスタン	460
ー	日 本	370

(注1) 陸上兵力は「ミリタリー・バランス2023」上のArmyの兵力数を基本的に記載*、海上兵力は「Jane's Fighting Ships 2022-2023」を基に艦艇のトン数を防衛省で集計、航空兵力は「ミリタリー・バランス2023」を基に防衛省で爆撃機、戦闘機、攻撃機、偵察機などの作戦機数を集計
(注2) 日本は、令和4(2022)年度末における各自衛隊の実勢力を示し、作戦機数(航空兵力)は航空自衛隊の作戦機(輸送機を除く)及び海上自衛隊の作戦機(固定翼のみ)の合計
*万人未満で四捨五入。米国は陸軍46万人のほか海兵隊17万人を含む。ロシアは地上軍55万人のほか、空挺部隊4万人及びロシアが自国軍への「編入」を発表したウクライナ東部の「分離派勢力」部隊3万人を含む。ウクライナは地上軍25万人のほか、空挺部隊3万人及び予備役を主体とする地域防衛部隊35万人を含む。イランは陸軍35万人のほか、革命ガード地上部隊の15万人を含む。

わが国周辺の安全保障環境

共同航行

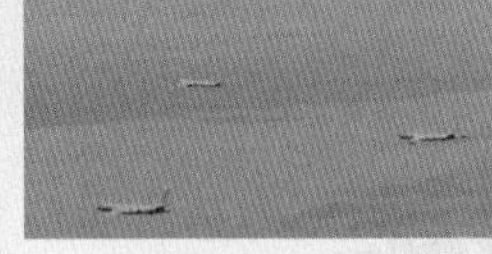

共同飛行

ロシアは活発な活動を継続

新型の装備を極東にも配備

ステレグシチーⅡ級フリゲート
2020年、太平洋艦隊に配属

地対艦ミサイルシステム「バスチオン」
2022年、千島列島の幌筵島に新たに配備

北方領土問題

北朝鮮の核・ミサイル開発

・06年に初めて核実験強行。以降、計6回の核実験
・長射程化や変則軌道での飛翔など、ミサイル技術を高度化

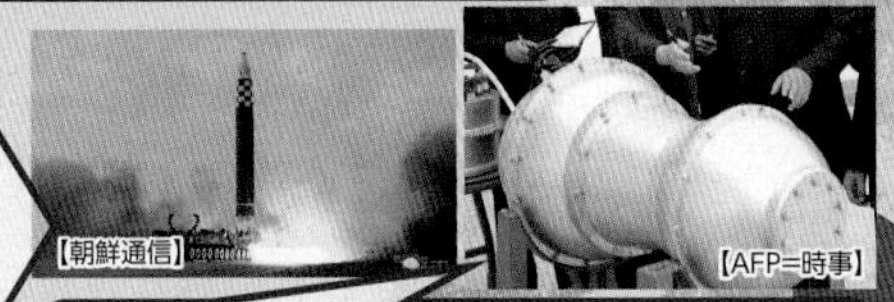

・2017年に核武力の完成を主張
・引き続き核を含む各種兵器の計画的な開発を継続

中国による活発な日本海への進出

竹島をめぐる領土問題

朝鮮半島をめぐる問題

中国による軍事力の広範かつ急速な変化

中国による東シナ海における力による一方的な現状変更の試み／活動の急速な拡大・活発化

台湾をめぐる問題

中国による活発な太平洋への進出

南シナ海をめぐる問題

わが国周辺では、軍事力の強化・軍事活動の活発化の傾向が顕著

○インド太平洋地域は、安全保障上の課題が多い地域
・核兵器を含む大規模な軍事力を有し、普遍的価値やそれに基づく政治・経済体制を共有しない国家や地域が複数存在
・歴史的な経緯を背景とする外交関係などが複雑に絡み合う地域
・東シナ海、南シナ海などにおける、力による一方的な現状変更及びその試み、海賊、テロ、大量破壊兵器の拡散、自然災害などの様々な種類と烈度の脅威や課題が存在

(注) 中国の「近代的駆逐艦・フリゲート」についてはレンハイ・ルフ・ルーハイ・ソブレメンヌイ・ルーヤン・ルージョウの各級駆逐艦及びジャンウェイ・ジャンカイの各級フリゲートの総隻数。このほか、中国は61隻(23年)のジャンダオ級小型フリゲートを保有

図表I-1-2 わが国周辺における主な兵力の状況（概数）

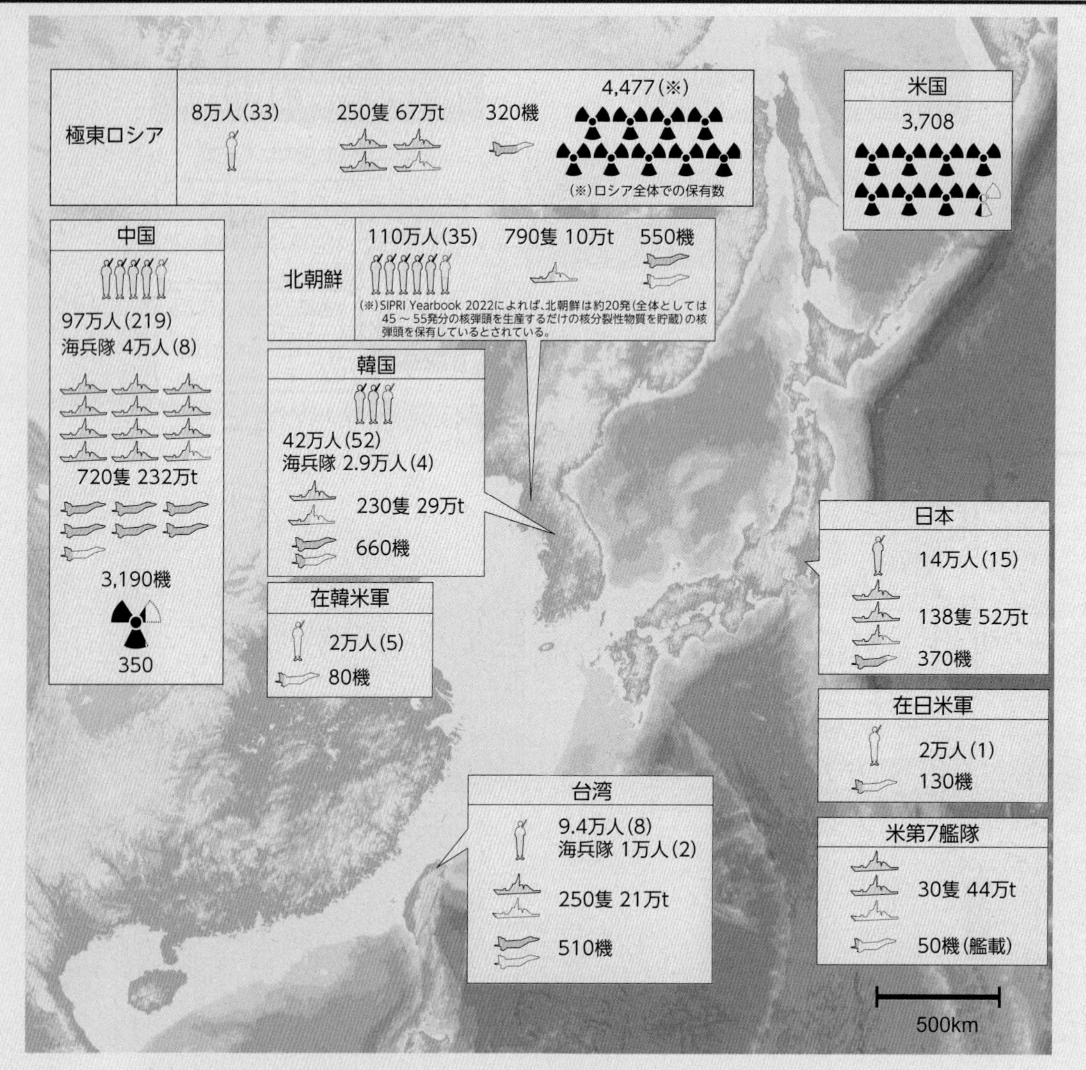

(注) 1 資料は、米国防省公表資料、「ミリタリー・バランス(2023)」、「SIPRI Yearbook 2022」などによる。
2 日本については令和4年度末における各自衛隊の実勢力を示し、作戦機数は航空自衛隊の作戦機(輸送機を除く)及び海上自衛隊の作戦機(固定翼のみ)の合計である。
3 在日・在韓駐留米軍の陸上兵力は、陸軍及び海兵隊の総数を示す。
4 作戦機については、海軍及び海兵隊機を含む。
5 ( )内は、師団、旅団などの基幹部隊の数の合計。北朝鮮については師団のみ。
6 米第7艦隊については、日本及びグアムに前方展開している兵力を示す。
7 在日米軍及び米第7艦隊の作戦機数については戦闘機のみ。

凡例
陸上兵力(20万人)　艦艇(20万t)　作戦機(500機)　核弾頭数(500)

解説　わが国周辺におけるミサイル脅威の高まり

近年、わが国周辺では、質・量ともにミサイル戦力が著しく増強されるとともに、ミサイルの発射も繰り返されており、わが国へのミサイル攻撃が現実の脅威となっています。

周辺国などは、発射台付き車両（TEL）(Transporter Erector Launcher) や潜水艦といった様々なプラットフォームからミサイルを発射することなどにより発射の秘匿性や即時性を向上させているほか、精密打撃能力も向上させています。さらに、大気圏内を極超音速（マッハ5以上）で滑空飛翔・機動し、目標へ到達するとされる極超音速滑空兵器（HGV）(Hypersonic Glide Vehicle) や、極超音速飛翔を可能とするスクラムジェットエンジンなどの技術を使用した極超音速巡航ミサイル（HCM）(Hypersonic Cruise Missile) といった極超音速兵器、低空を変則的な軌道で飛翔するミサイルなどの開発・配備も進んでいます。例えば中国は、HGVを搭載可能な弾道ミサイルとされる準中距離弾道ミサイル「DF-17」の運用を既に開始したと指摘されているほか、2022年にはHGVを搭載したICBMの軌道打ち上げを実施したとされています。また北朝鮮についても、「極超音速滑空飛行弾頭」の実現を優先課題の一つに挙げるとともに、低空を変則軌道で飛翔する弾道ミサイルの発射を繰り返しています。さらに、ロシアについても、ウクライナ侵略において用いられている短距離弾道ミサイル「イスカンデルM」は低空を変則的な軌道で飛翔可能とされているほか、HGV「アヴァンガルド」やHCM「ツィルコン」の配備を進めています。こういった極超音速兵器や低空を変則的な軌道で飛翔するミサイルは、通常の弾道ミサイルよりも低い高度で飛翔することからレーダーによる探知が遅くなるほか、機動により軌道予測や着弾位置の予想が難しいとされており、ミサイル防衛網の突破を企図している可能性があります（右図参照）。

さらに、周辺国などは、前述のようなミサイル関連技術の向上だけではなく、実戦的なミサイル運用能力の向上も行っています。米国とロシア間の中距離核戦力（INF）全廃条約の枠組みの外に置かれてきており、同条約が規制していた射程500～5,500kmの地上発射型ミサイルを多数保有している中国は、2021年に約135発もの弾道ミサイルを試験や訓練のために発射し、これは世界のその他で発射された分を合わせたものよりも多かった旨が指摘されています。[1]また2022年8月には台湾周辺で訓練を実施し、わが国の排他的経済水域（EEZ）内への5発の着弾を含む9発の弾道ミサイルの発射を行い、このことは地域住民に脅威と受け止められました。近年、かつてない高い頻度で、新たな態様での弾道ミサイルの発射を繰り返している北朝鮮は、複数発の同時発射や、極めて短い間隔での連続発射、特定目標に向けた異なる地点からの発射などを実施してきており、飽和攻撃といった実戦的なミサイル運用能力の向上を企図している可能性があります。また、ロシアはウクライナ侵略において、多数のミサイルをウクライナ全土に撃ち込んでおり、弾道ミサイルに限定的な対処能力しか持っていなかったウクライナでは、民間人も含む多くの犠牲者が出ています。

このような情勢のもと、防衛省はミサイル防衛能力を質・量ともに不断に強化していくこととしていますが、ミサイル防衛という手段だけに依拠し続けた場合、今後、この脅威に対し、既存のミサイル防衛網だけで完全に対応することは難しくなりつつあります。このため、相手からミサイルによる攻撃がなされた場合、ミサイル防衛網により、飛来するミサイルを防ぎつつ、やむを得ない必要最小限度の自衛の措置として、反撃能力により相手からのさらなる武力攻撃を防ぐことになります。

1　米国防省「中華人民共和国の軍事及び安全保障の進展に関する年次報告」（2022年）による。

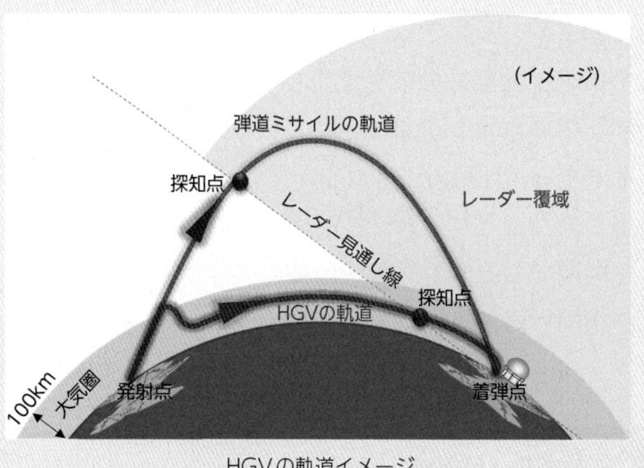

HGVの軌道イメージ

第2章 ロシアによる侵略とウクライナによる防衛

1 全般

ロシアによるウクライナへの侵略は、ウクライナの主権及び領土一体性を侵害し、武力の行使を禁ずる国際法と国際連合憲章の深刻な違反である。このような力による一方的な現状変更は、アジアを含む国際秩序全体の根幹を揺るがすものである。また、ウクライナ各地においてロシアによる残虐で非人道的な行為が明らかになっているが、多数の無辜（むこ）の民間人の殺害は重大な国際人道法違反、戦争犯罪であり断じて許されない。

第二次世界大戦後の国際秩序においては、力による一方的な現状変更を認めないとの規範が形成されてきた。そのような中で、国際の平和及び安全の維持に主要な責任を負うこととされている国際連合安全保障理事会（国連安保理）常任理事国の一つであるロシアが、国際法や国際秩序と相容れない軍事行動を公然と行い、罪のない人命を奪うとともに、核兵器による威嚇ともとれる言動を繰り返すという事態は、前代未聞と言えるものである。このようなロシアの侵略を容認すれば、アジアを含む他の地域においても力による一方的な現状変更が認められるとの誤った含意を与えかねず、わが国を含む国際社会として、決して許すべきではない。

国際社会は、このようなロシアによる侵略に対して結束して対応しており、各種の制裁措置などに取り組むとともに、ロシア軍の侵略を防ぎ、排除するためのウクライナによる努力を支援するため、戦車や火砲、弾薬といった防衛装備品の供与などを続けている。ウクライナ侵略にかかる今後の展開については、引き続き予断を許さない状況にあるが、わが国としては、重大な懸念を持って関連動向を注視していく必要がある。

2 ウクライナ侵略の経過と見通し

1 ロシアによる電撃戦の失敗とウクライナによる緒戦防衛の成功

2022年2月24日、ロシアは、ウクライナに対する全面的な侵略を開始した。しかし、ゼレンスキー・ウクライナ大統領が早くから一貫してキーウに残留する意向を明確にする中、ウクライナ軍などがキーウ郊外においてロシア軍の主力部隊の前進を阻止し、迅速なキーウ掌握を企図していたロシア軍などに多大な損害を与えた。同年3月末から4月初めにはロシア軍などをキーウ正面から後退させたことで、ロシアが企図していたとみられるごく短期間でのゼレンスキー政権の排除は失敗に終わったとの指摘もある。

ウクライナ軍は、同国第二の都市であり、交通の要衝でもある東部ハルキウの防衛にも成功し、都市の掌握に失敗したロシア軍は、多連装ロケットなどによる住宅地の砲撃など、非戦闘員に対する無差別攻撃をさらに強化した。また、ロシア軍の占領下に置かれた地域においては、民間人の虐殺など残虐な行為が起こったものと考えられている。

一方で、ロシアが2014年に違法に「併合」したクリミア半島に隣接するウクライナ南部においては、ロシア軍は他の地域に比べ迅速に占領地を拡大したものと考えられ、2022年3月初旬にはドニプロ川の西岸に位置するヘルソン州の州都ヘルソンを占領するとともに、そのさらに西に位置するミコライウ州の州都ミコライウ方面に一時進出したものとみられる。また、同時期にロシア軍は、アゾフ海北岸のザポリッジャ州南部及びドネツク州

資料：ウクライナ関連
URL：https://www.mod.go.jp/j/approach/exchange/ukraine2022.html

南部においても占領地を拡大し、工業・港湾都市であるマリウポリを包囲するとともに、非戦闘員が残留する同市への無差別爆撃や砲撃による制圧に着手したものとみられる。

2 ロシアによる戦線整理とウクライナによる反転攻勢着手

(1) ロシアによる戦線整理とウクライナ東部及び南部における占領地の拡大

首都キーウの掌握に失敗したロシア軍は、2022年3月25日、それまでの軍事行動は「作戦の第一段階」であったとして、今後はウクライナ東部のドネツク州及びルハンスク州の「解放」、すなわち両州における占領地拡大を作戦の主目標とする旨を発表し、戦線の整理を行った。

ロシア軍は、キーウ方面から後退させた部隊を再編成の上、ウクライナ東部へ順次投入し、ルハンスク州の臨時州都であったセベロドネツクとその周辺を同年6月下旬から7月上旬にかけて占領したとみられている。

ウクライナ南部においては、ロシア軍は、アゾフ海沿岸におけるウクライナ側の最後の拠点であったドネツク州南部のマリウポリの制圧に戦力を集中した。同年5月16日、ウクライナ軍総司令部は、マリウポリのアゾフスターリ製鉄所においてロシア軍などの包囲下にあったウクライナ軍などの指揮官に対し、将兵の人命を優先するよう命じた旨発表し、一方で同月20日、ロシア国防省は、ショイグ国防相がプーチン大統領に対し、同製鉄所構内のウクライナ軍などが投降し、マリウポリにおける作戦が完了した旨報告したと発表した。

ロシアは、マリウポリの占領により、アゾフ海沿岸全域を占領するとともに、ウクライナ南部における占領地のさらなる拡大を容易にしうる、クリミア半島との陸上交通路を確保した。

(2) ウクライナの反転攻勢着手

緒戦においてロシア軍によるキーウ、ハルキウなどの主要都市の制圧を阻止したウクライナ軍は、2022年4月以降、全正面においてロシア軍への抵抗を継続しつつ、反転攻勢に向けた準備攻撃とみられる動きを活発化させた。

ウクライナ東部においては、同年5月中旬にハルキウ周辺でウクライナ軍が一部地域を奪還したと報じられた。

ロシア軍が比較的大きな戦果を収めたとみられていたウクライナ南部においては、同月13日に国産地対艦ミサイル「ネプトゥーン」により、ロシア黒海艦隊の旗艦であるスラヴァ級ミサイル巡洋艦「モスクワ」を撃沈したとされている。同年6月30日、ザルジューニー・ウクライナ軍総司令官は、同軍の攻撃により、緒戦において占領された黒海のズミーニー島からロシア軍を撤退に追い込んだ旨発表した。

これらのウクライナ軍の攻撃は、ロシア黒海艦隊がウクライナ南部に構築していた防空網を破壊し、ロシア航空戦力の活動を困難にすることで、その後の同地域におけるウクライナ軍の反転攻勢を容易にする効果があったと考えられる。

さらに同年6月下旬以降、ウクライナ軍は、米国から供与されたM142高機動ロケット砲システム(HIMARS: High Mobility Artillery Rocket System)を実戦投入したものとみられ、同年7月11日夜にヘルソン州ノヴァ・カホウカに所在するロシア軍の燃料・弾薬集積拠点を攻撃した旨発表するとともに、南部における反転攻勢の開始に言及した。同地域においてウクライナ軍は、HIMARSなどの精密攻撃能力に優れた長距離火力を活用し、同地域一帯のロシア軍の指揮所及び兵站拠点を攻撃するとともに、ドニプロ川の橋梁などを通行不能にした。これにより、補給が困難となったドニプロ川以北のロシア軍部隊の戦闘能力と士気を低下させ、反転攻勢のための条件を整えた。

2014年以降ロシア軍に占領されたウクライナ南部のクリミア半島においては、2022年8月、航空基地などのロシア軍施設における爆発事案が複数発生した。ウクライナ側はこれらの事案へ関与を公式には認めていないが、同半島はロシアによるウクライナ侵略開始当初からロシア軍の航空戦力や後方支援の拠点となっている。

3 ウクライナによる反転攻勢の本格化とロシアによる対応

(1) ウクライナによる反転攻勢の本格化

2022年9月上旬、ウクライナ軍は、東部ハルキウ州における反転攻勢に成功し、同州のロシア軍占領地の大部分を奪還した。ウクライナ軍は、それまで反転攻勢の動きを顕著にしていた南部と異なり、東部においては反転攻勢企図の秘匿に努めたものとみられ、南部におけるウクライナ軍の反転攻勢に対応すべく東部のロシア軍部隊

米国から供与されたウクライナ軍の高機動ロケット砲システムHIMARS【EPA=時事】

が転用され、戦力が手薄となったところを突くことで反転攻勢に成功したとの指摘もある。

一方、南部においては、ウクライナ軍は、ドニプロ川を利用したロシア軍の分断と弱体化に努め、2022年11月中旬、ロシア軍に撤退を強いる形で州都ヘルソンを含むドニプロ川以北のヘルソン州などの奪還に成功した。その後、同州においてはおおむねドニプロ川を挟んでウクライナ軍とロシア軍が対峙する状況となっており、ロシア軍の多連装ロケットや火砲による、ヘルソンなどドニプロ川西岸の都市への攻撃が続いているとみられる。

さらにロシア国内においても、2022年10月、ロシア南部クラスノダール地方とウクライナのクリミア半島を結ぶ橋で爆発が発生し、橋桁が損傷したほか、同年12月、ウクライナに対するミサイル攻撃に従事しているロシア航空宇宙軍の長距離爆撃機基地などにおいて爆発・火災が複数回発生したとされ、ロシア側はいずれもウクライナによるものと発表している。

(2) ロシアによる対応

ウクライナの反転攻勢の本格化を受け、ロシアは、兵力の増強やウクライナ領土占領の既成事実化をはじめとする各種の対応を取った。

兵力の増強については、2022年8月初旬時点で約8万人とも指摘される死傷した兵力の補充のため、同年9月21日、プーチン大統領は、部分的動員に関する大統領令に署名するとともに、その必要性を国民に対する声明において説明し支持を求めた。同日、ショイグ国防相は、30万人を動員する計画である旨述べた。このほか、同月30日、外国市民などがロシア軍における勤務契約を結んだ場合にロシア国籍の取得手続が簡素化される大統領令を公布しており、旧ソ連諸国市民を念頭に置いたもの

2022年9月30日、ウクライナ東部及び南部4地域の「編入」式典におけるプーチン大統領（中央）、4地域の「首長」及び「行政府長官」【ロシア大統領府】

2023年1月14日のロシア軍のミサイル攻撃により破壊されたウクライナ中部ドニプロの集合住宅（2023年1月）【ウクライナ政府Facebook】

との指摘もある。

また、ウクライナ領土占領の既成事実化については、同月23日から27日にかけ、ルハンスク、ドネツク、ザポリッジャ及びヘルソンのロシア軍占領地域においてロシアへの「編入」の賛否を問う「住民投票」と称する活動を実施し、その結果に基づき、同月30日、これら4地域を違法に「併合」した。

これらと並行してロシア軍は、ウクライナ全土に対するミサイル・自爆型UAV攻撃を強化しており、ウクライナ軍の防空ミサイルを消耗させるとともに、寒冷期の市民生活にとって重要なウクライナの電力網に被害を与え、非戦闘員の犠牲を拡大することで、ウクライナの継戦能力と抗戦意思の減殺を企図したものとみられる。こうしたロシア軍の攻撃によるウクライナの非戦闘員の犠牲者は、国連人権高等弁務官事務所によると2023年3月時点で少なくとも8,000人を超えるとの見方が示されているが、戦闘が現在も継続しているため、正確な被害の実態は把握できておらず、実際の犠牲者はこれを大き

く上回り、今もなお増え続けているとみられる。

5月に入ると、民間軍事会社「ワグナー」とロシア軍部隊がドネツク州で攻勢を強め、バフムト市街地全域を制圧したと主張した。

4 ロシアによる原発・核施設攻撃とNBC兵器をめぐる状況

ロシアは、ウクライナ侵略を継続する中で、核物質や核施設をめぐる危険な行動を繰り返している。ロシアは、2022年2月24日にベラルーシ国境に近いチョルノービリ原発を占拠したほか、同年3月4日にはウクライナ南東部のザポリッジャ原発を占拠した。また、同月6日以降、実験用原子炉を有し、核物質を扱うハルキウ物理技術研究所が複数回にわたって攻撃された。

核兵器については、プーチン大統領は、同年4月20日、ロシア軍が開発中の新型の大型ICBM「サルマト」の飛翔試験を初めて実施した際、自国の核戦力を誇示する旨の発言をした。また、同年9月21日の部分的動員に関する大統領令の公布に際しての国民向け声明においては、核戦力を念頭に、自国の領土一体性が脅威にさらされた際には、ロシアが利用可能なあらゆる手段を用いる旨を述べており、他の高官によるものも含め、核兵器による威嚇とも取れる言動が繰り返されている。

化学兵器や生物兵器についても、ロシアは、ウクライナがこれらを使用する可能性があるとの主張を繰り返しているが、米国や英国はロシアによるいわゆる「偽旗作戦」の準備との評価を明らかにしている[1]。

5 今後の見通しと軍事バランスへの影響

(1) 今後の見通しなど

ウクライナ侵略をめぐる今後の動向については、予断を許さないが、動向に影響を与えるとみられるロシア軍とウクライナ軍双方の戦略・戦術や人的・物的な継戦能力について、様々な指摘がされている。

ロシア軍については、指揮統制をめぐる困難がとりわけ早くから指摘されてきた。侵略開始当初、ロシア軍は、平時の運用体制である統合戦略コマンド（軍管区）の指揮系統と所属部隊をそのまま各作戦正面に割り当て、約20万人とされる機械化歩兵部隊に加え、陸海空のミサイル戦力、海空戦力などの投入戦力全体[2]に対する一元的な指揮統制を欠いたと指摘されている。2022年4月初旬には、ロシア軍の作戦全体を指揮する統合任務部隊司令官が任命されたと報じられ、軍種間や戦域間の連携改善を図ったものとみられる。また、2023年1月11日には、軍種間の連携改善、後方支援の質的向上及び部隊指揮の効率改善を目的として、ゲラシモフ参謀総長が統合任務部隊司令官に任命された旨発表された。

ウクライナ軍については、2014年以降の東部における紛争に対処する中で戦闘経験を有する予備役を多数確保したこと、NATO標準を目指した国防省及び軍の機構改革を受け、戦闘の中核となる下士官の養成が進んだこと、民間技術に基づく迅速性・精密性の高い火力調整システムを採用したことなどにより、質量ともに優位なロシア軍に対しても屈することなく、今日まで戦闘を継続している。

人的継戦能力については、2023年1月時点でロシア軍18万人、ウクライナ軍10万人が死傷したとの指摘がある[3]。ロシア軍は、平時に教育訓練を担う部隊まで投入し、動員兵の訓練についてベラルーシの支援を受けているとされる。ウクライナ軍も、欧米諸国から新兵への教育訓練支援を受けている。

物的継戦能力については、対ロシア経済制裁により、ロシア軍の装備品調達に支障が出ているとの指摘がある。一方、軍需企業の昼夜連続操業、対地攻撃用ではないミサイルの転用、イラン製UAVの調達、ベラルーシからの戦車の譲受などにより戦力を維持しているものとみられるほか、制裁下においても、弾薬や旧ソ連時代の技術水準の装備品は今後も十分に生産可能であり、長期にわたって戦闘を継続できるとの指摘もある。

一方、ウクライナ軍の装備の多くは、旧ソ連製であり、ロシア以外の国から調達できる部品や弾薬は限られている。さらに自国内で修繕や調達が可能な装備についても、主要な軍需企業が立地するハルキウやドニプロはロシア

1 2022年3月21日、バイデン大統領は、プーチン大統領がウクライナで生物・化学兵器の使用を検討している確かな兆しがあるとの趣旨の発言をしている。
2 同作戦にはロシア軍のほか、国家親衛隊（旧国内軍）、連邦保安庁、カディロフ・チェチェン共和国首長に属する「カディロフツィ」と呼ばれる部隊などの準軍隊やロシア政府との関係が指摘される民間軍事会社「ワグナー」も参加している。
3 2023年1月22日、クリストファーセン・ノルウェー軍参謀総長の発言による。

地上軍の攻撃圏内にある。こうしたことから、継戦能力の確保のためには、国外からの装備・弾薬の提供と旧ソ連製装備からの転換にかかわる教育訓練支援が重要である。

ウクライナ軍は、今後も強固な抗戦意思を持って反転攻勢を継続していくとみられる一方、ロシア軍も部分的動員による兵力の増強に取り組んでいることを踏まえ、戦闘が長期化する可能性も指摘されている。

(2) 他の地域への影響

これまで自国の主張達成のために軍事力が果たす役割を重視してきたロシアは、今般の侵略を通じ通常戦力を大きく損耗しているものとみられ、今後ロシアの中長期的な国力の低下や周辺諸国との軍事バランスの変化が生じる可能性がある。ロシアは、集団安全保障条約機構(CSTO)[4]（Collective Security Treaty Organization）や上海協力機構(SCO)[5]（Shanghai Cooperation Organization）構成諸国などとの関係の維持・強化に努めるとともに、抑止力としての核戦力を一層重視していくとみられる。

欧州地域においては、CSTO加盟国であるベラルーシとの間で、同国軍によるロシアの戦術核兵器の運搬を可能とする装備の改修・新規配備に合意[6]するなど、ロシアがベラルーシへの軍事的関与を一層強化する動きがみられる。

ベラルーシはロシアによるウクライナ侵略に際し、ロシア軍による自国領土の利用やロシア軍への装備・後方支援・教育訓練の提供などの便宜を図っているとされるが、自国軍の参戦には慎重な姿勢であると指摘されている。

コーカサス地域においては、2023年1月、CSTOの加盟国であるアルメニアのパシニャン首相が、同年同国において実施予定であったCSTO平和維持部隊演習を主催しない旨表明した。これは、アルメニアが、2022年9月のアゼルバイジャンとの国境における武力衝突に際して、CSTOの対応が不十分であったと考えているためとの指摘がある[7]。なお、コーカサス地域に隣接する中東地域においては、ロシアはイランとの軍事協力を一層強化[8]するほか、東地中海における足場であるシリアへの軍事的関与を継続していくものとみられる。

中央アジア地域においては、カザフスタン、キルギス及びタジキスタンがCSTO加盟国であるが、いずれの国もウクライナ侵略を支持していない[9]。このように、ウクライナ侵略開始後、ロシアがCSTOの維持・強化を望んでも、加盟諸国がどの程度協力するかは不透明である。

インド太平洋地域においては、ロシアは米国への対抗などの観点から、中国との連携を深化させている。

極東地域を担当する東部軍管区の地上・航空戦力は、ウクライナ侵略への投入により損耗[10]しているとみられる一方、戦略核戦力の一翼を担うロシア軍の戦略原子力潜水艦の活動海域であるオホーツク海一帯の防御を念頭に、その外縁である北方領土、千島列島などにおける軍事活動を継続していくとみられる。また、ウクライナ侵略後も極東地域には多くの海空戦力が残存しているとみられ、その動向を注視していく必要がある。

参照 3章5節3項1（核・ミサイル戦力）、3章5節4項（北方領土などにおけるロシア軍）、3章5節5項4（旧ソ連諸国との関係）

---

4 ロシア、ベラルーシ、カザフスタン、キルギス、タジキスタン、アルメニアの6か国が加盟する軍事同盟。CSTOの設立根拠となる1992年の集団安全保障条約第4条に、加盟国が侵略を受けた場合、「残る全加盟国は、当該加盟国の要請に応じて、軍事的援助を含む必要な援助を早急に行うとともに、利用可能な手段を用いた支援を国連憲章第51条に基づく集団的自衛権に適合的な形で提供する」との規定がある。

5 中国、ロシア、カザフスタン、キルギス、タジキスタン、ウズベキスタン、インド及びパキスタンが加盟する地域機構。安全保障協力や経済連携を目的としており、対テロ演習「平和の使命」を実施。

6 2022年6月25日、プーチン大統領は、ルカシェンコ・ベラルーシ大統領との会談の場で、通常弾頭と非戦略（戦術）核弾頭のいずれも搭載可能な「イスカンデルM」地対地ミサイルシステムの供与及びベラルーシ軍のSu-25攻撃機に核兵器搭載可能とする改修を提供できる旨述べた。

7 2022年9月14日、アルメニアは、アゼルバイジャンとの衝突を巡り、CSTOに対し集団安全保障条約第4条に基づく軍事支援を要請したが、CSTOの対応は監視団の派遣に留まったため、2022年11月に開催されたCSTO首脳会議において、アルメニアはCSTOの対応に不満を表明した。なお、9月の衝突はナゴルノ・カラバフ地域ではなく、アルメニア・アゼルバイジャン国境で発生したものである。

8 ロシアがミサイルの不足を補うため、イラン製UAVを調達したとされるほか、2023年1月15日、イランが同年春にもロシア製Su-35戦闘機（ロシア軍及び中国軍のみが保有する4.5世代機）を受領する予定であるほか、ロシア製防空システム、ミサイルシステム、ヘリコプターなどを発注済である旨報じられており、両国間の軍事協力が進展している。

9 とりわけカザフスタンは、「ドネツク人民共和国」及び「ルハンスク人民共和国」に対する「国家」承認を拒否する立場を鮮明にしたほか、他国への武器輸出を1年間禁止する法律を成立させるなど、最も厳しい対応をとっている。

10 ウクライナ軍参謀本部発表やロシア国防省系メディアの記事によれば、東部軍管区第29軍、第35軍及び第36軍並びに南樺太や北方領土所在部隊を管轄する第68軍団がキーウ攻撃に参加したのち、ウクライナ東部に転用されたほか、太平洋艦隊第40海軍歩兵旅団及び第155海軍歩兵旅団も対ウクライナ作戦に投入されている。

3 ウクライナ侵略が国際情勢に与える影響と各国の対応

1 全般

ロシアによるウクライナ侵略においては、ウクライナ自身の強固な抵抗に加え、国際社会が結束して強力な制裁措置などを実施するとともに、ウクライナを支援し続けることにより、ロシアは大きな代償を払わざるをえない状況に陥っている。また、欧州各国は、ロシアの脅威に対応するため、結束を強める動きを見せており、ウクライナ侵略を契機として、欧州の安全保障環境は大きな転換点を迎えている。NATOの東方拡大を自国に対する脅威と位置づけてきたロシアの侵略行為がこのような欧州諸国の安全保障政策の変化を促したことは明らかであり、「勢力圏」の維持を通じて自国の安全を確保するとのロシアの戦略的な目的が今般の侵略により達成できているとは言い難い状況にある。こうしたことも踏まえ、NATO加盟国である米国の同盟国であり、欧州とはロシアが位置するユーラシア大陸を挟んで対極に位置するわが国としては、欧州と東アジアを含むインド太平洋の安全保障は不可分であるとの認識のもと、その戦略的な影響を含め、今後の欧州情勢の変化に注目していく必要がある。さらに、ウクライナ侵略を受けた欧州情勢の変化は、米中の戦略的競争の展開やアジアへの影響を含め、グローバルな国際情勢にも影響を与え得るものである。いずれにせよ、引き続き関連動向について、強い関心を持って注視していく必要がある。

ウクライナ情勢について話し合うG7首脳とゼレンスキー大統領
(2023年5月G7広島サミット)【首相官邸HP】

2 NATO加盟国などの対応

ロシアによるウクライナ侵略を受け、欧州各国の警戒感は急速に高まり、ロシアの攻撃的な行動は欧州・北大西洋の安全保障に対する最も重大かつ直接的な脅威と捉えられるようになった[11]。ロシアの脅威を再認識したNATO加盟国は、東部正面における部隊の規模を必要に応じて拡大するとともに、現行のNATO即応部隊に代わって30万人以上を高い即応態勢に置くことで合意するなど、NATOの集団防衛体制のもとでの防衛協力の強化に努めるとともに、自国の防衛力を高める取組も進めている。

参照 3章9節2項(多国間の安全保障の枠組みの強化)

また、米国は、欧州における米軍戦力態勢の強化を図っており、2022年6月には、ポーランドへの陸軍第5軍団常設司令部の設置、スペインを母港とする米駆逐艦の増加、ルーマニアへの部隊のローテーション配備、英国へのF-35飛行隊の追加配備などを発表した。

さらに、NATO加盟国をはじめとする国々は、ウクライナに対して、戦況に応じた装備品の供与や訓練支援などを実施している。各国は当初、ロシア軍の機甲部隊などの進軍を遅滞させるとともに、空挺部隊などの減殺により前線の拡大を抑えることに貢献するとみられる携行型対戦車ミサイル・対空ミサイルなどの装備品を供与した。ウクライナ軍がロシア軍の全面侵攻を食い止めた後は、ウクライナ軍の反転攻勢のため、地上戦闘での面の制圧・確保に寄与する戦車や装甲車、りゅう弾砲といった大型装備品の供与に重点が移行した。さらに、ロシア軍がウクライナ東部地域に戦力を集中した後は、相手の拠点攻撃のための、より長射程の火力が供与されるようになった。また、2022年10月以降、ロシアが民間施設も含むウクライナ全土を標的にミサイル攻撃を行ったことが契機となり、各国からの防空システムの引き渡しが急速に進められることとなった。ロシアによるミサイル攻

11 NATOは、2022年6月に開催された首脳会合において、2010年以来となる新戦略概念を採択した。前回の戦略概念においては、欧州・大西洋地域は平和であり、NATO領に対する攻撃の可能性は小さいとしていたところ、今般の戦略概念においては、欧州・大西洋地域は平和ではなく、加盟国の主権・領土に対する攻撃可能性を見過ごすことはできないとした。また、前回の戦略概念において「真の戦略的パートナーシップ」を目指すとしていたロシアを、「加盟国の安全保障及び欧州大西洋地域の平和と安定に対する最も重大かつ直接的な脅威」と位置づけている。

撃の継続が見込まれる中、弾道ミサイルにも対処可能な防空システムの供与も表明されている。2023年1月には、各国は初めて旧ソ連製以外の戦車や歩兵戦闘車の供与を発表し、同年2月のポーランドによるドイツ製戦車の引渡しを皮切りに、ウクライナへの引渡しが始まった。また、同年3月には旧ソ連製戦闘機の供与が表明されたほか、同年5月には英国及びオランダが戦闘機の調達や訓練を支援する「国際的連合」の設立を表明し、米国はG7サミットの場において、F-16を含む第4世代戦闘機の操縦訓練をウクライナに提供する共同取組を支援する旨を表明した。

このような各国による支援の中でも、特に米国の貢献は際立っており、バイデン政権発足以降、ウクライナに対する安全保障支援を累計380億ドル、うち373億ドル以上をロシアによるウクライナ侵略開始以降に発表した(2023年5月21日時点)。大規模かつ幅広い装備品の供与のほか、供与した装備品の習熟訓練・新兵などを対象とした訓練の支援もウクライナ国外において実施し、ウクライナに対する強固な支援の姿勢を打ち出している。2022年12月に米国を訪問したゼレンスキー大統領は米国議会で演説し、こうした米国の支援について、「世界の安全保障と民主主義への投資」であると位置づけ、支援の継続を訴えた。

2014年のロシアによるクリミア「併合」以降、米国などとともに、ウクライナに対して装備支援や訓練教官の派遣などを継続して実施してきた英国は、ジョンソン政権からスナク政権に移行した後も、幅広い装備品の供与や新兵に対する訓練の実施など、ウクライナに対する積極的な支援を継続している。特に、2023年1月には、他国に先駆けて旧ソ連製以外の主力戦車供与の発表に踏み切った。また、米国や英国は、ロシアの偽情報への対抗や、ロシアの行動をけん制する観点から、政府高官による発表やSNSによる発信などにより、ロシア軍の動向などに関する情報を積極的に開示している。

ウクライナ東部における紛争の平和的解決を目指し、「ノルマンディー・フォーマット」[12]において、ドイツと共にロシアとウクライナの間の仲介役を務めてきたフランスは、ウクライナに対し、装輪装甲車やミサイル防空システムなどの供与を発表している。また、ロシアによるウクライナ侵略を受け大きく国防戦略を転換したドイツは、歩兵戦闘車や地対空ミサイルシステムなどの供与を発表するとともに、2023年1月には、ドイツ製主力戦車について、自国からウクライナへの供与及び第3国からウクライナへの移転の許可に踏み切った。2015年以降、ウクライナ軍への訓練支援などを行ってきたカナダも、ロシアによるウクライナ侵略の発生以降、2023年3月末時点で10億カナダドル以上の軍事支援を提供するなど積極的なウクライナ支援を行っている。

その他のNATO加盟国からも、相当数の装備供与が発表されており、特に一部の中・東欧諸国は歴史的経緯や地理的関係などからロシアに対して強い警戒感を持っているとされているところ、ウクライナに対する積極的な支持を表明している。

さらに、NATO非加盟国も、ウクライナに対する装備供与などを実施しており、特に、スウェーデンについては、紛争当事国に対し兵器を供与しないとの原則を覆して装備供与を行うこととなった。

また、EUもウクライナに対し、EUの基金である欧州平和ファシリティを通じ、2023年3月までに総額36億ユーロの軍事支援を発表しているほか、EU域内においてウクライナ軍を訓練する軍事支援ミッションを2022年11月から開始しており、3万人を対象とした訓練を実施するとしている。

民間企業によるウクライナに対する技術支援も注目されている。米企業がウクライナ政府の求めに応じて提供した小型衛星コンステレーションによるインターネットサービスは、ウクライナ国民の通信手段として使用されるのみならず、ウクライナ軍無人機の運用などにも活用されているとされる。また、欧米のIT・セキュリティ企業は、ウクライナ侵略が開始される前からウクライナのサイバーセキュリティ支援を実施し、ロシアによるサイバー攻撃の被害を低減・局所化させることに成功したと指摘されている。

このように、NATO加盟国をはじめとする国などがウクライナ支援の動きを見せる中、ロシア・ウクライナ両国と関係の深いトルコは、ロシアに対して一定の配慮を見せている。具体的には、ウクライナへの支持を表明する一方、ロシアに対する制裁措置は基本的に実施して

12 ウクライナ情勢が悪化した2014年以降、ミンスク合意に基づいた情勢解決に向けた協議などを行うウクライナ・ロシア・フランス・ドイツの4か国による対話枠組み。

いない。また、ウクライナ産穀物の輸出再開を仲介している。この他、ロシアへの経済依存度が高いハンガリーは、国益に反するとして、ウクライナへの武器供与を行っていないほか、EUの対露制裁協議に当初反対するなど、NATO加盟国の中でも、ロシアに対して融和的な姿勢を見せている。

3 そのほかの地域の対応

ウクライナ侵略開始から1年となるのを前にした2023年2月23日、国連総会において、ロシアによる侵略の即時停止などを求める総会決議が全国連加盟国の7割以上を占める141か国の賛成により採択された。一方、同決議には、ロシアのほか、ベラルーシや北朝鮮といった6か国・地域が反対するとともに、中国やインドといった32か国が棄権するなど、こうした動きに同調しない国・地域もある。

北朝鮮は、ロシア軍のウクライナからの即時撤退を求める国連総会決議案などに反対するとともに、ウクライナにおける事態の原因が米国や西側諸国にあると主張し、ロシアを擁護する姿勢をみせている。また、2022年12月、トーマスグリーンフィールド米国連大使は、北朝鮮がロシアの民間軍事会社「ワグナー」に対し、歩兵ロケット砲やミサイルを含む最初の武器供与を完了したと発表した。北朝鮮やロシアはこれを否定しているが、北朝鮮による武器供与が行われているとすれば、ロシアの侵略行為を利するのみならず、北朝鮮からの武器及び関連物資の調達を全面的に禁止している関連安保理決議に違反するもので、断じて容認できるものではなく、国際社会が緊密に連携して今後の露朝間の関係強化に向けた動きについて注視していく必要がある。

参照 3章4節1項5（対外関係）

イランは、2018年の米国の核合意離脱以降、欧米との対立姿勢を強める一方、ロシアと経済・軍事分野を中心に関係を強化しており、ウクライナ侵略の外交的解決を主張するも、ロシアが行動を起こしていなければNATO側が戦争を仕掛けていたと主張するなど、ロシアの立場に一定の理解を示している。2022年11月には、ライースィ・イラン大統領とパトルシェフ・ロシア安全保障会議書記が会談し、イラン側は様々な分野における戦略的関係のレベルを引き上げると言及するとともに、米国とその同盟国による対露制裁などを批判した。また、同年7月、米国は、イランがロシアに対して無人機の供与を計画している旨を公表したほか、同年9月にはロシアがイラン製無人機を攻撃及び情報収集・警戒監視・偵察（ISR）に用いていると指摘した。ウクライナ軍も、ロシアがイラン製無人機を用いてウクライナ各地への攻撃を実施していると発表している。これに対しイランは、ロシアへのイラン製無人機の供与はウクライナ侵略前に行われたものであると主張し、その目的はウクライナ戦争で使用するためではなかった旨を示唆している。2023年2月、バーンズ米CIA長官は、ロシアはイランからの支援の見返りとして、イランのミサイル計画の支援や戦闘機提供の可能性について検討している旨を指摘しており、両国の協力関係の進展を注視する必要がある。

中国は、ウクライナ侵略について、ロシアへの直接的な批判を避け、ロシアとウクライナの双方に「自制と対話」を求めるとともに、ウクライナ問題の解決に向けて自身の方法で建設的な役割を果たすとの立場をとっている。一方で、ロシアの行動の原因は米国をはじめとするNATO諸国の「冷戦思考」にある旨を主張し、安全保障問題におけるロシアの合理的な懸念を理解するとの見解を表明するとともに、ロシアに対する制裁や欧米諸国によるウクライナへの装備供与を批判している。侵略開始後初の対面での開催となった2022年9月の中露首脳会談では、習近平（しゅうきんぺい）国家主席は、互いの核心的利益にかかわる問題への強力な支持を表明しており、また、オンラインで開催された同年12月の中露首脳会談においては、ウクライナ侵略について「中国は引き続き客観的かつ公正な立場を堅持し、国際社会の共同勢力の形成を促進し、ウクライナ危機の平和的解決に向けて建設的な役割を果たす」と発表した。さらに、2023年2月には、「ウクライナ危機の政治的解決に関する中国の立場」と題した文書を公表し、和平交渉や戦後の再建に建設的な役割を果たす旨を表明した。同年3月には、習近平国家主席がロシアを訪問してプーチン大統領と会談を実施するとともに共同声明を発表し、可能な限り早くウクライナとの対話を再開するとのロシア側の用意を肯定的に評価するとともに、国連安保理を経ない一方的な制裁に反対した。ウクライナ侵略によって国際的に孤立するロシアにとって、今後、中国との政治・軍事的協力の重要性はこれまで以上に高まっていく可能性がある。

一方、ロシアと連携を深める中国に対し、欧米諸国は牽制する動きを見せている。2022年9月、ストルテンベルグNATO事務総長は、ウクライナ侵略後も中国がロシアと協力するとともに、NATO拡大に反対していることは、NATOが中国を安全保障上の課題とみなすべき理由となる旨指摘した。また、米国は、ロシアの民間軍事会社「ワグナー」に衛星画像を提供したとみる中国企業などを、米国からの輸出を規制するエンティティ・リストに追加している。さらに、ブリンケン米国務長官は2023年2月に実施した王毅（おう・き）中国共産党中央外事工作委員会弁公室主任との会談において、中国が殺傷兵器をロシアに供与すれば米中関係に深刻な結果をもたらすと警告した。

わが国周辺において、ウクライナ侵略以降も、ロシア軍と中国軍が爆撃機の共同飛行や艦艇の共同航行を実施するとともに、「ヴォストーク2022」の一環として、日本海からオホーツク海に至る海域で共同訓練を実施するなど、両国が軍事的な連携を強化する動きがみられている。今回のロシアによるウクライナ侵略を受け、両国が所在する極東・東アジアにおける連携を含め、さらなる中露軍事連携の深化の可能性について、わが国としても懸念を持って注視していく必要がある。

参照 3章2節3項（対外関係など）

伝統的にロシアとの関係が深いインドは、ウクライナ侵略に関し、敵対的行為と暴力の即時停止及び対話と外交を通じた解決を強調し、2022年9月の印露首脳会談において、モディ首相がプーチン大統領に対し「今は戦争の時代ではない」などと述べる一方、ロシアへの明示的な批判を避けている。引き続き、ロシアとの間で軍事面における強固な協力関係を維持しているほか、経済制裁により価格が下落したロシア産原油の輸入を増やすなどの対応もみられ、今後の対応が注目される。

参照 3章5節5項5（1）（アジア諸国との関係）

解説 ロシアによるウクライナ侵略の教訓

国連安保理常任理事国であるロシアがウクライナへの侵略を行った事実は、自らの主権と独立の維持は我が国自身の主体的、自主的な努力があって初めて実現するものであり、他国の侵略を招かないためには自らが果たし得る役割の拡大が重要であることを教えています。

ロシアがウクライナを侵略するに至った軍事的な背景としては、ウクライナのロシアに対する防衛力が十分ではなく、ロシアによる侵略を思いとどまらせ、抑止できなかった、つまり、十分な能力を保有していなかったことにあります。また、どの国も一国では自国の安全を守ることはできない中、外部からの侵攻を抑止するためには、共同して侵攻に対処する意思と能力を持つ同盟国との協力の重要性が再認識されています。さらに、高い軍事力を持つ国が、あるとき侵略という意思を持ったことにも注目すべきです。脅威は能力と意思の組み合わせで顕在化するところ、意思を外部から正確に把握することには困難が伴います。国家の意思決定過程が不透明であれば、脅威が顕在化する素地が常に存在します。このような国から自国を守るためには、力による一方的な現状変更は困難であると認識させる抑止力が必要であり、相手の能力に着目した自らの能力、すなわち防衛力を構築し、相手に侵略する意思を抱かせないようにする必要があります。

また、戦い方も、従来のそれとは様相が大きく変化してきています。これまでの航空侵攻・海上侵攻・着上陸侵攻といった伝統的なものに加えて、精密打撃能力が向上した弾道・巡航ミサイルによる大規模なミサイル攻撃、偽旗作戦を始めとする情報戦を含むハイブリッド戦の展開、宇宙・サイバー・電磁波の領域や無人アセットを用いた非対称的な攻撃、核保有国が公然と行う核兵器による威嚇ともとれる言動等を組み合わせた新しい戦い方が顕在化しています。こうした新しい戦い方に対応できるかどうかが、今後の防衛力を構築する上で大きな課題となっています。

このように、戦後、最も厳しく複雑な安全保障環境の中で、国民の命と平和な暮らしを守り抜くためには、その厳しい現実に正面から向き合って、相手の能力と新しい戦い方に着目した防衛力の抜本的強化を行う必要があります。こうした防衛力の抜本的強化とともに国力を総合した国全体の防衛体制の強化を、戦略的発想を持って一体として実施することこそが、我が国の抑止力を高め、日米同盟をより一層強化していく道であり、また、同志国等との安全保障協力の礎となるものです。

第3章 諸外国の防衛政策など

第1節 米国

1 安全保障・国防政策

2022年10月、米国は「国家安全保障戦略[1]」(NSS)（National Security Strategy）を発表し、中露との「大国間の地政学的競争」及び気候変動などの国境を越えた問題である「共通の課題」という2つの戦略的課題に直面しているとの認識を示した。戦略的課題に対応するためには、米国の強さの源泉である国力への投資を重視するとともに、同盟及びパートナーシップを米国の最も重要な戦略的資産と位置づけて、同盟国に対しても、抑止力を強化するために必要な能力への投資を求めていく姿勢を示している。中国やロシアなどによる侵略を抑止することに重大な関心があるとし、新たな戦略を推進する競争相手に対して、通常戦力と核抑止力だけに頼るのは十分ではないとの認識に基づき、米国内の各機関や同盟国などとの能力の統合により、侵略行為の抑止に最大の効果を発揮する「統合抑止(Integrated Deterrence)」[2]を推進する考えを示している。

また、同月には国防省が「国家防衛戦略」(NDS)（National Defense Strategy）を発表し、抑止力を強化するため、米国本土防衛や戦略的攻撃の抑止などの国防省が追求すべき主要な防衛優先事項を掲げ、「統合抑止」、「(国防省の) 活動」、「永続的な優位性の構築」という3つの手段を推進する考えを示した。そのうえで米国単独では複雑で相互に関連した課題に対処できないとし、互恵的な同盟及びパートナーシップは、米国にとって世界戦略上の最大の優位性であり、NDSの重心であるとの認識を示している。

NSSにおいては、中国が米国にとって最も重大な地政学的挑戦であり、国際秩序を再構築する意図とそれを実現する経済力、外交力、軍事力、技術力を併せ持つ唯一の競争相手として位置づけ、効果的に競争する一方、ロシアを国際システムに対する直接的な脅威として抑制していく考えが示されている。NDSにおいても、中国は今後数十年間の最も重要な戦略的競争相手で、米国の安全保障に対する最も包括的で深刻な挑戦であるとし、「対応を絶えず迫ってくる挑戦 (pacing challenge)」と位置づけて、抑止力を維持・強化するため、国防省は迅速に行動するとして、バイデン政権が中国の課題に最優先で取り組む姿勢が示されている。

米国は、中国との関係で人権問題への対応に取り組んでおり、2022年6月には「ウイグル強制労働防止法」が施行され、強制労働によるものではないことを企業が証明しない限り、新疆（しんきょう）ウイグル自治区で生産された全ての製品の輸入が禁止されている。また、同年5月には「イ

インド太平洋経済枠組み (IPEF) の立ち上げについて議論する参加国首脳
(2022年5月IPEFの立ち上げに関する首脳級会合)【首相官邸HP】

---

1 国家安全保障戦略 (NSS) と国家防衛戦略 (NDS) はともに、法律により一定期間での議会への提出が定められている。NSSは新たな大統領の就任から150日以内に、NDSは、大統領選挙後に新たな国防長官を指名した場合においては、上院による指名承認後可能な限り速やかに議会に報告書を提出することが合衆国法典第50編及び同第10編でそれぞれ定められている。

2 領域間の統合や同盟国との統合などの能力のシームレスな組み合わせにより、敵対者に、敵対的な活動のコストがその利益を上回ると確信させることにより侵略を抑止するアプローチ。

ンド太平洋経済枠組み[3]」(IPEF)(Indo-Pacific Economic Framework)の立ち上げに関する首脳級会合を米国が主催し、日本を含むインド太平洋地域の13カ国が参加するIPEFが設立され、IPEFの柱の一つとして、強靭で統合されたサプライチェーンを目指す考えが示されている。同月に実施された日米豪印(クアッド)首脳会合においても、重要技術サプライチェーンに関する共通声明を発表し、地域への様々なリスクに対する強靭性を向上させるための協力を推進していくとしている。

米国は、中国と戦略的に競争する一方で、その競争を責任を持って管理し、意図しない軍事的エスカレーションのリスクを低減するとともに、最終的には軍備管理の取組に中国を関与させる方策を通じて、より大きな戦略的安定を追求する方針を表明している。また、気候変動や核不拡散などの協力すべき課題で利害が一致する場合には、常に中国と協力するとの姿勢を示している。

ロシアについては、国際秩序の主要な要素を覆すという目標を掲げ、帝国主義的な外交政策を選択しているとして、自由で開かれた国際システムに対する直接的かつ持続的な脅威であり、世界的な混乱と不安の原因となっているが、中国のような全般的な能力を備えてはいないと評価している。そのうえで、米国は中国に対する永続的な競争力の維持を優先させる一方で、依然として非常に危険なロシアを抑制するとの考えを示した。また、ロシアによるウクライナ侵略は、戦略的失敗として、日本や中国、インドといった他のアジアの大国との関係で、ロシアの地位を著しく低下させたと評価する一方、米国はNATO同盟国とともに防衛と抑止を強化し、フィンランドとスウェーデンをNATOに迎えることは、NATOの安全保障及び能力を向上させると評価している。

北朝鮮との関係については、2021年4月に対北朝鮮政策見直しの完了を発表し、「朝鮮半島の完全非核化」を目標として、「調整された、現実的なアプローチ」により北朝鮮との外交を進める考えを示している。また、北朝鮮への対応のあらゆる段階で韓国や日本といった同盟国やパートナーと協議して検討を進める意向を明らかにしている。

中東に関しては、同年8月末に米軍がアフガニスタンから撤収し、20年間にわたる同地における米軍の軍事的プレゼンスが終了した。イラクの駐留米軍についても同年12月に戦闘任務の終了が発表され、引き続き同地に駐留する米軍は、イラク軍に対する助言、支援及び訓練を提供することが任務となっている。また、トランプ前政権が2018年5月に離脱を宣言したイランとの核合意について、バイデン政権は、2021年4月以降、合意の再建に向けての交渉を続けているが、交渉妥結には至っていない。

バイデン政権は、国際協調を基軸とした対外政策の方向性を示し、同盟国やパートナーと緊密に協力して対応していくとの考えを示しているが、具体的な動きとして、同年9月には日米豪印(クアッド)首脳会談が対面で初めて行われ、共通のビジョンを持つ民主主義パートナーが団結して新興先端技術などの現代の主要な課題に取り組むとともに「自由で開かれたインド太平洋」へのコミットメントを確認した。また、同月にはオーストラリア、英国及び米国の首脳がインド太平洋地域における外交、安全保障、防衛の協力を深めることを目的とした3カ国による新たな安全保障協力の枠組みとなる「AUKUS(オーカス)」の設立を発表した。AUKUSにより、サイバーや人工知能などの安全保障・防衛に関する様々な能力についての協力を深化させるとし、最初の取組として、オーストラリアによる原子力潜水艦の取得について協力するとした。2022年4月には、極超音速能力、電子戦能力、情報共有及びイノベーションについての協力も深化させることを発表している。

国内政治の面では、同年11月に実施された中間選挙において、上院は与党である民主党が多数派を維持したが、下院では共和党が多数派を奪還したことから、この結果が今後の米国の安全保障・国防政策にどのような影響を与えるのかについて注目される。

1 安全保障認識

NSSにおいては、現在直面している戦略的課題として、「大国間の地政学的競争」と「共通の課題」という2つの課題を挙げている。自由で開かれ、安全で繁栄した世界を追求するうえで、最も差し迫った戦略的課題は、権威主義的統治と修正主義的外交政策を重ねる大国から

3 経済の強靭性、持続可能性、包摂性、経済成長、公平性、競争力を高めることを目的とした枠組みで、インド太平洋地域の米国、オーストラリア、ブルネイ、インド、インドネシア、日本、韓国、マレーシア、ニュージーランド、フィリピン、シンガポール、タイ、ベトナムの13カ国で開始され、現在はフィジーを加えた14カ国が参加。

もたらされているとして、これからの10年間は、中国との競争の条件を設定するとともに、ロシアがもたらす差し迫った脅威に対処し、共通の課題、とりわけ気候変動やパンデミックなどに対処するための努力において、決定的な意味を持つとの認識が示された。中国は、インド太平洋地域における米国の同盟と安全保障上のパートナーシップを弱体化させようとし、経済的影響力や人民解放軍の強大化などを利用して、近隣諸国を威圧しその利益を脅かす試みを行っているとして、このような中国の威圧的でますます攻撃的になっている取組が米国の安全保障に対する最も包括的で深刻な挑戦と位置づけている。一方、ウクライナ侵略など差し迫った脅威をもたらすロシアに対しては、同盟国などと侵略を強力に抑止する考えを示している。北朝鮮は、米国本土や東アジアへの脅威となる核・ミサイル能力の拡大を継続している持続的脅威とし、イランはテロ集団の支援や悪意のあるサイバー作戦により中東の安定をさらに損ねているとの見方を示している。また、これらの競争相手は、グレーゾーン活動を用いて、敵対的な現状変更を試みているとの認識を示している。さらに、バイデン政権は、気候変動が安全保障に及ぼす影響についても高い関心を示しており、2021年10月にオースティン国防長官は国防省の気候適応計画を発表し、同計画は、ますます厳しくなる環境条件のもとで将来にわたり軍の即応性と抗たん性を維持するための指針となるものであり、国防省による取組だけではなく、連邦政府全体及び同盟国やパートナーとともに気候変動の課題に取り組む必要があるとしている。

2 安全保障・国防戦略

NSSにおいては、自由で開かれ、安全で繁栄した国際秩序を実現するためには、①国内の力への投資、②強力な国家連合の構築、③米軍の近代化・強化という3つの方向性を示し、その方向性を達成するための具体的なアプローチとして、①外交・国内政策の分断解消、②同盟及びパートナーシップ、③地政学的課題認識、④その他地域への関与、⑤新たな経済的変化への対応、⑥国際的な協力の維持・拡大という6つの柱を提示した。そのうえで、米国の強さの源泉である国内の力への投資を重視するとし、同盟・パートナーシップを米国の最も重要な戦略的資産と位置づけて、戦略的課題に対処する方針を示している。また、気候変動などの国境を越えた課題である「共通の課題」に対しては、建設的に取り組む意思のある非民主主義国とも協力する考えが表明されている。

NDSでは、安定して開かれた国際システムと国防のコミットメントを支えるため、①米国本土防衛、②戦略的攻撃の抑止、③侵略の抑止・紛争に勝利する準備、④抗たん性のある戦力・防衛エコシステムの構築という4つの防衛優先事項を掲げ、①統合抑止、②（国防省の）活動、③永続的な優位性の構築という3つの手段を通じて、防衛優先事項の取組を推進する考えを示している。侵略の抑止・紛争に勝利する準備では、インド太平洋地域における中国の課題が最優先で、次に欧州におけるロシアの課題を優先する方針を示しており、今後、米国がどのようにこれらの課題に対応していくのか注目される。

3 インド太平洋地域への関与

NSSにおいては、日本を含むインド太平洋地域の同盟国とのパートナーシップを深化させるとともに、クアッドやAUKUSなどの多国間枠組みを通じて、「自由で開かれたインド太平洋」を推進する姿勢を示している。わが国との関係では、尖閣諸島も含め、日米安全保障条約下での日本の防衛に対する米国の揺るぎないコミットメントを再確認する考えが示されている。また、東南アジアと太平洋諸島地域にも重点を置くとし、地域外交、開発及び経済的な関与を拡大すると表明した。世界最大の民主主義国かつ主要防衛パートナーであるインドとの関係では、「自由で開かれたインド太平洋」のため、2国間及び多国間で協力するとし、インドも含む南アジアの地域パートナーとともに気候変動や中国の威圧的な行動に対応し、インド洋地域全体の繁栄と経済的な連結を促進する考えが示されている。

2022年2月に発表された「インド太平洋戦略」では、中国からの増大する課題に直面しているインド太平洋地域を最重視する姿勢を明確に示し、米国は同盟国やパートナーと協力して「自由で開かれたインド太平洋」の推進や地域の安全保障の強化などに取り組むことを明らかにしている。

中国の海洋進出をめぐる問題に関して、国防省は2020年7月、中国が南シナ海で軍事演習を実施する決定をしたことに対して懸念を表明した後、およそ6年ぶりに2個空母打撃群を南シナ海に展開して演習を実施し、それ以降も地域の同盟国などに米国が「自由で開かれたインド太平洋」の推進に尽力していることを示し続けるために同地域における空母打撃群の活動を継続している。2022年1月には、国務省が南シナ海における中国の海洋権益に関する主張を国際法に照らして検討した報告書を公表し、南シナ海の大部分に及ぶ中国の主張は不法であり、海洋における法の支配を深刻に損なう旨を指摘した。また、同年11月、フィリピンを訪問し、マルコス大統領と会談したハリス副大統領は、南シナ海におけるフィリピン軍などへの武力攻撃に対する相互防衛義務への米国のコミットメントを再確認し、2023年2月に行われた米比国防相会談では、米軍がアクセス可能な基地を拡大することが合意されている。

インド太平洋地域におけるプレゼンス強化をめぐる動きとして、分散型海洋作戦（DMO）[4]（Distributed Maritime Operations）を推進する海軍は、2019年12月、F-35B戦闘機を含む艦載機の運用能力を強化した強襲揚陸艦「アメリカ」を佐世保に配備し、グアムでは2020年1月、MQ-4C「トライトン」無人海洋偵察機が初展開している。迅速な戦闘運用（ACE）[5]（Agile Combat Employment）を推進する空軍は、インド太平洋地域において、戦闘機や無人機を用いたACE訓練を実施している。さらに、マルチドメイン作戦構想を推進する陸軍は、人間の認知面を含むすべての領域などにおいて作戦を同時並行的に実施するマルチドメイン任務部隊[6]のハワイへの配備を2022年9月に発表し、機動展開前進基地作戦（EABO）[7]（Expeditionary Advanced Base Operations）を推進する海兵隊はEABO任務を実行する能力を保有する海兵沿岸連隊（MLR）（Marine Littoral Regiment）を同年3月、ハワイに初めて配備し、2023年1月には、沖縄に所在する第12海兵連隊を2025年までにMLRへ改編することを発表した。このほか、米軍は、2018年3月には、空母「カール・ヴィンソン」を米空母として40年以上ぶりにベトナムに寄港させており、2020年3月にも空母「セオドア・ルーズベルト」をベトナムに寄港させている。

米国は、「自由で開かれたインド太平洋」へのコミットメントを示すとして、引き続き南シナ海における「航行の自由作戦」を実施するとともに、米海軍艦船による台湾海峡の通過を実施している。この際、米国はインド太平洋地域において多くの責務を担っており、国際法に則った航行の権利と自由の擁護はその中の一つであるとし、今後も「航行の自由作戦」を継続する考えを明らかにしている。

米国は、以上のような地域に対する姿勢に基づき、「自由で開かれたインド太平洋」というビジョンに基づく取組を引き続き進めていくと考えられる。

一方、北朝鮮をめぐっては、2018年6月に行われた史上初の米朝首脳会談以降、米朝間で交渉が行われたが、北朝鮮の大量破壊兵器・ミサイルの廃棄に具体的な進展は見られない。同会談を受け、米韓は定例の米韓合同軍事演習について、中止や規模縮小などの措置を講じた。こうした米韓演習について、シャナハン国防長官代行（当時）は、米韓の軍事活動の緊密な連携が外交的取組を引き続き後押しするとしつつ、米韓連合軍の連合防衛態勢を引き続き確保するとともに、確固たる軍事的即応性を維持するとして、在韓米軍を維持する姿勢を明確にしていた。2022年5月に厳しい対北朝鮮姿勢を示す韓国の尹錫悦（ユン・ソンニョル）政権が発足して以降、米韓両国は演習の範囲や規模を拡大してきているが、こうした状況の中で北朝鮮の金正恩（キム・ジョンウン）国務委員長は、米国の目的は「わが政権をいつでも崩壊させようとすること」であるとし、米国を長期的に牽制するため「絶対に核を放棄することはできない」と表明したと報じられるなど、反発を強めている。

NSSにおいては、北朝鮮の大量破壊兵器とミサイルの脅威に直面して拡大抑止を強化しつつ、朝鮮半島の完全な非核化に向けて具体的な進展を図るために、北朝鮮との持続的な外交を模索するとし、NDSでは、核・ミサイル能力の拡大を継続し、同盟国との間にくさびを打ち込む試みをしている北朝鮮に対し、米軍の前方展開態勢や核抑止力を通じて、攻撃を抑止する考えを示している。現時点において北朝鮮の大量破壊兵器・ミサイルの廃棄に具体的な進展は見られていないが、今後米国がどのように北朝鮮政策を進めるのか注目される。

参照 4節1項5（1）（米国との関係）

4 国防分野におけるイノベーション

2021年2月の国防省におけるバイデン大統領の演説において、新興技術のもたらす危険性と機会に対処し、サ

4 各アセットを分散し、ネットワークを介して統合することにより、圧倒的な戦闘力を集結させる作戦構想。
5 空軍戦力を分散配備し、分散配備された場所から迅速に展開する作戦構想。
6 全ての領域（陸海空、宇宙、サイバー、電磁波、認識面も含めた情報環境など）において作戦を実施することを通じて、敵の接近阻止/領域拒否（A2/AD）の打破を目指す作戦構想である「マルチドメイン作戦構想」を前方で実行することを任務とした陸軍部隊。
7 敵の火力圏内において迅速に分散展開し、一時的な拠点を設置することにより前線での作戦を実行する作戦構想。

イバー空間における能力を強化し、深海から宇宙に至るまでの新時代の競争を主導するとして、国防政策における技術の重要性が強調されている。また、NDSにおいて、永続的な優位性を構築するための方策の一つとして、研究機関、民間企業及び政府機関の相互連携を通じて装備品を開発するイノベーションのエコシステムの構築を支援する考えを示し、指向性エネルギーやサイバーなどを含む高度な能力の研究開発を促進するとともに、バイオテクノロジーや量子科学における機会を創出する考えを表明するなど、本分野における取組が注目される。

5　核・ミサイル防衛政策

2022年10月、国防省は、各戦略を確実に連携させるため、これまで個別に発表してきた「核態勢の見直し」(NPR)(Nuclear Posture Review)と「ミサイル防衛見直し」(MDR)(Missile Defense Review)をNDSと同日に発表した。

NPRでは、中国を「対応を絶えず迫ってくる挑戦」と位置づけて、核抑止力を評価する上でより重要な要素になっているとして、2030年代には、ロシアに続いて中国も核大国となる考えを示し、史上初めて2つの核大国に直面することになると評価している。ロシアは戦略上、核兵器を重視し、核戦力の近代化及び拡張を続け、修正主義的安全保障政策を支えるために核兵器を振りかざし、米国や同盟国などにとって永続的な存立にかかわる脅威との認識を示しつつ、敗北を避けるための限定的な核使用の可能性にも言及している。北朝鮮については、中国及びロシアほどのライバルではないが、核及び弾道ミサイルに加えて、化学兵器を含む非核兵器能力の拡大にも取り組む持続的な脅威であり、朝鮮半島での危機や紛争は、多くの核武装した主体を巻き込む可能性があることから、より広範な紛争の危険性を高めると評価している。

このような核をめぐる情勢認識を示したうえで、核兵器の役割低減を米国の目標とし、核のリスクを削減するため、他の核保有国との関与を追求し続ける考えを表明した。米国の核兵器の役割として、①戦略的攻撃の抑止、②同盟国及びパートナーに対する保証、③抑止が破れた場合における米国の目標達成を掲げ、トランプ政権期の2018年に発表されたNPRにおいて核兵器の役割の一つとして掲げられた「将来の不確実性に対するヘッジ」は、今回、役割として除外されている。また、宣言的政策として、核兵器の基本的な役割は、敵の核攻撃を抑止することであり、極限の状況下においてのみ核兵器の使用を検討するとし、「先行不使用」及び「唯一の目的」を含めた宣言的政策については検討したが、米国、同盟国及びパートナーに戦略レベルの損害を与え得る、相手側の非核能力を踏まえれば、このような政策は許容できないリスクをもたらすと判断して採用しないものの、「唯一の目的」への移行目標は保持するとの考えを示した。

米国の核抑止戦略は、敵対者に合わせた戦略が必要との認識のもと、対中国では柔軟な抑止戦略・戦力態勢を維持する一方、対ロシアでは大規模攻撃及び地域の限定的な攻撃を抑止するため、近代化した核の3本柱[8]を配備し、柔軟に調整可能な核戦力により、核の3本柱を補強すると言及した。近代化された3本柱を維持することにより、いかなる戦略攻撃にも耐え、必要に応じて抑止戦略を調整し、拡大抑止のコミットメントを支え同盟国に保証を与えることが可能になるとして、核抑止力に空白が生じないよう、多くの兵器が設計寿命を越えている3本柱の換装計画を推進する考えを示した。柔軟に調整可能な核戦力として、現在運用中の低出力核弾頭搭載潜水艦発射弾道ミサイル(SLBM)(Submarine-Launched Ballistic Missile)は維持するが、前回のNPRで示された海洋発射型核搭載巡航ミサイル計画は中止を表明した。また、NATOの核任務を支援するため、核・非核両用機(DCA)(Dual-Capable Aircraft)の役割をF-15EからF-35Aに移行する計画を示している。

なお、ロシアとの間で締結していた中距離核戦力(INF)(Intermediate-Range Nuclear Forces)全廃条約について、ロシアが条約を遵守していないとして、2019年8月2日に米国は脱退し、同月に500km以上の飛距離を持つ通常弾頭仕様の地上発射型ミサイルの発射試験を実施するなど、同条約で発射試験や生産・保有が規制されていた中距離射程を有する通常弾頭搭載地上発射型ミサイルの開発を進めている。

また、2021年2月にロシアとの間で5年間の期限延長を合意した新戦略兵器削減条約(新START)(Strategic Arms Reduction Treaty)について、2023年2月にプーチン大統領が年次教書演説において、履行の一時停止を発表したことから、今後の核軍備管理の動向が注目される。

8　核の3本柱は、「ICBMミニットマンIII」、「SLBMトライデントII D5搭載の戦略原子力潜水艦」及び「核巡航ミサイル及び核爆弾を搭載する戦略爆撃機B-52及びB-2」からなる。

図表I-3-1-1 米国の国防省費の推移

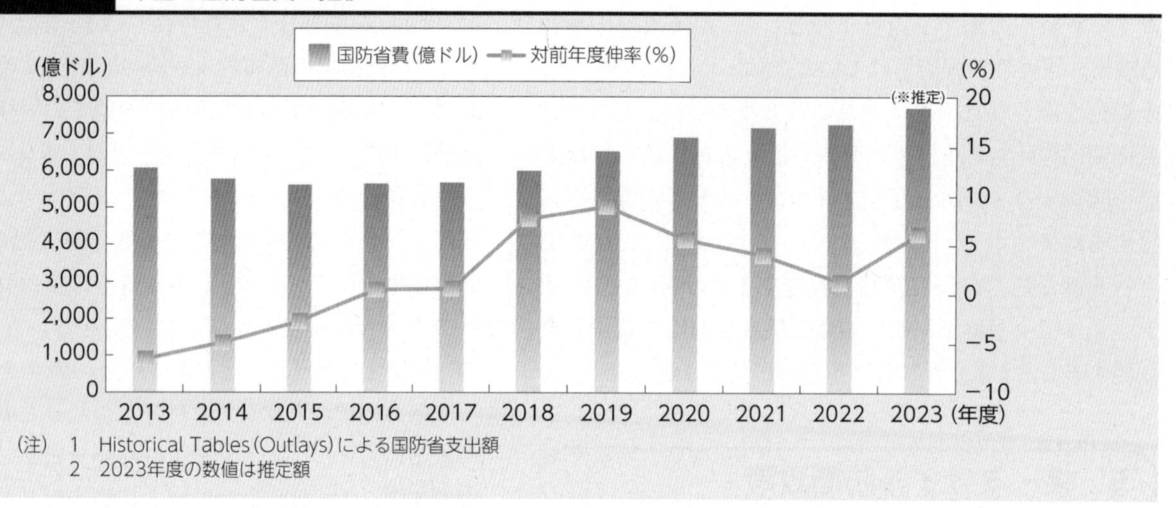

（注） 1 Historical Tables（Outlays）による国防省支出額
2 2023年度の数値は推定額

MDRは、NDSで掲げられた「統合抑止」の構想を色濃く反映した内容になっており、米国を守り、攻撃を抑止するための最優先分野と位置づけるミサイル防衛は、敵の攻撃の利益を打ち消し、抑止が破れたとしても、被害を局限することに資するとの考えが示されている。また、グアムを含むあらゆる海外領土に対する攻撃は、米国に対する直接攻撃とみなすと宣言し、グアムは「自由で開かれたインド太平洋」を維持するために欠かせない運用拠点であり、グアムの防衛は統合抑止の実現に資すると表明している。

6 2024会計年度予算

米国政府は、2023年3月に2024会計年度予算要求を発表し、国防省予算要求額は前年度成立比約3.2%増となる約8,420億ドルを計上した。本予算について、国防省は、中国を「対応を絶えず迫ってくる挑戦」と位置づけ、中国への対応を優先する方針を示したNDSの実施を支援する内容である旨説明している。

そのうえで、インド太平洋地域における対中抑止を強化するための太平洋抑止イニシアティブに91億ドルを要求し、ロシアの侵略に直面するウクライナ及び欧州の同盟国などの支援を継続するための投資を行う考えを示している。

また、装備品の取得・研究開発に過去最大の3,150億ドル、イノベーション及び近代化の研究開発に過去最大の1,450億ドルを要求している。兵力規模では、前年度比約9,100人増となる130万5,400人の確保、装備品の調達では、F-35戦闘機83機の調達などの目標が示された。

参照 図表I-3-1-1（米国の国防省費の推移）

2 軍事態勢

1 全般

米軍の運用は、軍種ごとではなく、軍種横断的に編成された統合軍（Unified Combatant Command）の指揮のもとで行われており、統合軍は、機能によって編成された4つの機能統合軍と、地域によって編成された7つの地域統合軍から構成されている。

陸上戦力は、陸軍約46万人、海兵隊約17万人を擁し、ドイツ、韓国、日本などに戦力を前方展開している。

海上戦力は、艦艇約970隻（うち潜水艦約70隻）約720万トンを擁し、西太平洋及びインド洋に第7艦隊、東太平洋に第3艦隊、南米及びカリブ海に第4艦隊、米東海岸、北大西洋及び北極海に第2艦隊、東大西洋、地中海及びアフリカに第6艦隊、ペルシャ湾、紅海及び北西インド洋に第5艦隊を展開している。

航空戦力は、空軍、海軍と海兵隊を合わせて作戦機約3,500機を擁し、空母艦載機を洋上に展開するほか、ドイツ、英国、日本や韓国などに戦術航空戦力の一部を前方展開している。

核戦力を含む戦略攻撃兵器については、2011年2月

図表Ｉ-3-1-2　統合軍の構成

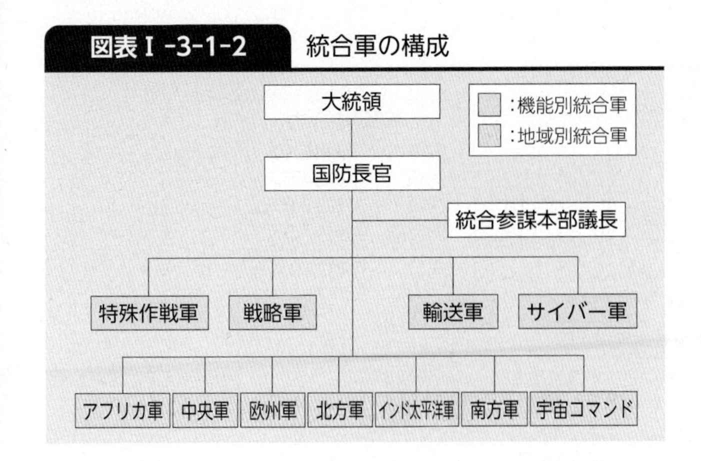

に発効した新STARTに基づく削減を進め、米国の配備戦略弾頭[9]は1,420発、配備運搬手段は659発・機であると公表した[10]。

また、サイバー空間での脅威の増大に対処するため、2018年5月、戦略軍の隷下にあったサイバー軍を統合軍に格上げした。

さらに、米国は2019年8月、地域別統合軍として宇宙コマンドを創設するとともに、同年12月には6番目の軍種として空軍省内に宇宙軍を創設している。

参照　図表Ｉ-3-1-2（統合軍の構成）

2　インド太平洋地域における現在の軍事態勢

太平洋国家である米国は、インド太平洋地域に陸・海・空軍、海兵隊及び宇宙軍の統合軍であるインド太平洋軍を配置し、この地域の平和と安定のために、引き続き重要な役割を果たしている。インド太平洋軍は、最も広い地域を担当する地域統合軍であり、隷下には、統合部隊である在韓米軍や在日米軍などが存在している。

インド太平洋軍は、太平洋陸軍、太平洋艦隊、太平洋海兵隊、太平洋空軍、インド太平洋宇宙軍などから構成されており、それらの司令部は全てハワイに置かれている。

太平洋陸軍は、ハワイの第25歩兵師団、在韓米軍の陸軍構成部隊である韓国の第8軍、また、アラスカ陸軍などを隷下に置くほか、日本に第1軍団の前方司令部・在日米陸軍司令部など約2,500人を配置している[11]。

太平洋艦隊は、西太平洋とインド洋などを担当する第7艦隊、東太平洋やベーリング海などを担当する第3艦隊などを有している。このうち第7艦隊は、1個空母打撃群を中心に構成されており、日本、グアムを主要拠点として、領土、国民、シーレーン、同盟国その他米国の重要な国益を防衛することなどを任務とし、空母、水陸両用戦艦艇やイージス巡洋艦などを配備している。

太平洋海兵隊は、米本土と日本にそれぞれ1個海兵機動展開部隊を配置している。このうち、日本には第3海兵師団やF-35B戦闘機などを配備する第1海兵航空団などに約2万人が展開しているほか、重装備などを積載した事前集積船を西太平洋に配備している。

太平洋空軍は3個空軍を有し、このうち、日本の第5空軍に3個航空団（F-16戦闘機、C-130輸送機などを装備）を、韓国の第7空軍に2個航空団（F-16戦闘機などを装備）を配備している。

参照　図表Ｉ-3-1-3（米軍の配備状況）、図表Ｉ-3-1-4（インド太平洋地域への関与（イメージ））

9　配備済のICBM及び潜水艦発射弾道ミサイル（SLBM）に搭載した弾頭並びに配備済みの重爆撃機に搭載した核弾頭（配備済みの重爆撃機は1つの核弾頭としてカウント）
10　2022年9月1日現在の数値であるとしている。
11　本項で用いられている米軍の兵力数は、米国防省公刊資料（2022年9月30日現在）による現役実員数であり、部隊運用状況に応じて変動しうる。

図表I-3-1-3　米軍の配備状況

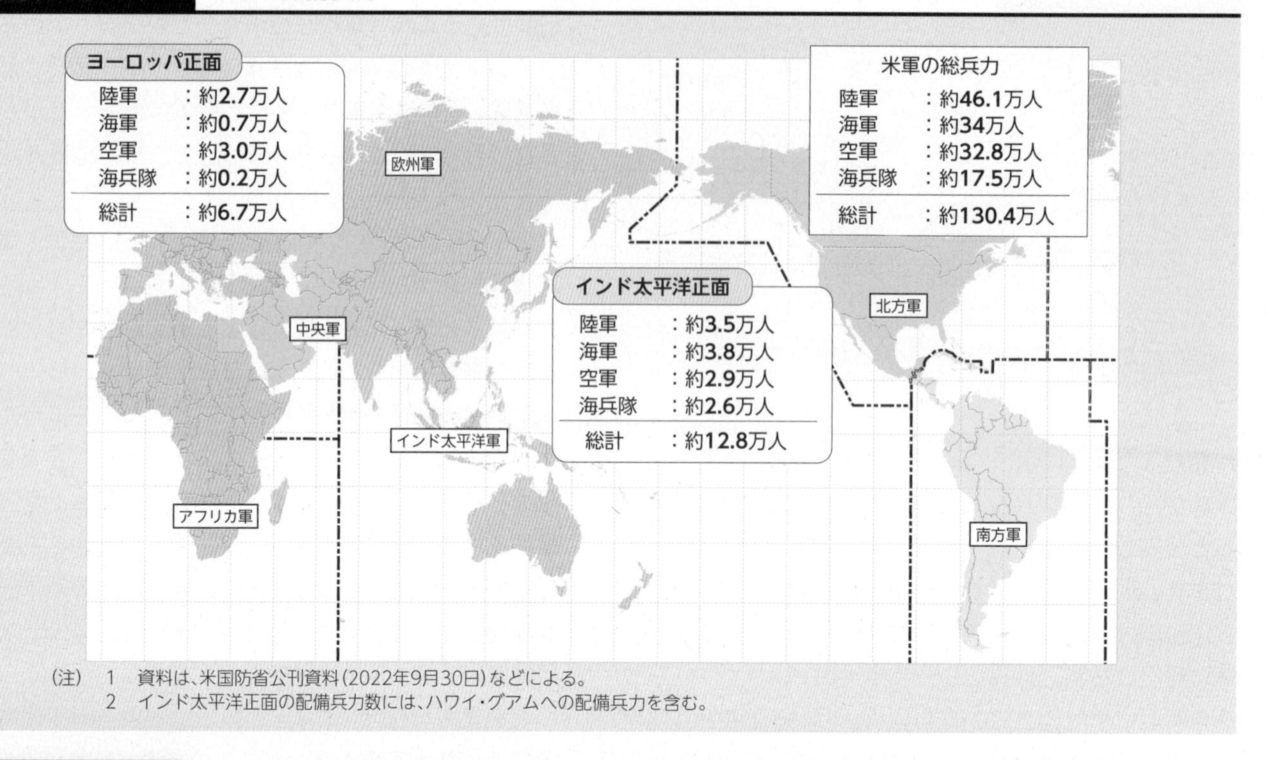

(注)　1　資料は、米国防省公刊資料(2022年9月30日)などによる。
　　　2　インド太平洋正面の配備兵力数には、ハワイ・グアムへの配備兵力を含む。

図表I-3-1-4　インド太平洋地域への関与（イメージ）

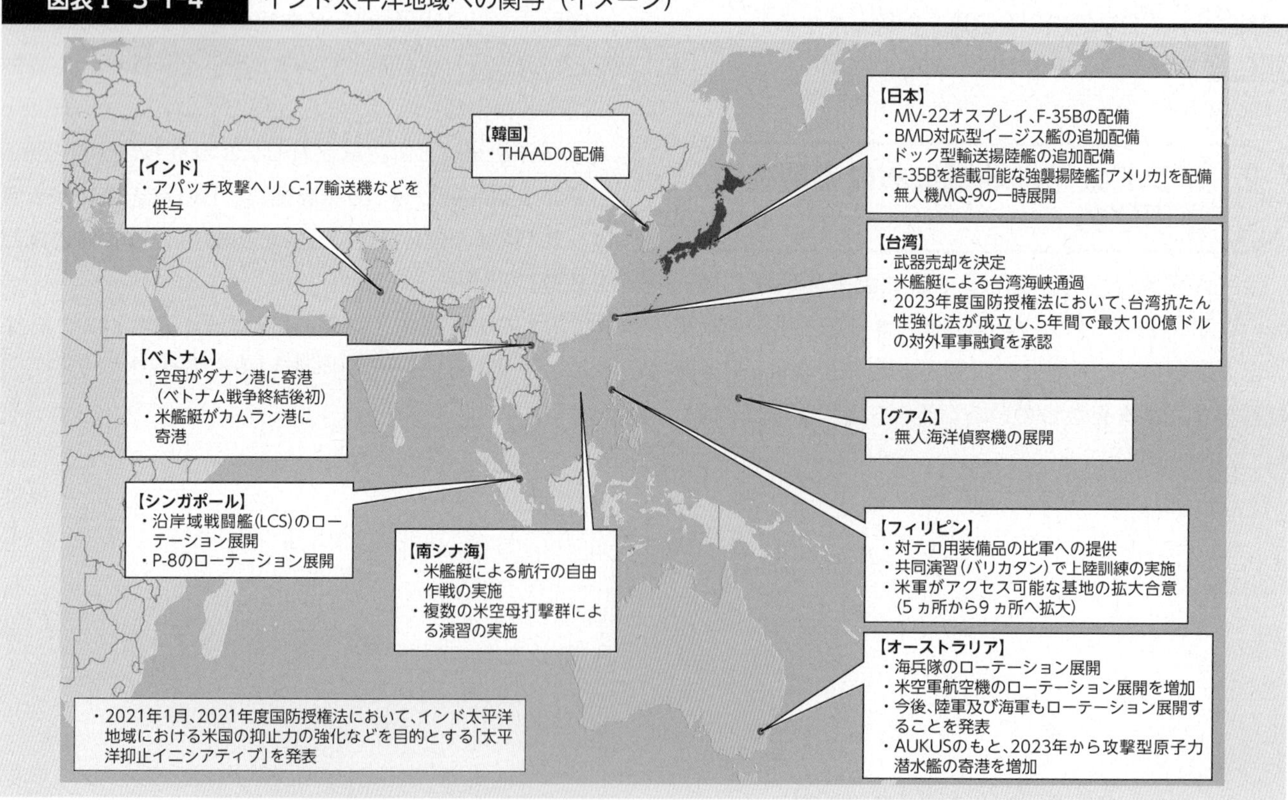

第2節 中国

1 全般

中国は長い国境線と海岸線に囲まれた広大な国土に世界最大の人口を擁し、国内に多くの異なる民族、宗教、言語を抱えている。固有の文化、文明を形成してきた中国特有の歴史に対する誇りと19世紀以降の半植民地化の経験は、中国国民の国力強化への強い願いとナショナリズムを生んでいる。

中国国内には、人権問題を含む様々な問題が存在している。共産党幹部などの腐敗・汚職のまん延や、都市部と農村部、沿岸部と内陸部の間の経済格差のほか、都市内部における格差、環境汚染などの問題も顕在化している。さらに、最近では経済の成長が鈍化傾向にあるほか、将来的には、人口構成の急速な高齢化に伴う年金などの社会保障制度の問題も予想されており、このような政権運営を不安定化させかねない要因は拡大・多様化の傾向にある。さらに、チベット自治区や新疆（しんきょう）ウイグル自治区などの少数民族の人権侵害に関する抗議活動も行われている。新疆ウイグル自治区の人権状況については、国際社会からの関心が高まっている。また、香港では、2019年以降の一連の大規模な抗議活動の発生を受け、2020年6月には、「中華人民共和国香港特別行政区国家安全維持法」が成立・施行され、同法違反による逮捕者が出ているほか、「愛国者による香港統治」を掲げて変更された香港における選挙制度のもとで、2021年12月に実施された立法会選挙では議席を「親中派」がほぼ独占するなど、施策に対する民衆の懸念が広がっている。

このような状況のもと、中国は社会の管理を強化しているが、インターネットをはじめとする情報通信分野の発展は、民衆の行動の統制を困難にする側面も指摘されている一方、近年急速に発達する情報通信分野の技術が社会の管理手段として利用される側面も指摘されている。2014年以降、対外的な脅威以外にも、文化や社会なども安全保障の領域に含めるという「総体的国家安全観」に基づき、中国は、国内防諜体制を強化するための「反スパイ法」（2014年11月）、新たな「国家安全法」（2015年7月）、国家統制の強化を図る「反テロリズム法」（2015年12月）、海外NGOの取り締まりを強化する「域外NGO域内活動管理法」（2016年4月）や「国家情報法」（2017年6月）などを制定してきている。

「反腐敗」の動きは、習近平（しゅう・きんぺい）指導部発足以後、「虎もハエも叩く」という方針のもと大物幹部も下級官僚も対象に推進され、党・軍の最高指導部経験者も含め「腐敗」が厳しく摘発されている。習総書記が「腐敗は我々の党が直面する最大の脅威である」としていることからも、「反腐敗」の動きは今後も継続するとみられる。

習総書記は、こうした活動などを通じて、中国共産党における権力基盤をより一層強固なものとしてきたが、2022年10月に開催された中国共産党第20回全国代表大会（第20回党大会）においては、「習総書記の党中央の核心、全党の核心の地位を擁護し、党中央の権威と集中的統一指導を擁護すること」を意味する「二つの擁護」が党規約に義務として明記された。また、第20回党大会直後に開催された中国共産党第20期中央委員会第1回全体会議（一中全会）では、習総書記の3期目続投が決定されるとともに、中国共産党の指導部を習総書記に立場が近いとされる人物で固める人事が発表された。こうした動きを通じ、習氏の意向がより直接的に中国の政策決定に反映される環境が整いつつあると考えられる。

中国は、台湾は中国の一部であり、台湾問題は内政問題であるとの原則を堅持しており、「一つの中国」の原則が、中台間の議論の前提であり、基礎であるとしている。また、中国は、外国勢力による中国統一への干渉や台湾独立を狙う動きに強く反対する立場から、最大の努力を尽くして平和的統一の未来の実現を目指すが、決して武力行使の放棄を約束しないことをたびたび表明している。2005年3月に制定された「反国家分裂法」では、「平和的統一の可能性が完全に失われたとき、国は非平和的方式やそのほか必要な措置を講じて、国家の主権と領土保全を守ることができる」とし、武力行使の不放棄が明文化されている。また、2022年10月、習総書記は、第20回党大会における報告の中で、両岸関係について、「最大の誠意をもって、最大の努力を尽くして平和的統一の未来を実現」するとしつつも、「台湾問題を解決して祖国の完全統一を実現することは、中華民族の偉大な復興を実現する上での必然的要請」であり、「決して武力行使の放棄を約束せず、あらゆる必要な措置をとるという選択肢を残す」との立場を改めて表明した。また、同党大会で採択された改正党規約においても、「『台湾独立』に断固反対し、阻止する」との文言を追加し、台湾独立阻止を党の任務として位置づけた。

中国共産党第20回党大会で報告を行う習近平総書記
【EPA＝時事】

2 軍事

1 全般

中国は、過去30年以上にわたり、透明性を欠いたまま、継続的に高い水準で国防費を増加させ、核・ミサイル戦力や海上・航空戦力を中心に、軍事力の質・量を広範かつ急速に強化している。その際、軍全体の作戦遂行能力を向上させ、また、全般的な能力において優勢にある敵の戦力発揮を効果的に阻害する非対称的な能力を獲得することを目的として、情報優越を確実に獲得するための作戦遂行能力の強化も重視している。具体的には、敵の通信ネットワークの混乱などを可能とするサイバー領域や、敵のレーダーなどを無効化して戦力発揮を妨げることなどを可能とする電磁波領域における能力を急速に発展させるとともに、敵の宇宙利用を制限することなどを可能とする能力の強化も継続するなど、新たな領域における優勢の確保を重視してきている。このような能力の強化は、**いわゆる「A2／AD」能力**の強化や、より遠方での作戦遂行能力の構築につながるものである。さらに、軍改革などを通じた軍の近代化により、実戦的な統合作戦遂行能力の向上も重視している。加えて、技術開発などの様々な分野において軍隊資源と民間資源の双方向での結合を目指す**軍民融合**発展戦略を全面的に推進しつつ、軍事利用が可能な先端技術の開発・獲得にも積極的に取り組んでいる。中国が開発・獲得を目指す先端技術には、将来の戦闘様相を一変させる技術、いわゆるゲーム・チェンジャー技術も含まれる。

また、第20回党大会における習近平総書記による報告では、「機械化・情報化・智能化（インテリジェント化）の融合発展を堅持」する旨が述べられており、中国軍による人工知能（AI）の活用などに関する取組が注目される。

作戦遂行能力の強化とともに、中国は、わが国の尖閣諸島周辺における領海侵入や領空侵犯を含め、東シナ海、南シナ海などにおける海空域において、力による一方的な現状変更及びその試みを継続・強化し、日本海、太平洋などでも、わが国の安全保障に影響を及ぼす軍事

KEY WORD

いわゆる「アクセス（接近）阻止／エリア（領域）拒否」（「A2／AD」）能力とは

米国によって示された概念で、アクセス（接近）阻止（A2）能力とは、主に長距離能力により、敵対者がある作戦領域に入ることを阻止するための能力を指す。また、エリア（領域）拒否（AD）能力とは、より短射程の能力により、作戦領域内での敵対者の行動の自由を制限するための能力を指す。

KEY WORD

軍民融合とは

軍民融合は中国が近年国家戦略として推進する取組であり、緊急事態を念頭に置いた従来の国防動員体制の整備に加え、緊急事態に限られない平素からの民間資源の軍事利用や、軍事技術の民間転用などを推進するものとされている。特に、海洋、宇宙、サイバー、人工知能（AI）といった中国にとっての「新興領域」とされる分野における取組が軍民融合の重点分野とされている。

活動を拡大・活発化させている。特に海洋における利害が対立する問題をめぐっては、高圧的とも言える対応を継続させており、その中には不測の事態を招きかねない危険な行為もみられる。また、台湾周辺での軍事活動も活発化させてきている。さらに、軍事活動を含め、中露の連携強化の動きが一層強まっている。

中国軍指導部がわが国固有の領土である尖閣諸島に対する「闘争」の実施、「東シナ海防空識別区」[1]の設定や、海・空軍による「常態的な巡航」などを軍の活動の成果として誇示し、今後とも軍の作戦遂行能力の向上に努める旨を強調していることや、近年実際に中国軍が東シナ海や太平洋、日本海といったわが国周辺などでの活動を急速に拡大・活発化させてきたことを踏まえれば、これまでの活動の定例化を企図しているのみならず、質・量ともにさらなる活動の拡大・活発化を推進する可能性が高い。こうした中国の対外的な姿勢や軍事動向などは、わが国と国際社会の深刻な懸念事項であり、わが国の平和と安全及び国際社会の平和と安定を確保し、法の支配に基づく国際秩序を強化するうえで、これまでにない最大の戦略的な挑戦であり、わが国の防衛力を含む総合的な国力と同盟国・同志国などとの協力・連携により対応すべきものである。

2　国防政策

中国は、国防政策の目標及び軍隊の使命・任務を、中国共産党の指導、中国の特色ある社会主義制度及び中国の社会主義現代化を支えること、国家の主権・統一・安全を守ること、海洋・海外における国家の利益を守り、国家の持続可能な「平和的発展」を支えること、国際的地位にふさわしい、国家の安全保障と発展の利益に応じた強固な国防と強大な軍隊を建設すること、そして中華民族の偉大なる復興という「中国の夢」を実現するために強固な保障を提供することなどであるとしている。なお、中国は、このような自国の国防政策を「防御的」であるとしている[2]。

中国は国防と軍隊の建設に際し、政治による軍建設、改革による軍強化、科学技術による軍振興、法に基づく軍統治を堅持するとともに、「戦える、勝てる」実戦的能力の追求、軍民融合の一層の重視、機械化・情報化・智能化の融合発展の推進により、「中国の特色ある近代軍事力の体系」を構築するとの方針を掲げている。これは、世界の軍事発展の動向に対応し、情報化局地戦に勝利するとの軍事戦略に基づいて、軍事力の情報化を主眼としていた方針が深化したものと考えられる。こうした中国の軍事力強化は、台湾問題への対処、具体的には台湾の独立及び外国軍隊による台湾の独立支援を抑止・阻止する能力の向上が最優先の課題として念頭に置かれ、これに加えて近年では、拡大する海外権益の保護などのため、より遠方の海域での作戦遂行能力の向上も課題として念頭に置かれているものと考えられる。

また、中国は、軍事や戦争に関して、物理的手段のみならず、非物理的手段も重視しているとみられ、「三戦」と呼ばれる「輿論(よろん)戦」、「心理戦」及び「法律戦」を軍の政治工作の項目としているほか、軍事闘争を政治、外交、経済、文化、法律などの分野の闘争と密接に呼応させるとの方針も掲げている。

国防と軍隊の建設の今後の目標について、中国は、第19回党大会（2017年10月）の習総書記の報告や2019年に公表された国防白書において、①2020年までに機械化を基本的に実現し、情報化を大きく進展させ、戦略能力を大きく向上させる、②2035年までに国防と軍隊の現代化を基本的に実現する、③21世紀中葉までに中国軍を世界一流の軍隊に全面的に築き上げるよう努めるとしている。

前述の第一段階の目標年である2020年10月に開催された五中全会では、2027年に建軍百年の奮闘目標の実現を確保することが発表され、2021年の六中全会におけるいわゆる「歴史決議」では、2027年までの建軍百年の奮闘目標の実現を第一段階とし、前述の2035年及び21世紀中葉までの目標の達成を第二・第三段階とする新「三段階発展戦略」の策定が明記された。さらに、2022年の第20回党大会における報告においては、世界一流の軍隊を「早期に」構築することが社会主義現代化国家の全面的建設の戦略的要請であることを新たに明記しており、21世紀中葉までに実現するとしてきた「世界

1　中国は2013年11月23日、尖閣諸島をあたかも「中国の領土」であるかのような形で含む「東シナ海防空識別区」を設定した。対象空域を飛行する航空機に対し中国国防部の定める規則を強制し、従わない場合は中国軍による「防御的緊急措置」をとるとするなど上空飛行の自由の原則を不当に侵害するものである。東シナ海における現状を一方的に変更するこのような動きに対し、わが国のほか、米国、韓国、オーストラリア及び欧州連合（EU：European Union）も懸念を表明した。
2　国防白書「新時代における中国の国防」（2019年7月）による。

一流の軍隊建設」について、目標の前倒しを検討している可能性がある。

中国は、軍近代化の水準と国家の安全保障に必要な水準との間、中国軍と世界の先進的な軍の水準との間には未だ大きな格差があるとの認識を示している。中国は、「世界一流の軍隊」とは何を意味するか定義していないが、米軍と同等か、場合によってはそれを上回る軍事力を開発しようとしている可能性が指摘されている。さらに、中国は先端技術を習得し、「イノベーション大国」になることで、「智能化戦争」を可能にする「世界一流の軍隊」の建設を目指していることも指摘されている[3]。これらを踏まえると、中国は、米軍との軍事力格差のオフセットを企図し、そのためには軍隊の「智能化」が必要条件であると認識している可能性が示唆され、将来的に「智能化戦争」で米軍に「戦える、勝てる」軍隊の建設を目指していくものと考えられる[4]。

このような認識のもとで、国力の向上に加え、3期目に入った習総書記の中国共産党における権力基盤の強化や中央軍事委員会[5]主席としての権力のより一層の掌握を背景に、軍近代化の動きは今後さらに加速すると見込まれる。

3 国防政策や軍事に関する透明性

中国は、従来から、軍事力強化の具体的な将来像を明確にしておらず、軍事や安全保障に関する意思決定プロセスの透明性も十分確保されていない。中国は1998年以降、ほぼ2年ごとに国防白書を公表してきており、直近では2019年7月に、約4年ぶりとなる「新時代における中国の国防」と題する国防白書が公表されているが、そこにおいても、具体的な装備の保有状況、調達目標及び調達実績、主要な部隊の編成や配置、軍の主要な運用や訓練実績、国防費の内訳などについて十分に明らかにしていない。

また、中国軍の活動について、当局が事実と異なる説明を行う事例や事実を認めない事例も確認されており、中国の軍事に関する意思決定や行動に懸念を生じさせている。例えば、2018年1月には、中国海軍潜水艦によるわが国尖閣諸島周辺の接続水域内の潜水航行が確認されたが、中国はその事実を認めていない。同様に、2020年6月及び2021年9月に奄美大島周辺の接続水域において確認された中国国籍と推定される潜水艦の事例において、中国はその事実を認めておらず、むしろ日本側が誇大宣伝していると批判する中国系メディアの報道もあった。

同様に、中国の軍事に関する意思決定や行動に懸念を生じさせるような説明は、中国が軍事拠点化をはじめとする力による一方的な現状変更とその既成事実化を進める南シナ海に関してもみられる。習国家主席は2015年9月、米中首脳会談後の会見で、南シナ海で「軍事化を追求する意図はない」と述べていたが、その後2016年2月、王毅(おう・き)外交部長(当時)は、南シナ海における施設は中国が国際法に基づき「必要な防衛施設」を整備しているものと説明した。さらに、2017年には、公式メディアにおいて、中国は「必要な軍事防衛を強化」するために南シナ海の島・岩礁の面積を合理的に拡大したとの主張もみられた。

中国は、政治面、経済面に加え、軍事面においても国際社会で大きな影響力を有するに至っている。中国に対する懸念を払拭するためにも、中国が国際社会の責任ある国家として、国防政策や軍事に関する透明性を向上させていくこととともに、自らの活動に関して事実に即した説明を行い、国際的な規範を共有・遵守することがますます重要になってくる。今後、具体的かつ正確な情報開示などを通じて透明性を高めていくことが強く望まれる。

4 国防費

中国は、2023年度の国防予算を約1兆5,537億元(1元=20円で機械的に換算すると、日本円で約31兆740億円)と発表した[6]。これは中国側の発表によれば、前年度予算額から約7.2%の伸びとなる。中国の公表国防予

3 米国防省「中華人民共和国の軍事及び安全保障の進展に関する年次報告」(2021年)による。
4 軍事の「智能化」は後発の軍が一足飛びの発展を遂げる絶好の機会を提供するものであり、それによって急速に(他の先進レベルにある軍を)超えることが可能であるとの見解がある。
5 中国軍の指導・指揮機関。形式上は中国共産党と国家の二つの中央軍事委員会があるが、党と国家の中央軍事委員会の構成メンバーは基本的には同一であり、いずれも実質的には中国共産党が軍事力を掌握するための機関とみなされている。
6 中国の公表国防予算は、急速なペースで増加しており、2023年度にはわが国の防衛関係費の約4.7倍に達している。なお、わが国の防衛関係費は、約20年間で約1.3倍(30年間では約1.4倍)である。

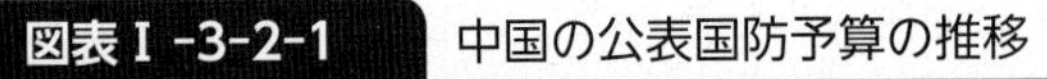

中国の公表国防予算の推移

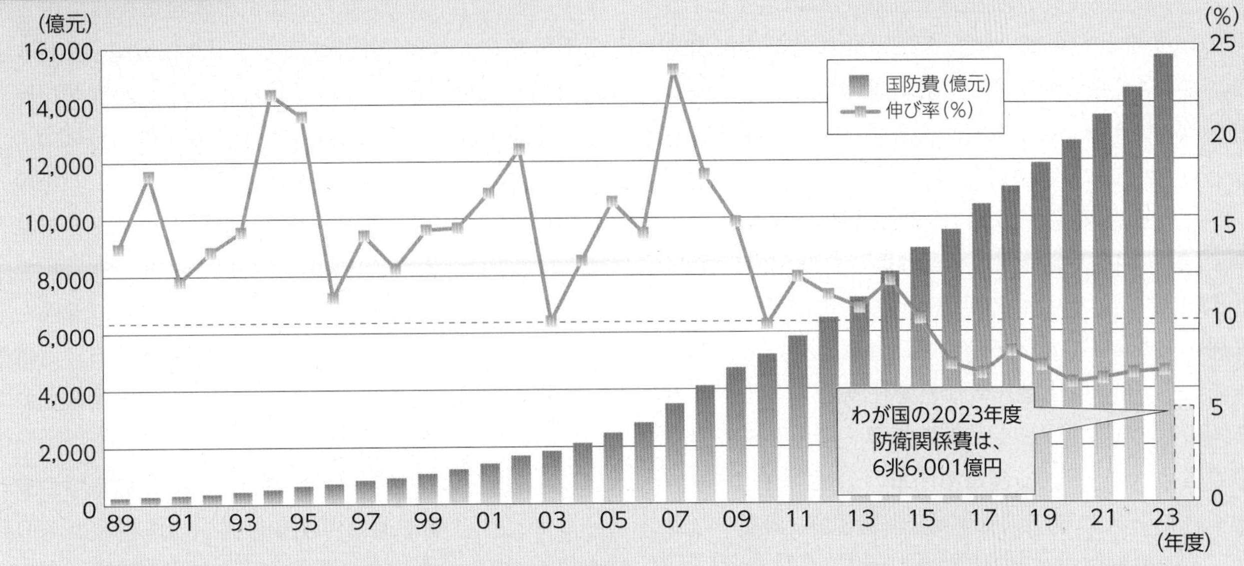

(注)「国防費」は、「中央一般公共予算支出」(2014年以前は「中央財政支出」と呼ばれたもの)における「国防予算」額。「伸び率」は、対前年度当初予算比。ただし、2002年度の国防費については対前年度増加額・伸び率のみが公表されたため、これらを前年度の執行実績からの増加分として予算額を算出。また、16年度及び18～23年度は「中央一般公共予算支出」の一部である「中央本級支出」における国防予算のみが公表されたため、その数値を「国防費」として使用。伸び率の数値は中国公表値を含む。

算は、1989年度から2015年度までほぼ毎年2桁の伸び率を記録する速いペースで増加してきており、公表国防予算の名目上の規模は、1993年度から30年間で約37倍、2013年度から10年間で約2.2倍となっている。中国は、国防建設を経済建設と並ぶ重要課題と位置づけており、経済の発展に合わせて、国防力の向上のための資源投入を継続してきたと考えられるが、公表国防予算増加率が経済成長率(国内総生産(GDP)増加率)を上回る年も少なくない。中国経済の成長の鈍化が、今後の国防費にどのような影響を及ぼすか注目される。

また、中国が国防費として公表している額は、実際に軍事目的に支出している額の一部にすぎないとみられる。例えば、外国からの装備購入費や研究開発費などは公表国防費に含まれていないとみられ、米国防省の分析によれば、2021年の中国の実際の国防支出は公表国防予算よりも著しく多いとされる[7]。

国防費の内訳については、過去の国防白書において2007年度、2009年度及び2010～2017年度の公表国防費に限り、人員生活費、訓練維持費及び装備費それぞれの内訳(2007年度及び2009年度の国防費については、さらに現役部隊、予備役部隊及び民兵別)が明らかにされたものの、それ以上の詳細は明らかにされていない。

参照　図表I-3-2-1(中国の公表国防予算の推移)

5　軍事態勢

中国の武装力は、人民解放軍、人民武装警察部隊(武警)と民兵から構成され、中央軍事委員会の指導及び指揮を受けるものとされている。人民解放軍は、陸・海・空軍、ロケット軍、戦略支援部隊、聯勤(れんきん)保障部隊などからなり、中国共産党が創建、指導する人民軍隊とされている。

なお、武警は主にパトロール、突発事態対処、対テロ、海上における権益擁護・法執行、緊急救援、防衛作戦などに従事するものとされ、民兵は平時においては経済建設などに従事しつつ、有事には戦時後方支援任務を負うものとされる。

(1) 軍改革

中国は、近年、建国以来最大規模とも評される軍改革に取り組んできたとされる。2015年11月、習主席は軍改革の具体的方向性について初めて公式の立場を表明し、軍改革を2020年までに推進する旨発表した。

2016年末までに、「首から上」と呼ばれる軍中央レベ

7　米国防省「中華人民共和国の軍事及び安全保障の進展に関する年次報告」(2022年)による。

ルの改革は概成したとされる。具体的には、従来の「七大軍区」が廃止され、作戦指揮を主導的に担当する「五大戦区」、すなわち東部、南部、西部、北部及び中部戦区が新編された。また、海軍・空軍指導機構と同格の陸軍指導機構、ロケット軍、戦略支援部隊、聯勤保障部隊も成立した。さらに、中国軍全体の指導機構が、統合参謀部、政治工作部、後勤保障部、装備発展部など、中央軍事委員会隷下の15の職能部門へと改編された。2017年以降、「首から下」と呼ばれる現場レベルでの改革にも本格的に着手しながら、軍改革は着実に進展していると考えられる。例えば、着上陸作戦などを任務とするとされる海軍陸戦隊の編制拡大や、武警の指導・指揮系統の中央軍事委員会への一元化、陸軍集団軍の18個から13個への改編、30万人の軍の人員削減、海警部隊（海警）の武警隷下への編入などが確認された。

これら一連の改革は、統合作戦遂行能力の向上とともに、平素からの軍事力整備や組織管理を含めた軍事態勢の強化を図ることにより、より実戦的な軍の建設を目的としていると考えられる。また、指導機構の改編は、指導機構の分権化による軍中央での腐敗問題への対応がねらいであるとの指摘もある。なお、第20回党大会（2022年10月）後の一中全会において、張又侠（ちょう・ゆうきょう）が中央軍事委員会副主席に留任するなど、中央軍事委員会には、習主席と関係が深く、信頼が厚いとされる人物が、積極的に登用されている。こうしたことから、中央軍事委員会、ひいては軍に対する習主席の指導力のさらなる強化が図られているものと考えられる。

(2) 核戦力及びミサイル戦力

中国は、核戦力及びその運搬手段としてのミサイルについて、1950年代半ば頃から独自の開発努力を続けており、抑止力の確保、通常戦力の補完及び国際社会における発言力の確保を企図しているものとみられている。核戦略に関して、中国は、核攻撃を受けた場合に、相手国の都市などの少数の目標に対して核による報復攻撃を行える能力を維持することにより、自国への核攻撃を抑止するとの戦略をとっているとみられている。そのうえで、中国は、核兵器の「無条件の先行（第一）不使用」、非核兵器国及び非核兵器地帯に対しては無条件で核兵器の使用及び使用の威嚇を行わないとする「無条件の消極的安全保証」、自らの核戦力を国家の安全保障に必要となる最低限のレベルに維持するといった核戦略を堅持すると表明しているが、一方で、近年はこうした説明に疑問を呈する指摘もある[8]。さらに、米露間で戦略核戦力の上限を定めた新戦略兵器削減条約（新START）の枠組みについて、米国から参加を求められているが、中国は一貫して参加を拒否している。

また、1990年代以降は通常ミサイル戦力の増強も重視してきたとみられるが、世界の軍事動向における精密打撃能力の重要性の高まりがその背景として指摘されている。中国は核戦力の近代化・多様化・拡大を目指しており、陸海空の核運搬手段に投資してその数を増やすとともに、2021年に運用可能な核弾頭の保有数が400発を超え、また、核戦力の拡大のペースを維持した場合、2035年までに1500発の核弾頭を保有する可能性があるとの指摘もあり[9]、対米抑止力強化を企図して、核・ミサイル戦力を今後も引き続き重視していくものと考えられる。

中国は、大陸間弾道ミサイル（ICBM（Intercontinental Ballistic Missile））、潜水艦発射弾道ミサイル（SLBM（Submarine-Launched Ballistic Missile））、中距離弾道ミサイル（IRBM（Intermediate-Range Ballistic Missile））、準中距離弾道ミサイル（MRBM（Medium-Range Ballistic Missile））、短距離弾道ミサイル（SRBM（Short-Range Ballistic Missile））といった各種類・各射程の弾道ミサイルを保有している。これらの弾道ミサイル戦力は、液体燃料推進方式から固体燃料推進方式への更新による残存性及び即応性の向上が行われているほか、射程の延伸、命中精度の向上、終末誘導機動弾頭（MaRV（Maneuverable Re-entry Vehicle））化や個別目標誘導複数弾頭（MIRV（Multiple Independently targetable Re-entry Vehicle））化などの性能向上が図られているとみられている。

戦略核戦力であるICBMについては、これまでその主力は固定式の液体燃料推進方式のミサイルDF-5であった。近年、中国は、固体燃料推進方式で、発射台付き車両（TEL（Transporter-Erector-Launcher））に搭載される移動型のDF-31を配備している。また、中国は射程約11,200kmで10個の弾頭を搭載可能とされる新型ICBMである**DF-41**を開発しており、DF-41は2019年10月に行われた建国70周年を記念する軍事パレードにおいて初めて登場した。また、中国はICBMサイロの建設を進めており、2021年に、新しいICBMサイロの数は少なくとも300に達したと指摘され

8 米国防省「中華人民共和国の軍事及び安全保障の進展に関する年次報告」（2022年）による。
9 米国防省「中華人民共和国の軍事及び安全保障の進展に関する年次報告」（2022年）による。

ている[10]。

SLBMについては、射程約7,200kmとみられている**JL-2**を搭載するためのジン級弾道ミサイル搭載原子力潜水艦（SSBN）が運用中とみられ、ジン級SSBNの核抑止パトロールにより、戦略核戦力は大幅に向上するものと考えられる。加えて、射程12,000kmに達するとされる射程延伸型のSLBM JL-3がジン級SSBNにすでに搭載されているとの指摘もある。

（SSBN：Ballistic Missile Submarine Nuclear-Powered）

中国の保有するミサイル戦力は、米国とロシア間の中距離核戦力（INF）全廃条約の枠組みの外に置かれてきており、中国は同条約が規制していた射程500～5,500kmの地上発射型ミサイルを多数保有し、地上発射型弾道・巡航ミサイルについては米国に先んじているとの指摘もある[11]。わが国を含むインド太平洋地域を射程に収めるIRBM/MRBMについては、TELに搭載される移動型で固体燃料推進方式のDF-21やDF-26があり、これらは、通常・核両方の弾頭を搭載することが可能とされる。中国はDF-21を基にした命中精度の高い通常弾頭の弾道ミサイルを保有しており、空母などの洋上の艦艇を攻撃するための通常弾頭の対艦弾道ミサイル（ASBM）DF-21D（空母キラーとも呼称される）を配備している。また、グアムを射程に収めるDF-26（グアム・キラーとも呼称される）は、DF-21Dを基に開発された「第2世代ASBM」とされており、2018年4月、「戦闘序列に正式に加わった」として部隊配備が公表された。さらに、中国は、射程1,500km以上の長射程の対地巡航ミサイルであるCJ-20（CJ-10）及びこの巡航ミサイルを搭載可能なH-6爆撃機を保有している。これらは、弾道ミサイル戦力を補完し、わが国を含むインド太平洋地域を射程に収める戦力とみられている。また、2019年10月の建国70周年軍事パレードにおいては、超音速巡航ミサイルとされるCJ-100/DF-100も初めて展示された。これらASBM及び巡航ミサイルの戦力化は、「A2／AD」能力の強化につながるものと考えられる。SRBMについては、固体燃料推進方式のDF-16、DF-15及びDF-11を多数台湾正面に配備しており、わが国固有の領土である尖閣諸島を含む南西諸島の一部もその射程に入っているとみられる。

（INF：Intermediate-range Nuclear Forces）
（ASBM：Anti-Ship Ballistic Missile）

また、中国は、ミサイル防衛の突破が可能な打撃力を獲得するため、弾道ミサイルに搭載して打ち上げる複数モデルの極超音速滑空兵器の開発を急速に推進しているとみられ、2014年以降飛翔試験が行われてきたと報じられている。2019年10月の建国70周年軍事パレードにおいては、極超音速滑空兵器を搭載可能なMRBMとされる**DF-17**が初めて登場し、米国防省は中国がDF-17の運用を2020年には開始し、一部の古い短距離弾道ミサイルがDF-17に置き換えられる可能性がある旨を指摘している[12]。また、2018年8月には、「ウェーブライダー」と呼ばれる形状の極超音速飛翔体の実験を

DF-41大陸間弾道ミサイル

【諸元・性能】
最大射程：11,200km

【概説】
2019年10月の建国70周年軍事パレードで初めて登場した新型大陸間弾道ミサイル。10個の個別目標誘導複数弾頭（MIRV）を搭載可能とされるとともに、高い精度での攻撃が可能とされる。

DF-41大陸間弾道ミサイル
【Imaginechina/時事通信フォト】

JL-2潜水艦発射弾道ミサイル

【諸元・性能】
最大射程：7,200km

【概説】
中国海軍の戦略核戦力とされる潜水艦発射弾道ミサイル（SLBM）。戦略核戦力のさらなる強化のために射程を延伸したJL-3 SLBM（最大射程12,000～14,000km）の開発・配備が指摘されている。

JL-2潜水艦発射弾道ミサイル
【Avalon/時事通信フォト】

DF-17準中距離弾道ミサイル

【諸元・性能】
最大射程：2,000km

【概説】
DF-16短距離弾道ミサイルをベースに開発されたとされ、極超音速滑空兵器（HGV）を搭載可能とされる準中距離弾道ミサイル。2019年10月の建国70周年軍事パレードで初めて登場した。

極超音速滑空兵器を搭載可能とされるDF-17準中距離弾道ミサイル
【Avalon/時事通信フォト】

10　米国防省「中華人民共和国の軍事及び安全保障の進展に関する年次報告」（2022年）による。
11　米国防省「中華人民共和国の軍事及び安全保障の進展に関する年次報告」（2020年）による。
12　米国防省「中華人民共和国の軍事及び安全保障の進展に関する年次報告」（2022年）による。

図表I-3-2-2 中国（北京）を中心とする弾道ミサイルの射程（イメージ）

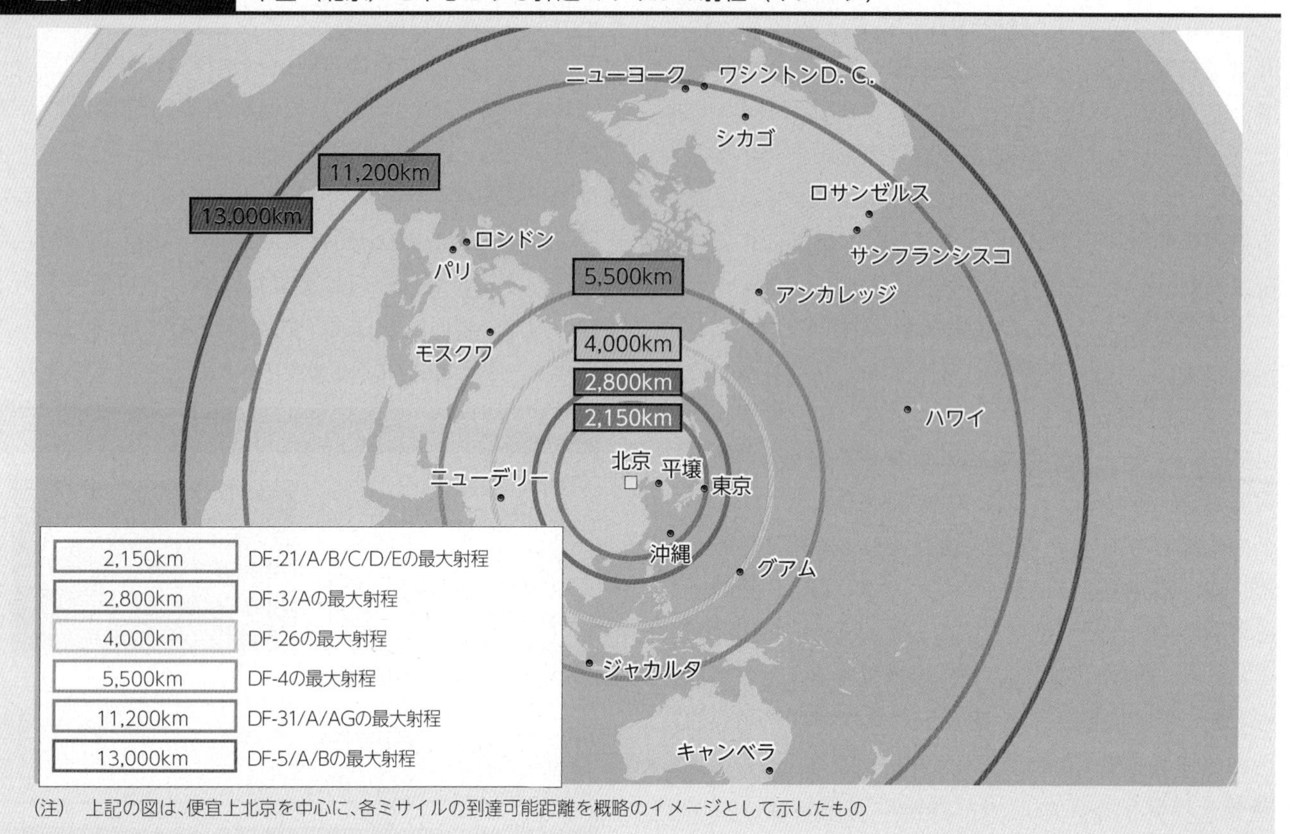

（注） 上記の図は、便宜上北京を中心に、各ミサイルの到達可能距離を概略のイメージとして示したもの

行ったとされる。さらに、2021年7月に初めて極超音速滑空兵器を搭載したICBMの軌道打ち上げを実施し、100分超にわたり約4万キロ飛行したのち、目標に直撃はしなかったものの、近傍に着弾したとされる[13]。

極超音速滑空兵器の進化は著しく、複数の弾頭が前述の新型ICBMであるDF-41に装着される可能性があるとされているほか、中国は大陸間射程の極超音速滑空兵器を試験中との指摘もある。さらに、運搬ロケットはDF-41に由来する可能性が高く、これはDF-17と比較して極超音速滑空兵器の有効射程距離を大幅に延伸することが可能であるだけでなく、より大きく、大重量の極超音速滑空兵器を搭載可能であるとの指摘がある。

また、これらの兵器は、超高速で低高度を飛行し、高い機動性を有することから、ミサイルによる迎撃がより困難とされている。

中国は、HQ-19弾道ミサイル防衛システムなど、ミサイル防衛技術の開発にも力を入れているとみられる。2010年以降、ミッドコース段階におけるミサイル迎撃実験を行ってきているとされており、直近では2021年2月に同実験を実施しているが、これは、IRBMなどへの対処能力の獲得を企図しているとの指摘もある[14]。また、2019年5月には、ロシアから導入したS-400対空ミサイルシステム2基が北京近郊に配備されたと報じられ、同年10月には、ロシアのプーチン大統領が、ロシアが中国の「ミサイル攻撃早期警戒システム」構築を支援している旨述べている。さらに米国防省は、おそらく中国が2022年時点で少なくとも3基の早期警戒衛星を軌道上に有していると指摘している[15]。

中国は迎撃ミサイル及び警戒システムを含む弾道ミサイル防衛システムの構築に取り組んでおり、弾道ミサイル防衛技術は衛星破壊用ミサイルへの応用可能性を有することからも、中国のミサイル防衛の今後の動向が注目される。

参照 図表I-3-2-2（中国（北京）を中心とする弾道ミサイルの射程（イメージ））、図表I-3-2-3（中国の地上発射型弾道ミサイル発射機数の推移）

13 米国防省「中華人民共和国の軍事及び安全保障の進展に関する年次報告」（2022年）による。
14 米国防省「中華人民共和国の軍事及び安全保障の進展に関する年次報告」（2022年）による。
15 米国防省「中華人民共和国の軍事及び安全保障の進展に関する年次報告」（2022年）による。

図表Ⅰ-3-2-3　中国の地上発射型弾道ミサイル発射機数の推移

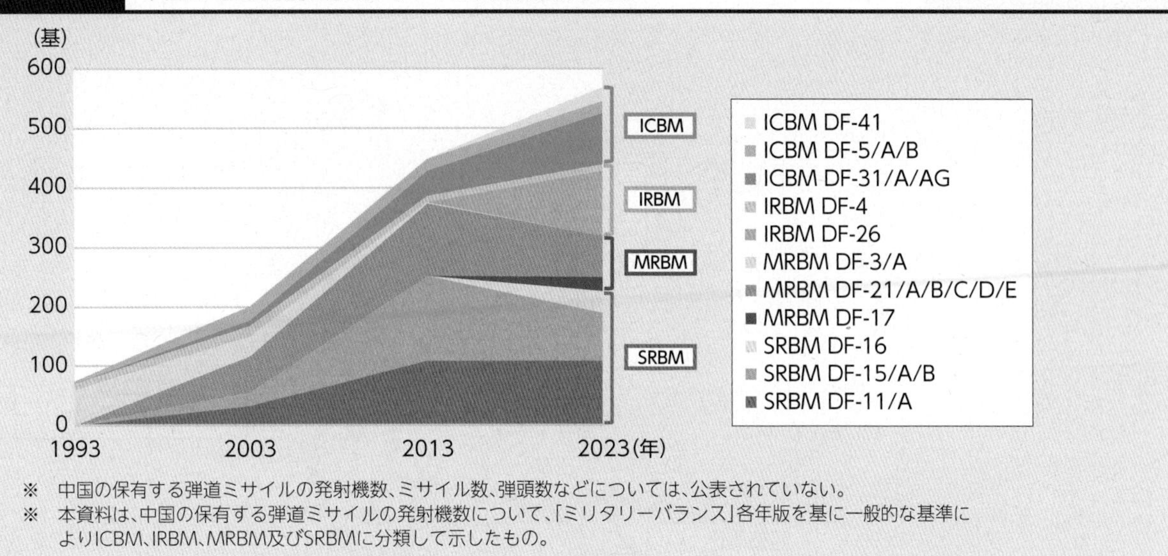

※　中国の保有する弾道ミサイルの発射機数、ミサイル数、弾頭数などについては、公表されていない。
※　本資料は、中国の保有する弾道ミサイルの発射機数について、「ミリタリーバランス」各年版を基に一般的な基準によりICBM、IRBM、MRBM及びSRBMに分類して示したもの。

(3) 陸上戦力

陸上戦力は、約97万人とインド、北朝鮮に次いで世界第3位である。中国は、部隊の小型化、多機能化、モジュール化を進めながら、作戦遂行能力に重点を置いた軍隊を目指している。具体的には、これまでの地域防御型から全域機動型への転換を図り、歩兵部隊の自動車化、機械化を進めるなど機動力の向上を図っているほか、空挺部隊（空軍所属）、陸軍・海軍所属の水陸両用部隊、特殊部隊及びヘリコプター部隊の強化を図っているものと考えられる。

なお、海軍陸戦隊はいまだ増強の過程にあるとされ、遠征部隊として必要な装備の取得や訓練を実施しているところとされる。一方で、民間のRORO（ローロー）船[16]の活用を含めて、水陸両用作戦の訓練も重ねており、こういった活動は、海軍陸戦隊が、台湾をめぐるシナリオにおいて、複数の役割のために柔軟に活用されることを示唆すると指摘されている[17]。

中国は、「跨越（こえつ）」、「火力」及び「利刃（りじん）」といった、複数の区域に跨がる機動演習を定期的に実施している。これは、陸軍の長距離機動能力、民兵や公共交通機関の動員を含む後方支援能力など、陸軍部隊を遠隔地に展開するために必要な能力の検証・向上などを目的とするものである。また、2014年以降は「統合（聯合）行動」で兵種合同・軍種統合演習が実施されている。さらに、実戦的な作戦遂行能力向上のため、対抗訓練が多く取り入れられているとされる。米国防省は、中国陸軍が、2021年、引き続き統合訓練を重視するとともに、伝統的な訓練に加えて沿岸防衛や渡海・着上陸などの演習を行ったと指摘している[18]。これらの取組により、実戦的な統合作戦遂行能力の向上を企図していると考えられる。

前述の武警は、各省や自治区などの行政区分に基づき編成・設置される内衛部隊、固定された担任区域を持たず、地域をまたいで任務を遂行する機動部隊、国家の主権、安全及び海上権益の擁護や法執行を行うとされる後述の海警などから構成される。また、装甲車、回転翼機、重機関銃などの装備を保有しているとされる。さらに、武警は国内治安維持、人民解放軍との統合作戦に注力しており、即応性、機動性、対テロ作戦のための能力を開発してきているとの指摘がある[19]。

参照　図表Ⅰ-3-2-4（中国軍の配置（イメージ））

(4) 海上戦力

海軍海上戦力は、北海、東海及び南海艦隊の3個の艦隊から編成される。米海軍を上回る規模の艦艇を保有し、世界最大とも指摘される海軍海上戦力[20]の近代化は急速に進められており、海軍は、静粛性に優れるとされる国

16　Roll-on-Roll-off船。一般に、貨物を積んだ車両が自走して乗り込み、そのまま運搬できる船を指す。
17　米国防省「中華人民共和国の軍事及び安全保障の進展に関する年次報告」（2022年）による。
18　米国防省「中華人民共和国の軍事及び安全保障の進展に関する年次報告」（2022年）による。
19　米国防省「中華人民共和国の軍事及び安全保障の進展に関する年次報告」（2021年）による。
20　米国防省「中華人民共和国の軍事及び安全保障の進展に関する年次報告」（2022年）による。

図表I-3-2-4 中国軍の配置（イメージ）

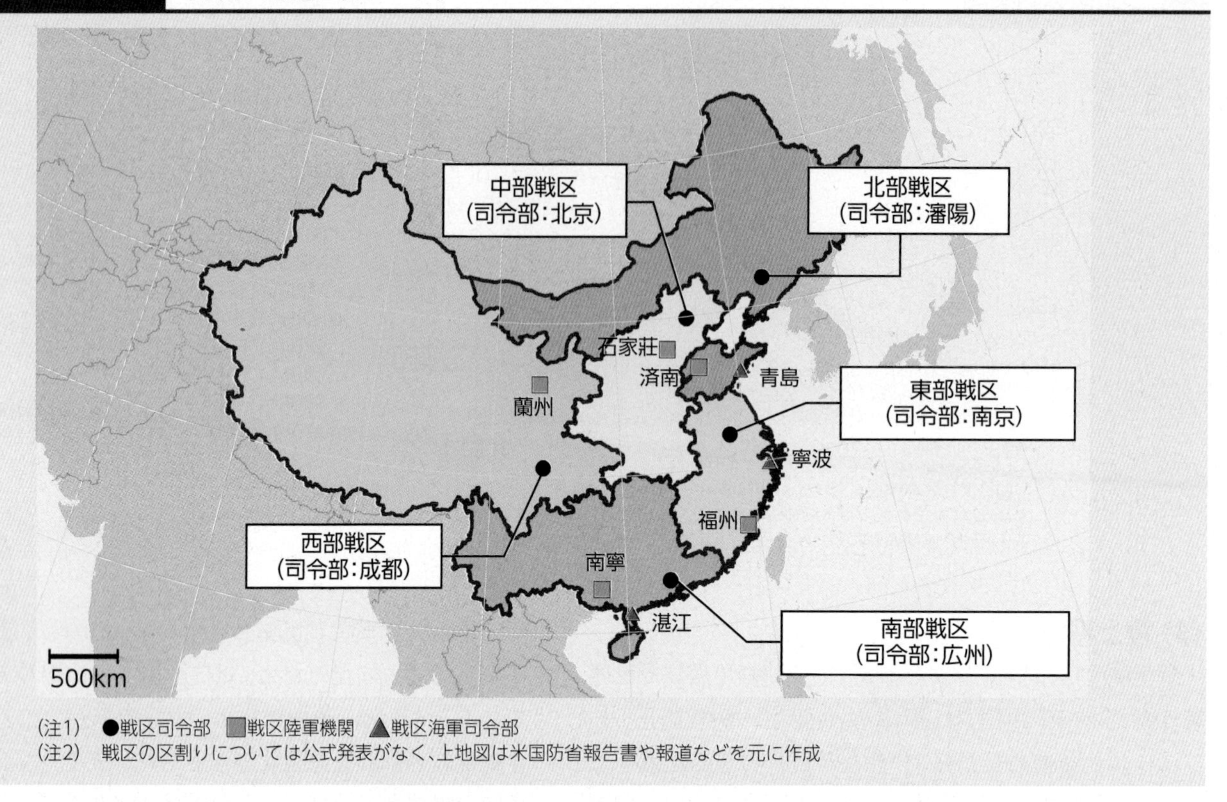

（注1）●戦区司令部 ■戦区陸軍機関 ▲戦区海軍司令部
（注2）戦区の区割りについては公式発表がなく、上地図は米国防省報告書や報道などを元に作成

産のユアン級潜水艦や、艦隊防空能力・対艦攻撃能力の高いジャンカイII級フリゲートなどの水上戦闘艦艇の量産を進めている。また、中国海軍最大規模のレンハイ級駆逐艦を2023年4月までに少なくとも8隻就役させた。レンハイ級駆逐艦は、最新鋭のルーヤンIII級駆逐艦の約2倍に上る数の発射セル（112セル）を有する垂直ミサイル発射システム（VLS（Vertical Launch System））などを搭載しているとされ、このVLSは長射程の対地巡航ミサイルや超音速で着弾するYJ-18対艦巡航ミサイルのほか、ASBMも発射可能とされる。また、ミッドコース段階における弾道ミサイル対処の発射母体として考えられているとの指摘[21]や、対艦の極超音速滑空兵器を搭載可能とする構想が示唆されているとの指摘があり、同艦は、今後、中国海軍における長射程ミサイル能力の鍵となる可能性がある。大型の揚陸艦や補給艦の増強なども行っており、2019年9月以降、大型のユーシェン級（Type-075）揚陸艦が順次進水し、2021年4月には、1番艦「海南（かいなん）」が南部戦区に、同年12月に、2番艦「広西（こうせい）」が東部戦区に就役し、さらに3番艦「安徽（あんき）」もすでに就役したとされる。さらに、ユーシェン級揚陸艦に続くType-076揚陸艦の建造の可能性も指摘されている。また、2017年9月以降、空母群への補給を任務とするフユ級高速戦闘支援艦（総合補給艦）が就役している。

空母に関しては、初の空母「遼寧（りょうねい）」が2012年9月に就役後、南シナ海、東シナ海、太平洋などで活動を行っている。2017年4月に進水した中国初の国産空母（中国2隻目の空母）については、2019年12月、「山東（さんとう）」と命名され南シナ海に面した海南島三亜において就役した。「山東」は「遼寧」の改良型とされるスキージャンプ式の空母であり、搭載航空機数の増加などが指摘されている。さらに、2隻目の国産空母（中国3隻目の空母）「**福建**（ふっけん）」を建造中であり、この空母は固定翼早期警戒機などを運用可能な電磁式カタパルトを装備する可能性があるとの指摘や、将来的な原子力空母の建造計画が存在するとの指摘がある。

また、中国は軍事利用が可能な無人艦艇（USV（Unmanned Surface Vehicle））や無人潜水艇（UUV（Unmanned Underwater Vehicle））の開発・配備も進めているとみられる。こうした装備は、比較的安価でありながら、敵の海上優勢、特に水中における優勢の獲得を効果的に妨害することが可能な非対称戦力とされる。

21 米国防省「中華人民共和国の軍事及び安全保障の進展に関する年次報告」（2022年）による。

このような海上戦力強化の状況などから、中国は近海における防御に加え、より遠方の海域における作戦遂行能力を着実に構築していると考えられる。また、近い将来、中国海軍は潜水艦や水上戦闘艦艇から対地巡航ミサイルを使用して陸上目標に対して長距離精密打撃能力を有するようになるとの指摘や、水上艦艇などや固定翼機・回転翼機による対潜水艦戦闘(ASW)(Anti-Submarine Warfare)能力が著しく向上している一方で深海におけるASW能力は十分ではないとの指摘[22]もあり、引き続き関連動向を注視していく必要がある。

また、軍以外の武装力の一つである武警は、隷下に海上権益擁護などを任務とするとされる海警を有しており、海警は北海、東海及び南海分局の3個の機関から編成される。近年、海警に所属する中国船舶は大型化・武装化が図られている。2022年12月末時点における満載排水量1,000トン以上の中国海警船などは157隻[23]であり、中国海警は、世界最大規模の海上法執行機関であるとされるほか、保有船舶の中には世界最大級の1万トン級の巡視船が2隻含まれるとみられる。また、砲のようなものを搭載した船舶も確認されている。また、新型船舶は旧型船舶と比較して大幅に大型化・高性能化しており、その大半がヘリコプター設備や大容量放水銃、20mm～76mm砲などを備えており、長期間の運用に耐えることができ、より遠洋での活動が可能であると指摘されている[24]。

さらに、軍と海警の連携強化も確認されている。中国国務院公安部の指導のもとで海上における監視活動などを実施してきた「中国海警局」は2018年7月、武警隷下に「武警海警総隊」として移管され、中央軍事委員会による一元的な指導及び指揮を受ける武警のもとで運用されている。移管後、海軍出身者が海警トップをはじめとする海警部隊の主要ポストに補職されたとされるなど、軍・海警の連携強化は組織・人事面からも窺われる。また、海軍の退役駆逐艦・フリゲートが海警に引き渡されているとされるなど、軍は装備面からも海警を支援しているとみられる。さらに、軍・海警が共同訓練を行っている旨も指摘されている。海警を含む武警と軍のこうした連携強化は、統合作戦運用能力の着実な強化を企図するものと考えられる。

こうした中、2020年6月には「中華人民共和国人民武装警察法(武警法)」が改正され、武警の任務に「海上権益擁護・法執行」を追加するとともに、武警は、党中央、中央軍事委員会が集中・統一的に指導することが明記された。同法改正では、「海上権益擁護・法執行」任務の遂行については、法律により別途規定するとされていたところ、2021年1月、海警の職責や武器使用を含む権限を規定した「中華人民共和国海警法」(海警法)が新たに成立し、同年2月から施行された。中国外交部報道官は、海警法の制定は中国全人代の通常の立法活動であり、中国の海洋政策は変わっていないと説明しているが、一方で、海警法には、曖昧な適用海域や武器使用権限など、国際法との整合性の観点から問題がある規定が含まれているとみられる。海警法によって、わが国を含む関係国の正当な権益を損なうことがあってはならず、また、東シナ海などの海域において緊張を高めることになることは全く受け入れられない。また、米国や一部の周辺国は同法に関する懸念を表明している。各国の中国に対する懸念を払拭するためにも、中国には、今後、具体的かつ正確な対外説明などを通じて透明性を高めていくことが強く望まれる。

さらに、軍以外の武装力の一つである民兵の中でも、いわゆる海上民兵が中国の海洋権益擁護のための尖兵的役割を果たしているとの指摘がある。海上民兵については、南シナ海での活動などが指摘され、漁民や離島住民

空母「福建」

【諸元・性能】
満載排水量:80,000トン以上
速力:30ノット(時速約56km)
搭載機数:J-15戦闘機やKJ-600早期警戒機など60～70機

【概説】
中国2隻目の国産空母。電磁式カタパルトを採用。2022年6月、上海にて進水。(一般報道などの指摘)

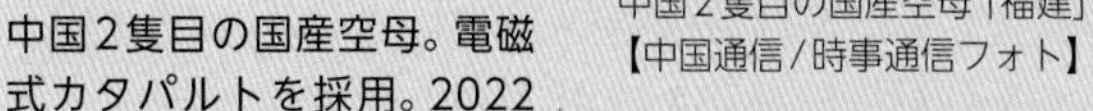

2022年6月、上海にて進水した中国2隻目の国産空母「福建」【中国通信/時事通信フォト】

22 米国防省「中華人民共和国の軍事及び安全保障の進展に関する年次報告」(2022年)による。
23 海上保安庁「海上保安レポート2023」による。
24 米国防省「中華人民共和国の軍事及び安全保障の進展に関する年次報告」(2022年)による。

図表Ⅰ-3-2-5　海警の武警への編入

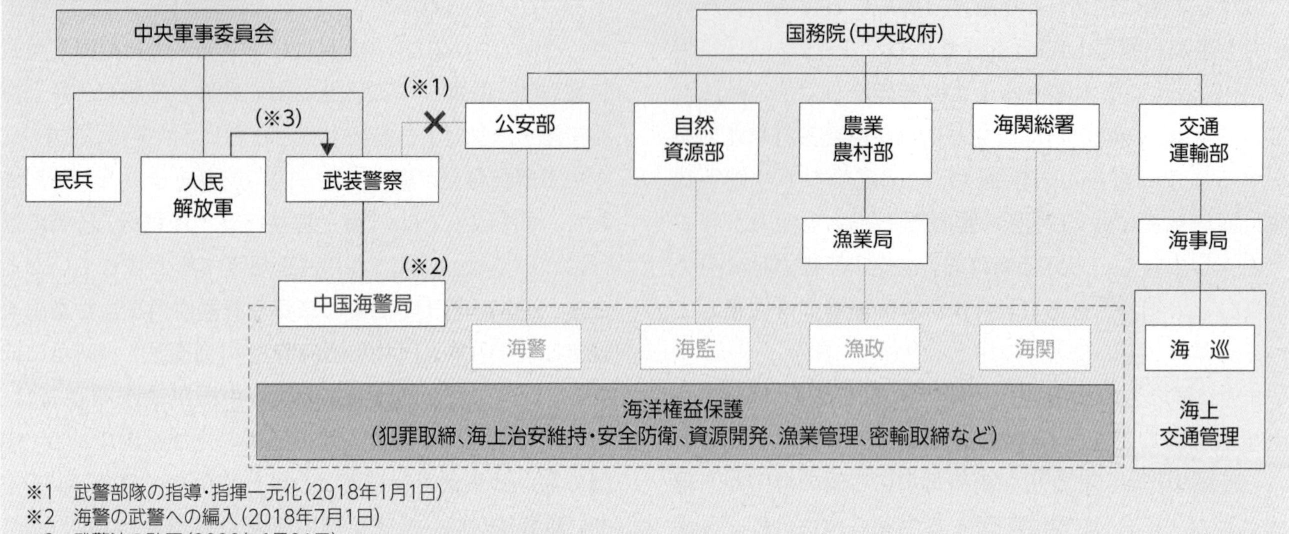

図表Ⅰ-3-2-6　中国海警船の勢力増強

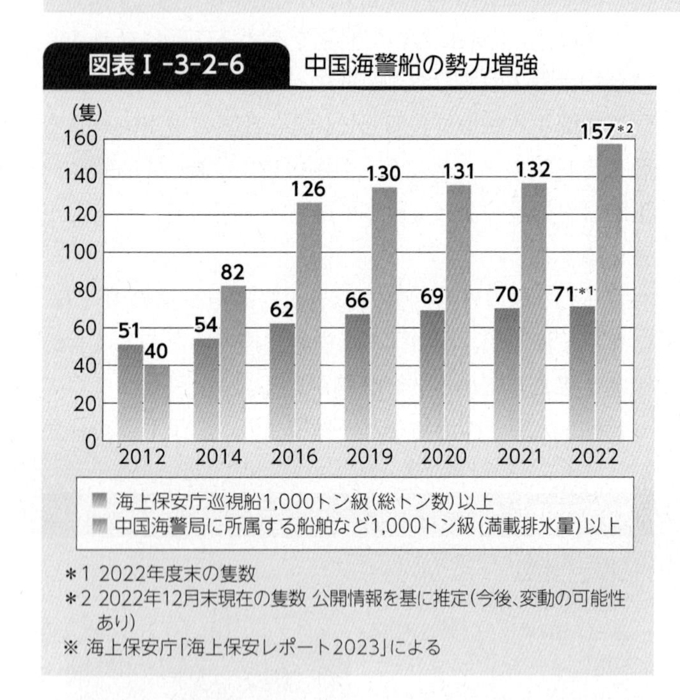

などにより組織されているとされている[25]。

海上において中国の「軍・警・民の全体的な力を十全に発揮」する必要性が強調されていることも踏まえ、こうした非対称的戦力にも注目する必要がある。

参照　図表Ⅰ-3-2-5(海警の武警への編入)、図表Ⅰ-3-2-6(中国海警船の勢力増強)

(5) 航空戦力

航空戦力は、主に海軍航空部隊及び空軍から構成される。第4世代の近代的戦闘機としては、ロシアからSu-27戦闘機、Su-30戦闘機及び最新型の第4世代戦闘機とされるSu-35戦闘機の導入などを行っている。また、国産の近代的戦闘機の開発も進めている。Su-27戦闘機を模倣したとされるJ-11B戦闘機やSu-30戦闘機を模倣したとされるJ-16戦闘機、国産のJ-10戦闘機を量産している。空母「遼寧」にも搭載されているJ-15艦載機は、ロシアのSu-33艦載機を模倣したとされる。さらに、第5世代戦闘機とされる**J-20戦闘機**の作戦部隊への配備を進めるとともに、J-31(J-35)戦闘機の開発も行っている。なお、J-31(J-35)戦闘機は、J-15艦載機の後継機の開発ベースとなる可能性も指摘されている。

爆撃機の近代化も継続しており、中国空軍は、核弾頭対応とされる長射程の対地巡航ミサイルを搭載可能とされる**H-6爆撃機**の保有数を増加させている。さらに、爆

25　このほか、海上民兵は、企業や個人の漁師から漁船を頻繁に借用する一方で、南シナ海において海上民兵のために国有の漁船団を設立しているとの指摘がある。南シナ海に隣接する海南省政府は、南沙諸島における活動を強化するため十分な資金援助を行いつつ、強力な船体と弾薬庫を備えた84隻の大型民兵漁船の建造を命じ、民兵がこれらの船舶などを2016年末までに受領するとともに、この海上の部隊は、退役軍人から採用されており、職業軍人並みの部隊であり、商業的な漁業活動とは別途に給料が支払われているとの指摘がなされている。

中国国際航空宇宙博覧会で初展示された偵察／攻撃型無人機WL-3
（2022年11月）【時事】

撃機の長距離運用能力の向上を図っており、空中給油により長距離飛行が可能なH-6N爆撃機の運用を開始したとされるほか、H-20とも呼称される新型の長距離ステルス爆撃機を開発中とされており、こうした爆撃機に搭載可能な核兵器対応の空中発射型弾道ミサイルの開発も指摘されている。また、ステルス戦闘爆撃機の開発も指摘されている。

このほか、H-6U及びIL-78M空中給油機やKJ-500及びKJ-2000早期警戒管制機などの導入により、近代的な航空戦力の運用に必要な能力を向上させる努力も継続している。また、2016年7月以降、独自開発したY-20大型輸送機の配備を進めているが、同輸送機をベースにした空中給油機であるY-20Uも2021年6月以降配備されている。

さらに、偵察などを目的に高高度において長時間滞空可能な機体（HALE［High Altitude Long Endurance］）や、ミサイルなどを搭載可能な機体を含む多種多様な無人航空機（UAV［Unmanned Aerial Vehicle］）の自国開発も急速に進めており、その一部については配備や積極的な輸出も行っている。実際に、空軍には攻撃を任務とする無人機部隊の創設が指摘されているほか、周辺海空域などで偵察などの目的のためにUAVを頻繁に投入している。なお、2022年11月の「中国国際航空宇宙博覧会」では、有人戦闘機を支援する形での運用が指摘されるFH-97Aや、1万キロメートルを超える航続距離を持つとされる偵察／攻撃型無人機WL-3などの無人機が初展示された。また、中国国内では低コストの小型UAVを多数使用して運用する「スウォーム（群れ）」技術の向上も指摘されている。

このような航空戦力の近代化状況などから、中国は、国土の防空能力の向上に加えて、より遠方での戦闘及び陸上・海上戦力の支援が可能な能力の向上を着実に進めていると考えられる。

参照　図表I-3-2-7（中国の主な海上・航空戦力）

(6) 宇宙・サイバー・電磁波の領域に関する能力

軍事分野での情報収集、指揮通信などは、近年、人工衛星やコンピュータ・ネットワークへの依存を高めている。そのような中、中国は、「宇宙空間及びネットワーク空間は各方面の戦略的競争の新たな要害の高地（攻略ポイント）」であると表明し、紛争時に自身の情報システムやネットワークなどを防護する一方、敵の情報システムやネットワークなどを無力化し、情報優勢を獲得することが重要であると認識しているとみられる。実際に、2015年末に設立された戦略支援部隊は、全軍に対する情報面での支援を目的として宇宙・サイバー・電子戦に関する任務を担当しているとみられる。

宇宙領域について、中国は、軍事目的での宇宙利用を積極的に行っていることが指摘されており、中国の宇宙利用にかかわる行政組織や国有企業が軍と密接な協力関係にあると指摘されていることなども踏まえれば、中国は宇宙における軍事作戦遂行能力の向上も企図している

J-20戦闘機

【諸元・性能】
最大速度：時速3,063km

【概説】
ステルス性を有する第5世代戦闘機。2018年2月、作戦部隊へのJ-20の引き渡しが開始された旨、中国国防部が発表。

J-20戦闘機
【Imaginechina/時事通信フォト】

H-6爆撃機

【諸元・性能】
最大速度：時速1,015km
主要兵装（H-6K）：空対地巡航ミサイル（最大射程1,500km超）

H-6爆撃機

【概説】
国産爆撃機。H-6爆撃機は、核弾頭を搭載できる巡航ミサイル（CJ-20）を搭載することが可能。

図表Ⅰ-3-2-7 中国の主な海上・航空戦力

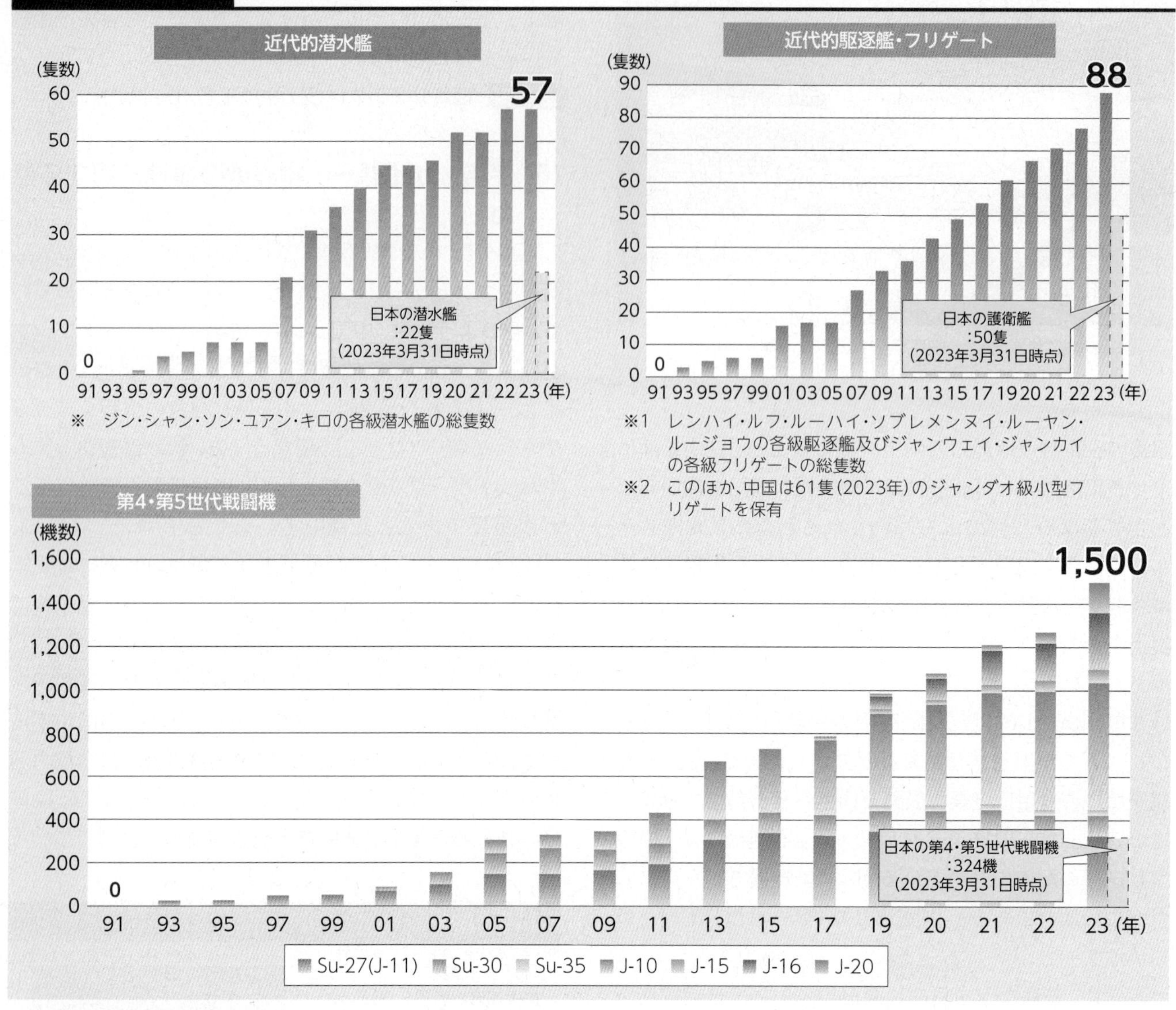

と考えられる[26]。中国の宇宙プログラムは、世界で最も短期間で発達したとされる。具体的には、近年、軍事目的にも利用しうる人工衛星の数を急速に増加させており、例えば、中国版GPSとも呼ばれ、弾道ミサイルといった誘導機能を有する兵器システムへの利用などが指摘されるグローバル衛星測位システム「北斗」は、2018年末に全世界での運用が開始され、2020年6月に本システムを構成する全衛星の打ち上げが完了したとされる。

サイバー領域について、現在の中国の主要な軍事訓練には、指揮システムの攻撃・防御両面を含むサイバー作戦などの要素が必ず含まれているとの指摘がある。また、敵のネットワークに対するサイバー攻撃は、中国の「A2/AD」能力を強化するものであると考えられる。なお、中国の武装力の一つである民兵の中には、サイバー領域における能力に秀でた「サイバー民兵」も存在すると指摘されている。

さらに電磁波領域について、わが国周辺にたびたび飛来しているY-8電子戦機のみならず、J-15艦載機やJ-16戦闘機、H-6爆撃機の中にも、電子戦ポッドを備え、電子戦能力を有するとみられるものの存在が指摘されている。

(7) 中国が進める軍事の「智能化」

中国が提唱する「智能化戦争」は「IoT情報システム

26 米国家情報長官「世界脅威評価書」(2019年)による。

に基づき、智能化された武器・装備とそれに応じた作戦方法を用いて、陸、海、空、宇宙、電磁、サイバー及び認知領域において展開する一体化した戦争」といわれており、「認知領域」も将来の戦闘様相において重要なものと認識されているとみられる。

また、「智能化戦争」に関し、中国軍は、

- 新技術によって将来戦闘の速度とテンポが上昇し、また、戦場での不確実性を低減して情報処理の速度と質を向上させ、潜在的な敵に対する意思決定の優位性を提供するためには、AIの運用化が必要であると認識していること
- 智能化されたスウォームによる消耗戦など、智能化された戦争のための次世代の作戦構想を模索していること
- 無人システムを重要な智能化技術と考えており、スウォーム攻撃、最適化された兵站支援、分散された情報収集・警戒監視・偵察（ISR: Intelligence, Surveillance and Reconnaissance）活動などを可能にするために、無人の陸・海・空のアセットの自律性を高めることを追求していること

などが指摘されている[27]。

(8) 総合作戦遂行能力構築に向けた動き

中国は、近年、前線から後方に至る分野において統合作戦遂行能力を向上させる取組を進めている。中国共産党が最高戦略レベルにおける意思決定を行うための「中央軍事委員会統合作戦指揮センター」は、この一環として設立されたと考えられる。また、2016年2月に新編された5つの戦区には、常設の統合作戦司令部があるとされる。さらに、2022年10月には、東部戦区司令員を務め統合部隊の指揮官経験を有する何衛東（か・えいとう）陸軍上将が中央軍事委員会副主席に就任するなど、人事面においても統合に向けた動きが注目される。同時に中国は、近年、実戦を強く意識した軍種統合演習など統合作戦遂行能力を向上させるための訓練も実施しているが、こうした動きは、前述の組織改革などによる統合作戦遂行能力向上の取組の実効性を確保することなどを目的としているものと考えられる。

習総書記は、2022年10月の第20回党大会における報告において、統合作戦指揮系統を最適化するとともに、実戦化訓練を踏み込んで推進し、統合訓練などを深化させる旨を述べている。こうしたことからも、前述の統合に向けた動きは今後とも進展していくと考えられる。

6　海空域における活動

(1) 全般

近年、中国は、いわゆる第一列島線を越えて第二列島線を含む海域への戦力投射を可能とする能力をはじめ、より遠方の海空域における作戦遂行能力の構築を目指していると考えられる。その一環として、海上・航空戦力による海空域における活動を急速に拡大・活発化させている。特に、わが国周辺海空域においては、訓練や情報収集を行っていると考えられる海軍艦艇や海・空軍機、太平洋やインド洋などの遠方へと進出する海軍艦艇、海洋権益の保護などを名目に活動する中国海警局所属の船舶が多数確認されている。このような活動には、中国海警船によるわが国領海への断続的侵入のほか、自衛隊艦艇・航空機への火器管制レーダーの照射[28]や戦闘機による自衛隊機・米軍機への異常接近、「東シナ海防空識別区」の設定といった上空における飛行の自由を妨げるような動きを含め、不測の事態を招きかねない危険な行為を伴うものもみられ、強く懸念される状況となっており、また、極めて遺憾である。さらに、過去にわが国領空内で確認されていた特定の気球型の飛行物体について、中国が飛行させた無人偵察用気球と強く推定されている。また、南シナ海においては、軍事拠点化を進めるとともに、同地域における海空域での活動も拡大・活発化させており、力による一方的な現状変更の既成事実化を推し進めている。中国には、法の支配の原則に基づき行動し、地域や国際社会においてより協調的な形で積極的な役割を果たすことが強く期待される。

(2) わが国周辺海空域における軍の動向

近年、尖閣諸島に関する独自の主張に基づくとみられる活動をはじめ、中国海上・航空戦力は、尖閣諸島周辺

27　米国防省「中華人民共和国の軍事及び安全保障の進展に関する年次報告」（2022年）による。
28　2013年1月には、東シナ海の公海上で、中国海軍艦艇が海自護衛艦に対して火器管制レーダーを照射した事案（30日）及び中国海軍艦艇が海自護衛艦搭載ヘリコプターに対して同レーダーを照射したと疑われる事案（19日）が発生している。火器管制レーダーの照射は、基本的に、火器の使用に先立って実施する行為であり、これを相手に照射することは不測の事態を招きかねない危険な行為である。

を含むわが国周辺海空域における活動を拡大・活発化させており、行動を一方的にエスカレートさせる事案もみられるなど、強く懸念される状況となっている。空自による中国機に対する緊急発進の回数は、平成28（2016）年度には851回と過去最多を更新し、以降も引き続き高水準にある。また、インド洋などの遠方へと進出する海軍艦艇によるわが国近海の航行や、太平洋、日本海などへの進出を伴う海上・航空戦力の訓練とみられる活動を継続的に行ってきている。

また、近年中国軍の活動内容は質的な向上をみせている。実戦的な統合作戦遂行能力の向上の動きもみられており、わが国周辺海空域における軍の動向については、引き続き重大な関心をもって注視する必要がある。

ア 東シナ海（尖閣諸島周辺を含む）での活動

東シナ海においては、中国海軍艦艇が継続的かつ活発に活動している。中国側は尖閣諸島に関する独自の立場に言及したうえで、管轄海域における海軍艦艇によるパトロールの実施は正当かつ合法的であるとしており、中国海軍艦艇はわが国尖閣諸島に近い海域で恒常的に活動している。また2016年6月には、ジャンカイI級フリゲート1隻が海軍戦闘艦艇としては初めて尖閣諸島周辺の接続水域に入域した。2018年1月には、潜水航行していたシャン級潜水艦及びジャンカイII級フリゲートそれぞれ1隻が同日に尖閣諸島周辺の接続水域内に入域した。潜水艦による同接続水域内の潜水航行は、この時初めて確認・公表された。また、2020年6月及び2021年9月には、奄美大島周辺の接続水域において中国国籍と推定される潜水艦の潜水航行が確認されている。

さらに、近年、海軍情報収集艦の活動も複数確認されている。2015年11月、尖閣諸島南方の接続水域の外側の海域でドンディアオ級情報収集艦1隻が往復航行を実施した。また、2016年6月には、同型情報収集艦1隻が、口永良部（くちのえらぶじま）島及び屋久島付近のわが国領海内を航行した後、北大東島北方の接続水域内を航行し、その後、尖閣諸島南方の接続水域の外側を東西に往復航行した。

2022年7月には、ジャンウェイII級フリゲート1隻が魚釣島南西の接続水域に入域した。また、2021年11月、2022年4月、7月、9月、11月及び12月並びに2023年2月に中国海軍シュパン級測量艦1隻が、口永良部島、口之島及び屋久島付近のわが国領海内を航行した。

中国軍航空戦力も、平素から、尖閣諸島に近い空域も含め、東シナ海で活発に活動を行っている。その中には、警戒監視や空中警戒待機（CAP：Combat Air Patrol）、訓練が含まれていると考えられる。近年、中国軍航空戦力は、沖縄本島をはじめとするわが国南西諸島により近接した空域において活発に活動するようになっている。この活動は、「東シナ海防空識別区」の運用を企図してのものである可能性がある。また、近年は、無人機の活動も活発化しており、2022年7月、8月及び2023年1月に偵察／攻撃型無人機TB-001、偵察型無人機BZK-005及び偵察型無人機WZ-7といった無人機が単独で沖縄本島・宮古島間を通過したことや、2022年11月に推定中国無人機1機が、東シナ海から飛来し、尖閣諸島北方において一時南進した後、大陸方面へ飛行したことなどが確認されている。

イ 太平洋への進出

中国海軍の戦闘艦艇部隊によるわが国近海を航行しての太平洋への進出及び帰投は、高い頻度で継続している。進出経路については、沖縄本島・宮古島間の海域のほか、大隅海峡や、与那国島と西表島近傍の仲ノ神島の間の海域、奄美大島と横当（よこあてじま）島の間の海域、津軽海峡や宗谷海峡を中国海軍艦艇が通過する事例が確認されている。このような活動を通じ、中国はわが国近海の航行を伴う太平洋への進出行動の常態化を企図しつつ、外洋へのアクセス能力の向上、ひいては外洋での作戦遂行能力の向上も目指しているものと考えられる。2016年12月には、複数の艦艇とともに空母「遼寧」が東シナ海を航行し、沖縄本島・宮古島間の海域を通過して初めて太平洋へ進出した。その後、2018年4月、2019年6月、2020年4月、2021年4月及び12月並びに2022年5月及び12月にも空母「遼寧」は他の艦艇と共に太平洋へ進出した。太平洋への進出に際して、南シナ海からバシー海峡を通過する事例や、東シナ海から沖縄本島と宮古島の海域を通過する事例が確認されている。また、空母「遼寧」を含む艦隊のこれらの航行の際には、太平洋上における艦載戦闘機などの発着艦が頻繁に確認されている。また、2023年4月には、空母「山東」の太平洋での活動が初めて確認され、艦載戦闘機などの発着艦も確認された。

これらの活動は、空母をはじめとする海上戦力の能力向上や、より遠方への戦力投射能力の向上を示すものとして注目される。

航空戦力については、2013年7月に海軍航空部隊のY-8早期警戒機1機が沖縄本島・宮古島間を通過して太平洋に進出したことが初めて確認され、2015年には、空軍の太平洋進出も確認された。2017年以降、同空域の通過を伴う太平洋進出は一層活発になっており、同空域を通過する軍用機の種類も年々多様化の傾向にある。2016年までにはH-6K爆撃機やSu-30戦闘機、2017年7月にはY-8電子戦機が確認された。また、ミサイル形状の物体を搭載していた爆撃機も確認されている。こうした爆撃機の飛行に関連して、米国防省は、中国軍が米国及び同盟国を目標とした訓練などを実施しているとみられると指摘している[29]。さらに、飛行形態も変化してきている。沖縄本島・宮古島間を経由し東シナ海から太平洋へ進出した後に再び同じルートで引き返す飛行やバシー海峡方面から太平洋へ進出した後に再び同じルートで引き返す飛行に加え、2016年11月以降、H-6K爆撃機などによる台湾を周回するような飛行が確認されている。2017年8月には、H-6K爆撃機が沖縄本島・宮古島間を通過して太平洋に進出した後、紀伊半島沖まで進出する飛行が初めて確認された。このように、太平洋への進出を伴う爆撃機などによる長距離飛行の高い頻度での実施や、飛行経路及び部隊構成の高度化などを通じ、航空戦力は、わが国周辺などでのプレゼンス誇示や、実戦的な作戦遂行能力のさらなる向上を企図しているとみられる。

また、太平洋進出を伴う空対艦攻撃訓練と思われる活動など、海上・航空戦力による遠方における協同作戦遂行能力の向上を企図したと考えられる活動も近年みられている。太平洋における中国の海上・航空戦力による活動は今後一層の拡大・活発化が見込まれる。

ウ　日本海での活動

日本海での活動については、従来から訓練などの機会に活動していた海上戦力に加え、近年では、航空戦力の活動も活発化している。2016年8月に中国海軍艦隊による日本海での「対抗訓練」の実施が発表され、その際、対馬海峡を通過して初めて日本海に進出したH-6爆撃機2機を含む計3機がこの訓練に参加したと考えられる。

2017年12月には、中国空軍機（H-6K爆撃機）が対馬海峡を通過して日本海へ進出した。その際、中国軍戦闘機（Su-30戦闘機）の日本海進出も初めて確認された。また、2018年2月には、Y-9情報収集機が日本海に進出したが、対馬海峡の西水道（長崎県対馬と朝鮮半島の間の海峡）の通過飛行はこの際に初めて確認されている。2019年から2022年にかけてロシアとの爆撃機による共同飛行を5度実施しているが、いずれも日本海を飛行しているほか、中国機がロシア領空を通過して直接日本海に進出する例もみられる。また、海上戦力については、最近、情報収集艦による対馬海峡の通過が頻繁に確認されている。

中国海上・航空戦力は、2018年以降、対馬海峡の通過を伴う日本海での活動を一層活発化させている。日本海における中国軍の活動は、今後とも拡大・活発化すると考えられる。

(3) 尖閣諸島などにおける中国海警船をはじめとする船舶・航空機の活動

わが国固有の領土である尖閣諸島周辺においては、中国海警船がほぼ毎日接続水域において確認され、わが国領海への侵入を繰り返している。尖閣諸島周辺のわが国領海で独自の主張をする中国海警船の活動は、そもそも国際法違反であり、厳重な抗議と退去要求を繰り返し実施してきている。しかしながら、わが国の強い抗議にもかかわらず、令和4（2022）年度においても依然として中国海警船が領海侵入を繰り返しており、2022年も毎月、中国海警船がわが国領海に侵入した。また、日本漁船が尖閣諸島周辺の領海を航行していた際には、中国海警船が日本漁船へ近付こうとする事案が発生した。2023年3月末から4月初めにかけて、過去最長となる80時間以上にわたって中国海警船が尖閣諸島周辺の領海に侵入している。

過去の経緯として、「海監」に所属する中国船舶は2008年12月、わが国領海に初めて侵入し、徘徊（はいかい）・漂泊といった国際法上認められない活動を行った。その後も、「海監」及び「漁政」に所属する船舶は、徐々に当該領海における活動を活発化させてきた。2012年9月のわが国政府による尖閣三島（魚釣島、北小島及び南小島）の所有権の取得・保有以降、このような活動は著しく活発化した。また、領海侵入の際の隻数は、2016年8月までは2～3隻程度であったが、それ以降は4隻で領海侵入することが多くなっている。

近年、中国海警船によるわが国領海への侵入を企図した運用態勢の強化は、着実に進んでいると考えられる。2015年12月以降、砲のようなものを搭載した船舶がわが国領海に繰り返し侵入するようになっている。

29　米国防省「中華人民共和国の軍事及び安全保障の進展に関する年次報告」（2018年）による。

中国海警船の運用能力の向上を示す事例も確認されている。2021年2月から7月にかけて、中国海警船が尖閣諸島周辺の接続水域において157日間連続で確認され、過去最長となった。また、2022年に尖閣諸島周辺の接続水域で確認された中国海警船の活動については、活動日数が過去最多の336日に達し、活動船舶数も延べ1,201隻となり2021年に引き続き高い水準となった。

さらに、中国が必要に応じ、多数の中国海警船などを尖閣諸島周辺海域に同時に投入する能力を有していると考えられる事案も発生した。2016年8月上旬、約200〜300隻の中国漁船が尖閣諸島周辺の接続水域に進出したが、この際、最大15隻もの中国海警船などが同時に接続水域内で確認され、さらに、5日間にわたり多数の中国海警船など及び漁船が領海侵入を繰り返す事案が発生した。

尖閣諸島周辺のわが国領空及び周辺空域においては、2012年12月に、国家海洋局所属の固定翼機が中国機として初めて当該領空を侵犯する事案が発生し、その後も2014年3月までの間、同局所属の航空機の当該領空への接近飛行がたびたび確認された。2017年5月には、尖閣諸島周辺のわが国領海侵入中の中国海警船の上空において小型無人機らしき物体が飛行していることが確認された。このような小型無人機らしき物体の飛行も領空侵犯に当たるものである。

このように中国は、尖閣諸島周辺において力による一方的な現状変更の試みを執拗に継続しており、強く懸念される状況となっている。事態をエスカレートさせる中国の行動は、わが国として全く容認できるものではない。

参照　図表Ⅰ-3-2-8（わが国周辺海空域における最近の中国軍の主な活動（イメージ））、図表Ⅰ-3-2-9（中国戦闘艦艇の南西諸島及び宗谷・津軽海峡周辺での活動公表回数）、図表Ⅰ-3-2-10（中国軍機の沖縄本島・宮古島間の通過公表回数）、図表Ⅰ-3-2-11（中国戦闘艦艇の対馬海峡通過公表回数）、図表Ⅰ-3-2-12（中国軍機の対馬海峡通過公表回数）、図表Ⅰ-3-2-13（中国機に対する緊急発進回数の推移）、図表Ⅰ-3-2-14（中国海警局に所属する船舶などの尖閣諸島周辺における活動状況）

図表Ⅰ-3-2-8　わが国周辺海空域における最近の中国軍の主な活動（イメージ）

図表Ⅰ-3-2-9 中国戦闘艦艇の南西諸島及び宗谷・津軽海峡周辺での活動公表回数

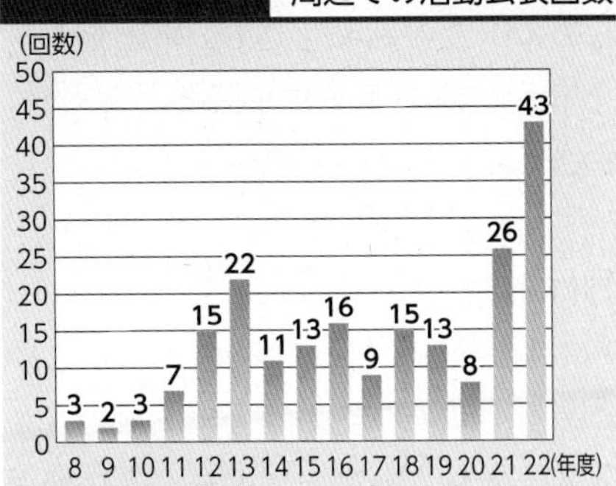

図表Ⅰ-3-2-10 中国軍機の沖縄本島・宮古島間の通過公表回数

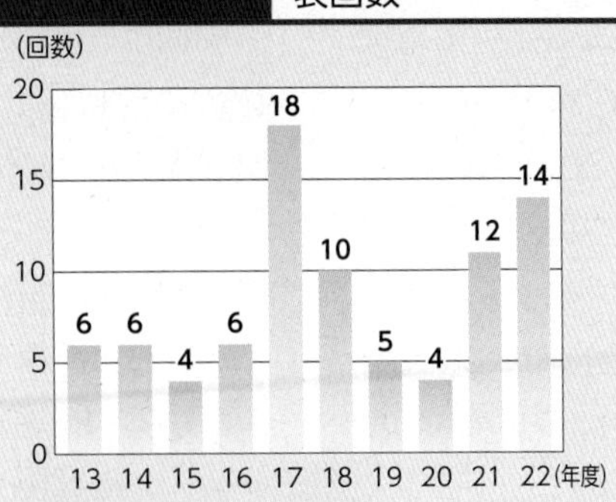

図表Ⅰ-3-2-11 中国戦闘艦艇の対馬海峡通過公表回数

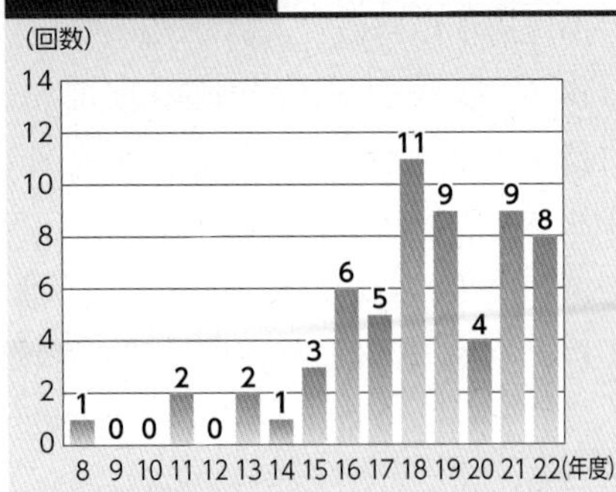

図表Ⅰ-3-2-12 中国軍機の対馬海峡通過公表回数

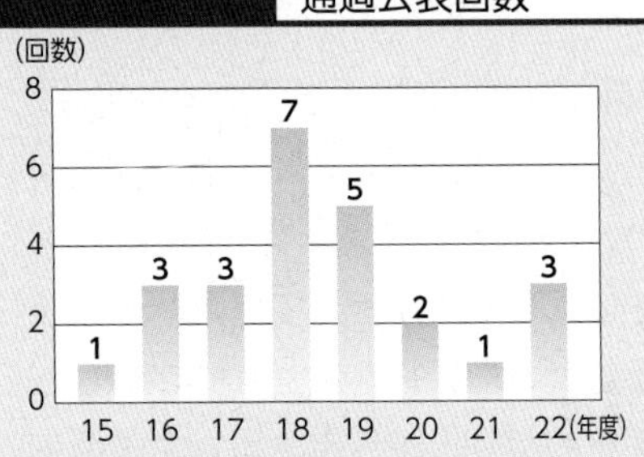

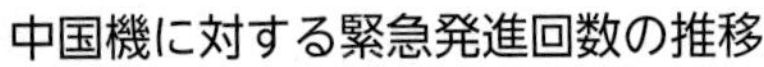
図表Ⅰ-3-2-13 中国機に対する緊急発進回数の推移

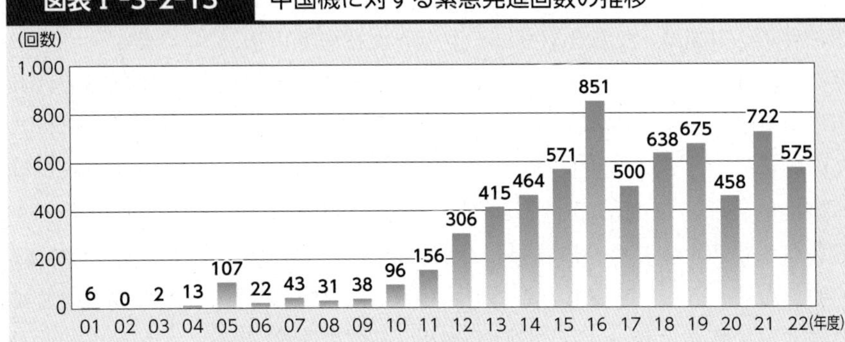

図表Ⅰ-3-2-14 中国海警局に所属する船舶などの尖閣諸島周辺における活動状況

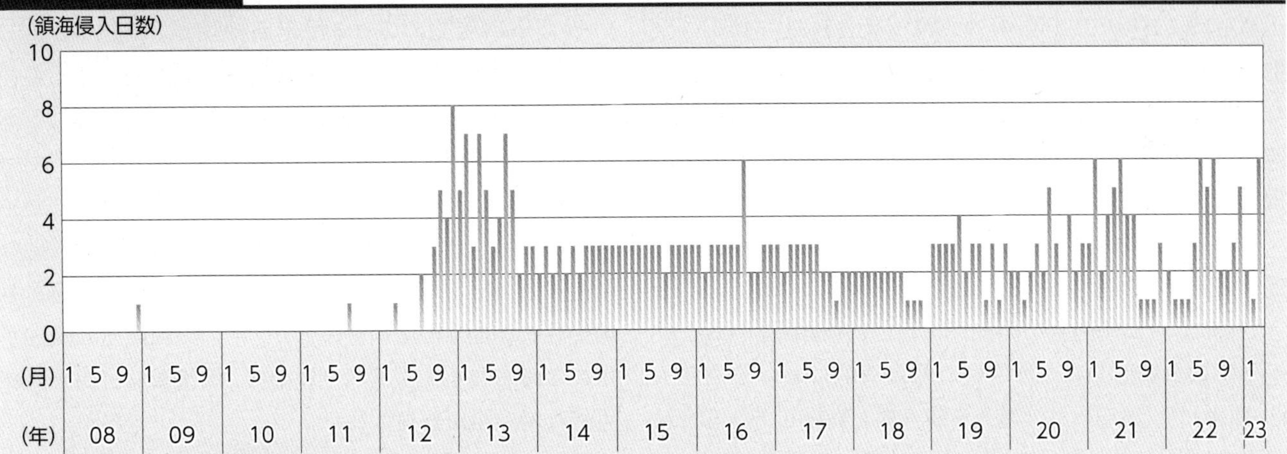

接続水域における確認状況

年	確認日数(日)	延べ確認隻数(隻)
2012	79	407
2013	232	819
2014	243	729
2015	240	709
2016	211	752
2017	171	696
2018	159	615
2019	282	1,097
2020	333	1,161
2021	332	1,222
2022	336	1,201
2023	87	318

※　2012年は9月以降、2023年は3月末時点

(4) 台湾周辺における動向

中国は、台湾周辺での軍事活動を活発化させている。台湾国防部の発表によれば、2020年9月以降、中国軍機による台湾周辺空域への進入が増加しており、2021年には延べ970機以上が同空域に進入し、2022年には前年を大きく上回る延べ1,700機以上の航空機が台湾周辺空域に進入した。また、同空域への進入アセットについては、従来の戦闘機や爆撃機に加え、2021年以降、攻撃ヘリ、空中給油機、UAVなどが確認されたと発表されている。

2022年8月2日、ペロシ米下院議長（当時）の台湾訪問に伴い、中国は、台湾を取り囲む6つの演習海域の設定を公表するとともに、台湾周辺において「一連の統合軍事行動」を実施すると発表した。同月4日、中国は、9発の弾道ミサイルの発射を行い、このうち5発はわが国の排他的経済水域（EEZ: Exclusive Economic Zone）内に着弾し、別の1発は与那国島から約80kmの地点に着弾したが、この1発はわが国領土の最も近くに着弾したものであった。このことは、地域住民に脅威と受け止められた。また、一部のミサイルは台湾上空を通過した。それ以降も、中国軍は台湾周辺海空域において約1週間にわたり、統合封鎖、対海上・地上攻撃、制空作戦、空中偵察、対潜戦などの演目を含む大規模な軍事演習を継続した。この軍事演習では、戦時における台湾の封鎖、対地・対艦攻撃、制海権・制空権の獲得及びサイバー攻撃や「認知戦」などのグレーゾーン事態に関する作戦といった、対台湾侵攻作戦の一部が演練された可能性があると考えられる。

さらに、台湾国防部の発表によれば、中国軍はペロシ米下院議長訪台以降、軍用機の台湾海峡における中台「中間線」[30]以東空域への進入を繰り返し実施しているとされる。

また、2023年には、蔡英文（さいえいぶん）総統が中米訪問の経由地として米国に立ち寄り、現地時間4月5日にマッカーシー米下院議長と会談したことを受け、中国は、4月8日から10日までの間、台湾周辺の海空域において、空母「山東」を含む多数の艦艇や航空機を参加させ、大規模な軍事演習を実施した。中国は、この軍事演習では、台湾及び周辺の海域への重要目標に対する模擬統合精密攻撃や、複数の軍種による統合封鎖などを演練したと発表しており、2022年8月の演習に引き続き、対台湾侵攻作戦の一部が演練された可能性があると考えられる。

中国は、台湾周辺での一連の活動を通じ、中国軍が常態的に活動している状況の既成事実化を図るとともに、実戦能力の向上を企図しているとみられる。

(5) 南シナ海における動向

中国は、東南アジア諸国連合（ASEAN: Association of Southeast Asian Nations）諸国などと領有権について争いのある南沙（スプラトリー）・西沙（パラセル）諸島などを含む南シナ海においても、既存の海洋法秩序と相いれない主張に基づき活動を活発化させている。

中国は2014年以降、南沙諸島にある7つの地形（ファイアリークロス礁・ミスチーフ礁・スビ礁及びクアテロン礁・ガベン礁・ヒューズ礁・ジョンソン南礁）において、大規模かつ急速な埋立てを強行してきた。2016年7月には比中仲裁判断において、中国が主張する「九段線」の根拠としての「歴史的権利」が否定され、中国の埋立てなどの活動の違法性が認定された。しかし、中国はこの判断に従う意思のないことを明確にしており、砲台といった軍事施設のほか、滑走路や港湾、格納庫、レーダー施設などをはじめとする軍事目的に利用しうる各種インフラ整備を推進しつつ、軍事活動を継続するなど同地形の軍事拠点化を推し進めている。

南沙諸島のうち、ビッグ・スリーとも称されるファイアリークロス礁、スビ礁及びミスチーフ礁は、対空砲などを設置可能な砲台やミサイルシェルター、弾薬庫とも指摘される地下貯蔵施設のほか、水上戦闘艦艇の入港が可能とみられる大型港湾や戦闘機、爆撃機などが離発着可能な滑走路が整備された。

ファイアリークロス礁においては、2016年4月に南シナ海哨戒任務中の海軍哨戒機が急患輸送を名目に着陸し、スビ礁及びミスチーフ礁においても、同年7月、大型機の離着陸が可能な滑走路において、航空機による試験飛行が強行されている。2018年1月にはミスチーフ礁上にY-7輸送機が、同年4月にはスビ礁上にY-8特殊任務機が、2020年12月にはファイアリークロス礁上にY-20輸送機が、2021年6月にはファイアリークロス礁上でKJ-500早期警戒管制機がそれぞれ確認されたと報じら

30 1950年代に米国が設定したとされる台湾海峡上の線。台湾側は座標を公表するなど「中間線」の存在を主張する一方、中国側は「台湾は中国の不可分の一部であり、いわゆる『中間線』は存在しない」との立場を主張しているが、これまでは「中間線」を越える軍用機の飛行はほとんどみられなかった。

解説　台湾をめぐる中国の軍事動向

2022年8月2日夜、アジア各国を歴訪していたペロシ米下院議長（当時）が、現役の下院議長としてはおよそ25年ぶりに台湾を訪問しました。中国は同日、台湾周辺の海・空域において一連の統合軍事行動を開始する旨を発表し、台湾に近接し、かつ包囲するような形の訓練エリアの設定を公表しました。

中国軍東部戦区は、8月2日夜以降、台湾周辺の海・空域において、全ての軍種を動員した実戦化統合訓練を実施し、また、8月10日までの演習期間中に、統合封鎖、対海上・地上攻撃、制空作戦、空中偵察、対潜戦などを演練したと発表しました。この間、台湾国防部は、台湾周辺において多数の中国の艦艇及び航空機の活動があり、台湾本島や台湾の水上艦艇への模擬攻撃訓練を行っていたと公表しています。8月4日、中国は事前に設定した訓練エリアに対し、計9発の弾道ミサイルを発射し、このうち計5発のミサイルがわが国の排他的経済水域内に、また、最も近いものは与那国島から約80kmの地点に着弾しました。このことは、わが国の安全保障及び国民の安全にかかわる重大な問題であり、また、地域住民にも脅威と受け止められました。さらに、台湾当局の発表によれば、同演習期間中には、金門島や馬祖列島といった中国大陸に近い離島に対するドローンの飛行、台湾当局のウェブサイトや公共施設などに対するサイバー攻撃、台湾住民の不安喚起や台湾当局の権威失墜を企図したとみられる偽情報の流布といった「認知戦」も実施されていたとしています。

わが国周辺においても、8月4日、中国の無人機2機が沖縄本島と宮古島との間を通過し、台湾に近い太平洋上で活動したことが確認されるとともに、東シナ海から飛来した推定中国の無人機1機が台湾北東の洋上で活動したことが確認されており、この軍事演習と関連していた可能性が考えられます。

これら一連の状況から、この軍事演習では、戦時における台湾の封鎖や対地・対艦攻撃、制海権・制空権の獲得、サイバー攻撃や「認知戦」などのグレーゾーン事態といった、対台湾侵攻作戦の一部が演練された可能性があると考えられます。

中国軍は、この軍事演習の終了後も、台湾周辺での軍事活動を活発化させています。台湾国防部は、2022年の中国の軍用機による台湾周辺空域への進入数について、2021年の数を大きく上回る延べ1,700機以上であった旨を公表しており、また、この演習以降、台湾海峡の「中間線」を越える中国軍用機の活動が大幅に増加していることを発表しています。さらに、2023年に蔡英文総統が中米訪問の経由地として米国に立ち寄り、現地時間4月5日にマッカーシー米下院議長と会談したことを受け、中国は4月8日から10日までの間、台湾周辺の海空域において、空母「山東」を含む多数の艦艇や航空機を参加させ、大規模な軍事演習を実施しました。

中国は、台湾周辺における一連の活動を通じ、中国軍が常態的に活動している状況の既成事実化を図るとともに、実戦能力の向上を企図しているとみられます。2022年10月の第20回党大会において、習近平総書記が両岸関係について、「最大の努力を尽くして平和的統一の未来を実現する」としつつも、「武力行使の放棄を決して約束せず、あらゆる必要な措置を講じる選択肢を留保する」との姿勢を表明する中、このような中国軍による威圧的な軍事活動の活発化により、国際社会の安全と繁栄に不可欠な台湾海峡の平和と安定については、わが国を含むインド太平洋地域のみならず、国際社会において急速に懸念が高まっています。

2022年8月に東部戦区が実施した弾道ミサイル発射とみられる画像
【中国通信／時事通信フォト】

れている。また、2018年4月、対艦巡航ミサイル及び地対空ミサイルが軍事訓練の一環としてファイアリークロス礁、スビ礁及びミスチーフ礁に展開したと報じられたほか、レーダー妨害装置がミスチーフ礁上に展開したと報じられている。さらに、2020年5月には、中国がY-8哨戒機及びY-9早機警戒機などをファイアリークロス礁にローテーション展開させている可能性が報じられている。

その他の4つの地形でも、港湾、ヘリパッド、レーダーなどの施設建設の進展に加え、大型対空砲や近接防空システムとみられる装備がすでに配備された可能性が指摘されている。これらの地形が本格的に軍事目的で利用された場合、インド太平洋地域の安全保障環境を大きく変化させる可能性がある。さらに、2022年12月には、中国が南沙諸島のまた別の4つの地形において新たに建設活動を行っている旨が報じられている。

また、中国は南沙諸島に先がけて、西沙諸島についても軍事拠点化を推し進めてきた。ウッディー島においては、2013年以降、滑走路を3,000m弱まで延長したとされるほか、2015年10月や2017年10月、2019年6月にはJ-11やJ-10といった戦闘機の展開が、2016年2月や2017年1月には、地対空ミサイルとみられる装備の所在が確認されている。2018年5月に中国国防部が発表した南シナ海でのH-6K爆撃機の離発着訓練は、ウッディー島で実施されたと指摘されている。

また、2012年4月に中比政府船舶が対峙する事案が発生したスカーボロ礁においても、近年、中国の艦船による測量とみられる活動が確認されたとされているほか、今後、新たな埋立てが行われる可能性も指摘されている。仮に、スカーボロ礁において埋立てが実施されレーダー施設や滑走路などの設置が行われた場合、周辺海域における中国の状況把握能力や戦力投射能力が高まり、ひいては南シナ海全域での作戦遂行能力の向上につながる可能性も指摘されている。

また、中国が、米国本土を攻撃可能な長射程の新型SLBMの残存性を高めるためにバスチオン化（要塞化）を検討するのであれば、南シナ海がそれに適した選択肢であるとの指摘もある[31]。こうした点も踏まえ、今後とも南シナ海の状況を注視していく必要がある。

同地域での海空域における活動も拡大・活発化している。2009年3月、2013年12月及び2018年9月には、南シナ海を航行していた米海軍艦船に対し中国海軍艦艇などが接近・妨害する事案が発生した。2016年5月や2017年2月及び5月には、中国軍の戦闘機が米軍機に対し接近したとされる事案などが発生している。比中仲裁判断後の2016年7月及び8月には、中国空軍のH-6K爆撃機がスカーボロ礁付近の空域において「戦闘パトロール飛行」を実施し、今後このパトロールを「常態化」する旨、中国国防部が発表した。また、H-6爆撃機が2016年12月に「九段線」に沿って飛行したとの報道もある。同年9月には中露海軍共同演習「海上協力2016」が初めて南シナ海で実施された。

2018年3月下旬から4月にかけては、空母「遼寧」を含む海軍艦艇などによる実動演習及び中国建国後最大規模と評される海上閲兵式が、同海域で実施された。これらに加え、2019年には対艦弾道ミサイルの発射試験が初めて南シナ海で行われたとされるほか、同年及び2020年には空母「遼寧」がフユ級高速戦闘支援艦などを伴い同海域に展開したとされる。さらに、中国海警船が周辺諸国の漁船に対して威嚇射撃を行う事案も生起しているほか、2019年7月から10月にかけて、ベトナムの排他的経済水域内における同国による石油・天然ガス開発に対して中国海警船が妨害行為を行った際には、中国海警船はファイアリークロス礁に寄港して補給を受けたとされる。

また、2020年4月、海南省三沙市のもとに「西沙区」及び「南沙区」と称する行政区の新設を一方的に公表したほか、同年7月には、3海域（南シナ海、東シナ海、黄海）で同時に軍事演習を実施し、同年8月には中距離弾道ミサイルを発射したとみられている。

さらに、2021年5月には空母「山東」が南シナ海で訓練を実施した旨発表され、同年初冬にも訓練を実施したと報じられた。同年6月には、マレーシア空軍がルコニア礁上空を飛行した中国軍機16機が、マレーシア沿岸まで接近したことを発表した。また、同年12月にも前述のユーシェン級揚陸艦が南シナ海で一連の訓練を実施したことや、南シナ海に面する海南島の複数箇所で訓練が実施されたことが報じられ、特に後者は、海南島を使用した台湾への水陸両用作戦を模擬した訓練の可能性が指摘されている。2022年8月にも、空母「山東」が南シナ

31 米国防省「中華人民共和国の軍事及び安全保障の進展に関する年次報告」（2022年）による。

図表Ⅰ-3-2-15　南シナ海における力の空白をついた中国の進出と軍事拠点化の例（イメージ）

（写真出典）CSIS/AMTI/Maxar

海でJ-15艦載機の発着艦などの訓練を実施した旨発表された。

このように中国は、南シナ海において、軍事にとどまらない手段も含め、プレゼンスの拡大及び継戦能力を含む統合作戦遂行能力の向上を企図しているものと考えられる。

中国による既存の海洋法秩序と相容れない主張に基づく活動は、力による一方的な現状変更及びその既成事実化を一層推し進める行為であり、わが国として深刻な懸念を有しているほか、米国やG7諸国をはじめとした国際社会からも同様の懸念が示されている。例えば、米国は2020年7月、中国の南シナ海における海洋権益に関する主張は不法である旨の国務長官声明を発出したほか、2022年1月にも国務省が、中国による不法な領有権・管轄権の主張は海洋の法の支配を大きく損なっている旨の報告書を発表した。

中国は、フィリピンやベトナムなど幾つかのASEAN諸国による地形の不法占拠などを主張しているが、中国の地形開発はその他の国々が行っている活動とは比較にならないほどに大規模かつ急速である。

いずれにせよ、南シナ海をめぐる問題はインド太平洋地域の平和と安定に直結するものであり、南シナ海に主要なシーレーンを抱えるわが国のみならず、国際社会全体の正当な関心事項である。中国を含む各国が緊張を高める一方的な行動を慎み、法の支配の原則に基づき行動することが強く求められる。

参照　図表Ⅰ-3-2-15（南シナ海における力の空白をついた中国の進出と軍事拠点化の例（イメージ））

(6) インド洋などのより遠方の海域における動向

中国軍海上戦力は、「遠海防衛」型へとシフトしているとされており、近年、インド洋などのより遠方の海域における作戦遂行能力を着々と向上させている。大型戦闘艦艇や大型補給艦の整備といった装備面における取組のほか、運用面における取組についても進展がみられる。

例えば、2008年12月以降、海賊に対処するための国際的な取組に参加するため、中国海軍艦艇がソマリア沖・アデン湾に展開している。2023年3月には、中国海軍はロシア及びイラン海軍と、3回目となる3か国共同演習をインド洋北部で実施した。

中国軍の活動は、インド洋以外にも拡大している。2016年9月には、中露海軍共同演習「海上協力」が地中海を含む海域で実施された。また、2023年2月には、中国海軍はロシア及び南アフリカ海軍と、2019年11月以来となる2回目の共同演習を南アフリカ東部ダーバン沖の海域で実施した。さらに、宇宙観測支援船を南太平洋に展開させているほか、南太平洋から中南米などにかけて「調和の使命」と呼称する任務のもとで軍病院船を派遣し、医療サービスの提供などを行っている。

このほか、2015年9月、中国軍艦艇5隻がベーリング海の公海上を航行し、アリューシャン列島周辺で米国の領海を航行したとされている。北極海については、中国は、1999年以降、計12回にわたり極地科学調査船「雪龍」などを北極海に派遣し[32]、また、2018年1月に北極政策に関する白書「中国の北極政策」を発出し、その中で、北極海航路の開発を通じて「氷上シルクロード」の建設を進めることとしているなど、北極事業への積極的な関与も打ち出している。科学調査活動や商業活動を足がかりとして、北極海において軍事活動を含むプレゼンスを拡大させる可能性も指摘されている[33]。

また、中国が遠方の海域における作戦に資する海外における港湾などの活動拠点を確保しようとする動きも顕著になっている。例えば、2017年8月には、アデン湾に面する東アフリカの戦略的要衝であるジブチにおいて、中国軍の活動の後方支援を目的とするとされる「保障基地」の運用が開始され、2022年3月にはフチ級補給艦の、同年8月にはユージャオ級ドック型揚陸艦の「保障基地」への入港が報じられた。さらに、これら以外にも、カンボジア、ミャンマー、タイ、シンガポール、インドネシア、パキスタン、スリランカ、UAE、ケニア、赤道ギニア、セーシェル、タンザニア、アンゴラ及びタジキスタンといった複数の国における軍事兵站施設を検討・計画している可能性も指摘されている[34]。また、近年中国は、ユーラシア大陸をはじめとする地域の経済圏創出を主な目的とするとされる「**一帯一路**」構想を推進しているが、中国軍が海賊対処活動による地域の安定化や共同訓練による沿線国のテロ対処能力の向上などを通じ、同構想の後ろ盾としての役割を担っている可能性がある。さらに、同構想には中国の地域における影響力を拡大するという戦略的意図が含まれているとも考えられる中、同構想が中国軍のインド洋、太平洋などにおける作戦遂行能力のより一層の向上をもたらす可能性がある。例えば、パキスタンやスリランカ、バングラデシュといったインド洋諸国やバヌアツといった太平洋島嶼国での港湾インフラ建設支援は、軍事利用も可能な拠点の確保につながる可能性がある。

(7) 海空域における活動の目標

中国による海上・航空戦力の整備状況及び活動状況、国防白書における記述、中国の置かれた地理的条件、グローバル化する経済などを考慮すれば、海・空軍などの海空域における近年の活動には、次のような目標があるものと考えられる。

第一に、中国の領土、領海及び領空を防衛するために、可能な限り遠方の海空域で敵の作戦を阻止することである。これは、近年の科学技術の発展により、遠距離からの攻撃の有効性が増していることが背景にある。

第二に、台湾の独立を抑止・阻止するための能力を整備することである。中国は、台湾問題を解決し、中国統一を実現することにはいかなる外国勢力の干渉も受けないとしており、中国が、四方を海に囲まれた台湾への外国からの介入を実力で阻止することを企図すれば、海空域における作戦遂行能力を充実させる必要がある。

第三に、中国が独自に領有権を主張している島嶼(しょ)の周

KEY WORD

「一帯一路」構想 とは

習近平国家主席が提唱した経済圏構想。2013年9月に「シルクロード経済ベルト」構想(一帯)が、同年10月に「21世紀海上シルクロード」構想(一路)が提唱され、以降、両構想をあわせて「一帯一路」構想と呼称。

32 2012年、「雪龍」は極地科学調査船として初めて北極海を横断する航海を行ったほか、2013年には貨物船「永盛」が中国商船として初めて同海を横断した。「雪龍」の2017年の北極海航行では、カナダの科学者が参加し、初めて、北極北西航路(カナダの北側)の試験航行に成功した。また、2隻目の極地科学調査船「雪龍2号」が2020年9月に初となる北極海航行を完了したほか、重砕氷船の研究・製造も推進している。

33 米国防省「中華人民共和国の軍事及び安全保障の進展に関する年次報告」(2019年)による。

34 米国防省「中華人民共和国の軍事及び安全保障の進展に関する年次報告」(2022年)による。

辺海空域において、各種の監視活動や実力行使などにより、当該島嶼に対する他国の支配を弱め、自国の領有権に関する主張を強めることである。また、こうした活動には、中国独自の「法律戦」の発想のもと、一方的な現状変更を既成事実化し、独自の主張を正当化する根拠の一環として用いようとする側面もあると考えられる。

第四に、海洋権益を獲得し、維持及び保護することである。中国は、東シナ海や南シナ海において、石油や天然ガスの採掘及びそのための施設建設や探査を行っているが、2013年6月以降には、東シナ海の日中中間線の中国側において、既存の4基に加え、新たに12基の海洋プラットフォームの建設作業などを進めていることが確認されており、さらに2022年5月及び6月にもそれぞれ新たな1基の構造物設置に向けた動きが確認されている。また、2016年6月下旬には、1基のプラットフォーム上に対水上レーダー及び監視カメラの設置が確認されるなど、これらの機材の利用目的も含め、プラットフォームにかかる中国の今後の動向が注目される。中国側が一方的な開発を進めていることに対しては、わが国から繰り返し抗議をすると同時に、作業の中止などを求めている。

第五に、自国の海上輸送路を保護することである。この背景には、中東からの原油の輸送ルートなどの海上輸送路が、中国の経済活動にとって、生命線ともいうべき重要性を有していることがある。近年の海上・航空戦力の強化を考慮すれば、その能力の及ぶ範囲は、中国の近海を越えてより遠方の海域へと拡大していると考えられる。

こうした中国の海空域における近年の活動の目標や近年の動向を踏まえれば、今後とも中国は、東シナ海や太平洋といったわが国近海及び南シナ海、インド洋などにおいて、活動領域をより一層拡大するとともに活動の活発化をさらに進めていくものと考えられる。

7　軍の国際的な活動

中国軍は近年、平和維持、人道支援・災害救援、海賊対処といった非伝統的安全保障分野における任務に対しても積極的な姿勢を示し、海外にも多くの部隊・人員を派遣している。

中国は、国連PKOを一貫して支持するとともに積極的に参加するとしており、中国の国連PKOにおける存在感は高まっている。

国連によれば、中国は2022年11月末時点で、国連マリ多面的統合安定化ミッション（MINUSMA）などの国連PKOに国連安全保障理事会の常任理事国中最多である計2,224人の部隊要員や警察要員などを派遣している。なお、国連PKO予算における中国の分担率をみると、2016年以降、米国に次ぐ第2位となっている。

United Nations Multidimensional Integrated Stabilization Mission in Mali

さらに、中国は、ソマリア沖・アデン湾における海賊対処活動や、人道支援・災害救援活動にも積極的に参加している。

中国のこうした姿勢の背景には、中国の国益が国境を越えて拡大していることに伴い、国外において国益の保護及び増進を図る必要性が高まっていること、オペレーションを通じて部隊の長距離展開を含む対応能力を検証すること、自国の地位向上を目的に国際社会に対する責任を果たす意思を示すこと、軍の平和的・人道的なイメージを普及させること、アフリカ諸国をはじめとするPKO実施地域との関係強化を図ることなどがあると指摘されている。

8　教育・訓練などの状況

中国軍は、近年、「戦える、勝てる」軍隊を建設するとの方針のもと、作戦遂行能力の強化を図ることなどを目的として実戦的な訓練を推進しており、戦区主導の統合演習、対抗演習、上陸演習、区域をまたいだ演習、遠方における演習などを含む大規模演習、さらには夜間演習、諸外国との共同演習なども行っている。

中国軍は、教育面でも、統合作戦遂行能力を有する軍人の育成を目指している。2017年には、統合作戦指揮人材を養成するための訓練が中国国防大学で開始されたと伝えられている。

また、中国は、戦争などの非常事態において民間資源を有効に活用するため、国防動員体制の整備などを進めている。こうした取組には、民間船舶による軍用装備の輸送活動などが含まれる。こうした取組は中国の軍事任務に投入可能な戦力を総体的に増強するものであり、今後とも積極的に推進されるとみられることから、中国軍の作戦遂行能力への影響を注視する必要がある。

9　国防産業部門の状況など

中国の主な国防産業については、国務院機構である工業・情報化部の国防科学技術工業局の隷下に、核兵器、ミサイル・ロケット、航空機、艦艇、情報システムなどの装備を開発、生産する12個の集団公司により構成されてきた。中国は2021年において、世界で5番目の武器の供給者であると指摘されている[35]。2018年には中国核工業集団公司と中国核工業建設集団公司が再編され、2019年には中国船舶工業集団公司と中国船舶重工業集団公司が合併し、現在は合併後の中国船舶集団公司を含む計10社で構成されている。

中国は自国で生産できない高性能の装備や部品をロシアなど外国から輸入しているが、軍近代化のため装備の国産化をはじめとする国防産業部門の強化を重視していると考えられる。自国での研究開発に加えて対外直接投資などによる技術獲得に意欲的に取り組んでいるほか、機密情報の窃取といった不法手段による取得も指摘されている[36]。国防産業部門の動向は軍の近代化に直結することから、重大な関心をもって注視する必要がある。

中国の軍民融合政策は技術分野において顕著であり、中国は、軍用技術を国民経済建設に役立てつつ、民生技術を国防建設に吸収するという双方向の技術交流を促すとともに、軍民両用の分野を通じて外国の技術を吸収することにも関心を有しているとみられる。技術分野における軍民融合は、特に、海洋、宇宙、サイバー、人工知能(AI)といった中国にとっての「新興領域」とされる分野における取組を重視しているとされる。米国防省は、軍民融合には、(1)中国の国防産業基盤と民生技術・産業基盤との融合、(2)軍事・民生セクターを横断した科学技術イノベーションの統合・利用、(3)人材育成及び軍民の専門性・知識の混合、(4)軍事要件の民生インフラへの組み込みや民生構築物の軍事目的への利用、(5)民生のサービス・兵站能力の軍事目的への利用、(6)競争及び戦争での使用を目的とした社会・経済の全ての関連する諸側面を含む形での中国の国防動員システムの拡大・深化、の6つの相互に関連した取組が含まれていると指摘している[37、38]。

また、近年は、生産段階から徴用を念頭に置いた民生品の標準化が軍民融合政策の一環として推進されているとされる。こうした取組により、軍による一層効果的な民間資源の徴用が可能となることなどが見込まれる。

近年、国防費の伸び率が鈍化しつつある中、国防建設と経済建設の両立が一層求められる中国にとって、軍民融合政策は今後ますます重要になってくると考えられる。また、前述の中国が提唱する「智能化戦争」を実現するためには、将来の戦闘様相を一変させる技術、いわゆるゲーム・チェンジャー技術を含む民生先端技術の獲得が鍵となるところ、中国は、その不可欠な手段として軍民融合を捉えているとみられることから、中国の軍民融合政策については、「智能化戦争」との関係を含め、引き続き重大な関心をもって注視していく必要がある。

3 対外関係など

1 全般

中国は、特に海洋において利害が対立する問題をめぐり、既存の国際秩序とは相容れない独自の主張に基づき、力による一方的な現状変更の試みやその既成事実化など高圧的とも言える対応を推し進めつつ、自らの一方的主張を妥協なく実現しようとする姿勢を継続的に示している。また、国家戦略として「一帯一路」構想を推進しているが、近年一部の「一帯一路」構想の協力国において、財政状況の悪化などからプロジェクト見直しの動きもみられている。さらに、安全保障や発展・開発を含む分野における中国主導の多国間メカニズムの構築[39]など、独自の国際秩序形成への動きや、他国の政治家の取り込みなどを通じて他国の政策決定に影響力を及ぼそうとする動きなども指摘されている[40]。

同時に、中国は、持続的な経済発展を維持し、総合国

35 ストックホルム国際平和研究所(SIPRI:Stockholm International Peace Research Institute)Arms Transfers Databaseによる。
36 米国防省「中華人民共和国の軍事及び安全保障の進展に関する年次報告」(2022年)による。
37 米国防省「中華人民共和国の軍事及び安全保障の進展に関する年次報告」(2022年)による。
38 中国系人材を含め、海外の高い専門性を有する人材を国内に招へいする「百人計画」や「千人計画」の存在が指摘されており、その一環として、例えば、わが国での研究歴があり、極超音速兵器の開発に必要な風洞試験設備の開発に従事している研究者の存在も指摘されている。
39 例えば、2022年4月には、習近平国家主席は国連の権威・地位の擁護や他国の安全を犠牲にした自国の安全構築への反対を内容とする「グローバル安全保障イニシアティブ」を提唱した。
40 2017年12月のターンブル豪首相(当時)発言による。

力を向上させるためには、平和で安定した国際環境が必要であるとの認識に基づき、「人類運命共同体」の構築を提唱しつつ、「相互尊重、公平正義、協力、ウィン・ウィンの新型国際関係」の建設推進について言及している。軍事面においては、諸外国との間で軍事交流を積極的に展開している。近年では、米国やロシアをはじめとする大国や東南アジアを含む周辺諸国に加えて、アフリカや中南米諸国などとの軍事交流も活発に行っている。さらに、太平洋諸国との関係強化の動きもみられる。中国が軍事交流を推進する目的としては、関係強化を通じて中国に対する懸念の払拭に努めつつ、自国に有利な安全保障環境の構築や国際社会における影響力の強化、海外兵器市場の開拓、資源の安定的な確保や海外拠点の確保などがあるものと考えられる。

2　ロシアとの関係

1989年にいわゆる中ソ対立に終止符が打たれて以来、中露双方は継続して両国関係重視の姿勢を見せている。90年代半ばに両国間で「戦略的パートナーシップ」を確立して以来、同パートナーシップの深化が強調されており、2001年には、中露善隣友好協力条約が締結された。2004年には、長年の懸案であった中露国境画定問題も解決されるに至った。両国は、世界の多極化と国際新秩序の構築を推進するとの認識を共有し、関係を一層深めており、2022年2月上旬の中露首脳会談において、両国は中露関係について「冷戦時代の軍事・政治同盟モデルにも勝る」と評価している。さらに、例えば、米中及び米露関係の緊張が高まる中で、中露間では一貫して協力が深化しており、それぞれが米国などとの間で対立している台湾やNATOの東方拡大をめぐる問題などの安全保障上の課題について一致した姿勢を示すことで、自らに有利な国際環境の創出を企図しているものとみられる。

軍事面では、中国は90年代以降、ロシアから戦闘機や駆逐艦、潜水艦など近代的な武器を購入しており、中国にとってロシアは最大の武器供給国である[41]。近年、中露間の武器取引額は一時期に比べ低い水準で推移しているものの、中国は引き続きロシアが保有する先進装備の輸入や共同開発に強い関心を示しているとみられる。例えば、中国はロシアから最新型の第4世代戦闘機とされるSu-35戦闘機やS-400対空ミサイルシステムを導入している。なお、ロシアがS-400対空ミサイルシステムを輸出したのは、中国が初めてであるとされる。また、中国の技術力向上により、武器輸出における中国との競合を懸念しつつあるとの指摘もある。

中露間の軍事交流としては、定期的な軍高官などの往来に加え、共同訓練などを実施している。例えば中国軍は、2018年にはロシア軍による演習として冷戦後最大規模とされる「ヴォストーク2018」演習に、2019年には「ツェントル2019」演習に、2020年には「カフカス2020」演習に、2021年には「西部・連合2021」演習に、2022年には「ヴォストーク2022」演習に参加した。「ヴォストーク2022」には、中国軍から、合計2000人以上の陸・海・空軍部隊に加え航空機・艦船などが参加したとされる。また、中露両国は、海軍による大規模な共同演習「海上協力」を2012年以降実施しており、2016年には初めて南シナ海で、2017年には初めてバルト海及びオホーツク海で実施し、2021年10月にはレンハイ級駆逐艦を含む艦艇が参加し、日本海で実施した。さらに、中露両国はこれに継続する形で両国艦艇計10隻による初の共同航行をわが国周辺で実施した。2022年12月の「海上協力」演習は2014年以来8年ぶりの東シナ海での実施となった。2016年及び2017年には、共同ミサイル防衛コンピュータ演習「航空宇宙安全」も実施した。また、中国は、中露二国間もしくは中露を含む上海協力機構（SCO（Shanghai Cooperation Organization）。2001年6月に設立。）加盟国間で、対テロ合同演習「平和の使命」を実施している。中国としては、これらの交流を通じて、ロシア製兵器の運用方法や実戦経験を有するロシア軍の作戦教義などを学習することも見込んでいるものと考えられる。

こうした動向に加え、最近、中露関係の深化が窺われる動きも確認されている。2019年7月には「初の共同空中戦略巡航」と称して、中露両国は日本海で合流した爆撃機を東シナ海に向けて飛行させた。また、同年9月には、両国間で新たな軍事及び軍事技術協力に関する一連の文書への署名が行われている[42]。2020年においても同様の傾向は継続しており、同年12月、ショイグ露国防相と魏鳳和（ぎ・ほうわ）国防部長（当時）がオンライン会談を実施し、

41　SIPRI Arms Transfers Databaseによる。
42　2019年9月6日付のロシア軍機関紙「赤星」による。

中露両国は、弾道ミサイルや宇宙ロケットの発射計画や実際の発射について相互に通告する政府間協定の10年間延長に合意した。

また、中露両国は爆撃機によるわが国周辺での長距離にわたる共同飛行を、前述の2019年7月以来、2020年12月、2021年11月並びに2022年5月及び同年11月の計5回実施している。日米豪印首脳会合が開催されている中で実施された2022年5月の共同飛行は、開催国たるわが国に対する示威行動を意図したものであり、これまでと比べ挑発度を増すものである。さらに、同年11月の共同飛行の際には、中国機がロシア国内の飛行場に、ロシア機が中国国内の飛行場にそれぞれ初めて着陸したとのロシア側の発表もあるなど、活動の多様化がみられた。

また、中露艦艇による活動については、前述の2021年10月の共同航行に加え、2022年6月には中露の艦艇が別々に約1週間の間隔を置いてわが国周辺をほぼ周回するような形で航行したほか、2022年9月には前述の「ヴォストーク2022」に参加した中露の艦艇が北海道西方の海域で機関銃の射撃を実施した後、両国の艦艇がわが国周辺において共同で航行した。

これらの中露両国による度重なる共同での活動は、わが国に対する示威活動を明確に意図したものであり、わが国の安全保障上、重大な懸念である。

このように、ウクライナ侵略が行われている中にあたっても、中露両国はますます連携を強化する動きを見せている。今後、中露両国がさらに軍事的な連携を深めていく可能性もあり、また、こうした中露両国の軍事協力の強化などの動向は、わが国を取り巻く安全保障環境に直接的な影響を与えるのみならず、米国や欧州への戦略的影響も考えられることから、懸念を持って注視する必要がある。

参照　2章3項3（そのほかの地域の対応）

3　北朝鮮との関係

中国は、1961年の「中朝友好協力及び相互援助条約」のもとで北朝鮮との緊密な関係を維持してきた。習近平国家主席は2019年6月、中国国家主席として14年ぶりに北朝鮮を訪問し、同主席と北朝鮮の金正恩（キム・ジョンウン）国務委員長との間で5回目となる首脳会談を行っている。また、2022年10月には、金委員長が、習近平中国共産党総書記の再選にあたり祝電を送付し、「時代の要求に即して朝中関係のより美しい未来を設計していく」旨などを述べたのに対し、習総書記は、これに対する礼電の中で、中朝関係を高度に重視し、世界の変化が起きている新たな形勢のもとで立派に発展させていく考えなどを示した。

中国は朝鮮半島問題に関して「3つの堅持」（①朝鮮半島の非核化実現、②朝鮮半島の平和と安定の維持、③対話と協議を通じた問題解決）と呼ばれる基本原則を掲げているとされ、非核化のみならず従来の安定維持や対話も同等に重要との立場を採っていると考えられる。こうした状況のもと、中国は北朝鮮に対する制裁を強化する2017年までの累次の国連安保理決議に賛成してきた一方、最近では、ロシアとともに国連安保理決議に基づく制裁の一部解除などを含む決議案を国連安保理で提案するなどの動きも見せているほか、2022年5月には北朝鮮によるICBM級弾道ミサイルの発射を受けて米国が提案した制裁決議案に対し、ロシアとともに拒否権を行使した。

なお、国連安保理決議で禁止されている、洋上での船舶間の物資の積替え（いわゆる「瀬取り」）に関し、中国側は終始自身の国際義務を真剣に履行しているとしているが、中国籍船舶の関与が指摘されている。

4　その他の諸国との関係

(1) 東南アジア諸国との関係

東南アジア諸国との関係では、引き続き首脳クラスなどの往来が活発である。また、ASEAN＋1（中国）やASEAN＋3（日本、中国及び韓国）、東アジア首脳会議（EAS: East Asia Summit）、ASEAN地域フォーラム（ARF: ASEAN Regional Forum）といった多国間枠組みにも中国は積極的に関与している。2021年11月の中国・ASEAN特別首脳会議においては、中国・ASEAN包括的戦略的パートナーシップへの格上げが宣言された。さらに、中国は「一帯一路」構想のもと、インフラ整備支援などを通じて各国との二国間関係の発展を図ってきている。

軍事面では、2018年10月に中国とASEANの実動演習「海上連演2018」が初めて実施されるなど、信頼醸成に向けた動きもみられる。また、2019年7月及び2022年6月には、中国がカンボジアのリアム海軍基地の一部を独占的に利用する可能性について報じられた。これについて、カンボジア側は、外国軍の基地設置は憲法違反であるとし、事実関係を否定している。また、2021年6月、カンボジア国防相は、米国が中国による軍事利用を懸念しているとされるリアム海軍基地について、中国が同基地の開発に貢献していると認めたものの、基地施設へのアクセスは中国だけに限られていない旨表明している。

フィリピンとの間においては2016年7月、南シナ海をめぐる中国との紛争に関し、国連海洋法条約（UNCLOS）(United Nations Convention on the Law of the Sea)に基づく仲裁判断が下され、フィリピンの申立て内容がほぼ認められる結果となった。その後、フィリピンは仲裁判断への言及を控えているとされていたが、2019年9月にはフィリピン大統領府報道官が「仲裁判断は現在においても両国間の協議の議題である」旨述べており、2020年9月、ドゥテルテ大統領（当時）は国連総会において、「仲裁判断は今や国際法の一部であり、これについて妥協したり、価値を減じたり、あるいは無視することは許されない」旨指摘している。2022年11月には、浮遊物を回収して持ち帰ろうとしたフィリピン軍のボートを中国海警局が妨害し、その浮遊物を強奪したとフィリピン側が発表した。これに対し、中国側は、その浮遊物が中国のロケットの残骸であると認めたものの、現地での協議の結果、中国側に友好的に引き渡されたと主張した。

ベトナムとの間では、2017年7月及び2018年3月、外国企業がベトナム政府の許可を得て南シナ海で実施していた石油掘削を、中国の圧力を受け、ベトナム政府が中止させたと報じられている。また、2019年7月以降は、ベトナムの排他的経済水域内における石油・天然ガス掘削活動をめぐり、中国及びベトナム双方の政府船舶などが対峙する事態がみられたが、同年10月に採掘リグ（「HAKURYU-5」）が撤収した後、双方が対峙する事態は解消された。また、ベトナム政府は、2020年4月、西沙諸島においてベトナム漁船と中国海警船が衝突し、ベトナム漁船が沈没し、中国側に抗議をしたと発表した。一方で、2021年12月には、中越両軍による衛生合同演習「和平救援2021」が初めて実施され、両軍の医療支援能力の向上が図られた。演習期間中、中国側はベトナム側に医療用マスク、防護服、PCR検査装置などを提供している。

インドネシアとの間では、従来からインドネシアの排他的経済水域内における中国漁船の操業がたびたび問題となっており、インドネシア側は違法操業と判断される外国漁船への断固とした対応を行ってきた。最近では2019年12月から2020年1月にかけて、インドネシアのナツナ諸島周辺海域において中国漁船が違法操業したことに対し、インドネシア政府は強く抗議し、中国が主張する「九段線」を認めないと改めて表明した。

なお、中国とASEANは「南シナ海行動規範（COC）(Code of Conduct of Parties in the South China Sea)」の策定に向けた協議を続けている。2019年7月、中国は、中国・ASEAN外相会議において、COCの「単一の交渉草案」の一読が完了したことを発表した。その後、第二読の開始がなされ、2021年8月のASEAN外相会議においては、序文の暫定合意に達したことが言及された。新型コロナウイルス感染症などの影響を受けながらも、同年11月、中ASEAN首脳会議の共同声明において、UNCLOSを含む国際法に準拠した実効的で実質的なCOCの早期締結への期待に言及がなされた。

(2) 中央アジア諸国との関係

中国西部の新疆ウイグル自治区は、中央アジア地域と隣接していることから、中国にとって中央アジア諸国の政治的安定やイスラム過激派によるテロなどの治安情勢は大きな関心事項であり、国境管理の強化、SCOやアフガニスタン情勢安定化などへの関与はこのような関心の表れとみられる。また、資源の供給源や調達手段の多様化などを図るため、中央アジアに強い関心を有しており、中国・中央アジア間に石油や天然ガスのパイプラインを建設するなど、中央アジア諸国とエネルギー分野での協力を進めている。

(3) 南アジア諸国との関係

中国は、「全天候型戦略的パートナーシップ」のもと、パキスタンと密接な関係を有し、首脳級の訪問が活発であるほか、共同訓練、武器輸出や武器技術移転を含む軍事分野での協力も進展している。海上輸送路の重要性が増す中、パキスタンがインド洋に面しているという地政学上の特性もあり、中国にとってパキスタンの重要性は高まっていると考えられる。

中国は、インドとの間で経済的な結びつきが強まる一方で、カシミールやアルナーチャル・プラデシュなどの国境未画定地域を抱えている。

2020年5月に、インドのラダック州の中印国境付近で、中印両軍の衝突が発生し、同年6月15日の衝突では45年ぶりに死者が発生するなど両国間の緊張が高まった。その後、両国は、暫定的な国境である実効支配線（Line of Actual Control）の管理協定に基づく現地司令官級会談を定期的に実施し、2021年2月にパンゴン湖、同年7月にゴグラ地区における兵力の引き離しに合意し、現在も段階的な緊張緩和に向けた取組を継続している。

近年中国は、スリランカとの関係を深化させている。インド洋の要衝に位置し、「一帯一路」構想を支持するスリランカに対し、中国は、鉄道・港湾・空港などのインフラ整備に巨額の経済・技術協力を実施している。一方で、2017年7月には、中国の融資で建設されているハンバントタ港の中国企業への99年間の権益貸与が合意されており、いわゆる「債務の罠」であるとの指摘もある。2022年7月に就任したウィクラマシンハ大統領は、中国を含む債権国との間で債務問題解決にむけた協議を行っている。なお、2022年8月には、中国軍戦略支援部隊が運用するとされる調査船「遠望5号」がハンバントタ港に寄港した。

また、中国は、バングラデシュとの間でも、海軍基地のあるチッタゴンにおける港湾開発や、ミン級潜水艦をはじめとする武器輸出などを通じて関係を深めている。

(4) 欧州諸国との関係

近年、中国にとってEU（European Union）諸国は、特に経済面において存在感を増している。

欧州諸国は、情報通信技術、航空機用エンジン・電子機器、潜水艦の大気非依存型推進システムなどにおいて中国やロシアよりも進んだ軍事技術を保有している。EU諸国は1989年の天安門事件以来、対中武器禁輸措置を継続してきているが、中国は同措置の解除を求めている[43]。仮にEUによる対中武器禁輸措置が解除された場合、優れた軍事技術が中国に移転されるのみならず、中国からさらに第三国などへ移転される可能性があるなど、インド太平洋地域をはじめとする地域の安全保障環境を大きく変化させる可能性がある。

近年の中国による台頭は、北大西洋条約機構（NATO）（North Atlantic Treaty Organization）においても注目されている。2022年6月のNATO首脳会議において発表された新戦略概念では、「中国の野心と威圧的な政策は、NATOの利益、安全保障及び価値への挑戦」とし、核戦力の急速な増強、透明性の欠如及び悪意あるハイブリッド・サイバー行動に懸念が示された。そのうえで、同盟の安全保障上の利益のため中国に関与し、また、NATOを分断するための中国の威圧的な取組を防ぐ旨言及している。

対中武器禁輸措置に関するEU内の議論やNATOの中国に対する関与方針を含め、中国と欧州諸国との関係については、引き続き注目する必要がある。

(5) 中東・アフリカ諸国、太平洋島嶼国及び中南米諸国との関係

中国は従来から、経済面において中東・アフリカ諸国との関係強化に努めており、近年では、軍事面における関係も強化している。首脳クラスのみならず軍高官の往来も活発であるほか、武器輸出や部隊間の交流なども積極的に行われている。また、中国はアフリカにおける国連PKOへ要員を積極的に派遣している。このような動きの背景には、資源の安定供給を確保するねらいのほか、将来的には海外拠点の確保も念頭に置いているとの見方がある。

中国はオーストラリアにとって最大の貿易相手国であるが、オーストラリアが中国の新型コロナウイルス感染症発生源をめぐる独立調査の必要性を提起したのを契機に中国がオーストラリア産牛肉などの輸入を相次いで制限するなど経済面でも摩擦が生じている。また、中国は、太平洋島嶼国との関係も強化しており、積極的かつ継続的な経済援助を行っているほか、軍病院船を派遣して医療サービスの提供などを行っている。さらに、パプアニューギニアについては、資源開発などを進めているほか、軍事協力に関する協定を締結している。また、2022年4月には、ソロモン諸島との間で「安全保障協力に関する枠組み」に署名したと発表されたが、同枠組みの草案には、中国による警察・軍の派遣や中国艦艇の寄港・補給を可能にする内容が含まれていると同年3月に報じられている。バヌアツやフィジー、トンガとの間でも、軍事的な関係強化の動きがみられる。また、2022年1月にトンガにおいて発生した火山の噴火に際しては、輸送機や補給艦などを派遣している。このように中国が太平洋島嶼国との関係を強化しつつある中、オーストラリアなどの各国からは、中国によるこれらの動きに対する懸念の表明もみられる。

---

43 中国が2018年12月に発表した対EU政策文書による。

中南米諸国との関係では、2015年以降は、中国とラテンアメリカカリブ諸国共同体（CELAC）の閣僚級会議を開催するなど、一層の関係強化に努めている。軍事面においては、軍高官による訪問や武器売却に加え、医療サービス、対テロなどの分野での関係強化がみられるほか、アルゼンチンにおいては宇宙観測施設を運用している。

Comunidad de Estados Latinoamericanos y Caribeños

5　武器の国際的な移転

中国は、ミサイル、戦車、無人機を含む航空機、艦船などの輸出を拡大している。具体的には、パキスタン、バングラデシュ、ミャンマーが主要な輸出先とされているほか、アルジェリア、タンザニア、ナイジェリアなどのアフリカ諸国や、タイやインドネシアなどの東南アジア諸国、ベネズエラなどの中南米諸国、サウジアラビアなどの中東諸国、トルクメニスタンなどの旧ソ連諸国にも武器を輸出しているとされる[44]。

中国による武器移転については、友好国との間での戦略的な関係の強化や影響力拡大による国際社会における発言力の拡大のほか、資源の獲得にも関係しているとの指摘がある。中国は、国際的な武器輸出管理の枠組みの一部には未参加であり、ミサイル関連技術などの中国からの拡散が指摘されるなどしている。

資料：最近の国際軍事情勢（中国）
URL：https://www.mod.go.jp/j/surround/index.html

44　SIPRI Arms Transfers Databaseによる。

第3節　米国と中国の関係など

1　米国と中国の関係（全般）

世界第1位の経済大国である米国と、第2位の中国との関係については、中国の国力の伸長によるパワーバランスの変化、貿易問題、南シナ海をめぐる問題、台湾問題、香港問題、ウイグル・チベットをめぐる中国の人権問題といった種々の懸案などにより、近年、両国の政治・経済・軍事にわたる競争が一層顕在化してきている。特に、トランプ政権以降、米中両国において相互に牽制する動きがより表面化していたが、バイデン政権においても両国の戦略的競争が不可逆的な動きとなっていることに強い関心が集まっている。

2022年10月、バイデン政権は「国家安全保障戦略」（NSS）を公表し、中国は米国にとって最も重大な地政学的挑戦であり、国際秩序を再構築する意図とそれを実現する経済力、外交力、軍事力、技術力をあわせ持つ唯一の競争相手であると位置づけた。また、中国は、世界をリードする大国となる野望を抱いており、急速に近代化する軍事力に投資し、インド太平洋地域での能力を高め、米国の同盟関係の浸食を試みているとしている。そして、世界は今、転換点にあり、中国との競争力を決める上で今後10年は決定的な意味を持つとの考えを示した。このような認識のもと、①競争力、イノベーション、抗たん性及び民主主義への投資、②同盟国やパートナーとの連携、③米国の利益を守り将来のビジョンを築くための中国との責任ある競争の3つを対中戦略の軸として掲げている。そして、責任を持って競争を管理し、意図しない軍事的エスカレーションのリスクを低減させ、最終的に軍備管理の取組に中国を関与させる方策を通じて、より大きな戦略的安定を追求するとしている。一方で、世界経済の中心である中国は、共通の課題に対して大きな影響力を持つことから、利害が一致する場合は常に中国と協力することを厭わないとし、気候変動、核不拡散、世界的な食糧危機などを協力すべき課題としてあげた。このように、トランプ政権の対中抑止姿勢を引き継ぐ一方、国境を越える課題への対処も重視し、中国との競争管理や特定の分野における協調を打ち出している。

2022年10月に公表された「国家防衛戦略」（NDS）においても、インド太平洋地域と国際システムを自らの利益と権威主義の好みに合うように作り替えようとする、中国の威圧的でますます攻撃的になっている取組は、米国の安全保障に対する最も包括的で深刻な挑戦であると位置づけた。そして、中国は、米国の軍事的優位性を相殺することに重点を置き、ほぼ全ての側面で人民解放軍を拡大・近代化していることから、「対応を絶えず迫ってくる挑戦」であるとし、中国に対する抑止力を維持・強化するため、国防省は迅速に行動するとの考えを示している。

また、2023年1月には、米連邦議会下院において超党派による「米国と中国共産党間の戦略的競争に関する特別委員会」を設立する決議案が可決されるなど、中国への厳しい姿勢は超党派での共通の方針となってきている。

一方、中国は、こうした米国の姿勢は冷戦思考やゼロサムゲームといった古い主張であり、大国間競争を煽っているとして反発している。また、中国は、自国の「核心的利益と重大な関心事項」について妥協しない姿勢を示しており、特に、「核心的利益の中の核心」と位置づける台湾問題に関しては、米国の関与を強く警戒している。2022年8月にペロシ米下院議長（当時）が訪台した際には、台湾周辺で大規模な軍事演習を実施するとともに、米中間の各種協議を見合わせる対抗措置を発表するなど、米国に対し強硬な姿勢を示した。同年11月に実施された、バイデン政権初となる対面での米中首脳会談において双方は、競争管理方針の策定の重要性や、対話を継続し、気候変動や食糧安全保障といった国際的な課題に協力して対処していくことで合意したものの、台湾や人権、貿易問題などの対立分野において双方の譲歩はみられなかった。また、2023年2月には米国本土上空で中国の偵察気球が探知され、米軍が撃墜した。本件について米国は、明白な主権侵害であるとともに、国際法違反である旨を中国に伝達し、同月に予定していたブリンケン国務長官の訪中を延期した。これに対し中国は、民間の気象研究用の飛行船が不可抗力により迷い込んだ旨を主張し、米国が同気球を撃墜したことについて強い不満と抗議を表明した。

このように、様々な分野において米中の戦略的競争は一層顕在化してきているが、こうした米中の競争が顕著に表れている分野の一つである機微技術や重要技術をめぐって、米国は、中国に対する警戒感を一層強めている。中国は、2022年10月の第20回党大会における習近平総書記の報告において、「機械化・情報化・智能化（インテリジェント化）の融合発展を堅持」する旨を表明するなど、先端技術を用いた軍の「智能化」を推進している。こうしたことを踏まえ、米国やその同盟国などから機微技術や重要技術が流出することにより、中国の軍事力が高まり、その結果、米国の安全保障が脅かされるとの認識のもと、バイデン政権は、機微技術や重要技術の保護・育成に力を入れている。2022年8月には「CHIPS（Creating Helpful Incentives to Produce Semiconductors）・科学法」を成立させ、半導体分野における米国の競争力強化を狙い、米国内で半導体を生産する企業を財政面で支援する一方、支援を受けた事業者に対し、10年間は中国を含む懸念国で先端半導体製造施設の拡張などを行わないとの合意を商務長官と結ぶことを義務づけた。また、同年10月には、軍事的意思決定の速度や精度を高める高性能軍事システムなどで使用される技術や製品などを入手・製造する中国の能力を制限するため、半導体関連の輸出管理規制の強化を発表した。さらに、同年12月には、中国軍の近代化を支援しているとして、中国のAI半導体関連企業を、米国からの輸出を規制するエンティティ・リストに追加する措置をとっている。2023年2月には、気球を含む中国軍の航空宇宙計画に対する支援を理由に、中国の航空宇宙関連企業・団体をエンティティ・リストに追加した。

一方、中国は、こうした米国の取組について、中国企業に悪意ある封鎖を行っているなどとして批判している。また、米国をはじめとする諸外国の規制強化に対しては、2020年以降、対抗措置となる法令などを相次いで施行している。同年9月、米国のエンティティ・リストに対抗し、中国は、信頼できないとする取引先のエンティティ・リストを施行し、また同年12月には、国家の安全と利益にかかわる技術などの輸出を管理するため輸出管理法を施行した。さらに2021年1月には外国の法律などの不当な域外適用から中国企業などを保護することを目的とした規則を成立させた。これに加え、同年6月には反外国制裁法を施行し、前米国商務長官を含む米国の個人及び組織に対する制裁措置を実施した旨を発表した。また、2022年12月、中国商務部は、米国による半導体関連の輸出管理措置について、国際経済貿易の秩序を破壊するものだと批判し、WTO（World Trade Organization）に提訴した。2023年2月には、台湾への度重なる攻撃的兵器の売却によって中国の安全などを損なったとして、初めて米企業2社を信頼できないとする取引先のエンティティ・リストに追加している。

米中の技術分野における競争は、米中双方が新たな規制を打ち出す相互の応酬が続き、また、米国は二国間及び多国間での協力強化に動くなど、その影響が国際的な広がりを見せており、今後一層激しさを増す可能性がある。

2　インド太平洋地域における米中の軍事動向

1　全般

バイデン政権は、2022年2月に「インド太平洋戦略」を発表し、中国からの増大する課題に直面しているインド太平洋地域を最重視する姿勢を明確にした。その後発表されたNSSにおいても、中国との競争はインド太平洋地域で最も顕著であると指摘している。また、NDSにおいても、中国は、インド太平洋地域における米国の同盟と安全保障上のパートナーシップを弱体化させようとし、経済的影響力や人民解放軍の強大化、軍事的フットプリントなどその能力の増大を利用して、近隣諸国を威圧しその利益を脅かそうと試みていると指摘し、インド太平洋地域における中国の課題が最優先であると表明した。

インド太平洋地域を最重視するバイデン政権は、NSSにおいて、自由で開かれたインド太平洋は、同盟・パートナーの力の結集によってのみ達成可能との認識のもと、日本、豪州、韓国、フィリピン及びタイの5か国の同盟国との最も緊密なパートナーシップを深化していくと表明している。また、クアッドやAUKUSも地域の課題に取り組む上で重要であり、インド太平洋諸国と欧州諸国間の連携により総合力を強化するほか、東南アジアと太平洋諸島地域にも重点を置き、地域的な外交、開発及び経済的な関与を拡大するとした。さらに、NDSにおいては自由で開かれた地域秩序を維持し、武力による紛争解決の試みを抑止するため、インド太平洋地域における抗たん性のある安全保障構造を強化・構築し、わが国との同盟関係を近代化し、戦略立案と優先順位を統合的に調整することで統合能力を強化する方針を示している。

また、2022年12月に成立した2023会計年度国防授権法は、中露との戦略的競争などを重視した内容となっており、中国による経済的威圧に対抗するための省庁間タスクフォースの設置や台湾との安全保障協力を強化するための様々な条項を含む「台湾抗たん性強化法」、統合運用の指揮権を有する司令部のインド太平洋軍責任地域内への設置など、インド太平洋地域における米軍の態勢や能力の強化に関する取組が、新たに加えられている。

わが国との関係においては、2023年1月の日米安全保障協議委員会（日米「2＋2」）共同発表において、米国はわが国を含むインド太平洋における戦力態勢を最適化する決意を表明した。また、米国は、日米安全保障条約第5条が尖閣諸島に適用される旨を繰り返し表明しており、バイデン政権においても、NSSにおいて、尖閣諸島も含め、日米安保条約下での日本防衛に対する米国の揺るぎないコミットメントを再確認しているほか、日米首脳会談などにおいても、同方針を継続して確認している。

一方、中国は、これらの米国の姿勢に対し、中国の発展を抑え込み、米国の覇権を擁護しようとしているなどとして反発しており、米国がインド太平洋地域での関与を強化するとともに、クアッドなどの取組が強固な同盟関係に成長することを警戒しているとみられる。また、中国は経済成長などを背景に急速に軍事力を強化させており、インド太平洋地域における米中の軍事的なパワーバランスは変化している。米国は、中距離核戦力全廃条約（INF条約）（Intermediate-Range Nuclear Forces）や新戦略兵器削減条約（新START）（Strategic Arms Reduction Treaty）の枠組みの外にあった中国が、地上発射型のミサイルの戦力を一方的に強化してきていることに関し、軍備管理交渉に中国を含めるべきであると主張し、中国のミサイル戦力強化に一定の歯止めをかけたい意向を示してきたが、中国は、まずは米国が率先して軍縮を実施するべきとして一貫して拒否[1]している。

米中の軍事的なパワーバランスの変化は、インド太平洋地域の平和と安定に影響を与えうることから、南シナ海や台湾をはじめとする同地域の米中の軍事的な動向について一層注視していく必要がある。

2　南シナ海

南シナ海をめぐる問題について、米国は、海上交通路の航行の自由の阻害、米軍の活動に対する制約、地域全体の安全保障環境の悪化などの観点から懸念を有しており、中国に対し国際的な規範の遵守を求めるとともに、中国の一方的かつ高圧的な行動を累次にわたり批判している。一方、中国は、米国が南シナ海の平和と安定に対する最大の脅威であると反発を示し、対立を深めている。

中国は1950年代以降、南シナ海における力の空白を突いて進出を進め、西沙諸島の軍事拠点化などを推し進めるとともに、2014年以降、南沙諸島において大規模かつ急速な埋立てを実施してきた。2016年の比中仲裁判断において、中国の埋立てなどの活動の違法性が認定された後も、この判断に従う意思のないことを明確にして、同地域の軍事拠点化を進めている。

また、中国は、同地域での海空域における活動も拡大・活発化させ、南シナ海における軍事演習や弾道ミサイルの発射などを繰り返しており、2022年8月には空母「山東」が南シナ海で訓練を実施した旨を発表した。2021年6月には、中国軍機16機がマレーシア沿岸まで接近したことをマレーシア空軍が発表するなど、周辺国との緊張を高めるような行動もみられる。さらに、豪軍哨戒機が南シナ海上空を飛行中、中国軍戦闘機から危険な妨害行為を受けた旨を2022年6月に豪州が発表したほか、同年12月には、南シナ海上空で中国軍戦闘機が米軍機に異常接近した旨を米国が発表するなど、南シナ海で活動する他国軍に対する妨害行為も繰り返されている。

さらに、中国は、軍のみならず、海警法において「海上法執行機関」とされている海警やいわゆる海上民兵を活用して、周辺諸国に対しての圧力を強めるとともに、現状変更を試みている。海警船が漁船に対し威嚇射撃を行うなど、周辺諸国の南シナ海における漁業活動に支障が生じる事案が発生しているほか、2023年2月には、セカンドトーマス礁付近において、フィリピン海軍に対する補給支援を実施中の沿岸警備隊の船舶に対し、中国海警船が軍事級レーザーを使用したとして、マルコス大統領が駐フィリピン中国大使を呼び出し、深刻な懸念を表明するなど、他国の活動の妨害を試み、中国の主権を主張するような活動がみられる。2021年2月に施行された

1　2019年12月11日付の中国外交部HPによる。

海警法についても、曖昧な適用海域や武器使用権限など、国際法との整合性の観点から問題がある規定を含んでおり、周辺諸国から中国の動きに対する懸念の声が出ている。また、海上民兵についても、2021年3月、フィリピン政府はウィットサン礁付近で中国民兵船約220隻を確認した旨を発表し、懸念を表明している。中国の政治的目標を達成するための、武力衝突を引き起こすには至らない範囲での強制的活動において、海上民兵は主要な役割を果たしていると指摘されており[2]、こうした非対称戦略にも注目する必要がある。

参照　2節2項6（5）（南シナ海における動向）、7節（東南アジア）

米国は、従来、南シナ海をめぐる問題について中国の行動を批判し、また、「航行の自由作戦」などを実施してきた。

バイデン政権においても、中国による南シナ海での海洋権益に関する主張について米国は拒否するとしたうえで、中国の圧力に直面する東南アジア諸国とともに立ち上がると表明し、一貫した対中抑止の厳しい姿勢を示している。2021年7月には、比中仲裁判断から5年を迎えたことを受けブリンケン国務長官が声明を発表し、中国に対して国際法の義務を順守することを改めて求めた。2022年1月には、米国務省が、南シナ海における中国の海洋権益主張を国際法に照らして検討した報告書を公表し、南シナ海の大部分に及ぶ中国の主張は不法であり、海洋における法の支配を深刻に損なうと指摘している。また、同年11月には、ハリス副大統領がフィリピンを訪問し、南シナ海におけるフィリピン軍などへの武力攻撃に対する相互防衛義務へのコミットを再確認するとともに、フィリピン海洋法執行機関などへの支援を新たに発表するなど、南シナ海沿岸国との連携をさらに強化する姿勢をみせている。

加えて、米国は、南シナ海における軍事的な取組を強化させてきている。中国などによる行き過ぎた海洋権益の主張に対抗するため、「航行の自由作戦」を継続的に実施するとともに、2020年7月、2014年以降初めて2個空母打撃群による合同演習を実施し、バイデン政権発足後も、2021年2月以降、同様の演習を複数回にわたり実施している。さらに、わが国や英国、オーストラリア、オランダ、カナダ、シンガポール、インドネシア、フィリピンといったパートナー国との共同訓練も実施している。それに対し、中国は、地域の平和や安定につながらないなどと米国を批判している。

今後、南シナ海において、法の支配に基づく自由で開かれた秩序の形成が重要である中、軍事的な緊張が高まる可能性があり、「自由で開かれたインド太平洋（FOIP）」（Free and Open Indo-Pacific）というビジョンを米国とともに推進するわが国としても、高い関心を持って注視していく必要がある。

3　台湾

中国は、台湾は中国の一部であり、台湾問題は内政問題であるとの原則を堅持しており、「一つの中国」の原則が、中台間の議論の前提であり、基礎であるとしている。また、中国は、外国勢力による中国統一への干渉や台湾独立を狙う動きに強く反対する立場から、両岸問題において武力行使を放棄していないことをたびたび表明している。2005年3月に制定された「反国家分裂法」では、「平和的統一の可能性が完全に失われたとき、国は非平和的方式やそのほか必要な措置を講じて、国家の主権と領土保全を守ることができる」とし、武力行使の不放棄が明文化されている。また、2022年10月、習総書記は、第20回党大会における報告の中で、両岸関係について、「最大の誠意をもって、最大の努力を尽くして平和的統一の未来を実現」するとしつつも、「台湾問題を解決して祖国の完全統一を実現することは、中華民族の偉大な復興を実現する上での必然的要請」であり、「決して武力行使の放棄を約束せず、あらゆる必要な措置をとるという選択肢を残す」との立場を改めて表明した。

一方、米国は、NSSにおいて、台湾海峡の平和と安定の維持に変わらぬ関心を持ち、中台いずれの側によるものであっても一方的な現状変更に反対であり、台湾の独立を支持せず、台湾関係法、3つの米中共同コミュニケ、6つの保証により導かれる「一つの中国」政策に引き続きコミットする考えを示した。そのうえで台湾の自衛を支援し、台湾に対するいかなる武力行使や威圧にも抵抗する米国の能力を維持するという、台湾関係法に基づくコミットメントを守る考えを示している。

バイデン政権は、中国を米国にとって最も重大な地政学的挑戦で、国際秩序を再構築する意図及び能力を備え

2　米国防省「中華人民共和国の軍事及び安全保障の進展に関する年次報告」（2022年）による。

た唯一の競争相手と位置づけ、台湾をめぐる問題などについては、同盟国やパートナー国との協力によって中国を牽制する外交姿勢を鮮明にしている。例えば、バイデン政権発足以降、日米首脳会談、G7首脳会談、米EU首脳会談などの国際会議の場において、「台湾海峡の平和と安定」の重要性が繰り返し言及されている。さらに、バイデン政権は、国連加盟国に対し、台湾が国連システムへ意味のある参加をすることへの支援を呼びかけるなど、台湾の国際的地位を高める取組を推進している。

また、米国は、台湾関係法に基づき台湾への武器売却を決定してきており、バイデン政権発足以降も、自走榴弾砲や航空機搭載型ミサイルの売却や防空ミサイルシステムの維持補修など、継続的な売却が行われている。米艦艇による台湾海峡通過をバイデン政権発足以降も定期的に実施し、加えて、2021年10月には、蔡英文総統が米メディアのインタビューにおいて、米軍が訓練目的で台湾に来訪していることを認める発言を行っている。

さらに、米国は、政府のみならず、議会も台湾に対する支援を一層強化する方針を示してきている。2022年には、ペロシ米下院議長（当時）をはじめ、米国の議員らがたびたび台湾を訪れ、蔡総統などと会見し、米台関係の強化などについて意見交換を行ったとされる。さらに、同年12月に成立した2023会計年度国防授権法では、台湾との安全保障協力を強化するための「台湾抗たん性強化法」の承認や、2023年から2027年の5年間で、最大100億ドルの軍事融資を行うことを承認するなどの内容が盛り込まれている。

これに対し、中国は、台湾周辺での軍事活動をさらに活発化させている。台湾国防部の発表によれば、2020年9月以降、中国軍機による台湾周辺空域への進入が増加しており、2021年には延べ970機以上が同空域に進入し、2022年には前年を大きく上回る延べ1,700機以上の航空機が台湾周辺空域に進入した。また、同空域への進入アセットについては、従来の戦闘機や爆撃機に加え、2021年以降、攻撃ヘリ、空中給油機、UAVなどが確認されたと発表されている。

2022年8月2日、ペロシ米下院議長（当時）の台湾訪問に伴い、中国は、台湾周辺において一連の統合軍事行動を実施すると発表し、台湾を取り囲む6つの訓練エリアの設定を公表した。同月4日、中国は、9発の弾道ミサイルの発射を行い、このうち5発はわが国の排他的経済水域（EEZ：Exclusive Economic Zone）内に、また、最も近いものは与那国島から約80kmの地点に着弾した。このことは、地域住民に脅威と受け止められた。この軍事演習では、戦時における台湾の封鎖、対地・対艦攻撃、制海権・制空権の獲得及びサイバー攻撃や「認知戦」などのグレーゾーン事態に関する作戦といった、対台湾侵攻作戦の一部が演練された可能性があると考えられる。

さらに、台湾国防部の発表によれば、中国軍はペロシ米下院議長訪台以降、軍用機の台湾海峡における中台「中間線」[3]以東空域への進入を断続的に実施しているとされる。

参照　解説「台湾をめぐる中国の軍事動向」

こうした台湾周辺での中国側の軍事活動の活発化と台湾側の対応により、中台間の軍事的緊張が高まる可能性も否定できない状況となっている。

バイデン政権が軍事面において台湾を支援する姿勢を鮮明にしていく中、台湾問題を「核心的利益の中の核心」と位置づける中国が、米国の姿勢に妥協する可能性は低いと考えられ、台湾をめぐる米中間の対立は一層顕在化していく可能性がある。台湾をめぐる情勢の安定は、わが国の安全保障にとってはもとより、国際社会の安定にとっても重要であり、わが国としても一層緊張感を持って注視していく必要がある。

3　台湾の軍事力と中台軍事バランス

1　中国との関係

2016年に就任した民進党の蔡英文総統は、「一つの中国」を体現しているとする「92年コンセンサス」について一貫して受け入れていない旨を表明している[4]。これに対して中国は、民進党が「92年コンセンサス」の受け入

3　1950年代に米国が設定したとされる台湾海峡上の線。台湾側は座標を公表するなど「中間線」の存在を主張する一方、中国側は「台湾は中国の不可分の一部であり、いわゆる『中間線』は存在しない」との立場を主張しているが、これまでは「中間線」を越える軍用機の飛行はほとんどみられなかった。
4　1992年に中台当局が「一つの中国」原則について共通認識に至ったとされるもの。当事者とされる中国共産党と台湾の国民党（当時の台湾与党）の間で「一つの中国」にかかる解釈が異なるとされるほか、台湾の民進党は「92年コンセンサスを受け入れていない」としてきている。

れを拒否することで一方的に両岸関係の平和的発展という政治的基礎を破壊しているなどと批判するとともに、「92年コンセンサス」を堅持することは両岸関係の平和・安定にとって揺るがすことができない基礎であると強調している。

また、台湾に対する「一国二制度」の適用について、習総書記は2019年1月の「台湾同胞に告げる書」40周年記念大会で、「台湾での『一国二制度』の具体的な実現形式は、台湾の実情を十分に考慮する」などと提起した。これに対し、蔡総統は即日、「一国二制度」を断固受け入れないとする談話を発表し、「公権力を有する機関同士」の対話を呼びかけた。さらに、2021年10月、習総書記は辛亥革命110周年を記念する式典において、「国家を分裂させるものは全て、これまでも良い結末はなく、必ずや人民に唾棄され、歴史的な審判を受けるであろう」と述べ、蔡政権を改めてけん制した。一方、蔡総統は同月の双十節での演説において「現状維持が我々の主張である」としつつ、「中華民国と中華人民共和国は互いに隷属しないことを堅持」すべきと述べ、両岸の対立を双方の対等な立場での対話によって解決する姿勢を強調している。

国際社会と台湾の関係については、蔡総統の一期目就任前後から、国際機関が主催する会議などにおいて、これまで参加していたものを含め、相次いで台湾代表が出席を拒否されたり、台湾に対する招待が見送られたりするなどしている[5]。さらに、2023年3月にホンジュラスが台湾と断交して中国と外交関係を樹立したことにより、台湾の国交国は2016年5月の蔡政権発足当初の22か国から13か国に減少している。台湾当局はこれらを「中国による台湾の国際的空間を圧縮する行為」などとし、強い反発を示している。

2　台湾の軍事力と防衛戦略

台湾軍の戦力は、現在、海軍陸戦隊を含めた陸上戦力が約10万4,000人である。陸軍の編成については、従来の軍団などを廃止し、統合作戦組織である作戦区を常設する計画が進められているとされ、この理由について台湾国防部長は、平時と戦時が結合した統合作戦の遂行に有利とするためと説明している。このほか、有事には陸・海・空軍合わせて約166万人の予備役兵力を投入可能とみられており、2022年1月には、予備役や官民の戦時動員にかかわる組織を統合した全民防衛動員署が設立され、有事の際の動員体制の効率化が図られている。海上戦力については、米国から導入されたキッド級駆逐艦のほか、自主建造したステルスコルベット「沱江(だこう)」などを保有している。台湾は現在、「国艦国造」と称する艦艇自主建造計画を推進しており、「沱江」級コルベットを2026年までに11隻、国産の潜水艦を最終的に8隻程度それぞれ建造する計画などが進められている。航空戦力については、F-16（A/B及びA/B改修V型）戦闘機、ミラージュ2000戦闘機、経国戦闘機などを保有している。2021年11月、台湾初のF-16A/B改修V型から編成される部隊が嘉義基地に発足し、米国から導入予定である新造のF-16V戦闘機を含め、より長射程のミサイルを搭載できる戦闘機の配備が強化されている。

台湾は1951年から徴兵制を採用してきたが、兵士の専門性を高めることなどを目的として志願制への移行が進められ、徴兵による入隊は2018年末までに終了した。それ以降も、適齢男性（18～36歳）に対する4か月間の軍事訓練義務が維持されてきたが、2022年12月、蔡政権は、2024年から適齢男性に対する義務兵役を復活し、その期間を1年間とすることを決定した。新兵役制度では、従来の軍事訓練義務よりも訓練内容を強化するとし、具体的には、新装備の操作訓練の強化や実戦的な訓練への参加などが義務づけられる予定であるとされる。

一方、中国は、台湾に対する武力行使を放棄しない意思を示し続けており、航空・海上封鎖、限定的な武力行使、航空・ミサイル作戦、台湾への侵攻といった軍事的選択肢を発動する可能性があり、その際、米国の潜在的な介入の抑止又は遅延を企図することが指摘されている。報道によれば、2021年12月、台湾国防部が立法院に提出した中国の台湾侵攻プロセスに関する非公表の報告書において、中国は初期段階において、演習の名目で軍を中国沿岸に集結させるとともに、「認知戦」を行使して台湾民衆のパニックを引き起こした後、海軍艦艇を西太平洋に集結させて外国軍の介入を阻止する、続いて、「演習から戦争への転換」という戦略のもとで、ロケット軍及び空軍による弾道ミサイル及び巡航ミサイルの発射が行われ、台湾の重要軍事施設を攻撃すると同時に、戦

5　2019年9月24日付の台湾外交部HPによる。

略支援部隊が台湾軍の重要システムなどへのサイバー攻撃を実行する、最終的には、海上・航空優勢の獲得後、強襲揚陸艦や輸送ヘリなどによる着上陸作戦を実施し、外国軍の介入の前に台湾制圧を達成するとされている。

このような中国の動向に対し、台湾は、蔡総統のもと、「防衛固守・重層抑止」と呼ばれる戦闘機、艦艇などの主要装備品と非対称戦力を組み合わせた多層的な防衛態勢により、中国の侵攻を可能な限り遠方で阻止する防衛戦略を打ち出している。この戦略のもとに、機動、隠蔽、分散、欺瞞、偽装などにより、敵の先制攻撃による危害を低減させ、軍の戦力を確保する「戦力防護」、航空戦力や沿岸に配置した火力により局地的優勢を確保し、統合戦力を発揮して敵の着上陸船団を阻止・殲滅する「沿海決勝」、敵の着上陸、敵艦艇の海岸部での行動に際し、陸・海・空の兵力、火力及び障害で敵を錨地、海岸などで撃滅し、上陸を阻止する「海岸殲滅」からなる防衛構想を提起している[6]。これは、中台間に圧倒的な兵力差がある中で、中国軍の作戦能力を消耗させ、着上陸を阻止・減殺するねらいがあるとともに、中国軍の侵攻を遅らせ、米軍介入までの時間稼ぎを想定しているとみられる。台湾は、「防衛固守・重層抑止」を完遂するために、国産の非対称戦力や長射程兵器の開発生産を拡充するとともに、米国から高性能・長射程の武器を導入することで、中国軍の侵攻をより遠方で制約することを企図しているとみられる。台湾は現在、海・空戦力や長射程ミサイルなどの国産開発を強化しており、2021年11月には、海空戦力などの拡充のための特別予算案が可決され、5年間で2,400億台湾ドル（約9,500億円）を自主開発装備の取得に投入することを決定した。これに加え、台湾は米国から、高機動ロケット砲システム「M142」(HIMARS)、地対艦ミサイルシステム「RGM-84L-4」(ハープーン)、長距離空対地ミサイル「AGM-84H」(SLAM-ER)などを取得することを決定している。

2021年11月、蔡政権下では3回目となる、過去2年間の国防政策の取組を国民に示す国防報告書（2021年国防報告書）が公表された。同報告書では、「防衛固守・重層抑止」の防衛戦略が維持されつつ、中国のグレーゾーン脅威の項目が新たに設けられるなど、中国のグレーゾーン戦略に対する台湾の強い警戒感が示された。同報告書は、中国のグレーゾーン戦略を「戦わずして台湾を奪取する」手段であると認識し、具体的には、情報収集やインフラ・システム攻撃などによるサイバー攻撃、SNSなどを通じた「三戦」（心理戦、輿論戦、法律戦）の展開や偽情報の散布などによって一般市民の心理を操作・かく乱し、台湾社会の混乱を生み出そうとする「認知戦」などの例をあげている。こうした中国の脅威に対し、台湾は非対称戦力や国産兵器の拡充、米国からの武器購入、統合訓練の強化、サイバー作戦能力の向上、中国の認知戦に対するリテラシー教育の強化、「全民防衛動員署」の設立による動員体制の強化などの取組を行ったとしている。

このほか、台湾は、中国軍の侵攻を想定した大規模軍事演習「漢光」を毎年実施しており、一連の演習を通じ台湾軍の防衛戦略を検証しているものと考えられている。近年の「漢光」演習では、対着上陸や迎撃などの演目のほか、対サイバー戦、海軍と海巡署の共同訓練といった対グレーゾーン戦略を意識した訓練が行われている。2022年の「漢光38号」演習では、ウクライナ侵略を踏まえた訓練内容が設定されたとされており、具体的には、対戦車ミサイル「ジャベリン」を使用した反撃訓練、予備役を最前線に配置した戦闘訓練、全市民参加型の防空演習、対サイバー戦及び対認知戦演習などが行われた。

3 中台軍事バランス

中国が継続的に高い水準で国防費を増加させる一方、2023年度の台湾の国防費は約4,092億台湾ドルと約20年間でほぼ横ばいである。同年度の中国の公表国防費は約1兆5,537億元であり、台湾中央銀行が発表した為替レートで米ドル換算して比較した場合、台湾の約17倍となっている。なお、中国の実際の国防支出は公表国防費よりも大きいことが指摘されており、中台国防費の実際の差はさらに大きい可能性がある。このような中、蔡総統は、国防予算を増額するよう指示している。

米国防省が2022年11月に公表した「中国の軍事及び安全保障の発展に関する年次報告書（2022）」によれば、中国軍の対台湾侵攻戦力を以下のように評価している。

- 陸軍は、水陸両用作戦を遂行可能な6個合成旅団を

6 なお、2021年の「4年ごとの国防総検討」（QDR：Quadrennial Defense Review）及び国防報告書では、「対岸拒否、海上攻撃、水際撃破、海岸殲滅」との用兵理念が提示されており、敵を重層的に阻止するとともに統合火力攻撃を行い、敵の作戦能力を逐次弱体化し、敵の攻勢を瓦解させ、敵の上陸侵攻を阻み、台湾侵攻を失敗させる、と説明されている。

編成しており、そのうち4個旅団が台湾を作戦範囲とする東部戦区に、2個旅団が南部戦区に編成されている。

- 海軍は、新型の攻撃潜水艦や対空能力を備えた水上戦闘艦艇などを配備し、第1列島線内における海上優勢の獲得や第3国の介入阻止を完遂するための体制を構築している。現在、大規模な台湾侵攻に必要と考えられる数の揚陸艦や上陸舟艇への投資は行っていないものの、民間の輸送船などによって不足分を補おうとしている可能性がある。
- 空軍は、対空・対地作戦を実施するための先進的航空機を獲得しているほか、台湾侵攻時に軍の作戦を支援するための高いISR能力を保有している。また、給油能力の向上により、より遠隔地での活動を可能とする能力を向上させている。
- ロケット軍は、台湾の軍事施設など高価値の目標に対するミサイル攻撃を行い、台湾の防衛力を低下させ、戦意を喪失させることを企図している。

これに加え、同報告書は、台湾侵攻時においては、戦略支援部隊がサイバー戦や心理戦を実施するほか、2016年に新編された聯勤保障部隊が統合的な後方支援任務を担う旨指摘している。

中台の軍事力の一般的な特徴については次のように考えられる。

① 陸軍力については、中国が圧倒的な兵力を有しているものの、台湾本島への着上陸侵攻能力は現時点では限定的である。しかし、近年、中国は大型揚陸艦の建造・就役など着上陸侵攻能力を着実に向上させるとともに、民間の輸送船などの動員によって、輸送能力の向上を図っているとみられる。これに対し、台湾側も近年、対戦車ミサイル「ジャベリン」などの非対称兵器を使用した訓練の強化や、予備役や今後復活予定の徴兵対象者の戦闘訓練への参加など、対着上陸能力向上に向けた取組を行っている。

② 海・空軍力については、電磁カタパルト搭載の可能性が指摘される2隻目の国産空母の進水や、第5世代戦闘機であるJ-20の作戦部隊への配備など、中国の海・空軍力が質的にも量的にも急速に強化されている。一方、台湾は、海空戦力増強のための特別予算を可決するなど海空戦力の強化に努めているものの、その戦力差は中国に有利な方向に拡大する傾向にある。

③ ミサイル攻撃力については、中国は台湾を射程に収める短距離弾道ミサイルや多連装ロケット砲などを多数保有している。これに対し台湾は、米国から導入したPAC-2の性能向上及びPAC-3の新規導入を進めるなどミサイル防衛能力を強化しているが、飽和攻撃への対応には限界があると指摘されている。また、台湾は、射程1,200kmとも言われる地対地ミサイル「雄昇」などの長射程巡航ミサイルの開発・生産を行っていることが指摘されるとともに、米国から長射程空対地ミサイル「AGM-158」の導入を目指しているとされるなど、スタンドオフ攻撃能力の向上を図っている。

軍事能力の比較は、兵力、装備の性能や量だけではなく、想定される軍事作戦の目的や様相、運用態勢、要員の練度、後方支援体制など様々な要素から判断されるべきものであるが、中台の軍事バランスは全体として中国側に有利な方向に急速に傾斜する形で変化している。

中国は、台湾周辺における威圧的な軍事活動を活発化させており、国際社会の安全と繁栄に不可欠な台湾海峡の平和と安定については、わが国を含むインド太平洋地域のみならず、国際社会全体において急速に懸念が高まっている。

力による一方的な現状変更はインド太平洋のみならず、世界共通の課題との認識のもと、わが国としては、同盟国たる米国や同志国、国際社会と連携しつつ、関連動向を一層の緊張感を持って注視していく。

参照　図表Ⅰ-3-3-1（台湾軍の配置）、図表Ⅰ-3-3-2（中台軍事力の比較）、図表Ⅰ-3-3-3（台湾の防衛当局予算の推移）、図表Ⅰ-3-3-4（中台の近代的戦闘機の推移）

図表Ⅰ-3-3-1　台湾軍の配置

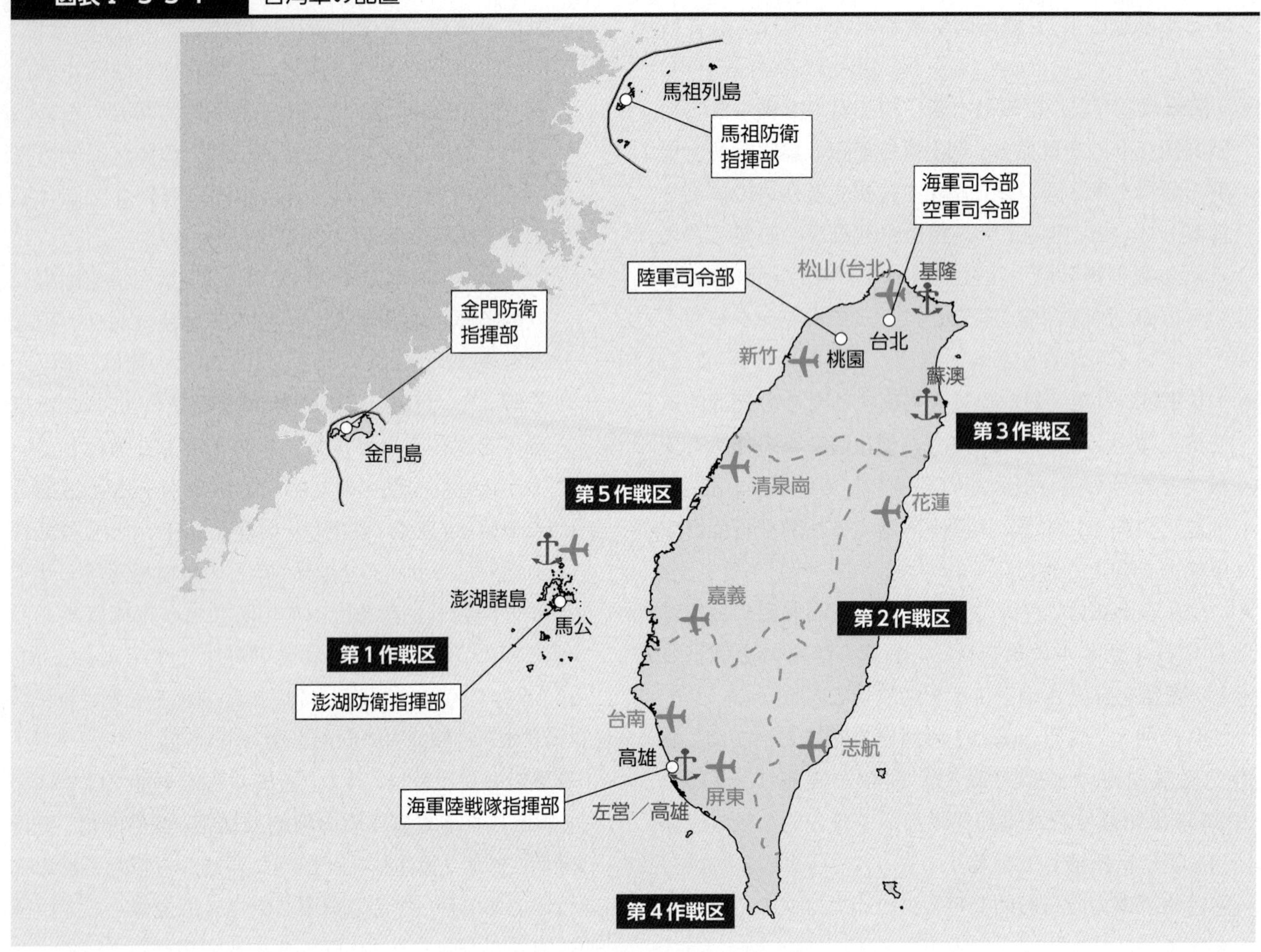

図表Ⅰ-3-3-2　中台軍事力の比較

		中国	台湾
総　兵　力		約204万人	約17万人
陸上戦力	陸上兵力	約97万人	約9万4千人
	戦　車　等	99/A型、96/A型、 88A/B型など 約6,050両	M-60A3、CM-11など、 約750両
海上戦力	艦　艇	約720隻　約230万トン	約250隻　約21万トン
	空母・駆逐艦・フリゲート	約90隻	約30隻
	潜　水　艦	約70隻	4隻
	海　兵　隊	約4万人	約1万人
航空戦力	作　戦　機	約3,200機	約510機
	近代的戦闘機	J-10×588機 Su-27/J-11×329機 Su-30×97機 Su-35×24機 J-15×60機 J-16×262機 J-20×140機 （第4・5世代戦闘機　合計1,500機）	ミラージュ 2000×54機 F-16（A/B）×77機 F-16（改修V型）×63機 経国×127機 （第4世代戦闘機　合計321機）
参考	人　口	約14億2,000万人	約2,350万人
	兵　役	2年	2018年末より志願兵制に移行（適齢男性に対する4か月の軍事訓練義務は維持）していたものの、2024年より適齢男性に対する兵役を再開することを決定（任期1年）

（注）　資料は、「ミリタリー・バランス（2023）」などによる。

図表Ⅰ-3-3-3　台湾の防衛当局予算の推移

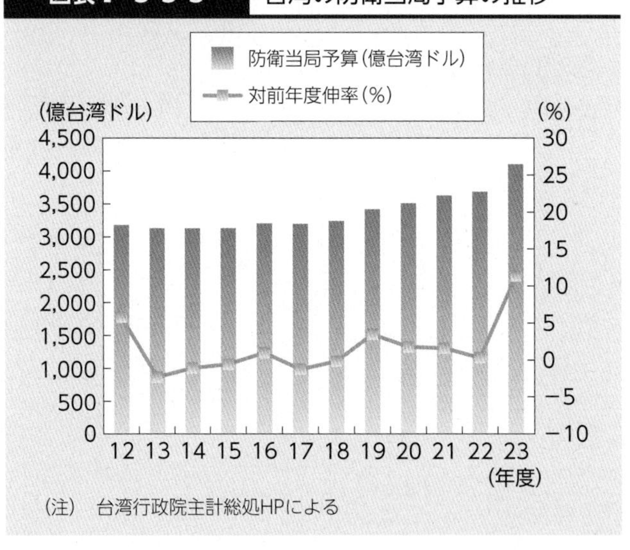

（注）　台湾行政院主計総処HPによる

図表I-3-3-4　中台の近代的戦闘機の推移

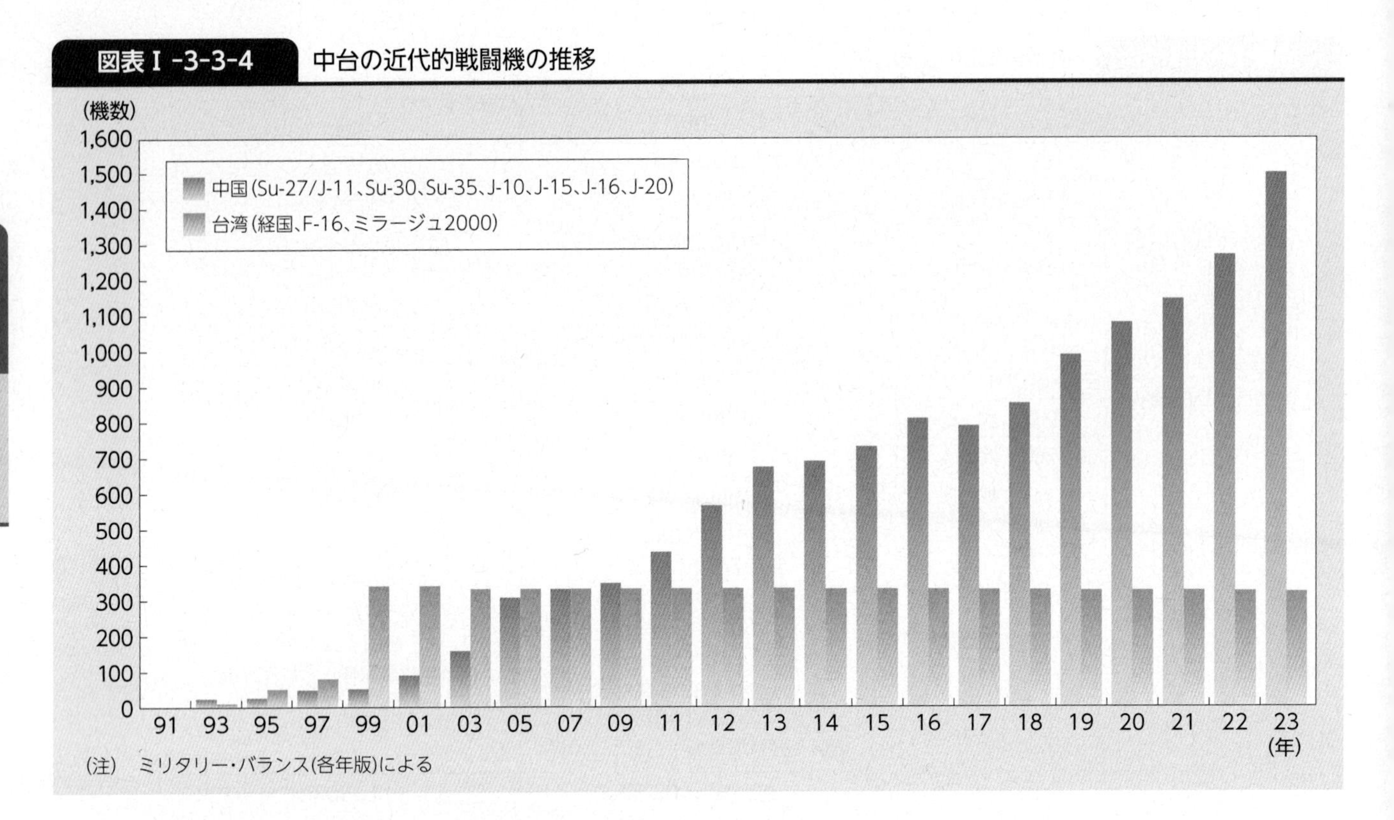

(注)　ミリタリー・バランス(各年版)による

第4節　朝鮮半島

朝鮮半島では、半世紀以上にわたり同一民族の南北分断状態が続き、現在も、非武装地帯（DMZ）（Demilitarized Zone）を挟んで150万人程度の地上軍が厳しく対峙している。

このような状況にある朝鮮半島の平和と安定は、わが国のみならず、東アジア全域の平和と安定にとって極めて重要な課題である。

参照　図表Ⅰ-3-4-1（朝鮮半島における軍事力の対峙）

図表Ⅰ-3-4-1　朝鮮半島における軍事力の対峙

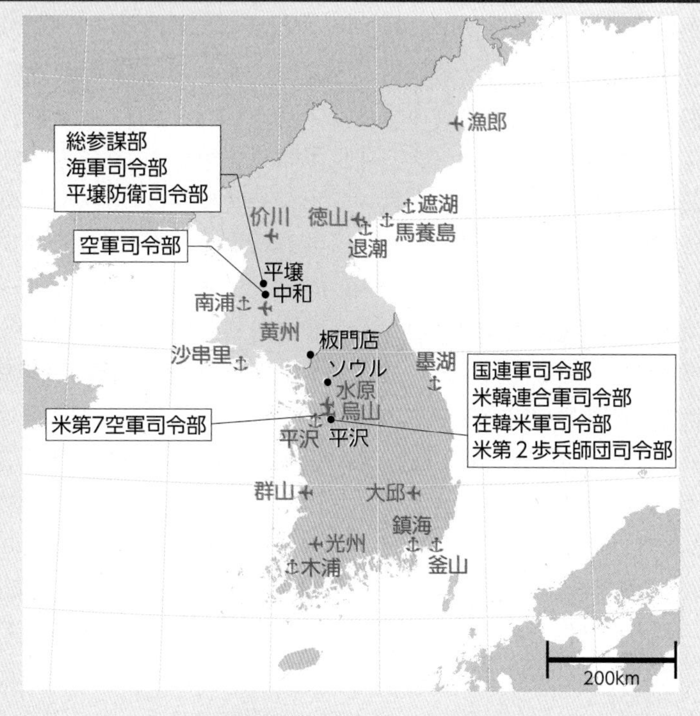

		北朝鮮	韓　国	在韓米軍
総　兵　力		約128万人	約56万人	約3万人
陸軍	陸上兵力	約110万人	約42万人	約2万人
	戦　車	T-62、T-54/-55など 約3,500両	M-48、K-1、T-80など 約2,150両	M-1A2SEPv2
海軍	艦　艇	約790隻　10万トン	約230隻　29万トン	支援部隊のみ
	駆逐艦 フリゲート 潜水艦	 6隻 21隻	12隻 14隻 19隻	
	海兵隊		約2.9万人	
空軍	作戦機	約550機	約660機	約80機
	第3/4/5世代戦闘機	MiG-23×56機 MiG-29×18機	F-4×29機 F-16×161機 F-15×59機 F-35×40機	F-16×60機
参考	人　口	2,596万人	5,184万人	
	兵　役	男性　10年 女性　7年	陸軍　18か月 海軍　20か月 空軍　21か月	

（注）資料は「ミリタリー・バランス（2023）」などによる。

1 北朝鮮

1 全般

北朝鮮の金正恩（キム・ジョンウン）国務委員長（以下「金委員長」という。）[1]は2016年5月、経済建設と核武力建設を並行して進めていくという、いわゆる「並進路線」を「先軍政治」[2]と併せて堅持する旨明らかにした。実際に、北朝鮮は同年から翌2017年にかけて3回の核実験や多数の弾道ミサイルの発射を強行し、国家核武力の完成を実現した旨発表したが、こうした動きを受け、国連安保理決議による制裁が強化されたほか、わが国や米国が独自の措置を講じてきた。

転じて2018年に入ると、金委員長は「並進路線」が貫徹されたとし、「社会主義経済建設に総力を集中」する「新たな戦略的路線」を発表した。米朝や南北間の対話機運が高まる中、金委員長は「核実験と大陸間弾道ロケット試験発射」の中止決定、核実験場の爆破公開などを進め、同年6月の米朝首脳会談で朝鮮半島の完全な非核化の意思を表明した。

しかし、2019年2月の米朝首脳会談は、双方が合意に達することなく終了し、金委員長は同年12月、米国の対北朝鮮敵視が撤回されるまで、戦略兵器開発を続ける旨表明した。また、2021年1月には、米国を敵視して「核戦争抑止力を一層強化」するなど、核・ミサイル能力の開発を継続する姿勢を示した。

その後も北朝鮮は米国の対北朝鮮姿勢を批判しつつ、「自衛的」な権利として核武力をはじめとする軍事力強化への意思を表明し続けている。2022年を通じ、北朝鮮はかつてない高い頻度で弾道ミサイル等の発射を繰り返した。同年2月以降、北朝鮮は大陸間弾道ミサイル（ICBM）級弾道ミサイルの発射を再開しつつ、9月には核兵器の使用条件などを規定する法令を採択し、金委員長が「絶対に核を放棄することはできない」と主張した。11月18日のICBM級「火星17」型発射後には、発射試験によってその性能を明確に検証したとし、今後も核戦力を拡大・強化していく旨発表した。また同時に、変則的な軌道で飛翔する弾道ミサイルや「極超音速ミサイル」と称するミサイルなどの発射を繰り返しているほか、「戦術核兵器」の搭載を念頭に長距離巡航ミサイルの実用化を追求するなど、北朝鮮は核・ミサイル関連技術と運用能力の向上に注力してきている。

これまでも北朝鮮は、6回の核実験に加え、核兵器の運搬手段たる弾道ミサイルの発射を繰り返し、大量破壊兵器や弾道ミサイルの開発推進及び運用能力の向上を図ってきた。技術的には、わが国を射程に収める弾道ミサイルについては、必要な核兵器の小型化・弾頭化などを既に実現し、これによりわが国を攻撃する能力を保有しているとみられるが、前述のように、北朝鮮は今後も引き続き核・ミサイルをはじめとする戦力・即応態勢の維持と一層の強化に努めていくものと考えられる。

また、北朝鮮はサイバー部隊の強化を進めているとみられるほか、大規模な特殊部隊を保持している。2023年1月の最高人民会議における北朝鮮の発表によれば、北朝鮮の同年度予算に占める国防費の割合は15.9％となっているが、これは実際の国防費の一部にすぎないとみられ、深刻な経済的困難に直面し、人権状況も全く改善されない中にあっても、軍事面に資源を重点的に配分し続けている。加えて、北朝鮮は、わが国を含む関係国に対する挑発的言動を繰り返してきた。

北朝鮮のこうした軍事動向は、わが国の安全保障にとって、従前よりも一層重大かつ差し迫った脅威となっており、地域と国際社会の平和と安全を著しく損なうものである。

北朝鮮の核開発・保有が認められないことは当然であり、弾道ミサイルなどの開発・配備状況、朝鮮半島における軍事的対峙、大量破壊兵器やミサイルの拡散の動きなどとも併せ、わが国として強い関心を持って注視していく必要がある。また、拉致問題については、引き続き、米国をはじめとする関係国と緊密に連携し、一日も早い全ての拉致被害者の帰国を実現すべく、全力を尽くしていく。

---

1 2016年5月当時は国防委員会第1委員長。同年6月に開催された最高人民会議において、国防委員会を国務委員会に改め、金正恩氏が「国務委員長」に就任したことを受け、金正恩氏の役職は国務委員長に統一している。

2 朝鮮労働党第7回大会決定書「朝鮮労働党中央委員会事業総括について」（2016年5月8日）では、「軍事先行の原則で軍事を全ての事業に優先させ、人民軍隊を核心、主力として革命の主体を強化し、それに依拠して社会主義偉業を勝利のうちに前進させていく社会主義基本政治方式」とされる。

2　軍事態勢

(1) 全般

北朝鮮は、南北分断下で一貫して軍事力を増強してきたが[3]、冷戦終結による旧ソ連圏からの軍事援助の減少や経済低迷、韓国軍の近代化といった要因から、装備の多くは旧式化し、通常戦力では韓国軍及び在韓米軍に対して著しい質的格差がみられる。それでも、北朝鮮の総兵力は陸軍を中心とした約128万人にのぼり、DMZ付近に展開する砲兵部隊を含め、依然として大規模な軍事力を維持している。また、情報収集や破壊工作などに従事する大規模な特殊部隊などを保有しているほか、全土にわたって多くの軍事関連の地下施設が存在するとみられていることも、北朝鮮の特徴の一つである。

さらに、北朝鮮は、体制を維持するため、大量破壊兵器や弾道ミサイルなどの増強に集中的に取り組むことで、独自の核抑止力構築や、米韓両軍との紛争における対処能力の向上を企図していると考えられる。米国全土を射程に含むICBM級弾道ミサイルの開発推進と同時に、近年、低空を変則的な軌道で飛翔することが可能な短距離弾道ミサイル（SRBM）などを繰り返し発射し、急速に関連技術や運用能力の向上を図っており、その発射態様も鉄道発射型や潜水艦発射型など多様化させつつ、より実戦的なSRBM戦力の拡充に努めているとみられる。また、2021年1月に金委員長が「中長距離巡航ミサイルをはじめとする先端核戦術兵器」や「戦術核兵器」の開発を掲げて以降、北朝鮮は実際に長距離巡航ミサイルの試験発射を成功させた旨の発表や、「戦術核運用部隊」の訓練と称する弾道ミサイルの発射などを行っている。

一連の開発・発射の背景には、体制維持・生存のため、核兵器及び長射程弾道ミサイルの保有による核抑止力の獲得に加え、米韓両軍との間で発生しうる通常戦力や戦術核を用いた武力紛争においても対処可能な手段を獲得するという狙いがあるものとみられる[4]。北朝鮮は、2021年1月の朝鮮労働党第8回大会で提示されたとされる「国防科学発展及び武器体系開発5か年計画」（以下「5か年計画」という。）に沿って核・ミサイルをはじめとする軍事力を強化していく旨を累次にわたって明らかにしており[5]、引き続きこの「5か年計画」のもとで各種兵器の研究開発・運用能力向上に注力していくものと考えられる。

(2) 軍事力

陸上戦力は、約110万人を擁し、兵力の約3分の2をDMZ付近に展開しているとみられる。その戦力は歩兵が中心だが、戦車3,500両以上を含む機甲戦力と火砲を有し、また、240mm多連装ロケットや170mm自走砲といった長射程火砲をDMZ沿いに配備していると考えられ、ソウルを含む韓国北部の都市・拠点などが射程に入っている。

海上戦力は、約790隻、約10万トンの艦艇を有するが、ミサイル高速艇などの小型艦艇が主体である。また、旧式のロメオ級潜水艦約20隻のほか、特殊部隊の潜入などに用いるとみられる小型潜水艦約30隻とエアクッション揚陸艇約140隻を有している。

航空戦力は、約550機の作戦機を有しており、その大部分は、中国や旧ソ連製の旧式機であるが、MiG-29戦闘機やSu-25攻撃機といった、いわゆる第4世代機も少数保有している。また、旧式ではあるが、特殊部隊の輸送に使用されるとみられるAn-2輸送機を多数保有している。

また、いわゆる非対称戦力として、大規模な特殊部隊[6]を保有しているほか、近年は非対称的な戦力としてサイバー部隊を強化し、軍事機密情報や核・ミサイル開発のための資金の窃取、他国の重要インフラへの攻撃能力の開発を行っているとみられている。

3　北朝鮮は、1962年に朝鮮労働党中央委員会第4期第5回総会で採択された、全軍の幹部化、全軍の近代化、全人民の武装化、全土の要塞化という四大軍事路線に基づいて軍事力を増強してきた。

4　例えば、金委員長は、2021年1月の朝鮮労働党第8回大会において、「現代戦において作戦任務の目的と打撃対象に応じ様々な手段で適用することのできる戦術核兵器を開発」する、「朝鮮半島地域における各種の軍事的脅威を、主動性を維持しつつ徹底的に抑止して統制、管理する」と表明したほか、2022年9月には「戦術核運用手段を不断に拡張し、適用手段の多様化をさらに高い段階で実現して核闘態勢を各方面から強化していく」と述べている。

5　2021年1月の同大会時の北朝鮮による発表などにおいては「国防科学発展及び武器体系開発5か年計画」という名称への直接的な言及はみられなかったが、同年9月13日に長距離巡航ミサイルの発射を発表した際、北朝鮮メディアによって、このミサイル開発事業が「党第8回大会が提示した国防科学発展及び武器体系開発5か年計画重点目標の達成」のために意義をもつものであるとして、初めて公に言及されたとみられる。

6　サーマン在韓米軍司令官（当時）は、2012年10月の米陸軍協会における講演で「北朝鮮は、世界最大の特殊部隊を保有しており、その兵力は6万人以上に上る」と述べているほか、韓国の「2022国防白書」は、北朝鮮の「特殊作戦軍」について、「兵力約20万人に達するものと評価される」と指摘している。

3　大量破壊兵器・ミサイル戦力

金委員長は、2021年1月の朝鮮労働党第8回大会において、今後の目標として、「戦術核兵器」の開発など核技術の高度化、核先制及び報復打撃能力の高度化などに加え、「極超音速滑空飛行弾頭」、水中及び地上発射型の固体燃料推進式大陸間弾道ミサイル（ICBM）といった様々な兵器の開発にも具体的に言及し、核・ミサイル能力を一層向上させ、軍事力を継続的に強化していく姿勢を示した。この時に「5か年計画」が提示されたとされ、同年以降実際に、北朝鮮はこの計画に沿って変則的な軌道で飛翔する弾道ミサイルや「極超音速ミサイル」と称するミサイル、新型ICBM級弾道ミサイルなどを立て続けに発射し、関連技術や運用能力の向上を図ってきている。

これまでも北朝鮮は弾道ミサイル等の発射を繰り返してきたが、特に2022年に入ってからは、かつてない高い頻度での発射を強行した。新型ICBM級弾道ミサイルを含め、2018年以降行ってきていなかった中距離弾道ミサイル（IRBM）級以上の弾道ミサイルの発射を再開すると同時に、低空を変則的な軌道で飛翔する弾道ミサイルを実用化して、これらを発射台付き車両（TEL：Transporter-Erector-Launcher）[7]や潜水艦、鉄道といった様々なプラットフォームから発射することで、兆候把握・探知・迎撃が困難な奇襲的攻撃能力の一層の強化を企図しているとみられる。また、2022年9月末から10月にかけて「戦術核運用部隊」の訓練として連日のように弾道ミサイル発射を繰り返したように、より実戦的な状況を連想させる形で挑発行為をエスカレートさせ、運用能力の向上と誇示を図っているとみられる点も最近の特徴である。

加えて、核実験を通じた技術的成熟などを踏まえれば、少なくともノドンやスカッドERといったわが国を射程に収める弾道ミサイルについては、必要な核兵器の小型化・弾頭化などを既に実現し、これによりわが国を攻撃する能力を保有しているとみられるが、北朝鮮は累次にわたり、さらなる核武力強化への意思を表明している。

昨今の北朝鮮による核・ミサイル関連技術の著しい進展は、わが国及び地域の安全保障にとって看過できるものではない。北朝鮮のこうした軍事動向は、わが国の安全保障にとって、従前よりも一層重大かつ差し迫った脅威となっており、地域と国際社会の平和と安全を著しく損なうものである。また、大量破壊兵器などの不拡散の観点からも、国際社会全体にとって深刻な課題となっている。

（1）核兵器

ア　核兵器計画の現状

これまでに6回の核実験を行ったことなどを踏まえれば、北朝鮮の核兵器計画は相当に進んでいるものと考えられる。

核兵器の原料となりうる核分裂性物質[8]であるプルトニウムについて、北朝鮮はこれまで製造・抽出を数回にわたり示唆してきており[9]、最近では、2018年から稼働を停止していたとみられる寧辺（ヨンビョン）の原子炉が、2021年7月以降再稼働しているとの指摘もある[10]。当該原子炉の再稼働は、北朝鮮によるプルトニウム製造・抽出につながりうることから、その動向が強く懸念される。

また、同じく核兵器の原料となりうる高濃縮ウランについては、北朝鮮は2009年6月にウラン濃縮活動への着手を宣言した。2010年11月には、訪朝した米国人の核専門家に対してウラン濃縮施設を公開し、その後、数千基規模の遠心分離機を備えたウラン濃縮工場の稼動に言及した。このウラン濃縮工場は、近年も施設拡張が指摘されるなど、濃縮能力を高めている可能性もある。加えて、北朝鮮が公表していないウラン濃縮施設が存在するとの指摘もある。こうしたウラン濃縮に関する北朝鮮

7　固定式発射台からの発射の兆候は敵に把握されやすく、敵からの攻撃に対し脆弱であることから、発射の兆候把握を困難にし、残存性を高めるため、旧ソ連などを中心に開発が行われた発射台付き車両。2021年10月に公表された米国防情報局「北朝鮮の軍事力」によれば、北朝鮮は、スカッドB及びC用のTELを最大100両、ノドン用のTELを最大100両、IRBM（ムスダン）用のTELを最大50両保有しているとされる。TEL搭載式ミサイルの発射については、TELに搭載され移動して運用されることに加え、全土にわたって軍事関連の地下施設が存在するとみられていることから、その詳細な発射位置や発射のタイミングなどに関する個別具体的な兆候を事前に把握することは困難であると考えられる。

8　プルトニウムは、原子炉でウランに中性子を照射することで人工的に作り出され、その後、再処理施設において使用済みの燃料から抽出し、核兵器の原料として使用される。一方、ウランを核兵器に使用する場合は、自然界に存在する天然ウランから核分裂を起こしやすいウラン235を抽出する作業（濃縮）が必要となり、一般的に、数千の遠心分離機を連結した大規模な濃縮施設を用いてウラン235の濃度を兵器級（90%以上）に高める作業が行われる。

9　北朝鮮は2003年10月に、プルトニウムが含まれる8,000本の使用済み燃料棒の再処理を完了したことを、2005年5月には、新たに8,000本の使用済み燃料棒の抜き取りを完了したことをそれぞれ発表している。なお、韓国の「2022国防白書」は、北朝鮮が約70kgのプルトニウムを保有していると推定している。

10　2021年8月に公表されたIAEA「Application of Safeguards in the Democratic People's Republic of Korea」など。2022年10月公表の「国連安全保障理事会北朝鮮制裁委員会専門家パネル中間報告書」でも、加盟国による指摘として掲載。

ICBMに搭載する水爆と主張する物体
【AFP＝時事】

の一連の動きは、北朝鮮が、プルトニウムに加えて、高濃縮ウランを用いた核兵器開発を推進している可能性があることを示している[11]。一般に、ウラン濃縮に用いられる施設の方がプルトニウム生産に用いられる原子炉よりも外観上の秘匿度が高く、外部からその活動を把握しがたいとされる。一方、プルトニウムの方がウランよりも臨界量が小さく、核兵器の小型化・軽量化が容易との指摘もある。これら双方の利点にかんがみ、北朝鮮は、今後もプルトニウム型・ウラン型の双方について開発を推進していく可能性がある。

北朝鮮は2006年10月9日、2009年5月25日、2013年2月12日、2016年1月6日、同年9月9日及び2017年9月3日に核実験を実施した。北朝鮮は、これらを通じて必要なデータの収集を行うなどして、核兵器を弾道ミサイルに搭載するための小型化・弾頭化を追求しつつ、核兵器計画を進展させている可能性が高い。例えば、2017年9月には、金委員長が核兵器研究所を視察し、ICBMに搭載できる水爆を視察した旨公表したほか、同日に強行された6回目の核実験について、「ICBM装着用水爆実験を成功裏に断行した」と発表している[12]。

核兵器を弾道ミサイルに搭載するための小型化について、米国、旧ソ連、英国、フランス、中国が1960年代までにこうした技術力を獲得したとみられることや過去6回の核実験を通じた技術的成熟が見込まれることなどを踏まえれば、北朝鮮はわが国を射程に収める弾道ミサイルについては、必要な核兵器の小型化・弾頭化などを既に実現しているとみられる。また、北朝鮮が約20発（全体としては45から55発分の核弾頭を生産するだけの核分裂性物質を貯蔵）の核弾頭を保有しているとの指摘もある[13]。

加えて、2022年3月以降、北朝鮮が2018年に爆破を公開していた北部の核実験場の復旧を進めているという指摘がなされるなど、北朝鮮がさらなる核実験を実施するための準備が整っている可能性がある。

イ　核兵器計画の背景と今後の見通し

北朝鮮の究極的な目標は体制の維持であるとみられ、北朝鮮はこの目的を達するために、独自の核抑止力を構築して核兵器を含む米国の脅威に対抗すべく、核開発を推進してきている。こうした認識は、米国の目的は「わが政権」を崩壊させることであって、絶対に核を放棄することはできないとする金委員長の演説[14]などからも明らかであり、今後も、北朝鮮は米国全土を射程に含む長距離ミサイルの開発推進と併せて核開発を進め、対米抑止力の獲得に注力していくものと考えられる。

一方で、2022年12月、金委員長は、韓国が「疑う余地のない明白な敵として迫っている」現状が、「戦術核兵器の大量生産の重要性と必要性」を浮き彫りにしているとの認識を示した。このように北朝鮮は、厳しい対北朝鮮政策をとる韓国の尹錫悦（ユン・ソンニョル）政権と対峙する中で、韓国を核攻撃の対象から排除しない旨も繰り返し言明しており、対米抑止力としての核兵器と併せ、朝鮮半島で生じうる武力紛争への対処を念頭に置いた戦術核兵器の開発も追求していく姿勢を示している。

2022年9月、北朝鮮は、「戦争を抑止することを基本使命」とし、抑止が失敗した場合には「侵略と攻撃を撃退して戦争の決定的勝利を達成する」といった核兵器の使命や指揮統制、使用条件などについて定めた法令「核武力政策について」を採択した。金委員長は、同法によ

11　韓国の「2022国防白書」は、（北朝鮮が）高濃縮ウラン（HEU：Highly Enriched Uranium）を相当量保有していると評価している。なお、寧辺所在のウラン濃縮施設とは異なるウラン濃縮施設が「カンソン」に存在するとの指摘もある。
12　6回目となる2017年の核実験の出力は過去最大規模の約160ktと推定されるところであり、推定出力の大きさを踏まえれば、当該核実験は水爆実験であった可能性も否定できない。なお、北朝鮮は4回目となる2016年1月の核実験についても、水爆実験であった旨主張しているが、当該核実験の出力は6～7ktと推定されることから、一般的な水爆実験を行ったとは考えにくい。
13　「SIPRI Yearbook 2022」による。
14　金委員長は2022年9月に開催された最高人民会議において、「米国が狙う目的は、われわれの核それ自体を除去しようとするところにもあるが、最終的には核を下ろさせて自衛権行使力まで放棄（させ）、または劣勢にしてわが政権をいつでも崩壊させようとすることである」として、「いかなる困難な環境に直面しようとも、（中略）絶対に核を放棄することはできない」と演説した。

図表I-3-4-2　北朝鮮が保有・開発してきた弾道ミサイル等

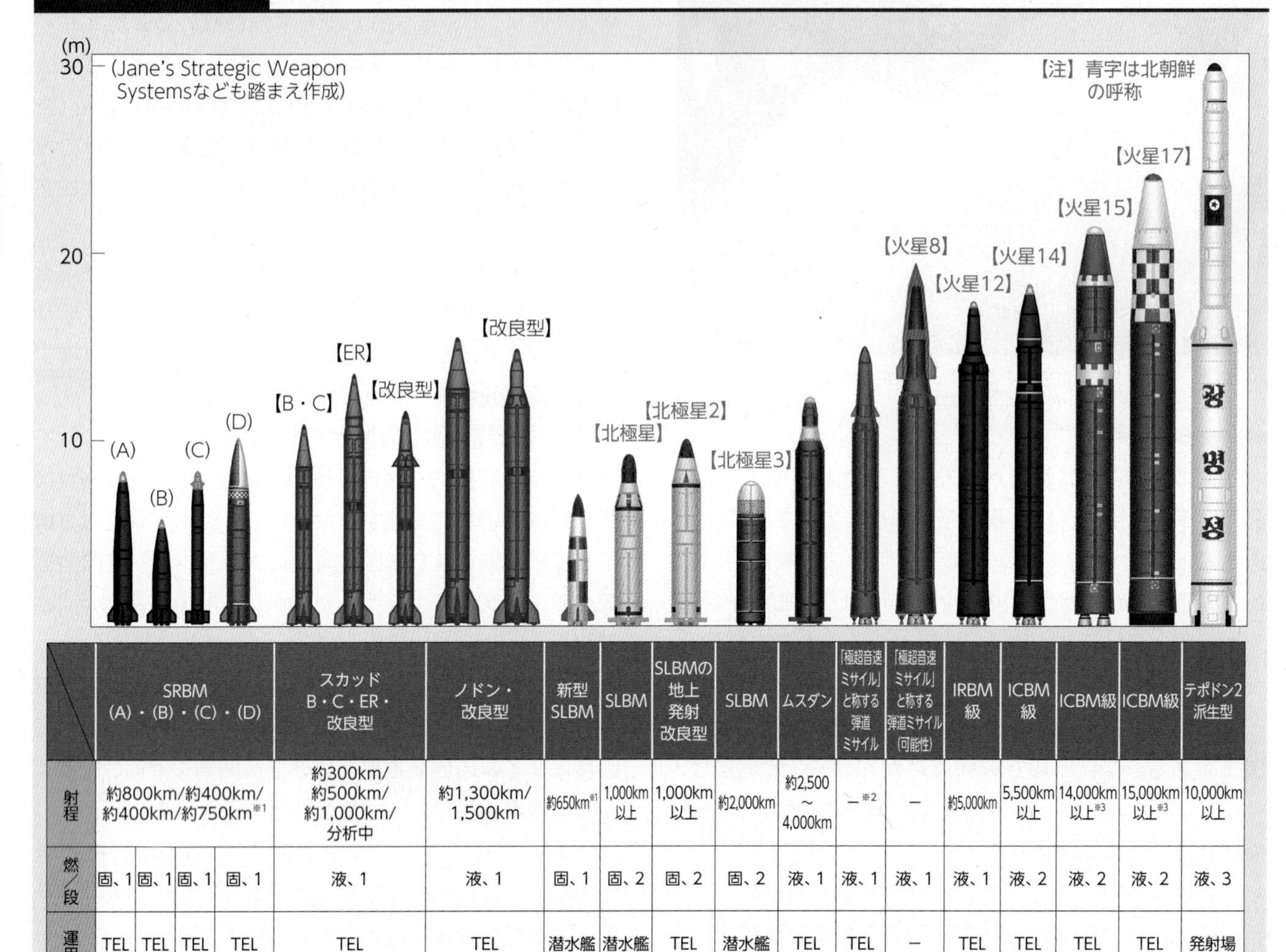

	SRBM (A)・(B)・(C)・(D)				スカッド B・C・ER・改良型	ノドン・改良型	新型SLBM	SLBM	SLBMの地上発射改良型	SLBM	ムスダン	「極超音速ミサイル」と称する弾道ミサイル	「極超音速ミサイル」と称する弾道ミサイル(可能性)	IRBM級	ICBM級	ICBM級	ICBM級	テポドン2派生型
射程	約800km/約400km/約400km/約750km※1				約300km/約500km/約1,000km/分析中	約1,300km/1,500km	約650km※1	1,000km以上	1,000km以上	約2,000km	約2,500～4,000km	ー※2	ー	約5,000km	5,500km以上	14,000km以上※3	15,000km以上※3	10,000km以上
燃/段	固、1	固、1	固、1	固、1	液、1	液、1	固、1	固、2	固、2	固、2	液、1	液、1	液、1	液、1	液、2	液、2	液、2	液、3
運用	TEL	TEL	TEL	TEL	TEL	TEL	潜水艦	潜水艦	TEL	潜水艦	TEL	TEL	ー	TEL	TEL	TEL	TEL	発射場

※1　SRBM (A)・(B)・(C)、新型SLBMの射程は実績としての最大射程。SRBM (D) は射程750kmに及ぶ可能性
※2　「極超音速ミサイル」と称する弾道ミサイルは、2022年1月5日の発射時には、通常の弾道軌道だとすれば約500km飛翔。同年1月11日の発射時には、通常の弾道軌道だとすれば約700km未満飛翔した可能性があるとしていたところ、飛翔距離はこれ以上に及ぶ可能性もあると考えているが、引き続き分析中
※3　弾頭の重量などによる

り「核保有国としての地位が不可逆的なものになった」とし、「誰もわが核武力について言いがかりをつけたり疑問視したりすることはできない」などと核開発の正当性を主張した。また、同法によれば、核攻撃か通常攻撃かを問わず、「指導部」や「重要戦略対象」に対する攻撃が差し迫っていると判断される場合には核兵器を使用できることとされているほか、特に「国家核武力に対する指揮・統制体系」が危険にさらされた場合には、自動的・即時に「核打撃」を実施する旨が定められていることから、北朝鮮は、核兵器の実戦での使用を想定している可能性が考えられる。

実際に、北朝鮮は同月末から10月にかけて「戦術核運用部隊」の訓練としてミサイル発射を繰り返したほか、2023年3月にも、「核反撃想定総合戦術訓練」と称するものをはじめ、核弾頭を模擬した試験用弾頭を標的上空で起爆させたなどと実戦的訓練であることを主張しつつ、複数回のミサイル発射を重ねた。また、同月には、金正恩委員長が担当部門から戦術核兵器の説明を受けたほか、兵器級核物質や核兵器の生産拡大を指示するなどして、「核兵器の兵器化事業を指導した」旨を発表した。

さらに、近い将来、ICBM級弾道ミサイルの多弾頭化や戦術核兵器を実用化するため、北朝鮮がさらなる核実

図表Ⅰ-3-4-3　北朝鮮の弾道ミサイルの射程

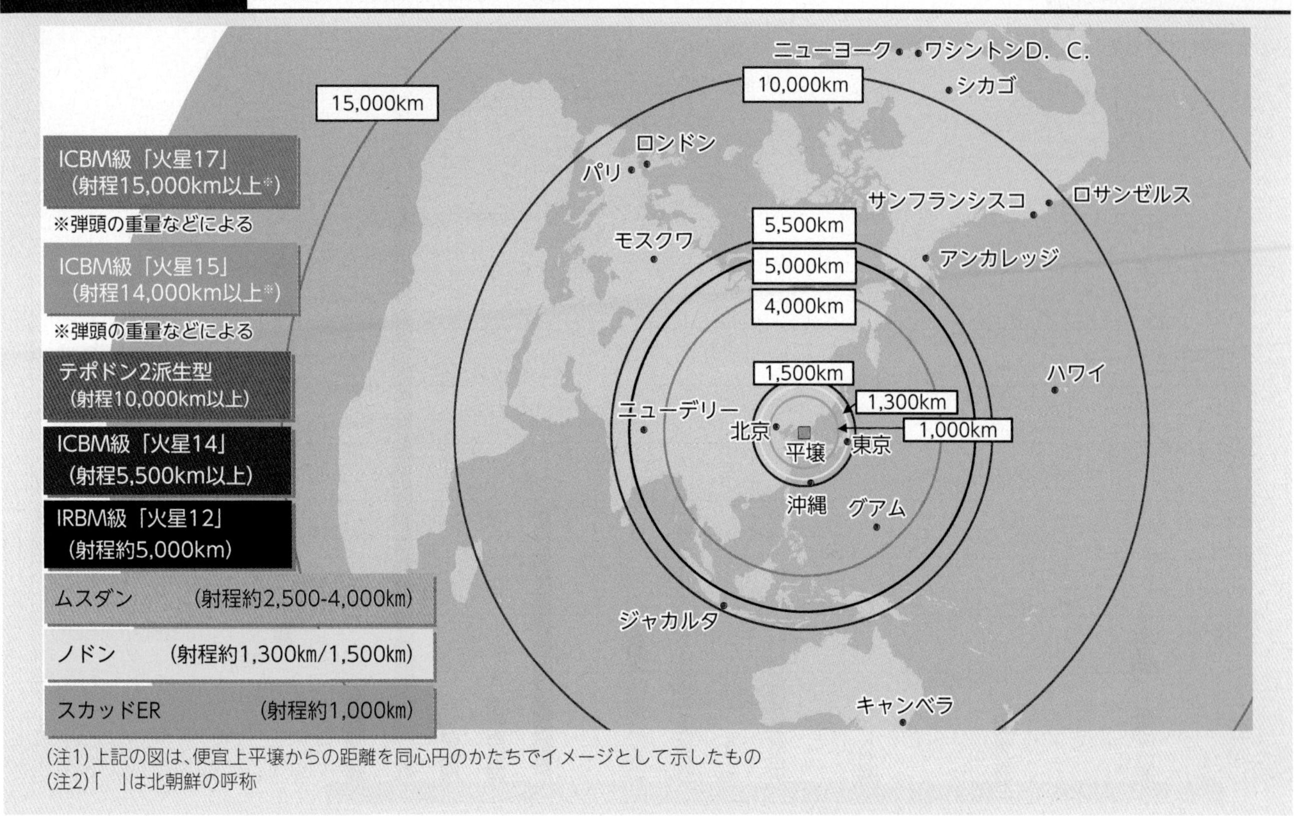

（注1）上記の図は、便宜上平壌からの距離を同心円のかたちでイメージとして示したもの
（注2）「　」は北朝鮮の呼称

験を通じて核兵器の一層の小型化を追求する可能性が考えられる[15]。核武力を質的・量的に最大限のスピードで強化するとの方針を掲げ、非核化に逆行する動きを加速させている中で、北朝鮮がどのような行動をとるのかをしっかり見極めていく必要がある。

(2) 生物・化学兵器

北朝鮮の生物兵器や化学兵器の開発状況などについては、北朝鮮の閉鎖的な体制に加え、これらの製造に必要な資材・技術の多くが軍民両用であり偽装が容易であるため、その詳細は不明である。しかし、化学兵器については、化学剤を生産できる複数の施設を維持し、すでに相当量の化学剤などを保有しているとみられるほか、生物兵器についても一定の生産基盤を有しているとみられる[16]。化学兵器としては、サリン、VX、マスタードなどの保有が、生物兵器に使用されうる生物剤としては、炭疽菌、天然痘、ペストなどの保有が指摘されている。

また、北朝鮮が弾頭に生物兵器や化学兵器を搭載しうる可能性も否定できないとみられている。

(3) ミサイル戦力

北朝鮮が保有・開発しているとみられる各種ミサイルは次のとおりである。

参照　図表Ⅰ-3-4-2（北朝鮮が保有・開発してきた弾道ミサイル等）、図表Ⅰ-3-4-3（北朝鮮の弾道ミサイルの射程）、図表Ⅰ-3-4-4（北朝鮮の弾道ミサイル等発射の主な動向）、図表Ⅰ-3-4-5（北朝鮮の弾道ミサイルがわが国上空を通過した事例）

15　金委員長は2021年1月の朝鮮労働党第8回大会において、「多弾頭個別誘導技術をさらに完成させるための研究事業」を進めていることや、「核兵器の小型・軽量化、戦術兵器化をさらに発展」させることなどに言及した。

16　韓国の「2022国防白書」は、北朝鮮が1980年代から化学兵器を生産し始め、約2,500～5,000トンの化学兵器を貯蔵しており、また、炭疽菌、天然痘、ペストなど様々な種類の生物兵器を独自に培養し、生産しうる能力を保有していると推定される旨指摘している。北朝鮮は、1987年に生物兵器禁止条約を批准しているが、化学兵器禁止条約には加入していない。

図表I-3-4-4　北朝鮮の弾道ミサイル等発射の主な動向

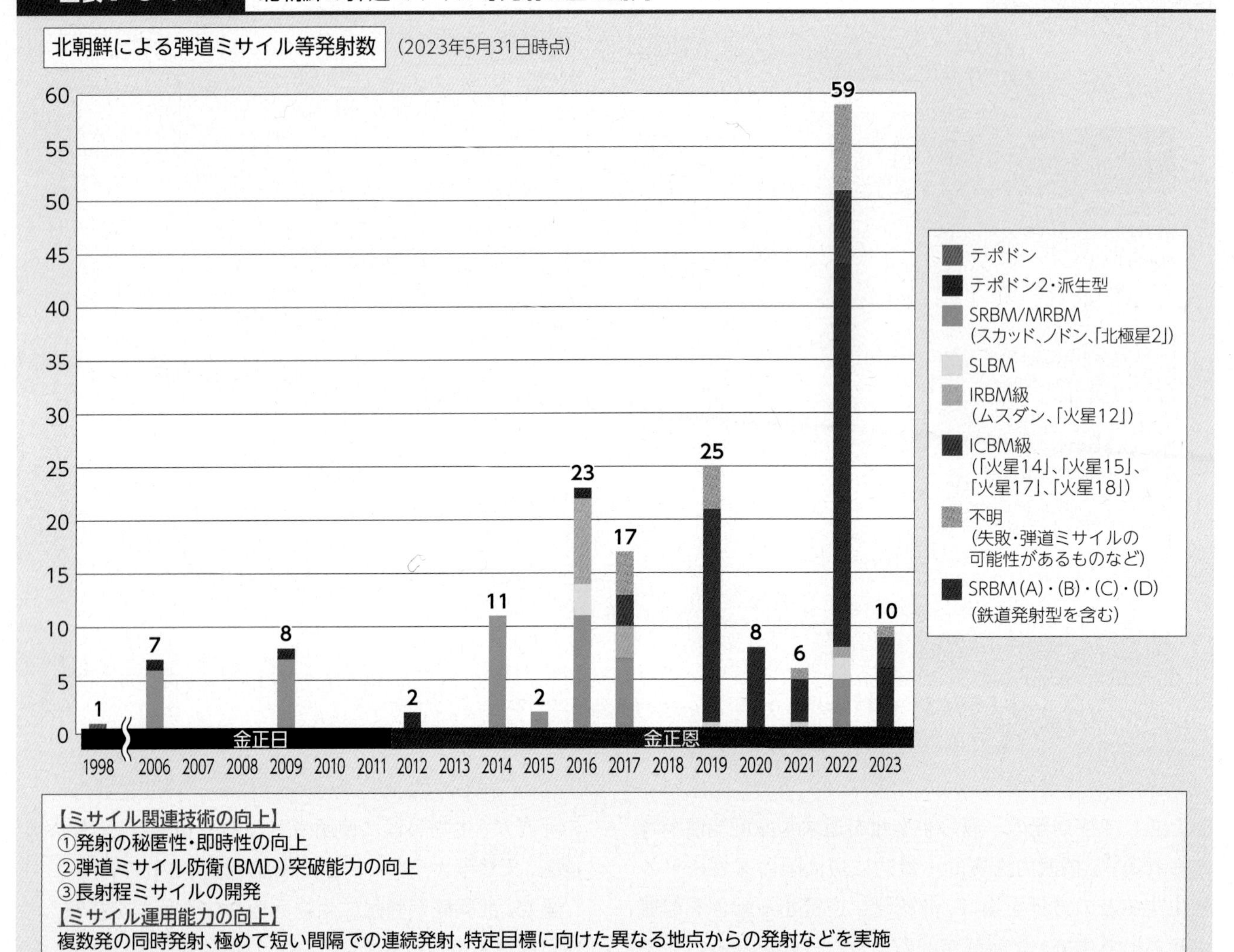

【ミサイル関連技術の向上】
①発射の秘匿性・即時性の向上
②弾道ミサイル防衛(BMD)突破能力の向上
③長射程ミサイルの開発
【ミサイル運用能力の向上】
複数発の同時発射、極めて短い間隔での連続発射、特定目標に向けた異なる地点からの発射などを実施

図表I-3-4-5　北朝鮮の弾道ミサイルがわが国上空を通過した事例

・事前に予告落下区域を国際機関に通報し、人工衛星打ち上げと称して実施(3回)

日付	推定される弾種	発射数	場所	飛翔距離
2009.04.05	テポドン2又は派生型	1発	テポドン地区	3,000km以上
2012.12.12	テポドン2派生型	1発	東倉里(トンチャンリ)地区	約2,600km(2段目落下地点)
2016.02.07	テポドン2派生型	1発	東倉里(トンチャンリ)地区	約2,500km(2段目落下地点)

・事前の通報なく発射(4回)

日付	推定される弾種	発射数	場所	飛翔距離
1998.08.31	テポドン1	1発	テポドン地区	約1,600km
2017.08.29	IRBM級の弾道ミサイル「火星12」	1発	順安(スナン)付近	約2,700km
2017.09.15	IRBM級の弾道ミサイル「火星12」	1発	順安(スナン)付近	約3,700km
2022.10.04	IRBM以上の射程を有する弾道ミサイル	1発	内陸部	約4,600km

※1998年8月31日のテポドン1については、発射後に人工衛星の打ち上げであったと発表
※「　」内は北朝鮮の呼称

ア　北朝鮮が保有・開発する主な弾道ミサイルの種類[17]

(ア) 2019年以降に初めて発射された短距離弾道ミサイル (SRBM)

北朝鮮は2019年以降、従来保有していたスカッドなどの液体燃料推進弾道ミサイルとは異なる、複数種類の短距離弾道ミサイルを発射した。公表画像では、装輪式又は装軌式（キャタピラ式）のTELや鉄道車両から発射される様子、固体燃料推進方式のエンジンの特徴である放射状の噴煙が確認できる。これらの短距離弾道ミサイルは、その多くが北朝鮮東岸の沿岸付近に向けて発射されている。特定の目標を狙って着弾させたとみられる画像が公表されることもあり、運用能力向上を企図しているものと考えられる。

①短距離弾道ミサイルA

2019年5月4日、同月9日、7月25日、8月6日、2022年1月27日、6月5日[18]、10月1日、同月6日[19]、同月14日、2023年3月19日及び同月27日に発射された同系統と推定される短距離弾道ミサイル（北朝鮮は「新型戦術誘導兵器」などと呼称）[20]は、最大800km程度飛翔した。外形上、ロシアの短距離弾道ミサイル「イスカンデル」と類似点がある。通常の弾道ミサイルよりも低空を、変則的な軌道で飛翔することが可能とみられるほか、核弾頭の搭載が可能との指摘もある[21]。

また、北朝鮮は、2021年9月15日及び2022年1月14日、各日2発の短距離弾道ミサイルを発射した。北朝鮮の公表画像に基づけば、このミサイルは一般の貨車を改装したとみられる鉄道車両から発射されているが、短距離弾道ミサイルAと外形上の類似点があり、同ミサイルをベースとして開発された可能性がある。北朝鮮は「鉄道機動ミサイル連隊」による射撃訓練と発表しており、今後の組織拡大の意向も表明している。

このように、北朝鮮はその量産・配備に向けて、発射形態を多様化させつつ短距離弾道ミサイルAの実用化を追求してきており、今後の動向が注目される。

②短距離弾道ミサイルB

2019年8月10日、同月16日、2020年3月21日、2022年1月17日及び6月5日[18]に発射された同系統と推定される短距離弾道ミサイル（北朝鮮は「新兵器」や「戦術誘導兵器」などと呼称）は、最大400km程度飛翔した。また、通常の弾道ミサイルよりも低空を、変則的な軌道で飛翔することが可能とみられる。

③短距離弾道ミサイルC

2019年8月24日、9月10日、10月31日、11月28日、2020年3月2日、同月9日、同月29日、2022年5月12日、6月5日[18]、9月29日、10月6日[19]、同月9日、11月3日[22]、同月17日、12月31日、2023年1月1日及び2月20日に発射された同系統と推定される短距離弾道ミサイル（北朝鮮は「超大型放射砲」と呼称）は、最大400km程度飛翔した。発射の間隔が1分未満と推定されるものもあり、飽和攻撃などに必要な連続射撃能力の向上を企図していると考えられるほか、金委員長は戦術核の搭載が可能である旨言及している[23]。TELについては、北朝鮮が公表した画像では、様々な系統が確認できる。

④短距離弾道ミサイルD

2021年3月25日及び2022年9月28日に発射された同系統と推定される短距離弾道ミサイル（北朝鮮は「新型戦術誘導弾」と呼称）[20]は、短距離弾道ミサイルAをベースに開発されたとの指摘もあり、通常の弾道ミサイルよりも低空を、変則的な軌道で飛翔することが可能とみられ、最大射程は約750kmに及ぶ可能性がある。

このほか、北朝鮮は2019年7月31日及び8月2日に、短距離弾道ミサイルの可能性があるものを各日2発発射している。また、2022年11月2日に発射されそれぞれ約150km程度と約200km程度飛翔した2発の弾道ミサイルの詳細については、分析を行っているところである。

17 「Jane's Sentinel Security Assessment China and Northeast Asia（2023年3月アクセス）」によれば、北朝鮮は弾道ミサイルを合計700～1,000発保有しており、そのうち45％がスカッド級、45％がノドン級、残り10％がその他の中・長距離弾道ミサイルであると推定されている。

18 2022年6月5日に発射された8発の弾道ミサイルはいずれも短距離弾道ミサイルであり、「短距離弾道ミサイルA」「短距離弾道ミサイルB」「短距離弾道ミサイルC」が含まれていたと推定される。

19 2022年10月6日に発射された2発の弾道ミサイルのうち、約350km程度飛翔した1発目の弾道ミサイルは「短距離弾道ミサイルC」、約800km程度飛翔した2発目の弾道ミサイルは「短距離弾道ミサイルA」であったと推定される。

20 このほかにも、2022年5月25日に発射された2発目の弾道ミサイル及び同年11月9日に発射された弾道ミサイルは、「短距離弾道ミサイルA」又は「短距離弾道ミサイルD」の可能性がある短距離弾道ミサイルであったと推定される。

21 米議会調査局「北朝鮮の核兵器とミサイル計画」（2023年1月更新）など。

22 2022年11月3日に発射された6発の弾道ミサイルのうち、約350km程度飛翔した2発の弾道ミサイルは、いずれも「短距離弾道ミサイルC」であったと推定される。

23 金委員長は、2022年12月、「短距離弾道ミサイルC」を朝鮮労働党中央委員会第8期第6回全員会議に「贈呈」する行事に出席し、このミサイルは韓国全域を射程に収め、「戦術核搭載まで可能」であると述べた。

(イ) スカッド

スカッドは単段式の液体燃料推進方式の弾道ミサイルで、TELに搭載されて運用される。

スカッドBは射程約300km、スカッドCはBの射程を約500kmに延長したとみられる短距離弾道ミサイルで、北朝鮮はこれらを生産・保有するとともに、中東諸国などへ輸出してきたとみられている。2022年11月3日には3発のスカッドCが発射され、それぞれ約500km程度飛翔したと推定され、北朝鮮は後日、この発射を含む一連の複数のミサイル発射について、米韓合同空中訓練「ヴィジラント・ストーム」への「対応軍事作戦」の一環であった旨を公表した。

スカッドER（Extended Range）は、スカッドの胴体部分の延長や弾頭重量の軽量化などにより射程を延長した弾道ミサイルで、射程は約1,000kmに達し、わが国の一部が射程内に入るとみられる。2022年12月18日に発射された2発の弾道ミサイルについて、北朝鮮は画像とともに「偵察衛星」開発のための重要試験を行った旨公表したが、このミサイルはスカッドERをベースとした弾道ミサイルであった可能性がある。

さらに、北朝鮮は、スカッドを改良したとみられる弾道ミサイルも開発している。当該弾道ミサイルは、2017年5月29日に1発が発射された。翌日、北朝鮮は、精密操縦誘導システムを導入した弾道ロケットの新開発と試験発射の成功を発表した。

また、北朝鮮が公表した画像に基づけば、装軌式（キャタピラ式）TELから発射される様子や弾頭部に小型の翼とみられるものが確認されるなど、これまでのスカッドとは異なる特徴が確認される一方、弾頭部以外の形状や長さは類似しており、かつ、液体燃料推進方式のエンジンの特徴である直線状の炎が確認できる。当該弾道ミサイルは、終末誘導機動弾頭（MaRV: Maneuverable Re-entry Vehicle）を装備しているとの指摘[24]もあり、北朝鮮は、弾道ミサイルによる攻撃の正確性の向上を企図しているとみられる。

(ウ) ノドン

ノドンは、単段式の液体燃料推進方式の弾道ミサイルで、TELに搭載されて運用される。射程約1,300kmに達し、わが国のほぼ全域がその射程内に入るとみられる。

ノドンの性能の詳細は確認されていないが、スカッドの技術を基にしているとみられており、例えば、特定の施設をピンポイントに攻撃できる程度ではないと考えられるものの、命中精度の向上が図られているとの指摘もある。2016年7月19日のスカッド1発及びノドン2発の発射翌日に北朝鮮が発表した画像においては、弾頭部の改良により精度の向上を図ったタイプ（弾頭重量の軽量化により射程は約1,500kmに達するとみられる）の発射が初めて確認されている。

(エ) 潜水艦発射弾道ミサイル（SLBM）

北朝鮮はSLBMを1発搭載・発射することが可能なコレ級潜水艦（排水量約1,500トン）を1隻保有し、主に試験艦として運用しているとみられる。これに加え、従来保有しているロメオ級潜水艦もSLBM搭載に向けて改修しているとみられるほか、2021年1月には、金委員長が、原子力潜水艦の保有という目標にも言及した。

北朝鮮はこれらに搭載するSLBMの開発を進めてきており、2015年5月に初めて、SLBMの試験発射に成功したと発表した[25]。こうしたSLBM及びその搭載を企図した新型潜水艦の開発により、北朝鮮は弾道ミサイルによる打撃能力の多様化と残存性の向上を企図しているものと考えられる。

①「北極星」型潜水艦発射弾道ミサイル

北朝鮮は、2016年4月23日にコレ級潜水艦からSLBM（北朝鮮の呼称によれば「北極星」型）を発射して以降、同年7月及び8月の合計3回、同ミサイルを発射した。

これまで北朝鮮が公表した画像及び映像から判断すると、空中にミサイルを射出した後に点火する、いわゆる「コールド・ローンチシステム」の運用に成功している可能性がある。また、ミサイルから噴出する炎の形及び煙の色などから、固体燃料推進方式が採用されていると考えられる。

「北極星」型は、2016年8月の発射においては約

24 「Jane's Sentinel Security Assessment China and Northeast Asia（2023年3月アクセス）」は、2017年5月29日の試験発射は、MaRVを装備した、スカッドをベースとする短距離弾道ミサイルの初めての発射であるとみられ、北朝鮮による精密誘導システムの進歩を示すものであると指摘している。

25 これまでに防衛省として、北朝鮮がSLBMを発射したものと推定しているのは、2016年4月23日（「北極星」型）、7月9日（「北極星」型）、8月24日（「北極星」型）、2019年10月2日（「北極星3」型）、2021年10月19日（「新型SLBM」）、2022年5月7日（「新型SLBM」）及び9月25日（「新型SLBM」）の7回であり、このうち2016年、2021年、2022年5月の発射（計5回）はコレ級潜水艦からなされたと評価している。
このほか、北朝鮮は、2015年5月9日にSLBMの試験発射に成功した旨発表したほか、2016年1月8日に、2015年5月に公開したものとは異なるSLBMの射出試験とみられる映像を公表している。
なお、防衛省が発表した2016年7月及び2022年5月の発射については、北朝鮮は発射の事実を公表していない。

2022年4月25日のパレードに登場した短距離弾道ミサイルA
【朝鮮通信＝時事】

2022年4月25日のパレードに登場した北朝鮮が
「極超音速ミサイル」と称する「火星8」型
【AFP＝時事】

500km飛翔したが、同程度の射程を有する弾道ミサイルの通常の高度と比べると、やや高い軌道で発射されたと推定され、仮に通常の軌道で発射すれば、射程は1,000kmを超えるとみられる。

②「北極星3」型潜水艦発射弾道ミサイル

北朝鮮は、2019年10月2日に、「北極星」型SLBMとは異なるSLBM（北朝鮮の呼称によれば「北極星3」型）1発を発射した。このSLBMは、450km程度飛翔したものと推定される。この時、最高高度は約900kmに達し、ロフテッド軌道で発射されたと推定されるが、仮に通常の軌道で発射されれば、射程は約2,000kmとなる可能性がある。北朝鮮が公表した画像では、固体燃料推進方式のエンジンの特徴である放射状の噴煙が確認できる。なお、このSLBMは、水中発射試験装置から発射された可能性がある。

さらに、北朝鮮は、2020年10月及び2021年1月の軍事パレードに、それぞれ「北極星4」、「北極星5」と記載された、新型SLBMの可能性のあるものを登場させている。また、2021年10月に開催された「国防発展展覧会『自衛2021』」と題する展覧会には、「北極星5」に外形上類似点がある展示物が登場した[26]。

③新型の潜水艦発射弾道ミサイル

北朝鮮が2021年10月19日、2022年5月7日及び9月25日に発射した新型のSLBMは、最大約650km程度飛翔した。2021年10月及び2022年5月には、それぞれコレ級潜水艦から発射されたとみられ、変則的な軌道を低高度で飛翔し、日本海に落下した。特に、2021年10月の発射時の軌道は、一旦下降してから再度機動して上昇するいわゆるプルアップ軌道であったとみられる。2022年9月の発射は、内陸部の水中から水中発射試験装置を用いて行われたと推定される。この点、北朝鮮は後日、北西部の「貯水池水中発射場」で戦術核弾頭搭載を模擬した弾道ミサイルの発射訓練を行ったことや、「貯水池水中発射場建設」計画の存在を明らかにしている。

北朝鮮の公表画像に基づけば、当該ミサイルは短距離弾道ミサイルAと外形上の類似点があることから、同ミサイルをベースとして開発された可能性がある。

（オ）SLBM改良型弾道ミサイル

北朝鮮は、「北極星」型SLBMを地上発射型に改良したとみられる弾道ミサイル（北朝鮮の呼称によれば「北極星2」型）を、2017年2月12日及び5月21日に1発ずつ発射した。いずれも、約500km飛翔したものと推定されるが、通常よりもやや高い軌道で発射されたと推定され、仮に通常の軌道で発射されたとすれば、射程は1,000kmを超えるとみられる。同年2月の発射翌日、2016年8月のSLBM発射の成果に基づき地対地弾道弾として開発したと発表した。また、2017年5月の発射翌日には、試験発射が再び成功し、金委員長が「部隊実戦配備」を承認した旨発表している。

さらに、北朝鮮の公表画像には、いずれにおいても、装軌式（キャタピラ式）TELから発射され、空中にミサイルを射出した後に点火する、いわゆる「コールド・ローンチシステム」により発射される様子や固体燃料推

26　このほか、2022年4月25日の軍事パレードに、これまで北朝鮮から公表されたことがないとみられる新型SLBMの可能性があるものが登場したが、名称などの記載はなく、詳細は明らかにされていない。

進方式のエンジンの特徴である放射状の噴煙が確認される。「コールド・ローンチシステム」や固体燃料推進方式のエンジンを利用しているとみられる点は、「北極星」型SLBMと共通している。

(カ) 中距離弾道ミサイル (IRBM) 級弾道ミサイル

北朝鮮は、液体燃料方式のIRBM級弾道ミサイル(北朝鮮の呼称によれば「火星12」型)をこれまでに4発発射している。2017年5月14日及び2022年1月30日には各1発、いずれも飛翔形態からロフテッド軌道で発射されたと推定されるが、仮に通常の軌道で発射されたとすれば、射程は最大で約5,000kmに達するとみられる。また、北朝鮮が発射翌日に公表した画像では、液体燃料推進方式のエンジンの特徴である直線状の炎が確認される。

2017年8月29日及び同年9月15日には、渡島半島(おしまはんとう)付近及び襟裳岬付近のわが国領域の上空を通過する形で「火星12」型が1発ずつ発射された。「火星12」型は、この時の飛翔距離などを踏まえれば、IRBMとしての一定の機能を示したと考えられる。また、短期間のうちに立て続けにわが国上空を通過する弾道ミサイルを発射したことは、北朝鮮が弾道ミサイルの能力を着実に向上させていることを示すものである。

さらに、同年5月及び8月の発射では、装輪式TELから切り離されたうえで発射された様子が確認されたが、9月の発射時には、装輪式TELに搭載されたまま発射された様子が確認された[27]。

2022年10月4日にも、北朝鮮は1発の弾道ミサイルをわが国の青森県上空を通過させる形で発射した。この時の飛翔距離が約4,600km程度に達したことを踏まえれば、このミサイルはIRBM以上の射程を有する弾道ミサイルであったと推定される。北朝鮮は後日、「新型地対地中長距離弾道ミサイル」を発射した旨発表した。この時公表された画像からは、撮影日時への言及はなかったものの、液体燃料推進方式のエンジンの特徴である直線状の炎や、「火星12」型のものと類似したTELが確認される一方で、「火星12」型とは異なる弾頭形状やエンジン構造が確認されることから、北朝鮮がこの時に新型のIRBM級弾道ミサイルを発射した可能性も否定できない。

(キ) 大陸間弾道ミサイル (ICBM) 級弾道ミサイル

①「火星14」型ICBM級弾道ミサイル

北朝鮮は、ICBM級の弾道ミサイル(北朝鮮の呼称によれば「火星14」型)を2017年7月4日及び同月28日にそれぞれ1発発射した。飛翔形態から、これらは2発ともロフテッド軌道で発射されたと推定され、通常の軌道で発射されたとすれば射程は少なくとも5,500kmを超えるとみられる。当該弾道ミサイルは2段式であったと考えられる。

同年7月4日の発射当日、北朝鮮は「特別重大報道」を行い、新型の大陸間弾道ロケット(ICBM)の試験発射に成功した旨発表した。また、同月28日の発射翌日には、「核爆弾爆発装置」が正常に作動し、大気圏再突入環境における弾頭部の安全性などが維持された旨主張している。

公表画像に基づけば、「火星14」型ICBM級弾道ミサイルは、「火星12」型IRBM級弾道ミサイルと、①エンジンの構成(メインエンジン1基と4つの補助エンジン)、②推進部の下部の形状(ラッパ状)、③液体燃料推進方式の直線状の炎が共通している。それぞれ推定される射程なども踏まえれば、「火星14」型は、「火星12」型IRBM級弾道ミサイルを基に開発した可能性が考えられる。

また、北朝鮮の発表画像に基づけば、「火星14」型は8軸の装輪式TELに搭載された様子も確認できるが、発射時の画像では、TELではなく簡易式の発射台から発射されていることが確認できる。

②「火星15」型ICBM級弾道ミサイル

北朝鮮は、2017年11月29日、ICBM級弾道ミサイル(北朝鮮の呼称によれば「火星15」型)1発をロフテッド軌道で発射した。北朝鮮は発射当日の「重大報道」で、米国本土全域を打撃することができる、新たに開発されたICBM「火星15」型の試験発射が成功裏に行われ、国家核武力の完成を実現した旨発表した。

また、北朝鮮は2023年2月18日にも1発の「火星15」型をロフテッド軌道で発射した。その翌日には、「大陸間弾道ミサイル発射訓練」を実施し、「兵器システムの信頼性の再確認・検証」などを行った旨発表している。

---

27 北朝鮮は2016年、IRBM級の弾道ミサイルとみられるムスダンの発射を繰り返した。同年6月にはロフテッド軌道で一定の距離を飛翔させたが、10月には2回連続で発射に失敗したとみられ、ムスダンの実用化には課題が残されている可能性や、IRBM級としては「火星12」型の開発・実用化に集中している可能性が考えられる。ムスダンの射程については約2,500～4,000kmに達するとの指摘があり、液体燃料推進方式で、TELに搭載され移動して運用される。

「火星15」型は9軸のTEL[28]に搭載され、公表画像から、2段式であることや、液体燃料推進方式の特徴である直線状の炎が確認できる。

さらに、「火星15」型は、2023年2月の発射時における最高高度約5,700km程度、距離約1,000kmという飛翔軌道に基づけば、搭載する弾頭の重量などによっては1万4,000kmを超える射程となりうるとみられ、その場合、東海岸を含む米国全土が射程に含まれることになる。

③「火星17」型ICBM級弾道ミサイル

北朝鮮は、2022年2月27日及び3月5日、各日1発の弾道ミサイルを発射した。飛翔距離はいずれも約300km、最高高度はそれぞれ約600km程度と約550km程度であり、ロフテッド軌道で発射されたと推定される。北朝鮮は、いずれの発射についても発射翌日に「偵察衛星」開発の試験であった旨を発表したが、この時発射されたものは、新型のICBM級弾道ミサイル（北朝鮮の呼称によれば「火星17」型）であったとみられる。

同年3月24日に北朝鮮が発射したICBM級弾道ミサイルは、2017年11月の「火星15」型発射時を大きく超える最高高度約6,000km以上、距離約1,100km以上というロフテッド軌道で飛翔したが、その翌日には、北朝鮮が自ら「火星17」型の試験発射を行った旨発表した[29]。その後も北朝鮮は発射を繰り返し、2022年5月4日、同月25日、11月3日、同月18日及び2023年3月

「火星17」型ICBM級弾道ミサイル発射の発表時（2022年11月）に北朝鮮が公表した画像
【朝鮮通信】

16日に発射されたICBM級弾道ミサイルは「火星17」型であったと推定される。これまでの発射時における飛翔軌道に基づけば、「火星17」型は搭載する弾頭の重量などによっては1万5,000kmを超える射程となりうるとみられ、その場合、東海岸を含む米国全土が射程に含まれることになり、あらためて北朝鮮による弾道ミサイルの長射程化が懸念される。なお、北朝鮮メディアは2022年11月18日の発射について、後日、「火星17」型の「最終試験発射」が成功裏に行われた旨を報じている。

公表画像によれば、「火星17」型は2段式と推定され、液体燃料推進方式の特徴である直線状の炎が確認できるほか、北朝鮮が保有する中では最大とみられる11軸のTELに搭載されており、既存の「火星15」型を超えるとみられる大きさから、弾頭重量の増加による威力の増大や、一般に迎撃が困難とされている多弾頭化などを追求している可能性が指摘されている[30]。

④「火星18」型ICBM級弾道ミサイル

北朝鮮は、2023年4月13日、ICBM級弾道ミサイル（北朝鮮の呼称によれば「火星18」型）1発を発射した。この時発射されたものは新型の3段式・固体燃料推進方式のミサイルであり、左（北）へ方向を変えながら約1,000km程度飛翔したと推定される。発射の翌日、北朝鮮は「第1段は標準弾道飛行方式で、第2段・第3段は高角方式で」発射したとして、これによって「大出力固体燃料多段発動機（エンジン）の性能と段分離技術」などを確認した旨発表した。

北朝鮮が公表した画像では、2023年2月の軍事パレードで初めて登場した、キャニスター（発射筒）を搭載した9軸のTELと同一のものとみられるTELから、空中にミサイルを射出した後に点火する、いわゆる「コールド・ローンチシステム」で発射される様子や、固体燃料推進方式のエンジンの特徴である放射状の噴煙が確認できる。

2021年1月に金委員長が固体燃料推進式ICBMの開発を目標に掲げて以降、北朝鮮はその実現を優先課題の

28　従来、北朝鮮が保有する装輪式のTELについては、ロシア製及び中国製のTELを改良したものと指摘されていたが、北朝鮮が装輪式TELを自ら開発したと主張した点も注目される。なお、「火星15」型の公表画像によれば、2017年11月の発射時にはTELから切り離されたうえで発射されている一方、2023年2月の発射時には、TELに搭載されたまま発射される様子が確認されている。

29　その直前である2022年3月16日にも、北朝鮮は1発の弾道ミサイルを発射しているが、このミサイルは正常に飛翔しなかったものと推定されるほか、弾種を含む詳細については引き続き分析を行っている。

30　2023年2月の軍事パレードには、「大陸間弾道ミサイル縦隊」と称して、「火星17」型11両、これまでに公表されたことのない新型ICBM級用のTELの可能性があるもの（後に北朝鮮は「火星18」型としてこのTELと同一のものとみられるTELからのICBM級弾道ミサイルの発射を発表）5両がそれぞれ登場したが、前回パレード時（2022年4月）の「火星17」型4両及び「火星15」型4両と比べてその数が大幅に増加していることから、北朝鮮がICBM級弾道ミサイルやICBM級用TELの量産体制を誇示したとの指摘もある。

一つとしているとみられ、4月の発射時に「最初の試験発射」と発表されたことも踏まえれば、実用化に向けて今後さらなる発射を行う可能性がある。

(ク) テポドン2

テポドン2は、固定式発射台から発射する長射程の弾道ミサイルであり[31]、1段目にノドンの技術を利用したエンジン4基、2段目に同様のエンジン1基をそれぞれ使用していると推定される。2段式のものは射程約6,000kmとみられ、3段式である派生型は、ミサイルの弾頭重量を約1トン以下と仮定した場合、射程約10,000km以上におよぶ可能性があると考えられる。テポドン2又はその派生型は、これまで合計5回発射されている。

もっとも最近では、2016年2月、国際機関に通報を行ったうえで、「人工衛星」を打ち上げるとして、北朝鮮北西部沿岸地域の東倉里(トンチャンリ)地区から、テポドン2派生型を発射した。この発射により、同様の仕様の弾道ミサイルを2回連続して発射し、おおむね同様の態様で飛翔させ、地球周回軌道に何らかの物体を投入したと推定されることから、北朝鮮の長射程の弾道ミサイルの技術的信頼性は前進したと考えられる。

(ケ)「極超音速ミサイル」と称する弾道ミサイル

北朝鮮は、2022年1月5日及び同月11日に、「極超音速ミサイル」と称する弾道ミサイルを各日1発発射した。いずれも通常の弾道ミサイルよりも低空を飛翔したとみられるが、特に11日の発射時には、水平機動を含む変則的な軌道で、最大速度約マッハ10で飛翔した可能性がある[32]。

北朝鮮の公表画像からは、このミサイルが装輪式のTELから発射されていることや、円錐形状の弾頭を有していること、液体燃料推進方式とみられるエンジンを搭載している様子が確認される。円錐形状の弾頭については、終末誘導機動弾頭（MaRV）の関連技術を用いたものである可能性も指摘されているが、いずれにせよ、これまでの発表も踏まえれば、北朝鮮がミサイル防衛網の突破を企図して極超音速ミサイルなどの開発や能力向上を引き続き追求していることは明らかであり、より長射程のミサイルへの応用や、2021年9月28日に「極超音速ミサイル」と称して発射された扁平型の弾頭を有する弾道ミサイルの可能性があるもの（北朝鮮の呼称によれば「火星8」型）の開発動向も含め、今後の技術進展を注視していく必要がある。

イ　北朝鮮が開発するその他の主なミサイル戦力

(ア) 巡航ミサイル

これまでも北朝鮮は中国製の巡航ミサイルを改良したものなど比較的射程の短い対艦巡航ミサイルを開発・保有してきたとみられているが、2021年1月に金委員長が「中長距離巡航ミサイルをはじめとする先端核戦術兵器」の開発に言及するなど、近年、戦術核兵器の搭載を念頭に置いた新たな巡航ミサイルを開発する意思を表明している。実際に同年9月、北朝鮮は、新たに開発した新型長距離巡航ミサイルの試験発射を成功裏に行ったことなどを発表したほか、2022年1月には、このミサイルとは異なる種類とみられる長距離巡航ミサイルの発射を行った旨発表した。これらの巡航ミサイルについてはそ

「長距離戦略巡航ミサイル」発射発表時（2022年10月）に北朝鮮が公表した画像
【EPA＝時事】

31　テポドン2を開発するための過渡的なものであった可能性がある弾道ミサイルとして、テポドン1がある。
32　2022年12月23日に発射された弾道ミサイルは、2022年1月5日及び同月11日に発射された「極超音速ミサイル」と称する弾道ミサイルであった可能性があると考えられる。

の後も「戦術核運用部隊」に配備されているとする「戦略巡航ミサイル」の発射などとして繰り返し発表され、それぞれ「戦略巡航ミサイル『矢（ファサル）1』型」及び「戦略巡航ミサイル『矢（ファサル）2』型」と呼称されていることが明らかになっている。また、北朝鮮の発表によれば、これらの巡航ミサイルは最長で2,000km飛翔したとされているほか、2023年3月には潜水艦からの「戦略巡航ミサイル」の発射も発表された。

実際の性能を含めその詳細については不明な点が多いものの、北朝鮮が弾道ミサイルのみならず、核兵器の搭載が可能な長距離巡航ミサイルの実用化を追求していることは明らかであり、その飛翔距離など一連の発表内容が事実であれば、地域の平和及び安全を脅かすものとして懸念される。

（イ）「新型戦術誘導兵器」

2022年4月17日、北朝鮮は、「新型戦術誘導兵器」と称するミサイルを発射した旨発表した。この時発表されたミサイルは、同月25日の軍事パレードでも確認されるなどその後も北朝鮮メディアに登場しており、このミサイルが装輪式3軸のTELに搭載されている様子や、固体燃料推進方式のエンジンの特徴である放射状の噴煙が確認できる。各前線の長距離砲兵部隊の火力打撃力を飛躍的に向上させ、「戦術核運用の効果性」を強化する意義を有するなどとする北朝鮮の発表内容を踏まえれば、このミサイルは、米韓両軍との間で発生しうる通常戦力や戦術核を用いた武力紛争において対処可能な手段を獲得するという狙いのもと、戦術核兵器の搭載を念頭に置いて開発が進められている兵器のひとつであると考えられる。

ウ　弾道ミサイル開発の動向

北朝鮮は、極めて速いスピードで継続的に弾道ミサイル開発を推進し、関連技術・運用能力の向上を図ってきているが、その動向には次のような特徴がある。

（ア）ミサイル関連技術の向上

①発射の秘匿性・即時性の向上

北朝鮮は、発射の兆候把握を困難にするための秘匿性や即時性を高め、奇襲的な攻撃能力の向上を図っているものとみられる。

北朝鮮は近年、TELや潜水艦、鉄道といった様々なプラットフォームからのミサイル発射を繰り返している。これらのプラットフォームを使用することで、発射機の隠ぺいや任意の地点からの発射を可能にし、発射の秘匿性を向上させ、兆候把握や探知、ひいては迎撃を困難にさせることを企図しているものとみられる。

また、北朝鮮は2019年以降特に、固体燃料を使用した弾道ミサイルの発射を繰り返しており、弾道ミサイルの固体燃料化を進めているとみられる。一般的に、固体燃料推進方式のミサイルは、保管や取扱いが比較的容易であるのみならず、固形の推進薬が前もって充填されていることから、液体燃料推進方式に比べ、即時発射が可能であり発射の兆候が事前に察知されにくく、ミサイルの再装填もより迅速に行えるといった点で、軍事的に優れているとされる。こうした特徴は、奇襲的な攻撃能力の向上に資するとみられる。従来北朝鮮が保有・開発してきた固体燃料推進の弾道ミサイルは短距離のものが中心であったが、2021年1月には金委員長が固体燃料推進式ICBMの開発を目標に掲げ、実際に2023年4月13日に新型の固体燃料推進方式のICBM級弾道ミサイルを発射するなどしており、今後の動向が注目される。

②弾道ミサイル防衛（BMD）突破能力の向上

北朝鮮は、他国のミサイル防衛網を突破することを企図し、低高度を変則的な軌道で飛翔する弾道ミサイルの開発を進めている。短距離弾道ミサイルA、B及びDや、短距離弾道ミサイルAと外形上類似点がある、鉄道発射型の弾道ミサイル及び新型のSLBMは、通常の弾道ミサイルよりも低空を、変則的な軌道で飛翔することが可能とみられる。

さらに、北朝鮮は、「極超音速滑空飛行弾頭」の開発を優先目標の一つに掲げ、実際に2021年9月以降、「極超音速ミサイル」と称するミサイルの発射を繰り返している。このように北朝鮮は、迎撃を困難にしてミサイル防衛網を突破するためのミサイル開発を執拗に追求している。

③長射程ミサイルの開発

北朝鮮は、変則的な軌道で飛翔する短距離弾道ミサイルと同時に、米国を射程に収める長射程ミサイルの開発も一貫して追求している。ICBM級弾道ミサイル「火星17」型は、搭載する弾頭の重量などによっては1万5,000kmを超える射程となりうるとみられ、その場合、東海岸を含む米国全土を射程に収めることになる。

こうした弾道ミサイルを実用化するためには、弾頭部の大気圏外からの再突入の際に発生する超高温の熱などから再突入体を防護する技術が必要とされる。北朝鮮は、2017年にICBM級弾道ミサイル「火星14」型や「火星15」型を発射した後、再突入環境における弾頭の信頼性を立証した旨発表しているが、実際にこうした技術を確立しているかについては、引き続き慎重な分析が必要である。

一方で、北朝鮮が長射程の弾道ミサイルの開発をさらに進展させた場合、米国に対する戦略的抑止力を確保したとの認識を一方的に持つに至る可能性がある。仮に、北朝鮮がそのような抑止力に対する過信・誤認をすれば、北朝鮮による地域における軍事的挑発行為の増加・重大化につながる可能性もあり、わが国としても強く懸念すべき状況となりうる。

(イ) ミサイル運用能力の向上

北朝鮮はこれまで、複数発の同時発射、極めて短い間隔での連続発射、特定目標に向けた異なる地点からの発射など、様々な形で弾道ミサイルを発射してきている。

第一に、2014年以降、過去に例の無い地点から、早朝・深夜に、TELを用いて、複数発のミサイルを、朝鮮半島を横断する形で発射する事例がみられる。近年、短距離弾道ミサイルと様々な火砲を組み合わせた射撃訓練なども実施しており、北朝鮮がこれらのミサイルを任意の地点から任意のタイミングで、複数発同時に発射する能力を有していることを示している。

第二に、北朝鮮は極めて短い間隔での連続発射も試みている。例えば、北朝鮮が「超大型放射砲」と称する短距離弾道ミサイルCについては、2019年以降、1分未満と推定される間隔で2発が発射される事例があるなど、連続射撃能力の向上を企図して開発されたとみられている。

第三に、2019年以降、北朝鮮が弾道ミサイル等をそれぞれ異なる場所から発射し、特定の目標に命中させていることが確認できる事例がある。

こうした発射を通じ、北朝鮮は、ミサイル関連技術の向上のみならず、飽和攻撃などを念頭に置いた、実戦的なミサイル運用能力の向上を追求しているものとみられる。

(4) 今後の兵器開発などの動向

金委員長は、2021年1月の朝鮮労働党第8回大会において、今後の軍事的な目標として、様々な兵器の開発などに具体的に言及した。この時に、「5か年計画」が提示されたとされている。

核・ミサイルに関しては、核技術のさらなる高度化や核兵器の小型・軽量化、戦術兵器化を発展させるとして、「戦術核兵器」開発に言及した。また、「超大型核弾頭」生産を推進するとともに、1万5,000km射程圏内の目標への命中率を向上させ、「核先制及び報復打撃能力」を高度化するとした。加えて、多弾頭技術、「極超音速滑空飛行弾頭」、原子力潜水艦、「水中発射核戦略兵器」、固体燃料推進のICBMの開発や研究の推進に言及しており、攻撃態様のさらなる複雑化・多様化を追求する姿勢を示した。また、核・ミサイル以外にも、同大会では、軍事偵察衛星や、無人偵察機などの偵察手段の開発などが言及された。

実際に、北朝鮮は同年以降、同大会で提示した開発計画の工程を進めるようにミサイル発射などを繰り返している。

2021年9月に「極超音速ミサイル『火星8』型」と称するミサイルを発射した際には、「極超音速滑空飛行弾頭」の誘導機動性などを実証したと主張し、極超音速ミサイル研究開発事業が「5か年計画の戦略兵器部門最優先五大課題に属する」と表明した。また2022年12月には、

「戦術核運用部隊」の訓練（2022年9月～10月）として
北朝鮮が公表した画像
【朝鮮通信＝時事】

「戦術核運用部隊」の訓練（2022年9月～10月）として
北朝鮮が公表した画像
【朝鮮通信＝時事】

解説　2022年の北朝鮮の核・ミサイル開発動向

2022年、北朝鮮はかつてない高い頻度で弾道ミサイル等の発射を繰り返し、その発数は少なくとも59発に及びます。

金正恩委員長は21年の党大会において、核兵器の小型・軽量化や、戦術核兵器、「超大型核弾頭」、「極超音速滑空飛行弾頭」、固体燃料推進式ICBMの開発といった具体的な目標に言及しました。北朝鮮はその実現に向けて計画的に核・ミサイル開発を進めているとみられ、22年に入ると、まず1月5日に「極超音速ミサイル」と称する弾道ミサイルを発射し、同月中に6回にわたり各種弾道ミサイルの発射を行いました。

また、この頃、金委員長は「暫定的に中止していた全ての活動を再稼働する問題を迅速に検討」する旨表明し、18年に決定した「核実験と大陸間弾道ロケット試験発射」の中止の破棄を示唆しました。その後北朝鮮は2月から3月にかけて新型ICBM級弾道ミサイル「火星17」型を繰り返し発射したほか、3月以降、18年に爆破を公開していた核実験場の復旧を進めているとの指摘もなされはじめました。

このように対米核抑止力の構築を目的とした長射程ミサイルの開発を進める一方、北朝鮮は、韓国に対する挑発姿勢も強めていきます。4月に入ると、金与正党中央委副部長が韓国への核攻撃を排除しない旨表明し、その後北朝鮮は戦術核の運用に言及しつつ「新型戦術誘導兵器」と称するミサイルの発射を発表しました。5月以降は、ICBM級や変則軌道で飛翔するSLBMなどを発射したほか、6月には複数地点から短時間で8発もの短距離弾道ミサイルを発射するなど、様々な射程のミサイル関連技術・運用能力を検証したものとみられます。

9月には、法令「核武力政策について」を採択しましたが、例えば核兵器の使用条件として「非核攻撃」が「差し迫っていると判断された場合」が含まれるなど、その基準は必ずしも明らかではなく、北朝鮮はこれにより相手方に自身の核兵器使用の可能性を考慮させ、事態のエスカレーションを主導的に管理することを企図しているとの指摘もあります。

こうした中、米韓は9月から11月にかけ、米原子力空母などの戦略兵器も交えた各種共同訓練を実施しました。一方、北朝鮮は9月から10月にかけて、わが国上空を通過させる形での発射を含め、各種ミサイルの発射を繰り返しました。北朝鮮は一連の発射について、「戦術核運用部隊」の訓練を行い、韓国内の飛行場などを標的に見立てて戦術核兵器の運用要領等を演練したと発表しています。また、11月上旬には、米韓合同訓練への「対応軍事作戦」と称してICBM級を含む各種ミサイルの発射を強行し、朝鮮半島や地域の緊張を著しく高めました。さらに、同月18日には、22年中に発射を繰り返したICBM級「火星17」型を再び発射し、最終試験発射を成功させた旨発表しました。

このように、北朝鮮は1年を通してミサイル関連技術・運用能力向上を追求してきましたが、その背景には、①核・長距離ミサイルの保有による対米抑止力の獲得、②米韓両軍との武力紛争に対処可能な、戦術核兵器及びその運搬手段である各種ミサイルの整備という狙いがあるとみられます。

22年末、金委員長は、戦術核兵器の大量生産、核弾頭の保有量増大、新たなICBM体系の開発などを目標に掲げ、23年以降も核・ミサイル開発を継続する姿勢を示しました。北朝鮮が紛争のあらゆる段階において事態に対処できるという自信を深めた場合、軍事的な挑発行為がさらにエスカレートしていくおそれがあります。このように、北朝鮮の軍事動向は、わが国の安全保障にとって、従前よりも一層重大かつ差し迫った脅威です。米国・韓国などとも緊密に連携し、情報収集・分析及び警戒監視に万全を期していきます。

2022年に北朝鮮が発射した弾道ミサイル等
(弾道ミサイルの可能性があるものを含む)

「大出力固体燃料エンジン地上燃焼試験」を成功裏に実施したことや、金委員長が「5か年計画の戦略兵器部門最優先五大課題実現のためのもう一つの重大問題を解決した」と評価し、最短期間内に「もう一つの新型戦略兵器の出現」を期待する旨述べたことなどを発表した[33]。こうしたことから、北朝鮮は特に「極超音速滑空飛行弾頭」や固体燃料推進のICBMの実現などを「5か年計画」の優先課題に掲げて研究開発を進めているものとみられる。

また、北朝鮮は2022年2月27日及び3月5日に「偵察衛星」開発の試験であるとしてICBM級弾道ミサイルを発射したが、その後実際に金委員長による「偵察衛星」関連の視察の模様を公表しており、その際に、軍事偵察衛星の目的が韓国、日本及び太平洋上における軍事情報のリアルタイムでの把握にあることや、「5か年計画」期間内に多量の「偵察衛星」を配置すること、そのために東倉里地区の西海（ソヘ）衛星発射場を改修・拡張することなどを表明した。同年12月18日に弾道ミサイルを発射した翌日には、「偵察衛星」開発のための「最終段階の重要試験」を行ったとしたうえで、2023年4月までに「軍事偵察衛星1号機」の準備を終える旨発表した[34]。

さらに、2022年12月及び2023年2月、金与正（キム・ヨジョン）朝鮮労働党中央委副部長は、北朝鮮によるICBM級弾道ミサイルの大気圏再突入技術の獲得を疑問視する見方に対して反発し、「今すぐやってみればいい」、「太平洋をわが方の射撃場として活用する頻度」は米軍の行動にかかっているなどと述べた。この点について、今後北朝鮮が挑発をエスカレートさせた場合、ICBM級を太平洋上に向けて発射し、実戦での使用に耐えうるか否かの検証に踏み切る可能性を示唆したものとの指摘もある。

このほか、北朝鮮は2023年3月及び4月、「核無人水中攻撃艇」と称する兵器の試験を行った旨発表し、核兵器の運搬手段の多様化を追求していく姿勢を示している。

このように北朝鮮は、米朝間や南北間の対話に進展がみられない中、「5か年計画」に沿って関連技術の研究開発に注力しつつ、これを「自衛的」な活動であるとして常態化させている。北朝鮮は、一貫して核・ミサイル能力を強化していく姿勢を示していることから、今後も引き続き「5か年計画」の達成に向けて各種ミサイルの発射などを繰り返していく可能性があり、兵器開発などの動向について、重大な関心をもって注視していく必要がある。

4　内政

(1) 金正恩体制の動向

北朝鮮では、金委員長を中心とする権力基盤の強化が進んでいる。憲法では国務委員長は「国家を代表する朝鮮民主主義人民共和国の最高領導者」であると規定されるほか、党を中心とした運営を行っているとの指摘があり、2021年1月には金委員長は党総書記に就任した。

一方で、2020年以降、これまで金委員長のみが行っていた現地視察や各種会議における「指導」を党幹部が行う例もみられるようになったことから、一部の権限が幹部に委譲されている可能性が考えられる。また、幹部の短期間での降格・昇格などにより緊張感を与えて統制を図っているものとみられる。

さらに、困難な経済・食糧事情の中で、外国からの情報の流入などにともなう社会の動揺を警戒し、思想的な統制を一層強めているといった指摘もなされており、体制の安定性という点から注目される。

(2) 経済事情

経済面では、社会主義計画経済の脆弱性に加え、冷戦の終結にともなう旧ソ連や東欧諸国などとの経済協力関係の縮小の影響、さらにはわが国や米国などによる独自の制裁措置の強化や、核実験や弾道ミサイル発射を受けて採択された関連の国連安保理決議による制裁措置など

33　金委員長は、同月末にも朝鮮労働党中央委員会第8期第6回全員会議において「迅速な核反撃」を使命とする「もう一つの大陸間弾道ミサイル体系」を開発すると表明している。

34　北朝鮮はその後2023年4月に、金委員長が、軍事偵察手段の獲得・運用は「何よりも重要な優先課題」であり、「完成した軍事偵察衛星1号機を計画された期日内に発射できるように最終準備を早期に終える」として、今後の偵察衛星の複数配置などにも言及した旨発表したほか、同年5月17日には金委員長による「軍事偵察衛星1号機」の視察状況を公表した。同月31日、北朝鮮は事前に期間や落下区域を予告したうえで、北朝鮮西岸の東倉里付近から南方向に向けて弾道ミサイル技術を使用した発射を強行したが、宇宙空間への何らかの物体の投入はされていないものと推定され、衛星打ち上げを試みて失敗したものと考えられる。この発射について、同日北朝鮮は、「軍事偵察衛星『万里鏡（マンリギョン）1』号」を「新型衛星運搬ロケット『千里馬（チョンリマ）1』型」に搭載して発射したものの、黄海上に墜落したなどと発表するとともに、できるだけ早い期間内に2回目の発射を行う旨表明した。

図表Ⅰ-3-4-6　北朝鮮に対する国連安保理決議に基づく制裁

主な内容

品目	制裁内容	関連決議
原油	年間供給量400万バレル又は52.5万トンに制限	2397号 (2017年12月)
石油精製品	年間供給量50万バレルに制限	2397号 (2017年12月)
石炭	北朝鮮からの輸入を全面禁止	2371号 (2017年8月)
船舶間の積み替え(瀬取り)	禁止	2375号 (2017年9月)

最近の対北朝鮮制裁にかかる国連安保理決議の概要

年月	決議	契機	主な内容
2006.7.16	1695号	7発の弾道ミサイル発射(2006/7/5)	核・ミサイル計画への関連物資及び資金の移転防止を要求
2006.10.15	1718号	第1回核実験(2006/10/9)	大量破壊兵器関連物資や大型兵器の輸出入禁止
2009.6.13	1874号	テポドン2発射(2009/4/5)、第2回核実験(同年5/25)	金融規制導入
2013.1.23	2087号	テポドン2発射(2012/12/12)	制裁対象に6団体・4個人を追加
2013.3.8	2094号	第3回核実験(2013/2/12)	金融規制強化、禁輸貨物運搬が疑われる船舶の自国領域内での貨物検査を義務化
2016.3.3	2270号	第4回核実験(2016/1/6)、テポドン2発射(同年2/7)	航空燃料の輸出・供給の禁止、北朝鮮による石炭・鉄鉱石の輸出禁止(生計目的かつ核・ミサイル計画と無関係のものを除く)
2016.11.30	2321号	第5回核実験(2016/9/9)	北朝鮮による石炭輸出の上限を設定(年間約4億ドル又は重量750万トン)
2017.6.3	2356号	2016/9/9以降の弾道ミサイル発射	制裁対象に4団体・14個人を追加
2017.8.6	2371号	ICBM級弾道ミサイル「火星14」発射(2017/7/4及び7/28)	石炭輸入の全面禁止、鉄及び鉄鉱石輸入の全面禁止、北朝鮮労働者に対する労働許可の総数に初めて上限を規定
2017.9.12	2375号	第6回核実験(2017/9/3)	供給規制の対象に石油分野を初めて追加、繊維製品を輸入禁止対象に追加、海外労働者に対する労働許可の発給禁止
2017.12.23	2397号	ICBM級弾道ミサイル「火星15」発射(2017/11/29)	石油分野におけるさらなる供給規制、北朝鮮との輸出入禁止対象の拡大、北朝鮮籍海外労働者などの北朝鮮への送還

※「　」内は北朝鮮の呼称

もあり、北朝鮮は慢性的な経済不振、エネルギーと食糧の不足に直面している[35]。

加えて、2020年以降、新型コロナウイルス感染症及び自然災害が北朝鮮の経済に大きな影響を与えてきたとみられるが、特に新型コロナウイルスについては、2022年5月、初めて感染者が確認されたことや防疫事業の「最大非常防疫体系」への移行を公表するとともに、金委員長も「建国以来の大動乱」であると言及するなど、従来の閉鎖的な情報開示状況から一転して、総力を挙げて対応する姿勢を示した。同年8月には新型コロナウイルスを撲滅したとして「勝利」を宣言したものの、実際の感染状況については不透明な点が多く、引き続き経済活動などに大きな制約を受けているものとみられる。

2021年1月、金委員長は自力更生・自給自足を基本とする「国家経済発展の新たな5か年計画」を提示した。2022年12月には、金委員長が2023年の課題として「5か年計画完遂の決定的保証を構築すること」を挙げており、困難な状況下においても、北朝鮮は引き続きこの「計画」に則った経済の立て直しを重要視しているとみられる。一方、北朝鮮が現在の統治体制の不安定化につながりうる構造的な改革を行う可能性は低いと考えられることから、経済の現状を根本的に改善することには、様々な困難がともなうと考えられる。

また、北朝鮮は、国連安保理決議で禁止されている、洋上での船舶間の物資の積み替え（いわゆる「瀬取り」）などにより国連安保理の制裁逃れを図っているとみられ[36]、2023年4月に公表された「国連安全保障理事会北朝鮮制裁委員会専門家パネル最終報告書」は、2022年1

35　近年、北朝鮮漁船や中国漁船が大和堆周辺のわが国排他的経済水域で違法操業を行っており、同海域で操業する日本漁船の安全を脅かす状況となっている。現場海域においては、水産庁と海上保安庁が連携し、外国漁船による違法操業の取締りを行っている。取締りの詳細については内閣府年次報告「海洋の状況及び海洋に関して講じた施策」、水産白書及び海上保安レポートを参照。

36　2018年に入ってから2022年3月末までの間に、北朝鮮籍タンカーと外国籍タンカーが公海上で接舷（横付け）している様子を海自哨戒機などが計24回確認している。これらの船舶は、政府として総合的に判断した結果、「瀬取り」を実施していたことが強く疑われる。

月から8月の間に年間上限量である50万バレルを超過する79万バレルを上回る量の石油精製品が、北朝鮮籍タンカーにより、北朝鮮へ不正に輸送されたと指摘している。

参照　図表Ⅰ-3-4-6（北朝鮮に対する国連安保理決議に基づく制裁）

5　対外関係

(1) 米国との関係

2018年6月、史上初の米朝首脳会談において金委員長は朝鮮半島の完全な非核化に向けた意思を示したが、2019年2月の第2回米朝首脳会談では、双方はいかなる合意にも達しなかった。その後北朝鮮は、米国を「最大の主敵」としつつ、新たな米朝関係樹立の鍵は、米国による北朝鮮への敵視政策の撤回であるとする姿勢を示してきた。

米国は、2021年4月に、対北朝鮮政策の見直しを完了したこと、「朝鮮半島の完全非核化」を引き続き目標として、「調整された、現実的なアプローチ」のもとで北朝鮮との外交を探っていくことなどを発表した。2022年10月に発表された「国家安全保障戦略」（NSS）においても、朝鮮半島の完全な非核化に向けて具体的な進展を図るため、北朝鮮との持続的な外交を模索する旨が明記されているが、これまでに公式な対話の再開などはみられておらず、米朝関係は膠着状態が続いている。

北朝鮮は2018年4月、「大陸間弾道ロケット試験発射」の停止などを自ら表明していたが、米朝関係に進展がみられない中、2022年1月には金委員長が「米国の敵視政策と軍事的脅威がもはや黙過することのできない危険ラインに至った」との評価のもと、「暫定的に中止していた全ての活動を再稼働する問題を迅速に検討」することを指示した。実際に同年2月以降、北朝鮮はICBM級弾道ミサイルの発射を再開し、米国との長期的対決を徹底的に準備していくなどと述べたほか、同年9月の演説において金委員長は、米国の目的は「わが政権をいつでも崩壊させようとすること」であるとし、米国を長期的に牽制するため「絶対に核を放棄することはできない」などと表明した。

金委員長が「敵と対話する内容もなく、またその必要性も感じない」と述べるなど[37]、米朝関係の膠着状態が続く中、北朝鮮が挑発をさらにエスカレートさせる可能性もあり、今後の動向が注目される。

(2) 韓国との関係

2018年、3回にわたる南北首脳会談を通じ、南北の敵対行為の全面的な中止や、朝鮮半島の非核化の実現を共通の目標として確認することなどを含む「板門店宣言文」、軍事的な敵対関係の終息などを含む「9月平壌共同宣言」、軍事的な緊張緩和のための具体的な措置について盛り込んだ「『板門店宣言文』履行のための軍事分野合意書」に合意するなど、南北関係は大きな進展をみせた。しかし、2019年に米朝首脳会談が決裂して以降、南北関係に進展はなく、北朝鮮は、韓国に対して硬軟織り交ぜた姿勢をとってきた。

さらに、韓国大統領選挙で厳しい対北朝鮮姿勢を示す尹錫悦（ユン・ソンニョル）氏が当選した後の2022年4月には、金与正朝鮮労働党中央委副部長が談話を発出し、韓国は主敵ではなく互いに戦ってはならない同じ民族であるとしながらも、韓国が軍事的対決を選択するのであれば「わが方の核戦闘武力は自らの任務を遂行」すると表明した。また、同年7月には金委員長が演説を行い、韓国が先制攻撃を行うならば即時に報復し、「尹政権とその軍隊は全滅する」と述べるなど、北朝鮮の対南姿勢もまた厳しいものに転じ始めた。特に同年9月の米空母「ロナルド・レーガン」の韓国寄港やその後の共同訓練の際には、北朝鮮は弾道ミサイルを立て続けに発射するなど挑発行為をエスカレートさせ、翌10月には一連の発射について、韓国内の飛行場などを標的に見立てて「戦術核運用部隊」の訓練を行ったと発表したほか、同年12月にかけて、南北間の軍事合意で定められた軍事演習中止地域への砲撃などを繰り返した。

北朝鮮は、非核化に応じればその段階に合わせて北朝鮮へ経済・民生支援を行うとする尹政権の「大胆な構想」

37　北朝鮮は2022年10月10日、同年9月末から10月にかけて行った一連の弾道ミサイル発射について「戦術核運用部隊」の訓練であった旨公表したが、この時に、金委員長が「敵は軍事的威嚇を加えてくる中でも依然として引き続き対話と協議を云々しているが、わが方は敵と対話する内容もなく、またその必要性も感じない」、「朝鮮半島の不安定な安全環境と看過することのできない敵の軍事的動きを抜かりなく鋭く注視し、必要な場合は相応の全ての軍事的対応措置を強力に講じていく」などと述べたことが明らかにされた。

に反発している[38]のみならず、2022年12月、金委員長は韓国を「疑う余地のない明白な敵」であるとして、「戦術核兵器の大量生産の重要性と必要性」や「核弾頭保有量」の増大に言及しており、緊張が高まっている南北関係の動向を注視していく必要がある。

(3) その他の国との関係

①中国との関係

北朝鮮にとって中国は極めて重要な政治的・経済的パートナーであり、北朝鮮に対して一定の影響力を維持していると考えられる。1961年に締結された「中朝友好協力及び相互援助条約」が現在も継続しているほか、中国は北朝鮮にとって最大の貿易相手国であり、2021年の北朝鮮の対外貿易（南北交易を除く）に占める中国との貿易額の割合は約9割超[39]と極めて高水準で、北朝鮮の中国への依存が指摘されている。

北朝鮮情勢や核問題に関して、中国は、「デュアルトラックの並進」（朝鮮半島の非核化及び休戦メカニズムから平和メカニズムへの転換）構想と「段階ごと、同時並行」という原則に基づき、対話と協議を通じて問題を解決すべきであると表明してきた。近年では、北朝鮮によるICBM級弾道ミサイルの発射を受けて米国が提案した国連安保理制裁決議案に対してロシアとともに拒否権を行使し、半島情勢がここまで推移した原因は米国にあるとするなど、北朝鮮が繰り返す挑発行為を擁護する姿勢も示している。

中朝首脳会談は2018年3月以降、2019年6月までに5回実施された。2022年10月には習近平総書記の再選にあたり金委員長が祝電を送付し、習総書記も、中朝関係を高度に重視し、世界の変化が起きている新たな形勢のもとで立派に発展させていく旨の礼電を送付した。

②ロシアとの関係

北朝鮮の核問題について、ロシアは、中国と同様、朝鮮半島の非核化や六者会合の早期再開の支持を表明している。2021年10月には、北朝鮮は多くの非核化措置を既に講じており、経済・民生分野における一部制裁措置の調整を行うべきとして、中国と共同で北朝鮮に関する国連安保理決議案を提出したほか、2022年5月には、米国が提案した前述の制裁決議案に対して中国とともに拒否権を行使した。

北朝鮮の側でも、2022年2月以降のロシアによるウクライナ侵略下では、ウクライナにおける事態の原因が米国や西側諸国にあると主張し、ロシアを擁護する姿勢を示し続けている。

2 韓国・在韓米軍

1 全般

2022年5月に発足した尹錫悦政権は、北朝鮮の完全かつ検証可能な非核化を通じ、朝鮮半島の持続可能な平和を実現するとの目標を掲げている。北朝鮮の核・ミサイル脅威には強力に対応するとの方針であるが、北朝鮮の非核化の進展に合わせて、経済、政治、軍事面で包括的な相応措置を講じる「大胆な構想」も示しており、今後の南北関係に引き続き注目していく必要がある。

韓国には、朝鮮戦争の休戦以降、現在に至るまで陸軍を中心とする米軍部隊が駐留している。韓国は、米韓相互防衛条約を中核として、米国と安全保障上極めて密接な関係にあり、在韓米軍は、朝鮮半島における大規模な武力紛争の抑止に大きな役割を果たすなど、地域の平和と安定を確保するうえで重要な役割を果たしている。なお、尹政権は、米韓同盟を包括的戦略同盟に発展させる方針を示し、対米関係を重視する姿勢を強調している。

また、2022年11月、韓国は同国初のインド太平洋戦略を発表し、自由、平和、繁栄のビジョンのもと、普遍的価値やルールに基づいた地域秩序の構築に貢献していく考えを示した。

2 韓国の国防政策・国防改革

韓国は、約1,000万人の人口を擁する首都ソウルがDMZから至近距離にあるという防衛上の弱点を抱えている。

韓国は、「外部の軍事的脅威と侵略から国家を守り、平

38 2022年8月、金与正朝鮮労働党中央委副部長が談話を発表し、尹政権が提示した「大胆な構想」について、「愚かさの極致」、「『北が非核化措置を講じるなら』という仮定がそもそも誤った前提」などと非難した。
39 大韓貿易投資振興公社の発表による。

図表Ⅰ-3-4-7　韓国の国防費の推移

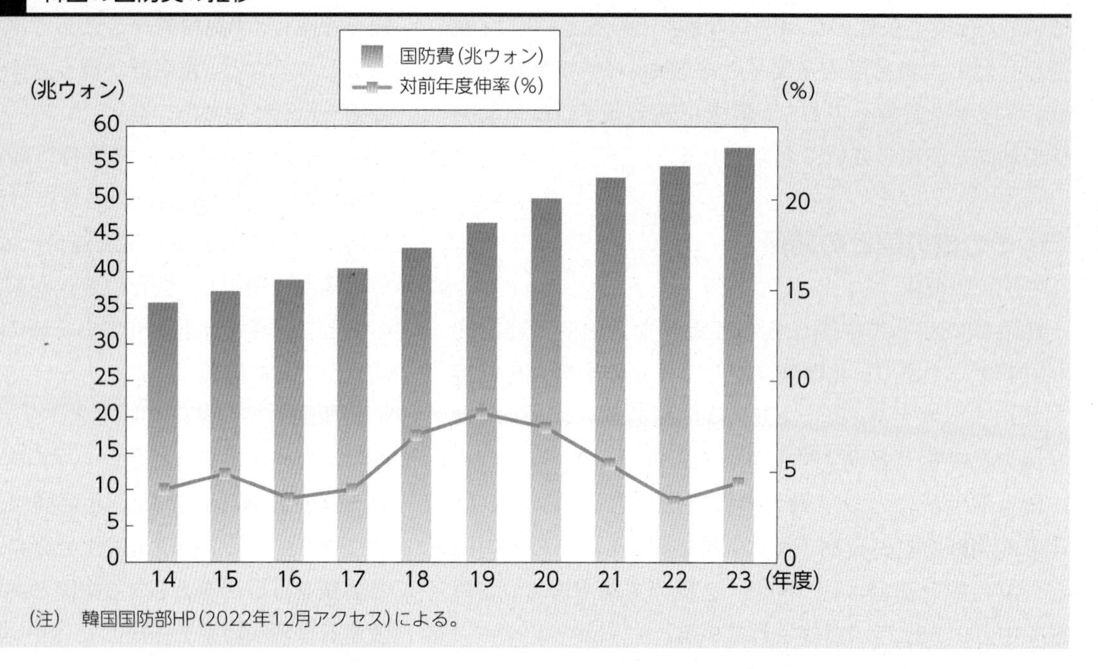

（注）　韓国国防部HP（2022年12月アクセス）による。

和的統一を後押しし、地域の安定と世界平和に寄与する」との国防目標を定めている。この「外部の軍事的脅威」の一つとして、前政権下の国防白書では、北朝鮮を「主敵」あるいは「北朝鮮政権と北朝鮮軍は韓国の敵」とする表現を用いていなかったが、尹政権では再び、「北朝鮮政権と北朝鮮軍は韓国の敵」と明記した。

韓国は、国防改革に継続して取り組んでいる。尹政権は、AIなど第4次産業革命の先端科学技術を基盤とする「国防革新4.0」を推進しており、有・無人複合戦闘体系の構築を段階的に進め、兵力不足の解消や、戦時の人命損失の最小化などを図るとしている。

3　韓国の軍事態勢

韓国の軍事力については、陸上戦力は、陸軍約42万人・19個師団と海兵隊約2.9万人・2個師団、海上戦力は、約230隻、約29万トン、航空戦力は、空軍・海軍を合わせて、作戦機約660機からなる。

韓国軍は、全方位国防態勢を確立するとして、陸軍はもとより海・空軍を含めた近代化に努めている。海軍は、潜水艦、国産駆逐艦などの導入を進め、空軍は、現在40機のF-35A戦闘機を追加導入する計画であり、国産戦闘機の導入も推進している。

また、北朝鮮の核・ミサイル脅威に対応する「韓国型3軸体系」（キル・チェーン、韓国型ミサイル防衛（KAMD）、大量反撃報復（KMPR））の構築を重視しており、同体系の戦力を効果的に統合運用するための戦略司令部を2024年に創設予定である。

KAMD: Korea Air and Missile Defense　KMPR: Korea Massive Punishment & Retaliation

韓国のミサイル開発は、1979年に米韓が合意したミサイル指針により、射程や弾頭重量が制限されてきた。こうした制限は、北朝鮮の核・ミサイル開発の進展などに伴い段階的に解除され、最終的に2021年5月の米韓首脳会談に際し、同指針の終了が発表された[40]。

弾道ミサイルについては、射程300～800kmとされる「玄武（ヒョンム）2」などを実戦配備しているとみられる。また、2020年に弾頭重量2トン・射程800kmの「玄武4」の発射試験に成功したとされるほか、弾頭重量をさらに増やした「玄武5」とされる開発中の弾道ミサイルが2022年10月に公開されるなど、「高威力」型の弾道ミサイル開発も進めている。さらに2021年、韓国は、潜水艦発射弾道ミサイル（SLBM）発射試験に成功したと発表した。韓国は、こうした各種弾道ミサイルの開発・保有により、米国に依存しない独自の通常戦力による打撃手段の増強と多様化、残存性の向上などを企図していると考えられる。

巡航ミサイルについては、射程約500～1,500kmとさ

40　指針終了の時点では、弾道ミサイルの射程は800kmに制限されていた。

れる地対地巡航ミサイル「玄武3」や、最大射程1,000km～1,500kmとされる艦対艦・艦対地巡航ミサイル「海星（ヘソン）」などを実戦配備しているとみられる。

さらに、韓国は近年、装備品の輸出を積極的に図っている。特に2022年は、ロシアのウクライナ侵略を機に、防衛力の強化を進めるポーランドと大型輸出契約を締結するなど、年間の輸出実績は契約額ベースで前年比2倍を超え、過去最高額の約173億ドル[41]に達した。こうした動きもあり、欧州をはじめ国際的な市場において韓国の装備品に対する関心は高まっているとみられ、同国が防衛産業輸出規模で2027年までに世界4位に入ることを目標とする中、今後の動向が注目される。

なお、2023年度の国防費（本予算）は、対前年度比約4.4％増の約57兆143億ウォンであり、2000年以降24年連続で増加している。また、「2023-2027国防中期計画」によれば、2027年までの5年間で国防費を年平均6.8％増加させていくとしている。

参照　図表Ⅰ-3-4-7（韓国の国防費の推移）

4　米韓同盟・在韓米軍

米韓両国は近年、米韓同盟を深化させるため様々な取組を行っており、平素から首脳レベルで米韓同盟の強化について確認している。

具体的な取組として、両国は、2013年3月に北朝鮮の挑発に対応するための「米韓共同局地挑発対応計画」に署名した。同年10月の第45回米韓安保協議会議（SCM（Security Consultative Meeting）、両国防相をトップとする協議体）では、北朝鮮の核・大量破壊兵器の脅威に対応する抑止力向上の戦略である「オーダーメード型抑止戦略（Tailored Deterrence Strategy）」を承認した。

また、2014年の第46回米韓SCMでは、北朝鮮の弾道ミサイルの脅威に対応する「同盟の包括的ミサイル対応作戦の概念と原則（4D作戦概念）」に合意し、2015年の第47回米韓SCMで、その履行指針を承認した。

さらに、2016年1月の北朝鮮による核実験の強行などを受け、2017年9月、在韓米軍にTHAAD（Terminal High Altitude Area Defense）[42]が臨時配備された。

最近では、米韓は、2021年の第53回米韓SCMで、米韓同盟を朝鮮半島・北東アジアからインド太平洋地域に拡大するとともに、11年ぶりに新たな「戦略企画指針」を承認し、これに基づき作戦計画を最新化[43]していくことで合意した。さらに2022年11月、尹政権で初の第54回米韓SCMでは、次回SCMまでの「オーダーメード型抑止戦略」の改定、朝鮮半島周辺への米戦略アセット展開の強化[44]、北朝鮮の核使用を想定した机上演習の定例化など、拡大抑止の強化に向けた各種取組に合意した。2023年4月の米韓首脳会談[45]に際して発表された「ワシントン宣言」において、韓国は、米国の拡大抑止コミットメントを信頼することの重要性を認識し、また、核不拡散条約下の義務に対する自国のコミットメントを再確認した。同時に、同宣言において、米韓は、拡大抑止強化に向けた取組として、米韓の核協議体（NCG（Nuclear Consultative Group））の設立や、米戦略原子力潜水艦を韓国に寄港させることなどを発表した。

米韓合同軍事演習については、2018年以降、北朝鮮との対話の進展などを受けて、演習の中止や規模縮小が続いたが、尹政権の発足以降、米韓は演習の範囲や規模を拡大してきている。定例の合同軍事演習については、「フリーダムシールド（FS）」を上半期に、政府演習と統合した「乙支（ウルチ）フリーダムシールド（UFS）」を下半期に行う形式に変更し、2022年8～9月のUFS演習では、指揮所演習と並行する形で、約4年ぶりに大規模な機動演習を再開した。これ以降も、2022年には、米空母「ロナルド・レーガン」が参加した合同海上訓練、米B-1B爆撃機が参加した合同空中訓練「ヴィジラント・ストーム」などを実施し[46]、2023年3～4月には、米国の爆撃機、空母、強襲揚陸艦が展開し、大規模機動訓練「ウォリアーシールド」を実施した。

また、両国は、米韓連合軍に対する戦時作戦統制権の

41　2022年の主な輸出契約事例として、ポーランドに対する戦車、自走砲、軽攻撃機、多連装ロケットなど約124億ドルの契約のほか、UAEに対する迎撃ミサイル、エジプトに対する自走砲などがある。
42　ターミナル段階にある短・中距離弾道ミサイルを地上から迎撃する弾道ミサイル防衛システム。大気圏外及び大気圏内上層部の高高度で目標を捕捉し迎撃する。
43　米韓は、北朝鮮の脅威を含む戦略環境の変化を反映するとしており、背景に北朝鮮の核・ミサイル能力の高度化などがあると指摘されている。
44　韓国側は、米戦略アセット展開の頻度と強度を常時配備と同等レベルまで高めるとしている。
45　バイデン大統領は、米韓首脳会談後の共同記者会見において、朝鮮半島に核兵器を配備することはないと発言した。
46　このほか、2022年12月には、朝鮮半島周辺に展開した米B-52H爆撃機、F-22戦闘機が参加し、合同空軍訓練を実施した。

韓国への移管[47]や在韓米軍の再編などに取り組んでいる。

まず、戦時作戦統制権の韓国への移管については、2015年12月1日までの移管完了を目標として、従来の「米韓軍の連合防衛体制」から「韓国軍が主導し米軍が支援する新たな共同防衛体制」に移行する検討が行われていた。

しかし、北朝鮮の核・ミサイルの脅威が深刻化したことなどを受け、2014年の第46回米韓SCMで戦時作戦統制権の移管を再延期し、韓国軍の能力向上などの条件が達成された場合に移管を実施するという「条件に基づくアプローチ」の採用が決定された。また、2018年10月の第50回米韓SCMでは、戦時作戦統制権移管後は、未来連合軍司令部として米韓連合軍司令官に現在の米国軍人に代わり韓国軍人を置くことを決定した。

韓国軍の能力評価については、2019年8月の連合指揮所演習において、第1段階にあたる基本運用能力（IOC（Initial Operational Capability））検証が行われ、同演習がIOCを検証するうえで重要な役割を果たしたことが確認された。さらに、2022年のUFS演習において、第2段階にあたる完全運用能力（FOC（Full Operational Capability））評価が実施され、同年11月の第54回米韓SCMでは、FOC評価が成功裏に行われ、全ての評価課題が基準を満たしたことが確認された[48]。

韓国軍は、戦時作戦統制権の移管に必要な、米韓連合防衛を主導する軍事能力と北朝鮮の核・ミサイル脅威への対応能力について、米韓が共同評価の結果を総合的に検討し、段階別の手続に従って、未来連合軍司令部に対する評価を安定的に推進していくとしている。

在韓米軍の再編問題については、2003年、ソウル中心部に所在する米軍龍山（ヨンサン）基地のソウル南方の平沢（ピョンテク）地域への移転や、漢江（ハンガン）以北に駐留する米軍部隊の漢江以南への再配置などが合意された。その後、戦時作戦統制権の移管延期に伴い、米軍要員の一部が龍山基地に残留することや、北朝鮮の長距離ロケット砲の脅威に対応するため在韓米軍の対火力部隊が漢江以北に残留することが決定されるなど、計画が一部修正された。

2017年7月に米第8軍司令部が、2018年6月に在韓米軍司令部及び国連軍司令部が、2022年11月に米韓連合軍司令部が平沢地域に移転した。在韓米軍の再編は、朝鮮半島における米韓の防衛態勢に大きな影響を与えるものと考えられるため、今後も引き続き注目する必要がある。

在韓米軍の安定的な駐留条件を保障するため、在韓米軍の駐留経費の一部を韓国政府が負担する在韓米軍防衛費分担金については、2021年3月、第11次防衛費分担特別協定について米韓が合意に至った。同協定は2020年から2025年までの6年間有効で、2020年度の総額は2019年度の水準に据え置き、2021年度は2020年比13.9％増、2022年から2025年は前年度の韓国国防費の増加率を適用するとしている。

5　対外関係

(1) 中国との関係

中国と韓国との間では継続的に関係強化が図られてきている一方、懸案も生じている。中国は在韓米軍へのTHAAD配備について、中国の戦略的安全保障上の利益を損なうものであるとして反発している。この点、2017年10月、両国は、軍事当局間のチャンネルを通じ、中国側が憂慮するTHAADに関する問題について意思疎通していくことで合意したが、双方の主張の対立はなおも

資料：最近の国際情勢（北朝鮮）
URL：https://www.mod.go.jp/j/surround/index.html

資料：北朝鮮のミサイル等関連情報
URL：https://www.mod.go.jp/j/surround/defense/northKorea/index.html

47　米韓は、朝鮮半島における戦争を抑止し、有事の際に効果的な連合作戦を遂行するための米韓連合防衛体制を運営するため、1978年から、米韓連合軍司令部を設置している。米韓連合防衛体制のもと、韓国軍に対する作戦統制権については、平時の際は韓国軍合同参謀議長が、有事の際には在韓米軍司令官が兼務する米韓連合軍司令官が行使することとなっている。

48　さらに、第3段階にあたる完全任務遂行能力（FMC（Full Mission Capability））評価が予定されている。

続いている[49]。尹政権が「相互尊重」に基づく中韓関係の実現を掲げる中、今後の中韓関係の動向が注目される。

(2) ロシアとの関係

韓国とロシアとの間では、軍事技術、防衛産業及び軍需分野の協力について合意されている。2018年8月に国防戦略対話を行い、同対話を次官級に格上げすることで合意しており、2021年11月には、海・空軍間のホットラインの設置に合意した。

2022年2月以降のロシアによるウクライナ侵略を受けて、韓国は、国際社会との協調を示す形でロシアに対する制裁措置を実施するとともに、ウクライナに軍需物資などを提供した。韓国は引き続き、ウクライナへの装備品の供与に慎重な姿勢を崩していないが、尹大統領は、ウクライナの民間人が大規模攻撃を受けた場合、人道的・経済的支援の範疇を超えた支援を行う可能性も示唆しており、韓国がウクライナ情勢を踏まえ、ロシアとの関係性も考慮する中で、今後いかなる対応をとっていくか注目される。

49 2022年8月の中韓外相会談後、中国外交部は、韓国政府が2017年当時に対外的に表明したとされる「3不」（米国のMDシステムに参加しない、THAADの追加配備を検討しない、日米韓安保協力は軍事同盟に発展しない）に加え、在韓米軍に配備済みのTHAAD運用を制限するという「1限」の方針も表明したと主張した。これに韓国側は、前政権のそうした立場は約束や合意ではなく、安保主権に関する事案は協議の対象になり得ないと反論している。

第5節 ロシア

1 全般

これまで「強い国家」や「影響力ある大国」を掲げ、ロシアの復活を追求してきたプーチン大統領は、2022年2月24日、ウクライナに対する全面的な侵略を開始した。ロシアによるウクライナ侵略は、ウクライナの主権及び領土一体性を侵害し、武力の行使を禁ずる国際法と国連憲章の深刻な違反であるとともに、国際秩序の根幹を揺るがすものであり、欧州方面における防衛上の最も重大かつ直接の脅威と受け止められている。

また、ロシアは、今後も戦略的核兵器の近代化に取り組む姿勢を明確にするとともに、ウクライナ侵略を継続する中にあって、核兵器による威嚇とも取れる言動を繰り返している。

わが国周辺のロシア軍についても、近年、新型装備の導入や活動の活発化の傾向が認められるほか、中国軍と爆撃機の共同飛行や艦艇の共同航行を実施し、ロシア国内の戦略コマンド（軍管区）級の年次大規模演習に中国軍部隊が参加するなど、中国との戦略的な連携を強化する動きもみられる。わが国を含むインド太平洋地域におけるロシアの軍事的動向などは、こうした中国との戦略的連携と相まって安全保障上の強い懸念であり、ウクライナ侵略における動きも踏まえつつ、注視していく必要がある。

参照 2章（ロシアによる侵略とウクライナによる防衛）

2022年9月6日、ロシア軍の年次戦略指揮参謀部演習「ヴォストーク2022」を視察するプーチン大統領（中央）。ショイグ国防相（左）及びゲラシモフ参謀総長（右）が随行【ロシア大統領府】

2 安全保障・国防政策

1 戦略・政策文書

ロシアは、2021年7月に改訂された「国家安全保障戦略」により、内外政策分野の目標や戦略的優先課題を定めている。

「国家安全保障戦略」では、これまでの防衛能力、国内の団結及び政治的安定性の強化並びに経済の現代化及び産業基盤の発展のための政策が、自立的な内外政策を遂行し、外部の圧迫に対し効果的に対抗できる主権国家としてのロシアの強化を裏づけたとして、外部の脅威の存在と、それに屈しない「強い国家」であるという自己認識を示している。そして、ロシア周辺におけるNATO（North Atlantic Treaty Organization）の軍事活動が軍事的脅威であると述べたほか、米国の中短距離ミサイルの欧州及びアジア太平洋地域への配備が戦略的安定性などに対する脅威であるとしている。

国防分野では、軍事力の果たす役割を引き続き重視し、十分な水準の核抑止力とロシア軍をはじめとする軍事力の戦闘準備態勢を維持することにより戦略抑止及び軍事紛争の阻止を実施するとしている。

「国家安全保障戦略」の理念を軍事分野において具体化する文書である「軍事ドクトリン」は、2014年12月に改訂されたが、同ドクトリンでは、大規模戦争が勃発する蓋然性が低下する一方、NATO拡大を含むNATOの軍事インフラのロシア国境への接近、戦略的ミサイル防衛（MD（Missile Defense））システムの構築・展開など、ロシアに対する軍事的危険性は増大しているとの従来からの認識に加え、NATOの軍事力増強、米国による「グローバル・ストライク」構想の実現、グローバルな過激主義（テロリズム）の増加、隣国でのロシアの利益を脅かす政策を行う政権の成立、ロシア国内における民族的・社会的・宗教的対立の扇動などについても新たに軍事的危険と定義し、警戒を強めている。

また、現代の軍事紛争の特徴として、精密誘導兵器、極超音速兵器、電子戦装備、各種無人機などの集中的な使用、ネットワーク型の自動指揮システムによる部隊や武器の運用の自動化・一元化といった事象に加え、ハイブリッド戦争という文言はないものの、軍事力と政治・経済・情報その他の非軍事的手法との複合的な利用、非正規武装集団や民間軍事会社による軍事行動への参加などを指摘している。

核兵器については、同ドクトリンにおいて、核戦争や通常兵器による軍事紛争の発生を防止する重要な要素であると位置づけ、その使用基準については、核その他の大量破壊兵器が使用された場合のみならず、通常兵器による侵略が行われ、国家存続の脅威にさらされた場合、核兵器による反撃を行う権利を留保するとしている。

2020年6月、ロシアは、いわゆる「核ドクトリン」に相当する政策文書「核抑止分野における国家政策の指針」を初めて公表した。核兵器の使用基準は、「軍事ドクトリン」に記述された基準と同様であるが、新たにロシアが核兵器を使用する可能性がある条件や核抑止の対象となる軍事的危険などについて明らかにしている。また、この「指針」に関しては、「ロシアを潜在敵とみなす個別の国」に加え、「それらの国が参加する軍事連合」をも対象としており、核抑止におけるロシアの「レッドライン」をも明示したものと説明されている。

2　国防費

国防費については2011年度から2016年度（執行額）までは、対前年度比で二桁の伸び率が継続し、対GDP比で4.4%に達したが、その後はおおむね対GDP比3%前後の水準で推移している。なお、ウクライナ侵略により、2022年度執行予算（暫定額）は前年度比30.8%増、2023年度当初予算は同6.5%増となっている[1]。

参照　図表Ⅰ-3-5-1（ロシアの国防費の推移）

3　軍改革

ロシアは、1997年以降、「コンパクト化」、「近代化」、「プロフェッショナル化」という3つの改革の柱を掲げて軍改革を本格化させてきた。

図表Ⅰ-3-5-1　ロシアの国防費の推移

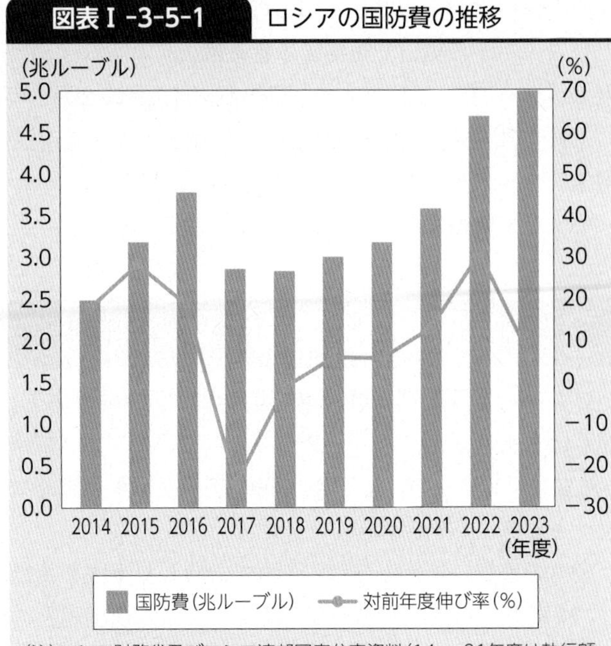

（注）ロシア財務省及びロシア連邦国庫公表資料（14～21年度は執行額、22年度は同年9月1日時点の執行予算（暫定額）、23年度は当初予算額）

軍の「コンパクト化」については、兵員の削減と機構改編（軍種・軍管区の統廃合、地上軍編成の師団主体から旅団主体への移行）が進められた。その結果、2021年1月までに、西部、南部、中央及び東部の4個軍管区並びに北洋艦隊（北極正面を担任）に対応する統合戦略コマンドがそれぞれ設置され、軍管区司令官のもと、地上軍、海軍、航空宇宙軍など全ての兵力の統合的な運用を行う体制となった。

しかし、2022年2月のウクライナ侵略開始後、ロシア国防省・軍は、兵員数の増加や部隊編制の拡大改編を指向する動きを見せている。同年12月の国防省幹部会議拡大会合において、ショイグ国防相はプーチン大統領に対し、兵員数の150万人への増加、モスクワとレニングラードの2個軍管区の創設、既存の複数個旅団の師団への改編、砲兵部隊の増強、フィンランド国境地域への1個軍団の新規配備などを提案した。

軍の「近代化」については、2020年までに新型装備の比率を70%に引き上げる目標は達成したとされ、その割合は通常戦力において71%（2021年末時点）及び戦略核戦力において91%（2022年末時点）と公表されている。

軍の「プロフェッショナル化」については、常時即応

1　ロシア財務省及びロシア連邦国庫公表資料による。

部隊の即応態勢を実効性あるものとするため、徴集された軍人の中から契約で勤務する者を選抜する契約勤務制度の導入が進められている。契約軍人の数は、2015年に初めて徴集兵を上回り、2020年には契約軍人の数が徴集兵の約2倍になったとされた。

ウクライナ侵略においては、ロシア兵の低い士気や技能の不足が露呈するとともに、人的損耗が顕著になっており、2022年9月には予備役の部分的動員が開始された。そのほか、政府系企業、刑務所などにおいても義勇兵を募集しているが、これら動員兵や義勇兵の一部は装備や練度が不足したまま前線に送られているとの指摘もある。

3　軍事態勢と動向

ロシアの軍事力は、連邦軍、連邦保安庁国境警備局、連邦国家親衛軍庁などから構成される。連邦軍は3軍種2独立兵科制をとり、地上軍、海軍、航空宇宙軍と戦略ロケット部隊、空挺部隊からなる。

戦力の整備にあたっては、かつて対峙した米国を意識し、核戦力のバランスを確保したうえで、先進諸国との対比で劣勢を認識する通常戦力において、精密誘導可能な対地巡航ミサイルや無人機といった先進諸国と同様の装備を拡充しつつあるほか、非対称な対応として、長射程の地対空及び地対艦ミサイル・システムや電子戦装備による、いわゆる「A2/AD」能力の向上を重視しているものとみられる。

参照　図表I-3-5-2（ロシア軍の配置と兵力（イメージ））

1　核・ミサイル戦力

ロシアは、国際的地位の確保と米国との核戦力のバランスをとる必要があることに加え、通常戦力の劣勢を補う意味でも核戦力を重視しており、即応態勢の維持に努めるとともに、各種プラットフォームや早期警戒システムなどの更新を進めている。

戦略核戦力については、ロシアは、米国に並ぶ規模のICBM（Intercontinental Ballistic Missile）、潜水艦発射弾道ミサイル（SLBM）と長距離爆撃機を保有している。

2011年以降、ICBM「トーポリM」の多弾頭型とみられている「ヤルス」の部隊配備を進めているほか、ソ連時代のウクライナ製ICBM「ヴォエヴォダ」を置き換える大型のICBM「**サルマト**」を2023年中の配備開始に向け試験中としている。新型のSLBM「ブラヴァ」を搭載するボレイ級弾道ミサイル搭載原子力潜水艦（SSBN）（Ballistic Missile Submarine Nuclear-Powered）は、6隻が就役しており、今後、北洋艦隊及び太平洋艦隊にそれぞれ5隻配備される予定である。長距離爆撃機「Tu-95」の近代化改修及び「Tu-160」の新規生産も継続している。

非戦略核戦力については、通常弾頭または非戦略核弾頭を搭載可能とされる地上発射型ミサイル・システム「イスカンデル」や、海上発射型巡航ミサイル・システム「**カリブル**」、空中発射型巡航ミサイル「Kh-101」、同弾道ミサイル「**キンジャル**」などの各種ミサイルの配備を進めている。ロシアはこれらのミサイルを「精密誘導兵器による非核抑止力」と位置づけ、重視している。特に、「カリブル」については、同ミサイル・システムを搭載する艦艇の極東への配備が進められており、わが国周辺の安全保障環境にも大きな影響を与えうることから、注視していくことが必要である。

ICBM「サルマト」

【諸元・性能】
開発中（2023年配備予定）

【概説】
新型の大型（サイロ式）ICBM。MDシステムの発展を受け、極超音速弾頭を含む幅広い種類の弾頭を搭載可能としたほか、ロシアの衛星航法システム「グロナス」を誘導に用いるとされる。46基配備予定。

ICBM「サルマト」【ロシア国防省公式Rutubeチャンネル】

海上発射型巡航ミサイル・システム「カリブル」

【諸元・性能】
射程：潜水艦発射型（対地）約2,000km、水上艦発射型（対地）約1,500km
速度：マッハ0.8

【概説】
シリア及びウクライナにおける使用実績がある。様々なプラットフォームに搭載可能であり、ロシア海軍の各艦隊において搭載艦の整備が進められている。

海上発射型巡航ミサイル・システム「カリブル」【ロシア国防省公式Youtubeチャンネル】

図表I-3-5-2　ロシア軍の配置と兵力（イメージ）

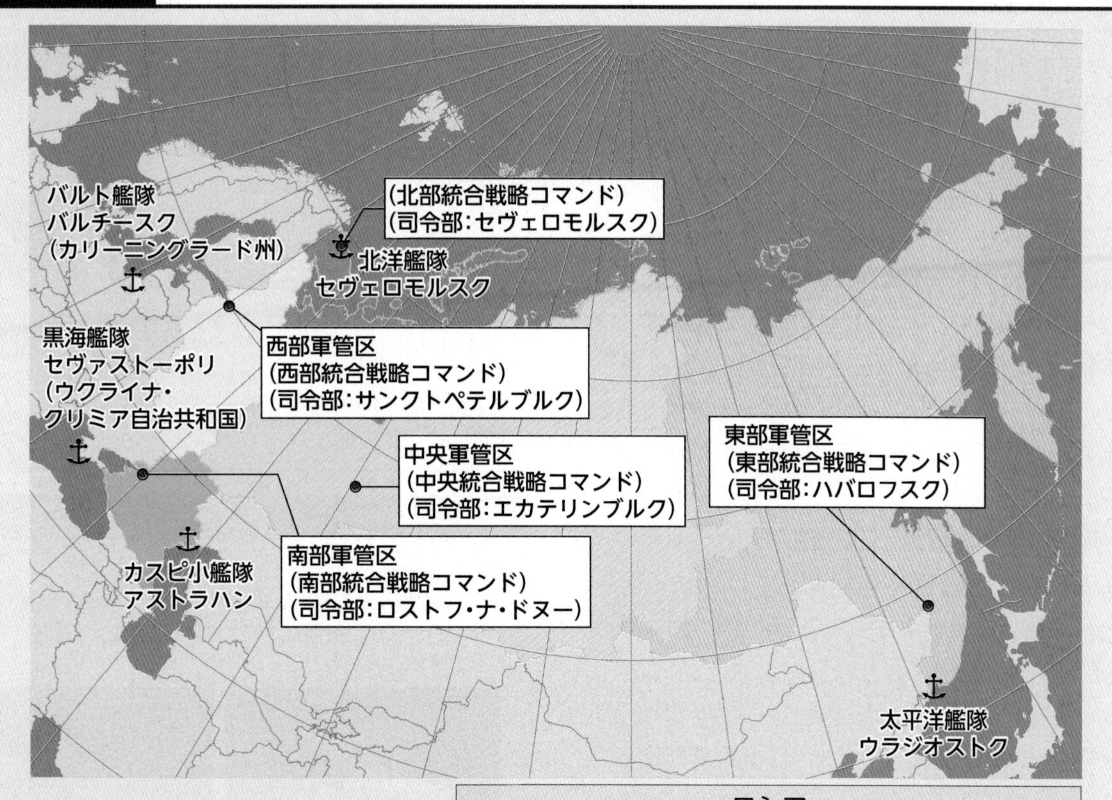

		ロシア
総　兵　力		約115万人
陸上戦力	陸上兵力	約62万人
	戦　車	T-90、T-80、T-72など、 約2,070両 (保管状態のものを含まず。保管状態のものを含めると約7,070両)
海上戦力	艦　艇	1,170隻　約210万トン
	空　母	1隻
	巡 洋 艦	3隻
	駆 逐 艦	11隻
	フリゲート	19隻
	潜 水 艦	72隻
	海 兵 隊	約3万人
航空戦力	作 戦 機	1,430機
	近代的戦闘機	MiG-29　109機　Su-30　122機　MiG-31　129機 Su-33　17機　Su-25　185機　Su-34　112機 Su-35　99機　(第4世代戦闘機　合計915機) Su-57　6機　(第5世代戦闘機　合計6機)
	爆 撃 機	Tu-160　16機 Tu-95　60機 Tu-22M　61機
参考	人　口	約1億4,202万人
	兵　役	1年(徴集以外に契約勤務制度がある)

(注)　資料は、Military Balance 2023などによる。陸上兵力は地上軍55万人のほか空挺部隊4万人及びロシアが自国軍への「編入」を発表したウクライナ東部の「分離派勢力」部隊3万人を含む。

2 新型兵器

近年、米国が国内外でMDシステムの構築を進めていることに対してロシアは反発している。

このような中、ロシアは、核戦力の基盤である弾道ミサイルへの対抗手段となりうる米国内外のMDシステムを突破する手段として、以下のような各種の新型兵器の開発を進める旨を明らかにしている。

- 大陸間の大気圏をマッハ20以上の速度で飛翔するとされる極超音速滑空兵器（HGV（Hypersonic Glide Vehicle））「**アヴァンガルド**」
- 最高速度約マッハ9で1,500kmの射程を持つとされる海上発射型の極超音速巡航ミサイル（HCM（Hypersonic Cruise Missile））「**ツィルコン**」
- 事実上射程制限がなく、低空を飛翔可能とされる原子力巡航ミサイル「ブレヴェスニク」
- 深海を高速航行が可能とされる原子力無人潜水兵器「ポセイドン」

これらの新型兵器のうち、HGV「アヴァンガルド」が配備済みであるほか、2023年1月には、北洋艦隊配備のゴルシコフ級ミサイルフリゲート「アドミラル・ゴルシコフ」がHCM「ツィルコン」を搭載し外洋展開を開始する旨発表されており、同ミサイルも実戦配備されたものとみられる。

ロシア自身のMD装備については、2022年春には、MD能力を有するとされる新型地対空ミサイル・システム「**S-500**」の部隊への納入開始が報じられているほか、同年11月には新型の弾道弾迎撃ミサイルの発射試験実施が発表されている。

3 通常戦力など

ロシアは、「国家装備計画」に基づき装備の開発・調達などを行ってきたが、ウクライナ侵略による損耗装備の補填需要や対露制裁による工作機械及び部品の入手困難といった事情により、同計画の続行に支障が出ているとの指摘もある。

地上軍は、「T-14」戦車や「コアリツィヤSV」155mm自走榴弾砲といった新型装備の試験を継続している。

航空宇宙軍は、いわゆる「第5世代戦闘機」であるSu-57の量産先行型の配備を開始したほか、無人機開発で有人航空機との統合に注力していると明らかにしている。

海軍は、2027年までに装備の近代化率を70%まで引

ALBM「キンジャル」

【諸元・性能】
速度：マッハ10以上
射程：500km（搭載機の戦闘行動半径と合わせ2,000km）

【概説】
飛翔中に機動可能な戦闘機搭載の空中発射型弾道ミサイル（ALBM）。地対地ミサイル・システム「イスカンデル」用短距離弾道ミサイルの空中発射型との指摘もある。

ALBM「キンジャル」（MiG-31Kに搭載）【ロシア国防省公式Youtubeチャンネル】

HGV「アヴァンガルド」

【概説】
マッハ20以上の速度で大気圏内を飛翔し、高度や軌道を変えながらMDシステムを回避可能とされる。2022年末時点で8基が配備されているものとみられる。

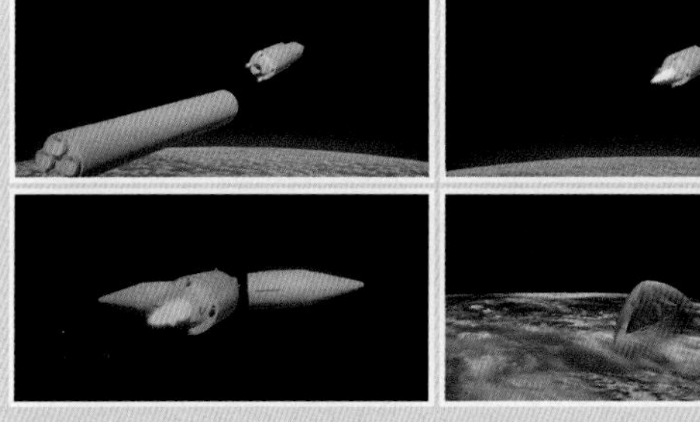

HGV「アヴァンガルド」【ロシア国防省公式Youtubeチャンネル】

HCM「ツィルコン」

【諸元・性能】
速度：マッハ9
射程：1,500km

【概説】
「カリブル」巡航ミサイルと発射装置を共用する艦載型HCM。2023年1月配備開始。地対艦ミサイル型も開発中と報じられている。

HCM「ツィルコン」【ロシア国防省公式Youtubeチャンネル】

地対空ミサイル・システム「S-500」

【概説】
「S-400」の後継となる地対空ミサイル・システム。現在、量産先行型がモスクワ周辺の防空部隊に試験配備されているものとみられる。

新型地対空ミサイル・システム「S-500」【ロシア国防省公式Youtubeチャンネル】

き上げるとしており、沿岸海域向け水上艦艇の整備が完了しつつあることから、今後は外洋向け水上艦艇の建造に移るとしている。

4　宇宙・電磁波領域

近年ロシア軍は宇宙及び電磁波領域における活動を活発化させている。ロシアは、対衛星ミサイル・システム「ヌドリ」などの対衛星兵器の開発を推進しているとされ、2021年11月、対衛星ミサイルによる衛星破壊実験の実施を公表した。また、2013年以降、接近・近傍活動（RPO）を行う衛星を低軌道と静止軌道の双方に投入しており、静止軌道上で他国の衛星への接近・隔離を頻繁に繰り返していることが観測されている。
Rendezvous and Proximity Operations

電磁波領域においては、2009年以降、ロシア軍に電子戦（EW）部隊が編成されるとともに多くの新型電子戦システムが調達され、各軍種・兵科に分散配置されている。2021年12月には、中央軍管区所在の電子戦部隊が、自軍部隊の活動を秘匿するため偽の命令や信号を発信し、敵を欺瞞する訓練を実施した旨発表されており、「ネットワーク中心の戦い」への対応として電子戦能力の向上が重視されていることがうかがわれる。
Electronic Warfare

参照　4章2節2項3（ロシア）、4章4節2項3（ロシア）

5　ロシア軍の動向（全般）

ロシア軍は、2010年以降、軍管区などの戦闘即応態勢の検証を目的とした大規模演習を各軍管区が持ち回る形で行っており[2]、こうした演習はロシア軍の長距離移動展開能力の向上に寄与している。2022年は、東部軍管区において、戦略指揮参謀部演習「ヴォストーク2022」が兵員5万人以上、中国やインドなど計14か国が参加して実施された。

核・ミサイル戦力の演習については、ウクライナ侵略開始直前の2022年2月に、「戦略抑止力演習」として、ICBM及びSLBMといった戦略核戦力に加え、「イスカンデル」、「カリブル」、「キンジャル」及び「ツィルコン」の通常弾頭または戦術核を搭載可能なミサイル戦力を用いたロシア全土にわたる大規模なミサイル演習が実施された。また、同年10月にも「戦略抑止力訓練」として、戦略核戦力による同様のミサイル演習が実施された。

2022年9月、北海道西方沖の日本海において「ヴォストーク2022」の一環とみられる実弾射撃を行うロシア海軍ステレグシチー級フリゲート「グロムキー」

2022年2月19日、ロシア軍の「戦略抑止力演習」に参加するベラルーシのルカシェンコ大統領（左）とロシアのプーチン大統領（右）【ロシア大統領府】

北極圏では、警戒監視強化のため、沿岸部にレーダー監視網の整備を進めている。同時に、飛行場を再建し、Tu-22M中距離爆撃機やMiG-31迎撃戦闘機などを展開させているほか、地対空ミサイルや地対艦ミサイルを配備し、北方からの経空脅威や艦艇による攻撃に対処可能な態勢を整備している。これに伴い、基地要員のための大型の居住施設を北極圏の2か所に建設した。

こうした軍事施設の整備に加え、SSBNによる戦略核抑止パトロールや長距離爆撃機による哨戒飛行を実施するなど、北極における活動を活発化させている。例えば、アラスカ沖の国際空域やバレンツ海、ノルウェー海などにおいて長距離爆撃機Tu-95やTu-160などの飛行がたびたび確認されている。

この背景には、近年の地球温暖化による海氷融解に伴い、埋蔵資源の採掘可能性の増大、航路としての有用性

2　東部軍管区、中央軍管区、南部軍管区及び西部軍管区を中心に実施され、それぞれ「ヴォストーク（東）」、「ツェントル（中央）」、「カフカス（コーカサス）」、「ザーパド（西）」と呼称される。

の向上により、各国の注目が集まっていることがあげられる。このためロシアは、北極圏における国益擁護の体制を推進しており、各種政策文書において北極圏における権益及びそれらの擁護のためのロシア軍の役割を明文化している。例えば、2020年10月に改訂された「2035年までのロシア北極圏の発展及び国家安全保障戦略」には、北極圏における軍事的安全を確保するための具体的な課題として、「北極圏に適した運用体制の確保」、「北極の環境に適した近代兵器、軍事・特殊機材の装備」、「拠点インフラの開発」などが明記されている。

このように、ロシアは軍事活動を活発化させる傾向にあり、その動向を注視していく必要がある。

6 わが国の周辺のロシア軍

ロシアは、2010年、東部軍管区及び東部統合戦略コマンドを新たに創設し、軍管区司令官のもと、地上軍のほか、太平洋艦隊、航空・防空部隊を配置し、各軍の統合的な運用を行っている。

極東地域のロシア軍の戦力は、ピーク時に比べ大幅に削減された状態にあるが、依然として核戦力を含む相当規模の戦力が存在しており、新たな部隊配備や施設整備にかかる動きなど、わが国周辺におけるロシア軍の活動には活発化の傾向がみられるほか、近年は最新の装備が極東方面にも配備される傾向にあるが、2021年12月現在の東部軍管区の新型装備の比率は56%と発表されている。

ロシア軍は、戦略核部隊の即応態勢を維持し、常時即応部隊の戦域間機動による紛争対処を運用の基本としていることから、他の地域の部隊の動向も念頭に置いたうえで、極東地域におけるロシア軍の動向について関心をもって注視していく必要がある。

2020年10月、北緯80度のアレクサンドラ島で発射訓練を行うロシア北洋艦隊の地対艦ミサイル・システム「バスチオン」
【ロシア国防省公式Youtubeチャンネル】

(1) 核戦力

極東地域における戦略核戦力については、SLBMを搭載した3隻のボレイ級SSBNがオホーツク海を中心とした海域に配備されているほか、約30機のTu-95長距離爆撃機がウクラインカに配備されている。ロシアは、ソ連解体後に縮小していた海洋戦略抑止態勢の再強化を優先しており、その一環として、今後太平洋艦隊にボレイ級SSBNを計5隻配備する計画である。

(2) 陸上戦力

東部軍管区においては自動車化狙撃兵（機械化歩兵）、戦車、砲兵、地対地ミサイル、物資技術保障（兵站）、防空など31個旅団及び2個師団約8万人となっているほか、水陸両用作戦能力を備えた海軍歩兵旅団を擁している。また、同軍管区においても、地対地ミサイル・システム「イスカンデル」、地対艦ミサイル・システム「バル」及び「バスチオン」、地対空ミサイル・システム「S-400」など、新型装備の導入が進められている。

(3) 海上戦力

太平洋艦隊がウラジオストクやペトロパブロフスク・カムチャツキーを主要拠点として配備・展開されており、主要水上艦艇約20隻と潜水艦約15隻（うち原子力潜水艦約10隻）など、艦艇約250隻、合計約67万トンとなっている。2021年以降、太平洋艦隊にも「カリブル」巡航ミサイル搭載艦が順次配備されており、2022年度末時点では、ウラジオストクにウダロイ級駆逐艦（近代化改修型）1隻及びキロ改級潜水艦4隻が、ペトロパブロフスク・カムチャツキーに**ステレグシチーII級フリゲート**1隻及びヤーセン級攻撃型原子力潜水艦1隻が配備されている。

(4) 航空戦力

東部軍管区には、航空宇宙軍、海軍を合わせて約320機の作戦機が配備されており、既存機種の改修やSu-35戦闘機、Su-34戦闘爆撃機など新型機の導入による能力向上が図られている。

図表Ⅰ-3-5-3　ロシア機に対する緊急発進回数の推移

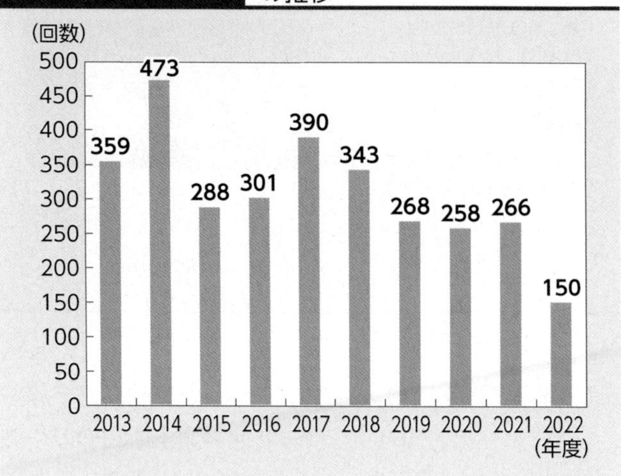

(5) わが国周辺における活動

わが国周辺では、軍改革の成果の検証などを目的としたとみられる演習・訓練を含めたロシア軍の活動が活発化の傾向にある。

地上軍については、わが国に近接した地域における演習はピーク時に比べ減少しているが、その活動には活発化の傾向がみられる。

艦艇については、近年、太平洋艦隊に配備されている艦艇による各種演習、遠距離航海、原子力潜水艦のパトロールが行われるなど、活動の活発化の傾向がみられる。

2022年1月末から3月中旬にかけて、ロシア海軍全艦隊演習の一環とみられる大規模海上演習がオホーツク海などにおいて、20隻以上の艦艇が参加して実施された。同演習期間中には演習参加艦艇として発表されていない艦艇も含め延べ49隻が宗谷海峡及び津軽海峡を通航した。同演習は時期及び規模において特異であるほか、実施海域の特性を踏まえれば、ロシアとしては、ウクライナ侵略を行う中にあっても、戦略原潜の活動領域として重視するオホーツク海において活発に活動し得る能力を誇示する狙いがあったと考えられる。

航空機については、2007年に戦略航空部隊が哨戒活動を再開して以来、長距離爆撃機による飛行が活発化し、空中給油機、A-50早期警戒管制機及びSu-27戦闘機による支援を受けたTu-95爆撃機やTu-160爆撃機の飛行も行われている。2021年12月にはIL-20情報収集機が日本海からオホーツク海を経由して太平洋へ飛行するとともに、別のロシア機8機（推定）が日本海を飛行したことが確認された。2022年6月には、ロシア機4機（推定）が、日本海から飛来し、北海道のわが国領空へ向けて飛行したことを確認するなど、ロシア機の活動は引き続き活発であった。

参照　図表Ⅰ-3-5-3（ロシア機に対する緊急発進回数の推移）

ステレグシチー級フリゲート

【諸元・性能】
満載排水量：2,235トン（「カリブル」非搭載型）、2,500トン（「カリブル」搭載型）
最大速力：26ノット
主要兵装：対地巡航ミサイルSS-N-30A（「カリブル」対地型、最大射程：1,500km）、対艦巡航ミサイルSS-N-26（「カリブル」対艦型、最大射程：300km）、対空ミサイル9M96（最大射程：60km）
搭載機：ヘリ（Ka-27）1機

ステレグシチーⅡ級フリゲート
【ロシア国防省公式Youtubeチャンネル】

【概説】
ロシア海軍の新型フリゲート。太平洋艦隊に「カリブル」巡航ミサイル搭載型1隻、非搭載型3隻が配属。

2022年2月、オホーツク海における大規模海上演習のため、流氷の浮遊する宗谷海峡を通過するロシア海軍ステレグシチーⅡ級フリゲート「グレミャシチー」【ロシア国防省公式Youtubeチャンネル】

4　北方領土などにおけるロシア軍

旧ソ連時代の1978年以来、ロシアは、わが国固有の領土である北方領土のうち国後島、択捉島と色丹島に地上軍部隊を再配備してきた。

その規模は、ピーク時に比べ大幅に縮小した状態にあると考えられるものの、現在も南樺太に所在する1個軍団に属する1個師団が国後島と択捉島に所在しており、

千島列島の松輪島内を走行する地対艦ミサイル・システム「バスチオン」【ロシア国防省公式Youtubeチャンネル】

地対空ミサイル・システム「S-300V4」

【諸元・性能】
最大射程：400km
最大高度：37km

【概説】
ステルス航空機対処能力を持つとされる防空ミサイル。

地対空ミサイル・システム「S-300V4」【ロシア国防省公式Youtubeチャンネル】

戦車、装甲車、各種火砲、対空ミサイル、偵察用無人機などが配備されている。

さらに近年ロシアは、北方領土所在部隊の施設整備を進めているほか、海軍所属の沿岸（地対艦）ミサイルや航空宇宙軍所属の戦闘機などの新たな装備も配備し、大規模な演習も実施するなど、わが国固有の領土である北方領土において、不法占拠のもと、軍の活動をより活発化させている。

こうした動向の背景として、SSBNの活動領域であるオホーツク海一帯の軍事的重要性が高まっているといった指摘があり、北方領土のほか、帰属先未定地である南樺太や千島列島においてもロシア軍の活動は活発化の傾向にある。

近年の北方領土への主要な新型装備の配備として、2016年に択捉島及び国後島への沿岸（地対艦）ミサイル配備が発表されたほか、2018年8月、同年1月に軍民共用化された択捉島の新民間空港にSu-35戦闘機が3機配備されたと伝えられている。

地上軍の装備では、2020年12月、ロシア国防省系メディアは、択捉島及び国後島への地対空ミサイル・システム「**S-300V4**」（最大射程400km）の実戦配備を報じた。さらに、2022年1月、前年に北方領土所在部隊の戦車が寒冷地での運用に適した「T-80BV」に換装されたことが発表された。

北方領土での軍事演習も継続して行われており、2021年6月、択捉島、国後島及び南樺太で兵員1万人以上、約500両の地上装備・機材、航空機32機、艦艇12隻が参加する着上陸・対着上陸対抗演習が実施された。

また、北方領土と同じくオホーツク海に接する樺太及び千島列島においては、地対空ミサイル・システム「S-400」が南樺太（2021年2月）に、地対艦ミサイル・システム「バスチオン」が南樺太（同年末）、千島列島の松輪島（同年12月）及び幌筵島（2022年12月）にそれぞれ新たに配備・展開されたことが報じられている。南樺太に本部を置き、択捉島及び国後島所在部隊を管轄する沿岸（地対艦）ミサイル旅団が新設されたとの報道もあり、引き続き北方領土を含む極東におけるロシア軍の動向について、ウクライナ侵略における動きも踏まえつつ、強い懸念を持って注視していく必要がある。

5 対外関係

1 全般

2023年3月31日、プーチン大統領は、2016年以来となる新たな「ロシア連邦外交政策コンセプト」を承認した。同文書でロシアは、多極化した国際秩序の構築を目指すとしつつ、欧米諸国が反ロシア的政策をとっていると非難し、中国やインドなどの国々との連携を重視する姿勢を示している。特に中国については、2014年のウクライナ危機以降、西側諸国との対立の深まりと反比例するかのように連携を強化する動きがみられ、2022年2月のウクライナ侵略以降は特に顕著となっている。

2 米国との関係

プーチン大統領は、米国との経済面での協力関係の強化を目指しつつ、一方で、ロシアが「米国によるロシアの戦略的利益侵害の試み」と認識するものについては、米国に対抗してきた。

解説 わが国周辺におけるロシアの軍事動向

ロシアはウクライナ侵略を継続する中で、極東に配備された部隊を含めた地上戦力を中心に通常戦力を大きく損耗しているとみられることから、今後、さらに核戦力への依存を深めていくと考えられます。わが国周辺においては、戦略原潜の活動海域であるオホーツク海周辺一帯の防衛に一層注力するとみられます。

戦略原潜については、それぞれ新型のボレイ級SSBNが2015年以降現在までに3隻、ヤーセン級攻撃型原子力潜水艦（SSGN）が2022年に1隻配備されており、将来的にボレイ級SSBNは計5隻、ヤーセン級SSGNは計4隻体制になるものとみられるほか、既存の原潜の一部も近代化改修されています。

Submarine, Surface-to-Surface Missile, Nuclear-Powered

戦略原潜の活動海域であるオホーツク海周辺一帯のカムチャツカ半島、帰属先未定地である千島列島及び南樺太、そしてわが国の北方領土において、ロシア軍は、地対艦ミサイル「バスチオン」や「バル」、地対空ミサイル「S-400」や「S-300V4」を近年新たに配備していますが、これらの動きは、ロシアが戦略原潜の活動海域であるオホーツク海一帯への他国軍の接近を阻もうとする、いわゆる「バスチオン」戦略の一環と考えられます。

また、「バスチオン」戦略強化の観点から、沿海州やカムチャツカ半島を拠点とする海空戦力の整備・活用を行っていくものとみられます。具体的には、太平洋艦隊は、戦術核及び通常弾頭を搭載可能な精密誘導兵器である「カリブル」巡航ミサイルを搭載する艦艇を整備中であり、ペトロパブロフスク・カムチャツキーにはステレグシチーII級フリゲートが、ウラジオストクにはキロ改級潜水艦が新たに配備されていますが、いずれの艦艇も「カリブル」を搭載可能となっています。2023年1月に実戦配備された極超音速巡航ミサイル「ツィルコン」も、現在建造中のゴルシコフ級ミサイルフリゲートに搭載され、将来、極東に配備される可能性があります。

また、これらの海空戦力は、米国や、日本を含む米国の同盟国へのけん制の観点から、平素から活用されていくものとみられます。海空戦力の活動活発化は、ウクライナ侵略開始前からみられており、例えば、2017年12月には、Tu-95爆撃機がインドネシア東部ビアクに展開したほか、2021年夏には、太平洋艦隊がハワイ諸島西方の太平洋中部において大規模演習を実施したと報じられました。さらに中国との間では、2019年以降に爆撃機の共同飛行を、2021年以降に海軍艦艇の共同航行をわが国周辺で実施しています。

わが国周辺を含むインド太平洋地域におけるロシアの軍事動向については、中国との連携の動向を含め、強い懸念をもって注視していく必要があります。

2022年10月6日から7日にかけ、宗谷海峡を西進したロシア海軍キロ級潜水艦。
太平洋艦隊において3隻目となる、「カリブル」巡航ミサイルを搭載可能なキロ改級潜水艦「マガダン」とみられる。

軍事面においては、ロシアは、米国が欧州やアジア太平洋地域を含む国内外にMDシステムを構築していることについて、地域・グローバルな安定性を損ない、戦略的均衡を崩すものと反発してきており、MDシステムを確実に突破できるとする戦略的な新型兵器の開発などを進めている。

米露間の軍備管理については、トランプ前政権下の2019年8月、米側の脱退表明に端を発した一連のプロセスを経て、中距離核戦力（INF）全廃条約が終了した。2020年11月には米国が、欧米とロシアなどとの間で偵察機による相互監視を認めたオープンスカイ（領空開放）条約を脱退し、ロシアも2021年1月に脱退を表明した。

Intermediate-Range Nuclear Forces Treaty

一方、米露間の戦略核戦力の上限を定めた新戦略兵器削減条約（新START）については、同年2月の期限直前となる同年1月、5年間の延長に合意したものの、2023年2月、プーチン大統領は同条約に規定のない「効力の一時停止」を一方的に宣言した。

Strategic Arms Reduction Treaty

参照　2章3項2（NATO加盟国などの対応）

3 中国との関係

中国との関係では、90年代以降、近年まで地対空ミサイル、戦闘機や潜水艦といった装備を輸出してきたほか、各種の共同軍事活動を実施しており、ウクライナ侵略を継続する中にあっても、依然として緊密な軍事協力を進めている。

2022年5月及び11月には、2019年以降毎年実施されている、ロシアのTu-95爆撃機と中国のH-6爆撃機による「中露共同飛行」を、日本海から東シナ海、さらには太平洋に至る空域で実施した。

2022年9月には、両国艦艇がロシア東部軍管区の戦略指揮参謀部演習「ヴォストーク2022」の一環として、日本海からオホーツク海に至る海域で共同訓練を行い、同演習終了後、参加艦艇を中心とする両国艦艇が2021年10月に続き2回目となる「中露共同航行」をわが国周辺海域で実施した。これらの中露両国による度重なる共同軍事活動は、わが国に対する示威活動を明確に意図したものであり、わが国と地域の安全保障上の観点から、重大な懸念である。

2022年12月には、中露海軍は、定例の共同演習「海上協力」を東シナ海において実施した。

2022年9月、中露共同航行に参加するロシア海軍艦載ヘリと中国海軍レンハイ級駆逐艦【ロシア国防省公式Rutubeチャンネル】

参照 2節3項2（ロシアとの関係）、図表Ⅰ-3-5-4（中露による共同飛行（2022年度））

4 旧ソ連諸国との関係

ロシアは旧ソ連諸国との二国間・多国間協力の発展を外交政策の最も重要な方向性の一つとしている。また、自国の死活的利益が同地域に集中しているとし、集団安全保障条約機構（CSTO：Collective Security Treaty Organization）[3]加盟国であるアルメニア、タジキスタン及びキルギスのほか、モルドバ（トランスニストリア）、ジョージア（南オセチア、アブハジア）及びウクライナ（クリミア）にロシア軍を駐留させ、2014年11月には、アブハジアと同盟及び戦略的パートナーシップに関する条約を、2015年には、南オセチアと同盟及び統合に関する条約を締結するなど、軍事的影響力の確保に努めている。

しかし、ソ連解体から30年以上が経過した現在、ベラルーシを除く旧ソ連諸国はいずれもロシアによるウクライナ侵略を支持していない。ロシアが旧ソ連諸国出身者を義勇兵として募集していることへの各国の反発も指摘されており、ウクライナ侵略を契機にロシアが旧ソ連圏に対し有するとされる影響力を一層減少させるとの見方もある。

ベラルーシについては、ウクライナ侵略開始に前後して、ロシアが軍事的関与を強める動きを示している。2022年6月、ルカシェンコ大統領は、プーチン大統領に対しベラルーシ空軍機の核搭載仕様への改修支援を要請し、プーチン大統領はこれに応諾した。2023年2月には、ベラルーシ軍がロシアから受領した地対地ミサイル・システム「イスカンデル」が実戦配備されたことが公表された。同年3月、プーチン大統領は、これらの核搭載可能なベラルーシ軍の装備に言及しつつ、同年7月までにベラルーシ国内に戦術核兵器貯蔵施設を整備する旨を明らかにしている。

参照 2章（ロシアによる侵略とウクライナによる防衛）

5 その他諸国との関係

(1) アジア諸国との関係

ロシアは、多方面にわたる対外政策の中で、アジア太平洋地域の意義が増大していると認識し、シベリア及び極東の社会・経済発展や安全保障の観点からも同地域における地位の強化が戦略的に重要としている。アジアにおいては、中国との関係に加え、インドとの優先的な戦略的パートナーシップ関係に重要な役割を付与することとしており、2021年12月には、年次首脳会談に合わせ、初の外務・防衛担当閣僚協議（「2＋2」）をニューデリー

3 ロシア、ベラルーシ、カザフスタン、キルギス、タジキスタン及びアルメニアの6か国が加盟する軍事同盟。CSTOの設立根拠となる1992年の集団安全保障条約第4条に、加盟国が侵略を受けた場合、「残る全加盟国は、被侵略国の要請に応じて、軍事的援助を含む必要な援助を早急に行うとともに、自らの管理下にある全ての手段を用いた支援を国連憲章第51条に規定された集団的自衛権の行使手順に則って提供する」との規定がある。

図表Ⅰ-3-5-4　中露による共同飛行（2022年度）

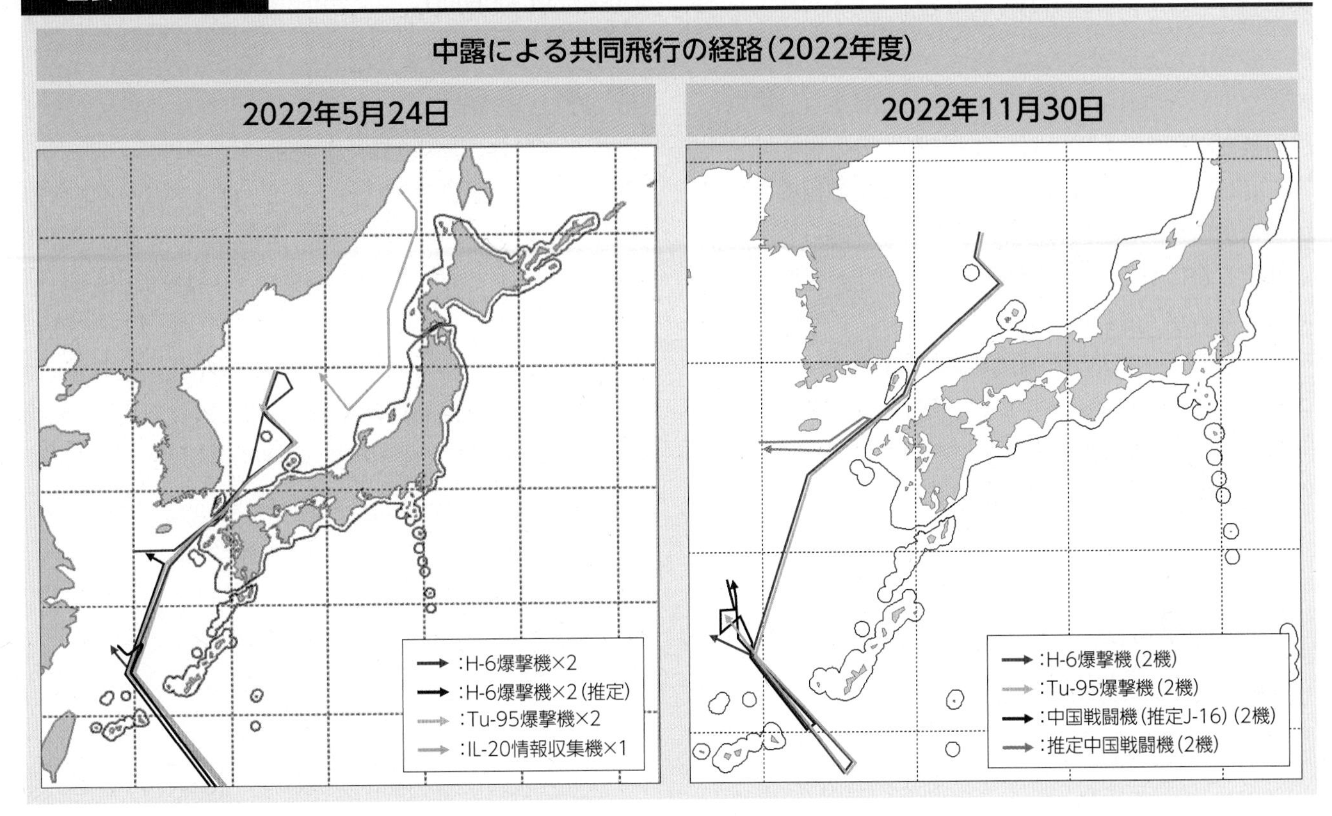

で開催した。軍事面では、2003年以降、陸軍及び海軍のほか、近年は空軍も加わる形で露印共同演習「インドラ」を行うなど、幅広い軍事協力を継続させている。また、ASEANとの関係強化にも取り組んでおり、2021年12月には初のASEAN諸国との海軍共同演習をインドネシア近海で実施した。

(2) 欧州諸国との関係

NATOとの関係については、NATO・ロシア理事会（NRC）(NATO-Russia Council)の枠組みを通じ、ロシアは、一定の意思決定に参加するなど、共通の関心分野において対等なパートナーとして行動してきたが、2014年のウクライナ危機を受けて、NATOや欧州各国は、NRCの大使級会合を除き、軍事面を含むロシアとの実務協力を同年以降停止した。さらにウクライナ侵略により、ロシアと欧州諸国との関係は、冷戦期以来の緊張したものとなっている。

参照　2章3項2（NATO加盟国などの対応）

(3) 中東・アフリカ諸国との関係

2023年3月に公表された外交政策コンセプトでは、イランとの包括的な相互協力、シリアへの全面的な支援、トルコやサウジアラビア、エジプトなどとのパートナーシップ深化が明記された。特にシリアに関しては、2015年9月以降、シリアでアサド政権を支援する作戦を展開するロシア軍は、シリア国内のタルトゥース海軍基地及びフメイミム航空基地を拠点として確保し続けている。シリアでの作戦では、戦闘爆撃機や長距離爆撃機による空爆のほか、カスピ海や地中海に展開した水上艦艇や潜水艦からの巡航ミサイル攻撃を実施した。ロシアがシリアに軍事プレゼンスを維持し、長射程地対空ミサイルの配備により恒久的な「A2/AD」能力を構築していると指摘されていることや、トルコ、サウジアラビア、エジプトなどの周辺国との連携拡大を考慮すると、シリアを中心とする地中海東部地域に対するロシアの影響力は無視できないものとなっている。

ロシアはシリア問題に加えて、リビア和平においてもトルコと利害調整しつつ、その影響力を強めている。2020年5月、米アフリカ軍（AFRICOM）(Africa Command)は、ロシアのMiG-29戦闘機などがシリアで国籍標識が消された後、リビアに届けられたと公表し、ロシア政府が支援する民間軍事会社（PMC）を利用して、リビアの戦況を作為していると非難した。またロシアPMC「ワグナー」の要員約2,000人がリビアで活動しているとの指摘もある。

2020年12月、ロシア政府は、海軍の拠点をアフリカ北東部スーダンの紅海沿岸に設置することでスーダン政府と合意したと発表した。今後スーダンにロシア海軍の拠点が開設されれば、インド洋方面におけるロシア軍の展開能力が高まるものとみられる。

2022年1月、マリ軍報道官は、同国軍の訓練のため二国間合意に基づき国内にロシア人教官が派遣されていると発言したほか、ロシアPMC「ワグナー」の要員300人から400人がマリ国内で活動しているとの指摘もある。

2023年2月、ロシア海軍北洋艦隊所属のアドミラル・ゴルシコフ級フリゲートなどが、南アフリカ東方のインド洋において、中国及び南アフリカ海軍とともに、2019年以来2回目となる共同海軍演習を実施した。

6 武器輸出

ロシアは、防衛産業基盤の維持、経済的利益のほかに、外交政策への寄与といった観点から武器輸出を積極的に推進しており、国営企業「ロスオボロンエクスポルト」が独占して輸出管理を行っている。ロシアは現在、武器輸出の世界シェアで米国及びフランスに次ぐ3位を占めており[4]、アジア、アフリカ、中東などに戦闘機、艦艇、地対空ミサイルなどを輸出している。近年は、従来の武器輸出先に加え、トルコなどの米国の同盟国や友好国に対しても積極的な売り込みを図ってきたが、2017年に成立した米国の対敵対者制裁法（CAATSA（Countering America's Adversaries Through Sanctions Act））やロシアによるウクライナ侵略による対露制裁はロシアの防衛産業に大きな影響を与えているものとみられる。

資料：最近の国際軍事情勢（ロシア）
URL：https://www.mod.go.jp/j/surround/index.html

4 ストックホルム国際平和研究所（SIPRI（Stockholm International Peace Research Institute））によれば、ロシアは2018年から2022年の間の武器輸出の世界シェアで米国に次ぐ第2位（16%）となっている。

第6節　大洋州

1　オーストラリア

1　全般

オーストラリアは、戦略的利益、自由と人権の尊重、民主主義、法の支配といった普遍的な価値をわが国と共有する特別な戦略的パートナーであり、オーストラリアとの関係の重要性はこれまで以上に高まっている。

2　国防戦略

モリソン前保守連合政権は、オーストラリアの戦略環境が予想を上回る速さで悪化していることを受け、国防戦略を見直すべく、2020年7月に「2020国防戦略アップデート」を発表した。その中で、戦略環境の変化として、インド太平洋地域における軍事近代化や米中をはじめとする主要国間の競争の激化をあげた。また、グレーゾーンにおける活動が活発化しているとし、準軍事戦力の利用、紛争地形の軍事拠点化、影響力行使・介入の実施、経済的圧力などを例としてあげた。

このアップデートの中で、こうした情勢認識のもと、インド太平洋地域、特にインド洋北東部から、東南アジアの海上及び陸上を経て、パプアニューギニア及び南西太平洋に至る近接地域を重視する方針を打ち出した。また、国防戦略の目標を、①オーストラリアの戦略環境を形成し、②オーストラリアの国益に反する行動を抑止し、③必要時に信頼に足る軍事力によって対処するため、軍事力を配備することとした。同目標を達成するため、2030年までの10年間で約2,700億豪ドルを豪軍の能力向上に投資する方針を示した。

連邦総督公邸で宣誓式に臨むアルバニージー首相（中央）、
マールズ副首相兼国防相（右）、ウォン外相（左）（2022年5月）
【AFP=時事】

2021年9月、豪英米首脳は、インド太平洋地域における外交、安全保障、防衛の協力を深めることを目的とした3国による新たな安全保障協力の枠組みとなる「AUKUS（オーカス）」の設立を発表した。協力項目として、①情報・技術共有の深化、②安全保障・防衛関連の科学、技術、産業基盤、サプライチェーンの統合深化、③安全保障・防衛能力に関する協力強化をあげた。最初の取組として、オーストラリアが少なくとも8隻の原子力潜水艦を取得することを支援する方針を示し[1]、これを具体化するため18か月をかけて検討を行うとした。

2022年4月、AUKUSのもと、海中ロボット自律システム、量子技術、人工知能、極超音速能力などに関して協力を深化することについても発表している。ほかには、オーストラリアが、トマホーク巡航ミサイル、スタンド・オフ・ミサイル（JASSM-ER、LRASM）の導入に加え、空軍向けの極超音速ミサイルの開発について、米国と協力を進める意向を明らかにしている。

2022年5月、総選挙を経て発足したアルバニージー労働党政権は、前政権の国防政策の方針を踏襲する旨明言しており、これを実行し、豪軍を最適化するため、「国防戦略見直し」を実施する旨発表した。

2023年3月、豪英米首脳は米国で首脳会談を実施し、3つの段階的アプローチを通して、核不拡散上のコミットメントを遵守しつつ、オーストラリアが通常兵器搭載の原子力潜水艦を配備する方針を発表した。第1段階として、2027年から米国及び英国が自国の攻撃原潜をオーストラリア西岸のスターリング基地にローテーション配

1　オーストラリアはフランスから12隻の通常動力型潜水艦（アタック級潜水艦）を調達する予定であったが、AUKUSの枠組みにより、原子力潜水艦の取得を目指すこととなったため、この通常動力型潜水艦の取得計画は中止となった。

備し、豪海軍もこれに同乗することで、実践的な訓練を実施する。第2段階として、2030年代初頭に米国のバージニア級攻撃原潜を最大5隻取得する。第3段階として、現在開発中の英国次期攻撃原潜の設計をベースに、米国の最新技術を取り入れた、オーストラリア及び英国共通の原潜を3か国で共同開発し、豪英でこれを建造する。

2023年4月、元豪国防相及び元豪国防軍司令官へ委託していた「国防戦略見直し」の完了を受けて、「見直し」及びこれにより提示された豪軍の態勢・構成の改革にかかる課題への、政府の対応方針を含む文書、「国家防衛：国防戦略見直し」を公表した。アルバニージー政権は「見直し」による勧告におおむね同意し、以下を含む、早急に対応すべき優先分野を特定した。

- AUKUSによる原子力潜水艦の取得を通じた抑止力の向上
- 長距離の標的を正確に打撃する能力の開発
- 豪州北部からの運用能力の向上

上記を実現するため、2024年に「国家防衛戦略」を策定し、今後は2年ごとに「戦略」を策定する方針を示した。

現在、オーストラリアは、約5万9,800人の兵力を有し、同盟国である米軍との共同作戦を実施すべく、高性能な戦車、艦艇、航空機を保有している。また、これらを遠方展開させるための空中給油機、強襲揚陸艦なども保有している。2022年3月、豪政府は豪国防軍兵力を2040年までに1万8,500人増やし約30パーセント増員させることを発表した。

3 対外関係

(1) 米国との関係

オーストラリアと米国は、相互防衛条約であるANZUS条約[2]（Security Treaty between Australia, New Zealand and the United States of America）に基づく同盟関係にある。「2020国防戦略アップデート」においては、情報共有、防衛産業・技術協力などを含め米国との同盟が不可欠であるとし、同盟を引き続き深化させる方針を明らかにしている。

両国は、1985年以降、外務・防衛閣僚協議（AUSMIN）（Australia United States Ministerial Consultations）を定期的に開催し、主要な外交・安保問題について協議している。2022年11月にワシントンDCで開催されたAUSMINの共同声明において、両国は、米豪同盟がかつてないほど強固となり、地域の平和と安定に欠かせないものとなったことに言及し、自由で・開かれた・安定した・平和で・繁栄した・主権を尊重するインド太平洋を確保するために、米豪間及び地域のパートナーや地域機構との協力を深化することにコミットした。

米豪は、インド太平洋に近いオーストラリア北部において米軍のプレゼンスを強化してきた。オバマ政権期の米国によるリバランス政策の一環として、2011年11月に米豪首脳により発表された「戦力態勢イニシアティブ」のもと、2012年以降、米海兵隊はダーウィンを含むオーストラリア北部へのローテーション展開を開始し、2022年には約2,200名の米海兵隊員が展開した。また、米空軍は、B-52戦略爆撃機やF-22戦闘機などをオーストラリアへ随時展開し、豪空軍と共同演習・訓練を実施している。前述のAUSMIN共同声明では、将来的に米陸軍及び海軍もローテーション展開することを発表した。

米豪軍は2005年以降、2年に1度、米豪共同演習「タリスマン・セイバー」を実施し、戦闘即応性及び相互運用性の向上を図っている。2021年には、米豪軍に加え、カナダ軍、英軍、韓国軍、自衛隊などが参加し、水陸両用作戦、陸上戦闘訓練などを実施した。

(2) 中国との関係

中国は、オーストラリアにとって最大の貿易相手国であり、オーストラリアは、政治・経済分野での交流・協力のほか、国防分野でも当局間の対話、共同演習、艦艇の相互訪問などの交流を行ってきた。

一方で、オーストラリアは、中国に対する自国の立場を明確に発信する姿勢を見せるなど、対中警戒心を顕在化させている。

南シナ海問題において、豪政府は、中国による埋立及び建設活動に対し深刻な懸念を表明し、係争のある地形の軍事化及び威圧的な行動による、現状を変更し又は影響を及ぼそうとするいかなる一方的な試みにも反対しているほか、航行の自由及び上空飛行の自由にかかる権利を行使し続ける旨表明している。「外交白書2017」では、オーストラリアが最重要と位置づけるインド太平洋地域において中国が米国の地位に挑戦している旨明記した。

豪軍艦艇や米軍艦艇も利用してきたダーウィン港をは

2 1952年に発効したオーストラリア・ニュージーランド・米国間の三国安全保障条約。ただし、ニュージーランドが非核政策をとっていることから、1986年以降、米国は対ニュージーランド防衛義務を停止しており、オーストラリアと米国の間及びオーストラリアとニュージーランドの間でのみ有効。

じめとする中国資本による豪施設の賃借などに対しては、内外から懸念の声が上がり、豪政府は2020年12月、連邦政府の対外政策と整合しない、地方政府による外国との合意の交渉開始拒否や既存の合意破棄を可能とする法律を制定した。

2020年4月にオーストラリアが中国の新型コロナウイルス感染症発生源をめぐる独立調査の必要性を主張し始めたのを契機に、中国はオーストラリア産牛肉などの輸入制限措置を相次いで導入し、豪中関係は急速に悪化した。

2022年2月、豪国防省は、オーストラリア北側のアラフラ海において、豪空軍P-8A哨戒機が中国海軍艦艇によりレーザーを照射された旨公表し、モリソン前豪首相は、レーザー照射を「威嚇行為であり決して受け入れない」として非難した。これに対し、中国国防部及び外交部は、これを「事実と異なる」と主張した。

その後、オーストラリアの政権交代をきっかけに、両国は外交・安全保障対話を再開し、2022年6月に約3年ぶりの豪中国防相会談が実施された。

AUKUSについて、豪英米は、最高水準の核不拡散基準を採用するとしており、国際原子力機関とも継続的に協議を行っているが、中国は、オーストラリアに対する原子力潜水艦に関する技術の提供は、核拡散の深刻なリスクとなり、地域の平和と安定を破壊するものであるなどと主張している。

(3) インドとの関係

オーストラリアは、インドを安全保障上の国益を共有するインド太平洋地域のパートナーとみなしている。

両国は2020年6月の首脳会談（オンライン）において、両国関係を包括的戦略的パートナーシップ関係に引き上げることで合意し、2022年3月に実施した首脳会談（オンライン）では、年次首脳会談の開催を決定した。

2021年9月、両国は、ニューデリーにおいて、初の豪印外務・防衛閣僚協議「2＋2」を実施し、防衛分野では、防衛技術、海洋状況把握及び相互兵站支援での協力強化に合意した。

また、2022年6月、マールズ副首相兼国防相は、シン・インド国防相と会談し、両国間の軍事演習及び交流の多様化と頻度の増加を歓迎するとともに、相互兵站支援協定を通じ、運用面での関与を積み重ねていくことで一致した。

2022年11月、豪海軍は、2021年に続いて、米印海軍及び海上自衛隊との共同訓練「マラバール」に参加した。

参照　8節1項2（軍事）

(4) 東南アジア及び太平洋島嶼国との関係

オーストラリアは、前述のとおり、「2020国防戦略アップデート」において、インド洋北東部から南西太平洋に至る近接地域を重視する方針を打ち出した。

インドネシアとは、2006年11月の安全保障協力の枠組みであるロンボク協定への署名、2012年9月のテロ対策や海上安全保障での協力強化などが盛り込まれた防衛協力協定の締結、2018年8月の包括的戦略的パートナーシップへの引き上げなどを経て、安全保障・国防分野の関係を強化してきた。外務・防衛閣僚協議（2＋2）の定期開催や2018年の海上安全保障やテロリズムに関する防衛協力協定及び海洋協力行動計画への署名などを通じ、両国は協力関係を強化している。

シンガポール及びマレーシアとは、両国に対する攻撃や脅威が発生した場合、両国と共に英国、オーストラリア、ニュージーランドが対応を協議する「五か国防衛取極（FPDA）」（Five Power Defence Arrangements）（1971年発効）を締結しており、この枠組みに基づき南シナ海などにおいて定期的に共同統合演習を行っている。シンガポールについては、オーストラリアの最も進んだ国防パートナーであり、安全な海上貿易環境に対する利益を共有するとしている。2016年10月には、包括的戦略的パートナーシップのもと、オーストラリアにおける軍事訓練及び訓練区域の開発に関する了解覚書に署名するなど、防衛協力も進んでいる。マレーシアに対しては、同国のバターワース空軍基地に豪軍を常駐させるとともに、南シナ海やインド洋北部の哨戒活動を通じて、同地域の安全と安定の維持に貢献している。

また、アルバニージー政権は、2022年4月にソロモン諸島が中国と安全保障協力協定に署名したことについて、モリソン前政権の失敗であったと批判し、太平洋島嶼国及び東ティモールへの関与を拡大する方針を打ち出した。この方針に基づき、太平洋島嶼国及び東ティモール軍や治安部隊を対象として訓練を実施するために、太平洋防衛学校を設立することや、気候変動が喫緊の課題である同諸国に対して、気候変動に強靭なインフラ整備を支援する枠組み「太平洋気候インフラ資金パートナーシップ」を設立することなどを発表している。

同諸国に対しては、治安維持、自然災害対処及び海上警備などの分野における支援を主導的に行っている。また、海上警備分野においては、現在も定期的に豪軍アセットを南太平洋に派遣して警備活動を支援しているほか、2023年までに新型のガーディアン級哨戒艇21隻を太平洋島嶼国及び東ティモールに提供する予定である。

参照 2項（ニュージーランド）、7節（東南アジア）

2 ニュージーランド

ニュージーランドは、インド太平洋地域に位置し、わが国と基本的価値を共有する重要な戦略的協力パートナーである。

2018年7月、ニュージーランド政府は、国防政策「戦略国防政策ステートメント2018」を発表した。

その中で、ニュージーランドの国家安全の目標として、公共の安全、主権と領土一体性の維持、国際秩序の強化、民主的制度と国家価値の維持、自然環境の保護などを掲げた。そして、これらの目標を達成するため、同国領域内及び南極から赤道に至る近隣地域での部隊運用能力の確保を最優先とした。また、米国・英国・オーストラリア・カナダとの効果的作戦の実施能力、域外作戦に貢献可能な軍の規模及び質の維持も優先事項としてあげられた。

このほか、災害に苦しむ太平洋島嶼国への配慮と同地域への関与を積極化すべく、気候変動が及ぼす影響とそれに対する軍の役割が初めて明記された。また、南シナ海問題に関して、「中国が国益追求に自信を深めたことにより、近隣諸国や米国との緊張が高まっている」とし、南シナ海での中国による軍事拠点化の状況について具体的に言及した。

また、ニュージーランドの戦略環境を分析し、課題などを提示する「国防評価書2021」が2021年12月に発表され、南シナ海でみられるような軍事施設の建設や一方的資源開発が島嶼国地域でも起こりうると示唆した。

2022年7月、ヘナレ国防相（当時）は、高まる気候変動の影響、ロシアによるウクライナ侵略を含む戦略地政学的な競争の激化などを踏まえ、国防政策の見直しを実施する旨発表した。

対外関係について、ニュージーランドは米豪と緊密な関係を維持しており、特にオーストラリアを唯一の正式な同盟国と位置づけ、緊密な連携を行っている。

米国との関係においては、ニュージーランドが非核政策をとり米艦艇の入港を拒否したことから、1986年、米国はANZUS条約上のニュージーランドに対する防衛義務を停止した。一方で、外交・軍事分野における戦略的関係の強化を主な内容とするウェリントン宣言（2010年）及び防衛協力の拡大を主な内容とするワシントン宣言（2012年）を通じて、外交・軍事分野における関係を強化しており、米国は「親密な戦略的パートナー」となっている。

中国とは「一帯一路」構想への協力、空軍の共同演習などを通じて二国間関係を発展させている一方、「戦略国防政策ステートメント2018」や「国防評価書2021」に記載のとおり警戒姿勢も示している。

第7節　東南アジア

1　全般

東南アジアは、マラッカ海峡や南シナ海など、太平洋とインド洋を結ぶ交通の要衝を占めており、経済活動や国民の生活に必要な物資の多くを海上輸送に依存しているわが国にとって重要な地域である。

一方、この地域には、南シナ海の領有権などをめぐる対立や、少数民族問題、分離・独立運動などが依然として不安定要素として存在しているほか、イスラム過激派の問題や船舶の安全な航行を妨害する海賊行為なども発生している。こうした問題に対処するため、東南アジア各国は、国防や国内の治安維持に加え、テロや、海賊対処などの新たな安全保障上の課題にも対応した軍事力などの形成に努めているほか、各国がそれぞれ米国、中国、ロシア、オーストラリア、インドなど諸外国との協力を進めている。近年では経済成長などを背景として、海・空軍力を中心とした軍の近代化や海上法執行能力の強化が進められている。

2　各国の安全保障・国防政策

1　インドネシア

インドネシアは世界最大のイスラム人口を抱える東南アジア地域の大国であり、広大な領海及び海上交通の要衝を擁する世界最大の群島国家である。

インドネシアは国軍改革として、「最小必須戦力（MEF）」と称する最低限の国防要件を達成することを目標としており、特に海上防衛力が著しく不十分であるとの認識が示され、国防費の増額とともに、南シナ海のナツナ諸島などへの戦力配備を強化する方針を表明している。同諸島には統合部隊や飛行隊などが展開しており、海上戦闘部隊司令部の移転がおおむね完了していることが報じられているほか、2018年12月、潜水艦が寄港可能な桟橋、無人機格納庫などを有する軍事基地の開所式を実施したことや、2021年4月には、潜水艦の支援施設の起工式を実施したことが報じられている。

Minimum Essential Force

インドネシアは中国の主張するいわゆる「九段線」がナツナ諸島周辺の排他的経済水域（EEZ）と重複していることを懸念しており、同諸島周辺海域における哨戒活動を強化している。2019年12月、ナツナ諸島周辺のEEZ内で中国海警局所属の船舶が漁船団を護衛する形で違法操業をしたことを確認したとし、インドネシア外務省は抗議声明を発表した。

インドネシアは、自由かつ能動的な外交を展開しており、また、東南アジア諸国との連携を重視している。

米国との関係においては、軍事教育訓練や装備品調達の分野で協力関係を強化している。また、陸軍演習「ガルーダ・シールド」や海軍演習「CARAT」[1]、対テロ演習「SEACAT」[2]などの二国間演習を行っている。2022年には豪軍、シンガポール軍、自衛隊を加えた、陸軍種に限らない多国間演習「スーパー・ガルーダ・シールド」を実施し、米第7艦隊がナツナ海での演習に参加したことを発表した。

Cooperation Afloat Readiness and Training

Southeast Asia Cooperation Against Terrorism

2　マレーシア

マレーシアは、2019年12月に公表した初の国防白書の中で、国土が半島部とボルネオ島にあるサバ・サラワクに二分されており、広大な太平洋とインド洋の間に位置していることから、両洋の橋渡し役としての可能性を自国に見出している。また、国防白書の中で、マレーシアの戦略的位置及び天然資源は恩恵であると同時に安全保障上の課題でもあるとの認識を示している。このような特性から、マレーシアは歴史的に大国の政治力学の影響を受けてきており、今日においても、不透明な米中関係を最も重要な戦略的課題と位置づけている。

1　米国が、バングラデシュ、ブルネイ、カンボジア、インドネシア、マレーシア、フィリピン、シンガポール、タイ及び東ティモールとの間で行っている一連の二国間海上演習の総称である。
2　米国が、ブルネイ、インドネシア、マレーシア、フィリピン、シンガポール及びタイとの間で行っている対テロ合同演習である。

このような安全保障環境の認識のもと、国防政策においては、領土・領海を含む核心地域、周辺海空域を含む拡大地域、国益に影響する遠隔地である前方地域の3つの同心円地域ごとの国益を防衛するため、①国軍の能力向上を通じて侵略や紛争の抑止を目指す「同心円抑止」、②国民を含む社会全体で国家としての抗たん性を高める「包括的防衛」、③信頼性の高いパートナーとして、他国との防衛協力を拡大・強化することを通じて地域の安定を促進する「信頼できるパートナーシップ」の3本柱を掲げている。

昨今、マレーシアが領有権を主張する南ルコニア礁周辺において中国の船舶が錨泊（びょうはく）などを続けていることに関連して、マレーシア側は、海軍及び海洋法執行機関により24時間態勢で監視を行い、主権を守る意思を表明している。2021年10月にはマレーシアの排他的経済水域内に中国の調査船などが侵入し、これに対してマレーシア政府が抗議をした。

このような意思の表明や海上防衛力の強化に加えて、ジェームズ礁や南ルコニア礁に近いビントゥルにおいて海軍基地を新設するための土地を特定中との報道があるほか、2019年7月には、空軍が東マレーシア（ボルネオ島）のサバ州でミサイル発射を伴う演習を実施するなど、東マレーシアの防衛態勢の強化にも努めている。

また、2019年12月以降、マレーシアは、自国の採掘船「ウエスト・カペラ」の周辺で中国船舶の活動を確認している。2020年4月、米国及びオーストラリアは、この船の周辺で共同演習を実施したほか、同年5月、米国の沿海域戦闘艦がこの船の付近でプレゼンス・オペレーションを実施した。

特に、米国との間では、「CARAT」や「SEACAT」などの合同演習を行うとともに、海洋安全保障分野での能力構築を含めた軍事協力を進めている。

3 ミャンマー

ミャンマーは、中国及びインドと国境を接し、ASEAN諸国の一部及び中国にとってインド洋への玄関口ともなることなどから、その戦略的な重要性が指摘されている。1988年の社会主義政権の崩壊以降、国軍が政権を掌握してきたが、欧米諸国による経済制裁を背景に、民主化へのロードマップを踏まえた民政移管が行われた。

2020年11月、ミャンマー連邦議会総選挙が実施され、与党の国民民主連盟（NLD）（National League for Democracy）が上下両院で前回の単独過半数を大幅に超える議席を獲得した。しかし、2021年2月、総選挙での不正を主張する国軍が、アウン・サン・スー・チー国家最高顧問（当時）ら政権幹部を拘束するとともに、非常事態宣言を発表し、三権を国軍司令官に移譲させるクーデターを実行した。国軍は「国家行政評議会（SAC）」（State Administration Council）を設置し、ミン・アウン・フライン国軍司令官を議長とした。国軍政権に反対する不服従運動及び抗議デモが発生したが、国軍側が情報統制や実力行使によりこれを鎮圧したため、多数の死傷者が発生した。これに対し、国際社会からは強い非難と深い懸念の声があがった。

その後、同年4月に、民主推進派が設立した「連邦議会代表委員会（CRPH）」（Committee Representing Pyidaungsu Hluttaw）が、国軍に対抗する「国民統一政府（NUG）」（National Unity Government）の発足を宣言したものの、国軍は、CRPHやNUGなどをテロ組織に指定した。同月開催されたASEANリーダーズ・ミーティングには、国軍代表も参加し、平和的解決を促進するASEANの積極的かつ建設的な役割を認識し、「5つのコンセンサス」への合意がなされた。同年8月、SACは国軍司令官を「暫定首相」とする「暫定政府」の発足を発表した。

2022年に入り、国軍は徴兵制を実施する方針を示し、また、警察を国防に関する問題へ関与させる、新たな警察法を公布するなど、動員可能な兵力の拡充を図っていることが指摘されている。

同年3月、プラック・ソコン・カンボジア副首相兼外相は、ASEAN特使として初めてミャンマーを訪問し、6月から7月にかけて、2度目の訪問を行った。国軍司令官や軍事政権の閣僚との面会は実施されたものの、民主派勢力などとの面会は実現しなかった。同年7月には、国際社会が強く働きかけていたにもかかわらず、民主活動家を含むミャンマー国民4名の死刑が執行された。

同年11月に行われたASEAN首脳会議では、国軍による「5つのコンセンサス」の実施に進展がないことに対して深い失望を表明する議長声明が採択された。

中国とは、1950年に国交を樹立して以来良好な関係を維持しており、ミャンマーにとって、主要な装備品の調達先とみられるほか、パイプライン建設やチャオピュー港湾開発の援助などを受けていた。2020年1月、中国の習近平主席が国家主席として19年ぶりにミャンマーを訪問し、「一帯一路」構想を通じて経済協力を推進する方針を確認した。

また、ロシアとは、過去の軍政期を含め軍事分野において協力関係を維持しており、留学生の派遣や主要な装備品の調達先となっている。2022年7月、国軍司令官はロシアを訪問し、国防次官らとの会談で、防衛協力の推進などについて協議した。また、同年9月、同司令官は、ウラジオストクにおいてプーチン大統領と初めて会談し、あらゆる分野における協力について議論するなど、良好な関係をアピールした。

インドとは、民政移管以降、経済及び軍事分野において協力関係を進展させており、各種セミナーの実施受入れやインド海軍艦艇によるミャンマー親善訪問など、防衛協力・交流が行われていた。

過去のミャンマーの軍事政権下では、武器取引を含む北朝鮮との協力関係が維持されていた。民政移管後の政府は、北朝鮮との軍事的なつながりを否定していたものの、2018年3月に公表された国連安全保障理事会北朝鮮制裁委員会専門家パネル最終報告書では、弾道ミサイルシステムなどを北朝鮮から受領したことが指摘されている。

4　フィリピン

フィリピンは、自国の群島としての属性と地理的位置は強さと脆弱性の両面を併せ持つ要因であり、戦略的位置と豊富な天然資源が拡張主義勢力に強い誘惑をもたらしているとの認識を示している。こうした認識のもと、国内の武力紛争を解決することが依然として安全保障上の最大の懸案と位置づける一方で、南シナ海における緊張の高まりに伴い、領土防衛にも同様の注意を向けているとしている。

歴史的に米国との関係が深いフィリピンは、1992年に駐留米軍が撤退した後も、相互防衛条約及び軍事援助協定のもと、両国の協力関係を継続してきた。

1998年2月、両国は米軍がフィリピン国内で合同軍事演習などを行う際の米軍人の法的地位などを規定した「訪問米軍地位協定」(VFA) を締結した。
Visiting Forces Agreement

さらに、2014年4月、両国はフィリピン軍の能力向上、災害救援などにおける協力強化、米軍のローテーション展開、米国によるフィリピン国内拠点の整備、装備品・物資などの事前配置を可能とする「防衛協力強化に関する協定 (EDCA)」に署名した。2016年3月には、
Enhanced Defense Cooperation Agreement
EDCAに基づき、5か所のフィリピン軍基地を防衛協力を進める拠点とすることについて合意した。2020年2月には、ドゥテルテ大統領（当時）がVFAの破棄を米国に通告したものの、2021年7月、この通告の撤回を決定した。近年、両国は大規模演習「バリカタン」、水陸両用訓練「カマンダグ」、海上訓練「サマサマ」などの共同演習を行っている。

2022年6月に就任したマルコス新大統領は、同年9月にニューヨークにおいてバイデン米大統領と初の対面会談を行い、両首脳は、南シナ海問題についての議論を行ったほか、航行・上空飛行の自由や紛争の平和的解決への支持を強調した。同年11月には、ハリス米副大統領がフィリピンにおいてマルコス大統領を表敬した際に、南シナ海においてフィリピンの軍隊・公船・航空機に対する武力攻撃が発生した場合には、相互防衛条約が適用される旨明言している。2023年2月、米比国防相が共同で、EDCAの拠点を新たに4か所指定したことを発表し、同年4月にはこの4カ所の所在地を公表した。さらに、同年5月には、米比間の同盟協力近代化および相互運用性深化の指針となる「米比二国間防衛ガイドライン」を初めて策定・公表するなど、新政権発足後、両国の防衛協力が再び進み始めている。

中国とは、南シナ海の南沙諸島やスカーボロ礁の領有権などをめぐり主張が対立しており、フィリピンは国際法による解決を追求するため、2013年1月、中国を相手に国連海洋法条約に基づく仲裁手続を開始し、仲裁裁判所は2016年7月にフィリピンの申立て内容をほぼ認める最終的な判断を下した。フィリピン政府は比中仲裁判断を歓迎し、この決定を尊重することを強く確認する旨の声明を発表した。

施政方針演説を行うマルコス比大統領（2022年7月）
【フィリピン大統領府】

2022年7月、マルコス大統領は施政方針演説において、フィリピンの領土については外国勢力に一歩も引かない姿勢を強調した。また、同月には、フィリピン外務省が比中仲裁判断6周年を記念する声明を発表した。

南シナ海問題を巡る両国の対立は新型コロナウイルス感染症が世界的に拡大した2020年以降にもみられており、フィリピンは、同年2月、中国艦艇がフィリピン海軍艦艇に対し火器管制レーダーを照射したことに抗議したほか、同年4月には、中国が南シナ海に行政区を設置したことに対して抗議を行った。

また、2021年3月、フィリピン国防省は、中国民兵船220隻がウィットサン礁に集結していることについて、「軍事拠点化という明確な挑発行為」と非難し、撤退を求めた。これに対し、中国側は、同礁の中国主権を主張したうえで、民兵船の存在を否定し、「一部の漁船が牛軛礁（中国名）で荒天退避を行った」と説明した。

2023年1月、マルコス大統領は中国を国賓として訪問し、習近平国家主席と会談を行った。両者は、南シナ海問題について深く率直な議論を行ったとし、平和的手段を通じて両国の相違を適切に管理することで合意した。また、誤解を避けるため、両国外交当局間のホットライン設置の取り決めに合意している。

参照　4章5節1項（「公海自由の原則」などをめぐる動向）

5　シンガポール

国土、人口、資源が限定的なシンガポールは、グローバル化した経済の中で、その存続と発展を地域の平和と安定に依存しており、国家予算のうち国防予算が約1割を占めるなど、国防に高い優先度を与えている。2022年10月には、第4の軍種として、既存の指揮・統制・通信・コンピューター・情報能力及びサイバー能力を統合した、デジタル・情報軍を発足させた。

シンガポールは、ASEANや五か国防衛取極（FPDA（Five Power Defence Arrangements））[3]の協力関係を重視しているほか、域内外の各国とも防衛協力協定を締結している。

地域の平和と安定のため、米国のアジア太平洋におけるプレゼンスを支持しており、米国がシンガポール国内の軍事施設を利用することを認めている。2013年以降、米国の沿海域戦闘艦（LCS（Littoral Combat Ship））のローテーション展開が開始されたほか、2015年12月、米軍のP-8哨戒機が初めて約1週間にわたり同国へ展開され、今後も定期的に同様の展開が継続されるとしている。このほか、米国と「CARAT」や「SEACAT」などの合同演習を行っている。

中国とは、経済的に強い結びつきがあるほか、二国間の海軍演習も実施している。2019年10月、両国は防衛交流・安全保障協力協定（ADESC（Agreement on Defence Exchanges and Security Cooperation））の改訂に署名した。一方、南シナ海問題について比中仲裁判断に基づく解決を主張していることや、台湾と軍事協力を行っていることでは摩擦が生じている。

インドとは、2017年11月に二国間海軍協力協定を締結しており、海上演習「SIMBEX（Singapore India Maritime Bilateral Exercise）」、陸上演習「アグニ・ウォリアー」、航空演習「JMT（Joint Military Training）」などを行っている。

オーストラリアとは、2020年3月、軍事訓練とオーストラリアにおける訓練エリア開発に関する条約に署名した。これにより、シンガポール軍は新しく開発されるオーストラリアの訓練エリアへのアクセスが可能となる。

参照　6節1項3（4）（東南アジア及び太平洋島嶼国との関係）

6　タイ

タイは、国防政策として、ASEAN・国際機関などを通じた防衛協力の強化、政治・経済など国力を総合的に活用した防衛、軍の即応性増進や防衛産業の発展などを目指した実効的な防衛などを掲げている。

タイは、柔軟な全方位外交政策を維持しており、東南アジア諸国との連携や、主要国との協調を図っている。

特に、米国とは1982年から米タイ合同演習「コブラ・ゴールド」を実施しており、現在、東南アジア最大級の多国間共同訓練となっている。また、米タイの海兵隊による「CARAT」や海賊・密売対処を想定した「SEACAT」などの合同演習も引き続き実施している。

中国とは、両国海兵隊による「藍色突撃」や、両国空軍による「鷹撃」などの共同訓練を行っている。

3　1971年発効。マレーシアあるいはシンガポールに対する攻撃や脅威が発生した場合、オーストラリア、ニュージーランド、英国がその対応を協議するという内容。五か国はこの取極に基づいて各種演習を行っている。

7　ベトナム

ベトナムは、海洋は国家建設・国防に密接にかかわるとの認識のもと、海洋強国となる目標を掲げ、海上における軍及び法執行機関の近代化に重点を置くとともに、海洋状況把握能力を確保し、海上における独立、主権、管轄権、国益を維持する姿勢を示している。

ベトナムは全方位外交を展開し、全ての国家と友好関係を築くべく、積極的に国際・地域協力に参加するとしている。2016年3月には、戦略的要衝であるカムラン湾に国際港が開港し、わが国を含む各国の海軍艦艇がカムラン国際港に寄港している。

米国とは、近年、米海軍との合同訓練や米海軍艦艇のベトナム寄港などを通じ、軍事面における関係を強化している。2017年には、両国首脳が相互訪問を行い、防衛協力関係の深化について合意したほか、2018年3月には、ベトナム戦争後、米空母としては初となるベトナム寄港が行われた。また、2020年3月にも米空母と巡洋艦がダナンに寄港した。2022年6月、ファン・バン・ザン国防大臣は、オースティン米国防長官と会談し、共有された安全保障上の目的に向けて実践的な協力を進めるための更なる機会を模索していくことで合意した。

ロシアとは、国防分野での協力を引き続き強化しているほか、装備品の大半を依存している。2018年4月、ベトナムとロシアは軍事・技術協力にかかるロードマップに署名しており、2019年7月、ベトナム海軍艦艇が初めてウラジオストク港へ寄港するとともに、同年12月、ロシア太平洋艦隊の救難艦がカムラン港へ寄港し、初の二国間潜水艦救難共同演習を実施した。

参照　5節5項5（1）（アジア諸国との関係）

中国とは、包括的戦略的協力パートナーシップ関係のもと、政府高官の交流も活発であるが、南シナ海における領有権問題などをめぐり主張が対立している。

2019年11月に公表した国防白書では、南シナ海の領有権問題について、ベトナムと中国は、両国の平和、友好、協力関係の大局に悪影響を及ぼさないよう、極めて用心深く、慎重に処理する必要があり、両国は国際法に基づく平和的解決のため継続的に協議すべきとの認識を示している。一方、中国と領有権を争っている南沙諸島において、中国による過去の埋め立て規模には及ばないものの、ベトナムが事実上支配する地形の埋め立て作業を加速・拡大させているとの指摘もある[4]。

インドとは、包括的戦略的パートナーシップ関係のもと、安全保障や経済など広範な分野において協力関係を深化させている。防衛協力については、ベトナム海軍潜水艦要員や空軍パイロットに対する訓練をインド軍が支援していると指摘されているほか、インド海軍艦艇によるベトナムへの親善訪問も行われている。2022年6月、ファン・バン・ザン国防大臣は、シン・インド国防大臣と会談し、「2030年に向けたインドとベトナムの防衛パートナーシップに関する共同ビジョン声明」に署名することで、二国間防衛協力の範囲・規模を大幅に拡大する方針を示した。

参照　4章5節1項（「公海自由の原則」などをめぐる動向）

3　各国の軍近代化

東南アジア各国は、近年、経済成長などを背景として国防費を増額させ、第4世代戦闘機を含む戦闘機や潜水艦などの装備品の導入を中心とした軍の近代化を進めている。

また、南シナ海における領有権をめぐる係争などを背景に、各国は、艦艇、無人機などのISR能力強化に努めている。

インドネシアは、ラファール戦闘機（仏）42機の調達を計画しているほか、F-15EX戦闘機（米）36機の調達に向け米国と交渉している。韓国との間では、韓国製209級潜水艦3隻を購入する契約を締結し、2隻を韓国で、3隻目をインドネシア国内で生産した。また、2016年1月、第4.5世代戦闘機（KF-21）の共同開発の費用分担や協力内容を定めた合意書を締結している。米国からは、スキャンイーグル偵察無人機を導入している。中国との間では、2019年10月、国軍創設記念式典の中で中国のCH-4無人機を展示したほか、同年12月、この無人機のデザインを取り入れた国産のブラックイーグル無人攻撃機の試作機を公開した。

マレーシアは、国産の沿海域戦闘艦（LCS）6隻の建造

4　2022年12月の戦略国際問題研究所「Vietnam's Major Spratly Expansion」による。

を推進しており、2017年8月に1番艦が進水した。加えて、2021年12月までに、中国から沿海域任務艦（LMS）Littoral Mission Ship 4隻を導入している。また、米国からスキャンイーグル無人偵察機を導入している。

ミャンマーは、2019年12月、インドからキロ級潜水艦を受領し、2021年12月には、中国から受領したミン級潜水艦を就役させた。同国の潜水艦の調達は近隣諸国も注目している。また、2022年12月までに、ロシアからSu-30戦闘機を導入している。

フィリピンは、南シナ海における領有権をめぐる係争などを背景に、近年装備の近代化を進めている。

航空戦力については、2015年11月から韓国製FA-50PH軽戦闘機を順次導入し、2017年5月までに合計12機を配備した。現在は、マルチロール戦闘機の調達を計画しており、スウェーデン製JAS-39グリペンと米国製F-16が候補にあがっている。また、2020年10月、ブラジルからA-29軽攻撃機6機を受領し、同年11月、米国のスキャンイーグル偵察無人機を受領した。また、2022年1月、インドから超音速巡航ミサイル「ブラモス」を調達する契約を締結した。

海軍戦力としては、2016年までに、米国からハミルトン級フリゲートを3隻導入するとともに、2017年までにインドネシア製ドック型輸送揚陸艦を2隻導入した。また、2021年3月までに、韓国製フリゲート2隻を導入した。2019年8月、韓国から供与されたポハン級コルベット1隻が就役したことで、フィリピンは長期にわたり欠如していた対潜戦能力を復活させた。さらに、同年9月、フィリピンは陸海空統合演習「DAGIT-PA」を実施し、同年6月に就役したAAV水陸両用車4両を運用した。

シンガポールは、軍の近代化に努めている、世界有数の武器輸入国である。

航空戦力については、2012年までに米国製F-15戦闘機を24機導入したほか、F-35統合攻撃戦闘機計画に参加している。2020年1月、米国政府は、シンガポールへのF-35B戦闘機の売却を承認した。

タイは、2014年7月、潜水艦隊司令部を発足させており、2017年4月には、中国からユアン級潜水艦を今後11年間で合計3隻購入することを海軍が計画し、うち1隻の購入を閣議決定した。しかし、2020年4月、新型コロナウイルス感染症対策予算を確保するため、中国のユアン級潜水艦2隻の調達を延期することを公表した。また、2012年9月にフリゲート2隻を導入する計画が閣議で了承され、1隻目として2018年12月に韓国製フリゲートを受領した。さらに、2019年9月、タイは、中国の071ドック型輸送揚陸艦1隻の購入契約を締結した。加えて、2013年までに、スウェーデン製JAS-39グリペン戦闘機12機を導入しているほか、米国から購入したストライカー装甲車60両のうちの35両を受領した。

ベトナムは、2017年1月までにロシア製キロ級潜水艦6隻を導入したほか、2018年2月までにロシア製ゲパルト級フリゲート4隻の運用を開始した。航空戦力については、ロシア製Su-30戦闘機を2004年から順次導入しており、これまでに最大36機が導入されたと報じられている。さらに、2020年1月、ベトナムはロシアのYak-130練習機12機を発注したと報じられた。また、米国のスキャンイーグル無人偵察機を導入している。

4 地域内外における協力

東南アジア各国は、地域の多国間安全保障の枠組みとしてASEANの活用を図っており、安全保障問題に関する対話の場であるASEAN地域フォーラム（ARF）やASEAN国防相会議（ADMM）などを開催しているほか、軍事人道支援・災害救援机上演習（AHR）ASEAN Militaries' Humanitarian Assistance and Disaster Relief Table-Top Exercise を行うなど、地域の安全保障環境の向上や信頼醸成に努めてきた。一方、ASEANは域外国との関係も重視し、ADMMにわが国を含む域外8か国を加えた拡大ASEAN国防相会議（ADMMプラス）を開催している。米国との間では、2019年9月、初となる海上共同演習「AUMX」ASEAN-U.S. Maritime Exercise を実施し、中国との間では、2018年8月に海事机上演習、同年10月に海上演習をそれぞれ初めて実施した。また、ロシアとの間では、2021年12月に初のASEAN諸国との海軍共同演習をインドネシア近海で実施した。

第8節　南アジア

1　インド

1　全般

世界最大の民主主義国家であり、着実な経済発展を遂げているインドは、南アジア地域で大きな影響力を有している。インド洋のほぼ中央という、戦略的及び地政学的に重要な位置に存在し、地政学的プレーヤーとしても存在感を増しており、国際社会からもインドが果たす役割への期待は高い。

インドは伝統的に非同盟・全方位外交を志向し、モディ政権は、南アジア諸国との関係を強化する近隣諸国優先政策を維持しつつ、「アクト・イースト」政策に基づき関係強化の焦点をアジア太平洋地域へと拡大させているほか、米国、ロシア、欧州などとの関係も重視し、さらに中東やアフリカに対しても積極的な対外政策を展開している。

一方、中国及びパキスタンと国境未画定地域を抱えているほか、国内及び国境地域において、極左過激派や分離独立主義者、イスラム過激派が活動し、インドにとって陸上国境への備えや国内でのテロの脅威への対処は大きな関心である。また、近年はインド洋を中心に海洋安全保障への取組も重視している。

2　軍事

インドは、国防省が2017年に公表した統合ドクトリンにおいて、対外的な伝統的脅威は、主に近隣諸国と係争中の国境からもたらされており、領土一体性の維持と国家主権の維持は大きな戦略的課題であるとしている。このため、陸上においては、国境未画定地域を抱える中国及びパキスタンを脅威と認識し、両国との二正面作戦に対応できる防衛戦略を形成していると指摘される。

また、インド海軍が2015年に公表した「海洋安全保障戦略」では、インド洋海域を重視するとともに、ペルシャ湾や紅海からマラッカ海峡までの海域などを含む自国を中心とした広い海域を国益が存在する「主要関心地域」と規定し、近隣海域における安全保障提供者になると明記しており、インド洋における中国の活動の活発化を強く認識している。

このような認識のもと、インドは軍の強化と再編に精力的に取り組んでおり、2022年6月、平均年齢を下げ、より科学技術に精通した軍への転換を図るための新しい採用制度を導入したほか、軍種間の作戦・組織上の協力体制の強化などを目指し、統合軍創設の検討を進めている。

インド陸軍は、約124万人という世界最大の陸上兵力を擁し、「陸戦ドクトリン2018」の一部として、戦力の構造化と最適化を目指し、戦闘部隊から統合戦闘団（IBGs：Integrated Battle Groups）[1]への転換に取り組んでいる。中国との国境付近では、自走砲や榴弾砲の配備により火力を増強するとともに、攻撃・偵察などのための無人機の配備を進めているとされる。

インド海軍は、「海上コントロール」[2]を運用の中心概念として位置づけ、空母は海上コントロール概念の中心であるとして3個空母戦闘群の整備に言及している。2022年9月にはインドとして2隻目かつ初の国産である通常動力型空母「ヴィクラント」が就役した。また、潜水艦の運用などによる「海上拒否」[3]も重視しており、2030年までに24隻の攻撃型潜水艦を導入する計画を有しているが、2022年3月時点において、通常動力型のスコルペヌ級潜水艦5隻が就役したのみとなっている。現在は非大気依存推進（AIP：Air Independent Propulsion）機関搭載の通常動力型潜水艦6隻の建造計画にも取り組んでおり、今後の進捗が注目される。また、統合コマンドを設置するアンダマン・ニコバル諸島や、モーリシャスのアガレガ諸島にお

1　IBGsは、攻撃ヘリに支援された歩兵、防空、装甲、兵站部隊などで構成され、脅威・地形・任務に即した特性を持った旅団規模の部隊であり、2022年には、演習の実施が報じられた。
2　印海軍の「海洋安全保障戦略」によれば、「海上コントロール」とは、一定の海域（海面、水中及び空中を含む）を特定の目的のために一定期間使用できるとともに、相手方に対してその使用を拒否することができる状態をいう。
3　印海軍の「海洋安全保障戦略」によれば、「海上拒否」とは、一定期間、自国の使用には必要ないが、相手側にとって重要な特定の海洋空間の使用を、相手方に拒否する考え方をいう。

就役したインド初の国産空母「ヴィクラント」
【AFP=時事】

いて拠点整備を行っているとの指摘があるなど、インド洋におけるプレゼンスを強化している。

インド空軍は、2022年12月に、フランス製ラファール戦闘機で編成される2個戦闘機飛行隊が完全に運用可能となった。一方、今後複数の飛行隊の段階的な退役が見込まれることなどから、二正面作戦に対応可能な数の飛行隊の整備が急務と指摘されている。防空システムとしてはロシア製地対空ミサイルS-400を導入しており、パキスタン及び中国との国境近くに2個連隊分が配備され、2022年11月に3個連隊目分の納入が開始されると報じられた。

また、インドは、2022年1月時点で160個の核弾頭を保有する核保有国であり、2003年発表の核ドクトリン[4]と、1998年の核実験の直後に表明した核実験の一時休止（モラトリアム）の継続などを維持している一方、各種弾道・巡航ミサイルの開発、性能向上、配備を推進している。2022年には、Su-30MKI戦闘機からの射程延伸版超音速巡航ミサイル「ブラモス」の発射、中距離弾道ミサイル「アグニ3」、「アグニ4」及び「アグニ5」の発射、原子力潜水艦アリハントからの弾道ミサイルの発射などに成功している。

統合ドクトリンにおいては、陸海空戦力に加えて宇宙、サイバー及び特殊作戦領域の発展にも言及しており、統合国防参謀本部のもとにそれぞれの機関を設置したほか、米国など他国との協力を進めている。

3　対外関係

(1) 米国との関係

包括的グローバル戦略パートナーシップ関係にあるインドと米国は、近年、防衛・安全保障協力を着実に深化させており、外務・防衛「2＋2」閣僚会合を毎年実施することで合意している。2022年に米国で開催された第4回会合では、米印共同技術グループ[5]における科学技術分野での協力の深化及び宇宙、人工知能、サイバーを含む新たな防衛分野の進展の重要性を認識したとし、協力領域を拡大させている。

また、両国は、兵站交換合意覚書などの各種協定を締結しているほか、わが国も交えた「マラバール」[6]や、陸軍による「ユド・アビヤス」を含め、共同訓練・演習を定期的に行っており、軍隊間の相互運用性を強化している。

なお、米国は、インドがロシアからS-400を取得することに対し繰り返し懸念を表明しているが、2022年4月、ブリンケン国務長官は、「『敵対者に対する制裁措置法（CAATSA）』[7]に基づく制裁または免除の可能性については、まだ決定していない。」と述べている。

The Countering America's Adversaries Through Sanctions Act

第4回米印「2＋2」閣僚会合
【AFP=時事】

4　インドは2003年に核ドクトリンを公表しており、信頼できる最小限の抑止力、先制不使用、核兵器非保有国への不使用などとともに、核兵器のない世界という目標へのコミットメントを継続することを掲げている。
5　技術協力を監督し、米印の共同プロジェクトを承認するフォーラム。両国のすべての防衛機関と連携して毎年会合が開かれている。
6　「マラバール」は米印の二国間海軍共同演習であったが、わが国は2007年から参加しており、2017年から2019年までの「マラバール」は日米印3か国の共同訓練として実施された。また、2020年以降は、オーストラリアも参加して日米豪印4か国の共同訓練として実施している。
7　米国で2017年に成立した「敵対者に対する制裁措置法」では、ロシアの国防・情報機関と関係のある組織との重大な取引に関わった個人・団体に制裁を科すことを規定している。2020年12月、米国はロシアからS-400を購入したことを理由として、本法に基づき、トルコの防衛産業庁とその長官などに対して制裁を発動した。

解説　防衛協力から見るインドの安全保障政策

インドは冷戦下、米国・ソ連のどちらの陣営にも属さず、第三世界のリーダーとしての台頭を目指し、非同盟、全方位外交を推進してきました。一方、インドは、パキスタンと中国との間で国境問題を抱え、軍事衝突も発生していたことから、外交面・軍事面で支援を得られるパートナーを必要としていました。

そうした状況のもと、インドは、共産主義の拡大防止の観点からインドとの協力を模索する米国に接近することもありましたが、米国が、パキスタンを軍事的に支援し、後には対ソけん制の観点から中国へ接近したことなどから、米国との協力関係は必ずしも順調に進展しませんでした。一方、1950年代以降、中国との対立を深めていくソ連は、対中国けん制の観点などからインドに接近し、戦闘機や戦車をはじめとする多種多様な装備品を提供したことから、軍事装備面を中心に、インドの対ロシア依存が高まりました。

冷戦終結後も、インドは引き続き軍事装備面でロシアに依存する傾向にありましたが、自律性を高める観点から、軍事装備品の国産化や、ロシアに依存しない協力関係の多角化を進めています。

フランスは、ロシアに次ぐ第2位の装備品輸入元（2018-22年、SIPRI）となっています。2022年には仏製の第4.5世代戦闘機「ラファール」を導入し、フランスの技術協力による国産潜水艦の建造も進めています。2023年1月に開催された年次戦略対話では、二国間の防衛・安全保障協力を強化することに合意しました。

また、インドはイスラエルから、国境地帯やインド洋におけるISR活動に使用する無人機やレーダーシステム及びミサイルなどを購入してきたほか、地対空ミサイルシステム「バラク8」の共同開発に成功しており、現在も新型の地対空ミサイルの開発に取り組んでいます。

米国との間では、これまでも軍の相互運用性を高める各種協定の締結や共同演習を行ってきましたが、米国が中国を最も重大な地政学的課題であると位置づける中で、さらに協力関係を深化させており、例えば、2023年1月末に開催された第1回米印重要新興技術イニシアチブ会合では、これまで米国企業から輸入してきた、国産軽戦闘機向けジェットエンジンについて、米国はインドでの共同生産に関する審査の迅速化を約束しました。さらに、人工知能、量子技術などについての国際協力の拡大や、半導体サプライチェーンの強靭化にも取り組むとしており、これら先端技術における協力は、インドの軍事技術・防衛産業の発展にも寄与するものとみられます。

このようなインドの防衛協力の多角化の取組は、協力の相手となっている国々にとっても、インド太平洋地域への関与や広大なインド市場へのアクセス確保の観点から有益なものになっていると考えられ、今後も継続していくものと考えられます。

G20首脳会合に際して会談したモディ首相とマクロン大統領（2022年11月）【EPA=時事】

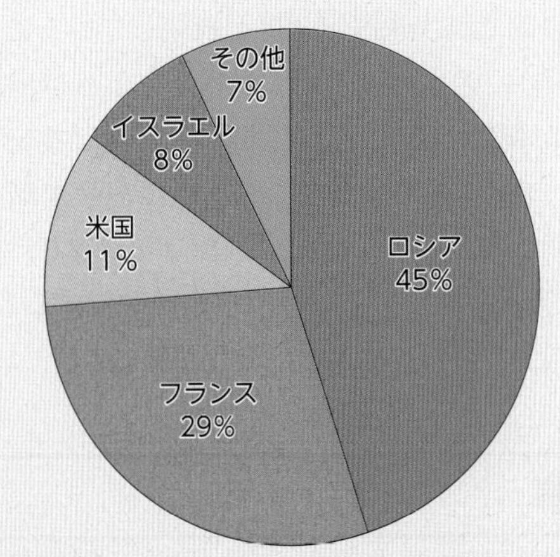

過去5年間におけるインドの装備品購入元（2018-2022年、SIPRI）

(2) 中国との関係

参照 2節3項4 (3)(南アジア諸国との関係)

(3) ロシアとの関係

参照 5節5項5 (1)(アジア諸国との関係)、2章3項3(そのほかの地域の対応)

(4) 南アジア諸国・東南アジアとの関係

インドは、「近隣諸国第一主義政策」のもと、南アジア諸国と安全保障分野における協力を進めており、装備品の輸出・供与などを行っている。2022年12月にバングラデシュが初めて開催した国際観艦式には、インドが唯一、複数の艦艇を派遣した。一方、南アジア諸国における中国の影響力の高まりを警戒しており、2022年7～8月、中国の調査船「遠望5号」によるスリランカのハンバントタ港への寄港を巡り、懸念を示した。

東南アジア諸国などのアジア太平洋地域に所在する国々に対しては、「アクト・イースト」政策に基づき、二国間・地域的・多国間での関与を継続しており、ロシア製装備品の運用経験を活用した能力構築支援や、定期的な共同軍事演習を実施している。2022年6月にはベトナムと、既存の防衛協力の範囲と規模を大幅に強化することで合意するとともに、相互後方支援に関する覚書に調印した。同年11月にはASEANとの間で包括的戦略的パートナーシップを立ち上げるとともに、初のインド - ASEAN国防相会議を開催するなど、ASEANに対して積極的な役割を果たそうとしている。

2 パキスタン

1 全般

パキスタンは、南アジア地域の大国であるインドと、情勢が不安定なアフガニスタンに挟まれ、中国及びイランとも国境を接するという地政学的に重要かつ複雑な環境に位置している。

人口の多くはイスラム教徒であり、他のイスラム諸国との連携を重視しているほか、西側諸国とは友好関係を維持している。また、中国とは全天候型戦略的協力パートナーシップのもと、あらゆる分野で関係を発展させている。アフガニスタンとの関係に関しては、タリバーン「暫定政権」との間で国境未画定状態が継続していることに加え、2022年12月にはタリバーン兵士による越境砲撃により国民が死傷するなど、両国間の関係性は複雑さを増している。さらに、同年11月、スンニ派過激組織であるパキスタン・タリバーン運動(TTP: Tehrik-e Taliban Pakistan)が、同年6月にパキスタン政府と合意していた停戦協定を破棄するなど、国内におけるテロ組織の活動の活発化が懸念されている。

2 軍事

パキスタンは、2021年12月に策定した包括的政策文書「国家安全保障政策2022-2026」において、戦力構造の近代化と最適化に焦点を当てた、費用対効果が高く適応力のある軍隊を維持することでいかなる侵略も抑止すると述べるとともに、情報・サイバーセキュリティ能力を強化し、偽情報や影響工作などのハイブリッド戦に対抗する能力を構築するとしている。近年は装備品の近代化を進めており、装備品の共同開発や技術移転による国内生産にも取り組む一方、中国と軍事分野における関係を発展させており、中国への依存度の高まりがみられる。

パキスタンは国境地域における安全の確保や過激派への対応から、強大な陸軍を保有しているとされ、主力戦車として中国と共同開発したアルハリッド戦車を運用しているほか、2021年10月には、中国のVT-4戦車を導入した。また、中国からLY-80やHQ-9/Pなどの防空システムを購入し、包括的階層統合防空(CLIAD: Comprehensive Layered Integrated Air Defense)システムを強化している。

海軍については、老朽化する艦艇の置き換えと増強や潜水艦の導入を進めている。ハンゴール級潜水艦8隻を中国から調達することで合意し、うち4隻は技術移転により国内で建造することとなっており、2022年12月にカラチ造船所で国産潜水艦の建造に着工した。また、トルコとはミルゲム級コルベット4隻を購入する契約を締結し、うち2隻は技術移転協定の一環として国内で建造される。2022年11月には、トルコで3隻目の進水式が行われた。

パキスタン空軍は、中国と共同開発し自国生産したJF-17戦闘機BlockI/IIを運用するほか、JF-17戦闘機BlockIIIの製造を開始しており、2022年3月には中国製

J-10C戦闘機の導入を公表した。さらに、同年10月、トルコのバイカル社は、パキスタンに対する無人攻撃機「バイラクタル・アクンジュ」の操縦訓練が完了したとしており、将来の導入が目される。

パキスタンは、インドの核及び通常兵器による攻撃に対抗するために自国が核抑止力を保持することは、安全保障と自衛の観点から必要不可欠であるとの立場をとっており、2022年1月時点で約165個の核弾頭を保有するとみられている。核弾頭を搭載可能な弾道ミサイル及び巡航ミサイルの開発も継続し、既に戦術核ミサイル「ナスル」や、中距離弾道ミサイル「シャヒーンⅡ」などを運用しているほか、2022年4月には、射程2,750kmの地対地弾道ミサイル「シャヒーンⅢ」の飛行試験に成功した。

3　対外関係

(1) 米国との関係

パキスタンは、2001年の同時多発テロ以降、対テロ分野で米国と協力しており、米国は2004年にはパキスタンを「主要な非NATO同盟国」に指定し、関係を強化してきた。しかし、国内での無人機攻撃の即時停止を求めるなど、パキスタンは米国の対テロ作戦を巡りたびたび抗議を行い、これに対し米国は、パキスタンがアフガニスタンで活動するイスラム過激派の安全地帯を容認していることが、米国への脅威となっているとして、パキスタンを非難し、安全保障関連の支援を停止するなど、緊張関係が続いた。

一方、2022年4月に発足したシャリフ政権下では米国との関係改善がみられる。同年5月、米国務長官の招待により外相が訪米し、外相会談では、地域の平和、テロ対策、アフガニスタンの安定及びウクライナ支援などに対する両国の協力の重要性が強調された。同年9月、米国務省は、対テロ作戦を支援するためとして、パキスタン政府に対して最大4億5,000万ドルのF-16戦闘機の維持・サポートに関する契約を承認すると決定したほか、同年10月には3年ぶりにバジュワ陸軍参謀長（当時）が訪米し、オースティン国防長官などと会談するなど、今後の両国のテロ対策を含む防衛協力関係が注目される。

(2) 中国との関係

参照　2節3項4（3）（南アジア諸国との関係）

3　カシミール地方の帰属をめぐるインドとパキスタンとの対立

インドとパキスタンは、カシミールの帰属をめぐり主張が対立しており[8]、過去に三度の大規模な武力紛争が発生した。カシミール地方では管理ラインを挟んで衝突がたびたび発生し、両国は対話の再開と中断を繰り返してきたが、2021年2月に停戦を遵守することで合意した。2022年12月の印国防省発表では、両国がこの合意を遵守しているため、状況は比較的平穏であるとされている。

参照　図表Ⅰ-3-8-1（インド・パキスタンの兵力状況（概数））

図表Ⅰ-3-8-1　インド・パキスタンの兵力状況（概数）

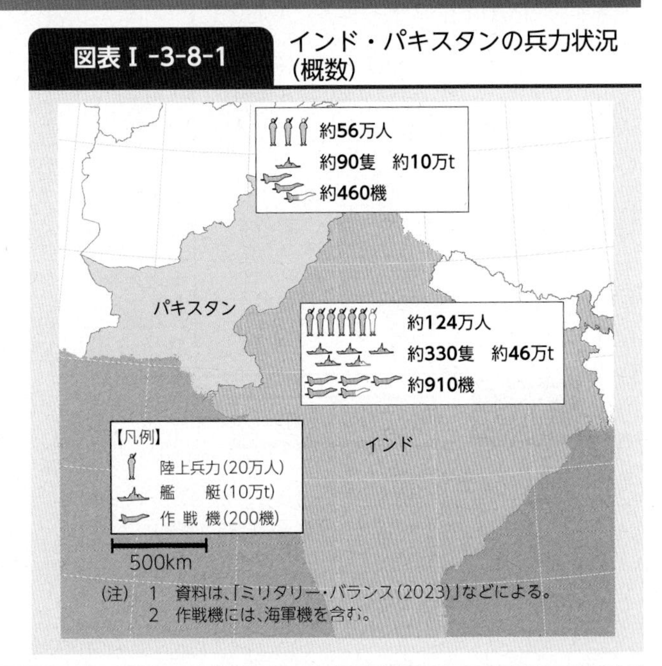

（注）1　資料は、「ミリタリー・バランス（2023）」などによる。
2　作戦機には、海軍機を含む。

8　カシミールの帰属については、インドが、パキスタン独立時のカシミール藩王のインドへの帰属文書を根拠にインドへの帰属を主張し、1972年のシムラ協定（インド北部のシムラにおいて実施された首脳会談を経て紛争の平和的解決や軍の撤退について合意されたもの）を根拠に二国間交渉を通じて解決すべきとしているのに対し、パキスタンは1948年の国連決議を根拠に住民投票の実施により決すべきとし、その解決に対する基本的な立場が大きく異なっている。

第9節 欧州・カナダ

1 全般

冷戦終結以降、欧州の多くの国では、欧州域内やその周辺における地域紛争の発生、国際テロリズムの台頭、大量破壊兵器の拡散、サイバー空間における脅威の増大といった多様な安全保障課題に対処する必要性が認識されてきた一方で、国家による大規模な侵攻の脅威は消滅したと認識されてきた。しかし、2014年2月以降のウクライナ情勢の緊迫化、特に2022年2月に始まったウクライナ侵略を受け、ロシアの力による一方的な現状変更や、ハイブリッド戦に対応すべく、既存の戦略の再検討や新たなコンセプト立案の必要に迫られている。また、国際テロリズムに関しても、その脅威の継続が認識されており、その対応が求められ続けている。さらに、長期化するシリア内戦など、混迷する中東情勢を背景として急増した難民・移民をめぐる問題をはじめ、依然として国境の安全確保が課題となっている。

こうした課題・状況に対処するため、欧州では、北大西洋条約機構（NATO（North Atlantic Treaty Organization））や欧州連合（EU（European Union））といった多国間の枠組みをさらに強化・拡大しつつ、欧州域外の活動にも積極的に取り組むなど、国際社会の安全・安定のために貢献している。また、各国レベルでも、安全保障・防衛戦略の見直しや国防改革、二国間・多国間での防衛・安全保障協力強化を進めている。

参照 図表Ⅰ-3-9-1（NATO・EU加盟国の拡大状況）、2章3項（ウクライナ侵略が国際情勢に与える影響と各国の対応）

図表Ⅰ-3-9-1 NATO・EU加盟国の拡大状況

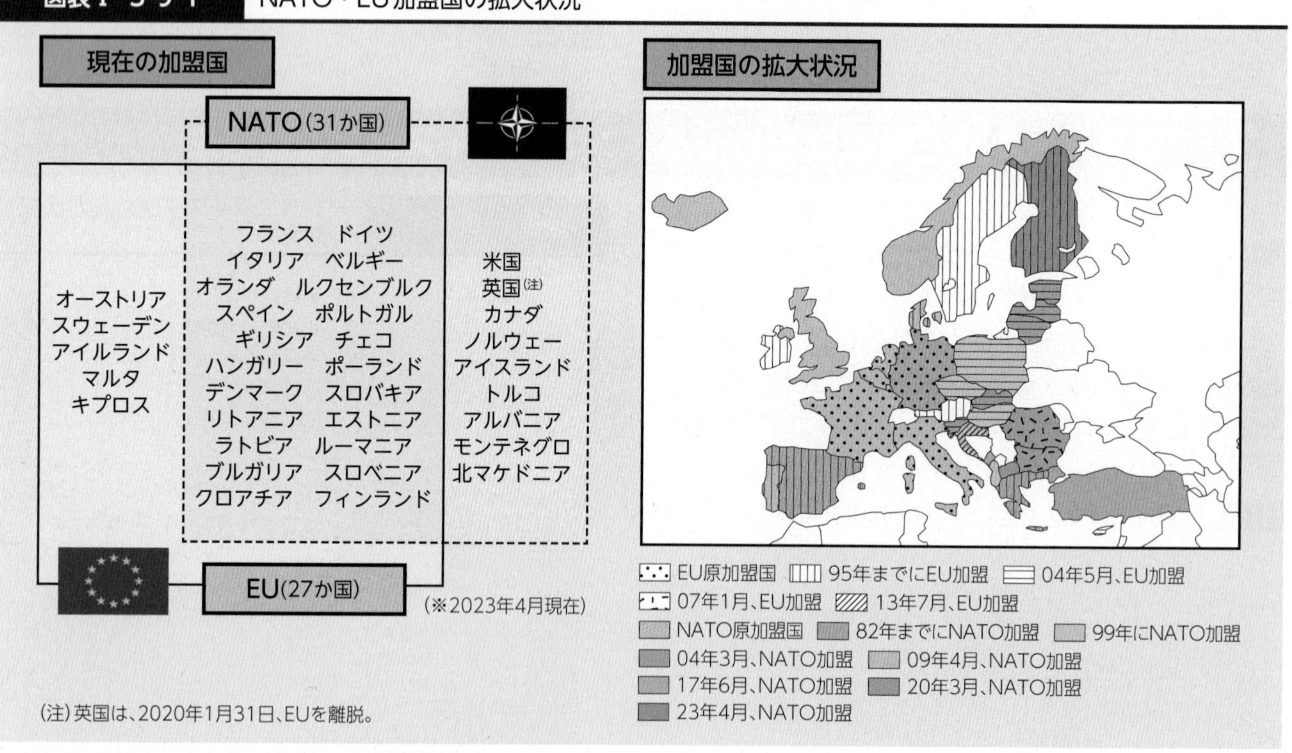

(注)英国は、2020年1月31日、EUを離脱。

2 多国間の安全保障の枠組みの強化

1 NATO

加盟国間の集団防衛を中核的任務として創設されたNATOは、冷戦終結以降、活動範囲を紛争予防や危機管理にも拡大させ、抑止・防衛、危機の防止・管理、協調的安全保障の3つを中核的任務としている。

ロシアによるウクライナ侵略を受けて加盟国の危機感が高まる中、2022年6月に開催されたNATO首脳会合において、2010年以来12年ぶりとなる新たな戦略概念が採択された。前回の戦略概念においては、欧州・大西洋地域を平和であり、NATO領に対する攻撃の可能性は小さいとしていたが、今般の戦略概念では、欧州・大西洋地域は平和ではなく、加盟国の主権・領土に対する攻撃が行われる可能性を見過ごすことはできないとしている。

そして、前回の戦略概念において、ロシアとは「真の戦略的パートナーシップ」を目指すとしていたが、今回の戦略概念においては、加盟国の安全保障及び欧州大西洋地域の平和と安定に対する最も重大かつ直接的な脅威と位置づけた。

また、今回の戦略概念において初めて中国に言及し、中国が表明している野心と威圧的な政策は、NATOの利益・安全保障・価値観に対する挑戦であるとした。また、中露の関係の深化やルールに基づく国際秩序を損なう両国の試みは、NATOの価値観及び利益に背くものと指摘している。

これに加え、北朝鮮の核・ミサイル開発についても初めて言及したほか、インド太平洋地域における情勢は欧州・大西洋地域の安全保障に直接的な影響を及ぼし得ることから、NATOにとって重要な地域であると位置づけ、インド太平洋地域のパートナーと対話及び協力を強化するとしている。2022年6月に開催されたNATO首脳会合には、NATOのアジア太平洋パートナー（AP4）four Asia-Pacific partners である日本、オーストラリア、ニュージーランド及び韓国の首脳を初招待し、海洋安全保障や偽情報対策などにおける協力を強化することを決定した。

このように、NATOは大きく変化した情勢認識のもと、中核的任務の1つである加盟国の防衛を改めて強調しつつ、抑止力・防衛能力の強化に取り組んでいる。

2022年2月のウクライナ侵略以前から、NATO及び加盟国は、ロシアによるハイブリッド戦の展開や、ロシア軍機によるバルト諸国を含む北欧・東欧地域での活発な「特異飛行」などを受け、ロシアの脅威を再認識し、抑止力の強化を図ってきていた。

2014年9月のNATO首脳会合では、ロシアに対しクリミア「併合」を撤回するよう要求する共同宣言や、既存の即応部隊の強化を行う即応性行動計画（RAP）Readiness Action Plan を採択した[1]。本計画に基づき、東部の同盟国におけるプレゼンスを継続するとともに、既存の多国籍部隊であるNATO即応部隊（NRF）NATO Response Force の即応力を著しく強化し、2～3日以内に出動が可能な高度即応統合任務部隊（VJTF）Very High Readiness Joint Task Force が創設された。また、2016年7月のNATO首脳会合では、バルト三国及びポーランドに大隊規模の4個多国籍戦闘群をローテーション展開することが決定され、2017年には完全運用体制に入った。

こうした中、ロシアによるウクライナ侵略が発生し、NATOはさらにロシアを念頭に置いた東部防衛に比重を置くようになってきている。

侵略を受け開催された2022年2月の緊急首脳会議では、東欧諸国の安心供与のためにNRFの東欧への派遣を表明したほか、同年3月の首脳会議では4つの戦闘群を新設し、それぞれブルガリア、ルーマニア、ハンガリー、スロバキアに設置することが決定された。

また、同年6月のNATO首脳会合では、新たな安全保障環境への対応として、東部に展開する戦闘群の一部を大隊から旅団規模へ強化することや、NRFの規模を4万人から30万人規模へ拡大すること、地域担任制の導入を含む柔軟性や即応性の高い新モデルの設立などが表明された。

加えて、NATOは、集団防衛と並ぶ中核的な任務として、域内外における危機の防止・管理のための作戦や任務を実施している。

地中海においては、地中海経由の不法移民の増加などを背景として、常設艦隊の展開による不法移民の流入動

1　RAPは、兵力連結構想（CFI）Connected Forces Initiative の具体的な取組として承認されたものである。CFIとは、加盟国が共同で演習・訓練を実施できる枠組みを提供することや、加盟国間やパートナー国との共同訓練の強化、相互運用能力の向上、先進技術の利用などを図るものである。

向について監視や情報共有を行っているほか、テロ対策や能力構築支援といった広範な任務も実施している。中東においては、ISILへの対応として、早期警戒管制機部隊を派遣し、2016年10月から監視・偵察任務を遂行している。また、イラクにおいては、国防・治安部門に対する助言や能力構築などの支援を実施しており、2021年2月のNATO国防相会合では、約500名から約4,000名への人員増及び任務実施場所の拡大が合意された。NATOはこのほか、コソボなどで任務を実施している。

2022年6月のNATO首脳会合にて採択されたマドリード首脳宣言においては、2024年以降の防衛支出に関する取り決めについては2023年以降決定することとした。また、同年11月、ストルテンベルク事務総長は、NATO加盟国における防衛支出の目標について、対GDP比2%は上限ではなく下限と考えるべきであると表明し、今後の目標の引き上げを示唆した。

フィンランドはロシアのウクライナ侵略を受け、長年の軍事的非同盟政策を転換させ、2022年5月にNATO加盟を申請し、2023年4月4日、正式にNATOへ加盟した。これにより、NATO加盟国は31か国に拡大した。

2 EU

EUは、共通外交・安全保障政策（CFSP（Common Foreign and Security Policy））及び共通安全保障・防衛政策（CSDP（Common Security and Defence Policy））[2]のもと、安全保障分野における取組を強化している。

2017年12月には、加盟国のうち25か国が参加する防衛協力枠組みである「常設軍事協力枠組み」（PESCO（Permanent Structured Cooperation））が発足した。本枠組みにより、航空・海洋領域などにおける新たな能力の開発や、軍への訓練・支援、サイバー領域など特定分野における専門知識の共有などを推進している旨を表明しており、欧州の防衛力強化が期待されている。[3]このように、EUは、欧州の現在及び将来の安全保障上の要求に応えることで、安全保障を担う存在として行動する能力と自身の戦略的自律を高めようとしている。

加えて、近年はインド太平洋地域への関与も強めており、2021年4月にはEUとしては初のインド太平洋戦略を発表し、同年9月にはその詳細となる共同コミュニケーションを発表した。共同コミュニケーションでは、同地域において中国などによる著しい軍備増強がみられ、東シナ海、南シナ海及び台湾海峡における力の誇示と緊張の高まりは、欧州の安全保障と繁栄に直接的な影響を及ぼすとし、ルールに基づく国際秩序を目指し、わが国を含む価値観を同じくするパートナー国と連携するとともに、台湾との貿易や投資などの分野における関係を強化するとしている。

2022年3月の欧州理事会では、今後5～10年間の安全保障・防衛政策に向けた共通の戦略ビジョンを示す「戦略的コンパス」を採択した。この文書では、救難・退避作戦などでの運用を想定した、最大5,000人規模の「EU即応展開能力」の完全運用能力を2025年までに獲得するとした。

3 NATO・EU間の協力

前例のない課題への効率的な対処を目指し、NATO・EU間の協力に関しても進展がみられる。2016年及び2018年には共同宣言が発表され、ハイブリッド脅威への対処やサイバー防衛、テロ対策などの分野において協力を強化するとするなど、相互に補完し合う形で協力を進展させている。

2023年1月には、4年ぶりとなるNATOとEUの協力に関する第3回共同宣言が署名された。同宣言においては、欧州・大西洋の安全保障及び安定にとって重要な岐路にあるとし、中国が繰り広げている主張と政策は、対処しなければならない課題を提示しているとした。また、安全保障上の脅威や挑戦の範囲及び規模の変化への対応として、既存の分野における協力の一層の強化のほか、特に、増長する戦略地政学上の競争、抗たん性の問題、重要インフラの防護、新興技術及び破壊的技術、宇宙、気候変動が安全保障に及ぼす影響、外国の情報操作及び干渉に対処するための協力を拡大・深化するものとした。

---

2 EUは、1993年に発効したマーストリヒト条約において、強制力を持たない政府間協力という性質を有しながらも、外交・安全保障にかかわるすべての領域を対象とした共通外交・安全保障政策（CFSP）を導入した。また、1999年6月の欧州理事会において、紛争地域などに対する平和維持、人道支援活動を実施する「欧州安全保障・防衛政策」（ESDP（European Security and Defence Policy））をCFSPの枠組みの一部として進めることを決定した。2009年に発効したリスボン条約は、ESDPを共通安全保障防衛政策（CSDP）と改称したうえで、CFSPの不可分の一部として明確に位置づけた。

3 EUは2022年12月時点で、60の共同プロジェクトが進行中と公表している。

3 欧州各国などの安全保障・防衛政策

1 英国

英国は、冷戦終結以降、自国に対する直接の軍事的脅威は存在しないとの認識のもと、国際テロや大量破壊兵器の拡散などの新たな脅威に対処するため、特に海外展開能力の強化や即応性の向上を主眼とした国防改革を進めてきた。

2021年3月、ジョンソン政権（当時）は「安全保障、防衛、開発、外交政策の統合的見直し（Integrated Review）」を発表し、米国・欧州諸国・NATOなどとの関係を維持・強化しつつ、インド太平洋へ「傾斜」していく方針を表明した。

さらに、2023年3月、スナク首相は、「統合的見直し」の刷新を発表し、欧州・大西洋地域を最も重要な優先地域とし、ロシアを「最も差し迫った脅威」と位置づけた。対露戦略として、NATOのさらなる強化や、偽情報の公表によるロシアの悪意ある影響力への対抗などを示した。また、インド太平洋地域を「英国の国際政策の永続的な柱」と位置づけ、自由で開かれたインド太平洋ビジョンを支持し、わが国を含むパートナーなどと、数十年にわたる経済的、技術的及び安全保障上の密接な関係を構築することなどにより、インド太平洋地域における関与を強化する方針を表明した。中国については「時代を画する体制上の挑戦」と評価した。

英国のインド太平洋地域への関与については、2021年に空母「クイーン・エリザベス」を旗艦とする空母打撃群をインド太平洋地域へ展開し、海上自衛隊と共同訓練を実施したほか、ASEAN諸国などとの能力構築・訓練強化を行うなど、航行の自由、国際法を守り、同地域のパートナーと協働する姿勢を示した。

また、英国は、2018年度以降、北朝鮮籍船舶との「瀬取り」を含む違法な海上活動に対して、東シナ海を含むわが国周辺海域において警戒監視活動を実施している。2022年は、1月中旬、2月上旬、同月下旬及び9月下旬に哨戒艦「テイマー」が、警戒監視活動を実施した。

また、2023年3月には、英仏首脳会談において、利益を共有する地域において空母の展開を調整することに合意し、インド太平洋地域において、より持続的な欧州の空母打撃群のプレゼンスを示していく旨発表した。

2 フランス

フランスは、冷戦終結以降、防衛政策における自律性の維持を重視しつつ、欧州の防衛体制及び能力の強化を主導してきた。軍事力の整備については、基地の整理統合を進めながら、防護能力の強化などの運用所要に応えるとともに、情報機能の強化と将来に備えた装備の近代化を進めている。

2022年11月、マクロン政権は、国内外の安全保障環境の分析並びに2030年に向けた戦略的目標及び優先度を示す「国家戦略見直し2022」を発表した。ロシアとの関係については、潜在的な競争からオープンな対立に移行したと位置づけたほか、中国との関係については、より激しい競争へと移行しているとした。その上で、同年までの戦略的目標として、戦略的自律の強化や核抑止力の確保などが示された。

フランスは、インド太平洋地域に海外領土を持つ関係上、同地域に常続的な軍事プレゼンスを有する唯一のEU加盟国であり、艦艇などを含め約7,150人が常駐している。同地域へのコミットメントを重視しており、2019年6月に公表された仏軍事省のインド太平洋国防戦略は、中国が、拡大する影響力を背景にインド太平洋地域のパワーバランスを変更しようとしているとし、米国、オーストラリア、インド及び日本との連携強化の重要性を示した[4]。また、前述の「国家戦略見直し2022」においては、インド太平洋地域の戦略的安定の維持を目的として、わが国を含む地域諸国とのパートナー関係の構築に尽力し、バランシング・パワーとしての役割の遂行することが戦略目標として示された。

こうしたインド太平洋地域への積極的な関与の方針のもと、フランスは、2019年3月に空母「シャルル・ド・ゴール」を中心とする空母機動群をインド洋に展開、2021年5月には、練習艦隊「ジャンヌ・ダルク」をインド太平洋地域に派遣し、フリゲート「シュルクーフ」、強

4　一方、2021年9月のAUKUS発足に伴うオーストラリアのフランス製潜水艦購入契約破棄を受け、フランス政府は米国及びオーストラリアを強く非難し、一時駐米及び駐豪大使を本国に召還した。

襲揚陸艦「トネール」をわが国にも寄港させて日仏米豪共同訓練「ARC（アーク）21」を実施した。また、フランスは、2019年以降、北朝鮮船舶の「瀬取り」を含む違法な海上活動に対する警戒活動を実施している。2022年は、3月中旬にフリゲート「ヴァンデミエール」がフランス海軍艦艇として4度目の警戒監視活動を、同年10月中旬から11月上旬までFalcon 200哨戒機が航空機として3度目の警戒監視活動を実施した。

また、フランスは、対ISIL作戦を国防上の最優先課題の一つとして位置づけ、2014年9月以降はイラクにおいて、2015年9月以降はシリアにおいてもISILに対する空爆を行っている。このほか、イラク治安部隊やペシュメルガなどに対する教育・訓練や、難民に対する人道支援なども引き続き行っている。

さらに、サヘル地域においては、2014年以降「バルカンヌ作戦」としてサヘル地域5か国において対テロ作戦を展開し、2019年7月にはフランス主導の欧州特殊部隊「タクバ」の運用を開始していたが、2021年6月、政治的混乱が継続することからマリに派遣する部隊の削減を発表した。ロシアとの関係を強化したマリとフランスの関係は悪化し、2022年2月、フランスはマリからの部隊の撤退及びニジェールへの移転を発表した。フランスは、同年6月に「タクバ」のマリにおける活動終了、同年8月にマリからの撤収完了し、同年11月にバルカンヌ作戦の終了を発表した。

また、フランスは、2019年5月以降にオマーン湾において民間船舶の航行の安全に影響を及ぼす事案が発生したことなどを受け、2020年1月、オランダやデンマークを含む欧州7か国とともに、ホルムズ海峡における欧州による海洋監視ミッション（EMASOH：European Maritime Awareness in the Strait of Hormuz）の創設を政治的に支持する旨の声明を発表した。

3 ドイツ

ドイツは、冷戦終結以降、兵力の大幅な削減を進める一方で、国外への連邦軍派遣を徐々に拡大するとともに、NATOやEU、国連などの多国間機構の枠組みにおいて紛争予防や危機管理を含む多様な任務を遂行する能力の向上を主眼とした国防改革を進めてきた。しかし、安全保障環境の悪化を受け、2016年5月には方針を転換し、兵力を2023年までに約7,000人増員することを発表した。

2016年7月に、約10年ぶりに発表された国防白書では、ドイツの置かれている安全保障環境は一層複雑化、不安定化し、徐々に不確実性が高まっているとし、国際テロリズム、サイバー攻撃、国家間紛争、移民・難民の流入などを具体的脅威としてあげている。そして、多国間協調及び政府横断的なアプローチを引き続き重視するとともに、ルールに基づく国際秩序の実現に努めるとした。

2022年2月以降のロシアのウクライナ侵略を受けて以降は大きく国防方針を転換し、ウクライナへの兵器の供与を実施しているほか、自国の防衛力整備に注力するとし、国防費をGDP比で現在の1.5%程度から2%を毎年達成するよう引き上げる旨表明した。これを受け、同年6月、ドイツ議会は、借入による1,000億ユーロの連邦軍特別基金の設立及びこれを実現するためのドイツ基本法改正に関する法案を可決した。

また、インド太平洋地域に関しては、2020年9月、インド太平洋にかかる外交指針を規定した「インド太平洋ガイドライン」を閣議決定した。その中で、同地域における安全保障政策面での関与を強化すると表明し、わが国などの共通の価値観を持つパートナー国との連携を重視する姿勢を明示した。具体的な取組として、対北朝鮮制裁の監視、演習への参加、海上でのプレゼンス、サイバー安全保障協力などを掲げている。2021年8月にはフリゲート「バイエルン」をインド太平洋地域に派遣した。同艦は海自艦と共同訓練を行い、同年11月に約20年ぶりにわが国に寄港したのち、東シナ海を含むわが国周辺海域において、ドイツの艦艇としては初となる、北朝鮮籍船舶の「瀬取り」を含む違法な海上活動に対する警戒監視活動を実施している。

2022年8月には展開訓練「ラピッドパシフィック2022」を開始し、「ユーロファイター2000」戦闘機など計13機がドイツを出発してから24時間以内にシンガポールまで展開した。その後、ドイツは豪州主催の多国間空軍演習「ピッチ・ブラック」及び多国間海上演習「カカドゥ」に参加したほか、わが国において日独による戦闘機共同訓練を初めて実施し、ドイツのインド太平洋地域におけるプレゼンスの強化を図った。同国は今後も継続的にアセットをインド太平洋地域に派遣するとみられ、今後の同地域への関与の動向が注目される。

4 カナダ

カナダ国防省は2017年6月、国防政策文書を発表し、米国は今も唯一の超大国である一方、中国やロシアなどとの間で大国間競争が復活し、再び抑止力の重要性が高まっているとの認識を示した。こうした安全保障環境の認識のもと、国土と北米地域の安全を国防政策の基本に据えるとともに、世界の安定が自国の国防に直結しているとの考えから、積極的な国際貢献も国防政策の基本として位置づけている。また、防衛力整備にあたっては、宇宙やサイバー、インテリジェンスといった分野を重視する方針を示し、2010年代に一旦減少に転じた国防予算を10年間で70パーセント以上増額するとともに、現役兵力数を3,500人増員し7万1,500人とする計画を掲げた。このほか、カナダは2019年9月、北極地域に関する政策枠組みを発表し、同地域の戦略的、軍事的、経済的な重要性が高まっているとの認識を示したうえで、同地域での軍事プレゼンスを強化する方針を示している。

カナダは、米国を最も重要な同盟国とみなし、北米航空宇宙防衛司令部（NORAD: North American Aerospace Defense Command）を通じて北米地域の防空・宇宙防衛・海洋警戒監視を米国と共同で実施している。創設国の一員として、NATOとの関係も重視しており、NATO主導の作戦に積極的に参加してきている。また、情報共有の枠組みであるファイブ・アイズの一員として、カナダは大いに利益を享受しており、引き続き関係を深化するとしている。国連の活動も伝統的に支持しており、トルドー政権は国連平和維持活動（PKO）への貢献を最重視する姿勢を示している。

インド太平洋地域への関わりについて、2022年11月、カナダは今後10年の包括的指針として初めてとなるインド太平洋戦略を発表した。同戦略において、中国を「ますます問題を引き起こすグローバルパワー（increasingly disruptive global power）」と言及し、国際秩序を自国の価値観・利益により寛容な環境へ作り替えようと試みているとして、中国がカナダの国益や地域パートナーの利益を損なう行動に出る場合挑戦するとした。一方、気候変動などの世界的な問題の解決では中国と協力する考えを示している。

また、戦略目標の一つとして、地域の平和・抗たん性・安全の推進を掲げ、同盟国や日本を含めたパートナー国との安全保障関係を強化するとし、2018年4月から実施している北朝鮮籍船舶の「瀬取り」を含む違法な海上活動に対する警戒監視活動[5]を継続する考えを示している。一方、2018年以降、カナダ海軍の艦艇が国際法に従って、台湾海峡を通過[6]しているが、派遣するフリゲートの増加などによるインド太平洋地域への海軍のプレゼンスを強化するとしており、今後のカナダによる同地域への関与の動向が注目される。

5　2019年6月から対北朝鮮制裁履行活動に従事する「ネオン作戦」の枠組みのもとで同活動に従事している。
6　カナダの世界平和へのコミットメントを示すことを目的とした世界の安全のための海上作戦である「プロジェクション作戦」の一環として、同活動に従事している。

第10節 その他の地域など（中東・アフリカを中心に）

1 中東

1 全般

中東地域は、アジアと欧州をつなぐ地政学上の要衝である。さらに、世界における主要なエネルギーの供給源で、国際通商上の主要な航路があり、また、わが国にとっても原油輸入量の約9割をその地域に依存しているなど、中東地域の平和と安定は、わが国を含む国際社会の平和と繁栄にとって極めて重要である。

一方、この地域においては、近年も湾岸地域や中東和平をめぐる情勢などで高い緊張状態が継続している。さらに、2011年初頭に起こったいわゆる「アラブの春」後の混乱により、一部の国では、内戦が続いている。他方で、2023年3月には約7年間外交関係を断絶していたイランとサウジアラビアが外交関係再開に向けて合意するなど、緊張緩和の動きもみられる。

2 湾岸地域情勢

(1) 湾岸地域における軍事動向

イランの核問題に関する最終合意「包括的共同作業計画」(JCPOA：Joint Comprehensive Plan of Action) をめぐる状況が変化する中[1]、湾岸地域では、軍事的な動きを含め様々な事象が生起している。2019年5月以降、米国は、自国の部隊や利益などに対するイランの脅威に対応するためなどとして、空母打撃群や爆撃機部隊などの派遣について発表した。同年7月には、2003年以来およそ16年ぶりにサウジアラビアに部隊を駐留させた。

こうした中、2019年6月、イランは、ホルムズ海峡上空における米国の無人偵察機の撃墜を発表し、同年9月には、サウジアラビア東部の石油施設に対する攻撃への関与も指摘された。その一方で、米国は、同年7月、ホルムズ海峡上空で米強襲揚陸艦がイラン無人機を撃墜したことを発表するなどした。

同年10月以降は、イラクにおいて米軍駐留基地などに対する攻撃が多発した。米国は、イランの関与を指摘し、イランが支援しているとされる武装組織の拠点を空爆した。さらに、2020年1月、米国は、さらなる攻撃計画を抑止するためとして、その組織の指導者とともにイラク国内で活動していたイラン革命ガード・コッヅ部隊のソレイマニ司令官を殺害した。イランは報復としてイラクの米軍駐留基地に弾道ミサイル攻撃を行ったが、その後、米国・イラン双方ともに、エスカレーションを回避したい意向を明確に示した。

2021年には、武装組織による無人機を使用したとされる米軍駐留基地などに対する攻撃も発生した。こうした状況の中、駐留米軍は、同年1月までに2,500人に縮小され、同年12月末に戦闘任務を終了し、助言・訓練・情報収集の任務へ移行した。

湾岸地域においては、米軍のプレゼンスは縮小しつつある。2021年4月以降、トランプ米政権下で湾岸地域に派遣された戦闘機や防空アセットの一部の撤収が報じられた。さらに、中東海域においては、同年9月に米空母「ロナルド・レーガン」が離脱して以降、米空母が不在の状況が継続している。バイデン米政権は、2022年10月に発表した国家安全保障戦略において、従来、中東における危機対応の中心は軍事力であったが、今後は外交を通じて地域の緊張緩和や紛争終結などに取り組むと表明している。

(2) 湾岸地域の海洋安全保障

2019年5月以降、中東の海域では、民間船舶の航行の安全に影響を及ぼす事象が散発的に発生している。わが国に関係する船舶に対する事案としては、同年6月、オマーン湾でわが国の海運会社が運航するケミカルタンカー「コクカ・カレイジャス」を含む2隻の船舶が攻撃を受けた。この船への攻撃については、米国などはイラ

1 JCPOAは、イラン側が濃縮ウランの貯蔵量及び遠心分離機の数の削減や、兵器級プルトニウム製造の禁止、IAEAによる査察などを受け入れる代わりに、過去の国連安保理決議の規定が終了し、また、米国・EUによる核関連の独自制裁の適用の停止又は解除すると規定している。2018年5月、トランプ米大統領（当時）はJCPOAの離脱を表明し、同年11月、米国はすべての制裁を再開した上に、その後も累次にわたり経済制裁を科した。これに対してイランは、2019年5月以降、JCPOAから離脱するつもりはないとしつつ、JCPOAの義務履行措置の停止を段階的に発表した。2021年1月に新たに就任したバイデン米大統領のもとで、同年4月、米国・イラン間で核合意に関する間接協議が開始されたが、2022年8月以降、協議は中断している。

ンによる犯行であると指摘する一方、イランは関与を否定している。さらに、関係国などから入手した情報、船舶の被害状況についての技術的な分析、関係者の証言などを総合的に検討した結果、わが国としては、本事案における船舶への被害は、吸着式機雷[2]により生じた可能性が高いとしている。

そのほかの民間船舶に対する主な攻撃事案として、2021年7月、オマーン沖において、わが国の企業が所有し、イスラエル人が経営する英国企業が運航・管理する船舶が、2022年11月には、イスラエル人が保有するシンガポール企業が運航する船舶が攻撃された。米中央軍は、いずれの攻撃についても、イラン製無人機が使用されたと発表した。

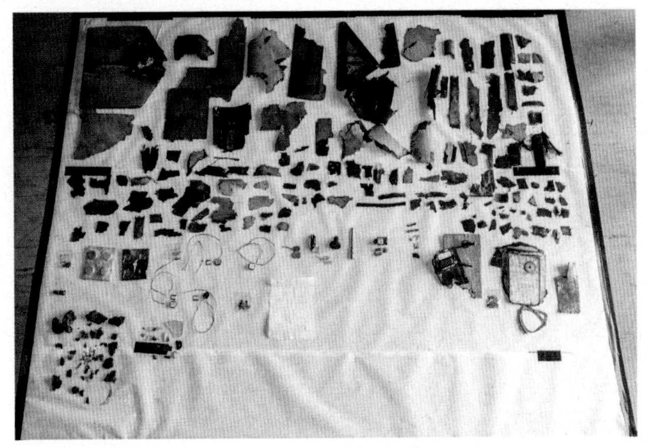

米中央海軍が公表した、シンガポール企業が運航する船舶に対する攻撃で使われたとされるイラン製無人機の破片（2022年11月）
【DVIDS】

このように、中東地域において緊張が続く中、各国は地域における海洋の安全を守るための取組を継続している。米国は2019年7月、海洋安全保障イニシアティブを提唱した後、国際海洋安全保障構成体（IMSC）を設立して、同年11月にその司令部がバーレーンに開設された。IMSCには、米国に加え、英国、サウジアラビア、アラブ首長国連邦（UAE）、バーレーン、アルバニア、リトアニア、エストニア、ルーマニア、セーシェル及びラトビアの計11か国が参加している（2023年3月現在）。

International Maritime Security Construct

また、欧州においては、2020年1月、フランス、オランダ、デンマーク、ギリシャ、ベルギー、ドイツ、イタリア及びポルトガルの欧州8か国がホルムズ海峡における欧州による海洋監視ミッション（EMASOH）の創設を政治的に支持する声明を発表した。2021年11月にはノルウェーもこれに加わり、これまで、フランス、オランダ、デンマーク、ベルギー、ギリシャ及びイタリアがアセットを派遣している。

European Maritime Awareness in the Strait of Hormuz

わが国としては、引き続き、湾岸地域情勢をめぐる今後の動向を注視していく必要がある。

3　中東和平をめぐる情勢

中東和平プロセスが停滞する中、パレスチナにおいては、ヨルダン川西岸地区を統治する穏健派のファタハと、ガザ地区を実効支配するイスラム原理主義組織ハマスが対立し、分裂状態となっている。

こうした中で、2017年、トランプ米政権（当時）が、米国はエルサレムをイスラエルの首都と認めると発表し、2018年には駐イスラエル大使館をテルアビブからエルサレムに移転したことを受けて、ガザ地区を中心に緊張が高まった。2020年には、同政権が新たな中東和平案を発表したものの、パレスチナ側はその案に示されたエルサレムの帰属やイスラエルとパレスチナの境界線などに反対し、交渉を拒否した。

一方で、同政権は、イスラエルとアラブ諸国間の和平合意の実現に向けて積極的な働きかけを行い、同年8月以降、UAE、バーレーン、スーダン及びモロッコがイスラエルと相次いで国交正常化に合意するに至った。アラブ諸国とイスラエルの国交樹立は、エジプト（1979年）及びヨルダン（1994年）以来であった。

2022年3月、イスラエル、バーレーン、エジプト、モロッコ、UAE及び米国の各国外相がイスラエルに集まって会談した。同年11月には、これらの国々の間で毎年外相会合を開催することや、地域安全保障を含む各種作業部会を設置することを含む文書が採択された。このように、イスラエルと国交正常化したアラブ諸国との間では、安全保障面での協力が拡大しつつある。

イスラエルとパレスチナ武装勢力の間では、2021年5月にガザ地区からイスラエルに向けロケット弾などが断続的に発射され、これに反撃するイスラエル国防軍との間で攻撃の応酬に発展した。同月内に停戦が実現したものの、両者の緊張状態は継続している。

このように中東和平をめぐる情勢が変化する中、米国の関与のあり方も含めた中東和平プロセスの今後の動向

2　水中武器の一種。一般的に、船舶の航行を不能にすることなどを目的として、船体などに設置して起爆させる。

が注目される。

4　シリア情勢

シリアにおいては、2011年3月以降、シリア政府軍と反体制派などの暴力的衝突が継続してきた。現在も、ロシアやイランが支援する政府軍と、トルコなどが支援する反体制派の衝突などが断続的に発生している。ロシアによるウクライナ侵略開始以降、ロシアが、シリアに駐留する部隊の一部をウクライナに再配置しているとの指摘もあるが、政府軍が国土の多くを支配しているとみられ、全体的にはアサド政権が優位な状況となっている。こうした状況を背景に、シリア政府と、反体制派を支援してきたアラブ諸国やトルコが外交関係を改善しようとする動きもみられる。

2014年以降、イラク及びシリアで勢力を拡大した「イラクとレバントのイスラム国」(ISIL)（Islamic State of Iraq and the Levant）は、米国主導の有志連合軍による2015年以降の対ISIL軍事作戦の進展により、2019年、シリア国内の拠点を失った。その後も、米軍は、北東部への部隊駐留を継続し、引き続きISILの再興防止に努めている。

シリア情勢をめぐっては、2022年6月の国連人権高等弁務官事務所の推定によると、2011年3月から2021年3月までの間に、一連の衝突により、市民30万人以上が死亡した。なお、2023年2月にトルコ南東部において発生した地震により、シリアにおいても大きな被害が生じたが、反体制派の拠点となっている地域については、たとえば北西部のイドリブには地震の3日後に初めて国連の支援が到達するなど、支援の遅れがみられた。

衝突が継続するなか、これまで和平協議や政治プロセスは実質的な進展をみせておらず、シリアの安定に向けて国際社会によるさらなる取組が求められる。

5　イエメン情勢

イエメンでは、2011年2月以降に発生した反政府デモとその後の国際的な圧力により、サーレハ大統領（当時）が退陣に同意し、2012年2月の大統領選挙を経てハーディ副大統領（当時）が新大統領に選出された。

一方、同国北部を拠点とする反政府武装勢力ホーシー派と政府との対立は激化し、ホーシー派が首都サヌアなどに侵攻したことを受け、ハーディ大統領はアラブ諸国に支援を求めた。これを受けて、2015年3月、サウジアラビアが主導する有志連合軍がホーシー派への空爆を開始した。これに対し、ホーシー派もサウジアラビア本土に弾道ミサイルなどによる攻撃を開始し、無人機や巡航ミサイルも使用するようになった。

2018年12月、ホーシー派とイエメン政府の間で国内最大の港を擁するホデイダ市における停戦などが合意されたが、履行は進まなかった。一方で、2019年11月、サウジアラビアの首都リヤドにおいて、イエメン政府とイエメン南部の独立勢力「南部移行評議会」(STC)（Southern Transitional Council）がリヤド合意に署名し、2020年12月、その合意に基づき新内閣が発足した。2022年4月、ハーディ大統領は、「大統領指導評議会」を新設し、すべての権限を委譲することを発表した。この評議会は、ホーシー派を除くイエメン国内の政治勢力の代表者によって構成され、イエメン政府の統治強化及びホーシー派との交渉の妥結を目指している。

同月、国連イエメン特使は、紛争当事者が2か月間のイエメン全土における停戦に合意したことを発表した。停戦合意は、同年6月及び8月に更新された後、10月には更新されなかったことが発表されたが、停戦が発効して以降、イエメン国内における大規模な衝突、連合軍による空爆やホーシー派による越境攻撃は、ほとんど生起していない。こうした中、停戦の更新に向けた紛争当事者間の交渉は継続中であるが、最終的な和平合意の締結の目途は立っていない。

6　アフガニスタン情勢

アフガニスタンでは、2014年12月にISAF（International Security Assistance Force）が撤収し、アフガニスタン治安部隊(ANDSF)（Afghan National Defense and Security Forces）への教育訓練や助言などを主任務とするNATO主導の「確固たる支援任務(RSM)」（Resolute Support Mission）が開始された頃から、タリバーンが攻勢を激化させた。一方、ANDSFは兵站、士気、航空能力、部隊指揮官の能力などの面で課題を抱えており、こうした中でタリバーンは国内における支配地域を拡大させた。

2020年2月、米国とタリバーンとの間で、駐アフガニスタン米軍の条件付き段階的撤収などを含む合意が署名され、同年3月、米国は、米軍の撤収を開始したと発表した。また、同年9月、アフガニスタン政府とタリバーンによる和平交渉がカタールで開始された。米国は、2021年8月末までに撤収を完了した。

こうした状況の中、タリバーンは、アフガニスタン国内での支配領域をさらに急速に拡大し、同年8月、首都カブールを制圧し、同年9月、暫定内閣の設立を発表した。2023年3月現在、タリバーンの内閣は、いずれの国にも政府として承認されていない。

タリバーンによる国内の統治やタリバーンと各国の交渉が注目される。

2 アフリカ

1 アフリカ諸国が抱える課題

アフリカ諸国は14億人を超える人口を擁し、高い潜在性と豊富な天然資源により国際社会の関心を集めている。一方で、紛争、テロや海賊などの安全保障上の課題を抱えている地域でもある。

スーダンでは、2023年4月、国軍と準軍事組織である「即応支援部隊（RSF）」とが、RSFの国軍への統合などをめぐって対立し、武力衝突に至った。これまで双方は数度にわたり一時的な停戦を表明し、5月には米国とサウジアラビアの仲介により一時的な停戦に合意したものの、情勢は流動的である。

（RSF：Rapid Support Forces）

南スーダンでは、2011年の独立以降、2020年の現暫定政府設立に至るまでに、キール大統領と、マシャール前副大統領（当時）との政治的対立に起因する大規模な武力衝突が2度発生した。また、2021年8月から2022年1月にかけ、マシャール第一副大統領の派閥が分裂して衝突が発生した。このような衝突を背景に、2020年に発足した暫定政府の統治期間が2025年2月まで延長されるなど、総選挙による正式政府発足に向けたタイムラインが後ろ倒しになっており、今後の動向が注目される。

エチオピアでは、2020年11月に連邦政府とティグライ人民解放戦線（TPLF）との間で武力衝突が発生した。対立は激化し、2021年11月には全土に非常事態宣言が発令されたが、2022年2月に解除され、同年11月には和平合意が成立した。治安の安定に向けた和平合意の履行状況が注目される。

（TPLF：Tigray People's Liberation Front）

リビアにおいては、2019年4月、東部にある代表議会側の「リビア国軍」（LNA）が西部にある首都トリポリ郊外に進軍して「国民統一政府」（GNA）[3]側と衝突したが、2020年10月、GNA側とLNA側が停戦合意に署名した。2021年3月にトリポリに「暫定国民統一政府」（GNU）が成立したが、同年12月に予定されていた大統領及び議会選挙は時期未定で延期され、正式政府発足に向けた見通しは不透明となっている。

（LNA：Libya National Army、GNA：Government of National Accord、GNU：Government of National Unity）

参照 図表I-3-10-1（現在展開中の国連平和維持活動）、3項2（アフリカにおける動向）、4章5節2項（2）（海賊）、III部3章3節2項2（国連南スーダン共和国ミッション）

2 アフリカ諸国とその他の国との関係

アフリカは安全保障面ではかねてより米国、欧州及びロシアとの関係が深い。そのうえで、近年はロシアとの関係のさらなる深化に加え、中国によるアフリカへの関与が目立っている。

(1) 中国・ロシア

中国はアフリカにおいて2000年代から経済的利益を享受してきたが、近年は軍事的関与も強めている。2017年8月には、ジブチにおいて、中国軍の活動の後方支援を目的とするとされる「保障基地」の運用が開始され、2022年3月及び8月には大型揚陸艦の「保障基地」への入港が指摘されている。さらに、ケニアや赤道ギニアなどに軍事兵站施設の設立を検討している可能性が指摘されている[4]。こうした中国の動向について米国は、「中国はアフリカを、ルールに基づく国際秩序に挑戦し、自らの商業的・地政学的利益を増進するために重要な場と考えている」旨を指摘している[5]。

---

3 リビアにおいては、2011年にカダフィ政権（当時）が崩壊し、2014年に代表議会選挙を実施した後、西部にある首都トリポリを拠点とする制憲議会と、東部トブルクを拠点とする代表議会が並立する状態に陥った。国連が仲介した2015年の合意に基づき、トリポリに「国民統一政府」（GNA）が発足したものの、対立は継続した。
4 米国防省「中華人民共和国の軍事及び安全保障の進展に関する年次報告」（2022年）による。
5 米国政府「対サブサハラ・アフリカ戦略」（2022年）による。

図表I-3-10-1　現在展開中の国連平和維持活動

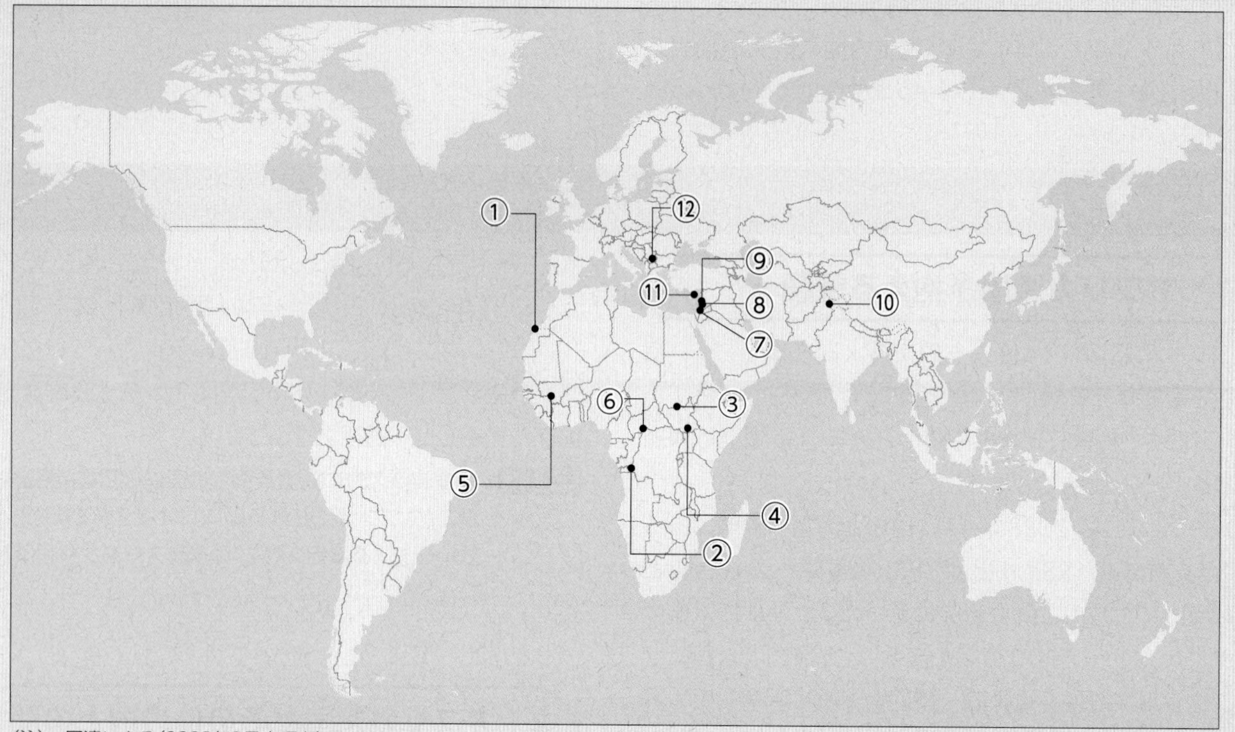

（注）　国連による（2023年3月末現在）

アフリカ

	ミッション名	設立
①	国連西サハラ住民投票監視団(MINURSO)	1991.4
②	国連コンゴ民主共和国安定化ミッション(MONUSCO)	2010.7
③	国連アビエ暫定治安部隊(UNISFA)	2011.6
④	国連南スーダン共和国ミッション(UNMISS)	2011.7
⑤	国連マリ多面的統合安定化ミッション(MINUSMA)	2013.4
⑥	国連中央アフリカ多面的統合安定化ミッション(MINUSCA)	2014.4

中東

	ミッション名	設立
⑦	国連休戦監視機構(UNTSO)	1948.5
⑧	国連兵力引き離し監視隊(UNDOF)	1974.5
⑨	国連レバノン暫定隊(UNIFIL)	1978.3

アジア

	ミッション名	設立
⑩	国連インド・パキスタン軍事監視団(UNMOGIP)	1949.1

欧州

	ミッション名	設立
⑪	国連キプロス平和維持隊(UNFICYP)	1964.3
⑫	国連コソボ暫定行政ミッション(UNMIK)	1999.6

ロシアはアフリカ諸国に対し武器輸出を積極的に行ってきた[6]。近年はこれに加えて民間軍事会社（PMC）の活動が目立っている。特に「ワグナー」は、リビア、中央アフリカ、マリなどに傭兵を派遣しているとされる[7]。

また、中露は2019年11月及び2023年2月に南アフリカと合同軍事演習を実施するなど、連携を強めている。

(2) 米国・欧州

米国はかねてより、米アフリカ軍（AFRICOM）などとの共同演習[8]などを通じて、アフリカと軍事的に連携してきた。米アフリカ軍司令官は、中国について「中国の経済的・軍事的影響力は、アフリカ諸国と米国双方の利益に対する挑戦となっている」、ロシアについて「ロシアはアフリカでの活動を拡大している。その活動の中には、民間軍事会社のワグナーを通じた活動も含まれる。ロシアの活動はアフリカに、不安定化、民主化の退行、人権侵害をもたらす」と警鐘を鳴らし[9]、2022年10月に発表された「国家安全保障戦略」において、米国はアフリカの平和と安全の強化に取り組むなどアフリカとのパートナーシップを構築する考えを示しており、米国は引き続きアフリカに関与していくとみられる。

また、欧州も従前から、駐留や訓練ミッション、対テロ作戦への人員派遣という形でアフリカにおいてプレゼンスを発揮してきたとされる。しかし2021年6月以降、マリにおいて、マリ政府の内部反乱や「ワグナー」との接近を背景に、欧州諸国の部隊が撤退する流れがある。

3 国際テロリズムの動向

1 全般

中東やアフリカなどの統治能力がぜい弱な国において、国家統治の空白地域がアル・カーイダやISILなどの国際テロ組織の活動の温床となる例が顕著にみられる。こうしたテロ組織は、国内外で戦闘員などにテロを実行させてきたほか、インターネットなどを通じて暴力的過激思想を普及させている。その結果、欧米などにおいて、国際テロ組織との正式な関係はないものの、何らかの形で影響を受けた個人や団体が、少人数でテロを計画及び実行するテロが発生している。さらに、極右思想を背景とした特定の宗教や人種を標的とするテロも欧米諸国で発生している。

国際テロ組織のうち、ISILは、元々の拠点であるイラク及びシリアのほか、両国外に「イスラム国」の領土として複数の「州」を設立し、こうした「州」が各地でテロを実施している。

アフガニスタンなどを拠点とするアル・カーイダは、多くの幹部が米国の作戦により殺害されるなど弱体化しているとみられる。しかしながら、声明を発出するなどの活動は継続している。

国際テロ対策に関しては、テロの形態の多様化やテロ組織のテロ実行能力の向上などにより、テロの脅威が拡散、深化している中で、テロ対策における国際的な協力の重要性がさらに高まっている。

2 アフリカにおける動向

アフリカは、ISILやアル・カーイダ関連組織が活発に活動している。その一部を例としてあげると、アフリカ西部においては、たとえばマリをはじめとするサヘル地域で、テロ組織の活発な活動のみならず、組織間の衝突がみられる。アフリカ南部においては、モザンビークを中心に活動する、後にISIL中央アフリカ州と称するようになる武装集団などの襲撃により2021年3月にはフランス企業が主導する天然ガス田の開発中断に至った。アフリカ東部においては、ソマリアにおいてアル・シャバーブが、政治プロセスを妨害し続けている。

このようなテロ組織の活動に対し、欧州諸国などにより、対テロ作戦や訓練支援が行われてきた。たとえば、サヘル地域においては、2013年以降、派兵を継続してきたフランスは、2022年6月、2020年から実施してきたフランス主導の多国籍特殊部隊のマリにおける活動を終了し、同年8月、フランス軍がマリから撤収完了し、

6 たとえばSIPRIによれば、2016年から2020年までのロシアからアフリカへの武器輸出は、2011年から2015年までから、23%増加している。
7 米アフリカ軍司令官の議会証言（2023年3月）による。
8 米軍は過激派組織への対抗や海上法執行能力向上を目的とした演習を開催している。たとえば、過激派組織への対抗を目的とした演習「Flintlock」をサヘル地域で2005年から毎年開催しており、2023年3月にはガーナとコートジボワールで開催され、29か国から1,300人以上の兵士が参加した。
9 米アフリカ軍司令官が米上院軍事委員会に提出した文書（2023年3月）による。

同年11月、サヘル地域における軍事作戦の終了を発表した。モザンビークにおいては、周辺国の部隊派遣により、武装集団に占拠されていた地域を2021年8月に奪還したほか、同年11月、EUの訓練ミッションの活動が開始された。

3 中東における動向

ISILは、2013年以降、情勢が不安定であったイラク及びシリアにおいて勢力を拡大し、2014年に「イスラム国」の樹立を一方的に宣言した。同年以降、米国が主導する有志連合軍は、両国において、空爆や現地勢力に対する教育・訓練などに従事し、2019年、米国は、有志連合とともに両国におけるISILの支配地域を100%解放したと宣言するに至った。2022年には、2月及び11月に米国がISIL指導者の死亡を発表したが、ISILはそれぞれ同年3月及び11月に新指導者の就任を発表しており、ISILは、イラク及びシリアにおいて、依然活動を継続しているとみられる。

アフガニスタンにおいては、タリバーンが支配地域を拡大する中、2015年以降、ISIL「ホラサン州」が、首都カブールや東部を中心にテロ活動を継続してきた。アル・カーイダと協力関係にあるタリバーンがカブールを制圧した2021年8月、米国は、米軍の撤収を完了したが、遠隔からの対テロ作戦の継続を表明した。

米軍撤収後も、ISIL「ホラサン州」は、カブールなどで、テロ攻撃を継続しているが、件数は減少傾向にある。アル・カーイダについては、2022年8月、米国は、アフガニスタンの首都カブールにおいて、ドローン攻撃によりその指導者を殺害したと発表した。2023年3月現在、後任の指導者就任は発表されていない。

第4章 宇宙・サイバー・電磁波の領域や情報戦などをめぐる動向・国際社会の課題など

サイバー空間、海洋、宇宙空間、電磁波領域等において、自由なアクセスやその活用を妨げるリスクが深刻化している。特に、サイバー攻撃の脅威は急速に高まっており、機微情報の窃取などは、国家を背景とした形でも平素から行われている。そして、武力攻撃の前から偽情報の拡散などを通じた情報戦が展開されるといった、軍事目的遂行のために軍事的な手段と非軍事的な手段を組み合わせるハイブリッド戦が、今後更に洗練された形で実施される可能性が高い。こうした動向は、わが国を含む国際社会が直面している重大な課題である。

第1節 情報戦などにも広がりをみせる科学技術をめぐる動向

1 科学技術と安全保障

科学技術とイノベーションの創出は、わが国の経済的・社会的発展をもたらす源泉であり、技術力の適切な活用は、安全保障だけでなく、気候変動などの地球規模課題への対応にも不可欠である。各国は、例えば人工知能（AI）、量子技術、次世代情報通信技術など、将来の戦闘様相を一変させる、いわゆるゲーム・チェンジャーとなり得る先端技術の研究開発や、軍事分野での活用に力を入れている。

このような技術の活用は、これまで人間や従来のコンピュータなどにより行われてきた情報処理を、高速かつ自動で行うことを可能とするものであり、意思決定の精度やスピードにも大きな影響を及ぼすものとして注視していく必要がある。また、こうした技術に基づく高速大容量かつ安全な通信は、今後の防衛における大きなニーズでもある無人化や省人化にも大きく寄与するため、この観点からも注視が必要である。

さらに、サイバー領域などにおけるリスクも深刻化している。なかでも、サイバー攻撃による通信・重要インフラの妨害やドローンの活用など、純粋な軍事力に限られない多様な手段により他国を混乱させる手法はすでにいくつもの実例があり、こうした技術は、軍事と非軍事の境界を曖昧にし、いわゆるグレーゾーン事態を増加・拡大させる要因ともなっている。AI技術を応用して偽の動画を作るディープフェイクと呼ばれる技術も広がりを見せており、偽情報の拡散などを通じた情報戦などが恒常的に生起するなど、安全保障面での技術の影響力が高まり続けている。

加えて、国の経済や安全保障にとって重要となる新興技術の分野で優位を獲得し、国際的な基準をリードすることが有利であるといった認識から、次世代情報通信システム（Beyond 5G）や半導体などの分野において、技術をめぐる国家間の争いが顕在化している。また、半導体やレアメタルをはじめとした重要物資について、安全保障の観点からサプライチェーンを確保することの重要性について共通の理解が進んでいる。

このような状況において、一部の国家が、サイバー空間、企業買収、投資を含む企業活動、学術交流、工作員などを利用し、他国の民間企業や大学などが開発した先端技術に関する情報を窃取した上で、自国の軍事目的に活用していることが懸念となっており、各国は、輸出管理や外国からの投資にかかる審査を強化するとともに、技術開発や生産の独立性を高めるなど、いわゆる「経済安全保障」の観点からの施策を講じている。

2 軍事分野における先端技術動向

(1) 極超音速兵器

米国、中国及びロシアなどは、弾道ミサイルから発射され、大気圏内を極超音速（マッハ5以上）で滑空飛翔・機動し、目標へ到達するとされる極超音速滑空兵器

(HGV)(Hypersonic Glide Vehicle)や、極超音速飛翔を可能とするスクラムジェットエンジンなどの技術を使用した極超音速巡航ミサイル(HCM)(Hypersonic Cruise Missile)といった極超音速兵器の開発を行っている。極超音速兵器については、通常の弾道ミサイルとは異なる低い軌道を、マッハ5を超える極超音速で長時間飛翔すること、高い機動性を有することなどから、探知や迎撃がより困難になると指摘されている。

米国は、2021年2月、米国防省高官が、極超音速兵器の開発構想に言及しており、2020年代初頭から半ばにかけて極超音速兵器を配備し、同年代半ばから後半にかけて防衛能力を構築すると公表した[1]。同年10月には、米陸軍に長距離極超音速兵器(LRHW)(Long Range Hypersonic Weapon)のプロトタイプが納入され、2023年度の配備完了に向け訓練を実施しているほか、2022年12月には、米空軍が空中発射型即応兵器(ARRW)(Air-Launched Rapid Response Weapon)の発射試験の成功を発表している。

中国は、2019年10月、中国建国70周年閲兵式においてHGVを搭載可能な弾道ミサイルとされる「DF-17」を初めて登場させており、米国防省は中国が「DF-17」の運用を2020年には開始したと指摘している。また、2021年7月、ICBMを発射し、搭載していたHGVが距離4万km弱を100分超飛行し、標的に命中しなかったが近接していたと指摘している[2]。

ロシアは、2019年にHGV「アヴァンガルド」を配備している。2022年12月、国防省幹部会議拡大会合において、ショイグ国防相は、「アヴァンガルド」を搭載可能とされる新型ICBM「サルマト」を2023年に配備する予定であると発言している。また、2021年10月、ロシア国防省はHCM「ツィルコン」の潜水艦発射試験に成功しており、2023年1月、「ツィルコン」を搭載したフリゲートが戦闘哨戒任務を開始した旨を明らかにした。

また、北朝鮮も「極超音速滑空飛行弾頭」の実現を優先課題の一つに掲げ、研究開発を進めているとみられ、2021年9月以降、「極超音速ミサイル」と称するミサイルを発射している。

なお、米国は極超音速ミサイルの迎撃ミサイルの開発などに取り組んでおり、2021年11月、滑空段階で極超音速ミサイルを迎撃するミサイルの開発に関する契約を締結している。

(2) 高出力エネルギー技術

レールガンや高出力レーザー兵器、高出力マイクロ波兵器などの高出力エネルギー兵器は、多様な経空脅威に対処するための手段として開発が進められている。

レールガンは、電気エネルギーから発生する磁場を利用して弾丸を打ち出す兵器であり、使用する弾丸はミサイルとは異なり推進装置を有していない。このため、小型・低コストかつ省スペースで備蓄でき、多数のミサイルによる攻撃にも効率的に対処可能とされている。

また、米国、中国及びロシアなどは、レーザーのエネルギーにより対象を破壊する高出力レーザー兵器を開発している。レーザー兵器は、多数の小型無人機や小型船舶などに対する低コストで有効な迎撃手段であり、ミサイル迎撃が可能な程度まで高出力化できれば、新たなミサイル防衛システムとなり得ると期待されている。

米国は複数のレーザー兵器の開発を進めており、2022年8月には、既存艦艇に初めて搭載される戦術レーザー兵器システム「HELIOS」が米海軍に納入された。

中国は、小型無人機に対処可能な出力数30-100kW級のレーザー兵器「Silent Hunter」を国際防衛装備展示会(IDEX2017)で公開した。また、低軌道周回衛星の光学センサーを妨害または損傷させることを企図していると思われる対衛星レーザー兵器を配備しているとの指摘があるほか、さらに高出力のレーザー兵器も開発中との指摘がある。

ロシアは、出力数10kW級のレーザー兵器「ペレスヴェト」を既に配備しており、対衛星兵器として出力数MW級の化学レーザー兵器も開発中との指摘がある。

高出力マイクロ波兵器「THOR」【米空軍】

1 2021年2月27日付の米国防省HPによる。
2 米国防省「中華人民共和国の軍事及び安全保障の進展に関する年次報告」(2022年)による。

イスラエルは、2021年6月、航空機搭載型レーザー兵器により複数の無人機を空中で迎撃する一連の試験に成功している。また、2022年4月、車載型防空用レーザー兵器による無人機や迫撃砲などの迎撃試験に成功している。

高出力マイクロ波兵器は、無人機、ミサイルなどに搭載された電子機器を破損や誤作動させる兵器である。米空軍は、高出力マイクロ波兵器「Phaser」のプロトタイプを2019年に試作しており、米陸軍の演習において一度に2～3機、合計33機の小型無人航空機に対処した実績があるとされる。また、2021年7月には、米空軍研究所が、マイクロ波による敵小型無人機のスウォーム攻撃などへの対処を実証した技術実証システム「THOR」の成果に基づき、新たな高出力マイクロ波兵器「Mjolnir」の開発契約締結を発表している。

3 民生分野における先端技術動向

(1) 人工知能（AI）技術

人工知能（AI）技術は、近年、急速な進展がみられる技術分野の一つであり、軍事分野においては、指揮・意思決定の補助、情報処理能力の向上に加え、無人機への搭載やサイバー領域での活用など、影響の大きさが指摘されている。

AIの活用として、米国は、2019年12月、収集した情報をAIが分析し、戦闘部隊などにネットワーク経由で迅速に共有する先進戦闘管理システム（ABMS：Advanced Battle Management System）の実証実験を実施している。また、中国は、2020年7月、次世代指揮情報システムの研究・開発を目的に、中央軍事委員会がAI軍事シミュレーション競技会の開催を発表している。

また、各国は、AIを搭載した無人機の開発を進めている。米国は、米国防省高等研究計画局（DARPA：Defense Advanced Research Projects Agency）が空中射出・回収・再利用が可能な情報収集・警戒監視・偵察（ISR）用の小型無人機のスウォーム飛行、潜水艦発見用の無人艦など、多様な無人機の開発を公表している。このほか、空対空戦闘の自動化に関する研究開発や、2021年6月には、スカイボーグシステム[3]の2回目の飛行試験に成功するなど有人機と高度な無人機が連携する構想の研究を推進している。

中国は、2018年5月、中国電子科技集団公司がAIを搭載した200機からなるスウォーム飛行を成功させており、2020年9月には中国国有軍需企業が無人航空機のスウォーム試験状況を公開している。このような、スウォーム飛行を伴う軍事行動が実現すれば、従来の防空システムでは対処が困難になることが想定される。また、2022年11月の中国国際航空宇宙博覧会では、AIによる識別機能を搭載したとみられる無人機「CH-4」が初公開された。

ロシアは、2019年9月、大型無人機S-70「オホートニク」と第5世代戦闘機Su-57との協調飛行試験を実施しており、飛行試験の状況を動画で公開している。複座型のSu-57戦闘機に約4機のオホートニクが随伴し、航空・地上標的への攻撃を担当する可能性も報じられている。

また、こうした無人機は、自律型致死兵器システム（LAWS：Lethal Autonomous Weapons Systems）に発展していく可能性も指摘されており、特定通常兵器使用禁止・制限条約（CCW：Convention on Certain Conventional Weapons）の枠組みにおいて議論されている。

さらに、2023年2月、「軍事領域における責任あるAI利用（REAIM：Responsible Artificial Intelligence in the Military Domain）」サミットが開催され、AIの軍事利用にあたり、国際法上の義務に従い、国際的な安全保障、安定、説明責任を損なわない方法での責任ある利用を確認するREAIM宣言が、わが国を含む60か国の賛同を得て発表された。

(2) 量子技術

量子技術は、日常的に感じる身の回りの物理法則とは異なる量子力学を応用することにより、社会に変革をもたらす重要な技術と位置づけられている。2019年12月には、米国防省の諮問機関である米国防科学技術委員会が軍事への応用が期待される量子技術として量子暗号通信、量子センサー、量子コンピュータをあげている。

量子暗号通信は、第三者が解読できない暗号通信とされ、各国で研究されている。中国は、北京・上海間に約3,000kmにわたる世界最大規模の量子通信ネットワークインフラを構築したほか、2016年8月、世界初となる

3　高度な処理能力を有するとともに、低コストで運用可能であり、有人機との協調飛行が可能な無人航空プラットフォーム開発プログラム。

量子暗号通信を実験する衛星「墨子（ぼくし）」を打ち上げ、2018年1月には、「墨子」を使った量子暗号通信により、中国とオーストリア間の長距離通信に成功したとしている。

量子センサーは、将来的に、ミサイルや航空機の追跡用途のほか、より進化したジャイロや加速度計として使用できる可能性[4]が指摘されている。

量子コンピュータは、現在のスーパーコンピュータでは膨大な時間がかかる問題を、短時間かつ超低消費電力で計算できるとされ、暗号解読などの分野への応用が期待されている。中国は、2021年に発表した第14次五カ年計画において、量子コンピュータなど先端技術の開発を加速し、量子技術分野における軍民の協調開発を強化するとしている。一方、量子コンピュータでは解読できない耐量子計算機暗号の研究も各国で進められている。

(3) 最新の情報通信技術

移動通信インフラとして、2019年4月以降各国で相次いで商用サービスが開始されている第5世代移動通信システム（5G）が注目を集めている。

米国は、2020年3月に「5Gの安全を確保するための米国家戦略」を公表し、同年5月にはその戦略の国防政策上のアプローチを示した「米国防省5G戦略」を公表した。国防省の戦略では、5Gは極めて重要な戦略的技術であり、これによってもたらされる先端技術に習熟した国家は長期にわたり経済的及び軍事的な優位を獲得するとの認識を示している。さらに、米国防省は、2021年12月、ユタ州のヒル空軍基地で5Gネットワーク実験設備が完成し、実験を開始している。

また、2022年2月、米国防省は「競争時代の技術ビジョン」を公表し、国家安全保障を維持するために不可欠な重要技術分野の1つとして5Gの後継である次世代ワイヤレス通信技術「Future G」をあげている。

(4) 積層製造技術

3Dプリンターに代表される積層製造技術は、低コストで通常では作成できないような複雑な形状でも製造が可能なことや、在庫に頼らない部品調達など、各国で軍事技術への応用が期待されている。例えば、米海軍は、演習参加中の艦上で、金属3Dプリンターを使用して各種部品を作成する試験・評価を実施している。

4　情報関連技術の広まりと情報戦

2014年のロシアによるクリミア「併合」、2016年の米大統領選へのロシアの介入疑惑、2020年の台湾総統選挙をめぐる中国の活動、2022年のロシアによるウクライナ侵略などでも指摘されているように、ソーシャル・ネットワーキング・サービス（SNS）などを媒体とした、偽情報の流布や、対象政府の信頼低下や社会の分断を企図した情報拡散などによる**情報戦**への懸念が高まっている。こうしたSNS上での工作には、ボットと呼ばれる自律的なプログラムが多用されるようになっているとの指摘がある。大手ソーシャルメディア各社は、ボットアカウントも含め、中国やロシアなど政府によるプロパガンダ[5]作戦に利用されているとするアカウントの削除を発表してきている。

このような偽情報の流布などによる情報戦は、AIやコンピューティング技術のさらなる活用により、一層深刻になる可能性がある。このため、米国では、2021年度国防授権法において、国土安全保障長官に対して、デジタル・コンテンツの偽造に使われる技術や、これが外国政府により使われた場合の安全保障への影響について報告するよう命じている。また、米国防省高等研究計画局（DARPA（Defense Advanced Research Projects Agency））は、画像や音声の一貫性に着目し、偽造されたコンテンツを自動的に発見するアルゴリズムの研究を行っている。ウクライナでは、ロシアによる侵略に対し、政府HPや各種SNSなどを利用して、戦果・戦況の発信

KEY WORD

情報戦 とは

「情報戦」とは、紛争が生起していない段階から、偽情報や戦略的な情報発信などを用いて他国の世論・意思決定に影響を及ぼすとともに、自らの意思決定への影響を局限することで、自らに有利な安全保障環境の構築を企図することをいいます。国際社会において、この「情報戦」に重点が置かれている状況です。

4　2021年2月23日付の米国防省HPによる。
5　特定の主義、思想の宣伝。

や、捕虜となったロシア軍兵士の母親に向けたメッセージを発信するほか、偽情報を流すアカウントを不適切なコンテンツとして通報するよう促すなどロシアの偽情報に対する対抗措置を講じている。このような巧みな情報発信により、人道的なウクライナと非人道的なロシアという図式の国内外世論の形成に成功している。

5　防衛生産・技術基盤をめぐる動向

民生分野での技術発展は著しく、それに由来する先進技術が、戦闘のあり方を一変できるほどになっており、産業・技術分野における優劣は国家の安全保障に大きな影響を与える状況にある。このような中で、諸外国は、自国の防衛生産・技術基盤を維持・強化するため、各種の取組を進めている。

まず、技術的優越を確保するため、各国は国防研究開発への投資を拡大している。例えば、米国は約16兆円の政府負担研究費のうち約半分が国防省によるものである。

また、米国は企業や大学などの研究に対しても大規模な資金提供を行っている。国防省の内部組織であるDARPAも、米軍の技術的優位性の維持を目的に、企業や大学などにおける革新的研究に積極的に投資を行っており、2024米会計年度においても約43億8,800万ドルの予算を要求している。さらに、国防イノベーションユニット（DIU）Defense Innovation Unitでは、民生の先端技術を安全保障分野の課題解決に活用するために、先端技術を持った企業と国防省との橋渡しをする役割を担っている。AI、自律技術、サイバーなど6つの分野を中心に、これまでに350を超える企業との契約を生み出しており、2022年度においても企業から提案を受けた17の民生ソリューションを試作段階から量産段階へ移行させている。

軍民融合を国家戦略として推進する中国は、2022年10月に行われた中国共産党第20回党大会における習近平総書記の報告において、戦略的新興産業の融合発展、クラスター発展を推し進め、次世代情報技術、人工知能（AI）、バイオテクノロジー、新エネルギー、新素材など一連の新たな成長エンジンを構築するとしている。

英国やオーストラリアも、近年の装備品開発におけるデュアル・ユース技術の活用を受け、先進的な民生技術の取込みを目的として、民間の革新的な研究開発に対して資金提供を行っている[6]。

さらに、諸外国は自国の防衛生産基盤を国防に必要な要素ととらえ、防衛産業政策に関する政策文書の発表や防衛産業を担当する組織の設置により政策実行体制を整えており、国内企業参画支援や輸出の促進など、防衛生産基盤の維持・強化のために様々な取組を進めている。

英国は、国内防衛産業とより生産的・戦略的な関係を構築することを目的として、2021年に防衛安全保障産業戦略（DSIS）Defence and Security Industrial Strategyを発表した。この戦略の中で、防衛産業は重要な戦略的資産と位置づけられており、その強化のために、政府が大規模な調達改革、サプライチェーンの強靭化、輸出許可の迅速化などの取組を進めることとしている。また、2022年には防衛サプライチェーン戦略（Defence Supply Chain Strategy）を公表し、現下の厳しい安全保障環境に対応できる強靭な防衛サプライチェーンの構築を目指すこととした。

オーストラリアは、2016年に国防産業担当大臣のポストを設置するとともに、国防省と防衛産業界のパートナーシップを推進する事業を定めた防衛産業政策ステートメントを発表している。また、2021年に防衛産業支援のワンストップ組織である防衛産業支援オフィス（Office of Defence Industry Support）を設置し、中小企業の防衛産業参画支援や資金援助を行っている。

韓国は、2021年に施行された防衛産業発展法と防衛科学技術革新促進法により、国内防衛産業の能力向上や高い自己完結性の獲得を目指している。さらに、防衛事業庁（DAPA）Defense Acquisition Program Administrationは、装備品調達の際は国内産業への波及効果も考慮して装備品の調達を行う政策や、海外企業と国内企業との協力や海外企業による国内企業の製品の使用を促進する政策を発表している[7]。

また、装備品の輸出は、当該国間の関係強化や、防衛生産・技術基盤の強化に資するものでもあり、各国は戦略的に取り組んでいる。例えば、英国は、国際通商省や

6　英国は2021年に発表した防衛安全保障産業戦略（DSIS）において4年間で少なくとも66億ポンドを防衛研究開発に投資することを発表しており、安全保障に資する産学界のイノベーションに投資を行う国防安全保障アクセラレータ（DASA）Defence and Security Acceleratorへの投資を強化するとしている。オーストラリアでも、2016年に設置された次世代技術基金（Next Generation Technologies Fund）により、エマージング・テクノロジーを中心に投資を行っている。

7　韓国は、2021年にこれらの政策を含む韓国防衛能力向上政策（Korea Defense Capability policy）の導入を発表した。

内務省など他省庁とも協力して省庁横断的に輸出支援に取り組むことをDSISにて発表している。装備品の輸出額では、米国・ロシア・欧州及び中国が引き続き上位を占めている一方で、オーストラリアでは輸出戦略が策定された[8]。また、韓国では輸出支援組織を設置し[9]、輸出のための研究開発の資金援助を行うなど、各国は様々な取組により装備品の輸出を積極的に促進している。

参照　図表I-4-1-1（主要通常兵器の輸出上位国（2018～2022年））

図表I-4-1-1　主要通常兵器の輸出上位国（2018～2022年）

順位	国・地域	世界の防衛装備品輸出におけるシェア(%) 2018-2022年	2013-2017年との比較(%)
1	米国	40	14
2	ロシア	16	-31
3	フランス	11	44
4	中国	5	-23
5	ドイツ	4	-35
6	イタリア	4	45
7	英国	3	-35
8	スペイン	3	-4
9	韓国	2	74
10	イスラエル	2	-15

（注）「SIPRI Arms Transfers Database」をもとに作成。2018～2022年の輸出シェア上位10ヵ国のみ表記（小数点第1位を四捨五入）。

6　経済安全保障をめぐる動向

科学技術やイノベーションが国家間競争の中核となる中で、各国の安全保障政策においても、状況の進展に応じた、経済・技術分野を焦点とした取組が引き続き注目されている。

各国は自国の持つ機微技術の流出を防止するため、輸出管理、対内投資の事前審査、基幹インフラに関する取組などを継続している。例えば、中国では、軍民融合政策により軍事利用が可能な先端技術の開発・獲得に取り組みながら、輸出管理制度を整備してきている。具体的には、2022年4月、「両用品目輸出管理条例」意見募集稿を発表した。この条例は輸出管理法（2020年12月施行）の実施の徹底などのため起草されたと説明されている[10]。

米国では、中核技術を保護するため、戦略的・継続的に投資審査制度及び輸出管理政策を更新している。2022年9月、対米外国投資委員会（CFIUS）（Committee on Foreign Investment in the United States）に対し、変容する安全保障上のリスクについて妥協なき検討の確保を求める大統領令（EO14083）が出された。この大統領令は、米国の安全保障に対する侵害を目的に、対米投資を利用する国家が存在する事実を認めている。

同年10月、米国は、中国による先進コンピューターチップの調達、スーパーコンピュータの開発・保有、先進半導体製造の各能力の制限を目的とした輸出管理上の措置を公表した。併せて、エステベス商務次官補（産業・保全担当）は同盟国及びパートナーへの働きかけを実施している旨明らかにしている。これに対し中国は、同年12月、米国のチップ及びその他の製品に対する輸出規制措置を世界貿易機関（WTO）（World Trade Organization）の紛争解決メカニズムに付託した[11]。

カナダは、2022年5月、ファーウェイ及びZTEの新規5G機器及びサービス利用の禁止などの措置を採用する計画を公表、同年6月、その措置の根拠規定を含むサイバーセキュリティ法案を下院に提出した。英国は、同年10月、ファーウェイ製品・役務の品質が、2020年の米国による制裁[12]の影響を受け、敵対的窃取とシステム障害のリスクを高めているとして、同社を5Gネットワーク機器・サービスのハイリスクベンダーとして指定し、35の事業者に対して新規ファーウェイ機器の5Gネットワークへの即時導入禁止などの指示を出した。

また、各国では、物資の安定供給に資するため、自国のサプライチェーンに関し必要な措置をとろうとする動きが継続し、国際連携の動きもみられる。2022年5月に米国が立ち上げ14か国が参加するインド太平洋経済枠

8　オーストラリアは2018年に国防輸出戦略を発表している。
9　2018年、防衛産業輸出支援センター（Defense Export Promotion Center）を設立した。
10　JETROビジネス短信「両用品目輸出管理条例案が発表、審査期間や包括許可の申請要件などが明らかに（中国）」（2022年5月26日）による。
11　中国商務省報道局プレスリリース（2022年12月12日）による。
12　米国の2018輸出管理改革法の下で輸出管理規則に導入された2020年5月及び同年8月の外国直接製品ルールの変更のこと。これによりファーウェイは、特定の米国技術を利用して設計または製造された半導体などを調達することも製造することもできなくなり、サプライチェーンの重要部分を中国へ移転、中国技術に依存することになった。

組み（IPEF）では、サプライチェーン途絶の予期・回避による強靭な経済の構築に取り組んでいる。韓国では、同年10月、「経済安全保障のためのサプライチェーン安定化支援基本法」が発議された[13]。また、ロシアによるエネルギーを対抗措置として利用する最近の試みを受け、米国をはじめ各国が重要工業品や原料を潜在的な敵対国に過度に依存することの脅威を再認識し、国内外における中国抜きのサプライチェーン再構築の現行の取組を一層促進するだろう[14]、との指摘もある。

Indo-Pacific Economic Framework for Prosperity

さらに、各国においては、科学技術・研究開発を軸に、国際社会における自国の影響力確保に向けた投資の強化も顕著となっている。米国では、2022年8月、CHIPS及び科学法が成立した。この法律は、半導体の研究開発、製造、及び労働力育成に向けた527億ドルの基金と、将来技術に関する米国のリーダーシップ促進のための施策を定めている。

Creating Helpful Incentives to Produce Semiconductors

参照　Ⅳ部1章5節（経済安全保障に関する取組）

13　JETROビジネス短信「「経済安全保障のためのサプライチェーン安定化支援基本法」を発議（韓国）」（2022年10月19日）による。
14　米中経済・安全保障調査委員会「2022年議会報告書」による。

第2節 宇宙領域をめぐる動向

1 宇宙領域と安全保障

宇宙空間は、国境の概念がないことから、人工衛星を活用すれば、地球上のあらゆる地域の観測、通信、測位などが可能となる。

このため主要国は、C4ISR（Command, Control, Communication, Computer, Intelligence, Surveillance, Reconnaissance）機能の強化などを目的とし、各種活動などを画像や電波として捉える情報収集衛星、弾道ミサイルなどの発射を感知する早期警戒衛星、武器システムに位置情報を提供する測位衛星、通信を中継する通信衛星など、各種衛星の能力向上や打上げに努めている。

また、米国では、ミサイル探知・追尾、通信、偵察などを目的とした数百機の小型衛星による衛星メガ・コンステレーション計画を推進している。本計画によって、地上レーダーでは探知が困難な極超音速兵器を宇宙空間から遅滞なく探知・追尾できるものとして期待されている。

一方、他国の宇宙利用を妨げる対衛星兵器（ASAT）（Anti-Satellite Weapon）も開発されている。

破壊を伴う地上発射型ミサイルについては、中国が2007年1月に、ロシアが2021年11月に、それぞれ自国衛星を標的として破壊実験を実施した。この結果、スペースデブリが多数発生し各国の人工衛星などの宇宙資産に対する衝突リスクとして懸念されている。

また、中国については、軌道上での衛星の検査や修理を目的に開発しているロボットアーム技術が衛星攻撃衛星（いわゆる「キラー衛星」）などのASATに転用される可能性が指摘されているほか、ロシアについては、衛星から近接する衛星に対する物体放出がASAT実験であると指摘されている[1]。

さらに、中国やロシアは、攻撃対象となる衛星と地上局との間の通信などを妨害する電波妨害装置（ジャマー）や、衛星を攻撃するレーザー兵器などの高出力エネルギー技術も開発していると指摘されている。

このように宇宙空間における脅威が増大する中、各国は、宇宙を「戦闘領域」や「作戦領域」と位置づける動きが広がっており、宇宙資産への脅威を監視する宇宙領域把握（SDA）（Space Domain Awareness）に取り組んでいる。

こうした中、既存の国際約束においては、宇宙物体の破壊の禁止やスペースデブリ発生の原因となる行為の回避などに関する直接的な規定がなく、近年、国連宇宙空間平和利用委員会（COPUOS）（Committee on the Peaceful Uses of Outer Space）や国際機関間スペースデブリ調整委員会（IADC）（Inter-Agency Space Debris Coordination Committee）などで議論が進められている。2021年12月には、国連総会において、日英などが共同で提案した「責任ある行動の規範、規則及び原則を通じた宇宙における脅威の低減」決議が採択され、関連する作業部会が2022年から2023年にかけ開催されている。また、2022年12月、国連総会において、破壊的な直接上昇型対衛星（DA-ASAT）（Direct-Ascent Anti-SATellite）ミサイル実験を実施しない旨の決議が圧倒的多数により採択された。

参照 Ⅲ部1章4節4項（宇宙領域での対応）

2 宇宙空間に関する各国の取組

1 米国

米国は、世界初の偵察衛星、月面着陸など、軍事、科学、資源探査など多種多様な宇宙活動を発展させ続けており、世界最大の宇宙大国である。米軍の行動においても宇宙空間の重要性は強く認識されており、宇宙空間は、安全保障上の目的でも積極的に利用されている。

政策面では、2018年3月、「国家宇宙戦略」を公表し、敵対者が宇宙を戦闘領域に変えたとの認識を示したうえで、宇宙空間における米国及び同盟国の利益を守るため、脅威を抑止及び撃退していくと表明した。また、「国防宇宙戦略」において、中国やロシアを最も深刻で差し迫った脅威と評価したほか、宇宙領域における優位性の確保、国家的な運用や統合・連合作戦を宇宙能力で支援すること、宇宙領域の安定性確保の3点を目標としている。さらに、米国政府は、同年12月に公表した「国家宇

1 米国家情報局「Challenges to security in space」（2022年4月）による。

米副大統領のDA-ASAT実験中止を含む宇宙政策の演説【DVIDS】

宙政策（NSP）」において、宇宙の平和利用の原則のもと、国家安全保障活動のために宇宙を引き続き利用するとしている。
National Space Policy

2022年4月には、破壊的なDA-ASATミサイル実験を実施しない旨の宣言を発表し、他国に対しても同様の取組を行うよう求めた。これを受け、わが国のほか、韓国、英国、フランスなども同様の発表を行っている。また、同年10月に公表された「国家防衛戦略」において、宇宙領域について、敵の妨害や欺瞞にかかわらず、戦闘目標を達成するための監視・決定システムの能力を向上させるとしている。

組織面では、大統領直轄組織である国家航空宇宙局（NASA）が主に非軍事分野の宇宙開発を担う一方、国防省が軍事分野の観測衛星や偵察衛星などの研究開発と運用を担っている。2019年8月、宇宙の任務を担っていた戦略軍の一部を基盤に新たな地域別統合軍として宇宙コマンドが発足し、同年12月、6番目の軍種として空軍省の隷下に人員約1万6,000人規模の宇宙軍を新たに創設した。さらに、2022年11月、宇宙コマンドの隷下に宇宙に関する作戦を調整する連合統合任務部隊を創設した。また、地域別統合軍であるインド太平洋軍に宇宙部隊を、同年12月には中央軍に宇宙部隊をそれぞれ新編している。
National Aeronautics and Space Administration

参照　3章1節2項（軍事態勢）

2　中国

中国は、1950年代から宇宙開発を推進しており、世界初となる無人探査機の月の裏側への着陸などを成功させてきた。2022年10月には、実験モジュール「夢天」を打ち上げ、コアモジュール「天和」とドッキングさせることで、宇宙ステーション「天宮」を完成させるなど、宇宙活動をさらに活発化させている。

中国は従来から国際協力や宇宙の平和利用を強調しているものの、人工衛星による情報収集、通信、測位など軍事目的での宇宙利用を積極的に行っていることが指摘されている。例えば、衛星測位システム「北斗」は航空機、艦船の航法、ミサイルなどの誘導用、2021年と2022年に複数回打ち上げられた「遥感」システムは電子偵察や画像偵察用として、軍事利用の可能性が指摘されている。また、「長征」シリーズなどの運搬ロケットについては、開発・生産元である中国国有企業が弾道ミサイルの開発、生産なども行っているとされ、運搬ロケットの開発は弾道ミサイルの開発にも応用可能とみられる。

また、中国は、対宇宙作戦を地域紛争への米国介入を抑止・対抗する手段と捉えていると指摘されており[2]、ASATの開発などを進めている。先述の2007年の衛星破壊実験や2014年7月の破壊を伴わない対衛星ミサイル実験のほか、地上配備型レーザー、宇宙ロボットなど様々なASAT能力と関連技術の取得、開発を続けている[3]との指摘もある。

このように中国は、官・軍・民が密接に協力しながら、今後も宇宙開発に注力していくものとみられる。米国は中国に対し、宇宙における米国の能力に並ぶ又は上回る能力を追求していると評価[4]しており、軍用衛星の運用数は米国を上回っているとの指摘もある[5]。

政策面では、中国は、宇宙が国際的戦略競争の要点であり、宇宙の安全は国家建設や社会発展の戦略的保障であると主張しており、航空宇宙分野の発展を加速する方針を明らかにしている。2022年1月に発表された「中国の宇宙」白書において「宇宙強国の建設」を強調し、宇宙事業を発展させるとしている。また、同年10月の第20回党大会における習近平総書記の報告の中でも、「宇宙

2　米国家情報局「Challenges to security in space」（2022年4月）による。
3　米国防省「中華人民共和国の軍事及び安全保障の進展に関する年次報告書」（2022年11月）による。
4　米国家情報長官「世界脅威評価書」（2022年2月）による。
5　英国国際戦略研究所「ミリタリー・バランス（2023）」による。

開発強国の建設を加速させる」との方針が掲げられた。

組織面では、2015年12月に中央軍事委員会の直轄部隊として設立された戦略支援部隊は、任務や組織の細部は公表されていないものの、宇宙・サイバー・電子戦を任務としており、衛星の打上げ・追跡を担当しているとみられる。また、中央軍事委員会の装備発展部が有人宇宙計画などを担当しているとみられる。

3　ロシア

1991年の旧ソ連解体以降、ロシアの宇宙活動は低調な状態にあったが、近年は、ウクライナ侵略後も、活発な宇宙活動を継続している。例えば、ロシアは、2030年までに、観測や通信などを行う600機以上の衛星による衛星コンステレーション構想「スフェラ」を計画している。国際宇宙ステーションの2028年までの参加延長を決定したほか、独自の宇宙ステーションの開発計画を明らかにしている。

また、ロシアは、シリアにおける軍事作戦に宇宙能力を活用しており、ショイグ国防相は2019年の国防省の会議において、本作戦の経験で、軍用衛星の再構築が必要との認識に至った旨明らかにした。2022年4月と12月に、電子偵察用とみられる軍用衛星を打ち上げている。2022年11月には、6機目となる早期警戒衛星「ツンドラ」の軌道投入に成功しており、ミサイル防衛能力の強化が進展している。また、2021年11月、ロシア国防省は、軌道上にあるソ連の人工衛星を破壊する実験に成功した旨発表した。

一方で、国営宇宙公社ロスコスモス（State Space Corporation ROSCOSMOS）の総裁は、欧米諸国の制裁の影響により、欧州宇宙機関との協力を完全に停止したと発言している。

政策面としては、宇宙活動を展開していく今後の具体的な方針として、2016年3月、「2016-2025年のロシア連邦宇宙プログラム」を発表し、国産宇宙衛星の開発・展開、有人宇宙飛行計画などを盛り込んだ。

組織面では、ロスコスモスがロシアの科学分野や経済分野の宇宙活動を担う一方で、国防省が安全保障目的での宇宙活動に関与し、2015年8月に空軍と航空宇宙防衛部隊が統合され創設された航空宇宙軍が実際の軍事面での宇宙活動や衛星打上げ施設の管理などを担当している。

4　韓国

韓国の宇宙開発は、2005年に施行された「宇宙開発振興法」のもと、2022年12月に発表した「第4次宇宙開発振興基本計画」に基づき推進されている。その計画は、月と火星への2045年までの着陸を目標として、宇宙関連予算を倍増させ、宇宙産業を推進し、2023年末までに宇宙航空庁を発足させるなどとしている。また、2021年5月、米韓ミサイル指針の終了に関して米国と合意したことに伴い、運搬ロケット開発の制限が解消され、独自の打上げ手段獲得を目指すなど宇宙開発を加速させている。例えば、2022年6月に韓国国産ロケット「ヌリ号」の2回目の打ち上げで初めての衛星の軌道投入に成功しており、2027年までにさらに4回の打上げを計画している。

組織面では、韓国航空宇宙研究院が実施機関として研究開発を主導、国防科学研究所が各種衛星の開発利用に関与している。また、朝鮮半島上空の宇宙監視能力を確保するため、初の宇宙部隊を2019年に創設し、2022年、「空軍宇宙作戦大隊」に拡大改編した。

また、韓国国防部は、宇宙関連の能力を強化するため、監視偵察・早期警報衛星などを確保していく計画であるとしている[6]。

5　インド

インドは、有人宇宙ミッション、通信、測位、観測分野などの開発プログラムを推進している。2022年4月、米印は、第4回外務・防衛閣僚会議「2＋2」を開催し、宇宙における協力の重要性を強調し、防衛宇宙対話を実施する計画を歓迎した。

また、インドは、自国周辺の測位が可能な測位衛星として地域航法衛星システム（NavIC（Navigation Indian Constellation））衛星を運用しているほか、2017年2月には、低予算で104機の衛星を1基のロケットで打ち上げることに成功するなど、高い技術力を有している。また、2019年3月、モディ首相は、低軌道上の人工衛星をミサイルで破壊する実験に成功したと発表している。2021年2月には、有人宇宙政策を発表

6　韓国国防部「2022国防白書」（2023年2月）による。

しており、2022年12月には、インドで初となる有人宇宙飛行「ガガニャーン」計画について、2024年の打ち上げを目指すとした。

6　欧州

欧州における宇宙活動は、EU、欧州宇宙機関（ESA）European Space Agency、欧州各国がそれぞれ独自の宇宙活動を推進しているほか、相互の協力による宇宙活動が行われている。

EUは、2021年から2027年までの中期予算計画の宇宙政策に148.8億ユーロを割り当てたほか、2021年5月、衛星測位システムの安全管理などを含む、EUの宇宙プログラムの執行を担うEU宇宙プログラム庁（EUSPA）European Union Agency for the Space Programmeを発足させた。今後はEU・ESAが計画している衛星測位システム「ガリレオ」、地球観測プログラム「コペルニクス」、欧州防衛庁（EDA）European Defence Agencyによる偵察衛星プロジェクト（MUSIS）Multinational Space based Imaging Systemなどが、欧州における安全保障分野に活用されていくものとみられる。さらに、2023年3月に公表したEU宇宙安全保障・防衛戦略では、安全保障・防衛における宇宙能力の利用を強化するとし、新しい地球観測サービスの開発や初期のSDAサービスの提供を計画している。

また、NATOは、宇宙を陸・海・空・サイバーと並ぶ「第5の作戦領域」であると宣言するなど、宇宙領域における安全保障の重要性に関して認識を示している。2020年10月には、NATO国防相会合が開催され、新たに宇宙センターを設立することが合意された。さらに、2021年6月のNATOの首脳会合で公表したコミュニケにおいて、宇宙空間における武力攻撃がNATOの集団的自衛権の発動につながりうる旨、初めて記載された。加えて、2022年6月に公表した新戦略概念では、宇宙及びサイバー領域で効果的に活動する能力を強化するとしている。

2020年末にEUを離脱した英国は、2021年1月にガリレオプログラムに参加しない旨の発表を行っている。また、2021年4月、宇宙司令部（Space Command）が正式に発足し、宇宙作戦、宇宙関連人員の訓練及び養成、宇宙能力（宇宙関連装備計画の開発及び提供）の3つの機能を担うとされる。戦略面においては、同年9月に「国家宇宙戦略」を、2022年2月に「国防宇宙戦略」を発表しており、ISRや衛星通信などの分野に今後10年で14億ポンドを投資するとしている。

フランスは、2019年7月、「国防宇宙戦略」を発表し、宇宙司令部創設のほか、脅威認識、宇宙状況監視能力の強化などについて言及している。同年9月、軍事省内にある宇宙軍事監視作戦センター、統合宇宙司令部、衛星軍事監視センターの機能・人員を集約する形で空軍隷下に宇宙司令部を創設した。また、2020年9月に空軍の名称を航空・宇宙軍に変更し、空軍の業務に宇宙への自由なアクセス及び宇宙空間での行動の自由を保障するための活動を追加している。

第3節 サイバー領域をめぐる動向

1 サイバー空間と安全保障

インターネットは、様々なサービスやコミュニティが形成され、新たな社会領域（サイバー空間）として重要性を増している。このため、サイバー空間上の情報資産やネットワークを侵害するサイバー攻撃は、社会に深刻な影響を及ぼすことができるため、安全保障にとって現実の脅威となっている。

サイバー攻撃の種類としては、不正アクセス、マルウェア（不正プログラム）による情報流出や機能妨害、情報の改ざん・窃取、大量のデータの同時送信による機能妨害のほか、電力システムや医療システムなど重要インフラのシステムダウンや乗っ取りなどがあげられる。また、サイバー攻撃にAIが利用される可能性も指摘されるなど、攻撃手法は高度化、巧妙化している。

軍隊にとっても情報通信は、指揮中枢から末端部隊に至る指揮統制のための基盤であり、情報通信ネットワークへの軍隊の依存度が一層増大している。サイバー攻撃は、攻撃主体の特定や被害の把握が容易ではないことから、敵の軍事活動を低コストで妨害可能な非対称的な攻撃手段として認識されており、多くの外国軍隊がサイバー攻撃能力を開発しているとみられる。

2 サイバー空間における脅威の動向

諸外国の政府機関や軍隊のみならず民間企業や学術機関などに対するサイバー攻撃が多発しており、重要技術、機密情報、個人情報などが標的となる事例も確認されている。また、高度サイバー攻撃（APT）（Advanced Persistent Threat）は、特定の組織を執拗に攻撃するとされ、長期的な活動を行うための潤沢なリソース、体制及び能力が必要となることから、組織的活動であるとされている。

このような高度なサイバー攻撃に対処するために、脅威認識の共有などを通じて諸外国との技術面・運用面の協力が求められている。こうした中、米国は、情報窃取、国民への影響工作、重要インフラを含む産業に損害を与える能力を有する国家やサイバー攻撃主体が増加傾向にあり、特にロシア、中国、イラン及び北朝鮮を最も懸念していると評価[1]している。

1 中国

中国では、2015年12月末、軍改革の一環として創設された「戦略支援部隊」のもとにサイバー戦部隊が編成されたとみられる。戦略支援部隊は17万5,000人規模とされ、このうち、サイバー攻撃部隊は3万人との指摘もある。台湾国防部は、サイバー領域における安全保障上の脅威として、中国が平時において、情報収集・情報窃取によりサイバー攻撃ポイントを把握し、有事では、国家の基幹インフラ及び情報システムの破壊、社会の動揺、秩序の混乱をもたらし、軍や政府の治安能力を破壊すると指摘している[2]。また、中国が2019年7月に発表した国防白書「新時代における中国の国防」において、軍によるサイバー空間における能力構築を加速させるとしているなど、軍のサイバー戦能力を強化していると考えられる。

参照 3章2節2項5（軍事態勢）

中国は、平素から機密情報の窃取を目的としたサイバー攻撃などを行っているとされ[3]、近年では、次の事案への関与が指摘されている。

- 2021年7月、米国は、同年3月に発覚したマイクロソフト社メールサーバーソフトの脆弱性を狙ったサイバー攻撃が、中国国家安全部に関連する実施主体によるものであると公表。わが国を含む米国の同盟国なども同日、一斉に中国を非難。
- 米セキュリティ企業によれば、中国政府が支援しているとされる「APT41」が2021年～2022年にかけ

1 米国防情報長官「世界脅威評価書」（2022年2月）による。
2 台湾国防部「国防報告書」（2021年11月）による。
3 「米国防省サイバー戦略」（2018年9月）による。

米国州政府のネットワークに侵入したと指摘。

- 2022年6月、米国の国家安全保障局、サイバーセキュリティ・インフラストラクチャセキュリティ庁、連邦捜査局は共同で、2020年以降、中国政府が支援するサイバーアクターがネットワークデバイスの脆弱性を悪用し、様々な官民の組織を標的にしているとして、注意喚起と対応策を発表。
- 2022年7月、ベルギー政府は、内務省、国防省へのサイバー活動について中国政府が支援しているとされる「APT27」、「APT30」、「APT31」などが関与したとし、中国政府を非難。
- 2022年8月、台湾外交部は、米下院議長の訪台にあわせて発生した台湾の政府機関などを標的としたサイバー攻撃について、使用されたIPアドレスが中国やロシアなどのものであったと公表。

2 北朝鮮

北朝鮮には、偵察総局、国家保衛省、朝鮮労働党統一戦線部及び文化交流局の4つの主要な情報機関並びに対外情報機関が存在しており、情報収集の主たる標的は韓国、米国及びわが国であるとの指摘がある[4]。また、人材育成はこれらの機関が行っており[5]、軍の偵察総局を中心に、サイバー部隊を集中的に増強し、約6,800人を運用中と指摘されている[6]。

各種制裁措置が課せられている北朝鮮は、国際的な統制をかいくぐり通貨を獲得するための手段としてサイバー攻撃を利用しているとみられる[7]ほか、軍事機密情報の窃取や他国の重要インフラへの攻撃能力の開発などを行っているとされる。2023年4月に発表された「国連安保理北朝鮮制裁委員会専門家パネル2022最終報告書」においては、北朝鮮はサイバー攻撃手法を洗練させており、2022年だけで6億3,000万から10億ドル相当以上の暗号資産を窃取したと指摘されている。近年では、次の事案への関与が指摘されている。

- 2021年2月、米司法省は、北朝鮮軍偵察総局所属の北朝鮮人3名をサイバー攻撃に関与した疑いで起訴。
- 2021年5月、韓国原子力研究所は、北朝鮮のサイバーグループがVPNサーバの脆弱性を悪用して内部ネットワークに侵入したと発表。
- 2022年4月、米財務省は、人気オンラインゲームにおいて発生した6億ドル相当の暗号資産窃盗について、北朝鮮軍偵察総局の関与が指摘されるサイバーアクター「ラザルス」による犯行であった旨を発表。
- 2022年7月、米司法省は、前年5月に北朝鮮のサイバーアクターがランサムウェア「マウイ」を使用し、米カンザス州の医療センターから得ていた身代金を含む約50万ドルを押収した旨を発表。
- 2023年1月、米連邦捜査局は、2022年6月に発生した1億ドル相当の暗号資産窃盗について、「ラザルス」の犯行であり、流出した暗号資産6,000万ドル相当を別の暗号資産に資金洗浄していた旨を発表。

3 ロシア

ロシアについては、軍参謀本部情報総局、連邦保安庁、対外情報庁がサイバー攻撃に関与しているとの指摘があるほか、軍のサイバー部隊[8]の存在が明らかとなっている。サイバー部隊は、敵の指揮・統制システムへのマルウェアの挿入を含む攻撃的なサイバー活動を担うとされ[9]、その要員は、約1,000人と指摘されている。

また、2021年7月に公表した「国家安全保障戦略」において、宇宙及び情報空間は、軍事活動の新たな領域として活発に開発されているとの認識を示し、情報空間におけるロシアの主権の強化を国家の優先課題として掲げている。また、2019年11月、サイバー攻撃などの際にグローバルネットワークから遮断し、ロシアのネットワークの継続性を確保することを想定したいわゆるインターネット主権法を施行させた。

米国は、ロシアがスパイ活動、影響力行使及び攻撃能力に磨きをかけており、今後もサイバー上の最大の脅威であり続けると認識している[10]。近年では、次の事案へ

4　米国防情報局「北朝鮮の軍事力」（2021年10月）による。
5　韓国国防部「2016国防白書」（2017年1月）による。
6　韓国国防部「2022国防白書」（2023年2月）による。
7　米国防情報局「北朝鮮の軍事力」（2021年10月）による。
8　2017年2月、ロシアのショイグ国防相の下院の説明会での発言による。ロシア軍に「情報作戦部隊」が存在するとし、欧米との情報戦が起きており「政治宣伝活動に対抗する」としている。ただし、ショイグ国防相は部隊名の言及はしていない。
9　2015年9月、クラッパー米国家情報長官（当時）が下院情報委員会で「世界のサイバー脅威」について行った書面証言による。
10　米国家情報長官「世界脅威評価書」（2022年2月）による。

の関与が指摘されている。

- 2021年4月、米政府は、2020年の大統領選挙に影響を与えるロシア政府主導の試み、そのほかの偽情報や干渉行為を実行する32の組織・個人を制裁。
- 2021年11月、ウクライナ保安庁は、2014年以降、ロシア連邦保安庁が関連するサイバーグループが、重要インフラの制御奪取、諜報、影響工作及び情報システムの妨害を企図し、ウクライナの公的機関及び重要インフラに対しサイバー攻撃を実施したと公表。
- 2022年2月、米、英、豪政府は、ウクライナ金融機関に対するサイバー攻撃が、ロシア軍参謀本部情報総局によるものと指摘。
- 2022年3月、米連邦捜査局は、米国の重要インフラへのサイバー攻撃について、ロシア連邦保安庁職員3名と国防省傘下の研究所職員1名を起訴した旨を発表。
- 2022年4月、米司法省は、ロシア軍参謀本部情報総局がマルウェアを使用し、指令や遠隔操作を受け入れるようにさせたコンピュータネットワークについて、裁判所が認可した方法でネットワークを無効化した旨を発表。

4 その他の脅威の動向

意図的に不正改造されたプログラムが埋め込まれた製品が企業から納入されるなどのサプライチェーンリスクや、産業制御システムへの攻撃を企図した高度なマルウェアの存在も指摘されている。

米国議会は2018年8月、政府機関がファーウェイなどの中国の大手通信機器メーカーの製品を使用することを禁止する条項を盛り込んだ国防授権法を成立させた。また、中国の通信機器のリスクに関する情報を同盟国に伝え、不使用を呼びかけている。これに対して、オーストラリアは、第5世代移動通信システムの整備事業へのファーウェイとZTEの参入を禁止しており、英国は2027年末までにすべてのファーウェイ社製品を第5世代移動通信システム網から撤去する方針を表明している。

また、2022年7月、米IT企業は、ランサムウェアの配布などサイバー攻撃に必要なツールの課金形態によるサービスについて、犯罪を助長する様々なオンラインサービスが増加し、その経済圏が継続的に成長していると指摘している。また、同年12月、米保健学術団体は、米国の公衆衛生セクターへのランサムウェアによるサイバー攻撃によって、2016年から2021年までに約4,200万人分の個人情報が流出し、医療提供の妨害などの年間発生件数が2倍以上に増加したと指摘している。

3 サイバー空間における脅威に対する動向

こうしたサイバー空間における脅威の増大を受け、各国において、各種の取組が進められている。

サイバー空間に関しては、国際法の適用のあり方など、基本的な点についても国際社会の意見の隔たりがあるとされ、例えば、米国、欧州、わが国などが自由なサイバー空間の維持を訴える一方、ロシアや中国、新興国などの多くは、サイバー空間の国家管理の強化を訴えている。また、国際社会においては、サイバー空間における法の支配の促進を目指す動きがあり、例えば、サイバー空間に関する国際会議などの枠組みにおいて、国際的なルール作りなどに関する議論が行われている。

参照 Ⅲ部1章4節5項(サイバー領域での対応)

さらに、2020年からの新型コロナウイルス感染症への対応の結果として、テレワークやICTを活用した教育、Web会議サービスなど世界的に新たな生活様式が確立された。一方で、これらのデジタルサービスの進展に伴い、従来型のサイバーセキュリティ対策の主要な前提となっていた「境界型セキュリティ」[11]の考え方の限界が指摘されており、各国で新たなセキュリティ対策の検討が進められている。

1 米国

米国では、連邦政府のネットワークや重要インフラの

11 境界線で内側と外側を遮断して、外側からの攻撃や内部からの情報流出を防止しようとする考え方。境界型セキュリティでは、「信頼できないもの」が内部に入り込まない、また内部には「信頼できるもの」のみが存在することが前提となる。防御対象の中心はネットワーク。

サイバー防護に関しては、国土安全保障省が責任を有しており、国土安全保障省サイバーセキュリティ・インフラストラクチャセキュリティ庁（CISA）が政府機関の
Cybersecurity and Infrastructure Security Agency
ネットワーク防御に取り組んでいる。2022年4月、国務省内に国際サイバー安全保障や国際デジタル政策などに取り組む「サイバー空間・デジタル政策局」を新設した。

米国は、国防省サイバー戦略（2018年9月）において、米国が中露との長期的な戦略的競争関係にあり、中露はサイバー空間における活動を通じて競争を拡大させ、米国や同盟国、パートナーへの戦略上のリスクになっていると指摘している。また、国家安全保障戦略（2022年10月）において、サイバー攻撃の抑止を目指しサイバー空間における敵対的行動に断固として対応するとし、国家防衛戦略（2022年10月）では、サイバー領域における抗たん性の構築を優先し、直接的な抑止力の手段として攻勢的サイバーをあげている。

また、連邦政府機関におけるサイバーセキュリティを強化するため、2022年1月、行政管理予算局は「ゼロトラスト戦略」を発表し、各省庁がゼロトラスト[12]モデルのセキュリティ対策を実施するものとしている。また、2023年3月、国家サイバーセキュリティ戦略を発表し、中国、ロシア、イラン、北朝鮮などがサイバー攻撃を積極的に使用して安全保障と繁栄を脅かしているとし、重要インフラの防衛や脅威アクターの阻止と解体などに注力するとしている。

2019年日米「2＋2」では、サイバー分野における協力を強化していくことで一致し、国際法がサイバー空間に適用されるとともに、一定の場合には、サイバー攻撃が日米安全保障条約にいう武力攻撃に当たり得ることを確認している。

米軍においては、2018年5月に統合軍に格上げされたサイバー軍が、サイバー空間における作戦を統括している。同軍は、国防省の情報環境を運用・防衛する「サイバー防護部隊」（68チーム）、国家レベルの脅威から米国の防衛を支援する「サイバー国家任務部隊」（13チーム）及び統合軍が行う作戦をサイバー面から支援する「サイバー戦闘任務部隊」（27チーム）などから構成されている。これら3部隊は「サイバー任務部隊」と総称され、25の支援チームを含め全体として133チーム、6,200人規模である。

また、2022年10月には、サイバー軍主催の多国間サイバー演習「サイバー・フラッグ23-1」が開催され、わが国を含む8か国から250人以上のサイバー要員が参加している。

2　韓国

韓国は、国民の安全を守り、国家安全保障を堅固にするため、2019年4月に「国家サイバー安保戦略」を韓国として初めて策定するとともに、同戦略を具体化するため、同年9月には「国家サイバー安保基本計画」を発表した。

国防部門では、韓国軍は、サイバー作戦態勢を強化し、サイバー空間における脅威に効果的に対応するため、2019年に合同参謀本部を中心としたサイバー作戦の遂行体系を構築するとともに、合同参謀本部、サイバー作戦司令部、各軍の連携体制を整備した。同年2月、「国軍サイバー司令部」は「サイバー作戦司令部」に改編された。また、各軍の「サイバー防護センター」は「サイバー作戦センター」に改編され、人員が補強された[13]。

3　オーストラリア

オーストラリアは、2020年8月に発表した「サイバーセキュリティ戦略」で、自国のネットワークの安全性を確保するため、サイバー空間における防御的な能力だけでなく、攻撃的な能力の権限と技術力を確保することを明言している。また、豪英米3か国の首脳は、2021年9月に新たな安全保障協力の枠組みとなる「AUKUS」の設立を発表し、原子力潜水艦の共同開発に加え、サイバー能力、AI、量子技術などで協力するとしている。

組織面では、政府内のサイバーセキュリティ能力を1カ所に集約した、オーストラリアサイバーセキュリティセンター（ACSC）を設置し、政府機関と重要インフラ
Australian Cyber Security Centre
に関する重大なサイバーセキュリティ事案に対処している。また、2022年11月、サイバー攻撃を未然に阻止するための「常設共同タスクフォース」の新設を発表した。同タスクフォースは通信局及び連邦警察から選抜された

12　「内部であっても信頼しない、外部も内部も区別なく疑ってかかる」という「性悪説」に基づいた考え方。利用者を疑い、端末などの機器を疑い、許されたアクセス権でも、なりすましなどの可能性が高い場合は動的にアクセス権を停止する。防御対象の中心はデータや機器などの資源。

13　韓国国防部「2022国防白書」（2023年2月）による。

100名のサイバー要員で構成されるとし、サイバーセキュリティ大臣は攻勢的なサイバー防衛を明言した。

また、軍は、2017年7月に統合能力群内に情報戦能力部を、2018年1月にその隷下に国防通信情報・サイバー・コマンド（DSCC）Defence Signals Intelligence and Cyber Command を設立した。空軍では、職種区分としてネットワーク、データ、情報システムなどを防護するサイバー関連特技を新設し、2019年10月、新設した特技の募集を開始した。

4　欧州

NATOは、2014年9月のNATO首脳会議において、加盟国に対するサイバー攻撃をNATOの集団防衛の対象とみなすことで合意している。

組織面では、2017年11月に、サイバー作戦センターの新設及び加盟国が有するサイバー防衛能力のNATO任務・作戦への統合に関する方針に合意した。ベルギーに置かれた同センターは、2023年には全面稼働し、サイバー攻撃の能力を持つとの見通しが示されている。

また、研究や訓練などを行う機関としては、2008年にNATOサイバー防衛協力センター（CCDCOE）Cooperative Cyber Defence Centre of Excellence が認可された。同センターは、2017年2月、サイバー活動に適用される国際法をとりまとめた「タリンマニュアル2.0」を公表し、2020年12月には、同マニュアルを3.0へ更新する取組を開始している。また、2022年4月にはCCDCOE主催のサイバー防衛演習「ロックド・シールズ2022」、同年11月にはNATO主催のサイバー防衛演習「サイバー・コアリション2022」が開催され、NATO加盟国のほか、わが国も参加している。

EUは、2020年7月に欧州域内におけるサイバー攻撃を実施した中国籍・ロシア国籍計6名及び中国・北朝鮮・ロシアの3組織に対し制裁を課すことを決定したと発表した。また、同年10月に英国と共同で独連邦議会へのサイバー攻撃を理由にロシアへの制裁発動を発表している。同年12月には、「デジタル10年のためのEUのサイバーセキュリティ戦略」において、EU内のサイバー脅威への集団的な状況認識の欠如を指摘し、民間・外交・警察・防衛各分野横断型の「共同サイバーユニット」の設立などを提唱し、2021年6月には同ユニットの具体的構想を発表した。また、2022年11月、EUの市民とインフラの保護能力強化などのための「EUサイバー防衛政策」を発表している。

NATO主催のサイバー防衛演習「サイバー・コアリション2022」の様子【NATO HP】

英国は、2021年12月に公表した国家サイバー戦略において、敵対勢力の探知・阻止・抑止など5つの戦略的目標を掲げたほか、今後3年間でサイバー分野に26億ポンドを投資することを表明している。

組織面では、2016年10月に、国のサイバーインシデントに対応し、官民のパートナーシップを推進するため、国家サイバーセキュリティセンター（NCSC）National Cyber Security Centre を政府通信本部（GCHQ）Government Communications Headquarters に新設した。また、2020年6月に軍のネットワーク防護を担当する「第13通信連隊」を発足した。同年11月には、国家サイバー部隊（NCF）National Cyber Force の設立を公表しており、重大犯罪の予防、敵武器システムの妨害などの活動を行うため、GCHQ、国防省などの人員を集約している。

フランスは、2017年5月に統合参謀本部隷下にサイバー防衛軍を発足させている。2021年9月にはパルリ軍事相（当時）が、同国に対するサイバー攻撃の増加と深刻さを指摘し、2025年までに同軍の人員を約5,000名規模の人員に増強し、サイバー防衛能力を強化するとしている。

第4節　電磁波領域をめぐる動向

1　電磁波領域と安全保障

電磁波は、テレビや携帯電話、GPSなど日常の様々な用途で利用されている。軍事分野においては、指揮統制のための通信機器、敵の発見のためのレーダー、ミサイルの誘導装置などに使用されており、電磁波領域における優勢を確保することは、現代の作戦において必要不可欠なものになっている。電磁波領域を利用して行われる活動には「電子戦」と「電磁波管理」があり、電子戦の手段や方法は一般的に、「電子攻撃」、「電子防護」及び「電子戦支援」の3つに分類される。

参照　図表I-4-4-1（防衛分野における電磁波領域の使用）

「電子攻撃」は、強力な電磁波や相手の発する電磁波をよそおった偽の電磁波を発射することなどにより、相手の通信機器やレーダーから発せられる電磁波を妨害し、通信や捜索能力を低減または無効化することとされる。電磁波妨害（ジャミング）、電磁波欺まんのほか、高出力の電磁波（レーザーやマイクロ波など）による対象の物理的な破壊も含まれる。

参照　1節2項（2）（高出力エネルギー技術）

「電子防護」は、相手から探知されにくくすることや、通信機器やレーダーが電子攻撃を受けた際、使用する電磁波の周波数の変更や、出力の増加などにより、相手の電子攻撃を低減・無効化することをいう。

「電子戦支援」は、相手の使用する電磁波に関する情報を収集する活動とされる。電子攻撃・電子防護を効果的に行うためには、平素から相手の通信機器やレーダー、電子攻撃機がどのような電磁波をどのように使用しているかを把握・分析しておく必要がある。

「電磁波管理」は、戦域における電磁波の使用状況を把握し、電磁波の干渉が生じないよう、味方の部隊や装備品が使用する電磁波について、使用する周波数、発射する方向、使用時間などを適切に調整する活動とされる。

主要国は、電子攻撃をサイバー攻撃などと同様に敵の戦力発揮を効果的に阻止する非対称的な攻撃手段として認識している。また、電子攻撃を含む電子戦能力を重視し、その能力を向上させているとみられる。

参照　Ⅲ部1章4節6項（電磁波領域での対応）

図表I-4-4-1　防衛分野における電磁波領域の使用

周波数：低い　波　長：長い ← 電磁波 → 周波数：高い　波　長：短い

3THz　400THz　790THz　30PHz　3EHz

電波｜赤外線｜可視光｜紫外線｜X線、γ線など

電波：通信、レーダー
衛星通信による情報共有
レーダーによる敵の発見

赤外線：ミサイルの誘導
赤外線センサーによる正確な誘導

可視光線：偵察衛星
光学衛星による動静把握

レーザー（電磁波の増幅・放射）
による宇宙状況監視
レーザー照射による誘導弾の正確な誘導

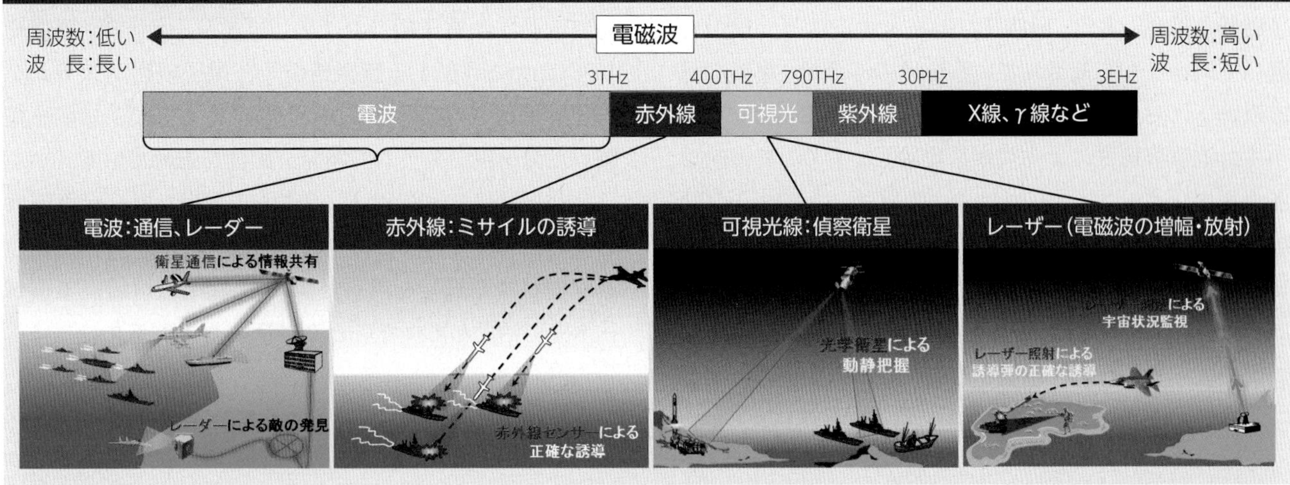

2　電子戦に関する各国の取組

1　米国及び欧州

米国は、電磁スペクトラムにおける優勢の獲得を積極的に達成するという構想のもと、電子戦に関する訓練や装備品の充実を図るとともに、同盟国との連携を強化するとしている。また、2020年10月に米国防省が公表し

た「電磁スペクトラム優勢戦略」において、電磁スペクトラムの行動の自由を確保することが、あらゆる領域での作戦を成功させるうえで重要との認識を示している。

電子戦装備を活用した軍事作戦として、2019年7月に、ホルムズ海峡上空において電子攻撃能力を有するとされる対無人機妨害システム「LMADIS（Light Marine Air Defense Integrated System）」を用いてイラン無人機を墜落させたとの指摘がある。

米軍の組織においては、2021年9月に陸軍は、宇宙・サイバー・電子戦機能などを有するマルチドメイン部隊をドイツに配備したことを公表している。また、空軍は2021年6月、第350スペクトラム戦航空団を新編し、空軍の電子戦の運用、保守、技術的知見を提供している。

NATO加盟国の多くも、ロシア軍の電子戦装備を念頭に、厳しい電子戦環境下での使用を前提とする装備品を開発しているほか、電子戦を主眼においた訓練を行っているとされる[1]。例えば、2022年11月、NATOは、電磁スペクトラムにおける同盟国との相互運用性強化を目的とした電子戦演習「ダイナミック・ガード22-2」を実施している。

2　中国

中国は、サイバー戦を含む電子的要素と物理的破壊などの非電子的要素を統合指揮のもとにおくという構想を掲げているとされる[2]。また、その電子戦戦略は、敵の電子機器を抑制、劣化、破壊及び欺まんすることに重点を置いているとも指摘されている[3]。そのうえで、複雑な電磁環境下において効果的に任務を遂行できるよう、平素から対抗演習形式による訓練を実施しており、実戦的な能力を向上させている。また、中国軍は、このような訓練の機会を捉え、電子戦兵器の研究開発成果を評価していると指摘されている[4]。なお、軍全体の作戦遂行能力の向上のために、2015年末に設立された「戦略支援部隊」が電子戦・サイバー・宇宙などの分野を担当しているとされる。

わが国周辺においては、Tu-154情報収集機やY-8電子戦機などが南西諸島周辺や日本海上空を飛行したことが確認されている。また、2022年4月には、Y-9電子戦機が太平洋を飛行している。南シナ海においては、南沙諸島ミスチーフ礁に電波妨害装置を展開したと指摘されている[5]。また、同年1月、J-16D電子戦機が台湾南西空域に進入している。

3　ロシア

ロシアは、「軍事ドクトリン」において、電子戦装備を現代の軍事紛争における重要な装備の一つと位置づけている。また、2021年4月の軍機関紙の寄稿記事によれば、情報通信技術の発達した先進諸国の技術的優位性に対し、電子戦技術の向上及び装備の拡充により、部隊の指揮及び兵器の誘導における優位を確保するとしている。2022年9月の「ヴォストーク2022」軍事演習において、電子戦機材を用いた演練を行ったと指摘されており、近年ではその実戦的な能力の向上が指摘されている[6]一方、ウクライナ侵略においては事前に予想されていたほどの効果を発揮しなかったものとみられている。

ロシアの電子戦部隊は、地上軍を主力とし、軍全体で5個電子戦旅団が存在しているとされており[7]、多種類の電子戦装備を保有している。また、電子戦装備品を一元的に統制する電子戦システム「ブイリーナ」や、周囲約1,000kmに所在する無線通信及び電子偵察システムを妨害可能とされる「パランティン」など、人工知能を搭載した電子戦システムの開発・配備を進めている。

わが国周辺においては、2021年12月、IL-20情報収集機が太平洋に進出したほか、2022年5月、中露両国の爆撃機が共同飛行を行った際にも、IL-20情報収集機が日本海で活動していたことが確認されている。

1　「Jane's International Defense Review」2018年4月号「All quiet on the eastern front：EW in Russia's new-generation warfare」による。
2　英国国際戦略研究所「ミリタリー・バランス2019」による。
3　米国防省「中華人民共和国の軍事及び安全保障の進展に関する年次報告」（2022年）による。
4　米国防省「中華人民共和国の軍事及び安全保障の進展に関する年次報告」（2022年）による。
5　2018年5月の戦略国際問題研究所「An Accounting of China's Deployments to the Spratly Islands」による。
6　エストニア国防省「Russia's Electronic Warfare Capabilities to 2025」による。
7　「Jane's International Defence Review」2018年4月号「All quiet on the eastern front：EW in Russia's new-generation warfare」による。

第5節　海洋をめぐる動向

わが国は、四方を海に囲まれた海洋国家であり、エネルギー資源の輸入を海上輸送に依存していることから、海上交通の安全確保は国家存立のために死活的に重要な課題である。また、国際社会にとっても、国際的な物流を支える基盤としての海洋の安定的な利用の確保は、重要な課題であると認識されている。

一方、海洋においては、既存の国際秩序とは相容れない独自の主張に基づいて自国の権利を一方的に主張し、または行動する事例がみられ、「公海自由の原則」が不当に侵害される状況が生じている。また、中東地域における船舶を対象とした攻撃事案などや、各地で発生している海賊行為は、海上交通に対する脅威となっている。

1　「公海自由の原則」などをめぐる動向

国連海洋法条約（UNCLOS: United Nations Convention on the Law of the Sea）[1]は、公海における航行の自由や上空飛行の自由の原則を定めている。しかし、わが国周辺、特に東シナ海や南シナ海をはじめとする海空域などにおいては、中国が既存の国際秩序とは相容れない主張に基づき、自国の権利を一方的に主張し、または行動する事例が多くみられるようになっており、これらの原則が不当に侵害されるような状況が生じている。また、関連する国連安保理決議に違反することはもとより、航空機や船舶の安全確保の観点からも問題となり得るなど、北朝鮮による日本海や太平洋への度重なる弾道ミサイル発射は、わが国、地域及び国際社会の平和と安全を脅かすものである。

参照　3章2節2項6（海空域における活動）、3章4節1項3（大量破壊兵器・ミサイル戦力）

こうした海洋及び空の安定的利用の確保に対するリスクとなるような行動事例が多数みられる一方で、近年、海洋及び空における不測の事態を回避・防止するための取組も進展している。まず、わが国と中国との間では、2018年5月の日中首脳会談において、自衛隊と人民解放軍の艦船・航空機による不測の衝突を回避することなどを目的とする「日中防衛当局間の海空連絡メカニズム」の運用開始で正式に一致し、同年6月にその運用を開始した。

多国間の取組としては、2014年4月、日米中を含む西太平洋海軍シンポジウム（WPNS: Western Pacific Naval Symposium）参加国海軍は、各国海軍の艦艇及び航空機が予期せず遭遇した際の行動基準（安全のための手順や通信方法など）を定めた「洋上で不慮の遭遇をした場合の行動基準（CUES: Code for Unplanned Encounters at Sea）」[2]につき一致した。また、同年11月、米中両国は、軍事活動にかかる相互通報措置とともに、CUESなどに基づく海空域での衝突回避のための行動原則について合意したほか、2015年9月には、航空での衝突回避のための行動原則を定めた追加の付属書に関する合意を発表した。さらに、ASEANと中国との間では、「南シナ海に関する行動規範（COC: Code of the Conduct of Parties in the South China Sea）」の策定に向けた公式協議が行われてきている。

こうした、海洋及び空における不測の事態を回避・防止するための取組が、既存の国際秩序を補完し、今後、中国を含む関係各国は緊張を高める一方的な行動を慎み、法の支配の原則に基づき行動することが強く期待されている。

2　海洋安全保障をめぐる各国の取組

(1) 中東地域における海洋安全保障

中東地域においては、近年、船舶を対象とした攻撃事案などが断続的に発生している。

例えば、ホルムズ海峡及びその周辺海域においては、2019年5月以降、民間のタンカーへの攻撃事案などが発生している。米国とイランの関係をはじめとして、中東地域において高い緊張状態が継続する中、現在、航行の安全を確保するための取組として、米国やフランスの

1　「国連海洋法条約（UNCLOS）」（正式名称「海洋法に関する国際連合条約」）は、海洋法秩序に関する包括的な条約として1982年に採択され、1994年に発効した（わが国は1996年に締結）。
2　本行動基準は法的拘束力を有さず、国際民間航空条約の附属書や国際条約などに優越しない。

イニシアチブのもとでそれぞれ活動が行われている。

参照 3章10節1項2（湾岸地域情勢）

(2) 海賊

各地で発生している海賊行為は、海上交通に対する脅威となっている。近年の全世界の海賊・海上武装強盗事案（以下「海賊事案」という。）発生件数[3]は、2010年の445件をピークに減少傾向にある（2022年は115件。）。

これはソマリア沖・アデン湾の海賊事案発生件数の減少に大きく依拠しているといえる。ソマリア沖・アデン湾における海賊事案発生件数については2008年から急増し、2011年には237件と全世界の発生件数の半数以上を占めるにいたり、船舶航行の安全に対する脅威として大きな国際的関心を集めた。一方、近年は、わが国を含む国際社会の様々な取組の結果、ソマリア沖・アデン湾における海賊事案の発生件数は低い水準で推移している（2022年は0件。わが国の取組についてはⅢ部3章2節2項（海賊対処への取組）参照。）。

ソマリア沖・アデン湾における国際的な海賊対処の取組としては、まず、バーレーンに本部を置く米軍主導の連合海上部隊[4]が設置した多国籍部隊である、第151連合任務群による海賊対処活動があげられ、これまでに米国、オーストラリア、英国、トルコ、韓国、パキスタンなどが参加し、ゾーンディフェンスなどによる海賊対処活動を実施している。また、EUは、2008年12月から海賊対処活動「アタランタ作戦」を行っている。同作戦は、各国から派遣された艦艇や航空機が船舶の護衛やソマリア沖における監視などを行うもので、2024年末まで実施することが決定されている。

さらに、前述の枠組みに属さない各国の独自の活動も行われており、例えば中国は、2008年12月以降、ソマリア沖・アデン湾に海軍艦艇を派遣し、海賊対処活動を行っている。

こうした国際的な取組などにより、ソマリア沖・アデン湾における海賊事案の発生件数は低い水準で推移している。しかし、ソマリア国内の不安定な治安や貧困といった海賊を生み出す根本的な原因はいまだ解決していない。

またアフリカでは、ギニア湾において海賊事案が発生（2022年は19件）しており、国際社会は同地域における海賊などの問題への取組を継続している。

東南アジア海域における2022年の海賊事案発生件数は58件であった。特に、2019年以降はシンガポール海峡における事案が増加しており、2022年は世界で報告された海賊事案件数の三分の一を占めるにいたっているが、いずれも備品の窃盗といった軽微な性質のものである。

3 北極海をめぐる動向

北極海では、近年、海氷の減少にともない、北極海航路の利活用や資源開発などに向けた動きが活発化している。カナダ、デンマーク、フィンランド、アイスランド、ノルウェー、ロシア、スウェーデン及び米国の8か国からなる北極圏国は1996年、北極における持続可能な開発、環境保護といった共通の課題についての協力などの促進を目的とし、北極評議会を設立した[5]。

安全保障の観点からは、北極海は従来、戦略核戦力の展開または通過海域であったが、近年の海氷の減少により、艦艇の航行が可能な期間及び海域が拡大しており、将来的には、海上戦力の展開や、軍の海上輸送力などを用いた軍事力の機動展開に使用されることが考えられる。こうした中、軍事力の新たな配置などを進める動きもみられる。

ロシアは、北極圏における国益擁護のための体制の構築を推進しており、各種政策文書において、北極圏におけるロシアの権益及びそれらの権益擁護のためのロシア軍の役割を明文化している。また、ロシアはヤマル半島

3 本文における海賊事案発生件数は、国際商業会議所（ICC）国際海事局（IMB）のレポートによる。
International Chamber of Commerce　International Maritime Bureau

4 米中央軍の隷下で海洋における安全、安定及び繁栄を促進することを目的として活動する多国籍部隊。34か国の部隊が参加しており、連合海上部隊司令官は米第5艦隊司令官が兼任している。インド洋及びオマーン湾における海洋安全保障のための活動を任務とする第150連合任務部隊、海賊対処を任務とする第151連合任務群、ペルシャ湾における海洋安全保障のための活動を任務とする第152連合任務部隊、紅海からアデン湾にかけての海洋安全保障及び能力構築のための活動を任務とする第153連合任務部隊（2022年4月発足）の4つの連合任務部隊で構成されており、第151連合任務群には自衛隊の部隊も参加している。

5 北極評議会の議長国は、2021年5月から2年間、ロシアが務めることとなっていたが、ロシア以外の北極圏国7か国は2022年3月、ロシアによるウクライナ侵略を受け、ロシアが議長国を務める北極評議会の全ての会合への参加を一時的に停止する旨を発表した。

などで液化天然ガス開発に取り組んでおり、2018年には、ヤマル半島で生産された液化天然ガスが、初めて北極海航路を通って中国に運ばれた。また、軍事面では、北極圏沿岸部にレーダー監視網の整備を進めているほか、飛行場の再建や地対空・地対艦ミサイルの配備が進められている。さらに、こうした軍事施設の整備に加え、SSBNによる戦略核抑止パトロールや長距離爆撃機による哨戒飛行を実施するなど、北極における活動を活発化させている。

参照　3章5節3項5（ロシア軍の動向（全般））

米国は、2022年10月に発表した「北極圏国家戦略」において、北極圏でのロシアや中国との戦略的競争が激化しているとの認識を示した[6]。また、安全保障面では、北極圏における米国の利益を守るために必要な能力を強化することによって米国本土と同盟国に対する脅威を抑止するとともに、同盟国やパートナーと共通のアプローチを調整し、意図しないエスカレーションのリスクを軽減するとしている。また、米国は、訓練目的で2017年以降ノルウェーに毎年6か月間ローテーション展開させてきた米海兵隊部隊について、2020年10月以降は、訓練に合わせてより短期間に、より大規模なものを含む兵員を派遣する形式に変更した。2018年10月には、27年ぶりに空母を北極圏に進出させ、ノルウェー海で航空訓練などを実施したほか、2020年5月には、米英の艦船が冷戦終結後初めてバレンツ海で活動した。また、2021年3月にはB-1爆撃機を北極圏内に初着陸させ、2022年3月には、米海軍が北極圏における演習「アイスエックス2022」を実施し、ロサンゼルス級原子力潜水艦を参加させるとともに、カナダ海・空軍及び英国海軍が参加した。

北極圏国以外では、日本、中国、韓国、英国、ドイツ、フランスなどを含む13か国が北極評議会のオブザーバー資格を有している。中国は、北極海に対して積極的に関与する姿勢を示しており、科学調査活動や商業活動を足がかりにして、北極海において軍事活動を含むプレゼンスを拡大させる可能性も指摘されている[7]。

参照　3章2節2項6（海空域における活動）

そのほか、EUは2021年10月、外交・安保に特化した項目が初めて明記された「北極に関する共同コミュニケーション」を公表した[8]。

6　ロシアについては、過去10年間、北極圏における軍事的プレゼンスに多大な投資を行う一方、北極圏における新たな経済基盤を整備し、北極海航路での過度の領海権主張により、航行の自由を束縛する試みを実施しているとの認識を示した。また、ロシアによるウクライナ侵略は、北極圏でも地政学的緊張を高め、意図しない紛争の新たなリスクとなり、協力を妨害しているとも指摘している。中国については、経済、外交、科学、軍事活動の拡大を通じて、北極圏における影響力を高め、より大きな役割を果たす意向を強調しているとの認識を示した。また、過去10年間、中国は重要な鉱物資源の採掘を中心に投資を倍増させ、北極圏での軍事利用のためのデュアルユース研究を実施しているとも指摘している。

7　米国防省「中華人民共和国の軍事及び安全保障の進展に関する年次報告」（2019年）による。

8　ロシアが北極において軍備増強を進展させているほか、中国などのアクターが様々な分野での北極における関心の高まりを見せていると指摘している。

第6節 大量破壊兵器の移転・拡散

核・生物・化学（NBC）(Nuclear, Biological and Chemical) 兵器などの大量破壊兵器やその運搬手段である弾道ミサイルの移転・拡散は、冷戦後の大きな脅威の一つとして認識され続けてきた。また近年は、国家間の競争や対立が先鋭化し、国際的な安全保障環境が複雑で厳しいものとなる中で、軍備管理・軍縮・不拡散といった共通課題への対応において、国際社会の団結が困難になっていくことが懸念される。

1 核兵器

キューバ危機（1962年）など米ソ間の全面核戦争の危険性が認識される中で、1970年に核兵器不拡散条約（NPT）(Treaty on the Non-Proliferation of Nuclear Weapons) が発効した。同条約のもと、1966年以前に核爆発を行った国（米ソ英仏中（当時）。仏中のNPT加入は1992年）以外の国の核兵器保有が禁じられ、相互交渉による核戦力の軍備管理・軍縮が行われることとなった。

2023年1月現在、NPTは191の国と地域が締結しているが、例えばインド、イスラエル及びパキスタンは依然として非核兵器国としての加入を拒んでいるほか、これまで核実験を繰り返し、核兵器の開発・保有を宣言してきた北朝鮮は、2022年9月に核兵器の使用条件などを規定する法令を採択し、絶対に核を放棄しない旨表明した。

米露間の核戦力については、2021年1月、両国が新戦略兵器削減条約（新START）(Strategic Arms Reduction Treaty) の5年間延長に合意したが、ロシアが核兵器による威嚇ともとれる言動を繰り返しながらウクライナ侵略を継続している中、2022年11月には同条約の枠組みにおける両国間の協議が延期され、翌2023年2月にはロシア側が履行の停止を発表した。

また、米国は、中国も含む形での軍備管理枠組みを追求する意向を示しているが、中国は米露間の枠組みに参加する意思はない旨を繰り返し主張している。同時に中国は核戦力の拡大を継続しているとされ、2035年までに1,500発の核弾頭を保有する可能性も指摘されている[1]。

図表I-4-6-1　各国の核弾頭保有数とその主要な運搬手段

		米国	ロシア	英国	フランス	中国
ミサイル	ICBM （大陸間弾道ミサイル）	400基 ミニットマンⅢ 400	339基 SS-18 46 SS-19 26 SS-25 9 SS-27（単弾頭） 78 SS-27（多弾頭） 117 SS-27（Yars-S、多弾頭） 63	—	—	130基 DF-5（CSS-4） 20 DF-31（CSS-10） 86 DF-41 24
	IRBM MRBM	—	—	—	—	214基 DF-4（CSS-3） 10 DF-26 110 DF-21（CSS-5） 70 DF-17（CSS-22） 24
	SLBM （潜水艦発射弾道ミサイル）	280基 トライデントD-5 280	176基 SS-N-23 96 SS-N-32 80	48基 トライデントD-5 48	64基 M-51 64	72基 JL-2（CSS-N-14）/ JL-3（CSS-NX-20） 72
弾道ミサイル搭載原子力潜水艦		14	11	4	4	6
航空機		66機 B-2 20 B-52 46	76機 Tu-95（ベア） 60 Tu-160（ブラックジャック） 16	—	40機 ラファール 40	104機 H-6K 100 H-6N 4
弾頭数		3,708	4,477（うち戦術核1,912）	180-225	290	350

（注）1　資料は、ミリタリー・バランス（2023）、SIPRI Yearbook 2022などによる。
2　2022年9月、米国は米露間の新戦略兵器削減条約（新START）を踏まえた2022年9月1日現在の数値として、米国の配備戦略弾頭は1,420発、配備運搬手段は659基・機であり、ロシアの配備戦略弾頭は1,549発、配備運搬手段は540基・機であると公表した。ただし、SIPRI Yearbook 2022によれば、2022年1月時点で米国の核弾頭のうち、配備数は1,744発（うち戦術核100発）であり、ロシアの配備弾頭数は1,588発とされている。
3　2021年3月における英国の「安全保障、国防、開発、外交政策の総合的見直し」（Integrated Review）は、核弾頭の保有上限数を260発以下にするとしている。
4　なお、SIPRI Yearbook 2022によれば、インドは160発、パキスタンは165発、イスラエルは90発、北朝鮮は約20発（全体としては45～55発分の核弾頭を生産するだけの核分裂性物質を貯蔵）の核弾頭を保有しているとされている。

1　米国防省「中華人民共和国の軍事及び安全保障の進展に関する年次報告」（2022年）による。

パワーバランスの歴史的変化と地政学的競争の激化に伴い、冷戦後の国際秩序が重大な挑戦に晒されている中で、今後核戦力に関する実効的な軍備管理・軍縮枠組みが構築されていくのか、関連動向を注視していく必要がある。

参照　図表I-4-6-1（各国の核弾頭保有数とその主要な運搬手段）

2 生物・化学兵器

生物・化学兵器は、比較的安価で製造が容易であるほか、製造に必要な物資や技術の多くが軍民両用であり容易に偽装ができるなど、非対称的な攻撃手段[2]を求める国家やテロリストなどの非国家主体による開発・取得が特に懸念される。

生物兵器は、①製造が容易で安価、②暴露から発症までに通常数日間の潜伏期間が存在、③使用されたことの認知が困難、④実際に使用しなくても強い心理的効果を与える、⑤種類及び使用される状況によっては、膨大な死傷者を生じさせるといった特性を有する。

化学兵器について、化学兵器禁止条約（CWC：Chemical Weapons Convention）に加盟せず、現在も保有しているとされる主体として、例えば、北朝鮮がある。また、1995年のわが国における地下鉄サリン事件などは、都市における大量破壊兵器によるテロの脅威を示した。最近では、シリアのアサド政権による化学兵器の使用や、ロシアによって開発された「ノビチョク」類が使用されたとされる反体制派指導者毒殺未遂事件などが指摘されている。

2022年には、米国防省が公表した報告書において、中国による生物兵器禁止条約（BWC：Biological Weapons Convention）やCWCで定められた義務の遵守に対する懸念が示されている[3]。

3 弾道ミサイルなど

弾道ミサイルは、放物線状に飛翔する、ロケットエンジン推進のミサイルで、長距離の目標を攻撃することが可能であり、大量破壊兵器の運搬手段としても使用される。また、高角度、高速で落下するなどの特徴を有し、有効に対処するには極めて精度の高い迎撃システムが必要である。さらに、近年、操舵翼を用いて姿勢を制御することで、通常の弾道ミサイルよりも低高度を変則的な軌道で飛翔し、早期探知や迎撃を困難にする弾道ミサイルが登場するなど、弾道ミサイル関連技術は急速に変化・進展してきている。

参照　図表I-4-6-2（弾道ミサイルの分類）

図表I-4-6-2　弾道ミサイルの分類

区分	射程
短距離弾道ミサイル (Short-Range Ballistic Missile, SRBM)	約1,000km未満
準中距離弾道ミサイル (Medium-Range Ballistic Missile, MRBM)	約1,000km以上～約3,000km未満
中距離弾道ミサイル (Intermediate-Range Ballistic Missile, IRBM)	約3,000km以上～約5,500km未満
大陸間弾道ミサイル (Intercontinental Ballistic Missile, ICBM)	約5,500km以上

※このほか、潜水艦から発射する弾道ミサイルは、SLBM（Submarine-Launched Ballistic Missile）、空母をはじめとする艦艇への攻撃のために必要となる弾頭部の精密誘導機能を有する弾道ミサイルは対艦弾道ミサイル（ASBM：Anti-Ship Ballistic Missile）と呼称されている。

武力紛争が続いている地域に弾道ミサイルが配備された場合、地域の緊張をさらに高め、さらなる不安定化をもたらす危険性も有している。さらに弾道ミサイルは、通常戦力において優る国に対する遠距離からの攻撃や威嚇（いかく）の手段としても利用される。

こうした弾道ミサイルの脅威に加え、テロリストなどの非国家主体にとっても入手が比較的容易で、拡散が危惧される兵器として、巡航ミサイルの脅威も指摘される。巡航ミサイルは、弾道ミサイルに比べ、製造コストが安く、維持、訓練も容易で、多くの国が製造又は改造を行っている。また、命中精度が比較的高く、飛翔時の探知が困難なものや、弾道ミサイルに比して小型で、船舶などに隠匿（いんとく）して、密かに攻撃対象に接近することが可能なものもあり、弾頭に大量破壊兵器が搭載された場合は、深刻な脅威となる。

2　相手の弱点をつくための攻撃手段であって、在来型の手段以外のもの。大量破壊兵器、弾道ミサイル、テロ、サイバー攻撃など。
3　米国防省「中華人民共和国の軍事及び安全保障の進展に関する年次報告」（2022年）による。

4 大量破壊兵器などの移転・拡散の懸念の拡大

自国防衛の目的で購入・開発を行った兵器であっても、国内生産が軌道に乗ると、輸出が可能になり移転されやすくなることがある。例えば、通常戦力の整備に資源を投入できないため、これを大量破壊兵器などによって補おうとする国家に対し、政治的なリスクを顧みない国家から、大量破壊兵器やその技術などの移転が行われている。大量破壊兵器などを求める国家の中には、自国の国土や国民を危険にさらすことに対する抵抗が小さく、また、その国土において国際テロ組織の活発な活動が指摘されているなど、政府の統治能力が低いものもある。こうした場合、一般に大量破壊兵器などが実際に使用される可能性が高まると考えられる。

さらに、このような国家では、関連の技術や物質の管理体制にも不安があることから、化学物質や核物質などが移転・流出する可能性が高いことが懸念されている。例えば、技術を持たないテロリストであっても、放射性物質を入手しさえすれば、これを散布し汚染を引き起こすことを意図するダーティボムなどをテロの手段として活用する危険があり、テロリストなどの非国家主体による大量破壊兵器の取得・使用について、各国で懸念が共有されている。

大量破壊兵器などの関連技術の拡散はこれまでに多数指摘されている。例えば、2004年2月には、パキスタンのカーン博士らにより北朝鮮、イラン及びリビアに主にウラン濃縮技術を中心とする核関連技術が移転されたことが明らかになった。

運搬手段となる弾道ミサイルについても、移転・拡散が顕著であり、旧ソ連などがイラク、北朝鮮、アフガニスタンなど多数の国・地域にスカッドBを輸出したほか、中国によるDF-3（CSS-2）、北朝鮮によるスカッドの輸出などを通じて、現在、相当数の国などが保有するに至っている。

北朝鮮は1980年代から90年代にかけて、外部からの各種資材・技術の移転により、発射実験をほとんど行うことなく弾道ミサイル開発を進展させたとみられるが、一方で外貨獲得のために技術や通常兵器、WMD（Weapons of Mass Destruction）サプライチェーンのための物品の拡散源であり続けているとも指摘されており、例えば、イラン、シリア、ミャンマーといった国々との間で、武器取引や武器技術移転を含む軍事分野での協力が伝えられている。

こうした動きに対する国際社会の断固たる姿勢は、大量破壊兵器などの移転・拡散に関与する国への大きな圧力となり、一部の国に国際機関の査察を受け入れさせるといった結果にもつながっている。一方、近年では懸念国が大量破壊兵器などを国外に不正輸出する際に、書類偽造や輸送経路の多様化などによって巧妙に国際的な監視を回避しつつ、移転を継続していると指摘されている。また、懸念国が、先進国の主要企業や学術機関などに派遣した自国の研究者や留学生などを通じて、大量破壊兵器などの開発・製造に応用しうる先端技術を入手する、無形技術移転も懸念されている。

第7節　気候変動が安全保障環境や軍に与える影響

1　気候変動が与える影響

各国軍は、気候変動に影響されずに活動を継続するための抗たん性確保に努めるとともに、気候変動に伴い発生する安全保障上の危機への対応に向けた取組を進めている。

気候変動の影響は、地域的に一様ではない。また、気象や環境の分野にとどまらず、社会や経済を含む多岐にわたる分野に及ぶものと考えられている。世界は2022年も前例のない熱波、大雨、干ばつ、熱帯低気圧のような極端な気象現象を経験し、気候変動が安全保障に与える様々な影響を強く認識するようになっている。

例えば、気候変動による複合的な影響に起因する水、食料、土地などの不足は、限られた土地や資源を巡る争いを誘発・悪化させるほか、大規模な住民移動を招き、社会的・政治的な緊張や紛争を誘発するおそれがあると考えられている。

また、広範にわたる気候変動の影響は、国家の対応能力にさらなる負荷をかけるとされる。特に、政治・経済上の問題を抱える国家の安定性を揺るがしかねず、不安定化した国家に対し、軍の活動を含む国際的な支援の必要性が高まるものと指摘されている。例えば、2022年、パキスタンでは記録的な大雨により大規模な洪水が発生し、国土の3分の1が水没した。これに対し、パキスタン軍が救援・救助活動を行ったほか、米中央軍が救命人道物資の空輸を実施した。多くの死傷者及び被災者が発生したことに加え、300億ドル以上とされる被害・経済的損失と、復興への負担は、新型コロナウイルス感染症の影響もあり景気低迷が続く同国の経済危機に追い打ちをかけており、国際的な支援が求められている。

さらに、北極海では、海氷の融解により航路として使用可能となる機会が増大するとともに、海底資源へのアクセスが容易になるとみられることなどから、沿岸国が海洋権益の確保に向けて大陸棚の延長を主張するための海底調査に着手しているほか、北極海域における軍事態勢を強化する動きもみられる。

救助活動を行うパキスタン兵【パキスタン陸軍HP】

参照　5節3項（北極海をめぐる動向）

雪氷の融解に関しては、黄河、長江、メコン川、インダス川、プラマプトラ川など、アジアにおける多くの大河の源流であるチベット高原において氷河の融解が及ぼす影響についても注目を要する旨が指摘されている。

このほか、温室効果ガスの排出量の規制やジオエンジニアリング（気候工学）の活用、脱炭素の動きに伴うレアアースなどの資源の国際需要構造の変化などをめぐり、国家間における緊張が高まる可能性も指摘されている。

気候変動による各国軍に対する直接的な影響としては、災害救援・人道復興支援活動などの任務に軍隊が出動する機会が増大するとともに、過酷な環境下で活動する軍の要員の身体に悪影響を与え得るとされる。また、気温の上昇や異常気象、海面水位の上昇などは、軍の装備や基地、訓練施設などに対する負荷を増大させるとともに、軍事作戦への影響も指摘されている。加えて、軍に対しても、温室効果ガスの排出削減を含む、より一層の環境対策を要求する声が高まっている。

2 気候変動に対する取組

米国は、気候危機を対外政策及び国家安全保障の中心に位置づけ、2050年にネット・ゼロ[1]を実現することを目指し、気候変動への対応を加速させている。2022年、国防省は気候適応計画進捗報告書[2]を公表したほか、陸軍省・海軍省・空軍省は、気候変動に関する戦略文書などを相次いで公表した。

米陸軍省は、2022年2月、「陸軍気候戦略（ACS（Army Climate Strategy））」を発表した。気候変動による影響として、人道・災害対応の需要の増大や陸軍の即応性への課題について言及するとともに、二次的影響として、敵対者やその他の悪意ある攻撃者は、気候変動の影響により減少する資源を奪いつつ、米国の国益を脅かす新たな機会を模索する可能性があると指摘している。また、温室効果ガス（GHG（greenhouse gas））の排出を2030年までに2005年比で50％削減、2050年までにネット・ゼロにするとし、施設へのマイクログリッド[3]の導入や100％カーボンフリーな電力の供給、電気自動車の配備などの目標を掲げている。2022年2月には、主力装甲戦闘車であるブラッドレー装甲戦闘車のハイブリッド型を公表した。さらに、同年10月には、ACSが掲げる目標達成に向けて、今後5年間の具体的な目標とタスクを設定し、個々の主管部署、達成期限、評価指標、優先度及び必要経費を明確化した実施計画[4]を発表した。

米海軍省は、2022年5月に「気候行動2030」を発表した。気候危機は海軍・海兵隊が任務を遂行する能力を直接的に脅かすと指摘したうえで、海軍省の喫緊の課題は、気候変動に対応できる軍隊の構築であるとし、この実現のため、気候変動に強靭な軍隊の構築と気候変動の脅威軽減に取り組むとした。GHGの排出については、2030年までに2008年比で65％削減し、2050年までにネット・ゼロを達成すると設定した。また、アルバニー海兵隊兵站基地は、バイオマス蒸気タービンや埋立地ガス発電機を含む革新的なエネルギー技術などにより、米国防省の施設として初めて、電力の生産と消費におけるネット・ゼロを達成したことを公表している。

米国防省が排出するGHG[5]の内、最大の割合を占める米空軍省は、2022年10月に発表した「気候行動計画」において、気候変動が空軍及び宇宙軍に与える様々な影響を指摘しつつ、空軍省自体が気候変動の一因となっていることを理解していると記載した。また、航空燃料及び航空機の動力となるエネルギーは、空軍省が使用するエネルギーの80％以上を占めるとし、優先事項の一つであるエネルギー利用の最適化と代替エネルギーの追求のため、産業界とも協力して新技術や新たな機体設計[6]による航空燃料の使用量削減を目指し、小型原子炉の実証試験などにも取り組んでいるとしている。

米国以外の国々も、気候変動への対応を推進している。

2022年4月、インドでは、国防相などに対し、インド陸軍への導入に向けた電動車両（EV（Electronic Vehicle））のデモンストレーションが行われた。インド国防省プレスリリースによると、ナラヴァネ陸軍参謀長（当時）は、輸送の未来はEVであり、インド陸軍は、たとえ世界の軍隊がまだEVの導入を検討しているとしても、この技術の採用の先駆者となるべきと考えている、としている。

同年11月には、英空軍が、現役軍用機としては世界で初めて、持続可能な航空燃料（SAF（Sustainable Aviation Fuel））を100％使用したボイジャー空中給油機による試験飛行を完了させた。英国防省によると、廃食用油由来のSAFを使用しており、ライフサイクルにおけるCO_2排出量を最大80％削減できると同時に、英空軍のグローバルなサプライチェーンへの依存を低減し、抗たん性を向上させることが可能としている。

1　特定の期間において、人為的に大気中に排出されたGHGと、人為的に除去されたGHGとの均衡が達成された状態をいう。

2　大統領令14008「国内外における気候危機への取組」及び14057「連邦政府の持続可能性を通じたクリーンエネルギー産業と雇用の促進」では、各連邦機関に対して気候適応計画と年次進捗報告書を作成し、気候適応と回復力を強化するために、各機関の行動を伝えることを求めている。この報告書は、年次進捗報告書に該当し、2021年に公表された気候適応計画で示された取組において、国防省が取り組んだ重要なステップを要約したもの。

3　発電所からの供給に頼らない、複数の発電源や負荷を管理するための制御装置を備えた、地域の電気システム。通常の電力網が停止した場合には、電力網から切り離して独立して運用することが可能。.

4　米陸軍省「陸軍気候戦略実施計画 2023-2027年度」

5　米国防省が公表した「FY2020作戦エネルギー年次報告書」によると、2020米会計年度に陸軍、海軍・海兵隊、空軍が作戦で使用したエネルギーは、それぞれ国防省全体の10％、36％、53％となっている。

6　例えば、米空軍は、民間企業と協力し、気流抵抗低減プロジェクトとして、空中輸送機KC-135のワイパーブレードの設計評価を行っており、水平設置から垂直設置に変更することで、燃料節約になる可能性があることを確認している。また、NASAや業界パートナーと連携し、超効率的な航空機設計の試作に取り組み、ブレンデッド・ウィング・ボディ機（翼と胴体が一体となった機体）の試作機の開発に取り組んでいる。

また、国を超えた協力も進められている。

NATOは、気候変動の安全保障における影響の理解と適応の観点で、主導的な国際組織となることを目標としている。2022年6月のマドリード首脳会合において採択した新戦略概念では、気候変動は現代における決定的な課題であり、NATOの安全保障に重大な影響を及ぼすものであると指摘している。また、軍隊の活動方法にも影響を及ぼすとして、気候変動を他の課題とともにNATOの全ての中核的任務に統合し横断的に取り組むことの重要性を強調している。この会合に付随し、NATOの同盟国やパートナーなどが参加する、初の「気候変動と安全保障に関するハイレベル対話」を開催した。この対話は、気候変動に関する国際的な協議を行うための年次プラットフォームとなり、安全保障への影響に協調して取り組み、成功事例などを交換する予定としている。

このように気候変動問題は各国にとって優先順位の高い課題として認識され、直接・間接の影響を受ける国防省・軍もあらゆるレベルで対処する姿勢を示している。

第Ⅱ部 わが国の安全保障・防衛政策

2032
2031
2030
2029
2028
2027
2026
2025
2024
2023
2022

第1章 わが国の安全保障と防衛の基本的考え方

第1節 わが国の安全保障を確立する方策

国家の独立は、国が政治、経済、社会のあり方を自ら決定し、その文化、伝統や価値観を保つため、守らねばならないものである。また、平和と安全は、国民が安心して生活し、国が繁栄を続けていくうえで不可欠のものである。しかしながら、これらは、願望するだけでは確保できない。わが国自身の主体的、自主的な努力が必要である。

観閲を行う岸田内閣総理大臣と浜田防衛大臣（国際観艦式）

国民の命や暮らしを守り抜くうえで、まず優先されるべきは、積極的な外交の展開である。自由、民主主義、人権、法の支配といった普遍的価値や原則を重視しつつ、わが国と基本的な価値や利益を共にする米国との間の日米同盟[1]を基軸とし、多国間協力を推進していくことが不可欠である。

同時に、外交には、裏付けとなる防衛力が必要である。戦略的なアプローチとして、「自由で開かれたインド太平洋」（FOIP：Free and Open Indo-Pacific）のビジョンの下での外交を展開するとともに、反撃能力の保有を含む防衛力の抜本的強化などを進めていく。

わが国は、わが国だけで守れるものではない。もはやどの国も一国では自国を守ることは困難な状況にある。そのため、同盟国や同志国との連携が不可欠である。

わが国にとって望ましい安全保障環境を創出し、脅威の発生を予防する観点から、インド太平洋地域や国際社会の一員としての協力などの分野で防衛力が果たす役割の重要性は増している。

わが国は、このような防衛力の役割を認識したうえで、外交や経済などの分野も含め、様々な分野における努力を尽くすことにより、わが国の安全を確保するとともに、インド太平洋地域、ひいては世界の平和と安全を目指している。

1 一般的には、日米安保体制を基盤として、日米両国がその基本的価値及び利益をともにする国として、安全保障面をはじめ、政治及び経済の各分野で緊密に協調・協力していく関係を意味する。

第2節　憲法と防衛政策の基本

1　憲法と自衛権

わが国は、第二次世界大戦後、再び戦争の惨禍を繰り返すことのないよう決意し、平和国家の建設を目指して努力を重ねてきた。恒久の平和は、日本国民の念願である。この平和主義の理想を掲げる日本国憲法は、第9条に戦争放棄、戦力不保持、交戦権の否認に関する規定を置いている。もとより、わが国が独立国である以上、この規定は、主権国家としての固有の自衛権を否定するものではない。政府は、このようにわが国の自衛権が否定されない以上、その行使を裏づける自衛のための必要最小限度の実力を保持することは、憲法上認められると解している。

このような考えに立ち、わが国は、憲法のもと、専守防衛をわが国の防衛の基本的な方針として実力組織としての自衛隊を保持し、その整備を推進し、運用を図ってきている。

2　憲法第9条の趣旨についての政府見解

1　保持できる自衛力

わが国が憲法上保持できる自衛力は、自衛のための必要最小限度のものでなければならないと考えられている。その具体的な限度は、その時々の国際情勢、軍事技術の水準その他の諸条件により変わり得る相対的な面があり、毎年度の予算などの審議を通じて国民の代表者である国会において判断される。憲法第9条第2項で保持が禁止されている「戦力」にあたるか否かは、わが国が保持する全体の実力についての問題であって、自衛隊の個々の兵器の保有の可否は、それを保有することで、わが国の保持する実力の全体がこの限度を超えることとなるか否かにより決められる。

しかし、個々の兵器のうちでも、性能上専ら相手国国土の壊滅的な破壊のためにのみ用いられる、いわゆる攻撃的兵器を保有することは、直ちに自衛のための必要最小限度の範囲を超えることとなるため、いかなる場合にも許されない。例えば、大陸間弾道ミサイル（ICBM：Intercontinental Ballistic Missile）、長距離戦略爆撃機、攻撃型空母の保有は許されないと考えている。

2　憲法9条のもとで許容される自衛の措置

2014年7月1日の閣議決定「国の存立を全うし、国民を守るための切れ目のない安全保障法制の整備について」において、次の3つの要件（「武力の行使」の三要件）を満たす場合には、自衛の措置として、「武力の行使」が憲法上許容されるべきであると判断するに至った。

①わが国に対する武力攻撃が発生したこと、又はわが国と密接な関係にある他国に対する武力攻撃が発生し、これによりわが国の存立が脅かされ、国民の生命、自由及び幸福追求の権利が根底から覆される明白な危険があること

②これを排除し、わが国の存立を全うし、国民を守るために他に適当な手段がないこと

③必要最小限度の実力を行使すること

参照　資料9（「国の存立を全うし、国民を守るための切れ目のない安全保障法制の整備について」（平成26年7月1日国家安全保障会議決定及び閣議決定））

3　自衛権を行使できる地理的範囲

わが国が自衛権の行使としてわが国を防衛するため必要最小限度の実力を行使できる地理的範囲は、必ずしもわが国の領土・領海・領空に限られないが、それが具体的にどこまで及ぶかは個々の状況に応じて異なるので、一概には言えない。

しかし、武力行使の目的をもって武装した部隊を他国の領土・領海・領空に派遣するいわゆる海外派兵は、一般に、自衛のための必要最小限度を超えるものであり、憲法上許されないと考えられている。

4 交戦権

憲法第9条第2項は、「国の交戦権は、これを認めない。」と規定しているが、ここでいう交戦権とは、戦いを交える権利という意味ではなく、交戦国が国際法上有する種々の権利の総称であって、相手国兵力の殺傷と破壊、相手国の領土の占領などの権能を含むものである。

一方、自衛権の行使にあたっては、わが国を防衛するため必要最小限度の実力を行使することは当然のこととして認められている。例えば、わが国が自衛権の行使として相手国兵力の殺傷と破壊を行う場合、外見上は同じ殺傷と破壊であっても、それは交戦権の行使とは別の観念のものである。ただし、相手国の領土の占領などは、自衛のための必要最小限度を超えるものと考えられるので、認められない。

3 基本政策

これまでわが国は、憲法のもと、専守防衛に徹し、他国に脅威を与えるような軍事大国とならないとの基本理念に従い、日米安保体制を堅持するとともに、文民統制を確保し、非核三原則を守りつつ、実効性の高い統合的な防衛力を効率的に整備してきている。

1 専守防衛

専守防衛とは、相手から武力攻撃を受けたときにはじめて防衛力を行使し、その態様も自衛のための必要最小限にとどめ、また、保持する防衛力も自衛のための必要最小限のものに限るなど、憲法の精神に則った受動的な防衛戦略の姿勢をいう。

2 軍事大国とならないこと

軍事大国という概念の明確な定義はないが、わが国が他国に脅威を与えるような軍事大国とならないということは、わが国は自衛のための必要最小限を超えて、他国に脅威を与えるような強大な軍事力を保持しないということである。

3 非核三原則

非核三原則とは、核兵器を持たず、作らず、持ち込ませずという原則を指し、わが国は国是としてこれを堅持している。

なお、核兵器の製造や保有は、原子力基本法の規定でも禁止されている[1]。さらに、核兵器不拡散条約（NPT: Treaty on the Non-Proliferation of Nuclear Weapons）により、わが国は、非核兵器国として、核兵器の製造や取得をしないなどの義務を負っている[2]。

4 文民統制の確保

文民統制は、シビリアン・コントロールともいい、民主主義国家における軍事に対する政治の優先、又は軍事力に対する民主主義的な政治による統制を指す。わが国の場合、終戦までの経緯に対する反省もあり、自衛隊が国民の意思によって整備・運用されることを確保するため、旧憲法下の体制[3]とは全く異なり、次のような厳格な文民統制の制度を採用している。

国民を代表する国会が、自衛官の定数、主要組織などを法律・予算の形で議決し、また、防衛出動などの承認を行う。国の防衛に関する事務は、一般行政事務として、内閣の行政権に完全に属しており、内閣を構成する内閣総理大臣その他の国務大臣は、憲法上文民でなければならないこととされている。内閣総理大臣は、内閣を代表して自衛隊に対する最高の指揮監督権を有しており、国の防衛に専任する主任の大臣である防衛大臣は、自衛隊の隊務を統括する。また、内閣には、わが国の安全保障に関する重要事項を審議する機関として国家安全保障会議が置かれている。

防衛省では、防衛大臣が国の防衛に関する事務を分担管理し、主任の大臣として、自衛隊を管理し、運営する。その際、防衛副大臣、防衛大臣政務官（2人）及び防衛大臣補佐官が政策、企画及び政務について防衛大臣を助け

1 原子力基本法第2条「原子力利用は、平和の目的に限り、安全の確保を旨として、民主的な運営の下に、自主的にこれを行うものとし……」
2 NPT第2条「締約国である各非核兵器国は、……核兵器その他の核爆発装置を製造せず又はその他の方法によって取得しないこと……を約束する」
3 軍に関する事項について、内閣の統制が及び得ない範囲が広かった。

ることとされている。

　また、防衛大臣政策参与が、防衛省の所掌事務に関する重要事項に関し、自らが有する見識に基づき、防衛大臣に進言などを行うこととしているほか、防衛会議では、防衛大臣のもとに政治任用者、文官、自衛官の三者が一堂に会して防衛省の所掌事務に関する基本的方針について審議することとし、文民統制のさらなる徹底を図っている。

　以上のように、文民統制の制度は整備されているが、それが実をあげるためには、国民が防衛に対する深い関心を持つとともに、政治・行政両面における運営上の努力が引き続き必要である。

参照　Ⅱ部5章1節（国家安全保障会議）、Ⅱ部5章2節1項2（防衛大臣を補佐する体制）

着任にあたり特別儀仗隊を巡閲する浜田防衛大臣（2022年8月）

第3節　わが国の安全保障政策の体系

1　三文書の策定の経緯

北朝鮮の弾道ミサイルの問題や、一方的な現状変更及びその試みの継続、軍事バランスの急速な変化、宇宙・サイバーといった領域や経済安全保障上の課題、これらの現実から目を背けることなく、わが国の領土・領海・領空そして国民の生命と財産を守り抜く必要がある。

岸田内閣総理大臣は、2021年10月の所信表明演説において、安保戦略、防衛大綱及び中期防の改定に取り組むことを発表し、同年12月の所信表明演説において、国民の命と暮らしを守るため、いわゆる敵基地攻撃能力も含め、あらゆる選択肢を排除せず現実的に検討し、スピード感を持って防衛力を抜本的に強化していくこと、そのために新たな安保戦略などを、おおむね1年をかけて、策定する旨発表した。これらを受け、政府は国家安全保障会議における閣僚間の議論を同年11月以降、計18回行うとともに、関係省庁が2022年1月から計17回にわたり、外交・防衛のみならず、経済安全保障、技術、宇宙、サイバー、気候変動など多岐にわたる分野の有識者合計52名からヒアリングを行った。また、同年9月以降4回開催された「国力としての防衛力を総合的に考える有識者会議」や、10月以降15回開催された与党ワーキングチームなどで、活発な議論が積み重ねられた。

こうした議論を踏まえ、政府は、2022年12月、わが国の国家安全保障政策にかかる主要な文書として、「国家安全保障戦略（安保戦略）」、「国家防衛戦略（防衛戦略）」及び「防衛力整備計画（整備計画）」の三つの文書（三文書）を閣議決定した。

2022年12月16日閣議決定時の岸田内閣総理大臣記者会見の様子
【首相官邸HP】

2　わが国の国家安全保障政策の体系

安保戦略は、外交政策及び防衛政策を中心とした国家安全保障の基本方針として、2013年12月に、それまでわが国の防衛政策がその基礎をおいていた「国防の基本方針」に代わるものとして、わが国として初めて策定されたものである。戦後最も厳しく複雑な安全保障環境に直面していることを受け、これまでの外交・防衛分野のみならず、経済安全保障、技術、情報も含む幅広い分野の政策に戦略的な指針を与えるものとして、2022年12月に新たな安保戦略が策定された。

そのうえで、安保戦略を踏まえ、わが国防衛の目標やこれを達成するためのアプローチ・手段を示すものとして、同年12月に防衛戦略が初めて策定された。これは、1976年以降6回策定してきた自衛隊の防衛力整備、維持及び運用の基本的指針である防衛計画の大綱（防衛大綱）に代わるものである。安保戦略と防衛戦略はともにおおむね10年間程度の期間を念頭に置いている。

整備計画は、防衛戦略に従い、防衛力の水準やそれに基づくおおむね10年後の自衛隊の体制、5か年の経費総額や主要装備品の整備数量を示した中長期的な計画として2022年12月に初めて策定された。従来、将来の防衛

資料：「国家安全保障戦略」・「国家防衛戦略」・「防衛力整備計画」
URL：https://www.mod.go.jp/j/policy/agenda/guideline/index.html

力の水準については、防衛大綱で示し、防衛力整備にかかる5か年の経費総額などは防衛大綱を踏まえた中期防衛力整備計画（中期防）で示してきたが、防衛力の水準と5か年の経費総額を統合した整備計画にすることで一貫性のある形にした。

参照　図表Ⅱ-1-3-1（「国家安全保障戦略」、「国家防衛戦略」、「防衛力整備計画」及び年度予算の関係）、図表Ⅱ-1-3-2（戦略文書体系の変化）、資料1（国家安全保障戦略について（令和4年12月16日国家安全保障会議決定及び閣議決定））、資料2（国家防衛戦略について）、資料3（防衛力整備計画について）、資料4（国家安全保障戦略について（平成25年12月17日国家安全保障会議決定及び閣議決定））、資料5（平成31年度以降に係る防衛計画の大綱について）、資料7（中期防衛力整備計画（平成31年度～平成35年度）について）

図表Ⅱ-1-3-1　「国家安全保障戦略」、「国家防衛戦略」、「防衛力整備計画」及び年度予算の関係

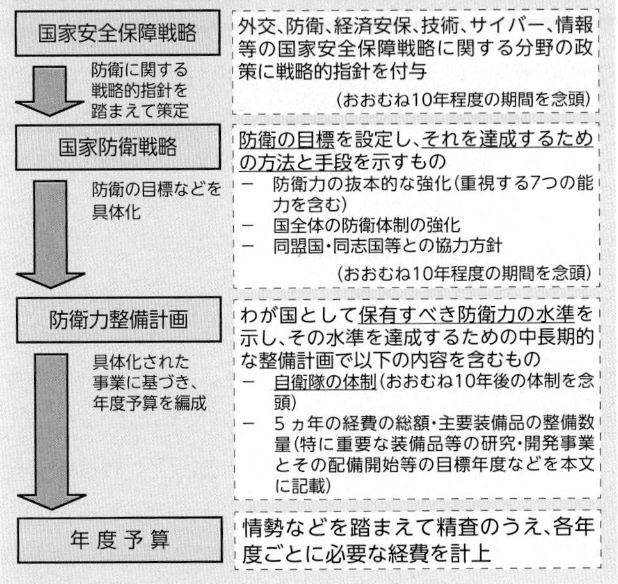
国家安全保障戦略
外交、防衛、経済安保、技術、サイバー、情報等の国家安全保障戦略に関する分野の政策に戦略的指針を付与
（おおむね10年程度の期間を念頭）
防衛に関する戦略的指針を踏まえて策定
国家防衛戦略
防衛の目標を設定し、それを達成するための方法と手段を示すもの
– 防衛力の抜本的な強化（重視する7つの能力を含む）
– 国全体の防衛体制の強化
– 同盟国・同志国等との協力方針
（おおむね10年程度の期間を念頭）
防衛の目標などを具体化
防衛力整備計画
わが国として保有すべき防衛力の水準を示し、その水準を達成するための中長期的な整備計画で以下の内容を含むもの
– 自衛隊の体制（おおむね10年後の体制を念頭）
– 5ヵ年の経費の総額・主要装備品の整備数量（特に重要な装備品等の研究・開発事業とその配備開始等の目標年度などを本文に記載）
具体化された事業に基づき、年度予算を編成
年度予算
情勢などを踏まえて精査のうえ、各年度ごとに必要な経費を計上

図表Ⅱ-1-3-2　戦略文書体系の変化

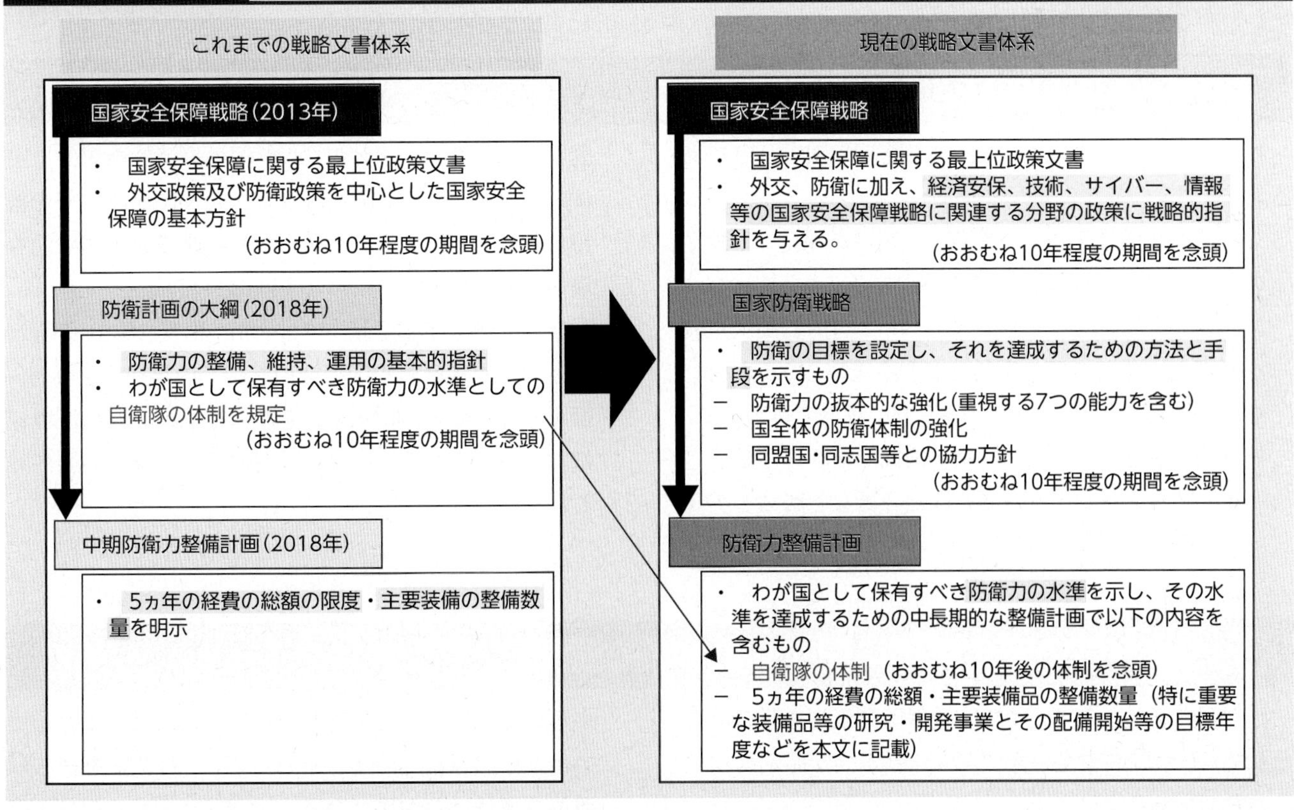
これまでの戦略文書体系
国家安全保障戦略（2013年）
・ 国家安全保障に関する最上位政策文書
・ 外交政策及び防衛政策を中心とした国家安全保障の基本方針
（おおむね10年程度の期間を念頭）
防衛計画の大綱（2018年）
・ 防衛力の整備、維持、運用の基本的指針
・ わが国として保有すべき防衛力の水準としての自衛隊の体制を規定
（おおむね10年程度の期間を念頭）
中期防衛力整備計画（2018年）
・ 5ヵ年の経費の総額の限度・主要装備の整備数量を明示
現在の戦略文書体系
国家安全保障戦略
・ 国家安全保障に関する最上位政策文書
・ 外交、防衛に加え、経済安保、技術、サイバー、情報等の国家安全保障戦略に関連する分野の政策に戦略的指針を与える。
（おおむね10年程度の期間を念頭）
国家防衛戦略
・ 防衛の目標を設定し、それを達成するための方法と手段を示すもの
– 防衛力の抜本的な強化（重視する7つの能力を含む）
– 国全体の防衛体制の強化
– 同盟国・同志国等との協力方針
（おおむね10年程度の期間を念頭）
防衛力整備計画
・ わが国として保有すべき防衛力の水準を示し、その水準を達成するための中長期的な整備計画で以下の内容を含むもの
– 自衛隊の体制（おおむね10年後の体制を念頭）
– 5ヵ年の経費の総額・主要装備品の整備数量（特に重要な装備品等の研究・開発事業とその配備開始等の目標年度などを本文に記載）

第2章 国家安全保障戦略

本章では国家安全保障戦略（安保戦略）の見直しの経緯や策定の趣旨、その内容について記載する。なお、策定の経緯については、第Ⅱ部第1章第3節（わが国の安全保障政策の体系）を参照。

1 策定の趣旨

安保戦略では、「策定の趣旨」において、本戦略が目指すものや問題意識について次のように示している。

パワーバランスの歴史的変化と地政学的競争の激化に伴い、国際秩序は重大な挑戦に晒されている。同時に、気候変動など地球規模課題等での協力も必要である。国際関係において対立と協力の様相が複雑に絡み合う時代となっている。

わが国は、戦後最も厳しく複雑な安全保障環境に直面している。また、わが国周辺では軍備増強が急速に進展しており、力による一方的な現状変更の圧力が強まっている。

サイバー攻撃、偽情報拡散などが平素から生起しており、有事と平時の境目はますます曖昧になっている。更に、安全保障の対象は、経済などにまで拡大し、軍事と非軍事の分野の境目も曖昧になっている。

こうした中、対立と協力が複雑に絡み合う国際関係全体を俯瞰し、外交力・防衛力・経済力を含む、総合的な国力を最大限に活用し、国益を守る。安保戦略は国家安全保障の最上位の政策文書である。

安保戦略に基づく戦略的な指針と施策は、戦後の安全保障政策を実践面から大きく転換するものである。

参照 図表Ⅱ-2-1（国家安全保障戦略及び国家防衛戦略の構成）

2 わが国の国益

わが国が守り、発展させるべき国益は、次の3点である。

○　わが国の主権と独立を維持し、領域を保全し、国民の生命・身体・財産の安全を確保する。そして、わが国の豊かな文化と伝統を継承しつつ、自由と民主主義を基調とするわが国の平和と安全を維持し、その存立を全うする。また、わが国と国民は、世界で尊敬され、好意的に受け入れられる国家・国民であり続ける。

○　経済成長を通じてわが国と国民の更なる繁栄を実現する。そのことにより、わが国の平和と安全をより強固なものとする。そして、わが国の経済的な繁栄を主体的に達成しつつ、開かれ安定した国際経済秩序を維持・強化し、わが国と他国が共存共栄できる国際的な環境を実現する。

○　自由、民主主義、基本的人権の尊重、法の支配といった普遍的価値や国際法に基づく国際秩序を維持・擁護する。特に、わが国が位置するインド太平洋地域において、自由で開かれた国際秩序を維持・発展させる。

3 わが国の安全保障に関する基本的な原則

わが国の国益を守るための安全保障政策の遂行の前提として、わが国の安全保障に関する基本的な原則は次のとおりである。

○　国際協調を旨とする積極的平和主義を維持する。その理念を国際社会で一層具現化しつつ、将来にわたってわが国の国益を守る。そのために、わが国を守る一義的な責任はわが国にあるとの認識のもと、刻々と変化する安全保障環境を直視した上で、必要な改革を果

図表Ⅱ-2-1 国家安全保障戦略及び国家防衛戦略の構成

国家安全保障戦略

Ⅰ 策定の趣旨

Ⅱ 我が国の国益

Ⅲ 我が国の安全保障に関する基本的な原則

Ⅳ 我が国を取り巻く安全保障環境と我が国の安全保障上の課題

1 グローバルな安全保障環境と課題
2 インド太平洋地域における安全保障環境と課題
(1)インド太平洋地域における安全保障の概観
(2)中国の安全保障上の動向
(3)北朝鮮の安全保障上の動向
(4)ロシアの安全保障上の動向

Ⅴ 我が国の安全保障上の目標

Ⅵ 我が国が優先する戦略的なアプローチ

1 我が国の安全保障に関わる総合的な国力の主な要素
2 戦略的なアプローチとそれを構成する主な方策
(1) 危機を未然に防ぎ、平和で安定した国際環境を能動的に創出し、自由で開かれた国際秩序を強化するための外交を中心とした取組の展開
ア 日米同盟の強化
イ 自由で開かれた国際秩序の維持・発展と同盟国・同志国等との連携の強化
ウ 我が国周辺国・地域との外交、領土問題を含む諸懸案の解決に向けた取組の強化
エ 軍備管理・軍縮・不拡散
オ 国際テロ対策
カ 気候変動対策
キ ODAを始めとする国際協力の戦略的な活用
ク 人的交流等の促進
(2) 我が国の防衛体制の強化
ア 国家安全保障の最終的な担保である防衛力の抜本的強化
イ 総合的な防衛体制の強化との連携等
ウ いわば防衛力そのものとしての防衛生産・技術基盤の強化
エ 防衛装備移転の推進
オ 防衛力の中核である自衛隊員の能力を発揮するための基盤の強化
(3) 米国との安全保障面における協力の深化
(4) 我が国を全方位でシームレスに守るための取組の強化
ア サイバー安全保障分野での対応能力の向上
イ 海洋安全保障の推進と海上保安能力の強化
ウ 宇宙の安全保障に関する総合的な取組の強化
エ 技術力の向上と研究開発成果の安全保障分野での積極的な活用のための官民の連携の強化
オ 我が国の安全保障のための情報に関する能力の強化
カ 有事も念頭に置いた我が国国内での対応能力の強化
キ 国民保護のための体制の強化
ク 在外邦人等の保護のための体制と施策の強化
ケ エネルギーや食料など我が国の安全保障に不可欠な資源の確保
(5) 自主的な経済的繁栄を実現するための経済安全保障政策の促進
(6) 自由、公正、公平なルールに基づく国際経済秩序の維持・強化
(7) 国際社会が共存共栄するためのグローバルな取組
ア 多国間協力の推進、国際機関や国際的な枠組みとの連携の強化
イ 地球規模課題への取組

Ⅶ 我が国の安全保障を支えるために強化すべき国内基盤

1 経済財政基盤の強化
2 社会的基盤の強化
3 知的基盤の強化

Ⅷ 本戦略の期間・評価・修正

Ⅸ 結語

国家防衛戦略

Ⅰ 策定の趣旨

Ⅱ 戦略環境の変化と防衛上の課題

1 戦略環境の変化
2 我が国周辺国等の軍事動向
3 防衛上の課題

Ⅲ 我が国の防衛の基本方針

1 我が国自身の防衛体制の強化
(1)我が国の防衛力の抜本的強化
(2)国全体の防衛体制の強化
2 日米同盟による共同抑止・対処
(1)日米共同の抑止力・対処力の強化
(2)同盟調整機能の強化
(3)共同対処基盤の強化
(4)在日米軍の駐留を支えるための取組
3 同志国等との連携

Ⅳ 防衛力の抜本的強化に当たって重視する能力

1 スタンド・オフ防衛能力
2 統合防空ミサイル防衛能力
3 無人アセット防衛能力
4 領域横断作戦能力
5 指揮統制・情報関連機能
6 機動展開能力・国民保護
7 持続性・強靱性

Ⅴ 将来の自衛隊の在り方

1 7つの重視分野における自衛隊の役割
2 自衛隊の体制整備の考え方
3 政策立案機能の強化

Ⅵ 国民の生命・身体・財産の保護・国際的な安全保障協力への取組

1 国民の生命・身体・財産の保護に向けた取組
2 国際的な安全保障協力への取組

Ⅶ いわば防衛力そのものとしての防衛生産・技術基盤

1 防衛生産基盤の強化
2 防衛技術基盤の強化
3 防衛装備移転の推進

Ⅷ 防衛力の中核である自衛隊員の能力を発揮するための基盤の強化

1 人的基盤の強化
2 衛生機能の変革

Ⅸ 留意事項

断に遂行し、わが国の安全保障上の能力と役割を強化する。

○ 自由、民主主義、基本的人権の尊重、法の支配といった普遍的価値を維持・擁護する形で、安全保障政策を遂行する。そして、戦後最も厳しく複雑な安全保障環境の中においても、世界的に最も成熟し安定した先進民主主義国の一つとして、普遍的価値・原則の維持・擁護を各国と協力する形で実現することに取り組み、国際社会が目指すべき範を示す。

○ 平和国家として、専守防衛に徹し、他国に脅威を与えるような軍事大国とはならず、非核三原則を堅持するとの基本方針は今後も変わらない。

○ 拡大抑止の提供を含む日米同盟は、わが国の安全保障政策の基軸であり続ける。

○ わが国と他国との共存共栄、同志国との連携、多国間の協力を重視する。

4 わが国を取り巻く安全保障環境とわが国の安全保障上の課題

わが国の安全保障上の目標を定めるに当たり、わが国を取り巻く安全保障環境と安全保障上の課題は次のとおりである。

1 グローバルな安全保障環境と課題

グローバルなパワーの重心が、インド太平洋地域に移る形で、国際社会は急速に変化している。国際秩序に挑戦する動きが加速している。こうした現在の国際環境の複雑さ、厳しさを表す顕著な例は次のとおりである。

○ 他国の領域主権などへの力による一方的な現状変更及びその試みがなされている。

○ サイバー空間・海洋・宇宙空間・電磁波領域などにおけるリスクが深刻化している。

○ 経済安全保障の必要性が拡大している。一部の国家が、他国に経済的な威圧を加え、自国の勢力拡大を図っている。

○ 国際社会のガバナンスが低下しつつある。気候変動など共通の課題対応で国際社会が団結しづらくなっている。

2 インド太平洋地域における安全保障環境と課題

「自由で開かれたインド太平洋」(FOIP)というビジョンのもと、法の支配に基づく自由で開かれた国際秩序の実現、地域の平和と安定の確保は、わが国の安全保障にとって死活的に重要である。

図表Ⅱ-2-2 わが国周辺国などの軍事動向に関する記述の対比表

	国家安全保障戦略(2013年12月)	国家安全保障戦略(2022年12月)
中国	・対外姿勢、軍事動向等は、その軍事や安全保障政策に関する透明性の不足とあいまって、我が国を含む国際社会の懸念事項となっており、中国の動向について慎重に注視していく必要	・現在の対外的な姿勢や軍事動向等は、**我が国と国際社会の深刻な懸念事項**であり、我が国の平和と安全及び国際社会の平和と安定を確保し、法の支配に基づく国際秩序を強化する上で、**これまでにない最大の戦略的な挑戦**であり、我が国の総合的な国力と同盟国・同志国等との連携により対応すべきもの
北朝鮮	・米国本土を射程に含む弾道ミサイルの開発や、核兵器の小型化及び弾道ミサイルへの搭載の試みは、我が国を含む地域の安全保障に対する脅威を質的に深刻化させるもの	・核戦力を質的・量的に最大限のスピードで強化する方針であり、ミサイル関連技術等の急速な発展と合わせて考えれば、北朝鮮の軍事動向は、我が国の安全保障にとって、**従前よりも一層重大かつ差し迫った脅威**
ロシア	・東アジア地域の安全保障環境が一層厳しさを増す中、安全保障及びエネルギー分野を始めあらゆる分野でロシアとの協力を進め、日露関係を全体として高めていくことは、我が国の安全保障を確保する上で極めて重要 ※「アジア太平洋地域における安全保障環境と課題」のパートにおいて中国、北朝鮮と並列の記述はない。	・今回のウクライナ侵略等によって、国際秩序の根幹を揺るがし、**欧州方面においては安全保障上の最も重大かつ直接の脅威** ・我が国を含むインド太平洋地域におけるロシアの対外的な活動、軍事動向等は、**中国との戦略的な連携と相まって、安全保障上の強い懸念**

※国家防衛戦略においても、ほぼ同様に記述

	(参考)防衛大綱(2018年12月)
中国	・軍事動向等については、国防政策や軍事力の不透明性とあいまって、我が国を含む地域と国際社会の安全保障上の強い懸念となっており、今後も強い関心を持って注視していく必要
北朝鮮	・軍事動向は、我が国の安全に対する重大かつ差し迫った脅威であり、地域及び国際社会の平和と安全を著しく損なうもの
ロシア	・核戦力を中心に軍事力の近代化に向けた取組を継続することで軍事態勢の強化を図っており、ウクライナ情勢等をめぐり、欧米と激しく対立。また、北極圏、欧州、米国周辺、中東に加え、北方領土を含む極東においても軍事活動を活発化させる傾向にあり、その動向を注視していく必要

(1) 中国の安全保障上の動向

中国は、十分な透明性を欠いたまま、軍事力を広範かつ急速に増強しており、東シナ海、南シナ海などにおける、力による一方的な現状変更及びその試みを継続・強化している。また、ロシアとの戦略的な連携の強化、国際秩序への挑戦を試みている。さらに、十分な透明性を欠いた開発金融、他国の中国への依存を利用した経済的な威圧を加える事例も起きている。台湾について武力行使の可能性を否定せず、また、台湾周辺における軍事活動が活発化している。

現在の中国の対外的な姿勢や軍事動向などは、わが国と国際社会の深刻な懸念事項であり、わが国の平和と安全及び国際社会の平和と安定を確保し、法の支配に基づく国際秩序を強化するうえで、これまでにない最大の戦略的な挑戦であり、わが国の総合的な国力と同盟国・同志国などとの連携により対応すべきものである。

(2) 北朝鮮の安全保障上の動向

北朝鮮のミサイル関連技術及び運用能力は急速に進展している。また、核戦力を最大限のスピードで強化する方針である。

北朝鮮の軍事動向は、わが国の安全保障にとって、従前よりも一層重大かつ差し迫った脅威となっている。

また、拉致問題は、わが国の主権と国民の生命・安全にかかわる重大な問題であり、国の責任において解決すべき喫緊の課題である。

(3) ロシアの安全保障上の動向

ウクライナ侵略など、ロシアの自国の安全保障上の目標のために軍事力に訴えることを辞さない姿勢は顕著である。北方領土でも軍備増強及び活動が活発化している。また、中国との間で戦略的な連携を強化してきている。

ロシアの対外的な活動、軍事動向などは、今回のウクライナ侵略などによって、国際秩序の根幹を揺るがし、欧州方面においては安全保障上の最も重大かつ直接の脅威と受け止められている。また、わが国を含むインド太平洋地域におけるロシアの対外的な活動、軍事動向などは、中国との戦略的な連携と相まって、安全保障上の強い懸念である。

参照 図表Ⅱ-2-2（わが国周辺国などの軍事動向に関する記述の対比表）

5 わが国の安全保障上の目標

わが国が国益を確保できるようにするためのわが国の安全保障上の目標は次のとおりである。

○ わが国の主権と独立を維持し、わが国が国内・外交に関する政策を自主的に決定できる国であり続け、わが国の領域、国民の生命・身体・財産を守る。そのために、わが国自身の能力と役割を強化し、同盟国である米国や同志国などと共に、わが国及びその周辺における有事、一方的な現状変更の試みなどの発生を抑止する。万が一、わが国に脅威が及ぶ場合も、これを阻止・排除し、かつ被害を最小化させつつ、わが国の国益を守るうえで有利な形で終結させる。

○ 安全保障政策の遂行を通じて、わが国の経済が成長できる国際環境を主体的に確保する。それにより、わが国の経済成長がわが国を取り巻く安全保障環境の改善を促すという、安全保障と経済成長の好循環を実現する。その際、わが国の経済構造の自律性、技術などの他国に対する優位性、ひいては不可欠性を確保する。

○ 国際社会の主要なアクターとして、同盟国・同志国などと連携し、国際関係における新たな均衡を、特にインド太平洋地域において実現する。それにより、特定の国家が一方的な現状変更を容易に行いうる状況となることを防ぎ、安定的で予見可能性が高く、法の支配に基づく自由で開かれた国際秩序を強化する。

○ 国際経済や、気候変動、感染症などの地球規模課題への対応、国際的なルールの形成などの分野において、多国間の協力を進め、国際社会が共存共栄できる環境を実現する。

6 わが国が優先する戦略的なアプローチ

1 わが国の安全保障にかかわる総合的な国力の主な要素

総合的な国力（外交力、防衛力、経済力、技術力、情報力）を用いて、戦略的なアプローチを実施する。

2 戦略的なアプローチとそれを構成する主な方策

戦略的なアプローチとそれを構成する主な方策は次のとおりである。

(1) 危機を未然に防ぎ、平和で安定した国際環境を能動的に創出し、自由で開かれた国際秩序を強化するための外交を中心とした取組の展開

①日米同盟の強化
②自由で開かれた国際秩序の維持・発展と同盟国・同志国などとの連携の強化
③わが国周辺国・地域との外交、領土問題を含む諸懸案の解決に向けた取組の強化
④軍備管理・軍縮・不拡散
⑤国際テロ対策
⑥気候変動対策
⑦ODAをはじめとする国際協力の戦略的な活用（同志国の安全保障上の能力・抑止力向上のための新たな協力枠組みを含む）
⑧人的交流などの促進

(2) わが国の防衛体制の強化

わが国の防衛体制の強化の内容については、防衛戦略において詳述するが、安保戦略における要点は次のとおりである。

○ 国家安全保障の最終的な担保である防衛力を抜本的に強化する。
　①領域横断作戦能力に加え、スタンド・オフ防衛能力、無人アセット防衛能力などを強化する。
　②反撃能力を保有する。
　③2027年度に、防衛力の抜本的強化とそれを補完する取組をあわせた予算水準が現在の国内総生産（GDP）[1]の2%に達するよう所要の措置を講ずる。
　④有事の際の防衛大臣による海上保安庁に対する統制を含む、自衛隊と海上保安庁との連携を強化する。
○ 総合的な防衛体制を強化する。（研究開発、公共インフラ、サイバー安全保障、同志国などとの国際協力）
○ 安全保障上意義が高い防衛装備移転などを円滑に行うため、防衛装備移転三原則・運用指針を始めとする制度の見直しを検討する。また三つの原則そのものは維持しつつ、必要性、要件、関連手続の透明性の確保などを十分に検討する。防衛装備移転を円滑に進めるための各種支援を行うことなどにより、官民一体となって防衛装備移転を進める。
○ 防衛生産・技術基盤の強化、人的基盤強化など（ハラスメントを一切許容しない組織環境）を整備する。

参照 Ⅱ部3章2節（国家防衛戦略の内容）、解説「反撃能力」

(3) 米国との安全保障面における協力の深化

米国による拡大抑止の提供を含む日米同盟の抑止力と対処力を一層強化する。

(4) わが国を全方位でシームレスに守るための取組の強化

①サイバー安全保障
　○ サイバー防御を強化する。能動的サイバー防御の導入及びその実施のために必要な措置の実現に向け検討を進める。これらのために、サイバー安全保障の政策を一元的に総合調整する新たな組織の設置、法制度の整備、運用の強化を図る。
②海洋安全保障・海上保安能力
　○ 海上保安能力を大幅に強化・体制を拡充する。有事の際の防衛大臣による海上保安庁に対する統制を含む、海上保安庁と自衛隊との連携を強化する。

---

1 「現在の国内総生産（GDP）」とは、令和4年度のGDPを指している。そのうえで、「令和5年度の経済見通しと経済財政運営の基本的態度」（令和4年12月22日閣議了解）で示された令和4年度実績見込みにおけるGDPが560.2兆円とされていることを踏まえれば、その2%は11兆円となる見込みである。

③宇宙安全保障

○　自衛隊・海上保安庁の宇宙空間の利用を強化する。JAXAなどと自衛隊の連携強化、民間技術の活用を進める。

○　宇宙の安全保障に関する政府の構想を取りまとめ、宇宙基本計画などに反映させる。

④安全保障関連の技術力の向上と積極的な活用

○　防衛省の意見を踏まえた研究開発ニーズと関係省庁が有する技術シーズを合致させるとともに、当該事業を実施していくための政府横断的な仕組みを創設する。経済安全保障重要技術育成プログラムなどの活用を進める。

⑤情報に関する能力の向上

○　情報収集能力（特に人的情報収集能力）を大幅に強化する。統合的な形での情報集約の体制を整備する。認知領域における情報戦への対応能力を強化する。偽情報対策の新体制を整備する。

⑥有事も念頭に置いたわが国国内での対応能力の強化

○　自衛隊・海上保安庁のニーズに基づき公共インフラ整備・機能強化の仕組みを創設する。自衛隊・米軍などの円滑な活動を確保する。原子力発電所などの重要施設の安全確保対策を行う。

⑦国民保護の体制強化

○　住民の迅速な避難を実現すべく、避難施設の確保などを行う。住民避難などの各種訓練の実施と検証を行った上で、必要な施策の検討を行う。

⑧在外邦人等の保護

⑨エネルギーや食料など国家安全保障に不可欠な資源の確保

陸自と警察の共同対処訓練の様子

(5) 経済安全保障政策の促進

○　自律性、優位性、不可欠性の確保などに向けて措置を講じていく。レアアースなどの重要物資の安定供給確保などによるサプライチェーン強靭化を進める。セキュリティ・クリアランスを含むわが国の情報保全の強化の検討を進める。

(6) 自由・公正・公平なルールに基づく国際経済秩序の維持・強化

○　不公正な貿易慣行や経済的な威圧への対抗に取り組んでいく。「環太平洋パートナーシップに関する包括的及び先進的な協定」(CPTPP) の高いレベルの維持などに取り組む。透明・公正な開発金融を推進する。

(7) 国際社会が共存共栄するためのグローバルな取組

○　国連などの国際機関や国際的な枠組みとの連携を強化する。感染症危機対応、人道支援、人権擁護、国際平和協力などに取り組む。

7　わが国の安全保障を支えるために強化すべき国内基盤

わが国の安全保障を支えるために強化すべき国内基盤は次のとおりである。

1　経済財政基盤の強化

○　安全保障と経済成長の好循環を実現する。有事の際の持続的な対応能力を確保する。経済・金融・財政の基盤の強化に取り組む。

2　社会的基盤の強化

○　平素からの国民の安全保障に関する理解と協力を深めるための取組を行う。

○　諸外国やその国民に対する敬意を表し、わが国と郷土を愛する心を養う。

○　平和と安全のために危険を顧みず職務に従事する者の活動が社会で適切に評価される取組を一層進める。

3 知的基盤の強化

○ 安保分野における政府と企業・学術界との実践的な連携の強化、効果的な国内外での発信のための施策を進める。

8 結語

国際社会が対立する分野では、総合的な国力により、安全保障を確保する。国際社会が協力すべき分野では、諸課題の解決に向けて主導的かつ建設的な役割を果たし続ける。このような行動は、わが国の国際的な存在感と信頼をさらに高め、同志国などを増やし、わが国を取り巻く安全保障環境を改善することに繋がる。

希望の世界か、困難と不信の世界かの分岐点に立ち、戦後最も厳しく複雑な安全保障環境のもとにあっても、安定した民主主義、確立した法の支配、成熟した経済、豊かな文化を擁するわが国は、普遍的価値に基づく政策を掲げ、国際秩序の強化に向けた取組を確固たる覚悟を持って主導していく。

資料：国家安全保障
URL：https://www.mod.go.jp/j/policy/agenda/guideline/index.html

第3章 国家防衛戦略

わが国を取り巻く安全保障環境や世界の軍事情勢の変化を把握し、これらを踏まえつつ、わが国の防衛力のあり方と保有すべき防衛力の水準について規定するいわばわが国の平和と安全を確保するグランドデザインとして、これまで防衛計画の大綱（防衛大綱）が定められてきた。防衛大綱は1976（昭和51）年に初めて策定されて以来、計6回策定された。戦後最も厳しい安全保障環境を踏まえ、わが国の防衛目標、この防衛目標を達成するためのアプローチ及びその手段を包括的に示すものとして、防衛大綱に代えて、2022年12月に国家防衛戦略（防衛戦略）[1]が新たに策定された。

第1節 防衛大綱から国家防衛戦略への変遷

1 51大綱

51大綱[2]は、1970（昭和45）年代のデタント[3]を背景として策定されたものであり、①全般的には東西間の全面的軍事衝突などが生起する可能性は少ない、②わが国周辺においては、米中ソの均衡的な関係と日米安保体制の存在がわが国への本格的な侵略の防止に大きな役割を果たし続けるとの認識に立った。

そのうえで、わが国が保有する防衛力は、①防衛上必要な各種の機能を備え、②後方支援体制を含めてその組織および配備において均衡のとれた態勢をとることを主眼とし、③これをもって平時において十分な警戒態勢をとりうるとともに、④限定的かつ小規模な侵略までの事態に有効に対処することができ、⑤さらに情勢の変化が生じ、新たな防衛力の態勢が必要とされるに至ったときには、円滑にこれに移行できるよう配慮されたものとすることとした。51大綱で導入した「基盤的防衛力構想」は、このようにわが国への侵略の未然防止に重点を置いた抑止効果を重視した考え方である。

2 07大綱

07大綱[4]は、冷戦の終結など国際情勢が大きく変化する一方、国連平和維持活動や阪神・淡路大震災への対応など、自衛隊に対する期待が高まっていたことなどを考慮して策定された。

07大綱は、わが国の防衛力整備がそれまで、わが国に対する軍事的脅威に直接対抗するよりも、自らが力の空白となってわが国周辺地域における不安定要因とならないよう、独立国としての必要最小限の基盤的な防衛力を保有するという「基盤的防衛力構想」に基づいて行われてきたとしたうえで、これを基本的に踏襲した。

一方、防衛力の内容は、防衛力の規模や機能を見直すことに加えて、「わが国の防衛」のみならず、「大規模災害など各種事態への対応」や「より安定した安全保障環境への貢献」など様々な分野において自衛隊の能力をより一層活用することを重視するものとなっているのが特徴である。

1 「国家防衛戦略について」（令和4年12月16日国家安全保障会議及び閣議決定）
2 「昭和52年度以降に係る防衛計画の大綱について」（昭和51年10月29日国防会議及び閣議決定）
3 1962（昭和37）年のキューバ危機を契機として、当時冷戦と呼ばれる対立関係にあった米ソの緊張状態が緩和していった状況を指す。1979（昭和54）年のソ連のアフガニスタン侵攻によって終焉
4 「平成8年度以降に係る防衛計画の大綱について」（平成7年11月28日安全保障会議及び閣議決定）

3 16大綱

16大綱[5]は、大量破壊兵器や弾道ミサイルの拡散の進展、国際テロ組織の活動などの新たな脅威や多様な事態への対応が課題となる中、わが国の安全保障および防衛力のあり方について新たな指針を示す必要があるとの判断のもとで策定された。

16大綱は、①わが国に直接脅威が及ぶことを防止し、脅威が及んだ場合にはこれを排除するとともにその被害を最小化すること、②国際的な安全保障環境を改善し、わが国に脅威が及ばないようにすること、の2つを安全保障の目標とし、そのために「わが国自身の努力」、「同盟国との協力」および「国際社会との協力」の3つのアプローチを統合的に組み合わせることとした。そのうえで、防衛力のあり方については、「基盤的防衛力構想」の有効な部分は継承するとしつつ、「対処能力」をより重視し、新たな脅威や多様な事態に対応できるよう「多機能で弾力的な実効性のある防衛力」が必要であるとした。

4 22大綱

22大綱[6]は、①わが国周辺において、依然として核戦力を含む大規模な軍事力が存在するとともに、多くの国が軍事力を近代化し、また各種の活動を活発化させていること、②軍事科学技術などの飛躍的な発展にともない、兆候が現れてから事態が発生するまでの時間は短縮化する傾向にある中でシームレスに対応する必要があること、③多くの安全保障課題は、国境を越えて広がるため、平素からの各国の連携・協力が重要となっている中で、軍事力の役割が多様化し、平素から常時継続的に軍事力を運用することが一般化しつつあることなどを踏まえ、策定された。

22大綱は、今後の防衛力について、「防衛力の存在」を重視した従来の「基盤的防衛力構想」によらず、「防衛力の運用」に焦点を当て、与えられた防衛力の役割を効果的に果たすための各種の活動を能動的に行える「動的なもの」としていく必要があるとした。このため、即応性、機動性、柔軟性、持続性および多目的性を備え、軍事技術水準の動向を踏まえた高度な技術力と情報能力に支えられた「動的防衛力」を構築することとした。

5 25大綱

25大綱[7]は、わが国を取り巻く安全保障環境が一層厳しさを増す中、いわゆるグレーゾーンの事態を含め、自衛隊の対応が求められる事態が増加するとともに長期化しつつある中、自衛隊の活動量を下支えする防衛力の「質」と「量」の確保が必ずしも十分とは言えない状況を踏まえて策定された。

このような反省点に立って、25大綱は、より統合運用を徹底し、装備の運用水準を高め、その活動量をさらに増加させるとともに、各種活動を下支えする防衛力の「質」と「量」を必要かつ十分に確保し、抑止力及び対処力を高めていくこととした。このため、自衛隊全体の機能・能力に着目した統合運用の観点からの能力評価を実施し、総合的な観点から特に重視すべき機能・能力を導き出すこととした。このような能力評価の結果を踏まえることで、刻々と変化するわが国を取り巻く安全保障環境に適応し、メリハリのきいた防衛力の効率的な整備が可能となった。あわせて、後方支援基盤をこれまで以上に幅広く強化し、最も効果的に運用できる態勢を構築することとした。

このように、25大綱は、多様な活動を状況に臨機に即応して機動的に行いうる、より実効的な防衛力である「統合機動防衛力」を構築することとした。

---

5 「平成17年度以降に係る防衛計画の大綱について」(平成16年12月10日安全保障会議及び閣議決定)
6 「平成23年度以降に係る防衛計画の大綱について」(平成22年12月17日安全保障会議及び閣議決定)
7 「平成26年度以降に係る防衛計画の大綱について」(平成25年12月17日国家安全保障会議及び閣議決定)

6 30大綱

30大綱[8]は、わが国を取り巻く安全保障環境が格段に速いスピードで厳しさと不確実性を増していることを踏まえ、「統合機動防衛力」の方向性を深化させた真に実効的な防衛力を構築すべく策定された。

具体的には、①全ての領域における能力を有機的に融合し、その相乗効果により全体としての能力を増幅させる領域横断（クロス・ドメイン）作戦が実施でき、②平時から有事までのあらゆる段階における柔軟かつ戦略的な活動の常時継続的な実施を可能とし、③日米同盟の強化及び安全保障協力の推進が可能な性質を有する、真に実効的な防衛力として、「多次元統合防衛力」を構築することとした。特に、宇宙・サイバー・電磁波といった新たな領域における能力は、軍全体の作戦遂行能力を著しく向上させるものであることから、各国が注力している分野である。わが国としても、このような能力や、それと一体となって、航空機、艦艇、ミサイルなどによる攻撃に効果的に対処するための能力の強化や、後方分野も含めた防衛力の持続性・強靱性の強化を重視していくこととした。

参照　図表Ⅱ-3-1（防衛力の役割の変化）

図表Ⅱ-3-1　防衛力の役割の変化

	【背　景】	【防衛力の役割】
51大綱（S51.10.29 国防会議・閣議決定）	○東西冷戦は継続するが緊張緩和の国際情勢 ○わが国周辺は米中ソの均衡が成立 ○国民に対し防衛力の目標を示す必要性	・「基盤的防衛力構想」 ・わが国に対する軍事的脅威に直接対抗するよりも、自らが力の空白となってわが国周辺地域における不安定要因とならないよう、独立国としての必要最小限の基盤的な防衛力を保有
↓19年		
07大綱（H7.11.28 安保会議・閣議決定）	○東西冷戦の終結 ○不透明・不確実な要素がある国際情勢 ○国際貢献などへの国民の期待の高まり	・「基盤的防衛力構想」を基本的に踏襲 ・防衛力の役割として「わが国の防衛」に加え、「大規模災害等各種の事態への対応」及び「より安定した安全保障環境の構築への貢献」を追加
↓9年		
16大綱（H16.12.10 安保会議・閣議決定）	○国際テロや弾道ミサイルなどの新たな脅威 ○世界の平和がわが国の平和に直結する状況 ○抑止重視から対処重視に転換する必要性	・新たな脅威や多様な事態に実効的に対応するとともに、国際平和協力活動に主体的かつ積極的に取り組み得るものとすべく、多機能で弾力的な実効性のあるもの ・「基盤的防衛力構想」の有効な部分は継承
↓6年		
22大綱（H22.12.17 安保会議・閣議決定）	○グローバルなパワーバランスの変化 ○複雑さを増すわが国周辺の軍事情勢 ○国際社会における軍事力の役割の多様化	・「動的防衛力」の構築（「基盤的防衛力構想」によらず） ・各種事態に対して実効的な抑止・対処を可能とし、アジア太平洋地域の安保環境の安定化・グローバルな安保環境の改善のための活動を能動的に行い得る防衛力
↓3年		
25大綱（H25.12.17 国家安全保障会議・閣議決定）	○わが国を取り巻く安全保障環境が一層厳しさを増大 ○米国のアジア太平洋地域へのリバランス ○東日本大震災での自衛隊の活動における教訓	・「統合機動防衛力」の構築 ・厳しさを増す安全保障環境に即応し、海上優勢・航空優勢の確保など事態にシームレスかつ状況に臨機に対応して機動的に行い得るよう、統合運用の考え方をより徹底した防衛力
↓5年		
30大綱（H30.12.18 国家安全保障会議・閣議決定）	○わが国を取り巻く安全保障環境が格段に速いスピードで厳しさと不確実性を増大 ○宇宙・サイバー・電磁波といった新たな領域の利用の急速な拡大 ○軍事力のさらなる強化や軍事活動の活発化の傾向が顕著	・「多次元統合防衛力」の構築 ・陸・海・空という従来の領域のみならず、宇宙・サイバー・電磁波といった新たな領域の能力を強化し、全ての領域の能力を融合させる領域横断作戦などを可能とする、真に実効的な防衛力
↓5年		
国家防衛戦略（R4.12.16 国家安全保障会議・閣議決定）	○わが国は、戦後、最も厳しく複雑な安全保障環境に直面 ○周辺国等が軍事力を増強しつつ軍事活動を活発化する中、我が国はその最前線に位置 ○新しい戦い方が顕在化する中、それに対応できるかどうかが今後の防衛力を構築する上での課題	・相手の能力と新しい戦い方に着目した防衛力の構築 ・多次元統合防衛力を抜本的に強化して、力による一方的な現状変更やその試みを許さず、我が国への侵攻を抑止し、万一、抑止が破られた場合には、我が国自体への侵攻を我が国が主たる責任をもって阻止・排除し得る防衛力

8　「平成31年度以降に係る防衛計画の大綱について」（平成30年12月18日国家安全保障会議及び閣議決定）

第2節 国家防衛戦略の内容

本節では国家防衛戦略（防衛戦略）の策定の趣旨や内容について記載する。防衛戦略の内容は、既に防衛省HPで公表されていることから、本節では、防衛戦略における要点を中心に、その背景や考え方などを記載する。なお、策定の経緯については、第Ⅱ部第1章第3節（わが国の安全保障政策の体系）を参照。

1 基本的な考え方―防衛力の抜本的強化―

防衛戦略は、以下の認識のもと、1976年以降6回策定されてきた自衛隊を中核とした防衛力の整備、維持及び運用の基本方針である防衛大綱に代わって、わが国の防衛目標、この防衛目標を達成するためのアプローチ及びその手段を包括的に示すものである。

今般、防衛戦略及び整備計画において、政府が決定した防衛力の抜本的強化とそれを裏付ける防衛力整備の水準についての方針は、戦後の防衛政策の大きな転換点となるものである。中長期的な防衛力強化の方向性と内容を示す防衛戦略の策定により、こうした大きな転換点の意義について、国民の理解が深まるよう政府として努力していく。

また、安保戦略、防衛戦略及び整備計画に示された防衛力の抜本的強化の方向性などに基づき、令和5年度以降に実施する事業などの進捗管理を徹底し、防衛省・自衛隊が一丸となり、予算を効果的かつ効率的に執行していくため、2023年4月、浜田防衛大臣のもとに「防衛力抜本的強化実現推進本部」を立ち上げた。こうした体制のもと、防衛力の抜本的な強化を実現していく。

防衛力抜本的強化実現推進本部会議の様子

2 策定の趣旨

わが国の防衛は、防衛省・自衛隊だけで行えるものではなく、国民一人ひとりの防衛政策に関する理解と協力が不可欠である。こうした観点から、防衛戦略では、「策定の趣旨」において、防衛戦略が目指すものや問題意識について、次のように国民に分かりやすく端的に示した。

まず、わが国政府の最も重大な責務は、国民の命と平和な暮らし、そして、わが国の領土・領空・領海を断固として守り抜くことであり、安全保障の根幹である。わが国を含む国際社会は深刻な挑戦を受け、新たな危機の時代に突入している。インド太平洋地域、とりわけ東アジアにおいて、国際秩序の根幹を揺るがしかねない深刻な事態が発生する可能性が排除されない。

わが国は、こうした動きの最前線に位置しており、わが国の今後の安全保障・防衛政策のあり方が地域と国際社会の平和と安定に直結すると言っても過言ではない。戦後、最も厳しく複雑な安全保障環境の中で、国民の命と平和な暮らしを守り抜くためには、厳しい現実に向き合って、相手の能力と新しい戦い方に着目した防衛力の抜本的強化が必要である。この防衛力の抜本的強化と国全体の防衛体制の強化を、戦略的発想をもって一体として実施することこそが、わが国の抑止力を高め、日米同盟をより一層強化し、また、同志国などとの安保協力の礎となる。特に、2022年10月、米国も新たな国家防衛戦略を策定したところであり、日米の戦略を擦り合わせる意味でも今回の策定は時宜にかなうものである。

こうした認識のもと、「防衛計画の大綱」に代わり、新たな「国家防衛戦略」を策定する。こうした防衛力の抜本的強化とそれを裏付ける防衛力整備の水準についての方針は、戦後の防衛政策の大きな転換点となるものである。こうした大きな転換点の意義について、国民の理解が深まるよう政府として努力していく。

3 戦略環境の変化と防衛上の課題

1 戦略環境の変化

防衛戦略を策定するためには、その背景となるわが国を取り巻く安全保障環境の厳しい現実をしっかりと分析することが必要である。防衛戦略では、戦略環境の変化を次のように分析した。

まず、普遍的価値や政治・経済体制を共有しない国家が勢力を拡大しており、力による一方的な現状変更やその試みは、既存の国際秩序に対する深刻な挑戦であり、ロシアによるウクライナ侵略は、最も苛烈な形でこれを顕在化させている。国際社会は戦後最大の試練の時を迎え、新たな危機の時代に突入しつつある。

また、グローバルなパワーバランスが大きく変化し、政治・経済・軍事などにわたる国家間の競争が顕在化している。特に、インド太平洋地域においては、こうした傾向が顕著であり、その中で中国が力による一方的な現状変更やその試みを継続・強化している。

加えて、米中間の競争は様々な分野で今後激化していくと予想されるが、米国は中国との競争において今後10年が決定的なものになるとの認識を示している。

さらに、科学技術の急速な進展が安全保障のあり方を根本的に変化させ、各国は将来の戦闘様相を一変させる、ゲーム・チェンジャーとなりうる先端技術の開発を実施している。加えて、サイバー領域などにおけるリスクの深刻化、偽情報の拡散を含む情報戦の展開、気候変動などのグローバルな安全保障上の課題も存在する。

2 わが国周辺国などの軍事動向

中国は、2017年の中国共産党全国代表大会（党大会）での報告において、2035年までに「国防と軍隊の現代化を基本的に実現」したうえで、今世紀半ばに「世界一流の軍隊」を築き上げることを目標に掲げている。2020年の第19期中央委員会第5回全体会議では、2027年には「建軍100年の奮闘目標」を達成することを目標に加えた。2022年の党大会での報告においては、「世界一流の軍隊」を早期に構築することが「社会主義現代化国家」の全面的建設の戦略的要請であることが新たに明記され、そうした目標のもと、軍事力の質・量を広範かつ急速に拡大している。そのうえで、今後5年が自らの目指す「社会主義現代化国家」の全面的建設を始める肝心な時期と位置づけている。国防費の急速な増加を背景にわが国を上回る数の近代的な海上・航空アセットを保持するなど、軍事力を強化し、わが国周辺全体での軍事活動を活発化させるとともに、台湾に対する軍事的圧力を高めている。また、南シナ海での軍事拠点化などを推し進めている。さらに、2022年8月4日にわが国の排他的経済水域（EEZ）内への5発の着弾を含む計9発の弾道ミサイルを台湾周辺に発射したが、このことは地域住民に脅威と受け止められた。このような対外的な姿勢や軍事動向などは、わが国と国際社会の深刻な懸念事項であり、わが国の平和と安全及び国際社会の平和と安定を確保し、法の支配に基づく国際秩序を強化する上で、これまでにない最大の戦略的な挑戦であり、わが国の防衛力を含む総合的な国力と、同盟国・同志国などとの協力・連携により対応すべきものである。

北朝鮮は、体制を維持するために大量破壊兵器や弾道ミサイルなどの増強に集中的に取り組んでおり、技術的にはわが国を射程に収める弾道ミサイルに核兵器を搭載し、わが国を攻撃する能力を既に保有しているとみられる。また、様々なプラットフォームからのミサイル発射を繰り返すなど、特にミサイル関連技術・運用能力を急速に向上させている。こうした軍事動向は従前よりも一層重大かつ差し迫った脅威となっている。

ロシアによるウクライナ侵略は、欧州方面における防衛上の最も重大かつ直接の脅威と受け止められている。また、わが国周辺においても北方領土を含む極東地域において軍事活動を活発化させており、こうした軍事動向は、わが国を含むインド太平洋地域において、中国との戦略的な連携と相まって防衛上の強い懸念である。

さらに、今後、インド太平洋地域において、こうした活動が同時に行われる場合には、それが地域にどのような影響を及ぼすかについて注視していく必要がある。

3 防衛上の課題

ロシアがウクライナを侵略するに至った軍事的な背景としては、ウクライナがロシアによる侵略を抑止するための十分な能力を保有していなかったことにある。また、どの国も一国では自国の安全を守ることはできず、共同して侵攻に対処する意思と能力を持つ同盟国との協力の重要性が再認識されている。

さらに、高い軍事力を持つ国が、あるとき侵略という意思を持ったことにも注目すべきである。脅威は能力と意思の組み合わせで顕在化するが、その意思を外部から正確に把握することは困難である。国家の意思決定過程が不透明であれば、脅威が顕在化する素地が常に存在する。このような国から自国を守るためには、力による一方的な現状変更は困難であると認識させる抑止力が必要であり、相手の能力に着目した防衛力を構築する必要がある。

また、戦い方についても、従来の航空侵攻・海上侵攻・着上陸侵攻といった伝統的なものに加え、精密打撃能力による大規模なミサイル攻撃、情報戦を含むハイブリッド戦、宇宙・サイバー・電磁波領域や無人アセットを用いた非対称的な攻撃、核兵器による威嚇ともとれる言動などを組み合わせた新しい戦い方が顕在化している。こうした新しい戦い方に対応できるかどうかが今後の防衛力を構築する上での課題である。

4 わが国の防衛の基本方針（防衛目標と反撃能力の保有を含むわが国の防衛力の抜本的強化など）

1 わが国防衛の基本方針

(1) 基本方針

わが国の防衛の根幹である防衛力は、わが国の安全保障を確保するための最終的な担保であり、わが国に脅威が及ぶことを抑止するとともに、脅威が及ぶ場合には、これを阻止・排除し、わが国を守り抜くという意思と能力を表すものである。これまで述べてきたわが国を取り巻く安全保障環境や防衛上の課題を踏まえ、今後の防衛力については、相手の能力と戦い方に着目して、わが国を防衛する能力をこれまで以上に抜本的に強化する。また、新たな戦い方へ対応を推進し、いついかなるときも力による一方的な現状変更とその試みは決して許さないとの意思を明確にしていく必要がある。

(2) 3つの防衛目標

わが国の防衛目標は、第一に力による一方的な現状変更を許容しない安全保障環境を創出することである。第二に、力による一方的な現状変更やその試みを、同盟国・同志国などと協力・連携して抑止・対処し、早期に事態を収拾することである。第三に、万が一、わが国への侵攻が生起する場合、わが国が主たる責任をもって対処し、同盟国などの支援を受けつつ、これを阻止・排除することである。

また、核兵器の脅威に対しては、核抑止力を中心とする米国の拡大抑止が不可欠である。第一から第三までの防衛目標を達成するためのわが国自身の努力と、米国の拡大抑止などが相まって、あらゆる事態からわが国を守り抜く。

(3) 防衛目標を達成するための3つのアプローチ

防衛目標を実現するためのアプローチとして、第一のアプローチは、わが国自身の防衛体制の強化として、その中核たるわが国の防衛力を抜本的に強化することに加え、国全体の防衛体制を強化することである。第二は、日米同盟の抑止力と対処力のさらなる強化であり、日米の意思と能力を顕示することである。第三は、同志国などとの連携の強化であり、一か国でも多くの国々との連携を強化することである。これに加え、いわば防衛力そのものとしての防衛生産・技術基盤や防衛力の中核である自衛隊員の能力を発揮するための基盤も強化する。

2 第1のアプローチ：わが国自身の防衛体制の強化

(1) わが国の防衛力の抜本的な強化

わが国の安全保障を最終的に担保する防衛力については、想定される各種事態に真に実効的に対処し、抑止できるものを目指し、30大綱において多次元統合防衛力（平時から有事までのあらゆる段階における活動をシームレスに実施できるよう、宇宙・サイバー・電磁波の領域と陸・海・空の領域を有機的に融合させつつ、統合運用により機動的・持続的な活動を行い得るもの）を構築してきた。防衛戦略においては、これまでの多次元統合防衛力を抜本的に強化し、その努力をさらに加速して進めていく。

抜本的に強化された防衛力は、防衛目標であるわが国自体への侵攻をわが国が主たる責任をもって阻止・排除しうる能力でなくてはならない。これは相手にとって軍事的手段ではわが国侵攻の目標を達成できず、生じる損害というコストに見合わないと認識させうるだけの能力をわが国が持つことを意味する。こうした防衛力を保有できれば、米国の能力と相まって、わが国への侵攻のみならず、インド太平洋地域における力による一方的な現状変更やその試みを抑止でき、それを許容しない安全保障環境を創出することにつながる。これが防衛力を抜本的に強化する目的である。

さらに、抜本的に強化された防衛力は、常続的な情報収集・警戒監視・偵察（ISR）や事態に応じて柔軟に選択される抑止措置（FDO）としての訓練・演習などに加え、対領空侵犯措置などを行い、かつ事態にシームレスに即応・対処できる能力でなければならない。これを実現するためには、部隊の活動量が増える中であっても、自衛隊員の能力や部隊の練度向上に必要な訓練・演習などを十分に実施できるよう、内外に訓練基盤を確保し、柔軟な勤務態勢を構築することなどにより、高い即応性・対処力を保持した防衛力を構築する必要がある。

Flexible Deterrent Options

また、新しい戦い方に対応するために必要な機能・能力としては、まず、わが国への侵攻そのものを抑止するために、遠距離から侵攻戦力を阻止・排除できる能力である、①スタンド・オフ防衛能力、②統合防空ミサイル防衛能力を強化する。抑止が破られた場合、①と②の能力に加え、領域を横断して優越を獲得し、非対称的な優勢を確保するため、③無人アセット防衛能力、④領域横断作戦能力、⑤指揮統制・情報関連機能を強化する。迅速かつ粘り強く活動し続けて、相手方の侵攻意図を断念させるため、⑥機動展開能力・国民保護、⑦持続性・強靭性を強化する。

このような防衛力の抜本的強化は、いついかなる形で力による一方的な現状変更が生起するか予測困難であることから、速やかに実現していく必要がある。まず、5年後の2027年度までに、わが国への侵攻が生起する場合には、わが国が主たる責任をもって対処し、同盟国などの支援を受けつつ、これを阻止・排除できるように防衛力を強化する。今後5年間の最優先課題は、現有装備品を最大限活用するため、可動率向上や弾薬・燃料の確保、主要な防衛施設の強靭化を加速することに加え、将来の中核分野である、スタンド・オフ防衛能力や無人アセット防衛能力などを抜本的に強化することである。さらに、おおむね10年後までにより確実にするための更なる努力を行い、より早期・遠方で侵攻を阻止・排除できるようにする。

この防衛力の抜本的強化には大幅な経費と相応の人員の増加が必要となるが、防衛力の抜本的強化の実現に資する形で、スクラップ・アンド・ビルドを徹底し定員・装備の最適化を実現する。また、効率的な調達などを進めて大幅なコスト縮減を実現してきたこれまでの努力を、防衛生産基盤に配意しつつ、さらに継続・強化する。あわせて、人口減少と少子高齢化を踏まえ、無人化・省人化・最適化を徹底していく。

わが国への侵攻を抑止する上で鍵となるのは、スタンド・オフ防衛能力などを活用した反撃能力である。近年、わが国周辺のミサイル戦力は質・量ともに著しく増強される中、ミサイル発射も繰り返されており、ミサイル攻撃が現実の脅威となっている。こうした中、今後も、既存のミサイル防衛網を質・量ともに不断に強化していくが、それのみでは完全に対応することが困難になりつつある。このため、ミサイル防衛により飛来するミサイルを防ぎつつ、相手からの更なる武力攻撃を防ぐために、わが国から有効な反撃を相手に加える能力、すなわち反撃能力の保有が必要である。「反撃能力」とは、わが国に対する武力攻撃が発生し、その手段として弾道ミサイルなどによる攻撃が行われた場合、武力の行使の三要件に基づき、そのような攻撃を防ぐのにやむを得ない必要最小限度の自衛の措置として、相手の領域において、わが国が有効な反撃を加えることを可能とする、スタンド・オフ防衛能力などを活用した自衛隊の能力をいう。こうした有効な反撃を加える能力を持つことにより、武力攻撃そのものを抑止する。そのうえで、万一、相手からミサイルが発射される際にも、ミサイル防衛網により、飛来するミサイルを防ぎつつ、反撃能力により相手からの更なる武力攻撃を防ぎ、国民の命と平和な暮らしを守っていく。反撃能力は、憲法及び国際法の範囲内で、専守防衛の考え方を変更するものではなく、「武力の行使」の三要件を満たす場合に初めて行使し得るものであり、武力攻撃が発生していない段階で自ら先に攻撃する先制攻

解説　反撃能力

近年、わが国周辺では、極超音速兵器などのミサイル関連技術と飽和攻撃など実戦的なミサイル運用能力が飛躍的に向上し、質・量ともにミサイル戦力が著しく増強される中、ミサイルの発射も繰り返されるなど、わが国へのミサイル攻撃が現実の脅威となっており、既存のミサイル防衛網だけで完全に対応することは難しくなりつつあります。そのため、反撃能力を保有する必要があります。

反撃能力とは、わが国に対する武力攻撃が発生し、その手段として弾道ミサイル等による攻撃が行われた場合、「武力の行使」の三要件に基づき、そのような攻撃を防ぐのにやむを得ない必要最小限度の自衛の措置として、相手の領域において、わが国が有効な反撃を加えることを可能とする、スタンド・オフ防衛能力等を活用した自衛隊の能力のことを言います。

こうした有効な反撃を加える能力を持つことにより、武力攻撃そのものを抑止し、万一、相手からミサイルが発射される際にも、ミサイル防衛網により、飛来するミサイルを防ぎつつ、反撃能力により相手からの更なる武力攻撃を防ぎ、国民の命や平和な暮らしを守っていきます。

この反撃能力については、1956年2月29日に政府見解※1として、憲法上、「誘導弾等による攻撃を防御するのに、他に手段がないと認められる限り、誘導弾等の基地をたたくことは、法理的には自衛の範囲に含まれ、可能である」としたものの、これまで政策判断として保有することとしてこなかった能力に当たるものです。

この政府見解は、2015年の平和安全法制に際して示された武力の行使の三要件の下で行われる自衛の措置にもそのまま当てはまるものであり、今般保有することとする能力は、この考え方の下で上記三要件を満たす場合に行使しうるものです。

反撃能力の行使の対象について、政府は、従来、法理上は、誘導弾等による攻撃を防ぐのに他に手段がない場合における「やむを得ない必要最小限度の措置」をとることは可能であると説明してきており、いかなる措置が自衛の範囲に含まれるかについては、個別具体的に判断されるものであり、この考え方は、反撃能力においても同様です。他方、どこでも攻撃してよいというものではなく、攻撃を厳格に軍事目標に対するものに限定するといった国際法の遵守を当然の前提とした上で、ミサイル攻撃を防ぐのにやむを得ない必要最小限度の措置の対象を個別具体的な状況に照らして判断していくものです。

また、政府としては、従来から、憲法第9条の下でわが国が保持することが禁じられている戦力とは、自衛のための必要最小限度の実力を超えるものを指すと解されており、これに当たるか否かは、わが国が保持する全体の実力についての問題である一方で、個々の兵器のうちでも、性能上専ら相手国の国土の壊滅的破壊のためにのみ用いられる、いわゆる攻撃的兵器※2を保有することは、これにより直ちに自衛のための必要最小限度の範囲を超えることとなるため、いかなる場合にも許されないと考えてきており、この一貫した見解を変更する考えはありません。

※1　政府の統一見解（鳩山内閣総理大臣答弁船田防衛庁長官代読（1956年2月29日））
わが国に対して急迫不正の侵害が行われ、その侵害の手段としてわが国土に対し、誘導弾などによる攻撃が行われた場合、座して自滅を待つべしというのが憲法の趣旨とするところだというふうには、どうしても考えられないと思うのです。そういう場合には、そのような攻撃を防ぐのに万やむを得ない必要最小限度の措置をとること、たとえば、誘導弾等による攻撃を防御するのに、他に手段がないと認められる限り、誘導弾などの基地をたたくことは、法理的には自衛の範囲に含まれ、可能であるというべきものと思います。

※2　例えばICBM、長距離戦略爆撃機、攻撃型空母

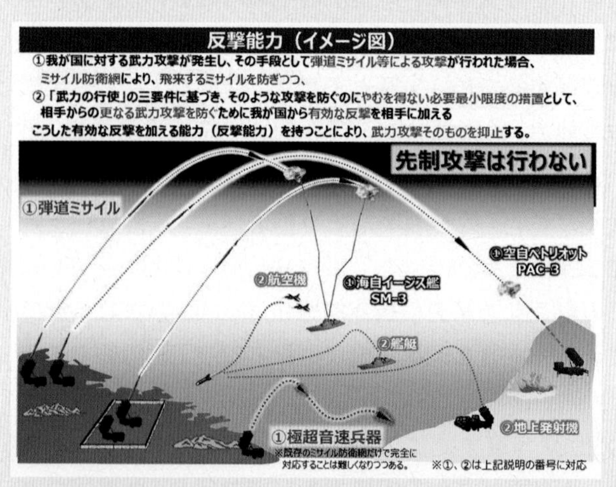

撃は許されないことはいうまでもない。また、日米の基本的な役割分担は今後も変更はないが、わが国が反撃能力を保有することに伴い、日米が協力して対処していくこととなる。

(2) 国全体の防衛体制の強化

わが国を守るためには自衛隊が強くなければならないが、わが国全体で連携しなければ、わが国を守ることはできない。このため、防衛力の抜本的強化に加え、外交力、情報力、経済力、技術力を含めた国力を統合し、あらゆる政策手段を体系的に組み合わせて国全体の防衛体制を構築していく。その際、政府一体となった取組を強化していくため、政府内の縦割りを打破していくことが不可欠であることから、防衛力の抜本的強化を補完する不可分一体の取組として、わが国の国力を結集した総合的な防衛体制を強化する。また、政府と地方公共団体、民間団体などとの協力を推進する。

具体的な取組としては、まず、わが国自身の防衛体制の強化に裏付けられた外交努力であり、わが国として自由で開かれたインド太平洋（FOIP）というビジョンの推進などを通じて力強い外交を推進する。また、力による一方的な現状変更やその試みを抑止するとの意思と能力を示し続け、相手の行動に影響を与えるために、事態に応じて柔軟に選択される抑止措置（FDO）としての訓練・演習などや戦略的コミュニケーション（SC）(Strategic Communications)を、政府一体となって、また同盟国・同志国などと共に充実・強化していく必要がある。

さらに、認知領域を含む情報戦などへの対応を強化し、有事はもとより、平素から政府全体での対応を強化していく。

加えて、平素から関係機関が連携して行動し、対処の実効性を向上させるため、有事を念頭に置いた自衛隊と警察や海上保安庁との間の訓練や演習を実施し、特に武力攻撃事態における防衛大臣による海上保安庁の統制要領を含め、必要な連携要領を確立する。

宇宙・サイバー・電磁波領域は、国民生活にとっての基幹インフラであるとともに、わが国の防衛にとっても領域横断作戦を遂行するうえで死活的に重要であることから、政府全体でその能力を強化していく。

先端技術に裏付けられた新しい戦い方が勝敗を決する時代において、先端技術を防衛目的で活用することが死活的に重要となっていることから、総合的な防衛体制の強化のための府省横断的な仕組みのもと、防衛省・自衛隊のニーズを踏まえ、政府関係機関の研究開発を防衛目的に活用していく。

国民の命を守りながらわが国への侵攻に対処し、また、大規模災害を含む各種事態に対処するにあたっては、国の行政機関、地方公共団体、公共機関、民間事業者が協力・連携して統合的に取り組む必要がある。そのため、防衛ニーズを踏まえ、総合的な防衛体制の強化のための府省横断的な仕組みのもと、特に南西地域における空港・港湾などの整備・強化、平素からの空港・港湾などの使用のための関係省庁間での調整枠組みの構築などの各種施策を実施するほか、政府全体として国民保護訓練の強化などの各種施策を行う。また、自衛隊による海空域や電磁波を円滑に利用し、防衛関連施設の機能を十全に発揮できるよう、風力発電施設の設置などの社会経済活動との調和を図る効果的な仕組みを確立する。あわせて、弾薬・燃料などの輸送・保管などについて、さらなる円滑化のための措置を講ずる。

わが国の領海などにおける国益や重要なシーレーンの安定的利用の確保などに取り組むため、自衛隊・海上保安庁が緊密に協力・連携しつつ、同盟国・同志国などと海洋安全保障協力を推進する。

最後に、自衛隊及び在日米軍が、平素からシームレスかつ効果的に活動できるよう、自衛隊施設及び米軍施設周辺の地方公共団体や地元住民の理解及び協力をこれまで以上に獲得していく。また、地方によっては、自衛隊の部隊による急患輸送や存在そのものが地域コミュニティーの維持・活性化に大きく貢献していることを踏まえ、部隊の改編や駐屯地・基地などの配備・運営にあたっては、地方公共団体や地元住民の理解を得られるよう、地域の特性や地元経済への寄与に配慮する。

3　第2のアプローチ：日米同盟による共同抑止・対処

第二のアプローチは、日米同盟のさらなる強化である。米国との同盟関係は、わが国の安全保障の基軸であり、わが国の防衛力の抜本的強化は、米国の能力のより効果的な発揮にも繋がり、日米同盟の抑止力・対処力を一層強化するものとなる。日米は、こうした共同の意思と能力を顕示することにより、力による一方的な現状変更やその試みを抑止する。そのうえで、わが国への侵攻が生起した場合には、日米共同対処により侵攻を阻止する。このため、日米両国は、その戦略を整合させ、共に目標を優先づけることにより、同盟を絶えず現代化し、共同の能力を強化する。その際、わが国は、わが国自身の防衛力の抜本的強化を踏まえて、日米同盟のもとで、わが国の防衛と地域の平和及び安定のため、より大きな役割を果たしていく。具体的には、以下の施策に取り組んでいく。

まず、日米共同の抑止力・対処力の強化である。わが国の防衛戦略と米国の国防戦略は、あらゆるアプローチと手段を統合させて、力による一方的な現状変更を起こさせないことを最優先とする点で軌を一にしている。これを踏まえ、即応性・抗たん性を強化し、相手にコストを強要し、わが国への侵攻を抑止する観点から、それぞれの役割・任務・能力に関する議論をより深化させ、日米共同の統合的な抑止力をより一層強化していく。

次に、同盟調整機能の強化である。日米両国による整合的な共同対処を行うため、同盟調整メカニズム（ACM）を中心とする日米間の調整機能をさらに発展させる。また、日米同盟を中核とする同志国などとの連携を強化するため、ACMなどを活用し、運用面におけるより緊密な調整を実現する。

さらに、共同対処基盤の強化として、情報保全、サイバーセキュリティ、防衛装備・技術協力など、あらゆる段階における日米共同での実効的な対処を支える基盤を強化する。

最後に、在日米軍の駐留を支える取組である。厳しい安全保障環境に対応する、日米共同の態勢の最適化を図りつつ、在日米軍再編の着実な進展や在日米軍の即応性・抗たん性強化を支援する取組など、在日米軍の駐留を安定的に支えるための各種施策を推進する。

4　第3のアプローチ：同志国などとの連携

第三のアプローチは、同志国などとの連携の強化である。力による一方的な現状変更やその試みに対応し、わが国の安全保障を確保するため、同盟国のみならず1カ国でも多くの国々との連携を強化することが極めて重要である。その観点から、FOIPというビジョンの実現に資する取組を進めていく。また、地域や各国の特性などを考慮した多角的・多層的な防衛協力・交流を積極的に推進する。この際、同志国などとの連携の推進の一方で、中国やロシアとの意思疎通についても留意していく。

5　防衛力の抜本的強化にあたって重視する能力（7つの重視分野）

防衛戦略などに示された基本方針及びこれらと整合された統合的な運用構想により導き出された、わが国の防衛上必要な7つの機能・能力の基本的な考え方とその内容は次のとおりである。

1　スタンド・オフ防衛能力

東西南北、それぞれ約3,000キロに及ぶわが国領域を守り抜くため、侵攻してくる艦艇や上陸部隊などに対して脅威圏外から対処するスタンド・オフ防衛能力を抜本的に強化する。まず、様々な地点から重層的に艦艇などを阻止・排除できる必要十分な能力を保有し、各種プラットフォームから発射でき、また、高速滑空飛翔や極超音速飛翔などの迎撃困難な能力を強化する。このため、2027年度までにスタンド・オフ・ミサイルを運用可能な能力を強化するが、国産ミサイルの増産体制確立前に十分な能力の早期確保のため、外国製のスタンド・オフ・ミサイルを取得する。今後、おおむね10年後までに、航空機発射型スタンド・オフ・ミサイルを運用可能な能力を強化するとともに、迎撃困難な飛翔を行うことが可能な高速滑空弾、極超音速誘導弾、その他スタンド・オフ・ミサイルを運用する能力を獲得する。

2　統合防空ミサイル防衛能力

極超音速兵器などへ対応するため、探知・追尾能力や迎撃能力などの対処能力を抜本的に強化する。相手からのわが国に対するミサイル攻撃については、まず、ミサイル防衛システムにより公海及びわが国の領域の上空でミサイルを迎撃する。そのうえで、攻撃を防ぐためにやむを得ない必要最小限度の自衛の措置として、相手の領域において有効な反撃を加える能力としてスタンド・オフ防衛能力などを活用する。こうした反撃能力を保有することにより、相手のミサイル発射を制約し、ミサイル防衛システムによる迎撃を行いやすくすることで、ミサイル防衛と相まってミサイル攻撃そのものを抑止していく。このため、2027年度までに、警戒管制レーダーや地対空誘導弾の能力を向上させるとともに、イージス・システム搭載艦を整備する。また、指向性エネルギー兵器などにより、小型無人機などに対処する能力を強化する。今後、おおむね10年後までに、滑空段階での極超音速兵器への対処能力の研究などにより、統合防空ミサイル防衛能力を強化する。

イージス・システム搭載艦（イメージ）

3　無人アセット防衛能力

無人装備をAIや有人装備と組み合わせ、非対称的な優勢を獲得することが可能であるため、無人アセットを情報収集・警戒監視のみならず、戦闘支援などの幅広い任務に効果的に活用する。また、自衛隊の装備体系、組織の最適化の取組を推進する。このため、2027年度までに無人アセットを早期装備化やリースなどにより導入し、幅広い任務での実践的な能力を獲得する。今後、おおむね10年後までに、無人アセットを用いた戦い方をさらに具体化し、わが国の地理的特性などを踏まえた機種の開発・導入を加速し、本格運用を拡大する。

4　領域横断作戦能力

宇宙・サイバー・電磁波の領域や陸海空の領域における能力を有機的に融合し、相乗効果によって全体の能力を増幅させる領域横断作戦により、個別の領域が劣勢である場合にもこれを克服し、わが国の防衛を全うすることがますます重要になっている。まず、宇宙・サイバー・電磁波の領域については相手方の利用を妨げ、又は無力化する能力を含め能力を強化・拡充する。そのうえで、

①宇宙領域については、衛星コンステレーションを含む新たな宇宙利用の形態を積極的に取り入れ、陸・海・空の領域における作戦能力を向上させる。同時に、宇宙空間の安定的利用に対する脅威に対応するため、宇宙領域把握（SDA）体制を確立するとともに、様々な状況に対応して任務を継続できるように宇宙アセットの抗たん性強化に取り組む。このため、2027年度までに宇宙を利用して部隊行動に必要不可欠な基盤を整備するとともに、SDA能力を強化する。今後、おおむね10年後までに、宇宙利用の多層化・冗長化や新たな能力の獲得などにより、宇宙作戦能力をさらに強化する。

②サイバー領域では、防衛省・自衛隊において、能動的サイバー防御を含むサイバー安全保障分野における政府全体での取組と連携していく。その際、重要なシステムなどを中心に常時継続的にリスク管理を実施する態勢に移行し、これに対応するサイバー要員を大幅増強する。このため、2027年度までに、サイバー攻撃状況下においても、指揮統制能力及び優先度の高い装備品システムを保全できる態勢を確立し、また防衛産業のサイバー防衛を下支えできる態勢を確立する。今後、おおむね10年後までに、サイバー攻撃状況下においても、指揮統制能力、戦力発揮能力、作戦基盤を保全し任務が遂行できる態勢を確立しつつ、自衛隊以外へのサイバーセキュリティを支援できる態勢を強化する。

③電磁波領域では、相手方からの通信妨害などの厳しい電磁波環境の中においても、自衛隊の電子戦及びその支援能力を有効に機能させ、相手によるこれらの作戦遂行能力を低下させる。また、電磁波の管理機能を強化し、自衛隊全体でより効率的に電磁波を活用する。

④領域横断作戦の基本となる陸上防衛力・海上防衛力・航空防衛力は、海上優勢・航空優勢を維持・強化するための艦艇・戦闘機などの着実な整備などにより、抜本的に強化していく。

5　指揮統制・情報関連機能

今後、より一層、戦闘様相が迅速化・複雑化していく

状況において、戦いを制するためには、各級指揮官の適切な意思決定を相手方よりも迅速かつ的確に行い、意思決定の優越を確保する必要があることから、AI導入などを含めネットワークの抗たん性やISRT能力を強化する。このため、2027年度までに、ハイブリッド戦や認知領域を含む情報戦に対処可能な情報能力を整備する。また、衛星コンステレーションなどによるニアリアルタイムの情報収集能力を整備する。今後、おおむね10年後までに、AIを含む各種手段を最大限に活用し、情報収集・分析などの能力をさらに強化する。

また、これまで以上に、わが国周辺国などの意思と能力を常時継続的かつ正確に把握する必要があるため、情報本部を中心に分析能力を強化する。これに加え、偽情報の流布を含む情報戦などに対処するための取組も抜本的に強化するとともに、同盟国・同志国などとの情報共有や共同訓練などを実施する。

6　機動展開能力・国民保護

島嶼部を含むわが国への侵攻に対しては、海上優勢・航空優勢を確保し、わが国に侵攻する部隊の接近・上陸を阻止するため、平素配備している部隊が常時活動するとともに、状況に応じて必要な部隊を迅速に機動展開させる必要がある。このため、自衛隊自身の海上・航空輸送力を強化しつつ、民間の輸送力を最大限活用する。また、自衛隊の部隊が円滑かつ効果的に活動できるよう、平素から空港・港湾施設などの利用拡大や補給能力の向上を実施する。また、自衛隊は島嶼部における侵害排除のみならず、強化された機動展開能力を住民避難に活用し、国民保護の任務を実施する。このため、2027年度までに、民間資金等活用事業（PFI）船舶の活用の拡大などにより、輸送能力を強化する。今後、おおむね10年後までに、輸送能力をさらに強化しつつ、補給拠点の改善により輸送・補給を一層迅速化する。

PFI船舶を活用した訓練

7　持続性・強靱性

将来にわたりわが国を守り抜くうえで、弾薬、燃料、装備品の可動数といった現在の自衛隊の継戦能力は、必ずしも十分ではない。そのため、弾薬の生産能力の向上や製造量に見合う火薬庫の確保を進め、必要十分な弾薬・燃料を早急に保有するとともに、装備品の可動率を向上させるための体制を早急に確立する。このため、2027年度までに必要な弾薬を保有し火薬庫を増設するとともに、部品不足を解消して、計画整備など以外の装備品が全て可動する体制を確保する。今後、おおむね10年後までに、火薬庫の増設を完了し、弾薬や装備品の部品について、適正な在庫の確保を維持する。

さらに、平素においては自衛隊員の安全を確保し、有事においても容易に作戦能力を喪失しないよう、主要司令部の地下化・構造強化、施設の再配置などを実施する。また、隊舎・宿舎の着実な整備や老朽化対策を行う。気候変動の問題は今後の防衛省・自衛隊の運用や各種計画などに一層影響をもたらすことから、各種課題に対応していく。このため、2027年度までに、司令部の地下化、主要な基地・駐屯地内の再配置・集約化を進め、各施設の強靱化を図る。今後、おおむね10年後までに、防衛施設の更なる強靱化を図る。最後に、自衛隊員の継戦能力向上のため、衛生機能も強化する。

6　将来の自衛隊のあり方

1　7つの重視分野における自衛隊の役割

重視する能力の7つの分野において、各自衛隊は以下の役割を担う。

スタンド・オフ防衛能力では、各自衛隊が車両、艦艇、航空機からのスタンド・オフ・ミサイル発射能力について必要十分な数量を整備する。

統合防空ミサイル防衛能力では、海上自衛隊の護衛艦が上層、陸上自衛隊及び航空自衛隊の地対空誘導弾が下層における迎撃を担うことを基本として将来の経空脅威への対応能力を強化する。また、各自衛隊はスタンド・オフ防衛能力などを反撃能力として活用する。

無人アセット防衛能力は、各自衛隊が各々の任務分担に従い、既存の部隊の見直しを進めつつ、航空・海上・水中・陸上の無人アセット防衛能力を大幅に強化する。

領域横断作戦のうち、宇宙領域では、航空自衛隊においてSDA能力をはじめとする各種機能を強化する。サイバー領域では、防衛省・自衛隊としてわが国全体のサイバーセキュリティ強化に貢献するため、自衛隊全体で強化を図り、特に陸上自衛隊が人材育成などの基盤拡充の中核を担っていくこととする。電磁波領域では、各自衛隊において、電子戦装備を取得・増強する。

指揮統制・情報関連機能では、各自衛隊の情報収集能力の強化などを行う。また、スタンド・オフ・ミサイルの運用に必要なISRTを含む情報本部の情報機能を抜本的に強化するとともに、指揮統制機能との連携を強化する。

機動展開能力・国民保護では、陸上自衛隊は中型・小型船舶などを、海上自衛隊は輸送艦などを、航空自衛隊は輸送機などを確保することにより、機動・展開能力を強化する。また、陸上自衛隊は、沖縄における国民保護をも目的として、部隊強化を含む体制強化を図る。

持続性・強靭性では、各自衛隊は平素から弾薬及び可動装備品を必要数確保するとともに、能力発揮の基盤となる防衛施設の抗たん性を強化する。

2　自衛隊の体制整備の考え方

7つの分野における役割を踏まえ、統合運用体制の整備及び陸上自衛隊・海上自衛隊・航空自衛隊の体制整備は、次のような基本的考え方により行う。

統合運用態勢の強化では、既存の組織の見直しにより常設の統合司令部を創設し、統合運用に資する装備体系を検討する。

陸上自衛隊では、スタンド・オフ防衛能力、迅速な機動・分散展開、指揮統制・情報関連機能を重視した体制を整備する。

海上自衛隊では、防空能力、情報戦能力、スタンド・オフ防衛能力などの強化、省人化・無人化の推進、水中優勢を獲得・維持しうる体制を整備する。

航空自衛隊では、機動分散運用、スタンド・オフ防衛能力などを強化する。また、宇宙利用の優位性を確保しうる体制を整備し、航空自衛隊を航空宇宙自衛隊とする。

情報本部では、情報戦対応の中心的な役割を担うとともに、他国の軍事活動などを把握し、分析・発信する能力を抜本的に強化する。

これらに加え、わが国全体のサイバーセキュリティ強化に貢献するため、自衛隊全体で抜本的に強化する。

3　政策立案機能の強化

自衛隊が能力を十分に発揮し、厳しさ、複雑さ、スピード感を増す戦略環境に対応するためには、戦略的・機動的な防衛政策の企画立案が必要とされており、その機能を抜本的に強化していく。この際、有識者から政策的な助言を得るための会議体を設置する。また、自衛隊の将来の戦い方とそのために必要な先端技術の活用・育成・装備化について、関係省庁や民間の研究機関、防衛産業を中核とした企業との連携を強化しつつ、戦略的な観点から総合的に検討・推進する態勢を強化する。さらに、こうした取組を推進し、政策の企画立案を支援するため、防衛研究所を中心とする防衛省・自衛隊の研究体制を見直し・強化し、知的基盤としての機能を強化する。

7 国民の生命・身体・財産の保護・国際的な安全保障協力への取組

1 国民の生命・身体・財産の保護に向けた取組

わが国への侵攻のみならず、大規模テロや原子力発電所をはじめとする重要インフラに対する攻撃、大規模災害、感染症危機などは深刻な脅威であり、国の総力を挙げて全力で対応していく必要がある。そのため、防衛省・自衛隊は、抜本的に強化された防衛力を活用し、警察、海上保安庁などの関係機関と緊密に連携しつつ対処を行う。また、外国での災害・騒乱などが発生した際には、外交当局と緊密に連携して、在外邦人等を迅速かつ的確に保護し、輸送する。また、平素から関係機関と連携体制を構築し、住民の避難誘導を含む国民保護のための取組を円滑に実施できるようにする。

2 国際的な安全保障協力への取組

わが国の平和と安全のため、積極的平和主義の立場から、国際的な課題への対応に積極的に取り組み、国際平和協力活動については、わが国の得意とする施設、衛生といった分野を中心として活動をしていく。また、引き続き現地ミッション司令部要員などの派遣に加え、能力構築支援の実施などを行う。

8 いわば防衛力そのものとしての防衛生産・技術基盤

防衛生産・技術基盤は、自国での装備品の開発・生産・調達を安定的に確保し、新しい戦い方に必要な先端技術を防衛装備品に取り込むために不可欠な基盤であることから、いわば防衛力そのものと位置づけられるものであり、その強化は必要不可欠である。そのため、新たな戦い方に必要な力強く持続可能な防衛産業の構築、リスク対処、販路拡大などに取り組んでいく。

1 防衛生産基盤の強化

わが国の防衛産業は、自衛隊の任務遂行にあたっての装備品の確保の面から、防衛省・自衛隊と共に国防を担うパートナーというべき重要な存在であり、高度な装備品を生産し、高い可動率を確保できる能力を維持・強化していく必要がある。防衛産業がこのような大きな役割を果たすために、サプライチェーン全体を含む基盤の強化を図っていく。その際、適正な利益確保のための新たな利益率算定方式の導入による事業の魅力化を図るとともに、既存のサプライチェーンの維持・強化と新規参入促進を推進する。

また、装備品の取得に際して、企業の予見可能性を図りつつ、国内基盤を維持・強化する観点を一層重視し、技術的、質的、時間的な向上を図るとともに、他に手段がない場合における国自身が製造施設などを保有する形態を検討していく。

さらに、国際水準を踏まえたサイバーセキュリティを含む産業保全を強化し、併せて機微技術管理の強化に取り組む。

2 防衛技術基盤の強化

新しい戦い方に必要な装備品を取得するためには、わが国が有する技術をいかに活用していくかが極めて重要である。そのため、防衛産業や非防衛産業の技術を早期装備化につなげる取組を積極的に推進する。

さらに、わが国主導の国際共同開発を推進するなど同盟国・同志国などとの協力・連携を進めていく。また、民生先端技術を積極活用するための枠組みを構築するほか、総合的な防衛体制強化のための府省横断的な仕組みを活用する。

3 防衛装備移転の推進

防衛装備品の海外への移転は、特にインド太平洋地域における平和と安定のために、力による一方的な現状変更を抑止して、わが国にとって望ましい安全保障環境の創出や、国際法に違反する侵略や武力の行使又は武力による威嚇を受けている国への支援などのための重要な政策的な手段となる。こうした観点から、防衛装備移転三原則や運用指針をはじめとする制度の見直しについて検討する。また、官民一体となった防衛装備移転の円滑化のため、基金を創設し企業支援を行う。

9 防衛力の中核である自衛隊員の能力を発揮するための基盤の強化

1 人的基盤の強化

防衛力の中核である自衛隊員について、必要な人員を確保し、全ての隊員が遺憾なく能力を発揮できる組織環境を整備する必要がある。そのため、生活・勤務環境の整備、処遇の向上、女性隊員がさらに活躍できる環境醸成などに引き続き取り組む。また、ハラスメントは人の組織である自衛隊の根幹を揺るがすものであることを各自衛隊員が改めて認識し、ハラスメントを一切許容しない組織環境を構築する。

採用については、質の高い人材を必要数確保するため、募集能力の一層の強化を図り、民間人材も含め専門的な知識・技能を持つ人材を確保する。特に、艦艇乗組員やレーダーサイトの警戒監視要員など、厳しい環境で勤務する隊員やサイバー領域などの人材に関する取組を強化する。また、防衛力の抜本的強化やそれに伴う政策の企画立案、部隊における運用支援などのために必要となる事務官・技官などを確保し、さらに必要な制度の検討を行うなど、人的基盤の強化に取り組む。

このように、自衛隊員が育児、出産、介護など各種のライフイベントを迎える中にあっても、遺憾なくその能力を発揮できる組織環境づくりにも配慮し、自衛隊員としてのライフサイクル全般に着目した大胆な施策を講じる。

2 衛生機能の変革

自衛隊衛生については、これまで重視してきた自衛隊員の壮健性の維持から、有事において隊員の生命・身体を救う組織へ変革する。このため、国内外における多様な任務に対応しうるよう統合衛生体制・態勢を構築する。また、南西地域の医療拠点の整備など第一線から後送先までのシームレスな医療・後送態勢を確立するとともに、外傷医療に不可欠な血液・酸素を含む衛生資器材を確保する。さらに、防衛医科大学校も含め、自衛隊衛生の総力を結集できる態勢を構築し、戦傷医療対処能力の向上を図る。

患者搬送訓練の様子

10 留意事項

防衛戦略は、安保戦略のもと、他の分野の戦略と整合をもって実施され、国家安全保障会議において定期的に体系的な評価を行う。また、安全保障環境の変化、特に相手方の能力に着目し、統合的な運用構想に基づき、実効的に対処できる防衛力を構築していくため、必要な能力に関する評価を常に実施する。

また、防衛戦略に基づく防衛力の抜本的強化は、将来にわたり、維持・強化していく必要がある。このため、防衛力の抜本的強化のあり方について中長期的な観点から不断に検討を行う。

防衛戦略はおおむね10年間の期間を念頭に置いているが、国際情勢や技術的水準の動向などについて重要な変化が見込まれる場合には必要な修正を行う。

資料：国家防衛戦略
URL：https://www.mod.go.jp/j/policy/agenda/guideline/index.html

第4章 防衛力整備計画など

第1節 防衛力整備計画の内容

本節では防衛力整備計画（整備計画）の策定の趣旨や内容について記載する。整備計画の内容は、既に防衛省HPで公表されていることから、本節では、整備計画における要点を中心に、その背景や考え方などを記載する。なお、策定の経緯については、第II部第1章第3節（わが国の安全保障政策の体系）を参照。

1 防衛力整備計画の意義

国の防衛は国家存立の基盤であるが、必要となる防衛力を整備していくには時間を要することを忘れてはならない。防衛力整備は、最終的には各年度の予算に従い行われるが、例えば、F-35A戦闘機は、契約を行ってから空自の部隊に納入されるまでに5年を要する。また、防衛力として効果的に活用するためには、機体の購入だけでなく、格納庫などの施設整備、操縦者や整備員など隊員の教育、部隊の練成なども必要であり、それらは短期になしえない。また、次期戦闘機のように新たな装備品を研究開発するにも長い時間を要する。そのため、防衛力整備は、具体的な見通しに立って、継続的かつ計画的に行うことが必要である。

このため、51大綱策定以降、防衛庁（当時）は、大綱に基づき各年度の防衛力整備を進めるにあたっての主要事業をまとめた防衛庁限りの見積りとして、「中期業務見積り」を1978年及び1981年に作成した[1]。その後、政府の責任において中期的な防衛力整備の方向を内容と経費面の両面にわたって示す観点から、政府は、1986年度以降、5年間を対象期間とする中期的な防衛力整備計画（中期防衛力整備計画）を策定し、これに基づき、各年度の防衛力整備を行っている。

今般策定した整備計画は、防衛戦略のもとにおける初めての整備計画であり、防衛戦略に定める多次元統合防衛力の抜本的強化に向け、防衛力の水準やそれに基づく5か年の経費総額や主要装備品の整備数量などを定めた整備計画となっている。

2 計画の方針

整備計画は防衛戦略に従い、以下を基本方針として、防衛力の整備、維持及び運用を効果的かつ効率的に行うこととしている。

まず、7つの重視分野として、わが国への侵攻そのものを抑止するために、遠距離から侵攻戦力を阻止・排除できるよう、「スタンド・オフ防衛能力」と「統合防空ミサイル防衛能力」を強化する。また、万が一、抑止が破れ、わが国への侵攻が生起した場合には、これらの能力に加え、有人アセット、さらに無人アセットを駆使するとともに、水中・海上・空中といった領域を横断して優越を獲得し、非対称的な優勢を確保できるようにするため、「無人アセット防衛能力」、「領域横断作戦能力」、「指揮統制・情報関連機能」を強化する。さらに、迅速かつ粘り強く活動し続けて、相手方の侵攻意図を断念させられるようにするため、「機動展開能力・国民保護」、「持続性・強靱性」を強化する。また、いわば防衛力そのものである防衛生産・技術基盤に加え、防衛力を支える人的基盤なども重視する。

次に、装備品の取得にあたっては、能力の高い新たな装備品の導入、既存の装備品の延命、能力向上などを適

1　いわゆる53中業と56中業である。

切に組み合わせ、必要十分な量と質の防衛力を確保する。その際、装備品のライフサイクルを通じたプロジェクト管理の強化などによるコスト削減に努め、費用対効果の向上を図る。また、自衛隊の現在および将来の戦い方に直結しうる分野のうち、特に政策的に緊急性・重要性が高い事業は、民生先端技術の活用などにより、着実に早期装備化を実現する。

さらに、採用の取組強化や予備自衛官などの活用、女性の活躍推進、多様かつ優秀な人材の有効な活用、生活・勤務環境の改善、人材の育成、処遇の向上などの人的基盤の強化に関する各種施策を総合的に推進する。

加えて、日米共同の統合的な抑止力を一層強化するため、領域横断作戦にかかる協力及び相互運用性の向上などを推進するとともに、日米共同での実効的な対処力を支える基盤を強化するため、情報保全及びサイバーセキュリティにかかる取組並びに防衛装備・技術協力を強化する。また、在日米軍の駐留を支えるための施策を着実に実施する。また、自由で開かれたインド太平洋というビジョンを踏まえ、多角的・多層的な防衛協力・交流を積極的に推進するため、各種協定の制度的枠組みの整備に更に推進するとともに、共同訓練・演習、防衛装備・技術協力などを含む取組などを推進する。

最後に、防衛力の抜本的強化にあたっては、スクラップ・アンド・ビルドを徹底して、組織定員と装備の最適化を実施するとともに、効率的な調達などを進めて大幅なコスト縮減を実現してきたこれまでの努力を更に強化していく。あわせて、人口減少と少子高齢化を踏まえ、無人化・省人化・最適化を徹底していく。

3 自衛隊の能力などに関する主要事業

2027年度までに、わが国への侵攻に対し、わが国が主たる責任をもって対処し、同盟国などの支援を受けつつ、これを阻止・排除できる防衛力を構築するため、7つの主要事業を実施することとし、その主たる内容は以下のとおりである。

1 スタンド・オフ防衛能力

わが国に侵攻する艦艇などに対して脅威圏外から対処する能力を強化するため、2027年度までに、防衛産業による国内製造態勢の拡充などの後押しや、研究開発・量産の前倒しといった工夫を行いつつ、実践的な運用能力を獲得する。おおむね10年後までにより長射程化され、効果的な飛しょう形態をとるスタンド・オフ・ミサイルを必要かつ十分な数量を保有する。

また、スタンド・オフ防衛能力の実効性確保のため、衛星コンステレーションの活用や、無人機（UAV）、目標観測弾の整備等により情報収集・分析機能及び指揮統制機能を強化する。スタンド・オフ・ミサイルの運用は、目標情報の収集、各部隊への目標の割当てを含む一連の指揮統制を一元的に行う必要があるため、統合運用を前提とした態勢を構築する。

2 統合防空ミサイル防衛能力

2027年度までに、イージス・システム搭載艦を整備するほか、地対空誘導弾ペトリオット・システムの改修及び新型レーダー（LTAMDS）の導入などの既存アセットの能力向上により極超音速滑空兵器（HGV［Hypersonic Glide Vehicle］）などへの対処能力を強化しつつ、小型無人機に対処する能力などを構築する。おおむね10年後までに、滑空段階で極超音速滑空兵器（HGV）などに対処するシューターなどにより対処能力を一層強化するとともに、ノンキネティックな迎撃手段の本格導入により小型無人機などに対する対処能力を獲得する。また、各種アセットをネットワークで連接し、効率的な戦闘を実現する。

そのうえで、弾道ミサイルなどの攻撃を防ぐためにやむを得ない必要最小限度の自衛の措置として、相手の領域において、有効な反撃を加える能力（反撃能力）として、スタンド・オフ防衛能力などを活用する。

3 無人アセット防衛能力

人的損耗を局限しつつ任務を遂行するため、2027年度までに、国内外の既存の無人機（UAV）・無人車両（UGV）などの無人アセット（装備品）をリースなどにより早期に取得し、運用実証を経て、既存の装備体系・人員配置を見直しつつ、無人装備品の実践的な運用能力を強化する。おおむね10年後までに、無人アセットを用いた戦い方を更に具体化し、わが国の地理的特性などを踏まえた機種の開発・導入を加速し、本格運用を拡大する。また、AIなどを用いて複数の無人アセットを同時制御する能力などを整備する。

4 領域横断作戦能力

宇宙領域においては、2027年度までに、スタンド・オフ・ミサイルの運用をはじめとする領域横断作戦能力を向上させるため、衛星コンステレーションの構築など、宇宙領域を活用した情報収集、通信などの各種能力を一層向上させる。また、宇宙領域の安定的利用に対する脅威が増大することを踏まえ、相手方の指揮統制・情報通信などを妨げる能力を更に強化する。加えて、平素からの宇宙領域把握（SDA）に関する能力を強化する。おおむね10年後までに、宇宙利用の多層化・冗長化や新たな能力の獲得などにより、宇宙作戦能力をさらに強化する。

サイバー領域においては、2027年度までに、サイバー攻撃を受けている状況下においても、指揮統制能力及び優先度の高い装備品システムを保全できる態勢を確立し、また防衛産業のサイバー防衛を支援できる態勢を確立する。おおむね10年後までに、サイバー攻撃を受けている状況下においても、指揮統制能力及び戦力発揮能力を保全し、自衛隊の任務遂行を保証できる態勢を確立しつつ、自衛隊以外へのサイバーセキュリティを支援できる態勢を強化する。また、わが国へのサイバー攻撃に際して当該攻撃に用いられる相手方のサイバー空間の利用を妨げる能力の構築にかかる取組を強化する。これらの取組を行う組織全体としての能力を強化するため、2027年度を目途に、自衛隊サイバー防衛隊などのサイバー関連部隊を約4,000人に拡充し、さらに、システム調達や維持運営などのサイバー関連業務に従事する隊員に対する教育を実施する。これにより、2027年度を目途に、サイバー関連部隊の要員と合わせて防衛省・自衛隊のサイバー要員を約2万人体制とし、将来的には、更なる体制拡充を目指す。

電磁波領域においては、2027年度までに、既に着手している取得・能力向上事業などを加速し、相手方の指揮統制機能の低下に繋がる通信・レーダー妨害機能を強化する。また、小型無人機などに対処する指向性エネルギー技術の早期装備化を図る。おおむね10年後までに、優れた電子戦能力を有するアセットを着実に整備するとともに、指向性エネルギーによる無人機対処能力を強化する。

陸海空領域においては、2027年度までに、既に着手している取得・能力向上事業などを加速し、領域横断作戦の基本となる陸海空領域の能力を着実に強化する。おおむね10年後までに、先進的な技術を積極的に活用し、陸海空のアセットを着実に整備するとともに、無人機と連携する高度な運用能力を強化する。

5 指揮統制・情報関連機能

2027年度までに、ハイブリッド戦や認知領域を含む情報戦に対処可能な情報能力を整備する。おおむね10年後までに、AIを含む各種手段を最大限に活用し、情報収集・分析などの能力を更に向上させる。また、情報収集アセットの更なる強化を通じ、リアルタイムで情報共有可能な体制を確立する。指揮統制機能の強化として、抗たん性のある通信、システム・ネットワーク及びデータ基盤を構築し、スタンド・オフ防衛能力及び統合防空ミサイル防衛能力をはじめとする各種能力を統合的に運用するため、リアルタイムに指揮統制を行う態勢を概成する。また、各自衛隊の一元的な指揮を可能とする指揮統制能力に関する検討を進め、必要な措置を講じる。

6 機動展開能力・国民保護

2027年度までに、島嶼部への侵攻阻止に必要な部隊等を南西地域に迅速かつ確実に輸送するため、自衛隊の輸送アセットの取得を推進する。また、海上輸送力を補完するため、民間資金等活用事業（PFI）船舶を確保する。さらに、南西地域への輸送における自己完結性を高めるため、輸送車両（コンテナトレーラー）及び荷役器材（大型クレーン、大型フォークリフトなど）を取得する。おおむね10年後までに、輸送能力を更に強化しつつ、港湾規模に制約のある島嶼部への輸送の効率性を高めるため、揚陸支援システムの研究開発を進め、さらに、補給拠点の改善により輸送・補給の一層の迅速化を図る。

また、機動展開や国民保護の実効性を高めるために、空港・港湾などの整備・強化に取り組むとともに、自衛隊の各種アセットも利用した国民保護措置のための調整・協力や、国民保護にも対応できる自衛隊の部隊の強化などを推進する。

図表Ⅱ-4-1-1　防衛力の抜本的強化に当たって重視する７つの分野の主要事業

区分	装備品
スタンド・オフ防衛能力	12式地対艦誘導弾能力向上型の開発／島嶼防衛用高速滑空弾の研究／極超音速誘導弾の研究／トマホークの取得／プラットフォームの多様化／JASSMの導入／JSMの導入
統合防空ミサイル防衛能力	FPS−7／レーダーサイトの換装・整備／FPS−5／イージス・システム搭載艦の整備（イメージ）／能力向上型迎撃ミサイル（PAC−3MSE）の取得／03式中距離地対空誘導弾（改善型）能力向上／弾道ミサイル防衛用迎撃ミサイル（SM−3ブロックⅡA）の取得／長距離艦対空ミサイル（SM−6）の取得
無人アセット防衛能力	偵察用UAV（中域用）（イメージ）の整備／多用途／攻撃用UAV（イメージ）の整備／機雷捜索用水中無人機（OZZ-5）の整備／無人偵察機の活用（グローバルホーク）
領域横断作戦能力	宇宙領域：SDA衛星（イメージ）の整備／サイバー領域：サイバー要員の育成・研究基盤の強化／電磁波領域：車両搭載型レーザー装置の取得（イメージ）、スタンド・オフ電子戦機、ネットワーク電子戦システムの取得／陸海空領域：次期装輪装甲車の取得、哨戒ヘリSH-60K（能力向上型）の取得、護衛艦（FFM）の建造、戦闘機（F−35）の取得
指揮統制・情報関連機能	大量の画像をAIで判読／AI技術を活用した画像の活用（イメージ）Includes material from ©(2022)Planet Labs PBC.／電波情報収集機（RC-2）の取得
機動展開能力・国民保護	多用途ヘリ（UH−2）の取得／輸送船舶（イメージ）の取得／輸送機（C−2）の取得／空中給油・輸送機の取得
持続性・強靱性	BMD用ミサイルの充足率（不足約4割、充足約6割）※割合は一定の試算に基づくもの／装備品の可動状況の分類（可動、整備中、非可動）／部品取りされたF-2戦闘機／部品取りされたP-1哨戒機のエンジン／非可動機の解消（共食い整備で部品取りされた航空機）／1966年建設／1942年建設／老朽化施設の更新、防護性能向上

7　持続性・強靱性

2027年度までに、必要な各種弾薬・燃料について、早期に整備するとともに、弾薬を保管するための火薬庫の増設を促進する。加えて、早期かつ安定的に弾薬を量産するために、防衛産業による国内製造態勢の拡充などを後押しする。おおむね10年後までに、新規装備品分も含め、弾薬の適正在庫確保を維持するとともに、保有予定の弾薬を全て格納するための火薬庫の増設を完了させる。

防衛装備品の高度化・複雑化に対応しつつ、リードタイムを考慮した部品費と修理費の確保により、部品不足による非可動を解消し、2027年度までに装備品の可動数を最大化する。おおむね10年後までに新規装備品分も含め、部品の適正在庫の確保を維持する。

主要な装備品、司令部などを防護し、粘り強く戦う態勢を確保するため、2027年度までに、南西における特に重要な司令部の地下化、主要な駐屯地・基地内の再配置・集約化を進め、各施設の強靱化を図る。また、保管に必要な火薬庫などを確保する。災害の被害想定が甚大かつ運用上重要な基地・駐屯地から津波などの災害対策を推進する。おおむね10年後までに、防衛施設の更なる強靱化に加え、保有予定の弾薬を全て格納するための火薬庫の増設を完了する。

参照　図表Ⅱ-4-1-1（防衛力の抜本的強化に当たって重視する7つの分野の主要事業）

4　自衛隊の体制など

計画の方針に基づき、各自衛隊の体制などの主たる内容は次のとおりである。

1　統合運用体制

各自衛隊の統合運用の実効性の強化に向けて、平素から有事まであらゆる段階においてシームレスに領域横断作戦を実現できる体制を構築するため、常設の統合司令部をすみやかに創設する。また、共同の部隊を含め、各自衛隊の体制のあり方を検討する。

サイバー領域における更なる能力向上のため、防衛省・自衛隊のシステム・ネットワークを常時継続的に監視するとともに、わが国へのサイバー攻撃に際して相手方のサイバー空間の利用を妨げる能力など、サイバー防衛能力を抜本的に強化しうるよう、共同の部隊としてサイバー防衛部隊を保持する。

また、南西地域への機動展開能力を向上させるため、共同の部隊として海上輸送部隊を新編する。

2　陸上自衛隊

南西地域における防衛体制を強化するため、沖縄を担任する第15旅団に1個連隊増勢し、師団に改編する。また、スタンド・オフ防衛能力を強化するため、12式地対艦誘導弾能力向上型を装備した地対艦ミサイル部隊を保持するとともに、島嶼防衛用高速滑空弾を装備した部隊、島嶼防衛用高速滑空弾（能力向上型）及び極超音速誘導弾を装備した長射程誘導弾部隊を新編する。これに加え、スタンド・オフ防衛能力、サイバー領域などにおける能力の強化に必要な増員所要を確保するため、即応予備自衛官を主体とする部隊を廃止し、同部隊所属の常備自衛官を増員所要に充てる。また、即応予備自衛官については、補充要員として管理する。

3　海上自衛隊

常時継続的かつ重層的な情報収集・警戒監視態勢の保持や、海上交通の安全確保、各国との安全保障協力などのための海外展開の実施など、増加する活動量に対応できるように、今後導入する哨戒艦と護衛艦や掃海艦艇を一元的に練度管理し運用するため、既存の護衛隊群や掃海隊群を改編し水上艦艇部隊とする。加えて、主に弾道ミサイル防衛に従事するイージス・システム搭載艦を整備する。

また、情報本部や陸自・空自の情報部隊と連携して情報戦にかかる能力を有機的に融合するため、既存の部隊編成を見直したうえで、海自情報戦基幹部隊を新編する。

4　航空自衛隊

航空防衛力を質量ともに強化するため、更なる戦闘機の増勢（無人機による代替も検討）とともに、粘り強く戦闘を継続するため機動分散運用を行う体制を構築する。

また、将官を指揮官とする宇宙領域専門部隊を新編するなどにより、宇宙領域の機能を強化する。宇宙領域の重要性の高まりと、宇宙作戦能力の質的・量的強化にかんがみ、航空自衛隊において、宇宙作戦が今後航空作戦と並ぶ主要な任務として位置付けられることから、航空自衛隊を航空宇宙自衛隊とする。

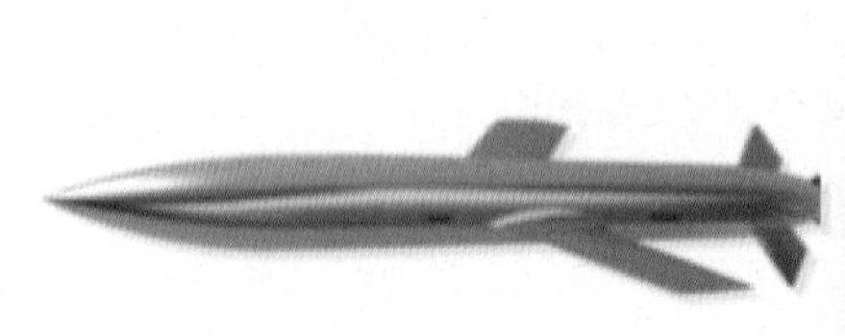

陸・海・空自における防衛力の抜本的強化（左から12式地対艦誘導弾能力向上型（イメージ）、護衛艦FFM、F-35A）

解説　自衛隊の体制強化

新たに策定した防衛力整備計画においては、防衛力を抜本的に強化するにあたって重視する7つの分野※を踏まえ、統合運用体制、陸自、海自及び空自の体制を整備していくこととしています。各自衛隊の体制強化のポイントは、以下のとおりです。

各自衛隊の統合運用の実効性強化に向けて、平素から有事まであらゆる段階においてシームレスに領域横断作戦を実現できる体制を速やかに構築する必要があり、大臣の指揮命令を適切に執行するための平素からの統合的な体制のあり方について検討し、既存組織を見直すことにより、速やかに常設の統合司令部を創設します。また、サイバー領域における更なる能力向上のため、自衛隊サイバー防衛隊などを大幅に拡充します。

陸自については、南西地域における防衛体制を強化するため、沖縄県に所在する第15旅団の師団への改編を計画しており、現在の1個普通科連隊を2個普通科連隊に増強することなどを検討しています。また、スタンド・オフ防衛能力を強化するため、12式地対艦誘導弾能力向上型を始めとする各種スタンド・オフ・ミサイルを装備した部隊を配備します。

海自については、今後、主として平素における警戒監視に対応する哨戒艦が導入されるほか、護衛艦としての機能と掃海機能を有する護衛艦（FFM）が増加することを踏まえ、護衛艦、掃海艦艇及び哨戒艦を同一部隊で管理する「水上艦艇部隊」を編制します。また、海自の情報戦にかかる能力を有機的に融合するために、既存の部隊編成を見直したうえで、海自情報戦基幹部隊を創設します。

空自については、F-35の取得ペースの加速並びにF-15及びF-2の能力向上を推進するとともに、更なる戦闘機の増勢を検討します。この際、無人機の活用可能性についても調査を行います。また、高烈度化する各種航空作戦において粘り強く戦闘を継続するため、機動分散運用を行う体制を構築します。加えて、宇宙領域の重要性の高まりと、宇宙作戦能力の質的・量的強化に鑑み、宇宙領域専門部隊を新編するとともに、航空自衛隊を航空宇宙自衛隊に改称することとしています。

※①スタンド・オフ防衛能力、②統合防空ミサイル防衛能力、③無人アセット防衛能力、④領域横断作戦能力、⑤指揮統制・情報関連機能、⑥機動展開能力・国民保護、⑦持続性・強靱性

5　組織定員の最適化

2027年度末の常備自衛官定数については、2022年度末の水準を目途とし、陸自、海自及び空自それぞれの常備自衛官定数は組織定員の最適化を図るため、適宜見直しを実施することとする。また、統合運用体制の強化に必要な定数を各自衛隊から振り替えるとともに、海上自衛隊及び航空自衛隊の増員所要に対応するため、必要な定数を陸上自衛隊から振り替える。このため、おおむね2,000名の陸上自衛隊の常備自衛官定数を共同の部隊、海上自衛隊及び航空自衛隊にそれぞれ振り替える。

5　日米同盟の強化

日米共同の統合的な抑止力を一層強化するため、領域横断作戦や、わが国による反撃能力の行使にかかる協力、防空、対水上戦・対潜戦、水陸両用作戦、情報収集・警戒監視・偵察・ターゲティング（ISRT）などにおける連携を推進する。また、より高度かつ実践的な演習・訓練を通じて対処力の向上を図る。

日米共同によるFDOやISRの拡大・深化、双方の施設などの共同使用の増加といった取組を推進する。

また、日米間の調整機能を一層強化するとともに、日米を中核とした同志国などとの運用面における緊密な調整を実現する。

同時に、日米共同での実効的な対処を支えるため、情報保全及びサイバーセキュリティにかかる取組や、先端技術に関する共同分析や共同研究、装備品の共同開発・生産、サプライチェーンの強化にかかる取組など、防衛装備・技術協力を一層強化する。

さらに、「同盟強靱化予算」をはじめとする在日米軍の駐留に関連する経費を安定的に確保するとともに、沖縄県をはじめとする地元負担の軽減を図るため、在日米軍再編などの取組を着実に進めていく。

6　同志国などとの連携

自由で開かれたインド太平洋（FOIP）というビジョンも踏まえつつ、二国間・多国間の防衛協力・交流を一層推進する。特に、防衛戦略に示す同志国などとの連携の方針を踏まえ、ハイレベル交流、政策対話、軍種間交流、連絡官などの人的交流に加え、自衛隊と各国軍隊との相互運用性の向上やわが国のプレゼンスの強化などを目的として、地域の特性や相手国の実情を考慮しつつ、戦略的寄港・寄航、共同訓練・演習、防衛装備・技術協力、能力構築支援、国際平和協力活動などといった具体的な取組を各軍種の特性に応じ適切に組み合わせて、戦略的に実施する。

7　防衛力を支える要素

1　訓練・演習

各種事態発生時に効果的に対処し、抑止力の実効性を高めるため、自衛隊の統合訓練・演習や日米の共同訓練・演習に加え、同志国などとの二国間、多国間の訓練・演習についても計画的かつ目に見える形で実施し、事態に応じて柔軟に選択される抑止措置（FDO）としての訓練・演習などの充実強化を図るなど、力による一方的な現状変更やその試みは認められないとの意思と能力を示していく。

また、有事において、部隊などの能力を最大限発揮するため、北海道をはじめとする国内の演習場などを整備し、その活用を拡大するとともに、国内において必要な訓練基盤の整備・充実を着実に進める。米軍施設・区域の日米共同使用や民間の空港、港湾施設などの利用拡大を図るとともに、南西地域の島嶼部などに部隊を迅速に展開するための訓練を強化し、島嶼部における外部からの武力攻撃に至らない侵害や武力攻撃に適切に対応するため、警察、海上保安庁、消防、地方公共団体などとの共同訓練、国民保護訓練などを強化する。

こうした訓練を拡大していくためには、関係する地方公共団体や地元住民の理解や協力を得る必要があるため、訓練の安全確保に万全を期しつつ、北海道をはじめとする国内の演習場などを含め、訓練基盤の周辺環境への配慮をしていく。

2　海上保安庁との連携・協力の強化

海上保安庁との情報共有・連携体制を深化するとともに、武力攻撃事態時における防衛大臣による海上保安庁の統制要領の作成や共同訓練の実施を含め、各種の対応要領や訓練の充実を図る。

3　地域コミュニティーとの連携

日頃から防衛省・自衛隊の政策や活動、在日米軍の役割に関する積極的な広報を行い、地元に対する説明責任を果たしながら、地元の要望や情勢に応じた調整を実施する。

部隊の改編や駐屯地・基地などの配置・運営にあたっては、地方公共団体や地元住民の理解を得られるよう、地域の特性に配慮する。

海自と海保の共同訓練

4　政策立案機能の強化など

有識者から政策的な助言を得るための会議体を設置するほか、自衛隊の将来の「戦い方」とそのために必要な先端技術の活用・育成・装備化について、関係省庁や民間の研究機関、防衛産業を中核とした企業との連携を強化しつつ、戦略的な観点から総合的に検討・推進する態勢を強化する。さらに、防衛研究所を中心とする防衛省・自衛隊の研究体制を見直し・強化し、知的基盤としての機能を強化する。

また、国民が安全保障政策に関する知識や情報を正確に認識できるよう教育機関などへの講師派遣、公開シンポジウムの充実などを通じ、安全保障教育の推進に寄与する研究成果などへの国民のアクセスが向上するよう効率的かつ信頼性の高い情報発信に努めるなど情報発信の能力を高める各種施策を推進する。また、防衛研究所を中心とする防衛省・自衛隊の研究・教育機能を一層強化するため、国内外の研究・教育機関や大学、シンクタンクなどとのネットワーク及び組織的な連携を拡充する。

8　国民の生命・身体・財産の保護・国際的な安全保障協力への取組

1　大規模災害などへの対応

南海トラフ巨大地震などの大規模自然災害や原子力災害をはじめとする特殊災害といった各種の災害に際しては、統合運用を基本としつつ、十分な規模の部隊を迅速に輸送・展開して初動対応に万全を期す。また、無人機（UAV）（狭域用）汎用型、ヘリコプター衛星通信システムなどの整備をはじめとする対処態勢を強化するための措置を講じる。

さらに、関係省庁や地方公共団体などと緊密に連携・協力しつつ、各種の訓練・演習の実施や計画の策定、被災時の代替機能、展開基盤の確保などの各種施策を推進する。

2　海洋安全保障及び既存の国際的なルールに基づく空の利用に関する取組

自由で開かれたインド太平洋（FOIP）というビジョンも踏まえ、海洋安全保障及び既存の国際的なルールに基づく空の利用について認識を共有する諸外国との共同訓練・演習などの様々な機会を捉えた艦艇や航空機の寄港・寄航などの取組を推進する。これにより、海洋秩序及び既存の国際的なルールに基づく空の利用の安定のためのわが国の意思と能力を積極的かつ目に見える形で示す。

3　国際平和協力活動など

国際平和協力活動などについては、平和安全法制も踏まえ、派遣の意義、派遣先国の情勢、わが国との政治的・経済的関係などを総合的に勘案しながら、引き続き推進する。特に、ミッション司令部への要員派遣、国連PKOにかかる能力構築支援、国連本部等への幕僚派遣等を積極的に推進する。また、在外邦人等の保護措置及び輸送を含め、国際的な活動にかかる体制を強化するため、中央即応連隊及び国際活動教育隊を一体化した、高い即応性及び施設分野や無人機運用などの高い技術力を有する国際活動部隊を新編する。

また、国際平和協力センターにおける教育内容を拡充するとともに、同センターにおける自衛隊員以外への教育を拡大するなど、教育面での連携の充実を図る。

なお、ジブチにおける自衛隊の活動拠点について、中東・アフリカ地域における在外邦人等の保護措置及び輸送等に際する活用を含め安全保障協力などのための長期的・安定的な活用のため、老朽化した設備の更新や施設の整備を推進する。

9 早期装備化のための新たな取組

スタンド・オフ防衛能力やAIといった分野のうち、特に政策的に緊急性・重要性の高い事業について、民生先端技術も取り込みつつ、着実に早期装備化を実現する。そのため、防衛省内の業務上の手続を大胆に見直すことにより、5年以内の装備化、おおむね10年以内に本格運用するための枠組みを新設する。

10 いわば防衛力そのものとしての防衛生産・技術基盤

1 防衛生産基盤の強化

わが国の防衛産業は装備品のライフサイクルの各段階を担っており、装備品と防衛産業は一体不可分であり、防衛生産・技術基盤はいわば防衛力そのものと位置づけられるものである。一方、企業にとって、防衛事業は高度な要求性能や保全措置への対応など多大な経営資源の投入を必要とする反面、収益性が低く、現状では販路が自衛隊に限られるなど、産業として魅力が乏しい。これに加え、防衛事業からの撤退にみられる国内の製造体制の弱体化、製造設備の老朽化、サプライチェーン上のリスク、サイバー攻撃の脅威といった課題が顕在化している。

これらの課題に対応するため、企業による適正な利益の確保などによる防衛事業の魅力化、様々なリスクへの対応や基盤維持・強化のため、製造等設備の高度化、サイバーセキュリティ強化、サプライチェーン強化、事業承継といった企業の取組に対する適切な財政措置や金融支援などを行う。

2 防衛技術基盤の強化

将来の戦い方に必要な研究開発事業を特定し、装備品の取得までの全体像を整理することにより、研究開発プロセスにおける各種取組による早期装備化を実現する。将来の戦い方を実現するための装備品を統合運用の観点から体系的に整理した統合装備体系も踏まえ、将来の戦い方に直結するスタンド・オフ防衛能力、極超音速滑空兵器（HGV）等対処能力、ドローン・スウォーム攻撃等対処能力、無人アセット、次期戦闘機に関する取組などの装備・技術分野に集中的に投資を行う。また、従来装備品の能力向上なども含めた研究開発プロセスの効率化や、要求性能に基づいて設計や試験を繰り返しながら各段階を一歩ずつ進める従来型（ウォーターフォール型）の手法ではなく、試作品を速やかに部隊に配備し、運用のフィードバックを得ながら改善を図り、装備品としての完成度を高めていく新たな手法（アジャイル型）の導入により、研究開発に要する期間を短縮し、早期装備化につなげていく。

将来にわたって技術的優越を確保し、他国に先駆け、先進的な能力を実現するため、民生先端技術を幅広く取り込む研究開発や海外技術を活用するための国際共同研究開発を含む技術協力を追求及び実施する。また、防衛用途に直結しうる技術を対象に重点的に投資し、早期の技術獲得を目指す。

3 防衛装備移転の推進

政府が主導し、官民の一層の連携のもとに装備品の適切な海外移転を推進するとともに、基金を創設し、必要に応じた企業支援を行っていく。

4 各種措置と制度整備の推進

以上のような政策を実施するため、必要な予算措置や法整備に加え、政府系金融機関などの活用による政策性の高い事業への資金供給を行うとともに、その執行状況を不断に検証し、必要に応じて制度を見直していく。

C－2輸送機の製造の様子【川崎重工業（株）から提供】

11 防衛力の中核である自衛隊員の能力を発揮するための基盤の強化

自衛隊員の人的基盤の強化については、2027年度までに、民間を含む幅広い層から優秀な人材を必要数確保する。また、サイバー領域などや統合教育、衛生教育にかかる教育・研究の内容を強化する。さらに、防衛省ハラスメント防止対策有識者会議の検討結果などを踏まえた新たな対策を確立し、全ての自衛隊員に徹底させるとともに、時代に即した対策が講じられるよう不断の見直しを行い、ハラスメントを一切許容しない組織環境とする。加えて、隊舎・宿舎の老朽化や備品不足を解消し、生活・勤務環境及び処遇を改善する。

また、おおむね10年後までに、専門的な知識・技能を持つ人材を含め、必要な人材を継続的・安定的に確保し、全ての隊員が高い士気を持ちながら個々の能力を発揮できる組織環境を醸成する。衛生機能の変革については、自衛隊衛生の総力を結集できる態勢を構築し、戦傷医療対処能力向上の抜本的な改革を推進していく。

緊急登庁支援制度の訓練を行っている様子

12 最適化の取組

戦闘様相の変化を踏まえた装備の廃止・数量減を行うとともに、省人化・無人化装備の導入を加速することにより、有人装備を削減する。さらに、更なる装備品の効果的・効率的な取得の取組として、長期契約の適用拡大による装備品の計画的・安定的な取得を通じたコスト低減や他国を含む装備品の需給状況を考慮した調達、コスト上昇の要因となる自衛隊独自仕様の絞り込みなどにより、装備品のライフサイクルを通じたプロジェクト管理の実効性を高める。

また、整備期間中、サイバー・宇宙分野などの要員の大幅増強が必要であるため、その対応には、隊員募集環境が極めて厳しい中、防衛省自らが大胆な資源の最適配分に取り組むことが不可欠である。そのため、現在の自衛官の定数の総計（24.7万人）を増やさず、既存部隊の見直しや民間委託などの部外力の活用といった各種最適化により対応する。

13 整備規模

この計画のもとで抜本的に強化される防衛力の5年後とおおむね10年後の達成目標は、別表1のとおりとする。主要な装備品の具体的な整備規模は、別表2のとおりとする。また、おおむね10年後における各自衛隊の主要な編成定数、装備などの具体的規模については、別表3のとおりとする。

14 所要経費など

2023年度から2027年度までの5年間における本計画の実施に必要な防衛力整備の水準にかかる金額は、43兆円程度とする。

本計画期間のもとで実施される各年度の予算の編成に伴う防衛関係費は、以下の措置を別途とることを前提として、40.5兆円程度（2027年度は、8.9兆円程度）とする。

（1）自衛隊施設等の整備の更なる加速化を事業の進捗状況等を踏まえつつ機動的・弾力的に行うこと（1.6兆円程度）。

（2）一般会計の決算剰余金が想定よりも増加した場合にこれを活用すること（0.9兆円程度）。なお、防衛力整備の一層の効率化・合理化の徹底等により、実質的な財源確保を図る。

この計画を実施するために新たに必要となる事業にかかる契約額（物件費）は、43兆5,000億円程度（維持整備などの事業効率化に資する契約の計画期間外の支払相当額を除く）とし、各年度において後年度負担についても適切に管理することとする。

また、2027年度以降、防衛力を安定的に維持するための財源及び2023年度から2027年度までの本計画を賄う財源の確保については、歳出改革、決算剰余金の活用、税外収入を活用した防衛力強化資金の創設、税制措置など、歳出・歳入両面において所要の措置を講ずることとする。

15 留意事項

沖縄県をはじめとする地元の負担軽減を図るため、在日米軍の兵力態勢見直しなどについての具体的措置及び沖縄に関する特別行動委員会（SACO）関連事業については、着実に実施する。

参照　図表Ⅱ-4-1-2（防衛力整備計画　別表1（抜本的に強化された防衛力の目標と達成時期））、図表Ⅱ-4-1-3（防衛力整備計画　別表2（主要な装備品の具体的な整備規模））、図表Ⅱ-4-1-4（防衛力整備計画　別表3（おおむね10年後における各自衛隊の主要な編成定数、装備等の具体的規模））、図表Ⅱ-4-1-5（防衛計画の大綱　別表及び整備計画　別表3の変遷）

図表Ⅱ-4-1-2　防衛力整備計画　別表1（抜本的に強化された防衛力の目標と達成時期）

分　野	2027年度までの5年間（※）	おおむね10年後まで
	我が国への侵攻が生起する場合には、我が国が主たる責任をもって対処し、同盟国等からの支援を受けつつ、これを阻止・排除し得る防衛力を構築	左記防衛構想をより確実にするための更なる努力（より早期・遠方で侵攻を阻止・排除し得る防衛力を構築）
スタンド・オフ防衛能力	●スタンド・オフ・ミサイルを実践的に運用する能力を獲得	●より先進的なスタンド・オフ・ミサイルを運用する能力を獲得 ●必要かつ十分な数量を確保
統合防空ミサイル防衛能力	●極超音速兵器に対処する能力を強化 ●小型無人機（UAV）に対処する能力を強化	●広域防空能力を強化 ●より効率的・効果的な無人機（UAV）対処能力を強化
無人アセット防衛能力	●無人機（UAV）の活用を拡大し、実践的に運用する能力を強化	●無人アセットの複数同時制御能力等を強化
領域横断作戦能力	●宇宙領域把握（SDA）能力、サイバーセキュリティ能力、電磁波能力等を強化 ●領域横断作戦の基本となる陸・海・空の領域の能力を強化	●宇宙作戦能力を更に強化 ●自衛隊以外の組織へのサイバーセキュリティ支援を強化 ●無人機と連携する陸海空能力を強化
指揮統制・情報関連機能	●ネットワークの抗たん性を強化しつつ、人工知能（AI）等を活用した意思決定を迅速化 ●認知領域の対応も含め、戦略・戦術の両面で情報を取得・分析する能力を強化	●人工知能（AI）等を活用し、情報収集・分析能力を強化しつつ、常時継続的な情報収集・共有体制を強化
機動展開能力・国民保護	●自衛隊の輸送アセットの強化、PFI船舶の活用等により、輸送・補給能力を強化（部隊展開・国民保護）	●輸送能力を更に強化 ●補給拠点の改善等により、輸送・補給を迅速化
持続性・強靱性	●弾薬・誘導弾の数量を増加 ●整備中以外の装備品が最大限可動する体制を確保 ●有事に備え、主要な防衛施設を強靱化 ●保管に必要な火薬庫等を確保	●弾薬・誘導弾の適正在庫を維持・確保 ●可動率を維持 ●防衛施設を更に強靱化 ●弾薬所要に見合った火薬庫等を更に確保
防衛生産・技術基盤	●サプライチェーンの強靱化対策等により、強力な防衛生産基盤を確立 ●将来の戦い方に直結する装備分野に集中投資するとともに、研究開発期間を大幅に短縮し、早期装備化を実現	●革新的な装備品を実現し得る強力な防衛生産基盤を維持 ●将来における技術的優位を確保すべく、技術獲得を追求
人的基盤	●募集能力強化や新たな自衛官制度の構築等により、民間を含む幅広い層から優秀な人材を必要数確保 ●教育・研究を強化（サイバー等の新領域、統合、衛生） ●隊舎・宿舎の老朽化や備品不足を解消し、生活・勤務環境及び処遇を改善	●募集対象者人口の減少の中でも、専門的な知識・技能を持つ人材を含め、必要な人材を継続的・安定的に確保 ●教育・研究を更に強化 ●全ての隊員が高い士気を持ちながら個々の能力を発揮できる組織環境を醸成

※現有装備品を最大限活用するため、弾薬確保や可動率向上、主要な防衛施設の強靱化への投資を加速するとともに、スタンド・オフ防衛能力や無人アセット防衛能力等、将来の防衛力の中核となる分野の抜本的強化に重点。

図表Ⅱ-4-1-3　防衛力整備計画　別表2（主要な装備品の具体的な整備規模）

区　分	種　類	整備規模
(1) スタンド・オフ防衛能力	12式地対艦誘導弾能力向上型 （地上発射型、艦艇発射型、航空機発射型）	地上発射型 11個中隊
	島嶼防衛用高速滑空弾	―
	極超音速誘導弾	―
	トマホーク	―
(2) 統合防空ミサイル防衛能力	03式中距離地対空誘導弾（改善型）能力向上型	14個中隊
	イージス・システム搭載艦	2隻
	早期警戒機（E-2D）	5機
	弾道ミサイル防衛用迎撃ミサイル （SM-3ブロックⅡA）	―
	能力向上型迎撃ミサイル（PAC-3MSE）	―
	長距離艦対空ミサイルSM-6	―
(3) 無人アセット防衛能力	各種UAV	―
	USV	―
	UGV	―
	UUV	―
(4) 領域横断作戦能力	護衛艦	12隻
	潜水艦	5隻
	哨戒艦	10隻
	固定翼哨戒機（P-1）	19機
	戦闘機（F-35A）	40機
	戦闘機（F-35B）	25機
	戦闘機（F-15）の能力向上	54機
	スタンド・オフ電子戦機	1機
	ネットワーク電子戦システム（NEWS）	2式
(5) 指揮統制・情報関連機能	電波情報収集機（RC-2）	3機
(6) 機動展開能力・国民保護	輸送船舶	8隻
	輸送機（C-2）	6機
	空中給油・輸送機（KC-46A等）	13機

資料：防衛力整備計画
URL：https://www.mod.go.jp/j/policy/agenda/guideline/index.html

図表Ⅱ-4-1-4　防衛力整備計画　別表３（おおむね10年後における各自衛隊の主要な編成定数、装備等の具体的規模）

区　分	将来体制		
共同の部隊	サイバー防衛部隊 海上輸送部隊		1個防衛隊 1個輸送群
陸上自衛隊	常備自衛官定数		149,000人
	基幹部隊	作戦基本部隊	9個師団 5個旅団 1個機甲師団
		空挺部隊 水陸機動部隊 空中機動部隊	1個空挺団 1個水陸機動団 1個ヘリコプター団
		スタンド・オフ・ミサイル部隊	7個地対艦ミサイル連隊
			2個島嶼防衛用高速滑空弾大隊
			2個長射程誘導弾部隊
		地対空誘導弾部隊	8個高射特科群
		電子戦部隊（うち対空電子戦部隊）	1個電子作戦隊 （1個対空電子戦部隊）
		無人機部隊	1個多用途無人航空機部隊
		情報戦部隊	1個部隊
海上自衛隊	基幹部隊	水上艦艇部隊（護衛艦部隊・掃海艦艇部隊） 潜水艦部隊 哨戒機部隊（うち固定翼哨戒機部隊） 無人機部隊 情報戦部隊	6個群（21個隊） 6個潜水隊 9個航空隊（4個隊） 2個隊 1個部隊
	主要装備	護衛艦（うちイージス・システム搭載護衛艦） イージス・システム搭載艦 哨戒艦 潜水艦 作戦用航空機	54隻（10隻） 2隻 12隻 22隻 約170機
航空自衛隊	主要部隊	航空警戒管制部隊 戦闘機部隊 空中給油・輸送部隊 航空輸送部隊 地対空誘導弾部隊 宇宙領域専門部隊 無人機部隊 作戦情報部隊	4個航空警戒管制団 1個警戒航空団（3個飛行隊） 13個飛行隊 2個飛行隊 3個飛行隊 4個高射群（24個高射隊） 1個隊 1個飛行隊 1個隊
	主要装備	作戦用航空機（うち戦闘機）	約430機（約320機）

注１：上記、陸上自衛隊の15個師・旅団のうち、14個師・旅団は機動運用を基本とする。
注２：戦闘機部隊及び戦闘機数については、航空戦力の量的強化を更に進めるため、2027年度までに必要な検討を実施し、必要な措置を講じる。この際、無人機（UAV）の活用可能性について調査を行う。

図表Ⅱ-4-1-5　防衛計画の大綱　別表及び整備計画　別表3の変遷

区分			51大綱	07大綱	16大綱	22大綱	25大綱	30大綱	整備計画
共同の部隊		サイバー防衛部隊						1個防衛隊	1個防衛隊
共同の部隊		海上輸送部隊						1個輸送群	1個輸送群
陸上自衛隊		編成定数(注1)	18万人	16万人	15万5千人	15万4千人	15万9千人	15万9千人	
陸上自衛隊		常備自衛官定数		14万5千人	14万8千人	14万7千人	15万1千人	15万1千人	14万9千人
陸上自衛隊		即応予備自衛官員数(注1)		1万5千人	7千人	7千人	8千人	8千人	
陸上自衛隊	基幹部隊	作戦基本部隊(注2)	12個師団 2個混成団 1個機甲師団	8個師団 6個旅団 1個機甲師団	8個師団 6個旅団 1個機甲師団	8個師団 6個旅団 1個機甲師団	5個師団 2個旅団 1個機甲師団	5個師団 2個旅団 1個機甲師団	9個師団 5個旅団 1個機甲師団
陸上自衛隊	基幹部隊	空挺部隊(注3)	1個空挺団	1個空挺団			1個空挺団	1個空挺団	1個空挺団
陸上自衛隊	基幹部隊	水陸機動部隊(注3)					1個水陸機動団	1個水陸機動団	1個水陸機動団
陸上自衛隊	基幹部隊	空中機動部隊(注3)	1個ヘリコプター団	1個ヘリコプター団			1個ヘリコプター団	1個ヘリコプター団	1個ヘリコプター団
陸上自衛隊	基幹部隊	機動運用部隊(注4)	1個教導団		中央即応集団	中央即応集団	3個機動師団	3個機動師団	
陸上自衛隊	基幹部隊	機動運用部隊(注4)	1個特科団				4個機動旅団	4個機動旅団	
陸上自衛隊	基幹部隊	スタンド・オフ・ミサイル部隊(注5)					5個地対艦ミサイル連隊	5個地対艦ミサイル連隊	7個地対艦ミサイル連隊
陸上自衛隊	基幹部隊	スタンド・オフ・ミサイル部隊(注5)						2個高速滑空弾大隊	2個島嶼防衛用高速滑空弾大隊
陸上自衛隊	基幹部隊	スタンド・オフ・ミサイル部隊(注5)							2個長射程誘導弾部隊
陸上自衛隊	基幹部隊	地対空誘導弾部隊	8個高射特科群	8個高射特科群	8個高射特科群	7個高射特科群/連隊	7個高射特科群/連隊	7個高射特科群/連隊	8個高射特科群
陸上自衛隊	基幹部隊	電子戦部隊 (うち対空電子戦部隊)							1個電子作戦隊 (1個対空電子戦部隊)
陸上自衛隊	基幹部隊	無人機部隊							1個多用途無人航空機部隊
陸上自衛隊	基幹部隊	情報戦部隊							1個部隊
陸上自衛隊	基幹部隊	弾道ミサイル防衛部隊						2個弾道ミサイル防衛隊 (注11)	
陸上自衛隊	主要装備	戦車(注6)	(約1,200両)	約900両	約600両	約400両	(約300両)	(約300両)	
陸上自衛隊	主要装備	火砲(主要特科装備)(注6)	(約1,000門/両)	(約900門/両)	(約600門/両)	約400門/両	(約300門/両)	(約300門/両)	
海上自衛隊	基幹部隊	水上艦艇部隊 (護衛艦部隊・掃海艦艇部隊)				4個護衛隊群(8個護衛隊) 4個護衛隊	4個護衛隊群(8個護衛隊) 6個護衛隊	4個群(8個隊)	6個群(21個隊)
海上自衛隊	基幹部隊	護衛艦・掃海艦艇部隊(注7)						2個群(13個隊)	
海上自衛隊	基幹部隊	機動運用(注7)	4個護衛隊群	4個護衛隊群	4個護衛隊群(8個隊)				
海上自衛隊	基幹部隊	地域配備(注7)	(地方隊) 10個隊	(地方隊) 7個隊	5個隊				
海上自衛隊	基幹部隊	潜水艦部隊	6個隊	6個隊	4個隊	6個潜水隊	6個潜水隊	6個潜水隊	6個潜水隊
海上自衛隊	基幹部隊	哨戒機部隊(うち固定翼哨戒機部隊)	(陸上) 16個隊	(陸上) 13個隊	9個隊	9個航空隊	9個航空隊	9個航空隊	9個航空隊(4個隊)
海上自衛隊	基幹部隊	無人機部隊							2個隊
海上自衛隊	基幹部隊	情報戦部隊							1個部隊
海上自衛隊	基幹部隊	掃海部隊(注7)	2個掃海隊群	1個掃海隊群	1個掃海隊群	1個掃海隊群	1個掃海隊群		
海上自衛隊	主要装備	護衛艦(うちイージス・システム搭載護衛艦)	約60隻	約50隻	47隻	48隻	54隻	54隻	54隻(10隻)
海上自衛隊	主要装備	イージス・システム搭載艦							2隻
海上自衛隊	主要装備	哨戒艦						12隻	12隻
海上自衛隊	主要装備	潜水艦	16隻	16隻	16隻	22隻	22隻	22隻	22隻
海上自衛隊	主要装備	作戦用航空機	約220機	約170機	約150機	約150機	約170機	約190機	約170機
航空自衛隊	基幹部隊	航空警戒管制部隊	28個警戒群 1個飛行隊	8個警戒群 20個警戒隊 1個飛行隊	8個警戒群 20個警戒隊 1個警戒航空隊 (2個飛行隊)	4個警戒群 24個警戒隊 1個警戒航空隊 (2個飛行隊)	28個警戒隊 1個警戒航空隊 (3個飛行隊)	28個警戒隊 1個警戒航空団 (3個飛行隊)	4個航空警戒管制団 1個警戒航空団 (3個飛行隊)
航空自衛隊	基幹部隊	戦闘機部隊			12個飛行隊	12個飛行隊	13個飛行隊	13個飛行隊	(注12) 13個飛行隊
航空自衛隊	基幹部隊	要撃戦闘機部隊	10個飛行隊	9個飛行隊					
航空自衛隊	基幹部隊	支援戦闘機部隊	3個飛行隊	3個飛行隊					
航空自衛隊	基幹部隊	航空偵察部隊	1個飛行隊	1個飛行隊	1個飛行隊	1個飛行隊			
航空自衛隊	基幹部隊	空中給油・輸送部隊			1個飛行隊	1個飛行隊	2個飛行隊	2個飛行隊	2個飛行隊
航空自衛隊	基幹部隊	航空輸送部隊	3個飛行隊	3個飛行隊	3個飛行隊	3個飛行隊	3個飛行隊	3個飛行隊	3個飛行隊
航空自衛隊	基幹部隊	地対空誘導弾部隊	6個高射群	6個高射群	6個高射群	6個高射群	6個高射群	4個高射群 (24個高射隊)	4個高射群 (24個高射隊)
航空自衛隊	基幹部隊	宇宙領域専門部隊						1個隊	1個隊
航空自衛隊	基幹部隊	無人機部隊						1個飛行隊	1個飛行隊
航空自衛隊	基幹部隊	作戦情報部隊							1個隊
航空自衛隊	主要装備	作戦用航空機	約430機	約400機	約350機	約340機	約360機	約370機	約430機
航空自衛隊	主要装備	うち戦闘機	(注9) (約350機)	約300機	約260機	約260機	約280機	約290機	(注12) 約320機
弾道ミサイル防衛にも使用し得る主要装備・基幹部隊(注8)		イージス・システム搭載護衛艦			4隻	(注10) 6隻	8隻	8隻	
弾道ミサイル防衛にも使用し得る主要装備・基幹部隊(注8)		航空警戒管制部隊			7個警戒群 4個警戒隊	11個警戒群/隊			
弾道ミサイル防衛にも使用し得る主要装備・基幹部隊(注8)		地対空誘導弾部隊			3個高射群	6個高射群			

(注1)　整備計画別表に記載はないものの、51～30大綱別表との比較上記載
(注2)　「作戦基本部隊」は、22大綱までは「平素(平時)配備する部隊」、30大綱までは「地域配備部隊」とされている部隊(但し、1個機甲師団は30大綱まで「機動運用部隊」とされている部隊)、整備計画では全て「機動運用部隊」と位置づけ
(注3)　30大綱までは「機動運用部隊」とされている部隊
(注4)　整備計画別表に記載はないものの、51～30大綱別表との比較上記載
(注5)　「スタンド・オフ・ミサイル部隊」のうち、地対艦ミサイル連隊については30大綱まで「地対艦誘導部隊」、島嶼防衛用高速滑空弾部隊については「高速滑空弾部隊」とされている部隊
(注6)　51大綱、25大綱、30大綱及び整備計画別表に記載はないものの、07～22大綱別表との比較上記載
(注7)　整備計画に記載ないものの、整備計画別表との比較上記載。護衛艦部隊については、51大綱では「対潜水上艦艇部隊(機動運用)」及び「対潜水上艦艇部隊(地方隊)」、07大綱では「護衛艦部隊(機動運用)」及び「護衛艦部隊(地方隊)」、16大綱では「護衛艦部隊(機動運用)」及び「護衛艦部隊(地域配備)」とそれぞれ記載。
(注8)　「弾道ミサイル防衛にも使用し得る主要装備・基幹部隊」は、16大綱、22大綱については海上自衛隊の主要装備又は航空自衛隊の基幹部隊の内数であり、25大綱及び30大綱については護衛艦(イージス・システム搭載護衛艦)、航空警戒管制部隊及び地対空誘導弾部隊の範囲内で整備することとする。また、整備計画別表には記載はないものの、51～30大綱別表との比較上記載。
(注9)　51大綱別表に記載はないものの、07～整備計画別表との比較上記載
(注10)　22大綱においては弾道ミサイル防衛機能を備えたイージス・システム搭載護衛艦については、弾道ミサイル防衛関連技術の進展、財政事情などを踏まえ、別途定める場合には、上記の護衛艦隻数の範囲内で、追加的な整備を行い得るものとする。
(注11)　陸上配備型イージス・システム(イージス・アショア)2基を整備することに伴い、「2個弾道ミサイル防衛隊」を保持することとしたが、2020年12月の閣議決定により、陸上配備型イージス・システム(イージス・アショア)に替えて、イージス・システム搭載艦2隻を整備し、同艦は海上自衛隊が保持することとなった。同艦2隻については、整備計画別表においては海上自衛隊の主要装備として記載している。
(注12)　戦闘機部隊及び戦闘機数については、航空戦力の量的強化を更に進めるため、2027年度までに必要な検討を実施し、必要な措置を講じる。この際、無人機(UAV)の活用可能性について調査を行う。

第2節　令和５年度の防衛力整備

1　基本的考え方

整備計画においては、防衛戦略に従い、宇宙・サイバー・電磁波を含む全ての領域における能力を有機的に融合し、平時から有事までのあらゆる段階における柔軟かつ戦略的な活動の常時継続的な実施を可能とする多次元統合防衛力を抜本的に強化し、相手の能力と新しい戦い方に着目して、５年後の令和９（2027）年度までに、わが国への侵攻が生起する場合には、わが国が主たる責任をもって対処し、同盟国等の支援を受けつつ、これを阻止・排除できるようにすることとしている。この防衛力の抜本的強化に当たっては、７つの分野を重視することとしている。

まず、隊員の安全を可能な限り確保する観点から、相手の脅威圏外からできる限り遠方において阻止する能力を高め、抑止力を強化するため、①スタンド・オフ防衛能力を強化する。また、多様化・複雑化する経空脅威に適切に対処するため、②統合防空ミサイル防衛能力を強化する。

次に、万が一、抑止が破れ、わが国への侵攻が生起した場合には、スタンド・オフ防衛能力と統合防空ミサイル防衛能力に加え、有人アセット、さらに無人アセットを駆使するとともに、水中・海上・空中といった領域を横断して優越を獲得し、非対称な優勢を確保する。このため、③無人アセット防衛能力、④領域横断作戦能力及び⑤指揮統制・情報関連機能を強化する。

さらに、迅速かつ粘り強く活動し続けて、相手方に侵攻意図を断念させるため、⑥機動展開能力・国民保護や、弾薬・燃料の確保、可動数の向上、施設の強靱化等の⑦持続性・強靱性を強化する。

2　令和５年度の防衛力整備

令和５（2023）年度の防衛力整備は、令和９（2027）年度までに防衛力を抜本的に強化するために必要な取組を積み上げ、整備計画の初年度として相応しい内容と予算規模を確保した。

具体的には、将来の防衛力の中核となる分野について、スタンド・オフ防衛能力及び無人アセット防衛能力などについて予算を大幅に増やしている。また、統合防空ミサイル防衛能力、宇宙・サイバーを含む領域横断作戦能力、指揮統制・情報関連機能、機動展開の能力・国民保護、持続性・強靱性、防衛生産・技術基盤などについて所要額を確保している。

中でも、現有装備品の最大限の活用のため、可動向上や弾薬確保、主要な防衛施設の強靱化への投資を加速するほか、隊員の生活・勤務環境の改善に必要な予算については、所要額をしっかりと確保している。特に、隊員の健康にも直接影響があり、部隊からのニーズも高い空調は、最大限対応している。

具体的な防衛関係費の所要額については、第Ⅱ部第４章第３節を参照。

加えて、格段に厳しさを増す財政事情などを勘案し、一層の効率化・合理化を徹底する。

参照　図表Ⅱ-4-2-1（令和５（2023）年度防衛力整備の主要事業（防衛力の抜本的強化に当たって重視する７つの主要分野））

資料：令和5（2023）年度の概要
URL：https://www.mod.go.jp/j/budget/yosan_gaiyo/index.html

図表Ⅱ-4-2-1　令和5(2023)年度防衛力整備の主要事業(防衛力の抜本的強化に当たって重視する7つの主要分野)

獲得・強化すべき機能・能力	概　要
スタンド・オフ防衛能力	○12式地対艦誘導弾能力向上型の開発(地発型・艦発型・空発型)及び量産(地発型) ○島嶼防衛用高速滑空弾の研究及び量産 ○島嶼防衛用高速滑空弾(能力向上型)の開発 ○極超音速誘導弾の研究 ○JASSMの取得 ○トマホークの取得　など  12式地対艦誘導弾能力向上型(イメージ)  島嶼防衛用高速滑空弾(イメージ)  極超音速誘導弾(イメージ)  JASSM(イメージ) 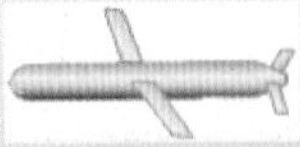 トマホーク(イメージ)
統合防空ミサイル防衛能力	○イージス・システム搭載艦の導入 ○03式中距離地対空誘導弾(改善型)能力向上型の開発 ○SM-3ブロックⅡA、SM-6、PAC-3MSE等の整備 ○HGV対処用誘導弾システムの研究 ○FPS－5、FPS－7及びJADGEの能力向上 ○早期警戒機(E－2D)(5機)の取得 ○移動式警戒管制レーダー(TPS－102A)の取得　など  イージス・システム搭載艦(イメージ)  長距離艦対空ミサイル(SM－6)  FPS－7
無人アセット防衛能力	○UAV(中域用)機能向上型(6式)の取得 ○多用途／攻撃用UAVの運用実証 ○対地偵察・警戒・監視用UGV／UAVの運用実証 ○小型UGVに関する研究 ○海洋観測用UUVの整備 ○機雷捜索用UUV(OZZ－5)の整備　など  多用途／攻撃用UAV(イメージ) 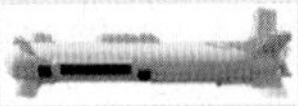 機雷捜索用水中無人機(OZZ-5)
領域横断作戦能力	○宇宙領域の活用に必要な共通キー技術の先行実証 ○衛星を活用したHGV探知・追尾等の対処能力の向上に必要な技術実証 ○SDA衛星の整備 ○リスク管理枠組み(RMF)の導入 ○サイバー関連部隊の体制拡充 ○サイバー要員の教育基盤の拡充 ○ネットワーク電子戦システム(NEWS)能力向上 ○高出力マイクロ波(HPM)照射装置の取得 ○次期装輪装甲車(人員輸送型)(26両)の取得 ○16式機動戦闘車(24両)の取得 ○固定翼哨戒機(P－1)(3機) ○回転翼哨戒機(SH－60K(能力向上型))(6機)の取得 ○護衛艦(2隻)、哨戒艦(4隻)、潜水艦(1隻)の建造 ○戦闘機(F－35A)(8機)、戦闘機(F－35B)(8機) ○救難ヘリコプター(UH－60J)(12機)の取得 ○戦闘機(F－15)の能力向上　など  次期装輪装甲車  護衛艦(FFM)  哨戒ヘリ(SH-60K(能力向上型))  戦闘機(F-35A)
指揮統制・情報関連機能	○指揮統制機能の強化 ○情報収集・分析等機能の強化 ○認知領域を含む情報戦等への対応　など
機動展開能力・国民保護	○小型級船舶(2隻)の建造 ○輸送機(C－2)(2機)の取得 ○多用途ヘリコプター(UH－2)(13機)の取得 ○掃海・輸送ヘリコプター(MCH－101)(2機)の取得 ○各種トラック等の取得　など  小型級船舶(イメージ)  輸送機(C-2)
持続性・強靱性	○継続的な部隊運用に必要な各種弾薬の取得 ○装備品の維持整備 ○火薬庫の確保 ○自衛隊施設の抗たん性の向上　など  火薬庫  非可動機の解消

第3節　防衛関係費～防衛力抜本的強化「元年」予算～

1　防衛関係費の概要

防衛力の抜本的強化は、①スタンド・オフ防衛能力、②統合防空ミサイル防衛能力、③無人アセット防衛能力、④領域横断作戦能力、⑤指揮統制・情報関連機能、⑥機動展開能力・国民保護、⑦持続性・強靱性の7つの柱で計画的に整備を進めることとしており、令和5（2023）年度防衛関係費[1]は、防衛力を5年以内に抜本的に強化するために必要な取組を積み上げて、新たな整備計画の初年度に相応しい内容及び予算規模を確保（防衛力抜本的強化「元年」予算）した。

歳出予算は、整備計画対象経費として6兆6,001億円（前年度比1兆4,213億円（27.4％）増）を計上し、米軍再編等[2]を含めると6兆8,219億円となり、「防衛費の相当な増額」を確保した。また、新規後年度負担[3]（新たな事業）は、整備計画対象経費として7兆676億円（前年度比2.9倍）を計上し、1年でも早く、必要な装備品を各部隊に届け、部隊で運用できるよう、初年度に可能な限り契約を実施する。

具体的には、将来の防衛力の中核となる分野について、「スタンド・オフ防衛能力」、「無人アセット防衛能力」等について大幅に予算を増やすとともに、現有装備品の最大限の活用のため、可動向上や弾薬確保、主要な防衛施設の強靭化への投資（重要な司令部の地下化や隊舎等の整備）を加速している。

また、令和4（2022）年度第2次補正予算には、災害への対処能力の強化、インフラ基盤の強化、生活・勤務環境の改善などに必要な緊要の経費として、4,464億円を計上した。

令和5（2023）年度の予算配分に当たっては、防衛力整備事業について、これまでは主要装備品などの取得経費とその他の経費の2区分に分けて管理してきたが、各幕・各機関ごとに新たに15区分に分類して管理することとし、予算の積み上げをよりきめ細かく行い、弾薬、維持整備、施設、生活・勤務環境等へのしわ寄せを防ぐこととした。

参照　図表Ⅱ-4-3-1（防衛関係費の令和4（2022）年度と令和5（2023）年度の比較）、図表Ⅱ-4-3-2（防衛関係費（当初予算）の推移）、図表Ⅱ-4-3-3（年度計画・予算の配分方針の見直し）、図表Ⅱ-4-3-4（令和5（2023）年度予算の配分方針）

図表Ⅱ-4-3-1　防衛関係費の令和4（2022）年度と令和5（2023）年度の比較

（単位：億円）

区分		令和4（2022）年度	令和5（2023）年度	対前年度増▲減	
歳出額（注）		51,788	66,001	14,213	27.4%
	うち人件・糧食費	21,740	21,969	229	1.1%
	うち物件費	30,048	44,032	13,984	46.5%
後年度負担額（注）		53,342	99,186	45,844	85.9%
	うち新規分	24,583	70,676	46,093	187.5%
	うち既定分	28,759	28,511	▲248	▲0.9%

（注1）上記の計数は、SACO関係経費と米軍再編関係経費のうち地元負担軽減分等を含まない。これらを含めた防衛関係費の総額は、歳出額については、令和4（2022）年度は54,005億円、令和5（2023）年度は68,219億円になり、後年度負担額については、令和4（2022）年度は58,642億円、令和5（2023）年度は107,174億円になる。
（注2）予算額には、デジタル庁にかかる経費を含む。
（注3）計数は四捨五入のため合計と符合しないことがある。

1　防衛関係費には、防衛力整備や自衛隊の維持運営のための経費のほか、基地周辺対策などに必要な経費が含まれている。また、令和3（2021）年度以降の防衛関係費には、デジタル庁にかかる経費を含む。
2　SACO（沖縄に関する特別行動委員会）関係経費、米軍再編関係経費のうち地元負担軽減分、新たな政府専用機導入に伴う経費である。
Special Action Committee on Okinawa
3　細部は第3項を参照。

図表Ⅱ-4-3-2　防衛関係費（当初予算）の推移

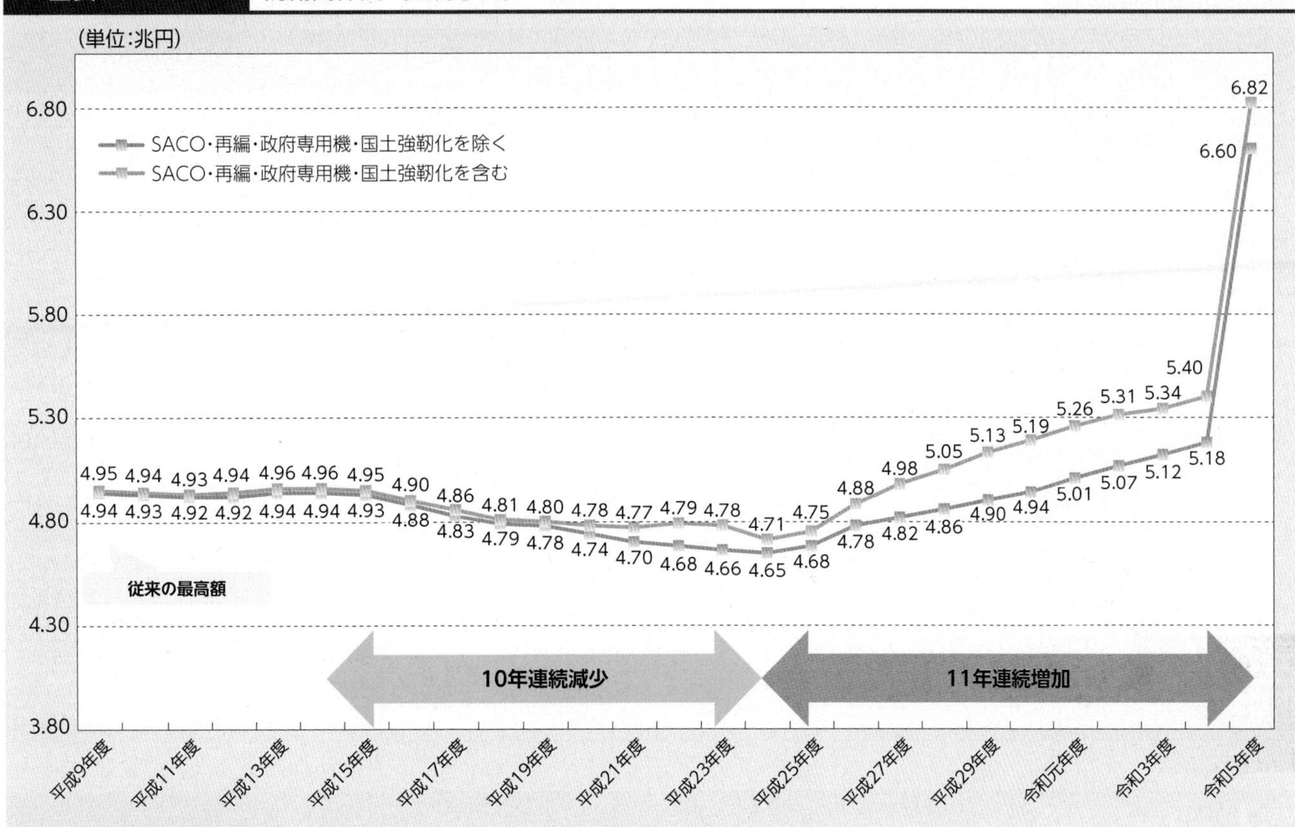

図表Ⅱ-4-3-3　年度計画・予算の配分方針の見直し

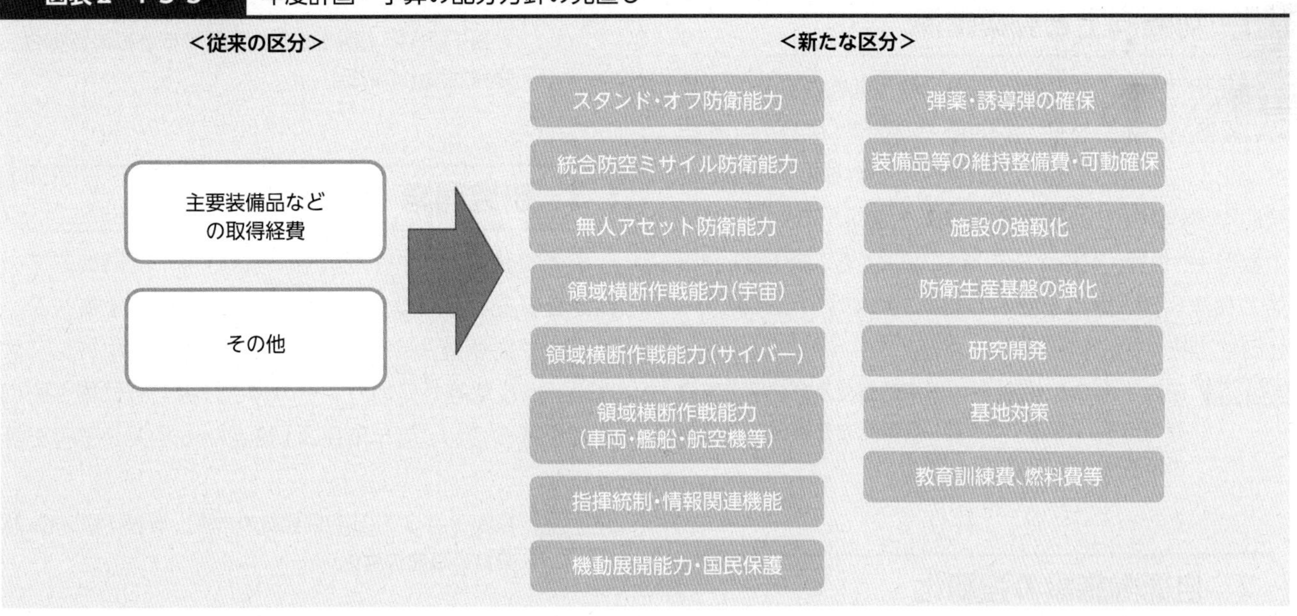

図表II-4-3-4 令和5（2023）年度予算の配分方針

区分	分野	5年間の総事業費（契約ベース）	令和5年度事業費（契約ベース）	令和5年度事業費（歳出ベース）
スタンド・オフ防衛能力		約5兆円	約1.4兆円	約0.1兆円
統合防空ミサイル防衛能力		約3兆円	約1.0兆円	約0.2兆円
無人アセット防衛能力		約1兆円	約0.2兆円	約0.02兆円
領域横断作戦能力	宇宙	約1兆円	約0.2兆円	約0.1兆円
	サイバー	約1兆円	約0.2兆円	約0.1兆円
	車両・艦船・航空機等	約6兆円	約1.2兆円	約1.1兆円
指揮統制・情報関連機能		約1兆円	約0.3兆円	約0.2兆円
機動展開能力・国民保護		約2兆円	約0.2兆円	約0.1兆円
持続性・強靱性	弾薬・誘導弾	約2兆円（他分野も含め約5兆円）	約0.2兆円（他分野も含め約0.8兆円）	約0.1兆円（他分野も含め約0.3兆円）
	装備品等の維持整備費・可動確保	約9兆円（他分野も含め約10兆円）	約1.8兆円（他分野も含め約2.0兆円）	約0.8兆円（他分野も含め約1.3兆円）
	施設の強靱化	約4兆円	約0.5兆円	約0.2兆円
防衛生産基盤の強化		約0.4兆円（他分野も含め約1兆円）	約0.1兆円（他分野も含め約0.1兆円）	約0.1兆円（他分野も含め約0.1兆円）
研究開発		約1兆円（他分野も含め約3.5兆円）	約0.2兆円（他分野も含め約0.9兆円）	約0.1兆円（他分野も含め約0.2兆円）
基地対策		約2.6兆円	約0.5兆円	約0.5兆円
教育訓練費、燃料費等		約4兆円	約0.9兆円	約0.7兆円
合計		約43.5兆円	約9.0兆円	約4.4兆円

2 重点事項

1 可動向上と弾薬確保

部品不足を解消して保有装備品の可動数を向上するため、装備品の維持整備（物件費（契約ベース））は、前年度比1.8倍となる2兆355億円を計上するとともに、継続的な部隊運用に必要な各種弾薬を確保するため、弾薬の取得（物件費（契約ベース））についても、前年度比3.3倍となる8,283億円を計上した。これにより、持続性・強靱性を抜本的に強化する。

参照 図表II-4-3-5（装備品の維持整備費及び弾薬の整備費の推移）、III部1章6節（継戦能力を確保するための持続性・強靱性強化の取組）

2 自衛隊施設の強靱化

施設整備（物件費（契約ベース））は、前年度比3.1倍となる5,049億円を計上し、自衛隊施設の強靱化を加速する。特に、「防災・減災、国土強靱化のための５か年加速化対策」に基づき、「自衛隊のインフラ基盤（飛行場、港湾等）の強化」、「自衛隊施設（建物等）の耐震化・老朽化対策」などを、重点的かつ集中的に実施する。

参照 図表II-4-3-6（施設整備費（宿舎を除く）の推移）、III部1章6節（継戦能力を確保するための持続性・強靱性強化の取組）

3 研究開発

研究開発費（物件費（契約ベース））は、次期戦闘機の開発を着実に進めつつ、将来の戦い方に直結するスタンド・オフ防衛能力や、HGV等対処能力、ドローン・スウォーム攻撃等対処能力などの装備技術分野に集中的に投資を行うため、前年度比3.1倍となる8,968億円を計上した。

参照 図表II-4-3-7（研究開発費の推移）、IV部1章2節（防衛技術基盤の強化）

4 隊員の生活・勤務環境の改善

隊員の生活・勤務環境（備品、日用品、被服、宿舎など）（物件費（契約ベース））は、前年度比2.5倍となる2,693億円を計上し、その改善を重点的に推進する。特に、隊員の健康にも直接影響があり、部隊からのニーズも高い空調は、最大限対応する。

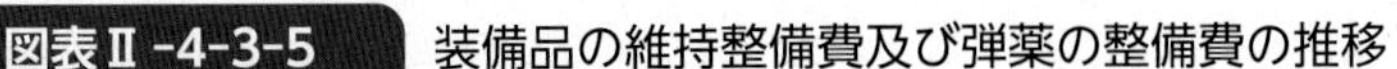
参照　図表Ⅱ-4-3-8（隊員の生活・勤務環境の関連経費の推移）、Ⅳ部2章1節（人的基盤の強化）

図表Ⅱ-4-3-5　装備品の維持整備費及び弾薬の整備費の推移

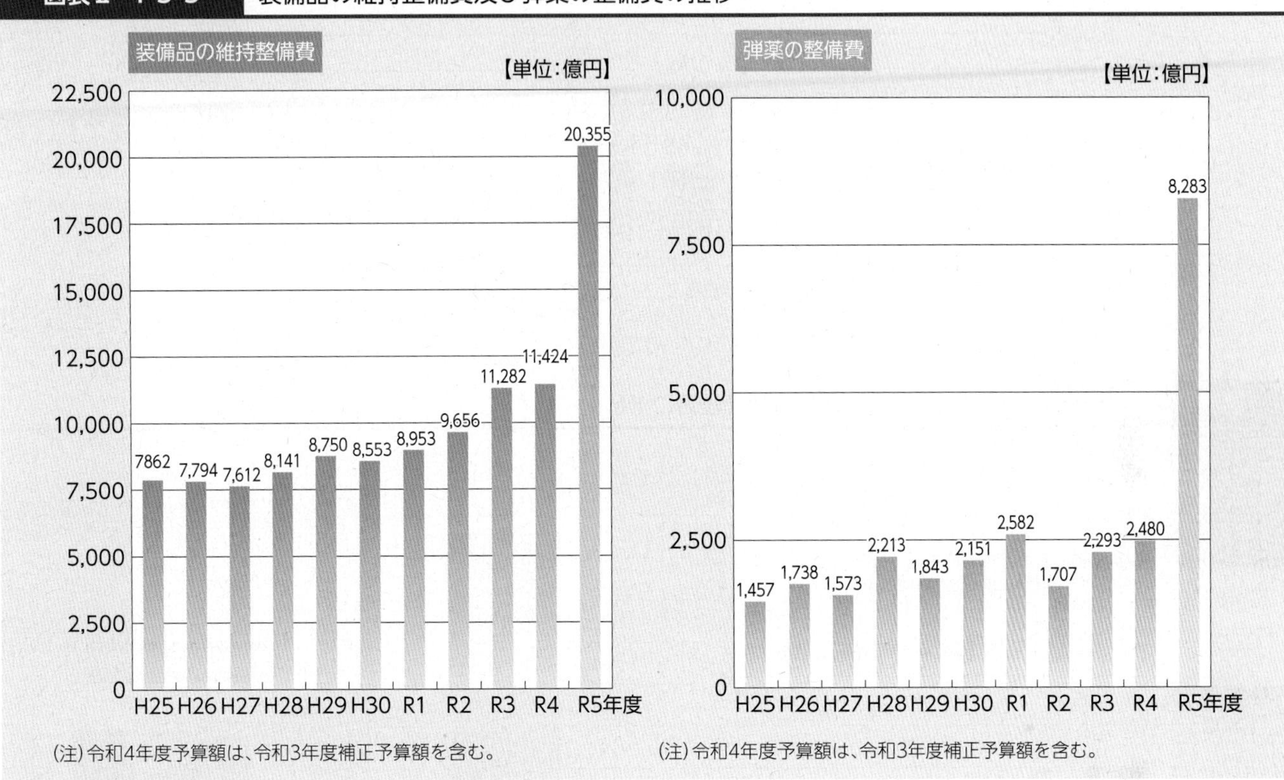

（注）令和4年度予算額は、令和3年度補正予算額を含む。　（注）令和4年度予算額は、令和3年度補正予算額を含む。

図表Ⅱ-4-3-6　施設整備費（宿舎を除く）の推移

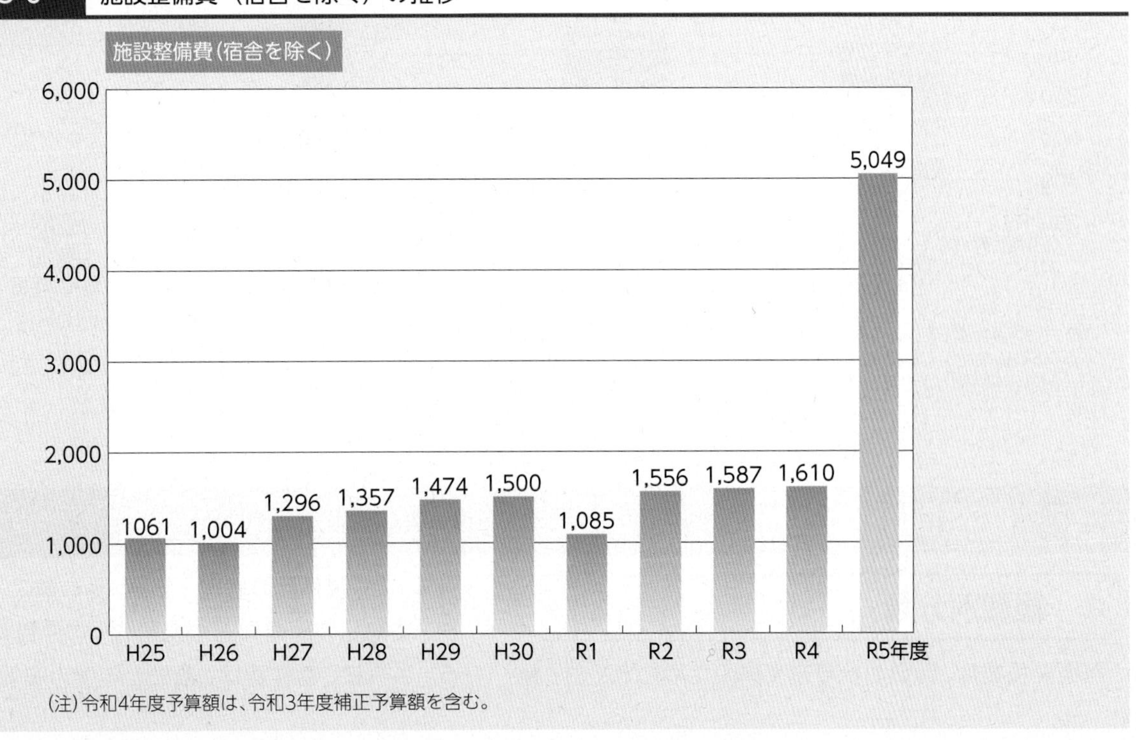

（注）令和4年度予算額は、令和3年度補正予算額を含む。

図表Ⅱ-4-3-7　研究開発費の推移

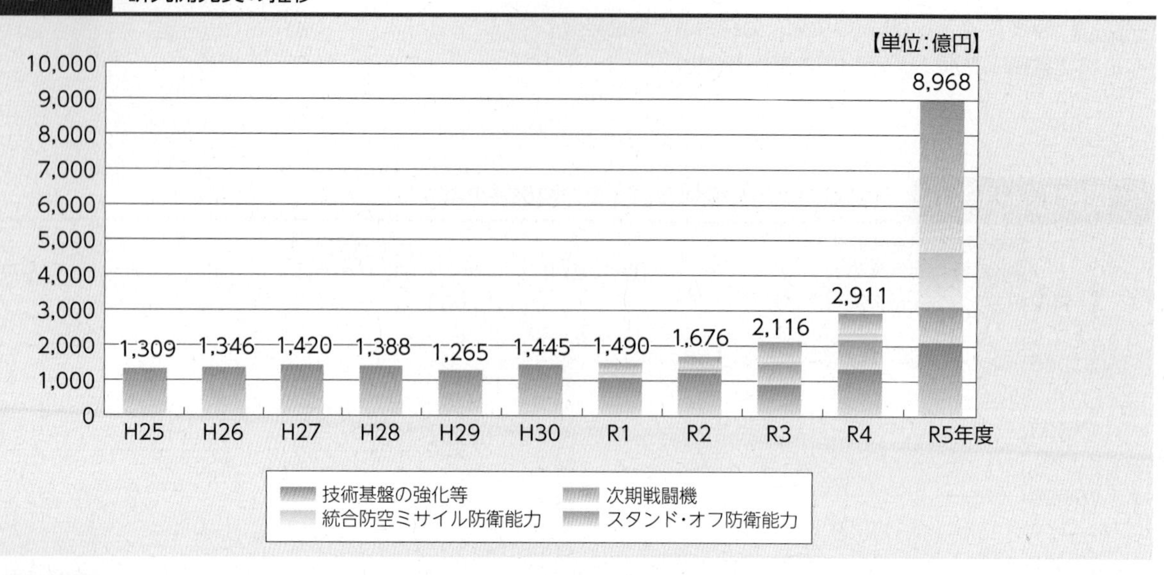

図表Ⅱ-4-3-8　隊員の生活・勤務環境の関連経費の推移

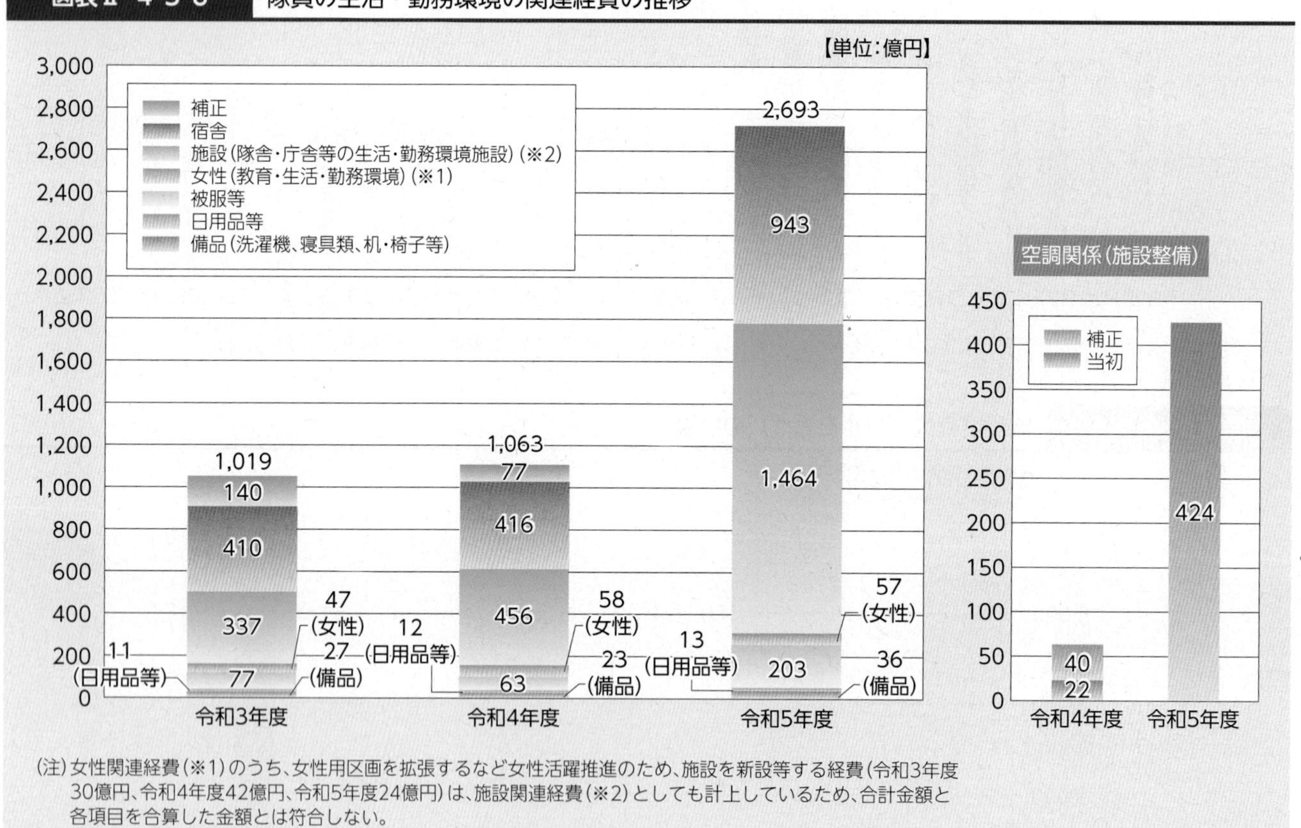

（注）女性関連経費（※1）のうち、女性用区画を拡張するなど女性活躍推進のため、施設を新設等する経費（令和3年度30億円、令和4年度42億円、令和5年度24億円）は、施設関連経費（※2）としても計上しているため、合計金額と各項目を合算した金額とは符合しない。

3　防衛関係費の内訳

1　経費別分類

防衛関係費は、隊員の給与や食事のための「人件・糧食費」と、装備品の修理・整備、油の購入、隊員の教育訓練、装備品の調達などのための「物件費」とに大別される。さらに、物件費は、過去の年度の契約に基づき支払われる「歳出化経費」[4]と、その年度の契約に基づき支払われる「一般物件費」とに分けられる。物件費は「事業費」とも呼ばれ、一般物件費は装備品の修理費、隊員の教育訓練費、油の購入費などが含まれることから「活動経費」とも呼ばれる。

歳出予算で見た防衛関係費は、人件・糧食費と歳出化経費という義務的性質を有する経費が全体の7割を占めており、残りの3割についても、装備品の修理費や基地対策経費などの維持管理的な性格の経費の割合が高い。

参照　図表Ⅱ-4-3-9（歳出額と新規後年度負担の関係）

2　使途別分類

防衛関係費は、隊員の給与や食事のための「人件・糧

図表Ⅱ-4-3-9　歳出額と新規後年度負担の関係

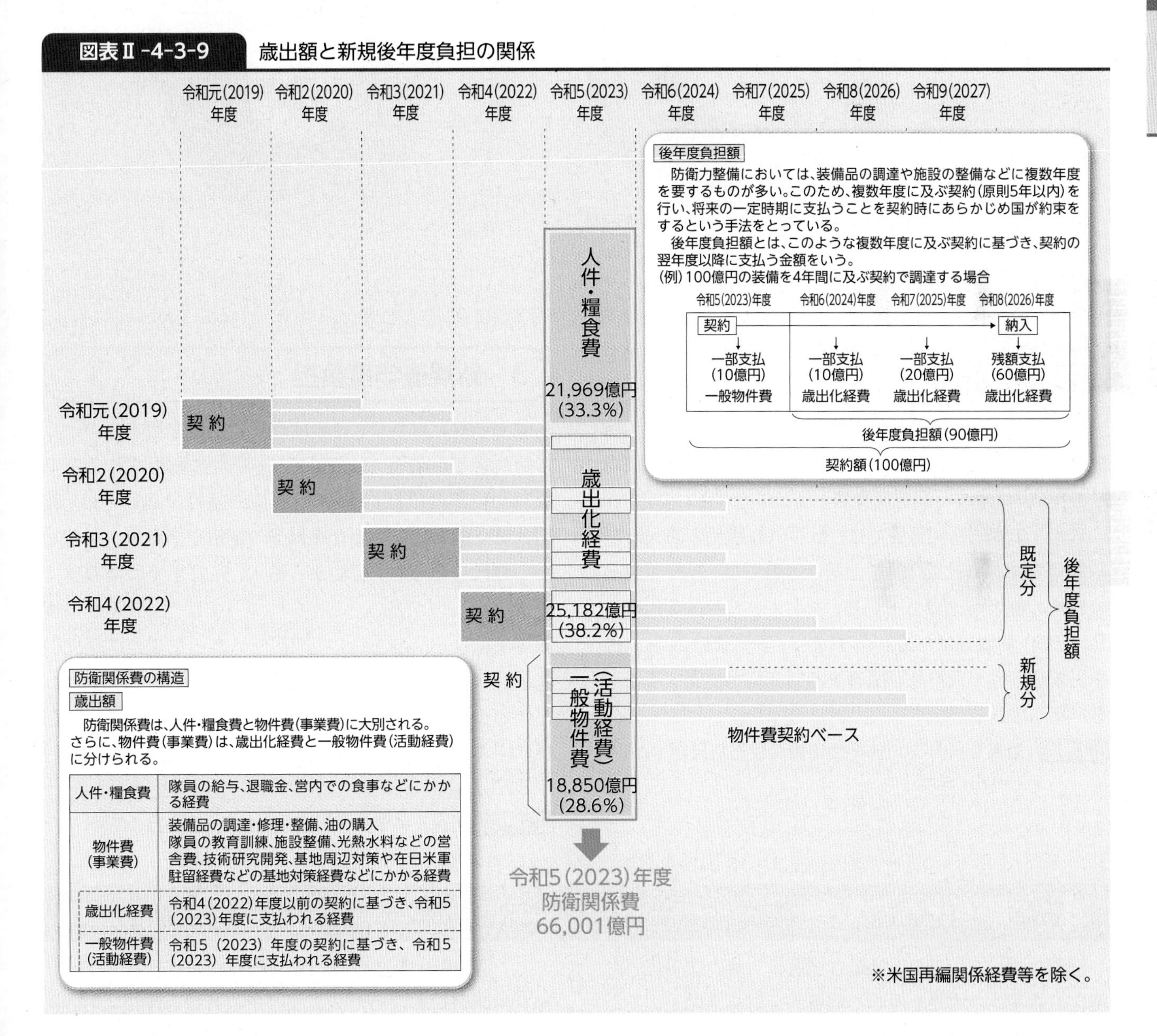

4　防衛力整備には複数年度にわたるものがある。その場合、契約する年度と代価を支払う年度が異なるため、まず後年度にわたる債務負担の上限額を、国庫債務負担行為（債務を負う権限のみが与えられる予算形式であり、契約締結はできるが、支払はできない。）として予算に計上する。それを根拠として契約し、原則として完成・納入が行われる年度に、支払に必要な経費を歳出予算（債務を負う権限と支出権限が与えられる予算形式であり、契約締結および支払ができる。）として計上する。このように、過去の契約に基づく支払のため計上される歳出予算を歳出化経費といい、次年度以降に支払う予定の部分を後年度負担という。
なお、数年にわたる継続的な事業を施行する必要がある場合に、その経費の総額及び年割額についてあらかじめ一括して国会の議決を経て、数年度にわたって債務負担権限とあわせて支出権限を付与する制度として、継続費がある。

図表Ⅱ-4-3-10 防衛関係費の使途別分類（令和5（2023）年度）

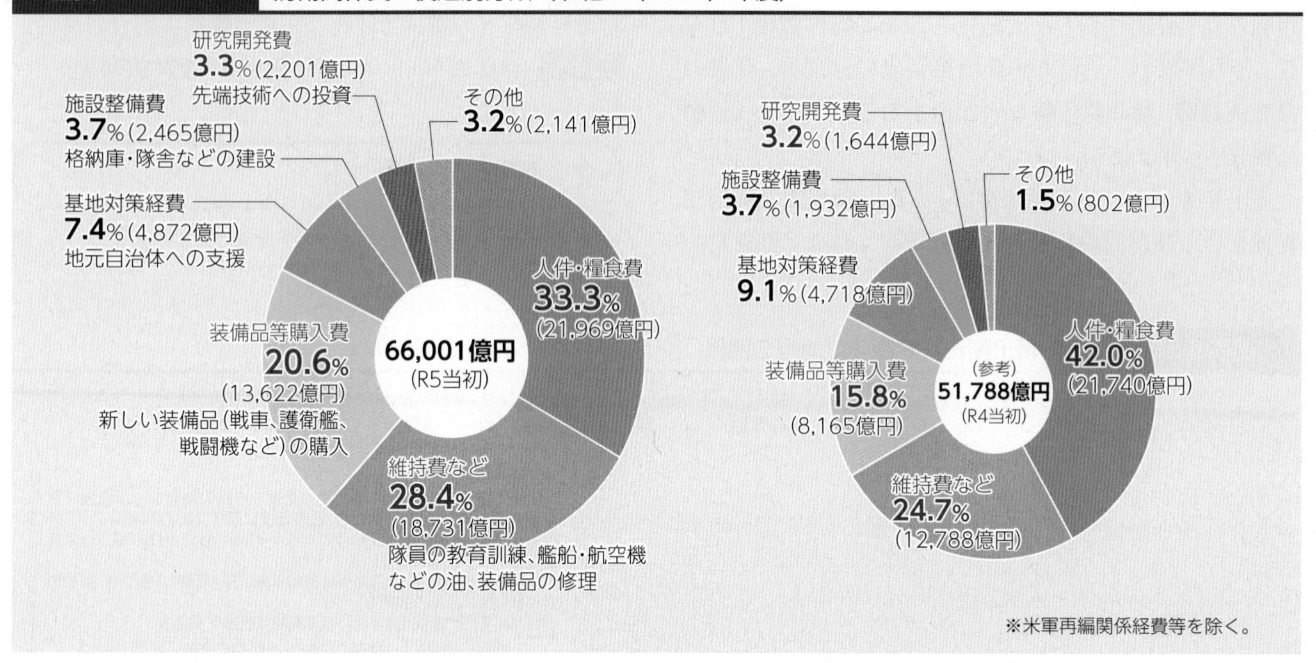

食費」、新しい装備品（戦車、護衛艦、戦闘機など）を購入するための「装備品等購入費」、隊員の教育訓練、艦船・航空機などの油、装備品の修理のための「維持費等」、格納庫・隊舎などの建設のための「施設整備費」、先端技術への投資のための「研究開発費」などに大別される。

令和5年度防衛関係費では、新しい装備品の購入及び研究開発を合わせて2割を上回るとともに、現有装備品の維持の割合も上昇している。なお、北大西洋条約機構（NATO（North Atlantic Treaty Organization））加盟国は、2024年までに、国防費の20%以上を主要装備品の取得及び関連する研究開発に充てることを目指している。

参照 図表Ⅱ-4-3-10（防衛関係費の使途別分類（令和5（2023）年度））

3 新規後年度負担

歳出予算とは別に、翌年度以降の支払を示すものとして新規後年度負担（当該年度に、新たに負担することとなった後年度負担）がある。防衛力整備においては、艦船・航空機などの主要な装備品の調達や格納庫・隊舎などの建設のように、契約から納入、完成までに複数年度を要するものが多い。これらについては、当該年度に複数年度に及ぶ契約を行い、契約時にあらかじめ次年度以降（原則5年以内）の支払いを約束するという手法をとっている（一般物件費と新規後年度負担の合計は、当該年度に結ぶ契約額の総額（事業規模）であり、「契約ベース」と呼んでいる）。

参照 図表Ⅱ-4-3-9（歳出額と新規後年度負担の関係）

4 最適化への取組

整備計画においては、防衛力整備の一層の効率化・合理化の徹底等の取組を通じて実質的な財源確保を図ることとしており、令和5（2023）年度予算では、重要度の低下した装備品の運用停止や、長期契約の活用、原価の精査等による調達の最適化などにより、約2,572億円の縮減を図ることとしている。具体的な取組としては次のとおりである。

- 陳腐化などにより重要度の低下した装備品の運用停止、用途廃止を進める。（52億円の縮減）
- 長期契約も含めた装備品のまとめ買い等により、企業の予見可能性を向上させ、効率的な生産を促し、価格低減と取得コストの削減を実現する。また、維持整備にかかる成果の達成に応じて対価を支払う契約方式（PBL）などを含む包括契約の拡大を図る。（1,456億円の縮減）
- モジュール化・共通化や民生品の使用により、自衛

隊独自仕様を絞り込み、取得にかかる期間を短縮するとともに、ライフサイクルコストの削減を図る。(214億円の縮減)

- 費用対効果の低いプロジェクトを見直すほか、各プロジェクトのコスト管理の徹底、民間委託等による部外力の活用拡大を進める。(849億円の縮減)

参照　IV部1章4節3項(ライフサイクルを通じたプロジェクト管理)

5　各国との比較

国防費について国際的に統一された定義がないこと、公表国防費の内訳の詳細が必ずしも明らかでないこと、各国で予算制度が異なっていることなどから、国防支出の多寡を正確に比較することは困難である。

そのうえで、わが国の防衛関係費と各国が公表している国防費を、経済協力開発機構(OECD: Organization for Economic Co-operation and Development)が公表している購買力平価[5]を用いて、ドルに換算すれば、図表II-4-3-11(主要国の国防費比較(2022年度))のとおりである。

NATO加盟国をはじめ各国は、安全保障環境を維持するために、経済力に応じた相応の国防費を支出する姿勢を示しており、わが国としても、国際社会の中で安全保障環境の変化を踏まえた防衛力の強化を図る上で、GDP比で見ることは指標として一定の意味がある。防衛力の抜本的強化の内容の積み上げとあわせて、これらを補完する取組として、海上保安能力やPKOに関する経費のほか、研究開発、公共インフラ整備など、総合的な防衛体制を強化するとしており、2027年度において、防衛力の抜本的強化とそれを補完する取組をあわせ、そのための予算水準が2022年現在のGDPの2%に達するよう、所要の措置を講ずることとしている。

なお、1998年以降における主要国の国防費の推移は、図表II-4-3-12(主要国の国防費の推移)のとおりである。

参照　資料14(各国国防費の推移)

図表II-4-3-11　主要国の国防費比較(2022年度)

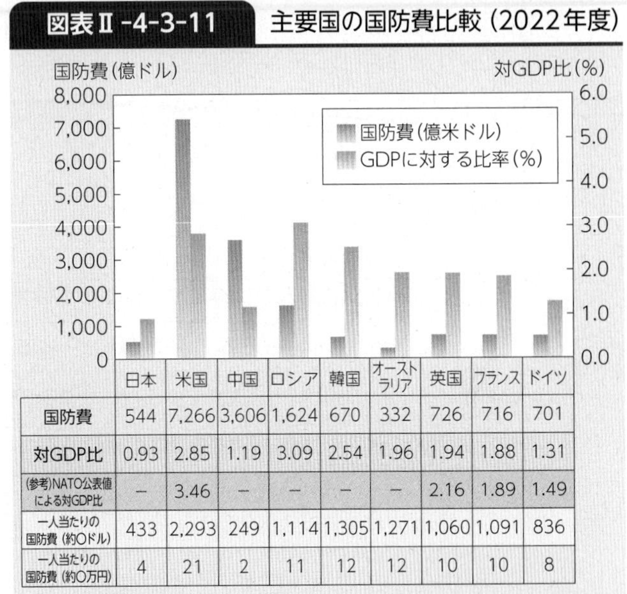

	日本	米国	中国	ロシア	韓国	オーストラリア	英国	フランス	ドイツ
国防費	544	7,266	3,606	1,624	670	332	726	716	701
対GDP比	0.93	2.85	1.19	3.09	2.54	1.96	1.94	1.88	1.31
(参考)NATO公表値による対GDP比	–	3.46	–	–	–	–	2.16	1.89	1.49
一人当たりの国防費(約○ドル)	433	2,293	249	1,114	1,305	1,271	1,060	1,091	836
一人当たりの国防費(約○万円)	4	21	2	11	12	12	10	10	8

(注)1　国防費については、各国発表の国防費(米国は国防省費)を基に、2022年購買力平価(OECD発表値:2023年4月現在)を用いてドル換算。
「1ドル=95.214288円=4.021865元=28.80ルーブル=815.562523ウォン=1.446332豪ドル=0.663595ポンド=0.692756仏ユーロ=0.719944独ユーロ」
2　中国が国防費として公表している額は、実際に軍事目的に支出している額の一部に過ぎないとみられ、米国防省の分析によれば、実際の国防支出は公表国防予算よりも著しく多いとされる。
3　対GDP比については、各国発表の国防費(現地通貨)を基に、IMF発表のGDP値(現地通貨)を用いて試算。
4　NATO公表国防費(退役軍人への年金等が含まれる)は各国発表の国防費と異なることがあるため、NATO公表値(2023年3月発表)による対GDP比は、各国発表の国防費を基に試算したGDP比とは必ずしも一致しない。
5　一人当たりの国防費については、UNFPA(State of World Population 2022)発表の人口を用いて試算。
6　SIPRIファクトシート(2023年4月公表)によると、2022年の世界のGDPに占める世界の国防費の割合は、2.2%となっており、日本のGDPに占める防衛関係費の割合は、1.1%となっている。

5　各国でどれだけの財やサービスを購入できるかを、各国の物価水準を考慮して評価したもの。
なお、それぞれの通貨単位を外国為替相場のレートにより換算する方法もあるが、この方法で換算した国防費は、必ずしもその国の物価水準に照らした価値を正確に反映するものとはならない。

図表Ⅱ-4-3-12 主要国の国防費の推移

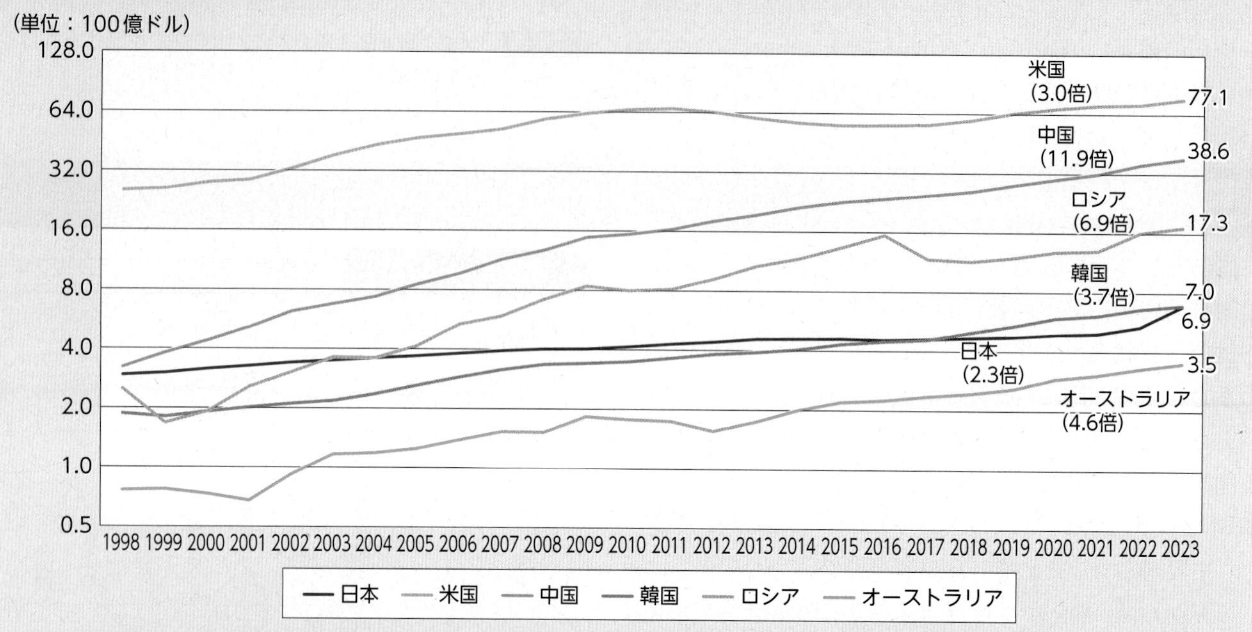

(注1) 国防費については、各国発表の国防費を基に、各年の購買力平価（OECD発表値：2023年4月現在）を用いてドル換算。なお、現時点で2023年の購買力平価は発表されていないことから、2023年の値については、2022年の購買力平価を用いてドル換算。
(注2) 日本の防衛関係費については、当初予算（SACO関係経費、米軍再編関係経費のうち地元負担軽減分、国土強靭化のための3か年緊急対策にかかる経費等を除く。）。
(注3) 各国の1998-2023年度の伸び率（小数点第2位を四捨五入）を記載。

第5章 わが国の安全保障と防衛を担う組織

第1節 国家安全保障会議

わが国は戦後最も厳しく複雑な安全保障環境に直面しており、また、わが国が対応すべき安全保障上の課題はより深刻化している。こうした中においては、内閣総理大臣を中心とする政治の強力なリーダーシップのもと、戦略的観点から国家安全保障にかかる政策を進めていく必要がある。そのため、わが国の安全保障に関する重要事項を審議する機関として、内閣に設置されている国家安全保障会議が、国家安全保障に関する外交・防衛・経済政策の司令塔として機能している。2013年12月の創設以来318回（2023年3月末時点）開催され、2022年12月に策定された安保戦略、防衛戦略及び整備計画もこの国家安全保障会議における審議を経て決定されている。

国家安全保障会議を恒常的に支えるための事務局として、内閣官房に国家安全保障局が設置されている。同局は、国家安全保障に関する外交・防衛・経済政策の基本方針や重要事項の企画・立案及び総合調整の機能も有しており、近年では経済安全保障上の課題に対応するため、2020年4月に「経済班」が設けられた。政策面で関わりの深い関係行政機関が、同局への人材、情報両面においてサポートしており、防衛省からも自衛官を含む多くの職員が同局に出向しており、それぞれの専門性を活かしながら政策の企画・立案に携わっている。また、防衛省から国際軍事情勢などの情報が適時に提供されている。

このように国家安全保障政策に関する企画・立案機能が強化された結果、わが国の安全保障に関する制度的な整備が実現しているほか、安全保障上の新たな課題などにかかる政策の方向性が示されるようになっている。また、国家安全保障会議で議論された基本的な方針のもとで、個々の防衛政策が立案され、意思決定の迅速化が図られるなどしており、防衛省における政策立案、遂行機能の向上にも大きく資するものとなっている。

参照 図表Ⅱ-5-1（国家安全保障会議の体制）

図表Ⅱ-5-1 国家安全保障会議の体制

資料：国家安全保障会議の開催状況
URL：https://www.kantei.go.jp/jp/singi/anzenhosyoukaigi/kaisai.html

第2節　防衛省・自衛隊の組織

1　防衛力を支える組織

1　防衛省・自衛隊の組織

防衛省・自衛隊は、わが国の防衛という任務を果たすため、実力組織である陸・海・空自を中心に、様々な組織で構成されている。

防衛省と自衛隊は、ともに同一の組織を指している。「防衛省」という場合には、陸・海・空自の管理・運営などを任務とする行政組織の面をとらえているのに対し、「自衛隊」という場合には、わが国の防衛などを任務とする、部隊行動を行う実力組織の面をとらえている。

参照　図表Ⅱ-5-2-1（防衛省・自衛隊の組織図）、図表Ⅱ-5-2-2（防衛省・自衛隊の組織の概要）、図表Ⅱ-5-2-3（陸・海・空自衛隊の編成）、図表Ⅱ-5-2-4（主要部隊などの所在地（イメージ）（2022年度末現在））

図表Ⅱ-5-2-1　防衛省・自衛隊の組織図

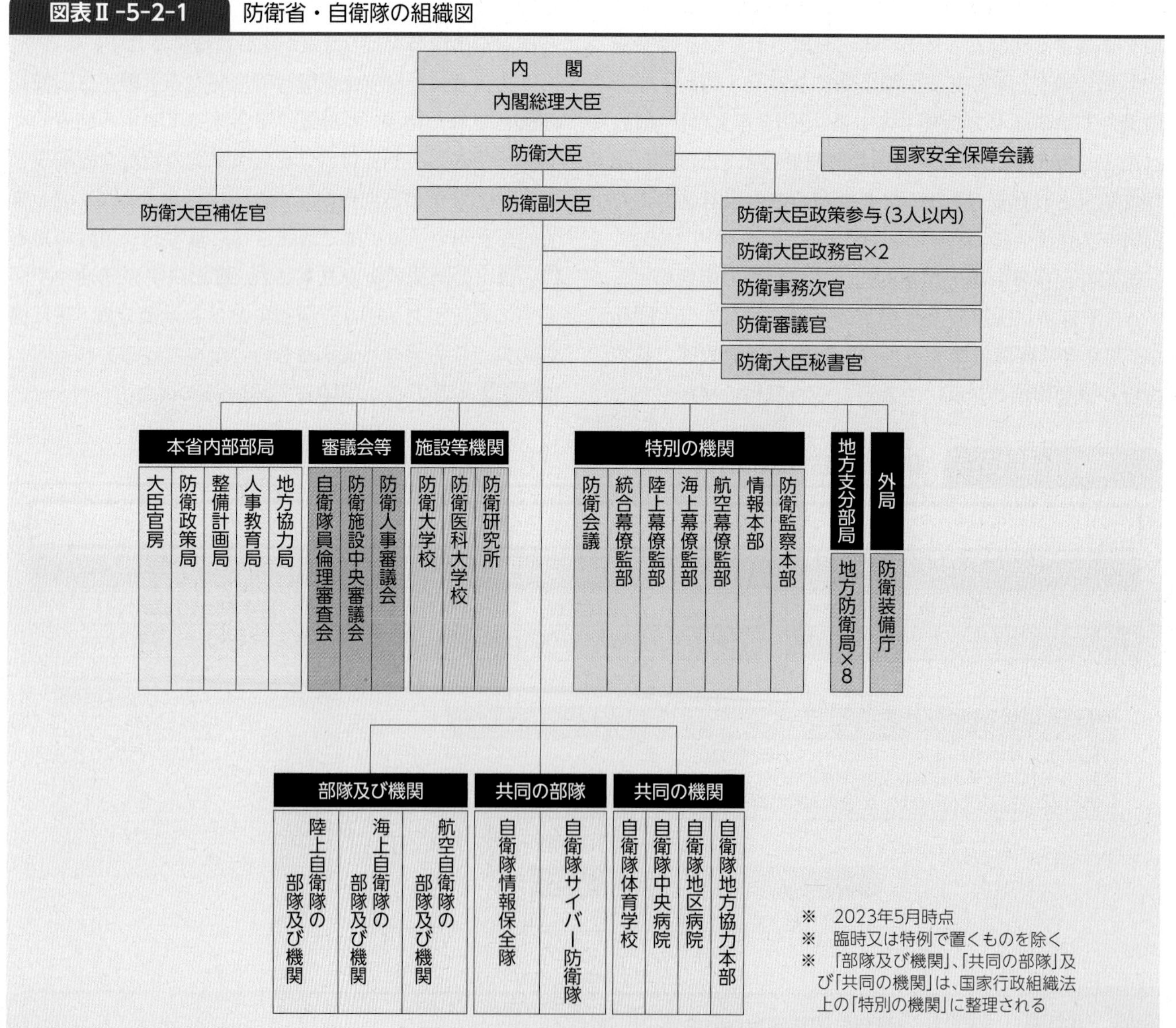

図表Ⅱ-5-2-2　防衛省・自衛隊の組織の概要

組織	概要
本省内部部局	●自衛隊の業務の基本的事項（防衛及び警備、自衛隊の行動等の基本（法令や政府レベルの方針の企画立案といった政策的・行政的業務）や人事、予算など）を担う組織 ●大臣官房のほか、防衛政策局、整備計画局、人事教育局及び地方協力局の4局から構成
統合幕僚監部	●自衛隊の運用に関する防衛大臣の幕僚機関 ●統合運用に関する防衛及び警備に関する計画の立案、行動の計画の立案など ●自衛隊の運用に関する大臣の指揮は統幕長を通じて行い、自衛隊の運用に関する命令は、統幕長が執行
陸上幕僚監部 海上幕僚監部 航空幕僚監部	●各自衛隊の隊務に関する防衛大臣の幕僚機関 ●各自衛隊の防衛及び警備に関する計画の立案、防衛力整備、教育訓練などに関する計画の立案など
陸上自衛隊	●陸上総隊 ・空挺団、水陸機動団などを基幹として編成 ・陸自部隊の一体的運用を可能とする。 ●方面隊 ・複数の師団及び旅団やその他の直轄部隊（施設団、高射特科群など）をもって編成 ・5個の方面隊があり、それぞれ主として担当する方面区の防衛にあたる。 ●師団及び旅団 戦闘部隊、戦闘支援部隊及び後方支援部隊などで編成
海上自衛隊	●自衛艦隊 ・護衛艦隊、航空集団（固定翼哨戒機部隊などからなる。）、潜水艦隊などを基幹として編成 ・主として機動運用によってわが国周辺海域の防衛にあたる。 ●地方隊 5個の地方隊があり、主として担当区域の警備及び自衛艦隊の支援にあたる。
航空自衛隊	●航空総隊 ・4個の航空方面隊を基幹として編成 ・主として全般的な防空任務にあたる。 ●航空方面隊 航空団（戦闘機部隊などからなる。）、航空警戒管制団（警戒管制レーダー部隊などからなる。）、高射群（地対空誘導弾部隊などからなる。）などをもって編成
防衛大学校	●幹部自衛官となるべき者を教育訓練するための機関 ●一般大学の修士及び博士課程に相当する理工学研究科（前期及び後期課程）及び総合安全保障研究科（前期及び後期課程）を設置
防衛医科大学校	●医師である幹部自衛官となるべき者を教育訓練するための機関 ●保健師及び看護師である幹部自衛官及び技官となるべき者を教育訓練するための機関 ●学校教育法に基づく大学院医学研究科博士課程に相当する医学研究科を設置
防衛研究所	●防衛省のシンクタンクにあたる機関 ●自衛隊の管理及び運営に関する基本的な調査研究を行う。 ・安全保障に関する調査研究 ・戦史に関する調査研究及び戦史の編さん ・戦史史料の管理・公開 ●幹部自衛官その他の幹部職員の教育訓練を行う。
情報本部	●わが国の安全保障にかかる各種情報の収集・分析・報告を行う防衛省の中央情報機関 ・画像・地理情報、電波情報、公刊情報など各種の軍事情報を収集し、総合的な分析・評価を加えたうえで、省内各機関や関係省庁に対する情報提供を実施する。 ・総務部、計画部、統合情報部、分析部、画像・地理部、電波部と6つの通信所で構成
防衛監察本部	●防衛省・自衛隊の業務全般について独立した立場から監察する機関
地方防衛局 （全国8か所）	●地方における防衛行政全般についての機能を担う地方支分部局 ・地方公共団体及び地域住民の理解及び協力の確保、防衛施設の取得・管理・建設工事・基地周辺対策など、装備品などの調達にかかる原価監査・監督・検査などを行う。 ・北海道、東北、北関東、南関東、近畿中部、中国四国、九州、沖縄の8局で構成
防衛装備庁	●防衛装備品の効果的かつ効率的な取得や国際的な防衛装備・技術協力などを行う外局 ・統合的見地を踏まえ、防衛装備品のライフサイクルを通じた一貫したプロジェクト管理の実施 ・部隊の運用ニーズについて装備面への円滑・迅速な反映 ・新しい領域（防衛装備品の一層の国際化、先進技術研究への投資など）における積極的な取組 ・調達改革の実現と防衛生産・技術基盤の維持・強化の両立

図表Ⅱ-5-2-3　陸・海・空自衛隊の編成

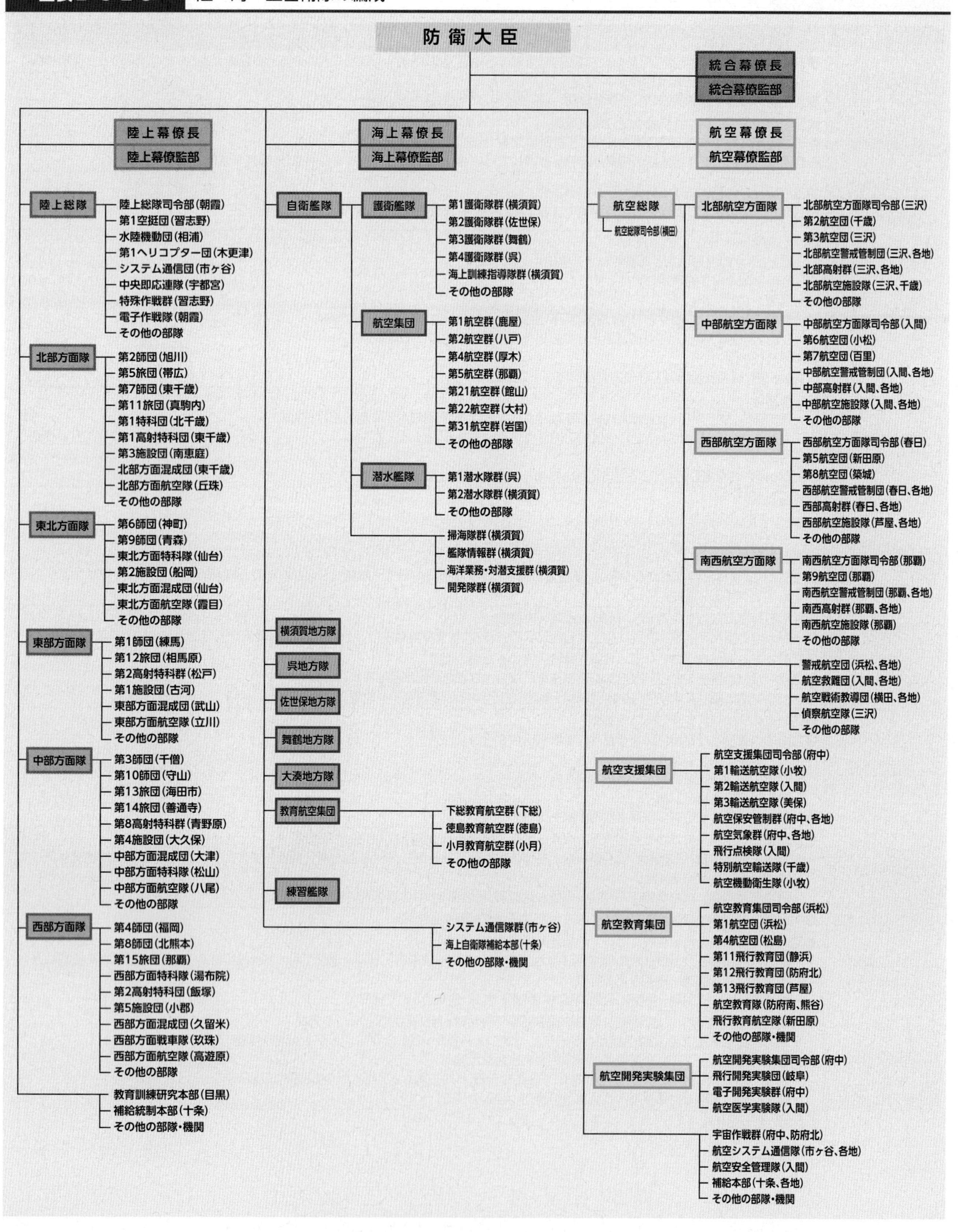

図表Ⅱ-5-2-4　主要部隊などの所在地（イメージ）（2022年度末現在）

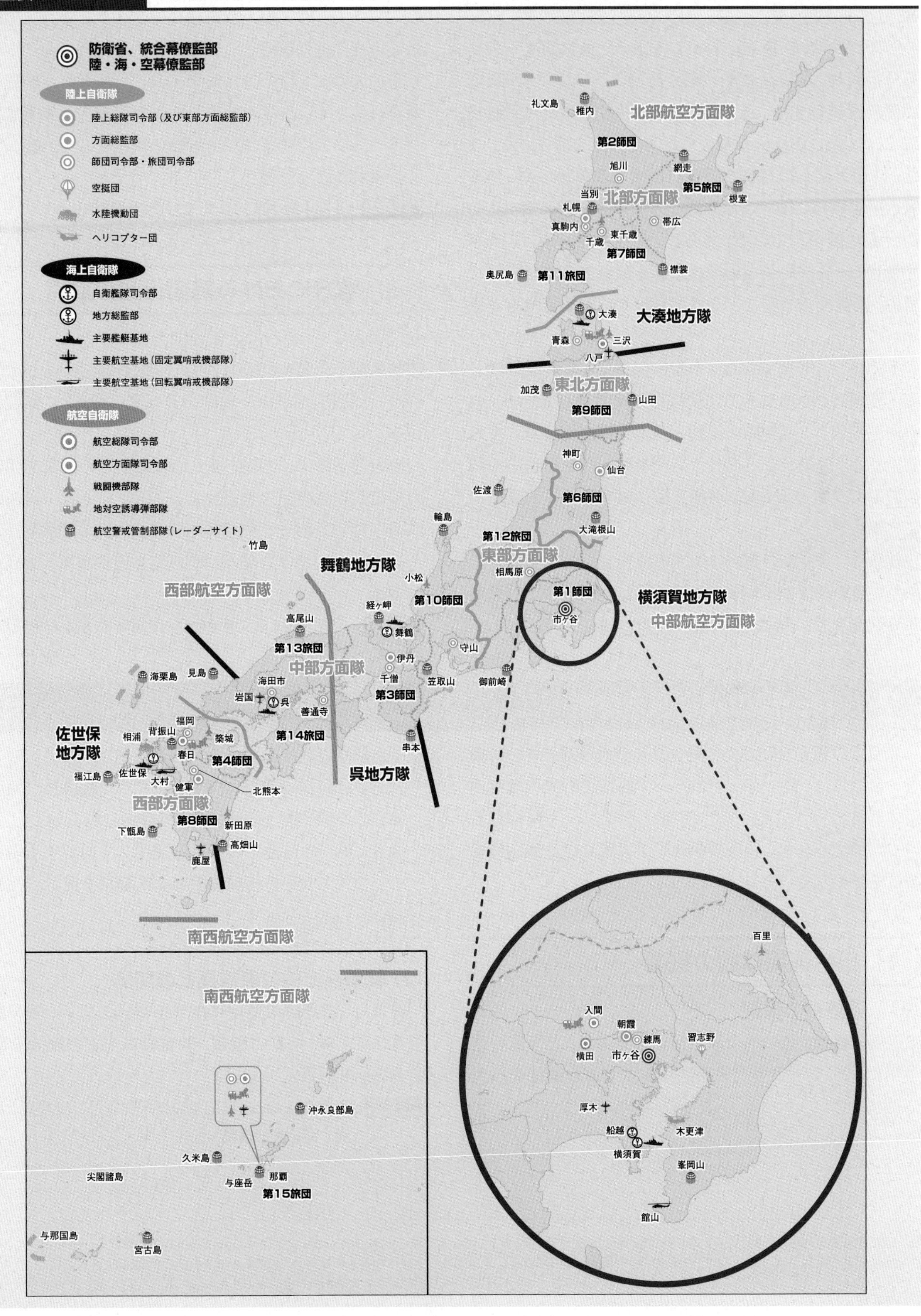

2　防衛大臣を補佐する体制

防衛大臣は、防衛省の長として国の防衛に関する事務を分担管理し、自衛隊法の定めるところに従い、自衛隊の隊務を統括する。その際、防衛副大臣、防衛大臣政務官（2人）及び防衛大臣補佐官が防衛大臣を補佐する。また、防衛大臣への進言を行う防衛大臣政策参与や、防衛省の所掌事務に関する基本的な方針について審議する防衛会議が置かれている。さらに、防衛大臣を助け、省務を整理し、各部局及び機関の事務を監督する防衛事務次官や、国際関係業務などを総括整理する防衛審議官が置かれている。

そのほか、防衛省には、本省内部部局、統幕及び陸・海・空幕と、外局である防衛装備庁が置かれている。本省内部部局は、自衛隊の業務の基本的事項を担当しており、大臣官房長及び各局長は防衛装備行政を担当する防衛装備庁長官とともに、防衛大臣に対する政策的見地からの補佐を行う。

統幕は、自衛隊の運用に関する防衛大臣の幕僚機関であり、統幕長は、自衛隊の運用に関して軍事専門的見地から防衛大臣の補佐を一元的に行う。また、陸・海・空幕は運用以外の各自衛隊の隊務に関する防衛大臣の幕僚機関であり、陸・海・空幕長は、こうした隊務に関する最高の専門的助言者として防衛大臣を補佐する。

このように、防衛省においては、防衛大臣が的確な判断を行うため、政策的見地からの大臣補佐と軍事専門的見地からの大臣補佐がいわば車の両輪としてバランス良く行われることを確保している。

参照　Ⅱ部1章2節3項4（文民統制の確保）

3　地方における防衛行政の拠点

防衛省は、防衛行政全般の地方における拠点として地方防衛局を全国8か所（札幌市、仙台市、さいたま市、横浜市、大阪市、広島市、福岡市及び嘉手納町）に設置している。

地方防衛局は、防衛施設と地域社会との調和を図るための施策や装備品の検査などに加え、防衛省・自衛隊の取組に対して地方公共団体及び地域住民の理解及び協力を得るための様々な施策（地方協力確保事務）を行っている。

参照　Ⅳ部4章1節（地域社会との調和にかかる施策）

2　自衛隊の統合運用体制

自衛隊の任務を迅速かつ効果的に遂行するため、防衛省・自衛隊は、陸・海・空自を一体的に運用する統合運用体制をとっている。また、宇宙・サイバー・電磁波といった領域を含め、領域横断作戦を実現し得る体制の構築に取り組んでいる。

1　統合運用体制の概要

（1）　統幕長の役割

ア　統幕長は、統一的な運用構想を立案し、自衛隊の運用に関する軍事専門的見地からの大臣の補佐を一元的に行う。

イ　自衛隊の運用に関する大臣の指揮は統幕長を通じて行い、自衛隊の運用に関する命令は、統幕長が執行する。その際、統合任務部隊[1]が組織された場合はもとより、単一の自衛隊の部隊を運用して対処する場合であっても、大臣の指揮命令は、統幕長を通じて行われる。

（2）統幕長と他の幕僚長との関係

統幕は、自衛隊の運用に関する機能を担い、陸・海・空幕は、人事、防衛力整備、教育訓練などの部隊を整備する機能を担う。

参照　図表Ⅱ-5-2-5（自衛隊の運用体制及び統幕長と陸・海・空幕長の役割）

1　自衛隊法第22条第1項又は第2項に基づき、特定の任務を達成するために特別の部隊を編成し、又は隷属する指揮官以外の指揮官の一部指揮下に所要の部隊を置く場合であって、これらの部隊が陸・海・空自の部隊のいずれか2以上からなるものをいう。弾道ミサイル対処や大規模災害対処など、様々な任務を迅速かつ効果的に遂行するためには、陸・海・空自を一体的に運用する必要があるため、単一の指揮官のもとに陸・海・空自にまたがる統合任務部隊を組織し、対応している。

図表Ⅱ-5-2-5　自衛隊の運用体制及び統幕長と陸・海・空幕長の役割

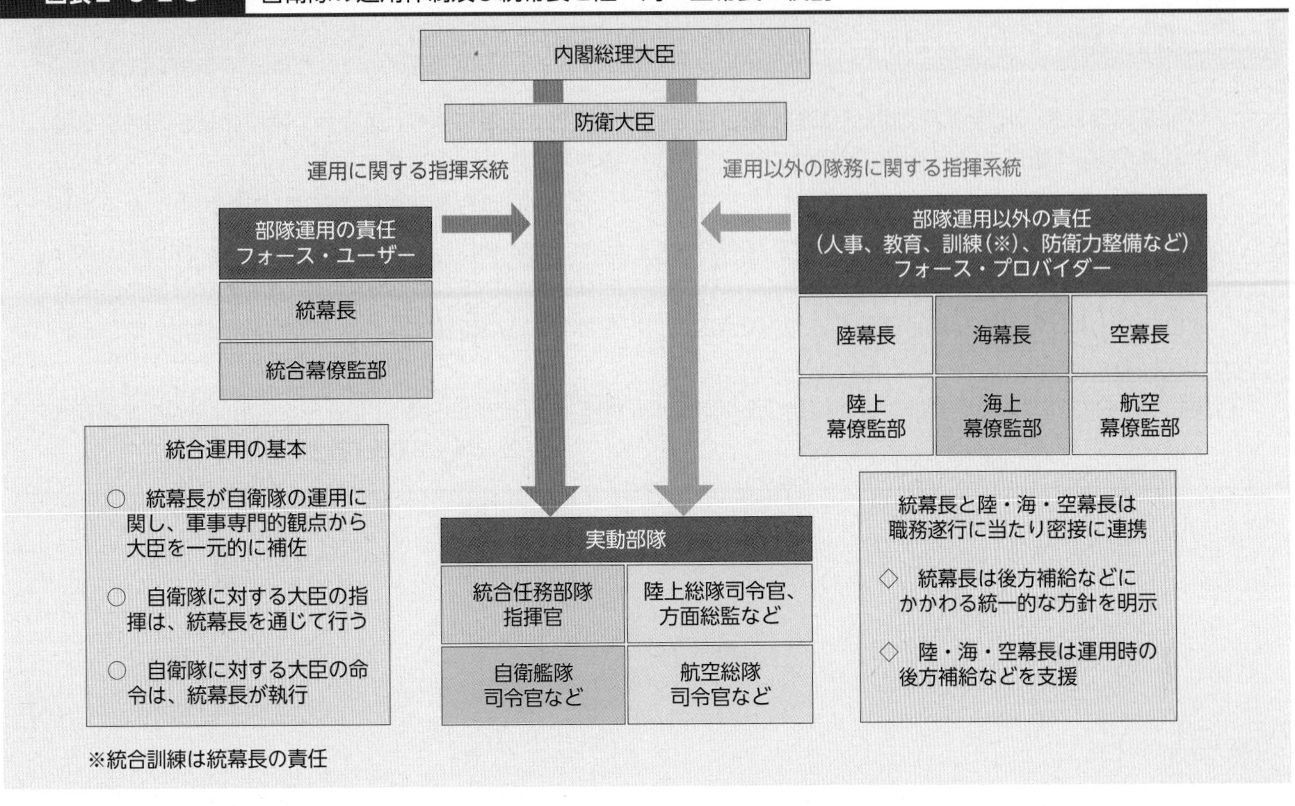

2　統合運用機能の強化

防衛戦略を踏まえ、統合運用の実効性の強化に向けて、平素から有事まであらゆる段階においてシームレスに領域横断作戦を実現する体制を構築する必要があることから、既存組織の見直しにより、陸海空自の一元的な指揮を行い得る常設の統合司令部を速やかに創設する。防衛大臣による指揮やその補佐のあり方、自衛隊内の部隊指揮のあり方など、必要な機能や効果的な指揮命令系統をどのように確保するかなどの課題を検討している。

解説　常設の統合司令部

わが国を取り巻く安全保障環境が急速に厳しさを増す中、陸海空自衛隊の統合運用の実効性の強化に向けて、平素から有事まであらゆる段階においてシームレスに領域横断作戦を実現する体制を速やかに構築する必要があります。

このため、より将来的な統合運用の在り方として、大臣の指揮命令を適切に執行するための平素からの統合的な体制の在り方について検討した結果、既存組織を見直すことにより、速やかに常設の統合司令部を創設することとしました。

今後、同司令部の創設に向け、防衛大臣による指揮監督やその補佐の在り方、自衛隊内の部隊指揮のあり方などについて、必要な機能や効果的な指揮命令系統をどのように確保するかなどの課題を検討しているところです。

参照　図表Ⅱ-5-2-5（自衛隊の運用体制及び統幕長と陸・海・空幕長の役割）

第6章 自衛隊の行動などに関する枠組み

本章では、各種事態などにおける政府としての対応や自衛隊の行動などに関する制度的な枠組みについて概説する。

参照 資料15（自衛隊の主な行動の要件（国会承認含む）と武器使用権限等について）

1 武力攻撃事態等及び存立危機事態における対応

事態対処法[1]は、武力攻撃事態及び武力攻撃予測事態（「武力攻撃事態等[2]」）並びに存立危機事態[3]への対処のための態勢を整備し、もってわが国の平和と独立並びに国及び国民の安全の確保に資することを目的としている。同法では、武力攻撃事態等及び存立危機事態への対処についての基本理念、基本的な方針（対処基本方針）として定めるべき事項、国・地方公共団体の責務などについて規定している。

後述する第Ⅲ部第1章第4節のようなわが国に対するミサイル攻撃や島嶼部への侵攻などの武力攻撃が生起した場合や、わが国と密接な関係にある他国に対する武力攻撃が発生し、これによりわが国の存立が脅かされ、国民の生命、自由及び幸福追求の権利が根底から覆される明白な危険がある事態が生起した場合、政府は、同法に基づき対応していく。

1 武力攻撃事態等及び存立危機事態

武力攻撃事態等又は存立危機事態に至ったときは、政府は、事態対処法に基づき、次の事項を定めた対処基本方針を閣議決定し、国会の承認を求めることになる。

ア 対処すべき事態に関する次に掲げる事項

① 事態の経緯、武力攻撃事態等又は存立危機事態であることの認定及び当該認定の前提となった事実

② 事態が武力攻撃事態又は存立危機事態であると認定する場合には、わが国の存立を全うし、国民を守るために他に適当な手段がなく、事態に対処するため、武力の行使が必要であると認められる理由

イ 対処に関する全般的な方針

ウ 対処措置に関する重要事項

武力攻撃事態又は存立危機事態の場合、この対処措置に関する重要事項として、後述する防衛出動を命ずることの国会承認の求め又は防衛出動を命じることなどが記載される。

参照 図表Ⅱ-6-1（武力攻撃事態等及び存立危機事態への対処のための手続き）、図表Ⅱ-6-2（主な事態において自衛隊が実施できる主な措置）

2 自衛隊による対処

内閣総理大臣は、武力攻撃事態及び存立危機事態に際して、わが国を防衛するため必要があると認める場合には、自衛隊の全部又は一部に防衛出動を命ずることができる。防衛出動の下令に際しては、原則として国会の事前承認を得なければならない。防衛出動を命じられた自衛隊は「武力の行使」の三要件を満たす場合に限り武力の行使ができる。

参照 Ⅲ部1章4節（ミサイル攻撃を含むわが国に対する侵攻への対応）

---

1 正式な法律の名称は、「武力攻撃事態等及び存立危機事態における我が国の平和と独立並びに国及び国民の安全の確保に関する法律」。

2 「武力攻撃事態」とは、わが国に対する外部からの武力攻撃が発生した事態又は当該武力攻撃が発生する明白な危険が切迫していると認められるに至った事態。また、「武力攻撃予測事態」とは、武力攻撃事態には至っていないが、事態が緊迫し、武力攻撃が予測されるに至った事態。両者を合わせて「武力攻撃事態等」と呼称。

3 「存立危機事態」とは、わが国と密接な関係にある他国に対する武力攻撃が発生し、これによりわが国の存立が脅かされ、国民の生命、自由及び幸福追求の権利が根底から覆される明白な危険がある事態。

図表Ⅱ-6-1　武力攻撃事態等及び存立危機事態への対処のための手続き

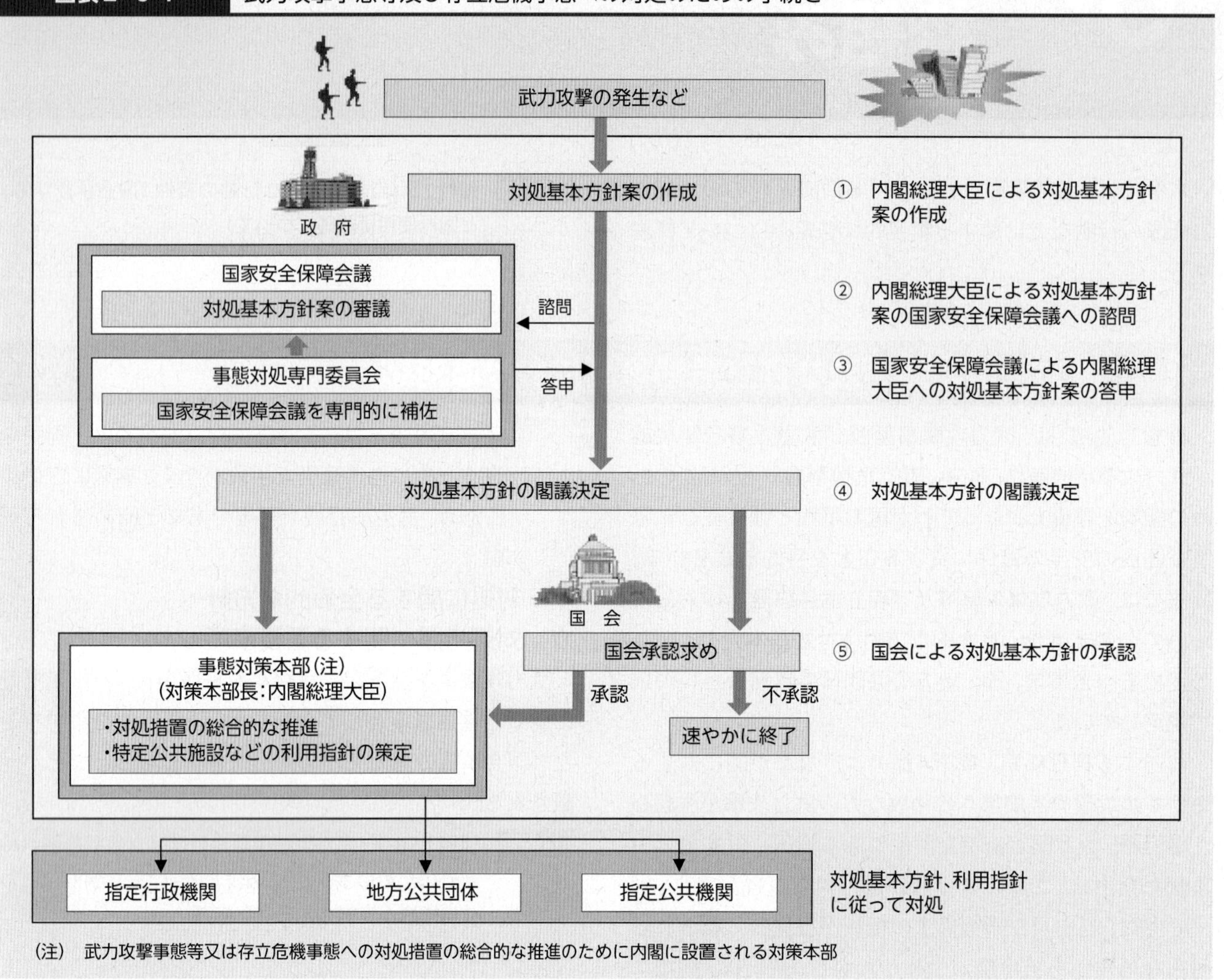

（注）武力攻撃事態等又は存立危機事態への対処措置の総合的な推進のために内閣に設置される対策本部

3　国民保護

武力攻撃事態等及び緊急対処事態[4]において、国民の生命、身体及び財産を保護し、国民生活などに及ぼす影響を最小とするための、国・地方公共団体などの責務、避難、救援、武力攻撃災害への対処などの措置については、国民保護法[5]に規定している。防衛大臣は、都道府県知事からの要請を受け、事態やむを得ないと認める場合、又は事態対策本部長[6]から求めがある場合は、内閣総理大臣の承認を得て、部隊などに国民保護措置又は緊急対処保護措置（住民の避難支援、応急の復旧など）を実施させることができる。

参照　図表Ⅱ-6-3（国民保護等派遣のしくみ）、Ⅲ部1章4節8項（国民保護に関する取組）

4　武力攻撃の手段に準ずる手段を用いて多数の人を殺傷する行為が発生した事態、又は当該行為が発生する明白な危険が切迫していると認められるに至った事態で、国家として緊急に対処することが必要なもの。
5　正式な法律の名称は、「武力攻撃事態等における国民の保護のための措置に関する法律」。
6　対策本部長は内閣総理大臣を充てることとされているが、両者は別人格として規定されている。

図表Ⅱ-6-2　主な事態において自衛隊が実施できる主な措置

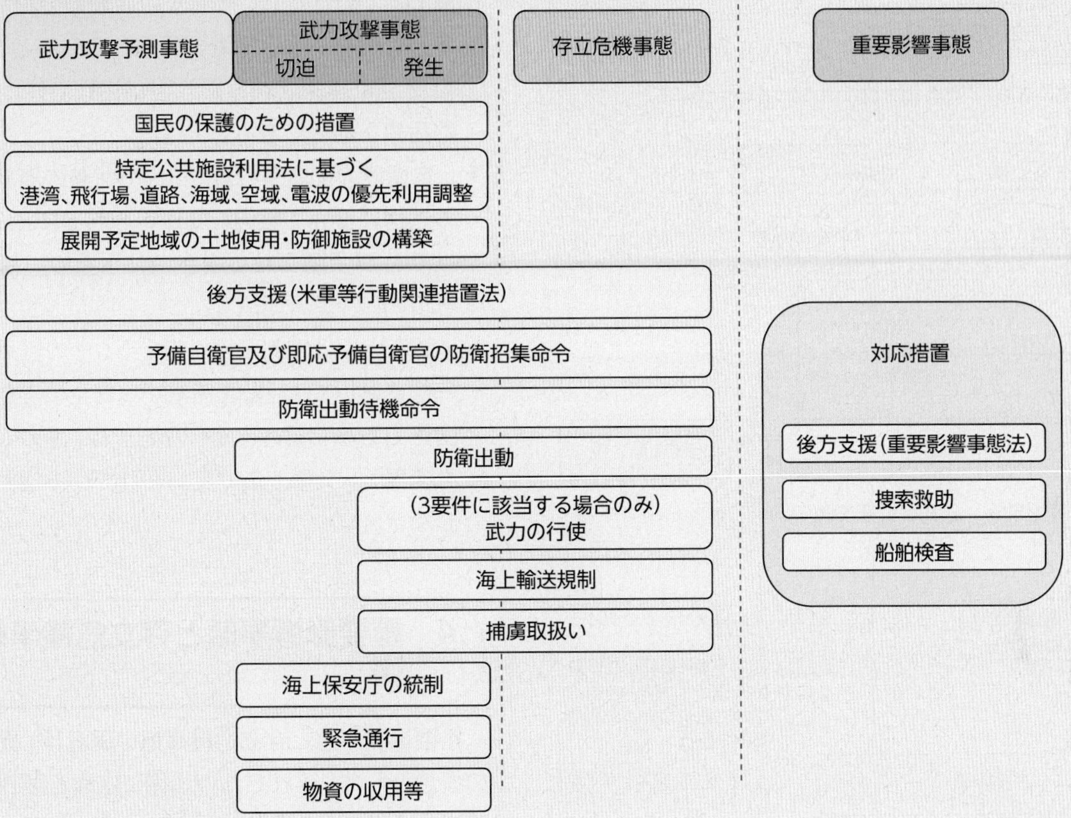

武力攻撃予測事態
武力攻撃事態（切迫／発生）
存立危機事態
重要影響事態

国民の保護のための措置
特定公共施設利用法に基づく港湾、飛行場、道路、海域、空域、電波の優先利用調整
展開予定地域の土地使用・防御施設の構築
後方支援（米軍等行動関連措置法）
予備自衛官及び即応予備自衛官の防衛招集命令
防衛出動待機命令
防衛出動
（3要件に該当する場合のみ）武力の行使
海上輸送規制
捕虜取扱い
海上保安庁の統制
緊急通行
物資の収用等

対応措置
後方支援（重要影響事態法）
捜索救助
船舶検査

※各種事態（武力攻撃予測事態・武力攻撃事態・存立危機事態）に応じて消防法等の法律の適用除外や特例がある。

2 重要影響事態への対応

重要影響事態安全確保法[7]は、重要影響事態（そのまま放置すればわが国に対する直接の武力攻撃に至るおそれのある事態）が生起した場合の対応として、後方支援活動などを行うことにより、重要影響事態に対処する外国との連携を強化し、わが国の平和及び安全の確保に資することを目的としている。同法では、支援対象や対応措置について次のとおり定めている。

1 支援対象

支援対象となる重要影響事態に対処する軍隊等は、「日米安保条約の目的の達成に寄与する活動を行う米軍」、「国連憲章の目的の達成に寄与する活動を行う外国の軍隊」及び「その他これに類する組織」である。

2 重要影響事態への対応措置

重要影響事態への対応措置は、①後方支援活動、②捜索救助活動、③船舶検査活動[8]、④その他の重要影響事態に対応するための必要な措置である。

外国領域での対応措置については、当該外国などの同意がある場合に限り実施可能である。

7　正式な法律の名称は、「重要影響事態に際して我が国の平和及び安全を確保するための措置に関する法律」
8　国連安保理決議に基づいて、又は旗国（海洋法に関する国際連合条約第91条に規定するその旗を掲げる権利を有する国）の同意を得て、わが国が参加する貿易その他の経済活動にかかわる規制措置の厳格な実施を確保する目的で、船舶（軍艦などを除く。）の積荷・目的地を検査・確認する活動や必要に応じ船舶の航路・目的港・目的地の変更を要請する活動

図表II-6-3 国民保護等派遣のしくみ

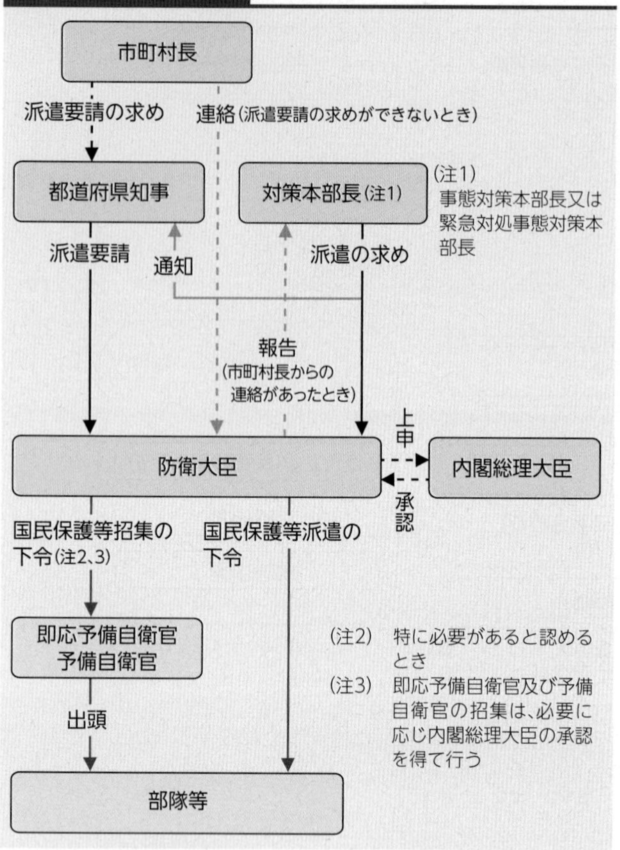

3 武力行使との一体化に対する回避措置など

他国の武力の行使との一体化を回避するとともに、自衛隊員の安全を確保するため、次の措置が規定されている。

- 「現に戦闘行為が行われている現場」では活動を実施しない。ただし、捜索救助活動については、遭難者が既に発見され、救助を開始しているときは、部隊等の安全が確保される限り当該遭難者にかかる捜索救助活動を継続できる。
- 自衛隊の部隊等の長などは、活動の実施場所又はその近傍において戦闘行為が行われるに至った場合、又はそれが予測される場合には活動の一時休止などを行う。
- 防衛大臣は実施区域を指定し、その区域の全部又は一部において、活動を円滑かつ安全に実施することが困難であると認める場合などには、速やかにその指定を変更し、又はそこで実施されている活動の中断を命じなければならない。

4 重要影響事態と存立危機事態の関係

重要影響事態と存立危機事態の両者は、異なる法律上の概念として、それぞれの法律に定める要件に基づいて該当するか否かを個別に判断するものであるが、わが国にどのくらいの戦禍が及ぶ可能性があるのか、そして国民がこうむることとなる被害はどの程度なのかといった尺度は共通するなど、存立危機事態は概念上、重要影響事態に包含されるものである。したがって、事態の推移により重要影響事態が存立危機事態の要件をも満たし、存立危機事態が認定されることもありうる。

3 公共の秩序の維持や武力攻撃に至らない侵害への対処など

1 治安出動

(1) 命令による治安出動

内閣総理大臣は、間接侵略その他の緊急事態に際して、一般の警察力をもっては、治安を維持することができないと認められる場合には、自衛隊の全部又は一部の出動を命ずることができる。この場合、原則として、出動を命じた日から20日以内に国会に付議して、その承認を求めなければならない。

(2) 要請による治安出動

都道府県知事は、治安維持上重大な事態につきやむを得ない必要があると認める場合には、当該都道府県公安委員会と協議のうえ、内閣総理大臣に対し、部隊等の出動を要請することができる。内閣総理大臣は、出動の要請があり、事態やむを得ないと認める場合には、部隊等の出動を命ずることができる。

参照 III部1章4節7項2(ゲリラや特殊部隊による攻撃への対処)

図表Ⅱ-6-4　弾道ミサイルなどへの対処の流れ

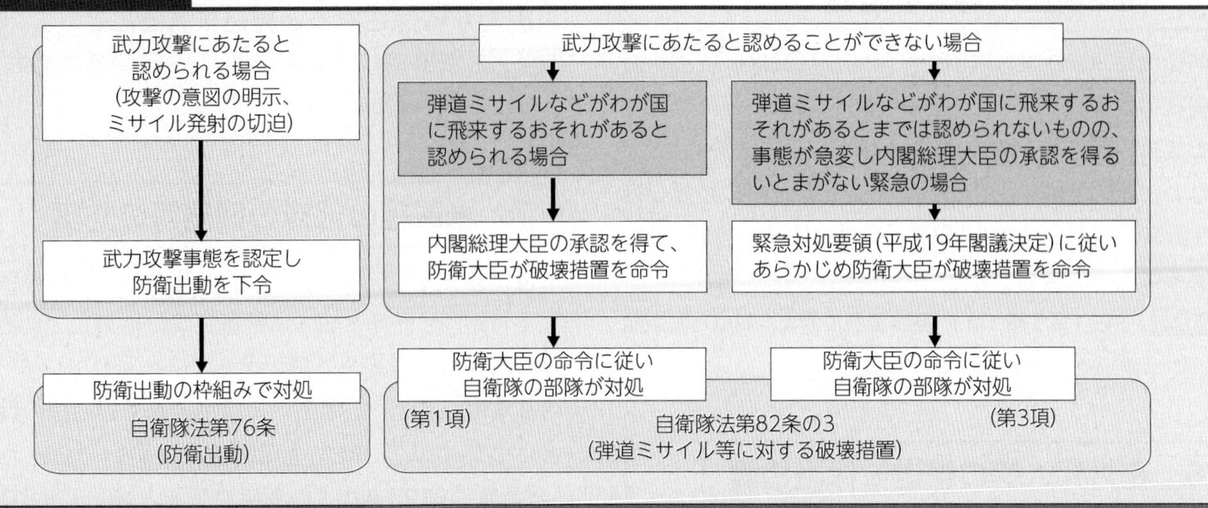

文民統制の確保の考え方

○　弾道ミサイルなどへの対処にあたっては、飛来のおそれの有無について、具体的な状況や国際情勢などを総合的に分析・評価したうえでの、政府としての判断が必要である。また、自衛隊による破壊措置だけではなく、警報や避難などの国民の保護のための措置、外交面での活動、関係部局の情報収集や緊急時に備えた態勢強化など、政府全体での対応が必要である。

○　このような事柄の重要性および政府全体としての対応の必要性にかんがみ、内閣総理大臣の承認（閣議決定）と防衛大臣の命令を要件とし、内閣及び防衛大臣がその責任を十分果たせるようにしている。さらに、国会報告を法律に規定し、国会の関与についても明確にしている。

2　海上警備行動

防衛大臣は、海上における人命若しくは財産の保護又は治安の維持のため特別の必要がある場合には、内閣総理大臣の承認を得て、自衛隊の部隊に海上において必要な行動をとることを命ずることができる。

参照　Ⅲ部1章3節2項（わが国の主権を侵害する行為に対する措置）

3　海賊対処行動

防衛大臣は、海賊行為に対処するため特別の必要がある場合には、内閣総理大臣の承認を得て、自衛隊の部隊に海上において海賊行為に対処するため必要な行動を命ずることができる。

参照　Ⅲ部3章2節2項（海賊対処への取組）

4　弾道ミサイル等に対する破壊措置

わが国に対する武力攻撃として弾道ミサイルなどが飛来する、又は存立危機事態において弾道ミサイルなどが飛来する場合であって、「武力の行使」の三要件が満たされるときには、自衛隊は、防衛出動により対処することができる。一方、わが国に弾道ミサイルなどが飛来するものの、武力攻撃と認められない場合は、防衛大臣は、次の措置をとることができる。

(1) 防衛大臣は、弾道ミサイルなどがわが国に飛来するおそれがあり、その落下によるわが国領域における人命又は財産に対する被害を防止するため必要があると判断する場合には、内閣総理大臣の承認を得て、自衛隊の部隊に対し、わが国に向けて現に飛来する弾道ミサイルなどをわが国領域又は公海の上空において破壊する措置をとるべき旨を命ずることができる。

(2) また、前述(1)の場合のほか、発射に関する情報がほとんど得られなかった場合などのように、事態が急変し、防衛大臣が内閣総理大臣の承認を得る時間がない場合も考えられる。防衛大臣は、このような場合に備え、平素から緊急対処要領を作成して内閣総理大臣の承認を受けておくことができる。防衛大臣はこの緊急対処要領に従い、一定の期間を定めたうえで、あらかじめ自衛隊の部隊に対し、弾道ミサイルなどがわが国に向けて現に飛来したときには、当該弾道ミサイルなどをわが国領域又は公海の上空において破壊する措置をとるべき旨を命令しておくことができる。

参照　図表Ⅱ-6-4（弾道ミサイルなどへの対処の流れ）、Ⅲ部1章4節2項（ミサイル攻撃などへの対応）

5 領空侵犯に対する措置

防衛大臣は、外国の航空機が国際法規又は航空法その他の法令の規定に違反してわが国の領域の上空に侵入したときは、自衛隊の部隊に対し、領空侵犯機を着陸させ、又はわが国の領域の上空から退去させるために必要な措置（誘導、無線などによる警告、武器の使用など）を講じさせることができる。

参照 Ⅲ部1章3節2項1（領空侵犯に備えた警戒と緊急発進（スクランブル））

6 在外邦人等の輸送・保護措置

防衛大臣は、外国における緊急事態に際し、外務大臣から依頼があった場合には、生命又は身体の保護を要する邦人等を安全な地域に輸送することができる。2021年8月に実施した在アフガニスタン邦人等の輸送における経験などを踏まえ、2022年には法改正を行い（同年4月成立・施行）、輸送手段を原則として政府専用機としていた制限を廃止するとともに、実施にあたっての安全にかかる要件の見直しを行った。あわせて、外国人のうち、①邦人の配偶者・子、②名誉総領事・名誉領事もしくは在外公館の現地職員、③独立行政法人のいわゆる現地職員については、邦人と同様に主たる輸送対象者とすることとし、主たる対象者を拡大した。

また、生命又は身体に危害が加えられるおそれがある邦人等の警護、救出などの「保護措置」も、外務大臣からの依頼を受け、外務大臣と協議し、次のすべてを満たす場合には、内閣総理大臣の承認を得て実施可能となっている。

ア 保護措置を行う場所において、当該外国の権限ある当局が現に公共の安全と秩序の維持に当たっており、かつ、戦闘行為が行われることがないと認められること

イ 自衛隊が当該保護措置（武器の使用を含む。）を行うことについて、当該外国など[9]の同意があること

ウ 予想される危険に対応して当該保護措置をできる限り円滑かつ安全に行うための部隊等と当該外国の権限ある当局との間の連携及び協力が確保されると見込まれること

参照 Ⅲ部1章7節2項（在外邦人等の保護措置及び輸送への対応）

7 米軍等の部隊の武器等の防護

自衛隊法第95条の2の規定に基づき、自衛隊と連携してわが国の防衛に資する活動に現に従事している米軍等の部隊の武器等を防護できることとされている。本条の基本的な考え方、本条の運用に際しての内閣の関与などについては、国家安全保障会議において決定された「自衛隊法第95条の2の運用に関する指針」[10]により定められており、概要は次のとおりである。

(1) 本条の趣旨

本条の警護は、米軍その他の外国の軍隊その他これに類する組織の部隊であって、自衛隊と連携してわが国の防衛に資する活動（共同訓練を含み、現に戦闘行為が行われている現場で行われるものを除く。）に現に従事しているものの武器等を対象としている。本条は、わが国の防衛力を構成する重要な物的手段に相当するものと評価することができるものを武力攻撃に至らない侵害から防護するための、極めて受動的かつ限定的な必要最小限の武器の使用を認めるものである。

(2)「我が国の防衛に資する活動」

「我が国の防衛に資する活動」に当たり得る活動については個別具体的に判断されるが、主として①弾道ミサイルの警戒を含む情報収集・警戒監視活動、②重要影響事態に際して行われる輸送、補給などの活動、③わが国を防衛するために必要な能力の向上のための共同訓練が考えられる。

(3) 護衛の実施の判断

米軍等から警護の要請があった場合には、防衛大臣は、当該活動が「我が国の防衛に資する活動」に該当するか及び警護の必要の有無について、活動の目的・内容、部隊の能力、周囲の情勢などを踏まえ、自衛隊の任務遂

9 国際連合の総会又は安全保障理事会の決議に従って、当該外国において施政を行う機関がある場合にあっては、当該機関
10 「自衛隊法第95条の2の運用に関する指針」については、首相官邸HPを参照（https://www.kantei.go.jp/jp/content/2016122201.pdf）

行への影響も考慮したうえで主体的に判断する。

(4) 内閣の関与

米軍等からの警護の要請を受けた防衛大臣の警護の実施の判断に関し、次の場合には、国家安全保障会議で審議する。ただし、緊急の場合には、防衛大臣は、速やかに国家安全保障会議に報告する。

① 米軍等から、初めて警護の要請があった場合
② 第三国の領域における警護の要請があった場合
③ その他特に重要であると認められる警護の要請があった場合

また、重要影響事態における警護の実施が必要と認める場合は、その旨基本計画に明記し、国家安全保障会議で審議のうえ、閣議の決定を求めるものとする。

参照 Ⅲ部1章8節2項（米軍等の部隊の武器等防護（自衛隊法第95条の2）の警護の実績）、資料23（米軍等の部隊の武器等防護の警護実績（自衛隊法第95条の2関係））

4 災害派遣など

1 災害派遣

災害派遣は、都道府県知事などが、災害に際し、防衛大臣又は防衛大臣の指定する者へ部隊等の派遣を要請し、要請を受けた防衛大臣などが、三要件（緊急性、非代替性、公共性）を総合的に勘案して判断し、やむを得ない事態と認める場合に部隊等を派遣することを原則としている[11]。これは、都道府県知事などが、区域内の災害の状況を全般的に把握し、都道府県などの災害救助能力などを考慮したうえで、自衛隊の派遣の要否などを判断するのが最適との考えによるものである。

2 地震防災派遣及び原子力災害派遣

防衛大臣は、大規模地震対策特別措置法に基づく警戒宣言[12]又は原子力災害対策特別措置法に基づく原子力緊急事態宣言が出されたときには、地震災害警戒本部長又は原子力災害対策本部長（内閣総理大臣）の要請に基づき、部隊等の派遣を命ずることができる。

参照 Ⅲ部1章7節第1項（大規模災害などへの対応（新型コロナウイルス感染症への対応を含む。））

5 国際社会の平和と安定への貢献に関する枠組み

1 国際平和共同対処事態への対応

国際平和支援法[13]に基づき、国際社会の平和及び安全の確保のため、国際平和共同対処事態[14]に際し、わが国が国際社会の平和と安全のために活動する諸外国の軍隊等に対する協力支援活動などを行うことができる。同法は、あらゆる事態への切れ目のない対応を可能にするという観点から、一般法として整備することにより、迅速かつ効果的に活動を行い、国際社会の平和及び安全に主体的かつ積極的に寄与することができるようにしている。

(1) 要件

わが国が行う協力支援活動等の対象となる諸外国の軍隊等の活動について、次のいずれかの国連決議（総会又は安全保障理事会）の存在を要件としている。

ア 支援対象となる外国が国際社会の平和及び安全を脅かす事態に対処するための活動を行うことを決定、要請、勧告、又は認める決議

イ アのほか、当該事態が平和に対する脅威又は平和の破壊であるとの認識を示すとともに、当該事態に関連して国連加盟国の取組を求める

11 海上保安庁長官、管区海上保安本部長及び空港事務所長も災害派遣を要請できる。災害派遣、地震防災派遣、原子力災害派遣について、①派遣を命ぜられた自衛官は、自衛隊法第94条（災害派遣時等の権限）に基づき、避難等の措置（警職法第4条）などができる。②災害派遣では予備自衛官及び即応予備自衛官に、地震防災派遣又は原子力災害派遣では即応予備自衛官に招集命令を発することができる。③必要に応じ特別の部隊を臨時に編成することができる。
12 気象庁長官から、地震予知情報の報告を受けた場合において、地震防災応急対策を行う緊急の必要があると認めるとき、閣議にかけて、地震災害に関する警戒宣言を内閣総理大臣が発する。
13 正式な法律の名称は、「国際平和共同対処事態に際して我が国が実施する諸外国の軍隊等に対する協力支援活動等に関する法律」
14 国際社会の平和及び安全を脅かす事態であって、その脅威を除去するために国際社会が国連憲章の目的に従い共同して対処する活動を行い、かつ、わが国が国際社会の一員としてこれに主体的かつ積極的に寄与する必要があるもの。

決議

(2) 対応措置

国際平和共同対処事態に際し、次の対応措置を実施することができる。

ア 協力支援活動

諸外国の軍隊等に対する物品及び役務（補給、輸送、修理・整備、医療、通信、空港・港湾業務、基地業務、宿泊、保管、施設の利用、訓練業務及び建設）の提供

なお、重要影響事態安全確保法と同様、武器の提供は行わないものの、「弾薬の提供」と「戦闘作戦行動のために発進準備中の航空機に対する給油及び整備」を実施できる。

イ 捜索救助活動

ウ 船舶検査活動（船舶検査活動法[15]に規定するもの）

(3) 武力の行使との一体化に対する回避措置など

他国の武力の行使との一体化を回避するとともに、自衛隊員の安全を確保するため、次の措置が規定されている。

- 「現に戦闘行為が行われている現場」では活動を実施しない。ただし、遭難者が既に発見され、救助を開始しているときは、部隊等の安全が確保される限り当該遭難者にかかる捜索救助活動を継続できる。
- 自衛隊の部隊等の長などは、活動の実施場所又はその近傍において戦闘行為が行われるに至った場合、又はそれが予測される場合には活動の一時休止などを行う。
- 防衛大臣は実施区域を指定し、その区域の全部又は一部において、活動を円滑かつ安全に実施することが困難であると認める場合などには、速やかにその指定を変更し、又は、そこで実施されている活動の中断を命じなければならない。

2 国際平和協力業務

国際平和協力法[16]は、わが国が国際連合を中心とした国際平和のための努力に積極的に寄与することを目的としている。同法は、国際連合平和維持活動（国連PKO）[17]、国際連携平和安全活動[18]などに対し適切かつ迅速な協力を行うため、国際平和協力業務の実施体制を整備するとともに、これらの活動に対する物資協力のための措置などを講ずることとしている。

(1) 参加要件

ア 国連PKO

国連PKOへの参加にあたっての基本方針としては、いわゆるPKO「参加5原則[19]」がある。そのうえで、いわゆる「安全確保業務」及びいわゆる「駆け付け警護」の実施にあたっては、国連PKO等の活動が行われる地域の属する国などの受入れ同意について、当該業務などが行われる期間を通じて安定的に維持されると認められることが要件となっている。

イ 国際連携平和安全活動

国際連携平和安全活動は、その性格、内容などが国連PKOと類似したものであるため、参加5原則を満たしたうえで、次のいずれかが存在する場合に参加可能である。

① 国連の総会、安全保障理事会又は経済社会理事会が行う決議

② 次の国際機関が行う要請

- 国連
- 国連の総会によって設立された機関又は国連の専門機関で、国連難民高等弁務官事務所その他政令で定めるもの
- 当該活動にかかる実績若しくは専門的能力を有する国連憲章第52条に規定する地域的機関又は多国間の条約により設立された機関で、欧州連合その他政令で定めるもの

---

15 正式な法律の名称は、「重要影響事態等に際して実施する船舶検査活動に関する法律」

16 正式な法律の名称は、「国際連合平和維持活動等に対する協力に関する法律」

17 国際連合平和維持活動とは、国連の統括する枠組みのもと、紛争に対処して国際の平和及び安全を維持することを目的として行われる活動であって、国連事務総長の要請に基づき参加する2以上の国及び国連により、紛争当事者の同意などを確保した上で実施される活動などをいう。

18 国際連携平和安全活動とは、国連が統括しない枠組みのもと、紛争に対処して国際の平和及び安全を維持することを目的として行われる活動であって、2以上の国の連携により、紛争当時者の同意などを確保した上で実施される活動などをいう。

19 ①紛争当事者の間で停戦の合意が成立していること、②国連平和維持隊が活動する地域の属する国及び紛争当事者が当該国連平和維持隊の活動及び当該国連平和維持隊へのわが国の参加に同意していること、③当該国連平和維持隊が特定の紛争当事者に偏ることなく、中立的な立場を厳守すること、④上記の原則にいずれかが満たされない状況が生じた場合には、わが国から参加した部隊は撤収することができること、⑤武器使用は要員の生命などの防護のための必要最小限のものを基本とすること。

③　当該活動が行われる地域の属する国の要請（国連憲章第7条1に規定する国連の主要機関のいずれかの支持を受けたものに限る）

(2) 業務内容

- 停戦監視、被災民救援などの業務
- 防護を必要とする住民、被災民などの生命、身体及び財産に対する危害の防止及び抑止その他特定の区域の保安のための監視、駐留、巡回、検問及び警護（いわゆる「安全確保業務」）
- 活動関係者の生命又は身体に対する不測の侵害又は危難が生じ、又は生ずるおそれがある場合に、緊急の要請に対応して行う当該活動関係者の生命及び身体の保護（いわゆる「駆け付け警護」）
- 国の防衛に関する組織などの設立又は再建を援助するための助言又は指導などの業務
- 活動を統括・調整する組織において行う業務の実施に必要な企画、立案、調整又は情報の収集整理（司令部業務）

(3) その他

ア　自衛官の国連への派遣（国連PKOの司令官などの派遣）

国連の要請に応じ、国連の業務であって、国連PKOに参加する自衛隊の部隊等又は外国軍隊の部隊により実施される業務の統括に関するものに従事させるため、内閣総理大臣の同意を得て、自衛官を派遣することが可能である[20]。

イ　大規模災害に対処する米軍等に対する物品又は役務の提供

自衛隊の部隊等と共に同一の地域に所在して大規模な災害に対処する米国・オーストラリア・英国・カナダ・フランス・インドの軍隊から応急の措置として要請があった場合は、国際平和協力業務などの実施に支障のない範囲で、物品又は役務の提供が可能である。

参照　Ⅲ部3章3節（国際平和協力活動への取組）

3　国際緊急援助活動

国際緊急援助隊法[21]は、海外の地域、特に開発途上にある地域における大規模な災害に対し、救助活動や医療活動などを実施する国際緊急援助隊を派遣するために必要な措置について定めている。

自衛隊の部隊等による活動については、外務大臣が特に必要があると認める場合には、防衛大臣と協議を行うこととしており、防衛大臣は、協議に基づき、自衛隊の部隊等に、救助活動、医療活動、人員又は物資の輸送を行わせることができる[22]。

参照　Ⅲ部3章3節3項（国際緊急援助活動への取組）

20　この自衛官の派遣は、派遣される自衛官が従事することとなる業務にかかる国連PKOが行われる地域の属する国及び紛争当事者の当該国連PKOが行われることについての同意（紛争当事者が存在しない場合にあっては、当該国連PKOが行われる地域の属する国の同意）が当該派遣の期間を通じて安定的に維持されると認められ、かつ、当該派遣を中断する事情が生ずる見込みがないと認められる場合に限ることとしている。
21　正式な法律の名称は、「国際緊急援助隊派遣に関する法律」
22　被災国内において、治安の状況などによる危険が存在し、国際緊急援助活動又はこれにかかる輸送を行う人員の生命、身体、当該活動にかかる機材などを防護するために武器の使用が必要と認められる場合には、国際緊急援助隊を派遣しないこととしている。したがって、被災国内で国際緊急援助活動などを行う人員の生命、身体、当該活動にかかる機材などの防護のために、当該国内において武器を携行することはない。

解説 自衛隊の任務について

防衛省・自衛隊も国の行政機関の一つであり、各種任務の遂行にあたっては、法律上の根拠が必要であることは言うまでもありません。防衛省の所掌事務については、防衛省設置法に規定されており、同法第5条により、自衛隊の任務や行動、権限などは、自衛隊法の定めるところによることとされています。自衛隊法には、各種事態などに際し、自衛隊はどのような手続に則って何ができるのかということが、いわばインデックスのような形で規定されています。

自衛隊の任務は、自衛隊法第3条の規定により、「主たる任務」（同条第1項）と「従たる任務」（同条第1項及び第2項）に分けることができます。わが国を防衛するために行う防衛出動が「主たる任務」に該当し、これは唯一自衛隊のみが果たし得る任務です。

「従たる任務」には、「必要に応じ、公共の秩序の維持に当たる」ためのもの（いわゆる第1項の「従たる任務」）と、「主たる任務の遂行に支障を生じない限度」において、「別に法律で定めるところにより」実施するもの（いわゆる第2項の「従たる任務」）の2つがあります。前者については、警察機関のみでは対処困難な場合に自衛隊が対応する任務である治安出動や海上における警備行動のほか、弾道ミサイル等に対する破壊措置、災害派遣、領空侵犯に対する措置などが含まれます。後者には、重要影響事態に対応して行う活動（後方支援活動）、国際平和協力活動（国際平和協力業務や国際緊急援助活動）、国際平和共同対処事態に対応して行う活動（協力支援活動など）があります。そして、これら「主たる任務」と「従たる任務」を合わせたものを「本来任務」と呼んでいます。

なお、自衛隊が長年にわたって培ってきた技能、経験、組織的な機能などを活用することが適当であるとの判断から自衛隊が行うこととされたものについては、「本来任務」に対して「付随的な業務」と呼ばれており、サミットのため来日した国賓等の輸送や教育訓練の一環として実施している公園の整地工事や道路工事などの受託、オリンピック・パラリンピック、国民体育大会などの運動競技会に対する協力などがあります。

自衛隊の任務に関する概念図

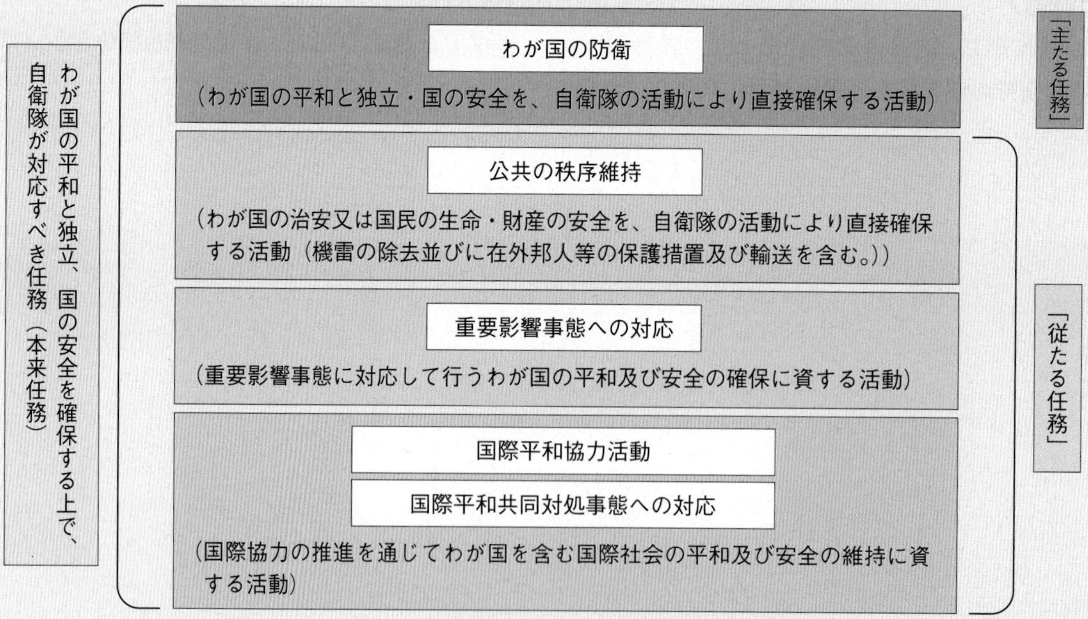

わが国の平和と独立、国の安全を確保する上で、自衛隊が対応すべき任務（本来任務）

- 「主たる任務」
  - わが国の防衛
    （わが国の平和と独立・国の安全を、自衛隊の活動により直接確保する活動）
- 「従たる任務」
  - 公共の秩序維持
    （わが国の治安又は国民の生命・財産の安全を、自衛隊の活動により直接確保する活動（機雷の除去並びに在外邦人等の保護措置及び輸送を含む。））
  - 重要影響事態への対応
    （重要影響事態に対応して行うわが国の平和及び安全の確保に資する活動）
  - 国際平和協力活動
  - 国際平和共同対処事態への対応
    （国際協力の推進を通じてわが国を含む国際社会の平和及び安全の維持に資する活動）

第Ⅲ部 防衛目標を実現するための3つのアプローチ

2032
2031
2030
2029
2028
2027
2026
2025
2024
2023
2022

第1章 わが国自身の防衛体制

第1節 わが国の防衛力の抜本的強化と国全体の防衛体制の強化

1 わが国の防衛力の抜本的強化

1 防衛力の意義

わが国の防衛の根幹である防衛力は、わが国の安全保障を確保するための最終的な担保であり、わが国に脅威が及ぶことを抑止するとともに、脅威が及ぶ場合には、これを阻止・排除し、わが国を守り抜くという意思と能力を表すものである。この意味で、防衛力は他のいかなる手段によっても代替できるものではない。このようなわが国に必要不可欠な防衛力として、陸自、海自及び空自が存在している。

国民の命と平和な暮らし、そして、わが国の領土・領海・領空を断固として守り抜くことは、わが国政府の最も重大な責務であり、安全保障の根幹である。

わが国を守り抜くのはわが国自身の努力にかかっていることは言うまでもない。自らの国は自らが守るという強い意思と努力があって初めて、いざというときに同盟国などと共に守り合い、助け合うことができる。

脅威は能力と意思の組み合わせで顕在化するところ、意思を外部から正確に把握することには困難が伴う。国家の意思決定過程が不透明であれば、脅威が顕在化する素地が常に存在する。

侵略という意思を持った高い軍事力を持つ国から自国を守るためには、力による一方的な現状変更は困難であると認識させる抑止力が必要であり、相手の能力に着目

図表Ⅲ-1-1-1 防衛目標を実現するための3つのアプローチ（イメージ）

①わが国自身の防衛体制の強化
➢ わが国の防衛力を抜本的に強化
➢ 国全体の防衛体制を強化

次期戦闘機（イメージ）

②日米同盟の抑止力と対処力の強化
"日米の意思と能力を顕示"

海自護衛艦「いずも」への米海兵隊F－35Bの着陸（2021年10月3日）

③同志国などとの連携の強化
"一か国でも多くの国々との連携を強化"

日米英蘭加新共同訓練（2021年10月）

した自らの能力、すなわち防衛力を構築し、相手に侵略する意思を抱かせないようにする必要がある。

戦後、最も厳しく複雑な安全保障環境の中で、国民の命と平和な暮らしを守り抜くため、その厳しい現実に正面から向き合って、相手の能力と新しい戦い方に着目した防衛力の抜本的強化を行っていく。

以上のことを踏まえつつ、力による一方的な現状変更やその試みから、国民の命と平和な暮らしを守っていくため、防衛力を抜本的に強化し、その努力をさらに加速して進めていく。

参照　図表Ⅲ-1-1-1（防衛目標を実現するための3つのアプローチ（イメージ））

2　今後の防衛力

わが国はこれまで、宇宙・サイバー・電磁波の領域と陸・海・空の領域を有機的に融合させつつ、統合運用により機動的・持続的な活動を行い得る多次元統合防衛力を構築してきた。

しかし、これまでの航空侵攻・海上侵攻・着上陸侵攻といった伝統的なものに加えて、精密打撃能力が向上した弾道・巡航ミサイルによる大規模なミサイル攻撃、偽旗作戦をはじめとする情報戦を含むハイブリッド戦の展開、宇宙・サイバー・電磁波の領域や無人アセットを用いた非対称的な攻撃、核保有国が公然と核兵器による威嚇ともとれる言動を行うなど、これらを組み合わせた新しい戦い方が顕在化している。そのため、抜本的に強化された防衛力は新しい戦い方に対応できるものでなくてはならない。

さらに、抜本的に強化された防衛力は、防衛目標であるわが国自体への侵攻をわが国が主たる責任をもって阻止・排除できる能力でなければならない。こうしたことを踏まえ、今後の防衛力については、相手の能力と戦い方に着目して、わが国を防衛する能力をこれまで以上に抜本的に強化し、いついかなるときも、力による一方的な現状変更とその試みは決して許さないとの意思を明確にしていく必要がある。

防衛戦略に掲げる、新しい戦い方に対応するために必要な機能及び能力は次のとおりである。まず、遠距離から侵攻戦力を阻止・排除するための、①スタンド・オフ防衛能力、②統合防空ミサイル防衛能力である。次に、抑止が破られた場合、これらの能力に加え、領域を横断して優越を獲得し、非対称的な優勢を確保するための、③無人アセット防衛能力、④領域横断作戦能力、⑤指揮統制・情報関連機能である。さらに、迅速かつ粘り強く活動し続けて、相手方の侵攻意図を断念させる、⑥機動展開能力・国民保護、⑦持続性・強靱性である。

以上のような考え方のもと、今後は、宇宙・サイバー・電磁波領域を含む全ての領域における能力を有機的に融合し、平時から有事までのあらゆる段階における柔軟かつ戦略的な活動の常時継続的な実施を可能とする多次元統合防衛力を抜本的に強化していく。

2　国全体の防衛体制の強化

わが国を守るためには自衛隊が強くなければならないが、わが国全体で連携しなければ、わが国を守ることはできない。そのため、防衛力を抜本的に強化することに加えて、わが国が持てる力である、外交力、情報力、経済力、技術力を含めた国力を統合して、あらゆる政策手段を体系的に組み合わせて国全体の防衛体制を構築していく。その際、政府一体となった取組を強化していくため、政府内の縦割りを打破していくことが不可欠である。こうした観点から、防衛力の抜本的強化を補完する不可分一体の取組として、図表Ⅲ-1-1-2にあるような取組を行い、わが国の国力を結集した総合的な防衛体制を強化する。

参照　図表Ⅲ-1-1-2（国全体の防衛体制の強化のための具体的な取組）

図表Ⅲ-1-1-2　国全体の防衛体制の強化のための具体的な取組

JAXAとの連携により、宇宙状況監視システムを運用開始
【JAXA提供】

高出力マイクロ波による
ドローンの飽和攻撃などへの対処（先端技術の活用）

火薬庫の確保

自衛隊と警察・海上保安庁との連携強化

防衛省と地域社会との協力を
象徴するエンブレム

第2節　力による一方的な現状変更を許容しない安全保障環境の創出

1　「瀬取り」への対応

1　基本的考え方

北朝鮮が密輸によって国連安保理決議の制裁逃れを図っている可能性が指摘されている中、自衛隊はわが国周辺海域において、平素実施している警戒監視活動の一環として、国連安保理決議違反が疑われる船舶についての情報収集も実施している。

2　防衛省・自衛隊の対応

海自艦艇などが、北朝鮮籍タンカーと外国籍タンカーなどが東シナ海の公海上で接舷（横付け）している様子を、2018年以降、これまでの間に計24回確認し、関係省庁とその都度、情報共有を行った。

これらの船舶は、政府として総合的に判断した結果、国連安保理決議で禁止されている北朝鮮籍船舶との洋上での物資の積替え（「瀬取り」）を実施していたことが強く疑われるとの認識に至ったため、わが国として、国連安保理北朝鮮制裁委員会などに通報するとともに、関係国と情報共有を行ってきたほか、これらのタンカーの関係国などに対して情報提供を行い、対外公表を実施した。

こうした北朝鮮籍船舶との「瀬取り」を含む違法な海上活動に対し、近年、国際的な関心が高まってきており、米国はもとより、2018年4月以降、オーストラリア、カナダ、英国、ニュージーランド、フランス及びドイツが、東シナ海を含むわが国周辺海域に艦艇や航空機を派遣し、警戒監視活動を実施している。防衛省・自衛隊は、引き続き関係国と緊密に協力を行い国連安保理決議の実効性を確保していく。

2　中東地域における日本関係船舶の安全確保のための情報収集

1　中東地域への自衛隊派遣に向けた経緯

中東地域の平和と安定は、わが国を含む国際社会の平和と繁栄にとって極めて重要である。また、世界における主要なエネルギーの供給源であり、わが国の原油輸入量の約9割を依存する中東地域での日本関係船舶の航行の安全を確保することは非常に重要である。

中東地域においては、緊張が高まる中、船舶を対象とした攻撃事案が生起し、2019年6月には日本関係船舶の被害も発生した。このような状況のもと、米国や欧州諸国などの各国は、その地域において艦船、航空機などを活用し、船舶の航行の安全のための取組を進めている。

わが国は、中東における緊張緩和と情勢の安定化に向けて、政府として外交的な取組を積極的に進めるとともに、政府内での議論を経て、2019年12月、日本関係船舶の安全確保に関する政府の取組について閣議決定した。その中で、わが国としては、中東地域における平和と安定及び日本関係船舶の安全の確保のためのわが国独自の取組として、①中東の緊張緩和と情勢の安定化に向けた更なる外交努力、②関係業界との緊密な情報共有をはじめとする航行安全対策の徹底、及び③自衛隊アセットの活用による情報収集活動を行っていくこととしている。

本情報収集活動では、2021年12月の閣議決定以降、派遣海賊対処行動航空隊のP-3C哨戒機2機に加え、派遣海賊対処行動水上部隊の護衛艦1隻を活用することとしている。

また、活動海域は、オマーン湾、アラビア海北部及び

資料：わが国における国連安保理決議の実効性の確保のための取組
URL：https://www.mod.go.jp/j/approach/defense/sedori/index.html

図表Ⅲ-1-2-1　中東における情報収集活動に従事する部隊

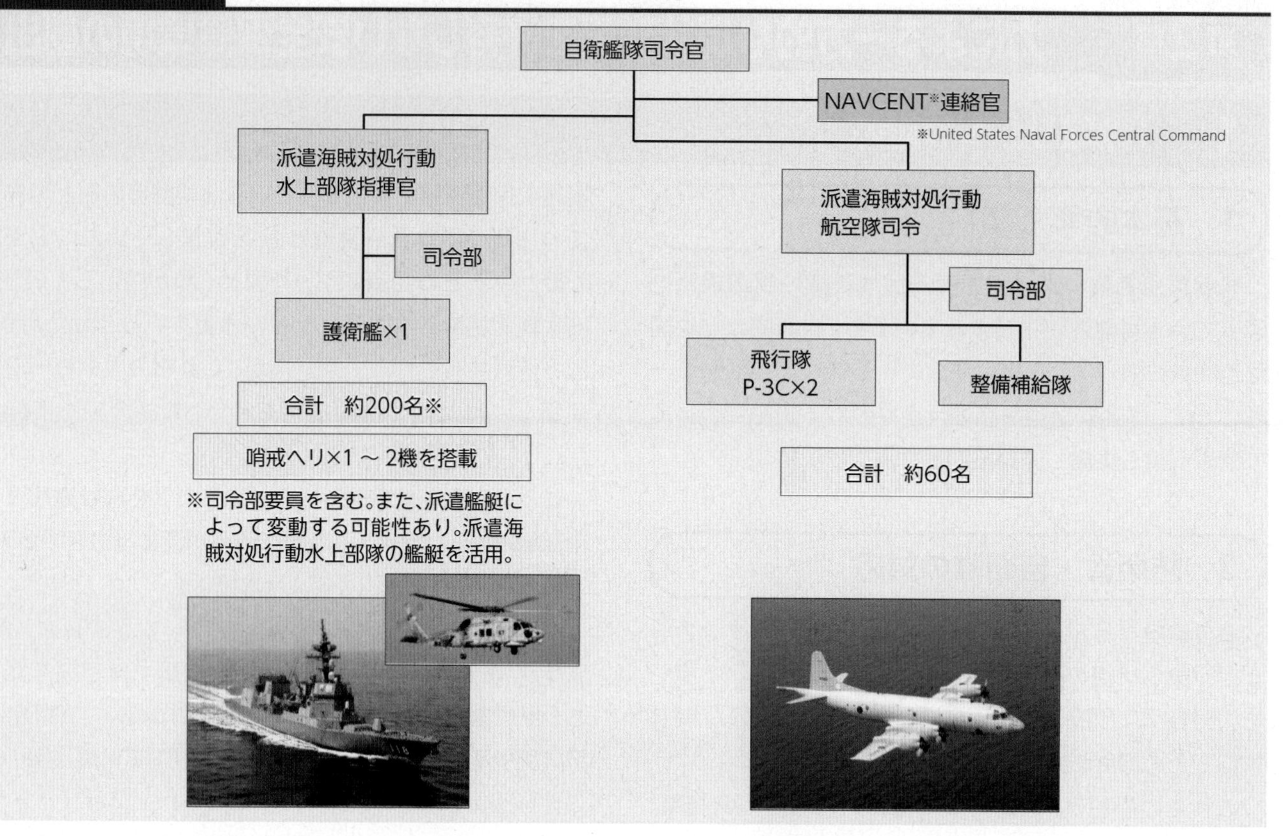

バブ・エル・マンデブ海峡東側のアデン湾の三海域の公海（沿岸国の排他的経済水域を含む。）としている。

自衛隊が収集した情報については、内閣官房、国土交通省、外務省をはじめとする関係省庁に共有しており、官民連絡会議などを通じて関係業界にも共有するなど、政府としての航行安全対策に活用されている。

2　自衛隊の活動

(1) 自衛隊による情報収集活動

自衛隊による情報収集活動は、政府の航行安全対策の一環として日本関係船舶の安全確保に必要な情報を収集するものである。

これは、不測の事態の発生など状況が変化する場合への対応としての自衛隊法第82条に規定する海上における警備行動（海上警備行動）に関し、その要否にかかる判断や発令時の円滑な実施に必要であることから、防衛省設置法第4条第1項第18号の規定に基づき実施するものとしている。

(2) 活動実績

2020年1月、海賊対処部隊のP-3C哨戒機2機が、情報収集活動を開始した。また、同年2月、派遣情報収集活動水上部隊の護衛艦が情報収集活動を開始した。

なお、2021年12月の閣議決定に基づき、2022年2月以降、派遣海賊対処行動水上部隊が海賊対処行動と情報収集活動を兼務して実施している。現在までのところ水上部隊及び航空隊が活動した海域において、日本関係船舶に対する特異な事象があったとの情報には接していない。

ア　水上部隊（2022年2月まで派遣情報収集活動水上部隊、同月以降派遣海賊対処行動水上部隊）

オマーン湾の公海及びアラビア海北部の公海において活動している。確認した船舶数は2023年3月31日現在で累計85,599隻となっている。

イ　航空隊（派遣海賊対処行動航空隊）

アデン湾の公海及びアラビア海北部の西側の公海において活動している。確認した船舶数は2023年3月31日現在で累計66,819隻となっている。

図表Ⅲ-1-2-2　自衛隊による情報収集のための活動（イメージ）

●**活動の目的:**政府の航行安全対策の一環として、日本関係船舶の安全確保に必要な情報を収集
　※不測の事態が発生するなど状況が変化し、自衛隊による更なる措置が必要と認められる場合には、海上警備行動を発令して対応（保護対象は日本関係船舶（※）とし、個別具体的な状況に応じて対応）

●**運用アセット:**護衛艦1隻（哨戒ヘリ1～2機搭載）及びP-3C哨戒機2機（派遣海賊対処行動部隊の艦艇及び航空機を活用）
　⇒実際の現場海域における船舶の航行状況や周辺海域の状況、特異事象の有無などについて、継続的に情報を収集することが可能。

●**情報収集活動地域:**オマーン湾、アラビア海北部及びバブ・エル・マンデブ海峡東側のアデン湾の三海域の公海（排他的経済水域を含む）

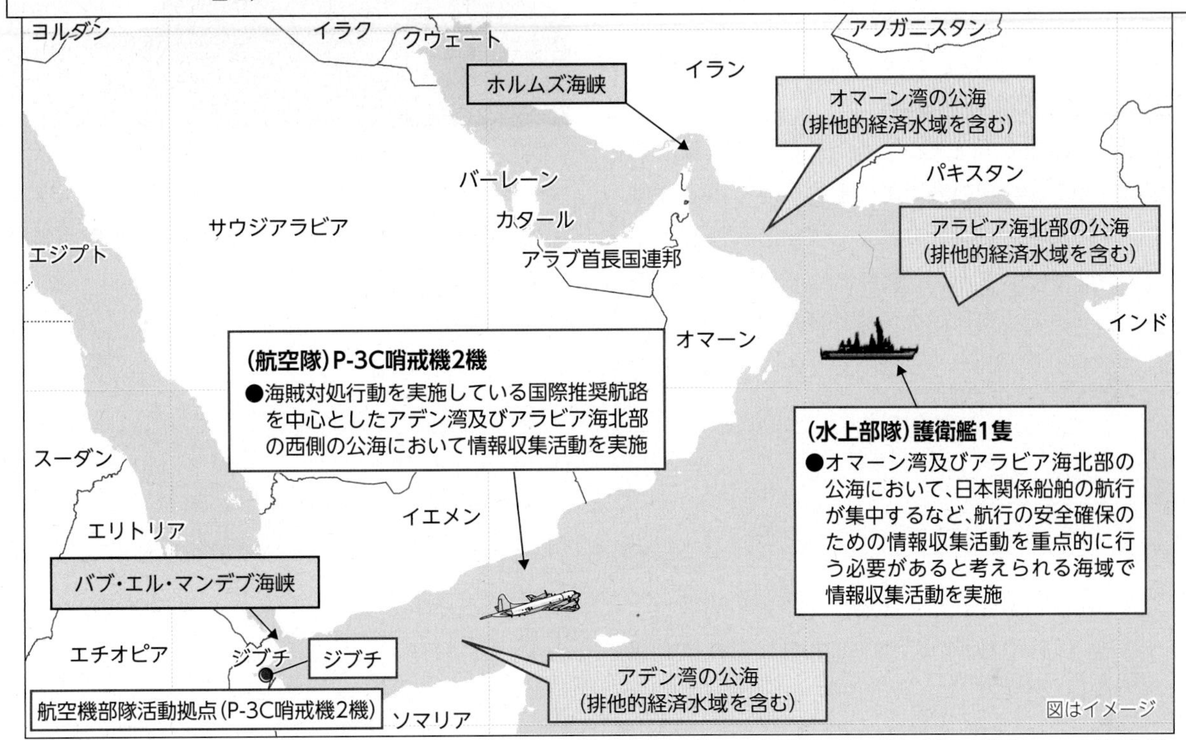

（※）日本籍船及び日本人が乗船する外国籍船のほか、わが国の船舶運航事業者が運航する外国籍船又はわが国の積荷を輸送している外国籍船であってわが国国民の安定的な経済活動にとって重要な船舶をいう。

(3) 活動期間の延長

中東地域においては、日本関係船舶の防護を直ちに要する状況にはないものの、高い緊張状態が継続していること、また、米国などによる「海洋安全保障イニシアティブ」をはじめ、各国も活動を継続していることなどを踏まえ、2020年以降、政府は自衛隊の活動期間を毎年約1年間延長している。

なお、期間満了前に、日本関係船舶の航行の安全確保の必要性に照らし、自衛隊による活動が必要と認められなくなった場合には、活動期間の終了を待たず、その時点においてこの活動を終了するほか、情勢に顕著な変化が見られた場合は、国家安全保障会議において対応を検討することとしている。

参照　図表Ⅲ-1-2-1（中東における情報収集活動に従事する部隊）、図表Ⅲ-1-2-2（自衛隊による情報収集のための活動（イメージ））、資料16（中東地域における日本関係船舶の安全確保に関する政府の取組について）

3　関係国との意思疎通や連携

(1) 米国

わが国として、中東地域における日本関係船舶の航行の安全を確保するためにどのような対応が効果的かについて、原油の安定供給の確保、米国との関係、イランとの関係といった点も踏まえつつ、総合的に検討した結果、米国などの海洋安全保障イニシアティブには参加せず、日本独自の取組を適切に行っていくこととした。一

方、中東における航行の安全を確保するため、米国とはこれまでも様々な形で緊密に連携してきているところであり、自衛隊の情報収集活動に際しても、わが国独自の取組を行うとの政府方針を踏まえつつ、同盟国である米国と適切に連携することとしている。このため、海自からバーレーンに所在する米中央海軍司令部へ、海上自衛官1名を連絡官として派遣し、米軍と情報共有を行っている。

(2) 中東地域における沿岸国

わが国独自の取組として実施する今般の情報収集活動については、イランを含む沿岸国の理解を得ることは重要であり、これまでもこの活動について、透明性をもって説明してきている。また、中東における船舶の航行の安全確保については、沿岸国の役割が重要であり、わが国の取組について、沿岸国に働きかけ、理解を得てきている。

情報収集活動に従事中の艦艇乗員

資料：中東地域における日本関係船舶の安全確保に関する政府の取組
URL：https://www.mod.go.jp/j/approach/defense/m_east/index.html

第3節　力による一方的な現状変更やその試みへの対応

防衛戦略における第二の目標は、わが国の平和と安全にかかわる力による一方的な現状変更やその試みについて、わが国として、同盟国・同志国などと協力・連携して抑止することである。また、これが生起した場合でも、わが国への侵攻につながらないように、あらゆる方法により、これに即応して行動し、早期に事態を収拾することである。

わが国は、力による一方的な現状変更やその試みを抑止するとの意思と能力を示し続け、相手の行動に影響を与えるために、柔軟に選択される抑止措置[1]（FDO：Flexible Deterrent Options）としての訓練・演習などや、戦略的コミュニケーション（SC：Strategic Communications）を、政府一体となって、また同盟国・同志国などと共に充実・強化していく必要がある。

また、平素からの常続的な情報収集・警戒監視・偵察（ISR：Intelligence, Surveillance, and Reconnaissance）及び分析を関係省庁が連携して実施することにより、事態の兆候を早期に把握するとともに、事態に応じて政府全体で迅速な意思決定を行い、関係機関が連携していくことが重要であることから、平素から、政府全体での対応を強化していくこととしている。

1　わが国周辺における常続的な情報収集・警戒監視・偵察（ISR）

1　基本的考え方

わが国は、14,000あまりの島々で構成され、世界第6位[2]の面積となる領海（内水を含む。）及び排他的経済水域（EEZ：Exclusive Economic Zone）を有するなど広大な海域に囲まれており、自衛隊は、各種事態に迅速かつシームレスに対応するため、平素から領海・領空とその周辺の海空域において情報収集及び警戒監視を行っている。

2　防衛省・自衛隊の対応

海自は、平素から哨戒機[3]などにより、北海道周辺や日本海、東シナ海などを航行する船舶などの状況について、空自は、全国各所のレーダーサイトと早期警戒管制

解説　戦略的コミュニケーションの取組の推進

安全保障上の課題に対応していくにあたっては、外交的な取組とあわせて、平素から共同訓練・演習、防衛協力・交流、防衛装備・技術協力、能力構築支援など様々な活動を通じて、わが国にとって望ましい安全保障環境を創出していくとともに、事態の推移に応じて柔軟に抑止措置を実施し、さらに重大な事態へと発展していくことを防ぐ必要があります。

このために、防衛省・自衛隊が実施する様々な活動やその目的について、効果的な発信が可能となるような手法やメッセージを選択して、同盟国や同志国と連携しつつ、国際社会に対して発信を行う必要があります。こうした戦略的コミュニケーションにかかる取組を積極的に推進してまいります。

資料：2022年度の外国海軍艦艇等の動向
URL：https://www.mod.go.jp/js/activity/domestic/keikai2022.html

---

1　相手方の行動に対し影響を与えるために周到に検討された、抑止のための行動
2　各国の海外領土の持つ海域も当該国のものとすると世界第8位とされる。
3　敵の奇襲を防ぐ、情報を収集するなどの目的をもって、見回ることを目的とした航空機で、海自は、固定翼哨戒機としてP-3C及びP-1を、回転翼哨戒機としてSH-60J及びSH-60Kを保有している。

図表Ⅲ-1-3-1 わが国周辺海空域での警戒監視のイメージ

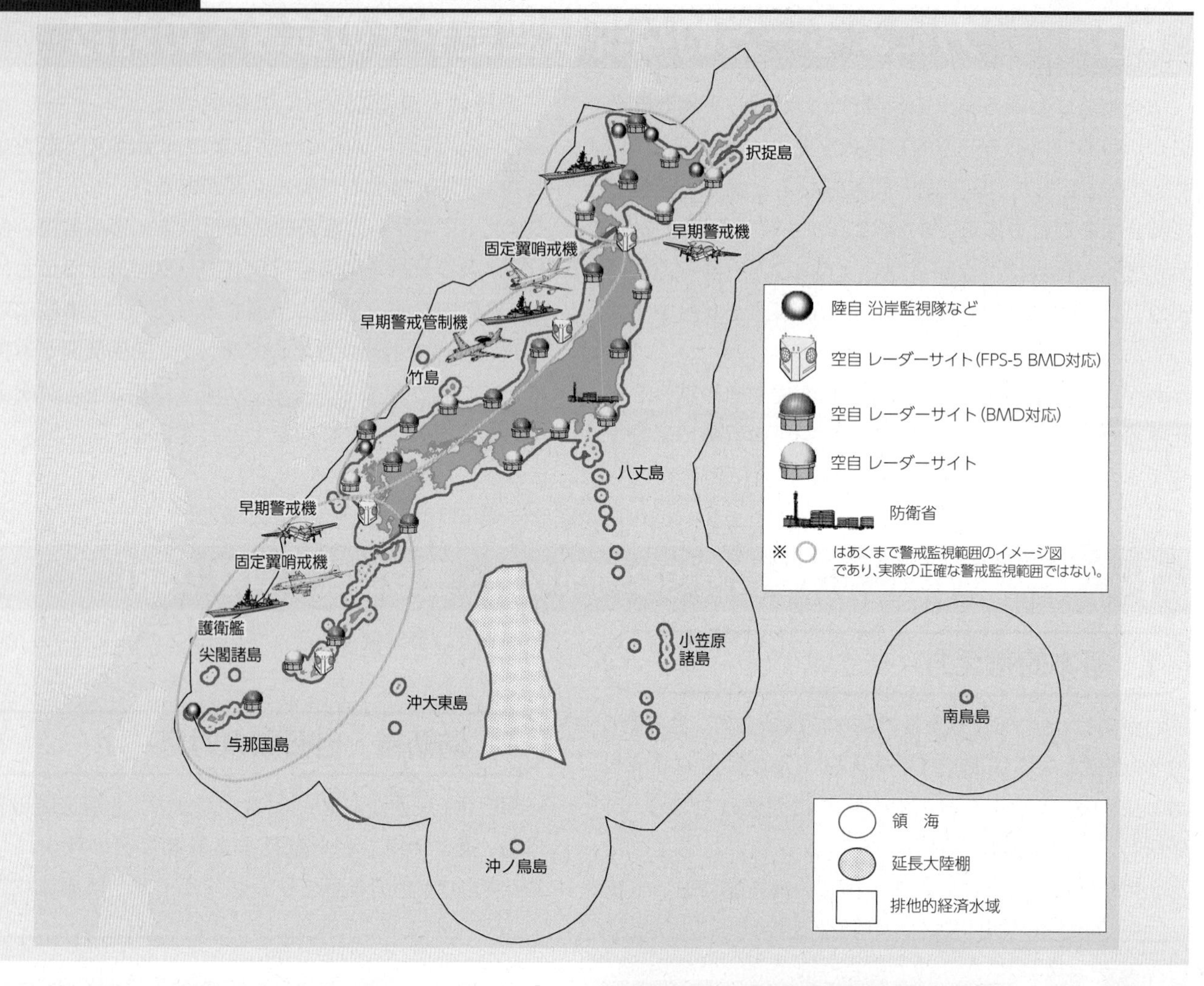

機[4]などにより、わが国とその周辺の上空の状況について、24時間態勢での警戒監視を実施している。また、主要な海峡では、陸自の沿岸監視隊や海自の警備所などが同じく24時間態勢で警戒監視を行っている[5]。さらに、必要に応じ、艦艇・航空機などを柔軟に運用し、わが国周辺における各種事態に即応できる態勢を維持している。

なお、こうした警戒監視により得られた情報については、海上保安庁を含む関係省庁にも共有し、連携の強化も図っている。また、海上保安庁は、2022年10月より、海自八戸基地において、MQ-9B（シーガーディアン）の運用を開始しており、一方、海自では、現在有人機で実施している警戒監視などの任務の一部を将来的に無人機で代替可能か検証すべく、2023年5月から、八戸飛行場

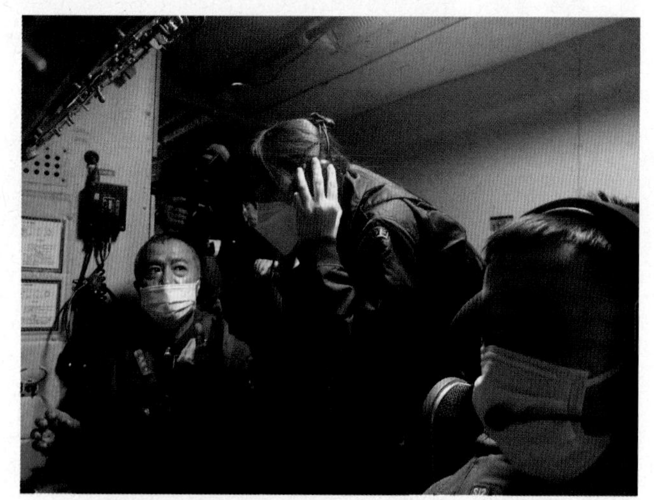
海自那覇基地を視察しP-3C哨戒機に搭乗する小野田政務官

4 警戒管制システムや全方向を監視できるレーダーを装備する航空機。速度性能に優れ、航続時間も長いことから遠隔地まで飛行して長時間の警戒が可能。さらに高高度での警戒もできるため、見通し距離が長いなど、優れた飛行性能と警戒監視能力を持つ。空自は、旅客機B-767をベースにしたE-767を運用している。

5 自衛隊による警戒監視活動は、防衛省設置法第4条第1項第18号（所掌事務の遂行に必要な調査及び研究を行うこと）に基づいて行われる。

解説　尖閣諸島について

尖閣諸島（沖縄県石垣市）は、歴史的にも国際法上も疑うことなきわが国固有の領土であり、現にわが国が有効に支配しています。したがって、尖閣諸島をめぐり解決すべき領有権の問題はそもそも存在しません。

日本政府は1895年に、他の国の支配が及ぶ痕跡がないことを慎重に確認した上で、国際法上正当な手段で尖閣諸島を沖縄県所轄とすることを閣議決定し、正式に領土に編入しました。中国が尖閣諸島に関する独自の主張を始めたのは、1968年に東シナ海に石油埋蔵の可能性があると国連の機関が指摘した後の1970年代以降であって、それまで何ら異議をとなえていませんでした。

それにもかかわらず、中国公船が2008年に初めて尖閣諸島周辺のわが国の領海に侵入して以降、わが国の強い抗議にもかかわらず、依然として中国海警船などが領海侵入を繰り返しており断じて容認できません。尖閣諸島周辺のわが国領海での独自の主張をする中国海警船の活動は、そもそも国際法違反です。

このような力による一方的な現状変更の試みに対して、わが国が譲歩することはあり得ません。防衛省・自衛隊としては、国民の生命・財産及びわが国の領土・領海・領空を断固として守るため、引き続き、関係省庁と緊密に連携しながら、警戒監視に万全を期すとともに、冷静かつ毅然と対応していきます。

わが国固有の領土、尖閣諸島【内閣官房HP】

においてシーガーディアンを用いた試験的運用を開始した。今後、海自・海上保安庁それぞれが取得した情報の共有や、施設の相互利用を通じた運用の効率化を図ることとしている。

そのほか、常時継続的な監視の強化などのため、2022年12月、空自は、RQ-4B（グローバルホーク）を運用する偵察航空隊（青森県三沢市）を新編した。

近年、わが国周辺においては、中国海軍艦艇が、尖閣諸島周辺海域での活動を活発化させており、そうした状況のもと、中国海警局に所属する船舶が尖閣諸島周辺のわが国領海への侵入を繰り返している。また、中国海軍艦艇が南西諸島周辺のわが国領海や接続水域を航行する例がみられている。

防衛省・自衛隊は、わが国の領土・領海・領空を断固として守り抜くため、引き続き高い緊張感を持って警戒監視などの対応に万全を期していく。

3　政府全体での対応

力による一方的な現状変更を許さないためには、平素から政府全体の意思決定に基づき、関係機関が連携して行動することが重要である。このため、平素から政府全体として、連携要領を確立しつつ、シミュレーションや統合的な訓練・演習を行い、対処の実効性を向上させることとしている。

また、原子力発電所などの重要施設の防護、離島の周辺地域などにおける外部からの武力攻撃に至らない侵害や武力攻撃事態への対応については、有事を念頭に平素から警察や海上保安庁と自衛隊との間で訓練や演習を実施していく。特に、2023年4月に武力攻撃事態における防衛大臣による海上保安庁の統制要領を策定したことを受け、共同訓練などを通じ、海上保安庁との連携を不断に強化していく。

参照　Ⅰ部3章2節6（2）わが国周辺海空域における軍の動向、図表Ⅲ-1-3-1（わが国周辺海空域での警戒監視のイメージ）、資料17（中国海警局に所属する船舶などの尖閣諸島周辺の領海への侵入日数・のべ隻数）

解説　海上保安庁との連携強化について

海上における治安の維持は第一義的には海上保安庁の任務ですが、海上保安庁では対処できない場合には、自衛隊も海上警備行動や治安出動により、連携して対処することになります。また、他国からの武力攻撃が発生した場合には自衛隊が主たる任務として防衛出動により対処することになります。わが国周辺海域の情勢が厳しさを増すなか、どのような状況にも切れ目なく対応するため、自衛隊と海上保安庁の連携強化はより一層重要になっています。

海自と海上保安庁は、平素から共同訓練を行い、技量向上と共同対処能力の強化に取り組んでいます。平時における協力は、無人機の運用における連携にまで及んでおり、2022年10月より、海上保安庁は海自八戸飛行場において、長時間の監視警戒飛行が可能なシーガーディアンの運用を開始しており、海自においても2023年5月から八戸飛行場においてシーガーディアンの試験的運用を開始しました。無人機の運用に際しては、それぞれが取得した情報の共有や、施設の相互利用を通じた運用の効率化を図ることとしています。

また、武力攻撃事態における対応も含めた連携強化は、あらゆる事態に対応する体制を構築するうえで極めて重要です。

自衛隊法第80条においては、内閣総理大臣は防衛出動又は命令による治安出動を命じた場合において、「特別の必要があると認めるときは、海上保安庁の全部又は一部を防衛大臣の統制下に入れることができる」とされています。これは、重大な緊急事態において、自衛隊と海上保安庁との通常の協力関係では効果的かつ適切な対処が困難な場合に、防衛大臣が海上保安庁を統一的、一元的に指揮・運用することを可能とするものであり、統制下に入った海上保安庁は海上保安庁法に規定された所掌事務の範囲内で非軍事的性格を保ちつつ、自衛隊の出動目的を効果的に達成するために、適切な役割分担を確保したうえで国民保護措置や海上における人命の保護などを実施することになります。

2023年4月には、上記の役割分担など、「海上保安庁の統制」の具体的な手続きを含めた、防衛出動命令が発出された場合における両機関の連携についての統制要領を定めました。今後、共同訓練において検証を行うことなどを通じ、引き続き自衛隊と海上保安庁との連携を不断に強化していきます。

海上保安庁シーガーディアンの運用支援

2　わが国の主権を侵害する行為に対する措置

1　領空侵犯に備えた警戒と緊急発進（スクランブル）

(1) 基本的考え方

国際法上、国家はその領空に対して完全かつ排他的な主権を有している。対領空侵犯措置は、公共の秩序を維持するための警察権の行使として行うものであり、陸上や海上とは異なり、この措置を実施できる能力を有するのは自衛隊のみであることから、自衛隊法第84条の規定に基づき、第一義的に空自が対処している。

(2) 防衛省・自衛隊の対応

ア　全般

空自は、わが国周辺を飛行する航空機を警戒管制レーダーや早期警戒管制機などにより探知・識別し、領空侵犯のおそれのある航空機を発見した場合には、戦闘機などを緊急発進（スクランブル）させ、その航空機の状況を確認し、必要に応じてその行動を監視している。さら

図表Ⅲ-1-3-2　冷戦期以降の緊急発進実施回数とその内訳

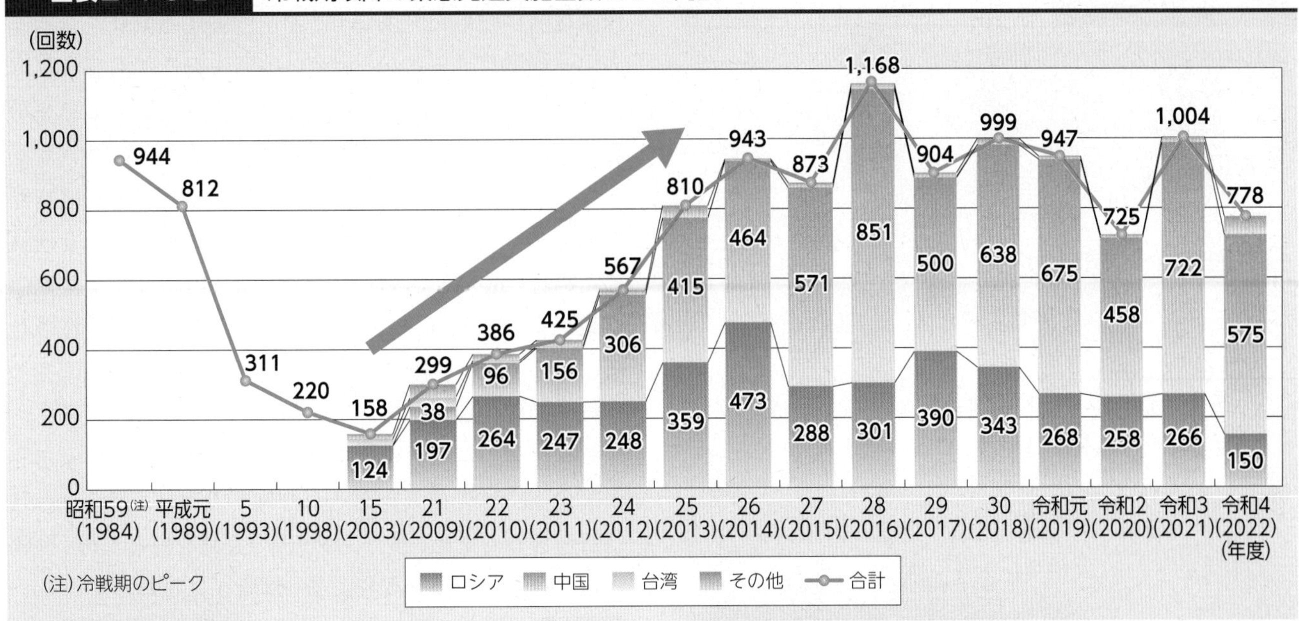

図表Ⅲ-1-3-3　緊急発進の対象となったロシア機及び中国機の飛行パターン例（2022年度）

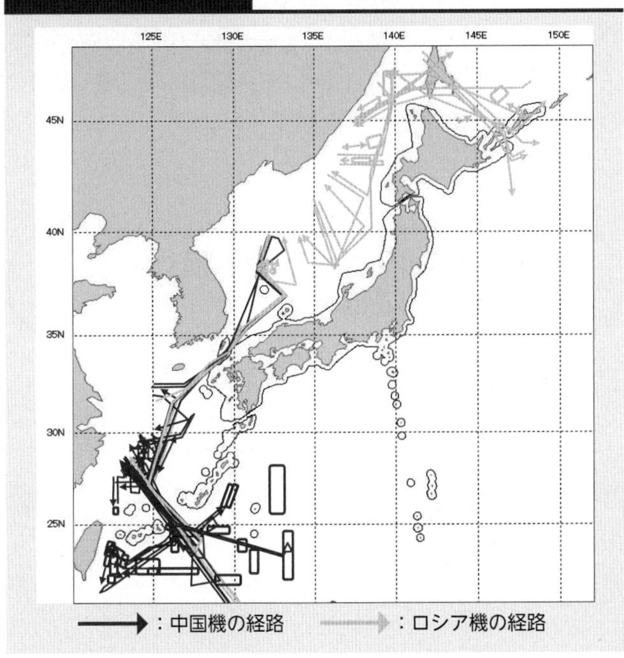

緊急発進（スクランブル）対応中の隊員

に、この航空機が実際に領空を侵犯した場合には、退去の警告などを行っている。

2022年度の空自機による緊急発進（スクランブル）回数は778回（中国機に対し575回、ロシア機に対し150回、その他53回）であった。

近年、中国機の飛行形態は変化し、活動範囲は東シナ海のみならず、太平洋や日本海にも拡大している。また、2022年3月にもロシア機による領空侵犯があったほか、2022年5月及び11月には中露両国の爆撃機がわが国周辺において長距離にわたる共同飛行を行うなど、中国機及びロシア機はわが国周辺で活発な活動を継続している。

防衛省・自衛隊としては、今後も活動を活発化させている中国軍及びロシア軍の動向を注視しつつ、対領空侵犯措置に万全を期していく。

イ　外国の気球などへの対応

2019年11月、2020年6月及び2021年9月のものも含め、過去にわが国領空内で確認されていた特定の気球型の飛行物体について、さらなる分析を重ねた結果、この気球は中国が飛行させた無人偵察用気球であると強く推定されたことから、防衛省は2023年2月にその旨公表した。

気球であっても、外国のものであればわが国の許可な

図表III-1-3-4　わが国及び周辺国・地域の防空識別圏（ADIZ）（イメージ）

※「東シナ海防空識別区」は、当該空域を飛行する航空機に対し、中国国防部の定める規則を強制し、これに従わない場合は、中国軍による「防御的緊急措置」をとるとしていることなど、国際法上の基本的な規則である公海における上空飛行の自由の原則を不当に侵害する形で、中国が独自の主張に基づき設定

く領空に侵入すれば領空侵犯となる。外国の気球がわが国の許可なく領空に侵入する場合、戦闘機などによる必要な確認及び行動の監視を行いつつ、外交ルートを含む各種手段により収集した情報や、個別具体的な状況を勘案して、外国政府の気球であるか否か並びに国民の生命及び財産への影響などの判断を行う。当該気球が外国政府のものと判断される場合には、当該外国政府に対する警告などを実施し、それでもなお、領空侵犯を継続する場合などには、自衛隊機は自衛隊法第84条に規定する「必要な措置」として、武器の使用を含めて対応することになる。

なお、政府は従来、対領空侵犯措置の際の武器の使用は、正当防衛又は緊急避難の要件に該当する場合にのみ許されるとしてきた。これは、有人かつ軍用の航空機を念頭に置いたものであるが、領空侵犯する気球を含む無人の航空機については、武器の使用を行っても直接に人に危害が及ぶことはないことから、例えば、そのまま放置すれば他の航空機の安全な飛行を阻害する可能性があるなど、わが国領域内の人の生命及び財産、また航空路を飛行する航空機の安全の確保といった保護すべき法益のために、必要と認める場合には、正当防衛または緊急避難に該当しなくとも、武器を使用することが許される、と無人の航空機に対する武器の使用にかかる同条の解釈を明確化した。

気球を含む無人の航空機といった多様な手段によるわが国の領空への侵入のおそれが増すなか、国民の生命及び財産を守るため、また、わが国の主権を守るため、国際法規及び慣習を踏まえてより一層厳正に対処していく。

参照　I部3章2節2項6（2）わが国周辺海空域における軍の動向、I部3章5節3項6（5）わが国周辺における活動、図表III-1-3-2（冷戦期以降の緊急発進実施回数とその内訳）、図表III-1-3-3（緊急発進の対象となったロシア機及び中国機の飛行パターン例（2022年度））、図表III-1-3-4（わが国及び周辺国・地域の防空識別圏（ADIZ）（イメージ））

2　領海及び内水内を潜水航行する潜水艦への対処など

(1) 基本的考え方

わが国の領水内[6]で潜水航行する外国潜水艦に対しては、海上における警備行動（海上警備行動）を発令して対処することになる。こうした潜水艦に対しては、国際法に基づき海面上を航行し、かつ、その旗を掲げるよう要求し、これに応じない場合にはわが国の領海外への退

動画：航空警戒管制
URL：https://www.youtube.com/watch?v=DKd7UEU73rM

資料：2022年度　年度緊急発進状況
URL：https://www.mod.go.jp/js/activity/domestic/Scramble2022.html

6　領海及び内水

去を要求することになる。

(2) 防衛省・自衛隊の対応

海自は、わが国の領水内を潜水航行する外国潜水艦を探知・識別・追尾し、こうした国際法に違反する航行を認めないとの意思表示を行う能力及び浅海域における対処能力の維持・向上を図っている。

2004年11月、先島諸島周辺のわが国領海内を潜水航行する中国原子力潜水艦に対し、海上警備行動を発令し、海自艦艇などにより潜水艦が公海上に至るまで継続して追尾した。また、2018年1月、尖閣諸島周辺のわが国の接続水域における中国潜水艦による潜水航行が初確認された。

さらに、2021年9月10日には中国国籍と推定される潜水艦が奄美大島周辺のわが国接続水域内を潜水航行しているのを確認し、海自護衛艦及び哨戒機による警戒監視を行った。この潜水艦による領海侵入はなかったものの、このような潜水艦の活動はわが国として注視すべきものである。国際法上も、外国の潜水艦が沿岸国の領海内を航行する際には海上において、その旗を掲げて航行しなければならないとされており、国際法に反する活動を許さないためにも、自衛隊は万全の警戒監視態勢を維持していく。

3　武装工作船などへの対処

(1) 基本的考え方

武装工作船と疑われる船（不審船）には、警察機関である海上保安庁が第一義的に対処するが、海上保安庁では対処できない、又は著しく困難と認められる場合には、海上警備行動を発令し、海上保安庁と連携しつつ対処することになる。

不審船対処訓練に参加する海自艦艇と海上保安庁巡視船

(2) 防衛省・自衛隊の対応

防衛省・自衛隊は、1999年の能登半島沖での不審船事案や2001年の九州南西海域での不審船事案などの教訓を踏まえ、様々な取組を行っている。特に海自は、特別警備隊[7]の編成、護衛艦などへの機関銃の装備などを実施してきたほか、1999年に防衛庁（当時）と海上保安庁が策定した「不審船に係る共同対処マニュアル」に基づき、海上保安庁との定期的な共同訓練を行うなど、連携の強化を図っている。

7　2001年3月、海上警備行動下において不審船の立入検査を行う場合、予想される抵抗を抑止し、その不審船の武装解除などを行うための専門の部隊として海自に新編された。

第4節　ミサイル攻撃を含むわが国に対する侵攻への対応

防衛戦略における第三の防衛目標は、万が一、抑止が破れ、わが国への侵攻が生起した場合には、その態様に応じてシームレスに即応し、わが国が主たる責任をもって対処し、同盟国などの支援を受けつつ、これを阻止・排除することである。

島嶼部を含むわが国に対する侵攻に対しては、遠距離から侵攻戦力を阻止・排除するとともに、領域を横断して優越を獲得し、宇宙・サイバー・電磁波の領域及び陸・海・空の領域における能力を有機的に融合した領域横断作戦を実施し、非対称な優越を確保し、侵攻戦力を阻止・排除する。そして、粘り強く活動し続けて、相手の侵攻意図を断念させる。

また、ミサイル攻撃を含むわが国に対する侵攻に対しては、ミサイル防衛により公海及びわが国の領域の上空でミサイルを迎撃し、攻撃を防ぐためにやむを得ない必要最小限度の自衛の措置として、相手の領域において有効な反撃を加える能力としてスタンド・オフ防衛能力などを活用し、ミサイル防衛とあいまってミサイル攻撃を抑止する。

さらに、国民の生命・身体・財産に対する深刻な脅威である大規模テロや重要インフラに対する攻撃などに際しては、関係機関と連携し実効的な対処を行う。そして、わが国への侵攻が予測される場合には、住民の避難誘導を含む国民保護のための取組を円滑に実施できるようにする。

1　島嶼部を含むわが国に対する侵攻への対応

1　基本的考え方

東西南北、それぞれ約3,000kmに及ぶわが国領域には、広範囲にわたり多くの島嶼を有し、そこには守り抜くべき国民の生命・身体・財産・領土・領海・領空及び各種資源が広く存在している。

そうした地理的特性を持つわが国への侵攻に的確に対応するためには、安全保障環境に即した部隊などの配置とともに、平素から状況に応じた機動・展開を行うことが必要である。また、自衛隊による常時継続的な情報収集・警戒監視などにより、兆候を早期に察知し、海上優勢[1]・航空優勢[2]を確保することが重要である。

万が一、抑止が破られ、わが国への侵攻が生起した場合には、わが国の領域に対する侵害を排除するため、宇宙・サイバー・電磁波の領域及び陸・海・空の領域における能力を有機的に融合し、相乗効果によって全体の能力を増幅させる領域横断作戦により、個別の領域が劣勢である場合にもこれを克服しつつ、統合運用により機動的・持続的な活動を行い、迅速かつ粘り強く活動し続けて領域を確保し、相手方の侵攻意図を断念させる。

参照　図表Ⅲ-1-4-1（領域横断作戦のイメージ図（一例））

2　防衛省・自衛隊の取組

(1) スタンド・オフ防衛能力の強化

諸外国のレーダー探知範囲や各種ミサイルの射程・性能は著しく向上しており、これらの脅威が及ぶ範囲は侵攻部隊の周囲数百km以上に及ぶ。

必要かつ十分な数量のスタンド・オフ・ミサイルを、様々な場所、様々なプラットフォームで重層的に保有することで、わが国に対する武力攻撃に対する抑止を向上させる必要がある。また、わが国への侵攻事態が生起した場合には、隊員の安全を可能な限り確保しつつ、相手の脅威圏外からできる限り早期・遠方でわが国に侵攻する部隊を阻止・排除することが必要である。

このため、まず、わが国への侵攻がどの地域で生起しても、わが国の様々な地点から、重層的にこれらの艦艇や上陸部隊などを阻止・排除できる必要かつ十分な能力を保有する。次に、各種プラットフォームから発射でき、また、高速滑空飛翔や極超音速飛翔といった多様かつ迎

1　海域において相手の海上戦力より優勢であり、相手方から大きな損害を受けることなく諸作戦を遂行できる状態
2　わが航空部隊が敵から大なる妨害を受けることなく諸作戦を遂行できる状態

図表Ⅲ-1-4-1　領域横断作戦のイメージ図（一例）

撃困難な能力を強化することとしている。

具体的には、12式地対艦誘導弾能力向上型（地上発射型・艦艇発射型・航空機発射型）、島嶼防衛用高速滑空弾及び極超音速[3]誘導弾の研究開発を実施・継続し、各種誘導弾の長射程化を実施する。また、国産のスタンド・オフ・ミサイルの量産弾を取得するほか、米国製のトマホークをはじめとする外国製スタンド・オフ・ミサイルの着実な導入を実施・継続する。

さらには、発射プラットフォームのさらなる多様化のための研究・開発を進めるとともに、スタンド・オフ・ミサイルの運用能力向上を目的として、潜水艦に搭載可能な垂直ミサイル発射システム（VLS）、輸送機搭載システムなどを開発・整備する。
Vertical Launching System

(2) 無人アセット防衛能力の強化

無人アセットは、有人装備と比べて、人的損耗を局限し、長期連続運用ができるといった大きな利点がある。さらに、この無人アセットをAIや有人装備と組み合わ

3　音速の5倍以上の速度域

解説 スタンド・オフ防衛能力の強化

各国の早期警戒管制能力や各種ミサイルの性能が著しく向上していく中、自衛隊員の安全を確保しつつ、わが国への攻撃を効果的に阻止する必要があることから、スタンド・オフ防衛能力※の強化に取り組んできました。

防衛戦略にもあるとおり、東西南北、それぞれ約3,000kmに及ぶわが国領域を守り抜くため、島嶼部を含むわが国に侵攻してくる艦艇や上陸部隊などに対して、脅威圏の外から対処するスタンド・オフ防衛能力の抜本的強化に取り組んでいきます。また、わが国の様々な地点から、重層的にこれらの艦艇や上陸部隊などを阻止・排除できる必要かつ十分な能力の保有や、各種プラットフォームから発射でき、高速滑空飛翔や極超音速飛翔といった多様かつ迎撃困難な能力を強化します。

具体的には、多様なプラットフォームから運用を行う12式地対艦誘導弾能力向上型について開発を推進し、地上発射型は早期に部隊配備するため2023年度から量産を開始します。また、諸外国のレーダーや対空ミサイルの性能向上により、迎撃能力が向上しており、脅威圏の外から対艦・対地攻撃を行うためには、今後、誘導弾などの長射程化、迎撃を回避できる高い残存性が必要です。長射程化と残存性の向上を可能とする誘導弾及び滑空型飛翔体を実現するため、必要な技術の研究を着実に推進します。

さらに、衛星コンステレーションを活用した画像情報などの取得や無人機（UAV）、目標観測弾の整備などを行い、情報収集・分析機能などを強化していきます。

※スタンド・オフは、一般的には「離れている」といった意味。

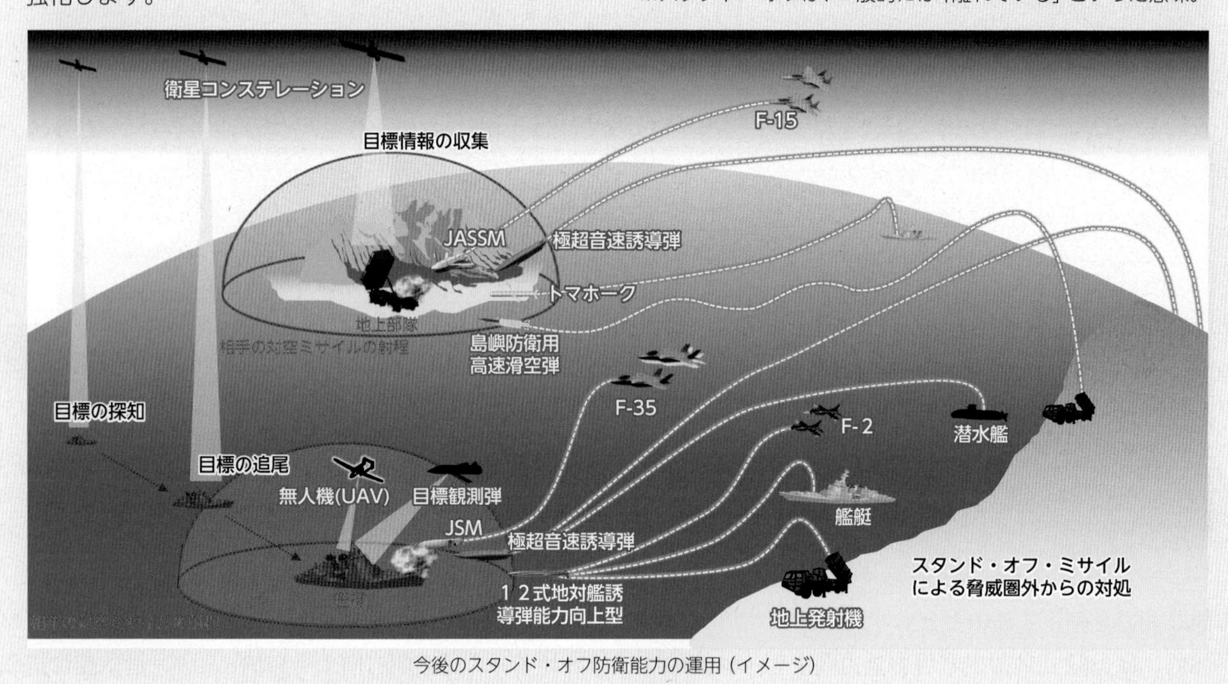

今後のスタンド・オフ防衛能力の運用（イメージ）

せることにより、部隊の構造や戦い方を根本的に一変させるゲーム・チェンジャーとなり得ることから、空中・水上・水中などでの非対称的な優勢を獲得することが可能である。

このため、こうした無人アセットを情報収集・警戒監視のみならず、戦闘支援などの幅広い任務に効果的に活用していく。また、2023年度中には、無人機（UAV）の取得をはじめ各種無人アセットの運用実証や研究が計画されている。

Unmanned Aerial Vehicle

(3) 機動展開能力の強化

島嶼部を含むわが国への侵攻に対しては、海上優勢・航空優勢を確保し、わが国に侵攻する部隊の接近・上陸を阻止するため、平素配備している部隊が常時活動する

図表Ⅲ-1-4-2　九州・南西地域における主要部隊新編状況（2016年以降）（概念図）

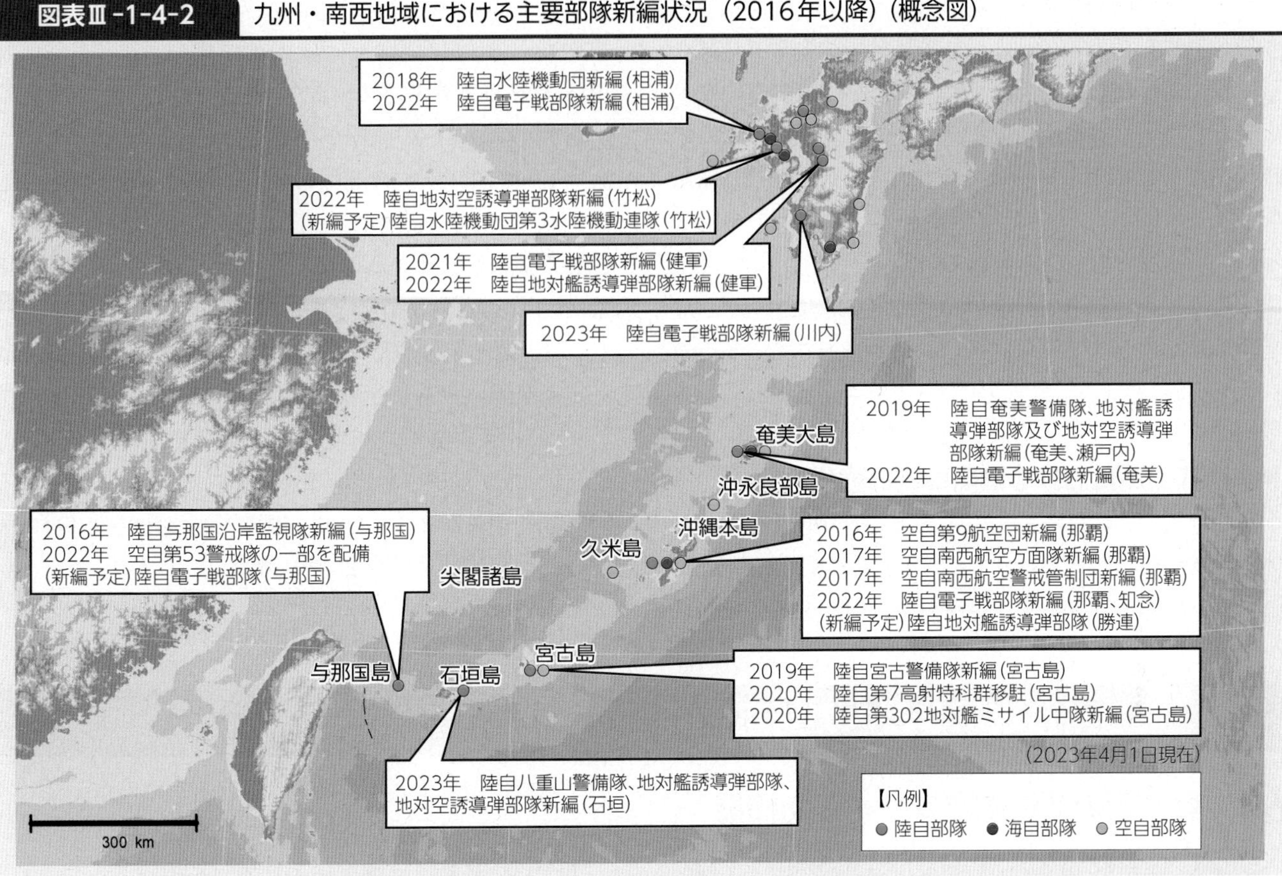

解説　与那国島と台湾

わが国最西端に位置する与那国島と台湾との距離は100kmあまりと非常に近く、視界の良い時には与那国島から台湾の陸岸が見えることもあります。与那国島と台湾の間の海域では、中国海軍艦艇の航行がたびたび確認されており、昨年8月には、中国が9発の弾道ミサイルを発射し、うち1発が、与那国島から約80kmの地点に着弾し、地域住民に脅威と受け止められました。このような国境の最前線にある与那国駐屯地は、南西地域の防衛上極めて重要な拠点の一つです。この駐屯地には、陸自沿岸監視隊や空自第53警戒隊分遣班が所在しており、わが国の国境の最前線に最も近い場所において、付近を航行・飛行する艦艇や航空機を監視し、各種兆候を早期に察知する極めて重要な役割を果たしています。また、2023年度には小規模の電子戦部隊を配備する予定であり、南西諸島における防衛体制を目に見える形で強化していきます。

与那国島を訪問する浜田防衛大臣

とともに、状況に応じて必要な部隊（人員・装備・補給品など）を迅速に機動展開させる必要がある。

このため、自衛隊自身の海上・航空輸送力を強化するとともに、民間資金等活用事業（PFI）などの民間輸送力を最大限活用する。
Private Finance Initiative

また、これらによる部隊への輸送・補給などがより円滑かつ効果的に実施できるように、統合による後方補給態勢を強化し、既存の空港・港湾施設などを運用基盤として使用するために必要な措置を講じ、補給能力の向上を実施していくとともに、全国に所在する補給拠点の改修を積極的に推進していく。あわせて、輸送船舶、輸送機、輸送ヘリコプターなどの各種輸送アセットの取得などによる輸送力の強化を進めていく。

このほか、自衛隊は機動展開能力を向上させるべく、米国をはじめとする関係国との共同訓練を含め、多くの訓練を実施している。

(4) 南西地域における防衛体制の強化

南西地域の防衛体制強化のため、九州・南西地域における部隊の新編が進められている。2023年3月、陸自は石垣島に駐屯地を新設し、警備部隊、地対空誘導弾部隊及び地対艦誘導弾部隊を配置したほか、2023年度には竹松駐屯地（長崎県大村市）に水陸機動団第3水陸機動連隊（仮称）を新編する。また、今後、第15旅団（沖縄県那覇市）の師団への改編が予定されている。

V-22オスプレイの運用については、防衛省はその配備先として、佐賀空港が最適の飛行場と判断しており、佐賀県知事から受入れの表明を頂き、2023年5月、佐賀県有明海漁業協同組合との間で不動産売買契約を締結し、駐屯地予定地を取得した[4]。なお、佐賀空港配備には一定期間を要することを考慮し、2020年にV-22オスプレイを運用する輸送航空隊を木更津駐屯地に新編し、V-22オスプレイの暫定配備を開始した。

参照 図表Ⅲ-1-4-2（九州・南西地域における主要部隊新編状況（2016年以降）（概念図））

2 ミサイル攻撃などへの対応

1 わが国の統合防空ミサイル防衛能力

(1) 基本的考え方

四面環海の日本は、経空脅威への対応が極めて重要である。近年、多弾頭・機動弾頭を搭載する弾道ミサイル、高速化・長射程化した巡航ミサイル、有人・無人航空機のステルス化・マルチロール化といった能力向上に加え、対艦弾道ミサイル、極超音速滑空兵器（HGV（Hypersonic Glide Vehicle））などの出現により、経空脅威は多様化・複雑化・高度化している。

このため、探知・追尾能力や迎撃能力を抜本的に強化するとともに、ネットワークを通じて各種センサー・シューターを一元的かつ最適に運用できる体制を確立し、統合防空ミサイル防衛能力を強化することとしている。

相手からのわが国に対するミサイル攻撃については、まず、ミサイル防衛システムを用いて、公海及びわが国の領域の上空で、わが国に向けて飛来するミサイルを迎撃する。そのうえで、弾道ミサイルなどの攻撃を防ぐためにやむを得ない必要最小限度の自衛の措置として、相手の領域において、有効な反撃を加える能力として、スタンド・オフ防衛能力などを活用する。

こうした有効な反撃を加える能力を持つことにより、相手のミサイル発射を制約し、ミサイル防衛による迎撃を行いやすくすることで、ミサイル防衛とあいまってミサイル攻撃そのものを抑止していく。

参照 図表Ⅲ-1-4-3（統合防空ミサイル防衛（迎撃部分）のイメージ図）、Ⅱ部3章2節4項（「解説」反撃能力）

(2) 防衛省・自衛隊の対応

北朝鮮は、2016年以降、3回の核実験を強行するとともに、特に2022年に入ってからは、かつてない高い頻度で、かつ新たな態様での弾道ミサイルなどの発射を繰り返しており、その軍事的行動はわが国の安全に対する、従前より一層重大かつ差し迫った脅威となっている。

弾道ミサイルに対し、現状においては、わが国全域を防護するためのイージス艦及び拠点防護のため全国各地に分散して配備されているペトリオット（PAC-3（Patriot Advanced Capability-3））[5]を、状況に応じて機動・展開して対応している。2023年4月22日、完成した「軍事偵察衛星」発射の最終準備を早

4 佐賀空港の西側に駐機場や格納庫などを整備し、陸自目達原駐屯地から移駐する約50機のヘリコプターと新規に取得する17機のオスプレイとあわせて約70機の航空機を配備することを想定している。
5 ペトリオットPAC-3は、経空脅威に対処するための防空システムの一つであり、主として航空機などを迎撃目標としていた従来型のPAC-2と異なり、主として弾道ミサイルを迎撃目標とするシステム

図表Ⅲ-1-4-3　統合防空ミサイル防衛（迎撃部分）のイメージ図

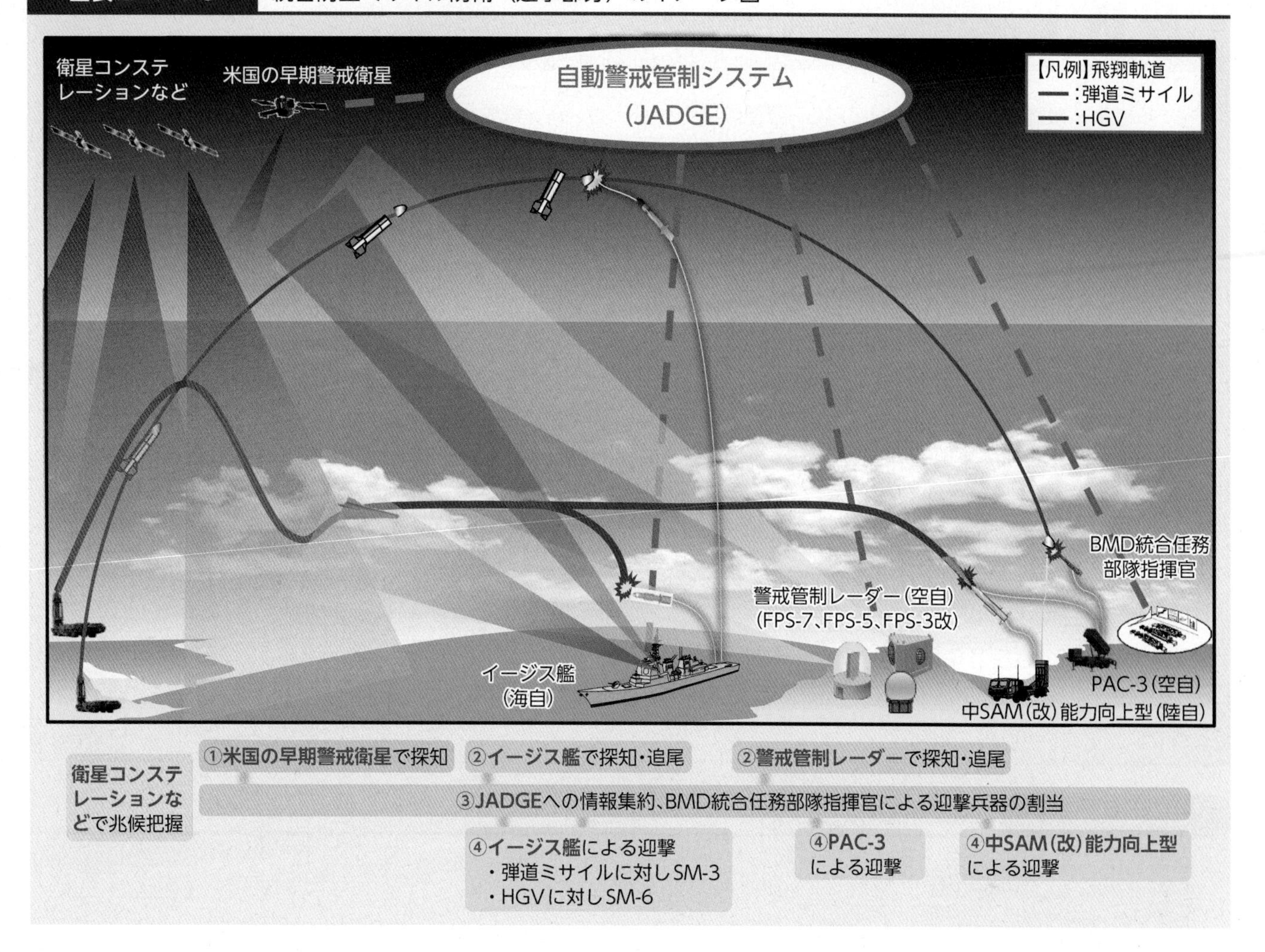

期に終えるといった北朝鮮の発表などを踏まえ、防衛大臣は「弾道ミサイル等に対する破壊措置の準備に関する自衛隊一般命令」を発出した。これを受け、防衛省・自衛隊は、PAC-3の沖縄県石垣島、宮古島及び与那国島への展開や、イージス艦の展開などのための所要の準備を実施した。

同年5月29日、「衛星」発射のためとする北朝鮮からの事前通報を受け、同日、防衛大臣は、不測の事態に備え、所要の態勢をとるべく、「弾道ミサイル等に対する破壊措置の実施に関する自衛隊行動命令」を発出した。同月31日の発射に際し、防衛省から政府内及び関係機関に対して速やかに情報共有を行うとともに、関連情報の収集と分析を実施した。防衛省としては、米国、韓国などと緊密に連携しつつ、国民の生命・財産を守り抜くため、引き続き、情報の収集・分析及び警戒監視に全力を挙げていく。

わが国に武力攻撃として弾道ミサイルが飛来する場合には、武力攻撃事態における防衛出動により対処する一

資料：ミサイル防衛について
URL：https://www.mod.go.jp/j/policy/defense/bmd/index.html

動画：弾道ミサイル防衛（BMD）への対応（空自：高射）
URL：https://youtu.be/coZf5SbfC-M

解説 統合防空ミサイル防衛（HGV等対処）

多様化・複雑化する経空脅威に対し、自衛隊はネットワークを通じて装備品を一体的に運用する「総合ミサイル防空」の強化に努めてきました。しかし、極超音速滑空兵器（HGV）などミサイル技術の急速な進展や、飽和攻撃を可能とする運用能力向上により、既存のミサイル防衛網だけで完全に対応することは難しくなりつつあります。

このため、防衛戦略においては、「統合防空ミサイル防衛」として、わが国に対するミサイル攻撃を、質・量ともに強化されたミサイル防衛網により迎撃しつつ、スタンド・オフ防衛能力などを活用した反撃能力を持つことにより、相手のミサイル発射を制約し、ミサイル防衛とあいまってミサイル攻撃そのものを抑止していくこととしています。

HGVなどの極超音速兵器は、マッハ5を超える極超音速で飛翔するとともに、低い軌道を長時間飛翔し、高い機動性を有することなどから、通常の弾道ミサイルと比べ、探知や迎撃がより困難です。このような兵器に対しては、その特性を踏まえ、早期に探知し、迎撃機会を重層的に確保することで、迎撃の可能性を高めていくことが重要となります。

このため、整備計画においては、①HGV早期探知のための赤外線センサーなどの宇宙技術実証、②ターミナル段階での迎撃能力向上のための03式中距離地対空誘導弾（改善型）能力向上型の開発やPAC-3MSEミサイルの取得、また、③滑空段階での対処のためにHGV対処用誘導弾システムの調査及び研究などを行い、HGVなどへの対処能力を抜本的に向上することとしています。

参照 図表Ⅲ-1-4-3（統合防空ミサイル防衛（迎撃部分）のイメージ図）、Ⅱ部3章2節4項（「解説」反撃能力）、Ⅲ部1章4節1項（「解説」スタンド・オフ防衛能力の強化）

図表Ⅲ-1-4-4 BMD整備構想・運用構想（イメージ図）

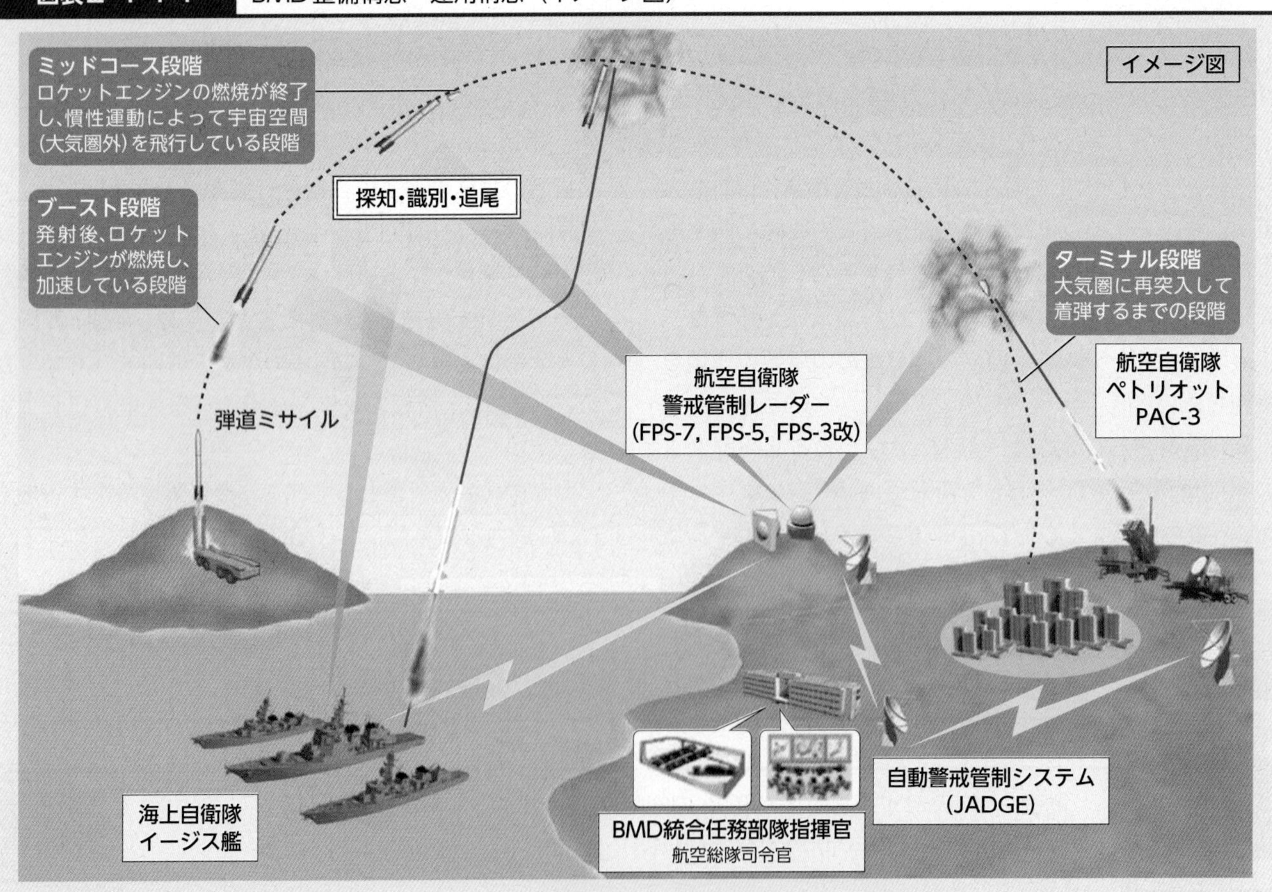

方、武力攻撃事態が認定されていないときには、弾道ミサイルなどに対する破壊措置により対処することとなる[6]。

わが国の弾道ミサイル防衛（BMD）Ballistic Missile Defense は、イージス艦による上層での迎撃とPAC-3による下層での迎撃を、自動警戒管制システム（JADGE）Japan Aerospace Defense Ground Environment [7]により連携させて効果的に行う多層防衛を基本としている。

弾道ミサイルへの対処にあたっては、航空総隊司令官を指揮官とする「BMD統合任務部隊」を組織し、JADGEなどを通じた一元的な指揮のもと、効果的に対処する。

防衛省・自衛隊としては、引き続き、北朝鮮が大量破壊兵器・ミサイルの廃棄に向けて具体的にどのような行動をとるのかをしっかり見極めていくとともに、米国などと緊密に連携しつつ、必要な情報の収集・分析及び警戒監視などを実施している。

また、BMDシステムを効率的・効果的に運用するためには、在日米軍をはじめとする米国との協力が必要不可欠である。このため、これまでの日米安全保障協議委員会（「2＋2」）において、BMD運用情報及び関連情報の常時リアルタイムでの共有をはじめとする関連措置や協力の拡大について決定してきた。

さらに、わが国は従来から、弾道ミサイルの対処にあたり、早期警戒情報（SEW）Shared Early Warning [8]を米軍から受領するとともに、米軍がわが国に配備しているBMD用移動式レーダー（TPY-2レーダー）やイージス艦などを用いて収集した情報について情報共有を行うなど、緊密に協力している。

参照　図表Ⅲ-1-4-4（BMD整備構想・運用構想（イメージ図））

(3)　統合防空ミサイル防衛能力強化のための取組

わが国は、弾道ミサイル攻撃などへの対応に万全を期すため、2004年からBMDシステムの整備を開始するとともに、2005年7月には、自衛隊法の改正を行った。これまでに、イージス艦への弾道ミサイル対処能力の付与やPAC-3の配備など、弾道ミサイル攻撃に対するわが国独自の体制整備を着実に進めている。

より高性能化・多様化する将来の弾道ミサイルの脅威に対処するため、イージス艦に搭載するSM-3 Standard Missile ブロックⅠAの後継となるBMD用能力向上型迎撃ミサイル（SM-3ブロックⅡA）を日米共同で開発し、2017年度以降取得している。SM-3ブロックⅡAは、SM-3ブロックⅠAと比較して、迎撃可能高度や防護範囲が拡大するとともに、撃破能力が向上し、さらに同時対処能力についても向上している。

また、「おとり」などの迎撃回避手段を備えた弾道ミサイルや通常の軌道よりも高い軌道（ロフテッド軌道）[9]をとることにより迎撃を回避することを意図して発射された弾道ミサイルなどに対しても、迎撃能力が向上している。2022年11月には、イージス艦「まや」が、海自艦艇として初めてSM-3ブロックⅡAの発射試験を実施し、標的の迎撃に成功した。

さらに、2020年12月、厳しさを増すわが国を取り巻く安全保障環境により柔軟かつ効果的に対応していくための、あるべき方策の一環として、陸上配備型イージス・システム（イージス・アショア）に替えて、イージス・システム搭載艦2隻を整備することを閣議決定した。同艦は海自が保持することとし、対艦弾道ミサイル

イージス艦「まや」によるSM-3ブロックⅡA発射試験（2022年11月）

6　北朝鮮は2023年5月31日、衛星打ち上げを試みて発射を行ったが、わが国に飛来するおそれがないと判断されたことから、自衛隊法第82条の3に基づく弾道ミサイル等破壊措置は実施しなかった。

7　自動警戒管制システムは、全国各地のレーダーが捉えた航空機などの情報を一元的に処理し、対領空侵犯措置や防空戦闘に必要な指示を戦闘機などに提供するほか、弾道ミサイル対処においてペトリオットやレーダーなどを統制し、指揮統制及び通信機能の中核となるシステム

8　わが国の方向へ発射される弾道ミサイルなどに関する発射地域、発射時刻、落下予想地域、落下予想時刻などのデータを、発射直後、短時間のうちに米軍が解析して自衛隊に伝達する情報（1996年4月から受領開始）

9　ミニマムエナジー軌道（効率的に飛翔し、射程を最も大きくする軌道）より高い軌道をとることにより、最大射程よりも短い射程となるが、落下速度が速くなる軌道

図表Ⅲ-1-4-5 弾道ミサイル対処能力向上のための主な取組

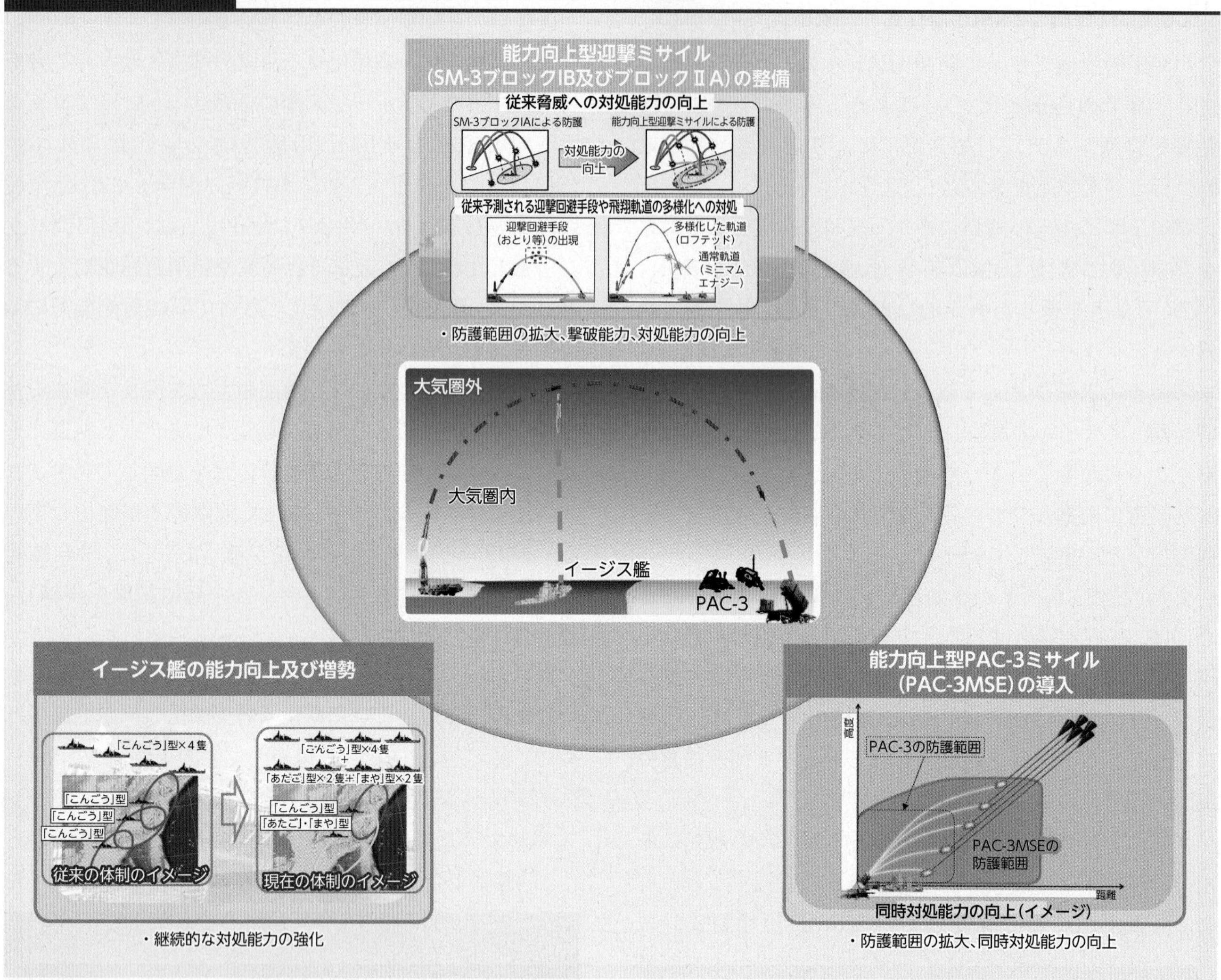

などに対処能力を有するSM-6のほか、12式地対艦誘導弾能力向上型などの長射程の誘導弾による高い防護能力と、既存イージス艦と同等の各種作戦能力・機動力を保持していく。また、米国が開発中の対HGV新型迎撃ミサイルを含む将来装備を運用できる拡張性などを考慮するほか、耐洋性、居住性なども向上するとしている。

PAC-3についても、能力向上型であるPAC-3MSE(Missile Segment Enhancement)の整備を進めており、2019年度末以降順次配備が開始された。PAC-3MSEの導入により、迎撃高度は十数キロから数十キロへと延伸することとなり、従来のPAC-3と比べ、おおむね2倍以上に防護範囲(面積)が拡大する。

一方、HGVの出現など多様化・複雑化・高度化の一途をたどる経空脅威に対し、最適な手段による効果的・効率的な対処を行い、被害を局限するためには、ミサイル防衛にかかる各種装備品に加え、従来、各自衛隊で個別に運用してきた防空のための各種装備品もあわせ、一体的に運用する体制を確立し、わが国全土を防護するとともに、多数の複合的な経空脅威に同時対処できる統合防空ミサイル防衛能力を強化していく必要がある。この際、各自衛隊が保有する迎撃手段について、整備・補給体系も含めて共通化、合理化を図っていくこととしている。

このため、HGVなどの探知・追尾能力を強化するべく、固定式警戒管制レーダー(FPS)などの整備及び能力向上、次期警戒管制レーダーへの換装・整備を図る。また、地対空誘導弾ペトリオット・システムを改修し、新型レーダー(LTAMDS(エルタムズ): Lower Tier Air Missile Defense Sensor)[10]を導入することで、PAC-

10 ペトリオット・システム用の新型レーダー(LTAMDS(エルタムズ))は、極超音速滑空兵器(HGV)などの将来脅威対処のために開発された低層防空用射撃管制レーダー

解説　Jアラートによる弾道ミサイルに関する情報伝達（内閣官房からのお知らせ）

北朝鮮は2022年、弾道ミサイルの可能性があるものを含め、少なくとも59発という過去に例を見ない頻度で弾道ミサイルの発射を行い、また、2023年に入ってからも引き続き発射を繰り返しています。

政府は、これら北朝鮮による弾道ミサイルの脅威から国民の生命、身体及び財産を守るため、弾道ミサイル防衛能力の強化を着実に進めており、また、引き続き高度な警戒監視態勢を維持しています。これにあわせて、弾道ミサイルが

(1) わが国の領域に落下する可能性がある場合
(2) わが国の上空を通過する可能性がある場合

には、内閣官房から全国瞬時警報システム（Jアラート）により、弾道ミサイルに注意が必要な地域の皆様に対して、緊急情報をお知らせし、近くの建物への避難など、少しでも被害を軽減できる可能性を高める行動を促すこととしています。

Jアラートを使用すると、防災行政無線などが自動的に起動し屋外スピーカーなどから特別なサイレンとメッセージが流れるほか、登録制メールなどの多様な情報伝達手段によっても、住民に緊急情報を伝達します。また、携帯電話会社を経由して携帯電話にエリアメール・緊急速報メールを配信し、緊急情報をお知らせします。

Jアラートの送信にあたっては、防衛省から内閣官房に、弾道ミサイルに関する各種情報を適時適切に提供することが重要です。このため、両者の間では、情報伝達のプロセスをシステム化・自動化することにより、迅速性・確実性を確保しています。

政府としては、引き続き、確実な情報伝達に努めつつ、Jアラートの情報伝達機能の不断の強化にも取り組むこととしています。

全国瞬時警報システム（J-ALERT）の概要

弾道ミサイル情報、緊急地震速報、津波警報など、対処に時間的余裕のない事態に関する情報を携帯電話等に配信される緊急速報メール、市町村防災行政無線等により、国から住民まで瞬時に伝達するシステム

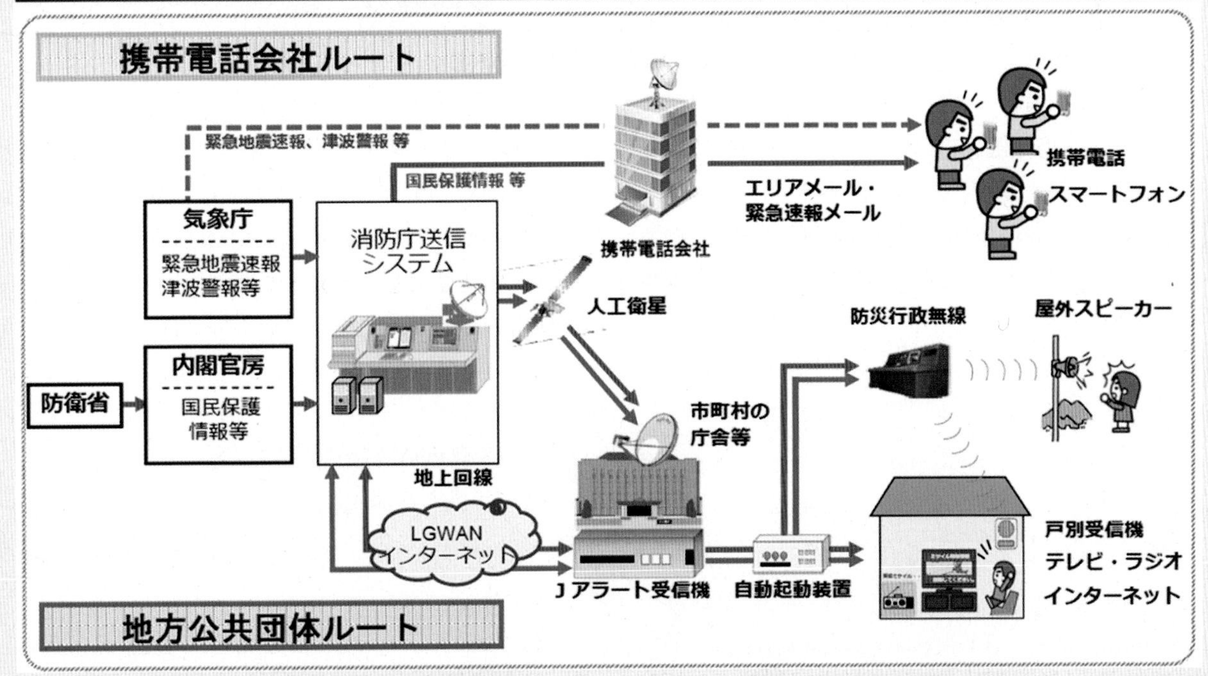

全国瞬時警報システム（Jアラート）の概要

弾道ミサイル落下時の行動について

弾道ミサイルは、発射からわずか10分もしないうちに到達する可能性もあります。ミサイルが日本に落下する可能性がある場合は、国からの緊急情報を瞬時に伝える「Jアラート」を活用して、防災行政無線で特別なサイレン音とともにメッセージを流すほか、緊急速報メール等により緊急情報をお知らせします。

❶速やかな避難行動
❷正確かつ迅速な情報収集

行政からの指示に従って、**落ち着いて行動してください。**

国民保護ポータルサイト
武力攻撃やテロなどから身を守るために

事前に確認しておきましょう。
http://www.kokuminhogo.go.jp/gaiyou/shiryou/hogo_manual.html

ミサイル落下時には、こちらから政府の対応状況をご覧になれます

首相官邸
ホームページ
www.kantei.go.jp/

Twitterアカウント
首相官邸災害・危機管理情報
@Kantei_Saigai

Jアラート（例）直ちに避難。直ちに避難。直ちに建物の中、又は地下に避難してください。ミサイルが、●時●分頃、●●県周辺に落下するものとみられます。直ちに避難してください。

メッセージが流れたら
落ち着いて、直ちに行動してください。

屋外にいる場合	近くの建物の中か地下に避難。 (注) できれば頑丈な建物が望ましいものの、近くになければ、それ以外の建物でも構いません。
建物がない場合	物陰に身を隠すか、地面に伏せて頭部を守る。
屋内にいる場合	窓から離れるか、窓のない部屋に移動する。

近くにミサイル落下！

●**屋外にいる場合**：口と鼻をハンカチで覆い、現場から直ちに離れ、密閉性の高い屋内または風上へ避難する。
●**屋内にいる場合**：換気扇を止め、窓を閉め、目張りをして室内を密閉する。

弾道ミサイル落下時の行動について

3MSEによるHGVなどへの対処能力を向上させる。また、03式中距離地対空誘導弾（改善型）能力向上型の開発をするとともに、極超音速で、高高度領域を高い機動性を有しながら飛しょうするHGVの脅威に対処するため、HGV対処用誘導弾システムの研究を行っていく。

このように、防護体制を強化させるための所要の措置を講じているところであり、引き続き、取組を進めていく。

参照　資料18（わが国のBMD整備への取組の変遷）、図表Ⅲ-1-4-5（弾道ミサイル対処能力向上のための主な取組）

2　米国のミサイル防衛と日米BMD技術協力

(1)　米国のミサイル防衛

米国は、弾道ミサイルの飛翔経路上の①ブースト段階、②ミッドコース段階、③ターミナル段階の各段階に適した防衛システムを組み合わせ、相互に補って対応する多層防衛システムを構築している。日米両国は、弾道ミサイル防衛に関して緊密な連携を図ってきており、米国保有のミサイル防衛システムの一部が、わが国に配備されている[11]。

(2)　日米BMD技術協力など

1999年度から海上配備型上層システムの日米共同技術研究に着手し、2006年度からBMD用能力向上型迎撃

11　具体的には、2006年、米軍車力通信所にTPY-2レーダー（いわゆる「Xバンド・レーダー」）が、同年10月には沖縄県にペトリオットPAC-3が、2007年10月には青森県に統合戦術地上ステーション（JTAGS）が配備された。加えて、2014年12月には、米軍経ヶ岬通信所に2基目のTPY-2レーダーが配備された。2018年10月には、第38防空砲兵旅団司令部が相模原に配置された。また、2015年10月、2016年3月及び2018年5月には、米軍BMD能力搭載イージス艦が横須賀海軍施設（神奈川県横須賀市）に配備された。

ミサイルの日米共同開発[12]を開始し、SM-3ブロックⅡAとして配備に至っている。加えて、2022年1月の日米「2＋2」において、極超音速技術に対抗するための将来の協力に焦点を当てた共同分析を実施することで合意した。また、2023年1月の日米「2＋2」においては、この共同分析の進展を踏まえ、先進素材及び極超音速環境での試験を含む重要な要素に関する共同研究を開始することで一致するとともに、将来のインターセプターの共同開発の可能性について議論を開始することに合意した。

3 陸海空領域における対応

戦い方については、従来のそれとは様相が大きく変化しているが、大規模なミサイル攻撃や情報戦を含むハイブリッド戦などに加え、これまでの航空侵攻・海上侵攻・着上陸侵攻といった伝統的なものにも対応していく必要がある。陸上防衛力・海上防衛力・航空防衛力は領域横断作戦の基本であり、島嶼部を含むわが国への侵攻に対しては、海上優勢・航空優勢を確保し、わが国に侵攻する部隊の接近・上陸を阻止する。

わが国に対する武力攻撃があった場合、自衛隊は防衛出動により対処することになる。その際の対応としては、①防空のための作戦、②周辺海域の防衛のための作戦、③陸上の防衛のための作戦、④海上交通の安全確保のための作戦などに区分される。なお、これらの作戦の遂行に際し、米軍は「日米防衛協力のための指針」（ガイドラ

図表Ⅲ-1-4-6　防空のための作戦の一例

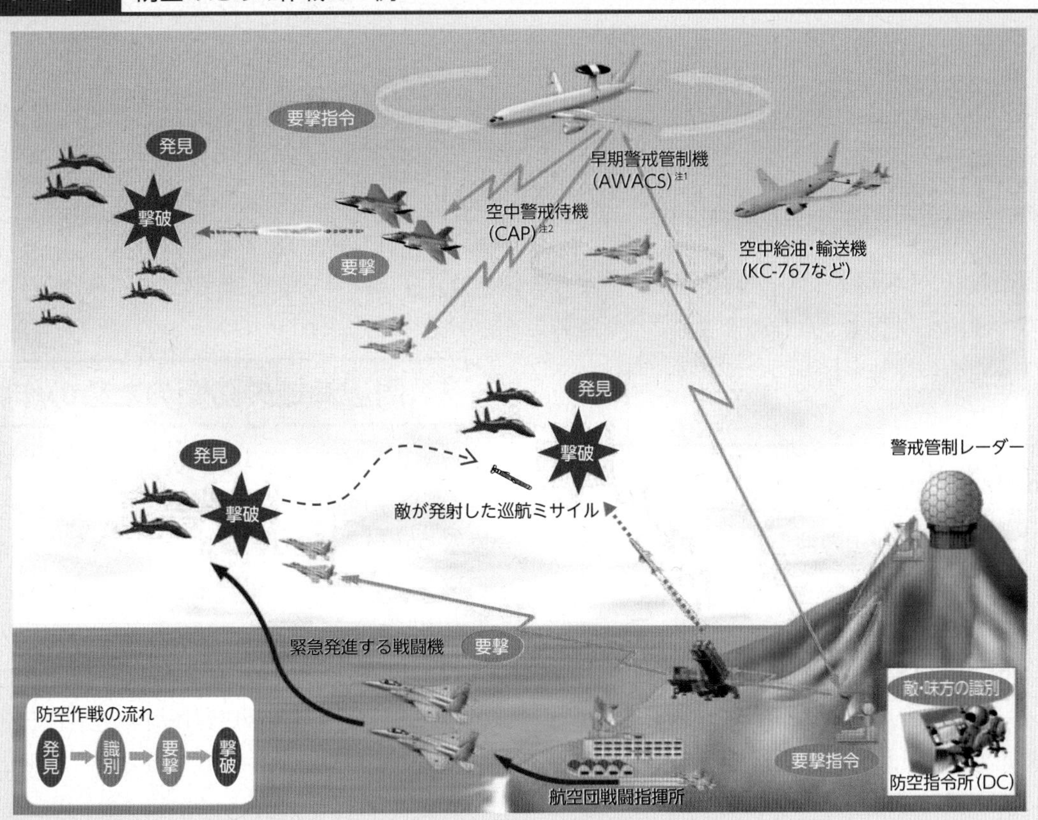

（注1）　国土から離れた洋上における早期警戒管制機能を有し、地上の警戒管制組織を代替する管制能力を有する航空機
（注2）　敵機の接近に即応できるよう、戦闘機を武装した状態で空中待機させておくこと

12　これらの日米共同開発に関しては、わが国から米国に対して、BMDにかかわる武器を輸出する必要性が生じる。これについて、2004年12月の内閣官房長官談話において、BMDシステムに関する案件は、厳格な管理を行う前提で武器輸出三原則などによらないとされた。このような経緯を踏まえ、SM-3ブロックⅡAの第三国移転は、一定の条件のもと、事前同意を付与できるとわが国として判断し、2011年6月の日米「2＋2」の共同発表においてその旨を発表した。なお、2014年4月、防衛装備移転三原則（移転三原則）が閣議決定されたが、この決定以前の例外化措置については、引き続き移転三原則のもとで海外移転を認め得るものと整理されている。

図表Ⅲ-1-4-7　周辺海域の防衛のための作戦の一例

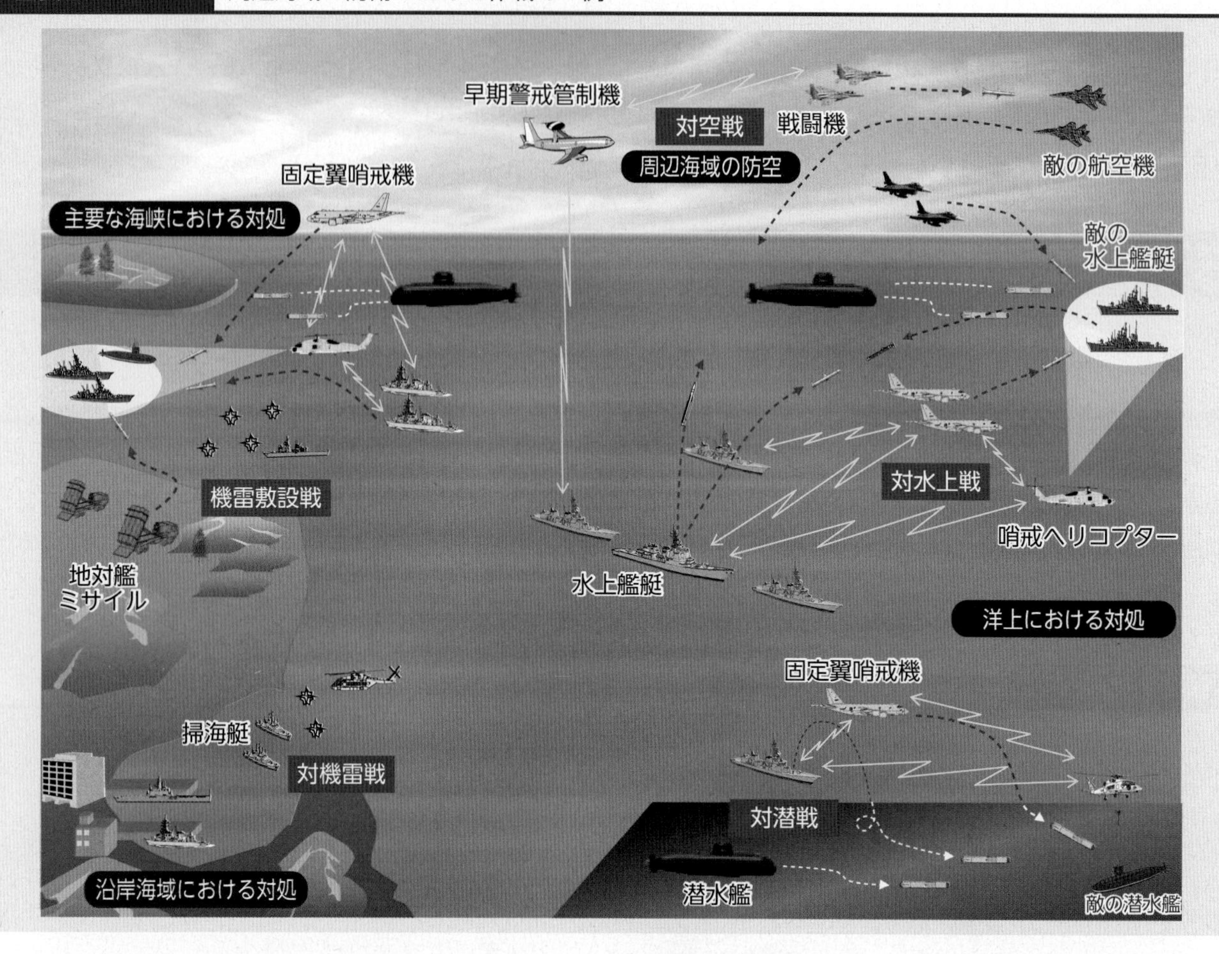

イン）にあるとおり、自衛隊が行う作戦を支援するとともに、打撃力の使用を伴うような作戦を含め、自衛隊の能力を補完するための作戦を行うことになる。

参照　図表Ⅲ-1-4-6（防空のための作戦の一例）

1　防空のための作戦

周囲を海に囲まれたわが国の地理的な特性や現代戦の様相[13]から、わが国に対する本格的な侵攻が行われる場合には、まず航空機やミサイルによる急襲的な航空攻撃が行われ、また、こうした航空攻撃は幾度となく反復されると考えられる。防空のための作戦においては、敵の航空攻撃に即応して国土からできる限り遠方の空域で迎え撃ち、敵に航空優勢を獲得させず、国民と国土の被害を防ぐとともに、敵に大きな損害を与え、敵の航空攻撃の継続を困難にするよう努めることになる。

2　周辺海域の防衛のための作戦

島国であるわが国に対する武力攻撃が行われる場合には、航空攻撃に加えて、艦船などによるわが国船舶への攻撃やわが国領土への攻撃などが考えられる。また、大規模な陸上部隊をわが国領土に上陸させるため、輸送艦などの活動も予想される。周辺海域の防衛のための作戦は、洋上における対処、沿岸海域における対処、主要な海峡における対処及び周辺海域の防空からなる。これら各種作戦の成果を積み重ねて敵の侵攻を阻止し、その戦力を撃破又は消耗させることにより、周辺海域を防衛することになる。

参照　図表Ⅲ-1-4-7（周辺海域の防衛のための作戦の一例）

13　現代戦においては、航空作戦は戦いの勝敗を左右する重要な要素となっており、陸上・海上作戦に先行又は並行して航空優勢を獲得することが必要である。

図表Ⅲ-1-4-8　陸上の防衛のための作戦の一例

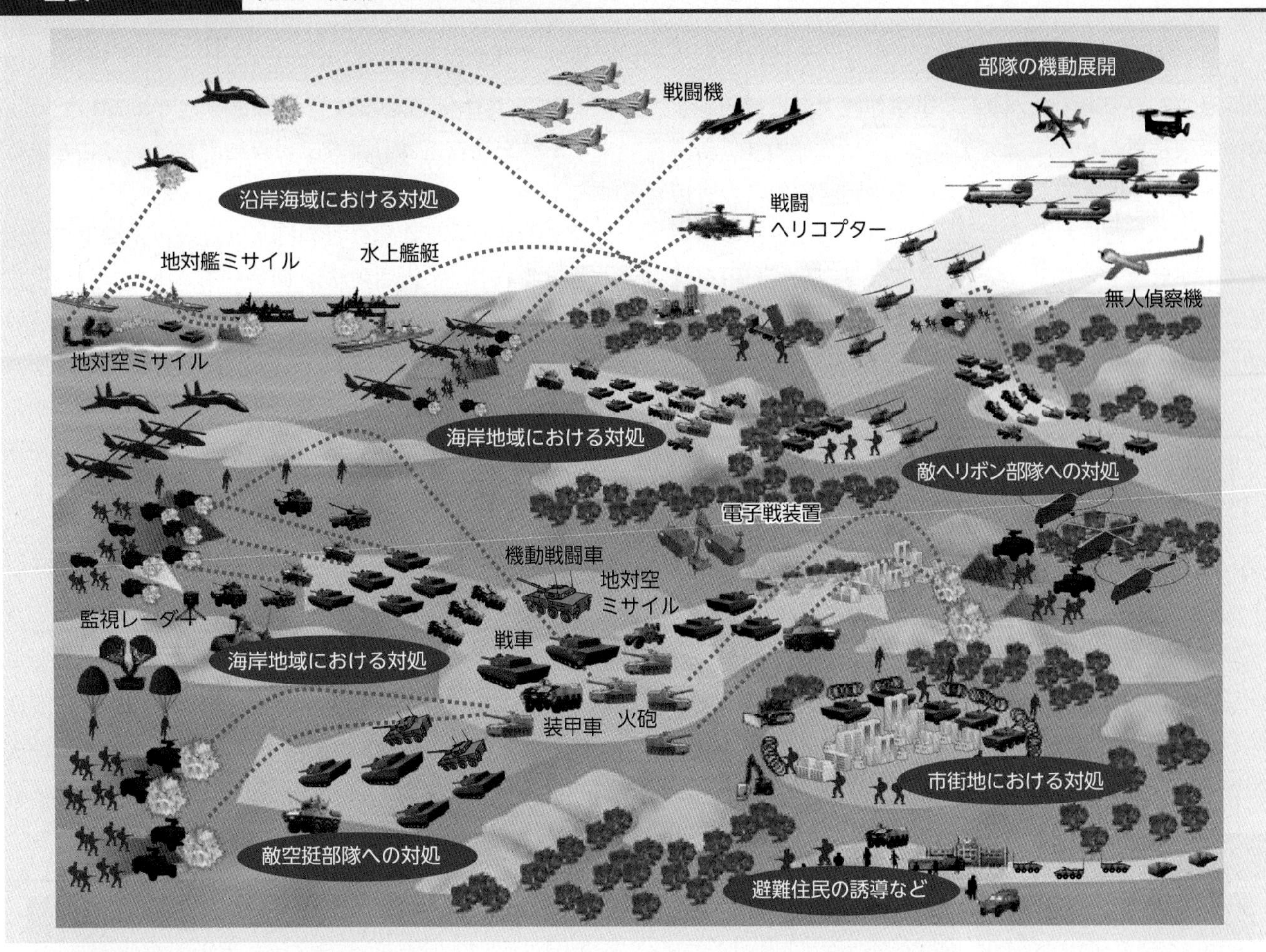

3　陸上の防衛のための作戦

わが国を占領するには、侵攻国は海上優勢・航空優勢を得て、海から地上部隊を上陸、空から空挺部隊などを降着陸させることとなる。

侵攻する地上部隊や空挺部隊は、艦船や航空機で移動している間や着上陸前後は、組織的な戦闘力の発揮が困難という弱点があり、この弱点を捉え、できる限り沿岸海域と海岸地域の間や着陸地点において、早期に撃破することが必要である。

参照　図表Ⅲ-1-4-8（陸上の防衛のための作戦の一例）

4　海上交通の安全確保のための作戦

わが国は、資源や食料の多くを海外に依存しており、海上交通路はわが国の生存と繁栄の基盤を確保するための生命線である。また、わが国に対する武力攻撃などがあった場合、海上交通路は、継戦能力の維持やわが国防衛のため米軍が来援する際の基盤となる。

海上交通の安全確保のための作戦では、対水上戦、対潜戦、対空戦、対機雷戦などの各種作戦を組み合わせて、哨戒[14]、船舶の護衛及び海峡・港湾の防備を実施するほか、航路帯[15]を設定してわが国の船舶などを直接護衛することになる。なお、海上交通路でのわが国の船舶などに対する防空（対空戦）は護衛艦が行い、状況により戦闘機などの支援を受けることになる。

14　敵の奇襲を防ぐ、情報を収集するなどの目的をもって、ある特定地域を計画的に見回ること
15　船舶を通航させるために設けられる比較的安全な海域。航路帯の海域、幅などは脅威の様相に応じて変化するとされる。

4　宇宙領域での対応

通信や測位などのための宇宙利用は、今や国民生活の基盤そのものであると同時に、軍事作戦上の指揮統制・情報収集基盤の中枢をなしている。このような中、自国の軍事優勢を確保するために、一部の国家は他国の宇宙システムへの妨害活動を活発化させており、宇宙の戦闘領域化が進展している。今や、宇宙空間の安定利用を確保することは国家にとって死活的に重要である。

参照　Ⅰ部4章2節（宇宙領域をめぐる動向）

1　政府全体としての取組

内閣府宇宙開発戦略推進事務局が、政府全体の宇宙開発利用に関する政策の企画・立案・調整などを行っている。宇宙基本計画は、宇宙基本法に基づいて策定されるわが国の宇宙開発利用の最も基礎となる計画であり、わが国の宇宙活動を支える総合的基盤の強化を目標としている。現行の計画は2020年6月に策定されており、2023年6月に改訂予定である。

また、安保戦略において、宇宙の安全保障分野の課題と政策を具体化させる政府の構想をとりまとめたうえで、それを宇宙基本計画などに反映させていくこととされている。

そのほか、人工衛星などの打上げ及び人工衛星の管理に関する法律（宇宙活動法）、衛星リモートセンシング記録の適正な取扱いの確保に関する法律（衛星リモセン法）及び、月や宇宙空間に存在する水や鉱物資源などに所有権を認める宇宙資源の探査及び開発に関する事業活動の促進に関する法律（宇宙資源法）に基づき宇宙政策が進められている。

2　防衛省・自衛隊の取組

防衛省・自衛隊は、宇宙領域において、衛星コンステレーションを含む新たな宇宙利用の形態を積極的に取り入れ、情報収集、通信、測位などの機能を宇宙空間から提供することにより、陸・海・空の領域における作戦能

図表Ⅲ-1-4-9　安全保障分野における宇宙利用のイメージ

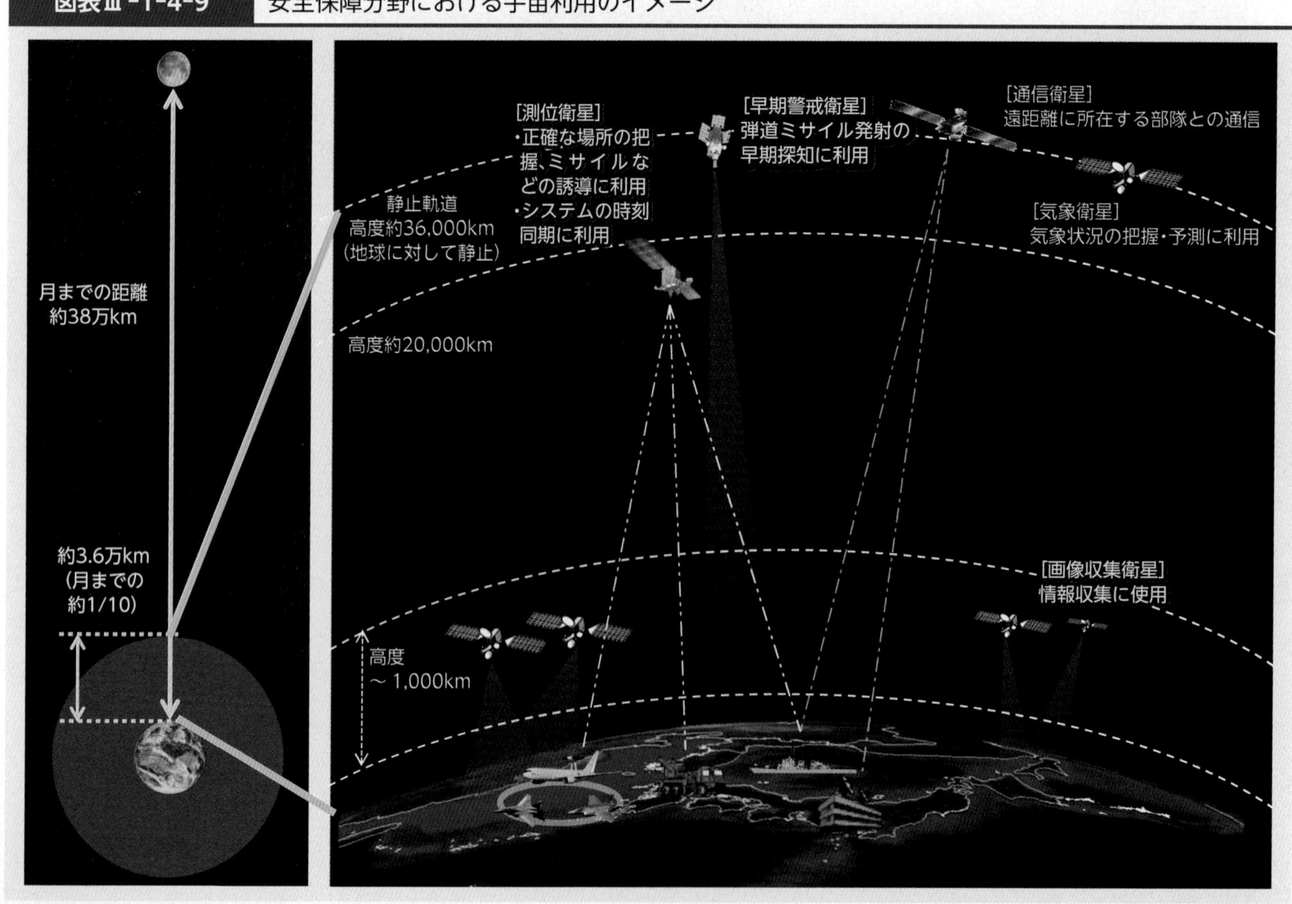

力をさらに向上させる。同時に、宇宙空間の安定的利用に対する脅威に対応するため、宇宙からの監視能力を整備し、宇宙領域把握（SDA）[16]体制を確立するとともに、様々な状況に対応して任務を継続できるように宇宙アセットの抗たん性強化に取り組むこととしている。また、相手方の指揮統制・情報通信などを妨げる能力をさらに強化する。

Space Domain Awareness

さらには、宇宙航空研究開発機構（JAXA）を含めた関係機関や民間事業者との間で、研究開発を含めた協力・連携を強化するとともに、米国などの同盟国・同志国との交流による人材育成をはじめとした連携強化を図る。

Japan Aerospace Exploration Agency

参照　図表Ⅲ-1-4-9（安全保障分野における宇宙利用のイメージ）

(1) 宇宙領域を活用した情報収集、通信、測位などの各種能力の向上

防衛省・自衛隊では、これまでも人工衛星を活用した情報収集、通信、測位などを利用してきたが、近年の衛星コンステレーションによる宇宙利用の拡大にも対応していく。

2021年9月には防衛副大臣を議長とする「衛星コンステレーションに関するタスクフォース」を設置し、米国との協力も念頭におきつつ、防衛省・自衛隊の今後の宇宙政策や衛星コンステレーションの活用に向けた検討内容について議論を行っている。

ア　情報収集

情報収集については、情報収集衛星[17]、多頻度での撮像を可能とする小型衛星コンステレーションをはじめとした民間衛星などの利用による重層的な衛星画像の取得を通じ、隙のない情報収集体制を構築することとしている。特に、スタンド・オフ防衛能力の実効性を確保する観点から、情報収集能力を抜本的に強化する必要があり、米国との連携を強化するとともに、民間衛星の利用などを始めとする各種取組によって補完しつつ、目標の探知・追尾能力の獲得を目的とした衛星コンステレーションを構築する。

イ　通信

通信については、これまで、部隊運用で極めて重要な指揮統制などの情報通信に使用するため、2017年1月、防衛省として初めて所有・運用するXバンド防衛通信衛星「きらめき2号」を、2018年4月には「きらめき1号」を打上げた。今後、通信所要の増大への対応やさらなる抗たん性強化のため、2023年度には「きらめき3号」の打上げにより、Xバンド防衛通信衛星3機体制を目指すとともに、「きらめき」と通信可能な装備品・関連地上施設を拡充するため、さらなる受信機材の調達や地上局通信の広帯域化を実施する。

また、低軌道通信衛星コンステレーションサービス利用の実証などを実施していくことに加え、米国を中心とする加盟国間で衛星の通信帯域を共有する枠組みであるPATSへの加盟に向けて、通信機器の整備・実証を行っていく。

Protected Anti-jam Tactical SATCOM

ウ　測位

測位については、多数の装備品にGPS受信端末を搭載し、精度の高い自己位置の測定やミサイルの誘導精度向上など、高度な部隊行動を支援する重要な手段として活用している。これに加え、2018年11月より、内閣府の準天頂衛星[18]システムのサービスが開始されたことから、準天頂衛星の測位信号の利用により、冗長性を確保することとしている。

Global Positioning System

エ　その他の宇宙利用

小型衛星コンステレーションは、早期警戒などミサイルの探知、追尾などの機能に関連する技術動向としても注目される。防衛省としては、各国が開発・配備を進めるHGVを早期に探知・追尾する手段として、衛星コンステレーションを用いた宇宙からの赤外線観測が有効である可能性があると考えており、衛星搭載用の赤外線センサーに関する宇宙実証を行っていく。

このほか、高感度広帯域の赤外線検知素子などの将来のセンサーの研究を推進することとしている。

16　宇宙状況把握（SSA）（宇宙物体の位置や軌道などを把握すること（宇宙環境の把握を含む））に加え、宇宙機の運用・利用状況及びその意図や能力を把握すること

17　政府の情報収集衛星は、内閣衛星情報センターにおいて運用されているものであり、防衛省は他省庁とともに、情報収集衛星から得られる画像情報を利用している。

18　通常の静止衛星は赤道上の円軌道に位置するが、その軌道を斜めに傾け、かつ楕円軌道とすることで、特定の一地域のほぼ真上の上空に長時間とどまることが可能となるような軌道に投入された衛星のこと。1機だけでは24時間とどまることはできないため、通常複数機が打ち上げられる。ユーザーのほぼ真上を衛星が通るため、山や建物などといった障害物の影響を受けることなく衛星からの信号を受信することができる。

図表Ⅲ-1-4-10　宇宙領域把握（SDA）体制構築に向けた取組

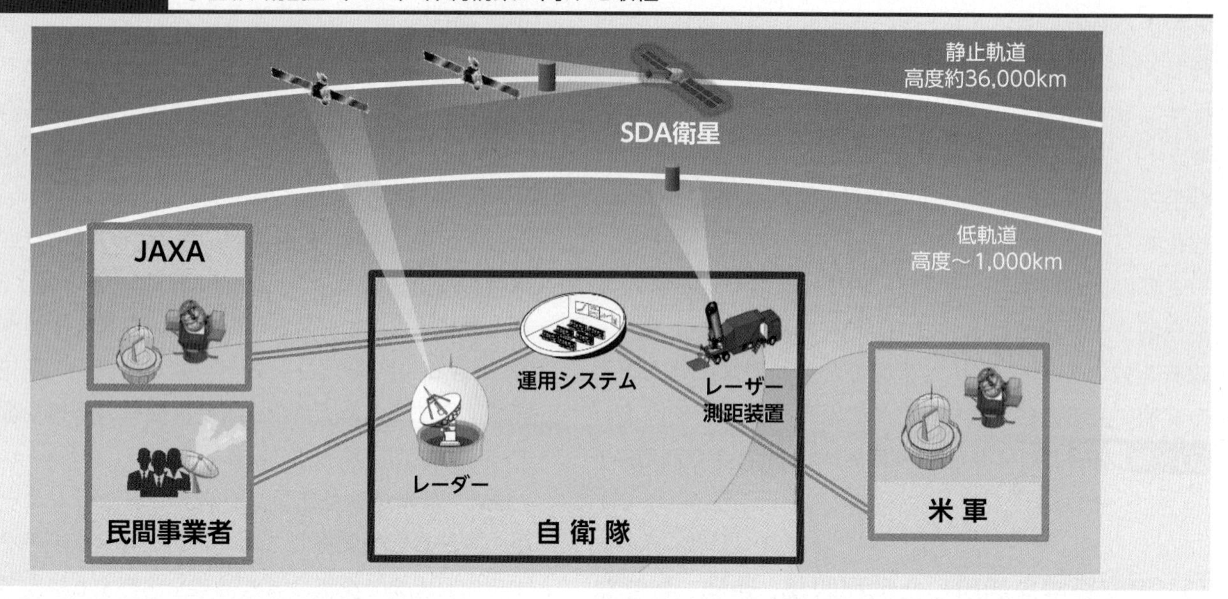

(2) 宇宙の安定的利用確保のための取組

人工衛星の活用が、安全保障の基盤として死活的に重要な役割を果たしている一方で、一部の国が、キラー衛星や衛星攻撃ミサイル、電磁波による妨害を行うジャミング兵器などの対衛星兵器の開発を進めているとみられている。このため、SDAと宇宙利用における抗たん性を強化していく必要がある。

これまで防衛省・自衛隊は、宇宙利用の優位を確保するための能力の強化に取り組んできており、その一環として、宇宙状況把握（SSA：Space Situational Awareness）の強化に向けた取組を進めてきた。今後は宇宙物体の位置や軌道などを把握するSSAの強化も図りつつ、衛星の運用状況、意図や能力を把握するSDAの強化に努めていく。平素からのSDAに関する能力を強化するため、2026年度に打ち上げ予定のSDA衛星の整備に加え、さらなる複数機での運用についての検討を含めた各種取組を推進する。また、宇宙作戦の運用基盤を強化するため、宇宙作戦指揮統制システムなどを整備する。

宇宙利用における抗たん性の強化については、衛星通信の高抗たん化技術実証により、ジャミングなどの妨害行為に対する抗たん性を確保するとともに、将来的な日米の宇宙システムの連携に向けて、SSAシステムなどに対するサイバーセキュリティを確保していく。また、電磁波領域と連携して、相手方の指揮統制・情報通信などを妨げる能力を構築することとしている。

参照　図表Ⅲ-1-4-10（宇宙領域把握（SDA）体制構築に向けた取組）

(3) 組織体制の強化

宇宙領域専門部隊を強化するため、2022年度には、宇宙作戦群隷下にわが国の人工衛星などに接近する宇宙物体の情報を収集するためのシステムの運用を担う第1宇宙作戦隊（府中）、わが国の人工衛星などに対する妨害状況を把握するための装置の運用を担う第2宇宙作戦隊（防府北）及び宇宙システム管理隊（府中）などを新編した。2023年度には、要員拡充によりSDAのための装備品を安定的に運用する体制を強化するとともに、指揮統制機能などを強化する。

また、将官を指揮官とする宇宙領域専門部隊を新編するなどにより、宇宙作戦能力を強化する。この際、宇宙領域の重要性の高まりと、宇宙作戦能力の質的・量的強化にかんがみ、空自において、宇宙作戦が今後航空作戦と並ぶ主要な任務として位置づけられることを踏まえ、航空自衛隊を航空宇宙自衛隊とする。

今後とも宇宙領域にかかる組織体制・人的基盤を強化するため、JAXAなどの関係機関や米国などの同盟国・

動画：宇宙領域把握について
URL：https://m.youtube.com/watch?v=qoBwBWBR0-8

同志国との交流による人材育成をはじめとした連携強化を図るほか、関係省庁間で蓄積された宇宙分野の知見などを有効に活用する仕組みを構築するなど、宇宙領域にかかる人材の確保に取り組む。

(4) 関係機関や宇宙関連産業との連携強化

宇宙空間については、情報収集、通信、測位などの目的での安定的な利用を確保することは国民生活と防衛の双方にとって死活的に重要であり、防衛省・自衛隊においては、宇宙空間についてJAXAを含めた関係機関や民間事業者との間で、研究開発を含めた協力・連携を強化している。その際、民生技術の防衛分野への一層の活用を図ることで、民間における技術開発への投資を促進し、わが国全体としての宇宙空間における能力の向上につなげていく。

また、2023年3月、防衛省のSSAシステムの運用開始に伴い、防衛省から衛星を運用する民間事業者などに対し、宇宙物体の軌道情報などのSSAに関する情報提供を開始した。

(5) 同盟国・同志国などとの連携強化

わが国の安全保障に不可欠な宇宙空間の持続的かつ安定的な利用を確保するためには、同盟国や同志国などとの連携強化が必須であり、また、宇宙における責任ある行動の規範、規則及び原則を通じた宇宙における脅威の低減に向けた協力も図っている。2022年9月、わが国は、宇宙空間における責任ある行動の規範の形成に向けた国際場裡での議論を積極的に推進していく考えから、破壊的な直接上昇型ミサイルによる衛星破壊実験を実施しない旨の決定を行った。この決定は同年4月に米国が同趣旨の宣言をしたことを受けて発表されたもので、わが国のほか、カナダ、ニュージーランド、ドイツ、英国、韓国、オーストラリア、フランスなども同様の発表を行った。さらに、同年12月には、米国が主導し、わが国を含む11か国が共同で「破壊的な直接上昇型対衛星(DA-ASAT)ミサイル実験」決議を提案したところ、国
Direct-Ascent Anti-SATellite
連総会本会議にて155か国の支持を得て採択された。

同時に、誤解や誤算によるリスクを回避すべく、関係国間の意思疎通の強化及び宇宙空間における透明性・信頼醸成措置(TCBM)の実施の重要性を発信していくこ
Transparency and Confidence Building Measures
とが必要である。

ア　米国との協力

米国とは、宇宙領域における日米防衛当局間の協力を一層促進する観点から、2015年4月に「日米宇宙協力ワーキンググループ」(SCWG)(審議官級)を設置し、
Space Cooperation Working Group
宇宙政策及び戦略にかかる連携、SDA情報共有や教育を含む日米宇宙運用部隊間の協力、低軌道衛星コンステレーションにかかる議論など、宇宙協力について幅広く議論してきている。SCWGはこれまでに8回、直近では2022年5月に開催している。

また、日米政府間では、「宇宙に関する包括的日米宇宙対話」(CSD)を、日米安全保障担当局間では「安全保障
Comprehensive Space Dialogue
分野における日米宇宙協議審議官級会合」(SSD)を開
Space Security Dialogue
催し、防衛省も参加して、両国の宇宙政策に関する情報交換や今後の協力に関する議論を行っている。

直近のハイレベル交流に関しては、2022年10月にレイモンド米宇宙軍作戦部長が浜田防衛大臣への表敬を行い、宇宙空間の安定的な利用の確保の重要性やSDAを含めた協力について意見交換を行い、宇宙領域における日米同盟のさらなる強化に向けて協力を加速させていくことで一致した。また、2023年1月の日米「2＋2」では、宇宙への、宇宙からのまたは宇宙における攻撃が、同盟の安全に対する明確な挑戦であると考え、一定の場合には、当該攻撃が、日米安全保障条約第5条の発動につながることがあり得ることを確認した。

運用面では、空自がSSAシステムを効果的に運用するためには米国との連携が不可欠であることから、米国との情報共有の具体化を進めている。また、米軍が主催する宇宙安全保障に関する多国間机上演習「シュリーバー演習」(Schriever Wargame)及び宇宙状況監視多国間机上演習「グローバル・センチネル」(Global Sentinel)への参加を継続し、多国間における宇宙空間の脅威認識の共有、SDAにかかる協力や宇宙システムの機能保証にかかる知見の蓄積に努めているほか、米国宇宙コマンド多国間宇宙調整所(MSC)に自衛官を派遣している。
Multinational Space Collaboration Office

イ　同志国などとの協力

同志国とは、協議や情報共有及び多国間演習への参加を通じ、防衛当局間の関係強化、SDA情報にかかる協力、宇宙運用部隊間協力など様々な分野で連携・協力を図っている。

オーストラリアとは、日豪防衛当局間の宇宙協力にかかる協議(課長級)を2021年5月から行っている。また、2022年11月には日豪防衛宇宙パートナーシップに関

する趣意書（Letter of Intent Concerning a Defence Space Partnership）を結び、これを受けて宇宙協力の深化を図っている。さらに、宇宙運用部隊間の具体的な協力について議論するために宇宙ワーキンググループ（SWG: Space Working Group）を設置した。

フランスとは、2021年12月から日仏防衛当局間の宇宙協力にかかる協議（課長級）を行っており、自衛隊による仏航空・宇宙軍主催の多国間宇宙演習（ASTERX）への参加を含む部隊間交流の促進、宇宙作戦群と仏宇宙コマンドとの連携強化、SDAにかかる情報共有態勢強化などについて調整を進めている。また、日仏政府間では日仏包括的宇宙対話を実施しており、防衛省も参加している。

英国とは、2022年8月から日英防衛当局間の宇宙協議を開催しており、宇宙政策及び戦略にかかる連携、宇宙運用部隊間の協力及び交流の推進、SDAにかかる情報共有などについて調整を進めている。

ドイツとは、これまで部隊間で宇宙協力にかかる専門家会議を行っており、宇宙運用部隊間協力の深化に向けたSWGを開催し、連携を図っていく。

カナダとは、2023年3月に日加宇宙部隊間の机上演習を初めて開催し、宇宙運用部隊間の協力の促進及び情報共有にかかる協力を推進していく。

日EU間では、日EU宇宙政策対話を、また、日インド政府間では、日インド宇宙対話を開催しており、いずれにも防衛省から参加している。

5　サイバー領域での対応

サイバー領域においては、諸外国や関係省庁及び民間事業者との連携により、平素から有事までのあらゆる段階において、情報収集及び共有を図るとともに、わが国全体としてのサイバー安全保障分野での対応能力の強化を図ることが重要である。

政府全体において、サイバー安全保障分野の政策が一元的に総合調整されていくことを踏まえ、防衛省・自衛隊においては、自らのサイバーセキュリティのレベルを高めつつ、関係省庁、重要インフラ事業者及び防衛産業との連携強化に資する取組を推進することとする。

参照　I部4章3節（サイバー領域をめぐる動向）

1　政府全体としての取組など

増大するサイバーセキュリティに対する脅威に対応するため、2014年11月、サイバーセキュリティに関する施策を総合的かつ効果的に推進し、わが国の安全保障などに寄与することを目的とした「サイバーセキュリティ基本法」が成立した。

同法に基づき、2015年1月には、内閣にサイバーセキュリティ戦略本部が、内閣官房に内閣サイバーセキュリティセンター（NISC: National center of Incident readiness and Strategy for Cybersecurity）[19]が設置され、サイバーセキュリティにかかる政策の企画・立案・推進と、政府機関、重要インフラなどにおける重大なサイバーセキュリティインシデント対策・対応の司令塔機能を担うこととされた。

また、2021年9月に策定された現行の「サイバーセキュリティ戦略」においては、「自由、公正、かつ安全なサイバー空間」を確保するため、安全保障の観点からの取組強化など3つの方向性に基づき、各施策を推進することとされている。

資料：防衛省・自衛隊の『ここが知りたい！』　自衛隊のサイバー攻撃への対応について
URL：https://www.mod.go.jp/j/press/shiritai/cyber/index.html

資料：サイバーセキュリティに関する注意喚起
URL：https://www.mod.go.jp/j/approach/defense/cyber/index.html

19 サイバーセキュリティ基本法の成立に伴い、2015年1月に、内閣官房情報セキュリティセンター（NISC：National Information Security Center）から、内閣サイバーセキュリティセンター（NISC：National center of Incident readiness and Strategy for Cybersecurity）に改組された。

図表Ⅲ-1-4-11　防衛省・自衛隊におけるサイバー攻撃対処のための総合的施策

サイバー専門部隊の体制拡充
- 自衛隊サイバー防衛隊をはじめ、陸海空のサイバー専門部隊を拡充（約4,000人体制）
- システム調達や整備などサイバー関連業務に従事する隊員の「サイバー要員化」を推進（上記と合わせて約20,000人体制）

民間人材の活用
- サイバーセキュリティ統括アドバイザーの採用
- サイバー技能を有する予備自衛官補などの活用
- 新たな自衛官制度の整備
- 官民人事交流の活用

最新のアーキテクチャの導入
- 米国基準と同等基準のセキュリティ対策の実施（リスク管理枠組み（RMF※）の導入）
  ※Risk Management Framework
- 全てのアクセスに対する検証を行う「ゼロトラスト」概念を導入

装備品や施設インフラを含めたセキュリティ対策
- サイバー防護分析装置・基地インフラセキュリティ監視装置の整備

防衛産業のサイバーセキュリティを強化
- 予算措置により防衛産業サイバーセキュリティ基準を満たすための各企業の取組を推進

部内教育の拡充
- 陸自通信学校を陸自システム通信・サイバー学校（仮称）に改編
- 陸自高等工科学校、防衛大学校や陸海空自衛隊の学校などにおけるサイバー教育を拡充
- ITリテラシー教育などによるサイバー要員の裾野の拡大

部外教育の活用
- 国内外の大学などの部外教育機関への留学などの実施

研究機能の強化
- 防衛研究所にサイバー安全保障研究室を設置

民間部門などとの連携
- サイバー関連の知見や技術を持つ政府機関や民間の重要インフラ事業者などとの連携強化に資する取組みを推進

米国をはじめとする諸外国との連携
- 日米サイバー防衛政策ワーキンググループ（CDPWG）の開催
- オーストラリア、英、ドイツ、フランス、NATO、ASEANなどとのサイバー協議・訓練や能力構築支援の実施

2　防衛省・自衛隊の取組

サイバー領域は、国民生活にとっての基幹インフラであるとともに、わが国の防衛にとっても領域横断作戦を遂行する上で死活的に重要である。

防衛省・自衛隊は、能動的サイバー防御を含むサイバー安全保障分野における政府全体での取組と連携していく。その際、重要なシステムなどを中心に常時継続的にリスク管理を実施する態勢に移行し、これに対応するサイバー要員を大幅増強するとともに、特に高度なスキルを有する外部人材を活用することにより、高度なサイバーセキュリティを実現する。高いサイバーセキュリティの能力により、あらゆるサイバー脅威から自ら防護するとともに、その能力を活かしてわが国全体のサイバーセキュリティの強化に取り組んでいくこととする。

このため、2027年度までに、サイバー攻撃[20]状況下においても、指揮統制能力及び優先度の高い装備品システムを保全できる態勢を確立し、また防衛産業のサイバー防衛を下支えできる態勢を確立する。

今後、おおむね10年後までに、サイバー攻撃状況下においても、指揮統制能力、戦力発揮能力、作戦基盤を保全し任務が遂行できる態勢を確立しつつ、自衛隊以外へのサイバーセキュリティを支援できる態勢を強化することとしている。

参照　図表Ⅲ-1-4-11（防衛省・自衛隊におけるサイバー攻撃対処のための総合的施策）、資料19（防衛省のサイバーセキュリティに関する近年の取組）

(1) サイバーセキュリティ確保のための態勢整備

ア　サイバー専門部隊の体制強化

2022年3月、共同の部隊として自衛隊サイバー防衛隊が新編され、サイバー攻撃などへの対処のほか、陸海空自衛隊のサイバー専門部隊に対する訓練支援や防衛

20　情報通信ネットワークや情報システムなどの悪用により、サイバー空間を経由して行われる不正侵入、情報の窃取、改ざんや破壊、情報システムの作動停止や誤作動、不正プログラムの実行やDDoS攻撃（分散サービス不能攻撃）など

省・自衛隊の共通ネットワークである防衛情報通信基盤（DII）[21]（Defense Information Infrastructure）の管理・運用などを実施している。2023年度以降も、自衛隊サイバー防衛隊をはじめ陸海空自衛隊のサイバー専門部隊の体制を拡充していくほか、サイバー要員化を推進する。また、整備計画局情報通信課を改編し「サイバー企画課（仮称）」と大臣官房参事官を新設、防衛研究所に「サイバー安全保障研究室」を新設するなどサイバー政策の企画立案機能も強化していく。

イ　リスク管理枠組み（RMF）の導入

Risk Management Framework

サイバー領域における脅威は日々高度化・巧妙化していることから、情報システムのセキュリティ対策についても、一過性の「リスク排除」から継続的な「リスク管理」へ考え方を転換し、情報システムの運用管理後も常時継続的にリスクを分析・評価し、必要なセキュリティ対策を実施するRMFを2023年度から実施していく。

ウ　情報システムの防護

日々高度化・複雑化する最新のサイバー攻撃の脅威に対して適切に対応していくためには、情報システムの防護態勢を強化していくことが必要である。そのため、自衛隊のシステムを統合・共通化したクラウドを整備し、一元的なサイバーセキュリティ対策を実施するほか、装備品システムや施設インフラシステムの防護態勢を強化するとともに、ネットワーク内部に脅威が既に侵入している前提で内部の潜在的脅威を継続的に探索・検出するスレットハンティング機能の強化などを進めていく。

(2) 民間企業や諸外国との連携

サイバー攻撃に対して、迅速かつ的確に対応するためには、民間部門との協力、同盟国などとの戦略対話や共同訓練などを通じ、サイバーセキュリティにかかる最新のリスク、対応策、技術動向を常に把握しておく必要がある。このため、民間企業や同盟国である米国をはじめとする諸外国と効果的に連携していくこととしている。

ア　民間企業などとの協力

2013年7月に、サイバーセキュリティに関心の深い防衛産業10社程度をメンバーとする「サイバーディフェンス連携協議会」（CDC）（Cyber Defense Council）を設置し、防衛省がハブとなり、防衛産業間において情報共有を実施することにより、情報を集約し、サイバー攻撃の全体像の把握に努めている。また、毎年1回、防衛省・自衛隊及び防衛産業にサイバー攻撃が発生した事態などを想定した共同訓練を実施し、防衛省・自衛隊と防衛産業双方のサイバー攻撃対処能力向上に取り組んでいる。

イ　米国との協力

あらゆる段階における日米共同での実効的な対処を支える基盤を強化するため、日米両国がその能力を十分に発揮できるよう、あらゆるレベルにおける情報共有をさらに強化し、情報保全及びサイバーセキュリティにかかる取組を抜本的に強化していく。

2013年10月、日米両政府は、防衛当局間の政策協議の枠組みとして「日米サイバー防衛政策ワーキンググループ」（CDPWG）（Cyber Defense Policy Working Group）を設置した。この枠組みでは、①サイバーに関する政策的な協議の推進、②情報共有の緊密化、③サイバー攻撃対処を取り入れた共同訓練の推進、④専門家の育成・確保のための協力など幅広い分野に関する専門的・具体的な検討を行っており、8回にわたり会合を実施している。

2015年にはガイドライン及びCDPWG共同声明が発表され、日米政府の協力として、迅速かつ適切な情報共有体制の構築や、自衛隊及び米軍が任務遂行上依拠する重要インフラの防衛などがあげられるとともに、自衛隊及び米軍の協力として、各々のネットワーク及びシステムの抗たん性の確保や教育交流、共同演習の実施などがあげられた。

また、2019年4月の日米「2＋2」では、国際法がサイバー空間に適用されるとともに、一定の場合には、サイバー攻撃が日米安保条約第5条にいう武力攻撃に当たり得ることを確認した。

さらに、日米両政府全体の枠組みである「日米サイバー対話」への参加や、「日米ITフォーラム」の開催などを通じ、米国との連携強化を一層推進している。

運用協力の面では、日米共同統合演習（実動演習）、日米共同方面隊指揮所演習などにおいてサイバー攻撃対処訓練を実施しており、日米共同対処能力の向上の努力を続けている。

ウ　同志国などとの協力

サイバー領域の利用については、脅威認識の共有、サイバー攻撃対処に関する意見交換、多国間演習への参加

21　自衛隊の任務遂行に必要な情報通信基盤で、防衛省が保有する自営のマイクロ回線、通信事業者から借り上げている部外回線及び衛星回線の各種回線を利用し、データ通信網と音声通信網を構成する全自衛隊の共通ネットワーク

などにより、関係国との連携・協力を強化することとしている。

NATO（North Atlantic Treaty Organization）などとの間では、防衛当局間においてサイバー空間を巡る諸課題について意見交換するサイバー協議「日NATOサイバー防衛スタッフトークス」などを行うとともに、エストニアに設置されているNATOサイバー防衛協力センター（CCDCOE：Cooperative Cyber Defence Centre of Excellence）が主催する「サイバー紛争に関する国際会議」（CyCon International Conference on Cyber Conflict）に参加している。CCDCOEには、2019年3月より、防衛省から職員を派遣している。2022年10月、CCDCOEの活動への参加にかかる取決めへの署名手続きが完了し、防衛省は正式に同センターの活動に参加することとなった。

このほか、オーストラリア、英国、ドイツ、フランス及びエストニアとのサイバー協議を行っている。また、シンガポール、ベトナムなどの防衛当局との間で、ITフォーラムを実施し、サイバーセキュリティを含む情報通信分野の取組及び技術動向に関する意見交換を行っているほか、サイバーセキュリティ分野の能力構築支援なども実施している。

自衛隊のサイバー領域の能力強化や諸外国との連携強化を目的に、2022年4月にCCDCOEが主催する多国間サイバー防衛演習「ロックド・シールズ2022」に日英合同チームで参加するとともに、同年11月から12月にかけて、オーストラリア主催の多国間サイバー訓練である「サイバー・スキルズ・チャレンジ」に初めて参加し、2023年2月には英国主催の「ディフェンス・サイバー・マーベル2」に初めて参加した。さらに同年2月には、陸自が多国間サイバー防護競技会「Cyber KONGO 2023」を主催し、米国、オーストラリア、オランダ、ドイツ、フランス、ルーマニア、インドネシア、ベトナムなど計11か国の参加国とともに、サイバー領域における能力の強化を図った。

(3) 人材の育成・確保

自衛隊のサイバー防衛能力の抜本的強化を図るためには、サイバーセキュリティに関する高度かつ幅広い知識を保有する人材を確保していくことは喫緊の課題であり、教育の拡充や民間の知見の活用も含めて積極的な取組が必要である。

このため、高度な知識や技能を修得・維持できるよう、要員をサイバー関連部署に継続的かつ段階的に配属するとともに、部内教育及び部外教育による育成を行っている。

多国間サイバー防護競技会「Cyber KONGO 2023」に参加する隊員

各自衛隊の共通教育として、サイバーセキュリティに関する共通的かつ高度な知識を習得させるサイバー共通教育を実施しているほか、米国防大学サイバー戦指揮官要員課程及び米陸軍サイバー戦計画者課程への隊員派遣、陸自高等工科学校へのシステム・サイバー専修コースの設置といった取組を実施している。2023年度に、陸自通信学校を陸自システム通信・サイバー学校（仮称）に改編し、サイバー要員を育成する教育基盤を拡充するほか、防衛大学校においても、サイバーに関するリテラシー教育の拡充などを行う。

また、2021年7月から、サイバー領域における高度な知識・スキル及び豊富な経験・実績を有する人材を「サイバーセキュリティ統括アドバイザー」として採用しているほか、民間企業における実務経験を積んだ者を採用する官民人事交流制度や役務契約などによる外部人材の活用などにも取り組んでいる。2022年度から、新たにサイバーセキュリティの技能を持つ予備自衛官補の採用も開始している。2022年8月には、サイバーセキュリティに関する専門的知見を備えた優秀な人材を発掘することを目的として、防衛省サイバーコンテストを実施した。

さらに、サイバーセキュリティは高度な知識をもつ専門人材のみならず、ネットワーク・システムを利用するすべての人員のリテラシーなくしては成立しないことから、情報保証教育をはじめ、一般隊員・事務官などへのリテラシー教育を推進している。

(4) 政府全体としての取組への寄与

防衛省は、警察庁、デジタル庁、総務省、経済産業省及び外務省と並んで、サイバーセキュリティ戦略本部の構成員として、NISCを中心とする政府横断的な取組に対し、サイバー攻撃対処訓練への参加や人事交流、サイバー攻撃に関する情報提供などを行っているほか、情報セキュリティ緊急支援チーム（CYMAT：Cyber incident Mobile Assistance Team）[22]に対し要員を派遣している。また、NISCが実施している府省庁の情報システムの侵入耐性診断に関し、自衛隊が有する知識・経験を活用し、連携を強化している。

6 電磁波領域での対応

電磁波領域は、陸・海・空、宇宙、サイバー領域に至るまで、活用範囲や用途が拡大し、現在の戦闘様相における攻防の最前線となっている[23]。このため、電磁波領域における優勢を確保することが抑止力の強化や領域横断作戦の実現のために極めて重要である。

電磁波領域においては、相手方からの通信妨害などの厳しい電磁波環境の中においても、自衛隊の電子戦及びその支援能力を有効に機能させ、相手によるこれらの作戦遂行能力を低下させるなど、能力強化を着実に進める。また、電磁波の管理機能を強化し、自衛隊全体でより効率的に電磁波を活用していくこととしている。

防衛省・自衛隊としては、民生用の周波数利用と自衛隊の指揮統制や情報収集活動などのための周波数利用を両立させ、自衛隊が安定的かつ柔軟な電波利用を確保できるよう、関係省庁と緊密に連携しつつ、電磁波領域における能力を強化していく。

参照 Ⅰ部4章4節1（電磁波領域と安全保障）

1 電磁波の利用を適切に管理・調整する機能の強化

電磁波を効果的、積極的に利用して戦闘を優位に進めるためには、電子戦能力を向上していくとともに、電磁波の周波数や利用状況を一元的に把握・調整し、部隊などに適切に周波数を割り当てる電磁波管理の態勢を整備することが必要である。

このため、装備品の通信装置やレーダー、電子戦装置などが使用する電磁波の状況を把握しモニター上で可視

図表Ⅲ-1-4-12 電子戦能力と電磁波管理能力のイメージ

電磁波の効果的・積極的な利用のため、以下の能力を強化する必要がある。
① 電磁波を効果的・積極的に利用して行う戦闘、すなわち「電子戦」の能力
② 「電子戦」能力を担保するため、戦域の電磁波の状況を把握するとともに、干渉が生じないよう部隊による電磁波の利用を適切に管理・調整する「電磁波管理」の能力

【電子攻撃】
相手方の通信機器やレーダー等に電波を発射することなどにより、相手方の通信などを低減・無効化

【電子防護】
ステルス化などにより、相手の電磁波の影響を低減・無効化

【電子戦支援】
相手方が利用する電波などの情報を収集、分析

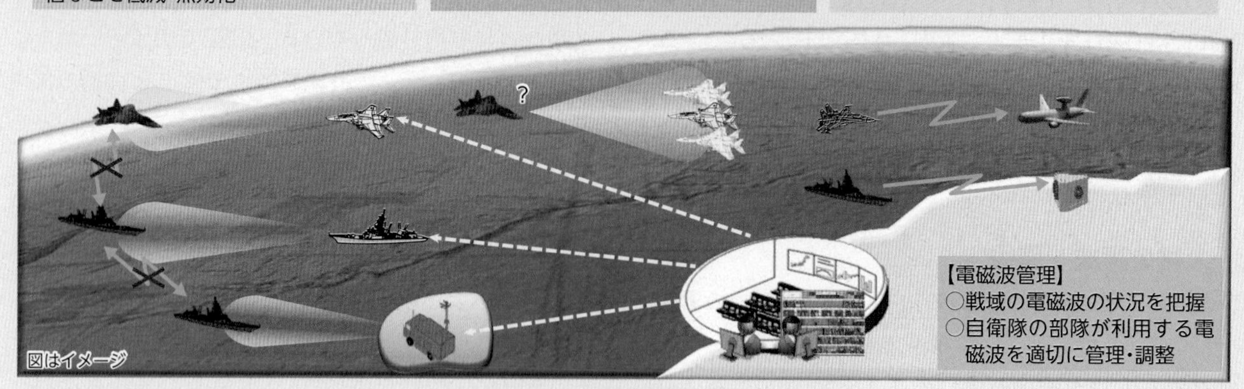

22 政府として一体となった対応が必要となる情報セキュリティにかかる事象が発生した際に、被害拡大防止、復旧、原因調査及び再発防止のための技術的な支援及び助言などを行うチーム

23 電磁波を用いた攻撃の一つに、核爆発などにより、瞬時に強力な電磁波を発生させ、システムをはじめとする電子機器に過負荷をかけ、誤作動させたり破壊したりする電磁パルス攻撃がある。このような攻撃は、防衛分野のみならず国民生活全体に影響がある可能性があり、政府全体で必要な対策を検討していくこととしている。

化する電磁波管理支援技術の研究を行うなど、電磁波管理の機能強化を進めている。

参照　図表Ⅲ-1-4-12（電子戦能力と電磁波管理能力のイメージ）

2　電磁波に関する情報収集・分析能力の強化及び情報共有態勢の構築

電磁波の領域での戦闘を優位に進めるためには、平時から有事までのあらゆる段階において、電磁波に関する情報を収集・分析し、これを味方の部隊で適切に共有することが重要である。

2023年度は、受信電波周波数範囲の拡大など能力向上したRC-2電波情報収集機の搭載装置の取得などを実施することとしている。

そのほか、防衛情報通信基盤（DII）を含む各自衛隊間のシステムの連接を引き続き推進することとしている。

3　わが国への侵攻を企図する相手方のレーダーや通信などを無力化するための能力の強化

平素からの情報収集・分析に基づき、レーダーや通信など、わが国に侵攻を企図する相手方の電波利用を無力化することは、他の領域における能力が劣勢の場合にも、それを克服してわが国の防衛を全うするための一つの手段として有効である。

このため、2022年度においては、米子駐屯地（鳥取県）などへの電子戦部隊の配備など陸自電子戦部隊の強化を実施したほか、2023年度以降についても、陸自電子戦部隊を強化していく。また、平素から電波情報の収集・分析を行い、有事においては、相手の電波利用を無力化する機能を有するネットワーク電子戦システム（NEWS：Network Electronic Warfare System）の能力を向上させる。加えて、相手方の脅威圏外（スタンド・オフ・レンジ）から、主に航空機への通信・レーダー妨害を行うスタンド・オフ電子戦機の開発を行う。

ネットワーク電子戦システム（NEWS）

さらに、艦艇用リフレクタ型デコイ弾の器材取得や、多数のドローンを活用したスウォーム（群れ）攻撃の脅威に有効に対処する観点から、高出力マイクロ波（HPM：High Power Microwave）照射装置の取得・実証研究、高出力の車両搭載型レーザー装置の運用、高出力レーザーシステムの研究なども進めることとしている。

4　電磁波領域における妨害などに際して、その効果を局限する能力の強化

電磁波領域における妨害などに際してその効果を局限し、航空優勢を確保するため、電子防護能力に優れたF-35A戦闘機の取得を推進する。また、戦闘機運用の柔軟性を向上させるため、電子防護能力に優れ、短距離離陸・垂直着陸が可能なF-35B戦闘機を取得する。

5　訓練演習、人材育成

自衛隊の電磁波領域の能力強化や専門的知見を有する隊員の育成のため、統合電磁波作戦訓練を実施するほか、米国の電子戦教育課程への要員派遣などを通じ、最新の電磁波領域に関する知見の収集やノウハウの獲得を図っている[24]。

2023年2月から3月にかけて、海自は米海軍との相互運用性の向上を図るため、EP-3多用機を初めて米国に派遣し、米海軍との電磁機動戦訓練を実施した。

24　このほか、防衛省・自衛隊においては、各自衛隊の情報を全国で共有するために必要となる通信網の多重化を推進するほか、電磁パルス防護の観点を踏まえた研究を行っている。

7 大規模テロや重要インフラに対する攻撃などへの対応

1 基本的考え方

わが国が備えるべき事態は、力による一方的な現状変更やその試み、そしてわが国への侵攻のみではない。大規模テロやそれに伴う原子力発電所をはじめとした重要インフラに対する攻撃は、国民の生命・身体・財産に対する深刻な脅威であり、わが国として、国の総力をあげて全力で対応していく必要がある。一方、わが国は、都市部に産業・人口・情報基盤が集中するとともに、沿岸部に原子力発電所などの重要施設が多数存在しており、様々な脅威から、国民と重要施設を防護することも課題となっている。

高度に都市化・市街化が進んでいるわが国においては、少数の人員による潜入、攻撃であっても、平和と安全に対する重大な脅威となり得る。こうした事案には、潜入した武装工作員[25]などによる不法行為や、わが国に対する武力攻撃の一形態であるゲリラや特殊部隊による破壊工作など、様々な態様がある。

それらの対応に当たって、防衛省・自衛隊においては、抜本的に強化された防衛力を活用し、警察、海上保安庁、消防、地方公共団体などの関係機関と緊密に連携して、大規模テロや重要インフラに対する攻撃に際しては実効的な対処を行う。

侵入者の実態や生起している事案の状況が不明な段階においては、第一義的には警察機関が対処を実施し、防衛省・自衛隊は情報収集、自衛隊施設の警備強化を実施することとしている。状況が明確化し、一般の警察力で対処が可能な場合、必要に応じ警察官の輸送、各種機材

図表Ⅲ-1-4-13 ゲリラや特殊部隊による攻撃に対処するための作戦の一例

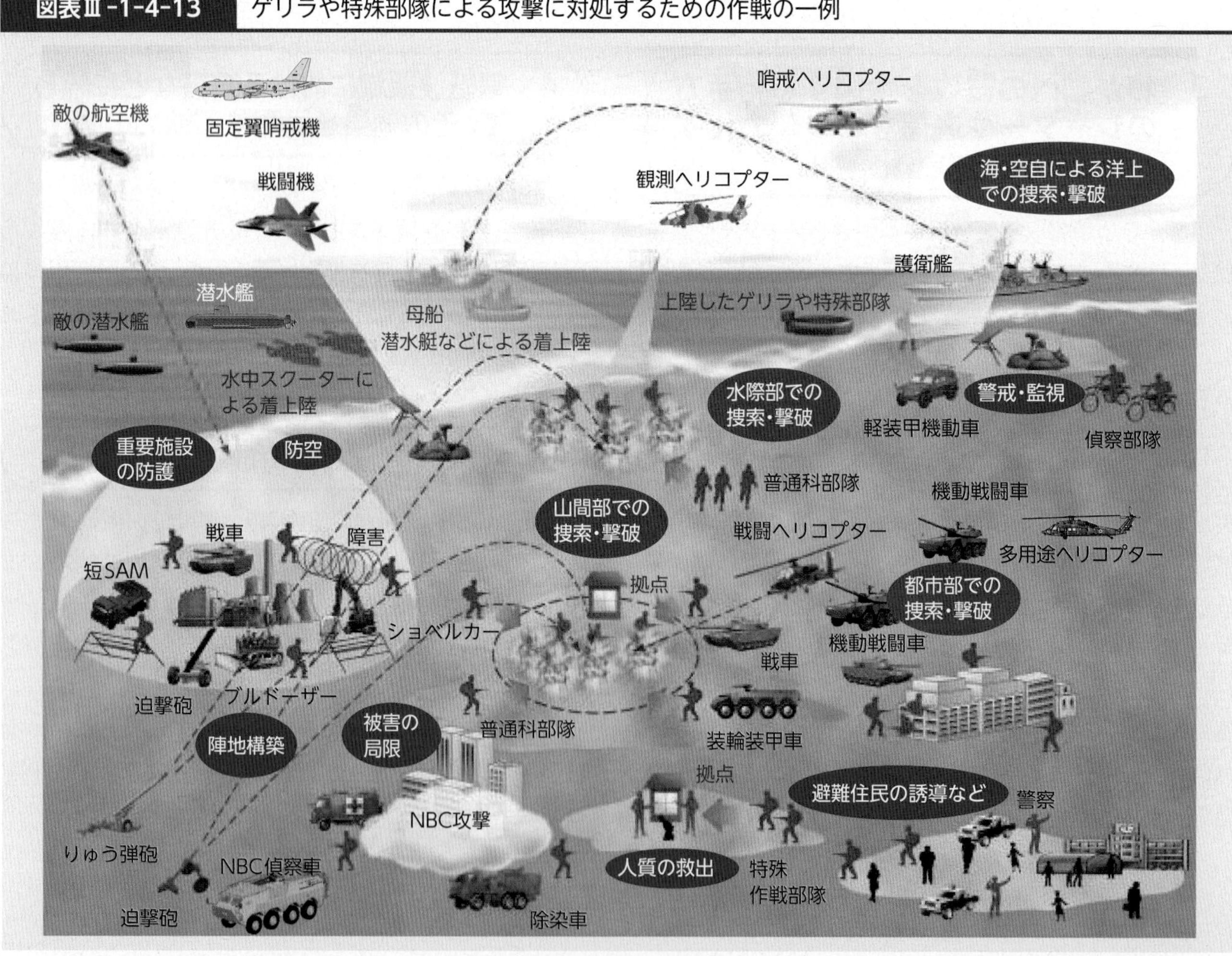

25 殺傷力の強力な武器を保持し、わが国において破壊活動などの不法行為を行う者

の警察への提供などの支援を行い、一般の警察力で対処が不可能な場合は、治安出動により対処することとしている。さらに、わが国に対する武力攻撃と認められる場合には防衛出動により対処することになる。

また、弾道ミサイルによる攻撃に対してはわが国全域を防護するイージス艦を展開させるとともに、拠点防護のため全国各地に分散配備されている航空自衛隊のPAC-3を、状況に応じて、機動的に移動・展開して対応することになる。さらに、巡航ミサイルなどに対しては、航空機、艦艇、地上アセットから発射する各種対空ミサイルで対応することになる。

2　ゲリラや特殊部隊による攻撃への対処

ゲリラや特殊部隊による攻撃の態様としては、民間の重要インフラ施設などの破壊や人員に対する襲撃、要人暗殺などがあげられる。

ゲリラや特殊部隊による攻撃への対処にあたっては、速やかに情報収集態勢を確立し、沿岸部での警戒監視、重要施設の防護並びに侵入したゲリラや特殊部隊の捜索及び撃破を重視して対応することとしている。警戒監視による早期発見や兆候の察知に努め、必要に応じ、原子力発電所などの重要施設の防護のために部隊を配置し、早期に防護態勢を確立することとしている。そのうえで、ゲリラや特殊部隊が領土内に潜入した場合、偵察部隊や航空部隊などにより捜索・発見し、速やかに戦闘部隊を展開させたうえで、これを包囲し、捕獲又は撃破することになる。

参照　図表Ⅲ-1-4-13（ゲリラや特殊部隊による攻撃に対処するための作戦の一例）

3　武装工作員などへの対処

(1) 基本的考え方

武装工作員などによる不法行為には、警察機関が第一義的に対処するが、自衛隊は、生起した事案の様相に応じて対応することになる。その際、警察機関との連携が重要であり、治安出動に関しては自衛隊と警察との連携要領についての基本協定[26]や陸自の師団などと全都道府県警察との間での現地協定などを締結している[27]。

(2) 防衛省・自衛隊の取組

陸自は都道府県警察との間で、全国各地で共同実動訓練を継続して行っており、2012年以降は各地の原子力発電所の敷地においても実施するなど、連携の強化を図っている。

4　核・生物・化学兵器への対処

近年、大量無差別の殺傷や広範囲な地域の汚染が生じる核・生物・化学（NBC）兵器とその運搬手段及び関連資器材が、テロリストや拡散懸念国などに拡散する危険性が強く認識されている。1995年3月の東京での地下鉄サリン事件などは、こうした兵器が使用された例である。

Nuclear, Biological and Chemical

(1) 基本的考え方

わが国でNBC兵器が使用され、これが武力攻撃に該当する場合、防衛出動によりその排除や被災者の救援などを行うことになる。また、武力攻撃に該当しないが一般の警察力で治安を維持することができない場合、治安出動により関係機関と連携して武装勢力などの鎮圧や被災者の救援を行うこととしている。さらに、防衛出動や治安出動に該当しない場合であっても、災害派遣や国民保護等派遣により、陸自の化学科部隊や衛生科部隊などを中心に被害状況に関する情報収集、除染活動、傷病者の搬送、医療活動などを関係機関と連携して行うことになる。

(2) 防衛省・自衛隊の取組

防衛省・自衛隊は、NBC兵器による攻撃への対処能力を向上するため、陸自の中央特殊武器防護隊、対特殊武器衛生隊などを保持しているほか、化学及び衛生科部隊の人的充実を行っている。さらに、特殊な災害に備えて初動対処要員を指定し、速やかに出動できる態勢を維持している。

海自及び空自においても、艦船や基地などにおける防護器材の整備を行っている。

26　防衛庁（当時）と国家公安委員会との間で締結された「治安出動の際における治安の維持に関する協定」（1954年に締結。2000年に全部改正）
27　2004年には、治安出動の際における武装工作員など事案への共同対処のための指針を警察庁と共同で作成した。

8 国民保護に関する取組

1 基本的考え方

2022年の度重なる北朝鮮の弾道ミサイル発射、特に日本列島越えの弾道ミサイル発射によるJアラートによる情報伝達などにより、昨今、国民保護に対する関心や、防衛省・自衛隊に対する期待が高まっている。国民保護は防衛戦略における防衛力の抜本的強化の柱の一つであり、防衛省・自衛隊としても、積極的に取り組んでいくこととしている。

2005年3月、政府は、国民保護法第32条に基づき、国民の保護に関する基本指針（基本指針）を策定した。この基本指針においては、武力攻撃事態の想定を、①着上陸侵攻、②ゲリラや特殊部隊による攻撃、③弾道ミサイル攻撃、④航空攻撃の4つの類型に整理し、その類型に応じた国民保護措置の実施にあたっての留意事項を定めている。

防衛省・自衛隊としては、武力攻撃事態などにおいては、国民保護措置として、警察、消防、海上保安庁など様々な関係省庁とも連携しつつ、被害状況の確認、人命救助、住民避難の支援などの措置を実施することとしている。

なお、弾道ミサイルなどによる武力攻撃事態から住民の生命及び身体を保護するため必要な機能を備えた避難施設の整備は、被害を防止するための措置であるとともに、弾道ミサイル攻撃などに対する抑止にもつながる観点も踏まえ、政府で検討を行っている。

2 国民保護措置を円滑に行うための防衛省・自衛隊の取組

(1) 国民保護のための体制の強化

国民の命を守りながらわが国への侵攻に対処するにあたっては、国の行政機関、地方公共団体、公共機関、民間事業者が協力・連携して統合的に取り組む必要がある。

政府としては、武力攻撃より十分に先立って、南西地域を含む住民の迅速な避難を実施するため、円滑な避難に関する計画の速やかな策定、官民の輸送手段の確保、空港・港湾などの公共インフラの整備と利用調整、様々な種類の避難施設の確保、国際機関との連携などを行うこととしている。また、こうした取組の実効性を高めるため、住民避難などの各種訓練の実施と検証を行ったうえで、国、地方公共団体、指定公共機関などの連携を推進しつつ、制度面を含む必要な施策の検討を行うこととしている。

また、自衛隊としては、これらの施策への参画や協力に加え、自衛隊が使用する民間船舶・航空機や自衛隊の各種輸送アセットを利用した国民保護措置を計画的に行えるよう調整・協力することとしているほか、国民保護にも対応できる自衛隊の部隊の強化、予備自衛官の活用などの各種施策を推進することとしている。

(2) 地方公共団体などとの平素からの連携

防衛省・自衛隊では、陸自方面総監部や自衛隊地方協力本部などに連絡調整を担当する部署を設置し、地方公共団体などと平素から緊密な連携を確保している。

また、国民保護措置に関する施策を総合的に推進するため、都道府県や市町村に国民保護協議会が設置されており、各自衛隊に所属する者や地方防衛局に所属する職員が委員に任命されている。

さらに、地方公共団体は、退職自衛官を危機管理監などとして採用し、防衛省・自衛隊との連携や対処計画・訓練の企画・実施などに活用している。

(3) 国民保護訓練

国民保護措置の的確かつ迅速な実施のためには、平素から関係機関と連携態勢を構築しておくことが必須であり、政府全体として武力攻撃事態などを念頭に置いた国民保護訓練を強化することとしている。防衛省・自衛隊は、関係省庁の協力のもと、地方公共団体などの参加も得て訓練を主催しているほか、関係省庁や地方公共団体が実施する国民保護訓練に積極的に参加・協力している。

参照 資料20（国民保護にかかる国と地方公共団体との共同訓練への防衛省・自衛隊の参加状況（令和4（2022）年度））

解説　国民保護と防衛省・自衛隊の取組

武力攻撃事態などにおいて、国民の生命、身体及び財産を保護するため、国・地方公共団体・指定公共機関などは連携して、国民保護法に基づき必要な取組を行うこととなっています。防衛省・自衛隊も、武力攻撃事態などにおいては、武力攻撃を排除し、国民への被害を局限化するという主たる任務を遂行するとともに、防衛省・防衛装備庁国民保護計画に基づき、警察及び消防等とも連携しつつ、被害状況の確認、人命救助、住民避難の支援等の国民保護措置を実施することになります。

また、平素より、地方公共団体における国民保護計画の作成・変更や避難実施要領のパターン作成・見直しなどの住民避難にかかる地方公共団体の事前の検討への協力や、国民保護措置の実施に関する国と地方公共団体等の共同訓練に、防衛省・自衛隊も参加し、関係省庁・地方公共団体との連携の強化に取り組んでいます。

弾道ミサイルなどによる武力攻撃災害から住民の生命及び身体を保護するために必要な機能を備えた避難施設の整備・普及は、武力攻撃事態における国民の被害を防止するのみならず、武力攻撃の抑止という観点からも重要です。こうした避難施設の整備については、内閣官房を中心に、緊急一時避難施設の指定推進など様々な取組を行っていますが、防衛省としても、こうした政府全体の取組とあいまって、様々な種類の避難施設の確保を行う考えです。

2022年12月に策定した整備計画においても、わが国の防衛上必要な機能・能力として「機動展開能力・国民保護」の強化に取り組むことを明記しています。具体的には、自衛隊の各種輸送アセットも利用した国民保護措置を計画的に行えるよう調整・協力すること、国民保護にも対応できる自衛隊の部隊の強化、予備自衛官の活用などの各種施策の推進などが記載されています。

国民保護にも対応するための部隊などの整備の具体的な内容については今後検討していくこととなりますが、陸自においては、第15旅団を師団化し、南西方面の防衛体制を強化するとともに、国民保護の実効性向上を図ることとしています。また、民間船舶・航空機の利用や自衛隊の各種輸送アセットの利用、予備自衛官の活用などについても検討し、国民保護の実効性を高める取組を実施していきます。

※内閣官房国民保護ポータルサイト（https://www.kokuminhogo.go.jp）にて、政府全体での国民保護の取組や、避難施設の指定状況など記載されています。

国民保護共同訓練に参加する自衛隊員

第5節　情報戦への対応を含む情報力強化の取組

1　情報収集・分析など機能の強化

1　軍事情報の収集

急速かつ複雑に変化する安全保障環境において、政府が的確な意思決定を行うには、質が高く時宜に適った情報収集・分析が不可欠である。わが国周辺における軍事活動が活発化するなか、防衛省としては、様々な手段を適切に活用し、隙のない情報収集体制を構築していくこととしている。

防衛省・自衛隊は、平素から、各種の手段による情報の迅速・的確な収集に努めている。具体的な情報収集の手段としては、①わが国上空に飛来する軍事通信電波や電子兵器の発する電波などの収集・処理・分析、②各種画像衛星からのデータの収集・判読・分析、③艦艇・航空機などによる警戒監視、④各種公開情報の収集・整理、⑤各国国防機関などとの情報交換、⑥防衛駐在官などによる情報収集などがあげられる。

防衛省としては、防衛駐在官の派遣体制の強化に加え、赴任国における効果的な情報収集活動などを実施する観点から、赴任前研修の充実・強化、キャリアパスの確保、関連情報の蓄積をはじめ、情報サイクル自体を強化し、防衛駐在官支援体制の向上についても取り組んでいく。

防衛駐在官については、2022年度に、ロシアによるウクライナ侵略を踏まえ、欧州に関する情報収集を強化するため、リトアニアに1名、また、宇宙分野や共同訓練など交流が大幅に進展していることを踏まえ、カナダ

図表Ⅲ-1-5-1　防衛駐在官派遣状況（イメージ）

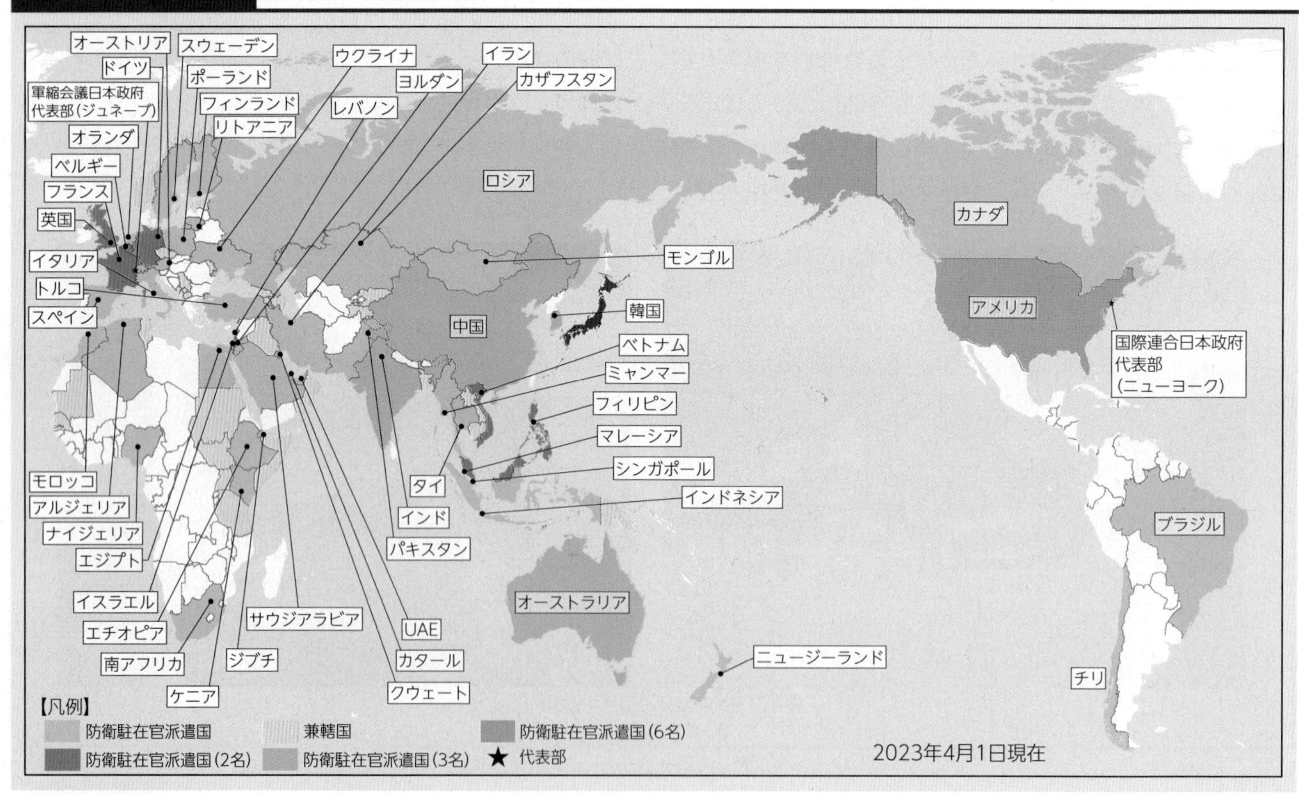

資料：防衛省・自衛隊の『ここが知りたい！』　防衛駐在官について
URL：https://www.mod.go.jp/j/press/shiritai/chuuzaikan/index.html

に1名を新規派遣した。2023年度には、英国及びウクライナに各1名を増員するとともに、カタールに新規派遣を計画している。

参照　図表Ⅲ-1-5-1（防衛駐在官派遣状況（イメージ））

2　情報分析など機能の強化に向けた取組

今後、より一層、戦闘様相が迅速化・複雑化していく状況において、戦いを制するためには、人工知能（AI）を含む各種手段を最大限に活用し、情報収集・分析などの能力をさらに強化していくことを通じ、リアルタイムで情報共有可能な体制を確立し、これまで以上に、わが国周辺国などの意思と能力を常時継続的かつ正確に把握する必要がある。

このため、情報の収集・整理・分析・共有・保全を実効的に実施し、政策判断や部隊運用に資するよう、情報本部を中心とした電波情報、画像情報、人的情報、公刊情報などの機能別能力を強化するとともに、地理空間情報の活用を含め統合的な分析能力を抜本的に強化していく。また、多様化するニーズに情報部門が的確に応えていくため、能力の高い情報収集・分析要員の確保・育成を進め、採用、教育・研修、人事配置などの様々な面において着実な措置を講じ、総合的な情報収集・分析機能を強化していく。さらに、情報関連の国内関係機関との協力・連携を進めていくとともに、情報収集衛星により収集した情報を自衛隊の活動により効果的に活用するために必要な措置をとることとしている。

3　秘密漏えい事案を受けた取組

防衛省・自衛隊においては、従来から、秘匿性の高い様々な情報を適切に保護するため、特定秘密保護法などの関係法令に従い、関係省庁・部局間で連携しつつ、必要な情報保全のための体制整備に取り組んできた。

しかしながら、海自情報業務群司令が、かつて上司であった秘密を取り扱う資格のない者に対して2020年3月19日に実施した情勢ブリーフィングにおいて、特定秘密などの情報を故意に漏らし、特定秘密保護法及び自衛隊法第59条第1項（守秘義務）に違反したことが判明した。

本事案は、2014年の特定秘密保護法施行以来、初の特定秘密漏えい事案であり、わが国の防衛に必要な秘密情報を適切に保全すべき防衛省・自衛隊において、秘密情報の漏えいはあってはならないことである。

かかる事案が生起したことを深刻に受け止め、再発防止に関する防衛大臣指示を発出するとともに、同様の秘密漏えい事案を根絶し、より実効性のある具体的な再発防止策を検討するため、防衛副大臣を委員長とする「特定秘密等漏えい事案に係る再発防止検討委員会」を設置した。

この委員会において同様の秘密情報漏えい事案を根絶するため、元防衛省職員との面会における対応要領など、再発防止にかかるより実効性のある具体的な方策について真摯に検討を行い、その結果を取りまとめ、2023年3月31日、防衛大臣より本事案を受けた再発防止策として職員に対し周知徹底したところである。

今般の再発防止措置を踏まえ、防衛省・自衛隊として、情報保全のより一層の徹底に向けて不断に取り組んでいくこととしている。

4　情報本部

（1）情報本部の任務

情報本部は、冷戦後の安全保障環境が複雑さを増している中で、高度かつ総合的な情報収集・分析を実施できる体制を整備するため、1997年に創設された防衛省の中央情報機関であり、わが国最大の情報機関である。電波情報、画像・地理情報、公開情報などを収集し、国際・軍事情勢など、極めて速いスピードで変化しているわが国を取り巻く安全保障環境にかかわる分析を行っている。

また、情報本部は、防衛戦略において、情報の収集・分析に加え、わが国防衛における情報戦対応の中心的な役割を担うとされ、国際軍事情勢などに関する情報収集・分析・発信能力を抜本的に強化していくこととしている。

（2）情報本部の活動

情報本部は、陸・海・空の自衛官と事務官・技官（語学系、技術系、行政・一般事務）からなる組織であり、自衛官は各自衛隊の部隊などにおける経験に基づく知見を、事務官・技官は語学、技術などの専門的な知識を駆使し、一丸となって業務に従事している。

具体的には、刻々と変化する国際情勢について、電波情報、画像情報、公開情報（新聞、インターネットなど）、関係者との意見交換などからもたらされる交換情報といった、様々な情報源から得た情報に基づき、軍事的、政治的、経済的要因を含む様々な観点から総合的な分析を実施している。

また、情報本部では、宇宙・サイバー・電磁波といった領域における情報収集・分析機能を強化しており、例えば、サイバー空間における脅威の動向について、公開情報の収集や諸外国との情報交換など、必要な情報の収集・分析を行っている。加えて、諸外国の経済安全保障に関する情報収集・分析体制の強化のため、2022年度に要員を増員した。

情報本部の情報業務の成果は、分析プロダクトとして、内閣総理大臣、防衛大臣、内閣官房国家安全保障局、内閣情報調査室や陸海空自の各部隊に対して適時適切に提供され、政策判断や部隊運用を支えている。また、関係省庁や諸外国カウンターパートとの情報交流も積極的に実施している。

2 認知領域を含む情報戦などへの対処

1 認知領域を含む情報戦

国際社会において、紛争が生起していない段階から、偽情報や戦略的な情報発信などを用いて他国の世論・意思決定に影響を及ぼすとともに、自らの意思決定への影響を局限することで、自らに有利な安全保障環境の構築を企図する情報戦に重点が置かれている状況を踏まえ、わが国として認知領域を含む情報戦に確実に対処できる体制・態勢を構築することとしている。

参照 Ⅰ部4章1節4項（情報関連技術の広まりと情報戦）

2 防衛省・自衛隊の取組

厳しさを増す安全保障環境やIT技術を含む技術革新の急速な進展などに伴い、認知領域を含め新たな「戦い方」に対応していくことが重要である。

特に、ロシアによるウクライナ侵略の状況を踏まえれば、わが国防衛の観点から、偽情報の見破りや分析、そして迅速かつ適切な情報発信などを肝とした認知領域を含む情報戦への対応が急務である。

国際社会においては情報戦との名のもと、様々な行為が行われていることを踏まえ、国内外における信頼性を確保するうえで、わが国防衛の観点から実施する情報戦対応の外縁について明示することが重要である。

具体的には、認知領域を含む情報戦とは、わが国防衛の観点から、有事はもとより、現段階から、①情報機能を強化することで、多様な情報収集能力を獲得しつつ、②諸外国による偽情報の流布をはじめとしたあらゆる脅威に関して、その真偽や意図などを見極め、様々な手段で無力化などの対処を行うとともに、③同盟国・同志国などとの連携のもと、あらゆる機会を捉え、適切な情報を迅速かつ戦略的に発信するといった手段を通じて、わが国の意思決定を防護しつつ、力による一方的な現状変更を抑止・対処し、より望ましい安全保障環境を構築することをいうものとする。なお、わが国の信頼を毀損する取組（SNSなどを介した偽情報の流布、世論操作、謀略など）は実施しない。

防衛省においては、このような情報戦対応の中核を情報本部が担うこととし、防衛省全体として、2027年までに認知領域を含む情報戦に確実に対処可能な情報能力を整備することとしている。具体的には、諸外国の動向の常時継続的な収集（多様な情報収集能力の確保など）、諸外国による情報発信などに関する真偽の見極め（プロパガンダや偽情報などの検知、偽情報などのファクト・チェック）、あらゆる機会を捉えた、わが国に有利な環境の構築（戦略的・情報通信基盤の維持・情報保全など）を実施する。

情報戦対応の中核を担う情報本部においては、

- 情報収集・分析・発信に関する体制の強化
- 各国などの動向に関する情報を常時継続的に収集・分析することが可能となる人工知能（AI）を活用した公開情報の自動収集・分析機能の整備
- 各国による情報発信の真偽を見極めるためのSNS情報などを自動収集する機能の整備
- 関係機関との情報交換

を行うなど、政策部門・運用部門と緊密に連携しつつ、収集・分析・発信のあらゆる段階において必要な措置を講じる。

さらに、陸・海・空の自衛隊の部隊などにおいても、基幹部隊の見直しを行い、部隊を新編するなど、確固と

解説　偽情報への対応

近年、インターネットを介してSNSなどのツールが急速に普及し、誰もが、必要に応じて、数多ある情報から“特定の情報”へ容易にアクセスし、発信することができる時代になっています。

このように利便性が向上するなかで、膨大な情報が溢れるインターネットでは、正確な情報だけではなく、内容が事実と異なる誤情報、内容を意図的に捏造した偽情報、特定の事物への攻撃を目的とした悪意ある情報などが混然一体としており、情報の利用には危険とリスクが隣り合わせです。こうした時代において生きる我々は、一人一人が知識や判断力を身につけ、適切な情報の取捨選択ができるようになることが重要です。

そして、こうした情報の中には、国の安全保障そのものに重大なインパクトをもたらすものも存在しています。例えば、ロシアによるウクライナ侵略などにおいて、軍事手段に加えて、インターネットやメディアを通じた偽情報の拡散などによる影響工作といった非軍事手段が複合的に用いられています。

このように、安全保障上、日常の段階からの情報の真偽を見極め、そして、適切に対処することが重要となってきています。防衛省は、今後、SNS上において偽情報などの検知・ファクトチェックなどを行うとともに、偽情報などを検知した場合には、適切な対処を迅速に行うことで、わが国の安全保障に万全を期していきたいと考えています。

した体制を整備していく考えであり、具体的には、電子戦部隊、サイバー戦部隊などを一体的に保持することで、情報戦を効果的に遂行する体制を構築する。

加えて、同盟国・同志国などとの情報共有や共同訓練などを実施していくことにより、さらなる能力の強化に努める。

こうした各種措置のほか、防衛力の中核である自衛隊員が偽情報に惑わされ、的確な意思決定が阻害されることのないよう、隊員一人一人が偽情報の危険性を理解し、常日頃から物事を冷静に捉え、客観的に吟味できる姿勢を涵養することが求められるため、教育や自己研鑽の機会や必要な素養の習得やサイバー/メディア・リテラシーの向上などの取組を通じ、情報保全体制のさらなる強化に取り組む。

第6節　継戦能力を確保するための持続性・強靱性強化の取組

将来にわたりわが国を守り抜く上で、弾薬、燃料、装備品の可動数といった現在の自衛隊の継戦能力は、必ずしも十分ではない。こうした現実を直視し、有事において自衛隊が粘り強く活動でき、また、実効的な抑止力となるよう、十分な継戦能力の確保・維持を図る必要がある。また、平素においては自衛隊員の安全を確保し、有事においても容易に作戦能力を喪失しないよう、主要司令部などの地下化や構造強化、施設の離隔距離確保のための再配置、集約化などを実施するとともに、隊舎・宿舎の着実な整備や老朽化対策を行う。さらに、装備品の隠ぺい及び欺まんなどを図り、抗たん性を向上させるほか、気候変動の問題は、将来のエネルギーシフトへの対応を含め、今後、防衛省・自衛隊の運用や各種計画、施設、防衛装備品、さらにわが国を取り巻く安全保障環境により一層の影響をもたらすことは必至であるため、これに伴う各種課題に対応していく必要がある。

このため、防衛戦略では、2027年度までに弾薬の生産能力の向上及び製造量に見合う火薬庫の確保を進め、必要十分な弾薬を早急に保有するとともに、必要十分な燃料所要量の確保や計画整備などを行っている装備品以外が全て可動する体制を早急に確立することとしている。また、主要な司令部の地下化、駐屯地・基地内の再配置・集約化を進めるほか、津波などの災害に対する施設及びインフラの強靱化を推進することとしている。

今後5年間の最優先課題の1つとして、可動率向上や弾薬・燃料確保、防衛施設の強靱化の加速を掲げており、この持続性・強靱性強化のための経費は、整備計画が示す今後5年間で必要な経費である約43.5兆円（契約額）の4割[1]を超えている。

1　弾薬の確保

1　弾薬確保の状況

自衛隊は、小銃や拳銃に使用する銃弾、戦車や火砲が発射する砲弾、戦闘機や艦艇が使用するミサイルのほか、爆弾、魚雷、地雷、機雷など多種多様な弾薬を保有している。

弾薬の予算額は、過去30年の間、おおむね横這いで推移しているが、技術の高度化に伴う価格上昇などもあり、弾薬の確保のために、必ずしも十分な予算が確保できていたとは言い難い。また、防衛省からの受注減などの影響で弾薬製造企業が撤退しており、撤退した企業の部品を代替企業が製造したが、当初、製造期間の長期化や製造コストの上昇が発生し、弾薬確保がさらに困難なものとなる事例も発生していた。

参照　図表Ⅱ-4-3-5（装備品の維持整備費及び弾薬の整備費の推移）

必要十分な火薬庫を設置できていないことに加え、ミサイルなどの大型化に伴い、また、配備している弾薬に十分な冗長性がない地区もあり、例えば、舞鶴地区の艦艇が任務にあたり搭載する弾薬を、佐世保地区から陸路で輸送して対応するケースもある。

2　弾薬確保のための取組

防衛戦略では、2027年度までに、弾薬について、必要数量が不足している状況を解消することとしており、優先度の高いスタンド・オフ・ミサイル（12式地対艦誘導弾能力向上型等）、弾道ミサイル防衛用迎撃ミサイル（SM-3ブロックⅡA）、能力向上型迎撃ミサイル（PAC-3MSE）、長距離対空ミサイル（SM-6）、03式中距離地対艦誘導弾（改善型）能力向上型等の各種弾薬については、必要な数量を早期に整備する。具体的には、弾薬整備費について、前中期防期間中では約1兆円であったところ、整備計画期間中の今後5年間では、5倍の約5兆円に増加させる。

加えて、早期かつ安定的に弾薬を量産するために、防

1　持続性・強靱性強化のための経費は、スタンド・オフ防衛能力などの他の分野に計上されるものも含めた弾薬・誘導弾の経費として約5兆円（他の分野を含めない経費は約2兆円）、装備品などの維持整備費・可動確保の経費として約10兆円（他の分野を含めない経費は約9兆円）、施設の強靱化のための経費として約4兆円であり、計約19兆円である。

図表Ⅲ-1-6-1　主要な弾薬及び火薬庫の例

衛産業による国内製造態勢の拡充などを後押しするほか、弾薬の維持整備体制の強化を図る。また、弾薬の大型化や増加する弾薬の保管所要に対応するため、火薬庫の増設及び不用弾薬の廃棄を促進することとしている。

参照　図表Ⅲ-1-6-1（主要な弾薬及び火薬庫の例）

2　燃料などの確保

自衛隊が行う作戦に必要な燃料所要量を早期かつ安定的に確保するため、燃料タンクの新規整備及び民間燃料タンクの借り上げを実施することとしている。例えば、海上自衛隊における燃料タンクの整備は、使用実績及び既設のタンク容量などを基準に段階的に実施しているが、現状では部隊の運用に制約が生じている。このため、艦船用燃料の不足を補完する措置として、年間を通じて保管・受払業務に応じ得る能力を有する民間タンクを借り上げていくこととしている。

加えて、糧食・被服の必要数量を確保することとしている。

3 防衛装備品の可動状況の向上

1 装備品の可動数の現状

自衛隊で使用される装備品は、耐久性よりも性能を重視しており、民生品の使用条件よりも過酷な状況で使用されていることから、一般的な用途に比べ、頻繁な整備や部品交換が発生する特性をもっている。そのため、部品交換を見越して、予備の部品を一定数保有しておく必要がある。

一方、装備品の高度化・高性能化に伴い、部品の調達単価と整備費用が上昇し、維持整備予算も増加させてきているが、必ずしも十分ではなかったことから、部品不足による非可動が発生している。一部の装備品では、可動状態にない同じ装備品から部品を取り出し転用する、いわゆる「共食い整備」を実施しており、部品の取り出しと取り付けで、通常の部品交換の2倍の整備作業が必要となるため、現場部隊に過度な負担を強いている。

参照 図表Ⅲ-1-6-2（装備品の可動状況の分類）

2 防衛装備品の可動数の向上

(1) 部品の確保

防衛装備品の高度化・複雑化に対応しつつ、リードタイムを考慮した部品費と修理費の確保により、部品不足による非可動を解消し、2027年度までに装備品の可動数を最大化する。このため、例えば部品の需要量をAIにより見積もる機能を補給管理システムに付加するなど、ロジスティクスにかかるシステムの改修により、需給予測を精緻化し、適正在庫を確保することにより自衛隊全体として部品の効率的な分配を図ることで、部隊が部品を受け取るまでの時間を短縮化する。また、主要な補給倉庫を自動化・省人化、システム化された倉庫に改修を進めることで、正確な在庫管理を可能とし、部隊のニーズに応じて迅速に部品を供給することとしている。

参照 図表Ⅱ-4-3-5（装備品の維持整備費及び弾薬の整備費の推移）

(2) 部外委託の推進

可動数の増加にあたっては、限られた資源を有効に活用するため、維持整備などの部外委託を推進するなど、部外力を活用する。

一部の装備品においては、維持整備計画の分析や、必要なデータ収集などを行い、検査・整備項目の削減を目指す部外委託の取組を行っているところ、このような、部外委託の取組の成果を活用した装備品の部隊整備や部品修理など、より効率的な維持整備に向けた取組を一層推進することとしている。これらの取組により、維持整備業務に従事する隊員を中心に部隊負担を軽減しつつ、装備品の可動数の増加を図っていくこととしている。

(3) デジタルトランスフォーメーション（DX）の導入

各種業務を効率的に実施していくためには、最新のデジタル基盤の整備などによりデジタルトランスフォーメーション（DX）を通じて、業務のあり方を大きく変革していく必要がある。そのうえで、後方支援分野において、DXの導入を推進し、維持整備の最適化を図ることとしている。具体的には、AIを活用した補給管理システムを導入するほか、部品などの在庫状況をより一層適切に把握するため、電波を用いてICタグの情報を非接触で読み書きする自動認証技術（RFID（Radio Frequency Identification））や、装備品の部品などを応急的に製造するための3Dプリンターについて、実証試験の成果も踏まえ、その導入を図ることにより、在庫管理などの効率化を進め、後方支援分野における維持整備体制を最適化することとしている。

図表Ⅲ-1-6-2 装備品の可動状況の分類

装備品の可動状況の分類

可動
装備品が本来の能力を発揮できる状態

整備中
装備品ごとに一定のサイクルで必要となる定期整備などにより可動できない状態

非可動
部品の在庫や修理費の不足により、本来は可動しているべき装備品の一部が一定期間以上、非可動となっている状態

部品取りされたF-2戦闘機

部品取りされたP-1のエンジン

(4) PBL[2]などの包括契約の拡大

Performance Based Logistics

2012年度から航空機を対象としたPBL契約を締結していたところ、2021年度には艦船用ガスタービン機関のPBL契約を締結するなど、航空機以外にも対象範囲を拡大している。効果的・効率的な維持・整備を実現するために費用対効果を検証しつつ、装備品の可動率向上につながるPBLの適用対象の拡大に取り組むこととしている。

4 施設の強靱化

防衛力の持続性・強靱性の基盤となる自衛隊施設の十分な機能を確保することは重要である。自衛隊施設の約4割は旧耐震基準時代に建設されているため、平素においては自衛隊員の安全を確保し、有事においても容易に作戦能力を喪失しない施設へ変容させる必要がある。

また、継続的な部隊運用に必要な各種弾薬の取得に連動し、火薬庫を整備する必要があるほか、自衛隊の運用にかかる基盤などの分散や、被害を受けた際の復旧及び代替などにより、多層的に強靱性を向上させるための各種取組を行うこととしている。

1 火薬庫の整備

スタンド・オフ・ミサイルをはじめとした各種弾薬の取得に連動して、必要な火薬庫を整備することとしており、火薬庫の確保にあたっては、陸海空自衛隊の効率的な協同運用、米軍の火薬庫の共同使用、弾薬の抗たん性の確保の観点から島嶼部への分散配置を追求、促進することとしている。

2 自衛隊施設の抗たん性の向上

主要な装備品、司令部などを防護し、粘り強く戦う態勢を確保するため、主要司令部などについては、地下化・構造強化、及び電力線などにフィルターを設置するなどの電磁パルス（EMP）攻撃対策などを実施し、戦闘機を分散配置するための分散パッド、アラート格納庫のえん体化、電気や水道などのライフラインの機能を維持するための多重化などを実施することとしている。あわせて、省人化を図りつつ、基地警備機能を強化することとしている。

Electro Magnetic Pulse

参照　図表Ⅲ-1-6-3（施設の抗たん性向上策（イメージ））

3 部隊新編や新規装備品導入に必要となる施設の整備

現整備計画期間中においても、引き続き、部隊新編や新規装備品導入に必要となる施設の整備を行うこととしている。具体的には、陸自における佐賀駐屯地（仮称）新設にかかる施設整備や海自の佐世保（崎辺東地区（仮称））の施設整備、空自におけるF-35（A・B）受入施設整備などを行うこととしている。

4 施設の構造強化、再配置・集約化など

既存施設の更新に際しては、爆発物、核・生物・化学兵器、電磁波、ゲリラ攻撃などに対する防護性能を付与するものとし、施設の機能・重要度に応じ、構造強化や離隔距離確保のための再配置、集約化などを老朽化対策と合わせて実施することで、施設の機能が十分に発揮できるようにする。

5 災害対処拠点となる駐屯地・基地などの機能維持・強化

大規模災害時などにおける自衛隊施設の被災による機能低下を防ぐため、被害が想定される駐屯地・基地において、津波などの災害対策を推進することとし、具体的には、受変電設備の高所化や出入り口の止水板の設置などを実施することとしている。今後、気候変動に伴う各種課題へ適応・対応し、的確に任務・役割を果たしていけるよう、駐屯地・基地の施設及びインフラの強靱化などを進めることとしている。

2　装備品の可動状況を向上させるため、装備品の検査・修理などの維持整備業務について、修理期間の短縮や一定の部品在庫の確保などを条件に加えた複数年間の包括的契約を結ぶもの。

図表Ⅲ-1-6-3 施設の抗たん性向上策（イメージ）

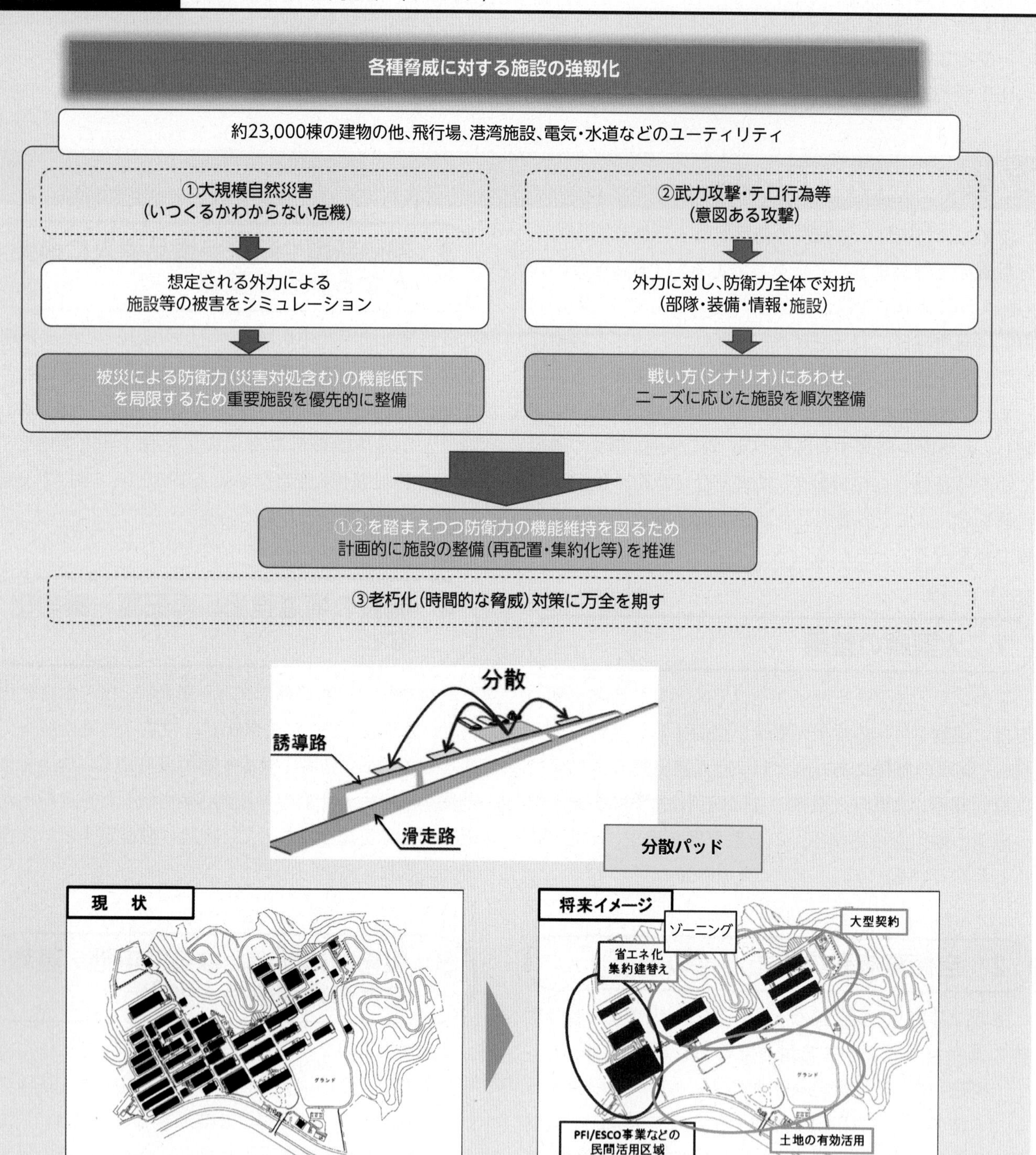

第7節　国民の生命・身体・財産の保護に向けた取組

1　大規模災害などへの対応（新型コロナウイルス感染症への対応を含む。）

1　基本的考え方

地震や台風などの大規模災害、新型コロナウイルス感染症といった感染症危機などは、国民の生命・身体・財産に対する深刻な脅威であり、わが国として、国の総力をあげて全力で対応していく必要がある。

大規模災害などに際しては、警察、消防、海上保安庁、地方公共団体などの関係機関と緊密に連携し、効果的に人命救助、応急復旧、生活支援などを行うこととしている。

大規模な災害が発生した際には、発災当初においては被害状況が不明であることから、防衛省・自衛隊は、いかなる被害や活動にも対応できる態勢で対応する。また、人命救助を最優先で行いつつ、生活支援などについては、地方公共団体、関係省庁などの関係者と役割分担、対応方針、活動期間及び民間企業の活用などの調整を行うこととしている。さらに、特に地方公共団体に対する支援については、被災直後の地方公共団体は混乱していることを前提に、過去の災害派遣における教訓を踏まえ、当初は「提案型」の支援を行い、じ後は地方公共団体のニーズに基づく活動に移行する。その際、自衛隊の支援を真に必要としている方々が、支援に関する情報により簡単にアクセスすることができるよう、情報発信を強化している。

また、自衛隊は、災害派遣を迅速に行うため、全国の駐屯地などに「FAST-FORCE（ファスト・フォース）」と呼ばれる部隊を待機させている。

参照　Ⅱ部6章4項（災害派遣など）、図表Ⅲ-1-7-1（要請から派遣、撤収までの流れ及び政府の対応）

人命救助にあたる隊員

養鶏場における殺処分などの支援にあたる隊員

資料：災害派遣について
URL：https://www.mod.go.jp/j/approach/defense/saigai/index.html

資料：防衛省・自衛隊災害対策ツイッター
URL：https://twitter.com/ModJapan_saigai?ref_src=twsrc%5Etfw

図表Ⅲ-1-7-1　要請から派遣、撤収までの流れ及び政府の対応

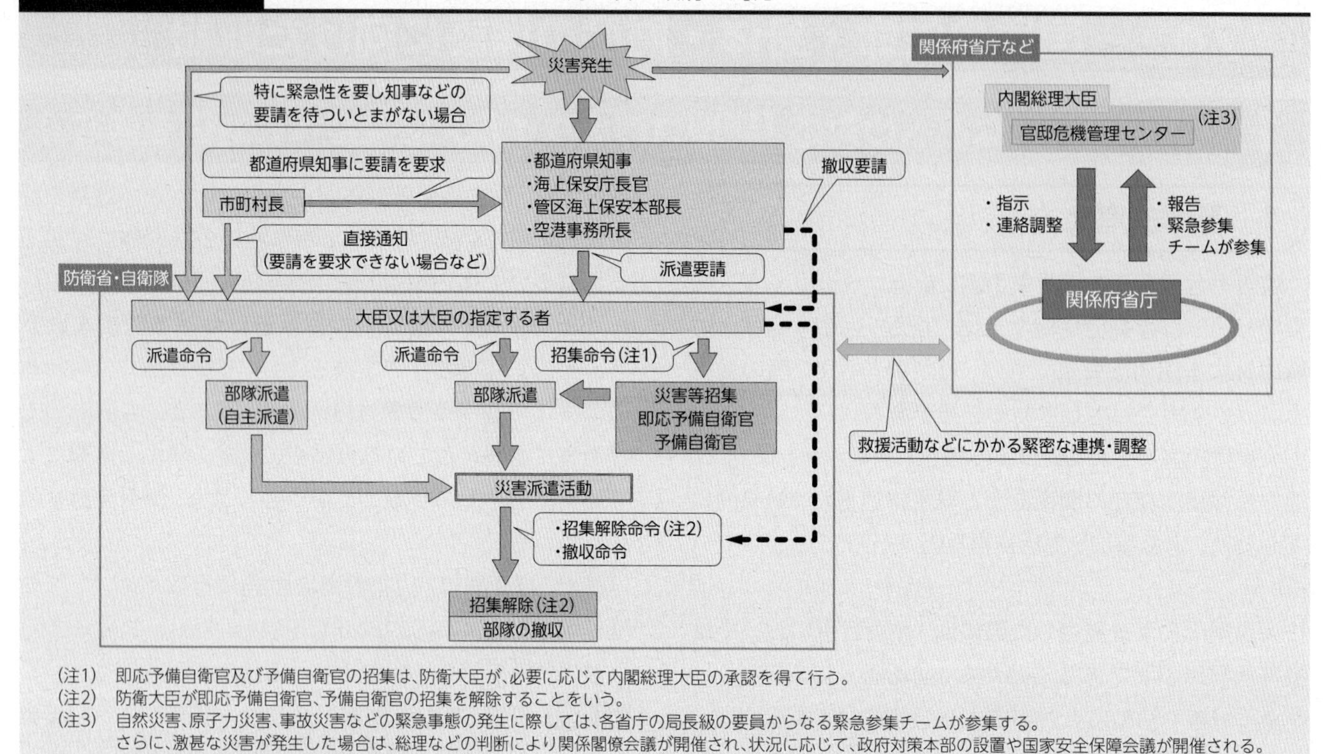

（注1）即応予備自衛官及び予備自衛官の招集は、防衛大臣が、必要に応じて内閣総理大臣の承認を得て行う。
（注2）防衛大臣が即応予備自衛官、予備自衛官の招集を解除することをいう。
（注3）自然災害、原子力災害、事故災害などの緊急事態の発生に際しては、各省庁の局長級の要員からなる緊急参集チームが参集する。
さらに、激甚な災害が発生した場合は、総理などの判断により関係閣僚会議が開催され、状況に応じて、政府対策本部の設置や国家安全保障会議が開催される。

2　防衛省・自衛隊の対応

(1) 自然災害などへの対応

ア　2022年台風第14号及び台風第15号にかかる災害派遣

2022年9月19日、宮崎県知事から陸自に対し、台風第14号の影響による土砂災害により安否不明となった住民の捜索救助にかかる災害派遣要請及び給水支援にかかる災害派遣要請があり、人命救助活動、給水支援活動及び陸空自航空機による情報収集活動を実施した。

同年9月26日、静岡県知事から陸自に対し、台風第15号の影響による土砂災害に伴う災害廃棄物撤去や給水支援などにかかる災害派遣要請があり、災害廃棄物の撤去支援活動、給水支援活動及び孤立集落の住民の避難支援を実施した。

イ　2022年12月大雪にかかる災害派遣

2022年12月20日、新潟県知事から陸自に対し、大雪により多数の車両の滞留が発生した国道8号及び国道17号の一部区間における除雪支援などにかかる災害派遣要請があり、除雪支援、滞留車両の救出、食料・水の配布及び燃料補給を実施した。

ウ　新型コロナウイルス感染者に対する市中感染対策にかかる災害派遣

世界的大流行（パンデミック）となった新型コロナウイルス感染症は、わが国を含む国際社会の安全保障上の重大な脅威であり、その感染拡大防止に向け、防衛省・自衛隊は、2020年以降、総力を挙げて様々な活動を行った。

2022年4月から2023年3月末までの間、各知事からの要請を受け離島で発生した新型コロナウイルス感染症患者の輸送を4都県で約20名実施した。

エ　鳥インフルエンザ発生にかかる災害派遣

2022年4月から2023年3月末までの間に鳥インフルエンザが発生した13道県（北海道、青森県、茨城県、群馬県、千葉県、新潟県、愛知県、鳥取県、岡山県、広島県、福岡県、宮崎県、鹿児島県）において、自衛隊は各知事からの災害派遣要請を受け、鳥インフルエンザの発生鶏舎及び感染の疑いが高い発生鶏舎周辺における殺処分を実施した。これらに対する派遣の規模は、人員延べ約33,000名に上った。

オ　山林火災にかかる災害派遣

2022年4月から2023年3月末までの間に発生した山林火災のうち、自治体により消火活動を実施するも鎮火に至らなかったものについて、自衛隊は4県（青森県、

福島県、栃木県、宮崎県）において、各県知事からの災害派遣要請を受け、空中消火活動などを実施した。これらに対する派遣の規模は人員延べ約1,300名、車両延べ約140両、航空機延べ約50機に上った。

参照　資料21（災害派遣の実績（過去5年間））

(2) 救急患者の輸送

自衛隊は、医療施設が不足している離島などの救急患者を航空機で緊急輸送（急患輸送）している。2022年度の災害派遣総数381件のうち、317件が急患輸送であり、南西諸島（沖縄県及び鹿児島県）や小笠原諸島（東京都）、長崎県の離島などへの派遣が大半を占めている。

(3) 海難事故への対応

2022年4月23日、第1管区海上保安本部から空自に対し、北海道知床沖における遊覧船事故による要救助者の捜索について災害派遣要請があり、同日受理した。同月23日から6月1日にかけて、陸海空自の航空機や艦艇による捜索救助活動を実施した。

(4) 原子力災害への対応

防衛省・自衛隊では、原子力災害に対処するため、「自衛隊原子力災害対処計画」を策定している。また、国、地方公共団体及び原子力事業者が合同で実施する原子力総合防災訓練に参加し、地方公共団体の避難計画の実効性の確認や原子力災害緊急事態における関係機関との連携強化を図っている。

(5) 各種対処計画の策定

防衛省・自衛隊は、各種の災害に際し迅速に部隊を輸送・展開して初動対応に万全を期すとともに、中央防災会議で検討されている大規模地震に対応するため、防衛省防災業務計画に基づき、自衛隊のとるべき行動の基本的事項を定め、もって、迅速かつ組織的に災害派遣を実施することを目的とし、各種の大規模地震対処計画を策定している。

なお、内閣府から発表された日本海溝・千島海溝沿いの巨大地震の被害想定及び日本海溝・千島海溝周辺海溝型地震防災対策推進基本計画を踏まえて、2022年度に「自衛隊日本海溝・千島海溝周辺海溝型地震対処計画」を策定している。

(6) 地方公共団体などとの連携

災害派遣活動を円滑に行うためには、平素から地方公共団体などと連携を強化することが重要である。このため、①自衛隊地方協力本部への国民保護・災害対策連絡調整官（事務官）の設置、②自衛官の出向（東京都の防災担当部局）及び事務官による相互交流（陸自中部方面隊と兵庫県の間）、③地方公共団体からの要請に応じ、防災の分野で知見のある退職自衛官の推薦などを行っている。

2023年3月末現在、全国46都道府県・455市区町村に640人の退職自衛官が、地方公共団体の防災担当部門などに在籍している。このような人的協力は、防衛省・自衛隊と地方公共団体との連携を強化するうえで極めて効果的であり、各種災害対応においてその有効性が確認された。特に、陸自各方面総監部は地方公共団体の危機管理監などとの交流の場を設定し、情報共有・意見交換を行い、地方公共団体との連携強化を図っている。

また、災害の発生に際しては、各種調整を円滑にするため、部隊などから地方公共団体に対し、迅速な連絡員の派遣を行っている。

(7) 防災・減災、国土強靱化のための5か年加速化対策に基づく措置

2020年12月、防災・減災、国土強靱化のための5か年加速化対策[1]が閣議決定された。本対策において、防衛省としては、防災のための重要インフラなどの機能維持・強化の観点から、自衛隊の飛行場施設などの資機材等対策、自衛隊のインフラ基盤強化対策及び自衛隊施設の建物などの強化対策について、重点的かつ集中的に取り組んでいる。

3　災害派遣に伴う各種訓練への影響など

近年、大規模かつ長期間の災害派遣活動が増えてお

1　気候変動の影響による気象災害の激甚化・頻発化、南海トラフ地震等大規模地震の切迫、高度成長期以降に集中的に整備されたインフラの老朽化を踏まえ、防災・減災、国土強靱化の取組の加速化・深化を図る必要があり、また、国土強靱化の施策を効率的に進めるためにはデジタル技術の活用などが不可欠である。このため、「激甚化する風水害や切迫する大規模地震等への対策」「予防保全型インフラメンテナンスへの転換に向けた老朽化対策の加速」「国土強靱化に関する施策を効率的に進めるためのデジタル化等の推進」の各分野について、更なる加速化・深化を図ることとし、令和7（2025）年度までの5か年に追加的に必要となる事業規模等を定め、重点的・集中的に対策を講ずることとしている。

り、災害派遣活動中に、当初予定していた訓練を行うことができず、訓練計画に支障を来すこともあった。

今後は、初動における人命救助活動などに全力で対応するとともに、各種の緊急支援などについては、地方公共団体・関係省庁などの関係者と役割分担、対応方針、活動期間、民間企業の活用などの調整を行い、適宜態勢を移行し、適切な態勢・規模で活動することとしている。

2　在外邦人等の保護措置及び輸送への対応

1　基本的考え方

防衛大臣は、外国での災害、騒乱その他の緊急事態に際し、外務大臣から在外邦人等の警護、救出などの保護措置又は輸送の依頼があった場合、外務大臣と協議をしたうえで、自衛隊法第84条の3（在外邦人等の保護措置）または同法第84条の4（在外邦人等の輸送）の規定に基づき、在外邦人等の保護措置又は輸送を行うことができる。

2　防衛省・自衛隊の取組

在外邦人等の保護措置又は輸送を迅速かつ的確に実施するため、自衛隊は、部隊を速やかに派遣する態勢をとっている。具体的には、陸自ではヘリコプター部隊と陸上輸送を担当する部隊の要員を、海自では輸送艦などの艦艇（搭載航空機を含む）を、空自では輸送機部隊と派遣要員をそれぞれ指定し、待機態勢を維持している。

また、これらの行動においては、陸海空自の緊密な連携が必要となるため、平素から統合訓練などを行っている。2022年8月から9月にかけて、自衛隊は関係機関とともに、国内において在外邦人等輸送にかかる部隊の一連の行動及び関係機関との連携要領を訓練し、統合運用能力の向上及び関係機関との連携強化を図った。さらに、毎年タイで行われている多国間共同訓練「コブラ・ゴールド」の機会を活用し、2023年2月から3月には、関係省庁、在タイ日本国大使館などの協力のもと、在外邦人等の保護措置における一連の活動を演練し、防衛省・自衛隊と外務省との連携を強化した。

スーダンからジブチへ向かう空自C-2輸送機の機内の様子

防衛省・自衛隊は、これまでに6件の在外邦人等の輸送を実施してきた。直近では、2023年4月、2022年の自衛隊法第84条の4の改正後初めての在外邦人等の輸送となる、在スーダン共和国邦人等の輸送を実施した。具体的には、同月19日、スーダン共和国の情勢にかんがみ、外務大臣から防衛大臣に対し、同国に滞在する邦人等の輸送の実施に必要となる準備行為の要請があり、同月20日、防衛大臣は空自輸送機のジブチ共和国までの移動及び待機を行うための命令を発出した。これを受け、空自航空支援集団司令官を指揮官とする「在スーダン共和国邦人等輸送統合任務部隊」が編成され、同月21日以降、C-130輸送機、C-2輸送機及びKC-767空中給油・輸送機が、順次ジブチ共和国へ向け出発した。

同月23日、外務大臣から在スーダン共和国邦人等の輸送の依頼を受け、同日、防衛大臣はスーダン共和国からの邦人等の輸送活動を実施するための命令を発出し、同月24日（現地時間）、C-2輸送機1機により、在留邦人とその家族計45名をスーダン共和国からジブチ共和国まで輸送した。この活動を通じて、ジブチ共和国には、C-130輸送機2機、C-2輸送機2機及びKC-767空中給油・輸送機1機並びに約180名の隊員が派遣された。その後、同月28日に外務大臣からの当該邦人等の輸送の終結に関する依頼を受け、同日、防衛大臣が終結のための命令を発出した。

参照　Ⅱ部6章3項6（在外邦人等の輸送・保護措置）、資料22（在外邦人等の輸送実績・自衛隊による在外邦人等の輸送の実施について（令和4年4月22日閣議決定））

第8節　平和安全法制施行後の自衛隊の活動状況など

1　平和安全法制に基づく新たな任務に向けた各種準備の推進

2016年3月に平和安全法制[1]が施行され、防衛省・自衛隊は、平和安全法制に基づく様々な新たな任務について、自衛隊の各部隊、及び日米など二国間あるいは多国間の共同訓練においては関係国との調整のうえで、平和安全法制に関する必要な訓練を実施してきた。最近では2022年6月から8月に実施された多国間共同訓練「リムパック2022」において、わが国政府が存立危機事態の認定を行ったという前提の実動訓練に初めて参加した。

防衛省・自衛隊は、引き続き、こうした訓練を実施し、平和安全法制を効果的に運用し、あらゆる事態に対応できるよう万全を期していくこととしている。

2　米軍等の部隊の武器等防護（自衛隊法第95条の2）の警護の実績

自衛隊法第95条の2の規定に基づく米軍等の部隊の武器等の防護として、2022年は、弾道ミサイルの警戒を含む情報収集・警戒監視活動の機会に、米軍の艦艇に対して自衛隊の艦艇が4回、共同訓練の機会に、米軍の艦艇に対して自衛隊の艦艇が18回、豪軍の艦艇に対して自衛隊の艦艇が4回、米軍の航空機に対して自衛隊の航空機が5回、合計31回の警護を実施した。

また、2022年11月には初めて日米豪3か国が連携した形で実施した。これは、日米豪共同訓練の機会に、海自艦艇が米海軍及び豪海軍の艦艇に対して警護を実施したものであり、日米豪3か国の部隊間での相互運用性が向上し、より一層緊密な連携が可能となった。

参照　Ⅱ部6章3項7（米軍等の部隊の武器等の防護）、資料23（米軍等の部隊の武器等防護の警護実績（自衛隊法第95条の2関係））

日米豪共同訓練に参加する海自艦艇（右奥）（2022年11月）

3　その他の取組・活動など

このほか、平和安全法制の施行を踏まえ、防衛省・自衛隊は国際連携平和安全活動として2019年4月から多国籍部隊・監視団（MFO）に司令部要員を派遣している。（Multinational Force and Observers）

日米物品役務相互提供協定（日米ACSA）については、（Acquisition and Cross-Servicing Agreement）2017年4月以降、平和安全法制の成立により自衛隊から米軍に対して実施可能となった物品・役務の提供についても、これまでの決済手続などと同様の枠組みを適用できるようになった。

また、米国以外にも、オーストラリア、英国、フランス、カナダ及びインドとの間で平和安全法制を踏まえた物品役務相互提供協定（ACSA）が発効している。

参照　Ⅱ部6章5項（国際社会の平和と安定への貢献に関する枠組み）、Ⅲ部2章2節5項（後方支援）、Ⅲ部3章3節（国際平和協力活動への取組）

1　平和安全法制は、平和安全法制整備法（我が国及び国際社会の平和及び安全の確保に資するための自衛隊法等の一部を改正する法律（平成27年法律第76号））及び国際平和支援法（国際平和共同対処事態に際して我が国が実施する諸外国の軍隊等に対する協力支援活動等に関する法律（平成27年法律第77号））から構成されており、2016年3月29日に施行された。

第2章 日米同盟

日米安保条約に基づく日米安保体制について、防衛戦略は、米国との同盟関係は、わが国の安全保障政策の基軸であるとしている。わが国の防衛力の抜本的強化は、米国の能力のより効果的な発揮にもつながり、日米同盟の抑止力・対処力を一層強化するものとなる。日米は、こうした共同の意思と能力を顕示することにより、グレーゾーンから通常戦力による侵攻、さらに核兵器の使用に至るまでの事態の深刻化を防ぎ、力による一方的な現状変更やその試みを抑止する。

そのうえで、わが国への侵攻が生起した場合には、日米共同対処によりこれを阻止する。このため、日米両国は、その戦略を整合させ、共に目標を優先付けることにより、同盟を絶えず現代化し、共同の能力を強化する。その際、わが国は、わが国自身の防衛力の抜本的強化を踏まえて、日米同盟のもとで、わが国の防衛と地域の平和及び安定のため、より大きな役割を果たしていく。

本章においては、このような防衛戦略の考えも踏まえつつ、日米同盟の強化に関する取組などについて説明する。

第1節 日米安全保障体制の概要

1 日米安全保障体制の意義

1 わが国の平和と安全の確保

現在の国際社会において、国の平和、安全及び独立を確保するためには、核兵器の使用をはじめとする様々な態様の侵略から、軍事力による示威や恫喝（どうかつ）に至るまで、あらゆる事態に対応できる隙のない防衛態勢を構築する必要がある。

しかし、米国でさえ一国のみで自国の安全を確保することは困難な状況にある。ましてや、わが国が独力でこのような態勢を保持することは、人口、国土、経済の観点からも容易ではない。

このため、わが国は、民主主義、人権の尊重、法の支配、資本主義経済といった基本的な価値観や世界の平和と安全の維持に関する利益を共有し、経済面においても関係が深く、かつ、強大な軍事力を有する米国との安全保障体制を基軸として、わが国の平和、安全及び独立を確保してきた。

具体的には、日米安保条約第5条の規定に基づき、わが国に対する武力攻撃があった場合、日米両国が共同して対処するとともに、同第6条の規定に基づき、米軍に対してわが国の施設・区域を提供することとしている。この米国の日本防衛義務により、仮にどこかの国がわが

日米防衛相会談（2023年1月）

日米首脳会談（2023年5月）【首相官邸HP】

国に対して武力攻撃を企図したとしても、自衛隊のみならず、米国の有する強大な軍事力とも直接対決する事態を覚悟しなければならなくなる。この結果、相手国は侵略を行えば耐えがたい損害を被ることを明白に認識し、わが国に対する侵略を思いとどまることになる。すなわち、侵略は抑止されることになる。

わが国としては、このような米国の軍事力による抑止力をわが国の安全保障のために有効に機能させることで、わが国自身の防衛体制とあいまって隙のない態勢を構築し、わが国の平和と安全を確保していく考えである。

2　わが国の周辺地域の平和と安定の確保

日米安保条約第6条では、米軍に対するわが国の施設・区域の提供の目的として、「日本国の安全」とともに、「極東における国際の平和及び安全の維持」があげられている。これは、わが国の安全が、極東というわが国を含む地域の平和や安全と極めて密接な関係にあるとの認識に基づくものである。

わが国の周辺地域には、大規模な軍事力を有する国家などが集中し、核兵器を保有又は核開発を継続する国家なども存在する。また、パワーバランスの変化に伴い既存の秩序をめぐる不確実性が増しており、いわゆるグレーゾーン事態は、明確な兆候のないまま、より重大な事態へと急速に発展していくリスクをはらんでいる。

こうした安全保障環境の中で、わが国に駐留する米軍のプレゼンスは、地域における様々な安全保障上の課題や不安定要因に起因する不測の事態の発生に対する抑止力として機能し、わが国や米国の利益を守るのみならず、地域諸国に大きな安心をもたらすことで、いわば「公共財」としての役割を果たしている。

また、日米安保体制を基調とする日米両国間の緊密な協力関係は、わが国の周辺地域の平和と安定にとって必要な米国の関与を確保する基盤となっている。このような体制は、韓国、オーストラリア、タイ、フィリピンなどの地域諸国と米国の間で構築された同盟関係や、そのほかの国々との友好関係とあいまって、地域の平和と安定に不可欠な役割を果たしている。

3　グローバルな課題への対応

日米安保体制は、防衛面のみならず、政治、経済、社会などの幅広い分野における日米の包括的・総合的な友好協力関係の基礎となっている。

日米安保体制を中核とする日米同盟関係は、わが国の外交の基軸であり、多国間の安全保障に関する対話・協力の推進や国連への協力など、国際社会の平和と安定へのわが国の積極的な取組に役立つものである。

現在、海洋・宇宙・サイバー空間の安定的利用に対するリスク、海賊行為、大量破壊兵器や弾道ミサイルの拡散、国際テロなど、一国での対応が困難なグローバルな安全保障上の課題が存在しており、関係国が平素から協力することが重要である。日米の緊密な協力関係は、わが国がこのような課題に効果的に対応していくうえでも重要な役割を果たしている。

特に、自衛隊と米軍は、日米安保体制のもと、平素から様々な面での協力の強化に努めている。こうした緊密な連携は、海賊対処など各種の国際的な活動において自衛隊と米軍が協力するうえでの基盤となっており、日米安保体制の実効性を高めることにもつながっている。

国際社会の平和と繁栄は、わが国の平和と繁栄と密接に結びついている。したがって、わが国が、卓越した活動能力を有する米国と協力してグローバルな課題解決のための取組を進めていくことにより、わが国の平和と繁栄はさらに確かなものとなる。

2　「日米防衛協力のための指針」（ガイドラインの内容）

日米間の役割や協力などのあり方についての一般的な大枠及び政策的な方向性を示した「日米防衛協力のための指針」（ガイドライン）は、1978年に策定され、1997年及び2015年に逐次改訂されている。

2015年に改訂された現行のガイドラインは、日米両国の役割及び任務についての一般的な大枠及び政策的な方向性を更新するとともに、同盟を現代に適合したものとし、また、平時から緊急事態までのあらゆる段階における抑止力及び対処力を強化することで、より力強い同盟とより大きな責任の共有のための戦略的な構想を明らかにするものである。

図表Ⅲ-2-1-1　日米防衛協力のための指針の概要

<table>
<tr><th>項目</th><th>概要</th></tr>
<tr><td>第Ⅰ章　防衛協力と指針の目的</td><td>両国の役割及び任務並びに協力及び調整の在り方についての一般的な大枠及び政策的な方向性を示す。
これにより、日米同盟の重要性についての国内外の理解を促進
○日米両国間の安全保障及び防衛協力の強調事項
－切れ目のない、力強い、柔軟かつ実効的な日米共同の対応
－日米両政府の国家安全保障政策間の相乗効果
－政府一体となっての同盟としての取組
－地域の及び他のパートナー並びに国際機関との協力
－日米同盟のグローバルな性質</td></tr>
<tr><td>第Ⅱ章　基本的な前提及び考え方</td><td>A　日米安全保障条約及びその関連取極に基づく権利及び義務は変更されない。
B　指針の下での行動及び活動は国際法に合致
C　日米の行動及び活動は各々の憲法・国内法令等に従って行われ、日本の行動及び活動は、専守防衛、非核三原則等の日本の基本的な方針に従って行われる。
D　指針は、立法上・予算上・行政上又はその他の措置を義務付けるものではないが、各々の具体的な政策及び措置に適切な形で反映することが期待される。</td></tr>
<tr><td>第Ⅲ章　強化された同盟内の調整</td><td>指針のもとでの実効的な二国間協力のため、平時から緊急事態まで、日米両政府が緊密な協議並びに政策面及び運用面の的確な調整を行うことが必要となる。このため、両政府は、新たな、平時から利用可能な同盟調整メカニズムを設置し、運用面の調整を強化し、共同計画の策定を強化する。
A　同盟調整メカニズム
日米両政府は、日本の平和及び安全に影響を与える状況その他の同盟としての対応を必要とする可能性があるあらゆる状況に切れ目のない形で実効的に対処するため、同盟調整メカニズムを活用し、平時から緊急事態までのあらゆる段階において自衛隊及び米軍により実施される活動に関連した政策面及び運用面の調整を強化する。日米両政府は、必要な手順及び基盤（施設及び情報通信システムを含む。）を確立するとともに、定期的な訓練・演習を実施する。
B　強化された運用面の調整
日米両政府は、運用面の調整機能の併置の重要性を認識する。自衛隊及び米軍は、緊密な情報共有、円滑な調整及び国際的な活動を支援するための要員の交換を実施する。
C　共同計画の策定
日米両政府は、平時において、共同計画策定メカニズムを通じ、共同計画の策定・更新を実施する。共同計画は、両政府双方の計画に適切に反映する。</td></tr>
<tr><td>第Ⅳ章　日本の平和及び安全の切れ目のない確保</td><td>●　日米両政府は、日本に対する武力攻撃を伴わない時の状況を含め、平時から緊急事態までのいかなる段階においても切れ目のない形で、日本の平和及び安全を確保するための措置をとる。この文脈において、パートナーとのさらなる協力を推進する。
●　日米両政府は、状況の評価、情報の共有、柔軟に選択される抑止措置及び事態の緩和を目的とした行動のため、適切な場合に、同盟調整メカニズムを活用する。また、適切な経路を通じた戦略的な情報発信を調整する。
A　平時からの協力措置
・　日米両政府は、日米同盟の抑止力及び能力を強化するための広範な分野にわたる協力を推進する。
・　自衛隊及び米軍は、相互運用性、即応性及び警戒態勢を強化する。このため、日米両政府は、①情報収集、警戒監視及び偵察、②防空及びミサイル防衛、③海洋安全保障、④アセット（装備品等）の防護、⑤訓練・演習、⑥後方支援、⑦施設の使用を含むが、これに限られない措置をとる。
B　日本の平和及び安全に対して発生する脅威への対処
・　同盟は、日本の平和及び安全に重要な影響を与える事態に対処する。当該事態は、地理的に定めることはできない。この節に示す措置は、当該事態にいまだ至っていない状況において、各々の国内法令に従ってとり得るものを含む。
・　日米両政府は、平時からの協力的措置を継続することに加え、あらゆる手段を追求する。同盟調整メカニズムを活用しつつ、各々の決定により、①非戦闘員を退避させるための活動、②海洋安全保障、③避難民への対応のための措置、④捜索・救難、⑤施設・区域の警護、⑥後方支援及び⑦施設の使用を含むが、これらに限らない追加的措置をとる。
C　日本に対する武力攻撃への対処行動
共同対処行動は、引き続き、日米間の安全保障及び防衛協力の中核的要素
1　日本に対する武力攻撃が予測される場合
日米両政府は、必要な準備を行いつつ、武力攻撃を抑止し、事態を緩和するための措置をとる。
2　日本に対する武力攻撃が発生した場合
・　整合のとれた対処行動のための基本的な考え方
日米両政府は、極力早期にこれを排除し、さらなる攻撃を抑止するため、適切な共同対処行動を実施する。自衛隊は防衛作戦を主体的に実施し、米軍は自衛隊を支援・補完する。
・　作戦構想
<table>
<tr><th></th><th>自衛隊</th><th>米軍</th></tr>
<tr><td rowspan="2">空域を防衛するための作戦</td><td colspan="2">日本の上空及び周辺空域を防衛するため、共同作戦を実施</td></tr>
<tr><td>航空優勢を確保しつつ、防空作戦を主体的に実施</td><td>自衛隊の作戦を支援し及び補完するための作戦を実施</td></tr>
<tr><td rowspan="2">弾道ミサイル攻撃に対処するための作戦</td><td colspan="2">日本に対する弾道ミサイル攻撃に対処するため、共同作戦を実施</td></tr>
<tr><td>日本を防衛するため、弾道ミサイル防衛作戦を主体的に実施</td><td>自衛隊の作戦を支援し及び補完するための作戦を実施</td></tr>
<tr><td rowspan="2">海域を防衛するための作戦</td><td colspan="2">日本の周辺海域を防衛し及び海上交通の安全を確保するため、共同作戦を実施</td></tr>
<tr><td>日本における主要港湾及び海峡の防備、日本周辺海域における艦船の防護並びにその他の関連する作戦を主体的に実施</td><td>自衛隊の作戦を支援し及び補完するための作戦を実施</td></tr>
</table>
</td></tr>
</table>

<table>
<tr><th>項目</th><th>概要</th></tr>
<tr><td>第Ⅳ章　日本の平和及び安全の切れ目のない確保</td><td>
<table>
<tr><th colspan="2"></th><th>自衛隊</th><th>米軍</th></tr>
<tr><td colspan="2" rowspan="2">陸上攻撃に対処するための作戦</td><td colspan="2">日本に対する陸上攻撃に対処するため、陸、海、空又は水陸両用部隊を用いて、共同作戦を実施</td></tr>
<tr><td>島嶼に対するものを含む陸上攻撃の阻止・排除を主体的に実施、航空優勢を確保しつつ、防空作戦を主体的に実施</td><td>自衛隊の作戦を支援し及び補完するための作戦を実施</td></tr>
<tr><td rowspan="5">領域横断的な作戦</td><td></td><td colspan="2">日本に対する武力攻撃を排除し及びさらなる攻撃を抑止するため、領域横断的な共同作戦を実施</td></tr>
<tr><td>ISR</td><td colspan="2">関係機関と協力しつつ、各々のISR態勢を強化し、情報共有を促進し及び各々のISRアセットを防護</td></tr>
<tr><td>宇宙・サイバー</td><td colspan="2">宇宙及びサイバー空間における脅威に対処するために協力</td></tr>
<tr><td>特殊作戦</td><td colspan="2">特殊作戦部隊は、作戦実施中、適切に協力</td></tr>
<tr><td>打撃作戦</td><td>米軍の打撃作戦に関して、必要に応じ、支援を行うことができる。</td><td>自衛隊を支援し補完するため、打撃力の使用を伴う。</td></tr>
</table>
・作戦支援活動
作戦支援活動として、①通信電子活動、②捜索・救難、③後方支援、④施設の使用、⑤CBRN（化学・生物・放射線・核）防護を明記
D　日本以外の国に対する武力攻撃への対処行動
・　日米両国が、米国又は第三国に対する武力攻撃に対処するため、主権の十分な尊重を含む国際法並びに各々の憲法及び国内法に従い、武力の行使を伴う行動をとることを決定する場合であって、日本が武力攻撃を受けるに至っていないとき、日米両国は、当該武力攻撃への対処及びさらなる攻撃の抑止において緊密に協力する。
・　自衛隊は、日本と密接な関係にある他国に対する武力攻撃が発生し、これにより日本の存立が脅かされ、国民の生命、自由及び幸福追求の権利が根底から覆される明白な危険がある事態に対処し、日本の存立を全うし、日本国民を守るため、武力の行使を伴う適切な作戦を実施する。
・　協力して行う作戦の例は、①アセットの防護、②捜索・救難、③海上作戦、④弾道ミサイル攻撃に対処するための作戦、⑤後方支援である。
E　日本における大規模災害への対処における協力
・　日本において大規模災害が発生した場合、日本は主体的に災害に対処する。自衛隊は、関係機関、地方公共団体及び民間主体と協力しつつ、災害救援活動を実施する。米国は、自国の基準に従い、日本の活動に対し適切な支援を行う。両政府は、適切な場合に、同盟調整メカニズムを通じて活動を調整する。
・　両政府は、情報共有を含め緊密に協力する。米軍が災害関連訓練に参加することにより相互理解が深まる。
</td></tr>
<tr><td>第Ⅴ章　地域の及びグローバルな平和と安全のための協力</td><td>
●　相互の関係を深める世界において、日米両国は、アジア太平洋地域及びこれを越えた地域の平和、安全、安定及び経済的な繁栄の基盤を提供するため、パートナーと協力しつつ、主導的な役割を果たす。
●　両政府の各々が国際的な活動に参加することを決定する場合であって、適切なときは、次に示す活動において、相互にパートナーと緊密に協力する。
A　国際的な活動における協力
・　両政府は、各々の判断に基づき、国際的な活動に参加する。ともに活動を行う場合、自衛隊及び米軍は、実行可能な限り最大限協力する。
・　一般的な協力分野は、①平和維持活動、②国際的な人道支援・災害救援、③海洋安全保障、④パートナーの能力構築支援、⑤非戦闘員を退避させるための活動、⑥情報収集、警戒監視及び偵察、⑦訓練・演習、⑧後方支援を含む。
B　三か国及び多国間協力
両政府は、三か国及び多国間の安全保障及び防衛協力を推進及び強化する。また、国際法及び国際的基準に基づく協力を推進すべく、地域機関及び国際機関を強化するために協力する。
</td></tr>
<tr><td>第Ⅵ章　宇宙及びサイバー空間に関する協力</td><td>
A　宇宙に関する協力
・　日米両政府は、宇宙空間の責任ある、平和的かつ安全な利用のため、両政府の連携を維持・強化する。
・　日米両政府は、各々の宇宙システムの抗たん性の確保、宇宙状況監視にかかる協力を強化する。
・　自衛隊及び米軍は、早期警戒、ISR、測位、航法及びタイミング、宇宙状況監視、気象観測、指揮、統制及び通信などにおいて引き続き協力する。
B　サイバー空間に関する協力
・　日米両政府は、サイバー空間における脅威及び脆弱性に関する情報を適時かつ適切に共有する。自衛隊及び米軍が任務を達成する上で依拠する重要インフラ及びサービスを防護するために協力する。
・　自衛隊及び米軍は、ネットワーク及びシステムの監視態勢を維持し、教育交流を行い、ネットワーク及びシステムの抗たん性を確保し、日米両政府一体となった取組に寄与し、共同演習を実施する。
・　日本に対するサイバー事案が発生した場合、日本は主体的に対処し、米国は適切な支援を行う。日本の安全に影響を与える深刻なサイバー事案が発生した場合、両政府は、緊密に協議し、適切な協力行動をとり対処する。
</td></tr>
<tr><td>第Ⅶ章　日米共同の取組</td><td>
両政府は、二国間協力の実効性をさらに向上させるため、安全保障及び防衛協力の基盤として、次の分野を発展させ及び強化する。
A　防衛装備・技術協力
B　情報協力・情報保全
C　教育・研究交流
</td></tr>
<tr><td>第Ⅷ章　見直しのための手順</td><td>ガイドラインが変化する状況に照らして適切なものであるか否かを定期的に評価し、必要と認める場合には、両政府は、適時かつ適切な形でこのガイドラインを更新する。</td></tr>
</table>

参照 資料24(日米防衛協力のための指針(平成27年4月27日及び1997年9月23日)(仮訳))、資料25(日米同盟にかかわる主な経緯)、図表Ⅲ-2-1-1(日米防衛協力のための指針の概要)

1 日米防衛協力の強化

ガイドラインでは、わが国の平和及び安全の切れ目のない確保のため、平時から、情報収集・警戒監視・偵察(ISR)活動、防空及びミサイル防衛、海洋安全保障、訓練・演習、アセットの防護、後方支援などの措置をとることや、わが国における大規模災害への対処などにおいて日米が協力することなどが明示されている。

また、地域及びグローバルな平和と安全のため、国際的な活動において日米が協力することや三か国及び多国間協力を推進・強化すること、宇宙及びサイバー空間に関して協力すること、日米協力の実効性をさらに向上させるための基盤として防衛装備・技術協力や情報協力・情報保全などの日米共同の取組を発展・強化することなどが明示されている。

3 日米間の政策協議

日米両国は、首脳・閣僚レベルをはじめ様々なレベルで緊密に連携し、二国間のみならず、インド太平洋地域をはじめとする国際社会全体の平和と安定及び繁栄のために、多岐にわたる分野で協力関係を不断に強化・拡大させてきた。

日米間の安全保障に関する政策協議は、通常の外交ルートによるもののほか、日米安全保障協議委員会(SCC)(Security Consultative Committee)(「2+2」)、日米安全保障高級事務レベル協議、防衛協力小委員会など、防衛・外務の関係者などにより、各種のレベルで緊密に行われている。中でも、防衛・外務の閣僚級協議の枠組みである「2+2」は、政策協議の代表的なものであり、安全保障分野における日米協力にかかわる問題を検討するための重要な協議機関として機能している。

また、防衛省としては、防衛大臣と米国防長官との間で日米防衛相会談を適宜行い、両国の防衛政策や防衛協力について協議している。加えて、事務次官、統幕長、防衛審議官、陸・海・空幕長をはじめとする実務レベルにおいても、随時協議や必要な情報の交換などを行っている。例えば、2023年1月には、浜田防衛大臣とオースティン国防長官との間で会談を実施したほか、同年4月には、鈴木防衛事務次官がヒックス国防副長官及びカール国防次官との間で協議を実施した。

鈴木事務次官とヒックス国防副長官との協議

このように、あらゆる機会とレベルを通じ、日米間情報や認識を共有することは、日米間の連携をより強化・緊密化するものであり、日米安保体制の信頼性の向上に資するものであることから、防衛省としても主体的・積極的に取り組んでいる。

参照 資料26(日米協議の実績(2019年以降))、資料27(日米安全保障協議委員会(「2+2」)共同発表(仮訳)(令和5年1月))、資料28(日米安全保障協議委員会(「2+2」)閣僚会合(概要)(令和5年1月))、図表Ⅲ-2-1-2 (日米安全保障問題に関する日米両国政府の関係者間の主な政策協議)、図表Ⅲ-2-1-3(最近行われた主な日米会談など)、2節(日米共同の抑止力・対処力の強化)

図表Ⅲ-2-1-2　日米安全保障問題に関する日米両国政府の関係者間の主な政策協議

協議の場	出席対象者		目的	根拠など
	日本側	米　側		
日米安全保障協議委員会 (SCC) Security Consultative Committee (「2+2」)	外務大臣 防衛大臣	国務長官 国防長官 (注1)	日米両政府間の理解の促進に役立ち、及び安全保障の分野における協力関係の強化に貢献するような問題で安全保障の基盤をなし、かつ、これに関連するものについて検討	日米安保条約第4条などを根拠とし、昭和35 (1960) 年1月19日付内閣総理大臣と米国国務長官との往復書簡に基づき設置
日米安全保障高級事務レベル協議 (SSC) Security Subcommittee	参加者は一定していない (注2)	参加者は一定していない (注2)	日米相互にとって関心のある安全保障上の諸問題について意見交換	日米安保条約第4条など
防衛協力小委員会 (SDC) Subcommittee for Defense Cooperation (注3)	外務省北米局長 防衛省防衛政策局長 及び統合幕僚監部の代表	国務次官補 国防次官補 在日米大使館 在日米軍 統合参謀本部 インド太平洋軍の代表	緊急時における自衛隊と米軍の間の整合のとれた共同対処行動を確保するためにとるべき指針など、日米間の協力のあり方に関する研究協議	昭和51 (1976) 年7月8日 第16回日米安全保障協議委員会において同委員会の下部機構として設置。その後、平成8 (1996) 年6月28日の日米次官級協議において改組
日米合同委員会 (JC) Joint Committee	外務省北米局長 防衛省地方協力局次長 など	在日米軍副司令官 在日米大使館公使 など	地位協定の実施に関して協議	地位協定第25条

(注1)　1990年12月26日以前は、駐日米国大使・太平洋軍司令官
(注2)　両国次官・局長クラスなど事務レベルの要人により適宜行われている。
(注3)　1996年6月28日の改組時、審議官・次官補代理レベルの代理会合を設置した。

図表Ⅲ-2-1-3　最近行われた主な日米会談など

年月日	会議／場所	出席者	結果概要(抄)
2022/5/4	日米防衛相会談／ワシントン	岸防衛大臣 オースティン米国防長官	・ロシアによるウクライナ侵略は、力による一方的な現状変更であるとともに、国際秩序に対する深刻な挑戦であり断じて容認できないとして、これを厳しく非難。日米が連携し、ウクライナに対してできる限りの支援を継続していくことを確認。 ・米側は、ウクライナへの支援において日本が発揮しているリーダーシップに謝意を表明。日本側は、インド太平洋地域と欧州の安全保障は区別して考えることができない、欧州の安全保障へのコミットメントを強化していく旨発言。 ・自由で開かれたインド太平洋へのコミットメントを再確認。 ・東シナ海・南シナ海における威圧的な行動など、インド太平洋地域における中国の最近の行動について議論。インド太平洋地域における力による一方的な現状変更を許容せず、これを抑止し、必要であれば対処するために連携を強化していくことを確認。 ・米側は、尖閣諸島は日本の施政下にある領域であり、日米安全保障条約第5条が尖閣諸島に適用されること、尖閣諸島の現状変更を試みる、または、日本の施政を損なおうとするいかなる一方的な行動にも反対する旨を表明。 ・双方は、台湾海峡の平和と安定の重要性を改めて強調。 ・北朝鮮による度重なる弾道ミサイル発射や核開発等は、地域と国際社会の平和と安定に対する深刻な脅威であり、断じて容認できないとの認識で一致。北朝鮮の挑発行動に対して、日米、日米韓で緊密に連携していくことを確認。 ・豪州、インド、東南アジア、太平洋島嶼国及び欧州諸国といった地域内外のパートナー国との防衛協力を強化していくことで一致。 ・日米同盟の抑止力・対処力の強化に向けた取組を速やかに具体化していくことで一致。 ・日本側は、国家安全保障戦略等の策定を通じた、日本の防衛力の抜本的強化に対する断固たる決意を述べ、米側は、これを歓迎する旨発言。双方の戦略を緊密な協議を通じて擦り合わせていくことを確認。 ・米側は、日本に対する核を含めた米国の拡大抑止のコミットメントは揺るぎないものである旨発言。日本側は、現下の国際情勢において核抑止が信頼でき、強靱なものであり続けるためのあらゆるレベルでの二国間の取組が従来にも増して重要である旨発言し、双方で認識を共有。 ・日米防衛協力の基盤である情報保全・サイバーセキュリティの重要性を確認するとともに、その強化に取り組んでいくことで一致。 ・同盟の技術的優位性を確保するため、極超音速技術に対抗するための技術を含め、装備・技術分野での協力をさらに深化させることで一致。 ・普天間飛行場の辺野古移設及び馬毛島の施設整備を含む米軍再編計画のこれまでの取組を歓迎するとともに、今後の着実な進展のため、引き続き日米で緊密に協力していくことで一致。 ・日米双方が引き続き緊密に連携し、本年、本土復帰50周年を迎える沖縄の負担軽減について、協力を一層加速させていくことの重要性を共有。

年月日	会議／場所	出席者	結果概要（抄）
2022/5/23	日米首脳会談／東京	岸田内閣総理大臣 バイデン米大統領	・日本側から、今回の訪日は、米国がいかなる状況にあってもインド太平洋地域にコミットし続けることを示すものであり、心から歓迎する旨述べ、米側から、今回の訪日を通じて、米国のインド太平洋地域への揺るぎないコミットメントを示していきたい旨発言。 ・ロシアによるウクライナ侵略が国際秩序の根幹を揺るがす中、法の支配に基づく自由で開かれた国際秩序を断固として守り抜く必要性を改めて確認。その上で、インド太平洋地域こそがグローバルな平和、安全及び繁栄にとって極めて重要であるとの認識の下、「自由で開かれたインド太平洋」の実現に向け、日米が国際社会を主導していくことで一致。 ・ロシアによるウクライナ侵略について、引き続きG7を始めとする国際社会と緊密に連携しながら、対露制裁措置を講じつつウクライナ支援を進めていくことを改めて確認。国際社会の連帯強化に向けた連携で一致。 ・今回の侵略のような力による一方的な現状変更の試みをいかなる地域においても許してはならず、その試みには重大なコストが伴うことを明確に示していくことが重要との認識で一致。 ・ウクライナ情勢がインド太平洋地域に及ぼし得る影響について議論し、最近の中露両国による共同軍事演習等の動向を注視していくことで一致。東シナ海や南シナ海における力による一方的な現状変更の試みや経済的威圧に強く反対し、香港情勢や新疆ウイグル自治区の人権状況を深刻に懸念するとともに、中国をめぐる諸課題への対応に当たり、引き続き日米で緊密に連携していくことで一致。 ・台湾に関する両国の基本的な立場に変更はないことを確認し、国際社会の安全と繁栄に不可欠な要素である台湾海峡の平和と安定の重要性を強調するとともに、両岸問題の平和的解決を促した。 ・ICBM級弾道ミサイルの発射を始めとする北朝鮮による核・ミサイル開発活動を非難。安保理決議に沿った朝鮮半島の完全な非核化へのコミットメントを再確認し、北朝鮮に対してこれらの決議の下での義務に従うことを求めた。安全保障協力を含む日米韓の三か国協力を一層強化していくことで一致。 ・日本側から、バイデン大統領が拉致被害者の御家族と面会することに謝意を伝えつつ、拉致問題の即時解決に向けた全面的な理解と協力を改めて求め、バイデン大統領から、一層の支持を得た。 ・日米同盟の抑止力・対処力を早急に強化していくことで一致。米側から、日本の防衛へのコミットメントが改めて表明され、今後も拡大抑止が揺るぎないものであり続けることを確保するため、日米間で一層緊密な意思疎通を行っていくことで一致。 ・尖閣諸島に対する日本の長きにわたる施政を損なおうとするいかなる一方的な行動にも反対することを改めて表明。 ・日本側から、日本の防衛力を抜本的に強化し、その裏付けとなる防衛費の相当な増額を確保する決意を表明し、米側から、強い支持を得た。
2022/6/27	日米首脳会談／エルマウ	岸田内閣総理大臣 バイデン米大統領	・日本側から、5月のバイデン大統領の訪日の意義に言及した上で、両首脳は、日米同盟の更なる強化及び「自由で開かれたインド太平洋」の実現に向け、引き続き緊密に連携していくことを確認。 ・両首脳は、7月に開催予定の閣僚級の日米経済政策協議委員会（経済版「2＋2」）の成功に向け協力していくことで一致。 ・両首脳は、ロシアによるウクライナ侵略に対し、引き続き緊密に連携していくことを確認。この関連で、両首脳は、プライスキャップ等石油価格高騰への対応についても議論。
2022/9/14	日米防衛相会談／ワシントン	浜田防衛大臣 オースティン米国防長官	・両閣僚は、日米同盟を取り巻く厳しい安全保障環境について幅広く意見交換。 ・両閣僚は、我が国のEEZ内への着弾を含む、先月上旬の中国による弾道ミサイルの発射について、日本の安全保障及び国民の安全に関わる重大な問題として強く非難。両閣僚は、改めて台湾海峡の平和と安定の重要性を確認するとともに、両岸問題の平和的解決を促すことで一致。また、両閣僚は、インド太平洋地域における力による一方的な現状変更を許容しないこと、そのために緊密かつ隙のない連携を図っていくことを確認。 ・両閣僚は、ロシアによるウクライナ侵略は、国際秩序の根幹を揺るがす暴挙であり、引き続き、日米が連携し、ウクライナへの支援を継続していくことを確認。 ・また、両閣僚は、北朝鮮の核・ミサイル問題に関し、先月のミサイル警戒演習「パシフィック・ドラゴン」における日米韓共同訓練の実施を歓迎し、北朝鮮の挑発行為に対して一致して迅速に対応できるよう、日米、日米韓の連携をさらに緊密なものにしていくことを確認。 ・両閣僚は、自由で開かれたインド太平洋を維持・強化するため、地域内外のパートナー国との協力を強化していくことで一致。 ・日本側は、新たな国家安全保障戦略等の策定において、いわゆる「反撃能力」を含めたあらゆる選択肢を検討し、日本の防衛力の抜本的強化を実現するとの決意を表明。さらに、日本側は、その裏付けとなる防衛予算の相当な増額に取り組んでいることを述べた。米側は、これらの取組に対する強い支持を表明。両閣僚は、双方の戦略の方向性が一致していることを確認し、同盟の強化に向け、さらに緊密に擦り合わせていくことで一致。 ・米側は、日本に対する核を含めた米国の拡大抑止のコミットメントは揺るぎないものである旨を改めて発言。両閣僚は、核を含めた米国の拡大抑止が信頼でき、強靱なものであり続けるための取組について、閣僚レベルでも議論を深めていくことを確認。 ・両閣僚は、情報収集、警戒監視及び偵察（ISR）能力の強化が、日米同盟の抑止力・対処力の強化にとって重要であることを確認。かかる観点から、両閣僚は、米空軍無人機MQ－9の海上自衛隊鹿屋航空基地への一時展開に向けた進捗を歓迎。日本側は、MQ－9の一時展開は、自衛隊における無人機によるISR活動の深化に資する旨発言。両閣僚は、MQ－9を含む日米のアセットが取得した情報を日米共同で分析することで一致。

年月日	会議／場所	出席者	結果概要（抄）
2022/9/14	日米防衛相会談／ワシントン	浜田防衛大臣 オースティン米国防長官	・両閣僚は、同盟の技術的優位性を確保するための装備技術分野での協力をさらに加速していくことで一致。かかる観点から、両閣僚は、極超音速技術に対抗するための技術について、共同分析の進捗を踏まえ、要素技術・構成品レベルでの日米共同研究の検討を開始することで合意。また両閣僚は、次期戦闘機等と連携する無人機にかかる協力、サプライチェーン強化のための取組等を加速させることで一致。 ・両閣僚は、情報保全・サイバーセキュリティが日米防衛協力の深化のために死活的に重要であることで一致し、日本側は、サイバーセキュリティの抜本的強化に取り組む考えを説明。 ・両閣僚は、在日米軍の安定的な駐留と日々の活動には、地域社会の理解と協力、また、米軍の安全かつ環境に配慮した運用が重要であることを確認。また、両閣僚は、緊密な協力の下、普天間飛行場の辺野古への移設及び馬毛島の施設整備も含め、米軍再編計画を着実に進展させていくことで一致。両閣僚は、沖縄をはじめとする地元の負担軽減について、引き続き取り組んでいくことを確認。
2022/11/13	日米首脳会談／プノンペン	岸田内閣総理大臣 バイデン大統領	・冒頭、両首脳は、ロシアによるウクライナ侵略、北朝鮮の度重なる挑発行動、東シナ海・南シナ海における力による一方的な現状変更の試みの継続等により、我々を取り巻く安全保障環境は厳しさを増しているとの認識を共有。その上で、両首脳は、強固な日米関係が地域及び国際社会の平和と安定に果たすべき役割は大きいとの認識を共有し、日米同盟の抑止力・対処力の一層の強化を図るとともに、「自由で開かれたインド太平洋」の実現に向けた取組を推進し、地域及び国際社会の平和と繁栄を確保すべく日米で協働していくことで一致。 ・両首脳は、地域情勢について意見交換。(1) 両首脳は、中国をめぐる諸課題への対応に当たり、引き続き日米で緊密に連携していくことで一致。また、両首脳は、地域の平和と安定の重要性を確認。(2) 両首脳は、北朝鮮による前例のない頻度と態様での弾道ミサイル発射は断じて容認できないことで一致した上で、国連安保理決議に従った北朝鮮の完全な非核化に向け、引き続き日米、日米韓で緊密に連携していくことを確認。また、岸田総理大臣から、拉致問題の解決に向けた米国の引き続きの理解と協力を求め、バイデン大統領から、全面的な支持を得た。(3) 両首脳は、ロシアによるウクライナ侵略について、引き続きG7を始めとする同志国と結束して、強力な対露制裁及びウクライナ支援に取り組んでいくとともに、グローバル・サウスへの働きかけを強化していくことで一致。また、両首脳は、ロシアによる核の脅しを深刻に懸念しており、断じて受け入れられず、ましてやその使用は決してあってはならないことを確認。 ・日本側から、日本を取り巻く安全保障環境が一段と厳しさを増す中、本年末までに新たな国家安全保障戦略を策定すべくプロセスを進めている旨述べ、我が国の防衛力を抜本的に強化し、その裏付けとなる防衛費の相当な増額を確保する決意を改めて示したのに対し、米側から、力強い支持を得た。 ・両首脳は、IPEF及び経済版「2＋2」にかかる進展を歓迎するとともに、地域の経済秩序や経済安保に対する米国の関与がますます重要となっているとの認識を共有し、米側から、戦略的観点を踏まえ、米国の早期のTPP復帰を改めて促した。また、日本側から、米国による環境配慮車両への優遇措置に対する我が国の考えを伝達。 ・両首脳は、2023年のG7広島サミットの成功に向けて、引き続き日米で緊密に連携していくことで一致。
2023/1/11	日米安全保障協議委員会（「2+2」）／ワシントン	浜田防衛大臣 林外務大臣 オースティン米国防長官 ブリンケン米国務長官	・冒頭、米側から、両大臣の訪米を心から歓迎する、今般、日米「2＋2」を日米両国の戦略文書発表直後という時宜を得た形で約2年ぶりに対面で開催することができたのは大変喜ばしい、安全保障環境が一層厳しさを増す中で、日米同盟の重要性はかつてないほど高まっており、自由で開かれたインド太平洋を実現するため、米国のインド太平洋地域への揺るぎないコミットメントを示していきたい旨発言。日本側から、双方の戦略文書を踏まえ、安全保障環境についての両国の認識をすり合わせつつ、日米同盟の更なる深化について議論する絶好の機会である、日米同盟を絶えず強化することに完全にコミットしており、両長官と緊密に連携していくことを心から楽しみにしている、戦略は策定して終わるものではなく、今後、日米が連携してそれぞれの戦略を速やかに実行していくことが重要である旨発言。 ・日米双方は、それぞれの国家安全保障戦略及び国家防衛戦略の公表を歓迎し、両者のビジョン、優先事項及び目標がかつてないほど整合していることを確認。 ・日本側から、相当増額した防衛予算の下で、新たな能力の獲得や継戦能力の増強等を早期に行い、防衛力を強化していく旨発言。これに対して米側から、同盟の抑止力・対処力を強化する重要な取組であり、強く支持する旨発言。 ・米側は、核を含むあらゆる種類の米国の能力を用いた日米安全保障条約の下での日本の防衛に対する揺るぎないコミットメントを再確認するとともに、日米安全保障条約第5条が尖閣諸島に適用されることを改めて確認。 ・日本側から、日本は平和で安定した国際環境を能動的に創出すべく、外交・安全保障上の役割を強化し、法の支配に基づく自由で開かれた国際秩序を強化していく旨発言した上で、日米双方は、下記のとおり情勢認識のすりあわせを行った。 ・日米双方は、自らの利益のために国際秩序を作り変えることを目指す中国の外交政策に基づく行動は同盟及び国際社会全体にとっての深刻な懸念であり、インド太平洋地域及び国際社会全体における最大の戦略的挑戦であるとの見解で一致。 ・また、米側は、尖閣諸島に対する日本の長きにわたる施政を損なおうとする行為を通じたものを含む、中国による東シナ海における力による一方的な現状変更の試みが強まっていることに強い反対の意を改めて表明。 ・日米双方は、台湾に関する両国の基本的な立場に変更はないことを認識するとともに、国際社会の安全と繁栄に不可欠な要素である台湾海峡の平和と安定の維持の重要性を改めて表明し、両岸問題の平和的解決を促した。

年月日	会議／場所	出席者	結果概要（抄）
2023/1/11	日米安全保障協議委員会（「2+2」）／ワシントン	浜田防衛大臣 林外務大臣 オースティン米国防長官 ブリンケン米国務長官	・日米双方は、北朝鮮による昨年来の、前例のない数の不法かつ無謀な弾道ミサイルの発射を強く非難。日本側から、戦術核の大量生産の方針等を明らかにしている北朝鮮が核実験に踏み切れば、過去6回の核実験とは一線を画すものである旨発言。また、拉致問題について、米側から引き続き全面的な支援を得た。 ・日米双方は、ロシアによるウクライナに対する残虐でいわれのない不当な戦争を強く非難。日本側から、欧州とインド太平洋地域の安全保障は相互に不可分と言えるものであり、本年のG7議長国として、ロシアへの対応及びウクライナ支援に向けた議論をリードしていく旨発言。 ・日本側から、日米双方の戦略は、抑止力を強化するため、自らの防衛力を抜本的に強化し、そのための投資も増加させること、そして同盟国や同志国等との連携強化を目指すといった点において、軌を一にしている旨発言した上で、そのような戦略の下、同盟としての抑止力・対処力を最大化する方策について議論。 ・日本側から、抜本的に強化された日本の防衛力を前提とした、日米間でのより効果的な役割・任務の分担を実現していく必要がある旨発言した。日米双方は、起こり得るあらゆる事態に適時かつ統合された形で対処するため、同盟調整メカニズムを通じた二国間調整を更に強化する必要性を改めて強調。また、米側からは、日本による常設の統合司令部設置の決定を歓迎する旨発言。 ・日米双方は、米国との緊密な連携の下での、日本の反撃能力の効果的な運用に向けて、日米間での協力を深化させることを決定。 ・日米双方は、情報収集、警戒監視及び偵察（ISR）活動並びに柔軟に選択される抑止措置（FDO）を含む二国間協力を深化させることを決定。 ・日本側から、装備・技術面での協力は、同盟の技術的優位性の確保、日本の防衛力強化の速やかな実現の双方において重要であり、更に加速する必要がある旨発言し、米側から、技術的優位性の確保に向け、日米で共に努力していきたい旨発言。 ・日本側から、宇宙・サイバー領域における協力の深化は同盟の近代化における核となるものである旨発言。日米双方は、宇宙関連能力にかかる協力の深化にコミット。その上で、日米双方は、宇宙領域に関し、宇宙への、宇宙からの又は宇宙における攻撃が、同盟の安全に対する明確な挑戦であると考え、一定の場合には、当該攻撃が、日米安全保障条約第5条の発動につながることがあり得ることを確認。日本側から、本件は同盟全体の抑止力強化の観点で重要な成果である旨発言。 ・日本側から、多国間協力については、同盟国・同志国のネットワークの重層的な構築・拡大を図り、抑止力を強化していく旨発言。 ・日米双方は、米国の「核態勢の見直し」の公表も踏まえ、拡大抑止を議題の1つとし、時間を割いて突っ込んだ議論を行った。 ・日米双方は、米国の拡大抑止が信頼でき、強靱なものであり続けることを確保することの決定的な重要性を改めて確認。 ・さらに、日米双方は、日米拡大抑止協議及び様々なハイレベル協議を通じ、実質的な議論を深めていくことで一致。 ・日米双方は、地域における安全保障上の増大する課題に対処するために、日本の南西諸島の防衛のためのものを含め、向上された運用構想及び強化された能力に基づいて同盟の戦力態勢を最適化する必要性を確認するとともに、普天間飛行場の固定化を避けるための唯一の解決策である辺野古への移設を含め、在日米軍再編を着実に推進することの重要性について一致。 ・日米双方は、現下の厳しい安全保障環境を踏まえ、在日米軍の態勢見直しに関する再調整で一致。日米双方は、厳しい競争環境に直面し、日本における米軍の前方態勢が、同盟の抑止力及び対処力を強化するため、強化された情報収集・警戒監視・偵察能力、対艦能力及び輸送力を備えた、より多面的な能力を有し、より強靭性があり、そして、より機動的な戦力を配置することで向上されるべきであることを確認。そのような政策に即して、2012年4月27日の日米安全保障協議委員会で調整された再編の実施のための日米ロードマップは再調整され、第3海兵師団司令部及び第12海兵連隊は沖縄に残留し、第12海兵連隊は2025年までに第12海兵沿岸連隊に改編されることを確認。この取組は、地元の負担に最大限配慮した上で、2012年の再編計画の基本的な原則を維持しつつ進められる。 ・日本側から、厳しい安全保障環境に対応するための、在日米軍の献身的な活動への謝意を述べた。また、日本側から普天間飛行場代替施設の建設事業や馬毛島における施設整備が着実に進捗していることを紹介した上で、日米双方は、在日米軍の施設及び区域の再編を支える現在行われている事業の着実な実施並びに地元との関係の重要性を再確認し、普天間飛行場の継続的な使用を回避するための唯一の解決策である、キャンプ・シュワブ辺野古崎地区及びこれに隣接する水域における普天間飛行場代替施設の建設継続へのコミットメントを強調。また、馬毛島における自衛隊施設の整備の進展及び将来の見通しを歓迎。 ・日米双方は、沖縄における移設先施設の建設及び土地返還並びに2024年に開始される米海兵隊要員の沖縄からグアムへの移転を含む、米軍再編にかかる二国間の取組を加速化させる重要性を確認。日本側から、地元への影響に最大限配慮した安全な運用、早期の通報を含む事件・事故での適切な対応、環境問題などについても米側に改めて要請し、日米双方は緊密に連携していくことを確認。
2023/1/12	日米防衛相会談／ワシントン	浜田防衛大臣 オースティン米国防長官	・両閣僚は、日米「2+2」を踏まえ、それぞれの新たな国家安全保障戦略及び国家防衛戦略について、速やかに実行に移していくことで一致し、その具体的な取組について議論を行った。 ・日本側は、新たな戦略の下、相当な増額をされる防衛予算によって、反撃能力を含めた防衛力の抜本的強化を早期に実現する強い決意を述べた。米側は、日本の取組に対して、強い支持を表明。

年月日	会議／場所	出席者	結果概要（抄）
2023/1/12	日米防衛相会談／ワシントン	浜田防衛大臣 オースティン米国防長官	・両閣僚は、抜本的に強化される日本の防衛力の下での同盟の役割・任務の分担について集中的な議論を速やかに実施させることを確認。両閣僚は、そのような議論においては、日米協力の下での反撃能力の効果的な運用、事態の発生を抑止するための平素からの日米共同による取組、あらゆる段階における迅速かつ効果的な日米間の調整などについて議論を深めていく必要があることで一致。 ・米側は、日本に対する核を含めた米国の拡大抑止のコミットメントは揺るぎないものである旨を改めて発言。両閣僚は、日米「2＋2」における議論も含め、核を含めた米国の拡大抑止がより信頼でき、より強靱なものであり続けるための取組をさらに深化させていくことを確認。 ・両閣僚は、情報収集、警戒監視及び偵察（ISR）能力強化の観点から、米空軍無人機MQ－9の鹿屋航空基地への一時展開及び日米共同情報分析組織（BIAC）の運用開始を歓迎。 ・両閣僚は、同盟の抑止力・対処力にとって技術的優位性の確保が死活的に重要であるとの認識に立ち、装備・技術協力を加速させることで一致。その基盤を構成する枠組として、両閣僚は、研究、開発、試験及び評価プロジェクトに関する了解覚書及びサプライチェーン協力の強化に向けた防衛装備品等の供給の安定化に係る取決めに署名。また、両閣僚は、極超音速技術に対抗するための技術、高出力マイクロ波及び自律型システムでの共同研究・開発に向けた議論の進捗を歓迎。 ・両閣僚は、情報保全・サイバーセキュリティが同盟の根幹であるとの認識を共有し、連携をさらに強化することを確認。日本側は、その抜本的強化に向けた取組を徹底していく決意を表明。 ・両閣僚は、同盟の抑止力・対処力を実質的に強化することになる、日米「2＋2」で確認された米軍の態勢の取組を実行することで合意し、これらの取組の実施に向けて協議を継続することを確認。日本側から、沖縄の負担軽減の重要性を述べるとともに、両閣僚は、在日米軍の安定的な駐留と日々の活動には、地域社会の理解と協力が重要であることで一致。
2023/1/13	日米首脳会談／ワシントン	岸田内閣総理大臣 バイデン大統領	・冒頭、日本側から、2023年という新しい年を迎え、総理大臣として初めて米国・ワシントンD.C.を訪問し、親しい友人であるバイデン大統領と会談できることを嬉しく思う旨述べたのに対し、米側から、岸田総理大臣の訪米を歓迎する、両首脳間のパートナーシップ、そして日米同盟はかつてなく強固である旨発言。 ・日本側から、日米両国が近年で最も厳しく複雑な安全保障環境に直面している中、我が国として、昨年12月に発表した新たな国家安全保障戦略等に基づき、反撃能力の保有を含む防衛力の抜本的強化及び防衛予算の相当な増額を行っていく旨述べたのに対し、米側から、改めて全面的な支持を得た。 ・また、日本側から、同年10月に発表された米国の国家安全保障戦略を高く評価する旨述べたのに対し、米側から、日本の防衛に対する揺るぎないコミットメントが改めて表明。その上で、両首脳は、日米両国の国家安全保障戦略が軌を一にしていることを歓迎するとともに、日米両国の戦略を実施するに当たって相乗効果を生み出すようにすることを含め、日米同盟の抑止力・対処力を一層強化していくとの決意を新たにした。 ・両首脳は、11日に開催された日米安全保障協議委員会（「2＋2」）でのやり取りも踏まえつつ、安全保障分野での日米協力に関する具体的協議を更に深化させるよう指示。 ・両首脳は、インド太平洋地域、とりわけ東アジアにおいて、力による一方的な現状変更の試みを許してはならないという観点も踏まえつつ、地域情勢について意見交換を行った。 ・（1）両首脳は、中国をめぐる諸課題への対応に当たり、引き続き日米で緊密に連携していくことで一致。また、両首脳は、中国と共通の課題については協力していくことの重要性を確認。さらに、両首脳は、台湾海峡の平和と安定の重要性を強調するとともに、両岸問題の平和的解決を促した。 ・（2）両首脳は、国連安保理決議に従った北朝鮮の完全な非核化に向け、日米韓の安全保障協力を含む地域の抑止力強化や安保理での対応において、引き続き日米、日米韓で緊密に連携していくことで一致。また、日本側から、拉致問題の即時解決に向けた米国の引き続きの理解と協力を求め、米側から、改めて全面的な支持を得た。 ・（3）両首脳は、ロシアによるウクライナ侵略について、引き続きG7を始めとする同志国と緊密に連携しながら、対露制裁及びウクライナ支援を強力に推進していくことで一致。また、両首脳は、ロシアによる核の威嚇は断じて受け入れられず、ましてやその使用は決してあってはならないことを改めて確認。日本側から、G7広島サミットでは、法の支配に基づく国際秩序を守り抜くというG7のビジョンや決意を示していく、また、インド太平洋についてもしっかり議論したいとの考えを説明。また、日本側から、唯一の戦争被爆国である日本の総理大臣として、バイデン大統領を含むG7首脳と共に、核兵器の惨禍を人類が二度と起こさないとの誓いを広島から世界に向けて発信したい旨述べた上で、両首脳は、厳しい安全保障環境も踏まえつつ、「核兵器のない世界」に向けて、日米で共に取り組んでいくことで一致。さらに、両首脳は、エネルギー・食料安全保障を含む世界経済、経済安全保障、そして気候変動、保健、開発といった地球規模の課題等の分野でG7が結束して取り組むことが重要との認識で一致。両首脳は、G7広島サミットの成功に向けて、引き続き日米で緊密に連携していくことを改めて確認。 ・両首脳は、2022年は、日米経済政策協議委員会（経済版「2＋2」）やインド太平洋経済枠組み（IPEF）の立上げ・進展が見られ、日米経済関係が戦略的な段階に押し上げられた一年であったとの認識で一致。その上で、両首脳は、本年は日本がG7、米国がAPECの議長国を務める中、持続的・包摂的な経済成長の実現及びルールに基づく自由で公正な国際経済秩序の維持・強化に向けて、本年の経済版「2＋2」も活用しながら、日米で国際社会を主導していくことで一致。

年月日	会議／場所	出席者	結果概要（抄）
2023/1/13	日米首脳会談／ワシントン	岸田内閣総理大臣 バイデン大統領	・また、日本側から、米国による環境配慮車両への優遇措置に対する我が国の考えを改めて伝達。 ・さらに、両首脳は、地域の経済秩序に対する米国の関与がますます重要となっているとの認識を共有し、IPEFの交渉進展に向けて協力していくことで一致するとともに、日本側から、戦略的観点を踏まえ、TPPについての我が国の立場を伝達。そして、両首脳は、信頼性のある自由なデータ流通（DFFT）を推進していくことで一致。 ・両首脳は、経済的威圧を含む経済安全保障上の課題に対処すべく、同志国でサプライチェーン強靱化を進めていくことで一致。 ・さらに、両首脳は、エネルギー安全保障の強化に向けて取り組む重要性を共有。 ・両首脳は、宇宙分野での日米協力を一層推進していくことで一致。 ・両首脳は、法の支配に基づく自由で開かれた国際秩序へのコミットメントがかつてなく重要になっているとの認識を共有。 ・その上で、日本側から、「自由で開かれたインド太平洋（FOIP）」実現に向けた取組を強化していく考えである旨述べたのに対し、米側から、日本側の取組への支持を得るとともに、米国の地域に対する揺るぎないコミットメントが改めて表明。 ・両首脳は、地域及び国際社会の平和と繁栄の確保に向けて、日米でFOIP実現に向けた取組を推進していくことで一致。 ・両首脳は、自由で開かれたインド太平洋と平和で繁栄した世界という共通のビジョンに根ざし、法の支配を含む共通の価値に導かれた、前例のない日米協力を改めて確認し、日米共同声明を発出。
2023/5/18	日米首脳会談／広島	岸田内閣総理大臣 バイデン米大統領	・冒頭、日本側から、本年1月の訪米以来の再会を嬉しく思う旨述べた上で、日米同盟はインド太平洋地域の平和と安定の礎であり、日米関係は、安全保障や経済にとどまらず、あらゆる分野で重層的な協力関係にあると述べたのに対し、米側から、日米両国は基本的価値を共有しており、日米同盟はかつてなく強固である旨発言。 ・日本側から、ディープテック分野のイノベーション及びスタートアップのエコシステムを構築するため、「グローバル・スタートアップ・キャンパス」を東京都心（目黒・渋谷）に創設すべく、米国のリーディング大学の一つであるマサチューセッツ工科大学（MIT）と連携しフィージビリティ・スタディを実施し、米国の協力も得つつ構想の具体化を強力に進める旨述べ、両首脳はスタートアップ、イノベーションの分野で両国が緊密に連携することの重要性で一致。また、両首脳は、教育・科学技術分野における日米間の協力に関する覚書が作成されることを歓迎。 ・両首脳は、日米安全保障協力について意見交換を行い、1月の日米安全保障協議委員会（日米「2＋2」）や日米首脳会談の成果を踏まえた日米同盟の抑止力・対処力の一層の強化に向けた協力を継続していくことを改めて確認。また、両首脳は、米国の拡大抑止が日本の強化される防衛力と相まって、日本の安全及び地域の平和と安定の確保に果たす不可欠な役割を再確認。 ・米側からは、核を含むあらゆる種類の米国の能力によって裏付けられた、日米安全保障条約の下での日本の防衛に対する米国のコミットメントが改めて表明され、両首脳は、そうした文脈において、情勢が進展する際のあらゆる段階において二国間の十分な調整を確保する意思を改めて確認。両首脳は、直近の日米「2＋2」や日米拡大抑止協議における、米国の拡大抑止に関する活発かつ突っ込んだ議論を評価し、こうした議論を一層強化していくことの重要性を改めて確認。 ・両首脳は、インド太平洋地域、とりわけ東アジアにおいて、力による一方的な現状変更の試みを許してはならないという観点も踏まえつつ、地域情勢について意見交換を行った。 ・（1）両首脳は、中国をめぐる諸課題への対応に当たり、引き続き日米で緊密に連携していくことで一致。また、両首脳は、中国と共通の課題については協力していくことの重要性を確認。さらに、両首脳は、台湾海峡の平和と安定の重要性を強調するとともに、両岸問題の平和的解決を促した。 ・（2）日本側から、今月上旬の訪韓に触れつつ、日韓関係を更に進展させていく旨述べたのに対し、米側から、日韓関係の改善を歓迎する旨発言。両首脳は、国連安保理決議に従った北朝鮮の完全な非核化に向け、日米韓の安全保障協力を含む地域の抑止力強化や安保理での対応において、引き続き日米、日米韓で緊密に連携していくことで一致。また、日本側から、拉致問題の即時解決に向けた米国の引き続きの理解と協力を求め、米側から、改めて全面的な支持を得た。 ・（3）両首脳は、ロシアによるウクライナ侵略について、引き続きG7を始めとする同志国と緊密に連携しながら、厳しい対露制裁と強力なウクライナ支援を継続していくことで一致。 ・（4）両首脳は、いわゆるグローバル・サウスへの関与や支援の重要性を確認。 ・両首脳は、19日から行われるG7広島サミットに向け、国際社会や地域の課題に対するG7の揺るぎない結束を世界に示すべく、日米でも緊密に連携していくことで一致。 ・両首脳は、地域の経済秩序に対する米国の関与がますます重要となっているとの認識を共有し、IPEFについても意見交換するとともに、日本側から、環太平洋パートナーシップに関する包括的及び先進的な協定（CPTPP）についての我が国の考えと取組を伝達。 ・両首脳は、重要技術の育成・保護の重要性に関する認識を共有し、量子及び半導体分野における日米間の大学及び企業間でのパートナーシップ締結が予定されていることを歓迎するとともに、バイオやAIといった分野にも協力を広げていくことで一致。さらに、両首脳は、エネルギー安全保障の強化に向けて取り組む重要性を共有。また、日米経済政策協議委員会（経済版「2＋2」）において、経済安全保障の協力を具体化させることで一致。

第2節 日米共同の抑止力・対処力の強化

わが国の防衛戦略と米国の国防戦略は、あらゆるアプローチと手段を統合させて、力による一方的な現状変更を起こさせないことを最優先とする点で軌を一にしている。

これを踏まえ、即応性・抗たん性を強化し、相手にコストを強要し、わが国への侵攻を抑止する観点から、それぞれの役割・任務・能力に関する議論をより深化させ、日米共同の統合的な抑止力をより一層強化していく。

具体的には、日米共同による宇宙・サイバー・電磁波を含む領域横断作戦を円滑に実施するための協力及び相互運用性を高めるための取組を一層深化させる。あわせて、わが国の反撃能力については、情報収集を含め、日米共同でその能力をより効果的に発揮する協力態勢を構築する。さらに、今後、防空、対水上戦、対潜水艦戦、機雷戦、水陸両用作戦、空挺作戦、情報収集・警戒監視・偵察・ターゲティング（ISRT）（Intelligence, Surveillance Reconnaissance and Targeting）、アセットや施設の防護、後方支援などにおける連携の強化を図る。

また、わが国の防衛力の抜本的強化を踏まえた日米間の役割・任務分担を効果的に実現するため、日米共同計画にかかる作業などを通じ、運用面における緊密な連携を確保する。加えて、より高度かつ実戦的な演習・訓練を通じて同盟の即応性や相互運用性をはじめとする対処力の向上を図っていく。

さらに、核抑止力を中心とした米国の拡大抑止が信頼でき、強靱なものであり続けることを確保するため、日米間の協議を閣僚レベルのものも含めて一層活発化・深化させる。

力による一方的な現状変更やその試み、さらには各種事態の生起を抑止するため、平素からの日米共同による取組として、共同FDO（Flexible Deterrent Options）や共同ISR（Intelligence, Surveillance and Reconnaissance）などをさらに拡大・深化させる。その際には、これを効果的に実現するため、同志国などの参画や自衛隊による米軍艦艇・航空機などの防護といった取組を積極的に実施する。

さらに、日米一体となった抑止力・対処力の強化の一環として、日頃から、双方の施設などの共同使用の増加、訓練を通じた日米の部隊の双方の施設への展開などを進めることとしている。

1 宇宙領域やサイバー領域などにおける協力

防衛戦略では、日米共同による宇宙・サイバー・電磁波を含む領域横断作戦を円滑に実施するための協力及び相互運用性を高めるための取組を一層深化させることとされている。

特に、2023年1月の日米安全保障協議委員会（「2+2」）では、宇宙への、宇宙からの又は宇宙における攻撃が、同盟の安全に対する明確な挑戦であると考え、一定の場合には、この攻撃が、日米安保条約第5条の発動につながることがあり得ることが確認された。

そのほか、安全保障分野でのAIの活用や多国間にまたがる課題などについて、情報交換などを実施している。

参照　1章4節4項（宇宙領域での対応）、1章4節5項（サイバー領域での対応）、1章4節6項（電磁波領域での対応）

2 統合防空ミサイル防衛

弾道ミサイル、巡航ミサイルや航空機など、わが国に向けて飛来する経空脅威への対応については、運用情報の共有や対処要領の整備に加え、日米共同統合防空・ミサイル防衛訓練などを実施することにより、日米共同対処能力を向上させている。また、累次にわたる北朝鮮による弾道ミサイルの発射の際には、同盟調整メカニズム（ACM）（Alliance Coordination Mechanism）も活用し、日米が連携して対処している。

なお、米国は2022年10月に発表したミサイル防衛見直し（MDR）（Missile Defense Review）において、わが国を含む同盟国との協力の重要性を明記している。

参照　1章4節2項（ミサイル攻撃などへの対応）

3 共同訓練・演習

平素から日米共同訓練・演習を行うことは、戦術面などの相互理解や意思疎通といった相互運用性を向上させ、日米共同対処能力の維持・向上に大きく資するのみならず、日米それぞれの戦術技量の向上を図るうえでも有益である。とりわけ、実戦経験豊富な米軍から習得できる知見や技術は極めて貴重であり、自衛隊の能力向上に大きく資するものである。

また、効果的な時期、場所、規模で共同訓練を実施することは、日米間での一致した意思や能力を示すことにもなり、抑止の機能を果たすことになる。これらの観点を踏まえ、防衛省・自衛隊は、引き続き共同訓練の充実に努めている。

参照 Ⅳ部3章1節（訓練・演習に関する取組）、資料29（主な日米共同訓練の実績（2022年度））

4 情報収集・警戒監視・偵察（ISR）活動

共同の情報収集・警戒監視・偵察活動について、日米両国の活動の効率及び効果を高めるためには、広くアジア太平洋地域におけるISR活動を日米間で協力して実施していくことが重要である。

このような共同のISR活動の拡大は、抑止の機能を果たすとともに、他国に対する情報優越を確保し、平素から各種事態までのシームレスな協力態勢を構築することにつながる。

こうした取組の一環として、2022年11月、米軍無人機MQ-9の海自鹿屋航空基地への一時展開を開始した。また、MQ-9を含む日米の情報収集アセットが収集した情報を共同で分析するため、日米共同情報分析組織（BIAC）を横田基地に設置した。

Bilateral Information Analysis Cell

参照 解説（米軍無人機MQ-9の鹿屋航空基地への一時展開）

日米共同情報分析組織運用開始式典

5 後方支援

1996年に締結（1999年及び2004年に改正）した日米物品役務相互提供協定（ACSA）による後方支援でも、日米間の協力は着実に進展した。この協定は、日米安保条約の円滑かつ効果的な運用と、国連を中心とした国際平和のための努力に積極的に寄与することを目的としている。平時における共同訓練をはじめ、災害派遣活動、国際平和協力業務、国際緊急援助活動、武力攻撃事態といった様々な状況において、自衛隊と米軍との間で、その一方が物品や役務の提供を要請した場合には、もう一方は提供ができることが基本原則である[1]。

2015年9月の平和安全法制の成立を受け、2016年9月、新たな日米ACSAに署名し2017年4月に国会で承認され、発効した。これにより、平和安全法制により実施可能となった物品・役務の提供についても、これまでの日米ACSAのもとでの決済手続などと同様の枠組みを適用することが可能となっており、同年4月以降情報収集活動などに従事する米軍に対し、食料や燃料を提供している。

参照 1章8節3項（その他の取組・活動など）、図表Ⅲ-2-2-1（日米物品役務相互提供協定（ACSA））

1 提供の対象となる物品・役務の区分は、食料、水、宿泊、輸送（空輸を含む）、燃料・油脂・潤滑油、被服、通信、衛生業務、基地支援、保管、施設の利用、訓練業務、部品・構成品、修理・整備及び空港・港湾業務並びに弾薬である（武器の提供は含まれない）。

解説　米軍無人機MQ-9の鹿屋航空基地への一時展開

わが国を取り巻く安全保障環境が厳しさを増す中、わが国周辺地域における情報収集態勢の強化は喫緊の課題となっています。このような中、日米同盟の情報収集能力を向上させる取組の一環として、2022年11月、米軍無人機MQ-9の海上自衛隊鹿屋航空基地（鹿児島県）への一時展開を開始しました。展開期間は1年間で、その間、8機のMQ-9と150～200名程度の米軍関係者が一時的に展開します。これは、周辺国によるわが国に対する挑発的な行動や、現状変更を試みる行動を防止・抑制する上でも非常に重要な取組です。また、MQ-9を含む日米の情報収集アセットが収集した情報を共同で分析するため、日米共同情報分析組織（BIAC）を設置しました。

このMQ-9の一時展開に関しては、地元住民の皆様の安全・安心を確保する観点から、2022年8月、鹿屋航空基地内に「九州防衛局鹿屋現地連絡所」を開設し、地元住民の皆様からの問い合わせへの対応や関係自治体などとの連絡調整にあたっています。また、地元住民の皆様との親睦を深める取組として、米軍関係者と共に様々な交流イベントを企画・実施しており、今後も積極的に推進してまいります。

鹿屋航空基地に一時展開されたMQ-9

6　共同使用

施設・区域の共同使用の拡大は、演習場、港湾、飛行場など自衛隊の拠点の増加も意味し、日米共同の活動における、より緊密な運用調整、相互運用性の向上、柔軟性や抗たん性の向上が可能となる。特に沖縄における自衛隊施設は、空自那覇基地などに限られており、その大半が都市部にあるため、運用面での制約がある。沖縄の在日米軍施設・区域の共同使用は、沖縄に所在する自衛隊の訓練環境を大きく改善するとともに、共同訓練・演習の実施や自衛隊と米軍間の相互運用性の向上を促進するものである。また、即応性を向上させ、災害時における県民の安全の確保に資することが可能となる。

このため、南西諸島を含め、地域における自衛隊の防衛態勢や地元との関係に留意しつつ、日米間で精力的に協議を行っているほか、具体的な取組も進展している。例えば、2008年3月から陸自がキャンプ・ハンセンを訓練のために使用している。また、2012年4月の空自航空総隊司令部の横田移転や2013年3月の陸自中央即応集団司令部（当時）の座間移転なども行った。また、グアム及び北マリアナ諸島連邦（テニアン島及びパガン島）に、自衛隊及び米軍が共同使用する訓練場を整備することとしている。

また、十分な継戦能力の確保・維持を図るために必要な各種弾薬の取得にあたって火薬庫の確保は重要な課題であるところ、在日米軍の施設・区域である嘉手納弾薬庫地区内の火薬庫を自衛隊が追加的に共同使用することとし、具体的な調整が開始されている。

図表III-2-2-1 日米物品役務相互提供協定（ACSA）

物品・役務の相互提供の意義

一般に、部隊が行動する際には、必要な物品・役務の補給は自己完結的に行うことが通常であるが、同盟国の部隊がともに活動している場合などに、現地において必要な物品・役務を相互に融通することができれば、部隊運用の弾力性・柔軟性を向上させることができる。

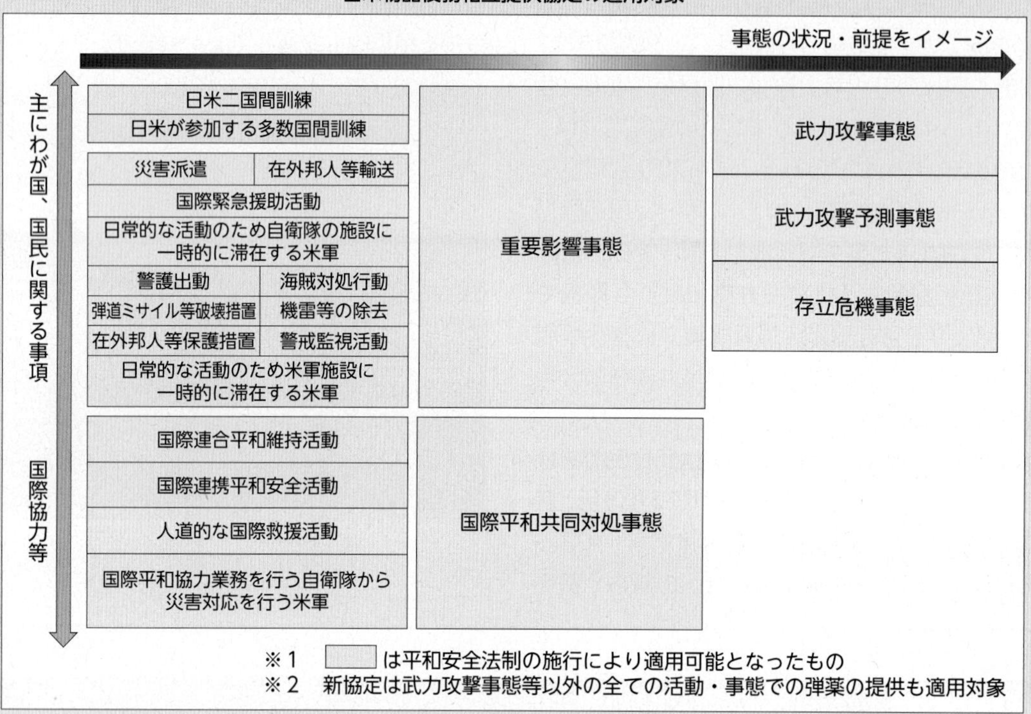

第3節　同盟調整機能の強化

1　同盟調整メカニズムの設置

2015年11月、日米両政府は、ガイドラインに基づき、わが国の平和と安全に影響を与える状況や、そのほかの同盟としての対応を必要とする可能性があるあらゆる状況に対して、日米両国による整合的な共同対処を切れ目のない形で実効的に対処することを目的として、同盟調整メカニズム（ACM）を設置した。

同盟調整メカニズムでは、図表Ⅲ-2-3-1に示す構成に基づき、平時から緊急事態までのあらゆる段階における、自衛隊及び米軍により実施される活動に関連した政策面及び運用面の調整を行い、適時の情報共有や共通の情勢認識の構築・維持を行う。

その特徴は、①平時から利用可能であること、②日本国内における大規模災害やインド太平洋地域及びグローバルな協力でも活用が可能であること、③日米の関係機関の関与を確保した政府全体にわたる調整が可能であることであり、これらにより、日米両政府は、調整の必要が生じた場合に適切に即応できるようになった。例えば、国内で大規模災害が発生した場合においても、自衛隊及び米軍の活動にかかる政策面・運用面の様々な調整が必要になるが、このメカニズムの活用により、様々なレベルでの日米の関係機関の関与を得た調整を緊密かつ適切に実施することが可能になった。

このメカニズムの設置以降、例えば、熊本地震、北朝鮮の弾道ミサイル発射や尖閣諸島周辺海空域における中国の活動について、日米間では、このメカニズムも活用しながら、緊密な連携がとられている。

防衛戦略では、このメカニズムを中心とする日米間の調整機能をさらに発展させるほか、日米同盟を中核とす

図表Ⅲ-2-3-1　同盟調整メカニズム（ACM）の構成

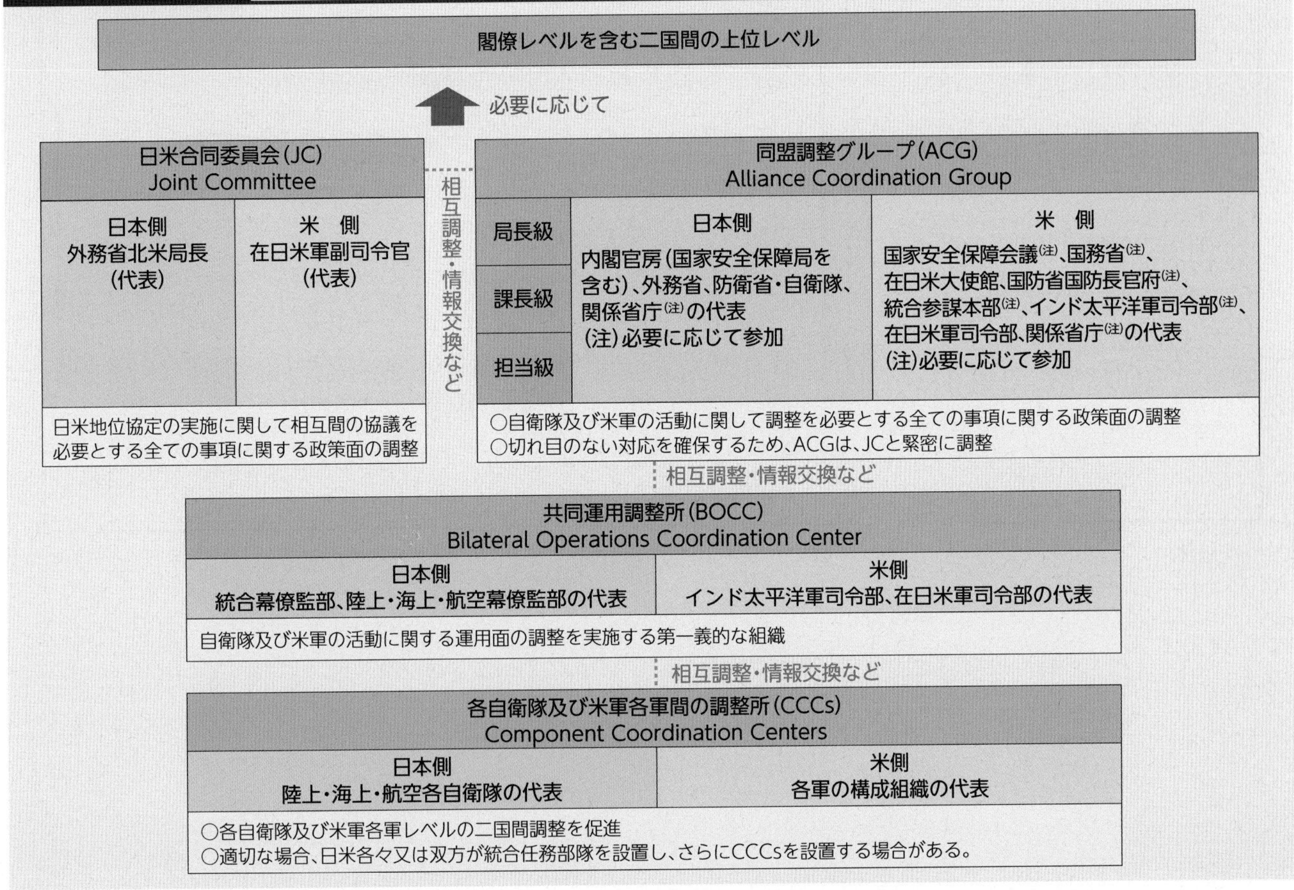

閣僚レベルを含む二国間の上位レベル

↑ 必要に応じて

日米合同委員会（JC）
Joint Committee

日本側	米　側
外務省北米局長（代表）	在日米軍副司令官（代表）

日米地位協定の実施に関して相互間の協議を必要とする全ての事項に関する政策面の調整

相互調整・情報交換など

同盟調整グループ（ACG）
Alliance Coordination Group

	日本側	米　側
局長級 課長級 担当級	内閣官房（国家安全保障局を含む）、外務省、防衛省・自衛隊、関係省庁(注)の代表 (注)必要に応じて参加	国家安全保障会議(注)、国務省(注)、在日米大使館、国防省国防長官府(注)、統合参謀本部(注)、インド太平洋軍司令部(注)、在日米軍司令部、関係省庁(注)の代表 (注)必要に応じて参加

○自衛隊及び米軍の活動に関して調整を必要とする全ての事項に関する政策面の調整
○切れ目のない対応を確保するため、ACGは、JCと緊密に調整

相互調整・情報交換など

共同運用調整所（BOCC）
Bilateral Operations Coordination Center

日本側	米側
統合幕僚監部、陸上・海上・航空幕僚監部の代表	インド太平洋軍司令部、在日米軍司令部の代表

自衛隊及び米軍の活動に関する運用面の調整を実施する第一義的な組織

相互調整・情報交換など

各自衛隊及び米軍各軍間の調整所（CCCs）
Component Coordination Centers

日本側	米側
陸上・海上・航空各自衛隊の代表	各軍の構成組織の代表

○各自衛隊及び米軍各軍レベルの二国間調整を促進
○適切な場合、日米各々又は双方が統合任務部隊を設置し、さらにCCCsを設置する場合がある。

る同志国などとの連携を強化するため、このメカニズムなどを活用し、運用面におけるより緊密な調整を実現するとしている。

参照 図表III-2-3-1（同盟調整メカニズム（ACM）の構成）

2 運用面におけるより緊密な調整

日米両政府は、ガイドラインに基づき、運用面の調整機能併置の重要性を認識し、自衛隊及び米軍は、緊密な情報共有、円滑な調整及び国際的な活動を支援するための要員の交換を実施することとしている。

1 共同計画策定メカニズムの設置

2015年11月、日米両政府は、ガイドラインに基づき、わが国の平和及び安全に関連する緊急事態に際して効果的な日米共同対処を可能とするため、平時において共同計画の策定をガイドラインにしたがって実施することを目的とし、共同計画策定メカニズム（BPM）を設置した。
Bilateral Planning Mechanism

このメカニズムは、共同計画の策定に際し、閣僚レベルからの指示・監督及び関係省庁の関与を確保するとともに、共同計画の策定に資する日米間の各種協力についての調整を実施する役割を果たすものであり、両政府は、このメカニズムを通じ、共同計画を策定していくこととしている。

参照 図表III-2-3-2（共同計画策定メカニズム（BPM）の構成）

図表III-2-3-2 共同計画策定メカニズム（BPM）の構成

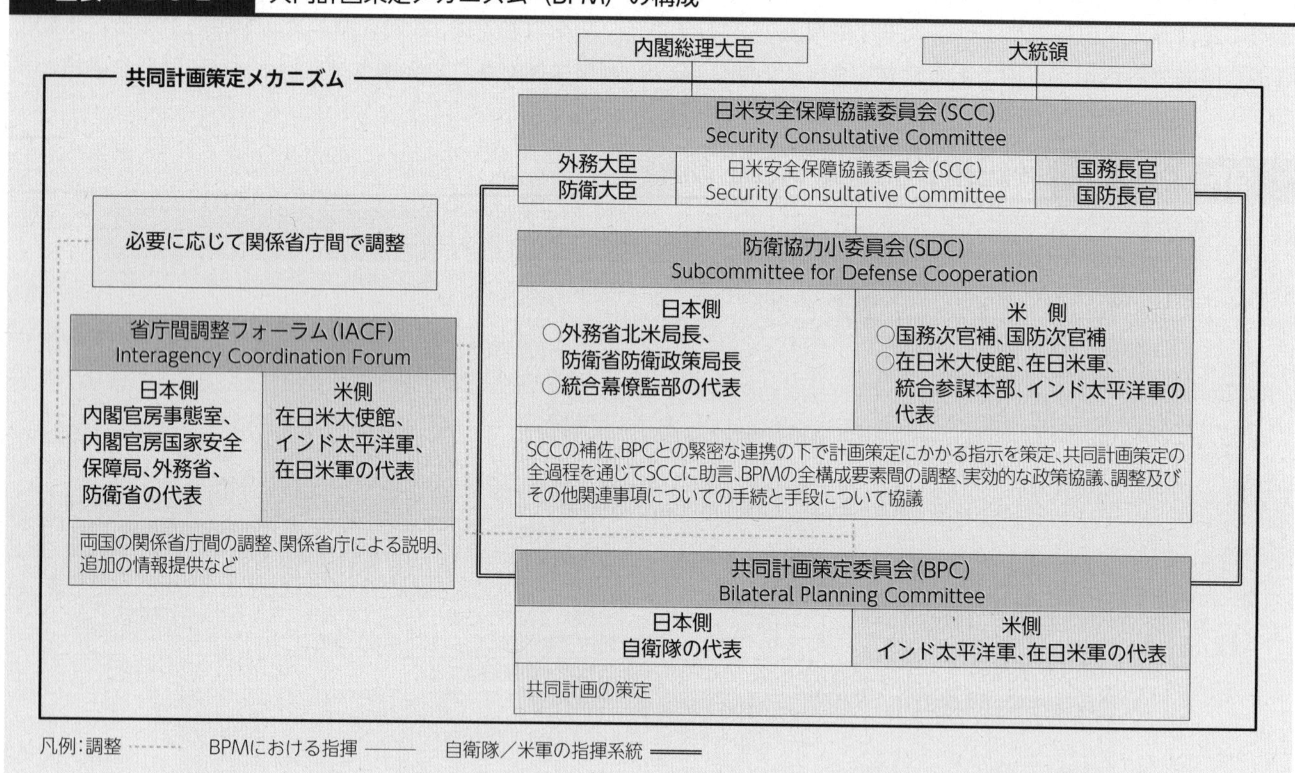

第4節　共同対処基盤の強化

防衛戦略は、あらゆる段階における日米共同での実効的な対処を支える基盤を強化するとしている。

1　情報保全及びサイバーセキュリティ

日米がその能力を十分に発揮できるよう、あらゆるレベルにおける情報共有をさらに強化するために、情報保全及びサイバーセキュリティにかかる取組を抜本的に強化することとしている。

2023年1月の日米安全保障協議委員会（「2+2」）において、同盟にとってのサイバーセキュリティ及び情報保全の基盤的な重要性が強調され、さらに高度化・常続化するサイバー脅威に対抗するため、協力を強化することで一致した。

2　防衛装備・技術協力

同盟の技術的優位性、相互運用性、即応性、さらには継戦能力を確保するため、先端技術に関する共同分析や共同研究、装備品の共同開発・生産、相互互換性の向上、各種ネットワークの共有及び強化、米国製装備品の国内における生産・整備能力の拡充、サプライチェーンの強化にかかる取組など、防衛装備・技術協力を一層強化することとしている。

わが国は、日米安保条約や「日本国とアメリカ合衆国との間の相互防衛援助協定」に基づく相互協力の原則を踏まえ、技術基盤・産業基盤の維持に留意しつつ、米国との装備・技術面での協力を積極的に進めることとしている。

わが国は、日米の技術協力体制の進展と技術水準の向上といった状況を踏まえ、米国に対しては武器輸出三原則などによらず武器技術を供与することとし、1983年、「対米武器技術供与取極（とりきめ）」[1]を締結、2006年には、これに代わる「対米武器・武器技術供与取極」[2]を締結した。こうした枠組みのもと、弾道ミサイル防衛共同技術研究に関連する武器技術など20件の武器・武器技術の対米供与を決定している。加えて、2022年1月の日米「2＋2」にて「共同研究、共同開発、共同生産、及び共同維持並びに試験及び評価に関する協力にかかる枠組みに関する交換公文」が締結された。わが国は、この交換公文に基づき、新興技術に関する米国との協力を前進させていくこととしている。また、日米両国は、日米装備・技術定期協議（S&TF：Systems and Technology Forum）などで協議を行い、合意された具体的なプロジェクトについて共同研究開発などを行っている。

さらに、わが国は、2016年6月、「米国との相互防衛調達取極」[3]を締結し、同月の日米防衛相会談において、両閣僚の間で、「相互の防衛調達に関する覚書（RDP MOU：Reciprocal Defense Procurement Memorandum of Understanding）」[4]が署名された。これは、日米の防衛当局による装備品の調達に関して、相互主義に基づく措置（相手国企業への応札に必要な情報の提供、提出した企業情報の保全、相手国企業に対する参入規制の免除など）を促進するものである。なお、2021年5月、同取極及び覚書の有効期限が延長されている。

2023年1月の「2+2」及び日米防衛相会談では、①共同研究・開発の迅速化[5]及び②サプライチェーン協力の強化に係る枠組み[6]に署名し、③有償援助調達（FMS：Foreign Military Sales）の合理化を実現する枠組みの相当な進捗を確認している。

また、日米共通装備品（F-35戦闘機及びオスプレイ）の生産・維持整備については、Ⅳ部1章3節2項（米国との防衛装備・技術協力関係の深化）のとおりである。

参照　資料30（日米共同研究・開発プロジェクト）、Ⅳ部1章3節2項（米国との防衛装備・技術協力関係の深化）

1　正式名称：日本国とアメリカ合衆国との間の相互防衛援助協定に基づくアメリカ合衆国に対する武器技術の供与に関する交換公文
2　正式名称：日本国とアメリカ合衆国との間の相互防衛援助協定に基づくアメリカ合衆国に対する武器及び武器技術の供与に関する交換公文
3　正式名称：相互の防衛調達に関する日本国政府とアメリカ合衆国政府との間の交換公文
4　正式名称：相互の防衛調達に関するアメリカ合衆国国防省と日本国防衛省との間の覚書（Memorandum of Understanding between the Department of Defense of the United States of America and the Ministry of Defense of Japan concerning Reciprocal Defense Procurement）
5　日本国防衛省とアメリカ合衆国国防省との間の研究、開発、試験及び評価プロジェクトに関する了解覚書
6　日本国防衛省とアメリカ合衆国国防省との間の防衛装備品等の供給の安定化に係る取決め

第5節　在日米軍の駐留に関する取組

日米安保体制のもと、在日米軍のプレゼンスは、抑止力として機能している一方で、在日米軍の駐留に伴う地域住民の生活環境への影響を踏まえ、各地域の実情に合った負担軽減の努力が必要である。特に、在日米軍の再編は、日米同盟の抑止力・対処力を一層強化しつつ、沖縄をはじめとする地元の負担を軽減するための極めて重要な取組であることから、防衛省としては、在日米軍施設・区域を抱える地元の理解と協力を得る努力を続けつつ、米軍再編事業などを進めていく。

1　在日米軍の駐留

1　在日米軍の駐留の意義

わが国を取り巻く安全保障環境が一層厳しさを増す中、日米安保体制に基づく日米同盟が、わが国の防衛や地域の平和と安定に寄与する抑止力として十分に機能するためには、在日米軍のプレゼンスが確保されていることや、在日米軍が緊急事態に迅速かつ機動的に対応できる態勢が、平時からわが国とその周辺でとられていることなどが必要である。

このため、わが国は、日米安保条約に基づいて米軍の駐留を認めており、在日米軍の駐留は、日米安保体制の中核的要素となっている。

また、安定的な在日米軍の駐留を実現することは、わが国に対する武力攻撃に対して、日米安保条約第5条に基づく日米の共同対処を迅速に行うために必要である。さらに、わが国防衛のための米軍の行動は、在日米軍のみならず、適時の兵力の来援によってもなされるが、在日米軍は、そのような来援のための基盤ともなる。

なお、日米安保条約は、第5条で米国の日本防衛義務を規定する一方、第6条でわが国の安全と極東における国際の平和と安全の維持のため、わが国の施設・区域の使用を米国に認めており、日米両国の義務は同一ではないものの、全体として見れば日米双方の義務のバランスはとられている。

2　在日米軍の駐留に関する枠組み

在日米軍施設・区域及び在日米軍の地位に関することは日米地位協定[1]により規定されており、この中には、在日米軍の使用に供するための施設・区域（在日米軍施設・区域）の提供に関すること、在日米軍が必要とする労務の需要の充足に関することなどの定めがある。また、環境補足協定により、在日米軍に関連する環境の管理のための協力を促進し、軍属補足協定により、軍属の範囲の明確化などを図っている。

(1) 在日米軍施設・区域の提供

在日米軍施設・区域について、わが国は、日米地位協定の定めるところにより、日米合同委員会を通じた日米両国政府間の合意に従い提供している。

わが国は、在日米軍施設・区域の安定的な使用を確保するため、民有地や公有地については、所有者との合意のもと、賃貸借契約などを結んでいる。しかし、このような合意が得られない場合には、駐軍用地特措法[2]に基づき、土地の所有者に対する損失の補償を行ったうえで、使用権原[3]を取得することとしている。

また、施設・区域の米軍への提供には、例えば、日米共同訓練に際して、米軍が自衛隊の施設を使用する場合など、この協定に基づき、わが国の施設・区域について、一定の期間を限って米軍に使用させているものがある。

1　正式名称：日本国とアメリカ合衆国との間の相互協力及び安全保障条約第六条に基づく施設及び区域並びに日本国における合衆国軍隊の地位に関する協定
2　正式名称：日本国とアメリカ合衆国との間の相互協力及び安全保障条約第六条に基づく施設及び区域並びに日本国における合衆国軍隊の地位に関する協定の実施に伴う土地等の使用等に関する特別措置法
3　「権原」とは、ある行為を正当化する法律上の原因をいう。

図表Ⅲ-2-5-1　在日米軍関係経費（2023年度予算）

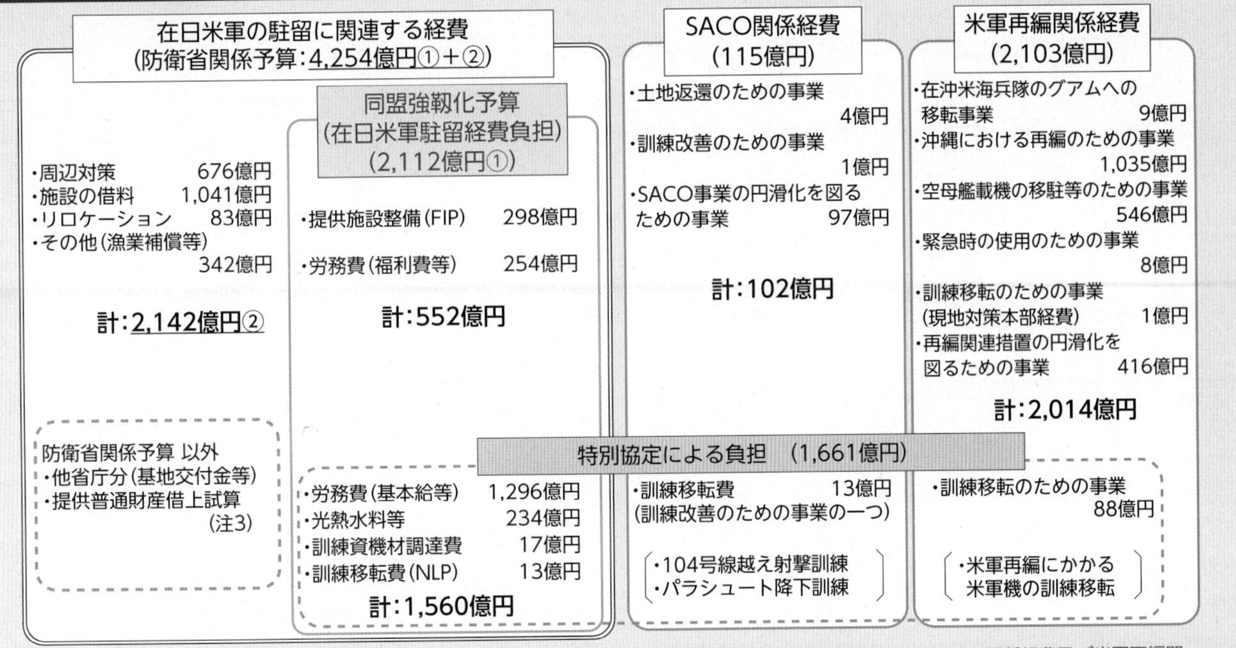

(注) 1　特別協定による負担のうち、訓練移転費は、同盟強靱化予算(在日米軍駐留経費負担)に含まれるものとSACO関係経費及び米軍再編関係経費に含まれるものがある。
2　SACO関係経費とは、沖縄県民の負担を軽減するためにSACO最終報告の内容を実施するための経費、米軍再編関係経費とは、米軍再編事業のうち地元の負担軽減に資する措置にかかる経費である。一方、同盟強靱化予算(在日米軍駐留経費負担)については、日米安保体制の円滑かつ効果的な運用を確保していくことは極めて重要との観点からわが国が自主的な努力を払ってきたものであり、その性格が異なるため区別して整理している。
3　在日米軍の駐留に関連する経費には、防衛省関係予算のほか、防衛省以外の他省庁分(基地交付金等：405億円、4年度予算)、提供普通財産借上試算(1,643億円、4年度試算)がある。
4　四捨五入のため、合計値があわないことがある。

(2) 米軍が必要とする労務の需要の充足

在日米軍が必要とする労働力（労務）は、日米地位協定によりわが国の援助を得て充足されることになっている。

全国の在日米軍施設・区域においては、2022年度末現在、2万5,897人の駐留軍等労働者（在日米軍従業員）が、司令部の事務職、整備・補給施設の技術者、基地警備部隊及び消防組織の要員、福利厚生施設の販売員などとして勤務しており、在日米軍の円滑な運用を支えている。

こうした在日米軍従業員は、日米地位協定の規定により、わが国政府が雇用している。防衛省は、その人事管理、給与支払、衛生管理、福利厚生などに関する業務を行うことにより、在日米軍の駐留を支援している。

(3) 環境補足協定

2015年9月、日米両政府は、日米地位協定を補足する在日米軍に関連する環境の管理の分野における協力に関する協定への署名を行い、この協定は即日発効した。この補足協定は、法的拘束力を有する国際約束であり、日本環境管理基準（JEGS〔Japan Environmental Governing Standards〕）の発出・維持や在日米軍施設・区域への立入手続の作成・維持などについて規定している。

参照　Ⅳ部4章2節2項（在日米軍施設・区域に関する取組）

(4) 軍属補足協定

2017年1月、日米両政府は、日米地位協定の軍属に関する補足協定への署名を行い、この協定は即日発効した。この補足協定は、日米地位協定に一般的な規定しかない軍属の範囲を明確化し、コントラクターの被用者について軍属として認定されるための適格性基準を作成するとともに、通報・見直しなどの手続を定め、通常居住者の軍属からの除外などを定めている。

3　在日米軍関係経費

在日米軍関係経費には、同盟強靱化予算（在日米軍駐留経費負担）、沖縄県民の負担を軽減するためにSACO〔Special Action Committee on Okinawa〕最終報告の内容を実施するための経費、米軍再編事業の

図表III-2-5-2 同盟強靱化予算（在日米軍駐留経費負担）に係る特別協定等のもとでの日本側負担

同盟強靱化予算（在日米軍駐留経費負担）に係る特別協定等のもとでの日本側負担			
	[特別協定]	有効期間	5年間（令和4年度から令和8年度まで）
		労務費	全労働者数のうち23,178人とする。
		光熱水料等	令和4年度及び令和5年度は234億円、令和6年度は151億円、令和7年度及び令和8年度は133億円とする。
		訓練資機材調達費	在日米軍の即応性のみならず、自衛隊と米軍の相互運用性の向上にも資する訓練資機材の調達に関連する経費として、5年間で最大200億円を負担する。
		訓練移転費	現行の枠組み・水準を維持しつつ、アラスカを航空機訓練移転先の対象とする。令和3年度の予算額（約114億円）と同水準とする。
	[提供施設整備]		在日米軍の即応性・抗たん性に資する事業を重点的に、5年間で最大1,641億円を負担する。

うち地元の負担軽減などに資する措置にかかる経費などがある。

参照 図表III-2-5-1（在日米軍関係経費（2023年度予算））

4 同盟強靱化予算（在日米軍駐留経費負担）

日米安保体制の円滑かつ効果的な運用を確保するうえで、同盟強靱化予算（在日米軍駐留経費負担）[4]は重要な役割を果たしている。1970年代半ばからのわが国における物価・賃金の高騰や国際経済情勢の変動などにより、1978年度からは福利費などの労務費を、1979年度からは提供施設整備費の負担を、それぞれ開始した。

また、日米両国を取り巻く経済情勢の変化により、労務費が急激に増加して従業員の雇用の安定が損われ、ひいては在日米軍の活動にも影響を及ぼすおそれが生じた。このため、1987年、日米両国政府は、日米地位協定の経費負担原則の特例的、限定的、暫定的な措置として、日米地位協定第24条についての特別な措置を定める協定（特別協定）[5]を締結した。

これに基づき、わが国は調整手当（現地域手当）など8項目の労務費を負担するようになった。その後の特別協定により、1991年度からは、基本給などの労務費と光熱水料などを、1996年度からは、訓練移転費を、また、2022年度からは、訓練資機材調達費を負担の対象としている。

参照 図表III-2-5-2（同盟強靱化予算（在日米軍駐留経費負担）に係る特別協定等のもとでの日本側負担）

2 在日米軍再編に向けた取組

1 在日米軍再編計画

(1) 経緯・概要

在日米軍再編については、2006年5月の「再編の実施のための日米ロードマップ」（ロードマップ）において示された。その後、①沖縄の目に見える負担軽減を早期かつ着実に図る方策を講ずる必要があること、②2012年1月に公表された米国の国防戦略指針にも示されている、アジア太平洋地域重視の戦略と米軍再編計画の調整を図る必要があること、③米国議会においては、グアム移転にかかる経費の削減が求められていること、などの要因を踏まえ、2012年4月の「2＋2」において、再編計画を調整した。

ロードマップでは、沖縄に所在する第3海兵機動展開

4 2021年12月21日に合意した、特別協定を巡る交渉の結果、本件経費を用いて日米同盟を一層強化する基盤を構築することで一致したことを踏まえ、日本側は、「在日米軍駐留経費負担」の通称を「同盟強靱化予算」とすることとした。

5 正式名称：日本国とアメリカ合衆国との間の相互協力及び安全保障条約第六条に基づく施設及び区域並びに日本国における合衆国軍隊の地位に関する協定第二十四条についての特別の措置に関する日本国とアメリカ合衆国との間の協定

部隊（Ⅲ MEF）の司令部要素をグアムへ移転することとしていたが、部隊構成を変更し、司令部・陸上・航空・後方支援の各要素から構成される海兵空地任務部隊（MAGTF）を日本、グアム及びハワイに置くとともにオーストラリアへローテーション展開させることとした。また、海兵隊の沖縄からグアムへの移転及びその結果として生ずる嘉手納以南の土地の返還の双方を、普天間飛行場の代替施設に関する進展から切り離すことなどを決定した。

Marine Expeditionary Force
Marine Air Ground Task Force

参照　資料31（再編の実施のための日米ロードマップ（仮訳））

(2) 在日米軍再編計画の再調整

厳しさを増す安全保障環境に対応して日米同盟の抑止力・対処力を一層強化するため、2023年1月の「2＋2」において、日米両国は、在日米軍の戦力態勢を、さらに多面的な能力を有し、より強靱で、より機動的なものに強化し、2012年に調整された再編計画を再調整し、米軍の態勢を最適化することとした。具体的には、第3海兵師団司令部及び第12海兵連隊を沖縄に残留させ、同連隊を2025年までに「海兵沿岸連隊（MLR）」に改編させることについて一致した。

Marine Littoral Regiment

再編計画の再調整に際しては、現行再編計画の基本的な原則は維持するなど、沖縄の負担軽減に最大限配慮している。具体的には、①再編終了後の在沖米海兵隊の定員を引き続き約1万人とすること、②沖縄統合計画において返還予定の土地に影響を及ぼさず、キャンプ・シュワブにおける普天間飛行場代替施設の進展に影響を及ぼさないこと、③2024年から開始される沖縄からグアムへの海兵隊の移転開始などに変更がないことを日米間で確認している。

本取組は、強化された自衛隊の能力・態勢とあいまって、日米同盟の抑止力・対処力を大きく向上するものである。引き続き、在日米軍の態勢を一層最適化するための緊密な協議を継続していく。

2　米軍再編の進捗状況

在日米軍再編については、これまで、空母艦載機の厚木飛行場から岩国飛行場への移駐、KC-130空中給油機の普天間飛行場から岩国飛行場への移駐及び鹿屋飛行場へのローテーション展開など、様々な取組が行われてきた。

防衛省では、引き続き、空母艦載機着陸訓練（FCLP）にも使用する馬毛島における自衛隊の施設の整備、普天間飛行場を含む嘉手納以南の土地の返還、在沖米海兵隊のグアム移転などの取組を進めている。

Field Carrier Landing Practice

参照　図表Ⅲ-2-5-3（「再編の実施のための日米ロードマップ」に示された在日米軍などの兵力態勢の再編の進捗状況①及び②）

3　空母艦載機着陸訓練（FCLP）

2006年5月のロードマップにおいては恒常的な空母艦載機着陸訓練施設について検討を行うための二国間の枠組みを設け、恒常的な施設をできるだけ早い時期に選定することが目標とされた。防衛省は、鹿児島県西之表市馬毛島の大部分の土地を取得し、整備に向け、地元である、鹿児島県、西之表市、中種子町及び南種子町への説明を積み重ねている。

2022年1月の「共同文書」においては、日本政府が馬毛島における自衛隊施設の整備を決定したことを米側も歓迎した。2022年度予算には馬毛島における滑走路、駐機場にかかる施設整備などの経費が計上されている。

2023年1月には、西之表市長、中種子町長及び南種子町長などからの意見も踏まえた鹿児島県知事の意見にも沿ったかたちで作成した環境影響評価書を公告し、馬毛島島内での工事を開始した。

同年3月には、馬毛島周辺海上での工事も開始し、施

資料：在日米軍に関する諸施策
URL：https://www.mod.go.jp/j/approach/zaibeigun/index.html

資料：馬毛島（まげしま）における施設整備について
URL：https://www.mod.go.jp/j/approach/chouwa/mage/index.html

図表Ⅲ-2-5-3　「再編の実施のための日米ロードマップ」に示された在日米軍などの兵力態勢の再編の進捗状況①

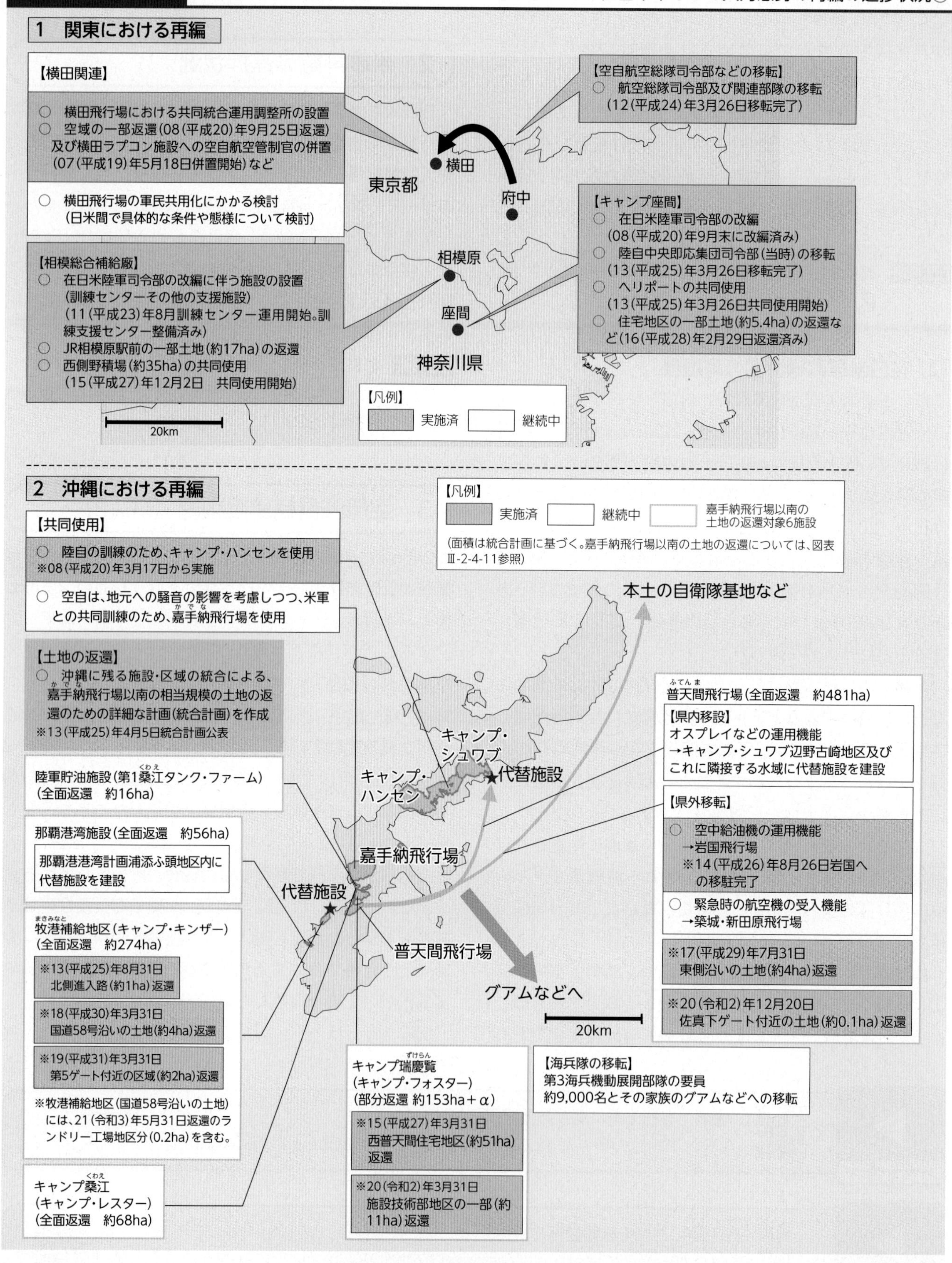

図表Ⅲ-2-5-3　「再編の実施のための日米ロードマップ」に示された在日米軍などの兵力態勢の再編の進捗状況②

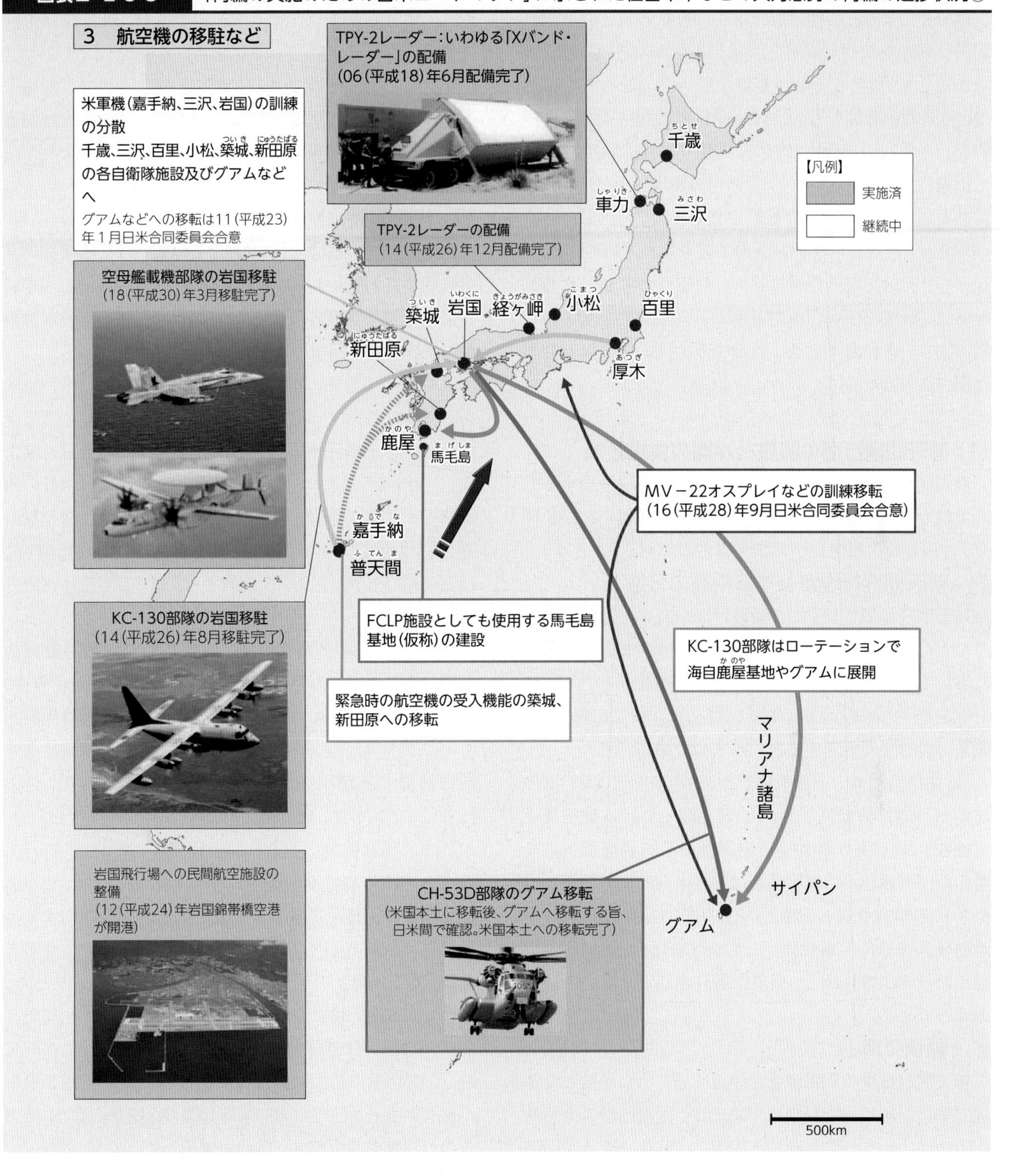

設整備に向けた取組を着実に進めている。

4　普天間飛行場の移設・返還

普天間飛行場の全面返還を日米で合意してから、25年以上経た今もなお、返還が実現しておらず、もはや先送りは許されない。

沖縄県宜野湾市の市街地に位置し、住宅や学校で囲まれた普天間飛行場の固定化は、絶対に避けなければならず、これは政府と沖縄の皆様の共通認識であると考えている。

政府としては、名護市辺野古へ移設する現在の計画が同飛行場の継続的な使用を回避するための唯一の解決策であるという考えに変わりはなく、このことについては、日米両政府間でも、「2+2」や日米首脳会談の共同声明などの累次の機会において、確認してきている。

同飛行場の一日も早い全面返還の実現に向けて、長年にわたる沖縄の皆様との対話の積み重ねのうえに、これからも、丁寧な説明を行い全力で取り組んでいく。

なお、同飛行場の返還により、危険性が除去されるとともに、跡地（約476ha：東京ドーム約100個分）の利用により、宜野湾市をはじめとする沖縄のさらなる発展が期待される。

(1) 普天間飛行場の移設と沖縄の負担軽減

普天間飛行場の移設は、同飛行場を単純に移設するものではなく、沖縄における基地の機能や面積の縮小を伴い、沖縄の負担軽減に十分資するものである。

ア　普天間飛行場が有する機能の分散

普天間飛行場の移設は、同飛行場が有する①オスプレイなどの運用機能、②空中給油機の運用機能、③緊急時における航空機受入機能という3つの機能のうち、②及び③を県外へ、残る①をキャンプ・シュワブに移して、同飛行場を全面返還するというものである。

「②空中給油機の運用機能」は2014年8月に山口県の岩国飛行場に移転完了し、「③緊急時における航空機受入機能」は、2018年10月、福岡県の築城基地及び宮崎県の新田原基地への機能移転に必要となる施設整備について日米間で合意し、2023年3月までに築城基地の滑走路延長を除く工事を完了した。引き続き、築城基地の滑走路延長工事に関し、環境影響評価などを進めているところである。

イ　面積の縮小

普天間飛行場の代替施設を建設するために必要となる埋立ての面積は、約150haであるが、同飛行場の面積約476haに比べ、約3分の1程度となり、滑走路も、1,200m（オーバーランを含めても1,800m）と、現在の同飛行場の滑走路長2,740mに比べ、大幅に短縮される。

ウ　騒音及び危険性の軽減

滑走路はV字型に2本設置されるが、これは、地元の要望を踏まえ、離着陸時の飛行経路が海上になるようにするためのものである。訓練などで日常的に使用される飛行経路が、普天間飛行場では市街地上空にあったのに対し、代替施設では、海上へと変更され、騒音及び危険性が軽減される。

例えば、同飛行場では、住宅防音が必要となる地域に1万数千世帯の住民が居住しているのに対し、代替施設ではこのような世帯はゼロとなる。

(2) 代替施設に関する経緯

2004年8月の宜野湾市における米軍ヘリ墜落事故の発生を踏まえ、周辺住民の不安を解消するため、一日も早い移設・返還を実現するための方法について、在日米軍再編に関する日米協議の過程で改めて検討が行われた。

2005年10月の「2＋2」共同文書において、代替施設をL字型に設置することとされたが、その後の名護市をはじめとする地元地方公共団体との協議及び合意を踏まえ、2006年5月のロードマップにおいて、代替施設の滑走路をV字型で設置することとなった。この代替施設の建設について、2006年5月、稲嶺沖縄県知事（当時）と額賀防衛庁長官（当時）との間でも「基本確認書」が取り交わされた。

2009年9月の政権交代後、沖縄基地問題検討委員会が設けられた。この委員会による検討を経たのち、2010年5月の「2＋2」において、普天間飛行場の代替施設をキャンプ・シュワブ辺野古崎地区及びこれに隣接する水域に設置する意図を確認した。その後、2011年6月の「2＋2」において、滑走路の形状をV字型と決定した。

このような結論に至る検討過程では、まず、東アジアの安全保障環境に不安定性・不確実性が残る中、わが国の安全保障上極めて重要な位置にある沖縄に所在する海兵隊をはじめとして、在日米軍の抑止力を低下させることは、安全保障上の観点からできないとの判断があった。

また、同飛行場に所属する海兵隊ヘリ部隊を沖縄所在のほかの海兵隊部隊から切り離し、国外・県外に移転すれば、海兵隊の持つ機動性・即応性といった特性を損なう懸念があった。これは、米海兵隊が、航空、陸上、後方支援の部隊や司令部を一体的に運用しているためである。

こうしたことから、同飛行場の代替地は沖縄県内とせざるを得ないとの結論に至った。

参照　資料32（普天間飛行場代替施設に関する経緯）、資料33（嘉手納以南　施設・区域の返還時期（見込み））、図表Ⅲ-2-5-4（代替施設と普天間飛行場の比較（イメージ））

図表Ⅲ-2-5-4　代替施設と普天間飛行場の比較（イメージ）

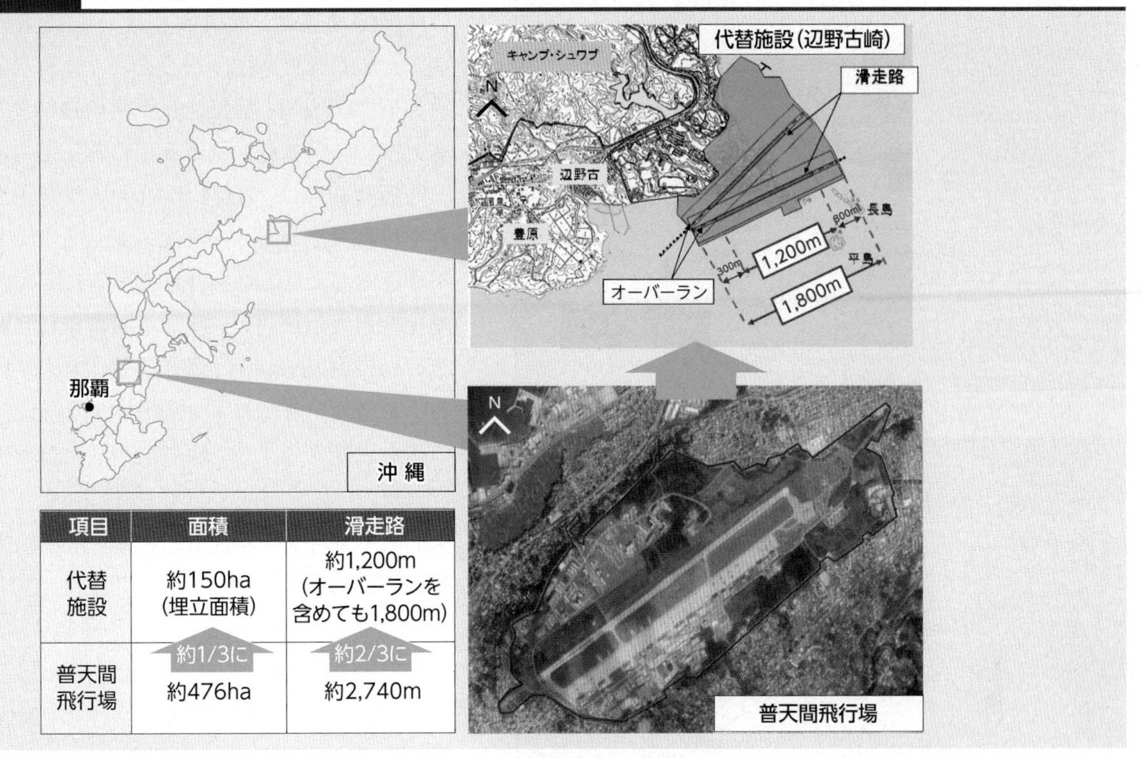

項目	面積	滑走路
代替施設	約150ha（埋立面積）	約1,200m（オーバーランを含めても1,800m）
	約1/3に	約2/3に
普天間飛行場	約476ha	約2,740m

(3) 代替施設建設事業の推進

ア　埋立工事の進捗

沖縄防衛局長は、2013年3月、公有水面埋立承認願書を沖縄県に提出し、同年12月、仲井眞知事（当時）はこれを承認した。

工事開始後、翁長知事（当時）が当該埋立承認を取り消したことから、国と沖縄県との訴訟などを経たが、2018年12月に、キャンプ・シュワブ南側の海域において、埋立工事を開始した。2021年8月には、海水面から4.0mまでの埋立てが完了しており、引き続き、埋立工事を着実に進めているところである。（2023年5月現在）

イ　地盤改良などの検討

埋立地の地盤に関しては、ボーリング調査の結果などを踏まえ、キャンプ・シュワブ北側の海域における護岸などの構造物の安定性などについて検討を行った。その結果、東京国際空港や関西国際空港でも用いられた一般的で施工実績が豊富な工法[6]により地盤改良工事を行うことで、所要の安定性を確保して護岸や埋立てなどの工事を実施可能であることが確認された。このことは2019年9月から開催された、地盤、構造、水工、舗装の各分野の有識者で構成される「普天間飛行場代替施設建設事業に係る技術検討会」においても確認されている。

そして、同年12月、沖縄防衛局は、それまでの検討結果を踏まえ、変更後の計画に基づく工事に着手してから工事完了までに9年3ヵ月、沖縄統合計画に示されている「提供手続」を完了させるまでに約12年を要し、また普天間飛行場代替施設建設事業に要する経費として、約9,300億円が必要であることを示した。

ウ　環境保全にかかる取組

普天間飛行場代替施設建設事業の実施にあたり、2007年から約5年間にわたり、環境影響評価を行った。この評価に対しては、沖縄県知事から、1,561件の意見を受け、その全てに補正を行うとともに、環境影響評価書への記載に適切に反映している。

資料：普天間飛行場及び代替施設の規模比較
URL：https://www.mod.go.jp/j/approach/zaibeigun/frf/index.html#kibohikaku

6　サンドコンパクションパイル工法、サンドドレーン工法、ペーパードレーン工法であり、他事業の例として、東京国際空港再拡張事業などがある。

2018年11月

2023年4月
埋立工事の進捗状況

この評価書において、埋立区域に生息するサンゴ類は埋立てに伴い消失することになるため、避難措置として可能な限り移植することとしており、保護対象のサンゴ類の一部について沖縄県知事の許可を得て移植している。また、今後、残りの保護対象のサンゴ類についても避難措置を講ずることとしている。なお、同事業では、那覇空港第二滑走路の工事に伴う埋立ての際よりも、保護の対象を広げ、より手厚くサンゴ類を移植することとしている[7]。

エ　公有水面埋立の変更承認申請

沖縄防衛局は、環境面も含めた有識者の知見も得つつ、十分に検討を行ったうえで、公有水面埋立法に基づき、2020年4月、地盤改良工事の追加などに伴う埋立の変更承認申請書を沖縄県知事に提出した。

沖縄県知事は、2021年11月、埋立予定地の地盤の調査や環境保全対策が十分でないとして、変更承認申請を不承認とした。これを受け、同年12月、沖縄防衛局長は国土交通大臣に対し、行政不服審査法に基づく審査請求を行い、2022年4月、国土交通大臣は、沖縄県知事による不承認処分を取り消す裁決を行うとともに、変更承認申請を承認するよう、地方自治法に基づく是正の指示を行った。

これに対し、同年5月、沖縄県知事は国土交通大臣の裁決及び是正の指示を不服として国地方係争処理委員会にそれぞれ審査申出を行った。同年7月、国地方係争処理委員会が裁決に関する審査申出を却下したことを受け、同年8月、沖縄県知事は、国の関与（裁決）の取消訴訟を福岡高裁那覇支部に提起した。また、国地方係争処理委員会が是正の指示は違法でないと決定したことを受け、同月、沖縄県知事は、国の関与（是正の指示）の取消訴訟を福岡高裁那覇支部に提起した。これらの訴訟に関しては、2023年3月、福岡高裁那覇支部において裁決に関する訴訟については沖縄県知事の訴えを却下する判決が、是正の指示に関する訴訟については、沖縄県知事の請求を棄却する判決が、それぞれ言い渡された。これらの訴訟については、沖縄県知事が最高裁に上告受理申立てを行ったところである。これらに加え、2022年9月、沖縄県は、国土交通大臣の裁決を不服とし、行政事件訴訟法に基づく裁決の取消訴訟を那覇地裁に提起しており、国と沖縄県の間においては、変更承認申請にかかる3件の訴訟が係属中である（2023年5月現在）。

資料：地盤改良工法について
URL：https://www.mod.go.jp/j/approach/zaibeigun/frf/index.html#kouhou

資料：環境保全について
URL：https://www.mod.go.jp/j/approach/zaibeigun/frf/index.html#kankyohozen

7　具体的には、那覇空港の第二滑走路の工事に伴い、小型サンゴ約3万7,000群体の移植が行われたが、仮に、代替施設建設事業と同じ基準を当てはめれば、移植対象の小型サンゴ類は約17万群体となる。

5　嘉手納飛行場以南の土地の返還

2006年5月のロードマップでは、普天間飛行場の代替施設への移転、普天間飛行場の返還及びグアムへの第3海兵機動展開部隊（Ⅲ MEF）要員の移転に続いて、沖縄に残る施設・区域が統合され、嘉手納飛行場以南の相当規模の土地の返還が可能となるとされていた。

その後、2012年4月の「2＋2」において、Ⅲ MEFの要員の沖縄からグアムへの移転及びその結果として生ずる嘉手納以南の土地の返還の双方を、普天間飛行場の代替施設への移転に関する進展から切り離すことを決定した。さらに、返還される土地については、①速やかに返還できるもの、②機能の移転が完了すれば返還できるもの、③国外移転後に返還できるもの、という3区分に分けて検討していくことで合意した。

(1) 沖縄における在日米軍施設・区域に関する統合計画

2012年末の政権交代後、沖縄の負担軽減に全力で取り組むとの基本方針のもと、引き続き日米間で協議が行われ、沖縄の返還要望が特に強い牧港（まきみなと）補給地区（キャンプ・キンザー）（浦添市）を含む嘉手納以南の土地の返還を早期に進めるよう強く要請し、米側と調整を行った。その結果、2013年4月、具体的な返還年度を含む返還スケジュールが明記される形で沖縄における在日米軍施設・区域に関する統合計画（統合計画）が公表されることになった。

本計画に基づき、全ての返還が実現すれば、沖縄本島中南部の人口密集地に所在する6つの米軍専用施設[8]の約7割の土地（約1,048ha：東京ドーム約220個分）が返還されることとなる。統合計画においては、本計画を可能な限り早急に実施することを日米間で確認しており、政府として一日も早い嘉手納以南の土地の返還が実現するよう、引き続き全力で取り組んでいくこととしている。

参照　図表Ⅲ-2-5-5（沖縄における在日米軍施設・区域に関する統合計画）

(2) 返還の進展

2013年4月の統合計画の公表以降、返還に向けた取組を進め、2020年3月末には統合計画で「必要な手続の完了後速やかに返還となる区域」（図表Ⅲ-2-5-7の赤色の区域）とされている区域全ての返還が実現した。返還地では順次跡地利用が進められており、例えば、2015年3月に返還された西普天間住宅地区跡地では、地元の要望している沖縄健康医療拠点の形成を推進している。

図表Ⅲ-2-5-5　沖縄における在日米軍施設・区域に関する統合計画

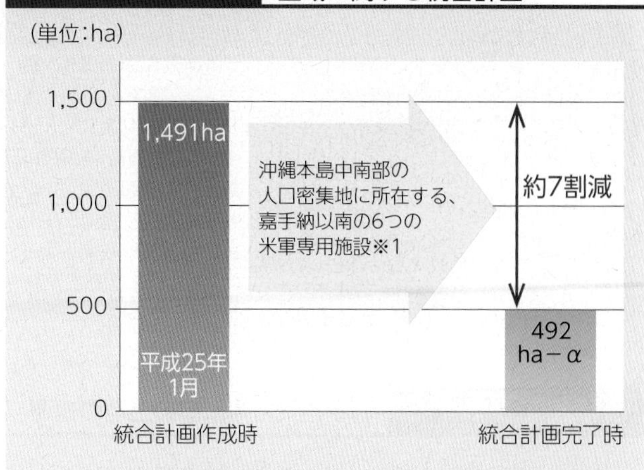

※1　6つの施設：那覇港湾施設、牧港補給地区、普天間飛行場、キャンプ瑞慶覧、キャンプ桑江及び陸軍貯油施設第1桑江タンク・ファーム

また、そのほかの区域で地元からの返還要望が強かった一部の区域については、統合計画上の予定よりも前倒しでの返還を実現している。これにより、例えば、普天間飛行場の東側沿いの土地では、2021年3月に市道宜野湾11号の全線開通が実現し、これにより地元の道路交通状況が改善されている。さらに、2022年5月、キャンプ瑞慶覧のロウワー・プラザ住宅地区について、返還に先立って、緑地公園として一般利用することを日米間で合意する旨を、現地を訪問した岸田内閣総理大臣より公表した。

政府としては、引き続き、統合計画における嘉手納飛行場以南の土地の返還を着実に実施し、沖縄の負担軽減を目に見える形で実現するため、全力で取り組んでいくこととしている。

参照　資料33（嘉手納以南 施設・区域の返還時期（見込み））、図表Ⅲ-2-5-6（嘉手納飛行場以南の土地の返還実績）、図表Ⅲ-2-5-7（嘉手納飛行場以南の土地の返還（イメージ））

8　那覇港湾施設、牧港補給地区、普天間飛行場、キャンプ瑞慶覧、キャンプ桑江及び陸軍貯油施設第1桑江タンク・ファーム

図表Ⅲ-2-5-6　嘉手納飛行場以南の土地の返還実績

区分	名称	返還	引き渡し	面積（ha）
統合計画において「速やかに返還」とされている区域	牧港補給地区（北側進入路）	2013年8月	2013年8月	約1
	キャンプ瑞慶覧（西普天間住宅地区）	2015年3月	2018年3月	約51
	牧港補給地区（第5ゲート付近の区域）	2019年3月	2021年3月	約2
	キャンプ瑞慶覧（施設技術部地区の一部）	2020年3月	（※）	約11
統合計画において「県内で機能移設後に返還」とされているものの、その後、別途の日米合意を受け前倒しで返還されることとされた区域	普天間飛行場（東側沿いの土地）	2017年7月	2019年3月	約4
	牧港補給地区（国道58号沿いの土地）	2018年3月	2019年9月	約3
	普天間飛行場（佐真下ゲート付近の土地）	2020年12月	2020年12月	約0.1
	牧港補給地区（（国道58号沿いの土地）ランドリー工場地区）	2021年5月	2021年5月	約0.2

（注）図表中の（※）は今後引き渡しが予定されているもの。

図表Ⅲ-2-5-7　嘉手納飛行場以南の土地の返還（イメージ）

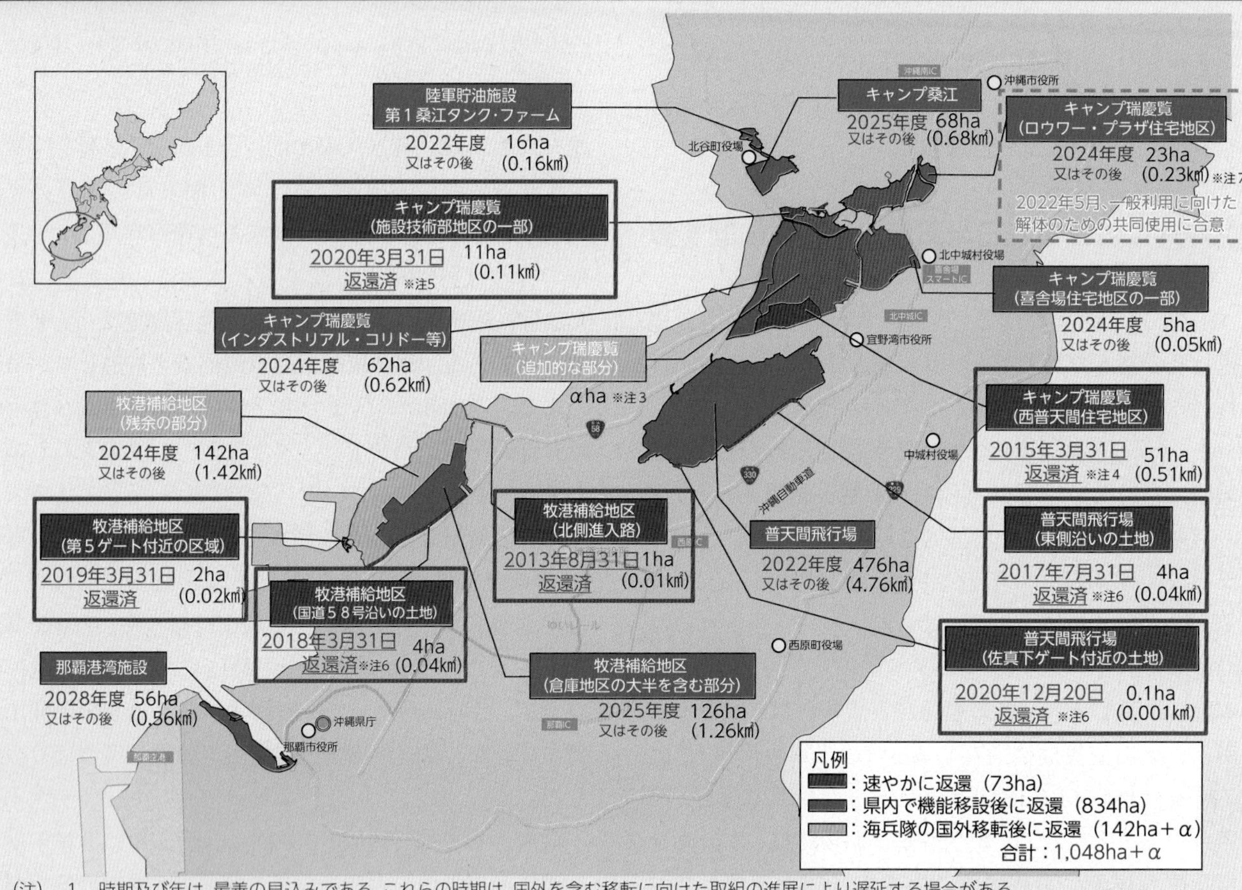

（注）1　時期及び年は、最善の見込みである。これらの時期は、国外を含む移転に向けた取組の進展により遅延する場合がある。
2　各区域の面積は概数を示すものであり、今後行われる測量等の結果に基づき、微修正されることがある。また、計数は単位（ha）未満を四捨五入しているため符合しないことがある。
3　追加的な返還が可能かどうかを確認するため、マスタープランの作成過程において検討される。
4　キャンプ瑞慶覧（西普天間住宅地区）の返還面積については、統合計画において52haとしていたが、実測値を踏まえ51haとしている。
5　キャンプ瑞慶覧（施設技術部地区の一部）の返還面積については、統合計画において10haとしていたが、平成25年9月のJC返還合意の返還面積を踏まえ11haとしている。
6　普天間飛行場（東側沿いの土地、佐真下ゲート付近の土地）、牧港補給地区（国道58号線沿いの土地）については、別途の日米合意により前倒しで返還されることとされた。なお、牧港補給地区（国道58号線沿いの土地）には、2021年5月31日返還のランドリー工場地区分（0.2ha）を含む。
7　キャンプ瑞慶覧（ロウワー・プラザ住宅地区）については、返還に先立って、緑地公園として一般利用するための準備を進めていくことについて、2022年5月にJC合意。
8　JC（JointCommittee）－日米合同委員会

6　海兵隊のグアムへの移転

2006年5月にロードマップが発表されて以降、沖縄に所在する兵力の削減について協議が重ねられてきた。

(1) 移転時期及び規模

ロードマップでは、沖縄に所在する第3海兵機動展開部隊（ⅢMEF）の要員約8,000人とその家族約9,000人が2014年までに沖縄からグアムに移転することとされたが、2011年6月の「2＋2」などで、その時期は2014年より後のできる限り早い時期とされた。

その後、2012年4月の「2＋2」において、ⅢMEFの要員の沖縄からグアムへの移転及びその結果として生ずる嘉手納以南の土地の返還の双方を、普天間飛行場の代替施設に関する進展から切り離すことを決定するとともに、グアムに移転する部隊構成及び人数についての見直しがなされた。

これにより、海兵空地任務部隊（MAGTF）は日本、グアム、ハワイに置くこととされ、約9,000人が日本国外に移転することになった。一方で、沖縄における海兵隊の最終的なプレゼンスは、ロードマップの水準（約1万人）に従ったものにすることとされた。

それに伴い、2013年10月の「2＋2」においては、グアムへの移転時期について、2012年の「2＋2」で示された移転計画のもとで、2020年代前半に開始されることとされ、この計画は2013年4月の沖縄における在日米軍施設・区域に関する統合計画の実施の進展を促進するものとされた。

また、2023年1月の「2＋2」においては、沖縄からグアムへの移転が2024年に開始されることなどが確認された。

(2) 移転費用

ロードマップでは、施設及びインフラの整備費算定額102.7億ドル（2008米会計年度ドル）のうち、わが国が28億ドルの直接的な財政支援を含め60.9億ドルを提供し、米国が残りの41.8億ドルを負担することで合意に至った。わが国が負担する費用のうち、直接的な財政支援として措置する事業について、日米双方の行動をより確実なものとし、これを法的に確保するため、2009年2月、日米両政府は「第3海兵機動展開部隊の要員及びその家族の沖縄からグアムへの移転の実施に関する日本国政府とアメリカ合衆国政府との間の協定」（グアム協定）に署名した。

本協定に基づく措置として、2009年度から、わが国が財政支援する事業にかかる米国政府への資金提供を行っている[9]。

その後、2012年4月の「2＋2」では、グアムに移転する部隊構成及び人数が見直され、米国政府による暫定的な移転費用の見積りは86億ドル（2012米会計年度ドル）とされた。わが国の財政的コミットメントは、グアム協定第1条に規定された28億ドル（2008米会計年度ドル）を限度とする直接的な資金提供となることが再確認されたほか、わが国による家族住宅事業やインフラ事業のための出融資などは利用しないことが確認された[10]。

また、グアム協定のもとですでに米国政府に提供された資金は、わが国による資金提供の一部となることとされ、グアム及び北マリアナ諸島連邦の日米両国が共同使用する訓練場の整備についても、前述の28億ドルの直接的な資金提供の一部を活用して実施することとされた。このほか、残りの費用及び追加的な費用は米国が負担することや、両政府が二国間で費用内訳を完成させることについても合意された。

2013年10月の「2＋2」では、グアム及び北マリアナ諸島連邦における訓練場の整備及び自衛隊による訓練場

米海兵隊基地キャンプ・ブラズ再発足・命名式典

9　わが国が財政支援する事業について、これまで2009年度から2022年度までの予算を用いて総額約3,721億円（提供した資金から生じた利子の使用を含む）が米側に資金提供された。

10　これを受け、駐留軍等の再編の円滑な実施に関する特別措置法に規定されていた株式会社国際協力銀行の業務の特例（出融資）については、2017年3月31日に施行された同法の一部を改正する法律により廃止された。

図表Ⅲ-2-5-8　グアム移転事業の進捗状況（イメージ）

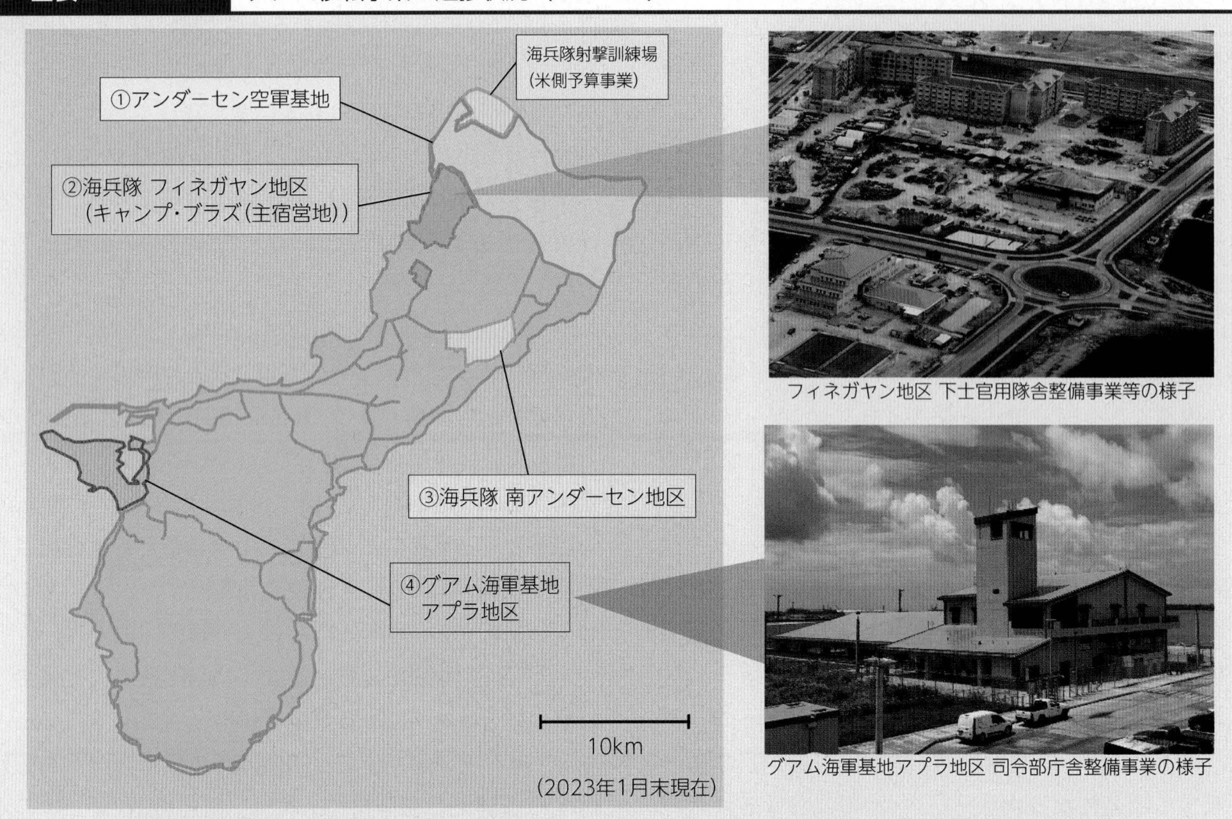

フィネガヤン地区 下士官用隊舎整備事業等の様子

グアム海軍基地アプラ地区 司令部庁舎整備事業の様子

移転事業対象地区	日本側提供資金による事業進捗状況
①　アンダーセン 空軍基地	基盤整備事業（※1）実施中
②　海兵隊 フィネガヤン地区 （キャンプ・ブラズ（主宿営地））	基盤整備事業（※1）実施中 下士官用隊舎整備事業（※2）ほか実施中
③　海兵隊 南アンダーセン地区	訓練場整備事業（※3）実施中
④　グアム海軍基地 アプラ地区	基盤整備事業（※1）、司令部庁舎整備事業（※4）及び診療所整備事業（※5）完了
	乗船施設整備事業（※6）実施中

※1　基盤整備事業とは、海兵隊が使用する庁舎などの施設建設にかかる敷地造成、道路整備、上下水道、電気通信などを整備する事業
※2　下士官用隊舎整備事業とは、海兵隊が使用する下士官用隊舎を整備する事業
※3　訓練場整備事業とは、海兵隊の基礎的な訓練（市街地戦闘訓練、車両走行訓練など）を実施するための施設を整備する事業
※4　司令部庁舎整備事業とは、海兵隊が使用する司令部庁舎を整備する事業
※5　診療所整備事業とは、海兵隊が使用する診療所を整備する事業
※6　乗船施設整備事業とは、海兵隊が使用する乗船に伴う施設を整備する事業

の使用に関する規定の追加などが盛り込まれたグアム協定を改正する議定書の署名も行われた。しかし、わが国政府からの資金提供については、引き続き28億ドル（2008年度価格）が上限となることに変更はない。

(3) 環境影響評価

グアムにおける環境影響評価については、再編計画の調整によって変更した事業内容を反映し、所要の手続が進められ、2015年8月に終了した。

さらに、北マリアナ諸島連邦における訓練場整備に関する環境影響評価は、現在実施中である。

(4) グアム移転事業の進捗状況

グアムにおける環境影響評価が実施されていた間、米国政府は、その評価の影響を受けない事業としてアンダーセン空軍基地及びグアム海軍基地アプラ地区における基盤整備事業などを実施してきた。米国防授権法によるグアム移転資金の凍結が解除されたことや、グアムにおける環境影響評価が終了したことを受け、現在、米国政府により、各地区において移転工事が実施されている。

参照　図表Ⅲ-2-5-8（グアム移転事業の進捗状況（イメージ））

7　その他の再編事業

(1) 訓練移転

ア　航空機訓練移転（ATR）
the Aviation Training Relocation

当分の間、嘉手納、三沢（青森県三沢市、東北町）及び岩国の3つの在日米軍施設・区域の航空機が、自衛隊施設における共同訓練に参加することとされたことに基づき、2007年以降、航空機訓練移転（ATR）[11]を行っており、防衛省は、必要に応じ訓練移転のためのインフラの改善を行っている。

ATRは、日米間の相互運用性の向上に資するとともに、これまで嘉手納飛行場を利用して実施されていた空対地射爆撃訓練の一部を移転するものであり、嘉手納飛行場周辺の騒音軽減につながることから、沖縄の負担軽減にも資するものである。

防衛省・自衛隊は、米軍の支援に加え、周辺住民の安心、安全を図るため、現地連絡本部の設置、関係行政機関との連絡や周辺住民への対応など、訓練移転の円滑な実施に努めている。

参照　図表Ⅲ-2-5-9（航空機訓練移転に関する主な経緯）

イ　MV-22などの訓練移転

日米両政府は、2013年10月の「2＋2」共同発表において、同盟の抑止力を維持しつつ、わが国本土を含め沖縄県外における訓練を増加させるため、MV-22の沖縄における駐留及び訓練の時間を削減し、わが国本土及び地域における様々な運用への参加の機会を活用すると決定した。これを踏まえ、普天間飛行場のMV-22の沖縄県外での訓練などが進められてきた。

2016年9月、日米合同委員会において、沖縄県外での訓練の一層の推進を図り、訓練活動に伴う沖縄の負担を軽減するため、現在普天間飛行場に所在するAH-1やCH-53といった回転翼機やMV-22などの訓練活動を日本側の経費負担により沖縄県外に移転することについて合意した。

2022年度は、2022年10月に北海道、同年11月に、長崎県、熊本県、鹿児島県、2023年2～3月に熊本県、大分県、鹿児島県の演習場などにおいて、日米共同訓練に組み込んで、MV-22などの訓練移転を実施した。なお、合意から2023年3月までに、上記に加え国外ではグアム、国内では青森県、岩手県、宮城県、群馬県、神奈川県、新潟県、静岡県、滋賀県、香川県、宮崎県の演習場などにおいて、計18回実施してきた。

政府としては、引き続き、MV-22の参加を伴う訓練を、沖縄からわが国本土やグアムなどに移転することにより、MV-22の沖縄における駐留及び訓練の時間を削減し、沖縄の一層の負担軽減に寄与する取組を推進することとしている。

なお、MV-22の安全性については、2012年、普天間飛行場への配備に先立ち、政府内外の専門家、航空機パイロットなどからなる分析評価チームを設置するなどして、政府として独自に安全性を確認している。加えて、2014年、わが国自身がオスプレイ導入を決定するにあたり、その検討過程のみならず、導入決定後においても、各種技術情報を収集・分析し、安全な機体であることを改めて確認している。

さらに、2016年から米海兵隊の教育課程に陸自のオスプレイ要員を派遣し、実際の機体を用いて操縦・整備を行い、オスプレイが安定した操縦・整備が可能であり、信頼できる機体であることを改めて確認している。

なお、CV-22については、MV-22と同じ推進システムを有し、基本的な構造も共通していることから、機体の安全性はMV-22と同等である。

政府としては、米軍の運用に際して、安全面の確保が大前提と考えており、累次の機会を捉え、防衛大臣から米国防長官などに対し地元への配慮と安全確保について申し入れを行うなど、引き続き、安全面に最大限配慮するよう求めていく。

参照　資料34（米軍オスプレイのわが国への配備の経緯）

図表Ⅲ-2-5-9　航空機訓練移転に関する主な経緯

合意等の時期	主な経緯
2006年5月	再編の実施のための日米ロードマップにおいて、嘉手納、三沢及び岩国の3つの在日米軍施設・区域から、千歳、三沢、百里、小松、築城及び新田原の自衛隊施設における共同訓練に参加することを確認
2011年1月及び同年10月	日米合同委員会において、移転先にグアムなどを追加するとともに、訓練規模の拡大を合意
2014年3月	日米合同委員会において、三沢対地射爆撃場（青森県三沢市、六ケ所村）を使用した空対地射爆撃訓練を追加することを合意

11　在日米軍航空機が自衛隊施設などにおいて共同訓練などを行うこと。

図表III-2-5-10　オスプレイの有用性（イメージ）

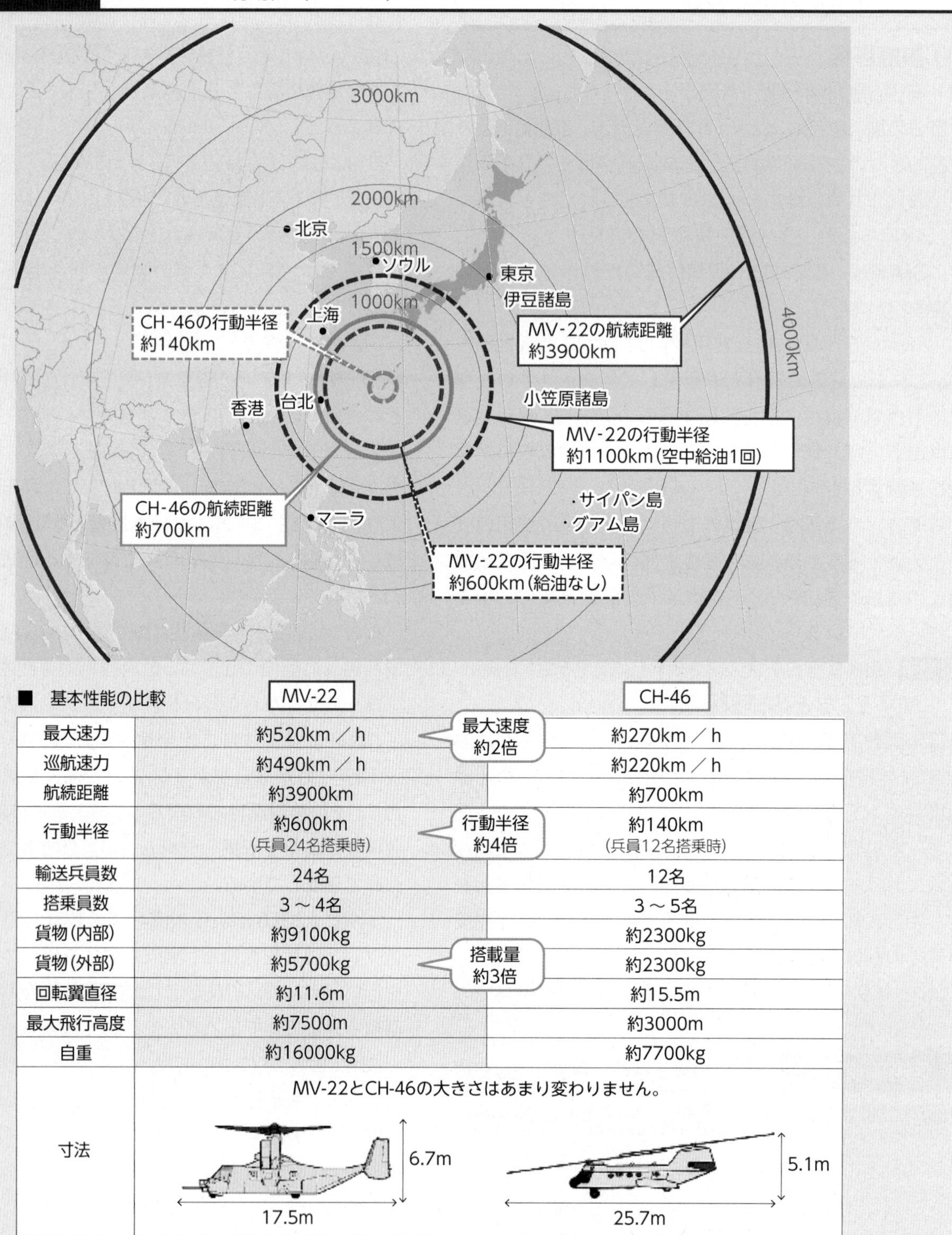

■　基本性能の比較

	MV-22	CH-46
最大速力	約520km／h	約270km／h
巡航速力	約490km／h	約220km／h
航続距離	約3900km	約700km
行動半径	約600km（兵員24名搭乗時）	約140km（兵員12名搭乗時）
輸送兵員数	24名	12名
搭乗員数	3～4名	3～5名
貨物（内部）	約9100kg	約2300kg
貨物（外部）	約5700kg	約2300kg
回転翼直径	約11.6m	約15.5m
最大飛行高度	約7500m	約3000m
自重	約16000kg	約7700kg
寸法	17.5m × 6.7m	25.7m × 5.1m

ウ　災害発生時などにおける米軍オスプレイの有用性

2013年11月にフィリピン中部で発生した台風被害に対する救援作戦「ダマヤン」を支援するため、沖縄に配備されているMV-22（14機）が人道支援・災害救援活動に投入された。MV-22は、アクセスの厳しい被災地などに迅速に展開し、1日で数百名の孤立被災民と約6トンの救援物資を輸送した。また、2014年4月に韓国の珍島（チンド）沖で発生した旅客船沈没事故に際しても、沖縄に配備されているMV-22が捜索活動に投入された。

さらに、2015年4月のネパールにおける大地震に際し、沖縄に配備されているMV-22（4機）が派遣され、人員・物資輸送に従事した。

国内においても、2016年熊本地震に際し、MV-22が派遣され、被災地域への生活物資の輸送に従事した。

このように、MV-22は、その高い性能と多機能性により、大規模災害が発生した場合にも迅速かつ広範囲にわたって人道支援・災害救援活動を行うことが可能であり、2014年から防災訓練でも活用されている。2016年9月には、長崎県佐世保市総合防災訓練に2機のMV-22が参加し、離島への輸送訓練などを行った。なお、CV-22についても、MV-22と同様、大規模災害が発生した場合には、捜索救難などの人道支援・災害救援活動を迅速かつ広範囲にわたって行うことが可能とされている。

今後も、米軍オスプレイは、このような様々な事態において、その優れた能力を発揮していくことが期待されている。

参照　図表Ⅲ-2-5-10（オスプレイの有用性（イメージ））、資料34（米軍オスプレイのわが国への配備の経緯）

8　在日米軍再編を促進するための取組

2006年5月のロードマップに基づく在日米軍の再編を促進するため、2007年8月に駐留軍等の再編の円滑な実施に関する特別措置法（再編特措法）が施行され、これに基づき、再編交付金や公共事業に関する補助率の特例などの制度が設けられた。

加えて、再編の実施により施設・区域の返還や在沖米海兵隊のグアムへの移転などが行われ、在日米軍従業員の雇用にも影響を及ぼす可能性があることから、雇用の継続に資するよう技能教育訓練などの措置を講ずることとしている。

なお、再編特措法については、2017年3月31日限りで効力を失うこととなっていたが、今後も実施に向けた取組が必要な再編事業があることから、同年3月31日、同法の有効期限を2027年3月31日まで10年間延長するなどの同法の一部を改正する法律が施行された。

参照　資料35（駐留軍等の再編の円滑な実施に関する特別措置法の概要）

3　在日米軍の駐留に関する取組

1　在日米軍の態勢の最適化

(1) 在沖米海兵隊部隊の海兵沿岸連隊（MLR）への改編

在日米軍の態勢の最適化の一環として、沖縄のキャンプ・ハンセンに所在する第12海兵連隊は2025年までに第12海兵沿岸連隊へと改編される。第12海兵連隊が砲兵部隊として主に砲兵火力を有しているのに対し、改編後の海兵沿岸連隊は、対艦ミサイルによる対艦攻撃能力や、防空能力、後方支援能力、ISR能力など、様々な能力を有することとなる。

(2) 横浜ノース・ドックにおける小型揚陸艇部隊の新編

2023年4月、災害発生時を含む緊急事態における米軍の海上機動力を強化するため、横浜ノース・ドックに米陸軍の小型揚陸艇部隊が新編された。同部隊の新編は、わが国における日米同盟の輸送能力の強化に資するとともに、地域における米軍の機動性を向上させることとなる。

2　沖縄における在日米軍の駐留

沖縄は、米本土やハワイ、グアムなどと比較して、わが国の平和と安全にも影響を及ぼし得る朝鮮半島や台湾海峡といった潜在的紛争地域に近い位置にあると同時に、これらの地域との間にいたずらに軍事的緊張を高めない程度の一定の距離を置いているという利点を有している。また、沖縄は多数の島嶼で構成され、全長約1,200kmに及ぶ南西諸島のほぼ中央に所在し、全貿易量の99%以上を海上輸送に依存するわが国の海上交通路（シーレーン）に隣接している。さらに、周辺国から見ると、沖縄は、大陸から太平洋にアクセスするにせよ、太平洋から大陸へのアクセスを拒否するにせよ、戦略的に重要な目標となるなど、安全保障上極めて重要な位置にある。

こうした地理的特徴を有する沖縄に、高い機動力と即応性を有し、幅広い任務に対応可能な米海兵隊などの米軍が駐留していることは、日米同盟の実効性をより確かなものにし、抑止力を高めるものであり、わが国の安全

図表Ⅲ-2-5-11　沖縄の地政学的位置と在沖米海兵隊の意義・役割（イメージ）

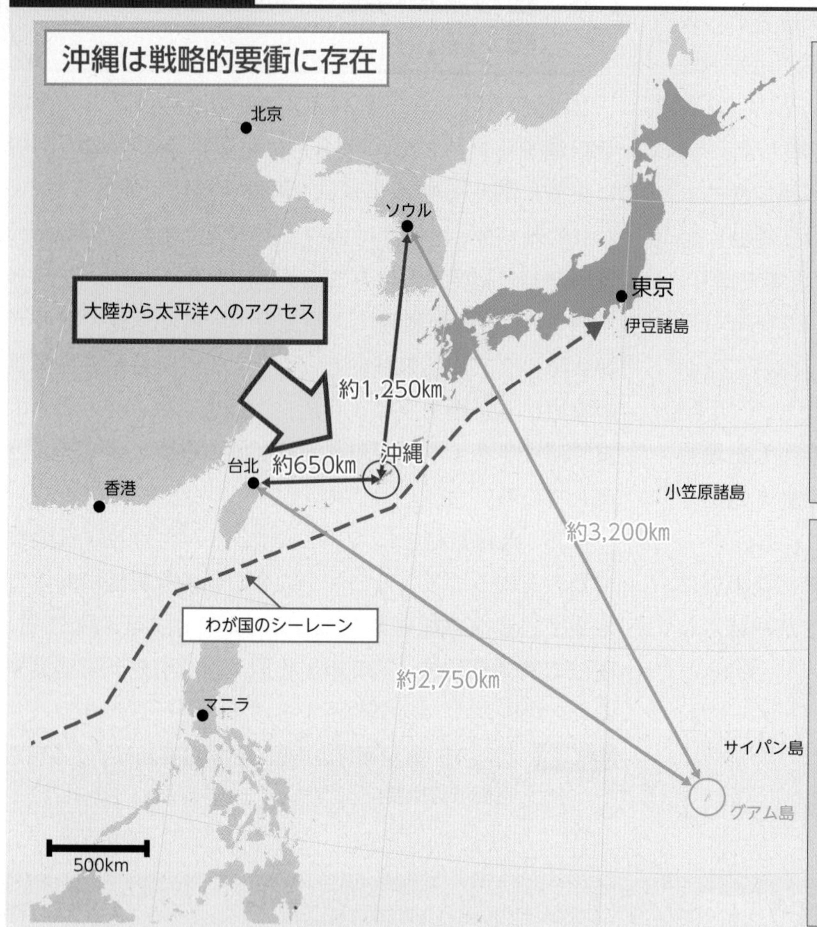

沖縄の地理的優位性

○　沖縄本島は、南西諸島のほぼ中央にあり、また、わが国のシーレーン（※1）に近いなど、わが国の安全保障上、極めて重要な位置にある。
○　朝鮮半島や台湾海峡といった、わが国の安全保障に影響を及ぼす潜在的な紛争発生地域に相対的に近い（近すぎない）位置にある。
→　潜在的紛争地域に迅速に部隊派遣が可能な距離にあり、かつ、いたずらに軍事的緊張を高めることなく、部隊防護上も近すぎない一定の距離を置ける位置にある。
○　周辺国からみると、大陸から太平洋にアクセスするにせよ太平洋から大陸へのアクセスを拒否するにせよ、戦略的に重要な位置にある。

※1　わが国は、全貿易量の99%以上を海上輸送に依存

在沖米海兵隊の意義・役割

わが国の戦略的要衝として重要性を有する沖縄本島に、わが国の安全保障上、南西諸島地域における防衛力を維持する必要性は極めて高い。こうした地理的優位性を有する沖縄において、優れた即応性・機動性を持ち、武力紛争から自然災害に至るまで、多種多様な広範な任務に対応可能な米海兵隊（※2）が駐留することは、わが国のみならず、東アジア地域の平和や安全の確保のために重要な役割を果たしている。

※2　海兵隊は、訓練時や展開時には司令部、陸上・航空・後方支援の各要素を同時に活用しており、各種事態への速やかな対処に適している。

のみならず、インド太平洋地域の平和と安定に大きく寄与している。

一方、沖縄県内には、飛行場、演習場、後方支援施設など多くの在日米軍施設・区域が所在しており、2023年1月1日時点でわが国における在日米軍施設・区域（専用施設）のうち、面積にして約70%が沖縄に集中し、県面積の約8%、沖縄本島の面積の約14%を占めている。このため、沖縄における負担の軽減については、前述の安全保障上の観点を踏まえつつ、最大限の努力をする必要がある。

(1) 沖縄の在日米軍施設・区域の整理・統合・縮小への取組

政府は、1972年の沖縄県の復帰に伴い、83施設、面積約278km^{2}を在日米軍施設・区域（専用施設）として提供した。一方、沖縄県への在日米軍施設・区域の集中が、県民生活などに多大な影響を及ぼしているとして、その整理・統合・縮小が強く要望されてきた。

日米両国は、地元の要望の強い事案を中心に整理・統合・縮小の努力を継続し、1990年には、いわゆる23事案について返還に向けた所要の調整・手続を進めることを合意し、1995年には、那覇港湾施設（那覇市）の返還、読谷（よみたん）補助飛行場の返還、県道104号線越え実弾射撃訓練の移転（いわゆる沖縄3事案）についても解決に向けて努力することになった。

その後、1995年に起きた不幸な事件や、これに続く沖縄県知事の駐留軍用地特措法に基づく署名・押印の拒否などを契機として、負担は国民全体で分かち合うべきであるとの考えのもと、整理・統合・縮小に向けて一層の努力を払うこととした。そして、沖縄県に所在する在日米軍施設・区域にかかわる諸課題を協議する目的で、国と沖縄県との間に「沖縄米軍基地問題協議会」を、また、日米間に「沖縄に関する特別行動委員会（SACO）」を設置し、1996年、いわゆるSACO最終報告が取りまとめられた。

図表III-2-5-12　沖縄における在日米軍主要部隊などの配置図（2022年度末現在）

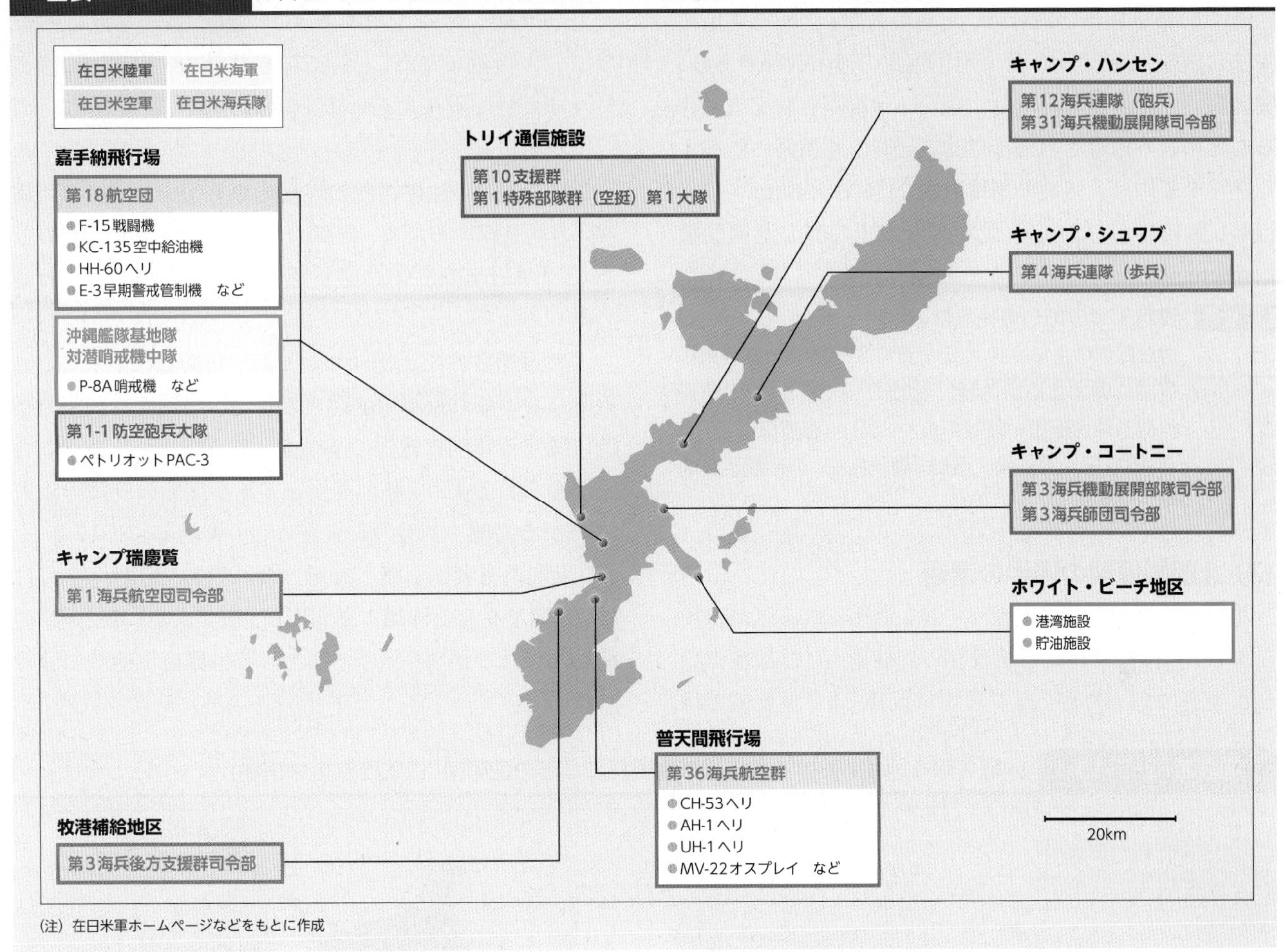

（注）在日米軍ホームページなどをもとに作成

図表III-2-5-13　SACO最終報告関連施設・区域（イメージ）

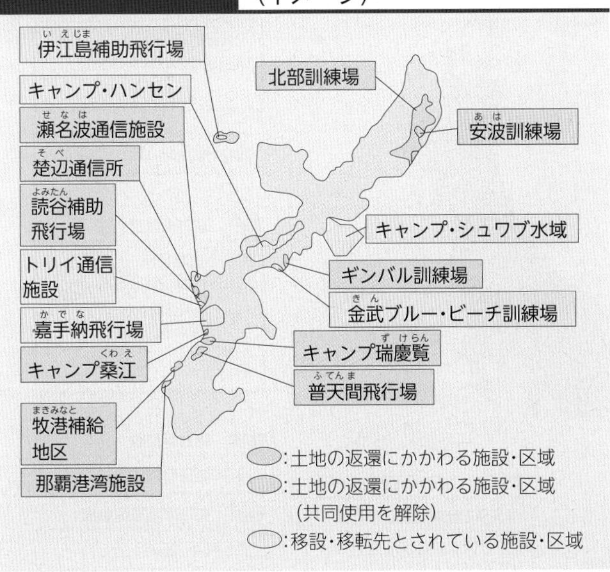

図表III-2-5-14　沖縄在日米軍施設・区域（専用施設）の件数及び面積の推移

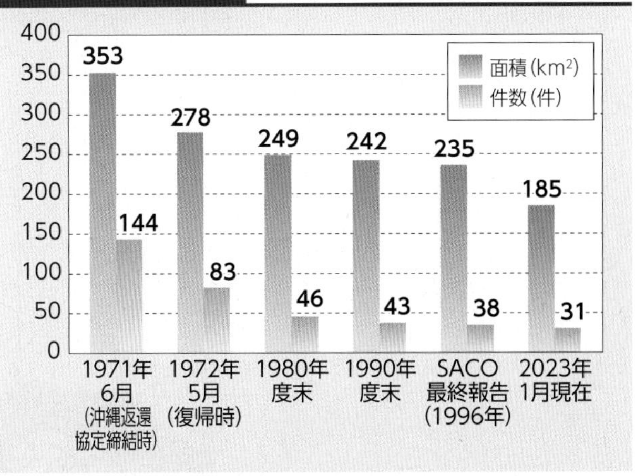

参照　資料36（23事案の概要）、図表III-2-5-11（沖縄の地政学的位置と在沖米海兵隊の意義・役割（イメージ））、図表III-2-5-12（沖縄における在日米軍主要部隊などの配置図（2022年度末現在））

(2) SACO最終報告の概要

SACO最終報告の内容は、土地の返還、訓練や運用の方法の調整、騒音軽減、日米地位協定の運用改善であり、関連施設・区域が示された。SACO最終報告が実施されることにより返還される土地は、当時の沖縄県に所在する在日米軍施設・区域の面積の約21％（約50km^2）に相当し、復帰時からSACO最終報告までの間の返還面積約43km^{2}を上回るものとなる。

参照　資料37（SACO最終報告（仮訳））、資料38（SACO最終報告の主な進捗状況）、資料39（沖縄の基地負担軽減に関する協議体制）、図表Ⅲ-2-5-13（SACO最終報告関連施設・区域（イメージ））、図表Ⅲ-2-5-14（沖縄在日米軍施設・区域（専用施設）の件数及び面積の推移）

(3) 北部訓練場の過半の返還

北部訓練場の返還にあたっては、返還される区域に所在する7つのヘリパッドを既存の訓練場内に移設することが条件であったが、自然環境に配慮し、7つ全てではなく、最低限の6つとすることなどについて米側と同意したうえで、移設工事を進めた。2016年12月にヘリパッドの移設が完了し、SACO最終報告に基づき、国頭（くにがみ）村（そん）及び東村（ひがしそん）に所在する北部訓練場の過半、約4,000haの返還が実現した。

この返還は、沖縄県内の在日米軍施設・区域（専用施設）の約2割にあたる、沖縄の本土復帰後最大のものであり、1996年のSACO最終報告以来、20年越しの課題であった。

この返還された土地については、防衛省において、沖縄県における駐留軍用地跡地の有効かつ適切な利用の推進に関する特別措置法に基づき、その有効かつ適切な利用が図られるよう、跡地利用をするうえでの支障の除去に関する措置（土壌汚染調査など）を講じ、2017年12月、土地所有者へ引渡しを行った。また、2021年7月には、返還地を含む沖縄本島北部が「奄美大島、徳之島、沖縄島北部及び西表島」の一部として世界自然遺産に登録された。

図表Ⅲ-2-5-15　沖縄を除く地域における在日米軍主要部隊などの配置図（2022年度末現在）

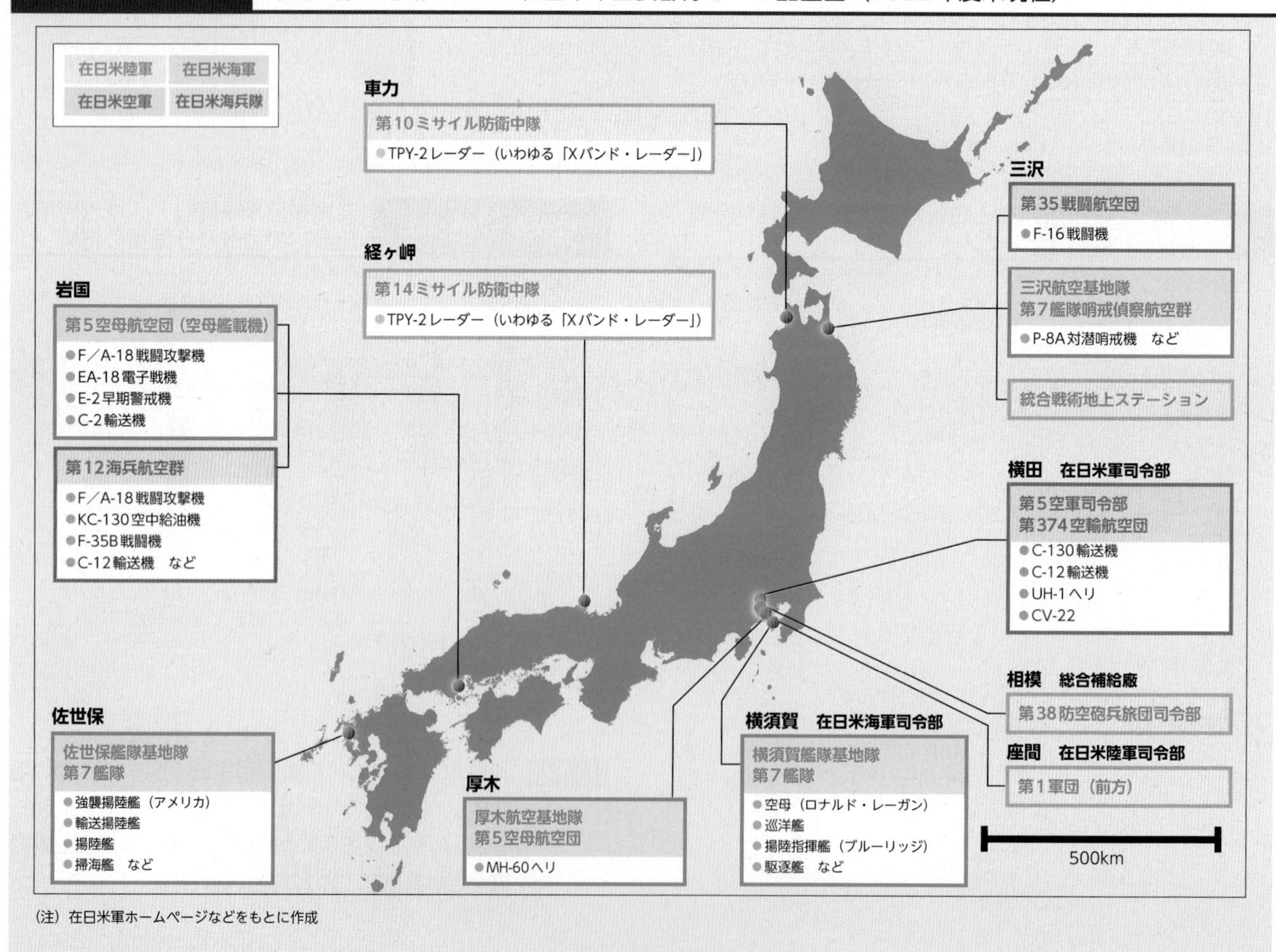

（注）在日米軍ホームページなどをもとに作成

図表Ⅲ-2-5-16　神奈川県における在日米軍施設・区域の整理など（イメージ）

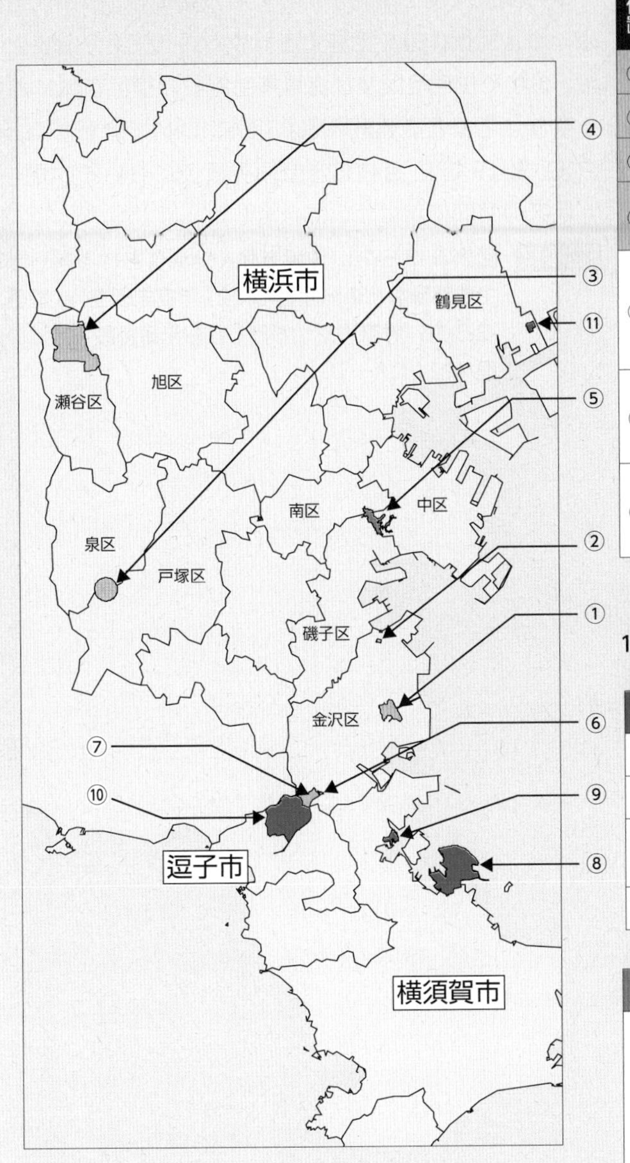

04（平成16）年10月　日米合同委員会合意

位置	名称	所在地	面積(ha)	返還予定など
①	小柴貯油施設	横浜市金沢区	約53	05（平成17）年12月返還
②	富岡倉庫地区	横浜市金沢区	約3	09（平成21）年5月返還
③	深谷通信所	横浜市泉区	約77	14（平成26）年6月返還
④	上瀬谷通信施設	横浜市瀬谷区、旭区	約242	15（平成27）年6月返還
⑤	根岸住宅地区	横浜市中区、南区、磯子区	約43	池子住宅地区及び海軍補助施設における家族住宅等の建設完了時点で返還
⑥	池子住宅地区及び海軍補助施設の飛び地	横浜市金沢区	約1	現在の使用が終了した時点で返還手続開始
⑦	池子住宅地区及び海軍補助施設	横浜市域	—	家族住宅等の建設

：返還済

18（平成30）年11月　日米合同委員会合意

【施設整備】

位置	名称	所在地	内容
⑧	横須賀海軍施設	横須賀市	独身下士官宿舎
⑨	浦郷倉庫地区	横須賀市	桟橋
⑩	池子住宅地区及び海軍補助施設	逗子市域	生活支援施設、運動施設、修繕用作業所、消防署
⑪	鶴見貯油施設	横浜市鶴見区	消防署

【共同使用及び返還】

位置	名称	所在地	面積	内容
⑤	根岸住宅地区	横浜市中区、南区、磯子区	約43ha	原状回復作業を速やかに実施するため、根岸住宅地区の共同使用について日米間で協議を開始し、具体的な返還時期については、これらの作業の進捗に応じ日米間で協議

【建設の取り止め】

位置	名称	所在地	内容
⑦	池子住宅地区及び海軍補助施設	横浜市域	家族住宅等の建設取り止め

3　神奈川県における在日米軍について

(1) 横須賀海軍施設への米空母の展開

米太平洋艦隊のプレゼンスは、インド太平洋地域における海洋の安全や地域の平和と安定に重要な役割を果たしており、米空母はその能力の中核となるものである。

米海軍は、横須賀海軍施設（神奈川県横須賀市）に前方展開している原子力空母[12]「ロナルド・レーガン」をはじめ、わが国の港に停泊中のすべての原子力艦につい

12　原子力空母は、燃料を補給する必要がないうえ、航空機の運用に必要な高速航行を維持できるなど、戦闘・作戦能力に優れている。

て、通常、原子炉を停止させることや、わが国において原子炉の修理や燃料交換を行わないことなど、安全面での方針を守り続けることを確約しており、政府としても、引き続きその安全性確保のため、万全を期すこととしている。

(2) 在日米軍施設・区域の整理など

神奈川県内の米軍施設・区域の整理などについては、2004年10月の日米合同委員会合意に基づき、すでに上瀬谷通信施設や深谷通信所などの返還が実現した。

一方、当初の合意から10年以上が経過し、わが国をとり巻く安全保障環境は一層厳しさを増しており、横須賀海軍施設における米艦船の運用が増大するなど、米海軍の態勢及び能力に変化が生じている。このような状況を踏まえ、2018年11月の日米合同委員会において、①米海軍の施設所要を満たすための施設整備、②根岸住宅地区の原状回復作業を実施するための共同使用の協議の開始、③池子住宅地区及び海軍補助施設の横浜市域における家族住宅などの建設の取り止めについて合意した。その後、2019年11月の日米合同委員会において、根岸住宅地区の共同使用について合意した。

参照　図表Ⅲ-2-5-15（沖縄を除く地域における在日米軍主要部隊などの配置図（2022年度末現在））、図表Ⅲ-2-5-16（神奈川県における在日米軍施設・区域の整理など（イメージ））

第3章 同志国などとの連携

安全保障・防衛分野における国際協力の必要性がかつてなく高まる中、防衛省・自衛隊としても、わが国の安全及び地域の平和と安定、さらには国際社会全体の平和と安定及び繁栄の確保に積極的に寄与していく必要がある。同盟国・同志国などと連携し、力による一方的な現状変更を許容しない安全保障環境を創出していくことは、防衛戦略における第一の防衛目標である。

このため、防衛戦略は、同盟国のみならず、一か国でも多くの国々と連携を強化することが極めて重要であるとの観点から、「自由で開かれたインド太平洋（FOIP）」（Free and Open Indo-Pacific）というビジョンの実現に資する取組を進めていくこととしている。

さらに、力による一方的な現状変更やその試みに対抗し、わが国の安全保障環境を確保するため、同盟国・同志国と協力・連携を深めていくことが不可欠である。

また、グローバルな安全保障上の課題などへの取組として、海洋における航行・上空飛行の自由や安全の確保、宇宙領域やサイバー領域の利用にかかる関係国との連携・協力、国際平和協力活動、軍備管理・軍縮、大量破壊兵器などの不拡散などの取組をより積極的に推進することとしている。

こうした取組の実施にあたっては、日米同盟を重要な基軸と位置づけつつ、地域の特性や各国の事情を考慮したうえで、多角的・多層的な防衛協力・交流を積極的に推進していく。その際、同志国などとの連携強化を効果的に進める観点から、円滑化協定（RAA）（Reciprocal Access Agreement）、物品役務相互提供協定（ACSA）（Acquisition and Cross-Servicing Agreement）、防衛装備品・技術移転協定などの制度的枠組みの整備をさらに推進していく考えである。

参照 図表Ⅲ-3-1（「自由で開かれたインド太平洋」ビジョンにおける防衛省の取組（イメージ））

第1節 多角的・多層的な安全保障協力の戦略的な推進に向けて

1 同志国などとの連携の意義と変遷など

1 同志国などとの連携の意義と変遷

グローバルなパワーバランスの変化が加速化・複雑化し、政治・経済・軍事などにわたる国家間の競争が顕在化する中で、インド太平洋地域の平和と安定は、わが国の安全保障に密接に関連するのみならず、国際社会においてもその重要性が増大してきている。

こうした中、防衛省・自衛隊としては、各国間の信頼を醸成しつつ、地域共通の安全保障上の課題に対して各国が協調して取り組むことができるよう、国際情勢、地域の特性、相手国の実情や安全保障上の課題を見据えながら、多角的・多層的な防衛協力・交流を戦略的に推進していく考えである。

また、力による一方的な現状変更やその試みを抑止し、事態発生時には、同志国の支援を受けられるよう、平素から一層連携していくことが必要である。

防衛協力・交流の形態として、ハイレベルなどの対話や交流、共同訓練・演習のほか、他国の安全保障・防衛分野における人材育成や技術支援などを行う能力構築支援、自国の安全保障や平和貢献・国際協力の推進などのために行う防衛装備・技術協力などがある。

これまで防衛省・自衛隊は、二国間の対話や交流を通じて、いわば顔が見える関係を構築することにより、対立感や警戒感を緩和し、協調的・協力的な雰囲気を醸成

資料：多角的・多層的な安全保障協力
URL：https://www.mod.go.jp/j/approach/exchange/index.html

G7広島サミット（2023年5月）【首相官邸HP】

する努力を行ってきた。これに加え、共同訓練・演習や能力構築支援、防衛装備・技術協力、さらにACSAなどの制度的な枠組みの整備など、多様な手段を適切に組み合わせ、二国間の防衛関係を従来の交流から協力へと段階的に向上させている。

また、域内の多国間安全保障協力・対話も、従来の対話を中心とするものから域内秩序の構築に向けた協力へと発展しつつある。こうした二国間・多国間の防衛協力・交流を多層的かつ実質的に推進し、望ましい安全保障環境の創出につなげていくことが重要となっている。

2023年5月に岸田内閣総理大臣が議長として主催したG7広島サミットにおいては、招待国の首脳とゼレンスキー・ウクライナ大統領を交えたセッションにおいて、法の支配や国連憲章の諸原則などの重要性について認識の一致を得ることができた。また、岸田内閣総理大臣は、広島サミットの機会に実施した日・ウクライナ首脳会談において、新たに100台規模のトラックなどの自衛隊車両及び約3万食の非常用糧食を提供することなどを伝達し、両首脳は更に緊密に連携していくことで一致した。

広島サミット後の議長国記者会見において、岸田内閣総理大臣は、法の支配に基づく自由で開かれた国際秩序を守り抜き、国際的なパートナーへの関与を強化する観点から引き続きG7の議論を主導していく旨表明した。

参照　資料40（各種協定締結状況）、資料41（留学生受入実績（2022年度の新規受入人数））、図表Ⅲ-3-1-1（防衛協力・交流とは）、図表Ⅲ-3-1-2（ハイレベル交流の実績（2022年4月～2023年3月））

2　「自由で開かれたインド太平洋」（FOIP）というビジョンのもとでの取組

(1) インド太平洋地域の特徴

法の支配に基づく自由で開かれた海洋秩序は、国際社会の安定と繁栄の礎である。特に、インド太平洋地域は、世界人口の半数を擁する世界の活力の中核であり、この地域を自由で開かれた「国際公共財」とすることにより、地域全体の平和と繁栄を確保していくことが重要である。

一方で、この地域においては、わが国周辺を含め、軍事力の急速な近代化や、軍事活動を活発化させている国がみられるなど、FOIPの実現のためには多くの課題が存在している。

(2) 防衛省における取組の方向性

こうした状況を踏まえ、防衛省・自衛隊としては、例えば、防衛協力・交流を活用しながら、主要なシーレーンの安定的な利用を継続できるように取組を進めている。また、軍事力の近代化や軍事活動を活発化させている国に対しては、相互理解や信頼醸成を進めながら、不測の事態を回避することで、わが国の安全を確保することとしている。さらに、地域内において、環境の変化に対応すべく取組を実施している各国に対しては、防衛協力・交流を通じてこうした取組に協力することにより、地域の平和と安定にも貢献することを目指している。

(3) FOIPの拡がり

わが国は、日米同盟を基軸としつつ、日米豪印（クアッド）などの取組を通じて、同志国との協力を深化し、FOIPの実現に向けた取組を更に進める方針である。東南アジア・南アジア・太平洋島嶼国及び中東・アフリカ・中南米地域の諸国に対しては、幅広い手段を活用しながら、FOIPの実現に向けて協力を強化することとしている。例えば、2023年5月、G7広島サミットの機会に実施された日米豪印首脳会合において、FOIPという共通のビジョンへの強固なコミットメントを改めて確認した。

防衛省・自衛隊として、具体的には、この地域に所在する諸国と良好な関係を確立し、自衛隊による港湾・空港の安定的な利用を可能にすることにより、シーレーンの安定的な利用の維持に取り組んでいる。また、これら

図表Ⅲ-3-1　「自由で開かれたインド太平洋」ビジョンにおける防衛省の取組（イメージ）

「自由で開かれたインド太平洋」（FOIP）ビジョンにおける防衛省の取組

経　緯

○　2016年8月、安倍内閣総理大臣（当時）はケニアで開催されたTICAD Ⅵの基調演説において、「自由で開かれたインド太平洋」（Free and Open Indo-Pacific）の考え方を提唱。
○　自由で開かれたインド太平洋を介してアジアとアフリカの「連結性」を向上させ、地域全体の安定と繁栄を促進することを目指す。
○　2023年3月、岸田内閣総理大臣は、インドで開催されたインド世界問題評議会（ICWA）の政策スピーチでFOIPのための新たなプランを発表。

「自由で開かれたインド太平洋」の基本的な考え方

○　インド太平洋地域は、世界人口の半数を擁する世界の活力の中核であり、この地域の安定的で自律的な発展を実現することは、世界の安定と繁栄にとって不可欠
○　「自由で開かれたインド太平洋」ビジョンは、インド太平洋地域全体に広がる自由で活発な経済社会活動を促進し、地域全体の繁栄を実現することを目指すもの

FOIP協力の新たな柱

①平和の原則と繁栄のルール　②インド太平洋流の課題対処
③多層的な連結性　④「海」から「空」へ拡がる安全保障・安全利用の取組

✓ **「自由で開かれたインド太平洋」ビジョンの実現に向け、政府一体となって取り組んでいく方針**

インド太平洋地域の特色

○　わが国の主要なシーレーンが通過し、世界人口の多くが集中。また、経済成長も著しいことを踏まえれば、当地域の安定はわが国の安全と繁栄のために極めて重要
○　一方で、地域内では軍事力の急速な近代化や軍事活動の活発化がみられるなど、地域の安定にはさまざまな課題が存在
○　また、地域内では、こうした急速な環境の変化に対応すべく各国が取組を実施

防衛省における取組の方向性

○　防衛協力・交流を活用し、主要シーレーンの安定した利用を確保
○　信頼醸成や相互理解を進め、不測の事態を回避
○　関係各国と協力し、地域の平和と安定に貢献

✓ **インド太平洋地域は安全保障上多くの課題が存在**
✓ **防衛協力・交流を活用し、わが国にとって望ましい安全保障環境を創出**

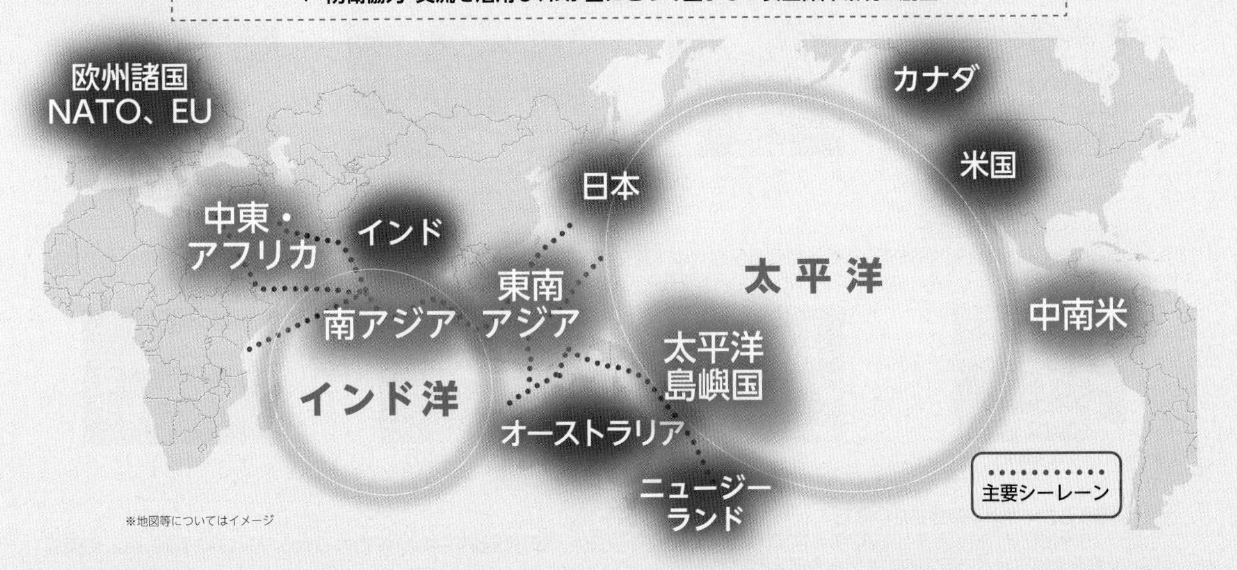

○　防衛省・自衛隊としては、重要なシーレーンが通過する東南アジア、南アジア、太平洋島嶼国に加え、エネルギー安全保障上重要な中東やアフリカ、中南米といったインド太平洋の各地域との間で、防衛協力・交流を強化
○　推進にあたっては、米国、オーストラリア、インド及び英国、フランス、ドイツ、イタリアなどの欧州諸国や、カナダ、ニュージーランドといった、FOIPというビジョンを共有し、インド太平洋地域につながりを有する国々との間で積極的に協働

✓ **FOIPは包摂的なものであり、この考えに賛同するのであれば、いずれの国とも協力可能**

図表Ⅲ-3-1-1　防衛協力・交流とは

防衛協力・交流とは

防衛協力・交流は、様々なツールを使って二国間・多国間の防衛関係を強化することで、わが国及び国際社会の平和と安定を確保するための重要な取組である。

防衛協力・交流の目的

○　わが国にとって望ましい安全保障環境の創出
○　わが国へ脅威が及ぶことを抑止し、侵害が容易でないと認識させる
○　相互理解や信頼醸成により、不測の事態を防止

防衛協力・交流のツール

ツール①　人による協力・交流

…　「2+2」・防衛相会談・幕僚長級会談などのハイレベルの会談、防衛当局間の実務者協議、多国間の国際会議などにおいて、防衛政策や地域情勢、防衛協力・交流案件などにつき、率直な意見交換を行うことで、会談国同士の相互理解や信頼醸成、また、その後の防衛協力・交流を推進する。留学生の交換、研究教育の交流においては、他国の防衛政策や部隊の実態に対する理解を深めるとともに、人的ネットワークの構築により信頼関係の増進を図る。

日印「2+2」

日米豪シニア・リーダーズ・セミナー

豪海軍主催インド太平洋シーパワー会議

豪軍への連絡官派遣

ツール②　部隊による協力・交流

…　親善訓練、艦艇や航空機の相互訪問（寄港・寄航）、部隊同士の交流行事などを通して、相手国との相互信頼を高め、協力関係を推進する。他国との共同訓練や演習においては、相手国の部隊と連携する力を高めることで、技量向上に加え、国同士の防衛関係を強化する。

日米ソロモン親善訓練

米尼陸軍との実動訓練（ガルーダ・シールド22）

日米豪共同訓練（コープ・ノース23）

日米加共同訓練（ノーブル・レイヴン22）

ツール③　能力構築支援

…　様々な分野におけるセミナーや実習、技術指導、教育・訓練の視察や意見交換などの事業を行うことで、一定の期間をかけて対象国の具体的で着実な能力の向上を図り、相手国軍隊などが国際平和・地域の安定のための役割を果たすことを促進する。

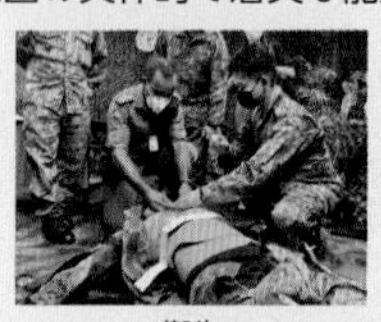
衛生（フィジー）

PKO（施設）（モンゴル）

人道支援・災害救援（ASEAN）

軍楽隊育成（パプアニューギニア）

ツール④　防衛装備・技術協力

…　装備品の海外移転、共同研究・開発、国際展示会への出展、官民防衛産業フォーラムの開催などを通じて、わが国の防衛産業基盤の維持・強化を図るとともに、わが国および相手国軍隊の能力向上や、相手国との防衛協力関係を維持・強化する。

フィリピンへの警戒管制レーダー移転

日越官民防衛産業フォーラム

ユーロサトリ2022

DSEI JAPAN 2023

（参考）防衛協力にかかる各種協定の締結

…　円滑化協定、防衛装備品・技術移転協定、物品役務相互提供協定、情報保護協定など、協力の枠組みを具体化・制度化し、防衛協力・交流をより円滑かつ安定的に進められるようにする。

日豪円滑化協定の署名【首相官邸HP】

日英円滑化協定の署名【首相官邸HP】

日印物品役務相互提供協定の署名【外務省】

日独情報保護協定の署名【外務省】

図表Ⅲ-3-1-2　ハイレベル交流の実績（2022年4月～2023年3月）

ハイレベル交流とは、本図表においては防衛大臣・防衛副大臣・防衛大臣政務官・事務次官・防衛審議官・各幕僚長とそれぞれのカウンターパートとの２国間会談を指している。
2022年4月～ 2023年3月の期間では、以下の国々とハイレベル交流が実施されたが、そのほかの国々とも過去にハイレベル交流やそのほかの防衛協力・交流が実施されている。世界中の様々な国々とハイレベル交流が実施されていることがこの図からよくわかる。

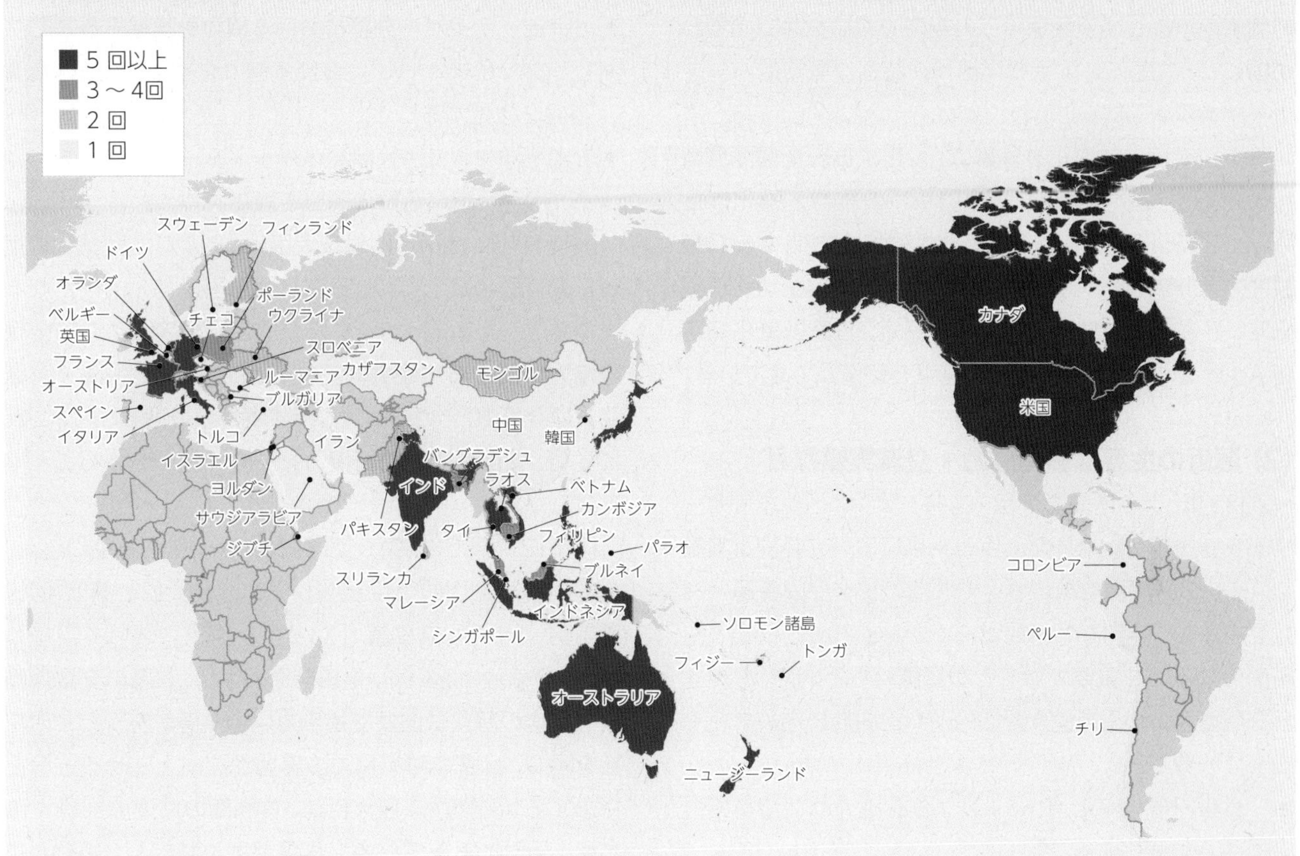

の国々がインド太平洋地域の安定のための役割をさらに効果的に果たすことができるように共同訓練や能力構築支援といった防衛協力・交流を進めている。

同盟国である米国をはじめ、オーストラリア、インド、英国・フランス・ドイツなどの欧州諸国、カナダ及びニュージーランドは、わが国と基本的価値を共有するのみならず、インド太平洋地域に地理的・歴史的なつながりを有する国々である。

これらの国々に対しては、インド太平洋地域へのさらなる関与を行うよう働きかけ、わが国単独の取組よりも効果的な協力を実施できるように防衛協力・交流を進めている。

FOIPというビジョンは包摂的であり、今後とも、このビジョンに賛同するすべての国と協力を推進することとしている。

(4) 相互理解や信頼醸成を進めていく国々

中国に対しては、防衛交流の機会を通じ、わが国周辺における軍事活動の活発化や軍備の拡大に対するわが国の懸念を伝達することで、相互理解や信頼醸成を進め、不測の事態を回避することにより、わが国の安全を確保することとしている。

2　各国との防衛協力・交流の推進

安全保障分野での協力・交流を推進するに際しては、地域の特性、相手国の実情やわが国との関係なども踏まえつつ、最適な手段を組み合わせた二国間での防衛協力・交流が重要となる。

1　オーストラリア

(1) オーストラリアとの防衛協力・交流の意義

オーストラリアは、ともに米国の同盟国として、基本的価値のみならず安全保障上の戦略的利益を共有するわが国にとって、インド太平洋地域の特別な戦略的パートナーである。

日豪防衛協力の深化を背景に、変化する安全保障環境への対応や自由で開かれた国際秩序の維持・強化のため、2022年10月、新たな「安全保障協力に関する日豪共同宣言」を発表したほか、日豪ACSA[1]や日豪情報保護協定、日豪防衛装備品・技術移転協定、日豪円滑化協定(RAA)[2]といった協力のための基盤を整備してきている。

(2) 最近の主要な防衛協力・交流実績など

2022年6月、岸防衛大臣（当時）は、マールズ・オーストラリア副首相兼国防大臣と東京において会談を実施し、インド太平洋地域において共通の安全保障課題と利益を有する「特別な戦略的パートナー」である日豪の防衛関係は極めて重要であるとの認識のもと、次の6点を含む防衛協力を引き続き野心的かつ前向きに進めていくことで一致した。

- 日豪円滑化協定（RAA）により促進される防衛協力をさらに強化すること
- 各領域において演習や活動を高度化し、相互運用性の向上を図ること
- 各国の強みを活かし、科学技術及び戦略能力における協力を推進し、防衛装備庁（ATLA）と国防科学技術グループ（DSTG）との間で、科学技術協力を促進する長期的な枠組みの構築に向けた調整を加速化すること
- 宇宙・サイバー分野における協力を推進すること
- サプライチェーンにおける協力を通じ、相互の産業基盤を強化すること
- 太平洋やASEAN諸国のパートナーとの協力などにあたり、日豪の活動の調整を強化すること

同年10月、岸田内閣総理大臣は、アルバニージー首相と日豪首脳会談を行い、日豪は同志国連携の中核となるまで発展した旨述べた。また、両首脳は、新たな「安全保障協力に関する日豪共同宣言」は、日豪安全保障・防衛協力の今後10年の方向性を示す羅針盤であること、これに従い、安全保障・防衛協力を一層強化していくことで一致した。

同年12月、浜田防衛大臣は、林外務大臣とともに、マールズ副首相兼国防大臣及びウォン外務大臣と第10回日豪外務・防衛閣僚協議（「2+2」）を東京において実施した。この協議において、浜田防衛大臣は、日豪の安全保障協力が次の時代に向けて進んでいく準備が整ったとの認識を示し、日豪の防衛協力の実効性を向上させる方策を探求する旨述べた。四大臣は、首脳間の共通の認識を踏まえ、早急に実施すべき二国間協力を特定し、速やかに実施していくことで一致した。また、四大臣は、日豪が戦略文書見直しのプロセスを進めていることを背景に、日豪協力の方向性につき、さらに議論することを確認した。

日豪防衛相会談（2022年12月）

初公開された陸自特殊作戦群と豪陸軍特殊作戦コマンドとの実動訓練

1　物品役務相互提供協定（ACSA）は、共同訓練、国際連合平和維持活動、人道的な国際救援活動、大規模災害への対処のための活動などのために必要な物品又は役務の相互の提供に関する基本的な条件を定めるものである。

2　円滑化協定は、一方の国の部隊が他方の国を訪問して協力活動を行う際の手続及び同部隊の地位などを定めることにより、共同訓練や災害救助などの両国部隊間の協力活動の実施を円滑化するものである。

解説　日豪防衛協力の深化

インド太平洋地域において、力による一方的な現状変更の試みがみられ、安全保障環境が一層厳しさを増している中、基本的価値を共有するオーストラリアとの連携は極めて重要です。日豪両国は共に米国の同盟国であり、従来からルールに基づく国際秩序などの共通の価値観に支えられ、かけがえのないパートナーとなっています。2014年には「特別な戦略的パートナーシップ」関係を樹立しました。

安全保障・防衛分野における日豪の協力関係も、近年著しく深化しており、毎年日豪間の各軍種間において共同訓練を実施し、相互運用性、連携要領、練度を向上させています。2021年、日豪共同訓練の機会に海自護衛艦が豪軍艦艇に対して、自衛隊法第95条の2に基づく警護を米軍以外に初めて実施しました。2022年には、オーストラリアで実施された豪空軍演習（ピッチ・ブラック22）に空自が初参加し、米国以外へ初めて戦闘機（F-2A）を派遣しました。

また、2022年1月には日豪円滑化協定に両国の首脳が署名しました。円滑化協定は、共同訓練や災害救助などの両国部隊間の協力活動の実施を円滑化するもので、発効後は、さらなる相互運用性の向上が期待されます。

さらに、2022年10月、日豪の首脳間で署名された新たな「安全保障協力に関する日豪共同宣言」において今後10年の日豪安保・防衛協力の方向性が示されました。続く同年12月の第10回日豪外務・防衛閣僚協議（「2+2」）で、四大臣は、首脳間の共通の認識を踏まえ、早急に実施すべき二国間協力を特定し、速やかに実施していくことで一致しています。

わが国とオーストラリアは、地域の同志国連携の中核として、日米豪などの取組を重層的に活用しながら、「自由で開かれたインド太平洋」の実現に向け、引き続き緊密に協力していきます。

ピッチ・ブラック22

2023年5月、岸田内閣総理大臣は、G7広島サミットの機会にアルバニージー首相と日豪首脳間の懇談を実施した。懇談において、岸田内閣総理大臣は、日豪が戦略認識及び進むべき方向性を共有していることは明らかであり心強い旨述べた。また、両首脳は、昨年10月に署名した新たな「安全保障協力に関する日豪共同宣言」で示した方向性のもとでの日豪の安全保障協力の進展を歓迎し、この宣言の実施に資する日豪円滑化協定の早期発効に向けた期待を表明した。

(3) 各軍種の取組

2022年4月以降、統幕長はキャンベル豪軍司令官と7回にわたる会談を行った。会談では、インド太平洋地域の安全保障の礎である日豪間の連携・協力を一層深化させていくことで一致した。また、国際社会の平和と安定及びFOIPの実現のため、特別な戦略的パートナーの関係にある日豪間の連携を強化することで一致した。

2022年4月以降、陸幕長はスチュアート豪陸軍本部長と3回にわたる懇談を行った。会談では、FOIPの実現のため、共同訓練や共同での能力構築支援など、多層的な防衛協力を引き続き活発に行っていくことで一致した。特に2023年2月の会談では、日豪陸軍種防衛協力のロードマップへの署名を果たした。

また、陸自は、各種の共同訓練の一環として、陸自特殊作戦群と豪陸軍特殊作戦コマンドとの実動訓練についても継続的に実施してきた。最高度の練度を保持した部隊同士が交流できる段階まで陸軍種間協力が発展・深化したことの象徴であり、日豪の一層の連携強化に寄与してきた。さらに2022年4月には、陸自初となる豪陸軍への連絡官派遣を行い、人的交流を通じた相互理解の強

インド太平洋シーパワー会議での海幕長（2022年5月）

化及び相互運用性の深化を推進している。

同年5月、海幕長は、豪海軍主催のインド太平洋シーパワー会議に参加した。会議では、インド太平洋地域の安全保障上の課題について意見を交換し、今後の連携の強化の方向性などについて確認した。

同年9月、空幕長は、豪空軍演習（ピッチ・ブラック22）視察のため訪豪した際に、チップマン豪空軍本部長と会談を行った。会談では、日豪空軍種間の防衛協力・交流を一層強化していくことやFOIPを実現していくことなどで一致した。

参照　資料42（最近の日豪防衛協力・交流の主要な実績（2019年度以降））

(4) 日米豪の協力関係など

わが国とオーストラリアは、基本的価値を共有しており、インド太平洋地域及び国際社会が直面する様々な課題の解決のため、緊密に協力している。このような協力をより効果的・効率的なものとし、地域の平和と安定に貢献していくためには、日豪それぞれの同盟国である米国を含めた日米豪3か国による協力を積極的に推進することが重要である。

2022年6月、岸防衛大臣（当時）は、シンガポールにおいて、日米豪防衛相会談を実施し、インド太平洋地域の安全、安定及び繁栄を確保するために具体的、実践的な手段をとるための協力にコミットした。

また、同年10月には、浜田防衛大臣が、ハワイにおいて同年2回目となる日米豪防衛相会談に臨み、引き続き、3か国の協力を進めていくことで一致した。特に、3か国の相互運用性を向上させるため、共同訓練や活動を拡大・強化することや、防衛装備・技術協力を促進することと、情報交換を効果的に実施することを改めて確認した。

また、日米豪3か国による共同訓練及び日米豪3か国にそのほかの国も加えた多国間共同訓練も継続して行っている。

陸自は、2022年5月、豪州においてサザン・ジャッカルー22（米海兵隊及び豪陸軍との実動訓練）を実施し、相互運用性などの向上を図った。同年8月、陸幕長は、日米豪シニア・リーダーズ・セミナーに参加し、米太平洋陸軍、米太平洋海兵隊及び豪陸軍に加え、オブザーバーとして参加していた韓国陸軍のそれぞれトップとの懇談を行った。懇談では、トップ間で構築した信頼関係を基盤として、多国間協力を促進し、FOIPの実現に向けた取組を加速していくことで同意した。

海自は、インド太平洋方面派遣（IPD22）部隊が、ノーブル・パートナー22（日米豪共同訓練）に参加するとともに、日米豪に韓国やカナダを加えた多国間の枠組みで複数の訓練を実施し、戦術技量の向上及び各国海軍などとの連携強化を図った。

空自は、豪空軍が実施する豪空軍演習（ピッチ・ブラック22）に初めて参加した。本訓練に際し、空幕長は現地を訪問し、米太平洋空軍司令官や豪空軍本部長をはじめとする参加国空軍のトップとの間で共同訓練の充実や協力の更なる推進について意見交換した。また、グアムを拠点とする多国間共同訓練「コープ・ノース23」において、日米豪共同訓練及び人道支援・災害救援共同訓練を実施し、相互運用性のさらなる向上を図った。

このように、日米豪3か国間での様々な機会を通じて、情勢認識や政策の方向性をすり合わせつつ、相互運用性を高める努力を続けている。

参照　資料58（多国間共同訓練の参加など（2019年度以降））

2　インド

(1) インドとの防衛協力・交流の意義

インドは、世界第2位の人口と、高い経済成長や潜在的経済力を背景に影響力を増しており、わが国と中東、アフリカを結ぶシーレーン上のほぼ中央に位置するなど、極めて重要な国である。また、インドとわが国は、基本的価値を共有するとともに、アジア及び世界の平和と安定、繁栄に共通の利益を有しており、特別戦略的グローバル・パートナーシップを構築している。このため、日印両国は「2＋2」などの枠組みも活用しつつ、海洋安全保障をはじめとする幅広い分野において協力を推進している。

インドとの間では、これまで「日印間の安全保障協力に関する共同宣言」、日印防衛装備品・技術移転協定、日印秘密軍事情報保護協定、日印ACSAがそれぞれ署名され、地域やグローバルな課題に対応できるパートナーとしての関係とその基盤が強化されている。

(2) 最近の主要な防衛協力・交流実績など

2022年9月、浜田防衛大臣は、シン印国防大臣と会談を行った。両大臣は、二国間の相互運用性が向上していることを歓迎し、防衛装備・技術協力について引き続き連携していくことを確認した。また、ウクライナ情勢を含む地域情勢について意見交換するとともに、防衛協力・交流を活発に進めていくことで一致した。同日、浜田防衛大臣は、東京において第2回日印「2+2」に参加し、FOIPの実現という共通の目標に向けて協力していくことを確認した。また、ASEANとの協力の重要性について議論し、引き続きASEANの一体性・中心性を支持していくことや、FOIP及びインドの「インド太平洋海洋イニシアティブ（IPOI）」と「インド太平洋に関するASEANアウトルック（AOIP）」との具体的協力の重要性を確認した。そのほか、防衛装備・技術協力分野における具体的な協力実現に向けた議論の継続、統幕とインド統合国防参謀本部の連携強化を目的とする、「統合幕僚協議」の立ち上げに向けた調整、サイバー含め経済安全保障分野における議論の強化などについて認識を共有した。

ASEAN Outlook on the Indo-Pacific

2023年5月、岸田内閣総理大臣は、G7広島サミットの機会にモディ首相と日印首脳会談を行い、主権、領土の一体性という国連憲章の原則を守ることの重要性、世界のどこであれ力による一方的な現状変更を許してはならないこと、法の支配に基づく自由で開かれた国際秩序を堅持するといった点を強調し、平和の実現に向けて協力していくことで一致した。両首脳は二国間関係についても議論し、FOIPの重要性につき認識を共有するとともに、安全保障を含む様々な分野で協力を進めていくことを確認した。

日印「2+2」（2022年9月）

(3) 各軍種の取組

2022年4月、統幕長はクリシュナ印統合国防参謀本部参謀長とライシナ・ダイアローグ2022に併せて会談を行い、多角的・多層的な安全保障協力を戦略的に推進していく観点から意見交換を行った。2023年3月には、統幕長がチョーハン印国防参謀長と会談を行い、FOIP実現のため、自衛隊とインド軍の関係をさらに深化させていくことで一致した。

2022年6月、陸幕長がパンデ印陸軍参謀長とテレビ会談を行い、力による一方的な現状変更を断じて認めてはならないことで一致した。また、日印陸軍種トップ同士の強固な関係を構築することができた。なお、2023年2～3月、陸自は、日本国内において初めてとなる日印共同訓練「ダルマ・ガーディアン」を実施し、さらなる陸軍種間の連携強化を図った。

2022年7月、海幕長は、クマール印海軍参謀長とテレビ会談を行い、今後の日印海軍種間の連携強化の方向性などについて確認した。なお、2022年度内において、海自はJIMEX2022を含む計4回の日印共同訓練を実施した。

同年5月、空幕長はチョウダリ印空軍参謀長の訪日に伴い会談を実施し、日印防衛協力・交流を一層活発化させていくことで一致した。2023年1月には、日印戦闘機共同訓練「ヴィーア・ガーディアン23」、また、同年3月には日印輸送機共同訓練「シンユウ・マイトゥリ23」をそれぞれ日本国内で初めて実施した。

参照　資料43（最近の日印防衛協力・交流の主要な実績（2019年度以降））

3　欧州諸国

欧州諸国は、わが国と基本的価値を共有し、また、テロ対策や「瀬取り」対応などの非伝統的安全保障分野や国際平和協力活動を中心に、グローバルな安全保障上の共通課題に取り組むための中核を担っている。そのため、これらの国と防衛協力・交流を進展させることは、わが国がこうした課題に積極的に関与する基盤を提供するものであり、わが国と欧州諸国の双方にとって重要である。

参照　資料44（最近の欧州諸国との防衛協力・交流の主要な実績（2019年度以降））

(1) 英国

ア　英国との防衛協力・交流の意義

英国は、欧州のみならず世界に影響力を持つ大国であるとともに、わが国と歴史的にも深い関係があり、安全保障面でも米国の重要な同盟国として戦略的利益を共有している。このような観点から、国際平和協力活動、テロ対策、海賊対処、サイバーなどのグローバルな課題における協力や地域情勢などに関する情報交換を通じ、日英間で協力を深めることは、わが国にとって非常に重要である。

英国との間では、過去4回の日英「2+2」を開催するとともに、防衛装備品・技術移転協定、日英情報保護協定、日英ACSAの締結により、日英間の戦略的パートナーシップが一層円滑・強固なものとなっている。

2022年12月には、日英伊による次期戦闘機開発に関する首脳共同声明が発表された。

また、2023年1月、岸田内閣総理大臣は、ロンドンにおいてスナク英首相との間で、日英円滑化協定に署名した。本協定により、両国部隊間の協力活動の実施が円滑化され、両国間の安全保障・防衛協力がさらに促進されるとともに、インド太平洋地域の平和と安定が強固に支えられることになる。次期戦闘機にかかる協力と日英円滑化協定の署名をはじめとする日英防衛協力の進展は、かつてなく緊密かつ強固となっている両国関係を象徴するものである。

さらに、2023年5月のG7広島サミットに出席するために来日したスナク英首相との間で行われた日英首脳ワーキング・ディナーでは、次期戦闘機の共同開発の協力機会の活用、日英円滑化協定を活用した共同演習などの拡充や相互運用性の向上、自衛隊によるアセット防護措置の適用の可能性を視野に入れた二国間活動のより高いレベルへの引き上げ、地域及び国際的な安全保障上の重要課題について協議し、対応を検討することなどを記載した共同文書「日英広島アコード」を発出した。この共同文書に基づき、両首脳は幅広い分野で日英関係を深化させていくことで一致し、欧州・アジアにおける互いに最も緊密な安全保障上のパートナーとして、安全保障・防衛協力に一層取り組んでいくことを確認した。

イ　最近の主要な防衛協力・交流実績など

2022年10月には、浜田防衛大臣がウォレス英国防相とテレビ会談を実施し、日英防衛協力が陸・海・空全ての軍種において深化していることを歓迎するとともに、特に、将来の戦闘機プログラムにかかる協力の全体像の合意に向けて、協議を加速することで改めて一致した。

2023年3月には、ウォレス英国防相が来日し日英防衛相会談を実施した。浜田防衛大臣からは、新たな安保戦略などについて説明し、ウォレス英国防相から強い支持が表明された。また、浜田防衛大臣は同年3月13日（現地時間）に英国が公表した「統合的見直し」の刷新（Integrated Review Refresh 2023）の中で、インド太平洋地域への一層の関与を英国の国際政策の恒久的な柱とする方針が示されたことを歓迎した。AUKUSの取組については、英米豪間の安全保障・防衛協力の強化は、インド太平洋地域の平和と安定にとって重要であり、オーストラリアの原子力潜水艦取得も含め、わが国として支持する旨発言した。

さらに、両大臣は、日英円滑化協定の発効後、相互運用性の向上につながるさらなる協力についても検討を進めていくことで一致した。

2023年5月のG7広島サミット出席に先立ち、来日したスナク英首相は横須賀に停泊中の護衛艦「いずも」を視察し、「いずも」甲板において栄誉礼を受けるとともに、艦内の視察などを実施した。

ウ　各軍種の取組

統幕長は、2022年4月のライシナ・ダイアローグ、同年5月のNATO参謀長会議、同年6月のシャングリラ会合、同年7月のインド太平洋参謀長会議において英国防参謀長との会談を行った。会談では、ウクライナ情勢を含む安全保障環境全般について意見交換し、欧州とアジアの安全保障が不可分であるとの認識のもと、両地域の平和と安定のため、日英連携の重要性について確認した。また、共同訓練や防衛装備・技術協力といった幅広い分野における両国間の防衛協力・交流の取組をより一層深化させていくことで一致した。

同年7月、陸幕長は、英国を訪問し、クイン英国防閣外相やサンダース英陸軍参謀長などと会談を行った。また、同年11月、陸自は、日本国内においてヴィジラント・アイルズ22（令和4年度英陸軍との実動訓練）を行い、英陸軍との相互理解及び信頼関係の促進を図ることができた。英陸軍はさらに2023年1月の陸自第1空挺団が実施する降下訓練始めにも初めて参加している。

2022年5月、海幕長は、オーストラリアにおいて、キー第一海軍卿と会談を行った。会談では、日英防衛協力が「新たな段階」に入ったことを具現化し、FOIPの実現及び国際社会の平和と安定に寄与することを確認した。また、同年6月、海自は、遠洋練習航海部隊の英国寄港に際し、大西洋において英海軍との共同訓練を実施した。

同年4月、空幕長は、米国において行われた宇宙シンポジウムに際し、スマイス英宇宙局長（当時）との会談を行い、宇宙利用に関する安全保障上の課題などを共有した。また、宇宙領域における日英協力を一層強化していくことで一致した。

また、同年7月、空幕長は英国において行われた英国際航空宇宙軍参謀長等会議などに際し、クイン英国防閣外相（当時）、ラダキン英国防参謀長、ウィグストン英空軍参謀長（当時）などと会談を行い、地域情勢、防衛政策及び防衛協力・交流などについて意見交換した。2023年3月には空幕長とウィグストン英空軍参謀長（当時）は日英宇宙幕僚協議にかかる覚書に署名した。

(2) フランス

ア　フランスとの防衛協力・交流の意義

フランスは、欧州やアフリカのみならず、世界に影響力を持つ大国であるとともに、インド洋及び太平洋島嶼部に領土を保有し、インド太平洋地域に常続的な軍事プレゼンスを有する唯一のEU加盟国であり、わが国と歴史的にも深い関係を持つ特別なパートナーである。

フランスとは、これまで日仏「2+2」などのハイレベル交流を継続的に実施し、日仏情報保護協定、日仏防衛装備品・技術移転協定及び日仏ACSAが締結されている。

イ　最近の主要な防衛協力・交流実績など

2023年1月、岸田内閣総理大臣は、パリにおいてマクロン大統領との間で日仏首脳会談を実施し、日本の新たな国家安全保障戦略について説明の上、同志国である日仏が連携を一層強化していきたい旨述べ、マクロン大統領から理解を得たほか、岸田内閣総理大臣から、欧州とインド太平洋の安全保障は不可分であり、両国のアセットの往来や日仏共同訓練など、実質的な協力が進展していることを歓迎する旨述べ、マクロン大統領からは、フランスにおける戦略の見直しに言及があり、両国の連携を深めていきたい旨の発言があった。2023年5月、第7回日仏「2＋2」を実施し、インド太平洋地域における寄港や二国間及び多国間での共同訓練を通じた自衛隊とフランス軍との間の運用面での交流が定期的、かつ、質の高いものであることを歓迎した。また、同月、G7広島サミットの機会に開催された日仏首脳会談では、サイバーや宇宙分野などでの連携、共同訓練などの具体的協力を進展させることで一致するとともに、東アジア情勢について、中国をめぐる諸課題への対応、核・ミサイル問題、拉致問題を含む北朝鮮への対応において引き続き連携していくことを確認した。

ウ　各軍種の取組

2022年5月、統幕長は、フランスにおいてビュルカール・フランス統合参謀総長と会談を行った。会談では、ウクライナを含む地域情勢、インド太平洋地域への関与などについて意見交換し、幅広い分野における防衛協力・交流を推進していくことで一致した。自衛隊は、同年5月以降、「MARARA22」及び「赤道22」において人道支援・災害救援（HA/DR）にかかる訓練を実施し、参加国との相互理解の増進及び信頼関係の強化を図った。

同年9月、海幕長は、ヴァンディエ・フランス海軍参謀長とテレビ会談を行った。インド太平洋地域にも海外領土を有するフランスと同地域の安全保障上の課題について意見交換し、今後の連携の強化の方向性などについて確認した。

また、海自は、同年5月以降、フランス領ポリネシア

統幕長と仏統合参謀総長との会談（2022年5月）

第Ⅲ部　第3章　同志国などとの連携

及びニューカレドニアに駐留するフランス軍と、オグリ・ヴェルニー22及びラ・ペルーズ22といった共同訓練を実施した。また、2023年3月には、ラ・ペルーズ23を実施した。

空幕長は、米国で開催された宇宙シンポジウムなどに参加し、ミル・フランス航空宇宙軍参謀長及びフリードリング・フランス宇宙コマンド司令官（当時）と会談した。会談では、地域情勢及び空・宇宙軍種間における防衛協力・交流の方向性などに関して共有し、より一層推進することで一致した。

(3) ドイツ

ア ドイツとの防衛協力・交流の意義

ドイツは、わが国と基本的価値を共有し、G7などにおいて国際社会の問題に対し協調して取り組むパートナーであり、2020年に策定された「インド太平洋ガイドライン」に基づき、インド太平洋地域への関与を強めている。ドイツとの間では、日独防衛装備品・技術移転協定、日独情報保護協定が締結されている。また、日独「2+2」が開催されるなど、ハイレベルを含む交流が進展している。

イ 最近の主要な防衛協力・交流実績など

2022年11月、第2回日独「2+2」が実施され、FOIPの実現に向けた協力の強化及び経済安全保障を含む、日独安全保障・防衛協力の深化に向けた具体的取組の推進で一致した。また、日NATO間の協力強化や日EU間の安全保障・防衛協力の発展の重要性について一致した。

2023年3月、浜田防衛大臣は、ドイツの国防大臣として約16年ぶりに来日したピストリウス・ドイツ国防大臣と日独防衛相会談を実施した。会談では、ドイツ軍のインド太平洋地域へのさらなる展開及びその際の日独共同訓練や部隊間交流などの実現に向け、緊密に連携していくことで一致した。また、自衛隊とドイツ軍の共同活動を促進するための法的枠組みの整備を目指すことや、防衛装備・技術協力を深めていくことでも一致した。

日独防衛相会談（2023年3月）

2023年5月、岸田内閣総理大臣は、G7広島サミットの機会にショルツ・ドイツ首相と会談を行い、東アジア情勢について、中国をめぐる諸課題への対応、核・ミサイル問題、拉致問題を含む北朝鮮への対応において、引き続き連携していくことを確認した。

ウ 各軍種の取組

2022年5月、統幕長は、ベルギーにおいて開催されたNATO参謀長会議に際して、ツォルン独連邦軍総監（当時）と会談を行った。会談では、FOIP実現のため、フリゲート艦「バイエルン」の日本への派遣に引き続き、インド太平洋地域に関与するドイツ軍とさらなる防衛協力・交流を進めていくことについて、意見交換した。また、2023年3月、統幕長はドイツを公式訪問し、ツォルン独連邦軍総監（当時）との会談において、ルールに基づく国際秩序を守るため、日独をはじめとする同志国の連携が不可欠であることを確認した。

2022年7月、陸幕長はドイツを訪問し、マイス・ドイツ陸軍総監と懇談するとともに試験・試行部隊を訪問した。懇談においては、信頼関係強化のため、引き続き、ハイレベル交流や専門分野における人材交流などの多層的な交流について具体的な調整を進めていくことで合意した。また、部隊訪問においては、デジタル化された最新の戦い方に関する試験について、ドイツ陸軍の取組を把握することができた。

同年6月、海幕長は、カーク・ドイツ海軍総監とテレビ会談を行った。両国が抱える安全保障上の課題について意見交換し、今後の連携強化の方向性などについて確認した。

同年9月、ゲルハルツ・ドイツ空軍総監が自らドイツ空軍戦闘機ユーロファイターを操縦して来日した。その際、日独戦闘機による共同飛行を行うなど連携強化を図った。また、同年6月のテレビ会談や2023年3月の会談において、FOIPの実現に向けて一層緊密に連携していくことで一致した。

(4) イタリア

ア イタリアとの防衛協力・交流の意義

日伊両国はともにG7の一員であり、基本的価値を共有する戦略的パートナーである。イタリアとの間では、日伊情報保護協定及び日伊防衛装備品・技術移転協定の締結、日伊防衛協力・交流に関する覚書への署名など、防衛協力を行っていくうえでの制度面の整備が進んでいる。

イ　最近の主要な防衛協力・交流実績など

2022年4月、岸防衛大臣（当時）は、グエリーニ・イタリア国防相（当時）と会談を行った。両大臣は、地域情勢について力による一方的な現状変更の試みに強く反対するとともに、国際法を遵守していくことが重要であるとのメッセージを発信し、共に自由、民主主義、人権、法の支配といった基本的価値を強く推進することが重要であるとの認識で一致した。

同年11月、浜田防衛大臣は、クロセット・イタリア国防相と電話会談を行った。両大臣は、今後も、防衛当局間のコミュニケーションを継続することを確認した。また、次期戦闘機にかかる協力について、検討作業を加速させることで一致し、FOIPの実現に向け、両国の防衛協力を一層進展させていくことを確認した。

これらの会談を踏まえ、同年12月、日英伊による次期戦闘機開発に関する首脳共同声明が発表された。

2023年1月、岸田内閣総理大臣は、ローマにおいてメローニ首相との間で日伊首脳会談を実施し、日英伊3か国による次期戦闘機共同開発合意を歓迎し、また、日伊関係を「戦略的パートナー」に格上げすることで一致したほか、岸田内閣総理大臣から、新たな国家安全保障戦略について説明し、同志国である日本とイタリアが連携を一層強化していきたい旨述べ、メローニ首相から理解と歓迎を得た。両首脳は、外務・防衛当局間の協議を立上げ、安全保障分野での連携を更に推進することで一致した。2023年2月には、鈴木事務次官がクロセット・イタリア国防相を表敬したほか、同年3月には、クロセット・イタリア国防相の来日に際して日伊防衛相会談を実施し、さらなる防衛協力・交流を進めていくことを確認した。

鈴木事務次官によるクロセット・イタリア国防大臣への表敬

2023年5月、岸田内閣総理大臣は、G7広島サミットに際し、メローニ・イタリア首相と会談を行い、外務防衛当局間協議を通じ、具体的協力について議論を深化させることで一致するとともに、東アジア情勢について、中国をめぐる諸課題への対応、核・ミサイル問題、拉致問題を含む北朝鮮への対応において、引き続き連携していくことを確認した。

ウ　各軍種の取組

2022年10月、海幕長は、イタリアにおいて開催されたイタリア海軍主催地域シーパワー・シンポジウムに際し、クレデンディノ・イタリア海軍参謀長と懇談を行った。両国が抱える安全保障上の課題について意見交換し、今後の連携強化の方向性などについて合意した。

同年11月、空自は、国外運航訓練として初めてKC-767空中給油・輸送機をイタリアに寄航させ、プラティカ・ディ・マーレ空軍基地においてイタリア空軍の空中給油部隊と部隊間交流を実施した。2023年3月、空幕長は、ゴレッティ・イタリア空軍参謀長と会談を行い、幅広い分野、各レベルにおいて日伊空軍種間の防衛協力・交流の実施を確認した。

(5) オランダ

ア　オランダとの防衛協力・交流の意義

オランダは、わが国と400年以上の歴史的関係を有し、基本的価値を共有する戦略的パートナーである。オランダとの間では、2016年12月にヘニス・オランダ国防大臣（当時）が訪日し、日蘭防衛相会談に際して防衛協力・交流の覚書の署名が行われた。

イ　各軍種の取組

2022年5月以降、統幕長は、エイヘルセイム・オランダ軍参謀総長と2回にわたる会談を行った。会談では、国際社会の平和と安定及びFOIP実現のため、日蘭の防衛協力・交流を引き続き推進することで一致した。また、オランダのインド太平洋地域への継続的な関与などについて確認した。

同年10月、海幕長は、イタリアにおいてタス・オランダ海軍司令官との懇談を行った。インド太平洋地域の安全保障上の課題について意見交換し、今後の日蘭の関係強化の方向性などについて確認した。

同年7月以降、空幕長は、ラウト・オランダ空軍司令官（当時）と2回にわたる会談を行い、日蘭空軍種間の防衛協力・交流を進展させていることを確認した。

(6) スペイン

ア　スペインとの防衛協力・交流の意義

スペインは、わが国と基本的価値を共有する戦略的パートナーである。2014年11月に署名された防衛協力・交流に関する覚書に基づき、防衛当局間の関係をさらに強化することで一致している。2022年3月には、防衛駐在官を新規派遣した。

イ　最近の主要な防衛協力・交流実績など

2022年6月、海自練習艦がスペイン海軍との共同訓練を実施し、相互理解の推進を図った。また、同年、海自の派遣海賊対処行動水上部隊及び航空部隊は、アデン湾においてそれぞれスペイン海軍及び空軍（EU海上部隊）と共同訓練を実施し、連携の強化を図った。

(7) NATO

ア　NATOとの防衛協力・交流の意義

NATOはわが国と基本的価値とグローバルな安全保障上の課題に対する責任を共有するパートナーである。2014年には、「日・NATO国別パートナーシップ協力計画」（IPCP: Individual Partnership and Cooperation Programme between Japan and NATO）[3]に署名した（2018、2020年改訂）。この

NATO事務総長による入間基地訪問（2023年1月）

NATO参謀長会議（2022年5月）

計画に基づき、2014年以降、女性・平和・安全保障分野における日NATO協力として、初めてNATO本部に女性自衛官を派遣するとともに、「ジェンダー視点のNATO委員会（NCGP: NATO Committee on Gender Perspectives）年次会合」に防衛省・自衛隊から参加している。現在は、国際機関/NGO協力幕僚として、自衛官をNATO本部軍事幕僚部協調的安全保障局（NHQIMSCS: NATO Headquarters International Military Staff, Cooperative Security Division）に派遣し、NATOと国連、アフリカ連合（AU: African Union）、欧州安全保障協力機構（OSCE: Organization for Security and Co-operation in Europe）、NGOなどとの協力案件の調整業務に携わっている。

さらに防衛省は、欧州連合軍最高司令部（SHAPE: Supreme Headquarters Allied Powers Europe）及びNATO海上司令部（MARCOM: NATO Allied Maritime Command）にそれぞれ連絡官を派遣している。

2018年、在ベルギー日本国大使館が兼轄する形で、NATO日本政府代表部が開設された。

2022年4月には、NATOサイバー防衛協力センター（CCDCOE: NATO Cooperative Cyber Defence Centre of Excellence）主催のサイバー防衛演習「ロックド・シールズ2022」に英国と合同チームを編成し、参加した。同年10月、CCDCOEの活動への参加にかかる手続が完了し、防衛省は正式にCCDCOEの活動に参加することとなった。

同年6月、岸田内閣総理大臣は、わが国の内閣総理大臣として初めてNATO首脳会合に参加し、日NATO間の協力文書を大幅にアップグレードする作業を加速化することにより、サイバー、新興技術、海洋安全保障といっ

動画：NATO及び欧州諸国等との緊密な連携
URL：https://www.youtube.com/watch?v=51u1kXXpu6w

3　IPCPは、日NATO協力の一層の進展を目的として、ハイレベル対話の強化や防衛協力・交流の促進などの協力を推進する旨定めるとともに、実務的な協力の優先分野を特定している。2020年6月にIPCPが改訂され、実務的な協力の優先分野として「人間の安全保障」が追加された。

た分野での協力を進めていく方針について述べた。

2023年1月、岸田内閣総理大臣は、訪日中のストルテンベルグ事務総長と会談し、NATO参謀長会合への日本の定期的な参加の意向を伝えるとともに、日NATO間の緊密な意思疎通を推進していくことを確認した。

イ　最近の主要な防衛協力・交流実績など

2022年6月、岸防衛大臣（当時）は、バウアーNATO軍事委員長の表敬を受け、厳しい安全保障環境の中、日NATOの緊密な連携の重要性について認識を共有した。

同年6月、海自練習艦がNATO常設海上部隊と共同訓練を実施し、連携の強化を図った。

ウ　各軍種の取組

2022年5月、統幕長は、統幕長として初めてNATO軍事委員会が開催するNATO参謀長会議「アジア太平洋セッション」にアジア太平洋パートナーとして参加し、NATO加盟各国との相互理解を促進することができた。また、NATO加盟国の参謀総長との二国間会談を行い、今後の防衛協力・交流など、幅広い分野について意見交換した。また、同年6月及び7月、統幕長は、バウアーNATO軍事委員長と会談し、日本とNATOがより一層緊密に連携していくことを確認した。

同年7月、空幕長は、NATO本部を訪問し、バウアーNATO軍事委員長との会談を行ったほか、空幕長として初めてNATO軍事委員会に出席した。会談では、一層厳しさを増す安全保障環境について意見を交換し、日本とNATOがFOIPの実現に向け連携を強化していくことの重要性について一致した。

また、NATO軍事委員会ではインド太平洋の安全保障環境に関するブリーフィングを行い、ルールに基づく国際秩序に対する挑戦が国際社会共通の課題である旨を述べた。2023年1月には、NATO事務総長が空自入間基地を訪問し、日NATO間で緊密に連携していくことを確認した。

(8) EU

ア　EUとの防衛協力・交流の意義

自由・民主主義・法の支配といった基本的価値を共有するEUとの間では、2019年の「日EU戦略的パートナーシップ協定」の暫定適用開始以降、安全保障・防衛分野における協力を着実に発展させてきている。2021年には、「インド太平洋戦略に関する共同コミュニケーション」、2022年3月には、パートナー国との海軍演習や寄港・哨戒の頻度を向上させる方針を盛り込んだ「戦略的コンパス」が発表されるなど、EUのインド太平洋地域への関与が強化されている中、防衛省・自衛隊は、同地域へのEUのコミットメントが不可逆的なものになるよう、積極的かつ主体的に協力を進めている。

シューマン安全保障・防衛フォーラムに参加する井野防衛副大臣（2023年3月）

イ　最近の主要な防衛協力・交流実績など

2022年5月、統幕長は、ベルギーにおいて開催されたNATO参謀長会議に際し、ブリーガーEU軍事委員長との会談を行った。

2023年3月、井野防衛副大臣は、EUとして初の開催となる「シューマン安全保障・防衛フォーラム」に出席した。全体会合においては、パネリストとして登壇し、欧州とインド太平洋の安全保障はもはや不可分であるとの認識のもと、EUとの安全保障・防衛分野における連携を強化していきたい旨述べた。

4　韓国

(1) 韓国との防衛協力・交流の意義

北朝鮮の核・ミサイル問題をはじめ、テロ対策や、大規模自然災害への対応、海賊対処、海洋安全保障など、日韓両国を取り巻く安全保障環境が厳しさと複雑さを増す中、日韓の連携は益々重要となっている。

2023年3月、岸田内閣総理大臣は、東京において尹錫悦（ユン・ソンニョル）韓国大統領と日韓首脳会談を開催した。両首脳は、現下の戦略環境の中で日韓関係の強化は急務であり、国交正常化以来の友好協力関係の基盤に基づき、関係をさらに発展させていくことで一致した。また、日韓両国が共に裨益するような協力を進めるべく、政治・経済・文化など多岐にわたる分野で政府間の意思疎通を活発化していくこととし、具体的には日韓安全保障対話などを早期に再開することで一致した。さらに、北朝鮮による核・ミサイルの活動の活発化を踏まえ、日韓、日米韓の安保協力を推進していくことの重要性で一致した。

また、同年5月、両首脳は、ソウルにおいて日韓首脳会談を行い、3月の会談で示した方向性に沿って、日韓安全保障対話の再開など、多岐にわたる分野において両政府間の対話と協力が動き出していることを歓迎するとともに、日韓、日米韓の安全保障協力により抑止力・対処力を強化することの重要性について一致した。

さらに、同月、両首脳は、G7広島サミットに際して日韓首脳会談を行い、経済・安全保障分野を含む政府間の対話と協力の進展を改めて評価し、北朝鮮への対応に関して、引き続き日韓、日米韓で緊密に連携することを確認した。また、FOIPの実現に向けた協力を進めていくことも確認した。

現在、日韓防衛当局間には、2018年12月の韓国海軍駆逐艦による自衛隊機への火器管制レーダー照射事案[4]をはじめとする課題があるが、最近の日韓関係を一層発展させていく大きな流れの中で、防衛省・自衛隊としては、防衛当局間の懸案の解決のため、韓国側と緊密に意思疎通を図っていく。

(2) 最近の主要な防衛協力・交流実績など

2022年9月、岡防衛審議官は、ソウルにおいて開催されたソウル・ディフェンス・ダイアログに際し、申範澈（シン・ボムチョル）国防部次官と6年ぶりとなる日韓次官級協議を行った。協議では、北朝鮮の核・ミサイルをめぐる状況を含め、日韓両国を取り巻く安全保障環境が厳しさと複雑さを増す中、日韓、日米韓の連携がますます重要であることを確認した。また、北朝鮮の課題に対応するための3か国協力を推進していくことを確認した。その上で、日韓防衛当局間で引き続き意思疎通を図っていくことで一致した。

同年11月、わが国が主催する国際観艦式に、韓国海軍の補給艦「昭陽（ソヤン）」が参加した。海自は、今般の国際観艦式を通じて、韓国を含む参加国海軍種間の信頼醸成や友好親善の増進を図った。

2023年3月の岸田内閣総理大臣と尹韓国大統領の日韓首脳会談において、両首脳が日韓安全保障対話などの早期再開で一致したことを受け、同年4月、日韓安全保障対話が約5年ぶりに実施された。本対話では、北朝鮮への対応やインド太平洋における協力を含む日韓、日米韓協力の強化などについて意見交換を行い、日韓安保・防衛協力の強化に向けて緊密に意思疎通をしていくことで一致した。

(3) 日米韓の協力関係

2022年6月、岸防衛大臣（当時）は、シンガポールにおいて実施されたシャングリラ会合に際して李鍾燮（イ・ジョンソプ）韓国国防部長官及びオースティン米国防長官と日米韓防衛相会談を開催した。会談では、朝鮮半島の完全な非核化及び恒久的な平和の確立に向け密接に協力することや北朝鮮による大量破壊兵器及び弾道ミサイル開発への深い懸念を共有することなどが議論された。また、3か国によるミサイル警戒及び弾道ミサイル探知・追尾訓練の実施及び北朝鮮による弾道ミサイル発射に対処するための活動の具体化など、地域における各国間の信頼醸成の重要性について認識を共有した。さらに、FOIPを実現するため、情報共有、ハイレベル政策協議、共同訓練を含む重要課題における協力深化の重要性などについて同意した。

同年11月、岸田内閣総理大臣は、プノンペンにおいて、日米韓首脳会談を開催した。会談では、北朝鮮によ

日米韓防衛相会談（2022年6月）

4　2018年12月、能登半島沖（わが国排他的経済水域内）において警戒監視中の海自P-1哨戒機が韓国海軍「クァンゲト・デワン」級駆逐艦から火器管制レーダーを照射されるという事案が発生した。防衛省は本件事案を重く受け止め、2019年1月に客観的事実を取りまとめた最終見解を公表し、韓国側に再発防止を強く求めている。なお、自衛隊の哨戒機は、十分な高度と距離を確保して飛行しており、韓国の艦艇に脅威を与えるような飛行は行っていない。防衛省としては、今後とも安全に十分配慮しつつ、警戒監視及び情報収集に万全を期すこととしている。なお、詳細については、防衛省HPを参照（https://www.mod.go.jp/j/approach/defense/radar/index.html）

る前例のない頻度と態様での挑発行為が続き、さらなる挑発も想定される中、日米、日韓、日米韓での連携はますます重要であるとの認識を共有した。その上で、日米韓安保協力をはじめとする地域の抑止力強化を含め、毅然とした対応を行っていくことで一致した。加えて、北朝鮮のミサイル警戒データをリアルタイムで共有する意図を有することを表明した。

2023年4月には、米国において第13回日米韓防衛実務者協議を実施した。協議では、北朝鮮のミサイル警戒データのリアルタイム共有に関する2022年11月の日米韓首脳会合の表明を踏まえて、日米韓防衛当局間情報共有取決め（TISA（Trilateral Information Sharing Arrangement））を含む既存の情報枠組みを十分に活用するよう現在進行中の作業を再確認した。また、朝鮮半島及び地域の安全保障環境に関して意見交換したほか、北朝鮮による核及びミサイルの脅威を抑止し対応するためのミサイル防衛訓練及び対潜水艦訓練の定例化、海上阻止及び海賊対処訓練を含む3か国訓練の再開を含め、日米韓安全保障協力を深化させるための具体的な方法について協議した。

2023年5月には、岸田内閣総理大臣は、G7広島サミットのために訪日中のバイデン米大統領及び尹韓国大統領と短時間の意見交換を行った。その中で、それぞれ強化された二国間関係を土台として、日米韓連携を新たな高みに引き上げることで一致した。また、北朝鮮への対応とともに、法の支配に基づく自由で開かれた国際秩序の維持のためにも、日米韓3か国の戦略的連携を一層強化することで一致した。その上で、北朝鮮のミサイル警戒データのリアルタイム共有を含む日米韓安全保障協力、インド太平洋に関する協議の強化、経済安全保障、太平洋島嶼国への関与など、様々な分野で3か国間の具体的協力を前進させることで一致した。

(4) 各軍種の取組

2022年8月、陸幕長は、日米豪シニア・リーダーズ・セミナーに際し、オブザーバーとして参加していた朴正煥（パク・ジョンファン）韓国陸軍参謀長も含め、インド太平洋地域の戦略環境について意見交換した。

海自は、同年8月、パシフィック・ドラゴン2022（日米豪韓加ミサイル警戒演習）及びパシフィック・ヴァンガード22（日米豪韓加共同訓練）、9月には日米韓共同訓練を実施し、戦術技量の向上及び各国海軍などとの連携強化を図った。また、同年10月、海自は、北朝鮮がわが国上空を通過させる形で弾道ミサイルを発射するなどの情勢を踏まえ、日米韓共同訓練を実施し、わが国周辺海域において弾道ミサイル情報共有訓練、日本海において各種戦術訓練を行った。これらの共同訓練は、地域の安全保障上の課題に対応するための3か国協力を推進するものである。さらに、共通の安全保障と繁栄を保護するとともに、ルールに基づく国際秩序を強化していくという日米韓3か国のコミットメントを示すものである。

参照　資料58（多国間共同訓練の参加など（2019年度以降））

(5) 日韓GSOMIAについて

北朝鮮を巡る情勢がさらに深刻化していることを踏まえ、北朝鮮の核・ミサイルに関する秘密情報の交換・共有のため、日韓間の協力をさらに進めるべく、2016年11月、日韓GSOMIAを締結した。これにより、日韓政府間で共有される秘密軍事情報が適切に保護される枠組みが整備された。2019年8月には、韓国政府から、この協定を終了させる旨の書面による通告があったが、同年11月、韓国政府から、同通告の効力を停止する旨の通告があった[5]。そして、2023年3月に、韓国政府から終了通告を撤回し、同協定が効力を有することを確認するとの正式通報があった。

参照　資料45（最近の日韓防衛協力・交流の主要な実績（2019年度以降））

5　カナダ及びニュージーランド

カナダ及びニュージーランドは、わが国と基本的価値を共有し、また、テロ対策や「瀬取り」対応などの非伝統的安全保障分野や国際平和協力活動を中心に、グローバルな安全保障上の共通課題に取り組むための中核を担っている。これらの国と防衛協力・交流を進展させることは、わが国がこうした課題に積極的に関与する基盤を提

5　日韓GSOMIAにおける協定の終了に関する規定は、次のとおり。
第二十一条　効力発生、改正、有効期間及び終了（抜粋）
3　この協定は、一年間効力を有し、一方の締約国政府が他方の締約国政府に対しこの協定を終了させる意思を九十日前に外交上の経路を通じて書面により通告しない限り、その効力は、毎年自動的に延長される。

供するものであり、わが国とカナダ及びニュージーランドの双方にとって重要である。

参照　資料46（最近のカナダ及びニュージーランドとの防衛協力・交流の主要な実績（2019年度以降））

(1) カナダ

ア　カナダとの防衛協力・交流の意義

日カナダ両国は、共にG7に所属し、同じ太平洋国家であるとともに、基本的価値を共有する戦略的なパートナーである。2019年の防衛協力に関する共同声明や、日加ACSAの発効、2017年以降毎年実施している日加共同訓練「KAEDEX（カエデックス）」や多国間共同訓練の実施など、日加防衛当局間の関係は、ここ数年で飛躍的に深化してきた。さらに、2022年12月には防衛駐在官を新規派遣した。

イ　最近の主要な防衛協力・交流実績など

2022年6月、岸防衛大臣（当時）は、シンガポールで開催されたシャングリラ会合に際し、アナンド・カナダ国防大臣と日加防衛相会談を行った。両大臣は、今般のロシアによるウクライナ侵略は、欧州のみならず、アジアを含む国際秩序の根幹を揺るがすもので、断じて認められず、基本的価値を共有する国々が、一致団結して対応することが極めて重要であるとの認識で一致した。

2023年5月、岸田内閣総理大臣は、G7広島サミットの機会にトルドー・カナダ首相と日加首脳会談を行った。会談では、東アジア情勢に関する意見交換を行い、中国をめぐる諸課題への対応や核・ミサイル問題、拉致問題を含む北朝鮮への対応において、引き続き日加で緊密に連携していくことで一致した。また、日加情報保護協定の交渉実施などをはじめとした、2022年に日加両国で発表した「FOIPに資する日加アクションプラン」の着実な進展を歓迎した。

統幕長によるカナダ軍参謀本部訪問（2022年10月）

ウ　各軍種の取組

2022年5月、統幕長は、ベルギーで開催されたNATO参謀長会議に際し、エア・カナダ軍参謀総長と会談を行った。会談では、ロシアによるウクライナ侵略を含む情勢認識などを共有するとともに、力による一方的な現状変更の試みが断じて許されない、国際社会共通の課題であることで一致した。また、同年10月、統幕長はカナダ公式訪問に際し、エア・カナダ軍参謀総長と会談を行い、FOIPの実現に向け、自衛隊とカナダ軍の防衛協力・交流をより一層深化させていくことで一致した。

同年5月、海幕長は、オーストラリアにおいてベインズ・カナダ海軍司令官（当時）と会談を行った。日加海軍種間の更なる連携強化について確認した。また、海自は、ハワイ周辺におけるパシフィック・ドラゴン2022（日米豪韓加ミサイル警戒演習）、太平洋における日加新共同訓練、グアム島及び同周辺におけるパシフィック・ヴァンガード22（日米豪韓加共同訓練）、マレーシア沖からシンガポール沖におけるKAEDEX22（日加共同訓練）、南シナ海などにおけるノーブル・レイヴン22（日米加共同訓練）やノーブル・ミスト22（日米豪加共同訓練）を実施し、連携の強化を図った。

同年4月、空幕長は米国で開催された宇宙シンポジウムに際し、マインジンガー・カナダ空軍司令官（当時）と会談を行った。また、同年9月、米国で開催された国際空軍参謀長等会同に際し、ケニー・カナダ空軍司令官と会談を行った。各会談では、カナダ空軍との宇宙分野を含めた連携強化などについて意見交換を行った。

(2) ニュージーランド

ア　ニュージーランドとの防衛協力・交流の意義

戦略環境が厳しさを増すインド太平洋地域において、わが国と基本的価値を共有するニュージーランドは重要な戦略的協力パートナーである。防衛当局間においても、ハイレベル交流や共同訓練、部隊間交流などを活発に実施している。2022年3月には、防衛駐在官を新規派遣した。

2022年4月の日ニュージーランド首脳会談では、情報保護協定の正式交渉開始について両首脳が決定した旨を発表した。

イ　最近の主要な防衛協力・交流実績など

2022年6月、岸防衛大臣（当時）は、シンガポールにおいて開催されたシャングリラ会合に際し、ヘナレ・ニュージーランド国防大臣（当時）と会談し、FOIPの実現に向けて、太平洋島嶼国地域における防衛協力を一層進めていくことで一致した。また、ロシアのウクライナ侵略などによって国際秩序の根幹が揺らぐ中で、両国が引き続き緊密に連携していくことを再確認した。また、東シナ海や南シナ海をめぐる情勢について、力による一方的な現状変更の試みや緊張を高めるいかなる行為にも強く反対するとの意思を改めて表明した。

ウ　各軍種の取組

2022年7月、統幕長は、オーストラリアにおいてショート・ニュージーランド国防軍司令官と会談を行った。会談では、統幕長からトンガ王国への国際緊急援助活動での自衛隊とニュージーランド軍の連携をはじめ、共同訓練や人的交流などにより関係が深化していることについて歓迎の意を表した。また、FOIPの実現のため日ニュージーランド間の連携をより一層緊密にしていく重要性について確認した。

同年6月、陸幕長は、東京において開催されたPALS22（水陸両用指揮官シンポジウム）に際し、ギルモア・ニュージーランド統合軍司令官と懇談を行い、津波などの災害派遣における水陸両用部隊の役割について、意見交換した。同じく、海幕長も懇談を行った。日ニュージーランド海軍種間の更なる連携強化について確認した。

また、同年8月、海自は、日加新共同訓練を実施し、戦術技量の向上及び参加各国との連携強化を図った。

6　北欧・バルト諸国

(1) フィンランド

ア　フィンランドとの防衛協力・交流の意義

フィンランドは、基本的価値を共有する戦略的パートナーであり、2019年には、岩屋防衛大臣（当時）とニーニスト・フィンランド国防大臣（当時）との間で、日フィンランド防衛協力・交流に関する覚書への署名が行われた。

イ　最近の主要な防衛協力・交流実績など

2022年10月、浜田防衛大臣は、カイッコネン・フィンランド国防大臣と会談し、ロシアのウクライナ侵略などによって国際社会が厳しい安全保障環境に直面する今こそ、国際社会が結束することが重要であることを確認した。

ウ　各軍種の取組

2022年9月、統幕長は、キヴィネン・フィンランド国防軍司令官と会談し、両国がルールに基づく国際秩序の維持に貢献するため引き続き連携していくことで一致した。

(2) スウェーデン

ア　スウェーデンとの防衛協力・交流の意義

スウェーデンは基本的価値を共有するパートナーである。

イ　最近の主要な防衛協力・交流実績など

2022年12月には、北欧諸国で初となる、防衛装備品・技術移転協定が署名され、発効した。

(3) デンマーク

ア　デンマークとの防衛協力・交流の意義

デンマークは基本的価値を共有する戦略的パートナーである。

イ　最近の主要な防衛協力・交流実績など

デンマークとの間では、2019年、河野防衛大臣（当時）は、ブラムセン・デンマーク国防大臣（当時）との間で電話会談を実施し、二国間の防衛交流や両国を取り巻く安全保障情勢などについて、意見交換などを行った。

(4) エストニア

エストニアは、基本的価値を共有するパートナーである。世界有数のIT立国として先進的な取組を行っており、防衛省・自衛隊との間でサイバー防衛分野における協力が進展している。また、国内にNATOサイバー防衛協力センター（CCDCOE）を擁すなど、日NATO協力の観点からも重要な役割を担っている。

7　中東欧諸国

(1) ウクライナ

ア　ウクライナとの防衛協力・交流の意義

ウクライナは、自由、民主主義、法の支配といった基本的価値を共有するパートナーである。同国との間では、2018年、ペトレンコ国防次官（当時）が訪日し、日ウクライナ防衛協力・交流に関する覚書に署名したほか、日ウクライナ安全保障協議を開催した。

イ　最近の主要な防衛協力・交流実績など

ロシアによるウクライナ侵略後、ウクライナ政府からの装備品などの提供要請を受け、2022年3月以降、防弾チョッキ、防護マスク、防護衣などの非殺傷の物資の提供を順次行っている。同月、岸防衛大臣（当時）は、レズニコフ・ウクライナ国防大臣と初めてのテレビ会談を実施した。さらに、同年4月、2回目となる日ウクライナ防衛相テレビ会談を行った。会談において、レズニコフ・ウクライナ国防大臣から、わが国の人道支援及び防衛省・自衛隊によるウクライナへの装備品などの提供について、改めて深い謝意が述べられた。岸防衛大臣（当時）からは、ロシア軍が占拠していたキーウ近郊の地域において、多数の無辜の民間人が殺害されるといった残虐な行為が明らかになったことを受け、このような行為は重大な国際人道法違反であり、断じて許すことはできず、厳しく非難するとともに、ロシアは責任を問われなければならない旨述べた。2022年2月に開始されたロシアによるウクライナ侵略は、明らかにウクライナの主権及び領土一体性を侵害し、武力の行使を禁ずる国際法と国連憲章の深刻な違反であるとともに、このような力による一方的な現状変更は、国際秩序の根幹を揺るがすものであり、決して認められない旨改めて伝達した。

また、2023年5月、岸田内閣総理大臣は、G7広島サミットに出席するため訪日していたゼレンスキー・ウクライナ大統領と日ウクライナ首脳会談を実施し、ウクライナ側の要請を踏まえ、新たに100台規模のトラックなどの自衛隊車両及び約3万食の非常用糧食を提供すること及びウクライナ負傷兵を自衛隊中央病院に受け入れることを決定した旨伝達し、ゼレンスキー・ウクライナ大統領からは、感謝の意が述べられた。同月、ウクライナからの要請に基づき、費用を原則日本側が負担するかたちで、下腿切断（膝から下の足が切断された状態）のウクライナ負傷兵2名を自衛隊中央病院に受け入れ、必要なリハビリ治療を実施する旨公表した。

日ウクライナ防衛相テレビ会談（2022年4月）

岸田内閣総理大臣によるブチャでの献花（2023年3月）【首相官邸HP】

ウ　その他

2022年4月、総理特使たる林外務大臣のポーランド訪問の復路運航において、日本への避難を希望するものの、自力での渡航手段の確保が困難なウクライナ避難民20名を政府専用機に同乗させた。加えて同月、「ウクライナ被災民救援国際平和協力業務実施計画」が閣議決定され、同年5月から国連難民高等弁務官事務所（UNHCR）がドバイに備蓄している人道救援物資を、自衛隊機によりポーランド及びルーマニアへ輸送した。

（UNHCR：Office of the United Nations High Commissioner for Refugees）

2023年3月、岸田内閣総理大臣は、ロシアによるウクライナ侵略後初めてウクライナを訪問し、キーウにおいて、ゼレンスキー・ウクライナ大統領と首脳会談を行った。首脳会談では、岸田内閣総理大臣から、祖国と自由を守るために立ち上がっているウクライナ国民の勇気と忍耐に敬意を表し、わが国が議長国を務めるG7広島サミットにおいて、法の支配に基づく国際秩序を守り抜くという決意を示したい旨述べた。ゼレンスキー・ウクライナ大統領からは、岸田内閣総理大臣のウクライナ訪問を心から歓迎するとともに、ロシアによるウクライナ侵略に対する日本の立場への謝意が示され、わが国とさらに協力を進めていきたい旨述べられた。また、情報保護協定の締結に向けた調整開始について、両首脳が合意した。

参照　Ⅳ部1章3節3項1（8）（ウクライナ）、3節2項（国連平和維持活動などへの取組）

(2) ポーランド

ア　ポーランドとの防衛協力・交流の意義

ポーランドは、基本的価値を共有する戦略的パートナーである。同国との間では、「戦略的パートナーシップに関する行動計画」に基づき、政治・安全保障の分野を含めた協力が進められている。2022年2月には、日ポーランド防衛協力・交流に関する覚書が署名された。また、新たに策定された防衛戦略においては、ポーランドを含む中東欧諸国との連携を強化していくことが明記された。

イ　最近の主要な防衛協力・交流実績など

2022年5月、統幕長は、ベルギーにおいて開催されたNATO参謀長会議に際し、アンジェイチャク・ポーランド軍参謀総長との会談を行った。会談では、ウクライナへの人道支援物資輸送における、輸送機の受け入れに対して謝意を伝えるとともに、ロシアによるウクライナ侵略を中心に意見交換し、力による一方的な現状変更の試みが断じて許されない、国際社会共通の課題であることで一致した。また、2023年2月、統幕長はポーランドを公式訪問し、アンジェイチャク・ポーランド軍参謀総長との会談において、日ポーランドの防衛協力・交流をより一層強化することで一致した。

(3) チェコ

ア　チェコとの防衛協力・交流の意義

チェコは、基本的価値を共有する戦略的パートナーである。2017年には中東欧諸国との間では初となる防衛協力・交流に関する覚書が署名されており、新たに策定された防衛戦略においては、チェコを含む中東欧諸国との連携を強化していくことが明記された。

イ　最近の主要な防衛協力・交流実績など

2023年1月、井野防衛副大臣は防衛副大臣としては初めてチェコを訪問し、シュルツ第一国防副大臣との会談などを行った。会談では、ウクライナ情勢を含む地域情勢のほか、両国の防衛協力・交流について意見交換を行い、引き続き緊密に連携していくことで一致した。

8　東南アジア（ASEAN）諸国

(1) ASEAN諸国との防衛協力・交流の意義

ASEAN（Association of Southeast Asian Nations）諸国は、高い経済成長を続けるなど、成長センターとしての高い潜在性を有している。また、ASEAN諸国は、わが国のシーレーンの要衝を占めるなど戦略的に重要な地域に位置し、わが国及び地域全体の平和と繁栄の確保に重要な役割を果たしている。

こうしたASEAN諸国の重要性を踏まえれば、防衛省・自衛隊が、地域協力の要となるASEANの中心性・一体性・強靱性の強化を支援しつつ、ASEAN諸国それぞれとの間で防衛協力・交流を強化することは、FOIP実現において大きな意義を有する。また、わが国にとって望ましい安全保障環境を創出することにつながるものである。

わが国は、このような考えに基づき、ASEAN諸国との間では、ハイレベル・実務レベル交流を通じた信頼醸成及び相互理解の促進を行うとともに、能力構築支援、共同訓練、防衛装備・技術協力などを推進している。また、二国間協力に加え、拡大ASEAN国防相会議（ADMMプラス）（ASEAN Defence Ministers' Meeting-Plus）やASEAN地域フォーラム（ARF）（ASEAN Regional Forum）といった多国間の枠組みでの協力も実施している。わが国が2016年に日ASEAN防衛協力の指針として表明した「ビエンチャン・ビジョン」は、ASEAN全体への防衛協力の方向性について、透明性をもって重点分野の全体像を初めて示したものであった。また、2019年、タイで開催された第5回日ASEAN防衛担当大臣会合において、河野防衛大臣（当時）は「ビエンチャン・ビジョン」のアップデート版である「ビエンチャン・ビジョン2.0」を発表し、ASEAN各国の大臣から歓迎の意が示された。防衛省としては、こうした二国間・多国間の協力を今後も積極的に推進する考えである。

参照　本節3項（多国間における安全保障協力の推進）、本節5項（能力構築支援への積極的かつ戦略的な取組）、資料47（最近のASEAN諸国との防衛協力・交流の主要な実績（2019年度以降））、資料57（ビエンチャン・ビジョン2.0）

(2) インドネシア

ア　インドネシアとの防衛協力・交流の意義

インドネシアとの間では、2015年3月の日インドネシア首脳会談において、安倍内閣総理大臣（当時）とジョコ大統領は、海洋と民主主義に支えられた戦略的パートナーシップの強化で一致し、日インドネシア「2＋2」を開催することについて再確認しており、様々なレベルと分野で防衛協力・交流が活発に行われている。

また、2023年5月、岸田内閣総理大臣は、G7広島サミットに出席するため訪日したジョコ大統領と首脳会談を行い、岸田内閣総理大臣より、法の支配に基づく自由で開かれた国際秩序を守っていくことの重要性に言及し、ジョコ大統領より同意する旨発言があった。

イ　最近の主要な防衛協力・交流実績など

2022年6月、岸防衛大臣（当時）は、カンボジアで実施された日ASEAN防衛担当大臣会合に参加した際、プラボウォ国防大臣と会談を行った。会談において両大臣は、ロシアのウクライナ侵略によって国際秩序の根幹が揺らぐ中で、両国が引き続き緊密に連携していくことを再確認した。

ウ　各軍種の取組

2022年7月、統幕長は、オーストラリアで実施されたインド太平洋参謀長会議に参加した際、アンディカ国軍司令官（当時）と会談を行った。会談では、共に海洋国家である両国が、地域の平和と繁栄を支える自由で開かれた海洋秩序を維持し、FOIP実現のため、防衛協力・交流を一層進展させる重要性について確認した。

同年8月、陸幕長は、インドネシア陸軍の公式招待を受けて、ドゥドゥン・インドネシア陸軍参謀長と懇談し、両国の地政学的共通点について認識を共有するとともに、インドネシア陸軍とハイレベル交流、共同訓練などを多層的に実施し、陸軍種間における防衛協力・交流をさらに深化させていくことで合意した。陸自は、同年7～8月、ガルーダ・シールド22（米尼陸軍との実動訓練）に初めて参加した。さらに、同年8月から10月にかけて、国連三角パートナーシップ・プログラム（UNTPP）United Nations Triangular Partnership Programme の一環として、インドネシアの工兵要員を対象とした重機の操作訓練に、陸上自衛官26名を派遣し、PKOにおけるインフラ整備、宿営地の造成などに必要な知識及び技能の修得に寄与した。

同年5月、海幕長は、オーストラリアにおいてマルゴノ海軍参謀長（当時）と懇談し、今後の連携の強化の方向性などについて確認した。2023年2月、海自は、インドネシア海軍との親善訓練を行った。

2022年12月、空幕長は、ファジャル・インドネシア空軍参謀長と会談を行った。会談では、ASEANの「インド太平洋に関するASEANアウトルック」（AOIP）とわが国のFOIPは、多くの本質的な共通点を有しており、それぞれの実現に向けて協力可能であるとの考えを述べた。

(3) ベトナム

ア　ベトナムとの防衛協力・交流の意義

南シナ海の沿岸国であるベトナムとの間では、防衛当局間の協力・交流が進展している。2021年の防衛相会談を契機に、日越二国間だけではなく、地域や国際社会の平和と安定により積極的に貢献するための「新たな段階に入った日越防衛協力」のもと、ハイレベル交流などを推進している。

また、2023年5月、岸田内閣総理大臣はG7広島サミットに参加するために訪日したチン首相と首脳会談を実施し、東シナ海・南シナ海情勢及び北朝鮮への対応における連携を確認した。

イ　最近の主要な防衛協力・交流実績など

2022年6月、岸防衛大臣（当時）は、カンボジアで実施された日ASEAN防衛担当大臣会合に参加した際、ザン国防大臣と会談を行った。会談において両大臣は、能力構築支援など様々な分野において協力が進展していることを歓迎するとともに、今後も協力を継続していくことで一致した。

ウ　各軍種の取組

2022年5月、ギア人民軍副総参謀長を公式招待し、陸幕長との会談を行い、HA/DRやPKOなどの能力構築支援をはじめとした多層的な日越陸軍種防衛協力・交流を推進していくことで一致した。

同年5月、海幕長は、オーストラリアにおいてフン海軍副司令官と会談し、今後の連携の強化の方向性などについて確認した。

同年6月、空幕長は、ベトナムを公式訪問し、カー防空・空軍司令官（当時）との会談を行い、空軍種間においても各種協力をより力強く推進していくことで一致した。

(4) シンガポール

ア　シンガポールとの防衛協力・交流の意義

シンガポールは2009年、東南アジア諸国の中で、わが国との間で最初に防衛交流に関する覚書に署名した国である。以後、この覚書に基づき、各種の協力関係が着実に進展している。

イ　最近の主要な防衛協力・交流実績など

2022年6月、岸防衛大臣（当時）はシンガポールにおいてシャングリラ会合に参加し、ウン国防大臣と会談するとともに、改定された日星防衛交流覚書に署名した。これを契機とした両国間の防衛協力・交流の更なる進展で一致した。また、防衛装備品・技術移転協定の正式交渉開始を歓迎した。

ウ　各軍種の取組

2022年6月、統幕長は、シャングリラ会合に参加し、オン国軍司令官（当時）との会談を実施した。会談では、インド太平洋地域における情勢認識などについて意見交換し、戦略的パートナーとして、防衛協力・交流などを引き続き強化していくことを確認した。

同年5月、海幕長はオーストラリアにおいてベン海軍司令官（当時）と会談を行い、両国の今後の連携強化の方向性などについて確認した。また、同年8月、シンガポール海軍は横須賀港に寄港し、親善訓練を実施した。

同年7月、空幕長は英国においてコン空軍司令官と会談を実施した。懇談では、地域情勢に関する認識を共有したほか、双方がともに導入するF-35Bなどについて意見交換した。

日米比ハイレベル懇談（2022年12月）

(5) フィリピン

ア　フィリピンとの防衛協力・交流の意義

南シナ海の沿岸国であり、米国の同盟国でもあるフィリピンとの間では、ハイレベル交流のほか、艦艇の訪問や防衛当局間協議をはじめとする実務者交流、軍種間交流が頻繁に行われている。

イ　最近の主要な防衛協力・交流実績など

2022年4月、岸防衛大臣（当時）は、日比間では初めてとなる「2+2」を行い、相互訪問及び後方支援分野における物品・役務の相互提供を円滑にするための枠組みの検討などを開始することで一致した。

2023年2月、自衛隊がHA/DRに関連する活動のためにフィリピンを訪問する際の手続きを簡素化する「防衛省とフィリピン国防省との間のフィリピンにおける自衛隊の人道支援・災害救援活動に関する取決め（TOR）」が署名された。さらに、同月、浜田防衛大臣はガルベス国防大臣代行と会談を行い、自衛隊とフィリピン国軍の間の訓練などの協力をさらに強化し、円滑にするための方途の検討を継続することで一致した。

ウ　各軍種の取組

2022年7月に、統幕長は、オーストラリアにおいて実施されたインド太平洋参謀総長会議に参加し、センティーノ国軍参謀長との会談を行った。会談では、ハイレベル交流や各軍種間交流、共同訓練、また、警戒管制レーダーの輸出といった防衛装備・技術協力などの様々な分野における両国間の協力が進展していることを歓迎した。

同年4月、陸幕長はブラウナー・フィリピン陸軍司令官とのテレビ懇談を実施した。また、同年6月、陸幕長は、東京で開催した水陸両用指揮官シンポジウム（PALS22）に併せて、フィリピン海兵隊司令官との会談を実施した。さらに、フィリピン陸軍司令官及び同海兵隊司令官を公式招待し、ハイレベル交流、共同訓練、専門家交流、能力構築支援など、ハイエンドにおける協力も含む日比陸軍種間の連携をさらに強化していくことについて意見の一致を確認した。同年12月には、フィリピン陸軍司令官及びフィリピン海兵隊司令官がYS-83（日米共同方面隊指揮所演習）を視察するのに併せ、初となる日米比ハイレベル懇談を行った。懇談において、日米比のハイレベル懇談を今後定例化するとの合意、さらに、日米・米比の共同訓練に対し、相互にオブザーバーを派遣することなど、具体的な日米比の防衛協力の方向性について合意し、日米比5人の陸軍種トップ間の強固な信頼関係を構築した。

同年10月、陸自はカマンダグ22（米比海兵隊との実動訓練）に参加し、災害救助などに関する訓練を実施した。同月、工兵部隊を日本に招へいし、HA/DR分野に関する能力構築支援を実施した。今回、招へいした隊員は、2021年、ODAで人命救助システムを供与した部隊の代表者であり、器材の取扱要領にかかる練度を向上させることができた。また、人命救助システムを装備した部隊は、2023年2月にトルコ南東部で発生した地震に際し、人命救助活動のため現地に派遣されるなど、同軍に対する取組が着実に成果をあげていることが確認できた。

2022年5月、海幕長は、オーストラリアにおいてヴァレンシア海軍参謀長（当時）と会談を行い、今後の連携の強化の方向性などについて確認した。また、同年4月及び11月、海自はフィリピン海軍との親善訓練を実施、同年10月には米豪比主催共同訓練「Exercise SAMA SAMA / LUMBAS 2022」に参加した。

同年6月、空自はフィリピン空軍とフィリピン国内でドウシン・バヤニハン2-22（日比人道支援・災害救援共同訓練）を実施しHA/DRにかかる能力の向上及び連携の強化を図った。本訓練に合わせて空幕長はフィリピンを訪問し、カンラス空軍司令官（当時）との会談や共同部隊視察のほか、フィリピン空軍主催のエア・フォース・シンポジウムに参加した。同年10月からは、フィリピン空軍への航空警戒管制レーダー移転に伴うフィリピン空軍学生に対する受託教育を行った。さらに、同年12月には、東南アジア諸国への初となる空自戦闘機（F-15）のフィリピンへの派遣を実施し、相互理解の促進を図った。

(6) タイ

ア　タイとの防衛協力・交流の意義

タイとの間では、早くから防衛駐在官の派遣や防衛当局間協議を開始するなど、伝統的に良好な関係のもと、長きにわたる防衛協力・交流の歴史を有している。また、防衛大学校では、1958年に初めて外国人留学生として受け入れたのがタイ人学生であり、その累計受入れ数も最多となっている。

イ　最近の主要な防衛協力・交流実績など

2022年5月、岸田内閣総理大臣のタイ訪問の際に防衛装備品・技術移転協定が署名され、発効した。

ウ　各軍種の取組

2022年6月、陸幕長はPALS22（水陸両用指揮官シンポジウム）においてタイ王立海兵隊司令官と会談を行った。

同年5月、海幕長は、オーストラリアにおいてニラサマイ海軍司令官（当時）との懇談を行い、今後の連携の強化の方向性などについて確認した。

(7) カンボジア

ア　カンボジアとの防衛協力・交流の意義

カンボジアは、1992年にわが国として初めて国連PKOに自衛隊を派遣した国である。また、2013年から能力構築支援を開始するなど、両国間での防衛協力・交流は着実に進展している。

イ　最近の主要な防衛協力・交流実績など

2022年6月、岸防衛大臣（当時）は、カンボジアで開催された第7回日ASEAN防衛担当大臣会合に参加し、ティア・バニュ副首相兼国防大臣と会談を行った。会談において、両大臣は、ロシアのウクライナ侵略によって国際秩序の根幹が揺らぐ中で、両国が引き続き緊密に連携していくことを再確認した。

ウ　各軍種の取組

2022年6月、陸自はカンボジア王国軍PKO訓練校に対し、能力構築支援事業として隊員を派遣し、測量技術に関する教育を行った。

2023年3月、海自は、カンボジア海軍との親善訓練を実施した。

(8) ミャンマー

2021年に発生した国軍によるクーデターに対し、同年、わが国や米国を含む12か国の参謀長などの連名により、国軍及び関連する治安機関による民間人に対する軍事力の行使を非難するとともに、国軍に対して暴力を停止するよう求める声明を発出した。

(9) ラオス

2023年3月、岡防衛審議官はラオスにおいて、チャンサモーン副首相兼国防大臣を表敬し、能力構築支援事業などについて意見交換を行うとともに、今後も日ラオス防衛協力・交流を推進していくことで一致した。

陸自は、2022年度内、ラオス人民軍に対し、HA/DR分野において、計4回の能力構築支援事業を実施した。

(10) マレーシア

ア　マレーシアとの防衛協力・交流の意義

南シナ海の沿岸国であるマレーシアとの間では、防衛協力・交流に関する覚書に署名済みであるほか、防衛装備品・技術移転協定が締結されている。

イ　各軍種の取組

2022年11月、陸自は、マレーシア国防省・国軍職員などに対し、能力構築支援事業としてHA/DR分野に関する知見の共有などを行った。なお、本事業はマレーシアへの災害対処能力の段階的な定着を目指して開始したものであり、防衛省・自衛隊を含む関係省庁、地方自治体と方面総監部レベルの知見の共有やハイレベルの協議を実施し、今後の事業推進を図った。

同年5月、海幕長は、オーストラリアにおいてレッザ海軍司令官（当時）との懇談を行い、今後の連携の強化の方向性などについて確認した。

2023年2月、空幕長は、オーストラリアにおいて、アスガル・マレーシア空軍司令官と会談し、相互理解及び信頼関係の強化を図るとともに、日馬空軍種間の防衛協力・交流の重要性について確認した。

(11) ブルネイ

ア　最近の主要な防衛協力・交流実績

2022年6月、岸防衛大臣（当時）は、カンボジアにおいて開催された日ASEAN防衛担当大臣会合に参加し、併せてハルビ首相府大臣との会談を実施した。両大臣は、ハイレベルを含む各種交流、寄港・寄航、共同訓練などのプログラムを通じ、今後とも両国防衛当局間の関係を一層強化していくことで一致した。また、2023年2月にはラザック国防副大臣（当時）の訪日に際し、井野防衛副大臣と会談を行い、日ブルネイ防衛協力・交流覚書に署名した。また、新たに設置される両国防衛当局次官級の「防衛政策対話」などを通じ、両国防衛当局間の関係を一層強化していくことで一致した。

イ　各軍種の取組

2022年6月、陸幕長は、PALS22に併せてブルネイ陸軍司令部参謀長との懇談を行った。

9　モンゴル

(1) モンゴルとの防衛協力・交流の意義

モンゴルとの関係は、2022年11月に「平和と繁栄のための特別な戦略的パートナーシップ」に格上げされており、防衛協力・交流についても幅広い分野で進展している。

(2) 各軍種の取組

2022年7月、統幕長は、オーストラリアで開催されたインド太平洋参謀総長会議に際し、ガンゾリグ・モンゴル軍参謀総長と会談を行った。会談では、2022年で国交50周年を迎える両国の協力が、「日モンゴル防衛協力・交流覚書」に基づき着実に進展していることを歓迎するとともに、PKO分野などにおける協力及び連携を一層進めていくことを確認した。

また、能力構築支援事業については、2022年も積極的に実施した。具体的には、PKOに関する施設分野及びHA/DR（衛生）分野についての助言などを行い、日・モンゴル外交樹立50周年事業の成功に寄与した。

2022年11月、モンゴル空軍司令官初の公式訪問に際し、空幕長は、ガンバト空軍司令官との間で、日モンゴル空軍種間の防衛協力・交流に関する覚書に署名し今後の関係強化に合意した。

10　アジア諸国

(1) スリランカ

ア　スリランカとの防衛協力・交流の意義

スリランカは、インド洋のシーレーン上の要衝に位置する重要国であり、近年、同国との防衛協力・交流を強化している。

イ　各軍種の取組

2022年5月、海自は、スリランカ海軍との親善訓練を実施した。また、2023年1月、米海軍とスリランカ海軍が主催する共同訓練「CARAT2023」に参加した。

(2) パキスタン

ア　パキスタンとの防衛協力・交流の意義

パキスタンは、南アジア、中東、中央アジアの連接点に位置し、わが国にとって重要なシーレーンにも面しているなど、インド太平洋地域の安定にとって重要な国家である。また、同国は、伝統的にわが国と友好的な関係を有する親日国でもあり、そのような観点から、同国との防衛協力・交流を推進している。

イ　各軍種の取組

2022年5月のインド太平洋シーパワー会議2022（IP22）や同年11月のWPNSにて、海幕長は、ニヤージー海軍参謀長との会談を行い、今後の連携の強化の方向性などについて確認した。また、2023年2月、海自は、パキスタンが主催する海軍種の多国間共同訓練「アマン23」へ参加した。

(3) バングラデシュ

ア　バングラデシュとの防衛協力・交流の意義

バングラデシュは、南アジア、中東、中央アジアの連接点に位置し、わが国にとって重要なシーレーンにも面しているなど、インド太平洋地域の安定にとって重要な国家である。

イ　各軍種の取組

2022年7月、統幕長は、オーストラリアで開催されたインド太平洋参謀長会議に際し、ワカル・バングラデシュ首相府軍務局首席幕僚と会談を行った。

同年5月、海幕長はIP22や同年11月のWPNSにて、イクバル・バングラデシュ海軍参謀長と会談を行った。

2023年2月、空幕長は、ハンナン・バングラデシュ空軍参謀長の初の訪日に際して会談し、空軍種間の防衛協力・交流について意見交換した。

参照 資料48（最近のアジア諸国との防衛協力・交流の主要な実績（2019年度以降））

11 太平洋島嶼国

（1）太平洋島嶼国との防衛協力・交流の意義

太平洋島嶼国は、海洋国家であるわが国と法の支配に基づく自由で、開かれた、持続可能な海洋秩序の重要性についての認識を共有するとともに、わが国と歴史的にも深い関係を持つ重要な国々である。わが国としては、2021年、第9回太平洋・島サミットにおいて、菅内閣総理大臣（当時）から、わが国と太平洋島嶼国間の協力を強化する「太平洋のキズナ政策」を発表した。また、防衛戦略では、重要なパートナーとして、同盟国・同志国などとも連携して能力構築支援などの協力に取り組むこととした。なお、軍隊のみならず沿岸警備隊などを対象とすることも検討する旨明記された。

VOICE 能力構築支援事業に参加したパプアニューギニア陸軍人からの声

パプアニューギニア陸軍工兵大隊　三等軍曹
Robin Pokaiyeh　ロビン・ポカイエ

世界的な新型コロナウイルス感染拡大の中、人道支援・災害救援（HA/DR）分野の能力構築支援事業の一環として、防衛省・自衛隊には我々パプアニューギニア（PNG）陸軍工兵大隊の重機材整備チームに対し、施設機械整備に関する教育を提供してもらっています。本事業は、2021年の5日間のオンライン教育から始まり、そこで我々は整備の基礎を学びました。

2022年7月、チームリーダーである私と同僚3名は、陸上自衛隊施設学校で実施された3週間のドーザー整備教育に参加しました。

これまでPNG陸軍工兵大隊は日本製の重機材や車両を取得しており、日本での教育は、それらを管理・整備する我々にとてもふさわしいものでした。今般の経験を通じ、知識をより深め、技能の向上を促進するだけでなく、最新の機材とコンポーネントの整備要領、それらの機能や動作原理について理解を深めることができました。

本事業により、我々の重機材や車両整備業務はより容易かつ効果的・効率的になりました。さらに整備工場ではもちろんのこと、現在PNG国内で工兵大隊が従事している道路整備事業においてもこれらの学びが生かされています。

本事業は、経験豊かで高度な知識や技術力を持ち、懇切丁寧な教官によるプロフェッショナルなものでした。また、日本の教官たちとの間で人と人との関係を築くことができ、連帯感と強い絆が生まれました。このような二国間協力による教育は間違いなく参加者の技術レベルを引き上げ、将来のPNGにおける人道支援・災害救援活動に寄与するものであり、さらには、日本とPNGとの協力関係をより強固にすることでしょう。

エンジン整備実習にてディーゼルエンジンの構造・機能を学ぶ筆者（中央）

施設機械整備教育の修了式にて、
陸上自衛隊施設学校教官らと共に記念撮影
（筆者は前列左から4人目）

(2) 最近の主要な防衛協力・交流実績など

2022年6月、岸防衛大臣（当時）は、シンガポールにおいて開催されたシャングリラ会合に際し、セルイラトゥ・フィジー共和国防衛・国家安全保障・警察大臣（当時）との会談を行った。両者は今後も両国間の防衛協力・交流を一層推進しFOIPの実現のために、緊密に連携していくことで一致した。

同年7月、岸防衛大臣（当時）は、フアカヴァメイリク・トンガ王国首相兼国防大臣とテレビ会談を行った。

(3) 各軍種の取組

2022年7月、統幕長は、オーストラリアで開催されたインド太平洋参謀長会議に際し、フィエラケパ・トンガ王国軍参謀総長との会談を行った。会談では、統幕長から同年1月にトンガ王国にて発生した火山噴火による被害について、改めて心からのお見舞いを伝えた。また、同じ海洋国家としてFOIPの実現に向けて引き続き協力していくことを確認した。

同様に、統幕長はカロニワイ・フィジー国軍司令官とも会談を行った。会談では、トンガ王国への国際緊急援助活動に際し、自衛隊とフィジー軍が良好に連携できたことを高く評価するとともに、同じ海洋国家としてFOIPの実現に向けて引き続き協力していくことを確認した。

2022年6月、陸幕長は、東京において開催されたPALS22（水陸両用指揮官シンポジウム）に際し、ボサウェル・フィジー海軍支援指揮官と懇談を行い、シンポジウムを通じた多国間の協力やフィジーに対する能力構築支援などにより、日フィジー間の防衛協力・交流を深めていくことで認識を一致した。PNG及びフィジーとの間では、能力構築支援事業を実施しており、施設分野、衛生分野に加え、軍楽隊育成の分野に関する技術指導などを行い、関係強化を図っている。

パラオ共和国海上保安局との親善訓練

海自は、2022年6～10月にかけて行われたインド太平洋方面派遣（IPD22）において、フィジー共和国海軍、トンガ王国海軍、ミクロネシア連邦国境管理・海上監視部、パラオ共和国海上保安局、ソロモン諸島海上警察、バヌアツ警察海上部隊と、それぞれ親善訓練を実施した。多国間訓練時も含め、これらの訓練に際しては、各国に寄港することにより、さらなる防衛協力・交流の推進を図った。

空自は、ミクロネシア連邦などにおける人道支援・災害救援共同訓練「クリスマス・ドロップ」に参加した。また、2023年1月、空自U-4多用途支援機が、国外運航訓練のためパラオ共和国に寄航した際、センゲバウ・シニョール副大統領などを招待し、機体視察会を実施した。副大統領からは、わが国のFOIPビジョンとそれに基づく取組に対して支持が表明された。

参照　資料49（最近の太平洋島嶼国との防衛協力・交流の主要な実績（2019年度以降））

12　中東諸国

(1) 中東諸国との防衛協力・交流の意義

中東地域の平和と安定は、シーレーンの安定的利用やエネルギー・経済の観点から、わが国を含む国際社会の平和と繁栄にとって極めて重要であることから、防衛省・自衛隊としても、同地域の国と協力関係の構築・強化を図るため、ハイレベル交流や部隊間交流を進めてきている。2023年1～5月、防衛省・自衛隊は、海自掃海母艦などによる令和4年度インド太平洋・中東方面派遣（IMED（Indo-Pacific and Middle East Deployment））を実施し、わが国が同地域の安定と繁栄に深くコミットしていくという意思を示した。

(2) アラブ首長国連邦

アラブ首長国連邦（UAE（United Arab Emirates））との間では、2018年に防衛交流に関する覚書が署名された。これ以降、防衛大臣や統幕長などによるハイレベル交流から防衛当局間協議の定期開催、空軍種間協力などを通じて、二国間防衛協力・交流を深化し続けている。

2023年5月には、中東の国との間では初めてとなる防衛装備品・技術移転協定が署名された。

(3) イスラエル

2022年8月、浜田防衛大臣は、ガンツ・イスラエル副首相兼国防大臣（当時）の訪日に際して会談を行い、「日本国防衛省とイスラエル国防省との間の防衛交流に関する覚書」の改訂版に署名した。また、両大臣は、防衛装備・技術協力や軍種間協力を含む両国間の防衛協力・交流を引き続き強化していくことで一致した。

同年7月、空幕長は、英国において開催された英国際航空宇宙軍参謀長等会議に際し、バール・イスラエル空軍司令官と会談を行い、空軍種間の防衛協力・交流を引き続き発展させていくことに合意した。

(4) イラン

2022年4月、岸防衛大臣（当時）はアーシュティヤーニ・イラン国防軍需大臣とテレビ会談を実施し、防衛当局間の意思疎通を継続していくことで一致した。

(5) エジプト

エジプトとの間では、防衛副大臣などのエジプト訪問を含むハイレベル交流を通じて、二国間防衛協力・交流の推進の重要性について確認している。

(6) オマーン

オマーンとの間では、2019年に防衛協力に関する覚書が署名された。ハイレベル往来のほか、寄港・訓練を含む海軍種間協力を継続している。2022年6月には、海自がオマーン海軍と編隊航行訓練を実施した。

(7) カタール

カタールとの間では、2015年、防衛交流に関する覚書が署名された。2019年の初の防衛相会談以降、防衛大臣や統幕長によるハイレベル交流など、防衛協力・交流を引き続き深化させている。

(8) サウジアラビア

サウジアラビアとの間では、2016年、防衛交流に関する覚書が署名された。コロナ禍においても防衛相電話会談を実施するなど、防衛協力・交流を継続的に深化させてきている。

2022年5月、海幕長は、オーストラリアにおいてゴファイリー海軍司令官と会談を行い、今後の連携の強化の方向性などについて確認した。

(9) トルコ

トルコとの間では、2012年に防衛協力・交流の意図表明文書が署名された。

2022年5月、統幕長は、ベルギーにおいて開催されたNATO参謀長会議に際し、ギュレル・トルコ軍参謀総長と会談を行った。会談では、ウクライナ情勢を受け、国際社会が協力していく必要性について確認した。

同年10月、海自の派遣海賊対処行動水上部隊は、トルコ海軍との海賊対処共同訓練を実施した。

(10) バーレーン

バーレーンとの間では、2012年に防衛交流に関する覚書が署名され、ハイレベル交流などを実施してきた。2023年2月から3月にかけて、海自インド太平洋・中東方面派遣部隊がバーレーンに寄港するとともに、周辺海域で実施した米国主催国際海上訓練（IMX/CE23）に参加した。

(11) ヨルダン

ヨルダンとの間では、2016年に防衛交流に関する覚書が署名され、外務・防衛当局間協議を継続的に開催している。

2022年12月、自衛隊は、中東地域において初となる、統合展開・行動訓練をヨルダンにおいて行った。

2023年2月、統幕長はヨルダンを公式訪問し、アブドッラー2世国王陛下への謁見のほか、ハサーウネ首相兼国防大臣などを表敬するとともに、フネイティ統合参謀議長と会談を行い、今後の防衛協力・交流について確認した。

参照 資料50（最近の中東諸国との防衛協力・交流の主要な実績（2019年度以降））

13 ジブチ

(1) ジブチとの防衛協力・交流の意義

ジブチは、海賊対処のため、海外で唯一自衛隊の拠点が存在する重要な国家である。同拠点はUNMISS派遣部隊への物資の輸送に活用されたほか、わが国がジブチに対して実施している災害対処能力強化支援における教育の際にも活用されている。今後、在外邦人等の保護・輸送など、アフリカ諸国などにおける運用基盤強化のため、本活動拠点を長期的・安定的に活用することとしている。

(2) 最近の主要な防衛協力・交流実績など

2023年2月、統幕長は、ジブチを公式訪問し、ザッカリア国軍参謀総長と会談を行った。会談では、今後の日ジブチ間防衛協力・交流の方向性などについて意見交換を実施した。また、陸自は2022年11月から2023年1月の間、ジブチ災害対処能力強化支援事業として、施設分野に関する教育などを行った。2022年5月、海自は、ジブチ海軍との親善訓練を行った。

参照　資料51（最近のその他の諸国との防衛協力・交流の主要な実績（2019年度以降））

14　中南米諸国

(1) 中南米諸国との防衛協力・交流の意義

中南米諸国には、太平洋に面する国や、わが国と基本的価値を共有する国が多く存在しており、そのような国々との防衛協力・交流を推進している。

(2) 最近の主要な防衛協力・交流実績など

コロンビアとの間では、2016年12月、防衛交流に関する覚書に署名した。

2022年7月、海自はカリブ海においてコロンビア海軍との親善訓練を実施した。

ブラジルとの間では、2020年、岸防衛大臣（当時）は、シルヴァ・ブラジル国防大臣(当時)と両国間で初となる日ブラジル防衛相会談をオンラインで実施した。その際、日ブラジル防衛協力・交流に関する覚書に署名し、今後も防衛協力・交流を強力に推進していくことで合意した。

ジャマイカとの間では、2019年12月、ホルネス首相兼国防大臣が来日し、河野防衛大臣（当時）と会談した。

2022年8月、海自は、ハワイ周辺においてチリ海軍及びメキシコ海軍との親善訓練を実施した。

ペルーとの間では、2022年6月、陸幕長は、東京で開催したPALS22（水陸両用指揮官シンポジウム）に際し、ペルー海兵部隊コマンド参謀総長との懇談を実施した。

参照　資料51（最近のその他の諸国との防衛協力・交流の主要な実績（2019年度以降））

15　中国

(1) 中国との防衛協力・交流の意義

わが国は、中国との間で、様々なレベルの意思疎通を通じ、主張すべきは主張し、責任ある行動を求めつつ、諸懸案も含め対話をしっかりと重ね、共通の課題については協力をしていくとの「建設的かつ安定的な関係」を構築していく。

防衛省・自衛隊としては、中国がインド太平洋地域の平和と安定のために責任ある建設的な役割を果たし、国際的な行動規範を遵守するとともに、軍事力強化や国防政策にかかる透明性を向上するよう引き続き促す。一方で、わが国の懸念を率直に伝達していく。また、両国間における不測の事態を回避するため、ホットラインを含む「日中防衛当局間の海空連絡メカニズム」を運用していく。

(2) 最近の主要な防衛協力・交流実績など

日中防衛交流は、2012年9月のわが国政府による尖閣三島（魚釣島、南小島及び北小島）の取得・保有以降、停滞していたが、2014年後半以降、交流が徐々に再開している。

2022年6月、岸防衛大臣（当時）は、シンガポールにおいて開催されたシャングリラ会合に際し、魏鳳和（ぎほうわ）国務委員兼国防部長（当時）と会談を行った。会談において、ロシアによるウクライナ侵略は、国連憲章をはじめ国際法の明確な違反であり、力による一方的な現状変更は、欧州のみならず、アジアを含む国際秩序の根幹を揺るがすものであり、断じて認められないと指摘した上で、安保理常任理事国である中国が、国際社会の平和と安全の維持のため、責任ある役割を果たすよう求めた。

また、東シナ海情勢に関し、尖閣諸島周辺海域を含む東シナ海において力による一方的な現状変更の試みが継続していることや、空母「遼寧」によるわが国近海での訓練をはじめとした中国による懸念すべき活動が継続していることについて、改めて中国側に強く自制を求めた。台湾情勢については、台湾に関するわが国の基本的立場に変更はない旨述べた上で、台湾海峡の平和と安定はわが国のみならず、国際社会にとっても極めて重要である旨述べた。

南シナ海問題については、係争地形における滑走路建設などの南シナ海の軍事化を含め国際社会が共有する懸念について、中国側が真摯に耳を傾けるよう求めるとともに、わが国として力による一方的な現状変更の試みや緊張を高める如何なる行動にも強く反対する旨伝達した。さらに、日中関係については懸念があるからこそ率直な意思疎通を図ることが必要である旨述べ、双方は、今後も日中防衛当局間において対話や交流を推進していくことで一致した。

また、同年11月、第14回日中高級事務レベル海洋協議がオンラインで実施され、日本側から東シナ海情勢、南シナ海情勢に関する深刻な懸念を表明するとともに、中国側の自制ある行動を強く求めた。

さらに2023年2月、約4年ぶりに日中安保対話が東京で実施され、日中双方の安全保障政策について率直な意見交換を行った。日本側からは、尖閣諸島を含む東シナ海情勢、ロシアとの連携を含むわが国周辺における中国による軍事活動の活発化などについて深刻な懸念を改めて表明した。わが国領空内で確認されていた特定の気球型の飛行物体についてわが国の立場を改めて明確に申し入れた。また、台湾海峡の平和と安定の重要性などについても、わが国の立場を改めて明確に伝達した。また、海洋分野に関する日中高級事務レベル海洋協議など、日中間の様々な対話の枠組みを重層的に活用し、安全保障・防衛分野における日中間の意思疎通を継続・強化していくことで一致した。

(3) 日中防衛当局間の海空連絡メカニズム

2018年6月、海空連絡メカニズムの運用が開始された。本メカニズムは、日中防衛当局の間で、①日中両国の相互理解及び相互信頼を増進し、防衛協力・交流を強化するとともに、②不測の衝突を回避し、③海空域における不測の事態が軍事衝突又は政治外交問題に発展することを防止することを目的として作成されたものであり、主な内容は、①防衛当局間の年次会合・専門会合の開催、②日中防衛当局間のホットライン開設、③自衛隊と人民解放軍の艦船・航空機間の連絡方法となっている。

日中防衛当局間のホットラインについては、2023年3月に設置され、同年5月、浜田防衛大臣と李尚福（りしょうふく）国務委員兼国防部長との間で初回の通話を行い、運用を開始した。

参照　資料52（最近の日中防衛協力・交流の主要な実績（2019年度以降））

16　ロシア

2022年2月に発生したロシアによるウクライナ侵略について、政府は、明らかにウクライナの主権及び領土一体性を侵害し、武力の行使を禁ずる国際法と国連憲章の深刻な違反であり、決して認められない行為であるとともに、このような力による一方的な現状変更は、国際秩序の根幹を揺るがすものであるとして、ロシアを最も強い言葉で非難している。

ロシアとの関係については、ウクライナ情勢を踏まえ、政府としてG7の連帯を重視しつつ適切に対応することとしている。同時に、隣国であるロシアとの間で、不測の事態や不必要な摩擦を招かないためにも、最低限の必要なコンタクトは絶やさないようにすることも必要である。

参照　資料53（最近の日露防衛協力・交流の主要な実績（2019年度以降））

3　多国間における安全保障協力の推進

1　多国間安全保障枠組み・対話における取組

多国間の枠組みについては、拡大ASEAN国防相会議（ADMMプラス）、ASEAN地域フォーラム[6]（ARF）をはじめとした取組が進展しており、インド太平洋地域の安全保障分野にかかる議論や協力・交流の重要な基盤となっている。わが国としては、そうした枠組みなどを重視して域内諸国間の協力・信頼関係の強化に貢献している。

ADMMプラス：ASEAN Defence Ministers' Meeting-Plus　ARF：ASEAN Regional Forum

6　ARFは、政治・安全保障問題に関する対話と協力を通じ、アジア太平洋地域の安全保障環境を向上させることを目的としたフォーラムで、1994年から開催されている。現在25か国1地域（ASEAN10か国（ブルネイ、インドネシア、ラオス、マレーシア、フィリピン、シンガポール、タイ、ベトナム、カンボジア（以上1995年から）、ミャンマー（1996年から））に、日本、オーストラリア、カナダ、中国、インド（以上1996年から）、ニュージーランド、PNG、韓国、ロシア、米国、モンゴル（以上1998年から）、北朝鮮（2000年から）、パキスタン（2004年から）、東ティモール（2005年から）、バングラデシュ（2006年から）、スリランカ（2007年から））と1機関（欧州連合（EU：European Union））がメンバー国となり、外務当局と防衛当局の双方の代表による各種政府間会合を開催し、地域情勢や安全保障分野について意見交換を行っている。

図表III-3-1-3　拡大ASEAN国防相会議（ADMMプラス）の組織図及び概要

拡大ASEAN国防相会議(ADMMプラス)とは

ASEAN域外国を含むインド太平洋地域の国防大臣が出席する、政府主催の公式な会議

※参加国：ASEAN10か国＋8カ国（オーストラリア・中国・インド・日本・ニュージーランド・韓国・ロシア・米国）

ADMMプラスのもとには専門家会合(EWG)が設置され、インド太平洋地域の安全保障課題に対し、共同演習などの実践的な取組がなされているところがADMMプラスのユニークな点である。

拡大ASEAN国防相会議(ADMMプラス)
ASEAN Defence Ministers' Meeting Plus
…　防衛大臣など閣僚級の会議。毎年開催

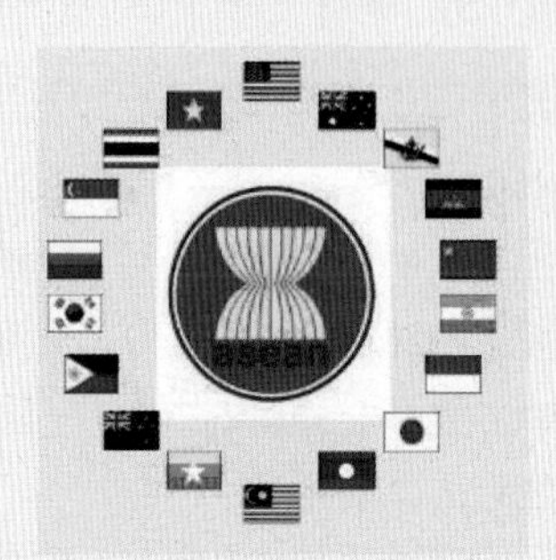

高級事務レベル会合(ADSOMプラス)
ASEAN Defence Senior Officials' Meeting Plus
…　次官・局長級の会議。毎年開催

専門家会合(EWG)
Experts' Working Group
をADSOMプラス、ADSOMプラスWGのもとに設置

高級事務レベル会合ワーキンググループ(ADSOMプラスWG)
ASEAN Defence Senior Officials' Meeting Plus Working Group
…　課長級の会議。毎年開催

専門家会合(EWG: Experts' Working Group)とは

7つの分野に設置され、各EWGは1期(3年)をASEAN加盟国1カ国とプラス1カ国が共催する。

※7つの分野　…　①対テロ　②人道支援・災害救援　③海洋安全保障　④防衛医学　⑤PKO　⑥地雷処理　⑦サイバー

各EWGにおいては、それぞれの分野に関する情報共有、ワークショップ、セミナー、共同訓練の開催、勧告や報告書の提出などの実践的な取組が行われている。
わが国はベトナムと共に2021年から2024年を1つの任期とする第4期PKO専門家会合の共同議長を務めている。

参照　資料54（多国間安全保障対話の主要実績（インド太平洋地域・2019年度以降））、資料55（防衛省主催による多国間安全保障対話）、資料56（その他の多国間安全保障対話など）

(1) 拡大ASEAN国防相会議（ADMMプラス）のもとでの取組

ASEANにおいては、域内における防衛当局間の閣僚会合であるASEAN国防相会議（ADMM）のほか、わが国を含めASEAN域外国8か国[7]（いわゆる「プラス国」）を加えた拡大ASEAN国防相会議（ADMMプラス）が

7　2010年10月に発足し、ASEAN域外国として、わが国のほか、米国、オーストラリア、韓国、インド、ニュージーランド、中国及びロシアが参加している。

拡大ASEAN国防相会議での小野田政務官（2022年11月）

開催されている。

ADMMプラスは、全てのASEAN加盟国とプラス国の防衛担当大臣が一堂に会し、地域や国際社会における安全保障上の課題や防衛協力・交流などについて議論を行う極めて重要な枠組みであり、防衛省・自衛隊も積極的に参加している。

2022年11月、小野田防衛大臣政務官は、カンボジア王国で開催された第9回ADMMプラスに出席し、ルールに基づく自由で開かれた国際秩序の形成に全力で取り組み、ASEANを要とした地域協力に積極的に関与していく決意を表明した。また、ロシアによるウクライナ侵略や北朝鮮による弾道ミサイルの発射などを強く非難するとともに、中国による一方的な現状変更の試みを強く指摘した。

ADMMプラスは、閣僚会合のもとに、①高級事務レベル会合（ADSOM ASEAN Defence Senior Officials' Meeting-Plus）プラス、②ADSOMプラスWG、③専門家会合（EWG Experts' Working Group）が設置されている。2023年現在、わが国はベトナムと共にPKO専門家会合の議長[8]を務めており、PKOに関する実践的かつ専門的な知見共有と協力の促進に貢献している。

参照　図表Ⅲ-3-1-3（拡大ASEAN国防相会議（ADMMプラス）の組織図及び概要）

(2) ASEAN・ダイレクト・コミュニケーションズ・インフラストラクチャー（ADI）

2021年12月、岸防衛大臣（当時）は、「ASEAN・ダイレクト・コミュニケーションズ・インフラストラクチャー（ADI ASEAN Direct Communications Infrastructure）」への加入を表明した。ADIは、緊急時を含め、ASEAN各国の防衛担当大臣間でのコミュニケーションを図るための常設のホットラインであり、プラス国にもその利用を拡大している。2023年3月、わが国はプラス国の中で初めて、ADIが開通した国となった。防衛省・自衛隊は、ADIが地域の信頼醸成や危機管理などに有用であることから、これを活用し、ASEANとの間で、より緊密なコミュニケーションを図り、共に地域の平和と安定により積極的に貢献していく考えである。

(3) ASEAN地域フォーラム（ARF）

外交当局を中心に取り組んでいるARFについても、近年、災害救援活動、海洋安全保障、平和維持・平和構築といった非伝統的安全保障分野において、具体的な取組[9]が積極的に進められており、防衛省・自衛隊としても積極的に貢献している。

(4) 防衛省・自衛隊が主催している多国間安全保障対話

ア　日ASEAN防衛担当大臣会合及び「ビエンチャン・ビジョン2.0」

2022年6月、岸防衛大臣（当時）は、カンボジアを訪問し、第7回日ASEAN防衛担当大臣会合に出席するとともに、同会合参加国との二国間会談などを行った。

同会合において、岸防衛大臣（当時）は、「ビエンチャン・ビジョン2.0」に基づき、今後も各種取組を強力に推進していくことを表明した。そのうえで、新たな安全保障課題について取り組むイニシアティブとして、環境分野において、気候変動タスクフォースで得られた知見を共有し、意見交換を行うセミナーの開催などを発表した。ASEAN側の大臣からもわが国の取組について歓迎の意とともに、より実践的な防衛協力の推進への期待が示された。

「ビエンチャン・ビジョン2.0」は、ASEAN全体への防衛協力の方向性について、透明性をもって、重点分野の全体像を示したものであり、協力の目的・方向性・手段といった基本的な骨格は従来のものを踏襲しつつ、第

8　わが国はこれまで第1期（2011年から2013年）に防衛医学、第2期（2014年から2016年）にHA/DR EWGの共同議長を務め、第3期（2017年から2019年）は各EWGに積極的に参加、第4期（2021年から2024年）はベトナムとPKO EWGの共同議長を務めている。

9　毎年、外相級の閣僚会合のほかに、高級事務レベル会合（SOM：Senior Officials' Meeting）及び会期間会合（ISM：Inter-Sessional Meeting）が開かれるほか、信頼醸成措置及び予防外交に関する会期間支援グループ（ISG on CBM/PD Inter-Sessional Support Group on Confidence Building Measures and Preventive Diplomacy）、ARF安全保障政策会議（ASPC ARF Security Policy Conference）などが開催されている。また、2002年の閣僚会合以降、全体会合に先立って、ARF防衛当局者会合（DOD Defence Officials' Dialogue）が開催されている。

一に「心と心の協力」、「きめ細やかで息の長い協力」、「対等で開かれた協力の日ASEAN防衛協力」にかかる実施3原則、第二にわが国の取組とASEANの中心性・一体性との関係を明確化するものとしての「強靭性」の概念、第三にAOIPとわが国のFOIPとのシナジーを追求する視点という3点での新機軸を導入している。

環境安全保障分野では、気候変動が安全保障上の脅威であるとの認識のもと、共通の課題に効果的に対応すべく、2023年3月、日ASEAN環境安全保障セミナーを初めて開催し、2022年8月に策定された「防衛省気候変動対処戦略」について説明した。参加各国などからも、気候変動に伴う自然災害などの影響や軍による取組みについて、意見交換などが行われた。

サイバーセキュリティの分野では、「日ASEAN防衛当局サイバーセキュリティ能力構築支援事業」[10]を2022年2月に初めて実施した。

HA/DR分野では、「HA/DRに関する日ASEAN招へいプログラム」を行っている。2023年2月、5回目となる本プログラムにおいて、ASEAN加盟各国軍及びASEAN事務局から災害対応の担当者を招へいしてセミナー、机上演習及び防災訓練施設視察などを行い、大規模な自然災害発生時における多国間協力体制の強化を図った。

同年2月、ASEAN各国の空軍士官などをわが国に招へいし、「第3回プロフェッショナル・エアマンシップ・プログラム（PAP）」を開催した。防衛省・自衛隊とASEANからの参加者との相互理解・信頼醸成、HA/DR分野での専門的・実践的な知見の共有を一層促進した。

海洋安全保障の分野では、同年3月、第4回日ASEAN乗艦協力プログラムをASEAN各国の海軍士官などをわが国に招へいし国際法にかかるセミナーや各種研修などを開催した。

このように、ASEAN各国の参加者と、国際法の認識共有や海洋安全保障、HA/DRなど様々な分野でのセミナーや研修などを通じた能力向上支援及び相互理解・人的ネットワーク構築の促進を図り、もってインド太平洋地域の安定に寄与している。

参照　資料57（ビエンチャン・ビジョン2.0）

イ　日ASEAN防衛当局次官級会合

2023年3月には第12回会合を約4年ぶりに東京で開催した。わが国からは、昨年12月に策定された新たな安保戦略などについて説明し、その中でFOIPの実現に向け、自由で開かれた国際秩序の維持・強化と同志国との連携を強化していく旨表明した。

(5) その他

ア　民間機関など主催の国際会議

安全保障分野においては、政府間の国際会議だけではなく、政府関係者、学者、ジャーナリストなどが参加する国際会議も民間機関などの主催により開催され、中長期的な安全保障上の課題の共有や意見交換などが行われている。

主な国際会議としては、IISS（英国国際戦略研究所）（The International Institute for Strategic Studies）が主催する「IISSアジア安全保障会議（シャングリラ会合）[11]」や「IISS地域安全保障サミット（マナーマ対話）[12]」、欧米における安全保障会議の中でも最も権威ある会議の一つである「ミュンヘン安全保障会議[13]」があり、防衛省から、これらの会議に、防衛大臣などが積極的に参加し、各国の国防大臣などとの会談や本会合におけるスピーチを行うことで、各国ハイレベルとの信頼醸成・認識共有や、積極的なメッセージの発信を図っている。

2022年6月、岸防衛大臣（当時）は、第19回シャングリラ会合に出席しスピーチを行った。スピーチでは、まず、ロシアによるウクライナ侵略から導き出された教訓は、今般の侵略と類似の問題を潜在的に抱えるインド太平洋地域への教訓でもあると指摘した。そして、こうした問題を引き起こす主体に対し、わが国は最前線で対峙していると主張するとともに、平和国家として歩みを強めていくための防衛力の抜本的強化と日米同盟の強化について強調した。

10　ASEAN各国のサイバーセキュリティ要員を対象として、自衛官が講師を務めるセミナーを開催し、サイバー空間で発生するインシデントにより適切に対応できるようになることをねらいとする。
11　諸外国の国防大臣クラスを集めて防衛問題や地域の防衛協力についての議論を行うことを目的として開催される多国間会議であり、民間研究機関である英国の国際戦略研究所の主催により始まった。2002年の第1回から毎年シンガポールで開催され、会場のホテル名からシャングリラ会合（Shangri-La Dialogue）と通称される。なお、2020年及び2021年は新型コロナウイルス感染症の影響に伴い、中止となった。
12　英国国際戦略研究所（IISS）（The International Institute for Strategic Studies）が主催している中東諸国の外務・防衛当局など関係者を中心に安全保障に関して意見交換を行う国際会議であり、毎年、バーレーンのマナーマで開催されている。
13　欧米における安全保障会議の中で最も権威ある民間機関主催の国際会議の一つであり、1962年から毎年（例年2月）開催されている。欧州主要国の閣僚をはじめ、世界各国の首脳や閣僚、国会議員、国際機関主要幹部が例年参加している。

さらに、ASEANの中心性と一体性を支持する真に互恵的なパートナーシップの構築、多様な地域の枠組みを通じた国際法に則ったルールの強化、日米豪印の協力の具体化、欧州諸国などの地域外の国々との協力の促進について言及した。そして、インド太平洋において危機が起きた場合でも、国際社会全体による対応により、ルールを無視する試みを阻止することができると確信していると述べた上で、ルールに基づく国際秩序を守る諸国の連帯は強固であるということを見誤るべきではない、との強いメッセージを発信した。

太平洋水陸両用指揮官シンポジウム2022（PALS22）（2022年6月）

イ　各軍種の取組

（ア）統合幕僚監部

統幕長は、2022年5月、北大西洋条約機構（NATO）軍事委員会が開催するNATO参謀長会議「アジア太平洋セッション」にアジアパートナーとして参加した。セッションにおいて、統幕長は、ショートステートメントを発表し、ウクライナ情勢に触れつつ、インド太平洋地域においても力による一方的な現状変更の試みが継続している状況にあり、日本は、欧州諸国によるインド太平洋地域の平和と安定への関与を歓迎していることを強調した。

同年7月、統幕長は、米インド太平洋軍及び豪軍が共催するインド太平洋参謀長等会議（CHOD）[Chiefs of Defense Conference]に参加及び豪軍が主催する南太平洋参謀総長等会議への参加を通じ、インド太平洋地域の情勢及び安全保障上の課題について認識を共有できた。また、相互の信頼関係の構築及び防衛協力・交流の一層の進展を図った。

（イ）陸上自衛隊

2022年6月、陸幕長と米太平洋海兵隊司令官の共催のもと、太平洋水陸両用指揮官シンポジウム2022（PALS22）を実施した。シンポジウムにおいて、インド太平洋地域においては、HA/DRが最大公約数の課題であり、水陸両用部隊が重要な役割を担うこと、水陸両用部隊が「統合（joint）」「省庁間（inter agency）」「多国間（multi-national）」それぞれの連携の中核を担うこと、そのほか共通の課題などの認識を共有した。

（ウ）海上自衛隊

2022年11月、海幕長が主催する西太平洋海軍シンポジウム（WPNS）を実施した。国際観艦式などと併せて実施され、20か国以上の参加を得て、海軍種間の信頼醸成や友好親善を図ることができた。

そのほか、海幕長は、同年5月、豪海軍主催の「インド

動画：令和4年度インド太平洋方面派遣（IPD22）総集編
URL：https://twitter.com/i/status/1586875468262752256

動画：米海軍主催多国間共同訓練RIMPAC2022
URL：https://twitter.com/i/status/1572480758316339200

動画：（豪州海軍主催多国間共同訓練）KAKADU2022
URL：https://www.facebook.com/JMSDF.PAO.fp/videos/436038058628946/

動画：オーストラリア国際エアショーAvalon2023
URL：https://www.youtube.com/watch?v=zxreJEf-cBQ

WPNSでスピーチを行う井野防衛副大臣（2022年11月）

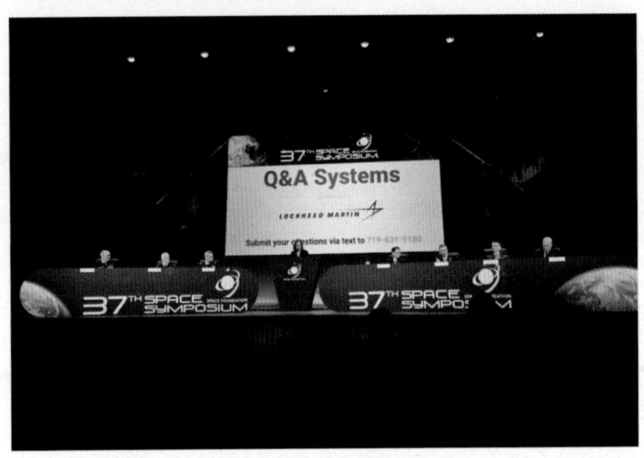

宇宙シンポジウムにおける空幕長（2022年4月）

太平洋シーパワー会議2022」やイタリア海軍主催地域シーパワー・シンポジウム（T-RSS Trans-Regional Sea Power Symposium）への参加や、NATOナポリ統連合軍司令部への訪問などを通じ、関係各国海軍との関係強化を図った。

（エ）航空自衛隊

2022年4月、空幕長は、米国の招待に応じて、宇宙シンポジウム、宇宙軍参謀長等会同及びInternational Honor Rollに参加した。各種の会談などにおいて、インド太平洋地域及び宇宙領域における課題などについて意見交換し、空軍種及び宇宙軍種の防衛協力及び交流の推進を図った。

そのほか、英国際航空宇宙軍参謀長等会議（GASCC Global Air and Space Chief's Conference）や国際空軍参謀長等会同（IACC International Air Chiefs Conference）などに参加し、各国空軍参謀長などとの意見交換などによる相互理解及び信頼関係の強化を図った。

2　実践的な多国間安全保障協力の推進

（1）パシフィック・パートナーシップ

パシフィック・パートナーシップ（PP Pacific Partnership）は、米海軍を主体とする艦艇が域内各国を訪問して、医療活動、施設補修活動、文化交流などを行い、各国政府、軍、国際機関及びNGOとの協力を通じ、参加国の連携強化や国際平和協力活動の円滑化などを図る活動である。2022年は、ベトナム、パラオ共和国及びソロモン諸島において米海軍病院船における診療やHA/DRセミナーを通じた参加国軍との交流を行い、参加各国・各機関などとの連携強化を図ることができた。

（2）多国間共同訓練

近年、防衛分野における多国間関係は「信頼醸成」の段階から「具体的・実践的な協力関係の構築」の段階へと移行しており、これを実効的なものとするための重要な取組として、様々な多国間共同訓練・演習が活発に行われている。

特に、インド太平洋地域において、従来から行われていた戦闘を想定した訓練に加え、HA/DR、非戦闘員退避活動（NEO Non-combatant Evacuation Operation）などの非伝統的安全保障分野を取り入れた多国間共同訓練に積極的に参加している。こうした訓練への参加は、自衛隊の各種技量の向上に加え、関係国間との協力の基盤を作るうえで重要であり、今後とも積極的に取り組んでいくこととしている。

参照　資料58（多国間共同訓練の参加など（2019年度以降））

4　宇宙領域及びサイバー領域の利用にかかる協力

国際社会においては、一国のみでの対応が困難な安全保障上の課題が広範化・多様化しており、宇宙領域及びサイバー領域の利用の急速な拡大は、これまでの国家の安全保障のあり方を根本から変えるため、国際的なルールや規範作りが安全保障上の課題となっている。防衛省・自衛隊は、関係国と情報共有、協議、演習、能力構築支援などを通じて連携・協力を強化することにより、宇宙領域及びサイバー領域における優位性を早期に獲得するとともに、国際的な規範の形成にかかる取組を推進することとしている。

参照　1章4節4項（宇宙領域での対応）、1章4節5項（サイバー領域での対応）

5　能力構築支援への積極的かつ戦略的な取組

1　能力構築支援の意義

能力構築支援とは、平素から継続的に安全保障・防衛関連分野における人材育成や技術支援などを行い、支援対象国自身の能力を向上させることにより、地域の安定を積極的・能動的に創出し、グローバルな安全保障環境を改善するための取組である。

防衛省・自衛隊は、特にインド太平洋地域の各国などと本事業を実施することにより、相手国軍隊などが国際の平和及び地域の安定のための役割を適切に果たすことを促進し、わが国にとって望ましい安全保障環境を創出することとしている。

このような活動には①相手国との二国間関係の強化が図られる、②米国やオーストラリアなどと協力して、能力構築支援を行うことにより、これらの国との関係強化につながる、③地域の平和と安定に積極的・主体的に取り組むわが国の姿勢が内外に認識されることにより、防衛省・自衛隊を含むわが国全体への信頼が向上する、といった効果もある。

この際、自衛隊がこれまで蓄積してきた知見を有効に活用するとともに、外交政策との連携を十分に図りながら、多様な手段を組み合わせて最大の効果が得られるよう効率的に取り組むこととしている。

2　具体的な事業

防衛省・自衛隊による能力構築支援事業は、これまでインド太平洋地域を中心に、16か国・1機関に対し、HA/DR、PKO、海洋安全保障などの分野で行ってきている。

防衛省・自衛隊による能力構築支援事業は、「派遣」もしくは「招へい」又はこれらを組み合わせた手段により、一定の期間をかけて相手国の具体的・着実な能力の向上を図っている。

派遣は、専門的な知見を有する自衛官などを相手国に派遣し、セミナーや講義・実習、技術指導などにより、相手国の軍隊及びその関連組織の能力向上を目指すものである。また、招へいは、相手国の実務者などを防衛省・自衛隊の部隊・機関などに招待し、セミナーや講義・実習、教育訓練の研修などを通じてその能力向上を図るとともに、防衛省・自衛隊が現に行う人材育成の取組などについて知見を共有するものである。

また、新型コロナウイルス感染症の影響を踏まえ、2021年からはオンラインによる講義・実習も能力構築支援の新たな手段として取り入れている。

2022年度は、派遣事業、招へい事業、オンライン事業を合わせて13か国1機関に対し34件実施した。

具体的には、派遣事業として、ベトナムに対する航空救難、水中不発弾処分及び潜水医学、フィリピンに対する艦船整備、カンボジアに対するPKO（施設）、モンゴルに対するHA/DR（衛生）及びPKO（施設）、パプアニューギニアに対する軍楽隊育成、東ティモールに対する施設及び車両整備、ラオスに対するHA/DR（施設及び捜索救助・衛生）の各分野に関する知見の共有や実技支援などを実施した。

招へい事業としては、ベトナムに対する航空救難、水中不発弾処分及びサイバーセキュリティ、フィリピンに対する艦船整備、航空医学及びHA/DR、フィジーに対する衛生、モンゴルに対するHA/DR（衛生）、パプアニューギニアに対するHA/DR（施設機械整備）、カザフスタンに対する衛生、ラオスに対するHA/DR（施設及び捜索救助・衛生）、マレーシアに対するHA/DR、インドネシアに対するHA/DR及び日本語教育支援、ASEAN各国及びASEAN事務局に対するHA/DRの各分野に関する知見の共有や実技支援などを実施した。

オンライン形式の事業では、スリランカ空軍に対する航空救難の分野に関するセミナーなどを実施した。

さらに、アフリカにおいては、ジブチ軍に対し、施設器材の操作教育をはじめとする災害対処能力強化支援事業を実施している。2022年12月から2023年1月にかけては、自衛官14名を派遣し、同国工兵要員16名を教育した。

参照　図表Ⅲ-3-1-4（能力構築支援の最近の取組状況（2022年4月～2023年3月））

図表Ⅲ-3-1-4　能力構築支援の最近の取組状況（2022年4月～2023年3月）

能力構築支援とは

能力構築支援	…	「派遣」や「招へい」などの事業を実施することで、支援対象国の能力を一定の期間をかけて具体的・着実に向上させることを目的とした事業
「派遣」	…	専門的な知見を有する自衛官などを支援対象国に派遣し、セミナーや実習・講義、技術指導などにより、対象国の軍隊及びその関連知識の能力向上を目指す
「招へい」	…	支援対象国の実務者などを防衛省・自衛隊の部隊・機関などに招待し、セミナーや実習・講義、教育訓練などの研修などを通じて、対象国の実務者などの能力向上を図るとともに、防衛省・自衛隊が現に行う人材育成の取組などについて知見を共有する

能力構築支援事業を実施した国・分野（2022.4 ～ 2023.3）の一例

（米国・オーストラリア・ニュージーランド国旗）は米国・オーストラリア・ニュージーランドとの連携事業を示す

ベトナム

水中不発弾処分
航空救難、潜水医学
サイバーセキュリティ

フィリピン

HA／DR
航空医学、艦船整備

モンゴル

PKO（施設）
HA／DR（衛生）

東ティモール

車両整備・施設

パプアニューギニア

軍楽隊育成
HA／DR（施設機械整備）

フィジー

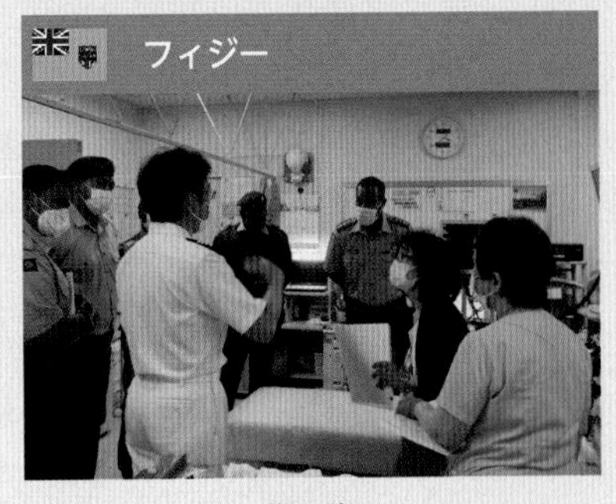

衛　生

3　関係各国との連携

防衛省においては、米国やオーストラリアなどと共に第三国に対する能力構築支援も実施している。

日米豪及びニュージーランドの4か国間においても、具体的協力として、東ティモールにおける豪軍主催の能力構築支援事業「ハリィ・ハムトゥック」に自衛隊と米軍などがともに参加し、東ティモール軍工兵部隊に対し施設分野及び車両整備の技術指導を実施した。

このように、能力構築支援を実施している関係各国との緊密な連携を図り、相互に補完しつつ、効果的・効率的に取り組んでいくことが重要である。

第2節　海洋安全保障の確保

防衛戦略は、海洋国家であるわが国にとって、海洋の秩序を強化し、航行・飛行の自由や安全を確保することは、わが国の平和と安全にとって極めて重要であるとしている。

このため、防衛省・自衛隊は、インド太平洋地域の沿岸国と共に、FOIPの実現のため、海洋安全保障に関する協力を推進している。

また、シーレーンの安定的利用を確保するために、関係機関との協力・連携のもと、海賊対処や日本関係船舶の安全確保に必要な取組を実施している。

参照　I部4章5節（海洋をめぐる動向）

1　海洋安全保障の確保に向けた取組

(1) 政府としての基本的考え方

安保戦略において、わが国は海洋国家として、同盟国・同志国などと連携し、航行・飛行の自由や安全の確保、法の支配を含む普遍的価値に基づく国際的な海洋秩序の維持・発展に向けた取組を進めることとしている。具体的には、海洋状況監視、共同訓練・演習、海外における寄港などの推進、海賊対処や情報収集活動の実施を明記している。

さらに、南シナ海などにおける航行及び上空飛行の自由の確保、国際法に基づく紛争の平和的解決の推進、シーレーン沿岸国との関係の強化、北極海航路の利活用など、また、ジブチにおける拠点の活用について取り組むこととしている。

また、2023年4月に閣議決定された第4期海洋基本計画においては、引き続き海洋の安全保障の観点から海洋政策を幅広く捉え、「総合的な海洋の安全保障」として政府一体となった取組を進めることとしており、主にわが国自身の努力による「わが国の領海などにおける国益の確保」や同盟国・同志国などとの連携強化を通じた、「国際的な海洋秩序の維持・発展」のために必要な施策を推進することとしている。

なお、中国とASEANが策定に向け協議を続けている南シナ海行動規範（COC）(Code of Conduct in the South China Sea)に対し、わが国としては、COCは、国連海洋法条約をはじめとする国際法に合致すべきであり、南シナ海を利用するステークホルダーの正当な権利や利益を害してはならないとの立場を表明している。

(2) 防衛省・自衛隊の取組

防衛省・自衛隊は、シーレーンの安定的利用を確保するための海賊対処行動、中東地域における日本関係船舶の安全確保に必要な情報収集活動などを行っている。また、法の支配や航行の自由の重要性について、防衛省・自衛隊としても機会を捉えて国際社会に呼びかけており、私たちの繁栄に不可欠な海においても「法の支配」を徹底することを一貫して訴えている。また、東シナ海及び南シナ海において、力による一方的な現状変更の試みが継続している旨指摘するとともに、南シナ海においても、全ての当事者が、国連海洋法条約をはじめとする国際法に基づく紛争の平和的解決に向け努力する重要性について発信している。

2　海賊対処への取組

1　海賊対処の意義

海賊行為は、海上における公共の安全と秩序の維持に対する重大な脅威である。特に、海洋国家として国家の生存と繁栄の基盤である資源や食料の多くを海上輸送に依存しているわが国にとっては、看過できない問題である。わが国は、海賊行為に対しては、第一義的には警察機関である海上保安庁が対処し、海上保安庁では対処できない又は著しく困難と認められる場合には、自衛隊が対処することになる。

ソマリア沖・アデン湾は、わが国及び国際社会にとって、欧州や中東から東アジアを結ぶ極めて重要な海上交

図表Ⅲ-3-2-1　ソマリア沖・アデン湾及びその周辺における海賊等事案の発生状況（未遂を含む）

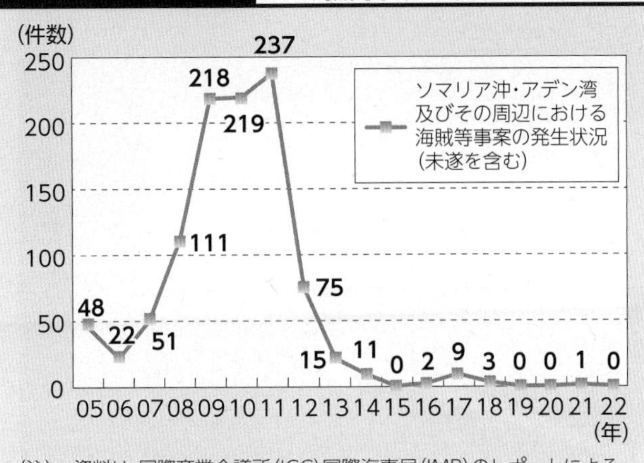

（注）資料は、国際商業会議所（ICC）国際海事局（IMB）のレポートによる。

アデン湾における海賊対処活動中の海自P-3C

通路に当たる。人質の抑留による身代金の獲得などを目的とした機関銃やロケット・ランチャーなどで武装した海賊事案が多発・急増したことを受けて採択された2008年6月の国連安保理決議以降の累次採択により、各国は同海域における海賊行為を抑止するための行動、特に軍艦及び軍用機の派遣を要請されている。

これまでに、米国など約30か国がソマリア沖・アデン湾に軍艦などを派遣している。海賊対処のための取組としては、2009年に第151連合任務部隊[1]設置、2021年に第151連合任務群に改編され、活動を継続中である。

こうした国際社会の取組が功を奏し、ソマリア沖・アデン湾における海賊事案の発生件数は、現在低い水準で推移している。しかし、海賊を生み出す根本的な原因とされているソマリア国内の不安定な治安や貧困などはいまだ解決されていない。また、ソマリア自身の海賊取締能力もいまだ不十分である現状を踏まえれば、国際社会がこれまでの取組を弱めた場合、状況は容易に逆転するおそれがある。

参照　図表Ⅲ-3-2-1（ソマリア沖・アデン湾及びその周辺における海賊等事案の発生状況（未遂を含む））

2　わが国の取組

(1) 海賊対処行動のための法整備

2009年、ソマリア沖・アデン湾においてわが国関係船舶を海賊行為から防護するため、海上警備行動が発令されたことを受け、護衛艦2隻[2]がわが国関係船舶の直接護衛を開始し、P-3C哨戒機も同年、警戒監視などを開始した。

同年、海賊対処法[3]が施行されたことにより、全ての国の船舶を海賊行為から防護することが可能となった。また、民間船舶に接近するなどの海賊行為を行っている船舶の進行を停止するために他の手段がない場合、合理的に必要な限度において武器の使用が可能となった。

参照　資料15（自衛隊の主な行動の要件（国会承認含む）と武器使用権限等について）

(2) 自衛隊の活動

ア　派遣海賊対処行動水上部隊などの部隊派遣

派遣海賊対処行動水上部隊、派遣海賊対処行動航空隊及び派遣海賊対処行動支援隊を派遣し、現地における活動を実施している。

派遣海賊対処行動水上部隊は、護衛艦（1隻派遣）により、アデン湾を往復しながら民間船舶を直接護衛するエスコート方式と、状況に応じて割り当てられたアデン湾内の特定の区域で警戒にあたるゾーンディフェンス方式により、航行する船舶の安全確保に努めている。護衛艦には海上保安官も同乗[4]している。

派遣海賊対処行動航空隊は、P-3C哨戒機（2機派遣）により海賊行為への対処を行っている。第151連合任務群司令部との調整により決定した飛行区域において警戒

1　バーレーンに司令部を置く連合海上部隊が、海賊対処のための多国籍の連合任務部隊として、2009年1月に設置を発表した。
2　2016年12月以降、1隻に変更
3　正式名称：「海賊行為の処罰及び海賊行為への対処に関する法律」
4　海自護衛艦に海上保安官8名が同乗し、必要に応じて海賊の逮捕、取調べなどの司法警察活動を行っている。

図表Ⅲ-3-2-2　自衛隊による海賊対処のための活動（イメージ）

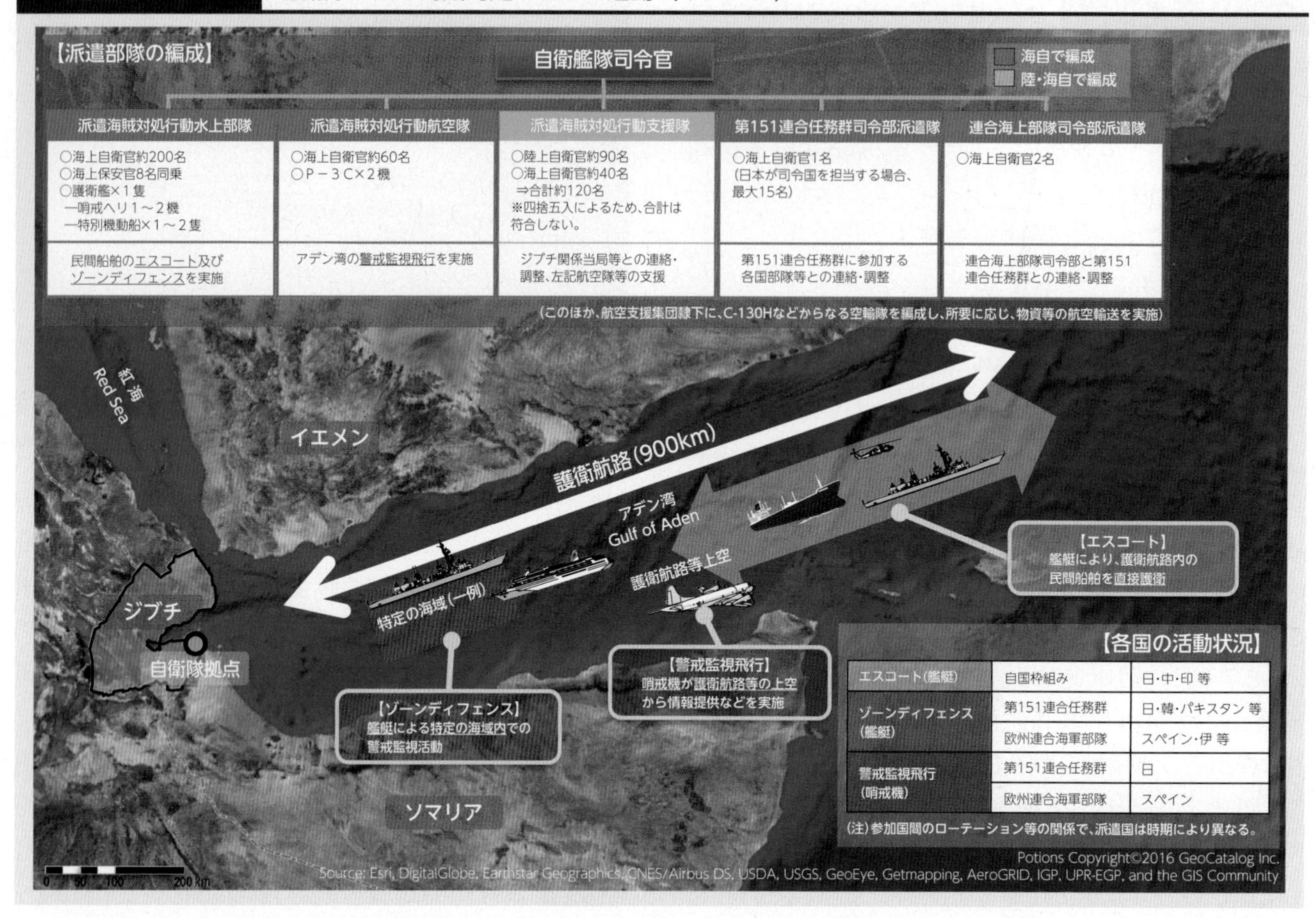

監視を行い、不審な船舶の確認と同時に、海自護衛艦、他国艦艇及び民間船舶に情報を提供し、求めがあればただちに周囲の安全を確認するなどの対応をとっている。収集した情報は、常時、関係機関などと共有され、海賊行為の抑止や、海賊船と疑われる船舶の武装解除といった成果に大きく寄与している。

派遣海賊対処行動支援隊は、派遣海賊対処行動航空隊を効率的かつ効果的に運用するために、ジブチ国際空港北西地区に整備された活動拠点において、警備や拠点の維持管理などを実施している。

また、派遣海賊対処行動航空隊及び派遣海賊対処行動支援隊に必要な物資などの航空輸送を実施するため、必要に応じ空輸隊などを編成し、空自輸送機を運航している。

イ　第151連合任務群司令部などへの要員派遣

海賊対処を行う各国部隊との連携強化及び自衛隊の海賊対処行動の実効性向上を図るため、2014年8月以降、第151連合任務群及び連合海上部隊の各司令部に司令部要員を派遣している。このうち、2015年には、自衛隊から初めて第151連合任務部隊司令官を派遣し、その後、2017年、2018年、2020年にもそれぞれ派遣した。

ウ　活動実績

水上部隊が護衛した船舶は、2023年3月31日現在で4,068隻（海上警備行動に基づく護衛実績である121隻を含む。）であり、自衛隊による護衛のもとで、1隻も海賊の被害を受けることなく、安全にアデン湾を通過している。

また、航空隊は、同日現在で飛行回数3,089回、延べ飛行時間約22,190時間、船舶や海賊対処に取り組む諸外国への情報提供15,972回の活動を行っている。アデン湾における各国の警戒監視活動の約9割を航空隊が担っている。

参照　図表Ⅲ-3-2-2（自衛隊による海賊対処のための活動（イメージ））、Ⅰ部4章5節2項（2）（海賊）

3　わが国の取組への評価

自衛隊による海賊対処行動は、各国首脳などから感謝の意が表されるほか、累次の国連安保理決議でも歓迎されるなど、国際社会から高く評価されている。また、ソマリア沖・アデン湾における海賊対処に従事する現場の海自護衛艦に対し、護衛を受けた船舶の船長や船主の方々から、安心してアデン湾を航行できた旨の感謝や、引き続き護衛をお願いしたい旨のメッセージが多数寄せられている。加えて、一般社団法人日本船主協会などからも日本関連船舶の護衛に対する感謝の意とともに、引き続き海賊対処に万全を期して欲しい旨、継続的に要請を受けている。

3 訓練などを通じた取組

海自は、インド太平洋沿岸国との共同訓練などを通じ戦術技量の向上を図るとともに、インド太平洋地域の平和と安定への寄与、相互理解の増進及び信頼関係の強化に取り組んでいる。

インド太平洋方面派遣（IPD22）では、派遣部隊が、インド太平洋地域の各国海軍などとの共同訓練などを実施するとともに、インド太平洋地域沿岸国の港湾への寄港を行った。

また、派遣海賊対処行動水上部隊及び航空隊は、戦術技量の向上及び各国軍との連携の強化を目的に、ソマリア沖・アデン湾などにおいて、EUなど[5]との間で共同訓練を実施している。

こうした共同訓練や寄港を通じたインド太平洋地域沿岸国との連携の強化は、海洋安全保障の維持に寄与するものであり、大きな意義がある。

参照 資料58（多国間共同訓練の参加など（2019年度以降））、図表Ⅲ-3-2-3（自衛隊による寄港・寄航実績（2022年4月～2023年3月））

図表Ⅲ-3-2-3　自衛隊による寄港・寄航実績（2022年4月～2023年3月）

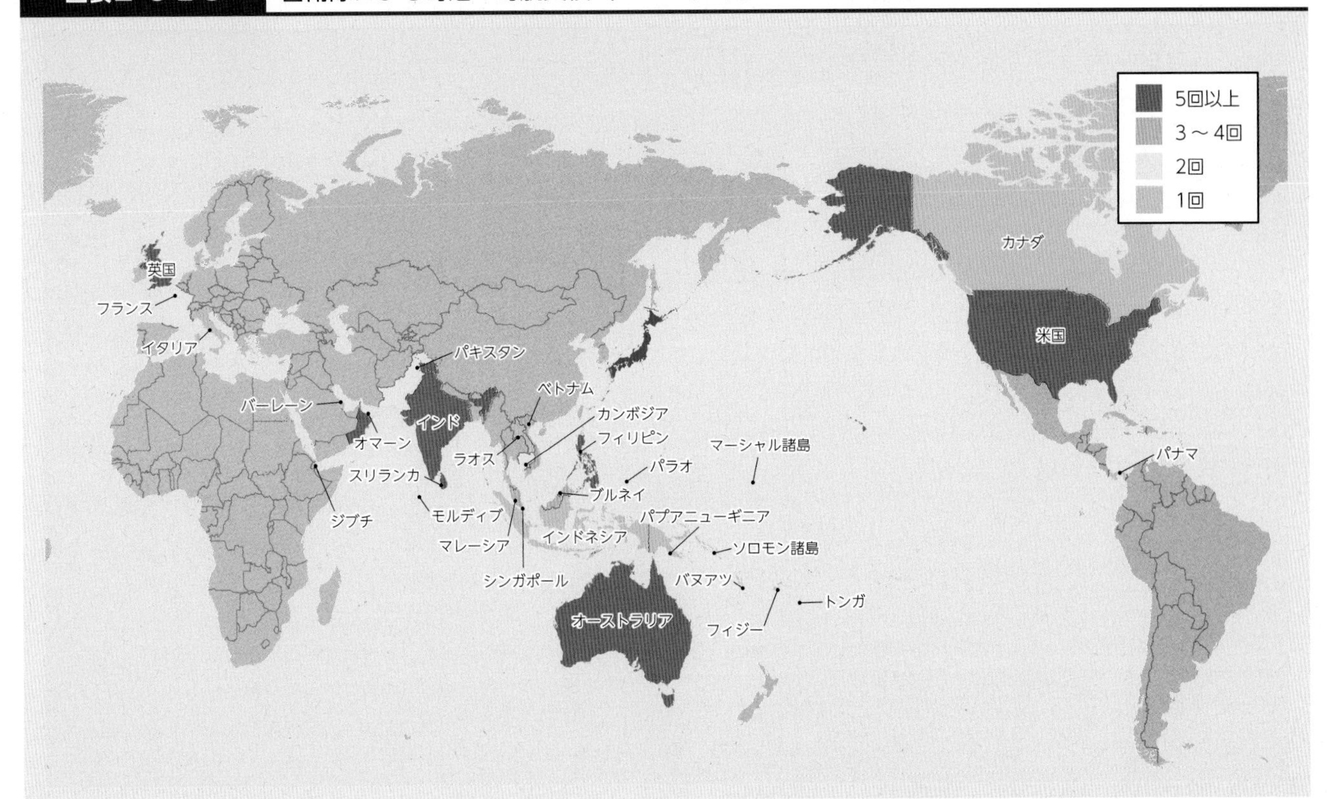

5　派遣海賊対処行動水上部隊は、2022年6月に米海軍と、同年9月にEU海上部隊（フランス海軍）、同年10月にスペイン海軍及びトルコ海軍と、2023年1、2月にフランス空母打撃群（フランス海軍）及び米海軍（米海軍とは1月9日から14日の間のみ）と、同年2月にパキスタン海軍が主催する多国間共同訓練「AMAN23」において参加国（米海軍、イタリア海軍、フランス海軍など）とそれぞれ共同訓練を実施
派遣海賊対処行動航空隊は2022年11月にEU海上部隊（スペイン空軍）と共同訓練を実施

4 海洋安全保障にかかる協力

防衛省・自衛隊は、インドネシア、ベトナム、フィリピン、タイ、ミャンマー、マレーシア、ブルネイ及びスリランカに対し、海洋安全保障に関する能力構築支援の取組を行った実績がある。これにより、沿岸国などのMDA能力などの向上を支援するとともに、わが国と戦略的利益を共有するパートナーとの協力関係を強化している。

また、第4期海洋基本計画では、法とルールが支配する海洋秩序に支えられた「自由で開かれた海洋」の維持・発展に向け、防衛当局間においては、二国間・多国間の様々なレベルの安全保障対話・防衛交流を活用して各国との海洋の安全保障に関する協力を強化することとされている。これを受け防衛省は、ADMMプラスやARF海洋安全保障会期間会合（ISM-MS）といった地域の安全保障対話の枠組みにおいて、海洋安全保障のための協力に取り組んでいる。

Inter-Sessional Meeting on Maritime Security

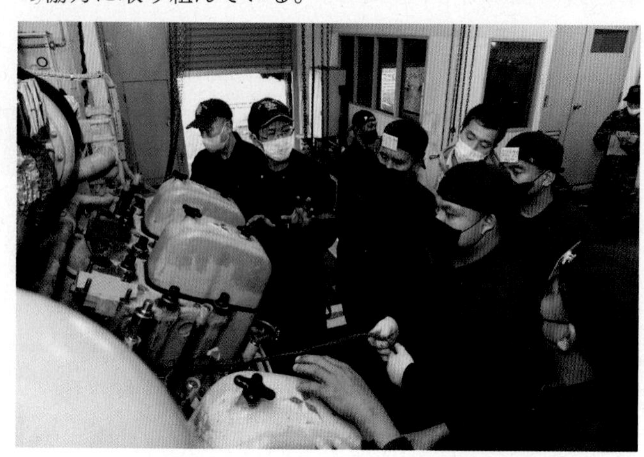

海洋安全保障にかかる能力構築支援

資料：海賊対処への取組
URL：https://www.mod.go.jp/js/activity/overseas.html

第3節 国際平和協力活動への取組

防衛省・自衛隊は、外交活動とも連携しつつ、国際平和協力活動などに積極的に取り組んでいる。

1 国際平和協力活動の枠組みなど

1 国際平和協力活動の枠組み

防衛省・自衛隊が本来任務[1]として行う国際平和協力活動には、国連平和維持活動（国連PKO）への協力をはじめとする国際平和協力業務、海外の大規模な災害に対応する国際緊急援助活動、国際平和共同対処事態に際しての協力支援活動などがある。

参照 Ⅱ部6章（自衛隊の行動などに関する枠組み）、1章8節（平和安全法制施行後の自衛隊の活動状況など）、図表Ⅲ-3-3-1（自衛隊による国際平和協力活動）、資料15（自衛隊の主な行動の要件（国会承認含む）と武器使用権限等について）、資料60（国際平和協力活動関連法の概要比較）、資料61（自衛隊が行った国際平和協力活動など）

図表Ⅲ-3-3-1 自衛隊による国際平和協力活動

国際平和協力活動

- 国際平和協力業務
  「国際連合平和維持活動等に対する協力に関する法律」に基づく活動
- 国際緊急援助活動
  「国際緊急援助隊の派遣に関する法律」に基づく活動
- 諸外国の軍隊等に対する協力支援活動等
  「国際平和共同対処事態に際して我が国が実施する諸外国の軍隊等に対する協力支援活動等に関する法律」に基づく活動
- イラク国家再建に向けた取組への協力
  「イラクにおける人道復興支援活動及び安全確保支援活動の実施に関する特別措置法」に基づく活動
  （2009年2月終結）
- 国際テロ対応のための活動
  「テロ対策海上阻止活動に対する補給支援活動の実施に関する特別措置法」に基づく活動
  （2010年1月終結）

凡例：（網掛け）は限時法、（白抜き）は恒久法に基づく活動を示す。

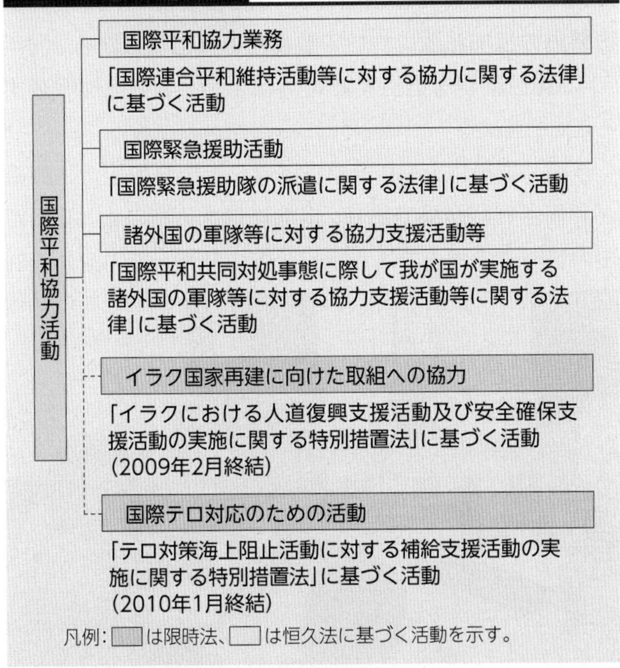

2 国際平和協力活動を迅速、的確に行うための平素からの取組

自衛隊が国際平和協力活動に積極的に取り組むためには、引き続き、平素から各種体制の整備を進めることが重要である。このため、陸海空自がともに、派遣待機部隊などを指定し、常続的に待機態勢を維持している。また、国連本部が各国のPKO派遣にかかる準備状況を具体的に把握するための平和維持活動即応能力登録制度（PCRS（Peacekeeping Capability Readiness System））に施設部隊や司令部要員などのほか、C-2及びC-130H輸送機を登録している。

また、自衛隊は、国際平和協力活動などにおいて人員・部隊の安全を確保しつつ任務を遂行するために必要な、派遣先での情報収集能力や防護能力の強化を進めている。さらに、多様な環境や任務の長期化に対応するため、輸送展開能力や情報通信能力の向上、円滑かつ継続的な活動のための補給や衛生の体制整備にも取り組んでいる。

国際平和協力活動への従事にあたり必要な教育については、陸上総隊隷下の国際活動教育隊において、派遣前の陸自要員の育成、訓練支援などを行っている。また、統合幕僚学校の国際平和協力センターでは、国際平和協力活動などに関する基礎的な講習を行うとともに、国連PKOなどにおける派遣国部隊指揮官や、派遣ミッション司令部幕僚要員を養成するための専門的な教育を、国連標準の教材や外国人講師も活用して行っている。

さらに、平成26（2014）年度からは外国軍人や関係省庁職員に対する教育も行っている。これは、多様化・複雑化する現在の国際平和協力活動の実態を踏まえ、関係省庁や諸外国などとの連携・協力の必要性を重視したものであり、教育面での連携の充実を図ることで、より効果的な国際平和協力活動に資することを目指している。

1 自衛隊法第3条に定める任務。主たる任務はわが国の防衛であり、従たる任務は公共の秩序の維持、周辺事態（2007年当時）に対応して行う活動及び国際平和協力活動である。なお、周辺事態は2016年の平和安全法制施行に伴い、重要影響事態に改正されている。

3 派遣部隊に対する福利厚生やメンタルヘルス施策

防衛省・自衛隊では、任務に従事する隊員や留守家族の不安を軽減するよう、各種家族支援施策、派遣部隊に対するメンタルヘルス施策を実施している。派遣部隊の隊員に対しては、①ストレス軽減に必要な知識を与えるための派遣前教育、②派遣前・派遣中・派遣後などの各段階に応じたメンタルヘルスチェック、③メンタルヘルス要員などによる派遣中の隊員の不安や悩みなどの相談へのカウンセリング、④派遣中の隊員に対する専門的知識を有する医官を中心としたメンタルヘルス診療支援チームの本邦からの派遣、⑤帰国に際してのストレス軽減のための帰国前教育、⑥帰国後の臨時健康診断など、派遣部隊の特性に応じて必要な施策を実施している。

2 国連平和維持活動などへの取組

国連PKOは、世界各地の紛争地域の平和と安定を図る手段として、伝統的な停戦監視などの任務に加え、近年では、文民の保護（POC: Protection of Civilian）、政治プロセスの促進、元兵士の武装解除・動員解除・社会復帰（DDR: Disarmament, Demobilization and Reintegration）、治安部門改革（SSR: Security Sector Reform）、法の支配、選挙、人権などの分野における支援などを任務とするようになっている。2023年3月末現在、12の国連PKOが設立されている。

また、紛争や大規模災害による被災民などに対して、人道的な観点や被災国内の安定化などの観点から、国連難民高等弁務官事務所（UNHCR: Office of the United Nations High Commissioner for Refugees）などの国際機関や各国政府、非政府組織（NGO: Non-Governmental Organization）などにより、救援や復旧活動が行われている。

これまで、わが国は、25年以上にわたって、カンボジア、ゴラン高原、東ティモール、ネパール、南スーダンなど、様々な地域において国際平和協力業務などを実施し、内外から高い評価を得ている。

現在、国連南スーダン共和国ミッション（UNMISS: United Nations Mission in the Republic of South Sudan）及び多国籍部隊・監視団（MFO: Multinational Force and Observers）にそれぞれ司令部要員を派遣している。

今後も国際平和協力活動については、これまでに蓄積した経験を活かし、人材育成などに取り組みつつ、現地ミッション司令部要員などの派遣やわが国が得意とする分野における能力構築支援などの活動を通じ積極的に貢献していくこととしている。

1 多国籍部隊・監視団（MFO Multinational Force and Observers）への派遣

(1) MFOへの派遣の意義など

1981年8月、MFOは、「エジプト・アラブ共和国及びイスラエル国との間の平和条約の議定書」により、平和条約に定められた国連の部隊及び監視団の任務及び責任を代替する機関として設立された。MFOは、1982年の活動開始以来、エジプトとイスラエルとの間の対話や信頼醸成の促進を支援することにより、わが国の「平和と繁栄の土台」である中東の平和と安定に貢献してきた。

このような中、MFOからわが国に対し、要員の派遣について要請があり、わが国としても、国際平和のための努力に対し人的な協力を積極的に果たしていくため、2019年4月以降、国際連携平和安全活動としてMFOへ司令部要員2名を派遣している。

また、MFOでは、施設の更新・修繕のニーズが大きく、2023年2月には、MFOから施設担当としてのわが国要員の追加派遣について要請があったことから、同年5月、施設業務を担当する司令部要員2名を追加派遣することとした。

今般の要請は、これまでに派遣した要員の能力・実績が評価された結果であり、追加派遣を行うことは、わが国の自衛隊の強みである施設分野の知見・能力を対外的

MFO連絡調整部ミーティングに参加する派遣隊員

図表Ⅲ-3-3-2　MFO活動の概要及び関連地図

活動概要(2023年3月時点)

活動地域	エジプト・シナイ半島
本部所在地	イタリア・ローマ
現地司令部	シャルム・エル・シェイク (シナイ半島南部、南キャンプ内)
設立根拠	「エジプト・アラブ共和国及びイスラエル国との間の平和条約」(1979年3月) 「エジプト・アラブ共和国及びイスラエル国との間の平和条約の設立議定書」(1981年8月)
活動期間	1982年4月25日〜
幹部	● 事務局長: エリザベス・ディブル(米) ● 司令官: パベル・コラーシュ(チェコ共和国)
要員数	● 軍事要員: 1,164名(要員派遣国:13か国) (MFOホームページより) ※活動部隊は、歩兵大隊、沿岸警備隊、文民監視団などから構成

関連地図

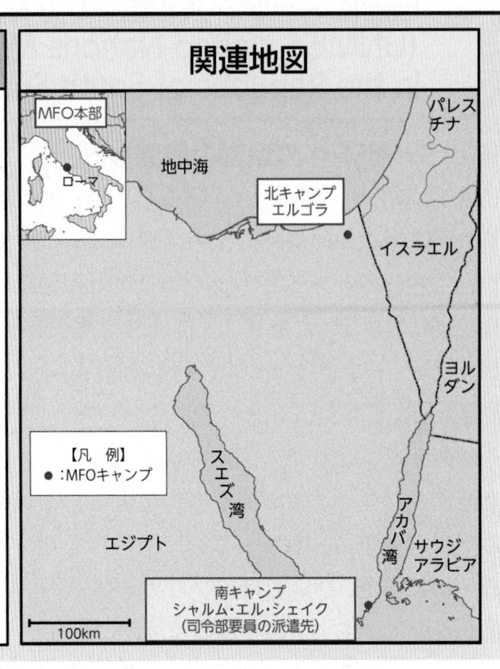

図表Ⅲ-3-3-3　MFO組織図

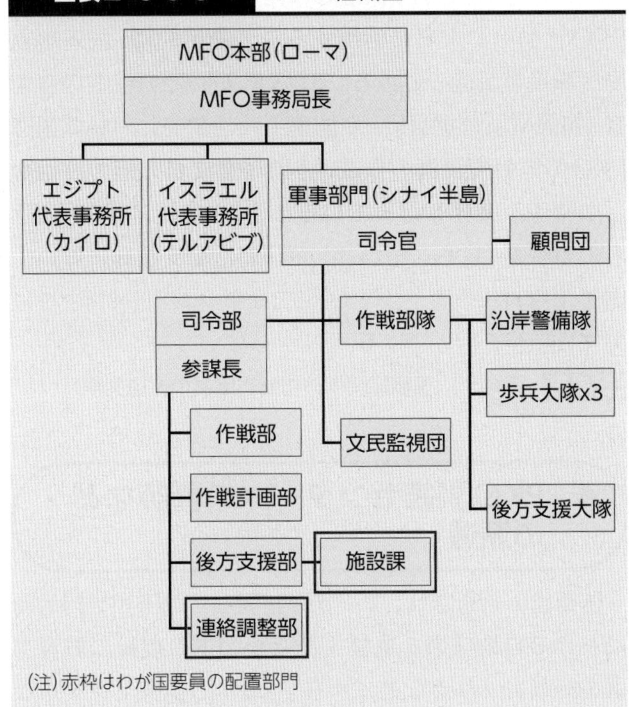

に示すことができるとともに、MFOの活動基盤である施設の整備に参画することで、中東の平和と安定に一層貢献することができるなど、非常に意義深いものである。

(2) 司令部要員などの活動

シナイ半島南部シャルム・エル・シェイクの南キャンプに所在するMFO司令部において、従前より派遣している司令部要員2名は、エジプト及びイスラエルの政府その他の関係機関とMFOとの連絡調整に従事する連絡調整部の副部長及び部員として勤務している。

今般の追加派遣の司令部要員2名については、MFOの各種施設の更新に関する計画の作成や、進捗管理などを行う後方支援部の施設課の課員として勤務を行う。また、MFOに派遣された司令部要員が、円滑かつ効果的に活動を行えるよう、関係機関との連絡・調整などを行うため、カイロに連絡調整要員1名を派遣している。

この活動を通じ、中東の平和と安定へのわが国の一層積極的な関与の姿勢を示すほか、米国などの他の要員派遣国との連携の促進、人材育成の機会となることも期待される。

参照　図表Ⅲ-3-3-2(MFO活動の概要及び関連地図)、図表Ⅲ-3-3-3(MFO組織図)

資料：国連PKO派遣30周年　陸上自衛隊「国際活動の軌跡と発展」
URL：https://www.mod.go.jp/gsdf/about/pko30/index.html

2　国連南スーダン共和国ミッション（UNMISS United Nations Mission in the Republic of South Sudan）

(1) UNMISSへの派遣の意義など

2011年7月、南スーダン独立に伴い、平和と安全の定着や南スーダンの発展のための環境構築の支援などを目的として、UNMISSが設立された。わが国は、国連からのUNMISSに対する協力、特に陸自施設部隊の派遣要請を受け、司令部要員、自衛隊の施設部隊などを派遣してきた。

南スーダンは6つの国と国境を接し、アフリカ大陸を東西南北に結ぶ、極めて重要な位置にある。南スーダンの平和と安定は、南スーダン一国のみならず、周辺諸国の平和と安定、ひいてはアフリカ全体の平和と安定につながるものであり、かつ国際社会で対応すべき重要な課題である。防衛省・自衛隊は、これまでの国連PKOにおいて実績を積み重ね、国連も高い期待を寄せているインフラ整備面での人的な協力を行うことで、同国の平和と安定に貢献してきた。

参照　Ⅰ部3章10節2項（アフリカ）

(2) 司令部要員などの活動

現在、陸上自衛官4名（兵站幕僚、情報幕僚、施設幕僚、航空運用幕僚）がUNMISS司令部において活動を実施している。兵站幕僚はUNMISSの活動に必要な物資の調達・輸送、情報幕僚は治安情勢にかかる情報の収集・整理、施設幕僚はUNMISS全体の施設業務にかかる企画・立案、航空運用幕僚はUNMISSが運航する航空機の飛行計画の作成などといった業務を行っている。

さらに、司令部要員の活動を支援するため連絡調整要員1名を在南スーダン連絡調整事務所に派遣している。連絡調整要員は、わが国のUNMISSに対する協力を円滑かつ効率的に行うことを目的として、南スーダン政府などと南スーダン国際平和協力隊との間の連絡調整にあたっている。

このように、わが国は引き続き、UNMISSの活動に貢献していくこととしている。

参照　図表Ⅲ-3-3-4（UNMISSの組織）

図表Ⅲ-3-3-4　UNMISSの組織

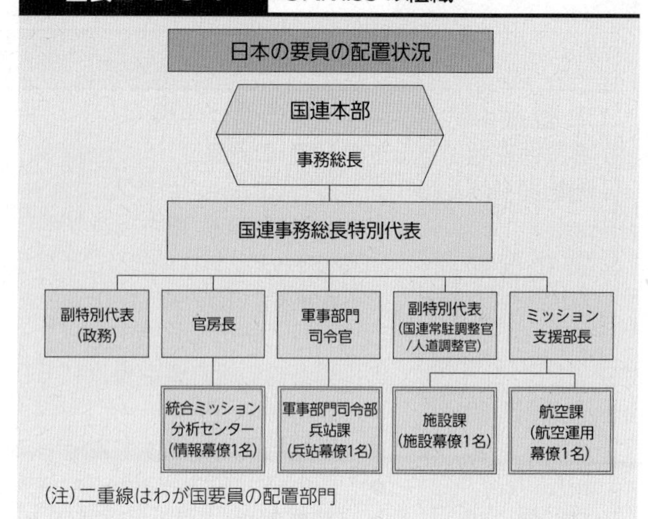

3　国連事務局への防衛省職員の派遣

防衛省・自衛隊は、国連の国際平和に向けた努力に積極的に寄与し、また、派遣された職員の経験をわが国のPKO活動への取組に活用することを目的に、国連事務局へ職員を派遣している。2023年3月現在、2名の自衛官（室長級及び担当級）が国連平和活動局において国連PKOの方針や計画の作成、各国派遣要員の能力評価などに関する業務を行っているほか、1名の自衛官及び1名の事務官（ともに担当級）が国連活動支援局において国連三角パートナーシップ・プログラム（UNTPP: United Nations Triangular Partnership Programme）[2]に関する業務を行っている。

参照　資料59（国際機関への防衛省職員の派遣実績）

4　PKO訓練センターへの講師などの派遣

防衛省・自衛隊は、アフリカ諸国などの平和維持活動における自助努力を支援するため、PKO要員の教育訓練を行うアフリカなどに所在するPKO訓練センターなどに自衛官を講師などとして派遣しており、これらPKO訓練センターの機能強化を通じ、アフリカなどの平和と安定に寄与している。

参照　資料59（国際機関への防衛省職員の派遣実績）

2　国連、国連PKOの要員派遣国及び技術や装備を有する第三国間の協力により、国連PKOの要員派遣国の要員の能力向上を支援するプログラム

PKO訓練センターへの講師派遣

5 国連三角パートナーシップ・プログラム（UN TPP United Nations Triangular Partnership Programme）への支援

わが国は、これまでPKOの円滑化に欠かせない施設や輸送の分野で確かな信頼を得てきた。今後とも、PKOの早期展開を支援し、質の高い活動を実現するため、2014年9月のPKOサミットにおいて、わが国は積極的な支援を表明し、本プログラムによって具体化された。

本プログラムは、わが国が拠出した資金を基に、国連活動支援局が重機の調達や工兵要員への訓練を実施するものとして始動した。プログラムの開始から2023年3月までに、延べ184名の陸上自衛官をアフリカに派遣し、10回の訓練を、アフリカの8か国312名の要員に対して実施してきている。

また、PKO要員の30%以上がアジアから派遣されていることを踏まえ、工兵要員に対する重機の操作訓練を実施する本プログラムを初めてアジア及び同周辺地域で行うこととした。2022年8月からは、陸上自衛官26名をインドネシア平和安全保障センターに派遣し、インドネシア軍工兵要員を対象としてPKOにおけるインフラ整備、宿営地の造成などに必要な知識及び技能の修得に寄与した。プログラムの開始から2023年3月までに、延べ92名の陸上自衛官を派遣し、アジア及び同周辺地域の9か国76名の要員に対して、計4回の訓練を実施した。

また、国連PKOにおいて、派遣要員の安全確保のための衛生能力強化が課題となっていることを踏まえ、国連が本プログラムにおける支援の枠組みを衛生分野にも拡大することとなった。これを受けて、PKOの活動地域で衛生科隊員又は医療従事者が専門的な治療を行う前に、応急処置を実施できる要員の育成を目的とした国連野外衛生救護補助員コース（UNFMAC（UN Field Medical Assistant Course））が設置された。2022年6月には、2回目となる同コースがウガンダにある国連エンテベ地域支援センターにおいて実施され、教官要員として陸上自衛官1名を派遣し、要員21名に対して教育を実施した。

さらに、UNTPPの一環として、工兵要員を対象とした作業工程管理課程をオンラインで開催している。本課程は、国連PKOミッションにおける工事管理、問題発生時の対処法などを教育するものであり、2022年9月、陸上自衛官4名の教官が、カンボジア、タイ、モンゴルの工兵要員20名を対象に教育を実施した。

6 ウクライナ被災民に対する救援活動への協力

国連難民高等弁務官事務所（UNHCR）から、ドバイ（アラブ首長国連邦）にあるUNHCRの倉庫に備蓄された人道救援物資をウクライナ周辺国（ポーランド共和国及びルーマニア）に輸送してほしいとの要請があった。これに応じ、2022年4月28日、閣議において、「ウクライナ被災民救援国際平和協力業務実施計画」が決定され、岸防衛大臣（当時）から「ウクライナ被災民救援国際平和協力業務の実施に関する自衛隊行動命令」を発出した。これを受け、5月から6月までの間、自衛隊機により、ドバイからポーランド及びルーマニアへ人道救援物資を輸送した。今般の活動においては、C-2輸送機により延べ6便、KC-767空中給油・輸送機により延べ2便の計8便を運航し、人道救援物資（毛布、ビニールシート、ソーラーランプ及びキッチンセット）合計約103トンを輸送した。なお、今般の協力について、UNHCRから謝意を表明されたほか、ウクライナ政府関係者からも感謝と高い評価が得られた。

3 国際緊急援助活動への取組

近年、軍の果たす役割が多様化し、人道支援・災害救援などに軍の有する能力が活用される機会が増えている。自衛隊も、人道的な貢献やグローバルな安全保障環境の改善の観点から、国際協力の推進に寄与することを目的として国際緊急援助活動に積極的に取り組んでいる。

このため、平素から、自衛隊は事前に作成した計画に基づき任務に対応できる態勢を維持している。派遣に際しては、被災国政府などからの要請内容、被災地の状況などを踏まえつつ、外務大臣との協議に基づき、自衛隊の機能・能力を活かした国際緊急援助活動を積極的に行っている。

参照　Ⅱ部6章5項（国際社会の平和と安定への貢献に関する枠組み）、資料61（自衛隊が行った国際平和協力活動など）、資料15（自衛隊の主な行動の要件（国会承認含む）と武器使用権限等について）

1　国際緊急援助隊法の概要など

わが国は、1987年に国際緊急援助隊の派遣に関する法律（国際緊急援助隊法）を施行し、被災国政府又は国際機関の要請に応じて国際緊急援助活動を行ってきた。1992年、国際緊急援助隊法が一部改正され、自衛隊が国際緊急援助活動や、そのための人員や機材などの輸送を行うことが可能となった。

参照　資料15（自衛隊の主な行動の要件（国会承認含む）と武器使用権限等について）

2　自衛隊が行う国際緊急援助活動と自衛隊の態勢

自衛隊は、国際緊急援助活動として災害の規模や要請内容などに応じて、①応急治療、防疫（ぼうえき）活動などの医療活動、②ヘリコプターなどによる物資、患者、要員などの輸送活動、③浄水装置を活用した給水活動などの協力に加え、自衛隊の輸送機・輸送艦などを活用した人員や機材の被災地までの輸送や海自固定翼哨戒機による捜索活動などを行うことができる。

陸自は、国際緊急援助活動を自己完結的に行えるよう、陸上総隊や方面隊などが任務に対応できる態勢を常時維持している。また、海自は自衛艦隊が、空自は航空支援集団が、国際緊急援助活動を行う部隊や部隊への補給品などの輸送ができる態勢を常時維持している。

3　トルコ共和国における地震災害に対する国際緊急援助活動等

2023年2月6日、トルコ南東部を震源とする地震により、トルコにおいては、死者が5万人を超えるなど、大きな被害が発生した。

トルコ政府の要請を受け、わが国として、JICAを中心とする国際緊急援助隊・救助チーム、医療チームなどを派遣した。防衛省としては、まず、2月13日～17日の間、B-777特別輸送機1機により、本邦からトルコまで、現地で活動する国際緊急援助隊・医療チームに必要な機材などを約15.4トン輸送した。

さらに、トルコ政府及びNATOからの協力要請を踏まえ、KC-767空中給油・輸送機1機によりパキスタンにある緊急援助物資をトルコに輸送した。具体的には、KC-767空中給油・輸送機1機が、3月14日に本邦を出発し、同月17日、19日、21日、23日の計4回、テント及びテント用断熱用具を計約89.5トン輸送した。

同年3月24日、防衛大臣による終結命令が発令され、人員延べ約60名による国際緊急援助活動などを終了した。自衛隊がNATOと連携して実施する国際緊急援助活動は今回が初めてである。今回の活動に対してはトルコ政府及びNATOから高い評価と謝意が示されており、トルコとの関係のみならず、日NATOのパートナーシップを一層深化させるものとなった。

インジルリク空軍基地（トルコ）で物資を下すB-777特別輸送機

第4節　軍備管理・軍縮及び不拡散への取組

大量破壊兵器及びその運搬手段となり得るミサイルなどの拡散や武器及び軍事転用可能な貨物・機微技術の拡散については、国際社会の平和と安定に対する差し迫った課題である。また、特定の通常兵器の規制についても、人道上の観点と防衛上の必要性とのバランスを考慮しつつ、各国が取り組んでいる。

これらの課題に対しては軍備管理・軍縮・不拡散にかかわる国際的な体制が整備されており、わが国も積極的な役割を果たしている。

安保戦略は、自由で開かれた国際秩序を強化するための取組のうち、重要な方策の一つとして、大量破壊兵器などの軍備管理・軍縮及び不拡散について述べている。また、防衛戦略では、国際機関や国際輸出管理レジームの実効性の向上に協力していくこととしている。

参照　図表Ⅲ-3-4（通常兵器、大量破壊兵器、ミサイル及び関連物資などの軍備管理・軍縮・不拡散体制）

1　軍備管理・軍縮・不拡散関連条約などへの取組

わが国は、核兵器、化学兵器及び生物兵器といった大量破壊兵器や、その運搬手段となり得るミサイル、関連技術・物資などに関する軍備管理・軍縮・不拡散のための国際的な取組に積極的に参画している。

化学兵器禁止条約（CWC：Chemical Weapons Convention）については、条約交渉の段階から化学防護の知見を提供し、条約成立後も検証措置などを行うために設立された化学兵器禁止機関（OPCW：Organisation for the Prohibition of Chemical Weapons）に化学防護の専門家である陸上自衛官を派遣するなど、人的貢献を行ってきた。2022年9月に延べ8人目となる陸上自衛官を新たに派遣した。また、陸自化学学校（さいたま市）で条約の規制対象である化学物質を防護研究のために少量合成していることから、条約の規定に従い、年次報告を提出するとともに、OPCW設立当初から計12回の査察を受け入れており、問題ないことが確認されている。

OPCWに派遣された隊員（査察時）

参照　資料59（国際機関への防衛省職員の派遣実績）

さらに、CWCに従い、中国において遺棄化学兵器を廃棄処理する事業にも政府全体として取り組んでいる。防衛省・自衛隊としては、同事業を担当する内閣府に陸上自衛官を含む職員を出向させており、2000年以降、計19回の発掘・回収事業に、化学・弾薬を専門とする陸上自衛官を派遣している。

そのほか、国際輸出管理レジームであるワッセナー・アレンジメントやオーストラリア・グループ（AG：Australia Group）、ミサイル技術管理レジーム（MTCR：Missile Technology Control Regime）などの主要な会合に防衛省職員を派遣し、安全保障上の観点から、重要な技

図表Ⅲ-3-4　通常兵器、大量破壊兵器、ミサイル及び関連物資などの軍備管理・軍縮・不拡散体制

区分	大量破壊兵器など				通常兵器
	核兵器	化学兵器	生物兵器	運搬手段（ミサイル）	
軍備管理・軍縮・不拡散関連条約など	核兵器不拡散条約（NPT） 包括的核実験禁止条約（CTBT）	化学兵器禁止条約（CWC）	生物兵器禁止条約（BWC）	弾道ミサイルの拡散に立ち向かうためのハーグ行動規範（HCOC）	特定通常兵器使用禁止・制限条約（CCW） クラスター弾に関する条約 対人地雷禁止条約（オタワ条約） 国連軍備登録制度 国連軍事支出報告制度 武器貿易条約（ATT）
不拡散のための輸出管理体制	原子力供給国グループ（NSG）	オーストラリア・グループ（AG）		ミサイル技術管理レジーム（MTCR）	ワッセナー・アレンジメント（WA）
大量破壊兵器の不拡散のための国際的な新たな取組	拡散に対する安全保障構想（PSI） 国連安保理決議第1540号				

術の不拡散に資するための提案などを行っている。また、包括的核実験禁止条約機関（CTBTO）（Comprehensive Nuclear-Test-Ban Treaty Organization）準備委員会が実施する訓練に自衛官を派遣するなど、規制や取決めの実効性を高めるため協力している。

通常兵器の規制について、わが国は、人道上の観点と安全保障上の必要性を踏まえつつ、特定通常兵器使用禁止・制限条約（CCW）（Convention on Certain Conventional Weapons）などの各種条約に加え、CCWの枠組み外で採択されたクラスター弾に関する条約（オスロ条約[1]）も締結している。わが国は、同条約の発効を受け、2015年2月に自衛隊が保有する全てのクラスター弾の廃棄を完了した。

なお、CCWの枠組みにおいては、自律型致死兵器システム（LAWS）（Lethal Autonomous Weapons Systems）に関する政府専門家会合などに随時職員を派遣している。LAWSにかかる議論については、その特徴、人間の関与のあり方、国際法の観点などから議論されており、わが国としては引き続き、安全保障上の観点も考慮しつつ、積極的に議論に関与していくこととしている。

さらに、対人地雷の禁止に関連し、例外保有などに関する年次報告を対人地雷禁止条約（オタワ条約[2]）事務局に対して行うなど、国際社会の対人地雷問題への取組に積極的に協力してきた。

また、生物兵器禁止条約（BWC）（Biological Weapons Convention）に関連し、毎年、信頼醸成措置報告書を提出している。

このほか、軍備や軍事支出の透明性の向上などを目的とした国連軍備登録制度や国連軍事支出報告制度、武器貿易条約（ATT）（Arms Trade Treaty）[3]に基づく年次報告を行うとともに、制度の見直し・改善のための政府専門家会合などに随時職員を派遣している。

2　大量破壊兵器の不拡散などのための国際的な取組

北朝鮮やイランなどが大量破壊兵器・ミサイル開発を行っているとして強く懸念した米国は、2003年5月、「拡散に対する安全保障構想（PSI）（Proliferation Security Initiative）[4]」を発表し、各国にこの構想への参加を求めた。これに基づき、大量破壊兵器などの拡散阻止能力の向上のためのPSI訓練などをはじめ、政策上、法制上の課題の検討のための会合を開催するなどの取組が行われている。

防衛省・自衛隊は、関係機関・関係国と連携し、各種会合に自衛官を含む防衛省職員を派遣するとともに、継続的に訓練に参加している。

2022年8月、米国で実施された「拡散に対する安全保障構想（PSI）」訓練「Fortune Guard 22」に陸自化学学校の隊員などが関係機関の職員とともに参加した。参加者は、机上訓練及び港湾訓練においてPSI活動に関する取組の共有や国際的な連携などに関する討論などを行った。

PSI訓練において各国、関係機関代表者とのディスカッション（2022年8月）

防衛省・自衛隊としては、わが国周辺における拡散事例などを踏まえ、大量破壊兵器などの拡散防止や、自衛隊の対処能力の向上などの観点から、各種訓練や会合の主催、他国の実施する同種活動への参加など、PSIを含む不拡散体制の強化に向けて取り組んでいる。

参照　資料62（PSI訓練への防衛省・自衛隊の参加実績（2012年度以降））

資料：軍備管理・軍縮及び不拡散への取組
URL：https://www.mod.go.jp/j/approach/exchange/dialogue/fukakusan/index.html

1　米国、中国、ロシアなどは未締結
2　米国、中国、ロシア、韓国、インドなどは未締結
3　米国やロシアなどは未締結
4　大量破壊兵器及びその関連物資などの拡散を防止するため、既存の国際法、国内法に従いつつ、参加国が共同して取り得る措置を検討し、また、同時に各国が可能な範囲で関連する国内法の強化にも努めようとする構想

第Ⅳ部 共通基盤などの強化

第1章 いわば防衛力そのものとしての防衛生産・技術基盤の強化など

科学技術が急速に進展し、安全保障のあり方を根本的に変化させており、各国は将来の戦闘様相を一変させる、いわゆるゲーム・チェンジャーとなり得る先端技術の開発を行っている。

また、人工知能（AI（Artificial Intelligence））をはじめとする新たな技術の進展により、戦闘様相が陸・海・空領域のみならず、宇宙・サイバー・電磁波領域や人の認知領域にまで広がっている。こうした変化を捉え、各国は技術的優越を確保するため研究開発にも積極的に取り組んでいる。

一方、わが国の防衛生産・技術基盤は、サプライチェーン・リスクや相次ぐ撤退など課題が山積みであり、厳しい状況に晒（さら）されている。

こうした状況を踏まえ、防衛戦略において、防衛生産・技術基盤は、自国での装備品の研究開発・生産・調達を安定的に確保し、新しい戦い方に必要な先端技術を防衛装備品に取り込むために不可欠な基盤であることから、いわば防衛力そのものと位置づけられるものとの認識のもと、その強化に取り組んでいくこととしている。

第1節 防衛生産基盤の強化

防衛省としては、装備品と防衛産業は一体不可分であり、防衛生産・技術基盤はいわば防衛力そのものであると位置づけた防衛戦略などを踏まえ、防衛産業の適正な利益の確保のための新たな利益率の算定方法の導入、サイバーセキュリティを含む産業保全の強化、防衛装備移転三原則の見直しも含めた防衛装備移転の推進などに取り組んでいくこととしている。また、基盤の強化に必要な法整備として、令和５年通常国会に「防衛省が調達する装備品等の開発及び生産のための基盤の強化に関する法律案」を提出した。

1 わが国の防衛産業の現状

防衛産業は、防衛省・自衛隊の活動に必要な装備品の生産・維持整備に必要不可欠な人的、物的、技術的基盤である。わが国においては、その多くの部分を、装備品などを生産・修理する企業（防衛産業）が担っており、特殊かつ高度な技能、技術や設備を有する広範な企業[1]が関与している。

一方、多くの企業で防衛事業が主要な事業とはなっていない。また、少量多種生産や装備品の高度化・複雑化により調達単価及び維持・整備経費が増加傾向にあることから、調達数量の減少に伴う作業量の減少により、技能の維持・伝承が困難になるという問題や、一部企業が防衛事業から撤退するなどの問題も生じている。

また、他国による輸出規制により原材料などの供給が途絶えるリスク、懸念のある部品により情報が窃取されるリスクなどのサプライチェーン上のリスクに加え、防衛関連企業に対するサイバー攻撃など、様々なリスクが顕在化している。

これらに加え、欧米企業の再編と国際共同開発が進展するなか、2014年4月に防衛装備移転三原則が策定されたものの、これまで、わが国の防衛産業は、専ら自衛隊向けに装備品の生産などを行うことを前提として構築されてきたために、国際競争力の向上が課題となっている。

参照 図表Ⅳ-1-1-1（主要装備品などの維持整備経費の推移）、3節1項（防衛装備移転三原則）

1　例えば、戦闘機関連企業は約1,100社、戦車関連企業は約1,300社、護衛艦関連企業は約8,300社ともいわれている。

図表Ⅳ-1-1-1　主要装備品などの維持整備経費の推移

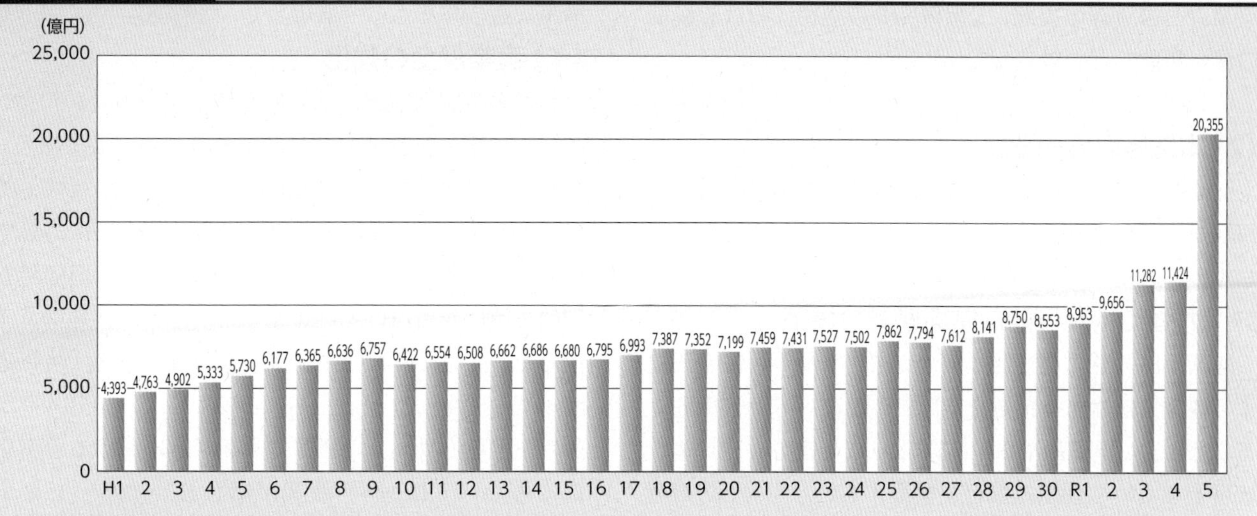

(注) 1　「装備品などの維持整備費」とは、陸海空各自衛隊の装備品等の修理や消耗品の代価及び役務費などにかかる予算額(各自衛隊の修理費から、艦船の艦齢延伸及び航空機の近代化改修等のための修理費を除いたもの)を示す。
2　令和元年度以降については、防災・減災、国土強靭化のための3か年緊急対策にかかる経費を含む。
3　金額は契約ベースの数値である。
4　令和4年度の金額は、令和3年度補正予算込みの金額。

2　防衛生産・技術基盤の維持・強化に向けた取組

1　これまでの取組

2014年6月に策定した「防衛生産・技術基盤戦略」を踏まえ、防衛省においては、長期契約法の策定など契約制度の改善、装備品の取得に関する組織を統合した防衛装備庁の新設など、防衛生産・技術基盤の維持・強化に資する各種施策を実施してきた。

また、防衛装備庁においては、①将来にわたって技術的優越を確保し、他国に先駆け先進的な能力の実現のための防衛技術基盤の強化の方向性（2節参照）、②プロジェクト管理を推進するための取得戦略計画の策定や契約制度の改善（4節参照）、③防衛戦略などを踏まえた防衛生産・技術基盤の抜本的強化のための取組（本項2参照）、④国際的なF-35戦闘機プログラムへの国内企業参画や、各国との共同研究・開発といった防衛装備・技術協力（3節参照）にも取り組んでいる。

2　防衛戦略などを踏まえた防衛生産・技術基盤の抜本的強化のための取組

わが国の防衛産業が、高度な装備品を生産し、高い可動率を確保できる能力を維持・強化していくために、防衛戦略などに基づき、次のとおり取り組むこととしている。

(1)「防衛省が調達する装備品等の開発及び生産のための基盤の強化に関する法律案」

わが国の防衛産業の現状（本節1項参照）を踏まえ、防衛生産・技術基盤を抜本的に強化するために、第211回国会に「防衛省が調達する装備品等の開発及び生産のための基盤の強化に関する法律案」を提出した。本法案では、①サプライチェーン調査[2]への回答の努力義務化によるリスクの実効的な把握、②サプライチェーン強靱化、製造工程効率化、サイバーセキュリティ強化、事業承継などといった企業の取組に対する財政上の措置及び金融支援、③装備移転を円滑に実施するための基金造成と助成金の交付、④②、③の措置を講じてもなお他に手

2　2022年度末までに主要装備品69品目についてのサプライチェーン調査を実施した。

段がない場合に国が取得した製造施設等の装備品製造等事業者への管理の委託、⑤装備品等の契約における秘密の保全措置などを規定している。

(2) 本法案以外の取組

防衛生産基盤を抜本的に強化するためには、前述の法律案だけではなく、次のとおり幅広い取組を行うこととしている。

ア　力強く持続可能な防衛産業の構築

防衛事業の魅力化を図る観点から、企業の利益を圧迫する要因を排除する措置を実施するための方針を徹底することとし、予算額や事業内容に応じた適切な経費率を適用するための仕組みなどを構築するとともに、防衛産業のコスト管理や品質管理に関する取組を適正に評価する新たな利益率の算定方式を導入した。

また、装備品の取得に際しては、企業の予見可能性にも配慮しつつ、国内基盤を維持・強化する観点を一層重視し、技術的、質的、時間的な向上を図ることが重要であることから、企画競争の積極的な採用や複数年にわたり一者応札の続く一般競争入札の見直し等の契約方式の改善に引き続き取り組んでいくこととしている。

さらに、新規参入促進などによる防衛産業の活性化を図るために、防衛産業向けマッチングイベントの開催の取組を通じて、スタートアップ企業を含む中小企業などの新規参入を促進している。

イ　様々なリスクへの対処

(ア) 強靱なサプライチェーンの構築

法案に基づくサプライチェーン調査や把握したリスクを低減するための財政措置及び金融支援に加えて、諸外国との連携を推進し、サプライチェーンを相互補完することを目指している。

2023年1月、日米防衛相会談にて、「防衛装備品等の供給の安定化に係る取決め」の署名がなされた。本取決めは、産業資源（軍事物資や役務など）を締結国間で安定的に相互に供給し合うことを目的とした枠組みであり、防衛装備品の強靱で多様化されたサプライチェーン構築に寄与するものである。

(イ) 産業保全の強化

わが国の防衛産業が国際的な取引を行うためには、サイバー攻撃の脅威増大に対応することが必要である。情報セキュリティにかかる措置の強化を目的として、防衛省の「保護すべき情報」[3]を取り扱う契約企業に対して適用される情報セキュリティ基準について、米国国防省が契約企業に義務付けている基準と同水準の管理策を盛り込んだ、新たな情報セキュリティ基準である「防衛産業サイバーセキュリティ基準」を整備し、2023年4月から適用を開始した。この基準の防衛産業における着実な実施にあたっては、防衛産業が講じるサイバーセキュリティ対策にかかる経費への措置や防衛セキュリティゲートウェイ（クラウド）の整備等の施策に取り組んでいくこととしている。

また、防衛調達への参入検討をさらに促進するとともに、わが国の情報保全にかかる信頼性を高め国際取引を行いやすくすることを目的として、防衛産業保全に関する規則などを一元的にまとめた「防衛産業保全マニュアル」を策定することとしている。

(ウ) 機微技術・知的財産管理の強化

防衛省が担当している技術の重要度や優位性などを踏まえた技術的機微性評価を適正かつ迅速に実施するなど、技術流出防止に取り組んでいる。機微性が高い技術については、技術の流出を防ぐため、関係省庁とも連携のうえ、技術のブラックボックス化などのリバースエンジニアリング[4]対策の検討を推進することとしている。

知的財産にかかるより適切な契約条項などを適用することにより、研究開発などで生じた知的財産を適切に把握し、官民間の帰属の明確化や海外への重要技術の流出防止を推進することとしている。また、技術の特性などを踏まえた知的財産のオープン化、クローズ化にかかる選択肢及び判断材料を提示し、それぞれの選択肢に応じた適切な管理を推進することとしている。

資料：防衛産業サイバーセキュリティ基準の整備について
URL：https://www.mod.go.jp/atla/cybersecurity.html

3　防衛省において「注意」並びに「部内限り」に該当する情報及びこの情報を利用して作成される情報又はそれらを類推させる情報であって企業に保護を求める情報として防衛省が指定したもの。

4　他者の装備品などを分解し構造や技術を分析することで有用な技術情報を取得する手法

このほか、政府一体で取り組んでいる経済安全保障施策の一つである特許出願の非公開制度では、技術流出防止の観点から内閣官房、内閣府その他の関係省庁と連携していくこととしている。

ウ　防衛産業の販路拡大など

(ア) 防衛装備移転の推進

防衛装備移転を外交・防衛政策の戦略的な手段として活用することは、防衛産業の強靱化にも資する。

こうした観点から、安全保障上意義が大きい防衛装備移転や国際共同開発を幅広い分野で円滑に行うために防衛装備移転三原則や運用指針などの制度の見直しについて検討する。また、基金を創設し、安全保障上の観点から適切なものとするために、装備移転にかかる仕様及び性能の調整を行うために必要な資金の交付を行うことなどにより、政府が主導し、官民の一層の連携のもとに装備品の適切な海外移転を推進することとしている。

(イ) 輸入装備品の維持整備などへのわが国防衛産業のさらなる参画

FMS（有償援助）（Foreign Military Sales）で調達する装備品を含む輸入調達品については、国内企業による維持整備の追求や、能力の高い装備品について、米国などとの国際共同研究・開発をより一層推進していくこととしている。その一環として、2022年10月、国内企業の日米共通装備品のサプライチェーン及びアジア太平洋地域における米軍の維持整備事業への参画を図るため、在日米軍及び米国防衛産業とのマッチングの機会となる展示会（インダストリーデー）を開催した。

参照　4節6項（FMS調達の合理化に向けた取組の推進）

インダストリーデーの様子

3　産業界との協力・連携

装備品の生産・運用・維持整備に必要不可欠の基盤であるわが国の技術基盤・産業基盤の維持・強化のため、防衛省と産業界の連携は不可欠である。

こうした観点から、2019年10月から、河野防衛大臣（当時）や防衛装備庁長官と日本経済団体連合会（経団連）幹部との間で意見交換を開始し、実務者レベルで防衛産業や防衛装備政策の課題や改善策などについて議論を行っている。また、防衛生産・技術基盤の強化を図るため、2022年2月から防衛産業（主要プライム企業）との意見交換を行い、同年4月以降、計2回、防衛大臣と主要プライム企業の社長などが一堂に会した。加えて、防衛装備庁長官と各企業防衛部門の長との間での意見交換を計4回、官民実務者レベルでの意見交換会を計5回実施し、双方が認識している問題や課題を共有するなど、官民の協力・連携の強化を進めていくこととしている。

解説　防衛生産・技術基盤の抜本的強化に向けた取組

防衛生産・技術基盤は、自国での防衛装備品の研究開発・生産・調達を安定的に確保し、新しい戦い方に必要な先端技術を防衛装備品に取り込むために不可欠な基盤であることから、いわば防衛力そのものと位置づけられるものです。

しかし近年、防衛産業から撤退する事業者が相次ぎ、国内の製造体制が弱体化するとともに、製造設備の老朽化、サプライチェーン上のリスクやサイバー攻撃の脅威といった課題が顕在化しており、防衛生産・技術基盤を取り巻く環境はより一層厳しさを増しています。

昨年12月に閣議決定された国家防衛戦略では、基盤の強化のため、防衛産業の適正な利益の確保のための新たな利益率の算定方法の導入、早期の防衛力抜本的強化につながる研究開発や民生の先端技術の積極的な活用、防衛装備移転三原則や運用指針をはじめとする制度の見直しの検討も含めた防衛装備移転の推進など、様々な取組を進めることとされています。

また、防衛省は、基盤の強化に必要な法整備として、令和5年通常国会に「防衛省が調達する装備品等の開発及び生産のための基盤の強化に関する法律案」（以降、本法律案）を提出しました。

本法律案では、防衛産業の位置づけを明確化するとともに、防衛装備品のサプライチェーン調査、基盤強化のための財政上の措置、装備移転の円滑化のための措置、防衛装備品の機微情報の保全強化に関する措置や製造施設等の国による取得・管理委託に関する措置などを規定しています。

防衛省では、これらの取組を通じて、防衛生産・技術基盤の一層の強化を図ってまいります。

国内の防衛産業に支えられて製造されている「10式戦車」

国内の防衛産業を支える企業等の社長と防衛大臣が意見交換を行ったプライム15の様子

第2節 防衛技術基盤の強化

1 防衛技術基盤の強化の必要性

新しい戦い方に必要な装備品を取得するためには、わが国が有する技術をいかに活用していくかが極めて重要である。わが国の高い技術力を基盤とした、科学技術とイノベーションの創出は、わが国の経済的・社会的発展をもたらす源泉であり、わが国の安全保障にかかわる総合的な国力の主要な要素である。また、わが国が長年にわたり培ってきた官民の高い技術力を、従来の考え方にとらわれず、安全保障分野に積極的に活用していくことは、わが国の防衛体制の強化に不可欠な活動である。

先端技術研究とその成果の安全保障目的の活用などについて、主要国が競争を激化させる中で、各国において将来の戦闘様相を一変させる、いわゆるゲーム・チェンジャーとなり得る技術の早期実用化に向けて多額の研究開発費を投じるなど、安全保障目的での技術基盤の強化に注力している。

参照 Ⅰ部4章1節（情報戦などにも広がりをみせる科学技術をめぐる動向）

わが国における防衛省の研究開発費は、米国などと比べれば低いものの英国とは同水準を保っており、近年その重要性から大幅に伸ばしているところである。一方、民生用の技術と安全保障用の技術の区別は、実際には極めて困難となっている中、わが国の官民における科学技術の研究開発の成果を、防衛装備品の研究開発などに積極的に活用していくことで、国家としての技術的優越の確保に戦略的に取り組んでいくことが重要である。そのため、わが国として重視すべき技術分野について国内における研究開発をさらに推進し、技術基盤を育成・強化する必要がある。

また、装備品調達や国際共同開発などの防衛装備・技術協力を行うにあたっては、重要な最先端技術などの重要技術をわが国が保有することにより、主導的な立場を確保することが重要である。このため、防衛省における研究開発のみならず、官民一体となって研究開発を推進する必要がある。

参照 図表Ⅳ-1-2-1（研究開発費の現状）

図表Ⅳ-1-2-1　研究開発費の現状

2023年5月末現在

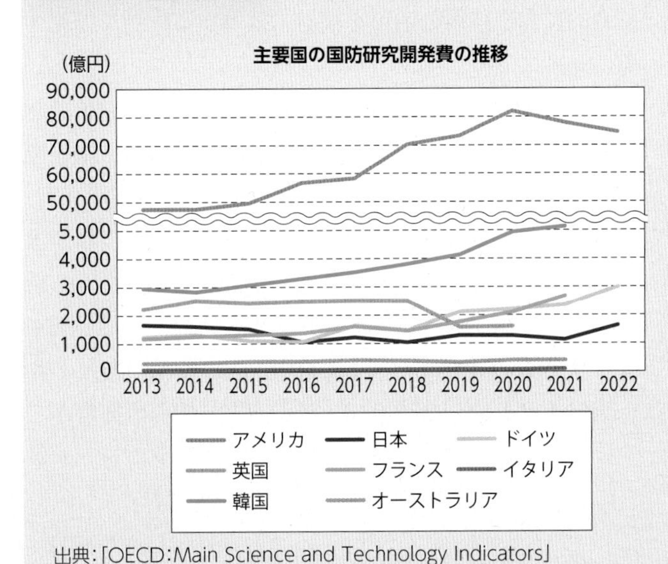

出典：「OECD：Main Science and Technology Indicators」

主要国の国防費に対する研究開発費比率の推移

（%）
12.0
10.0
8.0
6.0
4.0
2.0
0.0
2013 2014 2015 2016 2017 2018 2019 2020 2021 2022

アメリカ　日本　ドイツ
英国　フランス　イタリア
韓国　オーストラリア

出典：「OECD：Main Science and Technology Indicators」
「SIPRI Military Expenditure Database ©SIPRI 2023」

（注1）：各国の国防研究開発費は「OECD：Main Science and Technology Indicators」に掲載された各国の研究開発費及び国防関係予算比率から算出。ただし中国については記載されていない。
（注2）：数値はOECDの統計によるもので、国により定義が異なる場合があり、このデータのみを持って各国比較する場合には留意が必要。
（注3）：2023年5月31日時点で2022年のデータが確認できた日本、アメリカ、ドイツについては、2022年まで記載。

2 防衛技術基盤の強化の方向性

従来、防衛省自らが行う研究開発事業で装備品などを創製することが一般的であったが、最先端の科学技術が加速度的に進展することに伴って、防衛技術と民生技術の区別が困難になってきている。このような科学技術の急速な進展が安全保障のあり方を根本的に変化させる中、わが国の官民の高い技術力を結集し、従来の考え方にとらわれず、安全保障分野に幅広くかつ積極的に活用することが重要である。そのため、防衛省の外部で行われている研究開発にも目を向け、有望な先端技術を見出し、育成し、活用して早期に装備品などの創製につなげるための取組を行い、防衛技術基盤の強化を推進する。

- 有望な技術の発掘

先端技術を発掘するため、平素からの技術に関する情報収集・分析を行うと共に、「安全保障技術研究推進制度」（4項2参照）により、将来の防衛用途につながることを期待し、大学や研究機関及びスタートアップ企業などから広く研究課題を公募して、革新的・萌芽的な技術を発掘する取組を推進している。また、民生における先端技術を発掘して、その成果を安全保障分野において積極的に活用するためには、スタートアップ企業や国内の研究機関などとの連携が必要不可欠であることから、関係者の理解と協力を得つつ、広くアカデミアを含む最先端の研究者の参画促進などに取り組む。

「先進技術の橋渡し研究」（4項2参照）により、有望な先進技術を早期に発掘、育成して、技術成熟度を引き上げることで装備品などの研究開発に適用する取組を推進している。

- 早期装備化に向けた取組

装備品の研究開発を加速して早期装備化を図るため、先進的な技術を装備品の研究開発に使用可能なレベルまで向上させる取組として、「ゲーム・チェンジャーの早期実用化に資する取組」（4項2参照）を推進している。

3 研究開発に関する取組

1 研究開発体制の強化

近年、民生技術の進展が著しく、それらの先端技術が将来の戦闘様相を一変させ得ると考えられている。米国や中国をはじめとする各国が競って様々な民生技術の育成に多額の投資を行っていることは、経済的競争力のみならず、安全保障上の優位性をもたらすものと考えられる。また、技術、特に先端技術は、様々な分野に活用されることがあり得る。こうしたことからも、従来考えられていたような、防衛用途と民生用途を区分けし、防衛用途に使い得る民生技術という意味での「デュアル・ユース」[1]という概念により技術を区分することは、徐々に難しくなってきているといってよい。すべての民生の先端技術が防衛を含む安全保障に用いられ得る時代へと変化していると考えるべきである。わが国が保有する幅広い分野の技術にも目を向け、これらを進展させ、活用することにより、優れた防衛装備品の創製が可能となる。

民生の先端技術を取り込み、将来の戦い方を変革する革新的な装備品などを生み出す機能を抜本的に強化するため、2024年度以降に、新たな研究機関を防衛装備庁に創設することとしており、政策・運用・技術の面から統合的に先進技術の活用を検討・推進する体制を拡充する。

2021年4月に、防衛装備庁に技術シンクタンク機能を実現するため、同庁の研究者（研究職技官）と、最先端技術に知見を有する民間の第一線の研究者（特別研究官）で構成する活動体を創設した。本機能は、将来のわが国の防衛にとって重要となる技術の調査・分析を行い、新たな戦い方やゲーム・チェンジャーを発案することを主な任務としており、研究職技官が、将来の戦い方とそれを実現するための技術をマッチングし、特別研究官がこの技術の調査や助言を行うという、官民コラボレーションによる新たな取組を推進している。

1 民生用にも防衛用にもどちらにも使うことができる技術

2　研究開発の短縮化

テクノロジーの進化が安全保障のあり方を根本から変えようとしていることから、諸外国は先端技術を活用した兵器の開発に注力している。防衛省においても、新たな領域に関する技術や、AIなどのゲーム・チェンジャーとなり得る最先端技術など、戦略的に重要な装備・技術分野において技術的優越を確保できるよう、将来的に有望な技術分野への重点化及び研究開発プロセスの合理化などにより、研究開発期間の大幅な短縮を図ることとしている。

具体的には、島嶼防衛用高速滑空弾、モジュール化UUV (Unmanned Underwater Vehicle)、スタンド・オフ電子戦機などについては、研究開発期間を大幅に短縮させるため、装備品の研究開発を段階的に進めるブロック化、モジュール化などの取組を活用することとしている。また、将来潜水艦にかかる研究開発について、既存の潜水艦を種別変更した試験潜水艦を活用し、試験評価の効率化を図ることとしている。さらに、AIやレーザーなどの新しい技術については、運用者が使用方法をイメージできるように防衛装備庁で実証を行うとともに、企業などから技術的実現可能性に関する情報を早期に収集し、十分な分析を行うことで、将来の装備品の能力を具体化することとしている。

また、新たな手法として、試作品を速やかに部隊に配備し、運用のフィードバックを得つつ装備品としての完成度を高めていく手法、いわゆるアジャイル型の研究開発手法を導入することで、研究開発期間の飛躍的な短縮化を図ることとしている。

3　次期戦闘機の開発

わが国の防衛にとって、航空優勢を将来にわたって確保するためには、最新鋭の優れた戦闘機を保持し続けることが不可欠である。このため、2035年頃から退役が始まる予定のF-2戦闘機の後継機である次期戦闘機については、わが国主導を実現すべく、数に勝る敵に有効に対処できる能力を前提に、将来にわたって適時適切な能力向上が可能となる改修の自由や高い即応性などを実現する国内生産・技術基盤を確保するよう開発していくことが必要である。次期戦闘機の開発については、この実現のため、2020年10月、戦闘機全体のインテグレーションを担当する機体担当企業として、2020年度事業に関し三菱重工業株式会社と契約を締結し、開発に着手した。

その上で、日英伊3か国で機体の共通化の程度にかかる共同分析を行い、その結果を踏まえ、3か国は共通の機体を開発することに合意し、2022年12月、3か国首脳は「グローバル戦闘航空プログラム（GCAP (Global Combat Air Programme)）」を発表した[2]。これは、3か国の技術を結集し、開発コストやリスクを分担しつつ、将来の航空優勢を担保する優れた戦闘機を共同開発するものである。この協力は、各国の産業界の協力を促すとともに、次期戦闘機の量産機数の増加、国際的に活躍する次世代エンジニアの育成、デジタル設計などの先進的な開発・製造手法の導入などわが国の防衛産業・技術基盤を維持強化する。

また、基本的価値を共有し、ともに米国の同盟国である日英伊3か国の協力は、今後何世代にもわたり、英伊両国との幅広い協力の礎となるとともに、インド太平洋地域及び欧州地域の平和と安定に大きく貢献するものである。なお、同年12月、米国は、英国及びイタリアとわが国の次期戦闘機の開発に関する協力を含め、わが国が行う、志を同じくする同盟国やパートナー国との間の安全保障・防衛協力を支持することを発表した。また、日米間においては、次期戦闘機をはじめとした装備を補完できる、無人航空機などの自律型システムについての具体的な協力を2023年中に開始することで一致した。

次期戦闘機のイメージ

2　グローバル戦闘航空プログラムに関する共同声明（2022年12月9日）

解説 次期戦闘機の日英伊共同開発

一国の防衛にとって「航空優勢」の確保は諸作戦を実施するうえでの大前提であり、将来の航空優勢の確保を巡って各国とも、国際共同開発を含め、優れた戦闘機の開発や調達にしのぎをけずっています。

このため、防衛省は、2020年から国際協力を視野にわが国主導の次期戦闘機開発に着手するとともに、英国、イタリアとの間で共同開発の可能性を追求してきました。

次期戦闘機はこれまでの戦闘機にはない高度なネットワーク戦闘を実現できる、いわゆる第5世代戦闘機を超える最先端の技術の結晶です。その共同開発は、開発コストの分担といったコスト面の効果に加え、共同開発国との安全保障・防衛協力の抜本的な強化をもたらすものです。また、開発後、数十年に及ぶ戦闘機の運用期間を考えれば、今後、何世代にもわたる協力を約束するものとなります。さらに、防衛分野にとどまらず、国際的に活躍する次世代エンジニアの育成や社会全般への幅広い波及効果も期待される事業ともいえます。

このような意義を踏まえれば、昨年末の日英伊首脳による共同声明において次期戦闘機の共同開発事業がGCAP (Global Combat Air Programme) と名付けられたように、わが国と価値観を同じくする英伊との戦闘機の共同開発は、インド太平洋と欧州を結ぶ世界の安定と繁栄の礎となる事業といっても過言ではありません。

共同開発事業が開始されてから半年以上が過ぎますが、既に、本年3月に史上初の日英伊防衛大臣会談が東京で実施されたことに加え、3か国の政府や企業の技術者、オペレーター達が、東京や小牧で、ロンドンやウォートンで、ローマやトリノで、熱意を持って、将来の改修の自由の確保や国内防衛生産・技術基盤の一層の高度化を視野に、2035年までに次期戦闘機を開発するという目標に向けた議論を行っています。

F-2の退役開始が見込まれる2035年に初号機を配備するというスケジュールは、戦闘機開発のスケジュールとしては決して長いものではなく、この間に3か国で様々な課題を乗り越えていくことが必要となるでしょう。防衛省としては、いかなる課題があろうとも「飛行機は向かい風に向かって飛ぶ」という言葉を胸に、この一大事業の成功に向け官民のオールジャパンの体制で取り組んでいきたいと考えています。

GCAPの模型

日英伊防衛相会談
(企業トップと共に)

資料：次期戦闘機の開発について
URL：https://www.mod.go.jp/j/policy/defense/nextfighter/index.html

VOICE The next-generation fighter aircraft: Towards the day of take-off －次期戦闘機が飛び立つ日－

防衛装備庁プロジェクト管理部事業監理官（航空機担当）付事業監理官補佐
防衛事務官　竹内　稚乃

次期戦闘機の共同開発を実現するためには、技術面のみならず、各国の国内法令、産業の状況などを踏まえた政策面・制度面の検討が不可欠です。名古屋という航空機産業の盛んな地で生まれ育った私は、今、次期戦闘機チームの一員として、ローマとロンドンを行き交い、政策面、制度面からこの新しい航空機の開発に携わっています。

毎日のようにビデオ会議で調整し、さらに日英伊を互いに訪問し、企業も交えて国際的な協議を行っています。言語や文化の異なる英国やイタリアとの協議、さらには外国企業の視察といった経験は、自分を成長させてくれる刺激的なものであり、未知の飛行機を飛び立たせるために、各国の人々が協力するという素晴らしい機会を与えてくれるものでもあります。今後、協業の進展とともに、このような国境を超えたつながりはより一層深まっていきます。

安全保障環境が厳しさを増す中で、防衛省のあり方も変化が求められており、この日英伊の協力もこれまでにない新しい取組の一つです。私のような事務官、技術的な観点からプロジェクト管理を担う技官、運用者である航空自衛官、設計・製造を担う企業の職員といったこのプロジェクトに携わる幾千もの人の想いを乗せたこの戦闘機が飛び立つ日を楽しみに、日々の業務に邁進していきます。

ローマにて英伊政府職員と協議する筆者（左から2番目）

4　先端技術の活用

将来にわたって技術的優越を確保し、他国に先駆け、先進的な能力を実現するため、民生先端技術を幅広く取り込む研究開発を行い、防衛用途に直結できる技術を対象に重点的に投資し、早期技術獲得を目指すことが重要である。

例えば、AIを活用した戦闘支援無人機、複数のドローンに対処可能な高出力マイクロ波（HPM（High Power Microwave））照射技術、経空脅威に低コストで、より速やかに対応が可能な高出力レーザーやレールガン、無人化・省人化を推進するための無人水中航走体（UUV）、無人車両（UGV（Unmanned Ground Vehicle））、無人水上航走体（USV（Unmanned Surface Vehicle））など、ゲーム・チェンジャーとなり得る最先端技術の研究開発を進めている。

4　民生技術の積極的な活用

1　国内外の関係機関との技術交流や関係府省との連携の強化

先進的な民生技術を取り込み、効率的な研究開発を行うため、防衛装備庁と国立研究開発法人等の研究機関との間で、研究協力や技術情報の交換などを積極的に実施している。

国内においては、「統合イノベーション戦略2022」（令和4年6月3日閣議決定）を踏まえ、先端技術の活用による優れた防衛装備品の創製や効率的、効果的な研究開

図表IV-1-2-2 国立研究開発法人等との主な技術交流

No.	協力相手	主な協力分野・協力技術
①	宇宙航空研究開発機構(JAXA)	航空宇宙分野 ●極超音速飛行技術 ●超広帯域電磁波観測技術
②	情報通信研究機構(NICT)	電子情報通信分野 ●サイバーセキュリティ技術 ●量子暗号通信
③	海洋研究開発機構(JAMSTEC)	海洋分野 ●海洋無人機システム ●水中移動体通信
④	海上保安庁	●短波帯表面波レーダー
⑤	山口県産業技術センター	水中無人機分野 ●水中画像を用いたセンシング技術

発を行うため、総合科学技術・イノベーション会議[3](CSTI: Council for Science, Technology and Innovation)などをはじめとする関係府省庁とは平素から緊密に連携を行っている。また、同戦略を推進するために設置された統合イノベーション戦略推進会議[4]に積極的に参画し、関係府省や国立研究開発法人、産業界、大学などとの一層の連携を図っている。

参照 図表IV-1-2-2(国立研究開発法人等との主な技術交流)

また、政府内の取組として、民生分野の取組を進める関係府省と、防衛省とがお互いに連携することが有効である。安保戦略においても、研究開発などに関する資金及び情報を政府横断的に活用するべく体制を強化するとしており、この戦略に基づいて、政府一丸で取り組んでいくことが重要である。

具体的には、AIや量子技術といった多義性を有する先端分野について、経済安全保障重要技術育成プログラムなどにより、国が重点的に後押しし、得られた研究開発成果は安全保障分野の強化にも円滑につなげていく。このほか、関係省庁が実施する研究開発と防衛省の研究開発ニーズをマッチングし、防衛力の強化への貢献が期待できる技術の開発を加速する仕組みを創設していく。

さらに、国外においては、同盟国・同志国との技術交流や技術者同士の人的交流を引き続き積極的に進めていくとともに、様々な場を活用して意見交換などを継続し、多様な可能性を検討していくこととしている。

2 革新的・萌芽的な技術の発掘・育成

防衛分野での将来における研究開発に資することを期待し、目的指向の基礎研究を公募・委託する「安全保障技術研究推進制度」(競争的研究費制度)を実施しており、2022年度までに142件の研究課題を採択[5]している。2023年度も、引き続き革新的・萌芽的技術の発掘・育成を推進することとしている。

なお、本制度が対象とする基礎研究においては、研究者の自由な発想こそが革新的、独創的な知見を獲得するうえで重要であり、研究の実施にあたっては、学会などでの幅広い議論に資するよう研究成果を全て公開できるなど、研究の自由を最大限尊重することが必要である。よって、本制度では、防衛省が研究に介入したり研究成果の公表を制限することはなく、防衛省が研究成果を秘密に指定することや研究者に秘密を提供することもない。研究成果については、既に学会発表や学術雑誌への掲載などを通じて公表されている。

本制度などを通じて、先進的な民生技術を積極的に活用することは、将来にわたって国民の命と平和な暮らしを守るために不可欠であるのみならず、米国防省高等研究計画局(DARPA: Defense Advanced Research Projects Agency)による革新的な技術への投資が、インターネットやGPSの誕生など民生技術を含む科学技術全体の進展に寄与してきたように、防衛分野以外でもわが国の科学技術イノベーションに寄与するものである。防衛省としては、引き続き、こうした観点から関連する施策を推進していくとともに、本制度が学問の自由と学術の健全な発展を確保していることの周知に努めることとしている。

また、2020年度から、「安全保障技術研究推進制度」で得られた基礎研究の成果などの中から、有望な先進技術を早期に発掘、育成し、技術成熟度を引き上げて装備品の研究開発に適用する「先進技術の橋渡し研究」も開始している。2023年度も、将来的なゲーム・チェンジャーとなり得る装備品の創製につなげることを目指し、「先進技術の橋渡し研究」を大幅に拡充し実施するこ

3 内閣総理大臣、科学技術政策担当大臣のリーダーシップのもと、各省より一段高い立場から総合的・基本的な科学技術・イノベーション政策の企画立案及び総合調整を行うことを目的とした「重要政策に関する会議」の一つ。
4 内閣官房長官のリーダーシップのもと、全ての国務大臣が参加し、「統合イノベーション戦略2019」(令和元年6月21日閣議決定)に盛り込まれた項目のうち、特にイノベーション関連の司令塔間で調整の必要がある事項について、点検・整理などを行い、横断的かつ実質的な調整・推進を実施することを目的とした会議
5 「安全保障技術研究推進制度」(競争的研究費制度)の採択研究課題については、防衛装備庁HPを参照(https://www.mod.go.jp/atla/funding.html)

図表Ⅳ-1-2-3　安全保障技術研究推進制度の2022年度新規採択研究課題

	研究課題名	概要	研究代表者所属機関
【大規模研究課題（タイプS）】11件	飛沫中のウイルスを検出するグラフェン共振質量センサの研究	本研究では、架橋グラフェン上に吸着した分子の質量を高感度で計測する共振質量センサと特異性の高いDNAアプタマー※1を組み合わせて、空気中のバイオエアロゾルを高感度に検出する環境測定型ウイルスセンサに関する基礎研究を行い、これまで難しかった環境中のウイルスの可視化を目指します。	豊橋技術科学大学
	マルチマテリアル接着接合を用いた航空機実現のための基礎研究	本研究では、マルチマテリアル接着接合に取り組み、接着界面における接合メカニズムを解明するとともに、接着力が発現する/失われるメカニズムの探求、実際の運用を模擬した環境における検査技術の確立および接着接合の耐久性検証試験を通じて、信頼できるマルチマテリアル接着構造の実現を目指します。	宇宙航空研究開発機構
	データ科学と単粒子診断法を融合した新規赤外蛍光体開発の高速化	本研究では、単粒子診断法を基盤技術に、データ科学とスマートラボラトリ技術の融合を図ることで、効率的に探索領域を拡大し、これまでに無い革新的な蛍光体材料開発法の確立を通じて新蛍光体を開発し、光センシング技術に必要な高輝度・広帯域の新規蛍光体光源の実現を目指します。	物質・材料研究機構
	レーザー推進による衛星の運動制御のための宇宙用レーザーの開発	本研究では、姿勢や軌道制御ができなくなってデブリ化した衛星の除去に資するため、レーザーアブレーション※2により発生する推力について、様々なレーザー照射条件で実験的に研究を行い、従来よりも短時間でデブリの除去が可能な宇宙用のピコ秒およびフェムト秒レーザーを開発することを目指します。	理化学研究所
	マイクロ流体チップによる新規生物学的影響評価法に関する研究	本研究では、ミニ臓器内蔵マイクロ流体チップに関して、ミニ臓器形成に適した生体高分子培養基材を創出し、複数のミニ臓器を多孔質化したチップ内で形成・連結させ、微量化学物質の影響や臓器間作用を評価し、データベース化することで、AIによるリスク判定を可能とする基礎基盤を確立することを目指します。	量子科学技術研究開発機構
	水中自律航行システムに向けた画像解析による位置推定手法の開発	本研究では、水中自律移動体のための音響以外の手法による位置推定について、SfM※3を発展させた移動量推定「MEfI（Motion Estimate from Image）」と、画像地図を用いて、画像の特徴量をAIで処理する相対自己位置推定「REfI（Relative self-position Estimate from Image）」の2つの手法を確立させ、これらの実装および精度検証を行います。	いであ（株）
	高速及び低電圧動作EMP※4防護素子とその回路に関する基礎研究	本研究では、高速デジタル信号で動作するマイクロエレクトロニクスを被防護対象とした対Electromagnetic pulse（EMP）防護技術の実用化に向けて、回路挿入時の並列容量が小さく、動作電圧が低い非線形抵抗素子の実現を目指すとともに、その素子の実状況での使用を考慮に入れた基礎的な実証実験ならびに電気回路シミュレーションを実施します。	音羽電機工業（株）
	水中航走体用レーザ通信に向けた光トラッキング技術の研究開発	本研究では、移動中の水中航走体に対する長距離海中レーザ通信を実現するため、リングレーザのフォトンを検知して移動中の水中航走体を捉える粗追尾と、リングレーザの中心に据えた通信用レーザ光源のフォトンを検知してレーザ光軸合わせと通信を行う精追尾を複合した、光トラッキング技術の研究開発を行います。	ソフトバンク（株）
	有機正極二次電池の充放電機構の解明と高エネルギー密度化の研究	本研究では、現行のリチウムイオン電池より大幅に軽量化が可能な有機正極二次電池に着目し、その充放電機構の解明や、課題であるサイクル特性と高容量の両立に取り組み、長時間滞空可能な無人飛行機等への適用を目指します。	ソフトバンク（株）
	波長・空間選択性に優れた量子カスケード素子の研究	本研究では、光の波長と伝搬を制御可能なフォトニック結晶を利用した、面型量子カスケードレーザならびに面型量子カスケード検出器の素子を開発し、これらを組み合わせた動作を実現させ、高速・高感度な中赤外域検出を目指します。	（株）東芝
	海中通信・センシング向けの高性能配向圧電セラミックの基礎研究	本研究では、従来送受波器より小型で高い音響性能の実現に向けて、PZT※5系圧電セラミックおよび無鉛系圧電セラミックの配向化により、優れた性能を有する圧電セラミック材料を研究開発し、圧電振動子に適用可能な高性能配向圧電セラミック材料を実現することを目指します。	日本電気（株）
【小規模研究課題（タイプA・C）】13件	新たなデータ同化手法を使った海中水温・塩分推定／予測手法研究	本研究では、海中水温・塩分の推定に対して新たな機械学習手法を使うことで、新しい面的な海面高度情報を効率的に用い、初期値の決定精度の飛躍的向上をはかるデータ同化手法及びデータ予測手法を確立することを目指します。	宇宙航空研究開発機構
	革新的SiCヘテロ接合技術を使った高周波デバイスの基礎研究	本研究は、産総研が開発した炭化珪素（SiC）ヘテロ接合技術をベースとし、次世代高速通信用の高電子移動度トランジスタ（High Electron Mobility Transistors：HEMTs）を作製し、ヘテロ接合界面の2次元電子ガスの特性支配因子を原子レベルで解明することを目指します。さらにこの接合技術を大口径ウエハーへ展開するとともに、SiC-HEMTsの動作実証を目指します。	産業技術総合研究所
	ワイアレスな量子鍵配送のためのポータブル固体量子光源の開発	本研究では、次世代情報通信技術に応用可能な高性能量子光源の開発について、半導体量子ドットの作製技術を高度化し、液体窒素温度でも安定に光る量子ドットの実現と、量子もつれ光子対の発生を実証し、大型冷凍機なしで動作するポータブルな量子光源を実現することを目指します。	物質・材料研究機構
	CMC※6強化材用高耐熱性ジルコニア連続繊維の量産プロセスの確立	本研究では、SiC/SiCより耐環境性に優れる酸化物系CMCの実現に向け、より高温における強度に優れたジルコニア連続繊維の開発を進めます。さらに、ジルコニア連続繊維の大量生産プロセスからCMC化までの基本プロセスを確立し、それらを統合することを目指します。	物質・材料研究機構
	3D積層造形プロセスのマルチフィジックスシミュレーション技術	3D積層造形プロセスは、ジェットエンジン部材等の製造技術として利用が広まっており、単結晶組織実現が大きな研究課題となっています。マルチフィジックスシミュレーション技術を開発し、部材の形状を考慮した温度場や凝固組織等の予測により、単結晶組織を実現するための最適条件を明らかにします。実部材開発へ応用可能な基礎技術の確立を目指します。	物質・材料研究機構
	光ファイバDAS※7と微動探査による地盤モニタリング手法の開発	本研究では、大都市が立地する堆積平野の地盤リスク評価手法の高度化を目指し、光ファイバDASと、微動探査や地震波干渉法を融合した解析手法を開発し、高密度・高精度な広域での詳細地盤モニタリングのための基礎的な基盤技術を開発します。	防災科学技術研究所
	全脳ネットワークを活用した革新的脳ダイナミクスイメージング法	本研究では、全脳ネットワークダイナミクスモデルを活用した電流源推定法の開発により、非侵襲でありながら、脳深部活動を含めた全脳の神経集団活動を高い時間・空間分解能で可視化する「革新的脳ダイナミクスイメージング手法」を開発します。	（株）国際電気通信基礎技術研究所
	極超音速飛行における可変機構の耐熱性・気密性向上に関する研究	本研究では、弾性変形金属シールについて、耐熱性と気密性を各段に向上させることが可能なシール技術に関する基礎研究を実施し、極超音速エンジンの一部に適用することを目指します。	（株）ネッツ
	小型衛星用マルチ加速モード同軸スラスタの基礎研究	本研究では、宇宙機用推進システムの小型軽量化、低コスト化の実現に向けて、一つの推進システムで加速モードを使い分けることにより、化学推進のような大推力作動と、電気推進のような低燃費作動の両方ができるようなスラスタの基礎研究を行います。	宇宙航空研究開発機構
	軟磁性材料の高強度・高延性化に向けた欠陥磁気物性の計測と設計	本研究では、モーターの芯材や電子機器等に広く用いられている軟磁性材料について、転位に局在する磁性に着目し、高強度・高延性と低履歴効果を両立させうる格子欠陥の磁気特性制御と、その実空間イメージングを行うことを目指します。	物質・材料研究機構
	グラフェンのスピン誘起ディラック電子とスピン拡散長の可視化	本研究では、試料に電圧印加しながら高空間分解能でスピン分解光電子分光を行う計測システムを開発します。本装置を用いてスピントロニクスの主要材料となることが期待されるグラフェンのスピン伝導について検証します。材料の動作環境におけるスピン偏極電子の深い理解につながることが期待されます。	物質・材料研究機構
	海洋状況把握（MDA※8）等に適用可能な革新的画像処理技術の研究	本研究では、夜間に人工衛星から撮像された光学画像から、人の目では判別できない程度の明るさの海上船舶等を、自動的かつ確実に検出する新たな画像処理アルゴリズムを生成・開発し、昼夜を問わず海洋状況把握を可能にすることを目指します。	川崎重工業（株）
	EHD※9ポンプによるヒレ推進魚ロボットの研究	本研究では、海洋調査、海難事故対応、海洋防衛など多目的に応用可能な静音型、省電力消費の魚型ロボット開発に向けて、実用に適したEHDアクチュエータの開発および揺動型ヒレ推進機構を備えた魚ロボットの開発を行います。	（株）テムザック

※1　DNAアプタマー：特定の物質と特異的に結合する核酸分子
※2　レーザーアブレーション：固体や液体の表面にレーザー光を照射したとき、表面の構成物質が爆発的に放出される現象
※3　SfM：Structure from Motion（カメラで撮影した2次元画像から被写体等の3次元情報を推定する方法）
※4　EMP：ElectroMagnetic Pulse（電磁パルス。電子機器を損傷・破壊する、強力なパルス状の電磁波）
※5　PZT：Lead Zirconate Titanate（チタン酸ジルコン酸鉛）
※6　CMC：Ceramic Matrix Composite（セラミックス基複合材料）
※7　DAS：Distributed Acoustic Sensing（分散型音響センシング）
※8　MDA：Maritime Domain Awareness
※9　EHD：Electrohydrodynamics（電気流体力学現象）

としている。

加えて、装備品の研究開発を加速するため、2022年度から、民間企業に研究を委託し、企業の有する先進的な技術を装備品の研究開発に使用可能なレベルまで向上させる取組として、「ゲーム・チェンジャーの早期実用化に資する取組」を開始した。

参照　図表IV-1-2-3（安全保障技術研究推進制度の2022年度新規採択研究課題）

3　早期装備化のための新たな取組

自衛隊の現在及び将来の戦い方に直結できる分野のうち、特に政策的に緊急性・重要性の高い事業について、5年以内の装備化、おおむね10年以内に本格的運用するための枠組みを新設する。

解説　早期装備化に向けた新たな取組

人工知能や次世代情報通信技術など急速に進展する先端技術は、将来の戦闘様相を一変させ得ると考えられており、こうした技術を取り入れた装備品の早期実用化が、わが国の防衛力の抜本的強化を図る上で、急務となっています。

このため、防衛関連企業などからの提案や、スタートアップ企業や国内の研究機関・学術界などとの緊密な連携を通じて、装備品の早期実用化に向けて、先端技術を積極的に活用することがこれまで以上に重要になっています。

防衛省では、現在、政策担当者や運用者、研究者からなる省内横断的なチームのもと、先端技術を取り入れた装備品の早期実用化を目指す制度を試行的に運用しているところですが、新たに策定された防衛戦略や整備計画を踏まえ、こうした枠組みの実効性をさらに高め、先端技術の活用を加速化していく考えです。

動画：研究開発事業の戦略的な発信
URL：https://www.youtube.com/watch?v=VarOnKziYbM

資料：安全保障技術研究推進制度について
URL：https://www.mod.go.jp/atla/funding.html

第3節　防衛装備・技術協力と防衛装備移転の推進

わが国は、自国の安全保障、平和貢献・国際協力の推進及び技術基盤・産業基盤の維持・強化に資するよう、防衛装備移転三原則に基づき、諸外国との防衛装備・技術協力を推進している。

前安保戦略に基づき、新たな安全保障環境に適合する明確な原則として、2014年4月に「防衛装備移転三原則[1]」及びその運用指針が策定された。防衛省としては、この三原則のもと、これまで以上に平和貢献・国際協力に寄与するとともに、同盟国たる米国及びそれ以外の諸国との防衛協力を積極的に進めることを通じ、地域の平和と安定を維持し、わが国を守り抜くための必要な諸施策を積極的に推進していくこととしている。

防衛装備品の海外への移転は、三文書においても、その推進について記述しており、特にインド太平洋地域における平和と安定のために、力による一方的な現状変更を抑止して、わが国にとって望ましい安全保障環境の創出や、国際法に違反する侵略や武力の行使又は武力による威嚇を受けている国への支援などのための重要な政策的手段となる。

こうした観点から、安全保障上意義が高い防衛装備移転や国際共同開発を幅広い分野で円滑に行うため、防衛装備移転三原則や運用指針をはじめとする制度の見直しについて検討する。その際、三つの原則そのものは維持しつつ、防衛装備移転の必要性、要件、関連手続の透明性の確保などについて十分に検討する。また、防衛装備移転を円滑に進めるため、基金を創設し、安全保障上の観点から適切なものとするために、装備移転にかかる仕様及び性能の調整を行うために必要な資金の交付を行うことなどにより、官民一体となって防衛装備移転を進めることとしている。

こうした防衛装備移転については、2014年の防衛装備移転三原則の策定後、完成品の装備移転の実現に加え、民生品の製造業における高い技術水準や産業競争力などを背景として、米国のみならず、英国やオーストラリアなどの先進国を中心に、国際共同研究などを進めてきており、また、現在、艦艇、航空機、レーダーなどについて、諸外国から装備移転の引き合いを受けているところである。

参照　資料63（防衛装備移転三原則）

1　防衛装備移転三原則

1　防衛装備移転三原則の内容

(1) 移転を禁止する場合の明確化（第一原則）

防衛装備の海外への移転を禁止する場合を、①わが国が締結した条約その他の国際約束に基づく義務に違反する場合、②国連安保理の決議に基づく義務に違反する場合、又は③紛争当事国への移転となる場合とに明確化した。

(2) 移転を認め得る場合の限定並びに厳格審査及び情報公開（第二原則）

移転を認め得る場合を、①平和貢献・国際協力の積極的な推進に資する場合、又は②わが国の安全保障に資する場合などに限定し、透明性を確保しつつ、仕向先及び最終需要者の適切性や安全保障上の懸念の程度を厳格に審査することとした。また、重要な案件については国家安全保障会議で審議し、あわせて情報の公開を図ることとした。

(3) 目的外使用及び第三国移転にかかる適正管理の確保（第三原則）

防衛装備の海外移転に際しては、適正管理が確保される場合に限定し、原則として目的外使用及び第三国移転についてわが国の事前同意を相手国政府に義務付けることとした。ただし、平和貢献・国際協力の積極的な推進のため適切と判断される場合、部品などを融通し合う国

1　「防衛装備移転三原則」の名称は、例えば、自衛隊が携行するブルドーザなどの被災国などへの供与にみられるように、移転の対象となり得るものが、平和貢献・国際協力にも資するものであることなどから「防衛装備」の文言が適当であり、また、貨物の移転に加えて技術の提供が含まれることから「輸出」ではなく「移転」としたものである。

際的なシステムに参加する場合、部品などをライセンス元に納入する場合などにおいては、仕向先の管理体制の確認をもって適正な管理を確保することも可能とした。

参照　資料64（防衛装備移転三原則の運用指針）

2　米国との防衛装備・技術協力関係の深化

1　共同研究・開発など

わが国は、米国との間で、1992年以降、25件の共同研究と1件の共同開発を実施している。現在は、5件の共同研究（①部隊運用におけるジェット燃料及び騒音への曝露（ばくろ）の比較、②高耐熱性ケース技術、③次世代水陸両用技術、④日米間のネットワーク間インターフェース、⑤モジュール型ハイブリッド電気駆動車両システムにかかる共同研究）を実施している。また、2022年9月の日米防衛相会談において、極超音速技術に対抗するための技術について、共同分析の進捗を踏まえ、要素技術・構成品レベルでの日米共同研究の検討を開始することで合意し、防衛省及び防衛装備庁と米ミサイル防衛庁を中心に検討を加速させている。

2022年12月には、次期戦闘機をはじめとした装備を補完できる、無人航空機などの自律型システムに関する具体的な協力を2023年中に開始することで一致している。

このほか、2014年7月以降、ペトリオットPAC-2の部品などの米国への移転について、国家安全保障会議において、海外移転を認め得る案件に該当することを確認している。

参照　Ⅲ部1章4節2項（ミサイル攻撃などへの対応）、資料30（日米共同研究・開発プロジェクト）

2　日米共通装備品の生産・維持整備

(1) F-35A戦闘機生産への国内企業の製造参画及び整備拠点の設置

わが国は、2011年12月、F-35A戦闘機をF-4戦闘機の後継機とし、一部の完成機輸入を除き国内企業が製造に参画することなどを決定した[2]。これを踏まえ、わが国は、2013年度以降のF-35A戦闘機の取得に際して、国内企業の製造参画を図り、これまで、機体及びエンジンの最終組立・検査（FACO（Final Assembly and Check Out））や関連部品の製造参画の取組を行ってきた。

2019年度以降の取得に際しては、厳しい財政状況を踏まえ、完成機輸入を原則としつつ、より安価な手段がある場合には見直すこととされた。しかし、その後の製造企業による経費低減の取組などにより、国内企業が最終組立・検査を実施する方が、完成機輸入に比べてより安価となることが確認されたため、2019年度から2027年度までの取得については、国内企業が最終組立・検査を実施した機体を取得することとしている[3]。

また、F-35戦闘機が全世界的に運用されることから、米国政府は、北米・欧州・アジア太平洋地域に機体・エンジンを中心とした整備拠点（リージョナル・デポ）を設置することとした。

2014年12月に、米国政府によって選定されたアジア太平洋地域におけるわが国のF-35戦闘機の機体の整備拠点は、2020年7月から愛知県にある三菱重工業小牧南工場において運用を開始した。また、エンジンの整備拠点については、2018年初期までにオーストラリアに設置し、その3～5年後、追加所要に対応するためわが国にも設置すること[4]を決定した旨、2014年12月に米国政府が公表したことから、現在運用開始に向けて準備中である。

F-35戦闘機の製造に国内企業が継続して参画することや、機体及びエンジンなどの整備拠点を国内に設置し、アジア太平洋地域での維持整備に貢献することは、国内の防衛生産・技術基盤の維持・育成・高度化に資するものであるとともに、わが国のF-35A戦闘機の運用支援体制の確保、日米同盟の強化、インド太平洋地域における装備協力の深化といった観点から、有意義である。

2　2018年12月、F-35A戦闘機の取得数については、42機から147機とし、新たな取得機のうち42機については、短距離離陸・垂直着陸機能を有する戦闘機の整備に替え得るものとすることが決定された。

3　2019年12月に2019年度及び2020年度の、2020年12月に2021年度の、2021年12月に2022年度の、2022年12月に2023年度から2027年度までのF-35A戦闘機の取得について、それぞれ、より安価な手段であることが確認された国内企業が参画した製造とすることが決定された。

4　わが国におけるエンジンのリージョナル・デポは、株式会社IHI（東京都：瑞穂工場）を予定

(2) 日米オスプレイの共通整備基盤の確立に向けた取組

米海軍は、普天間飛行場に配備されている米海兵隊オスプレイの定期機体整備のため、2015年10月、整備企業として富士重工業株式会社[5]を選定し、2017年2月から、陸自木更津駐屯地において定期機体整備が開始され、2023年3月末時点で5機の整備が完了し、4機を整備中である。

防衛省としては、①陸自オスプレイ（V-22）[6]の円滑な導入、②日米安保体制の円滑かつ効果的な運用、③整備の効率化の観点から、木更津駐屯地の格納庫を整備企業に使用させ、米海兵隊オスプレイの整備とともに、将来のV-22の整備を同駐屯地で実施することにより、日米オスプレイの共通の整備基盤を確立していくこととしている。木更津駐屯地での共通の整備基盤の確立は、日米ガイドラインに掲げる「共通装備品の修理及び整備の基盤の強化」の実現と沖縄の負担軽減に資するものとして、極めて有意義である。

3　新たな防衛装備・技術協力の構築

1　諸外国との防衛装備・技術協力など

装備品に関する協力は、構想から退役まで半世紀以上に及ぶ取組であることを踏まえ、防衛装備の海外移転や国際共同開発を含む、装備・技術協力の取組の強化を通じ、相手国軍隊の能力向上や相手国との中長期にわたる関係の維持・強化を図る[7]。特に、防衛協力・交流・訓練・演習、能力構築支援などの他の取組とも組み合わせることで、これを効果的に進める。その際、就役から相当年数が経過し、拡張性などに限界がある装備品の早期用途廃止、早期除籍などの活用による同志国への移転を検討することとしている。

参照　図表Ⅳ-1-3-1（諸外国との主な防衛装備・技術協力（イメージ））、資料40（各種協定締結状況）

(1) オーストラリア

オーストラリアとの間では、2014年12月、日豪防衛装備品・技術移転協定[8]が発効した。

また、同年11月には、科学技術者交流計画に係る取決めに署名し、技術者の相互派遣の枠組みを整理した。この枠組みに基づき、2021年よりオーストラリア国防科学技術グループへの日本側からの技術者派遣を開始した。

なお、2021年5月には「船舶の流体性能及び流体音響性能に係る日豪共同研究」及び「複数無人車両の自律化技術に係る日豪共同研究」も開始しており現在も継続中である。

2023年2月には、オーストラリアで開催されたアバロン国際航空ショーに空自C-2輸送機が参加し、わが国の技術力を発信した。

2017年10月、2019年6月に続き、2022年5月には、第3回目となる日豪防衛装備・技術協力共同運営委員会を開催し、日豪間で防衛装備・技術協力をさらに推進していくための方策などについて、さらなる検討を行うなど、日豪両国の防衛装備・技術協力の進展を図っている。

さらに、2021年11月には、日豪宇宙・サイバーシンポジウムが初めて開催され、宇宙・サイバー分野を中心とした日豪両国の産業や防衛装備技術について相互に理解を深めた。

参照　Ⅲ部3章1節2項1（オーストラリア）

(2) インド

インドとの防衛装備・技術協力は、日印の特別な戦略的グローバル・パートナーシップに基づく重要な協力分野と位置づけられており、2015年12月の日印首脳会談において日印防衛装備品・技術移転協定[9]の署名が行われ、2016年3月に発効した。

また、これまでに計6回の防衛装備・技術協力に関する事務レベル協議を開催するなど、デュアル・ユースを

5　2017年4月1日に、株式会社SUBARUに社名を変更

6　陸自では、CH-47JA輸送ヘリコプターの輸送能力を巡航速度や航続距離などの観点から補完・強化できるティルト・ローター機（オスプレイ（V-22））を17機導入することとし、佐賀空港における施設整備が完了するまでの一時的な処置として、木更津駐屯地に暫定的に配備することとしている。

7　2023年5月現在、わが国は、防衛装備品・技術移転協定を、米国、英国、オーストラリア、インド、フィリピン、フランス、ドイツ、マレーシア、イタリア、インドネシア、ベトナム、タイ、スウェーデン及びアラブ首長国連邦（UAE）と締結している。（参照　資料40各種協定締結状況）

8　正式名称：防衛装備品及び技術の移転に関する日本国政府とオーストラリア政府との間の協定

9　正式名称：防衛装備品及び技術の移転に関する日本国政府とインド共和国政府との間の協定

図表IV-1-3-1　諸外国との主な防衛装備・技術協力（イメージ）

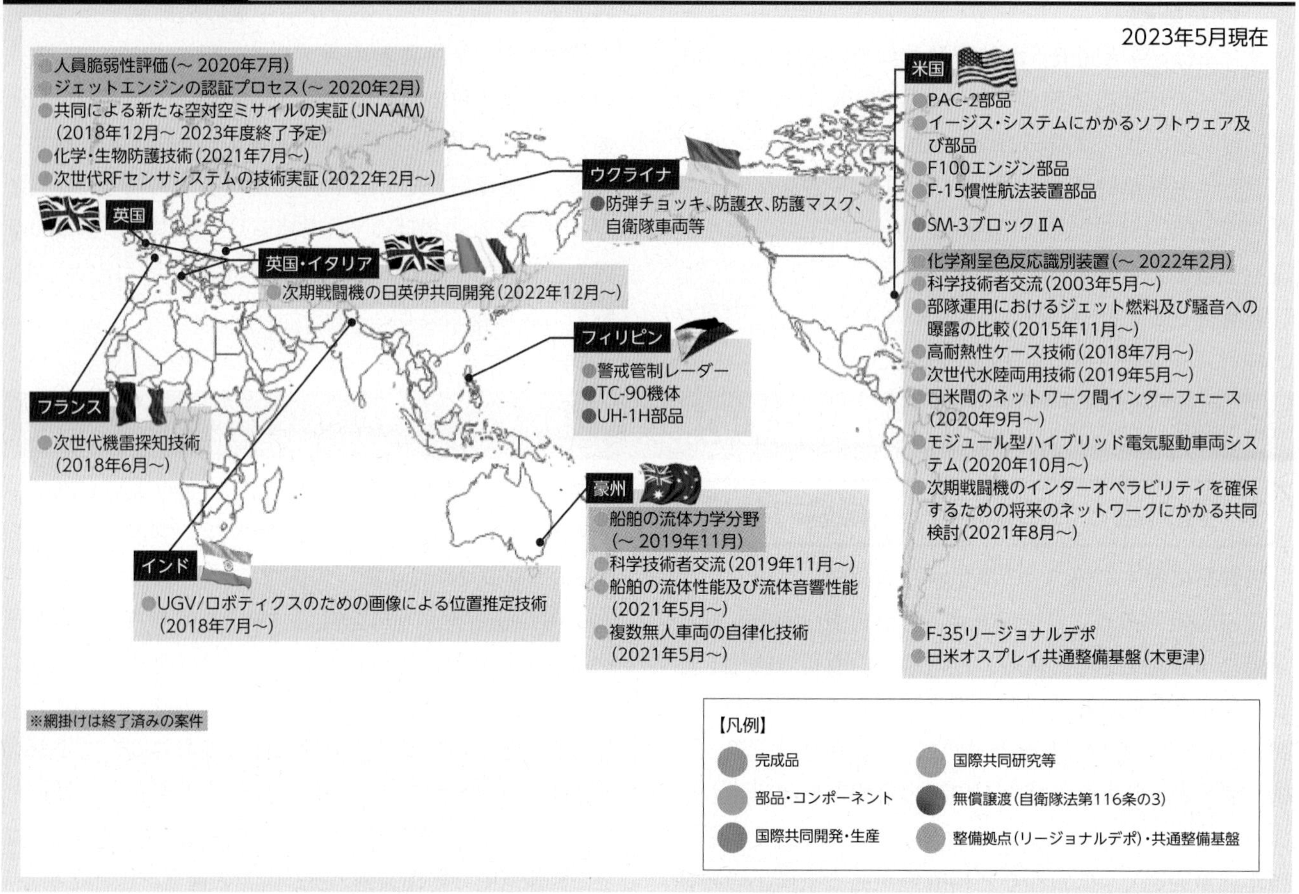

2023年5月現在

英国
- 人員脆弱性評価（～ 2020年7月）
- ジェットエンジンの認証プロセス（～ 2020年2月）
- 共同による新たな空対空ミサイルの実証（JNAAM）（2018年12月～ 2023年度終了予定）
- 化学・生物防護技術（2021年7月～）
- 次世代RFセンサシステムの技術実証（2022年2月～）

ウクライナ
- 防弾チョッキ、防護衣、防護マスク、自衛隊車両等

英国・イタリア
- 次期戦闘機の日英伊共同開発（2022年12月～）

フランス
- 次世代機雷探知技術（2018年6月～）

インド
- UGV/ロボティクスのための画像による位置推定技術（2018年7月～）

フィリピン
- 警戒管制レーダー
- TC-90機体
- UH-1H部品

豪州
- 船舶の流体力学分野（～ 2019年11月）
- 科学技術者交流（2019年11月～）
- 船舶の流体性能及び流体音響性能（2021年5月～）
- 複数無人車両の自律化技術（2021年5月～）

米国
- PAC-2部品
- イージス・システムにかかるソフトウェア及び部品
- F100エンジン部品
- F-15慣性航法装置部品
- SM-3ブロックIIA
- 化学剤呈色反応識別装置（～ 2022年2月）
- 科学技術者交流（2003年5月～）
- 部隊運用におけるジェット燃料及び騒音への曝露の比較（2015年11月～）
- 高耐熱性ケース技術（2018年7月～）
- 次世代水陸両用技術（2019年5月～）
- 日米間のネットワーク間インターフェース（2020年9月～）
- モジュール型ハイブリッド電気駆動車両システム（2020年10月～）
- 次期戦闘機のインターオペラビリティを確保するための将来のネットワークにかかる共同検討（2021年8月～）
- F-35リージョナルデポ
- 日米オスプレイ共通整備基盤（木更津）

※網掛けは終了済みの案件

【凡例】
完成品
部品・コンポーネント
国際共同開発・生産
国際共同研究等
無償譲渡（自衛隊法第116条の3）
整備拠点（リージョナルデポ）・共通整備基盤

含む防衛装備・技術協力案件の形成に向け協議を実施している。2018年7月には「UGV[10]／ロボティクスのための画像による位置推定技術に係る共同研究」を開始した。

さらに、2019年2月には同国とは2回目となる「日印・官民防衛産業フォーラム」をベンガルールにおいて開催するなど、日印両国の防衛装備・技術協力に関する議論が進展している。

参照　III部3章1節2項2（インド）

(3) 英国

英国との間では、2013年7月、日英防衛装備品・技術移転協定[11]の署名・発効に至り、2014年7月に日英防衛装備・技術協力運営委員会を初開催し、定期的に協議を行っている。

2013年7月、米国以外の国とは初めてとなる化学・生物防護技術にかかる共同研究を開始し2017年7月に成功裏に完了したほか、3件の研究[12]を開始し、それぞれ成功裏に完了した。なお、2018年12月には「共同による新たな空対空ミサイルの実証に係る日英共同研究」、2021年7月には、新たな「化学・生物防護技術に係る日英共同研究」をそれぞれ開始した。また、2018年3月に開始した「次世代RFセンサシステムの実現可能性に係る共同研究」は、2022年2月に「次世代RFセンサシステムの技術実証に係る共同研究」に移行しており、次期戦闘機への適用も視野に現在も継続中である。

次期戦闘機の開発については、日英伊3か国は共通の機体を開発することに合意し、3か国首脳は「グローバル戦闘航空プログラム（GCAP）」を発表し、2023年3月には、日英伊防衛相会談を実施した。
Global Combat Air Programme

参照　III部3章1節2項3（1）（英国）

10　UGV（Unmanned Ground Vehicle）とは、陸上無人車両のことを指す。

11　正式名称：防衛装備品及び他の関連物品の共同研究、共同開発及び共同生産を実施するために必要な武器及び武器技術の移転に関する日本国政府とグレートブリテン及び北アイルランド連合王国政府との間の協定

12　「共同による新たな空対空ミサイルの実現可能性に係る日英共同研究」（2014年11月開始、2018年3月完了）、「人員脆弱性評価に係る共同研究」（2016年7月開始、2020年7月完了）、「ジェットエンジンの認証プロセスに係る共同研究」（2018年2月開始、2020年2月完了）

(4) フランス

フランスとの間では、2014年1月、防衛装備品協力及び輸出管理措置に関する委員会をそれぞれ設置し、2016年12月には、日仏防衛装備品・技術移転協定[13]が発効した。また、2018年1月の第4回日仏「2+2」においては、次世代機雷探知技術に関する協力の早期開始を確認し、同年6月、次世代機雷探知技術にかかる共同研究を開始した。

また、2022年6月、「ユーロサトリ2022」に防衛装備庁のブースを出展した。

参照　Ⅲ部3章1節2項3（2）（フランス）

ユーロサトリ2022におけるブースの様子

(5) ドイツ

ドイツとの間では、2017年7月、日独防衛装備品・技術移転協定[14]に署名し、発効した。

参照　Ⅲ部3章1節2項3（3）（ドイツ）

(6) イタリア

イタリアとの間では、2019年4月、日伊防衛装備品・技術移転協定[15]が発効した。また、同年1月には、欧州で初となる「日伊・官民防衛産業フォーラム」を開催し、さらに日伊防衛装備・技術協力に関する課長級協議の枠組みを設置した。

次期戦闘機の開発については、日英伊3か国は共通の機体を開発することに合意し、3か国首脳は「グローバル戦闘航空プログラム（GCAP）」を発表し、2023年3月には、日英伊防衛相会談を実施した。

参照　Ⅲ部3章1節2項3（4）（イタリア）

(7) スウェーデン

スウェーデンとの間では、2022年12月、日スウェーデン防衛装備品・技術移転協定[16]に署名し、発効した。

参照　Ⅲ部3章1節2項6（2）（スウェーデン）

(8) ウクライナ

2022年2月のロシアによるウクライナ侵略を受けて、ウクライナ政府からの装備品等の提供要請を踏まえ、自衛隊法に基づき非殺傷の物資を防衛装備移転三原則の範囲内で提供するべく、同年3月8日に国家安全保障会議において、防衛装備移転三原則の運用指針を一部改正し、同年3月から、防弾チョッキ、鉄帽（ヘルメット）、防寒服、天幕、カメラ、衛生資材・医療用資器材、非常用糧食、双眼鏡、照明器具、個人装具、防護マスク、防護衣、小型のドローンを自衛隊機などにより輸送し、ウクライナ政府への提供を実施した。また、ウクライナ政府からの要請を踏まえ、民生車両（バン）などを追加提供した。さらに、2023年5月の日・ウクライナ首脳会談において、岸田内閣総理大臣からゼレンスキー大統領に対し、ウクライナ側の要請を踏まえ、新たに100台規模のトラックなどの自衛隊車両及び約3万食の非常用糧食を提供することを伝達した。

参照　Ⅲ部3章1節2項7（1）（ウクライナ）、資料64（防衛装備移転三原則の運用指針）

ウクライナへの自衛隊車両の引き渡し式

13 正式名称：防衛装備品及び技術の移転に関する日本国政府とフランス共和国政府との間の協定
14 正式名称：防衛装備品及び技術の移転に関する日本国政府とドイツ連邦共和国政府との間の協定
15 正式名称：防衛装備品及び技術の移転に関する日本国政府とイタリア共和国政府との間の協定
16 正式名称：防衛装備品及び技術の移転に関する日本国政府とスウェーデン王国政府との間の協定

(9) ASEAN諸国

ASEAN諸国との間では、日ASEAN防衛当局次官級会合などを通じて、人道支援・災害救援や海洋安全保障など、非伝統的安全保障分野における防衛装備・技術協力について意見交換がなされており、参加国からは、これらの課題に効果的に対処するため、わが国からの協力に期待が示されている。2016年11月の日ASEAN防衛担当大臣会合の際にわが国が表明した「ビエンチャン・ビジョン」において、ASEAN諸国との防衛装備・技術協力に関しては、①装備品・技術移転、②人材育成、③防衛産業に関するセミナーなどの開催を3つの柱として進めることとした。

具体的な取組として、インドネシアとの間では、2021年3月に東京で開催された第2回日インドネシア「2＋2」において、日インドネシア防衛装備品・技術移転協定[17]に署名し、即日発効した。

ベトナムとの間では、2016年11月の日越防衛次官級協議において、「防衛装備・技術協力に関する定期協議の実施要領（TOR）」に署名した。また、2019年5月の日越防衛相会談の際に、具体的な分野などを示した「防衛産業間協力の促進の方向性にかかる日ベトナム防衛当局間の覚書」が署名された。その後、2021年9月の岸防衛大臣（当時）のベトナム訪問に際し、両国間で防衛装備品・技術移転協定[18]に署名し、発効した。

（TOR: Terms of Reference）

また、2022年12月に「ベトナムディフェンスエキスポ2022」に防衛装備庁のブースを出展するとともに、日越官民防衛産業フォーラムを実施した。

シンガポールとの間では、2022年6月、日星首脳会談において、防衛装備品及び技術移転に関する協定の締結に向けた交渉の開始について合意した。

フィリピンとの間では、2016年4月に日フィリピン防衛装備品・技術移転協定が発効した後、2018年3月までに、計5機の海自練習機（TC-90）をフィリピン海軍へ引き渡したほか、海自によるパイロットの操縦訓練支援やわが国企業による維持整備の支援を実施した。また、2019年9月までに陸自で不用となった多用途ヘリコプター（UH-1H）の部品などをフィリピン空軍に引き渡した。これら2件の移転は、2017年6月に施行された、不用装備品等の無償譲渡などを可能とする自衛隊法の規定を適用した事例である。（本項2参照）

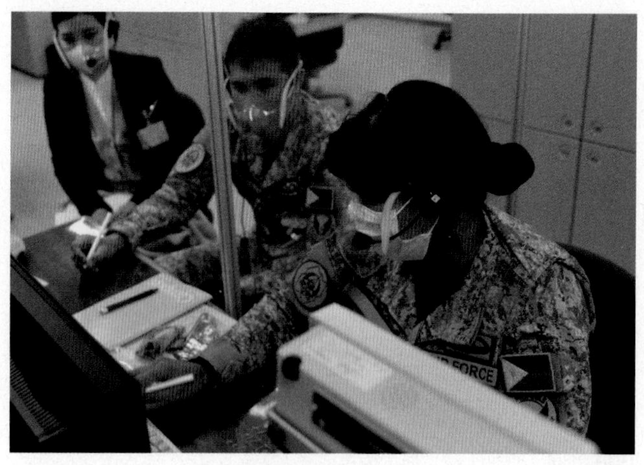

フィリピン空軍の要員に対する教育の様子

加えて、2019年1月には、防衛装備・技術協力に関する事務レベルの定期協議の枠組みを設置した。

2020年8月には、フィリピン国防省と三菱電機株式会社との間で、同社製警戒管制レーダー（4基）を約1億ドルで納入する契約が成立し、2014年の防衛装備移転三原則策定以来、わが国から海外への完成装備品の移転としては初の案件となった。1基目の固定式レーダーについては、わが国国内での製造が完了し、2022年11月にフィリピンへ輸出された。今後、納入に向けて必要な作業が行われる予定である。また、空自においてフィリピン空軍の要員に対する教育支援を実施している。

タイとの間では、2017年11月、防衛装備品・技術移転協定の早期締結を含め今後の二国間の防衛装備・技術協力を促進していくことで一致していたところ、2022年5月、岸田内閣総理大臣のタイ訪問の際に署名し、発効した。[19]

マレーシアとの間では、2018年4月、日マレーシア防衛装備品・技術移転協定[20]に署名し、発効した。

参照 Ⅲ部3章1節2項8（東南アジア（ASEAN）諸国）

資料：警戒管制レーダーの移転に伴う教育支援
URL：https://www.mod.go.jp/j/approach/exchange/area/2023/20230428_phl-j.html

17 正式名称：防衛装備品及び技術の移転に関する日本国政府とインドネシア共和国政府との間の協定
18 正式名称：防衛装備品及び技術の移転に関する日本国政府とベトナム社会主義共和国政府との間の協定
19 正式名称：防衛装備品及び技術の移転に関する日本国政府とタイ王国政府との間の協定
20 正式名称：防衛装備品及び技術の移転に関する日本国政府とマレーシア政府との間の協定

(10) 中東諸国

アラブ首長国連邦（UAE）との間では、2023年5月、中東の国との間では初めてとなる、防衛装備品・技術移転協定[21]に署名した。

イスラエルとの間では、2019年9月、わが国とイスラエル防衛当局間で提供される、防衛装備・技術に関する秘密情報を適切に保護するため、「防衛装備・技術に関する秘密情報保護の覚書」[22]に署名した。

ヨルダンとの間では、2019年に陸自の退役済み61式戦車1両を無償で貸し付けるとともに、ヨルダン側からヨルダンで開発された装甲車が陸自へ贈呈された。こうしたやり取りを受け、防衛省において、式典を開催し、覚書の署名・交換が行われたほか、ヨルダン王立戦車博物館において、貸し付けた陸自61式戦車の除幕及び説明パネルの設置が実施された。

参照　Ⅲ部3章1節2項12（中東諸国）

2　開発途上国装備協力規定の新設

わが国を取り巻く安全保障環境が厳しさを増す中、わが国と安全保障・防衛上の協力・友好関係にある国が適切な能力を備え、安全保障環境の改善に向けて国際社会全体として協力して取り組む基盤を整えることが重要である。

この点、経済規模や財政事情により独力では十分な装備品を調達できない友好国の中には、以前から、不用となった自衛隊の装備品を活用したいとのニーズがあった。

こうした中、友好国のニーズに応えていくため、自衛隊で不用となった装備品を、開発途上地域の政府に対し無償又は時価よりも低い対価で譲渡できるよう、財政法第9条第1項[23]の特例規定を自衛隊法に新設し、2017年6月から施行されている。

なお、この規定により無償又は時価よりも低い対価で譲渡できるようになった場合においても、いかなる場合にいかなる政府に対して装備品の譲渡などを行うかについては、防衛装備移転三原則などを踏まえ、個別具体的に判断されることとなる。また、譲渡した装備品のわが国の事前の同意を得ない目的外使用や第三者移転を防ぐため、相手国政府との間では国際約束を締結する必要がある。

4　部外転用

航空機は防衛分野と民生分野で共通する技術基盤が多く、民生分野の活性化に資する施策を講じることが、わが国の航空機の産業基盤の維持・活性化、防衛産業基盤の維持・強化につながるという観点から、防衛省では、防衛省が開発した航空機の民間転用について検討を進めてきた。

これまで民間転用の制度設計に向けた指針をまとめ、民間転用を希望する企業の申請に関する制度を整備し、P-1哨戒機のF7-10エンジンやUS-2救難飛行艇の民間転用に向けた技術資料など、企業の申請を受けて開示してきた。また、F7-10エンジンについては、2016年に、防衛装備庁と製造会社である株式会社IHIとの間で、JAXAへの販売に向けた民間転用契約を初めて締結し、2019年にJAXAへ納入された。

防衛装備移転三原則の策定後、航空機以外の装備品も諸外国政府から引き合いがあることなどを踏まえ、その呼称を民間転用から部外転用に改め、2018年に手続規則の整備を行った。2019年にSH-60K（能力向上型）用自動操縦装置用飛行制御装置処理部及びSH-60K用着艦誘導支援装置の部外転用に向けた技術資料などを企業の申請を受けて開示した。

5　国際防衛装備品展示会への出展

防衛装備庁では、国際防衛装備品展示会への出展を実施し、わが国の防衛装備に関する施策や高い技術力を発

21　正式名称：防衛装備品及び技術の移転に関する日本国政府とアラブ首長国連邦政府との間の協定
22　正式名称：防衛省とイスラエル国防省との間の防衛装備・技術に関する秘密情報保護の覚書
23　財政法（昭和22年法律第34号）第9条第1項：国の財産は、法律に基づく場合を除くほか、これを交換しその他支払手段として使用し、又は適正な対価なくしてこれを譲渡し若しくは貸し付けてはならない。

信している。このような取組は、各国政府関係者などのわが国の装備政策や技術力に対する理解を深め、防衛装備・技術協力推進のための基盤の形成に寄与している。

「ユーロサトリ2022」においては、装備品の国際共同開発・生産が主流となっていることにかんがみ、完成品の移転のみならず、コンポーネント・部品の供給を通じた協力を積極的に進めるべきとの考えから、レーダーや戦闘車両などの構成品レベルでの技術力の高さを幅広くアピールした。

また、「ベトナムディフェンスエキスポ2022」では、海洋、輸送、人道支援・災害救護・海洋監視などの地上展示を通じ、わが国の舶用工業製品などに象徴される高い技術力などについて広く情報発信した。国内では、2023年3月に開催された「DSEI Japan 2023」において、多用途ヘリコプター（UH-2）などの実機、除染VRシアターや戦闘糧食試食などの体験、日英伊3カ国による次期戦闘機の共同開発をテーマにした展示並びに防衛戦略に示された抜本的な防衛力強化及び国際協力強化の取組についての情報発信を行った。

DSEI Japan 2023におけるブースの様子

6　防衛装備品の適切な海外移転に向けた官民連携

防衛装備品の海外移転について、整備計画では、政府が主導し、官民の一層の連携のもとに装備品の適切な海外移転を推進するとしている。これまで防衛装備庁、商社、製造企業の連携のもとで、相手国の潜在的なニーズを把握して提案に向けた活動を行う「事業実現可能性調査」を、2020年度から実施している。

また、わが国と相手国との間で、両国の防衛当局と企業が一堂に会して、防衛装備品の海外移転に関する意見交換を行う「官民防衛産業フォーラム」を、2017年8月のインドネシアでの開催をはじめ、これまでに、インド、ベトナム、オーストラリア、イタリア、フィリピンを合わせた計6か国において実施している。

わが国国内においても、各国への海外移転に関する官民の知識向上を図る取組として、「防衛装備移転に関するウェビナー」を開催し、諸外国との民間ビジネス分野での事例や防衛装備・技術協力の現状を学ぶ機会を創出している。2020年12月の初開催以降、インド、ベトナム、マレーシアに引き続き、2022年10月には装備品輸出実績が豊富な欧米諸国における装備品を輸出する側の制度や経験について、ウェビナーを行った。

さらに、かねてより防衛産業から要望が寄せられていた官民間での海外移転に関する情報共有の場として、2022年3月にWeb上にポータルサイトを整備し、海外移転を進める防衛関連企業を対象として、各国の調達制度やわが国の防衛装備移転制度などの情報提供を行っている。

7　装備品にかかる重要技術の流出防止

国際的な防衛装備・技術協力の推進にあたっては、装備品にかかる重要技術の流出を防ぐため、産業保全の強化、機微技術・知的財産管理の強化に取り組んでいくこととしている。

参照　1節2項2（2）イ（イ）（産業保全の強化）、1節2項2（2）イ（ウ）（機微技術・知的財産管理の強化）

資料：防衛装備庁が防衛装備・技術協力の推進のため海外に発信しているリファレンスガイド及びプロモーション動画（英語版）
URL：https://www.mod.go.jp/atla/en/policy/defense_equipment.html#guides_and_movies

第4節　装備品の最適化の取組

1　合理的な装備体系の構築のための取組

人口減少・少子高齢化の急速な進展や厳しい財政事情を踏まえれば、領域横断作戦に対応できる十分な能力を獲得するためには、装備体系の合理化などにかかる取組を一層推進することが必要不可欠である。

整備計画では、重要度の低下した装備品の運用停止、費用対効果の低いプロジェクトの見直しなどを行うこととしている。特に、陸自については、航空体制の最適化のため、一部を除き師団・旅団の飛行隊を廃止し、各方面隊にヘリコプター機能を集約する。また、対戦車ヘリコプター（AH-1S）及び戦闘ヘリコプター（AH-64D）や観測ヘリコプター（OH-1）の機能を多用途／攻撃用無人機（UAV）及び偵察用無人機（UAV）などに移管し、今後、用途廃止を進める。その際、島嶼防衛やゲリラ・特殊部隊への対処などのため、既存ヘリコプターの武装化などにより最低限必要な機能を保持する。

海自については、広域での洋上監視能力強化のため、滞空型無人機（UAV）を取得することに伴い、固定翼哨戒機（P-1）の取得数を一部見直す。護衛艦（「いずも」型）への戦闘機（F-35B）の搭載等、艦載所要の見直しにより、哨戒ヘリコプター（SH-60K（能力向上型））の取得数を一部見直す。また、多用機（U-36A）は民間会社への訓練支援の委託により用途廃止する。

空自については、保有機種の最適化のため、要救助者の位置特定が容易な新型救命無線機の導入により初動を担う救難捜索機（U-125A）などの用途廃止を進める。

2　限られた人材を最大限有効に活用するための取組（無人化・省人化）

わが国を取り巻く厳しい安全保障環境及び人口減少・少子高齢化の急速な進展を踏まえれば、限られた人材を最大限有効に活用して防衛力を最大化することが重要である。整備計画では、人口減少と少子高齢化を踏まえ、無人化・省人化・最適化を徹底していくこととしている。

1　無人化の取組

整備計画では、防衛装備品の無人化・省人化を推進するため、既存の装備体系・人員配置の見直しを進める。無人水中航走体（UUV）等にかかる技術の獲得については、管制型試験無人水中航走体（UUV）から被管制用無人水中航走体（UUV）を管制する技術などの研究を実施し、水中領域における作戦機能を強化することとしている。また、有人車両から複数の無人車両（UGV）をコントロールする運用支援技術や自律的な走行技術に関する研究及び次期戦闘機などの有人機と連携する戦闘支援無人機（UAV）についても研究開発を推進することとしている。
Unmanned Aerial Vehicle

長期運用型UUV

2　省人化の取組

整備計画では、省人化した護衛艦（FFM[1]）を早期に増勢することや水上艦艇のさらなる省人化・無人化を実現するため、無人水上航走体（USV）に関する技術などの研究を継続することとしている。

1　多様な任務への対応能力の向上と船体のコンパクト化を両立させた新たな護衛艦

3 ライフサイクルを通じたプロジェクト管理

1 重点的なプロジェクト管理による最適な装備品の取得

装備品の高度化・複雑化により、装備品のライフサイクル（構想、研究・開発、量産・配備、運用・維持など）全体のコストが増加傾向にある中、品質が確保された装備品を適切な経費で必要とする時期までに効率的かつ計画的に取得するには、ライフサイクル全体を通じた取得の効率化と、それを実現するための組織的な管理体制が極めて重要である。このため、防衛装備庁の設置（2015年10月）以来、同庁プロジェクト管理部が重要な装備品を選定したうえでライフサイクルを通じたプロジェクト管理を実施し、最適な装備品の取得の実現に向けた取組を推進している。

具体的には、プロジェクト管理対象装備品（以下「対象装備品」という。）として、2023年3月末時点で、22品目のプロジェクト管理重点対象装備品と13品目の準重点管理対象装備品[2]を選定している。また、プロジェク

図表IV-1-4-1　プロジェクト管理重点対象装備品及び準重点管理対象装備品

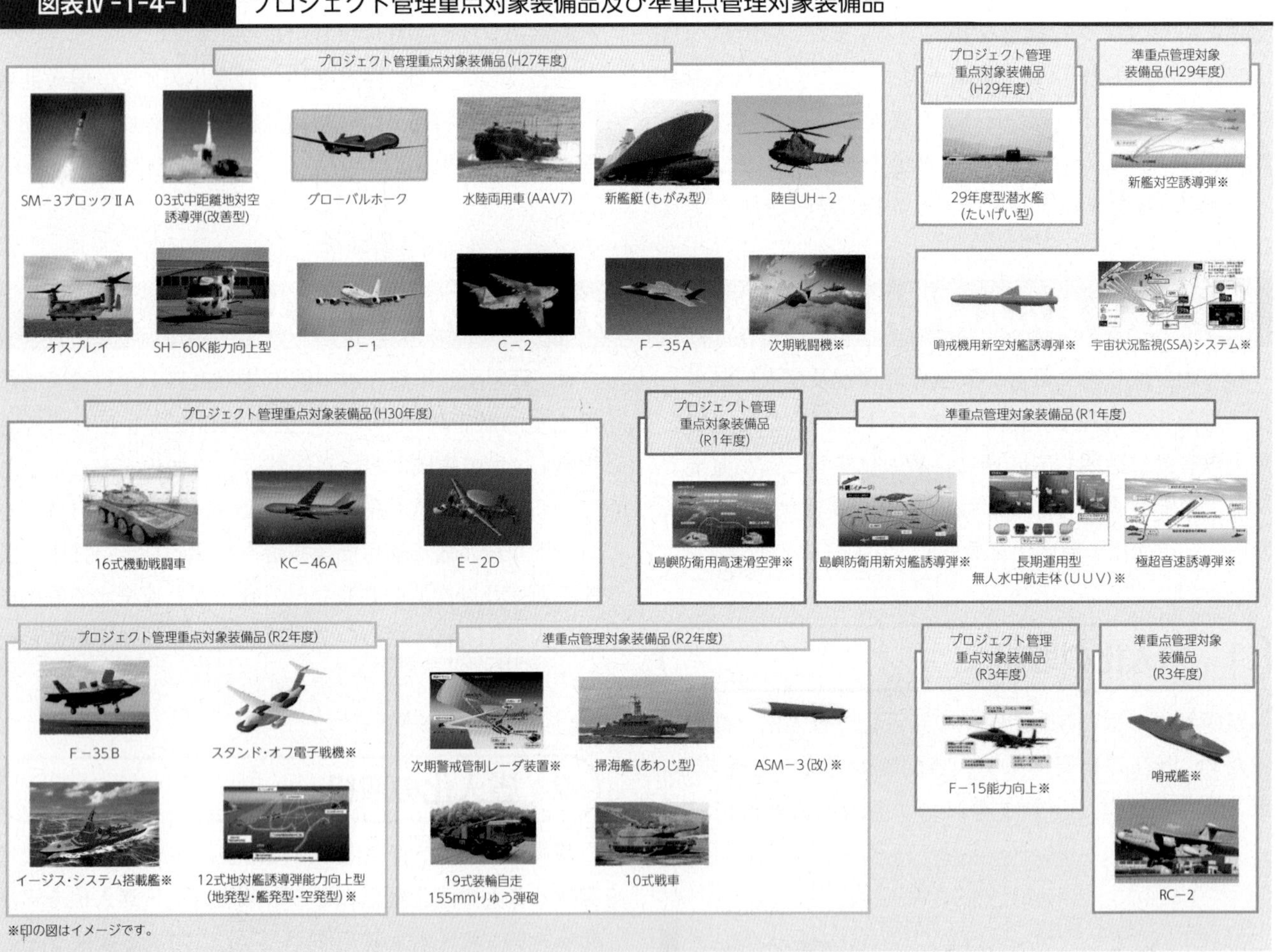

資料：プロジェクト管理について
URL：https://www.mod.go.jp/atla/soubiseisaku_project.html

2　プロジェクトマネージャーの指名及び統合プロジェクトチームの設置は行わないものの、プロジェクト管理重点対象装備品と同様に、機能・性能やコスト、スケジュールなどに関するリスクに着目し、プロジェクト管理を実施する特定の装備品を指す。

ト管理重点対象装備品については、専属の担当官としてプロジェクトマネージャー（PM）を指名した後、省内関連部署の職員で構成される統合プロジェクトチーム（IPT）などによるプロジェクト管理を実施している。

Project Manager / Integrated Project Team

また、2023年3月末時点の対象装備品の35品目は、これまでに取得プログラムの目的や取得方針、ライフサイクルコストなど、計画的にプロジェクト管理を進めるために必要な基本的事項を定めた「取得戦略計画」及び「取得計画」（以下「対象装備品の計画」という。）を策定している。

さらに、原則、毎年度、対象装備品の計画の実施状況を確認したうえで、分析及び評価を実施し、これを基に適宜、対象装備品の計画を見直すなど、最新の状況を反映した適切なプロジェクト管理の推進に努めている。また、2023年3月の取得プログラムの分析及び評価は、対象装備品の計画を策定してきたもののうち35品目に対して実施した。

参照　図表Ⅳ-1-4-1（プロジェクト管理重点対象装備品及び準重点管理対象装備品）

2　プロジェクト管理推進・強化のための取組

(1) これまでの取組

プロジェクト管理を推進、強化するために次の取組を行っている。

ア　WBSによるコスト・スケジュールの管理

一部の国内生産の装備品などについては、装備品などの構成要素（WBS[3]）ごとに作業の進捗状況、経費の発生状況などを可視化できるマネジメント手法の導入を推進している。2020年4月からは、共同履行管理型インセンティブ契約制度を活用し、コスト上昇やスケジュール遅延を早期に察知して、迅速な対応を行うなど、官民共同でのコスト・スケジュール管理に努めている。（4項3参照）

Work Breakdown Structure

イ　コスト見積り精度向上に関する手法の検討

ライフサイクルコストの見積りは、これまでに開発又は導入した類似装備品の実績コストデータから推定している。見積り精度の向上には、より多くのデータに基づき推定する必要があるため、コストデータベースを構築し、コストデータの収集とそのデータベース化を推進している。

ウ　専門知識の習得・発展

プロジェクトマネージャーなどのマネジメント能力のさらなる向上や、プロジェクト管理に携わる人材育成のため、海外や民間におけるプロジェクト管理手法の研修などを定期的に実施している。

(2) 今後の取組

装備品の効果的・効率的な取得を一層推進するためには、装備品のライフサイクルを通じたプロジェクト管理の実効性及び柔軟性の向上が必要である。このため、整備計画では、さらなる装備品の効果的・効率的な取得の取組として、長期契約の適用拡大による装備品の計画的・安定的な取得を通じてコスト低減を図り、企業の予見可能性を向上させ効率的な生産を促すことに加え、他国を含む装備品の需給状況を考慮した調達、コスト上昇の要因となる自衛隊独自仕様の絞り込みなどを行うこととしている。

4　契約制度などの改善

1　取得制度の見直し

防衛省では、環境の変化に迅速に対応するため、2007年から「総合取得改革推進プロジェクトチーム」会合を、2010年からは有識者による「契約制度研究会」において取得制度の検討を行っている。2016年度からは、検討結果を確実に具現化するため、特別研究官制度[4]を活用している。

2　長期契約など

装備品の製造には長期間を要することから、一定数量

3　プロジェクト管理を行うため、事業において創出する成果物について、その進捗や費用を管理可能な単位（構成品や役務など）にまで詳細化し、体系付けした階層構造のこと

4　実務を行う防衛省職員の視点だけでなく、経営学・経済学の分野で提唱されている理論なども踏まえ、効果的な取得制度の見直しを図るため、この分野を専門とする大学准教授などを非常勤職員として招へいし、防衛装備品の取得制度に資する研究を実施する制度

を一括で調達しようとする場合、5年を超える契約が必要になるものが多い。また、装備品や役務については、①防衛省のみが調達を行っていること、②それらを供給する企業が限られていることなどから、スケールメリット[5]が働きにくく、企業としても高い予見可能性をもって計画的に事業を進めることが難しいという特殊性がある。

このため、財政法において原則5か年度以内とされている国庫債務負担行為による支出年限について、特定の装備品については、長期契約法[6]の制定により10か年度以内としている。この結果、装備品の安定的な調達が可能となり、計画的な防衛力整備が実現されるとともに、企業側も、将来の調達数量が確約され、人員・設備の計画的な活用と一括発注による価格低減が可能となる。

参照 Ⅱ部4章1節12項（最適化の取組）、Ⅱ部4章3節4項（最適化への取組）

また、PFI法[7]（Private Finance Initiative）などを活用し、より長期の複数年度契約を実施することで、国の支出を平準化し予算の計画的取得及び執行を実現するとともに、受注者側のリスク軽減、新規参入の促進などを通じた装備品調達コストの低減などのメリットを引き出している。

このほか、装備品の特性により競争性が期待できない調達や、防衛省の制度を利用しコストダウンに取り組む企業については、迅速かつ効率的な調達の実施及び企業の予見可能性向上の観点から、透明性・公正性を確保し、対象を類型化・明確化したうえで、随意契約の適切な活用を図っている。

3 調達価格の低減策と企業のコストダウン意欲の向上

装備品の調達においては、市場価格が存在しないものが多く、高価格になりやすいという特性を踏まえ、調達価格の低減と企業のコストダウン意欲の向上を同時に達成することが必要である。

この実現のため防衛装備庁では、2020年4月以降、官民が共同して契約の履行や進捗の管理、コスト管理を行い、コストダウンが図られた場合は一定の割合を企業に還元する、共同履行管理型インセンティブ契約制度を次期戦闘機事業及びスタンド・オフ電子戦機事業に適用している。また、同年4月から企業自らのコストダウンを評価する仕組みとして、価格低減に対して報奨を付与する制度を施行、適用範囲の拡大など、企業のコストダウンをより促す仕組みとなるよう検討を続けている。

5 調達の効率化に向けた取組など

1 効果的・効率的な維持・補給

装備品の定期整備について、安全性の確認を十分に行ったうえでその実施間隔を延伸し、効率化を図っている。また、装備品の可動率の向上と長期的なコスト抑制を図る観点から、PBL（Performance Based Logistics）などの包括契約の拡大に取り組んでいる。

2 装備品取得のさらなる効率化

装備品の取得にあたっては、能力の高い新たな装備品の導入、既存の装備品の延命、能力向上などを適切に組み合わせることにより、必要十分な質・量の防衛力を確保する。その際、研究開発を含む装備品のライフサイクルを通じたプロジェクト管理の強化などによるコストの削減に努め、費用対効果の向上を図る。また、自衛隊の現在及び将来の戦い方に直結できる分野のうち、特に政策的に緊急性・重要性が高い事業については、民生先端技術の取り込みも図りながら、着実に早期装備化を実現することとしている。

参照 Ⅱ部4章1節12項（最適化の取組）、Ⅱ部4章3節4項（最適化への取組）

5 規模を大きくすることにより得られる効果のことであり、例えば、材料の大量購入などにより、単価を低く抑えることができる。
6 特定防衛調達に係る国庫債務負担行為により支出すべき年限に関する特別措置法（2015年4月成立。2019年3月、有効期限を5年間延長する一部改正法成立）
7 民間資金等の活用による公共施設等の整備等の促進に関する法律

3　公正性・透明性の向上のための取組

防衛省では、装備品などの取得にかかる公正性・透明性の向上を図るため、契約の適正化のための措置や、チェック機能の強化のための措置を講じている。

まず、政府全体の取組である「公共調達の適正化」として、防衛省においても総合評価落札方式[8]の導入拡大、入札手続の効率化を継続して実施している。これに加え、防衛関連企業による過大請求事案や装備品の試験結果の改ざん事案などの反省を踏まえた再発防止策として、制度調査の強化や違約金の見直し、監督検査の実効性の確保などを着実に実施しており、これらを通じて不祥事の再発防止、公正性・透明性の向上及び契約の適正化に取り組んでいる。

また、防衛装備庁では、監察・監査部門において内部監察などの一層の充実を図るとともに、防衛監察本部による監察や外部有識者からなる防衛調達審議会における審議などにより、同庁が行う契約について内外から重層的なチェック及び組織内の相互牽制を行っている。さらに教育部門を充実させ、職員に対する法令遵守にかかる教育を徹底することにより、コンプライアンス意識の向上にも努めている。

6　FMS調達の合理化に向けた取組の推進

FMSは、米国の武器輸出管理法などのもと、米国の安全保障政策の一環として同盟諸国などに対して装備品を有償で提供するものである。FMSには、①価格が見積りである、②前払いが原則であり履行後に精算される、③

図表IV-1-4-2　FMSによる装備品等の取得にかかる予算額の推移（契約ベース）

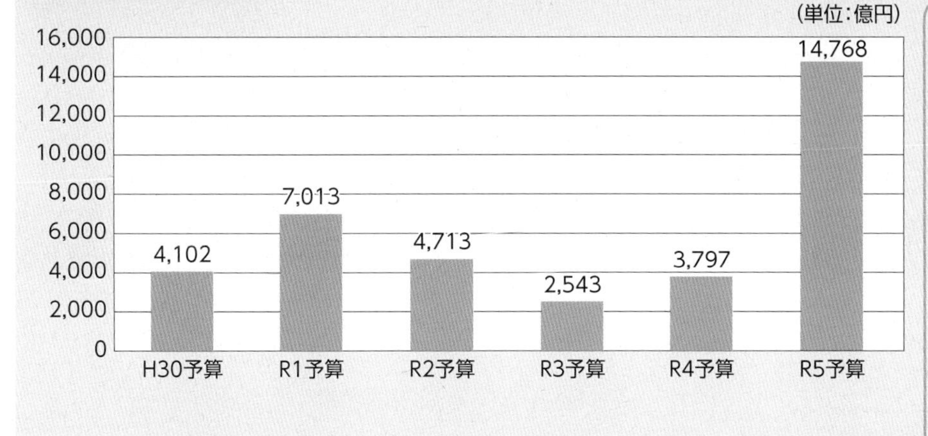

FMSにより取得している主要な装備品

【陸上自衛隊】
V-22オスプレイ

【海上自衛隊】
SM-6
SM-3ブロックⅠB
SM-3ブロックⅡA
トマホーク

【航空自衛隊】
F-15能力向上
F-35A
F-35B
AIM-120（空対空ミサイル）
KC-46A（空中給油・輸送機）
E-2D（早期警戒機）
グローバルホーク

○【参考】FMS調達の代表例　※FMSの金額

F-35A
【ロッキード・マーチン】
R5年度予算：1,069億円

F-35B
【ロッキード・マーチン】
R5年度予算：1,435億円

F-15能力向上
【ボーイング】
R5年度予算：1,135億円

E-2D
【ノースロップ・グラマン】
R5年度予算：1,941億円

8　技術的要素の評価などを行うことが適当であるものについて、価格のみによる自動落札方式とは異なり、価格以外の要素と価格とを総合的に評価して落札者を決定する方式

納期が予定であるなどの特徴があるが、わが国の防衛力を強化するために非常に重要なものである。

一方、FMSについては、納入遅延や精算遅延などの様々な課題があることは事実であり、近年FMS調達額が高水準で推移している中で、日米が協力して改善に努めているところである。

具体的には、2016年以降、防衛装備庁と米国防安全保障協力庁との間でFMS調達をめぐる諸課題について協議を行う会議（SCCM：安全保障協力協議会合（Security Cooperation Consultative Meeting））を7回開催している。

2023年1月の第7回会議においては、今後FMS調達が増加する中、未納入・未精算に関し日米間での履行管理の強化を継続するとともに、未納入・未精算の縮減への取組や価格の透明性の向上に向けた取組を推進していくことを確認した。

さらに、2023年4月に防衛装備庁と米国防省との間で、防衛装備品などにかかる品質管理業務を相互に無償で提供し合う枠組みを締結した。本枠組みにより、FMS調達にかかる品質管理費用が減免され、FMS調達額の縮減及び同盟国である米国との調達分野における協力関係の向上につながり、FMS調達の合理化を推進している。

参照 図表IV-1-4-2（FMSによる装備品等の取得にかかる予算額の推移（契約ベース））

第5節　経済安全保障に関する取組

1　基本的考え方

わが国の平和と安全や経済的な繁栄などの国益を経済上の措置を講じ確保することが経済安全保障であり、経済的手段を通じた様々な脅威が存在していることを踏まえ、わが国の自律性の向上、技術などに関するわが国の優位性、不可欠性の確保などに向けた必要な経済施策を、総合的、効果的かつ集中的に講じていく必要がある。こうした経済安全保障の考え方が新たに安保戦略に記載された。

2　日本政府内の動向

これまでも、わが国は、外為法に基づく対応の強化をはじめ、既存の法制の中で経済安全保障の推進に資する多岐にわたる取組を推進してきた。

2022年5月には、サプライチェーンの強靱化、基幹インフラの安全性・信頼性の確保、先端的な重要技術についての官民協力、特許出願の非公開に関する制度整備を行うことにより、安全保障の確保に関する経済施策を総合的かつ効果的に推進するための「経済施策を一体的に講ずることによる安全保障の確保の推進に関する法律」が成立した。同年8月にはこの法律が順次施行[1]されているところ、2023年4月には、内閣府に政策統括官（経済安全保障担当）が設置され、法律に基づく事務を担当している。

また、2021年度に創設された「経済安全保障重要技術育成プログラム」（以下「K Program」）は、AI、量子などの先端技術を含む研究開発を対象に、内閣官房、内閣府そのほかの関係府省が一体となって、国のニーズを実現する研究開発事業を実施するもので、その研究成果は、民生利用のみならず安全保障を含む公的利用につなげていこうとするものである。2022年には、K Programの支援対象とする重要技術が定められた研究開発ビジョン（第一次）が決定され、このビジョンが定める研究開発課題の公募が順次行われている。このほか、セキュリティ・クリアランスを含むわが国の情報保全の強化に向け、2023年2月、有識者会議が立ち上げられ、検討が進められている。こうした施策を含め、経済安全保障に関する各種措置については、不断に検討・見直しを行い、特に各産業などが抱えるリスクを継続的に点検し、安全保障上の観点から政府一体となって必要な取組を行っていくこととしている。

3　防衛省の取組

安全保障と経済を横断する領域で国家間の競争が激化する中、防衛戦略などに基づくいわば防衛力そのものとしての防衛生産・技術基盤の維持・強化と合わせて、先端技術の保全・育成といった経済安全保障の施策により、わが国の自律性の向上や、わが国の優位性・不可欠性を確保することは極めて重要である。

防衛省は、安全保障担当官庁としてこれまで蓄積してきた防衛生産・技術基盤の維持・強化にかかる知見・ニーズを提供するなど政府一体の取組に積極的に参画している。具体的には、内閣府の政策統括官（経済安全保障担当）への人員派遣を行っているほか、K Programや技術情報管理、対内直接投資の審査などの政府全体の取組に対し、安全保障に関する知見・ニーズの提供を積極的に行うために、職員の増員など省内の体制を抜本的に強化し、経済安全保障上の課題解決に貢献している。

参照　I部4章1節6項（経済安全保障をめぐる動向）

1　2022年8月1日、総則、特定重要物資の安定的な供給の確保及び特定重要技術の開発支援に関する規定が施行されて以降、段階的に規定を施行している。

第2章 防衛力の中核である自衛隊員の能力を発揮するための基盤の強化など

第1節 人的基盤の強化

防衛力の中核は自衛隊員である。全ての隊員が高い士気と誇りを持ち、個々の能力を発揮できる環境を整備すべく、人的基盤の強化を進めていく。

また、自衛隊員の人材確保が厳しくなる中、これまで以上に、民間の労働市場の動向や働き方に対する意識の変化といった社会全体の動きを踏まえて検討を進める必要があることから、2023年2月、防衛大臣のもとに部外の有識者からなる「防衛省・自衛隊の人的基盤の強化に関する有識者検討会」を設置し議論を進めている。2023年3月31日現在、2回開催している。

防衛省・自衛隊の人的基盤の強化に関する有識者検討会

1 採用の取組強化

1 募集

防衛省・自衛隊が各種任務を適切に遂行するためには、少子化による募集対象者人口の減少という厳しい採用環境の中にあっても、優秀な人材を安定的に確保しなければならない。このため、募集対象者などに対して、自衛隊の任務や役割、職務の内容などを丁寧に説明し、確固とした入隊意思を持つ人材を募る必要がある。

全国に50か所ある自衛隊地方協力本部では、地方公共団体、学校、募集相談員などの協力を得ながら、きめ細やかに、かつ、粘り強く自衛官等の募集・採用を行っている。なお、地方公共団体は、募集期間などの告示や広報宣伝などを含め、自衛官及び自衛官候補生の募集に関する事務の一部を行うこととされており、防衛省はこれに要する経費を負担している。また、募集に関する事務の円滑な遂行のために必要な募集対象者情報の提出を含め、所要の協力が得られるよう地方公共団体などとの連携を強化している。

また、2022年度から一般曹候補生及び自衛官候補生

地方協力本部における募集活動（合同企業説明会）

動画：令和4年度自衛官採用CM
URL：https://www.mod.go.jp/gsdf/jieikanbosyu/about/movie.html

の採用試験の一部をオンライン化するなど、受験者の負担軽減に努めている。

2　採用

(1) 自衛官

自衛官は、個人の自由意志に基づく志願制度のもと、様々な区分に応じて採用される。一般曹候補生及び自衛官候補生の採用上限年齢は、民間企業での勤務経験を有する者など、より幅広い層から多様な人材を確保するため、2018年に「27歳未満」から「33歳未満」に引き上げた。

また、整備計画に基づき、有為な人材の早期確保を図るため、貸費学生制度[1]の拡充を行うこととしている。

さらに、民間の人材を活用するという点では、公募幹部として専門的技術に関する国家資格・免許などを保有する者を採用する取組や、中途退職した元自衛官の採用数の拡大など中途採用の強化に取り組んでいる。加えて、整備計画に基づき、サイバー領域などで活躍が見込まれる専門的な知識・技能を保有する人材を取り込むため、柔軟な働き方を可能とする自衛官の新たな人事制度の整備を検討している。

参照　図表Ⅳ-2-1-1（募集対象人口の推移）、図表Ⅳ-2-1-2（自衛官の任用制度の概要）

自衛官は、自衛隊の精強性を保つため、階級ごとに職務に必要とされる知識、経験、体力などを考慮し、大半が50歳代半ばで退職する「若年定年制」や2、3年を1任期として任用する「任期制」など、一般の公務員とは異なる人事管理[2]を行っている。

参照　資料65（自衛官の定員及び現員並びに自衛官の定数と現員数の推移（過去10年間））、資料66（自衛官などの応募及び採用状況）

(2) 事務官、技官、教官など

防衛省・自衛隊には、自衛官のほか、約2万1,000人

図表Ⅳ-2-1-1　募集対象人口の推移

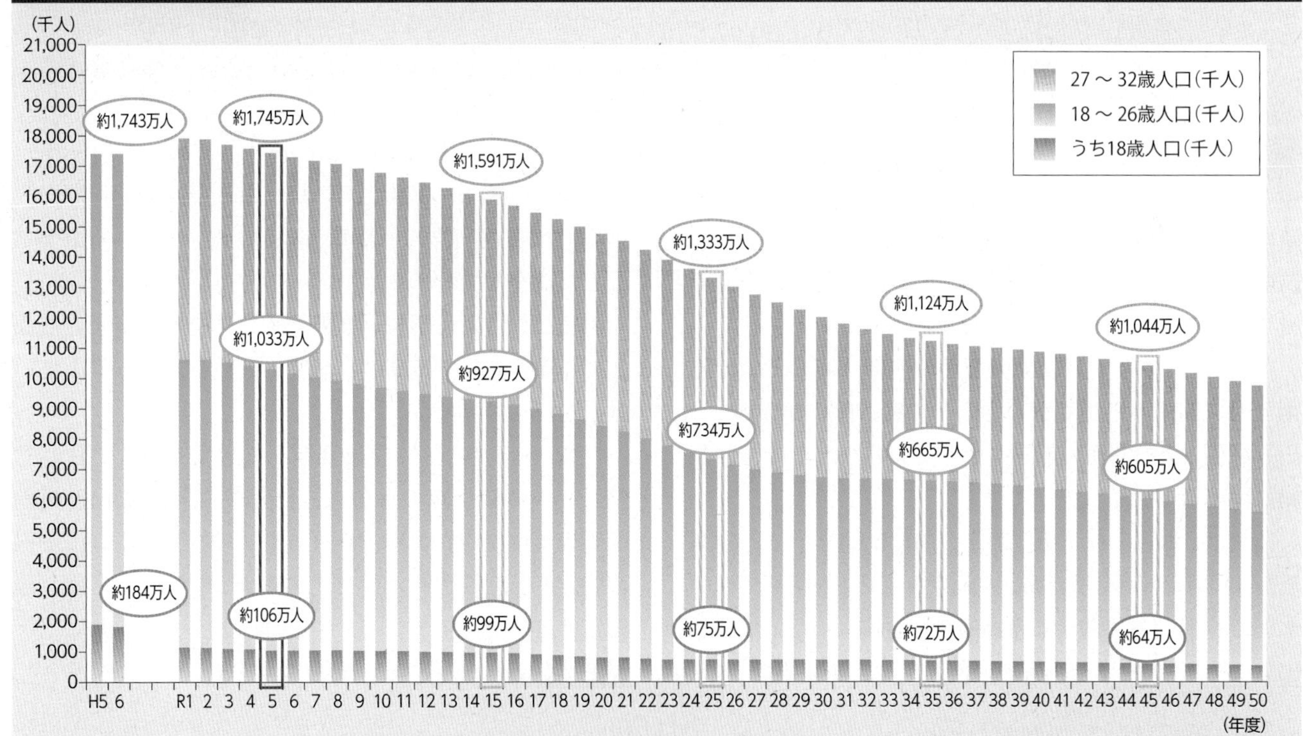

【資料出典】平成5(1993)年度、6(1994)年度及び令和元(2019)年度は、総務省統計局「我が国の推計人口(1920年～2000年)」及び「人口推計年報」による。令和2(2020)年度以降は、国立社会保障・人口問題研究所「日本の将来推計人口」(令和5(2023)年4月の中位推計値)による。

1　理学・工学等の学術分野における人材を確保する観点から、将来自衛隊で勤務する意思のある大学生等に対し、毎月一定額（月額54,000円）の学資金を貸与する制度

2　国家公務員法第2条に定められた特別職の国家公務員として位置づけ

図表Ⅳ-2-1-2　自衛官の任用制度の概要

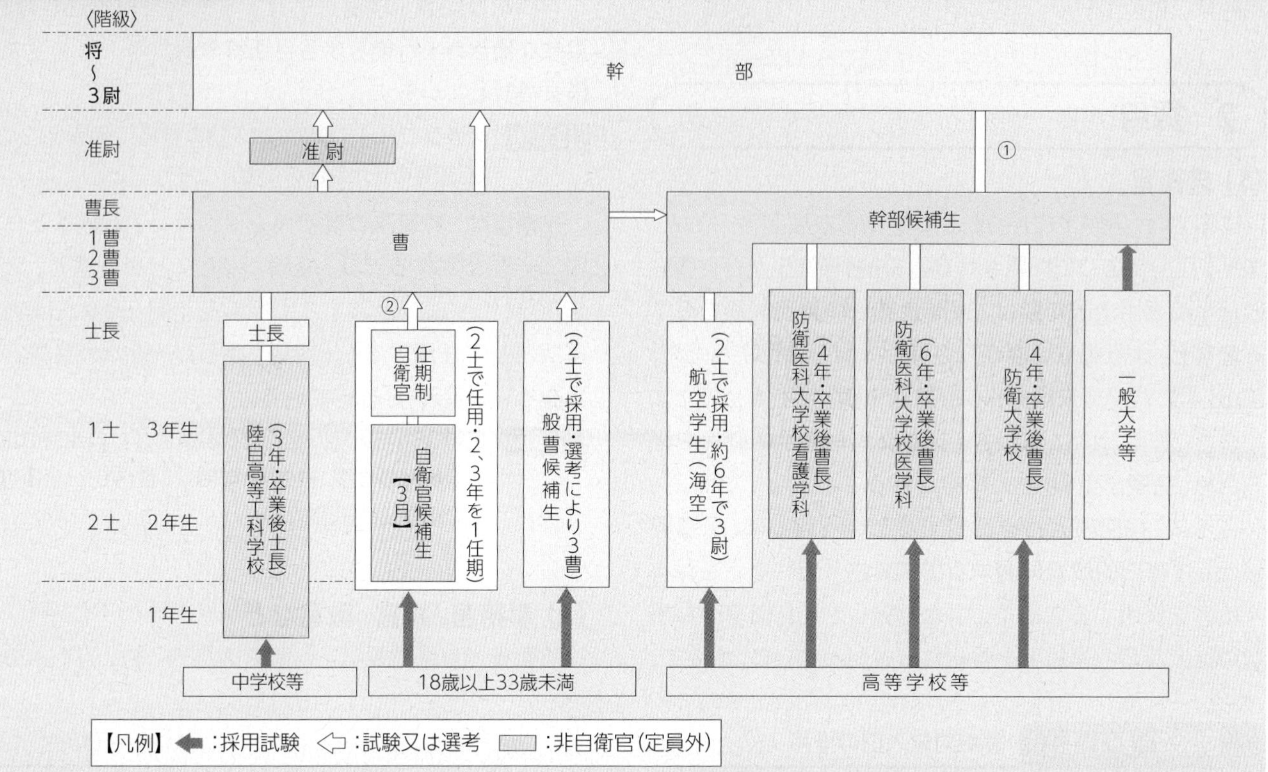

（注）① 所定の教育訓練を修了したものは、通常3尉に昇任するところ、一般大学等の修士課程修了者のうち院卒者試験により入隊した者、並びに、防衛医科大学校医学科学生及び歯科・薬剤科幹部候補生については、国家試験に合格した者は、2尉に昇任。
② 任期制自衛官の初期教育を充実させるため、平成22年7月から、入隊当初の3ヶ月間を非自衛官化して、定員外の防衛省職員とし、基礎的教育訓練に専従させることとした。

の事務官、技官、教官などが隊員[3]として勤務している。防衛省では、主に、人事院が行う国家公務員採用総合職試験及び国家公務員採用一般職試験、防衛省が行う防衛省専門職員採用試験の合格者から採用している。

事務官は、本省及び防衛装備庁の内部部局などでの防衛全般に関する各種政策の企画・立案、情報本部での分析・評価、全国各地の部隊や地方防衛局などでの行政事務に従事している。

技官は、本省及び防衛装備庁の内部部局などでの防衛施設（司令部庁舎、滑走路、火薬庫など）及び防衛装備品などの物的基盤に関する各種政策の企画・立案、情報本部での分析・評価、全国各地の部隊や地方防衛局などで、各種の防衛施設の建設工事、様々な装備品の研究開発・効率的な調達・維持・整備、隊員のメンタルヘルスケアなどに従事している。

教官は、防衛大学校、防衛医科大学校や防衛研究所などで、防衛に関する高度な研究や隊員に対する質の高い教育を行っている。

「令和5年度内閣の重要課題を推進するための体制整備及び人件費予算の配分の方針」（令和4年7月29日内閣総理大臣決定）において、「外交・安全保障や経済安保の強化」と記載されたことを踏まえ、増員などに取り組んだところである。

参照 資料67（防衛省の職員等の内訳）

3　防衛省の職員のうち、特別職の国家公務員を「自衛隊員」といい、自衛隊員には、自衛官のほか、事務官、技官、教官などが含まれる。

2 予備自衛官などの活用

有事などの際は、事態の推移に応じ、必要な自衛官の所要数を早急に満たさなければならない。この所要数を迅速かつ計画的に確保するため、わが国では予備自衛官、即応予備自衛官及び予備自衛官補の3つの制度[4]を設けている。

参照　図表Ⅳ-2-1-3（予備自衛官などの制度の概要）

予備自衛官は、防衛招集命令などを受けて自衛官となり、後方支援、基地警備などの要員として任務につく。即応予備自衛官は、防衛招集命令などを受けて自衛官となり、第一線部隊の一員として、現職自衛官とともに任務につく。また、予備自衛官補は、自衛官未経験者などから採用され、教育訓練を修了した後、予備自衛官として任用される。また、予備自衛官補の技能区分は、制度創設（2001年度）以降、順次拡大しており、2022年度には、システム防護（サイバー）及び保育士を追加した。

予備自衛官などは、平素はそれぞれの職業などについているため、定期的な訓練などへの参加には、雇用企業の理解と協力が不可欠である。

このため、防衛省は、年間30日の訓練が求められる即応予備自衛官が、安心して訓練などに参加できるよう必要な措置を行っている雇用企業などに対し、その負担を考慮し、「即応予備自衛官雇用企業給付金」を支給している。

また、予備自衛官又は即応予備自衛官が、①防衛出動、国民保護等派遣、災害派遣などにおいて招集に応じた場合や、②招集中の公務上の負傷などにより本業を離れざ

図表Ⅳ-2-1-3　予備自衛官などの制度の概要

	予備自衛官	即応予備自衛官	予備自衛官補
基本構想	●防衛招集命令などを受けて自衛官となって勤務	●防衛力の基本的な枠組みの一部として、防衛招集命令などを受けて自衛官となって、あらかじめ指定された陸自の部隊で勤務	●教育訓練修了後、陸自又は海自の予備自衛官として任用
採用対象	●元自衛官、元即応予備自衛官、元予備自衛官	●元自衛官、元予備自衛官	（一般・技能共通） ●自衛官未経験者（自衛官勤務1年未満の者を含む。）
採用年齢	●士：18歳以上55歳未満 ●幹・准・曹：定年年齢に2年を加えた年齢未満	●士：18歳以上50歳未満 ●幹・准・曹：定年年齢から3年を減じた年齢未満	●一般は、18歳以上34歳未満、技能は、18歳以上で保有する技能に応じ53歳から55歳未満
採用など	●志願に基づき選考により採用 ●教育訓練を修了した予備自衛官補は予備自衛官に任用	●志願に基づき選考により採用	●一般：志願に基づき試験により採用 ●技能：志願に基づき選考により採用
階級の指定	●元自衛官：退職時指定階級が原則 ●元予備自衛官、元即応予備自衛官：退職時指定階級が原則 ●予備自衛官補 ・一般：2士　・技能：技能資格・経験年数に応じ指定	●元自衛官：退職時階級が原則 ●元予備自衛官：退職時指定階級が原則	●階級は指定しない
任用期間	●3年／1任期	●3年／1任期	●一般：3年以内 ●技能：2年以内
（教育）訓練	●自衛隊法では20日／年以内。ただし、5日／年（基準）で運用	●30日／年	●一般：50日／3年以内（自衛官候補生課程に相当） ●技能：10日／2年以内（専門技能を活用し、自衛官として勤務するための教育）
昇進	●勤務期間（出頭日数）を満たした者の中から勤務成績などに基づき選考により昇進	●勤務期間（出頭日数）を満たした者の中から勤務成績などに基づき選考により昇進	●指定階級がないことから昇進はない
処遇	●訓練招集手当：8,100円／日※ ●予備自衛官手当：4,000円／月 ※即応予備自衛官となるための訓練に従事する予備自衛官補出身の予備自衛官の訓練招集手当は8,300円／日を支給	●訓練招集手当：10,400～14,200円／日 ●即応予備自衛官手当：16,000円／月 ●勤続報奨金：120,000円／1任期	●教育訓練招集手当：8,800円／日
雇用企業への給付金	●即応予備自衛官育成協力企業給付金：560,000円／人 ※予備自衛官補出身の予備自衛官が即応予備自衛官に任用された場合に支給	●即応予備自衛官雇用企業給付金：42,500円／月	－
	●雇用企業協力確保給付金：34,000円／日		
応招義務など	●防衛招集、国民保護等招集、災害招集、訓練招集	●防衛招集、国民保護等招集、治安招集、災害等招集、訓練招集	●教育訓練招集

資料：予備自衛官等制度の概要
URL：https://www.mod.go.jp/gsdf/reserve/

4　諸外国においても、予備役制度を設けている。

るを得なくなった場合、その職務に対する理解と協力の確保に資するため、雇用主に「雇用企業協力確保給付金」を支給することとしている。

さらに、自衛官経験のない者が予備自衛官補を経て予備自衛官として所定の教育訓練を終え、即応予備自衛官に任用された場合に、当該即応予備自衛官が安心して教育訓練に参加できるよう必要な措置を行った雇用企業に対し、「即応予備自衛官育成協力企業給付金」を支給することとしている。

新型コロナウイルス感染症の感染拡大防止のための災

VOICE 活躍する即応予備自衛官、予備自衛官等雇用主の声

西部方面後方支援隊第101弾薬大隊
即応予備陸士長　宮前　和幸

令和2年に任期満了で株式会社ティー・シージャパンに就職し、自衛隊を終えてからも災害時には直接的に困っている人を助けたいという思いがあり、即応予備自衛官に志願しました。

仕事は、全国展開で出張が多いため、訓練日程が合わず、訓練に参加する事が難しいのですが、一緒に働く仲間の協力や同意もあり、参加できる体制を整えていただいています。訓練に参加し、昔、一緒に辛い訓練を乗り越えてきた仲間に会うと、一瞬であの頃に戻る事ができ、大変懐かしく嬉しく思います。現職時代の苦しい訓練を乗り越えられたのは、仲間のお陰であり、人を大切に思う事の大切さを学び、今でもその気持ちを忘れずに会社の上司や仲間へ素直に感謝できるのは、即応予備自衛官であることが大いに関係していると思います。

これからも、自衛隊で培った体力と精神力、信条の維持の為に即応予備自衛官であり続けたいと思っています。

株式会社ティー・シージャパン
代表取締役　阿部　誠

弊社は、大分県大分市に会社を設立し、日本最大級の先進的かつ最新鋭の杭打船「第八十八大栄号」などを所有し、海洋土木、一般土木等と幅広い分野で事業展開しており、さまざまな事業で地域・社会に貢献できる企業を目指しています。

現在2名の即応予備自衛官が在籍しており、任期制自衛官を修了して「自衛隊新卒」として就職し、自衛隊時代に培われた、規律・責任感、実行力、チームワーク等の社会人としての基本的な素養が身についており、即戦力として活躍していただいています。現在は、海洋土木事業部に所属し、日本全国で長期に渡る事もありますが、訓練の時は、帰省の費用を会社が負担し、作業の分担など同僚の協力も得て、弊社としても可能な限りバックアップし、今後も即応予備自衛官の雇用を通じて社会貢献していく所存でございます。

作業中の筆者（宮前即応予備陸士長）

株式会社ティー・シージャパン
代表取締役　阿部　誠　氏

害派遣では、医師、看護師などの資格を有する予備自衛官を招集し、自衛隊病院などにおいて医療支援などの任務にあたった[5]。

整備計画に基づき、作戦環境の変化や自衛隊の任務が多様化する中で、予備自衛官などが常備自衛官を効果的に補完しうるよう予備自衛官などが果たすべき役割を再整理した上で、自衛官未経験者からの採用の拡大や、年齢制限、訓練期間などの見直しを行うこととしている。これを踏まえ、2023年4月、予備自衛官の一部の技能区分を対象に継続任用時の上限年齢を試行的に廃止した。

また、割愛[6]により民間部門に再就職する航空機操縦士を予備自衛官として任用するなど、幅広い分野で予備自衛官の活用を進めている。

3 人材の有効活用に向けた施策など

1 人材の有効活用

自衛隊の人的構成は、これまで全体の定数が削減されてきた一方、装備品の高度化、任務の多様化・国際化などへの対応のため、より一層熟練した者、専門性を有する者が必要となっている。

このような状況を踏まえ、知識・技能・経験などを豊富に備えた高齢人材の一層の活用を図るため、2020年以降、自衛官の若年定年年齢を1歳引き上げた。整備計画に基づき、2023年に1尉から1曹まで、2024年以降に1佐から3佐及び2曹から3曹までの定年を、それぞれ1歳ずつ引上げを行うこととしている。また、2023年に定年退職自衛官の再任用（定年から65歳に達する日以前）をさらに推進すべく、艦船乗組の一部、航空機操縦業務の一部を再任用自衛官が従事できる業務とした。

さらに、無人化・省人化などを推進するため、AIの活用促進などにかかるアドバイザー業務の外部委託など、AI活用に関する支援態勢を構築するとともに、部外委託講習により部内人材の育成を図るなど、AI活用にかかる環境整備を行っている。

加えて、一部艦艇では、複数クルーで交替勤務するクルー制を導入し、限られた人員による稼働率の確保に取り組んでいる。

参照　図表Ⅳ-2-1-4（自衛官の階級と定年年齢）

図表Ⅳ-2-1-4　自衛官の階級と定年年齢

階級	略称	定年年齢
陸将・海将・空将	将	60歳
陸将補・海将補・空将補	将補	
1等陸佐・1等海佐・1等空佐	1佐	57歳
2等陸佐・2等海佐・2等空佐	2佐	56歳
3等陸佐・3等海佐・3等空佐	3佐	
1等陸尉・1等海尉・1等空尉	1尉	55歳
2等陸尉・2等海尉・2等空尉	2尉	
3等陸尉・3等海尉・3等空尉	3尉	
准陸尉・准海尉・准空尉	准尉	
陸曹長・海曹長・空曹長	曹長	
1等陸曹・1等海曹・1等空曹	1曹	
2等陸曹・2等海曹・2等空曹	2曹	54歳
3等陸曹・3等海曹・3等空曹	3曹	
陸士長・海士長・空士長	士長	－
1等陸士・1等海士・1等空士	1士	
2等陸士・2等海士・2等空士	2士	

（注）1　統幕長、陸幕長、海幕長又は空幕長の職にある陸将、海将又は空将である自衛官の定年は、年齢62歳
2　医師、歯科医師及び薬剤師である自衛官並びに音楽、警務、情報総合分析、画像地理・通信情報の職務に携わる自衛官の定年は、年齢60歳

2 防衛省職員の自殺防止への取組

防衛省職員の自殺者数は、2022年度は79人であった。依然として、職員の尊い命が自殺により失われていることは、御家族にとって大変痛ましいことであり、また、組織にとっても多大な損失である。

参照　図表Ⅳ-2-1-5（防衛省職員の自殺者数の推移）

2022年度には、職員の自殺事故防止の観点から、「防衛省のメンタルヘルスに関する基本方針」を策定し、各種施策を推進している。

具体的には、全職員を対象としたメンタルヘルスチェック、カウンセリングの利用啓発などの職員の意識改革、ワークライフバランスに関する施策などを推進す

5　2020年、新型コロナウイルス感染症の感染拡大防止のための災害派遣に際しては、2月18日から3月12日の間、医師、看護師などの資格を有する予備自衛官10名を招集し、医療支援などに従事した。
6　自衛隊操縦士の割愛は、最前線で活躍する若手の操縦士が民間航空会社などへ無秩序に流出することを防止するとともに、一定年齢以上の操縦士を民間航空会社などで活用する制度であり、わが国の航空業界などの発展という観点からも意義がある。

図表Ⅳ-2-1-5 防衛省職員の自殺者数の推移

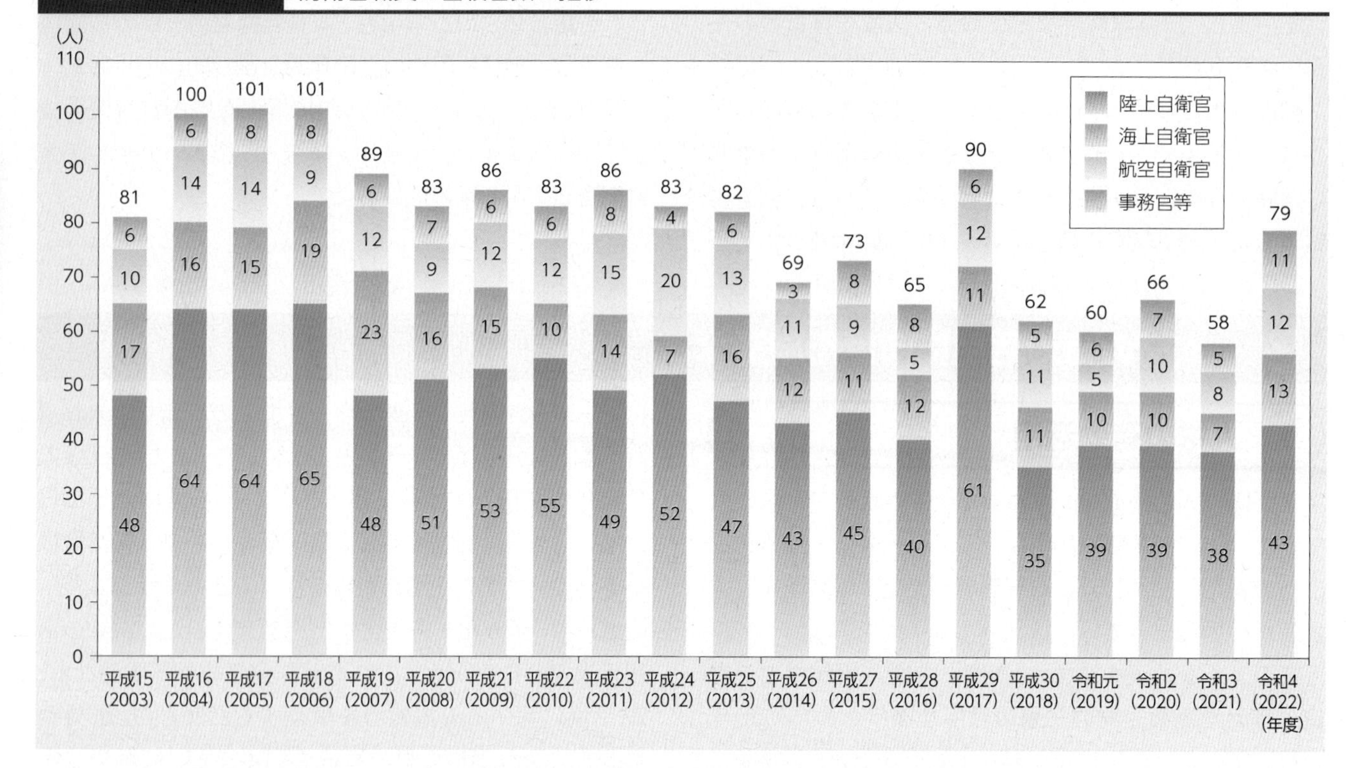

ることによる職場環境の整備、上司とカウンセラーとの連携や相談先の多様化といったサポート体制の強化などに取り組んでいる。

4 生活・勤務環境の改善など

1 生活・勤務環境改善への取組

防衛戦略において、全ての自衛隊員が高い士気と誇りを持ちながら個々の能力を発揮できるよう、生活・勤務環境の改善に引き続き取り組むこととしている。具体的には、即応性確保などのために必要な隊舎・宿舎の確保及び建替えを加速し、同時に、施設の老朽化対策及び耐震化対策を推進するほか、老朽化した生活・勤務用備品の確実な更新、日用品などの所要数の確実な確保などに取り組んでいる。

改修前　改修後

生活・勤務環境の改善への取組

また、女性自衛官の教育・生活・勤務環境改善のため、隊舎や艦艇・潜水艦における女性用区画を整備、演習場などにおける女性用トイレや浴場の新設・改修などを行うこととしている。

参照 Ⅱ部4章3節（防衛関係費～防衛力抜本的強化「元年」予算～）

2 家族支援への取組

平素からの取組として、部隊と隊員家族の交流や隊員家族同士の交流などのほか、大規模災害など発生時の取組として、隊員家族の安否確認について協力を受けるなど、関係部外団体などと連携した家族支援態勢の整備についても推進している。

また、長期行動を予定する艦艇や海外に派遣される部隊には、隊員と家族が直接連絡を取れる通信環境を整備するとともに、部隊の海外への派遣に際しては、家族から派遣中の隊員に向けた慰問品の追送支援、家族に対する説明会の開催や相談窓口（家族支援センター）の開設、隊員家族向けホームページの設置など、隊員家族に対する各種支援施策を実施している。

5 人材の育成

部隊を構成する自衛官個々の能力を高めることは、部隊の任務遂行に不可欠である。このため、各自衛隊の教育部隊や学校などで、階級や職務に応じて必要な資質を養うと同時に、知識・技能を修得させている。

また、整備計画に基づき、陸上自衛隊高等工科学校について陸海空自衛隊の共同化や男女共学化に取り組むとともに、各自衛隊などにおける統合教育の強化、各自衛隊や防衛大学校におけるサイバー領域を含む教育・研究の強化のほか、教育課程の共通化、先端技術の活用などを進めることとしている。

なお、教育には、特殊な技能を持つ教官の確保、装備品や教育施設の整備など、非常に大きな人的・時間的・経済的努力が必要である。専門の知識・技能をさらに高める必要がある場合や、自衛隊内で修得することが困難な場合などには、海外を含む部外教育機関、国内企業、研究所などに教育を委託している。

6 処遇の向上及び再就職支援など

1 処遇の向上

自衛官は、厳しい環境下で任務を遂行するため、従来より、その任務や勤務環境の特殊性などを踏まえ、処遇の向上を図ってきた。2022年度には、ヘリコプターによる一部の輸送任務や困難な状況で救急救命処置を行う隊員に支給する手当の支給範囲の拡大を行ったほか、長期出張者の負担を軽減する改善策を講じた。2023年度には、対領空侵犯措置などにかかる警戒監視業務を行うレーダーサイト勤務隊員への手当の支給を開始する。

整備計画においては、自衛隊員の超過勤務の実態調査などを通じ、任務や勤務環境の特殊性に加え、新たな任務の増加も踏まえた隊員の処遇の向上を図ることとしている。また、諸外国の軍人の給与制度などを調査し、今後の自衛官の給与などのあり方について検討することとしている。

なお、自衛官の勤務時間の実態調査については、2023年4月から実施している。

そのほか隊員が高い士気と誇りを持ちながら任務を遂行できるよう、功績の適切な顕彰をはじめ、栄典・礼遇に関する施策を推進することとしている。

2 殉職隊員への追悼など

1950年に警察予備隊の創設以降、自衛隊員は、旺盛な責任感をもって、危険を顧みず、わが国の平和と独立を守る崇高な任務の完遂に努めてきた。その中で、任務の遂行中に、不幸にしてその職に殉じた隊員は2,000人を超えている。

防衛省・自衛隊では、殉職隊員が所属した各部隊において、殉職隊員への哀悼の意を表するため、葬送式を行うとともに、殉職隊員の功績を永久に顕彰し、深甚（しんじん）なる敬意と哀悼の意を捧げるため、内閣総理大臣参列のもと行われる自衛隊殉職隊員追悼式など様々な形で追悼を行っており、令和4年度自衛隊殉職隊員追悼式では、35柱（陸自16柱、海自15柱、空自4柱）を顕彰している[7]。

3 隊員の退職と再就職のための取組

自衛隊の精強性を保つため、多くの自衛官は50代半

7　自衛隊殉職者慰霊碑は、1962年に市ヶ谷に建てられ、1998年、同地区に点在していた記念碑などを移設し、「メモリアルゾーン」として整理された。防衛省では毎年、防衛大臣主催により、殉職隊員の御遺族をはじめ、内閣総理大臣の参列のもと、自衛隊殉職隊員追悼式を行っている。また、メモリアルゾーンにある自衛隊殉職者慰霊碑には、殉職した隊員の氏名などを記した銘版が納められており、国防大臣などの外国要人が防衛省を訪問した際、献花が行われ、殉職隊員に対して敬意と哀悼の意が表されている。このほか、自衛隊の各駐屯地及び基地において、それぞれ追悼式などを行っている。

図表Ⅳ-2-1-6　再就職支援施策として行っている主な職業訓練

自衛隊は精強性を保つため、多くの自衛官は、50代半ば（若年定年制自衛官）または20代～30代半ば（任期制自衛官）で退職することになる。

退職後の再就職の支援は、雇用主たる国（防衛省）の責務であり、将来の不安の解消や優秀な人材の確保のためにも極めて重要であることから、再就職に有効な職業訓練などの再就職支援施策を行っている。

■ 任期制隊員の再就職支援

就職補導教育 ▶ 職業適性検査 ▶ 職業訓練 ▶ 任期制隊員合同企業説明会 ▶ 応募・面接等支援 ▶ 再就職

■ 若年定年退職隊員の再就職支援

業務管理教育 ▶ 職業適性検査 ▶ 職業訓練 ▶ 職業紹介 ▶ 応募・面接等支援 ▶ 再就職

■ 再就職支援施策として行っている主な職業訓練（2022年度実績）

区分	主な職業訓練
自動車運転	●大型自動車　●普通自動車　●大型特殊自動車　●準中型自動車　●中型自動車
施設機械等運転	●フォークリフト　●ボイラー技士　●車両系建設機械　●クレーン運転士　●高所作業車
電気通信技術	●電気工事士　●電気主任技術者　●特殊無線技士　●電気通信工事担当者
危険物等取扱	●危険物取扱者　●第3種冷凍機械責任者　●高圧ガス製造保安責任者
労務等実務	●ドローン操縦士　●警備員検定　●運行管理者　●海技士等　●倉庫管理主任者　●社会保険労務士
情報処理技術	●マイクロソフトオフィススペシャリスト　●パソコン基礎検定　●ITパスポート　●基本(応用)情報技術者
社会福祉関連	●介護職員初任者研修　●メンタルヘルスマネジメント　●サービス介助士　●福祉住環境コーディネーター
法務等実務	●宅地建物取引士　●秘書検定　●行政書士
その他	●防災・危機管理教育　●ファイナンシャルプランナー　●日商簿記　●TOEIC　●ネイリスト　●調理師　●消防設備士　●衛生管理者　●マンション管理士　●溶接技能者　●自動車整備士　●医療事務　●介護事務　●調剤報酬事務　●医療保険事務

※各区分ごとの職業訓練課目名は受講者の多い順で記載している。

ば、任期制自衛官は20～30代半ばで退職する。その多くは、生活基盤の確保のために再就職が必要である。このため、現役の自衛官が将来への不安を解消し、職務にまい進するためにも、再就職支援は極めて重要である。

整備計画においても、自衛官の退職後の生活基盤の確保は国の責務であるとしている。また、進路指導体制や職業訓練機会の充実、関係機関や民間企業との連携強化など、再就職支援の一層の充実・強化を図ることとしている。

退職自衛官は、職務遂行と教育訓練によって培われた、優れた企画力・指導力・実行力・協調性・責任感などのほか、職務や職業訓練などにより取得した各種の資格・免許も保有している。このため、地方公共団体の防災や危機管理の分野をはじめ、金融・保険・不動産業や建設業のほか、製造業、サービス業など幅広い分野で活躍している。

特に、地方公共団体の防災部局には、2023年3月末現在で、46都道府県に107名、455市区町村に533名の計640名の退職自衛官が危機管理監などとして在職している。防衛省・自衛隊と地方公共団体の連携を強化することは、地方公共団体の危機管理能力の向上につながるため、このような再就職支援の強化にも取り組んでいる。

なお、防衛省では、地方公共団体の防災部門などへの採用を希望する退職予定自衛官向けに「防災・危機管理

図表Ⅳ-2-1-7　2022年度再就職支援実績

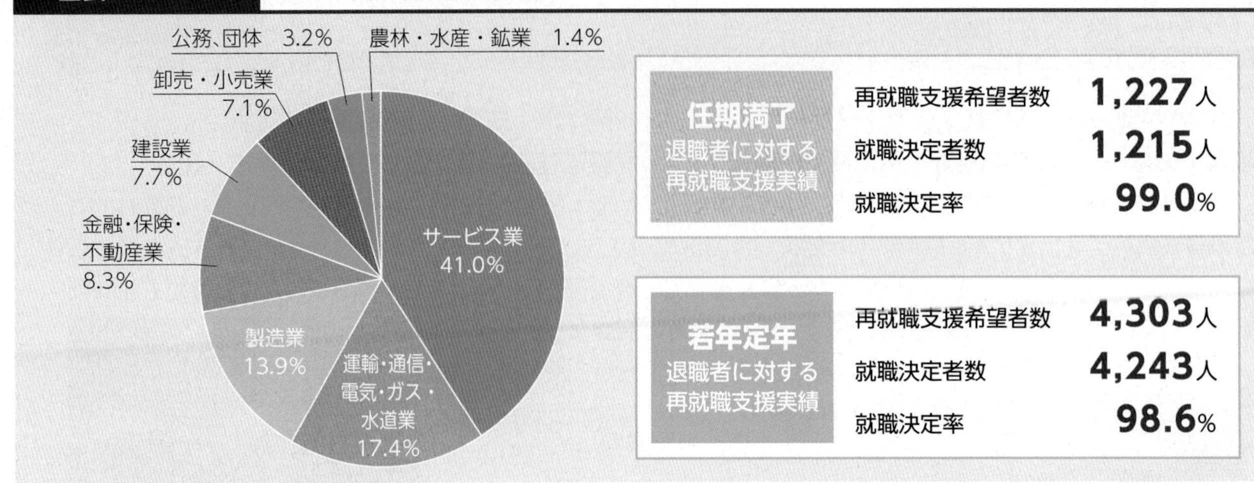

教育」を実施している。受講者は申請により内閣府から「地域防災マネージャー証明書」が交付される。証明書を交付する要件は、「1尉以上ないし2尉であって1尉の実質的な職務経験があること」とされている。

2023年3月、地域防災力の向上を目的として、防衛省と特定非営利活動法人日本防災士機構との間で防災士の資格取得における自衛官の特例を設けることについて申し合わせた。

また、任期制自衛官の充足の維持・向上に加え、予備自衛官及び即応予備自衛官の充足向上を図るため、任期制自衛官の任期満了後に国内の大学に進学した者が、その在学期間中、予備自衛官などに任官した場合、進学支援給付金を支給することとしている。

参照　図表Ⅳ-2-1-6（再就職支援施策として行っている主な職業訓練）、図表Ⅳ-2-1-7（2022年度再就職支援実績）、資料68（再就職等支援のための主な施策）、資料69（退職自衛官の地方公共団体防災関係部局における在職状況）

一方、自衛隊員の再就職については、公務の公正性に対する国民からの信頼を確保するため、一般職の国家公務員と同様に3つの規制（①他の隊員・OBの再就職依頼・情報提供等の規制、②在職中の利害関係企業等への求職の規制、③再就職者による依頼等（働きかけ）の規制）[8]が設けられている。規制の遵守状況については、隊員としての前歴を有しない学識経験者から構成される監視機関において監視される。また、不正な行為には罰則を科すことで厳格に対応することとしている。

あわせて、内閣による再就職情報の一元管理・情報公開を的確に実施するため、自衛隊員のうち管理職隊員（本省企画官相当職以上）であった者の再就職状況について毎年度内閣が公表することとしている。

資料：防衛省の再就職支援（援護）について
URL：https://www.mod.go.jp/j/profile/syogu/engo/index.html

8　自衛隊法第65条の2、第65条の3及び第65条の4に規定

VOICE　再就職した隊員と雇用主／首長の声

ANA中部空港株式会社　グランドサービス部
稲澤　佑哉　氏（航空機整備　空士長で任期修了）

私は航空自衛官としての任期を終了し、ANA中部空港株式会社グランドサービス部に入社しました。当社では、到着から出発まで限られた時間で、安全を第一に、高い品質と正確な業務が求められます。「オンタイムエアライン」として、定時出発を守るためには、上司や先輩の指示待ちではなく、自ら考え行動する必要があります。

稲澤　佑哉　氏

現在は、国際空港であるセントレアで、一日でも早く上司や先輩に信頼されるよう日々の業務を頑張っています。今後、航空自衛隊OBとして「大空の魅力」を伝えられるよう成長したいです。

ANA中部空港株式会社　総務部人事課長
岡本　真治　氏

当社は、中部国際空港にてANA便を中心とした航空機の地上支援業務を行っているANAグループの会社です。「枠を超えた空港ハンドリングで、ANAグループを支えるゆるぎない存在になります。」という経営ビジョンの元、一人ひとりが主体的に挑戦し成長しながら、期待役割を発揮しています。

当社では過去にも退職自衛官を採用しており、それぞれの部署で活躍しています。本人のこれまでの自衛隊における経験や強みを活かし、現在はグランドサービス部員として、航空機の到着から出発に関わる業務を行っております。今後も持ち前の明るさとチャレンジ精神を活かし、更なる活躍を期待しております。

岡本　真治　氏

熊本県　知事公室危機管理防災課
危機管理防災企画監　三家本　勝志　氏

熊本県は、過去に何度も大規模な災害を経験しており、防災意識の高い県です。私は、自衛隊出身者として、平素の訓練や体制の整備、災害発生時の人命救助調整など、大きな期待と緊張感を感じながら勤務しています。このような日々において、自衛官時代の厳しい教育訓練や災害派遣活動で得た知識・技能、築いてきた人間関係は、大変役に立つとともに私の大きな支えとなっています。今後想定される災害に備え、これまで以上に創意と工夫を凝らし、自衛隊など関係機関と連携して県民の安全・安心のために力を尽くしていきたいと考えています。

令和3年総合防災訓練において
知事への状況報告を行う筆者（左端）

熊本県知事　蒲島　郁夫　氏

本県は、平成26年度から自衛官経験者を危機管理防災企画監として採用しています。「熊本地震」や「令和2年7月豪雨」では、私とともに先頭に立ち指揮をとるなど、本県の災害対応に欠かせない存在です。

蒲島　郁夫　熊本県知事

令和3年からは「令和2年7月豪雨」での経験を踏まえ、三家本企画監統制の下、全市町村が参加する実践的訓練を実施しています。随所に自衛隊での経験と知識が活かされた訓練は、関係機関の評価も高く、本県防災力の強化につながっています。災害大国である我が国において、自衛官経験者は貴重な存在であり、全国の防災力の向上のため更なる活躍を期待しています。

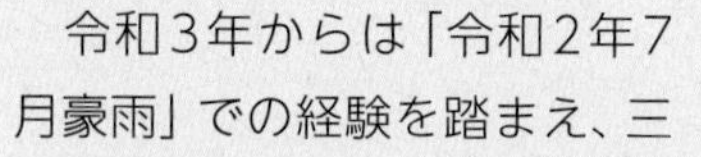

第2節 ハラスメントを一切許容しない組織環境の構築

防衛省・自衛隊に対する国民からの期待が多く寄せられており、防衛省・自衛隊がその実力を最大限に発揮して任務を遂行するためには、国民の支持と信頼を勝ち得ることが必要不可欠である。そのためには常に規律正しい存在であることが求められている。

防衛省・自衛隊では、高い規律を保持した隊員を育成するため、従来から服務指導の徹底などの諸施策を実施してきたものの、近年、ハラスメントを理由とした懲戒処分が少なからず発生している。自衛隊が組織力を発揮し、様々な事態にしっかりと対応していくためには、防衛力の中核である隊員が士気高く安心して働ける環境を構築する必要がある。特に、ハラスメントは、自衛隊員相互の信頼関係を失墜させ組織の根幹を揺るがす、決してあってはならないものである。

1 ハラスメント被害への対応

人事教育局服務管理官付には、隊員からの相談に対応するホットラインを設置している。その相談件数は、2016年度の常設当初、年間109件であったところ、2022年度が1,397件と増加傾向にある。

特に、相談件数の8割を占めるパワー・ハラスメントは、隊員の人格・人権を損ない、自殺事故にもつながる行為であり、周囲の勤務環境にも影響を及ぼす大きな問題である。パワー・ハラスメントは、隊員の認識不足や上司と部下との間のコミュニケーション・ギャップなどの問題に起因しており、それらの問題を解消していくため、①隊員の啓発・意識の向上のための集合教育・e-ラーニング、②隊員（特に管理職）の理解促進・指導能力向上のための教育、③相談体制の改善・強化などの施策を行ってきた。

また、暴行、傷害及びパワー・ハラスメントなどの規律違反の根絶を図るため、2020年3月から懲戒処分の基準を厳罰化した。2021年度中に、ハラスメントで処分した件数は、173件であった。なお、厳罰化以降、2021年度までにハラスメントを事由とする懲戒処分者数は、372人であった。この内、最も重い「免職」[1]が15件（全てセクシュアル・ハラスメント）であった。

さらに、ハラスメントに関する悩みを抱えている隊員の中には、部内の相談窓口では、相談がしにくいと感じている者がいることから、弁護士が対応する相談窓口に

図表Ⅳ-2-2-1　ハラスメントを事由とする処分者数

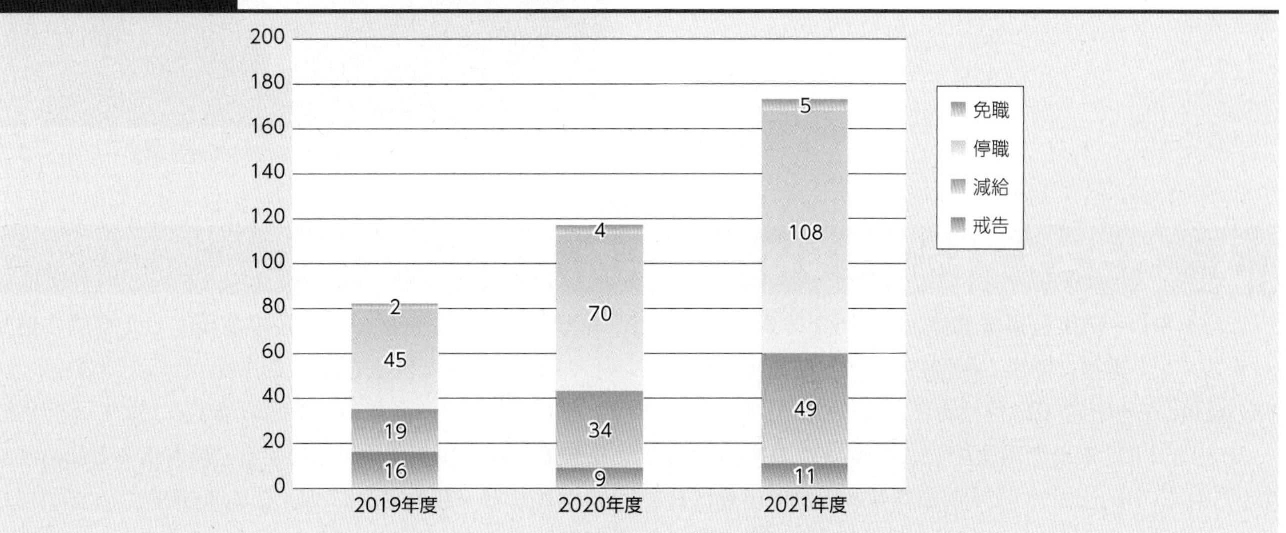

1　懲戒処分の種類には、免職、降任、停職、減給、戒告がある。これらは、違反行為の原因、動機、状況、規律違反者の地位、階級、部内外に及ぼす影響などを総合的に考慮し、決定される。

第Ⅳ部　第2章　防衛力の中核である自衛隊員の能力を発揮するための基盤の強化など

図表Ⅳ-2-2-2　防衛省ハラスメントホットライン相談件数の推移

(単位：件)

区分	2018年度	2019年度	2020年度	2021年度	2022年度
防衛省パワハラホットライン	252	519	1,010	1,706	1,217
防衛省セクハラホットライン	26	73	60	82	136
防衛省マタハラホットライン	14	8	7	23	44
各機関等相談窓口	333	474	391	500	725
合　計	625	1,074	1,468	2,311	2,122

加え、部外の心理カウンセラーなどが休日や勤務時間外に対応する相談窓口を設置することとしている。

しかしながら、これまで様々なハラスメント防止対策を講じてきたにもかかわらず、相談しても十分に対応してもらえなかったというケースが存在した。

例えば、元陸上自衛官が訓練中や日常的にセクシュアル・ハラスメントを受けたとして、所属部隊において被害を訴えたにもかかわらず、上官への報告や事実関係の調査などが適切に実施されなかった事案である。上級部隊による調査の結果、2022年9月に性暴力を含むセクシュアル・ハラスメント行為などが確認され、さらなる調査を踏まえ、同年12月、関係者の懲戒処分を実施した。この事案は、従来行ってきた、防衛省のハラスメント防止対策の効果が組織全体まで行き届いていなかったことの表れであり、極めて深刻で、誠に遺憾である。

参照　図表Ⅳ-2-2-1（ハラスメントを事由とする処分者数）、図表Ⅳ-2-2-2（防衛省ハラスメントホットライン相談件数の推移）

2　ハラスメント根絶に向けた措置に関する防衛大臣指示

2022年9月6日、浜田防衛大臣はハラスメントの根絶に向けた措置に関する防衛大臣指示を発出し、全職員に対し、改めてハラスメントの相談窓口・相談員を周知徹底のうえ、相談・通報を指示すること、現在のハラスメント相談の対応状況を緊急点検し、全ての案件に適切に対応すること、全自衛隊を対象とした特別防衛監察の実施、ハラスメント防止対策の抜本的見直しのための有識者会議の設置を指示した。

防衛省ハラスメント防止対策有識者会議

3　ハラスメントに関する特別防衛監察

これを受け、防衛監察本部は、特別防衛監察として、ハラスメント被害に関する事例について、防衛省・自衛隊の職員から申出を受け付けることとした。

2022年11月末の期限までに、1,414件[2]の申出があり、これらの申出について、防衛監察本部が申出者に対し、ハラスメント被害の基本的な事実関係を聞き取り、申出者の意向を踏まえつつ被害が発生した機関に通知し、細部具体的な調査を進めている。

また、本特別防衛監察の目的を達するために本特別防衛監察の中で事実関係を把握する必要があると認められる案件など一部の案件については、防衛監察本部が自ら具体的な調査を行うとともに、各機関に通知した案件に

2　件数は、今後の調査を経て、監察結果において変更される可能性がある。

ついても、防衛監察本部が調査の進捗状況などをフォローアップしている。

4 ハラスメント防止対策の抜本的見直し

前述の防衛大臣指示に基づき、防衛省・自衛隊のハラスメント防止対策を白紙的かつ抜本的に見直すとともに、内部の意識改革を行い、ハラスメントを一切許容しない組織環境の構築に取り組むため、2022年11月1日、防衛省ハラスメント防止対策有識者会議を設置し、第1回を同年12月15日に、第2回を2023年2月6日に開催した。同会議からの新たなハラスメント防止対策に関する提言を受け、新たな対策を確立し、全ての自衛隊員に徹底させる。また、時代に即した対策が講じられるよう不断の見直しを行い、ハラスメントを一切許容しない組織環境を構築していく。

VOICE 医学的見地からのハラスメント問題

防衛省ハラスメント防止対策有識者会議委員
医療法人社団　円遊会
理事長　精神科医・産業医　関谷　純平

令和2年度に公表された厚労省の「職場のハラスメントに関する実態調査」によると、過去3年間にハラスメントを一度以上経験した労働者の割合はパワハラで31.4%、セクハラで10.2%との報告がなされており、実に労働者の約3人に1人がパワハラを、約10人に1人がセクハラを受けたと言う調査結果が出ています。このように高頻度で発生するハラスメントですが、その影響は被害者に自信低下・罪悪感・無価値感などの心理的苦痛、睡眠障害・集中困難・抑うつ気分などの心身不調として現れ、更にはうつ病や虚血性心疾患の発症リスクを高める等の報告がなされています。また注意すべきは、ハラスメント目撃者についても健康・意欲・幸福感に悪影響が見られることがわかっており、それが組織全体の欠勤率・離職率の増加、また組織の劣化や生産性低下を生み、深刻なダメージを組織そのものに与えることも明らかになっています。防衛省・自衛隊は国防と言う国家存立にとって最も基本的な、また重要な役割を担う組織であります。その組織が常に最大限の能力を発揮できるように、ハラスメントを起こさない・起こさせない・許容しないという風土を、これからも不断の努力で組織内に醸成していくことが大切であると考えます。

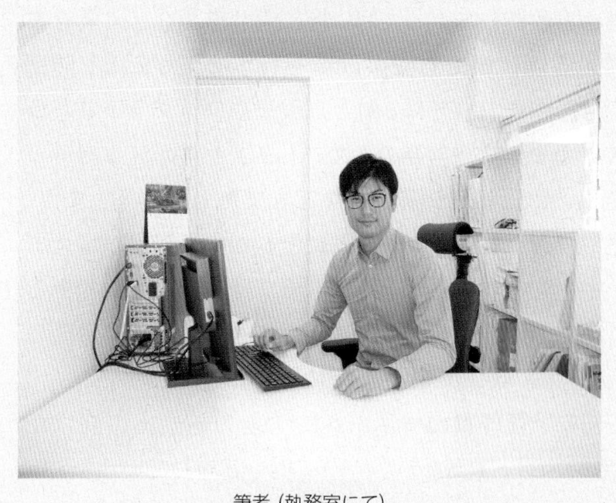
筆者（執務室にて）

資料：ハラスメント防止の推進
URL：https://www.mod.go.jp/j/profile/harassment/index.html

第3節 ワークライフバランス・女性の活躍のさらなる推進

わが国は戦後最も厳しく複雑な安全保障環境の中にあり、防衛省・自衛隊の対応が求められる事態が増加するとともに長期化しつつある。一方、人口減少と少子高齢化が急速に進展しており、防衛力の中核である自衛隊員を確保することがこれまで以上に重要となる中、社会構造の大きな変化により各種任務を担う防衛省の職員は、男女ともに、育児・介護などの事情のため時間や移動に制約のある者が増加することが想定される。

このような厳しい状況の中で、各種事態に持続的に対応できる態勢を確保するためには、職員が心身ともに健全な状態で、高い士気を保って、その能力を十分に発揮しうるような環境を整えることが必要である。

このため、防衛省・自衛隊は、安保戦略などに基づき、ワークライフバランスや女性職員の活躍を推進していく。

具体的には、ワークライフバランスと女性職員の採用・登用のさらなる拡大を一体的に推進するため、2015年に「防衛省における女性職員活躍とワークライフバランス推進のための取組計画」(以下「取組計画」という。)を策定し、2021年にはワークライフバランス推進及び女性の活躍推進の改革を柱とする新たな取組計画を策定した。2023年3月には①テレワークの推進、②ペーパーレス化の推進、③勤務時間管理の徹底、④男性育休の取得促進、⑤あらゆる職員が働きやすい職場環境の確立を重点的に進める旨の改定を行い、取組を一層推進している。

1 ワークライフバランス推進のための働き方改革

1 価値観・意識の改革

働き方改革にあたっては、特に管理職員などの働き方に対する価値観や意識の改革を行う必要がある。防衛省・自衛隊においては、働き方改革やワークライフバランスに関する意識啓発のため、トップからのメッセージの発出、セミナーや講演会などを実施している。また、育児や介護などで時間や移動に制約がある隊員が増えていく中、全ての隊員が能力を十分に発揮して活躍できるよう、ワークライフバランス確保のため、長時間労働の是正や休暇の取得の促進などに努めている。

さらに、管理職のマネジメント能力の向上に向けた「マネジメント改革」のための取組も実施している。

2 職場における働き方改革

ワークライフバランス推進に向けた取組は、職場の実情に合わせ、職員が自ら職場環境の改善策を考えることが実効性のある取組や風土作りにつながる。そのような考えから、「防衛省における働き方改革推進のための取組コンテスト」を実施し、特に優れた取組について表彰を行うとともに、防衛省内に紹介し、ほかの職員の働き方改革の一助としている。

3 働く時間と場所の柔軟化

業務の繁閑の事情や個人の抱える時間制約などの事情を踏まえ、防衛省・自衛隊においては、早出遅出勤務やフレックスタイム制を導入し、柔軟に勤務時間を選択できるようにしてきた。2023年4月には、フレックスタイム制におけるコアタイムの短縮など、さらなる柔軟化を行った。

また、現在では一部の職員のテレワーク勤務が可能となっているが、引き続き端末の整備とともに資料の電子化などを含めたデジタル化を推進し、テレワークの実施環境を整備している。

資料：両立支援ハンドブック
URL：https://www.mod.go.jp/j/profile/worklife/book/handbook_2023.pdf

4　勤務時間管理の徹底

勤務時間管理のシステム化や超過勤務の実態調査などを通じ、隊員の心身の健康と福祉に害を及ぼすおそれがある、長時間労働の是正を推進している。

5　育児・介護をしながら活躍できるための環境整備

防衛省・自衛隊においては、任期付の職員を採用し、育児休業などを取得する職員のための代替要員を確保するなど、職員が育児・介護などと仕事を両立するための様々な制度を整備している。特に男性職員の家庭生活への参画を推進するため、男性職員の育児休業などの取得促進に取り組んでおり、子どもが生まれた全ての男性職員が1ヶ月以上を目途に育児に伴う休暇・休業を取得できることを目指している。

また、育児や介護に関する制度の説明、ロールモデルの紹介、管理職員や人事担当部局がきめ細かく職員の育児にかかる状況を把握するため「育児シート」を作成するなどの取組により、職業生活と家庭生活を両立しやすい環境整備を進めている。なお、育児・介護により中途退職した自衛官を再度採用できる制度も整備されている。

6　保育の場の確保

自衛隊員がこどもの保育などに不安を抱くことなく、任務に専念できる環境を整えておくことは、自衛隊の常時即応態勢を維持する上で重要である。防衛省・自衛隊においては、全国8か所の駐屯地などに庁内託児施設を整備してきた。また、災害派遣などの迅速な対応を求められる場面において、自衛隊の駐屯地などで隊員のこどもを一時的に預かる緊急登庁支援の施策を推進している。

2　女性の活躍推進のための改革

防衛省・自衛隊は、女性職員の採用・登用のさらなる拡大を図るため、取組計画において女性職員の採用・登用について具体的な目標を定めるなど、意欲と能力のある女性職員の活躍を推進するための様々な取組を行ってきている。

1　女性自衛官の活躍推進に取り組む意義と人事管理の方針

自衛隊の任務が多様化・複雑化する中、自衛官には、これまで以上に高い知識・判断力・技術を備えた多面的な能力が求められるようになっている。また、少子化・高学歴化の進展などによる厳しい募集環境のもと、育児や介護などで時間や場所に制約のある隊員が大幅に増加することが想定される。

こうした環境の変化を踏まえれば、自衛隊としても、従来の均質性を重視した人的組成から多様な人材を柔軟に包摂できる組織へと進化することが求められている。

自衛隊において、現時点で必ずしも十分に活用できていない最大の人材源は、採用対象人口の半分を占める女性である。女性自衛官の活躍を推進することは、①有用な人材の確保、②多様な視点の活用、③わが国の価値観

戦闘機パイロットの女性自衛官

動画：航空自衛隊女性自衛官の活躍
URL：https://www.youtube.com/watch?v=CzUcZlTk_bs

の反映、といった重要な意義がある。このため、防衛省・自衛隊として、意欲と能力、適性のある女性があらゆる分野にチャレンジする道を拓き、女性自衛官比率の倍増を目指している。

なお、女性自衛官の採用・登用に際しては、機会均等のさらなる徹底を図るとともに、本人の意欲と能力・適性に基づく適材適所の配置に努めることを、人事管理の方針としている。

2　女性自衛官の配置制限の解除

防衛省・自衛隊においては、「母性の保護」の観点から女性が配置できない部隊（陸自の特殊武器（化学）防護隊の一部及び坑道中隊）を除き、配置制限が全面的に解除されている。

これにより、戦闘機操縦者、空挺隊員、潜水艦の乗員などへの配置が進められている。

3　女性職員の採用・登用の拡大

取組計画では、女性職員の採用・登用の数値目標を設定し、計画的な採用と登用の拡大を図ることとしている。

(1) 女性自衛官

女性自衛官は、2023年3月末現在、約2.0万人（全自衛官の約8.7%）であり、10年前（2013年3月末時点で全自衛官の約5.5%）と比較すると、3.2ポイント増となっており、その比率は近年増加傾向にある。

潜水艦乗員の女性自衛官

女性自衛官の採用については、自衛官採用者に占める女性の割合を令和3（2021）年度以降17%以上とし、令和12（2030）年度までに全自衛官に占める女性の割合を12%以上とすることとした。また、女性自衛官の採用数の増加に合わせて、これにかかる教育・生活・勤務環境の基盤整備を推進する。

また、登用については、令和7（2025）年度末までに佐官以上に占める女性の割合を5%以上とすることを目指すこととしている。

図表Ⅳ-2-3-1　女性自衛官の在職者推移

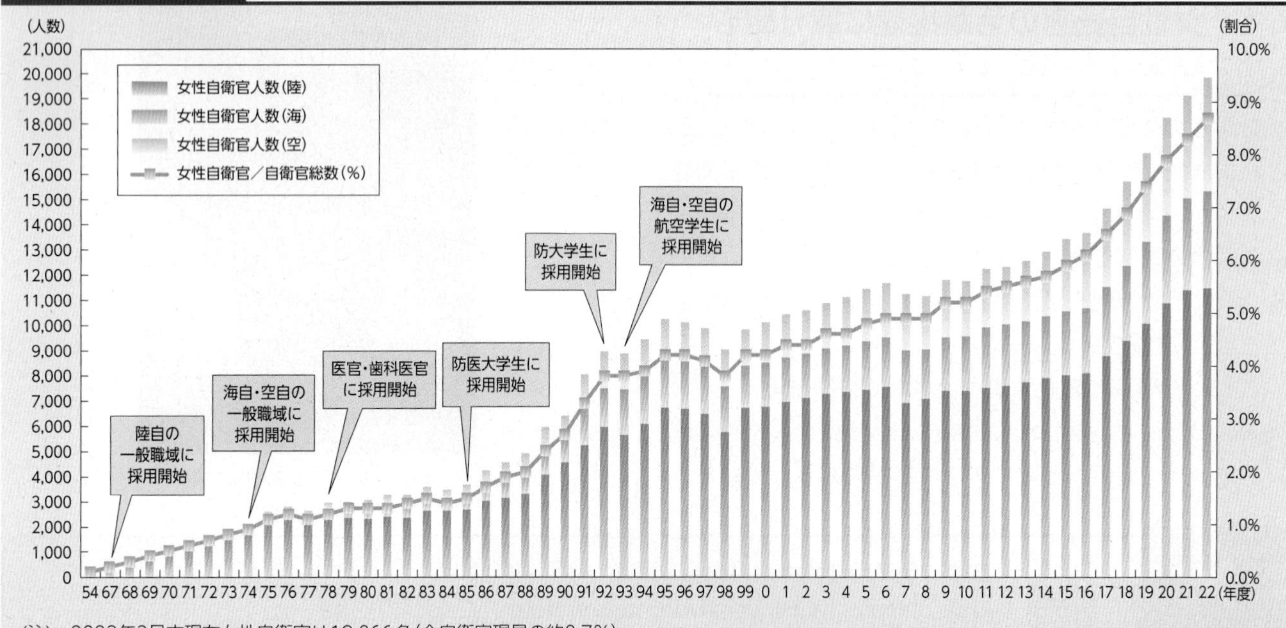

（注）　2023年3月末現在女性自衛官は19,866名（全自衛官現員の約8.7%）

参照　図表Ⅳ-2-3-1（女性自衛官の在職者推移）

(2) 女性事務官、技官、教官など

女性事務官、技官、教官などは、2023年3月末現在、約5,400人（全事務官などの約26.9%）であり、10年前（2013年3月末時点で全事務官などの約23.5%）と比較すると、3.4ポイント増となっており、その比率は近年増加傾向にある。

採用については、令和3（2021）年度以降、政府目標と同様に、採用者に占める女性の割合を35%以上とすることを目標としている。また、登用については、令和7（2025）年度末までに、本省係長相当職に占める女性の割合を35%、地方機関課長・本省課長補佐相当職に占める女性の割合を10%、本省課室長相当職に占める女性の割合を6%、指定職相当に占める女性の割合を5%とすることを目標としている。

動画：自分の時間も大切に働く女性海上自衛官
URL：https://www.youtube.com/watch?v=tsk6VAV6LP4

動画：夢を守る女性陸上自衛官の活躍
URL：https://youtu.be/-bcA9G417vU

第4節 衛生機能の変革

防衛戦略においては、これまで自衛隊員の壮健性の維持を重視してきた自衛隊衛生は、持続性・強靭性の観点から、有事において危険を顧みずに任務を遂行する隊員の生命・身体を救う組織に変革することとしている。

加えて、自衛隊の任務が多様化・国際化する中で、災害派遣や国際平和協力活動における衛生支援や医療分野における能力構築支援など様々な衛生活動のニーズに的確に応えていくことが重要である。

このため、防衛省・自衛隊としては、各種事態への対処や国内外における多様な任務を適切に遂行できるよう衛生に関する機能の充実・強化を図っている。

1 シームレスな医療・後送態勢の確立

第一線で負傷した隊員の救命率を向上させるため、応急的な措置を講じる第一線救護、後送間救護、後送先となる病院それぞれの機能を強化していく必要がある。

参照 図表Ⅳ-2-4-1（シームレスな医療・後送態勢のイメージ）

1 各種事態における衛生機能の強化

第一線において負傷した隊員に対しては、「第一線救護衛生員[1]」が救急救命処置を行うとともに、野外手術システム[2]などを備えた医療拠点において、ダメージコントロール手術（DCS：Damage Control Surgery）[3]を行う。さらに最終後送先である自衛隊病院などに安全かつ迅速に後送し、根治治療を行うこととしている。

このため、陸自・海自においては准看護師かつ救急救命士の免許を有する隊員が、任務遂行中に負傷した隊員に対し、負傷した現場付近において緊急救命行為[4]を実施できるようにするため、教育・訓練を実施し、第一線救護衛生員としての指定・部隊配置を進めてきた。2022年度は新たに空自での養成が開始され、さらなる第一線救護能力の向上に取り組んでいる。

また、艦艇又は航空機上での戦傷医療など、各自衛隊

図表Ⅳ-2-4-1 シームレスな医療・後送態勢のイメージ

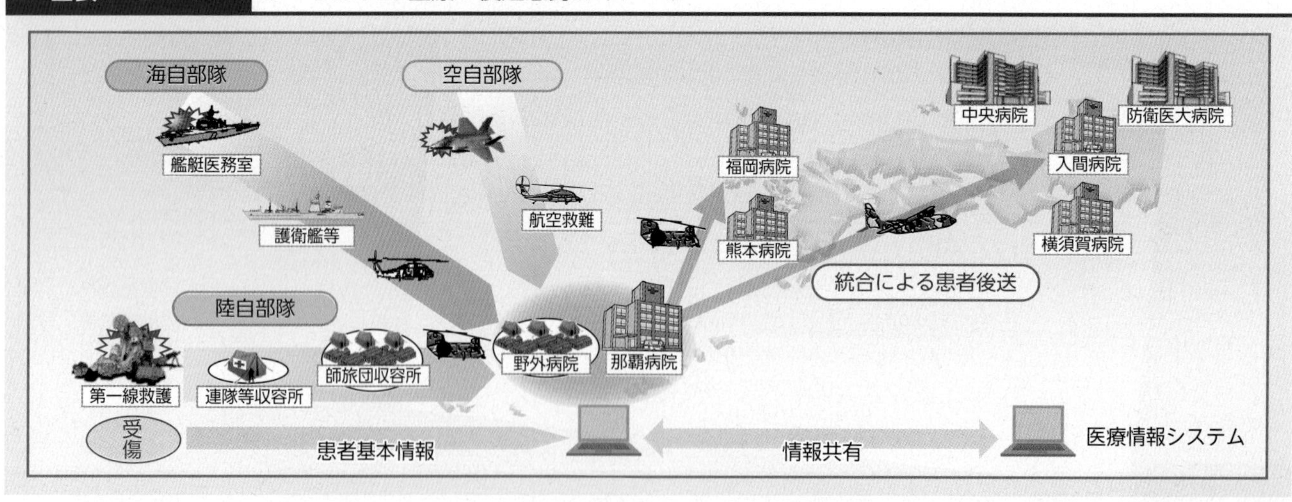

1 准看護師（保健師助産師看護師法（昭和23年法律第203号）第6条に規定する准看護師をいう。）の免許を有し、かつ、救急救命士（救急救命士法（平成3年法律第36号）第2条第2項に規定する救急救命士をいう。）の免許を有する隊員のうち、緊急救命行為に関する訓令（平成28年防衛省訓令第60号）第4条に規定する協議会が認定した訓練課程を修了した者をいう。

2 手術に必要な4機能をシェルター化し、大型トラックに搭載（手術車、手術準備車、滅菌車、補給車）した動く手術室。開胸、開腹、開頭術など救命のための手術が可能

3 損傷した内臓に対するガーゼ圧迫留置、縫合などによる止血と腸管内容物による汚染を防止するための応急的な手術であり、患者の状態を後送に耐え得るレベルまで安定化させることを目的としている。

4 負傷により気道閉塞や緊張性気胸の症状などとなった者に対する救護処置や、痛みを緩和するための鎮痛剤の投与などの処置

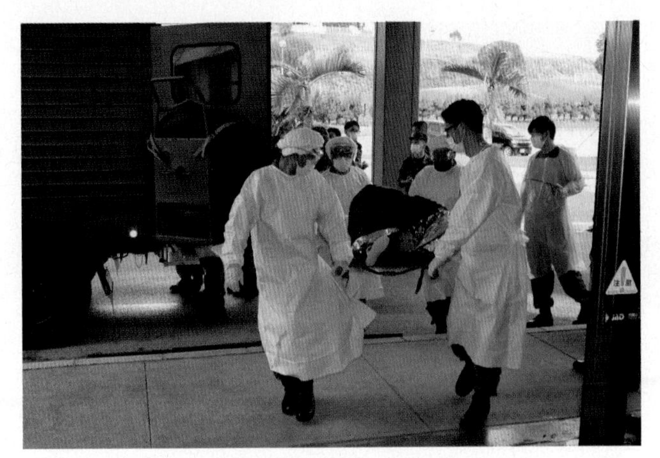
沖縄における医療拠点の開設・運営に関する訓練

の部隊や装備の特性に応じた教育訓練の充実を図るとともに、航空医療搬送訓練装置の整備、救急処置能力向上教材の整備などを推進している。また、戦傷医療教育に必要な各自衛隊共通の衛生訓練基盤の整備を推進することとしている。

これらに加え、新たに自衛隊において血液製剤を自律的に確保・備蓄する態勢の構築についても取り組んでいく。戦傷医療における死亡の多くは爆傷、銃創などによる失血死であり、これを防ぐためには輸血に使用する血液製剤の確保が極めて重要である。このため、まずは、令和5（2023）年度予算において、関連する機材などを自衛隊中央病院に設置し、必要な検討を進めていく予定である。

2　自衛隊病院の機能強化・医療拠点の整備

自衛隊病院には、各種事態において、活動地域から後送された隊員などを収容・治療する病院としての役割がある。また、平素においては、隊員やその家族などの診療を行う病院としての役割を果たしている。このほか、医療従事者の技量の維持・向上及び養成のための教育機関としての役割も有している。

南西地域においては、多数の離島を抱える地理的特性から、医療拠点である那覇病院などの機能強化が必要である。

2　衛生隊員の確保・育成

防衛省・自衛隊では、防衛医科大学校を中心とした卒後の臨床教育の充実や、医官の診療機会を確保するための各種取組の促進、感染症や救急医療をはじめとした専門的な知識・能力の取得・向上などにより、医官の確保・育成を図りつつ、医療技術の練度を維持・向上させている。

また、看護官についても、医官と同様、部内外病院などにおける実習など、知識・技術を維持・向上するための施策を講じている。

さらに、国際平和協力活動、大規模災害などを含む多様な任務や特殊な環境での任務を遂行するため、衛生科隊員及び診療放射線技師、臨床検査技師や救急救命士などの医療従事者を自衛隊の病院や学校などにおいて教育・養成している。

3　防衛医科大学校の機能強化

防衛医科大学校は、医師である幹部自衛官（医官）、保健師及び看護師である幹部自衛官（看護官）や技官を養成する防衛省・自衛隊の唯一の機関であり、主たる医療従事者を育成・輩出し、その技能を維持・向上させる役割を担っている。

整備計画では、防衛医科大学校は、戦傷医療対処能力向上をはじめとした教育研究の強化を進めることとしている。具体的には、医官・看護官に対する外傷外科治療などの教育強化や、外傷・熱傷医療分野、感染症対策、メンタルヘルスなどの自衛隊衛生の高度化に必要な防衛医学研究を推進することとしている。

特に、人工血小板の研究は、実用化できれば戦傷医療

動画：防衛医科大学校紹介動画　笑顔のチカラに。
URL：https://www.mod.go.jp/gsdf/jieikanbosyu/about/recruit/boeiidai-igaku.html

において有用なものとなる可能性がある。

さらに、自衛隊病院では対応困難な重症隊員を受け入れる役割を果たすため、防衛医科大学校病院における高度な先進医療を提供できる態勢を構築することとしている。

これらの戦傷医療対処にあたる医官などにとって臨床の現場となる防衛医科大学校病院の運営の抜本的改革を図ることとしている。

4 国際協力に必要な態勢の整備

防衛省・自衛隊は、これまで、国連三角パートナーシップ・プログラム（UNTPP〈United Nations Triangular Partnership Programme〉）の枠組みにおける国連野外衛生救護補助員コースへの教官派遣（UNFMAC〈United Nations Field Medical Assistant Course〉）、国際緊急援助活動として海外被災地での医療提供などに参加しているほか、インド太平洋地域を中心とする国々に対し、潜水医学、航空医学、災害医療など医療分野での能力構築支援や共同訓練を積極的に行っている。

また、感染症対応について、海外での活動に資する人材の育成や、感染症患者搬送用の機材整備、既知の感染症の中で最も危険性が高いとされる一類感染症の罹患患者に対する診療を行うため、部隊、防衛医科大学校病院及び自衛隊中央病院に所要の施設器材の整備を行うなど、能力の向上を図っている。

そのほか、海外での医療活動を行ううえで有効な移動式医療システムの更新、国際機関や米国防省などの衛生関係部局への要員派遣など、様々な国際協力に必要な態勢の整備を推進している。

参照　Ⅲ部3章1節5項（能力構築支援への積極的かつ戦略的な取組）

5 新型コロナウイルス感染症対応

新型コロナウイルス感染症の感染拡大を受けた防衛省・自衛隊の取組として、自衛隊病院や防衛医科大学校病院においては、2020年2月1日から新型コロナウイルス感染症患者を受け入れている。これまでに自衛隊中央病院のほか札幌、大湊、三沢、仙台、舞鶴、入間、横須賀、富士、阪神、呉、福岡、佐世保、熊本、別府、那覇の各自衛隊地区病院及び防衛医科大学校病院において、4,821名の新型コロナウイルス感染症患者を受け入れた（2023年3月31日17時時点）。特に自衛隊中央病院及び防衛医科大学校病院は、各々東京都、埼玉県から第一種感染症指定医療機関[5]（厚生労働大臣の定める基準に適合し、一類感染症[6]に対応できる陰圧室などを兼ね備えた病床を各々2床保有）の指定を受けており、患者数の増加に対応し患者の受入れを一般病床まで拡大した。

また、新型コロナウイルス感染症のワクチン接種を加速するため、自衛隊は、2021年5月～11月、東京及び大阪において自衛隊大規模接種センターを設置・運営し、延べ196万回接種した。オミクロン株の流行拡大に際しては、2022年1月に東京、同年2月には大阪に大規模接種会場を設置し、それぞれ2023年3月に運営を終了した。この間、延べ52万回のワクチン接種を実施した。

新型コロナウイルス感染症対応では、平素の訓練の経験が活かされた。自衛隊中央病院及び防衛医科大学校病院は、感染症対応にかかる訓練を定期的に実施しており、一類感染症感染者が発生した際の患者受入や関係機関との連携要領の確立を図っている。

また、自衛隊中央病院では2022年7月、各種事態対処能力の向上及び関係部外医療機関との連携強化を目的とし、首都直下地震を想定した大量傷者受入訓練を実施した。陸上総隊、陸自東部方面隊や陸自衛生学校のほか、日本DMAT、東京消防庁などの参加を得て、関係機関との連携強化や災害拠点病院に準じた医療機関としての能力向上を図っている。

5　第一種感染症指定医療機関とは、一類感染症、二類感染症又は新型インフルエンザ等感染症の患者の入院を担当させる医療機関として都道府県知事が指定した病院をいう。（感染症の予防及び感染症の患者に対する医療に関する法律（平成10年法律第114号）第6条）

6　エボラ出血熱、クリミア・コンゴ出血熱、痘そう、南米出血熱、ペスト、マールブルグ病、ラッサ熱（感染症の予防及び感染症の患者に対する医療に関する法律（平成10年法律第114号）第6条）

第5節　政策立案機能の強化

防衛戦略では、自衛隊が能力を十分に発揮し、厳しい戦略環境に対応するためには、宇宙・サイバー・電磁波の領域を含め、戦略的・機動的な防衛政策の企画立案が必要とされており、その機能を抜本的に強化していくとしている。また、関係省庁や民間の研究機関、防衛産業を中心とした企業との連携を強化するとともに、防衛研究所を中心とする防衛省・自衛隊の研究体制を見直し・強化し、知的基盤としての機能を強化することとしている。

1　政策立案機能の強化に向けた取組

防衛戦略を踏まえ、戦略的・機動的な防衛政策の企画立案を行う機能を抜本的に強化する必要があることから、有識者から政策的な助言を得るための会議体を設置することとしている。

また、自衛隊の将来の戦い方とそのために必要な先端技術の活用・育成・装備化について、関係省庁や民間の研究機関、防衛産業を中核とした企業との連携を強化しつつ、戦略的な観点から総合的に検討・推進する態勢を強化することとしている。

これに加え、防衛省の研究・教育機関においては、平素から研究の質をより高め、その成果をわが国の政策立案への反映に取り組んでいる。そうした研究成果を含め、わが国の安全保障政策に関する知識や情報について、国民の理解をより一層増進することが重要になっている。このため、防衛省・自衛隊の防衛研究所や各種学校などにおいては、

① 国内外の研究・教育機関や大学、シンクタンクなどとのネットワーク及び組織的な連携を通じた、防衛省・自衛隊の研究体制の強化
② 高度な専門知識と研究力に裏付けされた質の高い研究成果の政策立案部門などへの提供
③ 前述の研究成果などを基にした信頼性の高い情報発信
④ 教育機関などへの講師派遣や公開シンポジウムの開催などを通じた、安全保障教育の推進への寄与

など、知的基盤の強化に関する各種取組を進めている。

2　防衛研究所における取組

防衛研究所は、国立の安全保障に関する学術研究・教育機関という特色を活かし、主に安全保障及び戦史に関し政策指向の調査研究を行っている。また、自衛隊の高級幹部などの育成のための国防大学レベルの教育機関としての機能を果たしている。加えて、公文書管理法に基づく歴史資料等保有施設として、多数の戦史史料の管理及び公開を行っており、わが国最大の戦史研究センターとしての役割も担っている。

さらに、国際交流も重視しており、各国との信頼関係の増進による安全保障への貢献と調査研究及び教育の質的向上を主目的に、諸外国の国防大学・安全保障研究機関などとの研究交流などを行っている。防衛研究所創立70周年を迎えた2022年は、米中露を主体とした大国間競争の様相をテーマとして「安全保障国際シンポジウム」を開催したほか、戦争と情報をテーマとして「戦争史研究国際フォーラム」を開催するとともに、政策シミュレーション国際会議「コネクションズ・ジャパン」を初めて開催した。この会議は、将来の情勢見積りや政策の

防衛研究所主催の国際会議「コネクションズ・ジャパン2022」

企画立案に際してのテスト手段などとして世界的に活用されている「政策シミュレーション」について、最先端の知見や国内外の取組を共有する機会として開催したものであり、今後も政策課題への対応や知的基盤強化に資するよう引き続き開催していくこととしている。

加えて、主な研究成果をホームページ上で公開するとともに、これまで毎年刊行してきた『中国安全保障レポート』や『安全保障戦略研究』を含む、各種刊行物を発行するなど、積極的に情報発信を行っている。このほか、防衛研究所の研究者は研究成果の一端を著書や論文、論考として多数発表しており、それらの中には優れた研究業績に与えられる賞を受賞したものもある。

3 その他の機関における取組

防衛大学校は、自衛隊の幹部となるべき者の教育訓練及び自衛官などに対するより高度な教育訓練とともに、これらに必要な研究を行う役割を担っている。

かかる役割のもと、防衛大学校では、一般学術研究や防衛政策に関連する研究を多数実施し、高度な研究水準を保持している。2022年度からは従来以上にデュアル・ユース技術を意識した防衛関連の基礎研究などを実施し、その研究成果を省内の他機関（防衛装備庁など）にフィードバックしている。

また、防衛大学校の研究成果については、グローバルセキュリティセンター[1]が扱うテーマを中心に、防衛大学校が主催するセミナーやコロキアムでの発表、『セミナー叢書』や『研究叢書』といったオンライン媒体の発行などを通じ、広く部外に発信している。

自衛隊の幹部学校などにおいては、定期的に安全保障に関する各種のセミナーやシンポジウムを開催し、産（企業）・官（政府及び地方公共団体）・学（大学など）からの研究員などの参加を得て、様々な視点からの討議や意見交換を通じ、将来のわが国の安全保障などに関する調査研究の資としている。

また、客員研究員の受入れや、国内外の教育機関、研究機関などとの交流などにより、調査研究に必要な知見及び情報を得て、教育・研究の質の維持向上に努めている。また、主な研究成果をホームページ上で公開しているほか、各種刊行物を発行するなど、積極的に情報発信[2]を行っている。

資料：防衛研究所が発信する出版物
URL：http://www.nids.mod.go.jp/publication/

1 グローバルセキュリティセンターは、先端学術推進機構に設置された部署であり、グローバルセキュリティにかかる研究又は共同研究（防衛装備庁などと共同して行う研究をいう。）の企画、立案及び実施やグローバルセキュリティにかかる研究成果の部外発信に関する事務を担っている。

2 陸自教育訓練研究本部は『陸上防衛』、海自幹部学校は『海幹校戦略研究』及び空自幹部学校は『エア・アンド・スペースパワー研究』などを公開している。

第3章 訓練・演習に関する諸施策

第1節 訓練・演習に関する取組

自衛隊がわが国防衛の任務を果たすためには、平素から各隊員及び各部隊が常に高い練度を維持し、向上させることが必須となる。

防衛省・自衛隊は、様々なハイレベルの共同訓練・演習を積極的に実施し、抑止力・対処力のさらなる向上に努めている。

また、自国の平和を維持するためには、抑止力・対処力を強化しつつ、自国を取り巻く安全保障環境の安定化が不可欠である。そのため、防衛省・自衛隊は、「自由で開かれたインド太平洋」というビジョンに向けた取組として、広くインド太平洋地域において同盟国・同志国などとの共同訓練を積極的に推進しており、わが国の安全保障と密接な関係を有するインド太平洋地域におけるパートナーシップを強化するとともに、一国のみでは対応が困難なグローバルな安全保障上の課題や不安定要因の対応に向けた連携強化に努めている。

参照 図表IV-3-1-1（わが国独自及び日米同盟を基軸とした主要訓練）

図表IV-3-1-1 わが国独自及び日米同盟を基軸とした主要訓練

1 わが国自身による各種事態への対処力強化に資する訓練

(1) 自衛隊の統合訓練

平素から陸・海・空自衛隊の統合運用について訓練を積み重ねることにより、自衛隊の抑止力・対処力がシームレスに遺憾なく発揮されるように準備しておくことが重要である。

このため、自衛隊は、1979年以来、統合運用を演練する自衛隊統合演習（実動演習）及び自衛隊統合演習（指揮所演習）をおおむね毎年交互に実施している。

また、大規模災害など各種の災害にも迅速かつ的確に対応するため、各種の防災訓練を実施しているほか、国や地方公共団体などが行う防災訓練にも積極的に参加し、各省庁や地方公共団体などの関係機関との連携強化を図っている。

さらに、海外における緊急事態においては、在外邦人などを速やかに輸送又は保護措置を実施できるよう、自衛隊は、平素から訓練を実施してきている。

【令和４年度自衛隊統合演習（JX）】
Joint Exercise

2023年1～2月、自衛隊は令和４年度自衛隊統合演習（指揮所演習）を実施した。グレーゾーンから武力攻撃事態にいたる一連の状況を想定し、宇宙・サイバー・電磁波を含めた様々な領域において、武力攻撃に対処するための訓練を総合的に実施した。新たな安保戦略などが策定され、防衛力の抜本的強化がこれから行われるという中での初めての大規模な演習であり、その防衛力の抜本的強化に資する教訓などを得ることができた。

【自衛隊統合防災演習（JXR）】
Joint Exercise for Rescue

自衛隊は、大規模震災が発生した場合における自衛隊の指揮幕僚活動、主要部隊間の連携要領、防災関係機関や在日米軍などとの連携に関する防災訓練を行うことで、災害対処能力の維持・向上を図っている。本訓練では、南海トラフ地震が発生したことを想定し、自衛隊の対処計画の検証を行った。

【離島統合防災訓練（RIDEX）及び日米共同統合防災訓練（TREX）】
Remote Island Disaster Relief Exercise
Tomodachi Rescue Exercise

離島における突発的な大規模災害への対処について実動及び机上検討により訓練し、自衛隊の離島災害対処能力の維持・向上及び米軍・関係防災機関などとの連携の強化を図った。今回初めて、陸自V-22オスプレイを使用した東京都神津島への部隊等投入訓練や、人員捜索犬の資格を保有する警備犬による救出救助訓練を実施した。

ヨルダンにおける在外邦人等保護措置にかかる訓練の状況

【大規模地震時医療活動訓練】

内閣府が主催する大規模地震時医療活動訓練に参加し、災害派遣時の各種行動及び防災関係機関との連携要領を演練し、災害対処能力の維持・向上を図った。

【在外邦人等輸送訓練】

2023年２月、在外邦人等輸送にかかる統合運用能力の向上及び関係機関との連携強化を図る目的で在外邦人等輸送訓練を実施した。本訓練では、アフガニスタンにおける在外邦人等輸送任務における経験を踏まえ、本邦での派遣準備から国外目的地への展開に至る一連の活動などについて、関係機関との連携のもと、実際に人員と装備品を使用して行った。

【統合展開・行動訓練（中東アフリカ地域）（FD）】
Furnace Darter

2022年12月、派遣統合任務部隊の部隊展開後から在外邦人の警護輸送までの行動について主に演練するとともに、自衛隊と関係機関、米軍などとの連携の強化を図ることを目的として統合展開・行動訓練を実施した。本訓練では、中東・アフリカ地域の実環境下で訓練を実施しており、ジブチに所在する国外の活動拠点を活用し、国外展開後の部隊の行動に焦点を当てている。

(2) 各自衛隊の訓練

統合による防衛力が十分に発揮される大前提は、各自衛隊の高い練度である。そのため、各自衛隊においては、隊員個々の訓練と、部隊の組織的な訓練を継続的に実施し、それが、精強な自衛隊の基礎となっている。

ア 陸上自衛隊

陸自は、機動師団・旅団が全国に展開する機動展開訓練や方面隊規模での実動演習を実施し、各種事態などへの対処能力の向上を図っている。

また、国内外における米空軍機などからの空挺降下訓練、水陸両用作戦にかかる訓練、中SAM/SSM部隊の実射訓練などを実施し、統合・共同による領域横断作戦に必要な各種戦術技量の向上を図っている。

イ　海上自衛隊

海自は、要員の交代や艦艇の検査、修理の時期を見込んだ一定期間を周期として、これを数期に分け、段階的に練度を向上させる訓練方式をとっている。この方式のもと艦艇相互、艦艇と航空機の間で連携した訓練、さらには全国の部隊が実動する海上自衛隊演習（実動演習）を実施し、即応能力の向上を図っている。また、国内における機雷戦訓練や米海軍の協力を得て良好な米国の訓練基盤を活用した派遣訓練を実施し、各種戦術技量の向上を図っている。

ウ　航空自衛隊

空自は、戦闘機、レーダー、地対空誘導弾などの先端技術の装備を駆使するため、個人の専門的な知識技能を段階的に引き上げることを重視している。また、戦闘機部隊、航空警戒管制部隊、地対空誘導弾部隊などの部隊ごと又は部隊間の連携要領の訓練、さらに航空輸送部隊や航空救難部隊などを加えた総合的な訓練も実施している。

例えば、空自は、全国の部隊が実動する航空総隊総合訓練（実動訓練）、PAC-3機動展開訓練、国外運航訓練などを実施し、機動展開能力、即応能力の向上を図っている。また、米国におけるペトリオットの実射訓練や米国高等空輸戦術訓練センターを活用した訓練により任務遂行能力の向上を図っている。

北海道訓練センター実動対抗演習

2　日米同盟の強化に資する訓練

日米同盟はわが国の安全保障にとって不可欠であり、その抑止力・対処力の強化にあたり、日米共同訓練は重要な役割を果たしている。自衛隊は、各軍種間の共同訓練や日米共同統合演習（実動演習及び指揮所演習）を着実に積み重ねており、自衛隊の戦術技量の向上や米軍との連携の強化などを図るとともに、地域の平和と安定に向けた日米の一致した意思や能力を示してきた。

資料：自衛隊の部隊訓練について
URL：https://www.mod.go.jp/j/approach/defense/training/index.html

資料：統合演習・訓練
URL：https://www.mod.go.jp/js/activity/training.html

資料：進化する日米共同訓練
URL：https://www.mod.go.jp/gsdf/about/japan-us/index.html

動画：令和4年度遠洋練習航海
URL：https://www.youtube.com/watch?v=b15m4ougkII

キーン・ソード23において統合ミサイル防空訓練などを視察する木村政務官（2022年11月）

(1) 統合による日米共同訓練

自衛隊は、1986年以来、武力攻撃事態などにおける自衛隊の運用要領及び日米共同対処要領を演練し、自衛隊の即応性と日米の相互運用性の向上を図るため、日米共同統合演習（キーン・ソード（実動演習）、キーン・エッジ（指揮所演習））を実施している。2022年度は、令和4年度日米共同統合演習（実動演習）「キーン・ソード23」を実施し、グレーゾーンから武力攻撃事態などにおける自衛隊の運用要領及び日米共同対処要領を実動により演練した。2022年度最大規模となる本演習には、自衛隊約2万6千人、米軍約1万人が参加した。また、一部の訓練には、米軍指揮下として豪軍、カナダ軍及び英軍が参加し、連携要領について演練した。このほか、日米共同による弾道ミサイルへの対処などの訓練を実施し、自衛隊の統合運用能力及び日米共同対処能力の維持・向上を図った。

(2) 各自衛隊の日米共同訓練

ア　陸上自衛隊

近年、陸自は、中央・太平洋レベルなどの米陸軍及び米海兵隊と運用上・戦略上の連携を強化している。共同訓練は、ハイレベル交流などとあわせ、日米共同対処態勢の抜本的な強化につながる取組として、進化・発展を続けている。

2022年度は、個々の共同訓練での成果を積み上げ、連携させることにより、一層の練度向上を図った。特に、米陸軍と実施したオリエント・シールド22、米海兵隊と実施したレゾリュート・ドラゴン22の成果については、日米共同方面隊指揮所演習「YS-83」につながり、著しく発展させた。

解説　令和4年度日米共同統合演習（実動演習）「キーン・ソード23」

わが国を取り巻く安全保障環境が一層厳しさを増す中、2022年11月、自衛隊と米軍は、日米共同訓練として最大規模となる令和4年度日米共同統合演習（実動演習）「キーン・ソード23」を実施しました。

本演習では米軍高機動ロケット砲システム（HIMARS）の奄美大島への展開及び陸自地対艦誘導弾（SSM）との連携をはじめ、南西諸島で初となる日米両方のオスプレイによる連携や陸自水陸両用車（AAV）とエアクッション艇などによる徳之島（鹿児島）への上陸など、これまで以上に実戦的かつ高度な内容について訓練を行いました。また、日米の輸送機や民間資金等活用事業（PFI）船舶などにより部隊や補給物品などを南西諸島へ輸送するとともに、奄美大島や沖縄に日米共同の後方拠点を開設するなど、統合後方補給についても訓練しました。加えて、陸、海、空の各種作戦における日米連携についても演練し、自衛隊の統合運用及び日米の共同対処能力の強化並びに、即応性及び相互運用性の向上を図りました。

このような様々な演習を通じ、力による一方的な現状変更の試みを断じて許さないという強い意思のもと、地域の平和と安全に貢献するため、日米共同による抑止力・対処力の一層の強化に取り組んでいます。

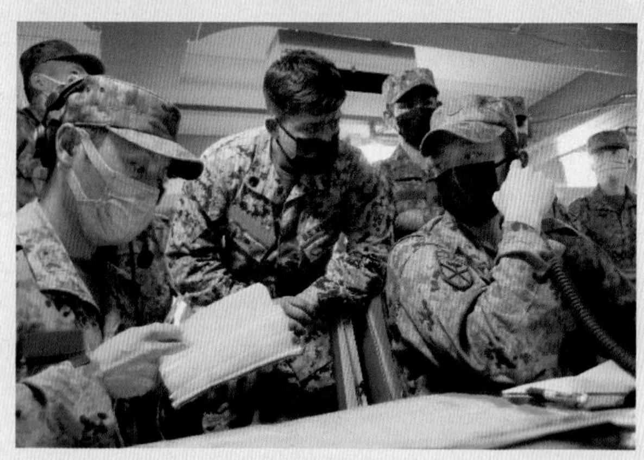
地対艦ミサイルの射撃に関する日米連携の様子

【オリエント・シールド22】

陸自は、領域横断作戦と米陸軍のマルチ・ドメイン・オペレーションを踏まえた日米の連携能力向上に資する訓練を実施した。本訓練では、米陸軍高機動ロケット砲システム（HIMARS）部隊が奄美大島に初めて上陸するなど、日米のミサイル部隊や電磁波による情報収集などを行う電子戦部隊などが九州各地に展開し、複数の領域の手段を合わせた領域横断的な共同対艦戦闘訓練を実施した。これら現場と連接させる形で、日米共同ターゲティングを含む図上演習を実施した。これには米本土からマルチドメイン・タスクフォースという新しい部隊が初めて参加した。さらに、兵站・衛生といった後方支援分野についても演練し、日米陸軍種間の連携進化を図った。

【レゾリュート・ドラゴン22】

陸自は、領域横断作戦と米海兵隊の機動展開前進基地作戦（EABO[1]）を踏まえた連携を焦点としつつ、一連の島嶼防衛作戦について演練した。本訓練は、北海道内の複数の演習場を島嶼と見立て、島嶼部に展開してくる米海兵隊に対し、陸自が受入れから作戦地域への誘導までを実施した。また、米海兵隊は計根別場外離着陸場において、HIMARSを搭載した輸送機による初の不整地着陸訓練を行った。さらに、島嶼という特性を踏まえ、共同対艦戦闘訓練を行った。日米が連携して被害の局限を図りつつ、相互補完的に兵站・衛生支援を実施し、島嶼部における作戦の持続性向上を図った。

【日米共同方面隊指揮所演習（YS-83）】

陸自は、領域横断作戦、米陸軍のマルチ・ドメイン・オペレーション、米海兵隊のEABOにかかる連携要領について演練した。本訓練では、訓練対象をこれまでの1コ方面隊から、陸上総隊及び2コ方面隊に拡充した。これら2コ方面隊に加え、第1空挺団や水陸機動団などの陸上総隊直轄部隊及びそれらと協同する海空自衛隊などを含む作戦全般を指揮する陸上総隊と、本演習におけるカウンターパートである米第1軍団が日・米それぞれの統合任務部隊司令部となり、陸自2コ方面隊及び米陸軍・米海兵隊が担任地域の作戦を遂行することで、統合任務部隊と各部隊が担任するそれぞれの作戦を連接した訓練を行った。

成果として、日米共同における相互運用性の飛躍的な進化により、日米陸軍種間の連携をより高度な段階へ引き上げることができた。また、日米それぞれ海・空軍種の参加を得るとともに、約30名の豪軍オブザーバーに加え、比陸軍司令官及び比海兵隊司令官の視察も受け、統合化・多国間化を図ることができた。併せて実施されたハイレベル交流により、共同訓練のさらなる進化への認識を共有するとともに、各国との連携を一層強化することができた。

補給艦からの洋上給油が終わり自衛艦旗を振る陸自隊員

イ　海上自衛隊

海自は伝統的に米海軍と精力的に共同訓練を実施してきており、艦艇や航空機による日米共同訓練、対潜特別訓練、掃海特別訓練、衛生特別訓練、日米衛生共同訓練を通じ、日米共同対処などの実効性や領域横断作戦能力の向上を図っている。

例えば、米国の空母打撃群との共同訓練を着実に積み重ね、日米同盟の抑止力・対処力を一層強化するとともに、日米がともに行動している姿を示している。

ウ　航空自衛隊

空自は、1996年以来参加している米空軍演習（レッド・フラッグ・アラスカ）や1999年以来実施しているグアムにおける共同訓練（コープ・ノース）などにおける米空軍との共同訓練を通じ、日米同盟の抑止力・対処力を強化している。それに加え、米海軍や米海兵隊との対戦闘機戦闘訓練、要撃戦闘訓練、防空戦闘訓練、戦術攻撃訓練、空中給油訓練、捜索救難訓練、編隊航法訓練などの各種日米共同訓練により、日米共同対処などの実効性の向上や領域横断作戦能力の向上を図っている。

例えば、2022年は、北朝鮮によるICBM級弾道ミサ

1　敵の火力圏内において迅速に分散展開し、一時的な拠点を設置することにより前線での作戦を実行する作戦構想。

イルをはじめとする度重なる弾道ミサイルの発射など、より厳しさを増す安全保障環境の中、自衛隊と米軍は、共同訓練を実施した。本共同訓練により、強固な日米同盟のもと、自衛隊と米軍の即応態勢を確認し、あらゆる事態に対処する日米の強い意思と緊密な連携を内外に示すとともに、共同作戦能力のさらなる強化を図った。自衛隊と米軍は、引き続き、わが国の防衛及び地域の平和と安定の確保のため平素から緊密に連携し、あらゆる事態に即応するため、万全の態勢を維持していく。

3　日米に第三国を交えた多国間共同訓練

各自衛隊は、米国のみならず、第三国の参加も得たハイレベルな多国間共同訓練に積極的に取り組んでいる。豪州や欧州諸国の軍隊を交えた訓練を通じ、自衛隊の戦術技量の向上を図るとともに、各国軍隊との連携及び相互運用性を高め、わが国の抑止力・対処力を強化している。

【パシフィック・ヴァンガード22（日米豪韓加共同訓練）】

陸自及び海自は、グアム島及びその周辺海空域において、米海軍、米海兵隊、豪海軍、韓国海軍及び初参加となるカナダ海軍との共同訓練を実施した。本訓練において、陸自及び米海兵隊の火力誘導員は、海自を含む各国海軍の艦砲射撃を共同で誘導する要領を演練した。また海自は、対水上・対地射撃、対水上戦及び対潜戦などについて演練を実施した。これにより、陸海の協同作戦能力の向上及び参加各国との連携強化を図った。

【マラバール2022（日米印豪共同訓練）】

海自は、関東南方海空域において米海軍、印海軍、豪海軍及び豪空軍との共同訓練を実施した。海自からは護衛艦や補給艦などが参加し、対潜戦、対空戦、洋上補給などについて演練を実施し、参加各国との相互運用性の向上を図った。なお、マラバールは今回で30周年にあたる。「自由で開かれたインド太平洋」実現の中核となる4か国の枠組みで継続して実施してきた意義は大きく、引き続き関係強化に取り組むこととしている。

【ピッチ・ブラック22（豪空軍演習）】

空自は、豪北部準州ダーウィン空軍基地及びその周辺空域において、豪空軍が実施する多国間訓練に参加し、豪空軍はじめ、米軍その他参加国の空軍との共同訓練を実施した。本訓練では、防空戦闘、戦術攻撃及び空中給油について演練し、豪空軍及び米軍との相互運用性を向上させるとともに、参加各国との相互理解の進化を図った。

4　同志国との二国間共同訓練

【ヴィジラント・アイルズ22（英陸軍との実動訓練）】

陸自は、英陸軍との共同訓練を実施した。偵察部隊による潜入や統合火力誘導などについて訓練し、日英間の相互理解・信頼関係の促進を図った。

【ダルマ・ガーディアン22（印陸軍との実動訓練）】

陸自は、日本で初となるインド陸軍との共同訓練を実施した。対テロにかかる各種行動について訓練し、日印間の相互理解・信頼関係の促進を図った。

【ヴィーア・ガーディアン23（印空軍との戦闘機共同訓練）】

空自は、百里基地及びその周辺空域などにおいて、インド空軍と要撃戦闘訓練など各種の戦術訓練を実施した。日本において、初となる戦闘機共同訓練の実施により、日印空軍種間の相互理解の促進及び防衛協力のさらなる進化を図った。

【日独共同訓練】

空自は、国内において初となるドイツ空軍との共同訓練を実施した。日独空軍種間の相互理解の促進及び防衛協力のさらなる深化並びに航空自衛隊の戦術技量の向上を図った。

5　同志国などとの多国間訓練

【ガルーダ・シールド22（令和4年度米国及びインドネシアにおける米インドネシア陸軍との実動訓練）】

陸自は、インドネシア陸軍との初となる共同訓練として、米尼陸軍との実動訓練（ガルーダ・シールド22）に参加した。本訓練では、米国グアム島から長距離機動を行い、インドネシアのスマトラ島において空挺降下に引き続く地上戦闘について演練し、いかなる場所においても任務を達成するための作戦遂行能力を向上させることができた。東南アジア随一の大国であるインドネシアが重要な戦略的パートナーであるとの認識のもと、首脳会談や2+2などが積極的に行われている。これを踏まえ、本訓練の実現が政治レベルでの連携強化に連動する形で、相乗効果を発揮するという点から極めて重要な意義があるものとなった。

【カーン・クエスト22（多国間訓練）】

陸自は、モンゴルにおいてモンゴル及び米国が主催している共同訓練に参加した。本訓練は、国連平和維持活動にかかる能力向上を目的とした訓練であり、陸自は2015年以降部隊を派遣している。本訓練においては、指揮所訓練及び施設警護や巡察などの実動訓練に参加し、国連平和維持活動などへの派遣に資する各種能力の維持、ノウハウの獲得・蓄積及び参加各国軍との相互理解の促進・信頼関係の強化を図った。

【IPD22（令和4年度インド太平洋方面派遣）】

海自は、2022年6～10月の4か月以上にわたり、護衛艦3隻、潜水艦1隻、航空機3機を含む水上・潜水艦・航空の各部隊を派遣し、インド太平洋地域において航行する間、11か国を訪問し、30件の共同訓練・親善訓練を実施した。IPDは、わが国が太平洋島嶼国地域に継続的に関与する意志とわが国の積極的平和主義を体現するものであり、非常に重要な意義のあるものである。

IPD派遣部隊の一部は、多国間共同訓練「リムパック2022」に参加し、ハワイ諸島などの周辺海空域においてミサイル射撃訓練やHA/DR訓練などを実施した。本訓練は、インド太平洋地域の域内外から20か国以上が参加する世界最大級の多国間訓練であり、参加各国との相互理解の増進や信頼の強化にとって大きな意義がある。また制約の少ない訓練海面・射場を利用できることから、陸自からも地対艦ミサイル部隊が参加し、海自、米陸軍などと連携した実弾による日米共同対艦射撃訓練を実施した。

その他、ニューカレドニア周辺において、ラ・ペルーズ22（日仏豪共同訓練）に参加し、フランス領ニューカレドニア駐留フランス軍及び豪海軍と対空戦などの戦術訓練を実施した。また、アンダマン海からベンガル湾において、10周年となるインド海軍とのJIMEX2022（日印共同訓練）を行い、対空射撃、対潜戦などに関する戦術訓練を実施した。さらに、ダーウィン周辺においては、KAKADU2022（豪州海軍主催多国間共同訓練）に参加し、対水上戦訓練などを実施するとともに、20か国以上の参加国海軍などとの連携強化を図った。

フィリピン訪問時におけるF-15戦闘機及びF-16戦闘機の編隊飛行訓練

【インド太平洋・中東方面派遣（IMED23）】

海自は、2023年1～5月、インド太平洋・中東方面に掃海母艦などを派遣し、バーレーン、カンボジアなどに寄港しつつ、これらの国を含む各国海軍などと共同訓練や親善訓練を実施した。本派遣を通じて、この地域の安定と繁栄に深くコミットしていくというわが国の意思を示した。

【ドウシン・バヤニハン2-22（日比人道支援・災害救援共同訓練）】

空自は、フィリピン空軍との共同訓練を実施し、空自の人道支援・災害救援能力の向上及びフィリピン空軍との連携の強化を図った。本訓練では、両国輸送機からの物料投下訓練及び共同搭載しゃ下訓練などを行った。

【クリスマス・ドロップ（ミクロネシア等における人道支援・災害救援共同訓練）】

空自は、米空軍が実施するミクロネシア連邦などにおける人道支援・災害救援訓練に参加した。空自からは輸送機が参加し、アンダーセン米空軍基地、パラオ共和国及びミクロネシア連邦並びにこれらの周辺で、米軍が収集した日用品などの寄付物資を用いて海上への物料投下訓練を実施し、空自の人道支援・災害救援能力の向上及び参加各国との連携の強化を図った。

参照　図表Ⅳ-3-1-2（同志国などとの二国間・多国間による主要訓練）、資料58（多国間共同訓練の参加など（2019年度以降））

図表IV-3-1-2 同志国などとの二国間・多国間による主要訓練

第2節 各種訓練環境の整備

1 訓練環境

一層厳しさが増す安全保障環境にあっては、自衛隊が持つ能力を最大限発揮できるよう部隊などの体制整備を図るとともに、訓練の質を向上させることが重要である。

このため、自衛隊の訓練は、可能な限り実戦に近い環境で行うよう努めているが、自衛隊の即応性を維持・向上させるためには、訓練環境をより一層充実させていく必要がある。こうした背景のもと、防衛省では、効率的・効果的な訓練・演習を行うため、国内外での訓練実施基盤の拡充にかかる取組を推進している。

その一環として、防衛省は、北海道をはじめとする国内の演習場の整備・活用の拡大を図っているところである。

また、国内に所在する米軍施設・区域の活用についても、地元との関係に留意しつつ、自衛隊による共同使用の拡大を促進することとしている。

さらに、自衛隊施設や米軍施設・区域以外の場所の利用や米国・オーストラリアなどの国外の良好な訓練環境の活用を促進するとともに、シミュレーターなどを一層積極的に導入することとしている。

このほか、馬毛島（鹿児島県）に、陸海空自衛隊が訓練・活動を行うことができる施設などの整備を進めている。

1 陸上自衛隊

演習場や射場は、地域的にも偏在しているうえ、広さも十分でないこともあり、大部隊の演習や戦車、長射程火砲の射撃訓練などを十分には行えない状況にある。これらの制約は、装備の近代化に伴い大きくなる傾向にある。また、演習場や射場の周辺地域の都市化に伴う制約もある。

広大な米国射撃訓練場を活用した長射程ミサイルの射撃訓練

このため、国内では実施できない地対空誘導弾部隊や地対艦誘導弾部隊の実射訓練などを米国で行っている。

また、師団レベルや方面隊レベルの実動演習では、限られた国内の演習場などを最大限に活用しているほか、地元の理解と協力を獲得しながら自衛隊施設・区域以外を活用した、より実戦的な訓練を実施している。

2 海上自衛隊

訓練海域は、気象、海象、船舶交通及び漁業などの関連から使用できる時期や場所に制約がある。このため、例えば、比較的浅い海域で行うことが必要な掃海訓練や潜水艦救難訓練などについては陸奥湾や周防灘の一部などで行っている。

このほか、短期間により多くの部隊が訓練成果をあげられるように計画的・効率的な訓練に努めている。

3 航空自衛隊

現在、わが国周辺の訓練空域の多くは、広さが十分でないため、一部の訓練では、航空機の性能や特性を十分に発揮できないこともある。また、基地によっては訓練空域との往復に長時間を要する。さらに、飛行場の運用にあたっては、航空機の騒音に関連して早朝や夜間の飛行訓練について十分配慮した訓練を行うことが必要である。

このため、例えば、硫黄島の訓練空域では、逐次、部隊から航空機を派遣し、本土では十分に実施できない訓練などを中心に集中的な訓練を行うなど、計画的・効率的な訓練に努めている。

また、在日米軍の射爆撃場の共同使用などにより、実弾の射爆撃訓練を行っている。

このほか、米国において高射部隊によるペトリオットの実射訓練を行っているなど、国外の訓練環境の活用にも努めている。

参照 資料70（演習場一覧）

2 安全管理への取組など

防衛省・自衛隊は、日頃の訓練にあたって安全確保に最大限留意するなど、平素から安全管理に一丸となって取り組んでいる。

2022年1月、空自小松基地（石川県）所属のF-15戦闘機1機が、夜間飛行訓練のため小松基地を離陸直後、日本海上において墜落し、隊員2名が殉職した。同年6月、事故調査の結果、事故の主な要因の一つに空間識失調（自らの空間識に関する感覚が実情と異なる状態）に陥った可能性がある。またレーダー操作などに意識が集中し、墜落直前まで機体の姿勢を認識していなかった可能性が認められた。本件事故を踏まえ、空間識失調に関する教育・訓練の強化など、再発防止を徹底するとともに、警報などで操縦者に異常姿勢を認知させる安全装置の適時適切な搭載など、ハード面でも飛行の安全性を高めていく。

2023年4月には、陸自高遊原分屯地（熊本県）所属のヘリコプターUH-60JA 1機（搭乗員10名）が航空偵察中、沖縄県宮古島北北西の洋上においてレーダーから航跡が消失する事故が発生した。搭乗していた隊員及び機体の捜索を行うとともに、事故原因の調査を進めている。

国民の生命や財産に被害を与えたり、隊員の生命を失うことなどにつながる各種の事故は、絶対に防がなくてはならない。防衛省・自衛隊としては、これらの事故について徹底的な原因究明を行った上で、今一度、隊員一人一人が安全管理にかかる認識を新たにし、防衛省・自衛隊全体として、国民の信頼を損なうことがないよう隊員への安全教育の徹底、装備品の確実な整備など、艦艇や航空機、車両などの運航・運行にあたっての安全確保に万全を期していく。

第4章 地域社会や環境との共生に関する取組

防衛省・自衛隊の様々な活動は、国民一人一人、そして、地方公共団体などの理解と協力があってはじめて可能となるものであり、地域社会・国民と自衛隊相互の信頼をより一層深めていく必要がある。

第1節 地域社会との調和にかかる施策

防衛戦略は、自衛隊及び在日米軍が、平素からシームレスかつ効果的に活動できるよう、自衛隊施設及び米軍施設周辺の地方公共団体や地元住民の理解及び協力をこれまで以上に獲得していくこととしている。

このため、日頃から防衛省・自衛隊の政策や活動、在日米軍の役割に関する積極的な広報を行い、地元に対する説明責任を果たしながら、地元の要望や情勢に応じた調整を実施することとしている。同時に、騒音などへの対策を含む防衛施設周辺対策事業についても、わが国の防衛への協力促進という観点も踏まえ、引き続き推進することとしている。

また、地方によっては、自衛隊の部隊の存在が地域コミュニティーの維持・活性化に大きく貢献し、あるいは、自衛隊による急患輸送が地域医療を支えている場合などが存在することを踏まえ、部隊の改編や駐屯地・基地などの配置・運営にあたっては地方公共団体や地元住民の理解を得られるよう、地域の特性に配慮することとしている。

1 民生支援活動

防衛省・自衛隊は、地方公共団体や関係機関などからの依頼に基づき、様々な分野で民生支援活動を行っている。これらの活動は、自衛隊への信頼をより一層深めるとともに、隊員に誇りと自信を与えている。

陸自は、全国各地で発見される不発弾などの処理にあたっており、2022年度の処理実績は1,372件（約41.9トン）で、沖縄県での処理件数が全体の約34％を占めている。海自は、機雷などの除去・処理を行っており、2022年度の処理実績は、3,779個（約2.7トン）であった。

また、駐屯地や基地を部隊活動に支障のない範囲で開放するなど、地域住民との交流に努めるほか、各種の運動競技会において輸送などの支援を行っている。加えて、一部の自衛隊病院などにおける一般診療、離島の救急患者の緊急輸送などにより、地域医療を支えている。

さらに、国などの方針[1]を踏まえ、分離・分割発注[2]の推進や同一資格等級区分内の者による競争の確保[3]及びオープンカウンター方式[4]の導入など、効率性にも配慮しつつ、地元中小企業の受注機会の確保も図るなど、地元経済に寄与する各種施策を推進していく。

参照 資料71（市民生活の中での活動）

資料：防衛省における地域社会との協力について
URL：https://www.mod.go.jp/j/approach/chouwa/sesaku/index.html

1 「令和5年度中小企業者に関する国等の契約の基本方針」（令和5年4月25日閣議決定）
2 例えば、一般競争入札に付す際に、商品などを種類ごとにグルーピングし、そのグループごとに落札者を決定する方法
3 A～D等級に分類された入札参加資格のうち、中小企業が多くを占めるC又はD等級のみで競争することとしている。
4 発注者が見積りの相手方を特定せず、調達内容などを公示し、参加を希望する者から広く見積りを募る方式

2 地方公共団体などによる自衛隊への協力

(1) 自衛官の募集及び再就職支援への協力

厳しい募集及び雇用環境の中、質の高い人材を確保し、比較的若い年齢で退職する自衛官の再就職を支援するためには、地方公共団体や関係機関の協力が不可欠である。

(2) 自衛隊の活動への支援・協力

自衛隊の駐屯地や基地は、地域社会と密接なかかわりを持っており、自衛隊が教育訓練や災害派遣など各種の活動を行うためには、地元からの様々な支援・協力が不可欠である。さらに、国際平和協力業務などで国外に派遣される部隊は、関係機関から派遣にかかる手続の支援・協力を受けている。

また、各種事態において自衛隊が迅速かつ確実に活動を行うため、地方公共団体、警察・消防機関といった関係機関との連携を一層強化している。

3 地方公共団体及び地域住民の理解・協力を確保するための施策

全国8か所に設置された地方防衛局は、部隊や地方協力本部などと連携し、それぞれの地方との協力関係の構築に努めている。2022年度は、日米共同訓練をはじめとする各種訓練や、馬毛島における自衛隊施設の整備、鹿屋航空基地への米軍無人機MQ-9の一時展開などについて、地元説明を実施した。また、防衛政策全般に対する理解促進のため、地域住民を対象とした防衛問題セミナーの開催や地方公共団体などに対して防衛白書や2022年12月に策定された安保戦略などの説明を実施した。

参照　図表Ⅳ-4-1-1（地方協力確保事務について）

図表Ⅳ-4-1-1　地方協力確保事務について

1　各種事業を円滑に実施するための地元調整にかかる施策

自衛隊の部隊改編等・米軍の訓練等にかかる地元調整

2　自衛隊等がかかわる事件・事故への対応にかかる施策

自衛隊等と連携を図り地方公共団体等への情報提供等の必要な協力

3　各種事態への実効的な対処を行うために実施する施策

大規模災害等における自衛隊や地方公共団体への必要な支援・訓練への参加

4　広く防衛政策についての理解を得るために実施する施策

地方公共団体や地域住民を対象とした防衛白書の説明・防衛問題セミナー等の実施

4 防衛施設と周辺地域との調和を図るための施策

1 防衛施設の特徴と周辺地域との調和関連事業

(1) 周辺対策事業など

防衛施設は、用途が多岐にわたり、広大な土地を必要とするものが多い。また、日米共同の訓練・演習の多様性・効率性を高めるため、2023年1月1日現在、在日米軍施設・区域（専用施設）の土地面積のうち約29%、76の専用施設のうち30施設を日米地位協定に基づき自衛隊が共同使用している。一方、多くの防衛施設の周辺地

騒音防止工事の助成（北海道川上郡標茶町標茶中学校）

域で都市化が進んだ結果、防衛施設の設置・運用が制約されるという問題が生じている。また、航空機の頻繁な離着陸による騒音などが、周辺地域の生活環境に影響を及ぼすという問題もある。

そのうえで、防衛施設は、わが国の防衛力と日米安全保障体制を支える基盤としてわが国の安全保障に欠くことのできないものであり、その機能を十分に発揮させるためには、防衛施設と周辺地域との調和を図り、地域住民の理解と協力を得て、常に安定して使用できる状態に維持することが必要である。

このため、防衛省は、1974年以来、防衛施設周辺の生活環境の整備等に関する法律（環境整備法）などに基づき、自衛隊や米軍の行為あるいは飛行場をはじめとする防衛施設の設置・運用により、その周辺地域において生じる航空機騒音などの障害の防止、軽減、緩和などの措置を講じてきた。

また、防衛施設の設置及び運用による障害を緩和するため、民生安定施設の整備に対する補助や、生活環境などに及ぼす影響が特に著しい防衛施設の周辺自治体に対する特定防衛施設周辺整備調整交付金の交付などを実施している。なお、特定防衛施設周辺整備調整交付金については、施設整備だけでなく医療費助成などのいわゆるソフト事業にも活用されている。

2023年には、特定防衛施設の運用の態様やそれに伴う周辺地域への影響によりきめ細かく対応するために、

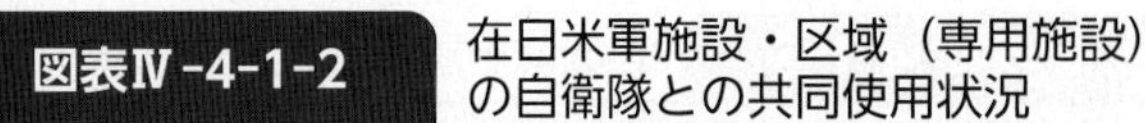

図表Ⅳ-4-1-2　在日米軍施設・区域（専用施設）の自衛隊との共同使用状況

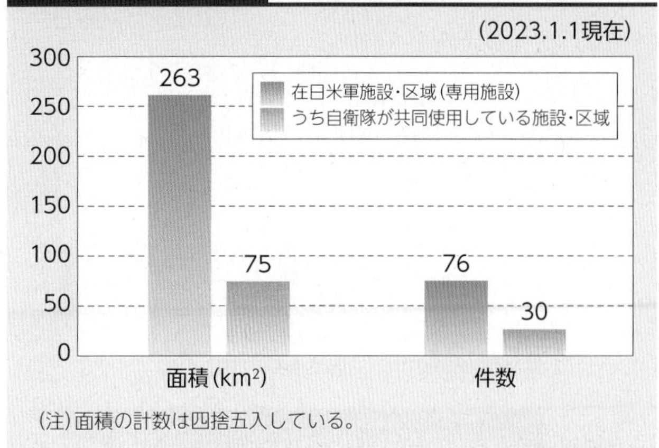

（注）面積の計数は四捨五入している。

特定防衛施設周辺整備調整交付金の算定における評価事項を見直すとともに、訓練の多様化などを踏まえて、特定防衛施設以外の防衛施設などにおける自衛隊及び米軍などの訓練を対象とする訓練交付金を創設し、さらには、地元自治体からの要望などを踏まえて、民生安定施設の助成内容を拡充するなど、自衛隊などの運用、そして地域への影響や地元からの要望といった実状を踏まえた制度の改正を行った。

防衛省としては、防衛施設と周辺地域との調和を図るための施策のあり方について、関係地方公共団体からの要望などを踏まえ、厳しい財政事情を勘案し、より実態に即した効果的かつ効率的なものとなるよう引き続き検討している。

参照　図表Ⅳ-4-1-2（在日米軍施設・区域（専用施設）の自衛隊との共同使用状況）、図表Ⅳ-4-1-3（自衛隊施設（土地）の状況）、図表Ⅳ-4-1-4（在日米軍施設・区域（専用施設）の状況）、図表Ⅳ-4-1-5（令和5（2023）年度基地周辺対策費（契約ベース））、資料72（在日米軍施設・区域（共同使用施設を含む。）別一覧）

(2) 在日米軍再編を促進するための交付金等

再編交付金[5]は、再編[6]を実施する前後の期間（原則10年間）において、再編が実施される地元市町村の住民生活の利便性の向上や産業の振興に寄与する事業[7]の経費にあてるため、防衛大臣が再編関連特定防衛施設と再編関連特定周辺市町村を指定した後、在日米軍の再編に向

5　令和5（2023）年度予算で約55億円

6　再編特措法では、在日米軍の再編の対象である航空機部隊と一体として行動する艦船の部隊の編成の変更（横須賀海軍施設における空母の原子力空母への交替）について、在日米軍の再編と同様に扱うこととしている。

7　具体的な事業の範囲は、「駐留軍等の再編の円滑な実施に関する特別措置法施行令」第2条において、教育、スポーツ及び文化の振興に関する事業など、14事業が規定されている。

図表Ⅳ-4-1-3　自衛隊施設（土地）の状況

(2023.1.1現在)

地域別分布：北海道地方 42% 約460km²／東北地方 13% 約147km²／九州地方 13% 約143km²／東海（中部）地方 10% 約107km²／関東地方 10% 約104km²／その他 12% 約137km²

計 約1,098km²（国土面積の約0.3%）

用途別：演習場 74% 約813km²／飛行場 7% 約81km²／営舎 5% 約56km²／その他 13% 約148km²

（注）計数は、四捨五入によっているので計と符合しないことがある。

図表Ⅳ-4-1-5　令和5（2023）年度 基地周辺対策費（契約ベース）

(単位：億円)

事　項	本土分	沖縄分
障害防止事業	110	5
騒音防止事業	563	150
移転措置	54	2
民生安定助成事業	277	139
道路改修事業	49	16
周辺整備調整交付金	210	37
その他事業	19	5

けた措置の進み具合などに応じて交付される。

2023年4月現在、8防衛施設12市町村が再編交付金の交付対象となっている。そのほか、在日米軍再編を促進するため、予算措置により追加的な施策を実施している。

参照　資料73（防衛施設と周辺地域との調和を図るための主な施策の概要）

(3) その他の措置

①漁業補償

防衛省は、自衛隊又は在日米軍が水面を使用して行う訓練などのため、法律又は契約により制限水域を設定し、これに伴う損失を補償している。

②基地交付金など

総務省所管の防衛施設に関する交付金の制度である国

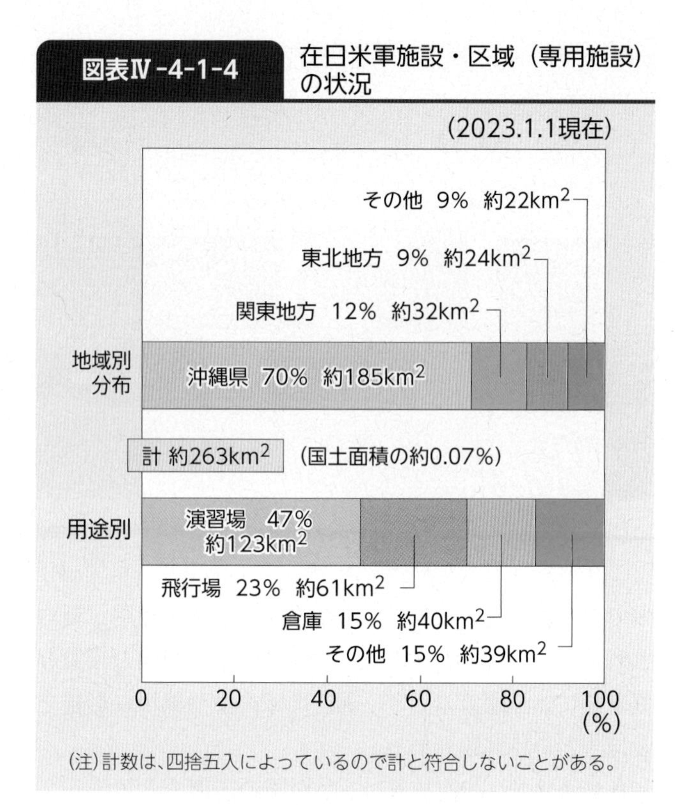

有提供施設等所在市町村助成交付金（以下「基地交付金」という。）及び施設等所在市町村調整交付金（以下「調整交付金」という。）についても、防衛省は、各種情報提供などの協力を行っている。

基地交付金は、米軍や自衛隊が使用する飛行場などの施設が市町村の財政に著しい影響を与えていることから、固定資産税の代替的性格を基本として、その施設が所在する市町村に対して交付されるものである。

調整交付金は、米軍資産に対する固定資産税が非課税とされていることや、米軍の軍人や軍属にかかる市町村民税などが非課税にされていることから、米軍資産の所在する市町村に対して交付されるものである。

2　在日米軍の駐留に関する理解と協力を得るための取組

わが国を取り巻く安全保障環境が一層厳しさを増す中、在日米軍のプレゼンスとその即応性の維持は、わが国の安全を確保する上で極めて重要な要素である。在日米軍の安定的な駐留のためには、防衛施設周辺の地方公共団体や地域住民の方々の理解と協力を得ることが不可欠であり、様々な取組を不断に行っていくこととしている。

(1) 在日米軍の部隊運用に関する地方公共団体などとの調整

防衛省では、在日米軍再編や在日米軍の訓練、部隊の展開、新規装備の配備などに際し、関係する地方公共団体及び地域住民に対して事前に説明するなど、在日米軍施設の維持や部隊運用に対する地元の理解の促進に努めている。

(2) 在日米軍の運用における安全確保など

在日米軍の運用にあたって、地域住民の安全確保は大前提である。政府としては、首脳や閣僚レベルを含め、米側に対し、わが国の考え方をしっかり伝え、安全な運用の確保を最優先の課題として、日米両国で協力して取り組んでいる。

防衛省においては、米軍機の墜落、部品落下・遺失などが発生した際には、米側に対し、速やかな情報提供、安全管理及び再発防止の徹底などを求め、得られた情報は直ちに関係自治体などに説明しているほか、生じた被害が迅速・適切に補償されるよう措置している。

また、日米両国は、米軍機が日本国内の米軍施設・区域の外で墜落などした場合に備え、航空機事故に関するガイドライン[8]を定め、迅速・的確に対応することとしている。

また、米軍人などによる飲酒に起因する事件・事故については、防衛省は、米側に対して、累次の機会を通じて、綱紀粛正及び隊員教育の徹底を申し入れている。

米側は、夜間飲酒規制措置、19歳以下の米軍人を対象とする夜間外出規制措置などを含む勤務時間外行動の指針（リバティ制度）を示すなどの対策を実施している。今後も日米間で協力して、飲酒事案の再発防止に努めていくこととしている。

(3) 在日米軍と地域住民の交流の促進

防衛省では、日米の相互理解を深める取組として、地方公共団体と米軍の理解と協力を得ながら、在日米軍施設・区域周辺の住民の方々と米軍関係者がスポーツ、音楽、文化などを通じて交流を行う「日米交流事業」を開催している。

また、在日米軍においても、基地の開放(フレンドシップデー)、ホームページ・ソーシャルメディアを活用した情報発信など、地域の方々との相互理解を深めるための取組を行っている。

5 国家行事への参加

自衛隊は、国家的行事において、天皇、国賓などに対し、儀じょう、と列、礼砲などの礼式を実施している。諸外国からの国賓や公賓などがわが国を訪問した際の歓迎式典などにおける儀じょうは、国際儀礼上欠くことのできない行為である。

2022年9月27日、安倍晋三元内閣総理大臣の国葬儀に際し、儀じょう、と列、弔砲及び奏楽を実施するため、約1,390名の自衛隊員が参加した。

国葬儀にと列する隊員

6 南極地域観測に対する支援

自衛隊は、文部科学省が行う南極地域における科学的調査に対し、南極地域観測が再開された1965年から砕氷艦「ふじ」を、1983年以降は砕氷艦「しらせ」を、2009年以降は砕氷艦「しらせ」(2代目）をもって人員・

8　正式名称：日本国内における合衆国軍隊の使用する施設・区域外での合衆国軍用航空機事故に関するガイドライン

物資の輸送及びその他の協力を行っている。

2022年11月から2023年4月の第64次南極地域観測協力においては、のべ142名の人員輸送、約1,120tの物資輸送、艦上観測支援、野外観測支援及び基地設営支援を実施した。

参照　資料74（南極地域観測協力実績）

7　部外土木工事の受託

自衛隊は、自衛隊の訓練の目的に適合する場合に、国や地方公共団体が行う土木工事などの施工を受託している。陸自は、創隊以来8,271件の部外土木工事を受託している。

こうした活動により地域の災害対策に貢献するとともに、地域との連携を強化している。

参照　資料75（部外土木工事の実績）

8　その他の取組

1　自衛隊機・米軍機に対するレーザー照射や凧揚げによる妨害事案への対応

飛行中の自衛隊機・米軍機に対するレーザー照射や凧揚げによる妨害事案が発生している。これらは、パイロットの操縦への障害につながり、墜落などの大惨事をもたらしかねない大変危険で悪質な行為である。そのため関係する地方公共団体の協力を得て、ポスターの掲示などにより、地域住民にこのような行為の危険性などについて周知するとともに、警察への通報について協力を依頼している。また、2016年12月に航空法施行規則が改正され、このような行為が規制対象とされるとともに、罰金などが科せられることとなった。

2　防衛施設の上空及びその周辺における小型無人機などの飛行への対応

近年、民生用を含むドローンを用いたテロ事案やテロ未遂事案が各国で発生しており、それらの中には軍事施設を対象としたものも含まれている。わが国においても自衛隊の施設や在日米軍の施設・区域に対するドローンを用いたテロ攻撃が発生する可能性があるが、これらの施設に対する危険が生じれば、わが国を防衛するための基盤としての機能に重大な支障をきたしかねない。このため、2019年6月13日、改正小型無人機等飛行禁止法が施行され、防衛大臣が指定する自衛隊の施設や在日米軍の施設・区域の上空及びその周辺における小型無人機などの飛行が禁止されることとなった。2023年3月末現在、主要部隊司令部などが所在する260の自衛隊の施設及び45の在日米軍施設・区域が対象施設に指定されている。

3　重要土地等調査法に関する対応

防衛省は、2013年12月に策定された前安保戦略において、安全保障の観点から防衛施設周辺における土地利用等のあり方について検討することとされたことを踏まえ、2013年度から防衛施設に隣接する土地所有の状況について、計画的に把握するための調査を行っている。

2020年7月、「経済財政運営と改革の基本方針2020について」（いわゆる「骨太の方針2020」）（令和2年7月17日閣議決定）において、「安全保障等の観点から、関係府省による情報収集など土地所有の状況把握に努め、土地利用・管理等のあり方について検討し、所要の

資料：小型無人機等飛行禁止法に基づき対象防衛関係施設として指定された施設一覧
自衛隊の施設一覧：https://www.mod.go.jp/j/presiding/law/drone/list.html

在日米軍の施設・区域一覧：
https://www.mod.go.jp/j/presiding/law/drone/list_zaibeigun.html

措置を講ずる」ことが決定された。この閣議決定を受け、内閣官房に「国土利用の実態把握等に関する有識者会議」が設置され、同会議の提言を踏まえた「重要施設周辺及び国境離島等における土地等の利用状況の調査及び利用の規制等に関する法律（いわゆる「重要土地等調査法」）」が、2021年6月23日に公布され、2022年9月20日に全面施行された。

2022年9月、「重要施設の施設機能及び国境離島等の離島機能を阻害する土地等の利用の防止に関する基本方針」が閣議決定され、同年12月には初回の区域指定が公示された。一部の防衛関係施設の周囲は注視区域や特別注視区域に指定されている。

本法は、国防上の基盤である防衛関係施設の機能発揮を万全にする観点からも大きな意義があり、防衛省としては、内閣府と連携のうえ、適切に対応していくこととしている。

解説　重要土地等調査法に基づく区域指定について

「重要土地等調査法」は、内閣府が安全保障上重要な施設（重要施設）の周辺や国境離島などを「注視区域」や「特別注視区域」として指定し、区域内の土地や建物の利用状況などを調査し、重要施設や国境離島などの機能を阻害する行為（機能阻害行為）が認められた場合に、土地などの利用者に対し、機能阻害行為の中止などの勧告・命令を行うものです。

区域指定は、重要施設の周囲おおむね1,000メートルの区域内及び国境離島などの区域内の区域で、その区域内にある土地及び建物が機能阻害行為の用に供されることを特に防止する必要があるものを、「注視区域」として、また、重要施設や国境離島などの機能が特に重要、またはその機能を阻害することが容易なものであって、ほかの重要施設や国境離島などによるその機能の代替が困難である場合は、注視区域を「特別注視区域」としてそれぞれ指定することとしています。

2022年9月20日に本法が全面施行され、同年12月27日には初回の区域指定（令和4年内閣府告示第121号）が公示されました。この中には、北海道、島根県及び長崎県に所在する15箇所の防衛関係施設も含まれています。

■重要施設とは……防衛関係施設（自衛隊施設、在日米軍施設）、海上保安庁の施設、生活関連施設

【内閣府のホームページ】
https://www.cao.go.jp/tochi-chosa

【重要土地等調査法コールセンター】
TEL：0570-001-125（平日09:30～17:30）

機能阻害行為

機能阻害行為とは･･･
重要施設の施設機能又は国境離島等の離島機能を阻害する行為

機能阻害行為の類型（例示）	
機能阻害行為に該当すると考えられる行為	機能阻害行為に該当するとは考えられない行為
➢ 自衛隊等の航空機の離着陸やレーダーの運用の妨げとなる工作物の設置 ➢ 施設に対する妨害電波の発射 ➢ 領海基線の近傍の土地で行う低潮線の保全に支障を及ぼすおそれのある形質変更　等	➢ 施設の敷地内を見ることが可能な住宅への居住 ➢ 施設周辺の私有地における集会の開催 ➢ 国境離島等の海浜で行う漁ろう　等

※上記の機能阻害行為はあくまで一例として掲載しているものなので、実際に機能阻害行為に該当するか否かについては、個別具体的な事情に応じて、適切に判断することになります。

第2節　気候変動・環境問題への対応

地球環境の持続可能性に対する危機感は、国際的に高まっており、2015年には、持続可能な開発目標（SDGs）の国連における採択や気候変動に関する国際枠組みであるパリ協定の採択などを受け、各国で取組が進められている。

わが国においても、2018年に第5次環境基本計画を閣議決定し、持続可能な社会の実現に取り組んでいるところであり、国内外における取組をさらに加速させる旨表明している。また、2021年10月に地球温暖化対策計画、気候変動適応計画などを閣議決定し、2050年カーボンニュートラルや2030年度目標の達成に向け、具体的な気候変動対策が進められている。

こうした国内外における取組の加速を受け、防衛省としても、政府の一員として気候変動や環境問題の各種課題に対応し、解決に貢献するとともに、自衛隊施設及び米軍施設・区域と周辺地域の共生についてより一層重点を置いた施策を進める必要がある。

また、気候変動の問題は、将来のエネルギーシフトへの対応を含め、今後、防衛省・自衛隊の運用や各種計画、施設、防衛装備品、さらにわが国を取り巻く安全保障環境により一層の影響をもたらすことは必至であり、これらへも適切に対応していく必要がある。

参照　I部4章7節（気候変動が安全保障環境や軍に与える影響）

1　防衛省・自衛隊の施設に関する取組

防衛省は、従前から政府の一員として、環境関連法令を遵守し、環境保全の徹底や環境負荷の低減に努めてきたところであり、「防衛省環境配慮の方針」のもとで環境への取組の推進を図ることとしている。2021年度には、本省内部部局に防衛省・自衛隊の環境政策全般を担当する環境政策課を新設するとともに、2022年度には、全国の地方防衛局に環境対策室を設置するなど、環境問題への対応について防衛省として一元的・効果的に実施する体制を整備したところであり、引き続き、さらなる施策の推進に取り組んでいく方針である。

1　防衛省気候変動対処戦略

気候変動を安全保障上の課題として捉える動きが、国連安保理をはじめ各国の国防組織にも広がってきている。防衛省では、2021年5月に、防衛省気候変動タスクフォースを設置し、気候変動がわが国の安全保障に与える影響について評価及び分析し、必要な対応について幅広く検討を行った。

2022年8月、「防衛省気候変動対処戦略」を策定したところである。同文書は、気候変動が今後与える直接的・間接的な影響に対し、的確に適応・対応すべく、防衛省において今後推進すべき具体的な施策を掲げたところである。防衛省としては、同文書に基づき、気候変動への対処を防衛力の維持・強化と同時に進めていくこととしている。

2　再生可能エネルギー電力の調達

防衛省・自衛隊は、約25万人の隊員を有し、日本全国の各地で施設や様々な装備品を運用しており、政府の機関で最大の電力需要家（政府全体の約4割）として、温室

資料：防衛省気候変動タスクフォース
URL：https://www.mod.go.jp/j/policy/agenda/meeting/kikouhendou/index.html

資料：環境対策に関する取組
URL：https://www.mod.go.jp/j/approach/chouwa/kankyo_taisaku/index.html

図表Ⅳ-4-2-1　令和5（2023）年度再エネ導入施設一覧（予定使用電力量　上位10契約）

	施設等の名称	予定使用電力量	再エネ比率
1	陸上自衛隊三宿駐屯地	13,911,336kWh	30%
2	航空自衛隊防府北基地SSAレーダー地区	11,476,000kWh	100%
3	航空自衛隊松島基地	7,849,000kWh	100%
4	艦艇装備研究所（目黒地区）	7,496,651kWh	100%
5	陸上自衛隊神町駐屯地	6,535,000kWh	100%
6	航空自衛隊小松基地（住居地区）	6,185,532kWh	60%
7	航空自衛隊小松基地（運用地区）	5,779,402kWh	60%
8	陸上自衛隊守山駐屯地	5,343,636kWh	100%
9	陸上自衛隊練馬駐屯地	4,952,098kWh	100%
10	航空自衛隊防府北基地	4,883,000kWh	100%

効果ガスの排出の削減などに貢献するため、2020年度から、防衛省・自衛隊施設の電力の調達にあたり、再生可能エネルギーにより発電された電力（以下「再エネ電力」という。）の調達を積極的に進めてきたところである。

2023年度においては、契約件数は全国で969件あり、その内50施設等において、再エネ電力の調達が実現した。また、36施設等では、再エネ比率100％の電力の調達が実現した。2023年度の再エネ電力の調達見込み量は、約9千万kWh（一般家庭約2万世帯超の年間電力使用量）であり、防衛省・自衛隊全体の予定使用電力量（約12億9千万kWh）の約7％を再エネ電力で調達することになる。2023年度の再エネ電力の調達は、ロシアによるウクライナ侵略を機としたLNGや原油価格の上昇、電力需給のひっ迫などの影響を受けた電力価格のさらなる高騰などにより、前年度に比べ調達量が大幅に減少したところであるが、防衛省としては、政府の一員として、引き続き、再エネ電力の調達比率が向上するよう努力していくこととしている。

参照　図表Ⅳ-4-2-1（令和5（2023）年度再エネ導入施設一覧（予定使用電力量上位10契約））

3　再生可能エネルギーと安全保障の両立

気候変動問題への対応として風力発電を含む再生可能エネルギーの導入が進められており、風力発電設備は今後増加していくことが予想される。風力発電設備は、その設置場所や高さによっては、警戒管制レーダーの発する電波が遮られるなどして、航空機やミサイルの探知が困難になるなど、自衛隊や在日米軍の活動に影響を及ぼすおそれがある。このため、防衛省・自衛隊としては、事業者をはじめとする関係者との調整を事業計画の早期の段階からきめ細やかに行っている。

また、防衛戦略で、海空域や電波を円滑に利用し、防衛関連施設の機能を十全に発揮できるよう、風力発電施設の設置などの社会経済活動との調和を図る効果的な仕組みを確立する必要があるとされていることを踏まえ、引き続き、風力発電設備の設置による自衛隊や在日米軍の活動への影響を回避しつつ、再生可能エネルギーと安全保障の両立を図るための施策を推進していくこととしている。

4　防衛省におけるPFOS（ピーフォス）[1]処理実行計画

防衛省においては、PFOSを含有する泡消火薬剤などについて、PFOS処理実行計画を定め、交換及び処分を実施しており、2023年度末までの交換及び処分完了を目標として迅速に進めている。

また、2022年7月、全国の自衛隊施設において、過去

資料：風力発電設備が自衛隊・在日米軍の運用に及ぼす影響及び風力発電関係者の皆様へのお願い
URL：https://www.mod.go.jp/j/approach/chouwa/windpower/index.html

1　PFOS（ピーフォス）は、有機フッ素化合物の一種であり、撥水性、撥油性、耐熱性の性質を持ち、これまで泡消火薬剤や半導体、金属メッキなどに使用されてきた。

にPFOSを含有する泡消火薬剤を使用していた又は使用していた可能性がある施設の泡消火設備専用の水槽の水の分析結果を公表した。この調査により、PFOSなどが検出された水槽の水については、引き続き適切に管理するとともに、2022年度から、順次、処分を進めている。

2 在日米軍施設・区域に関する取組

在日米軍は、環境補足協定や在日米軍が策定した日本環境管理基準（JEGS）に基づき、周辺の環境保護と米軍関係者や周辺住民の安全確保のため、適切な環境管理に努めている。

Japan Environmental Governing Standards

1 光熱水料節約の取組

在日米軍施設・区域においては、エネルギー効率の良い暖房・換気・空調設備への交換、不在時に消灯する人感センサーの設置、太陽光発電パネルの設置、冷暖房の運用期間の短縮・設定温度の見直し、照明の制御及び夜間照明の消灯などの光熱水料節約の取組を行っている。

2 PFOSを巡る問題への対応

在日米軍においても、本州に所在する全ての陸軍の施設、わが国における全ての海軍の施設及び全ての海兵隊の施設において泡消火薬剤の交換作業が完了した旨の説明を受けており、在日米軍全体として保有する泡消火薬剤の交換を順次進めている。

また、政府として、2022年5月の横須賀海軍施設におけるPFOSなどを含む排水の漏出事案や、同年9月の厚木海軍飛行場における泡消火薬剤が混入した水の漏出事案の際には、環境補足協定に基づき、関係自治体とともに施設の立入りを実施した。防衛省としては、引き続き、関係省庁、関係自治体及び米側と緊密に連携し、必要な対応を行っていくこととしている。

解説　防衛省気候変動対処戦略について

わが国においては、気候変動の進行により、今後、災害の更なる激甚化・頻発化や異常高温などが予測され、その結果、基地などの施設や防衛装備品、自衛隊の運用、隊員の健康などに影響を与えるなど、自衛隊の活動に対して様々な制約や障害、支障が顕在化することが予想されています。また、世界の各地で起きた気候変動は、水や食料不足、生活環境の悪化を招き、ひいては、大規模な住民移動や限られた土地や資源を巡る争い、社会的・政治的な緊張を深刻化させるおそれがあるなど、安全保障上のリスクとなっています。このように、気候変動の問題は、将来のエネルギーシフトへの対応も含め、わが国の安全保障に影響を及ぼす、安全保障上の問題となっています。

防衛省では、今後予測されるあらゆる環境下においても、引き続き防衛省・自衛隊に与えられた任務・役割をしっかりと果たしていけるよう、気候変動が今後与える直接的・間接的な影響に対し、適切に対処していくことなどを目的として、「防衛省気候変動対処戦略」を2022年8月に策定しました。この戦略においては、気候変動への対処を防衛力の維持・強化と同時に進めることを目指し、防衛省において今後推進すべき10の具体的な施策を掲げています。

防衛省は、気候変動への対応を、将来を見据え、より強靱でレジリエンスが増し、効率的な施設・装備にするチャンスであるとの考えのもと、戦略に基づき、気候変動対策と防衛力の維持・強化を同時に図っていくこととしています。

空自は、2022年11月、政府専用機の運航時において、持続可能な航空燃料（SAF）[注]を初めて使用しました。（2023年1月の運航時においてもSAFを使用。）
Sustainable Aviation Fuel

注　主にバイオマス由来原料や、使用済み食用油などが原料とされる燃料

第Ⅳ部　第4章　地域社会や環境との共生に関する取組

第3節 情報発信や公文書管理・情報公開など

1 様々な広報活動

防衛省・自衛隊の活動は、国民一人一人の理解と支持があって初めて成り立つものであり、分かりやすい広報活動を積極的に行い、国民の信頼と協力を得ていくことが重要である。

このため、防衛省・自衛隊の活動について、国民にとって分かりやすい広報活動を様々な方法で、より積極的に行っていくこととしている。

また、自衛隊が任務を安定的に遂行するためには、諸外国の理解と支持も不可欠であることから、自衛隊の海外における活動を含む防衛省・自衛隊の取組について、国際社会に向けた情報発信を強化することも重要である。

参照 資料76（「自衛隊・防衛問題に関する世論調査」抜粋（内閣府大臣官房政府広報室））

1 国内外に対する情報発信など

防衛省・自衛隊は、公式ホームページ、SNS（Social Networking Service）、動画配信など、インターネットを活用した積極的な情報発信に取り組んでいる。

また、パンフレットや広報動画の作成、広報誌『MAMOR（マモル）』への編集協力、報道機関への取材協力、講義や講演への講師派遣など、正確な情報を、幅広く、適時に提供するよう努めている。

さらに、防衛省・自衛隊の活動が世界中に広がる中、国際社会に対して、その活動を正確に広報し、諸外国の理解と信頼を得ることが大変重要である。そのための取組として、英語による情報発信を行っており、特に、英語版防衛省ホームページの一層の充実とSNSを活用した迅速かつ分かりやすい情報発信を英語で積極的に行っているほか、海外メディアへの取材機会の提供、英語版の防衛白書の作成、英文広報パンフレット「Japan Defense Focus（JDF）」の発行など様々な方法により国際社会に向けた情報発信を行っている。

2 イベント・広報施設など

防衛省・自衛隊では、自衛隊の現状を広く国民に紹介する活動を行っている。この活動には、陸自の富士総合火力演習や海自の体験航海、空自によるブルーインパルスの展示飛行などがある。また、全国に所在する駐屯地や基地などでは、部隊の創立記念日などに、装備品の展示や部隊見学などを行うとともに、地元の協力を得て、市中でのパレードを行っている例もある。さらに、自衛隊記念日記念行事の一環として、自衛隊音楽まつりを毎年開催している[1]。

また、陸・海・空自がそれぞれ主担当となって観閲式、観艦式、航空観閲式を行っている。海自創設70周年の節目となる2022年は、相模湾において、海自のほか、陸空自、海上保安庁、外国海軍などの参加を得て、前年の観閲式と同様、無観客の形態で観艦式（国際観艦式）を実

沖縄の離島（宮古島）で初の展示飛行を行うブルーインパルス

動画：令和4年度国際観艦式（ダイジェスト版）
URL：https://www.youtube.com/watch?v=9DN3kIAuWpg

1　自衛隊音楽まつりは、新型コロナウイルス感染症の状況を踏まえ、2020年度と2021年度は中止していたが、2022年度は、十分な感染防止策を講じたうえで実施した。

解説　令和4（2022）年度国際観艦式

海上自衛隊創設70周年の節目となる令和4(2022)年度は、平成27（2015）年度以来7年ぶりとなる観艦式を実施しましたが、地域唯一の多国間海軍協力の枠組みである第18回西太平洋海軍シンポジウム（WPNS：Western Pacific Naval Symposium）の併催行事としての国際観艦式の位置づけを有するものとなりました。わが国はWPNSの議長国として、国内では20年ぶり2度目となる国際観艦式を主催しました。

11月6日、秋晴れの相模湾において、WPNS加盟国のうち13か国から参加した艦艇18隻・航空機6機を含む艦艇38隻・航空機34機が参加し、護衛艦「いずも」に岸田文雄内閣総理大臣を迎え観閲を実施し、WPNS加盟国海軍参謀長、各国の駐日大使や駐在武官なども同乗しました。また、この模様を全世界に向けてライブ配信することにより、海上自衛隊の士気の高さと参加国海軍との連携・結束の強さを国内外に広く発信しました。

さらに、今回は無観客の形態であったことから、10月29日～11月13日の16日間を「フリートウィーク」として艦艇の一般公開や音楽隊による演奏会、横須賀市内でのパレードなどの広報イベントを集中的に実施し、国民の皆様に対して海上自衛隊や国際観艦式に参加した各国海軍への理解と信頼の獲得に取り組みました。

相模湾における観閲

外国艦艇の一般公開

施した。

広報施設の公開にも積極的に取り組んでおり、市ヶ谷地区内の施設見学（市ヶ谷台ツアー）では、大本営地下壕跡も公開されており、2023年3月末現在までに約47万8,100人の見学者が訪れている。そのほか、各自衛隊において、広報館や史料館などを公開している。

3　隊内生活体験

防衛省・自衛隊は、大学生・大学院生又は女性を対象とした自衛隊生活体験ツアー[2]や、団体・企業などを対象とした隊内生活体験[3]を行っている。これらは、自衛隊の生活や訓練を体験するとともに、隊員とじかに接することにより、自衛隊に対する理解を促進するものである。

2　各体験ツアーの公募は、防衛省・自衛隊ホームページなどで行っている。
3　陸・海・空自の生活を体験するツアーであり、自衛隊地方協力本部が窓口となって、民間企業などからの依頼を受けて実施している。

2 公文書管理・情報公開に関する取組

1 公文書の適切な管理及び情報公開制度の適切な運用の必要性

わが国において最も重要な制度である民主主義の根幹は、国民が正確な情報に接し、それに基づき国民が適切な判断を行って主権を行使することにあり、国民が正確な情報に接するうえで、政府が保有する行政文書は、最も重要な資料である。このため、行政文書を適切に管理し、情報公開請求に適切に対応することは、防衛省・自衛隊を含む政府の重要な責務である。

2 公文書の適切な管理及び情報公開制度の適切な運用の推進

防衛省・自衛隊は、南スーダン日報問題及びイラク日報問題により、防衛省・自衛隊に対する国民の不信を招いたことを重く受け止めている。

防衛省・自衛隊は、政府全体として公文書管理の適正化に向けて必要となる施策を取りまとめた「公文書管理の適正の確保のための取組について」（平成30年7月20日行政文書の在り方等に関する閣僚会議決定）も踏まえた再発防止策に全力で取り組み、職員の意識や組織の文化を改革し、チェック態勢を充実させるなど、行政文書の管理や情報公開請求への対応の適正化に取り組んでいる。

参照　資料77（防衛省における情報公開の実績（2022年度））

3 政策評価などに関する取組

1 政策評価への取組

防衛省は、政策評価制度に基づき各種施策について評価を行っており、2022年度には、防衛大綱及び中期防の主要な政策のほか、研究開発や租税特別措置に関する事業の政策評価を行った。

2 証拠に基づく政策立案（EBPM）の推進

Evidence-Based Policy Making

防衛省は、EBPMの取組を担当する政策立案総括審議官のもと、政策評価などと連携し、EBPMの取組を推進している。

3 個人情報保護に関する取組

「個人情報の保護に関する法律」に基づき、個人の権利利益を保護するため、保有する個人情報の安全管理などの措置を講ずるとともに、保有個人情報の開示請求などに適切に対応している。

4 公益通報者保護制度の適切な運用

防衛省では、内部の職員などからの公益通報に対応する制度と外部の労働者などからの公益通報に対応する制度を整備し、それぞれの窓口を設置して公益通報への対応、公益通報者の保護などを行っている。

資料編　目次

■資料編はこちら
https://www.mod.go.jp/j/publication/wp/wp2023/pdf/R05shiryo.pdf

■防衛年表はこちら
https://www.mod.go.jp/j/publication/wp/wp2023/pdf/R05nenpyo.pdf

索引（50音、アルファベット順）

1　本索引は、本文（脚注を含む）に使用されている用語及び略語を対象としており、関係する用語又は略語を→で示しています。

2　数字は、その用語及び略語が出ているページです。ただし、数字がゴシック体のページは、その用語に関する意義などを説明しているページです。

あ

い

う

え

お

か

き

く

け

こ

さ

し

す

せ

そ

た

ち

つ

て

と

な

に

の

は

ひ

ふ

へ

ほ

ま

み

む

め

や

ゆ

よ

巻末資料 平和を仕事にする

自衛隊の仕事図鑑

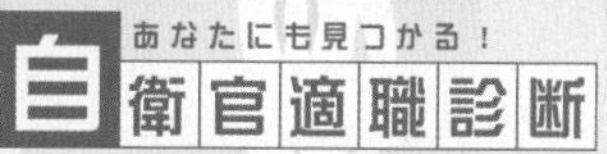

陸上自衛隊の職種一覧

普通科

地上戦闘の骨幹部隊として、機動力、火力、近接戦闘能力を有し、作戦戦闘に決着をつける重要な役割を果たします。

特科（高射特科）

対空戦闘部隊として侵攻する航空機を要撃するとともに、広範囲にわたり迅速かつ組織的な対空情報活動を行います。

施設科

戦闘部隊を支援するため、各種施設器材をもって障害の構成・処理、陣地の構築、渡河などの作業を行うとともに、施設器材の整備などを行います。

機甲科

戦車部隊、機動戦闘車部隊、水陸両用車部隊及び偵察部隊があり、戦車などの正確な火力、優れた機動力及び装甲防護力により、敵を圧倒撃破するとともに迅速に機動します。

情報科

情報に関する専門技術や知識をもって、情報資料の収集・処理及び地図・航空写真の配布を行い、各部隊を支援します。

通信科

各種通信電子器材をもって部隊間の指揮連絡のための通信確保、電子戦の主要な部門を担当するとともに、写真・映像の撮影処理などを行います。

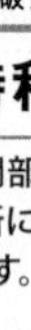

特科（野戦特科）

火力戦闘部隊として大量の火力を随時随所に集中して広域な地域を制圧します。

航空科

各種ヘリコプターなどをもってヘリ火力戦闘、航空偵察、部隊の空中機動、物資の輸送、指揮連絡などを実施して、広く地上部隊を支援します。

武器科

火器、車両、誘導武器、弾薬の補給、整備、不発弾の処理などを行います。

海上自衛隊の職域一覧

射撃

護衛艦などにおいて、砲、ミサイルを操作し、各種目標に対する攻撃を実施します。また弾火薬などの取扱を実施します。

気象・海洋

気象・海洋観測、天気図類の作成、気象・海洋関係の情報の伝達に関する業務を行います。

飛行

P-3C/P-1哨戒機、US-2救難飛行艇、SH-60J/K哨戒ヘリコプターなどの搭乗員として飛行任務を実施します。

通信

陸上基地、艦艇及び航空機などの通信、暗号の作成及び翻訳、通信機材・暗号器材及び関連機材の操作整備を業務としています。

航海・船務

航海は、艦艇の艦橋において航海に関する業務を実施します。船務は、レーダー・電波探知機などを活用し、戦術活動を実施します。

機関

エンジン（ガスタービン、ディーゼルなど）発動機などの運転、整備及び火災、浸水対処などを業務とします。

水雷

護衛艦、潜水艦で魚雷などの水中武器、ソナーなどの水中捜索機器を操作し、潜水艦の捜索、攻撃及び器材の整備を行います。

給養

艦艇及び陸上部隊において、隊員に対する給食業務を実施します。

航空機整備

航空機の機体、エンジン及び計器並びにこれらを維持するための器材などの整備、修理、補給などに関する業務を行います。

航空自衛隊の職域一覧

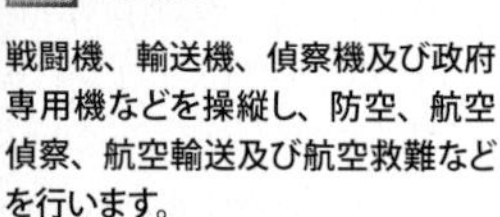

操縦

戦闘機、輸送機、偵察機及び政府専用機などを操縦し、防空、航空偵察、航空輸送及び航空救難などを行います。

高射

侵攻してくる弾道ミサイルや航空機、巡航ミサイルを撃破するため、ペトリオットミサイルシステムの操作及び器材の整備を行います。

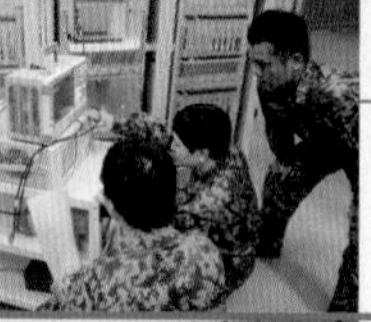

通信

通信器材を操作し、電報などの送受信を行うほか、器材の整備管理などを行います。

航空管制

航空自衛隊の飛行場（共用飛行場を含む）における航空交通管制業務を行います。

電算機処理

電子計算機及び関連器材の操作やプログラムの作成、電子計算機システムの管理を行います。

武器弾薬

航空機に搭載される武器弾薬などの補給、管理、整備を行います。

警戒管制

日本の領空を常時監視し、接近又は侵入してくる航空機を早期に発見・識別し、必要に応じて戦闘機の誘導を行います。

気象

航空機の離着陸及び飛行安全確保のため、気象観測・予報を行い、各種気象情報を全国の部隊に通報したり、天気図の作成を行います。

航空機整備

航空機のエンジンや搭載する電子機器類、レーダーなどの整備及び航空機の定期整備を行います。

自衛隊はいろいろな職種の自衛官と、防衛事務官・防衛技官などによって成り立っています。陸、海、空自衛隊にはきっと皆さんも興味を持つ様々な職種・職域があります。ここではその一部を紹介いたします。
まずは「自衛官適職診断」から自分に合った職種・職域と見比べてみてください。

自衛隊の仕事がよくわかる！
自衛官募集ホームページ

動画もチェック

防衛事務官・防衛技官等募集はこちら

陸上自衛隊HP　https://www.mod.go.jp/gsdf/

需品科
糧食・燃料・需品器材や被服の補給、整備及び回収、給水、入浴洗濯などを行います。

警務科
警護、道路の交通統制、隊員の規律違反の防止、犯罪捜査など部内秩序の維持に寄与します。

陸上自衛隊の職種詳細はこちらからご覧ください

輸送科
大型車両をもって部隊、戦車、重火器、各種補給品を輸送するとともに、輸送の統制、ターミナル業務、道路交通規制などを行います。

会計科
隊員の給与の支払いや、部隊の必要とする物資の調達などの会計業務を行います。

音楽科
隊員の士気を高揚するための演奏や広報活動に関する演奏を行います。

化学科
各種化学器材をもって放射性物質などで汚染された地域を偵察し、汚染された人員・装備品などの除染を行います。

衛生科
患者の治療や医療施設への後送、部隊の健康管理、防疫及び衛生器材の補給・整備などを行います。

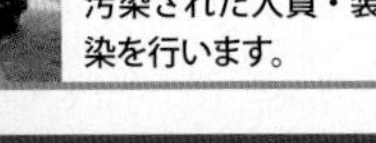

海上自衛隊HP　https://www.mod.go.jp/msdf/

経理・補給
給与・旅費などの計算、物品の調達、部隊の任務を遂行するために必要な装備品などを準備し、供給する業務を実施します。

情報
情報資料の収集、処理及び情報の配布、秘密保全などを業務とします。

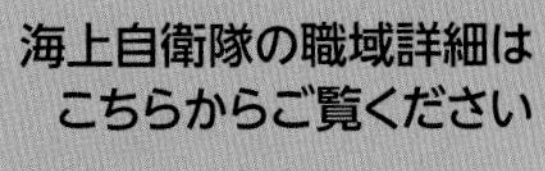
海上自衛隊の職域詳細はこちらからご覧ください

航空管制
飛行場及びその周辺を飛行する航空機に対する航空交通管制業務や艦艇において航空機に必要な情報を提供する業務を行います。

地上救難
海上自衛隊の飛行場、また護衛艦に搭載する航空機で発生した火災の対処、搭乗員の救助作業などを行います。

音楽
音楽演奏を通じて隊員の士気を高揚します。また、広報活動に関する業務を行います。

施設
固有財産についての管理、運用、施設器材・施設車両を用いての建設、道路などの工事及び器材の設備を行います。

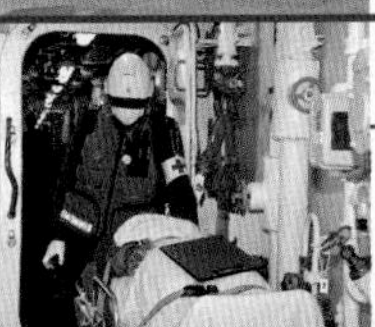

衛生
病院における医療及び医務室における健康管理や身体検査を実施するとともに、潜水に関する調査・研究を業務とします。

機雷掃海・潜水
掃海艦艇などで掃海具などを操作し、機雷の処分などを行います。また、潜水により浅海域における機雷・不発弾等の処分等を行います。

航空自衛隊HP　https://www.mod.go.jp/asdf/

施設
基地内施設の維持管理（土木・建築・電気など）及び航空機事故や建物火災など非常時の消火、人命救助などを行います。

警備
基地内巡察などを行い、基地の施設や物品の警戒などを行うほか、基地内・基地出入者の監視などを行います。

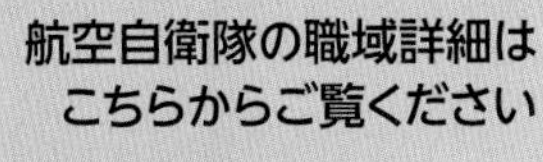
航空自衛隊の職域詳細はこちらからご覧ください

衛生
隊員の健康診断及び各種身体検査のほか、医療、環境衛生、食品衛生検査を行います。

音楽
航空自衛隊には5つの音楽隊があり、国の行事や自衛隊の公式行事の時に演奏を行います。

会計
隊員の給与・旅費の支払いや、部隊などの任務遂行に必要な物品などの調達を行います。

補給
航空自衛隊で使用する物品の需給統制、在庫管理、取得出納、保管などを行います。

輸送
航空自衛隊で装備・使用されている車両で、人や貨物を輸送したり、航空機へ貨物を搭載したりする業務を行います。

宇宙
防衛省・自衛隊の多様な任務に重要な宇宙空間の安定的利用のため、宇宙領域専門部隊において、国内関係機関及び米軍と連携して、宇宙状況監視などの業務を行います。

平和を仕事にする

自衛官は特別職の国家公務員としての身分が保証されており、給与、保険など安定した処遇・福利厚生のもと、目標に向かって邁進することができます。また、一言で自衛官といっても、それぞれの役割に応じて階級が異なります。

幹部自衛官 …… 組織のリーダーとなる自衛官　**准曹士自衛官** …… 各部隊の中核となる自衛官
予備自衛官・即応予備自衛官 …… 招集命令に応じて自衛官となり、任務にあたる非常勤の特別職国家公務員

階級章

共通呼称	陸上自衛隊	海上自衛隊	航空自衛隊
幹部自衛官	陸上幕僚長	海上幕僚長	航空幕僚長
	陸将	海将	空将
	陸将補	海将補	空将補
	1等陸佐	1等海佐	1等空佐
	2等陸佐	2等海佐	2等空佐
	3等陸佐	3等海佐	3等空佐
	1等陸尉	1等海尉	1等空尉
	2等陸尉	2等海尉	2等空尉
	3等陸尉	3等海尉	3等空尉
准曹士自衛官	准陸尉	准海尉	准空尉
	陸曹長	海曹長	空曹長
	1等陸曹	1等海曹	1等空曹
	2等陸曹	2等海曹	2等空曹
	3等陸曹	3等海曹	3等空曹
	陸士長	海士長	空士長
	1等陸士	1等海士	1等空士
	2等陸士	2等海士	2等空士

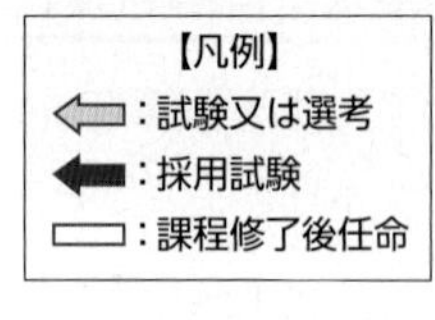

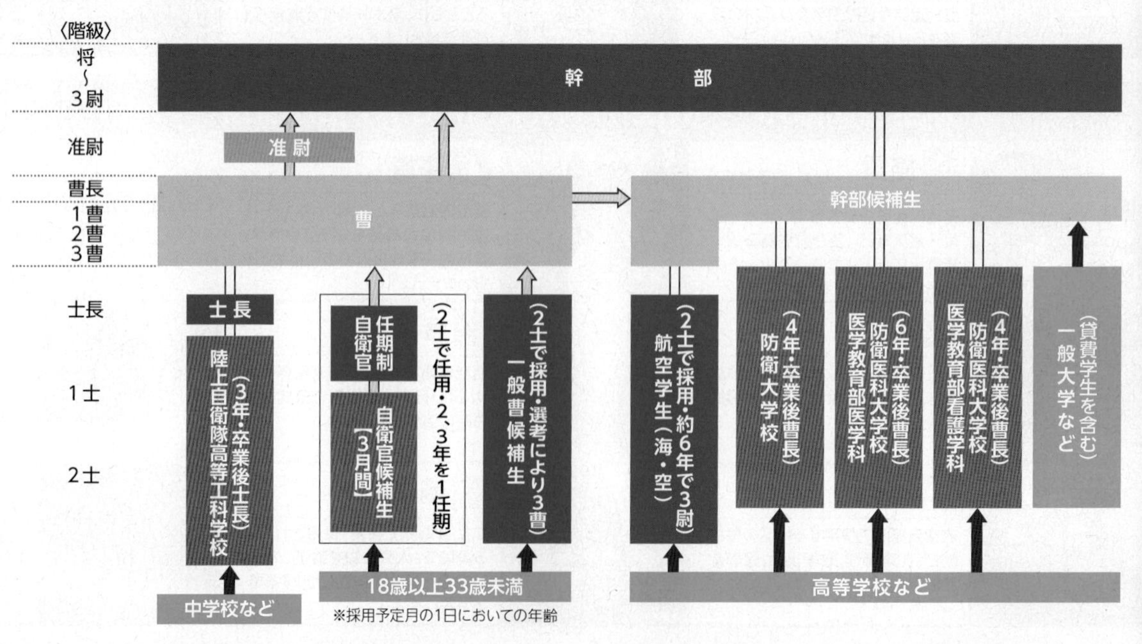

主要装備品の紹介 ■陸上自衛隊の装備品

12式地対艦誘導弾

〈諸元、性能〉
【誘導弾】全長約5.0m　直径約35cm　重量700kg
〈概説〉
対上陸戦闘に際して、洋上の艦船などを撃破する国産の対艦誘導弾

03式中距離地対空誘導弾(改善型)

〈諸元、性能〉
【誘導弾】全長約4.9m　直径約28cm　重量454kg
〈概説〉
方面隊の作戦地域、重要地域などにおける部隊、施設を掩護する国産の対空誘導弾

V-22(オスプレイ)

〈諸元、性能〉
乗員3名+24名
航続距離約2,600km
全幅15.5m 全長17.5m 全高6.7m
最大速度約280kt
〈概説〉
飛行速度、航続距離及び飛行高度の性能に優れ、滑走路のない離島においても離着陸可能であることから、島嶼への侵攻対処のみならず、災害救援や離島の急患輸送にも活用

ネットワーク電子戦システム

〈概説〉
電波の収集・分析及び通信の無力化により、作戦を有利にする装置

16式機動戦闘車

〈諸元、性能〉
乗員4名　全幅約3m
全長約8.5m　全高約2.9m
最高速度約100km/h
105mm施線砲　12.7mm重機関銃
74式車載7.62mm機関銃
〈概説〉
空輸性及び路上機動性に優れ、軽戦車などを撃破する装輪式の国産装甲戦闘車

19式装輪自走155mmりゅう弾砲

写真は試作品

〈諸元、性能〉
全幅約2.5m
全長約11.2m
全高約3.4m
最高速度90km/h以上
155mmりゅう弾砲
〈概説〉
各種事態において迅速かつ機動的な運用が可能な自走りゅう弾砲

10式戦車

〈諸元、性能〉
乗員3名　全幅3.2m
全長9.4m　全高2.3m
最高速度約70km/h
120mm滑腔砲　12.7mm重機関銃
74式車載7.62mm機関銃
〈概説〉
対機甲戦闘・機動打撃などで使用する国産戦車。C4I(指揮・統制・通信・コンピューター・情報)機能が特徴

水陸両用車(人員輸送型)

〈諸元、性能〉
全幅3.3m　全長8.2m
全高3.3m
12.7mm重機関銃
40mm自動てき弾銃
〈概説〉
海上機動性及び防護性に優れ、島嶼部へ海上からの部隊などを投入する装軌式の水陸両用車両

UAV(中域用)

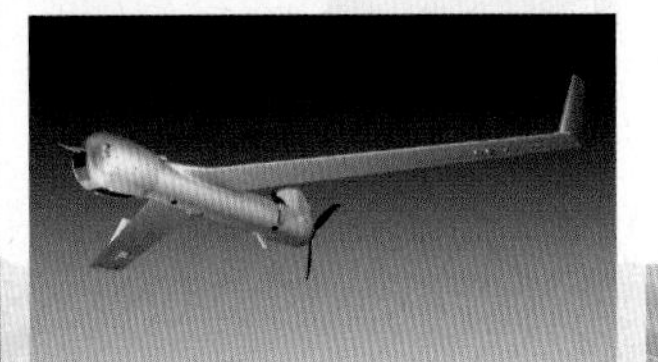

〈諸元、性能〉
全幅3.1m
全長1.7m
可視及び赤外線カメラ搭載
〈概説〉
遠距離から艦艇・車両等の情報収集が可能

多用途ヘリコプター(UH-2)

〈諸元、性能〉
乗員2名+11名
全幅2.9m
全長13.1m
全高3.7m
最大速度約130kt
〈概説〉
UH-1Jの後継機として人員輸送や物資輸送等、部隊の迅速な展開が可能

※回転翼機及びティルト・ローター機の全長・全幅・全高はローター径を含まない数値

■ 海上自衛隊の装備品

「いずも」型護衛艦

〈諸元、性能〉
基準排水量19,950t　乗員約470名
長さ248m　幅38m　深さ23.5m　速力30kt
高性能20mm機関砲　SeaRAM　魚雷防御装置
〈概説〉
統合運用や災害派遣時の司令塔的役割など多用途な任務に対応するヘリコプター搭載型護衛艦

P-1哨戒機

〈諸元、性能〉
乗員11名　最大速度約450kt
全幅35.4m　全長38.0m　全高12.1m
〈概説〉
警戒監視、対潜水艦戦や捜索・救難などの幅広い任務に従事する国産の主力固定翼哨戒機

「たいげい」型潜水艦

〈諸元、性能〉
基準排水量3,000t　乗員約70名
長さ84m　幅9.1m　深さ10.4m
速力20kt
〈概説〉
リチウムイオン電池を搭載し、探知能力及び被探知防止能力を大幅に向上した潜水艦

「まや」型護衛艦

〈諸元、性能〉
基準排水量8,200t　乗員約300名
長さ170m　幅21.0m
深さ12.0m　速力30kt
高性能20mm機関砲
VLS装置　魚雷発射管
SSM装置　62口径5インチ砲
哨戒ヘリコプター
〈概説〉
最新鋭のイージス護衛艦

「もがみ」型護衛艦

〈諸元、性能〉
基準排水量3,900t　乗員約90名
長さ133m　幅16.3m
深さ9.0m　速力30kt
SeaRAM　VLS装置　SSM装置
62口径５インチ砲
簡易型機雷敷設装置
〈概説〉
船体のコンパクト化、省人化も実現した護衛艦

「あわじ」型掃海艦

〈諸元、性能〉
基準排水量690t　乗員約50名
長さ67m　幅11m
深さ5.2m　速力14kt
20ミリ遠隔管制機関砲
掃海装置一式
〈概説〉
高い機雷捜索能力を保有する掃海艦

「おおすみ」型輸送艦

〈諸元、性能〉
基準排水量8,900t　乗員約135名
長さ178m　幅25.8m
深さ17.0m　速力22kt
高性能20mm機関砲
輸送用エアクッション艇
〈概説〉
被災者に対する医療、補給設備などを設置しており、多面的な活用が可能な輸送艦

砕氷艦「しらせ」

〈諸元、性能〉
基準排水量12,650t
乗員約175名
長さ138m　幅28m
深さ15.9m　速力19kt
観測隊員約80名
大型ヘリコプター
〈概説〉
南極観測の支援を任務とし、4代目となる砕氷艦

「ましゅう」型補給艦

〈諸元、性能〉
基準排水量13,500t
乗員約145名
長さ221m　幅27.0m
深さ18.0m
速力24kt　洋上補給装置
補給品艦内移送装置
〈概説〉
補給能力が大幅に向上した補給艦

US-2救難飛行艇

〈諸元、性能〉
乗員11名
最大速度約320kt
全幅33.2m　全長33.3m
全高9.8m
〈概説〉
波高3mの洋上でも離着水可能であり、洋上での救難に従事する救難飛行艇

SH-60K哨戒ヘリコプター

〈諸元、性能〉
乗員4名
最大速度約140kt
全幅4.4m　全長15.9m
全高3.9m
〈概説〉
護衛艦に搭載し、護衛艦と共に多様な任務に従事する主力哨戒ヘリコプター

航空自衛隊の装備品

F-35A 戦闘機

〈諸元、性能〉
乗員1名　最大速度マッハ約1.6
全幅10.7m　全長15.6m　全高4.4m
25mm機関砲　空対空ミサイル
〈概説〉
高いステルス性能のほか、これまでの戦闘機から格段に進化したシステムを有する最新鋭の戦闘機

RQ-4B(グローバルホーク)

〈諸元、性能〉
全幅39.9m　全長14.5m　全高4.7m
航続時間約36時間　最大速度約570km/h
最大高度約60,000ft
〈概説〉
各種センサーによって、夜間や悪天候下でも地上の静止目標の情報収集可能な能力を有する無操縦者航空機

F-15 戦闘機

〈諸元、性能〉
乗員1名／2名
最大速度マッハ約2.5
全幅13.1m　全長19.4m
全高5.6m　20mm機関砲
空対空ミサイル
〈概説〉
優れた運動性能を誇る空自の主力戦闘機であり、国籍不明機への緊急発進など、空の守りを担う

F-2 戦闘機

〈諸元、性能〉
乗員1名／2名
最大速度マッハ約2.0
全幅11.1m　全長15.5m
全高5.0m　20mm機関砲
空対空ミサイル
空対艦ミサイル
〈概説〉
日米で共同開発され、優れた技術が結集されている戦闘機

C-2 輸送機

〈諸元、性能〉
乗員2～5名+110名
最大速度マッハ約0.82
全幅44.4m　全長43.9m
全高14.2m
航続距離約7,600km（20t搭載時）
〈概説〉
戦術輸送能力の強化、国際平和協力活動などへの積極的な取組のため開発された国産輸送機

UH-60J 救難ヘリコプター

〈諸元、性能〉
乗員5名
最大速度約140kt
航続距離約1,300km
全幅5.4m　全長15.7m
全高3.8m
〈概説〉
遭難者を救助する救難ヘリコプター。右前方下部に空中受油装置を装備

KC-46A 空中給油・輸送機

〈諸元、性能〉
乗員3~14名+104名
最大速度マッハ約0.86
航続距離約9,400km(20t搭載時)
全幅47.6m
全長50.4m
全高16.1m
〈概説〉
ボーイング767型機を開発母機とした最新の空中給油・輸送機

E-767 早期警戒管制機

〈諸元、性能〉
乗員20名
最大速度約450kt
航続距離約9,000km
全幅47.6m
全長48.5m
全高16.0m
〈概説〉
速度性能や航続性能に優れる早期警戒管制機

J/FPS-7 警戒管制レーダー

〈概説〉
航空機などの従来型の脅威と弾道ミサイルの双方に対応可能な固定式警戒管制レーダー

ペトリオットPAC-3地対空誘導弾

〈概説〉
弾道ミサイル防衛の下層迎撃を担う地対空誘導弾であり、弾道ミサイル発射事象に際しては、適所に展開して対応する。

巻末資料 平和を仕事にする

理想の未来を実現する多種多様なコース

QRコードで動画もチェック！

コース	特徴	対象年齢
COURSE 01 陸上自衛隊高等工科学校生徒	高機能化・システム化された装備品を運用する陸上自衛官となる者を養成するための学校です。国際社会においても自信をもって対応できる自衛官を育てます。	17歳未満の男子 中卒（見込）を含む
COURSE 02 自衛官候補生	自衛官となるために必要な基礎的教育訓練を経て、任用期間が定められた「任期制自衛官」に任官します。様々な訓練や職務を通じた技術の習得、任期満了後の再就職に向けた資格の取得など、希望に合った将来設計が描けます。	18歳以上33歳未満 32歳の者は、採用予定月の末日現在、33歳に達していない者
COURSE 03 一般曹候補生	部隊の基幹隊員である陸・海・空自衛官を養成する制度です。入隊後、教育課程や部隊勤務で知識や経験を積み、それぞれの職域のプロとして活躍します。自衛官の基礎知識はもちろん専門的な技能まで、じっくりと着実に身に付けることができます。	18歳以上33歳未満 32歳の者は、採用予定月の末日現在、33歳に達していない者
COURSE 04 航空学生	海自または空自のパイロットなどを養成します。団体生活を送りながら各種訓練を受け、戦闘機、哨戒機、輸送機、ヘリコプターのパイロットなどに最年少でなることができます。	18歳以上21歳未満 海上自衛隊航空学生は18歳以上23歳未満

コース	特徴	対象年齢
COURSE 05 防衛大学校学生	将来、各自衛隊の幹部自衛官となる者を4年間の教育訓練と全寮制の規律ある団体生活を通じて養成します。広い視野、科学的な思考、豊かな人間性を持ち、想像力と活力に溢れる幹部自衛官となるため、知育以外に徳育と体育を重視しています。	18歳以上21歳未満
COURSE 06 防衛医科大学校医学科学生	将来、医師である幹部自衛官となる者を6年間の教育訓練と全寮制の規律ある団体生活を通じて養成します。医師としての知識や技能のほかに、生命の尊厳への理解やあらゆる任務を遂行できる強靭な体力も養います。	18歳以上21歳未満
COURSE 07 防衛医科大学校看護学科学生（自衛官候補看護学生）	将来、看護師・保健師である幹部自衛官となる者を4年間の教育訓練と全寮制の規律ある団体生活を通じて養成します。看護専門職者としての優れた教養・知識・技能の実践を通じて、防衛省・自衛隊の国内外における活動に貢献できる人材を育成します。	18歳以上21歳未満

コース	特徴	対象年齢
COURSE 08 一般幹部候補生	防衛大学校卒業者とともに陸･海･空自衛隊それぞれの幹部候補生学校において、自衛隊組織の骨幹である幹部自衛官として必要な知識と技能を学びながら、その資質を養います。	26歳未満 大学院卒は28歳未満
COURSE 09 自衛隊貸費学生	自衛隊の装備品の研究開発分野で活躍する人材を、大学理学部・工学部や大学院修士課程の在学生から選考により採用し、学資金を貸与して修学を助成、卒業後は所定の手続きにより、一般幹部候補生として採用されます。	25歳未満 大学卒業時点で26歳未満 修士課程在学者は27歳未満（課程修了時点で28歳未満）

募集のHPもチェック！

コース	特徴	対象年齢
COURSE 10 予備自衛官補	社会人や学生といった自衛官未経験者であっても「予備自衛官補」として採用後、所定の教育訓練を経て「予備自衛官」に任命され、各種事態において自衛官として社会に貢献できます。「一般」と「技能」（語学、医療など）のコースがあります。	18歳以上34歳未満 技能公募はこれに限らず

自衛官になるといっても、その進路は多種多様。
「なりたい自分になる」ために、自分の適性や希望にあうものを探してみましょう。
また、防衛省・自衛隊では、多くの防衛事務官や防衛技官の方々も活躍しています。

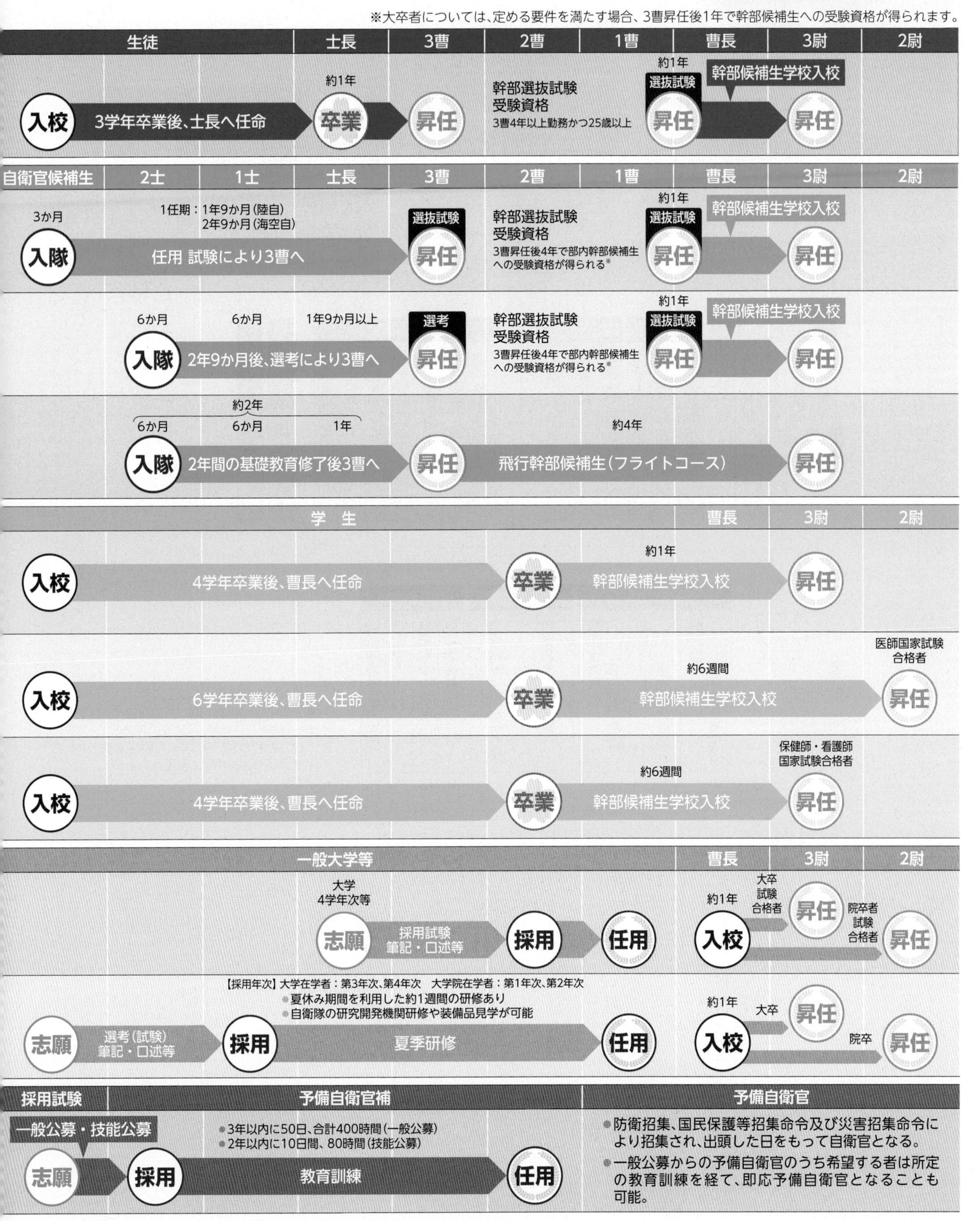

平和を仕事にする

防衛省・自衛隊の組織図

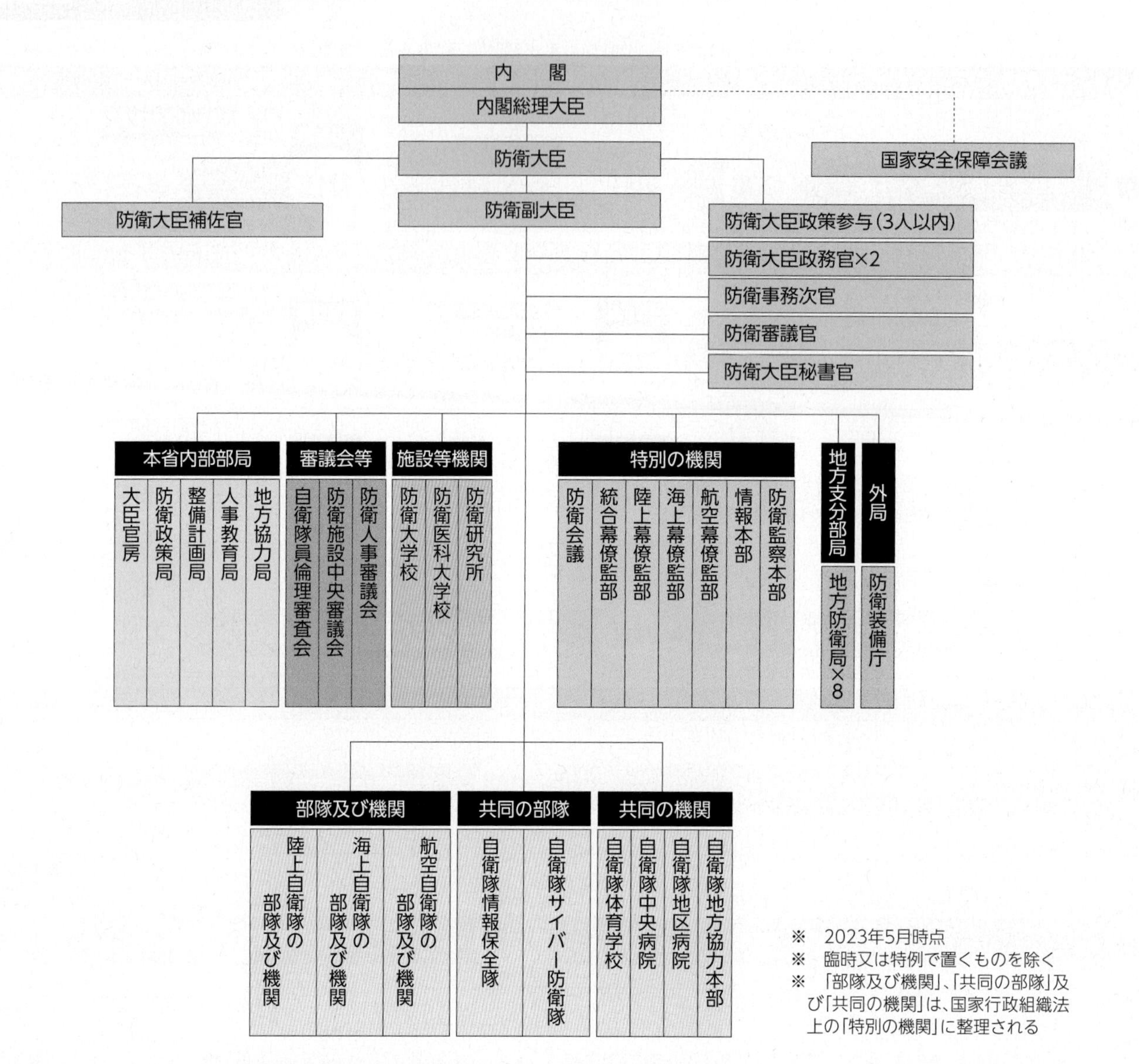

※　2023年5月時点
※　臨時又は特例で置くものを除く
※　「部隊及び機関」、「共同の部隊」及び「共同の機関」は、国家行政組織法上の「特別の機関」に整理される

陸・海・空自衛隊の編成

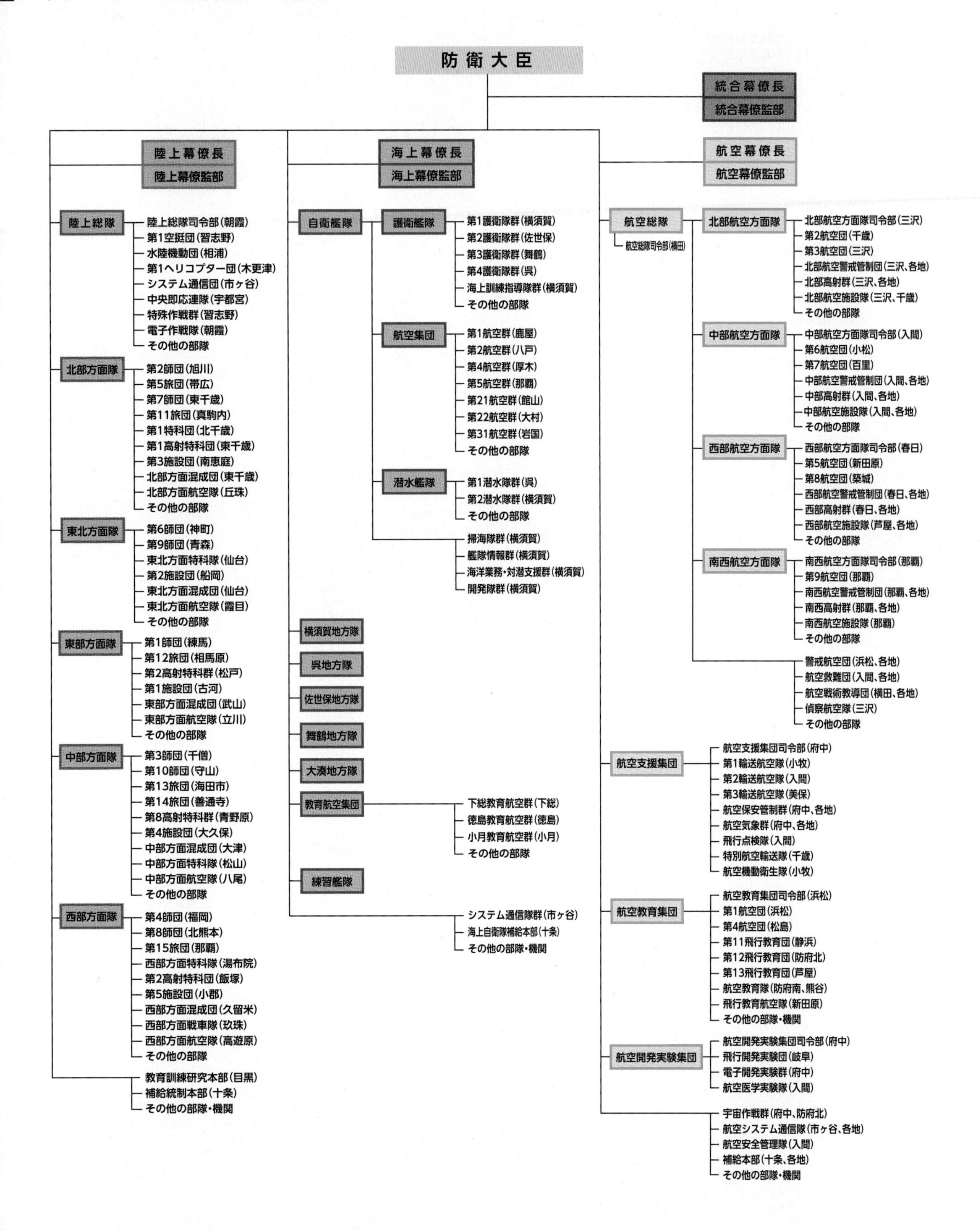

防衛大臣
統合幕僚長
統合幕僚監部
陸上幕僚長
陸上幕僚監部
海上幕僚長
海上幕僚監部
航空幕僚長
航空幕僚監部
陸上総隊
陸上総隊司令部(朝霞)
第1空挺団(習志野)
水陸機動団(相浦)
第1ヘリコプター団(木更津)
システム通信団(市ヶ谷)
中央即応連隊(宇都宮)
特殊作戦群(習志野)
電子作戦隊(朝霞)
その他の部隊
北部方面隊
第2師団(旭川)
第5旅団(帯広)
第7師団(東千歳)
第11旅団(真駒内)
第1特科団(北千歳)
第1高射特科団(東千歳)
第3施設団(南恵庭)
北部方面混成団(東千歳)
北部方面航空隊(丘珠)
その他の部隊
東北方面隊
第6師団(神町)
第9師団(青森)
東北方面特科隊(仙台)
第2施設団(船岡)
東北方面混成団(仙台)
東北方面航空隊(霞目)
その他の部隊
東部方面隊
第1師団(練馬)
第12旅団(相馬原)
第2高射特科群(松戸)
第1施設団(古河)
東部方面混成団(武山)
東部方面航空隊(立川)
その他の部隊
中部方面隊
第3師団(千僧)
第10師団(守山)
第13旅団(海田市)
第14旅団(善通寺)
第8高射特科群(青野原)
第4施設団(大久保)
中部方面混成団(大津)
中部方面特科隊(松山)
中部方面航空隊(八尾)
その他の部隊
西部方面隊
第4師団(福岡)
第8師団(北熊本)
第15旅団(那覇)
西部方面特科隊(湯布院)
第2高射特科団(飯塚)
第5施設団(小郡)
西部方面混成団(久留米)
西部方面戦車隊(玖珠)
西部方面航空隊(高遊原)
その他の部隊
教育訓練研究本部(目黒)
補給統制本部(十条)
その他の部隊・機関
自衛艦隊
護衛艦隊
第1護衛隊群(横須賀)
第2護衛隊群(佐世保)
第3護衛隊群(舞鶴)
第4護衛隊群(呉)
海上訓練指導隊群(横須賀)
その他の部隊
航空集団
第1航空群(鹿屋)
第2航空群(八戸)
第4航空群(厚木)
第5航空群(那覇)
第21航空群(館山)
第22航空群(大村)
第31航空群(岩国)
その他の部隊
潜水艦隊
第1潜水隊群(呉)
第2潜水隊群(横須賀)
その他の部隊
掃海隊群(横須賀)
艦隊情報群(横須賀)
海洋業務・対潜支援群(横須賀)
開発隊群(横須賀)
横須賀地方隊
呉地方隊
佐世保地方隊
舞鶴地方隊
大湊地方隊
教育航空集団
下総教育航空群(下総)
徳島教育航空群(徳島)
小月教育航空群(小月)
その他の部隊
練習艦隊
システム通信隊群(市ヶ谷)
海上自衛隊補給本部(十条)
その他の部隊・機関
航空総隊
航空総隊司令部(横田)
北部航空方面隊
北部航空方面隊司令部(三沢)
第2航空団(千歳)
第3航空団(三沢)
北部航空警戒管制団(三沢、各地)
北部高射群(三沢、各地)
北部航空施設隊(三沢、千歳)
その他の部隊
中部航空方面隊
中部航空方面隊司令部(入間)
第6航空団(小松)
第7航空団(百里)
中部航空警戒管制団(入間、各地)
中部高射群(入間、各地)
中部航空施設隊(入間、各地)
その他の部隊
西部航空方面隊
西部航空方面隊司令部(春日)
第5航空団(新田原)
第8航空団(築城)
西部航空警戒管制団(春日、各地)
西部高射群(春日、各地)
西部航空施設隊(芦屋、各地)
その他の部隊
南西航空方面隊
南西航空方面隊司令部(那覇)
第9航空団(那覇)
南西航空警戒管制団(那覇、各地)
南西高射群(那覇、各地)
南西航空施設隊(那覇)
その他の部隊
警戒航空団(浜松、各地)
航空救難団(入間、各地)
航空戦術教導団(横田、各地)
偵察航空隊(三沢)
その他の部隊
航空支援集団
航空支援集団司令部(府中)
第1輸送航空隊(小牧)
第2輸送航空隊(入間)
第3輸送航空隊(美保)
航空保安管制群(府中、各地)
航空気象群(府中、各地)
飛行点検隊(入間)
特別航空輸送隊(千歳)
航空機動衛生隊(小牧)
航空教育集団
航空教育集団司令部(浜松)
第1航空団(浜松)
第4航空団(松島)
第11飛行教育団(静浜)
第12飛行教育団(防府北)
第13飛行教育団(芦屋)
航空教育隊(防府南、熊谷)
飛行教育航空隊(新田原)
その他の部隊・機関
航空開発実験集団
航空開発実験集団司令部(府中)
飛行開発実験団(岐阜)
電子開発実験群(府中)
航空医学実験隊(入間)
宇宙作戦群(府中、防府北)
航空システム通信隊(市ヶ谷、各地)
航空安全管理隊(入間)
補給本部(十条、各地)
その他の部隊・機関

主要部隊などの所在地（イメージ）（令和4（2022）年度末現在）

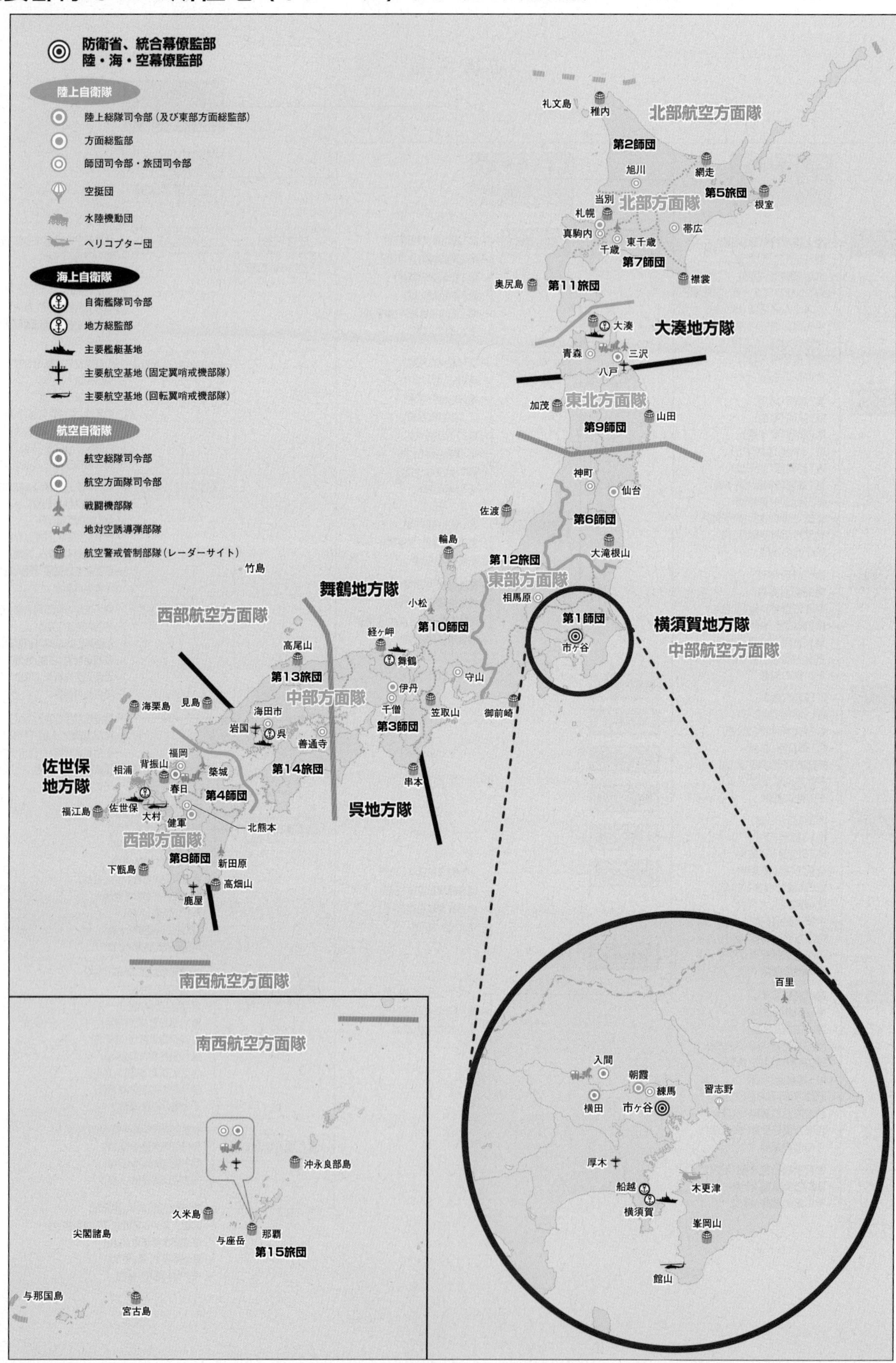

主な広報施設のご案内

市ヶ谷台ツアー (※要予約)

見学概要

防衛省の心臓部とも言える市ヶ谷地区の見学ツアーです。市ヶ谷地区に所在する庁舎や極東国際軍事裁判の法廷となった大講堂などを移設・復元した市ヶ谷記念館や大本営地下壕跡などをご案内します。

見学時間 ①09：30～11：20（午前） ②13：30～15：50（午後）
開催日 平日のみ **料金** 午前（無料）、午後（700円 ※18歳未満は無料）
駐車場 なし（お車でのご来場はご遠慮ください。）
所在地 〒162-8801 東京都新宿区市谷本村町5-1
ご予約・お問い合せ 記念館係：03（3268）3111（内線：21904）

陸上自衛隊広報センター りっくんランド

見学概要

災害派遣や国際平和協力活動など分かりやすく紹介。多数の装備品を館内・屋外に展示しています。操縦を疑似体験できるシミュレーター、90式戦車や操縦席に座って写真が撮れるなど、お子様から大人まで楽しめる、見て、触れて、体感できる施設です。

開館時間 10：00～17：00
休館日 月曜日、第4火曜日（祝祭日の場合は翌日）、年末年始
料金 無料 **駐車場** あり（無料）
所在地・交通 〒178-8501 東京都練馬区大泉学園町
お問い合せ 03（3924）4176

海上自衛隊呉史料館 てつのくじら館

見学概要

海上自衛隊の歴史や、呉市と海上自衛隊の歴史的な関わりについて紹介しています。魚雷や掃海艇などの装備品や、機雷を除去する掃海作業の様子も必見です。また、実物の潜水艦を屋外に展示し、ふれあいながら見学することができる貴重な史料館です。

開館時間 09：00～17：00（最終入館：16：30）
休館日 火曜日（祝祭日の場合は翌日）、年末年始
料金 無料 **駐車場** あり（有料）
所在地 〒737-0029 広島県呉市宝町5番32号
お問い合せ 0823（21）6111

航空自衛隊浜松広報館 エアーパーク

見学概要

「見て体験して楽しむ」をコンセプトとし、歴代ブルーインパルスなど多数の航空機の実物が展示されています。また、パイロット訓練生と同じ飛行コースを体験できるシミュレーションなど、大空を飛ぶパイロット気分を心ゆくまで満喫することができます。

開館時間 09：00～16：00
休館日 月曜日（祝祭日の場合は翌日）、毎月最終火曜日、3月第2週の火曜日～木曜日、年末年始
料金 無料 **駐車場** あり（無料）
所在地 〒432-8551 静岡県浜松市西区西山町 **お問い合せ** 053（472）1121

防衛大学校ツアー (※要予約)

見学概要

帽子投げで有名な記念講堂、本校の歴史が一目でわかる資料館、学生が生活する学生舎（外観）、防大グッズが購入できる学生会館などをご案内します。午後の見学では、「学生の行進」がご覧になれます。（都合により行わない場合もあります）

見学時間 ①09：20～11：20（午前） ②12：10～14：20（午後）
開催日 平日の月曜日（午後）、水曜日（午前・午後）、金曜日（午後）
料金 無料 **駐車場** 事前にお問合せください。
所在地 〒239-8686 神奈川県横須賀市走水1-10-20
ご予約・お問い合せ 広報ツアー係：046（841）3810（内線：2019）

平和を仕事にする

令和５年度自衛官等採用案内

種目		採用予定人員	資格	受付期間（締切日必着）	試験期日	合格発表	入隊時期（入校時期）	待遇・その他
幹部候補生	一般	〔大卒程度試験〕 参考（令和４年度） 陸　約181名 （うち女子約25名） 海　約 94名 （うち女子約12名） 空　約 86名 （男女の区分なし。） ※１	22歳以上26歳未満の者（20歳以上22歳未満の者は大卒（見込含）、修士課程修了者等（見込含）は28歳未満の者）	①３月１日～４月14日（音楽要員除く。）	①１次：４月22日・23日（４月23日は海・空飛行要員のみ） ２次：５月26日～６月１日 ３次（海・空飛行要員のみ） （海）：６月22日～26日 （空）：７月15日～８月３日	①１次：５月19日 ２次（海・空飛行要員のみ） （海）：６月15日 （空）：６月19日 最終 （陸）：７月６日 （海）：７月14日 （空）：８月25日	令和６年３月中旬～４月上旬	入隊後約１年で３等陸・海・空尉〔院卒者試験合格者は２等陸・海・空尉〕
		〔院卒者試験〕 参考（令和４年度） 陸　約14名 海　約４名 空　約10名 ※１	20歳以上28歳未満の者修士課程修了者等（見込含）	②３月１日～６月15日（飛行要員除く。）	②１次：６月24日 ２次：８月１日～７日	②１次：７月21日 最終：９月21日		
	歯科・薬剤科	参考（令和４年度） 陸　約13名 海　約11名 空　約６名 ※１	専門の大卒（見込含） 20歳以上30歳未満の者（薬剤科は20歳以上28歳未満の者 ※２）		①１次：４月22日 ２次：５月26日～６月１日 ②１次：６月24日 ２次：８月１日～７日	①１次：５月19日 最終 （陸）：７月６日 （海空）：７月14日 ②１次：７月21日 最終：９月21日		歯科は入隊後約６週間で２等陸・海・空尉 薬剤科は入隊後約１年で２等陸・海・空尉
医科・歯科幹部		参考（令和４年度） 陸　約４名 海　約５名 空　約３名 ※１	医師・歯科医師の免許取得者	①２月１日～６月８日 ②８月１日～10月26日 ※３	①６月23日 ②11月17日	①７月27日 ②12月21日	①令和５年９月下旬～10月上旬 ②令和６年３月下旬～４月上旬	２等陸・海・空尉以上で採用（経験年数等により異なります。）
公募幹部		参考（令和４年度） 海　約10名 空　約15名 ※１	大卒以上の者で、応募資格に定められた学部・専攻学科等を卒業後、２年以上の業務経験のある者	３月１日～５月19日	６月19日	７月28日	海自：令和５年９月下旬頃 空自：令和５年10月上旬頃	３等海・空尉以上で採用（経験年数等により異なります。）
技術海曹 技術空曹		参考（令和４年度） 海　約20名 空　約８名 ※１	20歳以上の者で国家免許資格取得者等		６月16日		海自：令和５年９月下旬頃 空自：令和５年11月下旬頃	３等海・空曹以上海・空曹長までで採用（免許資格、年齢等により異なります。）
航空学生		参考（令和４年度） 海　約74名 （女子若干名） 空　約72名 （男女の区分なし。） ※１	海：18歳以上23歳未満の者（高卒者（見込含）又は高専３年次修了者（見込含）） 空：18歳以上21歳未満の者（高卒者（見込含）又は高専３年次修了者（見込含））	７月１日～９月７日	１次：９月18日 ２次：10月14日～19日 ３次：（海）11月17日～12月13日 （空）11月11日～12月14日	１次：10月６日 ２次：（海）11月８日 （空）11月２日 最終：令和６年１月16日	令和６年３月下旬～４月上旬	入隊後約６年で３等海・空尉
一般曹候補生		参考（令和４年度） 陸　約4,000名 （うち女子約500名） 海　約1,580名 （うち女子約200名） 空　約1,400名 （男女の区分なし。） ※１	18歳以上33歳未満の者（32歳の者は、採用予定月の末日現在、33歳に達していない者）	①３月１日～５月９日 ②７月１日～９月５日 ③９月６日～11月30日 ※４	①１次：５月19日～28日 ２次：６月17日～７月２日 ②１次：９月15日～24日 ２次：10月14日～11月５日 ③１次：12月９日～14日 ２次：令和６年１月６日～14日 ※いずれか１日を指定されます。	①１次：６月８日 最終：７月20日 ②１次：10月５日 最終：11月24日 ③１次：12月22日 最終：令和６年１月29日	令和６年３月下旬～４月上旬 ※上記の他に設定する場合があります。	入隊後２年９か月経過以降選考により３等陸・海・空曹
自衛官候補生		参考（令和４年度） 男子 陸　約5,000名 海　約950名 空　約1,700名 女子 陸　約750名 海　約200名 空　約600名 ※１	18歳以上33歳未満の者（32歳の者は、採用予定月の末日現在、33歳に達していない者）	年間を通じて行っております。	受付時又は各自衛隊地方協力本部のホームページにてお知らせします。 ※５	試験時にお知らせします。	令和６年３月下旬～４月上旬 ※上記の他に設定する場合があります。	所要の教育を経て、３か月後に２等陸・海・空士に任用 陸上（技術系を除く。）は１年９か月、陸上（技術系）・海上・航空は２年９か月を１任期として任用（以降２年を１任期）
防衛大学校学生	推薦	参考（令和４年度） 人文・社会科学専攻　約35名 （うち女子約15名） 理工学専攻　約115名 （うち女子約25名） ※１	18歳以上21歳未満の者高卒（見込含）又は高専３年次修了（見込含）で成績優秀かつ生徒会活動等に顕著な実績を修め、学校長が推薦できる者	９月５日～８日	９月16日・17日	10月27日	令和６年４月上旬	修学年限４年 卒業後約１年で３等陸・海・空尉
	総合選抜	参考（令和４年度） 人文・社会科学及び理工学専攻合わせて 約50名 （うち女子約10名） ※１	18歳以上21歳未満の者（自衛官は23歳未満） 高卒者（見込含）又は高専３年次修了者（見込含）		１次：９月16日 ２次：10月21日・22日	１次：10月10日 最終：11月17日		
	一般	参考（令和４年度） 人文・社会科学専攻　約55名 （うち女子約15名） 理工学専攻　約225名 （うち女子約35名） ※１		７月１日～10月18日	１次：10月28日 ２次：11月28日～12月２日	１次：11月17日 最終：12月28日		
防衛医科大学校医学科学生		参考（令和４年度） 約83名 ※１	18歳以上21歳未満の者高卒者（見込含）又は高専３年次修了者（見込含）	７月１日～10月11日	１次：10月21日 ２次：12月13日～15日	１次：11月30日 最終：令和６年１月30日	令和６年４月上旬	修学年限６年 医師免許取得後、２等陸・海・空尉
防衛医科大学校看護学科学生（自衛官候補看護学生）		参考（令和４年度） 約75名 ※１	18歳以上21歳未満の者高卒者（見込含）又は高専３年次修了者（見込含）	７月１日～10月４日	１次：10月14日 ２次：11月25日・26日	１次：11月10日 最終：令和６年２月２日	令和６年４月上旬	修学年限４年 看護師免許取得後卒業後約１年で３等陸・海・空尉
陸上自衛隊高等工科学校生徒	推薦	参考（令和４年度） 約120名 ※１	男子で中卒（見込含）17歳未満の成績優秀かつ生徒会活動等に顕著な実績を修め、学校長が推薦できる者	10月１日～12月１日	令和６年１月６日～８日 ※いずれか１日を指定されます。	令和６年１月18日	令和６年４月上旬	修学年限３年 卒業後は陸士長 卒業後約１年で３等陸曹
	一般	参考（令和４年度） 約230名　※１	男子で中卒（見込含）17歳未満の者	10月１日～令和６年１月５日	１次：令和６年１月13日・14日 ２次：令和６年１月25日～28日 ※いずれか１日を指定されます。	１次：令和６年１月19日 最終：令和６年２月８日		
貸費学生	技術	陸・海・空　約30名	大学の理学部、工学部※６の３・４年次又は大学院（専門職大学院を除く。）修士課程在学（正規の修業年限を終わる年の４月１日現在で26歳未満（大学院修士課程在学者は28歳未満））	６月１日～11月10日	12月３日	令和６年３月１日	①貸費学生採用時期は４月上旬 ②幹部候補生採用（入隊）時期は大学又は大学院を卒業（修了）する年の４月上旬	貸費学生として採用された４月分から大学又は大学院の正規の修業年限を終わる月まで毎月54,000円貸与されます。
予備自衛官補	一般	陸　約1,550名	18歳以上34歳未満の者	①１月10日～４月６日 ②６月１日～９月21日 ※３	①４月８日～23日 ②９月23日～10月９日 ※いずれか１日を指定されます。	①５月31日 ②11月９日	教育訓練の開始時期：令和５年７月以降	階級は指定しない 教育訓練招集手当：日額8,800円 所定の教育訓練修了後、予備自衛官として任用
	技能	陸　約350名 海　約 20名	18歳以上で国家免許資格等を有する者（資格により年齢上限は53歳未満～55歳未満）					

（令和５年４月現在）

（注）１．※１：令和５年度の採用人員につきましては、決定次第、自衛官募集ホームページ等でお知らせしますので、ご確認ください。
２．※２：①　学校教育法に基づく大学において、正規の薬学の課程（６年制の課程に限る。）を修めて卒業した者（令和６年３月卒業見込みの者を含む。）
②　外国の薬学校を卒業し、又は外国の薬剤師免許を受けた者で、厚生労働大臣が①に掲げる者と同等以上の学力及び技能を有すると認定した者
③　平成18年度から平成29年度までの間に学校教育法に基づく大学に入学し、４年制薬学課程を修めて卒業し、かつ、学校教育法に基づく大学院において薬学の修士又は博士課程を修了した者であって、厚生労働大臣が、厚生労働省令で定めるところにより、①に掲げる者と同等以上の学力及び技能を有すると認定した者に限ります。
３．※３：第１回で採用予定数を採用した場合、第２回は実施しない場合があります。
４．※４：第１回及び第２回で採用予定数を満たせる場合、第３回は実施しない場合があります。
５．※５：令和６年３月高等学校卒業予定者又は中等教育学校卒業予定者のための採用試験は、令和５年９月16日以降に行います。
６．※６：学部については、理学部、工学部に類する学部も応募資格に該当する場合があります。詳しくは最寄りの自衛隊地方協力本部にお問い合わせください。
７．資格欄中の「高卒」は中等教育学校卒業者を含みます。
８．応募資格年齢の起算日は、種目ごと異なっていますので、それぞれの採用要項又は自衛官募集ホームページ等で確認してください。
９．その他、詳細については、各採用（募集）要項又は自衛隊地方協力本部で確認してください。（事務官・技官の採用試験については、防衛省大臣官房秘書課へ）
10．記載内容については変更する場合があります。変更事項については自衛官募集ホームページ等でお知らせしますので、ご確認ください。

＜自衛官募集ホームページ＞（募集日程）

＜自衛官募集ツイッター＞

防衛省・自衛隊 公式コンテンツのご案内

防衛省ホームページ ▶

防衛省公式アカウント ▶

◀防衛省公式アカウント

◀防衛省公式チャンネル

防衛省公式アカウント ▶

そのほかの防衛省・自衛隊公式SNSは
こちらからチェック! ▶

各自衛隊・機関などのホームページ

https://www.mod.go.jp/js/

https://www.mod.go.jp/gsdf/

https://www.mod.go.jp/msdf/

https://www.mod.go.jp/asdf/

https://www.mod.go.jp/nda/

https://www.mod.go.jp/ndmc/

陸上自衛隊
高等工科学校
https://www.mod.go.jp/gsdf/yt_sch/

NIDS 防衛研究所
National Institute for Defense Studies
http://www.nids.mod.go.jp/

情報本部
Defense Intelligence Headquarters
https://www.mod.go.jp/dih/

IGO 防衛省 防衛監察本部
Inspector General`s Office of legal compliance
https://www.mod.go.jp/igo/

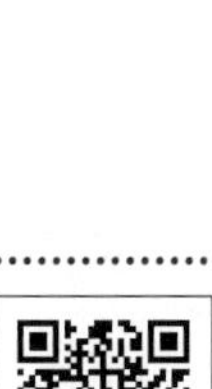
地方防衛局
https://www.mod.go.jp/rdb/

https://www.mod.go.jp/atla/

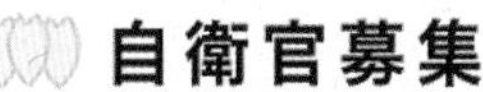

Japan Self-Defense Forces
https://www.mod.go.jp/gsdf/jieikanbosyu/

https://www.mod.go.jp/j/publication/events/index.html

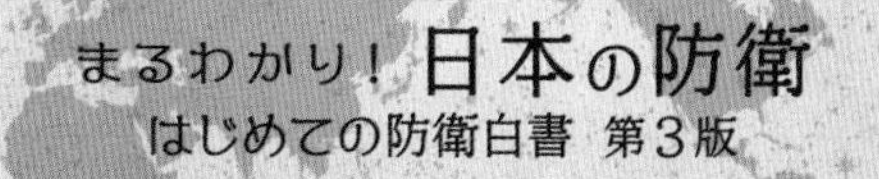

小学校高学年、中学生、高校生のみなさんにも
令和5年版防衛白書をわかりやすく説明しています。
大人の方にも短い時間で防衛白書全体の内容が分かるのでおすすめです。

https://www.mod.go.jp/j/kids/wp/index.html

〈防衛白書の内容・転載に関するお問い合わせ先〉

〒162-8801
東京都新宿区市谷本村町5-1
防衛省　大臣官房　広報課　防衛白書事務室
（電話）03（3268）3111（代表）

令和5年版　日本の防衛 －防衛白書－

令和5年8月31日　発　行

編　集　防　衛　省
〒162-8801
東京都新宿区市谷本村町5-1
電話　03（3268）3111
URL：https://www.mod.go.jp/

発　行　日経印刷株式会社
〒102-0072
東京都千代田区飯田橋2-15-5
電話　03（6758）1011
URL：http://www.nik-prt.co.jp/wp_site/

発　売　全国官報販売協同組合
〒100-0013
東京都千代田区霞が関1-4-1
電話　03（5512）7400

乱丁・落丁本はおとりかえいたします。
ISBN978-4-86579-382-6

〔略号：防衛白書05〕